Mathematik für Wirtschaftswissenschaftler

AF393252

Mathematik für Wirtschaftswissenschaftler

Christiane Barz

Mathematik für Wirtschaftswissenschaftler

Eine präzise und anwendungsorientierte Einführung

Christiane Barz
Institut für Betriebwirtschaftslehre
Universität Zürich
Zürich, Schweiz

ISBN 978-3-658-50520-2   ISBN 978-3-658-50521-9   (eBook)
https://doi.org/10.1007/978-3-658-50521-9

Die Deutsche Nationalbibliothek verzeichnet diese Publikation in der Deutschen Nationalbibliografie; detaillierte bibliografische Daten sind im Internet über https://portal.dnb.de abrufbar.

© Der/die Herausgeber bzw. der/die Autor(en) 2026. Dieses Buch ist eine Open-Access-Publikation.

Open Access Dieses Buch wird unter der Creative Commons Namensnennung 4.0 International Lizenz (http://creativecommons.org/licenses/by/4.0/deed.de) veröffentlicht, welche die Nutzung, Vervielfältigung, Bearbeitung, Verbreitung und Wiedergabe in jeglichem Medium und Format erlaubt, sofern Sie den/die ursprünglichen Autor*in(nen) und die Quelle ordnungsgemäß nennen, einen Link zur Creative Commons Lizenz beifügen und angeben, ob Änderungen vorgenommen wurden.
Die in diesem Buch enthaltenen Bilder und sonstiges Drittmaterial unterliegen ebenfalls der genannten Creative Commons Lizenz, sofern sich aus der Abbildungslegende nichts anderes ergibt. Sofern das betreffende Material nicht unter der genannten Creative Commons Lizenz steht und die betreffende Handlung nicht nach gesetzlichen Vorschriften erlaubt ist, ist für die oben aufgeführten Weiterverwendungen des Materials die Einwilligung des/der betreffenden Rechteinhaber*in einzuholen.
Die Wiedergabe von allgemein beschreibenden Bezeichnungen, Marken, Unternehmensnamen etc. in diesem Werk bedeutet nicht, dass diese frei durch jede Person benutzt werden dürfen. Die Berechtigung zur Benutzung unterliegt, auch ohne gesonderten Hinweis hierzu, den Regeln des Markenrechts. Die Rechte des/der jeweiligen Zeicheninhaber*in sind zu beachten.
Der Verlag, die Autor*innen und die Herausgeber*innen gehen davon aus, dass die Angaben und Informationen in diesem Werk zum Zeitpunkt der Veröffentlichung vollständig und korrekt sind. Weder der Verlag noch die Autor*innen oder die Herausgeber*innen übernehmen, ausdrücklich oder implizit, Gewähr für den Inhalt des Werkes, etwaige Fehler oder Äußerungen. Der Verlag bleibt im Hinblick auf geografische Zuordnungen und Gebietsbezeichnungen in veröffentlichten Karten und Institutionsadressen neutral.

Planung/Lektorat: Isabella Hanser
Springer Gabler ist ein Imprint der eingetragenen Gesellschaft Springer Fachmedien Wiesbaden GmbH und ist ein Teil von Springer Nature.
Die Anschrift der Gesellschaft ist: Abraham-Lincoln-Str. 46, 65189 Wiesbaden, Germany

Wenn Sie dieses Produkt entsorgen, geben Sie das Papier bitte zum Recycling.

Danksagung

Dieses Buch wäre ohne die Unterstützung vieler wunderbarer Menschen nicht in dieser Form entstanden.

Mein besonderer Dank gilt meinen aktuellen und ehemaligen Mitarbeiterinnen und Mitarbeitern, die auf unterschiedlichste Weise zur Entstehung dieses Buches beigetragen haben – sei es durch Probelesen, das Erstellen von Abbildungen oder durch inhaltliches Feedback: Simon Laumer, Stefan Franz, Andrea Ritzmann, Christian Horvat, Eugen Gorich, Jie Ren, Mel Zürcher, Maria Ilina, Luca Pelizarri, Dr. Stephan Bütikofer Van Oordt, Silvan Hinterberger, Fabio D'Ambrosio, Christoph Fässler, Daniela Gulfi Jud, Daniel Tschernutter, Manvir Schneider, Louis Binz und Laura Hagspiel – euch allen ein herzliches Dankeschön!

Ein großes Dankeschön geht auch an Prof. Diethard Klatte, der mir zu Beginn meiner Professur großzügig seine Vorlesungsmaterialien zur Verfügung gestellt hat – eine wertvolle Starthilfe, für die ich bis heute dankbar bin.

Nicht weniger danke ich den vielen Studierenden, die sich nicht nur mit dem Stoff auseinandergesetzt, sondern mir auch mit ihren kritischen Fragen und Hinweisen auf Tippfehler und Unklarheiten geholfen haben, die Inhalte klarer und verständlicher zu formulieren. Eure Rückmeldungen haben das Buch besser gemacht.

Mein herzlichster Dank gilt aber natürlich meiner Familie. Die Entstehung dieses Buches fiel in eine besonders intensive Zeit. Danke, dass ihr mir den Rücken freigehalten, Geduld gezeigt und mich immer unterstützt habt – auch wenn ihr meine Liebe zu Mathe-Memes nicht immer ganz geteilt habt.

Inhaltsverzeichnis

Teil 1

2 Mengen ... 31

3 Relationen und Funktionen ... 81

4 Folgen und ihre Grenzwerte ... 115

II   Teil 2

0. Einleitung

Die Schlagworte Big Data und Business Analytics sind in aller Munde. Die Industrie nutzt zunehmend die Möglichkeiten der mathematischen Modellierung und Optimierung, die durch leistungsfähige Computer und Algorithmen zur Verfügung stehen. Die Finanzbranche nutzt die Mathematik, um Risiken zu bewerten und Aktienkurse zu prognostizieren; im Marketing nutzen Amazon und Netflix Predictive Analytics, um Produkte oder Filme zu empfehlen; Cloud Computing wäre ohne mathematische Verschlüsselungstechniken und Zuteilungsalgorithmen nicht möglich; und keine Fluggesellschaft wäre ohne die Algorithmen des Revenue Managements profitabel. Die Mathematik ist daher seit geraumer Zeit ein wichtiger Produktionsfaktor, der weiter an Bedeutung gewinnt.

Durch die zunehmende Bedeutung der Mathematik zur Effizienzsteigerung in unternehmerischen Prozessen wird auch das Studium der Wirtschaftswissenschaften immer mathematischer. Ziel dieses Buchs ist es, Sie auf diese Herausforderung vorzubereiten.

Im Anschluss stellen wir einige Beispiele aus verschiedenen Bereichen der Wirtschaftswissenschaften vor, die in den späteren Kapiteln vertieft behandelt werden. Danach erklären wir den Aufbau des Buches und welches Grundwissen vorausgesetzt wird.

0.1   Einige Beispiele

Die folgenden Beispiele zeigen typische Fragestellungen aus der Praxis, anhand derer wir im weiteren Verlauf zentrale mathematische Konzepte wie Folgen, Funktionen, Optimierung und Integration entwickeln werden.

■ Beispiel 0.1.1 — Beispiel zur Kosteneinschätzung.

Ein firmeninternes Projekt mit dem Namen P_1 und Anfangsinvestition von 10 000 CHF wird im Laufe der Zeit immer weniger Kosten verursachen. In Zeiteinheit n fallen zusätzlich Kosten von 10 000 CHF$/n^2$ an. Das gleiche Ziel kann auch durch eine externe Firma zu einem Festpreis von 20 000 CHF erreicht werden. Die Geschäftsleitung will das Projekt

© Der/die Autor(en) 2026
C. Barz, *Mathematik für Wirtschaftswissenschaftler*,
https://doi.org/10.1007/978-3-658-50521-9_1

umsetzen, für das die (undiskontierten) Gesamtkosten kleiner sind. Welches sollte sie wählen?

Ein anderes Projekt, P_2, ist umfangreicher. Es verursacht ebenfalls eine Anfangsinvestition von 10 000 CHF, die Kosten fallen jedoch nicht so schnell über die Zeit hinweg. In Periode n fallen noch immer Kosten in der Höhe von 10 000 CHF$/n$ an. Eine externe Firma veranschlagt einen Festpreis von 30 000 CHF um das Ziel zu erreichen. Auch hier will die Geschäftsleitung das Projekt umsetzen, für das die (undiskontierten) Gesamtkosten kleiner sind. Welches sollte sie wählen?

In beiden Situationen scheint es hilfreich, periodenweise die Summe der bisherigen Kosten der Projekte P_1 und P_2 zu bilden und mit dem Festpreis zu vergleichen. Aus Tabelle 1 und der Abbildung 0.1 ergibt sich, dass Projekt P_1 in den ersten Perioden günstiger als der externe Festpreis ist. Aber sind wir sicher, dass die kumulierten Kosten nie 20 000 CHF erreichen werden?

Zeitindex n	Kosten P_1	Kumulierte Kosten P_1	Kosten P_2	Kumulierte Kosten P_2
1	10 000	10 000	10 000	10 000
2	2 500	12 500	5 000	15 000
3	1 111	13 611	3 333	18 333
4	625	14 236	2 500	20 833
5	400	14 636	2 000	22 833
6	278	14 914	1 667	24 500
7	204	15 118	1 429	25 929
8	156	15 274	1 250	27 179
9	123	15 397	1 111	28 290
10	100	15 497	1 000	29 290
11	83	15 580	909	30 199

Tabelle 1: Projektkosten

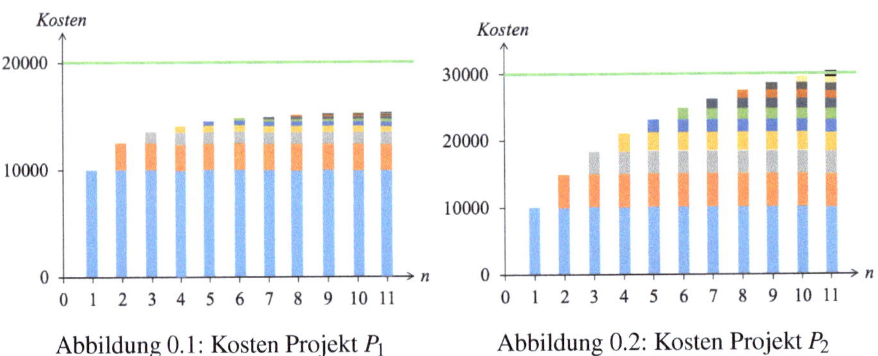

Abbildung 0.1: Kosten Projekt P_1 Abbildung 0.2: Kosten Projekt P_2

Bezüglich Projekt P_2 sehen wir in der Tabelle 1 und der Abbildung 0.2, dass ab Periode 11 die Kosten von P_2 höher als der Festpreis sind. Die Geschäftsleitung sollte also die externe Firma beauftragen. Doch was wäre, wenn die externe Firma den Preis auf 50 000 CHF anhebt? Was, wenn sie plötzlich 100 000 CHF veranschlagt? Wir werden diese Frage in Kapitel 4, Beispiel 4.3.8 beantworten. ∎

■ Beispiel 0.1.2 — Joghurtproduktion.

Ein Joghurtproduzent kauft Milch und verarbeitet diese zu Joghurt. Dabei stellt er aus einem Liter Milch einen Liter Joghurt her. Nachfragefunktionen werden in der Ökonomie oft vereinfachend als ausschließlich vom Preis abhängige Funktionen angenommen. Wir nehmen hier an, dass die Nachfrage d nach Joghurt (in Hektolitern) bei Preis p in CHF

$$d(p) = 50 - 0.1p$$

beträgt, wobei Preise zwischen 0 und 500 gewählt werden können. Abbildung 0.3 veranschaulicht diese Nachfragefunktion.[1] So ergibt sich beispielsweise bei einem Preis von $p = 100$ eine Nachfrage von $d(100) = 50 - 0.1(100) = 40$ Hektolitern, bei einem Preis von $p = 400$ eine Nachfrage von $d(400) = 50 - 0.1(400) = 10$ Hektolitern. Wir nehmen an, dass der Joghurtproduzent kein Lager hat und vertraglich verpflichtet ist, die gesamte Nachfrage zu decken, also so viel zu produzieren, wie nachgefragt wird.

Hauptkostentreiber sind die Beschaffungskosten der Milch, andere Kosten werden wir im Folgenden vernachlässigen. Den Gewinn können wir daher als die Differenz von Erlös und den Beschaffungskosten der Milch berechnen. Das heißt hier

$$g(p) = pd(p) - kd(p),$$

wobei k die Beschaffungskosten der Milch pro Hektoliter darstellt.

Würden sich die Kosten eines Hektoliters Milch beispielsweise auf 80 CHF belaufen, ergäbe sich also bei einem Preis von 400 ein Gewinn von

$$\underbrace{g(400)}_{\text{Gewinn}} = \underbrace{400 \cdot d(400)}_{\text{Erlös}} - \underbrace{80 \cdot d(400)}_{\text{Beschaffungskosten}} = 4000 - 800 = 3200.$$

Die Frage ist, welcher Preis p den Gewinn $g(p)$ maximiert. In diesem Fall könnten Sie den gewinnmaximierenden Joghurtpreis wahrscheinlich schon jetzt mit Hilfe Ihres Schulwissens berechnen. (Aber keine Sorge, wir werden dieses Wissen in Kapitel 5.6 auch nochmal langsam entwickeln.)

Abbildung 0.4 zeigt die Gewinne für verschiedene Preise. Man erahnt, dass in diesem Fall der gewinnmaximierende Preis etwas unter 300 CHF liegt.

Der Produzent hat den Einkaufspreis jedoch genauer betrachtet und festgestellt, dass der Hektoliter Milch eigentlich nur 30 CHF kostet. Der Hauptteil der Kosten entsteht durch die Lieferung per Tankwagen, wobei in einen Tankwagen bis zu 10 Hektoliter passen. Jede Lieferung kostet dabei 500 CHF pro Tankwagen unabhängig von dessen Füllmenge. Tabelle 2 zeigt beispielhaft die Kosten, die sich bei verschiedenen Bestellmengen ergeben. Welcher Joghurtpreis würde nun den Gewinn maximieren? Auch diese fortgeschrittenere Fragestellung werden wir in Kapitel 5.6 beleuchten.

■

■ Beispiel 0.1.3 — Bestimmung der „Customer Lifetime".

Oft wird bei der Modellierung von Kundenbeziehungen davon ausgegangen, dass man den Anteil der Kunden, welche eine Kundenbeziehung von mehr als t Zeiteinheiten mit einem

---

[1] Sie werden diese Art der Nachfragefunktion als lineare Nachfragefunktion in der Volkswirtschaftslehre kennenlernen, obwohl diese Funktion im mathematischen Sinne streng genommen nicht linear ist. Wir vermeiden daher diese Bezeichnung.

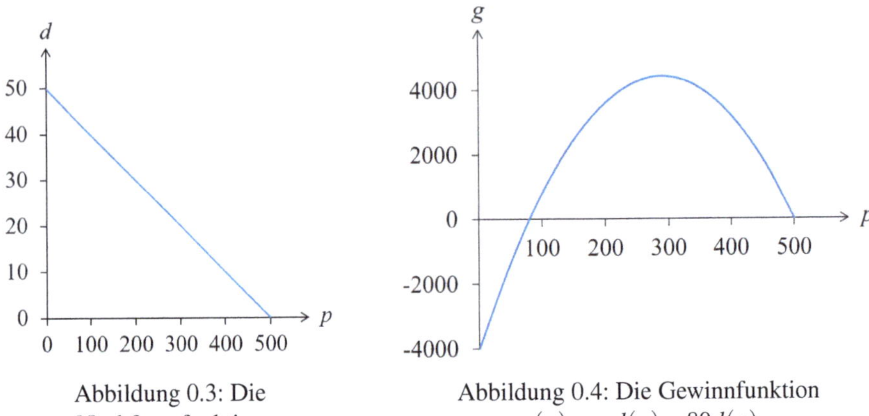

Abbildung 0.3: Die
Nachfragefunktion

Abbildung 0.4: Die Gewinnfunktion
$$g(p) = pd(p) - 80d(p)$$

Bestellmenge in Hektolitern	Kosten
0.1	$500 + 0.1 \cdot 30 = 503$
1.0	$500 + 1 \cdot 30 = 530$
5.0	$500 + 5 \cdot 30 = 650$
10.0	$500 + 10 \cdot 30 = 800$
10.1	$2 \cdot 500 + 10.1 \cdot 30 = 1303$
11.0	$2 \cdot 500 + 11 \cdot 30 = 1330$
15.0	$2 \cdot 500 + 15 \cdot 30 = 1450$
20.0	$2 \cdot 500 + 20 \cdot 30 = 1600$
20.1	$3 \cdot 500 + 20.1 \cdot 30 = 2103$

Tabelle 2: Milchkosten

Unternehmen haben, in Form einer Funktion angeben kann. Man nennt diese Funktion auch die Retention-Funktion.Die Fläche, welche zwischen dem Graphen dieser Retention-Funktion und der t-Achse eingeschlossen wird, entspricht in diesem Modell der mittleren Dauer der Kundenbeziehung, der sogenannten „Customer Lifetime".

Intuitiv kann man sich im Fall von $f(t) = 1$ für alle $t \leq 5$ und $f(t) = 0$ für $t > 5$ überlegen, dass die Kundenbeziehung von 100% aller Kunden genau 5 Tage anhält. Die mittlere Dauer der Kundenbeziehung ist dann also 5 Tage, vgl. Abbildung 0.5 (links) und entspricht der Fläche unterhalb von f. Wenn die Kundenbeziehung mit der Hälfte der Kunden 2 Tage lang andauert und mit der anderen Hälfte 8 Tage, ist diese Funktion also $f(t) = 1$ für alle $t \leq 2$, $f(t) = 0{,}5$ für $2 < t \leq 8$, und $f(t) = 0$ für $t > 8$. Die mittlere Dauer der Kundenbeziehung (sowie die Fläche unterhalb von f) ist wieder gleich 5, vgl. Abbildung 0.5 (Mitte).

Oft wird bei Apps davon ausgegangen, dass man den Anteil der Nutzer, welche die App auf ihrem Gerät auch t Tage nach Installation noch auf Ihrem Gerät verwenden und damit eine Kundenbeziehung von mehr als t Zeiteinheiten mit dem Unternehmen haben, als eine Funktion der Form $f(t) = e^{-rt}$ modellieren kann. Der Parameter r hängt hierbei von der speziellen App ab. Marktführer bei Spieleapps wie Candy Crush haben in einem

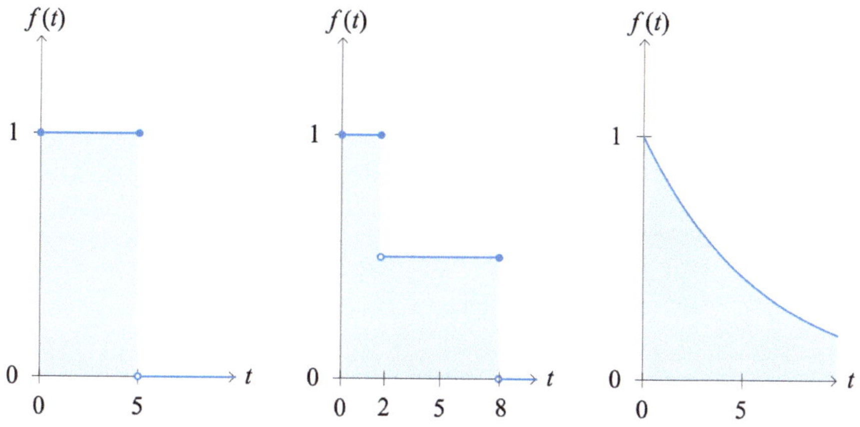

Abbildung 0.5: Die mittlere Dauer der Kundenbindung als Fläche

solchen Modell einen Parameter von etwa $r = 0.17$ pro Tag, vgl. Abbildung 0.5 (rechts).[2] Auch hier entspricht die Fläche, welche zwischen dem Graphen dieser Funktion und der t-Achse eingeschlossen wird, der durchschnittlichen Kundenbindung. Wie lange nutzt ein Kunde diesem Modell zufolge Candy Crush nach Installation im Mittel?

Wir werden in Kapitel 5.7 erklären, wie man eine solche Fläche unter dem Funktionsgraph allgemein berechnet. ∎

■ Beispiel 0.1.4 — Bestimmung des Marktanteils.

Wir betrachten einen vereinfachten, wachsenden Markt mit zwei konkurrierenden Produkten. Wir nennen sie hier Vollenweider und Sprüngli.

Von den Kunden, die in einer Periode Vollenweider gekauft haben, kaufen 50 % auch in der kommenden Periode Vollenweider. Die anderen 50 % kaufen in der kommenden Periode Sprüngli. Von den Kunden, die in einer Periode Sprüngli gekauft haben, kaufen 30 % in der Folgeperiode Vollenweider. Die anderen 70 % kaufen auch in der Folgeperiode Sprüngli. Zusätzlich werden in jeder Periode Neukunden für Sprüngli generiert, ihre Anzahl entspricht 15 % der Anzahl der Sprüngli Kunden aus der Vorperiode. Die beschriebene Dynamik ist in jeder Periode gleich und in Abbildung 0.6 veranschaulicht.

Würde in Periode 1 Vollenweider mit 100 Kunden beginnen und Sprüngli mit 0, so wären in Periode 2 genau 50 Kunden bei Vollenweider und 50 bei Sprüngli. Von einer Marktbeherrschung von 100 % hätte sich der Marktanteil von Vollenweider also in der zweiten Periode auf 50 % reduziert. Würde umgekehrt in Periode 1 Sprüngli mit 100 Kunden beginnen, und Vollenweider mit 0, so wären in Periode 2 genau $70 + 15 = 85$ Kunden bei Sprüngli und 30 bei Vollenweider. Von einer 100 %igen Marktbeherrschung von Sprüngli hätte sich der Marktanteil also in der zweiten Periode auf ca. 74 % reduziert.

Ökonomen stellen sich in einer solchen Umgebung oft die Frage, ob es ein stabiles Gleichgewicht gibt. In anderen Worten: Gibt es eine Marktaufteilung zwischen den Konkurrenten, die über die Zeit konstant bleibt? Und wenn ja, wie hoch sind die Marktanteile

---

[2]   Berechnet aus Angaben auf http://www.vertoanalytics.com/top-mobile-gaming-apps-in-terms-of-retention/, Stand 25.8.2017.

der Konkurrenten in diesem Fall? In Kapitel 8 werden wir Methoden kennenlernen, die es uns erlauben, derartige Fragen einfach zu beantworten.

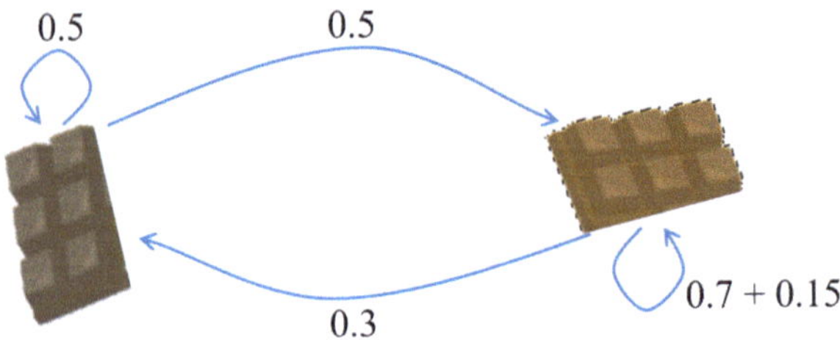

Abbildung 0.6: Vollenweider und Sprüngli

■ Beispiel 0.1.5 — Bestimmung des risikominimalen Portfolios.

Ein Anleger steht vor der Frage, wie groß er die Anteile x_1, x_2 und x_3 von drei zur Auswahl stehenden Wertpapieren bei der Bildung seines Portfolios wählen soll. Dabei ist bekannt, dass die Renditen der drei Wertpapiere $\frac{1}{5}$, $\frac{1}{10}$ bzw. $\frac{3}{10}$ betragen. Der Anleger will eine Gesamtrendite von mindestens $\frac{7}{30}$ erzielen. Existieren mehrere Portfolios, die diese Gesamtrendite erzielen, so will er sein Geld so anlegen, dass das mit dem Portfolio verbundene Investitionsrisiko minimiert wird. Dabei nimmt er an, dass das Risiko des Portfolios mit Anteilen x_1, x_2 und x_3 durch die Funktion

$$f(x_1, x_2, x_3) = \frac{1}{20}x_1^2 + \frac{1}{20}x_2^2 + \frac{1}{20}x_3^2$$

adäquat beschrieben wird. Wie sollte der Anleger die Anteile x_1, x_2 und x_3 wählen, um sein Ziel zu erreichen? Tabelle 3 zeigt beispielhaft Risiken und Renditen von fünf verschiedenen Portfolios. Unter diesen fünf überschreiten lediglich Portfolios 3 und 4 die Mindestrendite von $\frac{7}{30}$. Der Anleger bevorzugt hier Portfolio 4, da es ein geringeres Risiko als Portfolio 3 hat.

Portfolio	Anteil Wertpapier			Rendite	Risiko
Nummer	x_1	x_2	x_3	$\frac{x_1}{5} + \frac{x_2}{10} + \frac{3x_3}{10}$	$f(x_1, x_2, x_3)$
1	1	0	0	$\frac{1}{5}$	$\frac{1}{20}$
2	0	1	0	$\frac{1}{10}$	$\frac{1}{20}$
3	0	0	1	$\frac{3}{10}$	$\frac{1}{20}$
4	$\frac{1}{2}$	0	$\frac{1}{2}$	$\frac{1}{4}$	$\frac{1}{40}$
5	$\frac{1}{3}$	$\frac{1}{3}$	$\frac{1}{3}$	$\frac{1}{5}$	$\frac{1}{60}$

Tabelle 3: Risiko und Rendite von fünf möglichen Portfolios

Ob es eine bessere Lösung zum Problem des Anlegers gibt, scheint durch reines Ausprobieren schwer beantwortbar. Wir werden in Kapitel 10 diskutieren, wie man systematisch jene Anteile bestimmen kann, welche das geringste Risiko aller denkbaren Portfolios haben und die vorgegebene Rendite erzielen.

■ Beispiel 0.1.6 — Produktionsplanung.

Ein holzverarbeitender Betrieb stellt zwei Typen von Spanplatten her: Typ P_1 für den Innenbereich und Typ P_2 für den Außenbereich. Der Deckungsbeitrag von Produkt P_1 ist 4 CHF pro Mengeneinheit, der von P_2 ist 5 CHF pro Mengeneinheit. Es muss entschieden werden, welche Mengen x_1 und x_2 von P_1 und P_2 hergestellt werden sollen, um den Gesamtdeckungsbeitrag zu maximieren.

Zur Herstellung der Spanplatten werden zwei Arten von Furnierblättern F_1 bzw. F_2 unterschiedlicher Qualität benutzt. Die Spanplatten werden mittels einer Presse, in der die Furniere verleimt werden, hergestellt.

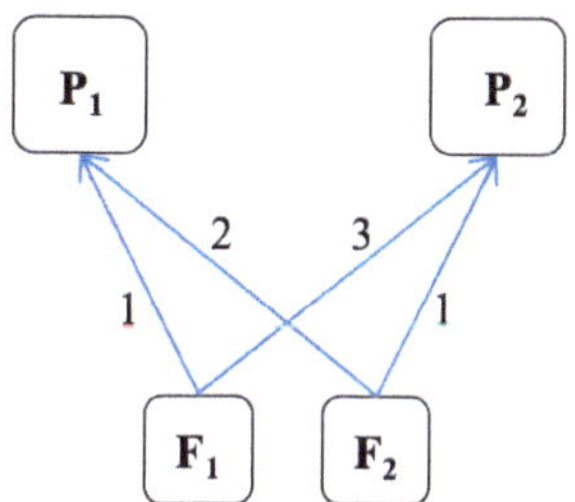

Abbildung 0.7: Zur Herstellung der Spanplatten benötigte Furnierblätter-Anteile

Zur Herstellung einer Platte vom Typ P_1 werden ein Blatt von F_1 und zwei Blätter von F_2 benötigt, während bei Typ P_2 drei Blätter von F_1 und ein Blatt von F_2 benutzt werden. Abbildung 0.7 veranschaulicht diesen Sachverhalt. Von F_1 bzw. F_2 stehen 1 500 bzw. 1 200 Blätter zur Verfügung. Die Presse steht insgesamt 700 Minuten zur Verfügung, wobei die Verleimung beider Plattentypen pro Mengeneinheit jeweils eine Minute dauert. Diese Aufgabe wird in Beispiel 2.2.3 fortgesetzt und als Anwendung der linearen Optimierung in Kapitel 10 besprochen. ■

0.2 Aufbau des Buches

Ziele dieses Unterkapitels

- Wie ist dieses Buch aufgebaut?
- Muss ich das hier alles lesen? Was bedeuten *- und #-Zeichen bei Kapiteln und Beispielen?

Die verschiedenen Kapitel dieses Buchs bauen überwiegend aufeinander auf. Dabei behandeln wir in Kapitel 1 das Thema Mathematik als Sprache. Das Ziel, mathematisch formulierte Sätze lesen und verstehen zu können, wird dann in allen weiteren Kapiteln geübt und vertieft. In Kapitel 2 beschäftigen wir uns dann mit Grundlagen der Mengentheorie sowie mit Grundbegriffen von Relationen und Zahlenmengen. Kapitel 3 führt in allgemeine Funktionen ein, also in Abbildungsvorschriften zwischen Mengen. Daran anschließend behandeln Kapitel 4, 5 und 9 spezielle Funktionsklassen. Kapitel 4 widmet sich beispielsweise Funktionen mit natürlichen Zahlen als Definitionsmenge – also sogenannten Folgen. Von einer reellen Funktion spricht man, wenn die Funktion eine Teilmenge der reellen Zahlen auf eine Teilmenge der reellen Zahlen abbildet. Derartige Funktionen und ihre Eigenschaften diskutieren wir in Kapitel 5.

Die meisten der in Teil 1 behandelten Themen werden Studenten aus der Schule bereits bekannt sein. Ziel der ausführlichen Wiederholung ist es, sich mit der Präzision mathematischer Sprache und der Wichtigkeit getroffener Annahmen vertraut zu machen. Themen aus Teil 2 sind in der Regel weniger bekannt.

Teil 2 beginnt dabei in Kapitel 6 mit mehrdimensionalen Zahlenmengen, Matrizen, Vektoren und deren Linearkombinationen. Aufbauend darauf werden wir ein Eliminationsverfahren zur Lösung linearer Gleichungssysteme in Kapitel 7 motivieren und vorstellen. Mit Hilfe der gewonnenen Erkenntnisse aus Kapitel 6 und 7 werden dann in Kapitel 8 lineare Abbildungen definiert. In diesem Zusammenhang werden wir unter anderem Determinanten und Eigenwerte von Matrizen einführen. In Kapitel 9 verallgemeinern wir dann die Erkenntnisse aus Kapitel 5 auf reelle Funktionen in mehreren Variablen. In Kapitel 10 behandeln wir abschließend Optimierungsprobleme mit Nebenbedingungen, die mathematische Grundlage vieler wirtschaftswissenschaftlicher Fragestellungen.

Abbildung 0.8 visualisiert den Aufbau. Zum besseren Verständnis sollte man sich die Blöcke physisch vorstellen: Liegt ein Kapitel-Baustein auf einem anderen, so bildet der andere die Grundlage zum Verständnis. Beispielsweise baut Kapitel 5 auf dem Wissen von Kapiteln 1-4 auf, Kapitel 7 nutzt Definitionen und Sätze aus Kapiteln 1, 2, und 6. Will man Kapitel 8 verstehen, sollte man zuvor Kapitel 1, 2, 3, 6 und 7 gelesen haben.

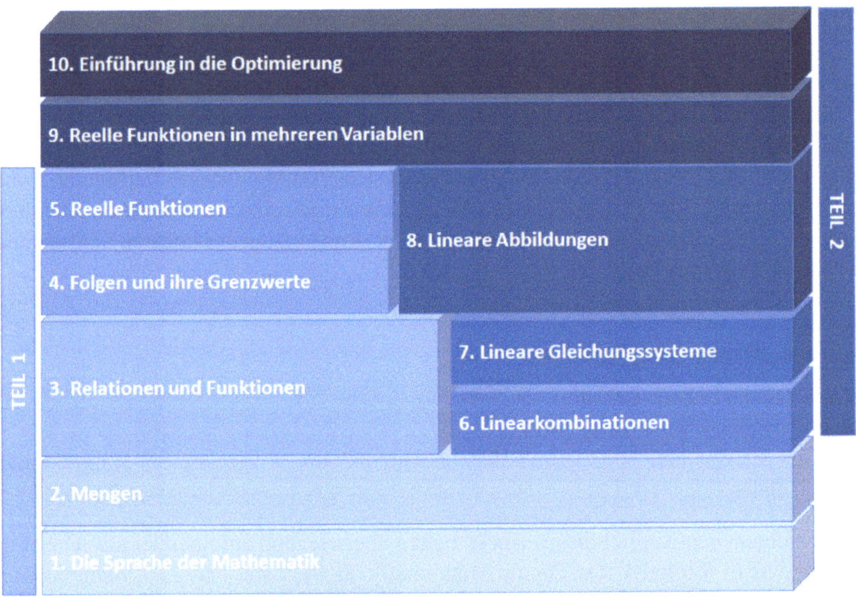

Abbildung 0.8: Aufbau der Kapitel

Je nach Ihrem Werdegang bringen Sie für diese Reise durch die Mathematik unterschiedliches Vorwissen mit. Dieses Buch enthält viele Beispiele und Beweise und versucht Verbindungen zwischen verschiedenen Themen herzustellen. Einige Beispiele sind wichtig, um klarzustellen, wie und wann ein Satz, ein Gedanke oder ein Verfahren an seine Grenzen stößt. Zudem werden Themen, bei denen wir davon ausgehen, dass sie bereits aus der Schule bekannt sind, wiederholt. Diese Wiederholungen sind für Studenten mit weniger

Vorwissen essentiell, für andere Studierende aber eventuell ablenkend. Um zu entscheiden, ob ein Teilkapitel über Ihr Vorwissen hinausgeht, ist jedes der 10 Kapitel in verschiedene Abschnitte unterteilt: In jedem Abschnitt werden zu Beginn Ziele in Form von Fragen formuliert. Am Ende eines Abschnitts fassen wir die zentralen Inhalte noch einmal knapp zusammen. Diese Zusammenfassungen sind jeweils mit einem „Z" markiert. Können Sie die Fragen also selbst so beantworten, dass Sie die Aussagen am Ende des Abschnitts erhalten, ist ein genaues Lesen des Abschnitts eventuell nicht notwendig. Zudem empfehlen wir, Beispiele zu überspringen, wenn der Stoff bereits verstanden wurde. Aus diesem Grund ist auch das Ende von Beispielen im Text durch schwarze Kästchen gekennzeichnet. Besonders schwierige Beispiele, die ein sehr gutes Verständnis der Grundlagen voraussetzen, markieren wir durch ein Sternchen ($*$). Auf weitere Literatur verweisen wir stets am Ende eines Abschnitts.

Je nach der von Ihnen verfolgten Studienrichtung können unterschiedliche Themen für Sie wichtig sein. Dieses Buch versucht hier einen Mittelweg zu gehen. Hintergrundinformationen und zusätzliche Zusammenhänge zwischen verschiedenen Themen werden dann präsentiert, wenn sie unserer Meinung nach dem Verständnis dienen. Sie sind vor allem für Studierende wichtig, die sich auch in Zukunft mit quantitativen Fächern (Informatik, Mikroökonomie, Finance, Management Science etc.) beschäftigen werden, und helfen dabei, den präsentierten Stoff besser zu verstehen. Wir markieren Abschnitte, die Hintergrundinformationen bereitstellen, durch ein Hashtag-Zeichen (#).

Beim ersten Lesen empfehlen wir, neben #-Kapiteln auch Beweise zu überspringen. Aus diesem Grund finden Sie ab Kapitel 2 alle Beweise am jeweiligen Ende des Kapitels. Das Ende eines Beweises ist dabei stets durch ein schwarzes Kästchen gekennzeichnet. Prinzipiell gehen wir jedoch davon aus, dass (beim zweiten Lesen) alle Studierenden auch die Beweise lesen und nachvollziehen können. Für Studierende quantitativer Vertiefungen kann es auch relevant sein, Beweise eigenständig führen zu können. Auch hier kennzeichnen wir besonders langwierige oder schwierige Beweise durch die entsprechenden Symbole ($*$ für schwierig und #, falls Wissen aus entsprechenden Abschnitten genutzt wird).

In diesem Buch fassen wir überwiegend eigene Ideen, Ideen aus Vorlesungsfolien des ehemaligen Lehrstuhlinhabers, Prof. Diethart Klatte, sowie Ideen aus den folgenden Quellen zusammen:

- Opitz et al. (2017)
- Merz und Wüthrich (2013)
- Dietz (2012)
- Rommelfanger (2008) und Rommelfanger (2009)
- Strang (2003)
- Sanderson (2017)

Gerne empfehlen wir Studierenden auch direkt in diesen Quellen nachzuschlagen, um einen anderen Blickwinkel zu erhalten. Für Beweise werden wir gelegentlich auf Heuser (2000) und die Bücher von Kall (1976, 1982, 1984), seltener auf Fischer (1995), Forster (1984b,a) oder Geiger und Kanzow (1999) verweisen.

(Z) Die verschiedenen Kapitel dieses Buchs bauen überwiegend aufeinander auf. Abbildung 0.8 fasst die genauen Abhängigkeiten zusammen.

Besonders schwierige Beispiele und Beweise sind durch ein $*$ gekennzeichnet.

Zusatzinformationen sind durch # markiert. Es wird empfohlen, diese Abschnitte beim ersten Lesen zu überspringen.

0.3   Vorwissen

Ziele dieses Unterkapitels

- Welches Vorwissen wird vorausgesetzt?
- Wo kann ich dieses Vorwissen nachlesen?

Folgende Themen werden als Grundwissen vorausgesetzt und nicht explizit besprochen:

- Elementares Rechnen: Zahlen, Variablen, Terme, Rechengesetze wie z.B. Kommutativgesetz, Assoziativgesetz und Distributivgesetz der Addition und Multiplikation, Brüche, Potenzen, Wurzeln, Umformen von Termen, binomische Formel, Rechnen mit Logarithmen und Absolutbeträgen;
- Summen- und Produktzeichen;
- Fakultät einer natürlichen Zahl, Binomialkoeffizienten;
- Gleichungen mit einer Unbekannten: Einfache Gleichungen, Lösungsmengen, Umformen von Gleichungen, Betragsgleichungen und quadratische Gleichungen, Mitternachtsformel;
- Ungleichungen mit einer Unbekannten: Vergleichssymbole, Lösungsmengen, Umformen von Ungleichungen, Betragsungleichungen und quadratische Ungleichungen;
- Lösen von Gleichungssystemen durch Substitution (Einsetzen) sowie die Additionsmethode.
- Elementare Funktionen: Definitionsbereich, Wertebereich, Umkehrbarkeit von Funktionen in einer reellen Variable, (affin-)lineare Funktionen, Betragsfunktion, Polynome und gebrochenrationale Funktionen, Potenzfunktionen, Logarithmen und Exponentialfunktionen;
- Faktorisierung von Polynomen;
- (#) Polynomdivision (dieses Wissen ist an einigen Stellen über Zusatzinformationen hilfreich);
- Grundlagen der Geometrie: Punkt, Strecke, Gerade, Kreis, Sekante, Winkel, Sinus, Kosinus, Satz des Pythagoras, Vektoren, Vektoraddition, Vektorsubtraktion, Darstellung einer Geraden in der Ebenen bzw. einer Ebene im dreidimensionalen Raum in Parameterdarstellung und in Form einer Gleichung bzw. Normalform;

Die meisten dieser Themen werden in Kapiteln 1 und 2 von Opitz et al. (2017), im ersten Kapitel von Dietz (2012), oder auch in Kapiteln 1 bis 6 des Online-Brückenkurses von Goll et al. (2017) behandelt. Gegebenenfalls sollten Sie diese Themen gezielt auch mit alten Schulmaterialien nacharbeiten.

(Z) Obige Liste beinhaltet alle Themen, die wir als Vorwissen bezeichnen. Wir empfehlen, diesen Stoff ggf. mit oben genannter Literatur aufzufrischen.

0.4 Literaturverzeichnis

Dietz, H. M., *Mathematik für Wirtschaftswissenschaftler*, Springer Berlin Heidelberg, 5. Auflage, 2012

Fischer, G., *Lineare Algebra*, Friedrich Vieweg Sohn, Braunschweig, 15. Auflage, 2005

Forster, O., *Analysis 2, Differentialrechnung im $\mathbb{R}^n$, Gewhnliche Differentialgleichungen*, Friedrich Vieweg Sohn, Braunschweig, 5. Auflage, 1984

Forster, O., *Analysis 3, Integralrechnung im $\mathbb{R}^n$ mit Anwendungen*, Friedrich Vieweg Sohn, Braunschweig, 3. Auflage, 1984

Geiger, C., Kanzow, C., *Numerische Verfahren zur Lösung unrestringierter Optimierungsaufgaben*, Springer, 1. Auflage, 1999

Goll, C., Bentz, T., Röhrl, N., Akkar, Z., App, A., Beer, J., Dege, C., Deissler, J., Dirmeier, A., Feiler, S., Gulino, H, Haase, D., Hägele, C., Hankele, V., Hardy, E., Häussling, R., Heidbüchel, J., Helfrich-Schkarbanenko, A., Herlold, H., Hoffmann, H., Karl, I., Kempf, S., Kleb, J., Koss, R., Liedtke, J., Lilli, M., Merkt, D., Nese, C., Pintschovius, U., Pohl, T., Rapedius, K., Rutka, V., Schulz, M., Schüpp-Niewa, B., Sternal, O., Stroh, T., Vettin, L., Walliser, N., Weyreter, G., Ziebarth, E., *Onlinebrückenkurs Mathematik*, `https://www.math4refugees.tu-berlin.de/mfr/html/de/sectionx3.1.0.html`, zuletzt aufgerufen am 16.5.2018.

Heuser, H., *Lehrbuch der Analysis, Teil 1*, Teubner, Stuttgart, 13. Auflage, 2000

Kall, P., *Mathematische Methoden des Operations Research*, Teubner Studienbücher Mathematik, Stuttgart, 1. Auflage, 1976

Kall, P., *Analysis für Ökonomen*, Teubner Studienbücher Mathematik, Stuttgart, 1. Auflage, 1982

Kall, P., *Lineare Algebra für Ökonomen*, Teubner Studienbücher Mathematik, Stuttgart, 1. Auflage, 1984

Merz, M. und Wüthrich, M.V., *Mathematik für Wirtschaftswissenschaftler: Die Einführung mit vielen ökonomischen Beispielen*, Vahlen, 1. Auflage, 2013

Opitz, O., Etschberger, S., Burkart, W., und Klein, R., *Mathematik - Lehrbuch: für das Studium der Wirtschaftswissenschaften*, De Gruyter Studium, 12. Auflage, 2017

Pampel, T., *Mathematik für Wirtschaftswissenschaftler*, Springer, 1. Auflage, 2010

Rommelfanger, H., *Mathematik für Wirtschaftswissenschaftler I*, Springer Berlin Heidelberg, 5. Auflage, 2008

Rommelfanger, H., *Mathematik für Wirtschaftswissenschaftler II*, Springer Berlin Heidelberg, 5. Auflage, 2009

Sanderson, G., *Youtube Channel 3blue1brown*, `https://www.youtube.com/channel/UCYO_jab_esuFRV4b17AJtAw`, zuletzt aufgerufen 17.01.2022

Strang, G., *Lineare Algebra*, Springer Berlin Heidelberg, 1. Auflage, 2003

Open Access Dieses Kapitel wird unter der Creative Commons Namensnennung 4.0 International Lizenz (http://creativecommons.org/licenses/by/4.0/deed.de) veröffentlicht, welche die Nutzung, Vervielfältigung, Bearbeitung, Verbreitung und Wiedergabe in jeglichem Medium und Format erlaubt, sofern Sie den/die ursprünglichen Autor(en) und die Quelle ordnungsgemäß nennen, einen Link zur Creative Commons Lizenz beifügen und angeben, ob Änderungen vorgenommen wurden.

Die in diesem Kapitel enthaltenen Bilder und sonstiges Drittmaterial unterliegen ebenfalls der genannten Creative Commons Lizenz, sofern sich aus der Abbildungslegende nichts anderes ergibt. Sofern das betreffende Material nicht unter der genannten Creative Commons Lizenz steht und die betreffende Handlung nicht nach gesetzlichen Vorschriften erlaubt ist, ist für die oben aufgeführten Weiterverwendungen des Materials die Einwilligung des jeweiligen Rechteinhabers einzuholen.

1. Die Sprache der Mathematik

Viele denken bei „Sprache der Mathematik" an eine Aneinanderreihung von Symbolen und griechischen Buchstaben. Und in der Tat verwenden Mathematiker oft Symbole zur Abkürzung. Aus der Schule kennen Sie wahrscheinlich, dass man $x \leq 5$ abkürzend schreibt, wenn man ausdrücken will, dass x kleiner als die Zahl 5 oder gleich der Zahl 5 ist. Oder man schreibt $x > 1$ verkürzend für x ist größer als die Zahl 1 (und nicht gleich). Zudem steht $\forall x$ abkürzend für „für alle x" und $\exists x$ abkürzend für „es existiert ein x". Diese Symbole, Quantoren genannt,[1] sind aber nur das mathematische Analogon zu Chat-Abkürzungen wie OMG oder ROFL. Nur wenn man weiß, wofür sie stehen, kann man den Text wirklich lesen. Statt einfach $(2x + 6)/2 - x = 3 \ \forall x$, finden sich in meinem Facebook Feed beispielsweise Bilder wie Abbildung 1.1[2].

Man könnte die gleichen Sachverhalte also auch ohne diese Symbole ausdrücken, es wird nur länger. Für uns wird es wichtig sein, Symbole kennenzulernen, um mathematische Texte lesen zu können. Noch wichtiger ist es jedoch, die spezielle, sehr genaue Sprache der Mathematik verstehen zu lernen, die nichts mit Symbolen, aber viel mit Präzision und Logik zu tun hat. Wir diskutieren im Folgenden einige ausgewählte Aspekte.

1.1 Logische Schlussfolgerungen

Oft ist beim täglichen Argumentieren und Ziehen von Schlussfolgerungen nicht klar, nach welchen Gesetzen vorgegangen wird. Dies wird dadurch erschwert, dass viele umgangssprachliche Sätze bei genauerer Betrachtung mehrdeutig sind. Wir versuchen im Folgenden ein möglichst klares Beispiel zu diskutieren und zu verallgemeinern.

---

[1]   Das Symbol $\forall$ wird auch Allquantor genannt und $\exists$ Existenzquantor.

[2]   Traurig, aber wahr, Bildquelle:https://www.publicdomainpictures.net/pictures/180000/nahled/wizard-1467083757NlL.jpg.

© Der/die Autor(en) 2026
C. Barz, *Mathematik für Wirtschaftswissenschaftler*,
https://doi.org/10.1007/978-3-658-50521-9_2

Abbildung 1.1: „Cooler Mathetrick"

1.1.1 Aussagen

Ziele dieses Unterkapitels

- Was versteht man unter einer Aussage? Was ist die Negation einer Aussage?

Begriffe werden in der Mathematik in Form einer Definition eingeführt. Wir gehen in unserem folgenden Beispiel davon aus, dass dem Leser unter anderem klar ist, was eine Uhrzeit und eine Kirchenglocke ist. Wir verzichten daher auf eine formale Definition.

Die definierten Begriffe werden dann in Aussagen verwendet. Eine Aussage ist in der Mathematik eine Beschreibung oder Mitteilung eines Sachverhalts, der eindeutig als wahr oder falsch klassifiziert werden kann.

■ Beispiel 1.1.1 — Kirchenglocken.
Betrachten wir Abbildung 1.2, so ist der Satz „Es ist 12 Uhr" eine wahre Aussage. Wir nennen sie Aussage A. „Die Kirchenglocke läutet" ist ebenfalls eine wahre Aussage. Wir nennen diese Aussage B. Betrachten wir Abbildung 1.3, so ist Aussage A falsch.   ■

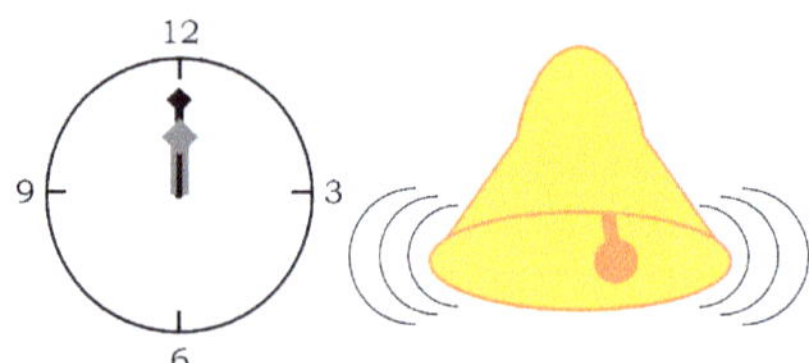

Abbildung 1.2: Kirchenglocke um 12 Uhr

Ausgehend von einer oder mehreren Aussagen, versucht man über Schlussfolgerungen zu weiteren Aussagen zu kommen. Wir werden diese Schlussfolgerungen später als Sätze bezeichnen.[3] Eine einfache Schlussfolgerung ist, dass wir durch die Verneinung (auch

---

[3] Einige Mathematiker unterscheiden Sätze und klassifizieren sie als Theoreme (Hauptaussagen), Lemmata (Hilfsaussagen) oder Korollare (einfache Schlussfolgerungen). Da diese Unterscheidung verschiedener Satzarten für uns nicht wichtig ist, werden wir sie nicht nutzen.

Negation genannt) einer falschen Aussage eine wahre Aussage bekommen und umgekehrt.

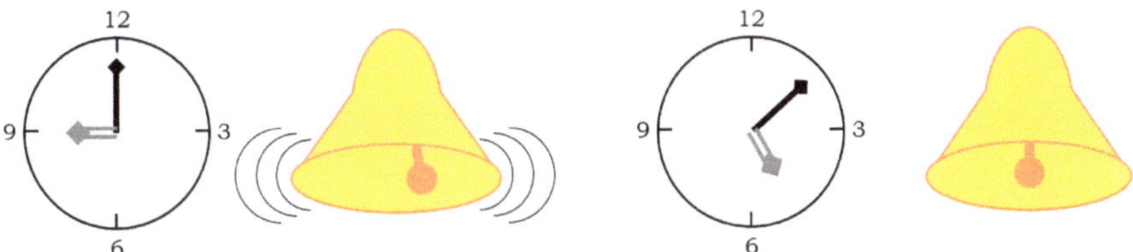

Abbildung 1.3: Kirchenglocke um 9 Uhr   Abbildung 1.4: Kirchenglocke um 17:08

■ Beispiel 1.1.2 — Fortsetzung des Kirchenglockenbeispiels 1.1.1.

Betrachten wir Abbildung 1.2 und sagen wir „Es ist nicht 12 Uhr", so haben wir die Negation von A, geschrieben $\overline{A}$.[4] Die Aussage A ist bei Betrachtung von Abbildung 1.2 wahr, die Negation $\overline{A}$ falsch. Betrachten wir Abbildung 1.4, so ist B, die Negation von B (also „Die Kirchenglocke läutet nicht") eine wahre Aussage.   ■

Die **Negation** von Aussage A ist $\overline{A}$. Sie ist wahr, wenn A falsch ist, sie ist falsch, wenn A wahr ist.

Definition 1.1.1 — Aussage und Negation.

Eine **Aussage** ist eine Beschreibung oder Mitteilung eines Sachverhalts, welche eindeutig als wahr oder falsch klassifiziert werden kann. Die **Negation** von Aussage A ist $\overline{A}$. Sie ist wahr, wenn A falsch ist, sie ist falsch, wenn A wahr ist.

(Z) Eine Aussage ist immer wahr oder falsch. Die Negation einer Aussage A ist $\overline{A}$. Sie ist genau dann wahr, wenn A falsch ist.

1.1.2 Implikation, Kontraposition, und Umkehrung

Ziele dieses Unterkapitels

- Was ist eine Implikation?
- Was ist die Kontraposition einer Implikation?
- Was versteht man unter einer Umkehrung einer Implikation?

■ Beispiel 1.1.3 — Fortsetzung des Kirchenglockenbeispiels 1.1.1.

In Zürich lebend lernt man schnell, dass die Aussage „Wenn es 12 Uhr ist, dann läutet die Kirchenglocke" eine wahre Aussage ist.[5] Man nennt derartige Verknüpfungen von Aussagen eine Implikation und nutzt das Symbol „$\Rightarrow$", hier $A \Rightarrow B$. Wir nennen hier drei Arten, wie man dieses Symbol lesen kann:

- Wenn A gilt (bzw. wahr ist), muss auch B gelten (bzw. wahr sein): Wenn die Aussage „Es ist 12 Uhr" wahr ist, muss auch die Aussage „Die Kirchenglocke läutet" wahr sein;
- A impliziert B: Die Aussage „Es ist 12 Uhr" impliziert die Aussage „Die Kirchenglocke läutet";
- Aus A folgt B: Aus der Aussage „Es ist 12 Uhr" folgt die Aussage „Die Kirchenglocke läutet".   ■

---

[4] Statt $\overline{A}$ nutzen einige Autoren auch die Schreibweise $\neg A$, gesprochen „nicht A".

[5] Wir nehmen eine immer funktionierende Kirchenglocke an, die immer um 12 Uhr läutet.

> **Definition 1.1.2 — Implikation.**
> Eine Aussage der Form $A \Rightarrow B$ heißt **Implikation**. Ist B immer dann wahr, wenn A wahr ist, so ist $A \Rightarrow B$ wahr. Wir sagen dann auch, dass $A \Rightarrow B$ gilt.
> Auch wenn A falsch ist, sagt man, dass die Implikation $A \Rightarrow B$ gilt. Nur wenn A wahr und B falsch ist, gilt $A \Rightarrow B$ nicht. Man schreibt dann auch $A \nRightarrow B$.

Wichtig ist es, sich die genaue Aussage einer Implikation vor Augen zu halten.[6] Eine Implikation behauptet, dass wenn A wahr ist, auch B wahr ist. Gilt Aussage A nicht, folgt aus der Implikation nichts darüber, ob B wahr ist oder nicht.

■ **Beispiel 1.1.4 — Fortsetzung des Kirchenglockenbeispiels 1.1.1.**
Auch um 9 Uhr (vgl. Abbildung 1.3) läutet die Glocke. Dann ist A falsch und B wahr. In Abbildung 1.4, um 17:08, läuten die Kirchenglocken nicht. Hier sind Aussagen A und B falsch. Die Implikation besagt nur, dass immer, wenn es 12 Uhr ist, die Kirchenglocke läutet.

Wenn die Kirchenglocke aktuell nicht läutet (also $\overline{B}$ wahr ist), können wir hieraus verlässlich schließen, dass es nicht 12 Uhr ist? Folgt aus $\overline{B}$ also $\overline{A}$, bzw. dass Aussage A falsch ist? Ja. Wir können einen solchen Schluss ziehen. Es ist nicht 12 Uhr. Denn wäre es 12 Uhr, dann würde die Kirchenglocke läuten.   ■

Aus $\overline{B}$ konnten wir im Beispiel also $\overline{A}$ schließen. Gilt $A \Rightarrow B$, dann gilt auch stets die sogenannte Kontraposition $\overline{B} \Rightarrow \overline{A}$.

Wissen wir, dass $A \Rightarrow B$ gilt, so folgt in der Regel jedoch nicht, dass die Umkehrung dieser Implikation, $B \Rightarrow A$, gilt.

■ **Beispiel 1.1.5 — Fortsetzung des Kirchenglockenbeispiels 1.1.1.**
Aus dem Glockenläuten kann man nicht schließen, dass es 12 Uhr ist. Denn auch um 9 Uhr läutet die Glocke.   ■

Eine Implikation behauptet, dass eine Schlussfolgerung „in eine Richtung" immer wahr ist. Aus A folgt B. Die Kontraposition der Implikation ist eine Schlussfolgerung der Negationen der beiden Aussagen, die in die andere Richtung geht. Gilt $A \Rightarrow B$ so gilt auch $\overline{B} \Rightarrow \overline{A}$.

■ **Beispiel 1.1.6 — Ein mathematischeres Beispiel.**
Ist die eine Aussage $x^2 = 9$ und die andere $x = 3$, dann gilt: $x = 3 \Rightarrow x^2 = 9$. Außerdem ist es korrekt zu sagen, dass die Kontraposition $x^2 \neq 9 \Rightarrow x \neq 3$ wahr ist. Die Umkehrung ist jedoch nicht richtig, man schreibt $x^2 = 9 \nRightarrow x = 3$. Denn auch für $x = -3$ gilt $x^2 = 9$.   ■

> **Definition 1.1.3 — Umkehrung und Kontraposition.**
> Die **Umkehrung** der Implikation $A \Rightarrow B$ ist $B \Rightarrow A$. Die **Kontraposition** der Implikation $A \Rightarrow B$ ist $\overline{B} \Rightarrow \overline{A}$.

Gilt die Implikation $A \Rightarrow B$, so ist die Umkehrung $B \Rightarrow A$ nicht immer wahr, die Kontraposition $\overline{B} \Rightarrow \overline{A}$ hingegen schon.

> **Satz 1.1.1 — Rückschluss von Implikation auf Kontraposition.**
> Ist die Implikation $A \Rightarrow B$ wahr, so ist die Kontraposition $\overline{B} \Rightarrow \overline{A}$ wahr.

---

[6]   Vgl. auch die formale Definition in Büchern zur Aussagenlogik.

 Ist B immer wahr, wenn A wahr ist, sagt man auch „aus A folgt B" und schreibt $A \Rightarrow B$ (Implikation).

Gilt $A \Rightarrow B$ und ist Aussage B falsch, dann muss A auch falsch sein. Man schreibt $\overline{B} \Rightarrow \overline{A}$ und nennt dies die Kontraposition von $A \Rightarrow B$.

Die Umkehrung von $A \Rightarrow B$ ist $B \Rightarrow A$.

1.1.3   Notwendige und hinreichende Bedingungen

Ziele dieses Unterkapitels

- Wann nennt man eine Bedingung notwendig, wann hinreichend für eine Aussage?

In der Implikation $A \Rightarrow B$ nennt man A auch eine hinreichende Bedingung für das Auftreten von B.

▪ Beispiel 1.1.7 — Fortsetzung des Kirchenglockenbeispiels 1.1.1.

Weiß man, dass es 12 Uhr ist, so hat man hinreichende Informationen, um zu schließen, dass die Kirchenglocke läutet. Man kann also aus Aussage A ohne weitere Informationen direkt auf B schließen. Es liegen in Aussage A hinreichend viele Informationen vor, um auf B zu schließen. A ist also eine hinreichende Bedingung.

Ebenso ist die Aussage „Die" Glocke läutet nicht eine hinreichende Information, um zu schließen, dass es nicht 12 Uhr sein kann. Ist die Aussage B falsch, die Kirchenglocke läutet nicht, so kann unter obiger Implikation Aussage A nicht wahr sein. Es ist dann sicher nicht 12 Uhr. Umgekehrt können wir aber nicht schließen, dass wenn die Kirchenglocke läutet (Aussage B wahr ist), es 12 Uhr ist. Denn sie läutet ja auch z.B. um 9 Uhr. Das Läuten der Kirchenglocke ist notwendig, damit die Aussage A wahr sein kann. Aber um den Schluss zu ziehen, dass es 12 Uhr ist, ist es keine hinreichende Information bzw. Bedingung.   ▪

Gilt $A \Rightarrow B$, dann ist die Wahrheit der Aussage B also notwendig für die Wahrheit von Aussage A, denn wenn B nicht wahr ist, dann ist A auch nicht wahr, $\overline{B} \Rightarrow \overline{A}$. Man sagt daher auch B ist eine notwendige Bedingung für A. Sie ist aber in der Regel nicht hinreichend, da $B \Rightarrow A$ nicht gelten muss, wenn $A \Rightarrow B$ gilt. Abbildung 1.5 gibt einen Überblick über diese Zusammenhänge.

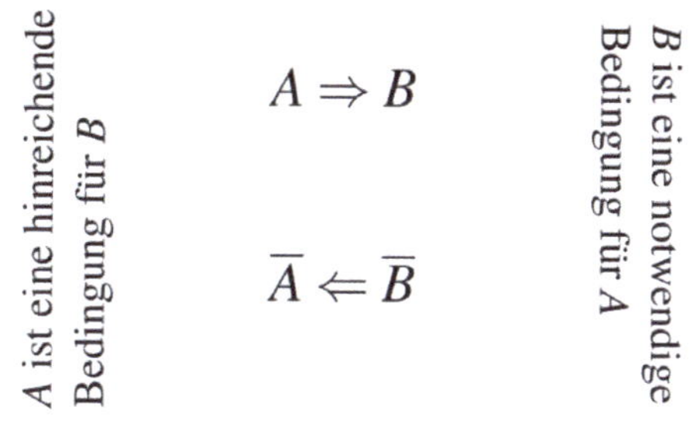

$$A \Rightarrow B$$

$$\overline{A} \Leftarrow \overline{B}$$

Abbildung 1.5: Notwendige und hinreichende Bedingungen

Definition 1.1.4 — Notwendige und hinreichende Bedingungen.

Ist die Implikation $A \Rightarrow B$ wahr, so bezeichnet man die Aussage A als **hinreichende Bedingung** für B. Die Aussage B nennt man auch **notwendige Bedingung** für A.

■ Beispiel 1.1.8 — Fortsetzung von Beispiel 1.1.6.
In Beispiel 1.1.6 ist A als $x = 3$ gegeben und B als $x^2 = 9$. Entsprechend ist A ($x = 3$) hinreichend für B ($x^2 = 9$). Ebenso ist Aussage $\overline{B}$ ($x^2 \neq 9$) hinreichend, um zu schließen, dass $\overline{A}$ ($x \neq 3$); denn ist $x^2 \neq 9$, so kann x weder 3 noch -3 sein. B ist notwendig für A, jedoch nicht hinreichend (aus $x^2 = 9$ kann neben $x = 3$ auch $x = -3$ folgen), und $\overline{A}$ ist notwendig für $\overline{B}$ ($x \neq 3$ ist eine der notwendigen Bedingungen dafür, dass $x^2 \neq 9$ ist).   ■

> **(Z)** Gilt $A \Rightarrow B$ nennt man A hinreichende Bedingung für B und B notwendige Bedingung für A.

1.1.4 Äquivalenz

> **Ziele dieses Unterkapitels**
> - Was ist der Unterschied zwischen einer Implikation und einer Äquivalenz?

Natürlich gibt es auch Aussagen A und B, für die sowohl $A \Rightarrow B$ als auch die Umkehrung $B \Rightarrow A$ gilt. Beispielsweise gilt $x > 0 \Rightarrow 2x > 0$ und $2x > 0 \Rightarrow x > 0$. Die Aussage $x > 0$ ist in diesem Fall eine notwendige und hinreichende Bedingung für die Aussage $2x > 0$. Ebenso ist die Aussage $2x > 0$ eine notwendige und hinreichende Bedingung für die Aussage $x > 0$.

Gilt $A \Rightarrow B$ und $B \Rightarrow A$, ist A notwendig und hinreichend für B. Man sagt, A gilt genau dann, wenn B gilt. Aussagen A und B heißen in diesem Fall äquivalent und man schreibt $A \Leftrightarrow B$. (Ebenso ist auch B notwendig und hinreichend für A und man kann $B \Leftrightarrow A$ schreiben bzw. „B gilt genau dann, wenn A gilt" sagen.)

> **Definition 1.1.5 — Äquivalenz.**
> Ist sowohl $A \Rightarrow B$ als auch $B \Rightarrow A$ wahr, dann schreibt man auch kurz $A \Leftrightarrow B$. Man nennt $A \Leftrightarrow B$ **Äquivalenz** von A und B.

> **(Z)** Gilt sowohl die Implikation $A \Rightarrow B$ als auch deren Umkehrung $B \Rightarrow A$, so schreibt man kurz $A \Leftrightarrow B$ und spricht von einer Äquivalenz.

1.2 Beweisformen (#)

Die Überprüfung, ob eine Implikation $A \Rightarrow B$ oder eine Äquivalenz $A \Leftrightarrow B$ wahr ist, geschieht in der Mathematik mit Hilfe eines Beweises. Wir stellen im Folgenden einige häufig verwendete Argumentationsketten zum Beweis einer Implikation vor.

1.2.1 Widerlegen einer Implikation durch ein Gegenbeispiel

> **Ziele dieses Unterkapitels**
> - Wie kann ein Gegenbeispiel genutzt werden?

Die Implikation $A \Rightarrow B$ bedeutet, dass immer, wenn A wahr ist, auch B gelten muss. Will man zeigen, dass die Implikation $A \Rightarrow B$ falsch ist, dann genügt es, ein Gegenbeispiel zu finden. Der schwierige Teil dieser Aussage ist das Wort „immer". Findet man einen Fall, in dem aus A wirklich B folgt, hat man noch nicht gezeigt, dass es immer folgt. Findet man jedoch einen Fall, in dem aus A nicht B folgt, so folgt aus A also nicht immer B. Man hat gezeigt, dass die Implikation sicher falsch ist.

■ **Beispiel 1.2.1 — Widerlegen durch Gegenbeispiel.**
Würde man behaupten, dass aus $a < b$ die Aussage $a^2 < b^2$ folgt, so kann man dies durch das einfache Gegenbeispiel $a = -3$ und $b = 2$ mit $a < b$ aber $a^2 = 9 > b^2 = 4$ widerlegen. Die Implikation ist also falsch, $a < b \nRightarrow a^2 < b^2$.   ■

(Z) Implikationen können durch ein Gegenbeispiel widerlegt werden.
Um die Gültigkeit einer Implikation zu zeigen, genügt ein Beispiel nicht.

1.2.2   Der direkte Beweis

Ziele dieses Unterkapitels
- Wie kann ein direkter Beweis erfolgen?
- Wie funktioniert ein Beweis durch vollständige Induktion?

Man spricht von einem direkten Beweis, wenn man zeigen will, dass immer wenn A wahr ist, auch B wahr ist. Ausgehend von Aussage A versucht man einen Weg von Implikationen zu Aussage B zu finden, um $A \Rightarrow B$ zu schließen. Im Gegensatz zum Gegenbeispiel, das genügt, um zu zeigen, dass eine Implikation falsch ist, genügt ein Beispiel nicht, um zu zeigen, dass sie wahr ist. Denn die Implikation muss immer gelten, und nicht nur für ein Beispiel. Direkte Beweise nutzen häufig Zwischenschritte und Fallunterscheidungen. Wir trennen diese Methoden in den folgenden Absätzen, um sie separat erklären zu können. Sie werden aber in der Regel gemeinsam genutzt.

Der direkte Beweis über Zwischenschritte

Will man die Wahrheit der Implikation $A \Rightarrow B$ zeigen, ist es oft hilfreich, Zwischenschritte einzufügen. Gilt $A \Rightarrow C$ und $C \Rightarrow B$, so kann man dies zu $A \Rightarrow C \Rightarrow B$ verketten und $A \Rightarrow B$ schließen.[7] Statt eines Zwischenschrittes werden häufig mehrere Zwischenschritte eingesetzt. Wichtig ist, dass jede einzelne Implikation offensichtlich wahr ist oder zuvor bewiesen wurde.

■ **Beispiel 1.2.2 — Ein direkter Beweis über Zwischenschritte.**
Wir zeigen folgenden Satz beispielhaft durch einen direkten Beweis:

> **Satz 1.2.1 — Beispielsatz zum Beweis über Zwischenschritte.**
> Gilt für zwei Zahlen $a > b$, so gilt $a^2 + b^2 > 2ab$.

In diesem Satz wird behauptet, dass wenn die Aussage $a > b$ für beliebige Zahlen a und b gilt, dann auch die Aussage $a^2 + b^2 > 2ab$ gelten muss. Dies hätte man auch verkürzt als $a > b \Rightarrow a^2 + b^2 > 2ab$ schreiben können. Wir beweisen diese Implikation über verschiedene Zwischenschritte. In den Zwischenschritten nutzen wir die Binomische Formel $(a-b)^2 = a^2 - 2ab + b^2$ sowie Wissen über das Rechnen mit Ungleichungen:

Beweis. Für zwei Zahlen a und b gilt
- $a > b \Rightarrow a - b > 0$: Subtraktion von b auf beiden Seiten einer Ungleichung erhält die Ungleichung;
- $a - b > 0 \Rightarrow (a-b)^2 > 0$: Quadrieren beider Seiten erhält die Ungleichung, wenn beide Seiten größer oder gleich null sind;
- $(a-b)^2 > 0 \Rightarrow a^2 - 2ab + b^2 > 0$: Anwendung der Binomischen Formel;

---

[7]   Diese Eigenschaft nennt man auch Transitivität der Implikation.

- $a^2 - 2ab + b^2 > 0 \Rightarrow a^2 + b^2 > 2ab$: Addition von $2ab$ auf beiden Seiten einer Ungleichung erhält die Ungleichung;

Zusammenfassend gilt für zwei beliebige Zahlen a und b:

$$a > b \Rightarrow a - b > 0 \Rightarrow (a-b)^2 > 0 \Rightarrow a^2 - 2ab + b^2 > 0 \Rightarrow a^2 + b^2 > 2ab,$$

also $a > b \Rightarrow a^2 + b^2 > 2ab$. ∎

Das Quadrat unterhalb des Beweises auf der rechten Seite deutet visuell darauf hin, dass der Beweis hier endet. ∎

Beweise enden in der Regel mit einem Quadrat oder der Bemerkung q.e.d. (lateinisch: quod erat demonstrandum, übersetzt: was zu zeigen war). Diese Konvention erleichtert dem Leser, visuell das Ende eines Beweises zu finden.[8]

Der direkte Beweis durch Fallunterscheidung

Wir betrachten ein Spiel, das uns eine Auszahlung von 5 CHF verspricht, wenn ein Münzwurf Kopf ergibt, und 10 CHF, wenn der Münzwurf Zahl ergibt.[9] Wir schließen, dass einem Münzwurf immer eine Auszahlung von mindestens 5 CHF folgt. Benennen wir hier den Münzwurf als A und die Auszahlung von mindestens 5 CHF mit B, so gilt $A \Rightarrow B$. Gedanklich haben wir für diese Implikation aber eine Fallunterscheidung genutzt: Ein Münzwurf endet stets mit Kopf (Aussage A_1) oder Zahl (Aussage A_2). Es gilt also $A \Rightarrow A_1$ oder A_2. Da wir bei Kopf 5 CHF erhalten, $A_1 \Rightarrow B$, und bei Zahl sogar mehr als 5 CHF erhalten, $A_2 \Rightarrow B$, gilt $A \Rightarrow B$.

Wir fassen dieses Vorgehen allgemein zusammen: Oft folgt aus einer Aussage A eine von n verschiedenen Alternativen, $A \Rightarrow A_1$ oder A_2 oder $A_3 \dots$ oder A_n, wobei n eine natürliche Zahl ist, also $n = 1, 2, 3, \dots$. Die Aussage A wird also in zwei oder mehrere Fälle $A_1, A_2, \dots, A_n$ unterteilt. Zeigt man die Implikation $A \Rightarrow B$ durch eine Fallunterscheidung, dann beweist man für jeden der Fälle, dass B folgt, also die Implikationen $A_1 \Rightarrow B$, $A_2 \Rightarrow B$, $\dots, A_n \Rightarrow B$. Gilt die Implikation in jedem Fall, so muss aus A auch B folgen. Wir zeigen die Anwendung dieses Prinzips im Beispiel.

■ Beispiel 1.2.3 — Ein direkter Beweis durch Fallunterscheidung.
Wir beweisen folgenden Satz:

> **Satz 1.2.2 — Beispielsatz zum Beweis durch Fallunterscheidung.**
> Sind a und b reelle Zahlen, dann gilt $|a+b| \leq |a| + |b|$.

Es wird also behauptet, dass folgende Implikation wahr ist: a, b sind reelle Zahlen $\Rightarrow$ $|a+b| \leq |a| + |b|$.[10]

Beweis. Wir zeigen die Behauptung durch eine Fallunterscheidung. Hierbei unterteilen wir die Aussage, dass a und b reelle Zahlen sind, in 6 verschiedene Fälle. Wichtig hierbei ist, dass die betrachteten Fällen alle Möglichkeiten abdecken. In Abbildung 1.6 zeigt, dass alle möglichen Kombinationen der Vorzeichen von a und b berücksichtigt sind.

---

[8]   Beispiele enden mit einem kleineren Quadrat, Beweise mit einem größeren.

[9]   Wir nehmen an, dass ein Münzwurf immer Kopf oder Zahl ergibt und die Münze niemals z.B. auf der Kante landen würde.

[10]   „$|x|$“ steht für „Betrag von x“ und gibt den Abstand der Zahl x vom Nullpunkt an.

1. **Fall** Gilt $a \geq 0, b \geq 0$, so gilt $a+b \geq 0$ und $|a| = a$, $|b| = b$ sowie $|a+b| = a+b$. Somit gilt $|a+b| = a+b = |a|+|b|$. Da $|a+b| = |a|+|b| \Rightarrow |a+b| \leq |a|+|b|$ gilt, wissen wir, dass auch $|a+b| \leq |a|+|b|$ gilt.
2. **Fall** Gilt $a < 0, b < 0$, so gilt $a+b < 0$ und $|a| = -a$, $|b| = -b$ sowie $|a+b| = -(a+b)$. Somit gilt $|a+b| = -(a+b) = -a+(-b) = |a|+|b|$. Wieder nutzen wir, dass $|a+b| = |a|+|b| \Rightarrow |a+b| \leq |a|+|b|$ gilt. Damit gilt auch $|a+b| \leq |a|+|b|$.
3. **Fall** Gilt $a \geq 0, b < 0$ und $a+b \geq 0$, so gilt u.a. $|a| = a$ und $|b| = -b$ bzw. $b = -|b|$. Somit gilt $|a+b| = a+b = |a|-|b| \leq |a|+|b|$ und damit auch $|a+b| \leq |a|+|b|$.
4. **Fall** Gilt $a \geq 0, b < 0$ und $a+b < 0$, so gilt u.a. $|a| = a$ und $|b| = -b$. Somit gilt $|a+b| = -(a+b) = -a-b = -|a|+|b| \leq |a|+|b|$ und damit auch $|a+b| \leq |a|+|b|$.
5. **Fall** Gilt $a < 0, b \geq 0$ und $a+b \geq 0$, so gilt u.a. $|a| = -a$ bzw. $a = -|a|$ und $|b| = b$. Somit gilt $|a+b| = a+b = -|a|+|b| \leq |a|+|b|$ und damit auch $|a+b| \leq |a|+|b|$.
6. **Fall** Gilt $a < 0, b \geq 0$ und $a+b < 0$, so gilt u.a. $|a| = -a$ und $|b| = b$. Somit gilt $|a+b| = -(a+b) = -a-b = |a|-|b| \leq |a|+|b|$ und damit auch $|a+b| \leq |a|+|b|$.

Also gilt für alle reellen Zahlen a, b, dass $|a+b| \leq |a|+|b|$. ■

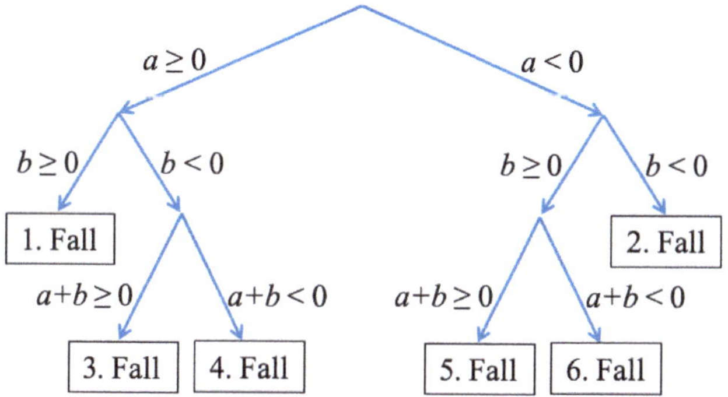

Abbildung 1.6: Eine Fallunterscheidung

Die Aussage des obigen Satzes nennt man auch Dreiecksungleichung. ■

Die vollständige Induktion

Ziele dieses Unterkapitels

- Wie funktioniert ein Beweis über vollständige Induktion?

■ Beispiel 1.2.4 — Erstes Beispiel zum Beweis durch vollständige Induktion.
Wird behauptet, dass die Summe der ersten n ungeraden Zahlen gleich n^2 ist, so könnte man ausprobieren, ob diese Behauptung

- für $n = 1$, also die erste ungerade Zahl $1 = 1^2$
- für $n = 2$, also die ersten zwei ungeraden Zahlen $1+3 = 4 = 2^2$
- für $n = 3$, also die ersten drei ungeraden Zahlen $1+3+5 = 9 = 3^2$
- für $n = 4$, also die ersten vier ungeraden Zahlen $1+3+5+7 = 16 = 4^2$
- ...

stimmt. Auf diese Weise erhält man eventuell ein Gegenbeispiel, um die Behauptung zu widerlegen. Um die Behauptung zu beweisen, müsste man die Wahrheit für alle n zeigen. Da es aber unendlich viele Werte von n gibt, kann man nicht (wie in oben betrachteter Fallunterscheidung) jeden Fall einzeln überprüfen. Wir nutzen daher einen Trick und gehen leicht anders vor: Zunächst zeigen wir, dass die Aussage für $n = 1$ stimmt: die erste ungerade Zahl $1 = 1^2$ entspricht ihrem Quadrat. Diesen Schritt nennt man Induktionsanfang.

Wir beweisen im nächsten Schritt die Aussage nicht nur für $n = 2$, sondern schreiben das etwas allgemeiner. Statt zu sagen, dass wir die Aussage zuvor für $n = 1$ bewiesen haben, sagen wir, wir haben die Aussage für ein n (und das war $n = 1$) bewiesen. Diesen Schritt nennt man Induktionsvoraussetzung.

Nutzt man, dass die n-te ungerade Zahl gleich $2n - 1$ ist, lautet diese Induktionsvoraussetzung:

Für ein n gilt: $1 + 3 + \cdots + (2n - 1) = n^2$.

Statt zu sagen, dass wir die Aussage nun für $n = 2$ beweisen wollen, sagen wir, wir wollen die Aussage für $n + 1$ (das ergäbe im ersten Schritt $n + 1 = 2$) beweisen. Wir formulieren die Aussage also für die Zahl $n + 1$. Wir wollen zeigen, dass die Behauptung

$$1 + 3 + \cdots + (2n - 1) + (2(n + 1) - 1) = (n + 1)^2$$

gilt. Dies ist der sogenannte Induktionsschluss.

Wir wissen, dass die Aussage für n gilt. Nur für $n + 1$ ist unklar, ob sie wahr ist oder nicht. Betrachten wir die linke Seite der Behauptung und vereinfachen den letzten Summanden, erhalten wir

$$1 + 3 + \cdots + (2n - 1) + (2(n + 1) - 1) = \underbrace{1 + 3 + \cdots + (2n - 1)}_{=n^2} + (2n + 1).$$

Die Summe der ersten n Summanden ist laut Induktionsvoraussetzung gleich n^2, man erhält so

$$1 + 3 + \cdots + (2n - 1) + (2(n + 1) - 1) = n^2 + (2n + 1) = (n + 1)^2,$$

wobei wir im letzten Schritt die binomische Formel $n^2 + 2n + 1 = (n + 1)^2$ benutzt haben. Wir haben also gezeigt, dass wenn die Aussage für $n = 1$ gilt, dann gilt sie auch für $n = 2$. Dadurch, dass wir das aber so allgemein formulierten, ergibt sich auch, dass wenn die Aussage für $n = 2$ gilt, sie für $n = 3$ gelten muss u.s.w.. Wir haben damit die Behauptung für alle natürlichen Zahlen n bewiesen. $\blacksquare$

Die vollständige Induktion kann man als eine Fallunterscheidung mit unendlich vielen Fällen verstehen. Will man eine Implikation $A \Rightarrow B$ (in obigem Beispiel: n ist eine natürliche Zahl $\Rightarrow 1 + 3 + \cdots + (2n - 1) = n^2$) zeigen und A besteht aus einer Aussage, die man in die Fälle $A_1, A_2, A_3, \ldots$ unterteilen kann ($n = 1, n = 2, n = 3, \ldots$), so scheint es manchmal am einfachsten, die Aussagen $A_n \Rightarrow B$ einzeln wie bei einer Fallunterscheidung zeigen zu wollen. Jede Implikation $A_n \Rightarrow B$ zu zeigen ist aber unmöglich. Schließlich gibt es hier genau so viele Fälle wie die natürlichen Zahlen. Daher nutzt man einen einfachen Trick. Man beginnt bei $n = 1$, zeigt die Implikation $A_1 \Rightarrow B$ und zeigt dann allgemein, dass wenn die Implikation $A_n \Rightarrow B$ gilt, auch die Implikation $A_{n+1} \Rightarrow B$ gilt.

Den Schritt, $A_1 \Rightarrow B$ zu zeigen, nennt man Induktionsanfang. Den Schritt $(A_n \Rightarrow B) \Rightarrow (A_{n+1} \Rightarrow B)$, in dem man von der Induktionsvoraussetzung $A_n \Rightarrow B$ auf $A_{n+1} \Rightarrow B$ schließt, nennt man Induktionsschluss.

■ **Beispiel 1.2.5 — Fortsetzung des Beispiels zum Beweis durch vollständige Induktion.**
Wir fassen den eben diskutierten Satz und Beweis nochmal zusammen:

> **Satz 1.2.3 — Beispielsatz zum Beweis durch vollständige Induktion.**
> Ist n eine natürliche Zahl, dann gilt $\sum_{k=1}^{n} (2k-1) = 1+3+\cdots+(2n-1) = n^2$.

Beweis. Für einen Beweis durch Induktion müssen der Induktionsanfang und der Induktionsschluss durchgeführt werden.
1. Induktionsanfang: Für $n = 1$ gilt $1 = 1^2$, die Behauptung ist also wahr für $n = 1$.
2. Induktionsschluss: Ziel ist es, $1+3+\cdots+(2n-1) = n^2 \Rightarrow 1+3+\cdots+(2n-1)+(2(n+1)-1) = (n+1)^2$ zu zeigen.
   Es gilt

$$1+3+\cdots+(2n-1)+(2(n+1)-1) = \underbrace{1+3+\cdots+(2n-1)}_{=n^2}+(2n+1)$$
$$= n^2+2n+1 = (n+1)^2.$$

Somit gilt für alle n, dass $1+3+\cdots+(2n-1) = n^2$. ∎

Wir haben im obigen Beispiel also gezeigt, dass die Aussage immer für $n+1$ gilt, wenn sie für n gilt. Zudem haben wir gezeigt, dass sie für $n = 1$ gilt. Somit gilt sie auch für $n = 2$ und damit auch für $n = 3$ u.s.w.. Dies ist die Grundidee des Induktionsbeweises. ■

Wir demonstrieren das Vorgehen an einem weiteren Beispiel:

■ **Beispiel 1.2.6 — Zweites Beispiel zum Beweis durch vollständige Induktion.**
Folgende Formel ist bei der Berechnung von Summen oft hilfreich:

> **Satz 1.2.4 — Gaußsche Summenformel.**
> Ist n eine natürliche Zahl, dann gilt $\sum_{k=1}^{n} k = \frac{n(n+1)}{2}$.

Beweis. Wir zeigen diesen Satz durch Induktion.
1. Induktionsanfang: Für $n = 1$ gilt $\sum_{k=1}^{n} k = 1 = \frac{1(1+1)}{2}$, die Behauptung ist also wahr für $n = 1$.
2. Induktionsschluss: Ziel ist es, $\sum_{k=1}^{n} k = \frac{n(n+1)}{2} \Rightarrow \sum_{k=1}^{n+1} k = \frac{(n+1)(n+2)}{2}$ zu zeigen.
   Es gilt

$$\sum_{k=1}^{n+1} k = \underbrace{\sum_{k=1}^{n} k}_{=\frac{n(n+1)}{2}}+(n+1)$$
$$= \frac{n(n+1)}{2}+\frac{2(n+1)}{2} = \frac{n(n+1)+2(n+1)}{2} = \frac{(n+1)(n+2)}{2}.$$

Somit gilt für alle n, dass $\sum_{k=1}^{n} k = \frac{n(n+1)}{2}$. ∎

Aus obigem Satz folgt z.B., dass $1+2+3+\cdots+100 = \sum_{k=1}^{100} k = \frac{100(101)}{2} = 5050$. ■

Ein letztes, komplizierteres Beispiel, zeigt, dass das Schema stets gleich ist:

■ Beispiel 1.2.7 — Drittes Beispiel zum Beweis durch vollständige Induktion.
Folgender Satz stellt eine Verallgemeinerung des aus der Schule bekannten Binomischen Lehrsatzes $(a+b)^2 = a^2 + 2ab + b^2$ dar. Er nutzt dabei sogenannte Binomialkoeffizienten $\binom{n}{k}$. Der Binomialkoeffizient $\binom{n}{k}$ (gelesen „n über k") wird berechnet als $\binom{n}{k} = \frac{n!}{k!(n-k)!}$, wobei $n! = 1 \cdot 2 \cdot \ldots \cdot n$ (gelesen „n Fakultät") das Produkt der ersten n natürlichen Zahlen ist. Es gilt konventionsgemäß $0! = 1$.

> **Satz 1.2.5 — Der Binomische Lehrsatz.**
> Ist n eine natürliche Zahl, so gilt
> $$(a+b)^n = \binom{n}{0} a^n b^0 + \binom{n}{1} a^{n-1} b^1 + \ldots + \binom{n}{n} a^0 b^n = \sum_{k=0}^{n} \binom{n}{k} a^{n-k} b^k.$$

Beweis. Wir zeigen auch diesen Satz durch Induktion.

1. Induktionsanfang: Für $n = 1$ gilt $\binom{1}{0} a^1 b^0 + \binom{1}{1} a^{1-1} b^1 = a + b = (a+b)^1$, die Behauptung ist also wahr für $n = 1$.

2. Induktionsschluss: Ziel ist es zu zeigen, dass

$$(a+b)^n = \sum_{k=0}^{n} \binom{n}{k} a^{n-k} b^k \Rightarrow (a+b)^{n+1} = \sum_{k=0}^{n+1} \binom{n+1}{k} a^{(n+1)-k} b^k.$$

Wir nutzen folgende Rechenregeln für Binomialkoeffizienten:

- $\binom{n}{n} = 1 = \binom{n}{0}$, also auch $\binom{n+1}{n+1} = 1 = \binom{n+1}{0}$ und

- $\binom{n+1}{k} = \frac{(n+1)!}{k!(n+1-k)!} = \frac{n!(n+1-k+k)}{k!(n+1-k)!} = \frac{n!(n+1-k) + n!k}{k!(n+1-k)!}$

$$= \frac{n!(n+1-k)}{k!(n+1-k)!} + \frac{n!k}{k!(n+1-k)!} = \frac{n!}{k!(n-k)!} + \frac{n!}{(k-1)!(n-(k-1))!}$$

$$= \binom{n}{k} + \binom{n}{k-1}$$

Wir ziehen zunächst den ersten und letzten Summanden aus der Summe heraus, wenden dann obige Rechenregeln für Binomialkoeffizienten an und multiplizieren aus.

$$\sum_{k=0}^{n+1} \binom{n+1}{k} a^{(n+1)-k} b^k$$

$$= \binom{n+1}{0} a^{n+1} b^0 + \sum_{k=1}^{n} \binom{n+1}{k} a^{(n+1)-k} b^k + \binom{n+1}{n+1} a^0 b^{n+1}$$

$$= \binom{n}{0} a^{n+1} b^0 + \sum_{k=1}^{n} \left[\binom{n}{k} + \binom{n}{k-1} \right] a^{n+1-k} b^k + \binom{n}{n} a^0 b^{n+1}$$

$$= \binom{n}{0} a^{n+1} b^0 + \sum_{k=1}^{n} \binom{n}{k} a^{n+1-k} b^k + \sum_{k=1}^{n} \binom{n}{k-1} a^{n+1-k} b^k + \binom{n}{n} a^0 b^{n+1}$$

Danach ziehen wir den ersten Summanden in die vordere Summe und den letzten in die zweite Summe. In einem weiteren Schritt substituieren wir den Laufindex der zweiten

Summe durch $\ell = k - 1$. In der Summe läuft dann ℓ von $0 = 1 - 1$ bis $n = (n+1) - 1$.

$$\sum_{k=0}^{n+1} \binom{n+1}{k} a^{(n+1)-k} b^k$$

$$= \binom{n}{0} a^{n+1} b^0 + \sum_{k=1}^{n} \binom{n}{k} a^{n+1-k} b^k + \sum_{k=1}^{n} \binom{n}{k-1} a^{n+1-k} b^k + \binom{n}{n} a^0 b^{n+1}$$

$$= \sum_{k=0}^{n} \binom{n}{k} a^{(n+1)-k} b^k + \sum_{k=1}^{n+1} \binom{n}{k-1} a^{n-(k-1)} b^k$$

$$= \sum_{k=0}^{n} \binom{n}{k} a^{n-k+1} b^k + \sum_{\ell=0}^{n} \binom{n}{\ell} a^{n-\ell} b^{\ell+1}$$

Nun nennen wir ℓ wieder k und klammern a bzw. b aus.[11] Mit der Induktionsvoraussetzung gilt dann die Behauptung.

$$\sum_{k=0}^{n+1} \binom{n+1}{k} a^{(n+1)-k} b^k = \sum_{k=0}^{n} \binom{n}{k} a^{n-k+1} b^k + \sum_{\ell=0}^{n} \binom{n}{\ell} a^{n-\ell} b^{\ell+1}$$

$$= a \sum_{k=0}^{n} \binom{n}{k} a^{n-k} b^k + b \sum_{\ell=0}^{n} \binom{n}{\ell} a^{n-\ell} b^{\ell}$$

$$= (a+b) \sum_{k=0}^{n} \binom{n}{k} a^{n-k} b^k$$

$$= (a+b)(a+b)^n = (a+b)^{n+1} \qquad \blacksquare$$

Es gilt also unter anderem, dass $(a+b)^3 = \binom{3}{0} a^3 b^0 + \binom{3}{1} a^2 b^1 + \binom{3}{2} a^1 b^2 + \binom{3}{3} a^0 b^3 = a^3 + 3a^2 b + 3ab^2 + b^3$. $\qquad\blacksquare$

(Z) Um eine Implikation $A \Rightarrow B$ zu zeigen, kann ein direkter Beweis ausgehend von Aussage A über Zwischenschritte oder Fallunterscheidungen zeigen, dass B wahr ist.
Wird die Implikation über vollständige Induktion gezeigt, startet man mit dem Induktionsanfang und zeigt, dass die Implikation für $n = 1$, wahr ist. In einem zweiten Schritt, dem Induktionsschluss, zeigt man dann, dass aus der Wahrheit der Implikation für ein n die Wahrheit auch für $n + 1$ folgt. Wiederholte Anwendung des Arguments zeigt dann, dass die Implikation für alle $n \geq 1$ wahr ist.

1.2.3 Der indirekte Beweis
Ziele dieses Unterkapitels
- Was verssteht man unter einem indirekten Beweis?

Alle vorher erklärten Beweismethoden beweisen $A \Rightarrow B$, indem sie von A ausgehend eine Argumentationskette finden, um B zu zeigen. Eine andere Möglichkeit der Beweistechnik ist es, die Kontraposition zu nutzen und $\overline{B} \Rightarrow \overline{A}$ zu zeigen. Dieses Vorgehen bezeichnet man auch als Beweis durch Kontraposition oder indirekten Beweis.

■ **Beispiel 1.2.8 — Beispiel zum Beweis durch Kontraposition.**
Wir zeigen folgenden Satz beispielhaft durch einen indirekten Beweis:

---

[11]   Diese Substitution mit anschließender Rückbenennung nennt man auch Shift.

> **Satz 1.2.6 — Beispielsatz zum indirekten Beweis.**
> Sei n eine natürliche Zahl. Ist n^2 gerade, so ist n gerade.

Behauptet wird also Folgendes: Wenn das Quadrat einer natürlichen Zahl gerade ist, dann ist die natürliche Zahl selbst gerade. Für eine natürliche Zahl n gilt: n^2 gerade $\Rightarrow n$ gerade. Statt diese Implikation direkt zu beweisen, beweisen wir im Folgenden, dass für eine natürliche Zahl n gilt: n ungerade $\Rightarrow n^2$ ungerade.

Im folgenden indirekten Beweis nutzen wir diese Zusammenhänge:

- Eine natürliche Zahl n ist genau dann ungerade, wenn es eine natürliche Zahl k gibt, so dass $n = 2k - 1$;
- Ist k eine natürliche Zahl, dann ist auch $\ell = 2k^2 - 2k + 1$ eine natürliche Zahl.

Ein Beweis durch Kontraposition.
Wir zeigen die Behauptung durch Kontraposition, also indirekt. Ist n ungerade, dann gibt es eine natürliche Zahl k, so dass $n = 2k - 1$ gilt. Quadriert ergibt das $n^2 = (2k-1)^2 = 4k^2 - 4k + 1 = 2(2k^2 - 2k + 1) - 1$. Es gibt also eine natürliche Zahl $\ell = 2k^2 - 2k + 1$, so dass $n^2 = 2\ell - 1$ ist. Damit ist die Zahl n^2 ungerade. Somit haben wir gezeigt: n ungerade $\Rightarrow n^2$ ungerade.

Und da n ungerade $\Rightarrow n^2$ ungerade gilt, muss auch n^2 nicht ungerade $\Rightarrow n$ nicht ungerade, bzw. n^2 gerade $\Rightarrow n$ gerade gelten.   ■

Wir werden die gleiche Aussage im folgenden Beispiel noch auf einem anderen, aber sehr ähnlichen Weg, beweisen.   ■

Der sogenannte Widerspruchsbeweis kann als eine andere Art des indirekten Beweises betrachtet werden. Hierbei wird gezeigt, dass die Aussagen A und $\overline{B}$ nicht gemeinsam wahr sein können und damit A nur wahr sein kann, wenn B wahr ist, also $A \Rightarrow B$ gilt.

■ Beispiel 1.2.9 — Beispiel zum Widerspruchsbeweis.

Wir zeigen erneut Satz 1.2.6, also: Für eine natürliche Zahl n gilt: n^2 gerade $\Rightarrow n$ gerade. Wir beweisen die Behauptung durch einen Widerspruchsbeweis, also erneut indirekt, aber etwas anders als zuvor. Dabei nutzen wir zusätzlich zu den im vorherigen Beispiel genutzen Zusammenhängen folgende Idee:

- Für eine gerade natürliche Zahl n gibt es immer eine natürliche Zahl ℓ, so dass $n = 2\ell$.

In folgendem Widerspruchsbeweis gehen wir von den Aussagen n ist eine natürliche Zahl, n^2 ist gerade und n ist ungerade aus. Ergibt sich so ein Widerspruch, können diese drei Aussagen nicht gemeinsam wahr sein. Es muss also n gerade sein, wenn n^2 das Quadrat einer natürlichen Zahl und gerade ist.

Ein Widerspruchsbeweis.
Wir nehmen also für eine natürliche Zahl n an:

- n^2 ist gerade, d.h. es gibt eine natürliche Zahl ℓ mit $n^2 = 2\ell$ und
- n ist ungerade, d.h. es gibt eine natürliche Zahl k, so dass $n = 2k - 1$ gilt.

Quadriert man die linke und die rechte Seite der zweiten Annahme, also von $n = 2k - 1$, erhält man: $n^2 = (2k-1)^2 = 4k^2 - 4k + 1 = 2(2k^2 - 2k + 1) - 1$. Nutzt man nun die erste Annahme, ergibt sich $2(2k^2 - 2k + 1) - 1 = 2\ell$ bzw. $\ell = 2k^2 - 2k + 1 - \frac{1}{2}$. Da aber für jede natürliche Zahl k der Ausdruck $2k^2 - 2k + 1$ eine natürliche Zahl ergibt, ist $\ell = 2k^2 - 2k + 1 - \frac{1}{2}$ keine natürliche Zahl. Die Zahlen k und ℓ können nicht beide natürliche Zahlen sein.

Wir hatten angenommen, dass beide Zahlen natürlich sind und kamen zum Schluss, dass dies nicht möglich ist. Somit haben wir einen Widerspruch gezeigt. Es kann nicht sein, dass für eine natürliche Zahl n das Quadrat gerade ist, aber die Zahl selbst ungerade. Ist n^2 das Quadrat einer natürlichen Zahl und gerade, muss also n auch gerade sein.   ■

Vergleicht man obigen Beweis mit dem vorherigen Beispiel, erkennt man den kleinen Unterschied in der Beweisführung. Statt aus $\overline{B}$ die Aussage $\overline{A}$ zu schließen, gingen wir nun von den Aussagen A und $\overline{B}$ aus und zeigten, dass sie nicht beide wahr sein können.   ■

Widerspruchsbeweise erfordern in der Regel eine sehr hohe Konzentration darauf, was angenommen wird, was gezeigt werden soll und welche Schlüsse aus dem erfolgten Widerspruch gezogen werden können. Wir werden daher versuchen, diese zu vermeiden und möglichst häufig direkte Beweise anzugeben oder indirekte Beweise durch Kontraposition zu führen.

(Z)   Beweist man $\overline{B} \Rightarrow \overline{A}$, um $A \Rightarrow B$ zu zeigen, spricht man auch von einem indirekten Beweis.

1.3   Rückblick und weitere Literatur

In Kapitel 1.1 haben wir damit begonnen, die Sprache der Mathematik vorzustellen, vgl. Abbildung 1.7.[12] : Mit Hilfe von Implikationen der Form $A \Rightarrow B$ schließt man von einer wahren Aussage A auf eine andere Aussage B. Gilt sowohl die Implikation als auch ihre Umkehrung, spricht man von einer Äquivalenz. Findet man ein Beispiel, in dem aus A nicht B folgt, ist die Implikation widerlegt. Will man die Gültigkeit einer Implikation zeigen, genügt ein Beispiel nicht. In diesem Fall muss man die Implikation beweisen, vgl. Kapitel 1.2.

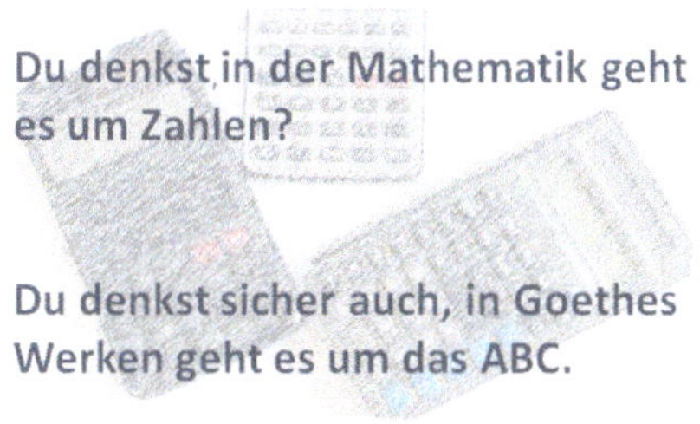

Abbildung 1.7: Zahlen in der Mathematik

Die Inhalte dieses Kapitels kann man kurz und prägnant in Pampel (2010, Kapitel 2) nachlesen. Opitz et al. (2017, Kapitel 4 und 5) und Dietz (2012, Kapitel 0.2) erklären die Inhalte ausführlicher.

---

[12]   Angelehnt an https://www.facebook.com/IloveMathematics91/photos/a.696108863756620/ 2781082508592568

1.4　Literaturverzeichnis

Dietz, H. M., *Mathematik für Wirtschaftswissenschaftler*, Springer Berlin Heidelberg, 5. Auflage, 2012

Opitz, O., Etschberger, S., Burkart, W., und Klein, R., *Mathematik - Lehrbuch: für das Studium der Wirtschaftswissenschaften*, De Gruyter Studium, 12. Auflage, 2017

Pampel, T., *Mathematik für Wirtschaftswissenschaftler*, Springer, 1. Auflage, 2010

Open Access Dieses Kapitel wird unter der Creative Commons Namensnennung 4.0 International Lizenz (http://creativecommons.org/licenses/by/4.0/deed.de) veröffentlicht, welche die Nutzung, Vervielfältigung, Bearbeitung, Verbreitung und Wiedergabe in jeglichem Medium und Format erlaubt, sofern Sie den/die ursprünglichen Autor(en) und die Quelle ordnungsgemäß nennen, einen Link zur Creative Commons Lizenz beifügen und angeben, ob Änderungen vorgenommen wurden.

Die in diesem Kapitel enthaltenen Bilder und sonstiges Drittmaterial unterliegen ebenfalls der genannten Creative Commons Lizenz, sofern sich aus der Abbildungslegende nichts anderes ergibt. Sofern das betreffende Material nicht unter der genannten Creative Commons Lizenz steht und die betreffende Handlung nicht nach gesetzlichen Vorschriften erlaubt ist, ist für die oben aufgeführten Weiterverwendungen des Materials die Einwilligung des jeweiligen Rechteinhabers einzuholen.

2. Mengen

Sicher kennen Sie den Begriff der Menge schon aus der Schulmathematik. Wir wollen unsere Einführung in die Mathematik jedoch trotzdem hier beginnen und Ihr Wissen auf eine etwas breitere und formalere Basis stellen.

Wir beginnen zunächst mit der Definition einer Menge, bevor wir uns dann mit den Begrifflichkeiten der Teilmengen, Schnitte, Vereinigungen, dem kartesischen Produkt und der Mächtigkeit von Mengen allgemein befassen. Danach werden wir uns ausschließlich mit Teilmengen des $\mathbb{R}^n$ beschäftigen. Für diese Zahlenmengen kann man besondere Eigenschaften definieren, die später für die Charakterisierung von Extremalstellen einer Funktion und dann in der Optimierung von großer Bedeutung sein werden. Im Besonderen werden wir die Begriffe einer Umgebung, einer Konvexkombination zweier Punkte, Beschränktheit, Abgeschlossenheit und Kompaktheit diskutieren. Abschließend definieren wir, was wir unter einer Relation verstehen.

2.1 Die Menge und ihre Elemente

Bei dem Begriff einer Menge denken die meisten Studenten sofort an Zahlenmengen. In diesem Kapitel wollen wir jedoch noch einmal auf den viel allgemeineren Mengenbegriff verweisen, der üblicherweise in den ersten Schuljahren eingeführt wird, Möglichkeiten der formalen Beschreibung von Mengen, Teilmengenbeziehungen, Mächtigkeiten, Mengenoperationen und das kartesische Produkt wiederholen bzw. einführen.

2.1.1 Die Beschreibung einer Menge

Ziele dieses Unterkapitels

- Wie kann man Mengen formal beschreiben? Was sind Mengenklammern? Was bedeutet | in einer Mengenbeschreibung?

© Der/die Autor(en) 2026
C. Barz, *Mathematik für Wirtschaftswissenschaftler*,
https://doi.org/10.1007/978-3-658-50521-9_3

- Was bedeuten die Symbole $\in$ und $\notin$?
- Wann sind zwei Mengen gleich?

Wir veranschaulichen den Begriff der Menge als den Inhalt eines Behältnisses. Befindet sich ein Objekt in dem Behältnis, sagt man auch, es ist ein Element der Menge. Befindet es sich nicht in dem Behältnis, ist es kein Element der Menge. Wir folgen in diesem Buch der Konvention, Mengen in der Regel mit Großbuchstaben und Elemente mit Kleinbuchstaben zu bezeichnen.

Definition 2.1.1 — Die Menge.

Eine **Menge** A ist eine Zusammenfassung von ausgewählten, unterscheidbaren Objekten zu einem Ganzen, so dass stets eindeutig feststellbar ist, ob ein Objekt zu der Menge gehört oder nicht. Die Objekte, die zu der Menge gehören, heißen **Elemente** der Menge. Man schreibt $a \in A$ für „a ist (ein Element) aus A" bzw. „A enthält das Element a" und $a \notin A$ für „a ist nicht aus A" bzw. „A enthält das Element a nicht".

Oft beschränkt sich die Diskussion von Mengen auf Zahlenmengen. Im Allgemeinen ist die obige Definition einer Menge aber nicht auf Zahlenmengen beschränkt. Nur mit dieser allgemeinen Definition kann man später beispielsweise allgemeine Ereignisse in der Statistik definieren oder von einer „Menge der stetigen Funktionen im $\mathbb{R}^n$" sprechen. Wir verzichten hier auf eine Diskussion möglicher Probleme dieser allgemeinen Definition (vgl. Merz und Wüthrich (2013, Kapitel 2.1)) und wenden uns stattdessen einigen Beispielen zu.

■ Beispiel 2.1.1 — Buchstaben.

Im Sinne der obigen Definition kann man also von der Menge aller Vokale des englischen Alphabets in Kleinbuchstaben sprechen. Sie hat die Elemente a, e, i, o und u. Man schreibt auch $V = \{a, e, i, o, u\}$. Hier gilt zum Beispiel $a \in V$ und $f \notin V$.

Die Buchstaben, die wie f ausgesprochen werden, bilden jedoch keine Menge. Hier ist zum Beispiel nicht eindeutig bestimmbar, ob v dazugehört oder nicht. Denn obige Beschreibung lässt sowohl eine Interpretation im Sinne von „wird immer wie f ausgesprochen" als auch „wird manchmal wie f ausgesprochen" zu.   ■

■ Beispiel 2.1.2 — Menge von Ziffern.

Betrachten wir beispielsweise die Menge aller Ziffern im Dezimalsystem, so kann man diese Menge als $A_1 = \{0, 1, 2, 3, 4, 5, 6, 7, 8, 9\}$ beschreiben.

Die Reihenfolge spielt bei der Beschreibung einer Menge keine Rolle, man hätte daher auch z.B. $A_1 = \{0, 8, 2, 6, 4, 3, 5, 7, 1, 9\}$ schreiben können. Es gilt also z.B. $8 \in A_1$ und $12 \notin A_1$.   ■

In obigen Beispielen haben wir einfach alle Elemente der Menge in geschweiften Klammern aufgezählt. Diese Beschreibung ist hilfreich, wenn eine Menge nur wenige Elemente besitzt.

Eine Menge wird allein durch die in ihr enthaltenen Elemente charakterisiert. Dementsprechend nennen wir zwei Mengen gleich, wenn sie die gleichen Elemente enthalten. Auf die Art und Weise, wie die Zugehörigkeit der Elemente zu den Mengen beschrieben ist, also zum Beispiel die Reihenfolge der Aufzählung, kommt es dabei nicht an. Die beiden Mengen A und B sind also gleich, wenn für jedes Element $a \in A$ geschlossen werden kann, dass $a \in B$ gilt und umgekehrt.

> **Definition 2.1.2 — Gleichheit zweier Mengen.**
> Zwei Mengen A und B heißen **gleich**, kurz $A = B$, wenn sie die gleichen Elemente enthalten. Es gilt also $A = B$, wenn $a \in A \Leftrightarrow a \in B$. Sind A und B nicht gleich, nennt man sie ungleich, $A \neq B$.

Die Aufzählung aller Elemente kann v.a. bei Mengen mit sehr vielen oder unendlich vielen Elementen mühsam bzw. unmöglich sein. Man denke beispielsweise an die Menge aller natürlichen Zahlen, die größer sind als 100, $A_2 = \{101, 102, 103, 104, \dots\}$ oder die Menge der ungeraden natürlichen Zahlen, $A_3 = \{1, 3, 5, 7, 9, \dots\}$.

Ist die Bedeutung klar, werden Elemente im Rahmen der Aufzählung oft weggelassen und durch Punkte ersetzt. Um Missverständnisse zu vermeiden, wird jedoch häufig eine alternative Darstellung verwendet. Hierbei werden Mengen durch die Angabe von Eigenschaften beschrieben, welche die Elemente der Menge haben. Die allgemeine Form lautet

$$A = \{\ \underbrace{a}_{\text{Alle Objekte,}}\ |\ \underbrace{\text{Bedingungen an } a}_{\text{welche diese Bedingungen erfüllen}}\ \}.$$

Statt des Symbols „$|$" wird oft auch bedeutungsgleich „:" geschrieben. Beide Symbole liest man entweder als „welche folgende Bedingung erfüllen" oder kurz „mit (der Eigenschaft, dass)".

■ **Beispiel 2.1.3 — Große Zahlen.**
Statt $A_2 = \{101, 102, 103, 104, \dots\}$ könnte man schreiben:
$A_2 = \{a \mid a$ ist eine natürliche Zahl, welche größer als 100 ist$\}$. Diesen Ausdruck liest man als: A_2 ist die Menge aller Elemente a mit der Eigenschaft, dass a eine natürliche Zahl ist, welche größer als 100 ist. Man schreibt auch kurz $A_2 = \{a \mid a > 100, a \in \mathbb{N}\}$, vgl. Tabelle 2.1.
      ■

Tabelle 2.1 fasst häufig verwendete Zahlenmengen und deren Symbole zusammen, die wir in diesem Buch verwenden werden.

Symbol	Definition
$\mathbb{N}$	$= \{a \mid a$ ist eine natürliche Zahl$\} = \{1, 2, 3, \dots\}$
$\mathbb{N}_0$	$= \{a \mid a$ ist eine natürliche Zahl oder $0\} = \{0, 1, 2, 3, \dots\}$
$\mathbb{Z}$	$= \{a \mid a$ ist eine ganze Zahl$\} = \{0, +1, -1, +2, -2, \dots\} = \{\dots, -2, -1, 0, 1, 2, \dots\}$
$\mathbb{Q}$	$= \{a \mid a$ ist eine rationale Zahl$\} = \{a \mid a = p/q,\ p, q \in \mathbb{Z},\ q \neq 0\}$
$\mathbb{R}$	$= \{a \mid a$ ist eine reelle Zahl$\} = \{a \mid a$ ist ein endlicher oder unendlicher Dezimalbruch$\}$

Tabelle 2.1: Zahlenmengen

■ **Beispiel 2.1.4 — Die ungeraden Zahlen.**
Statt $A_3 = \{1, 3, 5, 7, 9, \dots\}$ könnte man schreiben: $A_3 = \{a \mid a$ ist eine ungerade natürliche Zahl$\}$. Diesen Ausdruck liest man als: A_3 ist die Menge aller Elemente a mit der Eigenschaft, dass a eine ungerade natürliche Zahl ist.

Wollte man dies noch formaler ausdrücken, ohne vorauszusetzen, dass die Eigenschaft „ungerade" bekannt ist, könnte man auch $A_3 = \{a \mid a = 2n - 1, n \in \mathbb{N}\}$ schreiben. Diesen Ausdruck liest man wie folgt: A_3 ist die Menge aller Elemente a mit der Eigenschaft, dass $a = 2n - 1$ für eine natürliche Zahl n gilt. Hier kann man leicht durch Ausprobieren sehen, dass diese Schreibweise auf die gleichen Elemente von A_3 führt.
      ■

■ Beispiel 2.1.5 — Zahlenmengen.
Es gilt $5 \in \mathbb{N}$, $5 \in \mathbb{Z}$, $5 \in \mathbb{Q}$ und $5 \in \mathbb{R}$, aber $\sqrt{2} \notin \mathbb{Q}$ und $\sqrt{2} \in \mathbb{R}$. Obwohl in all diesen Mengen beliebig große Elemente enthalten sind, ist $+\infty$ aber kein Element dieser Mengen und es gilt z.B. $+\infty \notin \mathbb{R}$.   ■

Oft wird in Mengenbeschreibungen die sogenannte Grundmenge, aus der die Elemente kommen, von den besonderen Eigenschaften dieser Menge getrennt und man schreibt

$$A = \{ \ \underbrace{a \in \text{Grundmenge}}_{\text{Alle Objekte der Grundmenge,}} \ | \ \underbrace{\text{weitere Bedingungen an } a}_{\text{welche zusätzlich diese Bedingungen erfüllen}} \ \}.$$

■ Beispiel 2.1.6 — Mengenbeschreibungen mit Grundmengen.
Die Menge aller natürlichen Zahlen, deren Quadrat kleiner als 10 ist, ist beispielsweise

$$A_4 = \{a \in \mathbb{N} \mid a^2 < 10\} = \{1, 2, 3\}.$$

Die Menge aller natürlichen Zahlen, die kleiner oder gleich drei sind, kann man auch als

$$A_5 = \{a \in \mathbb{N} \mid a \leq 3\} = \{1, 2, 3\}$$

beschreiben. Wichtig ist, dass bei dieser Beschreibung nur Elemente der Grundmenge betrachtet werden, welche die zusätzliche Bedingung erfüllen. Somit gilt zum Beispiel

$$A_6 = \{a \in \mathbb{N} \mid (a^2 - 9)(a^2 - 1)(a^2 - \tfrac{1}{4}) = 0\}$$
$$= \{a \in \mathbb{N} \mid a = 3, \ -3, \ 1, \ -1, \ \tfrac{1}{2} \text{ oder } -\tfrac{1}{2}\} = \{1, 3\}.$$ ■

Auch einfache Mengen können durch eine solche formale Definition schnell kompliziert aussehen. Zum Verständnis ist es hierbei oft wichtig, die Quantoren $\exists$ (es existiert ein) sowie $\forall$ (für alle) zu kennen und lesen zu können.

■ Beispiel 2.1.7 — Mengenbeschreibung mit $\exists$ oder $\forall$.
Die Menge

$$\{a \in \mathbb{N} \mid \exists n \in \mathbb{N} \text{ mit } a = 2n - 1\}$$

beschreibt die Menge aller natürlichen Zahlen, für die eine andere Zahl n aus den natürlichen Zahlen existiert, so dass $a = 2n - 1$ gilt. Dies sind die Zahlen 1,3,5, ..., also die Menge aller ungeraden Zahlen.

Die Menge

$$\{a \in \mathbb{N} \mid \forall m \in \{1, 2, 3\} \ \exists n \in \mathbb{N} \text{ mit } a/m = n\}$$

beschreibt die Menge aller natürlicher Zahlen, die man ganzzahlig durch 1, 2 und 3 teilen kann. Es gilt also z.B.

$$3 \notin \{a \in \mathbb{N} \mid \forall m \in \{1, 2, 3\} \ \exists n \in \mathbb{N} \text{ mit } a/m = n\},$$

da es für $m = 2$ keine natürliche Zahl n gibt mit $3/2 = n$. Es gilt aber

$$12 \in \{a \in \mathbb{N} \mid \forall m \in \{1, 2, 3\} \ \exists n \in \mathbb{N} \text{ mit } a/m = n\},$$

da es für $m = 1$ die natürliche Zahl $n = 12$ gibt mit $12/1 = n$, für $m = 2$ gibt es die natürliche Zahl $n = 6$ mit $12/2 = n$ und für $m = 3$ gibt es $n = 4$ mit $12/3 = n$.   ■

Ein Hinweis zur Verwendung von Mengen ist an dieser Stelle angebracht: Eine Menge von Elementen ist stets in geschweiften Klammern zusammengefasst. Hierbei kann man sich die Mengenklammern als Behältnis vorstellen, die Elemente als Inhalt des Behältnisses. So ist z.B. $\{8\}$ eine Menge, die nur das Element 8 enthält. Die Zahl bzw. das Element 8 selbst ist aber keine Menge. Die Menge, die das Element 8 enthält, $\{8\}$, ist nicht das gleiche wie das Element 8. Die Aussage $\{8\} = 8$ ist also falsch, aber es gilt $8 \in \{8\}$.

(z) Mengen fassen verschiedene Elemente zusammen. Sie können verbal, durch Aufzählung der Elemente innerhalb von Mengenklammern $\{$ Element 1, Element 2, ... $\}$ oder durch eine formale Beschreibung des Inhalts in der Form

$$A = \{ \underbrace{a \in \text{Grundmenge}}_{\text{Alle Objekte der Grundmenge,}} \mid \underbrace{\text{weitere Bedingung an } a}_{\text{welche zusätzlich diese Bedingung erfüllen}} \}$$

beschrieben werden. Dabei bezeichnet man die obigen geschweiften Klammern als Mengenklammern und liest die Symbole $\in$ bzw. $\mid$ in der Regel als „in" bzw. „mit der Eigenschaft".

$a \in A$ bedeutet, dass a ein Element der Menge A ist. Ist a kein Element der Menge, schreibt man $a \notin A$.

Zwei Mengen sind gleich, wenn sie die gleichen Elemente enthalten. Die Art, wie die Elemente beschrieben werden (also auch die Reihenfolge der Aufzählung), ist dabei unerheblich.

2.1.2 Teilmengen und das Venndiagramm

Ziele dieses Unterkapitels
- Was ist eine Teilmenge, was ist eine Obermenge?
- Was ist eine echte Teilmenge, was ist eine echte Obermenge?
- Was ist ein Venndiagramm?

Wir hatten bereits erwähnt, dass die Reihenfolge der Angabe von Elementen innerhalb einer Menge keine Rolle spielt, also dass die Mengen $\{0,1,2,3,4,5,6,7,8,9\}$ und $\{0,8,2,6,4,3,5,7,1,9\}$ gleich sind. Vergleicht man diese Mengen mit der Menge $\{1,3\}$, so sind alle Elemente, die in $\{1,3\}$ sind, auch in $\{0,1,2,3,4,5,6,7,8,9\}$ aber nicht umgekehrt, vgl. Abbildung 2.1. Man schreibt $\{1,3\} \subseteq \{0,1,2,3,4,5,6,7,8,9\}$ und sagt $\{1,3\}$ ist eine Teilmenge von $\{0,1,2,3,4,5,6,7,8,9\}$. Umgekehrt kann man auch sagen, dass $\{0,1,2,3,4,5,6,7,8,9\}$ eine Obermenge von $\{1,3\}$ ist, $\{0,1,2,3,4,5,6,7,8,9\} \supseteq \{1,3\}$. Formal definieren wir nun diese und weitere Beziehungen zwischen Mengen.

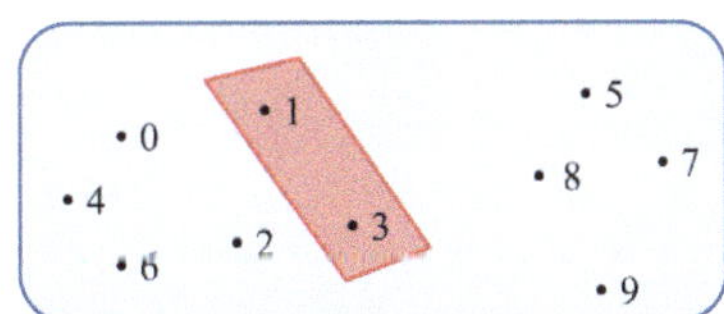

Abbildung 2.1: $\{1,3\} \subseteq \{0,1,2,3,4,5,6,7,8,9\}$

Definition 2.1.3 — Beziehungen zwischen Mengen.
Sind A und B Mengen, so definieren wir:

- Ist jedes Element der Menge A auch ein Element der Menge B ($a \in A \Rightarrow a \in B$), dann ist $A \subseteq B$. Man sagt A ist eine **Teilmenge** von B oder A ist Untermenge von B. Ist dies nicht der Fall, so schreibt man $A \nsubseteq B$. Umgekehrt kann man statt $A \subseteq B$ auch sagen, dass B **Obermenge** von A ist, $B \supseteq A$. Ist B keine Obermenge von A, schreibt man $B \nsupseteq A$.
- Ist A eine Teilmenge der Menge B aber nicht gleich B, so ist A eine **echte Teilmenge** von B und man schreibt $A \subset B$. Umgekehrt ist B **echte Obermenge** von A, $B \supset A$. Die Verneinungen dieser Aussagen schreibt man als $A \not\subset B$ bzw. $B \not\supset A$.

Ist A eine Teilmenge von B, so kann A also auch gleich B sein. Ist A eine echte Teilmenge von B, so sind die Mengen nicht gleich und es existiert mindestens ein Element, welches in B aber nicht in A ist.

Beziehungen zwischen verschiedenen Mengen lassen sich graphisch mit Hilfe von Venndiagrammen (auch Eulerdiagrammen) veranschaulichen. Man stellt hierbei Elemente als Punkte und Mengen als geschlossene Linien dar. Abbildung 2.1 zeigte bereits ein Venndiagramm. Abbildung 2.2 stellt mit Hilfe eines Venndiagramms schematisch dar, dass A eine Teilmenge von B ist.

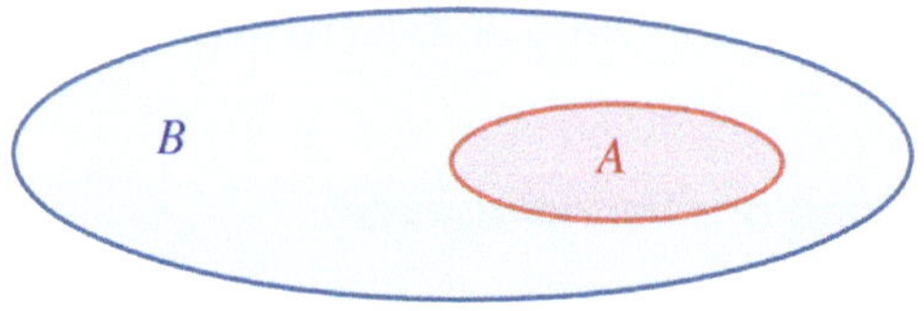

Abbildung 2.2: $A \subseteq B$

Die Symbole für Teilmengen, $\subseteq$, und echte Teilmengen, $\subset$, unterscheiden sich in ähnlicher Weise wie die Symbole $\leq$ und $<$. Gilt für zwei Zahlen $x \leq y$, so ist x kleiner oder gleich y; gilt $x < y$, so ist x kleiner aber nicht gleich y. Gilt für zwei Mengen $A \subseteq B$, so wird A im Venndiagramm durch eine Fläche dargestellt, welche innerhalb der Menge B liegt und damit flächenmäßig nicht größer als B ist (siehe Abbildung 2.2).

■ **Beispiel 2.1.8 — Teilmengenbeziehungen zwischen Mengen.**
Betrachten wir erneut die Mengen $A_1 = \{0, 1, 2, 3, 4, 5, 6, 7, 8, 9\}$, $A_2 = \{101, 102, 103, 104, \ldots\}$, $A_3 = \{1, 3, 5, 7, 9, \ldots\}$, $A_4 = \{1, 2, 3\}$, $A_5 = \{1, 2, 3\}$ und $A_6 = \{1, 3\}$ sowie die Zahlenmengen aus Tabelle 2.1. Es gilt unter anderem:

- $A_1 \subset \mathbb{N}_0$, aber A_1 ist keine Teilmenge von $\mathbb{N}$, $A_1 \nsubseteq \mathbb{N}$;
- $A_2 \subset \mathbb{Z}$, $A_2 \subset \mathbb{N}$, aber $\mathbb{N} \nsubseteq A_2$ und $A_1 \nsubseteq A_2$;
- $A_6 \subset A_1$, $A_6 \subseteq A_1$, $A_6 \subset A_3$ aber $A_6 \neq A_1$;
- $A_4 \subset A_1$, $A_4 \subset \mathbb{N}$, $A_4 \subset \mathbb{Z}$, $A_4 \subseteq A_5$, $A_4 = A_5$, $A_4 \subset \mathbb{R}$, aber $A_4 \nsubseteq A_5$ (vgl. auch Abbildung 2.3);
- $\mathbb{N} \subset \mathbb{N}_0 \subset \mathbb{Z} \subset \mathbb{Q} \subset \mathbb{R}$.

Verschiedene Mengen müssen jedoch in keiner Teilmengenbeziehung zueinander stehen. Vergleicht man die Mengen A_1 und A_3, so gilt beispielsweise $A_1 \nsubseteq A_3$ und $A_3 \nsubseteq A_1$.   ■

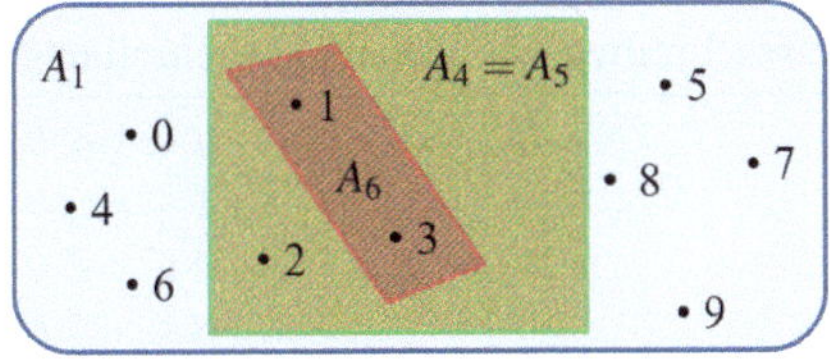

Abbildung 2.3: $A_6 \subseteq A_4 \subseteq A_1$

■ **Beispiel 2.1.9 — Intervalle als Teilmengen von $\mathbb{R}$.**
Intervalle beschreiben zusammenhängende Teilmengen der reellen Zahlen. Wir nutzen Schreibweisen der folgenden Form für $a, b \in \mathbb{R}$, $a < b$:

$$[a,b] = \{x \in \mathbb{R} \mid a \leq x \leq b\} \qquad (a,b) = \{x \in \mathbb{R} \mid a < x < b\}$$
$$(a,b] = \{x \in \mathbb{R} \mid a < x \leq b\} \qquad [a,b) = \{x \in \mathbb{R} \mid a \leq x < b\}$$

Das Intervall $(3,5]$ ist eine Teilmenge der reellen Zahlen $\mathbb{R}$. Es enthält alle Zahlen, die größer als 3 und höchstens 5 sind. Die 5 gehört also zur Menge, die 3 nicht. Auch Zahlen, die nur ganz wenig größer als 3 sind, gehören schon dazu. Für solche Intervalle gibt es übrigens verschiedene Schreibweisen: Wir benutzen runde Klammern, wenn eine Zahl *nicht* dazugehört, und eckige, wenn sie *dazugehört*. Manche Bücher verwenden aber auch Klammern, die nach außen zeigen – also zum Beispiel gilt $[a,b[= [a,b), \ ]a,b] = (a,b]$ und $]a,b[= (a,b)$. In deutschsprachigen Büchern steht statt eines Kommas häufig ein Semikolon.

Will man ein Intervall angeben, in dem beliebig große Werte enthalten sind, nutzt man das Symbol $+\infty$ statt b (nur mit runder Klammer, da $+\infty \notin \mathbb{R}$). Will man ein Intervall angeben, in dem beliebig kleine Werte enthalten sind, nutzt man das Symbol $-\infty$ statt a (nur mit runder Klammer, da $-\infty \notin \mathbb{R}$):

$$[a,+\infty) = \{x \in \mathbb{R} \mid a \leq x\} \qquad (a,+\infty) = \{x \in \mathbb{R} \mid a < x\}$$
$$(-\infty,b] = \{x \in \mathbb{R} \mid x \leq b\} \qquad (-\infty,b) = \{x \in \mathbb{R} \mid x < b\}$$

Auch die reellen Zahlen selbst kann man als Intervall betrachten, $(-\infty,+\infty) = \{x \in \mathbb{R} \mid -\infty < x < \infty\} = \mathbb{R}$. Tabelle 2.2 fasst die üblichen Schreibweisen für Intervalle, also Teilmengen von $\mathbb{R}$, zusammen. ■

Ist A eine Teilmenge von B, sind alle Elemente aus A auch in B enthalten. Ist zudem B eine Teilmenge von A, sind auch alle Elemente aus B in A enthalten. In diesem Fall umfassen die beiden Mengen also die gleichen Elemente, d.h. sie sind gleich. Umgekehrt, wenn $A = B$ gilt, dann sind alle Elemente aus A auch in B enthalten, und alle Elemente aus B sind auch in A enthalten, also ist A eine Teilmenge von B und B ist eine Teilmenge von A.

Satz 2.1.1 — Gleichheit zweier Mengen.
Es gilt $A \subseteq B$ und $B \subseteq A$ genau dann, wenn $A = B$.

Kurzschreibweise	Mengenbeschreibung
(a,b)	$= \{x \in \mathbb{R} \mid a < x < b\}$
$[a,b]$	$= \{x \in \mathbb{R} \mid a \leq x \leq b\}$
$[a,b)$	$= \{x \in \mathbb{R} \mid a \leq x < b\}$
$(a,b]$	$= \{x \in \mathbb{R} \mid a < x \leq b\}$
$(-\infty,b]$	$= \{x \in \mathbb{R} \mid x \leq b\}$
$(-\infty,b)$	$= \{x \in \mathbb{R} \mid x < b\}$
$[a,+\infty)$	$= \{x \in \mathbb{R} \mid a \leq x\}$
$(a,+\infty)$	$= \{x \in \mathbb{R} \mid a < x\}$
$(-\infty,+\infty)$	$= \mathbb{R}$

Tabelle 2.2: Definition von Intervallen mit $a,b \in \mathbb{R}, a < b$

(Z) A ist eine Teilmenge von B, $A \subseteq B$, wenn jedes Element aus A auch in B enthalten ist. Gilt $A \subseteq B$, nennt man B auch Obermenge von A.

Gilt $A \neq B$ und $A \subseteq B$, nennt man A auch echte Teilmenge von B, $A \subset B$, bzw. B echte Obermenge von A.

Venndiagramme veranschaulichen Beziehungen zwischen Mengen graphisch.

2.1.3 Mächtigkeit von Mengen

Ziele dieses Unterkapitels

- Was ist die Mächtigkeit einer Menge?
- Was ist die leere Menge?

Die Mächtigkeit einer Menge gibt an, wie viele Elemente in der Menge sind. So ist die Mächtigkeit von $\{1,2,3\}$ beispielsweise gleich 3, da die Menge genau 3 Elemente enthält. In diesem Buch werden wir nur die Mächtigkeit von Mengen mit endlich vielen Elementen, sogenannten endlichen Mengen, genauer definieren.

Definition 2.1.4 — Mächtigkeit.
Eine Menge A heißt endlich, wenn sie endlich viele Elemente enthält, andernfalls unendlich. Ist A endlich und enthält A genau n Elemente, so schreibt man $|A| = n$ und nennt n die **Mächtigkeit** der Menge A.

Endliche Mengen kann man also durch eine komplette Aufzählung aller Elemente beschreiben. Die Menge der natürlichen Zahlen ist damit zum Beispiel keine endliche Menge. Auch Intervalle stellen keine endlichen Mengen dar. Diese Mengen sind unendliche Mengen.[1]

■ Beispiel 2.1.10 — Die Mächtigkeit von Mengen und Teilmengen.
Betrachten wir erneut die Mengen $A_1 = \{0,1,2,3,4,5,6,7,8,9\}$, $A_2 = \{101,102,103,104,\ldots\}$, $A_3 = \{1,3,5,7,9,\ldots\}$, $A_4 = \{1,2,3\}$, $A_5 = \{1,2,3\}$, $A_6 = \{1,3\}$ und zusätzlich $A_7 = \{-1,3\}$.

---

[1] In weiterführenden Büchern unterscheidet man oft zwischen abzählbaren (endlichen oder unendlichen) und überabzählbaren (unendlichen) Mengen. Abzählbar unendliche Mengen haben genau so viele Elemente wie $\mathbb{N}$, d.h. jedem Element aus der Menge kann genau eine natürliche Zahl zugeordnet werden. Ein Beispiel einer abzählbar unendlichen Menge ist die Menge aller ungeraden Zahlen A_2. Bei überabzählbaren Mengen funktioniert dies nicht, ein Beispiel ist die Menge $[0,1] = \{x \in \mathbb{R} \mid 0 \leq x \leq 1\}$. Für uns ist der Unterschied an dieser Stelle aber nicht wichtig.

Die Menge A_1 hat 10 Elemente, A_1 ist also endlich mit $|A_1| = 10$. Die Menge A_2 hat unendlich viele Elemente, A_2 ist also nicht endlich. Ebenso ist A_3 keine endliche Menge. Die Mengen A_4 und A_5 haben beide genau 3 Elemente. Es gilt $A_4 = A_5$ und $|A_4| = |A_5| = 3$. Die Mengen A_6 und A_7 haben jeweils zwei Elemente $|A_6| = |A_7| = 2$. Aber obwohl A_6 und A_7 gleich viele Elemente haben, sind sie nicht gleich. Es gilt $A_6 \neq A_7$.

Sind zwei Mengen gleich, so haben sie auch die gleiche Mächtigkeit. Haben zwei Mengen die gleiche Mächtigkeit, kann man jedoch nicht schließen, dass sie gleich sind. ■

Man nennt Mengen mit mindestens einem Element nichtleere Mengen. Sie haben eine Mächtigkeit von mindestens 1. Die Menge mit der Mächtigkeit 0 ist eine Menge, die keine Elemente enthält. Man nennt sie daher die leere Menge.

> **Definition 2.1.5 — Die leere Menge.**
> Die Menge, die kein Element enthält, heißt **leere Menge** und hat das Symbol $\emptyset$ oder $\{\}$. Die leere Menge ist Teilmenge jeder Menge und $|\{\}| = 0$.

■ **Beispiel 2.1.11 — Mächtigkeiten in der Wahrscheinlichkeitstheorie.**
Mächtigkeiten von Mengen spielen unter anderem in der Wahrscheinlichkeitstheorie eine große Rolle. Ist A die endliche Menge der Elemente, die eintreten können,[2] so wird die Wahrscheinlichkeit eines einzelnen Elementes oft als $1/|A|$ definiert. Beim Wurf eines Würfels wäre also z.B. $A = \{1, 2, 3, 4, 5, 6\}$ mit $|A| = 6$ und die Wahrscheinlichkeit für das Auftreten der Zahl 4 dann $1/|A| = 1/6$. ■

■ **Beispiel 2.1.12 — Mengen in der Marktforschung.**
Aber auch in der Statistik und der Marktforschung spielen Mengen eine große Rolle. So könnten Sie sich z.B. dafür interessieren, wie viele aller Youtube-User sich am 16.6. dieses Jahres Ihr neustes Youtube-Video zum Thema „mein Goldfisch kann Happy Birthday singen" angesehen haben. Sollten Sie einen Datenbankexperten damit beauftragen wollen, die Mächtigkeit dieser Menge zu bestimmen, wird dieser Ihnen nicht weiterhelfen können. Denn bei dieser Beschreibung handelt es sich nicht um eine Mengendefinition. Warum?

Aufgrund dieser Beschreibung kann nicht stets eindeutig entschieden werden, welche User zu dieser Menge gehören und welche nicht. Man stelle sich einen User vor, der nur die ersten 10 Sekunden angesehen hat. Gehört er dazu? Entspricht ein User einem Youtube-Account? Was bedeutet sehen? Was ist, wenn sich mehrere Leute gemeinsam ein Video ansehen? Was, wenn der User eingeschlafen ist? Beginnt der 16.6. zu dem Zeitpunkt, zu dem er in Hawaii beginnt? Oder in Europa? Oder ist die Datumsangabe in Bezug auf den Ort des Users zu betrachten? Ein Versuch einer Mengendefinition wäre: die Menge aller mit ihrem persönlichen Account eingeloggten Youtube-User, die Ihr Video „mein Goldfisch singt Happy Birthday" (wir nehmen an, Sie haben nur ein Video mit diesem Titel produziert) für mindestens 20 Sekunden abgespielt haben und das Video am 16.6. (MEZ) dieses Jahres starteten.[3] Da diese Beschreibung zwar korrekt aber umständlich ist, werden wir sie zu „die Menge aller User, die Ihr Video gesehen haben" verkürzen. ■

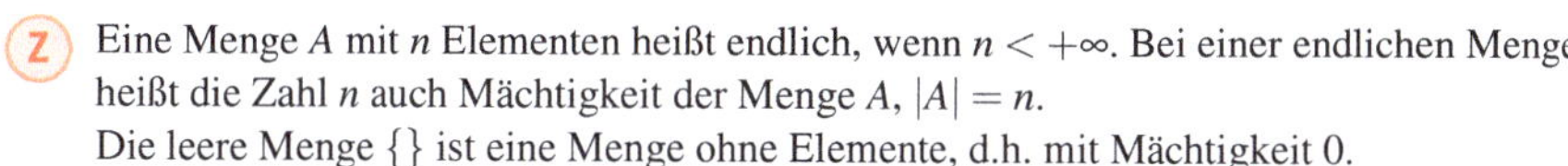

(Z) Eine Menge A mit n Elementen heißt endlich, wenn $n < +\infty$. Bei einer endlichen Menge heißt die Zahl n auch Mächtigkeit der Menge A, $|A| = n$.
Die leere Menge $\{\}$ ist eine Menge ohne Elemente, d.h. mit Mächtigkeit 0.

---

[2]   In der Wahrscheinlichkeitstheorie verwendet man statt des Begriffs Element den Begriff Ereignis.
[3]   Oft werde ich gefragt, warum mathematische Sätze immer so kompliziert sind. Das Problem ist, Mathematiker wollen immer korrekt sein, und Sie sehen gerade, was dann passiert.

2.1.4　Schnitt, Vereinigung und Differenz von Mengen

Ziele dieses Unterkapitels
- Was ist eine Vereinigung, ein Schnitt, und eine Differenz von Mengen?
- Wann sind zwei Mengen disjunkt?
- Was ist ein Komplement einer Menge bezüglich einer anderen Menge?
- In welcher Beziehung stehen die Mächtigkeiten von Mengen, ihrer Vereinigung, und ihrem Schnitt?
- Welche Rechenregeln gelten für diese Mengenoperationen?

Stellt man sich zwei Mengen als Inhalte zweier Behältnisse vor, so nennt man den Inhalt, der sich durch Zusammenschütten der beiden Inhalte ergibt und bei dem doppelte Elemente nur einmal berücksichtigt werden, die Vereinigung der beiden Mengen. Der Schnitt der beiden Mengen beinhaltet nur Elemente, welche in beiden Mengen vorkamen. Die Differenz betrachtet nur die Elemente der einen Menge, welche nicht in der anderen Menge enthalten sind.

Definition 2.1.6 — Mengenoperationen.
Sind A und B Mengen, so definieren wir:
- $A \cup B = \{a \mid a \in A \text{ oder } a \in B\}$ als die **Vereinigung** von A und B.
- $A \cap B = \{a \mid a \in A \text{ und } a \in B\}$ als den Durchschnitt, **Schnitt** oder die Schnittmenge von A und B.
- $A \setminus B = \{a \mid a \in A \text{ und } a \notin B\}$ als die **Differenz** von A und B oder kurz A ohne B.

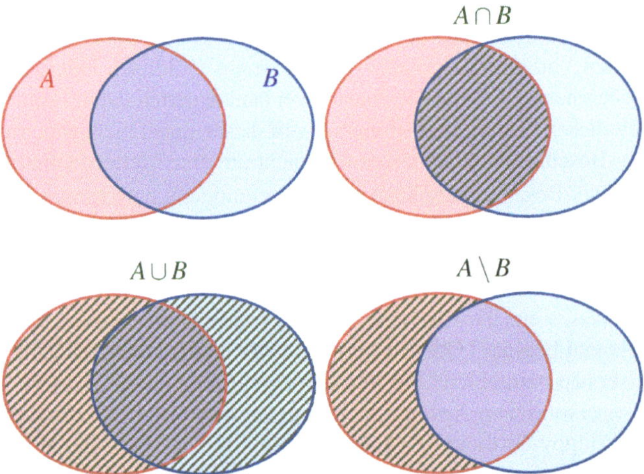

Abbildung 2.4: Venndiagramme für $A \cup B$, $A \cap B$ und $A \setminus B$

Die Vereinigung zweier Mengen A und B, $A \cup B$, enthält also alle Elemente, die in A oder B (oder in beiden) sind. Als Venndiagramm ist dies in Abbildung 2.4 links unten dargestellt. Der Schnitt zweier Mengen A und B, $A \cap B$, enthält alle Elemente, die sowohl in A als auch in B enthalten sind. Als Venndiagramm ist dies in Abbildung 2.4 rechts oben dargestellt. Die Differenz zweier Mengen A und B, $A \setminus B$, enthält alle Elemente, die in A aber nicht in B enthalten sind. Als Venndiagramm ist dies in Abbildung 2.4 rechts unten dargestellt.

■ **Beispiel 2.1.13 — Mengenoperationen mit Mengen A_5, A_6 und A_7.**
Betrachten wir erneut die Mengen $A_5 = \{1,2,3\}$, $A_6 = \{1,3\}$ und $A_7 = \{-1,3\}$.

Es gilt beispielsweise $A_6 \cup A_7 = \{-1,1,3\}$, $A_5 \cup A_6 = \{1,2,3\}$, und $A_5 \cup A_7 = \{-1,1,2,3\}$, siehe Abbildung 2.5. Zudem kann man unter anderem folgende Schnittmengen bestimmen: $A_6 \cap A_7 = \{3\}$, $A_5 \cap A_6 = \{1,3\}$, und $A_5 \cap A_7 = \{3\}$. Es gilt auch z.B. $A_6 \setminus A_7 = \{1\}$, $A_5 \setminus A_6 = \{2\}$, und $A_5 \setminus A_7 = \{1,2\}$.

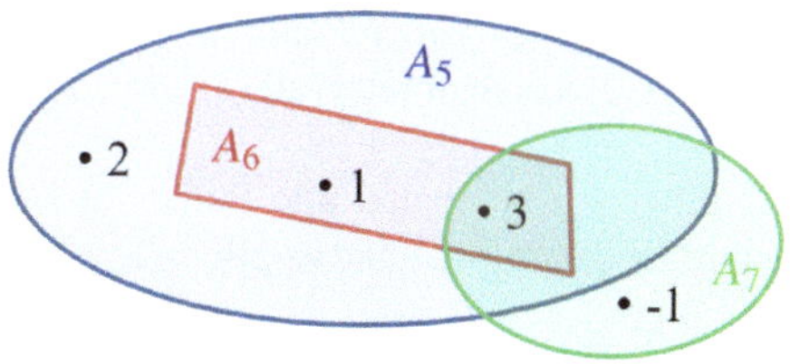

Abbildung 2.5: A_5, A_6 und A_7

Natürlich kann man sich auch für die Vereinigung oder den Schnitt von mehr als zwei Mengen interessieren. Beispielsweise ist

$$A_1 \cup A_2 \cup A_3 = \{0,1,2,3,4,5,6,7,8,9\} \cup \{101,102,103,104,\dots\} \cup \{1,3,5,7,9,\dots\}$$
$$= \{a \in \mathbb{N}_0 \mid a \le 9 \text{ oder } a \text{ ist ungerade oder } a > 100\}$$
$$= \{0,1,\dots,9,11,13,\dots,95,97,99,101,102,103,\dots\}.$$

Statt $A_1 \cup A_2 \cup A_3$ schreibt man auch $\bigcup_{i=1}^{3} A_i$ (oder auch mit Indizes nach rechts versetzt als $\bigcup_{i=1}^{3} A_i$).

Der Schnitt der drei Mengen A_3, A_4 und A_5 ist $A_3 \cap A_4 \cap A_5 = \{1,3\}$. Analog zur Vereinigung schreibt man auch $A_3 \cap A_4 \cap A_5 = \bigcap_{i=3}^{5} A_i = \{1,3\}$.   ■

Definition 2.1.7 — Schnitte und Vereinigungen mehrerer Mengen.
Sind $A_1, A_2, \dots, A_n$ Mengen, so ist

$$\bigcup_{i=1}^{n} A_i = A_1 \cup A_2 \cup \dots \cup A_n = \{a \mid \text{es gibt ein } i = 1,2,\dots,n \text{ mit } a \in A_i\}$$

die **Vereinigung** dieser Mengen und

$$\bigcap_{i=1}^{n} A_i = A_1 \cap A_2 \cap \dots \cap A_n = \{a \mid a \in A_i \text{ für alle } i = 1,2,\dots,n\}$$

der **Schnitt** dieser Mengen.

■ **Beispiel 2.1.14 — Mengenoperationen mit Intervallen.**

Betrachten wir die Intervalle $(-\infty, 2)$, $[1,2]$ und $(2,+\infty)$, so gilt also zum Beispiel

$$(2,+\infty) \cup [1,2] = [1,+\infty)$$
$$(2,+\infty) \cap [1,2] = \{\}$$
$$(2,+\infty) \setminus [1,2] = (2,+\infty).$$

Das Intervall $(2,+\infty)$ hat keinen gemeinsamen Punkt mit $[1,2]$. Der Schnitt ist daher leer. Entfernt man alle Punkte aus $[1,2]$ aus dem Intervall $(2,+\infty)$, verändert sich das Intervall nicht.

Das Intervall $(-\infty, 2)$ hingegen beinhaltet alle Punkte aus dem Intervall $[1,2]$ mit Ausnahme der 2. Der Schnitt ist daher $[1,2)$ und es gilt

$$(-\infty,2) \cup [1,2] = (-\infty,2]$$
$$(-\infty,2) \cap [1,2] = [1,2)$$
$$(-\infty,2) \setminus [1,2] = (-\infty,1).$$

Die Vereinigung der beiden Intervalle $(-\infty,2)$ und $(2,+\infty)$ ergibt jede reelle Zahl mit Ausnahme der 2. Es gilt $(-\infty,2) \cup (2,+\infty) = \mathbb{R} \setminus \{2\}$.   ■

■ **Beispiel 2.1.15 — Fortsetzung des Youtube-Beispiels 2.1.12.**

Würden wir das Zuschauerverhalten auf Youtube untersuchen, so könnte z.B. B_1 die Menge aller User sein, die Ihr Video gesehen haben. Sei nun B_2 die Menge aller Youtube-User, die mit Ihnen auf Facebook befreundet sind. Dann wäre $B_1 \cup B_2$ die Menge aller Youtube-User, die Ihr Video gesehen haben oder mit Ihnen auf Facebook befreundet sind. Sind Videos Ihres Goldfischs essentieller Bestandteil Ihrer privaten Status-Updates, wäre das (unter einigen vereinfachenden Annahmen) die Menge aller Youtube-User, die Ihren Goldfisch via Facebook oder Youtube gesehen haben.

In Bezug auf die oben definierten Mengen B_1 und B_2 ist $B_1 \cap B_2$ die Menge aller Youtube-User, die sowohl Ihr Video auf Youtube gesehen haben als auch mit Ihnen auf Facebook befreundet sind.

Die Differenz $B_1 \setminus B_2$ ist hier die Menge aller Youtube-User, die Ihr Video auf Youtube gesehen haben, obwohl sie nicht mit Ihnen (auf Facebook) befreundet sind.   ■

Haben zwei Mengen kein gemeinsames Element, so ist der Schnitt die leere Menge und wir nennen diese Mengen disjunkt.

Definition 2.1.8 — Disjunkte Mengen.
Zwei Mengen A und B heißen **disjunkt** oder elementfremd, wenn $A \cap B = \{\}$.

■ **Beispiel 2.1.16 — Disjunkte Intervalle.**

Die Mengen $[1,2)$ und $(3,4)$ sind disjunkt. Ebenso sind die Mengen $[1,2)$ und $[2,4)$ disjunkt. Die Mengen $[1,2]$ und $[2,4)$ sind jedoch nicht disjunkt, da $[1,2] \cap [2,4) = \{2\} \neq \{\}$.   ■

Gilt $A \subseteq B$, so ist jedes Element aus A auch in B. Die Vereinigung $A \cup B$ enthält dann genau die gleichen Elemente wie B, $A \cup B = B$. Durch A kommen dann keine weiteren hinzu. Der Schnitt $A \cap B$ enthält in diesem Fall genau die Elemente von A, $A \cap B = A$. Gilt $A \subseteq B$, dann gibt es keine Elemente, die in A aber nicht in B sind, d.h. $A \setminus B = \{\}$. Der folgende Satz fasst diese Überlegungen zusammen:

> **Satz 2.1.2 — Mengenoperationen auf Teilmengen.**
> Ist $A \subseteq B$, so gilt
> - $A \cup B = B$;
> - $A \cap B = A$;
> - $A \setminus B = \{\}$.

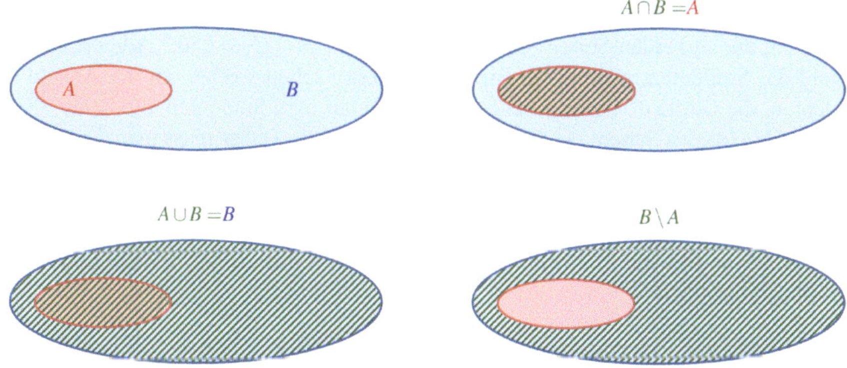

Abbildung 2.6: Mengenoperationen auf Teilmengen

Gilt $A \subseteq B$, so gibt es also keine Elemente, die in A, aber nicht in B, liegen. Umgekehrt kann es aber Elemente geben, die in B, aber nicht in A, liegen. Diese Menge nennt man das Komplement von A bezüglich B.

> **Definition 2.1.9 — Komplement.**
> Ist $A \subseteq B$, heißt $B \setminus A$ Komplementärmenge oder **Komplement** von A bezüglich B.

Abbildung 2.6 illustriert unten rechts das Komplement $B \setminus A$ in einem Venndiagramm.

■ Beispiel 2.1.17 — Mengenoperationen auf Teilmengen.

Betrachten wir die Mengen $A_5 = \{1,2,3\}$ und $A_6 = \{1,3\}$. Offensichtlich gilt $A_6 \subseteq A_5$ und damit $A_5 \cap A_6 = A_6$ sowie $A_5 \cup A_6 = A_5$ und $A_6 \setminus A_5 = \{\}$.

Umgekehrt ist jedoch $A_5 \setminus A_6 = \{2\}$. Die Menge $\{2\}$ ist das Komplement von A_6 bezüglich A_5.

                ■

Im Fall endlicher Mengen können Formeln zur Berechnung der Mächtigkeit des Schnitts, der Vereinigung und der Differenz angegeben werden. Im Allgemeinen erleichtert hier ein Venndiagramm die Überlegungen. Wir demonstrieren die Vorgehensweise am Beispiel.

■ Beispiel 2.1.18 — Online-Viewing-Befragung.

In einer Umfrage für einen internetbasierten Streaming-Dienst von 1000 zufällig ausgesuchten Studenten ergab sich, dass 520 Studenten gerne die Big Bang Theory online sehen würden und 380 Studenten gerne die Möglichkeit hätten, Game of Thrones online zu sehen. 350 Studenten gaben an, an keiner der beiden Serien online interessiert zu sein. Wie viele Studenten sind an beiden Serien interessiert?

Sei A die Menge aller befragten Studenten und $B \subseteq A$ die Teilmenge der Studenten, die die Big Bang Theory online sehen wollen, und $G \subseteq A$ die Teilmenge der Studenten, die Game of Thrones online sehen wollen. Formal wissen wir: $|A| = 1000$, $|B| = 520$, $|G| = 380$ und $|A \setminus (G \cup B)| = 350$.

Abbildung 2.7 zeigt ein Venndiagramm mit den entsprechenden Mächtigkeiten. Wenn A 1000 Elemente hat, und 350 davon weder in B noch in G enthalten sind, dann müssen 650 Studenten in der Vereinigung $B \cup G$ enthalten sein, d.h. $|B \cup G| = 650$. Von diesen 650 gibt es 520, welche die Big Bang Theory sehen wollen. Also muss es $650 - 520 = 130$ Studenten geben, die nur Game of Thrones aber nicht die Big Bang Theory sehen wollen. Da insgesamt 380 Studenten Game of Thrones sehen wollen, gibt es also $380 - 130 = 250$ Studenten, die an beiden Serien interessiert sind, d.h. $|B \cap G| = 250$.[4] Addiert man die Anzahl der Studenten, welche die Big Bang Theory sehen wollen, zu der Anzahl der Studenten, die Game of Thrones sehen wollen, so hat man Studenten, die beide Shows sehen wollen (die im Schnitt der Mengen), doppelt gezählt. Daher muss man diese wieder abziehen, um auf 650 Studenten zu kommen. Die Anzahl der Elemente in der Vereinigung entspricht also der Summe der Elemente beider Mengen abzüglich der Anzahl der Elemente, welche in beiden Mengen enthalten sind, $|B \cup G| = |B| + |G| - |B \cap G|$. Im Beispiel gilt $650 = |B \cup G| = |B| + |G| - |B \cap G| = 520 + 380 - |B \cap G|$, also: $|B \cap G| = 250$. Die gesuchte Zahl ist demnach 250. ∎

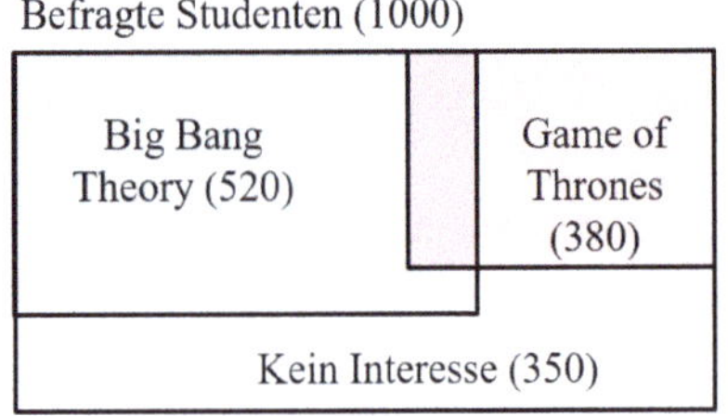

Abbildung 2.7: Online Viewing

Im vorherigen Beispiel demonstrierten wir mit Hilfe eines Venndiagramms, dass $|A \cup B| = |A| + |B| - |A \cap B|$. $|A \cup B| = |A| + |B|$ gilt dann (und nur dann), wenn A und B disjunkt sind.

> **Satz 2.1.3 — Die Mächtigkeit der Vereinigung.**
> Sind A und B endliche Mengen, dann gilt $|A \cup B| = |A| + |B| - |A \cap B|$

■ Beispiel 2.1.19 — Die Mächtigkeit der Vereinigung.
Betrachten wir erneut die Mengen $A_6 = \{1,3\}$ und $A_7 = \{-1,3\}$ mit $A_6 \cap A_7 = \{3\}$. Laut obigem Satz gilt $|A_6 \cup A_7| = |A_6| + |A_7| - |A_6 \cap A_7| = 2 + 2 - 1 = 3$. Und in der Tat ist $A_6 \cup A_7 = \{-1,1,3\}$ mit Mächtigkeit 3.

Betrachten wir die Mengen $A_6 = \{1,3\}$ und $A_9 = \{-1,-3\}$ mit $A_6 \cap A_9 = \{\}$. A_6 und A_9 sind disjunkt. Laut obigem Satz gilt $|A_6 \cup A_9| = |A_6| + |A_9| - |A_6 \cap A_9| = 2 + 2 - 0 = 4$. Und in der Tat ist $A_6 \cup A_9 = \{-3,-1,1,3\}$ mit Mächtigkeit $4 = |A_6| + |A_9|$. ∎

Die Reihenfolge, in der man eine Vielzahl an Schnitten bildet, ist egal. Ebenso verhält es sich für Vereinigungen. Man sagt also, beide Operationen sind assoziativ und kommutativ. Kommen in einem Ausdruck jedoch sowohl Schnitte als auch Vereinigungen vor, ist die

---

[4]   Analog hätte man über die Anhänger von Game of Thrones zum Ergebnis kommen können.

Reihenfolge, bzw. die Klammersetzung, entscheidend. In Abbildung 2.8 sieht man zum Beispiel, dass $(A \cap B) \cup C \neq A \cap (B \cup C)$. Es gilt jedoch auch allgemein, dass $(A \cap B) \cup C = (A \cup C) \cap (B \cup C)$.[5]

Satz 2.1.4 — Rechenregeln für Schnitte und Vereinigungen.
Seien A, B und C Mengen. Dann gilt
- $A \cap B = B \cap A$ sowie $A \cup B = B \cup A$ (Kommutativität),
- $(A \cap B) \cap C = A \cap (B \cap C)$, sowie $(A \cup B) \cup C = A \cup (B \cup C)$ (Assoziativität) und
- $(A \cup B) \cap C = (A \cap C) \cup (B \cap C)$, sowie $(A \cap B) \cup C = (A \cup C) \cap (B \cup C)$ (Distributivität).

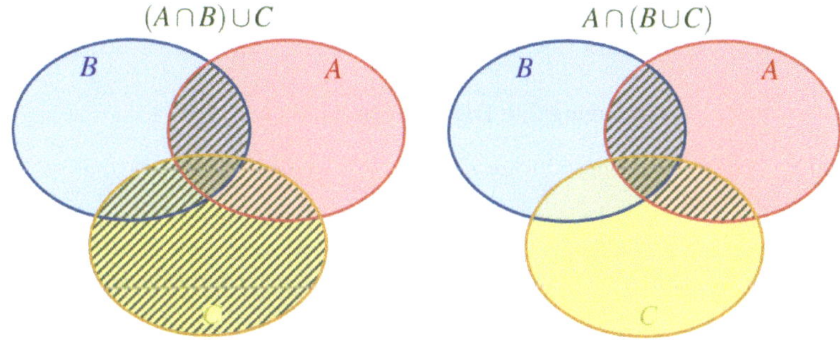

Abbildung 2.8: $(A \cap B) \cup C \neq A \cap (B \cup C)$

Wir verzichten hier auf einen Beweis und veranschaulichen das Resultat stattdessen in Beispielen.

■ **Beispiel 2.1.20 — Anwendung der Rechenregeln.**
Betrachten wir die Mengen $A_6 = \{1,3\}$, $A_7 = \{-1,3\}$ und $A_8 = \{-1,1,5\}$, vgl. Abbildung 2.9. Dann gilt z.B. aufgrund der Kommutativität

$$A_6 \cap A_7 = \{3\} = A_7 \cap A_6, \quad A_6 \cup A_7 = \{-1,1,3\} = A_7 \cup A_6.$$

Die Assoziativität besagt, dass

$$(A_6 \cap A_7) \cap A_8 = \{3\} \cap A_8 = \{\} = A_6 \cap \{-1\} = A_6 \cap (A_7 \cap A_8),$$

$$(A_6 \cup A_7) \cup A_8 = \{-1,1,3\} \cup A_8 = \{-1,1,3,5\} = A_6 \cup \{-1,1,3,5\} = A_6 \cup (A_7 \cup A_8).$$

Zudem ist die Menge

$$(A_6 \cup A_7) \cap A_8 = \{-1,1,3\} \cap \{-1,1,5\} = \{-1,1\}$$

laut des Distributivgesetzes gleich

$$(A_6 \cap A_8) \cup (A_7 \cap A_8) = \{1\} \cup \{-1\} = \{-1,1\}.$$

Ebenso ist die Menge

$$(A_6 \cap A_7) \cup A_8 = \{3\} \cup \{-1,1,5\} = \{-1,1,3,5\}$$

---

[5] Dies ist vergleichbar zum wahrscheinlich aus der Schule bekannten Distributivgesetz $(a+b) \cdot c = a \cdot c + b \cdot c$. Daher nennt man diese Eigenschaft auch Distributivität.

gleich

$$(A_6 \cup A_8) \cap (A_7 \cup A_8) = \{-1,1,3,5\} \cap \{-1,1,3,5\} = \{-1,1,3,5\}. \qquad \blacksquare$$

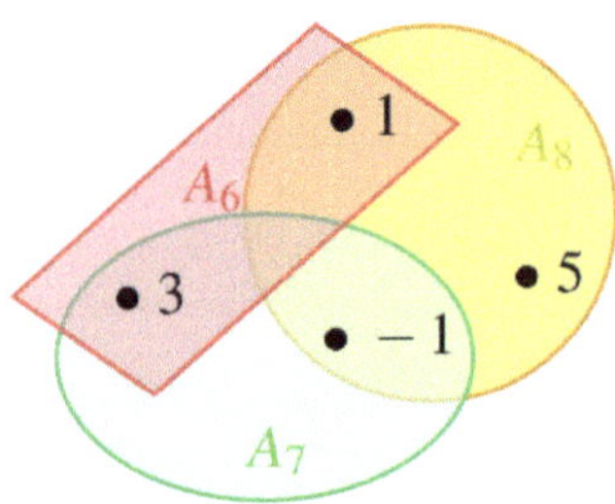

Abbildung 2.9: Die Mengen A_6, A_7 und A_8

(Z) Die Vereinigung zweier Mengen $A \cup B$ umfasst alle Elemente, die in den Mengen A oder B vorkommen. Der Schnitt $A \cap B$ enthält nur die Elemente, die in beiden Mengen vorkommen. Die Differenz $A \setminus B$ enthält die Elemente, die in A vorkommen, aber nicht in B enthalten sind.

Ist der Schnitt von A und B leer, heißen sie disjunkt.

Gilt $A \subseteq B$, heißt $B \setminus A$ Komplement von A bezüglich B.

Es gilt $|A \cup B| = |A| + |B| - |A \cap B|$.

Der Schnitt und die Vereinigung sind kommutativ und assoziativ, zudem gilt das Distributivgesetz für Schnitte und Vereinigungen.

2.1.5 Das kartesische Produkt

Ziele dieses Unterkapitels

- Was ist das kartesische Produkt zweier Mengen?
- Welche Beziehung besteht zwischen den Mächtigkeiten zweier Mengen und ihrem kartesischen Produkt?
- Wie kann man das kartesische Produkt mehrerer Mengen definieren?
- Was ist $\mathbb{R}^n$?

Wir beginnen diesen Themenabschnitt mit einem Beispiel:

■ Beispiel 2.1.21 — Menü Fastfood-Restaurant.
In einem Fastfood-Restaurant besteht das Menü aus einem Hauptgericht und einer Beilage. Die Menge aller Hauptgerichte ist $H = \{$ McNuggets, Cheeseburger, Hamburger $\}$, die Menge der Beilagen $B = \{$ Pommes, Salat $\}$. Wir wollen nun die Menge aller Menüs M beschreiben, wobei wir zunächst das Hauptgericht und dann die Beilage nennen. Graphisch sind die Kombinationen in Abbildung 2.10 dargestellt.

$$M = \{(\text{McNuggets, Pommes}), (\text{Cheeseburger, Pommes}), (\text{Hamburger, Pommes}),$$
$$(\text{McNuggets, Salat}), (\text{Cheeseburger, Salat}), (\text{Hamburger, Salat})\}.$$

Da sich die Menge M eigentlich direkt aus den Mengen H und B gewinnen lässt, schreibt man statt der mühsamen Aufzählung meist einfach $H \times B$ und bezeichnet diese Kombination aller Elemente aus H mit allen Elementen aus B (unter Beachtung der Reihenfolge) als kartesisches Produkt der Mengen H und B. Die einzelnen Elemente des kartesischen Produkts werden auch als Tupel bezeichnet. Während die Reihenfolge von Elementen innerhalb einer Menge keine Rolle spielt, ist die Reihenfolge der Aufzählung innerhalb eines Tupels wichtig. In unserem Beispiel bezeichnete der erste Wert des Tupels stets ein Hauptgericht, der zweite eine Beilage. Also gilt z.B. (Cheeseburger, Pommes) $\in H \times B$, aber (Pommes, Cheeseburger) $\notin H \times B$. ■

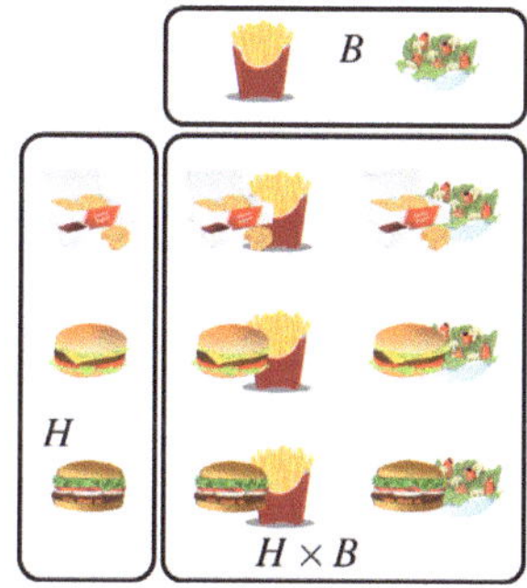

Abbildung 2.10: Hauptgericht und Beilage

Soll für zwei Elemente $a \in A$ und $b \in B$ die Reihenfolge berücksichtigt werden, so schreiben wir sie als geordnetes Paar (a,b) und nennen sie Tupel. Die Menge aller solcher Tupel heißt kartesisches Produkt.

Definition 2.1.10 — Tupel und das kartesische Produkt zweier Mengen.
Seien A und B zwei beliebige Mengen. Dann heißt die Menge

$$A \times B = \{(a,b) \mid a \in A \text{ und } b \in B\}$$

kartesisches Produkt (bzw. **Produktmenge**) von A und B. Für $A \times A$ schreiben wir auch A^2. Elemente des kartesischen Produkts $(a,b) \in A \times B$ heißen **Tupel**. Zwei Tupel (a,b) und (c,d) heißen gleich, wenn $a = c$ und $b = d$.

Aus obiger Definition ergibt sich, dass das kartesische Produkt einer beliebigen Menge mit der leeren Menge stets wieder die leere Menge ergibt, da sich keine Tupel der Form (a,b), mit $a \in A$, $b \in B$, bilden lassen, wenn A oder B keine Elemente enthalten.

■ **Beispiel 2.1.22 — Kartesisches Produkt zweier Mengen.**
Das kartesische Produkt der Mengen $A_1 = \{0,1,2,3,4,5,6,7,8,9\}$ und $A_6 = \{1,3\}$ ist

$$A_1 \times A_6 = \{(0,1),(0,3),(1,1),(1,3),(2,1),(2,3),(3,1),(3,3),(4,1),(4,3),$$
$$(5,1),(5,3),(6,1),(6,3),(7,1),(7,3),(8,1),(8,3),(9,1),(9,3)\}.$$

Es gilt also $(0,1) \in A_1 \times A_6$, aber $(1,0) \notin A_1 \times A_6$.
  Allerdings gilt $(1,0) \in A_6 \times A_1$, da

$$A_6 \times A_1 = \{(1,0),(3,0),(1,1),(3,1),(1,2),(3,2),(1,3),(3,3),(1,4),(3,4),$$
$$(1,5),(3,5),(1,6),(3,6),(1,7),(3,7),(1,8),(3,8),(1,9),(3,9)\}.$$

Das kartesische Produkt der Mengen $A_1 = \{0,1,2,3,4,5,6,7,8,9\}$ und $B = \{\}$ ist

$$A_1 \times B = \{\}.$$

■ **Beispiel 2.1.23 — Jasskarten.**
Ein kartesisches Produkt, das Sie sicher kennen, sind die Werte von Jasskarten. Die üblichen Kartenwerte wie (Herz, Dame) oder (Schaufel, 7) lassen sich darstellen als das kartesische Produkt der Menge $A = \{$Kreuz, Schaufel, Herz, Ecke$\}$ und $B = \{6, 7, 8, 9, 10,$ Bube, Dame, König, Ass$\}$. Sind beide Mengen A und B endlich, so lässt sich die Mächtigkeit des kartesischen Produkts, also die Anzahl der Tupel in $A \times B$, als Produkt der Mächtigkeiten von A und B bestimmen. Es gibt also $|A| = 4$ Farben und $|B| = 9$ Zahlen, also $|A| \cdot |B| = 4 \cdot 9 = 36$ verschiedene Jasskarten. ■

Bildet man alle Kombinationen von Elementen der endlichen Mengen A und B (unter Berücksichtigung der Reihenfolge), ergeben sich $|A| \cdot |B|$ verschiedene Tupel. Es gilt:

> **Satz 2.1.5 — Die Mächtigkeit des kartesischen Produkts zweier Mengen.**
> Sind A und B zwei endliche Mengen, so gilt $|A \times B| = |A| \cdot |B|$.

■ **Beispiel 2.1.24 — Menü Fastfood-Restaurant (fortgesetzt).**
Im Beispiel 2.1.21 des Fastfoodrestaurants könnte es im Menü zusätzlich die Option geben, ein Getränk wählen zu können. Definiert man die Menge der Getränke als $G = \{$ Cola, Eistee, Apfelsaft $\}$, ist es naheliegend, die Menüoptionen als Elemente des kartesischen Produkts $H \times B \times G$ zu definieren, vgl. Abbildung 2.11. Es gilt dann z.B: (Cheeseburger, Pommes, Cola) $\in H \times B \times G$, aber (Pommes, Salat, Apfelsaft) $\notin H \times B \times G$, wobei das kartesische Produkt Tupel mit drei Komponenten enthält, kurz 3-Tupel. Die Anzahl der verschiedenen Menüs ist dann $|H \times B \times G| = |H| \cdot |B| \cdot |G| = 3 \cdot 2 \cdot 3 = 18$. ■

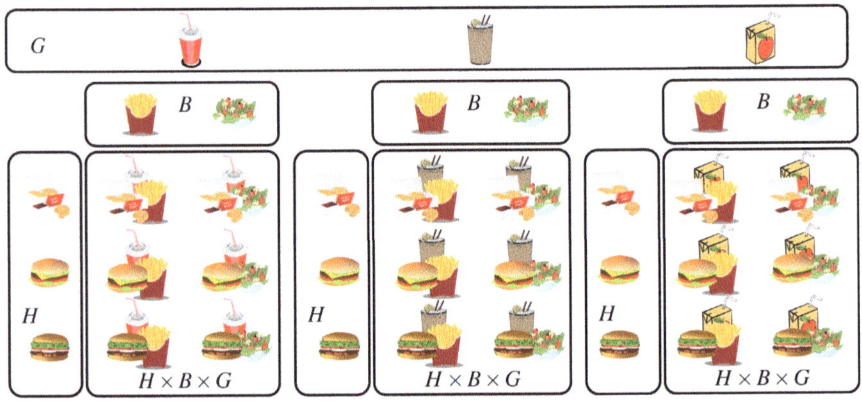

Abbildung 2.11: Hauptgericht, Beilage und Getränk

Wir erweitern also die Definition von Tupeln und des kartesischen Produktes auf beliebig aber endlich viele Mengen wie folgt:

> **Definition 2.1.11 — n-Tupel und das kartesische Produkt.**
> Seien $A_1, \ldots, A_n$ gegebene Mengen. Dann ist
>
> $$\overset{n}{\underset{i=1}{\times}} A_i = \{(a_1, a_2, \ldots, a_n) \mid a_1 \in A_1,\ a_2 \in A_2,\ \ldots,\ a_n \in A_n\}.$$
>
> Man nennt $(a_1, a_2, \ldots, a_n) \in \overset{n}{\underset{i=1}{\times}} A_i$ **(geordnetes)** n-**Tupel**. Zwei n-Tupel $(a_1, a_2, \ldots, a_n)$ und $(b_1, b_2, \ldots, b_n)$ heißen gleich , wenn $a_1 = b_1$, $a_2 = b_2$, $\ldots$, $a_n = b_n$. Man bezeichnet a_i auch als die i-te Komponente des Tupels. Die Menge $A^n = A \times A \times \ldots \times A$ (n-mal) nennt man die n-te (kartesische) Potenz der Menge A.

■ **Beispiel 2.1.25 — Kartesisches Produkt dreier Mengen.**
Das kartesische Produkt der Mengen $A_4 = \{1, 2, 3\}$, $A_6 = \{1, 3\}$ und $A_7 = \{-1, 3\}$ ist

$$
\begin{aligned}
A_4 \times A_6 \times A_7 = \{ &(1,1,-1),(1,1,3),(1,3,-1),(1,3,3), \\
&(2,1,-1),(2,1,3),(2,3,-1),(2,3,3), \\
&(3,1,-1),(3,1,3),(3,3,-1),(3,3,3)\}.
\end{aligned}
$$

Die Anzahl der Elemente der Menge $A_4 \times A_6 \times A_7$ ergibt sich auch hier als Produkt der Mächtigkeiten der einzelnen Mengen, also als $|A_4| \cdot |A_6| \cdot |A_7| = 3 \cdot 2 \cdot 2 = 12$. ■

> **Satz 2.1.6 — Mächtigkeit des kartesischen Produkts.**
> Die Mächtigkeit des kartesischen Produktes der endlichen Mengen $A_1, \ldots, A_n$ ist gleich dem Produkt der Mächtigkeiten, $\left| \overset{n}{\underset{i=1}{\times}} A_i \right| = \prod_{i=1}^{n} |A_i| = |A_1| \cdot |A_2| \cdot \ldots \cdot |A_n|$.

■ **Beispiel 2.1.26 — Güterbündel.**
In der Volkswirtschaft betrachtet man beispielsweise oft Güterbündel $a = (a_1, \ldots, a_n)$ aus n Gütern. Hierbei entspricht a_i für $i = 1, \ldots, n$ oft der Anzahl an Einheiten von Gut i. In diesem Fall gilt $a \in \underbrace{\mathbb{N}_0 \times \cdots \times \mathbb{N}_0}_{n \text{ mal}}$ d.h. $a \in \mathbb{N}_0^n$. ■

Im Folgenden werden wir uns mit Teilmengen des n-fachen kartesischen Produkts der reellen Zahlen befassen, also Teilmengen von

$$\underbrace{\mathbb{R} \times \mathbb{R} \times \ldots \times \mathbb{R}}_{n \text{ mal}} = \mathbb{R}^n.$$

Der $\mathbb{R}^n$ umfasst dabei die Menge aller n-Tupel reeller Zahlen.

■ **Beispiel 2.1.27 — Eine Teilmenge des $\mathbb{R}^3$.**
Offensichtlich sind alle Elemente der Menge $A_4 = \{1, 2, 3\}$ reelle Zahlen. Es gilt also $A_4 \subseteq \mathbb{R}$. Ebenso gilt $A_6 = \{1, 3\} \subseteq \mathbb{R}$ und $A_7 = \{-1, 3\} \subseteq \mathbb{R}$.

Das kartesische Produkt der Mengen $A_4 = \{1, 2, 3\}$, $A_6 = \{1, 3\}$ und $A_7 = \{-1, 3\}$ hatten wir in Beispiel 2.1.25 bestimmt. Das kartesische Produkt besteht dabei aus 3 Tupeln und es gilt $A_4 \times A_6 \times A_7 \subseteq \mathbb{R}^3$. Wie im Fall des kartesischen Produkts zweier Mengen ist auch hier die Reihenfolge, in der die Elemente von $A_4 \times A_6 \times A_7$ aufgezählt werden, unwichtig. Es gilt also z.B. auch

$$A_4 \times A_6 \times A_7 = \{(3,3,3),(3,3,-1),(3,1,3),(3,1,-1),$$
$$(2,3,3),(2,3,-1),(2,1,3),(2,1,-1),$$
$$(1,3,3),(1,3,-1),(1,1,3),(1,1,-1)\}.$$

Die Reihenfolge der Zahlen innerhalb eines Tupels ist jedoch wichtig. Während Mengen wie $\{2,1,3\}$ und $\{3,2,1\}$ gleich sind, unterscheiden sich Tupel wie $(2,1,3)$ und $(3,2,1)$ – denn hier ist die Reihenfolge entscheidend. Daher gilt z.B. $(2,1,3) \in A_4 \times A_6 \times A_7$, aber $(3,2,1) \notin A_4 \times A_6 \times A_7$. ∎

$\left(\text{Z}\right)$ Das kartesische Produkt $A \times B$ beinhaltet alle Tupel (a,b), deren erste Komponente ein Element aus A und deren zweite Komponente ein Element aus B darstellt. Die Reihenfolge der Komponenten in einem Tupel ist dabei wichtig.
Es gilt $|A \times B| = |A| \cdot |B|$.
Analog beinhaltet das kartesische Produkte mehrerer Mengen alle Tupel deren Komponenten Elemente aus den entsprechenden Mengen sind.
Der $\mathbb{R}^n$ beinhaltet alle n-Tupel, dessen Komponenten reelle Zahlen darstellen.

2.2 Zahlenmengen

In diesem Abschnitt charakterisieren wir Teilmengen des $\mathbb{R}^n$. Die Elemente dieser Mengen sind also n-Tupel der Form $(x_1,\ldots,x_n) \in \mathbb{R}^n$. Sie werden auch als Punkte oder (Zeilen-) Vektoren bezeichnet. Alle Definitionen dieses Kapitels sind für allgemeines $n \in \mathbb{N}$ geschrieben. Um die Anschauung zu vereinfachen, beziehen sich die Beispiele überwiegend auf den $\mathbb{R}^2$.

2.2.1 Punkte und Vektoren

Ziele dieses Unterkapitels

- Was sind Punkte bzw. Vektoren? Wann nennt man sie gleich? Was ist der Nullpunkt des $\mathbb{R}^n$?
- Wie multipliziert man einen Vektor mit einer Zahl? Wie addiert und subtrahiert man Vektoren?
- Was ist ein n-dimensionaler euklidischer Raum?

Das n-fache kartesische Produkt von $\mathbb{R}$ besteht aus allen (geordneten) n-Tupeln, deren Komponenten reelle Zahlen sind. Elemente dieses n-fachen kartesischen Produkts von $\mathbb{R}$ nennen wir Punkte oder (gleichbedeutend) Vektoren.

Definition 2.2.1 — Punkte und Vektoren.
Gilt $\mathbf{x} \in \mathbb{R}^n$, nennt man $\mathbf{x}$ auch **Punkt** oder **Vektor**.

In den meisten Teilgebieten der Mathematik ist es üblich, Punkte bzw. Vektoren im $\mathbb{R}^n$ mit fettgedruckten lateinischen Kleinbuchstaben zu schreiben und als Spaltenvektor darzustellen. Allerdings sind auch andere Notationen und andere Darstellungen als Zeilenvektoren[6] in Gebrauch. Wenn nicht anders erwähnt, werden wir der üblichen Konvention folgen und

---

[6]   Beispielsweise in der Wahrscheinlichkeitstheorie.

ab jetzt Elemente einer Teilmenge des $\mathbb{R}^n$ als Spaltenvektoren

$$\mathbf{x} = \begin{pmatrix} x_1 \\ \vdots \\ x_n \end{pmatrix} \in \mathbb{R}^n$$

darstellen. Zeilenvektoren $\mathbf{x}^T$ sind dann transponierte (also „gekippte") Spaltenvektoren. Das hochgestellte T repräsentiert dabei also keine Potenz von $\mathbf{x}$ sondern die Transposition.

$$\mathbf{x}^T = \begin{pmatrix} x_1 \\ \vdots \\ x_n \end{pmatrix}^T = (x_1, \ldots, x_n).$$

Durch Transposition eines Zeilenvektors erhält man einen Spaltenvektor. Im Text werden wir häufig von diesem Transpositionszeichen Gebrauch machen, um Spaltenvektoren einfach in einer Zeile zu schreiben:

$$\mathbf{x} = \begin{pmatrix} x_1 \\ \vdots \\ x_n \end{pmatrix} = (x_1, \ldots, x_n)^T.$$

Wir werden in diesem Buch die Begriffe Tupel, Punkt, und (Spalten-)Vektor synonym für $\mathbf{x} \in \mathbb{R}^n$ verwenden und sprechen beispielsweise von der Länge eines Vektors $\mathbf{x}$ aber vom Abstand zwischen zwei Punkten $\mathbf{x}$ und $\mathbf{y}$.

▪ Beispiel 2.2.1 — Elemente des $\mathbb{R}^2$.

Für $n = 2$ ist $\mathbb{R}^2 = \mathbb{R} \times \mathbb{R}$ die Menge aller $\mathbf{x} = (x_1, x_2)^T$ mit $x_1 \in \mathbb{R}$ und $x_2 \in \mathbb{R}$, d.h. die Menge aller Tupel von zwei reellen Zahlen. Abbildung 2.12 zeigt Elemente des $\mathbb{R}^2$ in einem kartesischen Koordinatensystem. Den Punkt $(0,0)^T \in \mathbb{R}^2$ bezeichnet man auch als Ursprung des Koordinatensystems, als den Nullpunkt oder den Nullvektor. Beispiele für weitere Punkte im $\mathbb{R}^2$ sind $\mathbf{x} = (3,4)^T$ und $\mathbf{y} = (1,2)^T$. ▪

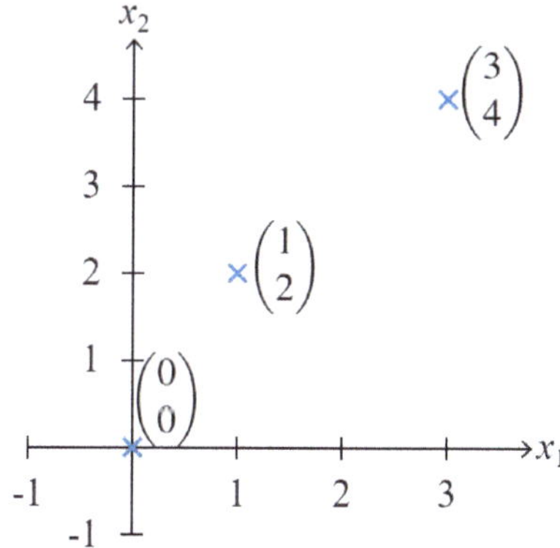

Abbildung 2.12: Punkte im $\mathbb{R}^2$

Der Punkt, der Komponenten $x_i = 0$ für alle $i = 1, \ldots, n$ hat, wird auch als Nullpunkt oder Ursprung bezeichnet.

> **Definition 2.2.2 — Nullpunkt des $\mathbb{R}^n$.**
> Im $\mathbb{R}^n$ ist der Ursprung ein n-Tupel, bei dem jede Komponente 0 ist. Man nennt den Ursprung des $\mathbb{R}^n$ auch **Nullpunkt** oder Nullvektor des $\mathbb{R}^n$ und schreibt
>
> $$\mathbf{0} = \begin{pmatrix} 0 \\ 0 \\ \vdots \\ 0 \end{pmatrix} \in \mathbb{R}^n.$$

Dabei nennen wir zwei (Spalten-)Vektoren $\mathbf{x}, \mathbf{y} \in \mathbb{R}^n$ gleich, wenn alle Komponenten den gleichen Wert haben:

> **Definition 2.2.3 — Gleichheit zweier Vektoren.**
> Zwei Vektoren $\mathbf{x}, \mathbf{y} \in \mathbb{R}^n$, $n \in \mathbb{N}$, heißen **gleich**, wenn $x_i = y_i$ für alle $i = 1, \ldots, n$.

Diese Definition scheint naheliegend. Sie impliziert u.a., dass der Vektor $(0,0)^T$ nicht gleich dem Vektor $(0,0,0)^T$ ist, da der erste Vektor ein Element des $\mathbb{R}^2$ und der zweite ein Element aus $\mathbb{R}^3$ ist.

■ **Beispiel 2.2.2 — Die Punktmenge unterhalb einer Geraden.**
Betrachten wir die Menge

$$H_1 = \left\{ \mathbf{x} \in \mathbb{R}^2 \mid x_1 + 3x_2 \leq 1500 \right\},$$

also die Menge aller Punkte, welche unterhalb oder auf der Geraden $x_2 = -\frac{1}{3}x_1 + 500$ im $\mathbb{R}^2$ liegen. Offensichtlich gilt $H_1 \subseteq \mathbb{R}^2$, es handelt sich um eine Zahlenmenge. Abbildung 2.13 visualisiert diese Zahlenmenge in einem kartesischen Koordinatensystem.   ■

■ **Beispiel 2.2.3 — Menge aller Produktionspläne.**
Betrachten wir das Unternehmen aus Einführungsbeispiel 0.1.6. Jede Einheit von Produkt 1 benötigt ein Furnierblatt von Typ 1, jede Einheit von Produkt 2 benötigt drei Furnierblätter von Typ 1. Zur Produktion von x_1 Einheiten von Produkt 1 und x_2 Einheiten von Produkt 2 werden also $x_1 + 3x_2$ Furnierblätter benötigt. Da 1500 Furnierblätter zur Verfügung stehen, muss für x_1 und x_2

$$x_1 + 3x_2 \leq 1500$$

gelten. Da jede Einheit von Produkt 1 zudem zwei Furnierblätter von Typ 2, jede Einheit von Produkt 2 ein Blatt von Typ 2 benötigt und hiervon 1200 Blätter zur Verfügung stehen, ergibt sich die zusätzliche Bedingung von

$$2x_1 + x_2 \leq 1200.$$

Produkte 1 und 2 benötigen jeweils eine Minute auf der Presse. Da 700 Minuten zur Verfügung stehen, muss

$$x_1 + x_2 \leq 700$$

gelten. Zudem kann die Anzahl an Einheiten nicht negativ sein,[7] also gilt zudem

$$x_1 \geq 0, \quad x_2 \geq 0.$$

---

[7] Wir gehen aber davon aus, dass jede positive reelle Zahl und nicht nur ganzzahlige Werte möglich sind.

Ein Produktionsplan $\mathbf{x} = (x_1, x_2)^T$ gibt an, welche Anzahl an Einheiten verschiedener Produkte produziert wird. Die Menge

$$P = \left\{ \mathbf{x} \in \mathbb{R}^2 \,\middle|\, x_1 + 3x_2 \leq 1500, \ 2x_1 + x_2 \leq 1200, \ x_1 + x_2 \leq 700, \ x_1 \geq 0, \ x_2 \geq 0 \right\}$$

entspricht hier der Menge aller möglichen Produktionspläne. Offensichtlich gilt $P \subseteq \mathbb{R}^2$, es handelt sich also um eine Zahlenmenge. Will man die Menge P zeichnen, kann man schrittweise vorgehen. Offensichtlich gilt mit H_1 aus Beispiel 2.2.2 und Abbildungen 2.13 bis 2.18, dass

$$P \subseteq H_1 = \left\{ \mathbf{x} \in \mathbb{R}^2 \,\middle|\, x_1 + 3x_2 \leq 1500 \right\}.$$

Zudem gilt

$$P \subseteq H_2 = \left\{ \mathbf{x} \in \mathbb{R}^2 \,\middle|\, 2x_1 + x_2 \leq 1200 \right\}.$$

H_2 beschreibt dabei die Menge aller Punkte auf und unterhalb der Geraden $x_2 = 1200 - 2x_1$. Auch ist

$$P \subseteq H_3 = \left\{ \mathbf{x} \in \mathbb{R}^2 \,\middle|\, x_1 + x_2 \leq 700 \right\},$$

d.h. jeder unter den Einschränkungen mögliche Produktionsplan, befindet sich auf und unterhalb der Geraden $x_2 = 700 - x_1$. Definiert man zudem

$$H_4 = \left\{ \mathbf{x} \in \mathbb{R}^2 \,\middle|\, x_1 \geq 0 \right\}, \quad H_5 = \left\{ \mathbf{x} \in \mathbb{R}^2 \,\middle|\, x_2 \geq 0 \right\},$$

gilt sogar

$$P = \bigcap_{i=1}^{5} H_i.$$

Graphisch sind die Mengen H_1, H_2, H_3, H_4, H_5 und P in Abbildungen 2.13–2.18 dargestellt.

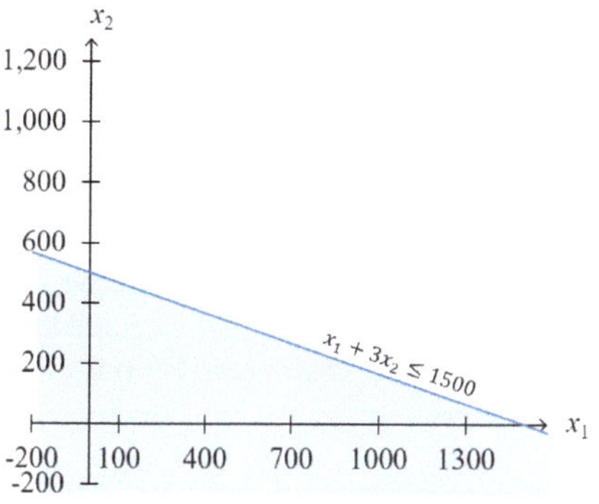

Abbildung 2.13: Die Menge H_1

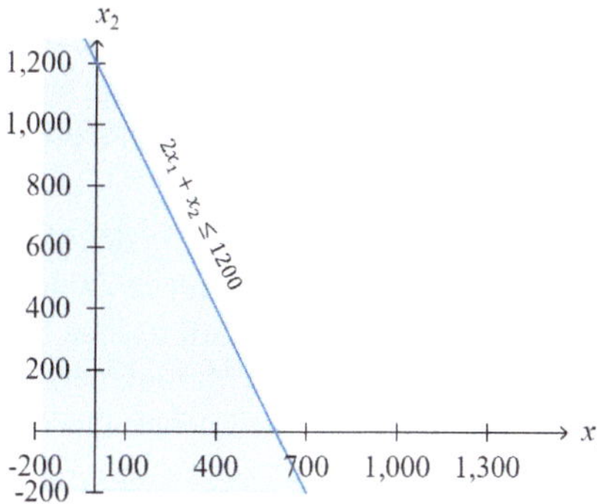

Abbildung 2.14: Die Menge H_2

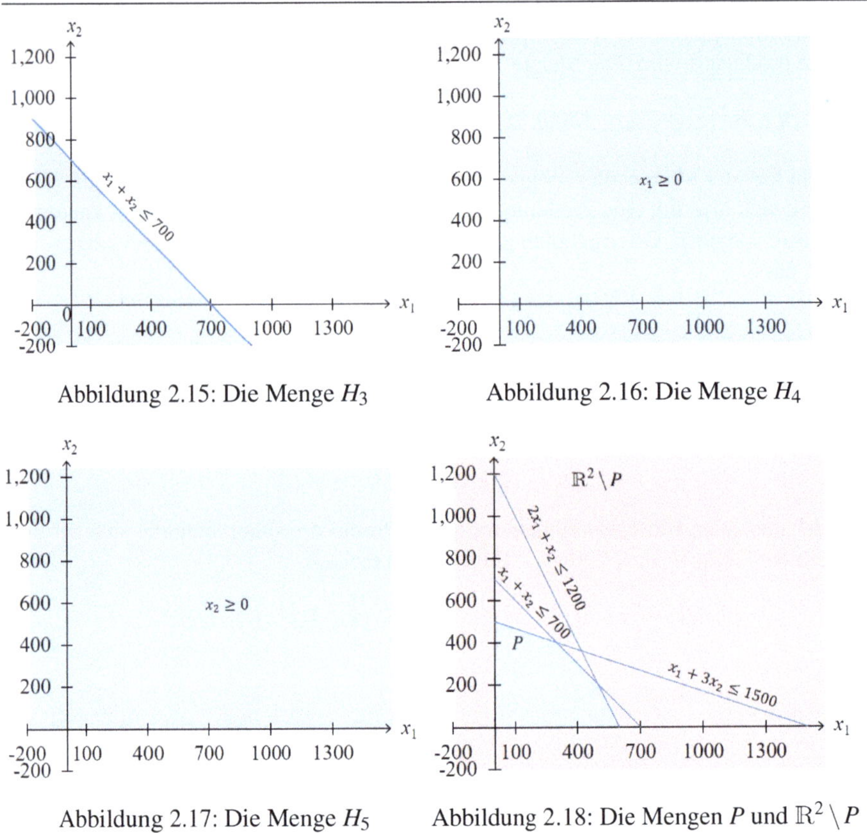

Abbildung 2.15: Die Menge H_3 Abbildung 2.16: Die Menge H_4

Abbildung 2.17: Die Menge H_5 Abbildung 2.18: Die Mengen P und $\mathbb{R}^2 \setminus P$

Punkte innerhalb von P repräsentieren Produktionspläne, welche unter den gegebenen Einschränkungen möglich bzw. zulässig sind. Punkte im Komplement $\mathbb{R}^2 \setminus P$ repräsentieren unzulässige Produktionspläne. In Abbildung 2.18 ist P blau und das Komplement $\mathbb{R}^2 \setminus P$ orange schattiert. ∎

Reelle Zahlen sind Punkte in der Menge $\mathbb{R}$. Wir können Vielfache einer reellen Zahl berechnen und verschiedene reelle Zahlen addieren. Ebenso kann man auch Vielfache von Punkten in dem n-fachen kartesischen Produkt, also im $\mathbb{R}^n$ bestimmen und verschiedene Punkte des $\mathbb{R}^n$ addieren. Multipliziert man einen Punkt bzw. Vektor $\mathbf{x} \in \mathbb{R}^n$ mit einer reellen Zahl α, so ist das Ergebnis das α-fache des Vektors,

$$\alpha\mathbf{x} = \begin{pmatrix} \alpha x_1 \\ \alpha x_2 \\ \vdots \\ \alpha x_n \end{pmatrix}.$$

Visualisiert man $\alpha\mathbf{x}$ in einem Koordinatensystem, ergibt sich für positive Werte von α ein Vektor mit der gleichen Richtung und α-facher Länge wie $\mathbf{x}$. Für negative Werte von α ergibt sich ein Vektor mit umgekehrter Richtung und $|\alpha|$-facher Länge wie $\mathbf{x}$. Da man reelle Zahlen auch Skalar nennt, bezeichnet man $\alpha\mathbf{x}$ auch als skalare Multiplikation.

■ Beispiel 2.2.4 — Die skalare Multiplikation.
Betrachten wir erneut die Vektoren $\mathbf{x} = (3,4)^T \in \mathbb{R}^2$ und $\mathbf{y} = (1,2)^T \in \mathbb{R}^2$. Das -0.25 fache von $\mathbf{x}$, also $-0.25 \cdot \mathbf{x}$, ist

$$-0.25 \cdot \mathbf{x} = -0.25 \begin{pmatrix} 3 \\ 4 \end{pmatrix} = \begin{pmatrix} (-0.25) \cdot 3 \\ (-0.25) \cdot 4 \end{pmatrix} = \begin{pmatrix} -0.75 \\ -1 \end{pmatrix}.$$

Das 1.5-fache von $\mathbf{y} = (1,2)^T$ ist

$$1.5 \cdot \mathbf{y} = 1.5 \begin{pmatrix} 1 \\ 2 \end{pmatrix} = \begin{pmatrix} (1.5) \cdot 1 \\ (1.5) \cdot 2 \end{pmatrix} = \begin{pmatrix} 1.5 \\ 3 \end{pmatrix},$$

vgl. Abbildung 2.19.   ■

Die Addition von zwei Vektoren geschieht komponentenweise, zwei Vektoren $\mathbf{x} \in \mathbb{R}^n$ und $\mathbf{y} \in \mathbb{R}^n$ ergeben also addiert

$$\mathbf{x} + \mathbf{y} = \begin{pmatrix} x_1 + y_1 \\ x_2 + y_2 \\ \vdots \\ x_n + y_n \end{pmatrix}.$$

Analog berechnet man die Differenz komponentenweise als

$$\mathbf{x} - \mathbf{y} = \begin{pmatrix} x_1 - y_1 \\ x_2 - y_2 \\ \vdots \\ x_n - y_n \end{pmatrix}.$$

■ Beispiel 2.2.5 — Die Addition zweier Vektoren.
Betrachten wir erneut die Vektoren $\mathbf{x} = (3,4)^T \in \mathbb{R}^2$ und $\mathbf{y} = (1,2)^T \in \mathbb{R}^2$. Die Summe von $\mathbf{x} + \mathbf{y}$ ist

$$\mathbf{x} + \mathbf{y} = \begin{pmatrix} 3 \\ 4 \end{pmatrix} + \begin{pmatrix} 1 \\ 2 \end{pmatrix} = \begin{pmatrix} 3+1 \\ 4+2 \end{pmatrix} = \begin{pmatrix} 4 \\ 6 \end{pmatrix},$$

vgl. Abbildung 2.20. Addiert man $-0.25 \cdot \mathbf{x}$ und $1.5 \cdot \mathbf{y}$ ergibt sich

$$-0.25 \cdot \mathbf{x} + 1.5 \cdot \mathbf{y} = \begin{pmatrix} -0.75 \\ -1 \end{pmatrix} + \begin{pmatrix} 1.5 \\ 3 \end{pmatrix} = \begin{pmatrix} -0.75 + 1.5 \\ -1 + 3 \end{pmatrix} = \begin{pmatrix} 0.75 \\ 2 \end{pmatrix}.$$ ■

Es ist offensichtlich, dass sowohl das Ergebnis der skalaren Multiplikation eines Vektors im $\mathbb{R}^n$ als auch das Ergebnis der Addition zweier Elemente des $\mathbb{R}^n$ wieder im $\mathbb{R}^n$ liegt. Da man im $\mathbb{R}^n$ beliebige Vektoren addieren und mit einem Skalar multiplizieren kann und der daraus entstehende Vektor immer noch im $\mathbb{R}^n$ ist, ist $\mathbb{R}^n$ ein euklidischer Raum.

Definition 2.2.4 — Der n-dimensionale euklidische Raum.
Die Menge $\mathbb{R}^n$ versehen mit der komponentenweisen Addition

$$\mathbf{x} + \mathbf{y} = \begin{pmatrix} x_1 \\ \vdots \\ x_n \end{pmatrix} + \begin{pmatrix} y_1 \\ \vdots \\ y_n \end{pmatrix} = \begin{pmatrix} x_1 + y_1 \\ \vdots \\ x_n + y_n \end{pmatrix} \quad \text{für alle } \mathbf{x}, \mathbf{y} \in \mathbb{R}^n$$

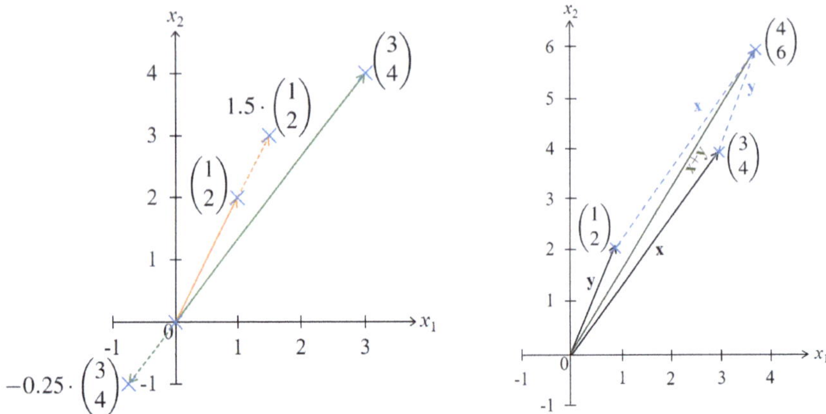

Abbildung 2.19: Vielfache von Vektoren   Abbildung 2.20: Die Summe von Vektoren

und der skalaren Multiplikation

$$\alpha \begin{pmatrix} x_1 \\ \vdots \\ x_n \end{pmatrix} = \begin{pmatrix} \alpha x_1 \\ \vdots \\ \alpha x_n \end{pmatrix} \text{ für alle } \alpha \in \mathbb{R}, \mathbf{x} \in \mathbb{R}^n$$

wird als n-dimensionaler **euklidischer Raum** bezeichnet.

(Z) Elemente $\mathbf{x} \in \mathbb{R}^n$ nennt man auch Punkte oder Vektoren. Zwei Vektoren heißen dabei gleich, wenn sie komponentenweise gleich sind. Der Nullpunkt des $\mathbb{R}^n$ ist $\mathbf{0} = (0,\ldots,0)^T$. Für $\mathbf{x}, \mathbf{y} \in \mathbb{R}^n$ und $\alpha \in \mathbb{R}$ gilt:

$$\alpha\mathbf{x} = \begin{pmatrix} \alpha x_1 \\ \vdots \\ \alpha x_n \end{pmatrix} \in \mathbb{R}^n, \quad \mathbf{x}+\mathbf{y} = \begin{pmatrix} x_1+y_1 \\ \vdots \\ x_n+y_n \end{pmatrix} \in \mathbb{R}^n, \quad \mathbf{x}-\mathbf{y} = \begin{pmatrix} x_1-y_1 \\ \vdots \\ x_n-y_n \end{pmatrix} \in \mathbb{R}^n.$$

$\mathbb{R}^n$ wird auch als n-dimensionaler euklidischer Raum bezeichnet.

2.2.2 Der Abstand zweier Punkte

Ziele dieses Unterkapitels

- Was versteht man unter der Norm eines Vektors?
- Wie berechnet man den Abstand zweier Punkte?
- Was ist eine ε-Umgebung eines Punktes?
- Welchen Sachverhalt beschreibt die sogenannte Dreiecksungleichung?

Für reelle Zahlen, also Elemente von $\mathbb{R}$, ist es anschaulich klar, dass der Abstand zwischen der Zahl 3 und der Zahl 5 gleich 2 ist und dem Absolutbetrag der Differenz entspricht: $|3 - 5| = |-2| = 2$. Ein ähnliches Abstandsmaß kann man auch im $\mathbb{R}^n$ definieren. Man nennt diese Abstandsmessung die euklidische Norm.[8]

---

[8] In der Mathematik gibt es verschiedene Arten, Abstände zu messen, ähnlich wie Sie im Navigationssystem zwischen Entfernung Luftlinie, Entfernung zu Fuß, und Entfernung mit dem Auto unterscheiden können. Diese Arten nennt man Normen. In diesem Buch beschränken wir uns auf die euklidische Norm.

■ Beispiel 2.2.6 — Berechnung der euklidischen Norm im $\mathbb{R}^2$.
Die Entfernung vom Punkt $\mathbf{x} = (3,4)^T$ zum Ursprung im kartesischen Koordinatensystem
ergibt sich aus dem Satz von Pythagoras als $\sqrt{3^2 + 4^2} = 5$, vgl. Abbildung 2.21. Diese
Entfernung bezeichnet man als euklidische Norm von $\mathbf{x}$, symbolisch $\|\mathbf{x}\|$.

Der Abstand von Punkt $\mathbf{y} = (1,2)^T$ zum Punkt $\mathbf{x} = (3,4)^T$ lässt sich ebenfalls aus dem
Satz von Pythagoras bestimmen. Er ist $\sqrt{(x_1 - y_1)^2 + (x_2 - y_2)^2} = \sqrt{(3-1)^2 + (4-2)^2} =
\sqrt{8}$, vgl. Abbildung 2.22, und entspricht $\|\mathbf{x} - \mathbf{y}\|$. ■

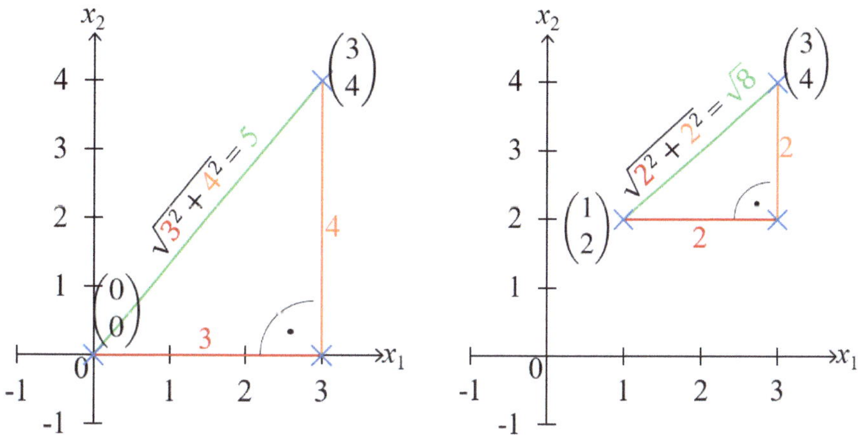

Abbildung 2.21: Die euklidische Norm   Abbildung 2.22: Der euklidische Abstand

Die euklidische Norm eines Vektors $\mathbf{x}$ entspricht der Entfernung des Punktes zum Ursprung
oder bildlich gesprochen der „Luftlinie". Die euklidische Norm des Punktes, $\|\mathbf{x}\|$, entspricht
somit der Länge des Vektors, welcher vom Ursprung zu $\mathbf{x}$ zeigt. Der Abstand zweier Punkte
kann dann als euklidische Norm der komponentenweisen Differenz der Vektoren berechnet
werden. Die Berechnung der euklidischen Norm eines Punktes $\mathbf{x} \in \mathbb{R}^2$ ergibt sich wie in
obigem Beispiel gezeigt direkt aus dem Satz von Pythagoras als $\sqrt{x_1^2 + x_2^2}$. Auf n-Tupel
verallgemeinert definieren wir Entfernungen wie folgt:

Definition 2.2.5 — Die Norm eines Vektors.
Für einen Vektor $\mathbf{x} \in \mathbb{R}^n$ heißt

$$\|\mathbf{x}\| = \sqrt{x_1^2 + x_2^2 + \cdots + x_n^2} = \sqrt{\sum_{i=1}^{n} x_i^2}$$

die **Norm** oder die Länge von $\mathbf{x}$. Für zwei Punkte $\mathbf{x} \in \mathbb{R}^n$ und $\mathbf{y} \in \mathbb{R}^n$ heißt

$$\|\mathbf{x} - \mathbf{y}\| = \sqrt{(x_1 - y_1)^2 + (x_2 - y_2)^2 + \cdots + (x_n - y_n)^2} = \sqrt{\sum_{i=1}^{n} (x_i - y_i)^2}$$

(euklidische) **Entfernung** oder (euklidischer) Abstand von (oder zwischen) $\mathbf{x}$ und $\mathbf{y}$.

Für reelle Zahlen $x \in \mathbb{R}$ entspricht die euklidische Norm dem Betrag $|x|$. Die euklidische

Norm kann daher als eine Verallgemeinerung dieser Idee angesehen werden.

■ Beispiel 2.2.7 — Berechnung der euklidischen Norm in $\mathbb{R}$.
Für $x = -3 \in \mathbb{R}$ gilt

$$\|x\| = \|-3\| = \sqrt{(-3)^2} = |-3| = 3.$$

Der euklidische Abstand zwischen $x = -3$ und $y = 4$ beträgt

$$\|x - y\| = \sqrt{(-3-4)^2} = |-3-4| = 7. \qquad ■$$

■ Beispiel 2.2.8 — Berechnung der euklidischen Norm im $\mathbb{R}^3$.
Betrachtet man beispielsweise die Vektoren $\mathbf{x} = (3,7,2)^T \in \mathbb{R}^3$ und $\mathbf{y} = (4,5,0)^T \in \mathbb{R}^3$,
so berechnet man die euklidischen Normen von $\mathbf{x}$ und $\mathbf{y}$ als

$$\|\mathbf{x}\| = \sqrt{3^2 + 7^2 + 2^2} = \sqrt{62} \quad \text{und} \quad \|\mathbf{y}\| = \sqrt{4^2 + 5^2 + 0^2} = \sqrt{41}.$$

Ihr (euklidischer) Abstand ist

$$\|\mathbf{x} - \mathbf{y}\| = \sqrt{\sum_{i=1}^{3}(x_i - y_i)^2} = \sqrt{(3-4)^2 + (7-5)^2 + (2-0)^2} = \sqrt{1+4+4} = 3. \qquad ■$$

Die Menge aller Punkte, welche weniger als ε von einem Punkt $\mathbf{x}$ entfernt sind, nennt
man die ε-Umgebung von $\mathbf{x}$. Die ε-Umgebung von $\mathbf{x}$ umfasst somit alle Punkte $\mathbf{y}$ mit
$\|\mathbf{y} - \mathbf{x}\| < \varepsilon$, d.h. mit einem euklidischen Abstand von weniger als ε zwischen $\mathbf{y}$ und $\mathbf{x}$.
Punkte, die genau ε von $\mathbf{x}$ entfernt sind, gehören nicht dazu.

Definition 2.2.6 — Die ε-Umgebung eines Punktes.
Sei $\mathbf{x} \in \mathbb{R}^n$ und $\varepsilon \in \mathbb{R}$, $\varepsilon > 0$. Dann heißt

$$U(\mathbf{x},\varepsilon) = \left\{ \mathbf{y} \in \mathbb{R}^n \,\middle|\, \|\mathbf{y} - \mathbf{x}\| = \sqrt{\sum_{i=1}^{n}(y_i - x_i)^2} < \varepsilon \right\}$$

ε**-Umgebung von $\mathbf{x}$.**

Dass diese Menge mit $n = 1$ einem offenen Intervall der Form $(x - \varepsilon, x + \varepsilon)$, für $n = 2$
dem Inneren eines Kreises mit Mittelpunkt $\mathbf{x}$ und Radius ε und mit $n = 3$ dem Inneren
einer Kugel entspricht, veranschaulichen wir in folgenden Beispielen:

■ Beispiel 2.2.9 — Eine Umgebung in $\mathbb{R}$.
Für $x = 2$ und $\varepsilon = 1$ ist $U(x,1) = (1,3)$, vgl. Abbildung 2.23. Alle Punkte der Umgebung
beschreiben ein offenes Intervall.   ■

■ Beispiel 2.2.10 — Eine Umgebung in $\mathbb{R}^2$.
Für $\mathbf{x} = (0,0)^T$ und $\varepsilon = 2$ zeigt Abbildung 2.24 die Umgebung $U(\mathbf{x},2)$. Beispielsweise ist
$(1,1)^T \in U(\mathbf{x},2)$, da

$$\left\| \begin{pmatrix} 1 \\ 1 \end{pmatrix} - \begin{pmatrix} 0 \\ 0 \end{pmatrix} \right\| = \sqrt{(1-0)^2 + (1-0)^2} = \sqrt{2} < 2.$$

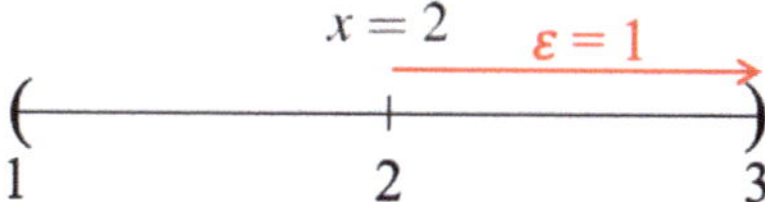

Abbildung 2.23: Eine ε-Umgebung um den Punkt $x = 2$

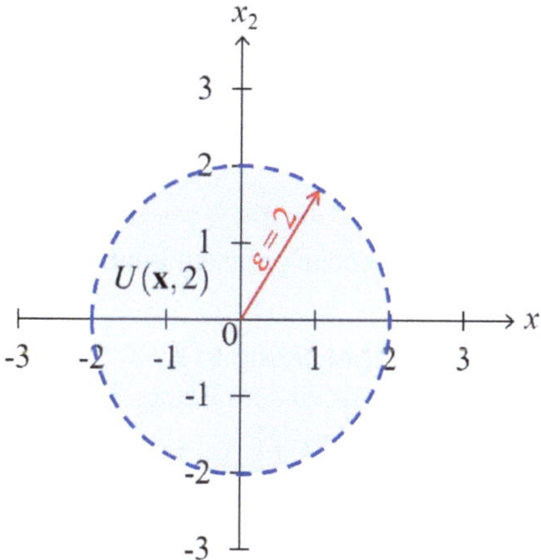

Abbildung 2.24: Die 2-Umgebung $U(\mathbf{0}, 2)$

Die Punkte $(2,0)^T$ und $(2,1)^T$ liegen jedoch beide nicht in $U(\mathbf{x}, 2)$, da sie nicht weniger als 2 von $\mathbf{x}$ entfernt sind. Alle Punkte der Umgebung beschreiben eine randlose Kreisfläche.

■

■ Beispiel 2.2.11 — Eine Umgebung in $\mathbb{R}^3$.

Für $\mathbf{x} = (1,1,1)^T$ und $\varepsilon = 0.5$ ist $U(\mathbf{x}, 0.5)$ in Abbildung 2.25 dargestellt. Alle Punkte der Umgebung beschreiben eine randlose Kugel. ■

Die Länge des direkten Wegs vom Ursprung zu $\mathbf{x} + \mathbf{y}$ ist nie größer als der Weg vom Ursprung über $\mathbf{x}$ zu $\mathbf{x} + \mathbf{y}$, vgl. Abbildung 2.20. Denn in jedem Dreieck ist die Summe zweier Seitenlängen größer als die Dritte. Für Abstände im $\mathbb{R}^n$ gilt intuitiv die sogenannte Dreiecksungleichung.

Satz 2.2.1 — Dreiecksungleichung.
Für zwei Punkte $\mathbf{x}, \mathbf{y} \in \mathbb{R}^n$ gilt

$$\|\mathbf{x} + \mathbf{y}\| = \sqrt{\sum_{i=1}^{n} (x_i + y_i)^2} \leq \sqrt{\sum_{i=1}^{n} x_i^2} + \sqrt{\sum_{i=1}^{n} y_i^2} = \|\mathbf{x}\| + \|\mathbf{y}\|$$

■ Beispiel 2.2.12 — Die Dreiecksungleichung im $\mathbb{R}^2$.

Betrachten wir wieder die Punkte $\mathbf{x} = (3,4)^T \in \mathbb{R}^2$ und $\mathbf{y} = (1,2)^T$, so gilt also, dass die Länge des Vektors $\mathbf{x} + \mathbf{y}$, $\|\mathbf{x} + \mathbf{y}\| = \sqrt{(3+1)^2 + (4+2)^2} = \sqrt{16 + 36} = \sqrt{52} = 2\sqrt{13} \approx 7.211$, kleiner oder gleich der Summe der Länge der Vektoren $\mathbf{x}$ und $\mathbf{y}$, $\|\mathbf{x}\| + \|\mathbf{y}\| = \sqrt{3^2 + 4^2} + \sqrt{1^2 + 2^2} = 5 + \sqrt{5} \approx 7.246$, ist. ■

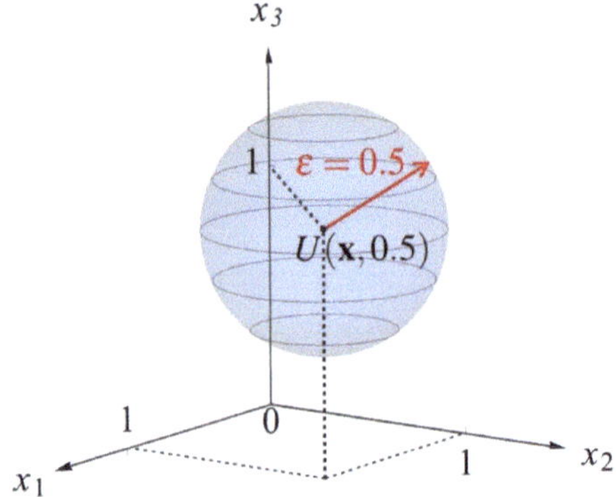

Abbildung 2.25: Eine ε-Umgebung um den Punkt $\mathbf{x} = (1,1,1)^T$ im $\mathbb{R}^3$

■ **Beispiel 2.2.13 — Die Dreiecksungleichung in $\mathbb{R}$.**

Die euklidische Norm in $\mathbb{R}$ entspricht dabei dem Betrag. Damit lautet die Dreiecksungleichung im Fall $n = 1$, also für $x \in \mathbb{R}$ und $y \in \mathbb{R}$,

$$\|x + y\| = \sqrt{(x+y)^2} = |x+y| \leq |x| + |y| = \sqrt{x^2} + \sqrt{y^2} = \|x\| + \|y\|.$$

Haben $x \in \mathbb{R}$ und $y \in \mathbb{R}$ das gleiche Vorzeichen, gilt sogar $|x+y| = |x| + |y|$. Haben sie verschiedene Vorzeichen, kann die Norm der Summe aber kleiner als die Summe der Normen sein. Beispielsweise gilt für $x = 5$ und $y = -3$:

$$|5 + (-3)| = 2 \leq |5| + |-3| = 8. \qquad ■$$

Ⓩ Die euklidische Norm von $\mathbf{x}$ ist $\|\mathbf{x}\| = \sqrt{x_1^2 + \cdots + x_n^2}$.

Die Entfernung zweier Punkte berechnet sich als $\|\mathbf{x} - \mathbf{y}\| = \sqrt{(x_1 - y_1)^2 + \cdots + (x_n - y_n)^2}$.
Die ε-Umgebung $U(\mathbf{x}, \varepsilon)$ eines Punktes $\mathbf{x} \in \mathbb{R}^n$, umfasst alle Punkte, die weniger als ε von $\mathbf{x}$ entfernt sind.
Laut Dreiecksungleichung gilt $\|\mathbf{x} + \mathbf{y}\| \leq \|\mathbf{x}\| + \|\mathbf{y}\|$.

2.2.3   Konvexe Mengen

Ziele dieses Unterkapitels

- Was ist eine Konvexkombination zweier Punkte?
- Was ist eine konvexe Menge?
- Was lässt sich über den Schnitt konvexer Mengen aussagen?

Wir nennen eine Menge konvex, wenn für alle Punkte in der Menge gilt, dass auch alle Punkte auf ihrer Verbindungsstrecke in der Menge liegen. Im $\mathbb{R}^2$ und $\mathbb{R}^3$ ist es anhand dieses Kriteriums oft visuell möglich zu entscheiden, ob eine Menge konvex ist oder nicht. In Abbildung 2.26 sind vier Teilmengen des $\mathbb{R}^2$ graphisch dargestellt. Die Mengen C_1 und C_3 sind konvex. Bei den Mengen C_2 und C_4 können jeweils Punkte identifiziert werden, deren Verbindungsstrecke nicht oder nicht vollständig innerhalb der Menge liegt. Man könnte bei den Mengen C_2 und C_4 auch jeweils Punkte identifizieren, deren Verbindungsstrecke innerhalb der Menge liegt. Damit eine Menge konvex ist, müssen aber für alle Punkte in der Menge auch alle Punkte der Verbindungsstrecke innerhalb der Menge liegen. Die Mengen C_2 und C_4 sind daher nicht konvex.

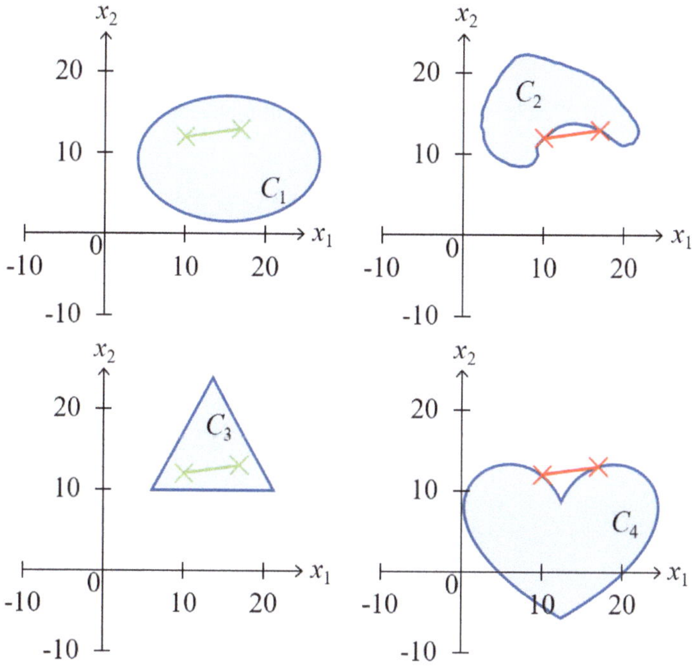

Abbildung 2.26: Vier Teilmengen des $\mathbb{R}^2$

Für Teilmengen des $\mathbb{R}^n$ mit $n > 3$, welche man graphisch nur sehr schwer darstellen kann, besteht die Option, die Menge graphisch zu inspizieren, nicht. Hier bleibt nur der formale Beweis, um zu zeigen, dass eine Menge konvex ist. Und für einen formalen Beweis, dass wirklich für alle Punkte in der Menge alle Punkte der Verbindungsstrecke dieser beiden Punkte in der Menge liegen, muss man die Punkte auf der Verbindungsstrecke mathematisch darstellen können.

■ Beispiel 2.2.14 — Die Verbindungsstrecke zweier Punkte.

Wir wollen nun versuchen, die Punkte auf der Verbindungsstrecke zwischen $\mathbf{x} = (3,4)^T \in \mathbb{R}^2$ und $\mathbf{y} = (1,2)^T \in \mathbb{R}^2$ mathematisch zu beschreiben. Addiert man zu $\mathbf{y}$ den Vektor $1 \cdot (\mathbf{x} - \mathbf{y})$, erhält man offensichtlich

$$\mathbf{y} + 1 \cdot (\mathbf{x} - \mathbf{y}) = \begin{pmatrix} 1 \\ 2 \end{pmatrix} + \left(\begin{pmatrix} 3 \\ 4 \end{pmatrix} - \begin{pmatrix} 1 \\ 2 \end{pmatrix} \right) = \begin{pmatrix} 3 \\ 4 \end{pmatrix} = \mathbf{x}.$$

Addiert man zu $\mathbf{y}$ den Vektor $0 \cdot (\mathbf{x} - \mathbf{y}) = \mathbf{0}$, erhält man offensichtlich wieder

$$\mathbf{y} + 0 \cdot (\mathbf{x} - \mathbf{y}) = \begin{pmatrix} 1 \\ 2 \end{pmatrix} + 0 \cdot \left(\begin{pmatrix} 3 \\ 4 \end{pmatrix} - \begin{pmatrix} 1 \\ 2 \end{pmatrix} \right) = \begin{pmatrix} 1 \\ 2 \end{pmatrix} + \begin{pmatrix} 0 \\ 0 \end{pmatrix} = \begin{pmatrix} 1 \\ 2 \end{pmatrix} = \mathbf{y}.$$

Addiert man zu $\mathbf{y}$ den Vektor $0.4 \cdot (\mathbf{x} - \mathbf{y})$, erhält man

$$\mathbf{y} + 0.4 \cdot (\mathbf{x} - \mathbf{y}) = \begin{pmatrix} 1 \\ 2 \end{pmatrix} + 0.4 \cdot \left(\begin{pmatrix} 3 \\ 4 \end{pmatrix} - \begin{pmatrix} 1 \\ 2 \end{pmatrix} \right) = \begin{pmatrix} 1.8 \\ 2.8 \end{pmatrix} = 0.4 \cdot \mathbf{x} + 0.6 \cdot \mathbf{y},$$

einen Punkt, welcher auf der Verbindungsstrecke zwischen $\mathbf{x}$ und $\mathbf{y}$ liegt, vgl. Abbildung 2.27. Ebenso liegt z.B. der Punkt $\mathbf{y} + 0.6 \cdot (\mathbf{x} - \mathbf{y})$ auf der Verbindungsstrecke zwischen $\mathbf{x}$ und $\mathbf{y}$.

Addiert man das 1.8-fache von $(\mathbf{x} - \mathbf{y})$ zu $\mathbf{y}$, erhält man jedoch einen Punkt rechts von $\mathbf{x}$,

$$\mathbf{y} + 1.8 \cdot (\mathbf{x} - \mathbf{y}) = \begin{pmatrix} 1 \\ 2 \end{pmatrix} + 1.8 \cdot \left(\begin{pmatrix} 3 \\ 4 \end{pmatrix} - \begin{pmatrix} 1 \\ 2 \end{pmatrix} \right) = \begin{pmatrix} 4.6 \\ 5.6 \end{pmatrix} = -0.8 \cdot \mathbf{y} + 1.8 \cdot \mathbf{x},$$

also einen Punkt, der nicht auf der Verbindungsstrecke zwischen $\mathbf{x}$ und $\mathbf{y}$ liegt. Analog ergeben sich Punkte links von $\mathbf{y}$, wenn man ausgehend von $\mathbf{y}$ den Vektor $(\mathbf{x} - \mathbf{y})$, $0.5 \cdot (\mathbf{x} - \mathbf{y})$ oder $0.6 \cdot (\mathbf{x} - \mathbf{y})$ abzieht. ∎

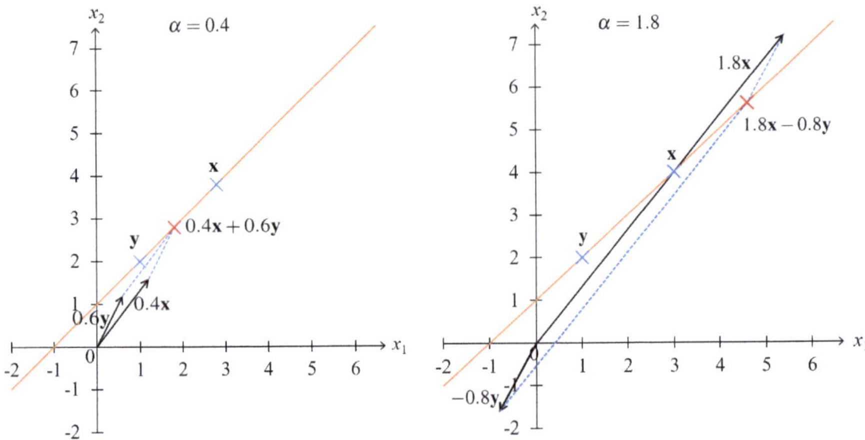

Abbildung 2.27: $\mathbf{y} + \alpha \cdot (\mathbf{x} - \mathbf{y})$ für $\alpha = 0.4$ und $\alpha = 1.8$

Addiert man zu einem Vektor $\mathbf{y}$ den Vektor $1 \cdot (\mathbf{x} - \mathbf{y})$, erhält man $\mathbf{x}$. Addiert man zu $\mathbf{y}$ den Vektor $0 \cdot (\mathbf{x} - \mathbf{y})$, erhält man $\mathbf{y}$. Addiert man zu $\mathbf{y}$ den Vektor $\alpha(\mathbf{x} - \mathbf{y})$, erhält man

$$\mathbf{y} + \alpha(\mathbf{x} - \mathbf{y}) = \alpha\mathbf{x} + (1 - \alpha)\mathbf{y}.$$

Anschaulich ergibt sich mit Hilfe des vorherigen Beispiels die Vermutung, dass dieser Punkt für $0 \leq \alpha \leq 1$ auf der Verbindungsstrecke zwischen $\mathbf{x}$ und $\mathbf{y}$ liegt. In der Tat kann man alle Punkte auf der Verbindungsstrecke zwischen $\mathbf{x}$ und $\mathbf{y}$ in obiger Form mit $0 \leq \alpha \leq 1$ darstellen (siehe Abbildung 2.28). Man nennt alle Punkte $\mathbf{y} + \alpha(\mathbf{x} - \mathbf{y})$ mit $0 \leq \alpha \leq 1$ Konvexkombination von $\mathbf{x}$ und $\mathbf{y}$. Für $\alpha = 0$ ergibt sich dabei genau $\mathbf{y}$, für $\alpha = 1$ ergibt sich $\mathbf{x}$. Für $0 < \alpha < 1$ ergibt sich ein Punkt zwischen $\mathbf{x}$ und $\mathbf{y}$, solche Punkte nennt man auch echte Konvexkombinationen.

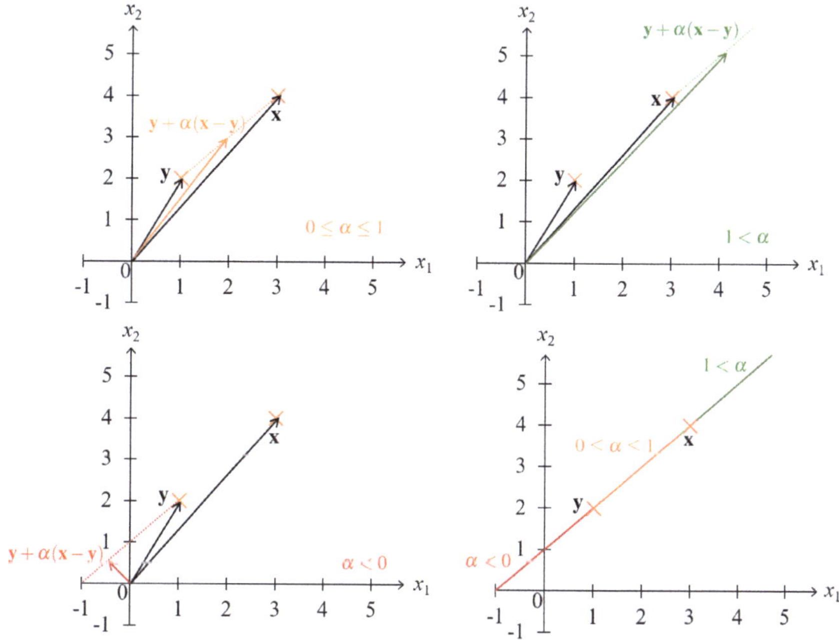

Abbildung 2.28: $\mathbf{y} + \alpha \cdot (\mathbf{x} - \mathbf{y})$ für verschiedene α

> **Definition 2.2.7 — Konvexkombination zweier Punkte.**
> Seien $\mathbf{x}, \mathbf{y} \in \mathbb{R}^n$ und $\alpha \in \mathbb{R}$, $0 \le \alpha \le 1$. Dann heißt der Vektor
>
> $$\mathbf{a} = \alpha\mathbf{x} + (1 - \alpha)\mathbf{y} = \mathbf{y} + \alpha(\mathbf{x} - \mathbf{y})$$
>
> **Konvexkombination** von $\mathbf{x}$ und $\mathbf{y}$. Gilt $0 < \alpha < 1$, spricht man auch von einer **echten Konvexkombination**.

Wir nennen eine Menge A konvex, wenn für alle $\mathbf{x}, \mathbf{y} \in A$ auch alle Punkte auf der Verbindungsstrecke zwischen $\mathbf{x}$ und $\mathbf{y}$ wieder in A liegen. Mit Hilfe obiger Charakterisierung der Punkte auf der Verbindungsstrecke zwischen $\mathbf{x}$ und $\mathbf{y}$ können wir nun formal eine konvexe Menge definieren:

> **Definition 2.2.8 — Konvexe Menge.**
> Eine Menge $A \subseteq \mathbb{R}^n$ heißt **konvex**, wenn für alle $\mathbf{x}, \mathbf{y} \in A$ und $\alpha \in \mathbb{R}$, $0 \le \alpha \le 1$ auch $\alpha\mathbf{x} + (1 - \alpha)\mathbf{y} \in A$ gilt.

Die leere Menge ist dabei eine konvexe Menge.[9] Wir demonstrieren die formale Überprüfung nichtleerer Mengen auf Konvexität in den folgenden Beispielen.

---

[9] Laut Definition ist eine Menge konvex, wenn für alle $\mathbf{x}, \mathbf{y} \in A$ auch jede Konvexkombination dieser Punkte in der Menge liegt. Betrachten wir die Menge $A = \{\}$, so existieren keine Elemente $\mathbf{x}, \mathbf{y} \in A$. Daher findet man aber auch keine Elemente $\mathbf{x}, \mathbf{y} \in A$, deren Konvexkombination nicht in A liegt.

■ Beispiel 2.2.15 — Konvexität der Menge aus Beispiel 2.2.2.

Betrachten wir erneut die Menge

$$H_1 = \left\{ \mathbf{x} \in \mathbb{R}^2 \,\middle|\, x_1 + 3x_2 \leq 1500 \right\},$$

aus Abbildung 2.13, vermutet man visuell, dass die Verbindungsstrecke aller Punkte in H_1 wieder in H_1 liegt, also dass diese Menge konvex ist.

Formal muss man hierfür zeigen, dass für alle $\mathbf{x}, \mathbf{y} \in H_1$ auch jeder Punkt $\mathbf{a}$ auf der Verbindungsstrecke dieser Punkte in H_1 liegt, also dass für $0 \leq \alpha \leq 1$

$$\mathbf{a} = \alpha \mathbf{x} + (1-\alpha)\mathbf{y} = \begin{pmatrix} \alpha x_1 + (1-\alpha)y_1 \\ \alpha x_2 + (1-\alpha)y_2 \end{pmatrix} \in H_1$$

gilt.

Dabei liegt $\mathbf{a}$ genau dann in H_1, wenn $a_1 + 3a_2 \leq 1500$. Um dies zu prüfen, setzen wir $a_1 = \alpha x_1 + (1-\alpha)y_1$ und $a_2 = \alpha x_2 + (1-\alpha)y_2$ ein und erhalten

$$\begin{aligned} a_1 + 3a_2 &= (\alpha x_1 + (1-\alpha)y_1) + 3(\alpha x_2 + (1-\alpha)y_2) \\ &= \alpha x_1 + (1-\alpha)y_1 + 3\alpha x_2 + 3(1-\alpha)y_2 \\ &= \alpha \underbrace{(x_1 + 3x_2)}_{\leq 1500} + (1-\alpha)\underbrace{(y_1 + 3y_2)}_{\leq 1500} \\ &\leq \alpha 1500 + (1-\alpha)1500 = 1500. \end{aligned}$$

Dabei nutzen wir, dass wegen $\mathbf{x}, \mathbf{y} \in H_1$ auch $x_1 + 3x_2 \leq 1500$ und $y_1 + 3y_2 \leq 1500$ gelten muss.

■

■ Beispiel 2.2.16 — Konvexität der Menge aus Beispiel 2.2.3.

Betrachten wir erneut das Unternehmen aus Einführungsbeispiel 0.1.6 mit der Menge

$$P = \left\{ \mathbf{x} \in \mathbb{R}^n \,\middle|\, x_1 + 3x_2 \leq 1500,\ 2x_1 + x_2 \leq 1200,\ x_1 + x_2 \leq 700,\ x_1 \geq 0,\ x_2 \geq 0 \right\}$$

der zulässigen Produktionspläne, so vermutet man auch hier, dass diese Menge konvex ist. Will man formal zeigen, dass die Menge P konvex ist, so muss man zeigen, dass für alle $\mathbf{x}, \mathbf{y} \in P$ und $0 \leq \alpha \leq 1$ auch $\mathbf{a} = \mathbf{y} + \alpha(\mathbf{x} - \mathbf{y}) \in P$ gilt.

Prüfen wir wie im vorherigen Beispiel die einzelnen Ungleichungen für $\mathbf{x}, \mathbf{y} \in P$, ergibt sich

$$\begin{aligned} a_1 + 3a_2 &= (\alpha x_1 + (1-\alpha)y_1) + 3(\alpha x_2 + (1-\alpha)y_2) \\ &= \alpha \underbrace{(x_1 + 3x_2)}_{\leq 1500} + (1-\alpha)\underbrace{(y_1 + 3y_2)}_{\leq 1500} \\ &\leq \alpha 1500 + (1-\alpha)1500 = 1500, \end{aligned}$$

da für $\mathbf{x}, \mathbf{y} \in P$ immer $x_1 + 3x_2 \leq 1500$ und $y_1 + 3y_2 \leq 1500$ gilt. Damit ist die erste Ungleichung in der Mengenbeschreibung von P auch für $\mathbf{a} = \mathbf{y} + \alpha(\mathbf{x} - \mathbf{y})$ erfüllt. Zudem gilt

$$2a_1 + a_2 = 2(\alpha x_1 + (1-\alpha)y_1) + (\alpha x_2 + (1-\alpha)y_2)$$
$$= \alpha \underbrace{(2x_1 + x_2)}_{\leq 1200} + (1-\alpha)\underbrace{(2y_1 + y_2)}_{\leq 1200}$$
$$\leq \alpha 1200 + (1-\alpha)1200 = 1200,$$

da für $\mathbf{x}, \mathbf{y} \in P$ immer $2x_1 + x_2 \leq 1200$ und $2y_1 + y_2 \leq 1200$ gilt. Die zweite Ungleichung in der Mengenbeschreibung von P ist also für $\mathbf{a} = \mathbf{y} + \alpha(\mathbf{x} - \mathbf{y})$ erfüllt. Die dritte Ungleichung wird durch

$$a_1 + a_2 = (\alpha x_1 + (1-\alpha)y_1) + (\alpha x_2 + (1-\alpha)y_2)$$
$$= \alpha \underbrace{(x_1 + x_2)}_{\leq 700} + (1-\alpha)\underbrace{(y_1 + y_2)}_{\leq 700}$$
$$\leq \alpha 700 + (1-\alpha)700 = 700$$

geprüft, wobei wir nutzen, dass $x_1 + x_2 \leq 700$ und $y_1 + y_2 \leq 700$ für alle $\mathbf{x}, \mathbf{y} \in P$. Es bleibt nur noch für die Nicht-Negativität zu prüfen:

$$a_1 = (\alpha x_1 + (1-\alpha)y_1)$$
$$= \alpha \underbrace{(x_1)}_{\geq 0} + (1-\alpha)\underbrace{(y_1)}_{\geq 0}$$
$$\geq \alpha 0 + (1-\alpha)0 = 0, \text{ und}$$
$$a_2 = (\alpha x_2 + (1-\alpha)y_2)$$
$$= \alpha \underbrace{(x_2)}_{\geq 0} + (1-\alpha)\underbrace{(y_2)}_{\geq 0}$$
$$\geq \alpha 0 + (1-\alpha)0 = 0.$$

Sind $\mathbf{x}, \mathbf{y} \in P$ und damit $x_1, x_2, y_1, y_2 \geq 0$, so ist also auch $\mathbf{a} \in P$. Zusammenfassend gelten für $\mathbf{x}, \mathbf{y} \in P$ alle drei Ungleichungen und wir können schliessen, dass jede Konvexkombination von $\mathbf{x}, \mathbf{y} \in P$ ebenfalls wieder in P liegt. Die Menge P ist damit konvex.

Die Menge $\mathbb{R}^2 \setminus P$, das Komplement von P bezüglich $\mathbb{R}^2$, ist nicht konvex. Betrachtet man beispielsweise die in Abbildung 2.29 rot eingezeichneten Punkte $(600, 600)^T \in \mathbb{R}^2 \setminus P$ und $(-100, 0)^T \in \mathbb{R}^2 \setminus P$ im Komplement (also nicht in P), so gibt es Punkte auf der Verbindungslinie wie z.B. $0.5 \cdot (600, 600)^T + 0.5 \cdot (-100, 0)^T = (250, 300)^T$, die in P und damit nicht im Komplement $\mathbb{R}^2 \setminus P$ liegen.   ■

■ Beispiel 2.2.17 — ϵ-Umgebungen.

Die 2-Umgebung des Ursprungs

$$U(\mathbf{0}, 2) = \{\mathbf{x} \in \mathbb{R}^2 \mid \|\mathbf{x}\| < 2\} = \left\{ \mathbf{x} \in \mathbb{R}^2 \,\middle|\, \sqrt{\sum_{i=1}^{2} x_i^2} < 2 \right\}$$

entspricht dem Inneren eines Kreises mit Mittelpunkt beim Ursprung und Radius 2. Anhand von Abbildung 2.24 vermutet man wieder, dass es sich um eine konvexe Menge handelt.

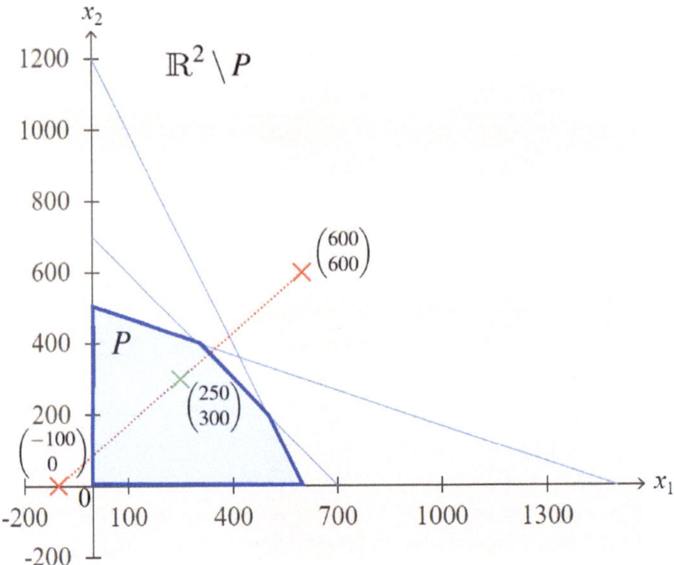

Abbildung 2.29: Eine konvexe Menge P und eine Menge $\mathbb{R}^2 \setminus P$, welche nicht konvex ist

Um dies formal zu zeigen, muss mit $\mathbf{x}, \mathbf{y} \in U(\mathbf{0}, 2)$ und $0 \le \alpha \le 1$ auch $\mathbf{a} = \alpha \mathbf{x} + (1 - \alpha)\mathbf{y} \in U(\mathbf{0}, 2)$ gelten. Aus der Dreiecksungleichung folgt, dass

$$\|\mathbf{a}\| = \|\alpha \mathbf{x} + (1 - \alpha)\mathbf{y}\|$$

$$\le \|\alpha \mathbf{x}\| + \|(1 - \alpha)\mathbf{y}\| = \sqrt{\sum_{i=1}^{n} (\alpha x_i)^2} + \sqrt{\sum_{i=1}^{n} ((1 - \alpha)y_i)^2}$$

$$= \alpha \sqrt{\sum_{i=1}^{n} x_i^2} + (1 - \alpha)\sqrt{\sum_{i=1}^{n} y_i^2} = \alpha \underbrace{\|\mathbf{x}\|}_{<2,\, \text{da } \mathbf{x} \in U(\mathbf{0},2)} + (1 - \alpha) \underbrace{\|\mathbf{y}\|}_{<2,\, \text{da } \mathbf{y} \in U(\mathbf{0},2)}$$

$$< 2 \cdot \alpha + 2 \cdot (1 - \alpha) = 2.$$

Zusammenfassend ist für alle $\mathbf{x}, \mathbf{y} \in U(\mathbf{0}, 2)$ auch $\alpha \mathbf{x} + (1 - \alpha)\mathbf{y} \in U(\mathbf{0}, 2)$. Die Menge $U(\mathbf{0}, 2)$ ist konvex.

Obiger Beweis, welcher die Konvexität von $U(\mathbf{x}, \varepsilon)$ zeigt, lässt sich für beliebige $\mathbf{x} \in \mathbb{R}^n$ und $\varepsilon > 0$ analog führen. So kann man zeigen, dass jede ε-Umgebung $U(\mathbf{x}, \varepsilon)$, $\mathbf{x} \in \mathbb{R}^n, \varepsilon > 0$, konvex ist. ∎

■ Beispiel 2.2.18 — Eine weitere Punktmenge (∗).

Wir zeigen im Folgenden, dass die Menge

$$G = \left\{ \mathbf{x} \in \mathbb{R}^2 \,\middle|\, x_2 = x_1^2 \right\}$$

nicht konvex ist, aber die Menge

$$E = \left\{ \mathbf{x} \in \mathbb{R}^2 \,\middle|\, x_2 \ge x_1^2 \right\}$$

mit $G \subseteq E$ konvex ist, vgl. Abbildung 2.30.

Setzen wir in die Konvexitätsbedingung beispielsweise die Punkte $\mathbf{x} = (-1,1)^T \in G$ und $\mathbf{y} = (1,1)^T \in G$ mit $\alpha = 0.5$ ein, so liegt der Punkt $0.5 \cdot (-1,1)^T + 0.5 \cdot (1,1)^T = (0,1)^T \notin G$ nicht in der Menge G. Die Menge G ist also nicht konvex.

Um zu zeigen, dass E konvex ist, genügt es jedoch nicht zu zeigen, dass $(0,1)^T \in E$. Man muss zeigen, dass für alle $\mathbf{x}, \mathbf{y} \in E$ und $0 \le \alpha \le 1$, auch $\mathbf{a} = \alpha\mathbf{x} + (1-\alpha)\mathbf{y} \in E$ gilt. In anderen Worten ist zu zeigen, dass

$$a_2 = \alpha \underbrace{x_2}_{\ge x_1^2} + (1-\alpha) \underbrace{y_2}_{\ge y_1^2}$$

stets größer oder gleich

$$a_1^2 = (\alpha x_1 + (1-\alpha)y_1)^2 = \alpha^2 x_1^2 + (1-\alpha)^2 y_1^2 + 2\alpha(1-\alpha)x_1 y_1$$

ist.

Um diese Ungleichung zu zeigen, nutzen wir, dass für alle $0 \le \alpha \le 1$, $\alpha(1-\alpha) \ge 0$ gilt. Mit $(x_1 - y_1)^2 \ge 0$ folgt dann

$$\begin{aligned}
0 &\le \alpha(1-\alpha)(x_1 - y_1)^2 = \alpha(1-\alpha)(x_1^2 - 2x_1 y_1 + y_1^2) \\
&= \alpha(1-\alpha)x_1^2 - 2\alpha(1-\alpha)x_1 y_1 + \alpha(1-\alpha)y_1^2 \\
&= \alpha x_1^2 - \alpha^2 x_1^2 - 2\alpha(1-\alpha)x_1 y_1 + \alpha y_1^2 - \alpha^2 y_1^2 + y_1^2 - y_1^2 \\
&= \alpha x_1^2 - \alpha^2 x_1^2 - 2\alpha(1-\alpha)x_1 y_1 + (1-\alpha)y_1^2 - (1-\alpha)^2 y_1^2.
\end{aligned}$$

Wir addieren auf beiden Seiten der Ungleichung $\alpha^2 x_1^2 + (1-\alpha)^2 y_1^2 + 2\alpha(1-\alpha)x_1 y_1$ und erhalten

$$\alpha^2 x_1^2 + (1-\alpha)^2 y_1^2 + 2\alpha(1-\alpha)x_1 y_1 \le \alpha x_1^2 + (1-\alpha)y_1^2.$$

Damit folgt gemäß obigen Überlegungen:

$$\begin{aligned}
a_2 &= \alpha x_2 + (1-\alpha)y_2 \ge \alpha x_1^2 + (1-\alpha)y_1^2 \\
&\ge \alpha^2 x_1^2 + (1-\alpha)^2 y_1^2 + 2\alpha(1-\alpha)x_1 y_1 = (\alpha x_1 + (1-\alpha)y_1)^2 = a_1^2.
\end{aligned}$$

Die Menge E aller Punkte auf oder oberhalb der Punkte mit $x_2 = x_1^2$ ist also konvex. ∎

Oft ist es mühsam, die Konvexität einer Menge zu zeigen. Manchmal vereinfacht sich die Argumentation, wenn man nutzt, dass der Schnitt konvexer Mengen stets wieder konvex ist. In Kapitel 5 werden wir weitere Kriterien zur Überprüfung von Konvexität kennenlernen.

> **Satz 2.2.2 — Der Schnitt konvexer Mengen.**
> Sei $m \in \mathbb{N}$ eine natürliche Zahl und seien $A_1, \ldots, A_m \subseteq \mathbb{R}^n$ konvexe Mengen. Dann ist $\bigcap_{i=1}^m A_i \subseteq \mathbb{R}^n$ konvex, d.h. der Schnitt konvexer Mengen ist wieder konvex.

■ **Beispiel 2.2.19 — Schnitt zweier konvexer Mengen.**
Interessiert man sich für den Schnitt der Menge P aus Beispiel 2.2.3 und der Menge $U((300,400)^T, 20)$, einer 20-Umgebung um den Punkt $\mathbf{x} = (300,400)^T$, so wissen wir aus Beispielen 2.2.3 und 2.2.17, dass sowohl P als auch $U(\mathbf{x}, 20)$ konvex sind. Aus Satz 2.2.2 folgt damit, dass $P \cap U(\mathbf{x}, 20)$ konvex ist, vgl. Abbildung 2.31. ∎

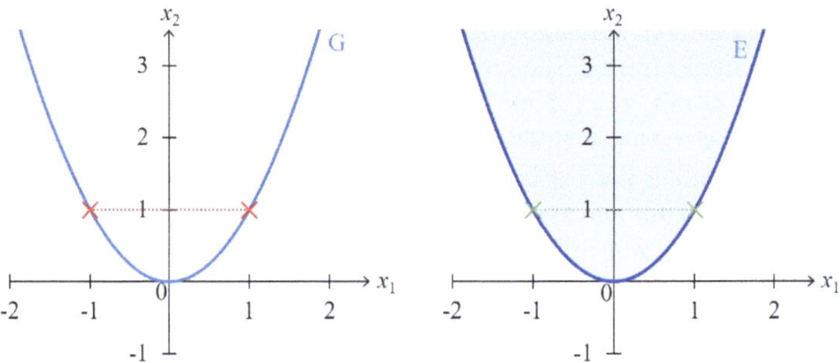

Abbildung 2.30: Die Mengen G und E

■ Beispiel 2.2.20 — Schnitt mehrerer konvexer Mengen.
Statt in Beispiel 2.2.16 direkt die Konvexität von P zu zeigen, hätte man auch einzeln
zeigen können, dass die Mengen H_1, H_2, H_3, H_4 und H_5 konvex sind. Damit folgt dann die
Konvexität von $P = \bigcap_{i=1}^{5} H_i$.   ■

(Z) Eine Konvexkombination zweier Punkte $\mathbf{x}$ und $\mathbf{y}$, $\alpha\mathbf{x} + (1 - \alpha)\mathbf{y}$, $0 \leq \alpha \leq 1$, ist ein Punkt
auf der Verbindungsstrecke zwischen $\mathbf{x}$ und $\mathbf{y}$. Gilt $0 < \alpha < 1$ spricht man von einer echten
Konvexkombination.
Eine Menge A heißt konvex, wenn für alle $\mathbf{x}, \mathbf{y} \in A$ auch jede Konvexkombination von $\mathbf{x}$
und $\mathbf{y}$ in A liegt.
Der Schnitt konvexer Mengen ist stets wieder konvex.

2.2.4 Offene und abgeschlossene Mengen

Ziele dieses Unterkapitels
• Was sind innere und äußere Punkte? Was sind Randpunkte?
• Was ist eine offene bzw. eine abgeschlossene Menge?

■ Beispiel 2.2.21 — Der Rand der Menge aus Beispiel 2.2.3.
Betrachten wir erneut die Menge P aus Beispiel 2.2.3 und die Punkte $\mathbf{x} = (400, 200)^T$,
$\mathbf{y} = (600, 600)^T$ und $\mathbf{z} = (300, 400)^T$. Anhand von Abbildung 2.32 erscheint es intuitiv,
den Punkt $\mathbf{x}$ als inneren Punkt, $\mathbf{y}$ als äußeren und $\mathbf{z}$ als Randpunkt der Menge zu bezeichnen.
Eine Menge, zu der keine Randpunkte gehören, werden wir als offene Mengen bezeichnen;
eine Menge, die alle Randpunkte enthält, heißt abgeschlossen.   ■

Um die im Beispiel eingeführten Begriffe allgemein und unabhängig von einer Visuali-
sierung nutzen zu können, müssen wir formal charakterisieren, wann ein Punkt ein innerer
Punkt, wann er ein Randpunkt und wann er ein äußerer Punkt ist. Hierzu nutzen wir den
Begriff einer Umgebung eines Punktes aus Definition 2.2.6.

Liegt ein Punkt im Inneren einer Menge $A \subseteq \mathbb{R}^n$, so existiert eine ε-Umgebung von
$\mathbf{x}$, $U(\mathbf{x}, \varepsilon)$, welche vollständig in der Menge liegt. Es gibt also ein $\varepsilon > 0$ mit $U(\mathbf{x}, \varepsilon) \subseteq A$.
Hierbei ist egal, wie klein $\varepsilon > 0$ gewählt werden muss, damit die ε-Umgebung eine
Teilmenge von A ist. Man nennt einen solchen Punkt auch einen inneren Punkt.

Liegt ein Punkt $\mathbf{x}$ außerhalb von $A \subseteq \mathbb{R}^n$, also im Komplement von A (bezüglich
des $\mathbb{R}^n$), dann gibt es eine ε-Umgebung um diesen Punkt, $U(\mathbf{x}, \varepsilon)$, die vollständig im

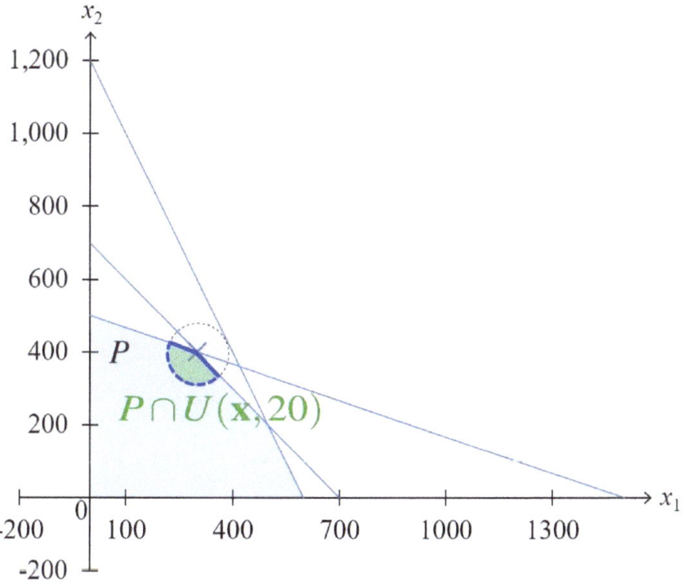

Abbildung 2.31: $P \cap U(\mathbf{x}, 20)$

Komplement von A liegt. Man nennt einen solchen Punkt auch einen äußeren Punkt.

Kann man für einen Punkt $\mathbf{x}$ weder eine ε-Umgebung finden, welche vollständig in A ist, noch eine, welche vollständig im Komplement von A liegt, so nennt man $\mathbf{x}$ einen Randpunkt. Randpunkte sind also Punkte, welche weder innere noch äußere Punkte darstellen. Ob $\mathbf{x}$ dabei selbst ein Element von A ist oder nicht, spielt hierbei keine Rolle.

Definition 2.2.9 — Innere, äußere, und Randpunkte.
Sei $A \subseteq \mathbb{R}^n$ eine Teilmenge des $\mathbb{R}^n$ und $\overline{A} = \mathbb{R}^n \setminus A$ das Komplement von A bezüglich $\mathbb{R}^n$. Dann heißt
- $\mathbf{x} \in \mathbb{R}^n$ **innerer Punkt** von A, wenn es ein $\varepsilon > 0$ gibt, so dass $U(\mathbf{x}, \varepsilon) \subseteq A$.
- $\mathbf{x} \in \mathbb{R}^n$ **äußerer Punkt** von A, wenn es ein $\varepsilon > 0$ gibt, so dass $U(\mathbf{x}, \varepsilon) \subseteq \overline{A}$ bzw. $U(\mathbf{x}, \varepsilon) \cap A = \{\}$.
- $\mathbf{x} \in \mathbb{R}^n$ **Randpunkt** von A, wenn er weder äußerer noch innerer Punkt ist.
Die Menge aller inneren Punkte von A nennt man das Innere von A, die Menge aller Randpunkte nennt man den Rand von A.

■ **Beispiel 2.2.22 — Der Rand von** $U(\mathbf{0}, 2)$.
Betrachten wir die Menge $U(\mathbf{0}, 2)$ aus Beispiel 2.2.17, so ist beispielsweise $(1, 1)^T \in U(\mathbf{0}, 2)$ ein innerer Punkt, $(0, 2)^T \notin U(\mathbf{0}, 2)$ ein Randpunkt und $(2, 2)^T \notin U(\mathbf{0}, 2)$ ein äußerer Punkt. Alle Punkte auf dem in Abbildung 2.24 gestrichelt eingezeichneten Rand sind Randpunkte. Sie gehören nicht zu $U(\mathbf{0}, 2)$. Alle Punkte $\mathbf{x} \in U(\mathbf{0}, 2)$ sind innere Punkte. Dies sieht man wie folgt: Für jeden Punkt $\mathbf{x} \in U(\mathbf{0}, 2)$ ist der Abstand zum Rand $2 - \|\mathbf{x}\|$, vgl. Abbildung 2.24. Wählt man nun ein $0 < \varepsilon < 2 - \|\mathbf{x}\|$, so ist diese ε-Umgebung innerhalb von $U(\mathbf{0}, 2)$. Es gilt also für alle $\mathbf{x} \in U(\mathbf{0}, 2)$ mit $0 < \varepsilon < 2 - \|\mathbf{x}\|$, dass $U(\mathbf{x}, \varepsilon) \subseteq U(\mathbf{0}, 2)$. Damit ist jeder Punkt aus $U(\mathbf{0}, 2)$ ein innerer Punkt. ■

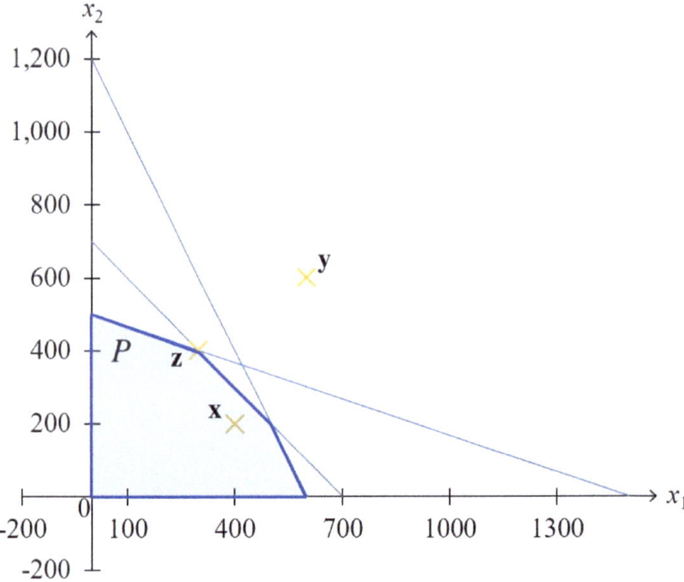

Abbildung 2.32: Die Menge P mit dem inneren Punkt **x**, dem äußeren Punkt **y** und dem
Randpunkt **z**

Mit dieser Definition von inneren, äußeren und Randpunkten können wir nun eine
Teilmenge des $\mathbb{R}^n$ als offen definieren, wenn alle Punkte der Teilmenge innere Punkte sind.
In diesem Fall ist also kein Randpunkt Element der Teilmenge. Sie heißt abgeschlossen,
wenn alle Randpunkte zur Menge gehören.

Definition 2.2.10 — Offene und abgeschlossene Mengen.

Sei $A \subseteq \mathbb{R}^n$ eine Teilmenge des $\mathbb{R}^n$ und $\overline{A} = \mathbb{R}^n \setminus A$ das Komplement von A bezüglich
$\mathbb{R}^n$. Dann heißt A **offen**, wenn jedes Element aus A ein innerer Punkt von A ist. Die
Menge A heißt **abgeschlossen**, wenn jedes Element aus $\overline{A}$ ein innerer Punkt von $\overline{A}$ ist,
also $\overline{A}$ offen ist.

Ist die Menge A offen, so sind demnach keine Randpunkte in A enthalten. Ist A abgeschlossen, so befinden sich keine Randpunkte im Komplement von A, sie befinden sich in A. In
anderen Worten: eine offene Menge enthält keine Randpunkte, eine abgeschlossene Menge
enthält alle Randpunkte (falls Randpunkte existieren).

■ Beispiel 2.2.23 — Offene und abgeschlossene Mengen.

Betrachten wir erneut die Menge $U(\mathbf{0}, 2)$ aus Beispiel 2.2.17. Die Menge aller inneren
Punkte von $U(\mathbf{0}, 2)$ ist die Menge aller Punkte, welche weniger als 2 vom Nullpunkt
entfernt sind und damit gleich $U(\mathbf{0}, 2)$. Die Menge aller Randpunkte sind in Abbildung
2.24 gestrichelt eingezeichnet. Sie gehören nicht zu $U(\mathbf{0}, 2)$. Die Menge $U(\mathbf{0}, 2)$ ist also
offen.

Der Rand der Menge P aus Beispiel 2.2.3 ist in Abbildung 2.32 eingezeichnet. Alle
Randpunkte gehören zu P. Die Menge P ist also abgeschlossen. Das Komplement von P,
$\overline{P} = \mathbb{R}^2 \setminus P$ ist hingegen offen.

Die Menge $P \cap U(\mathbf{x}, 20)$ mit $\mathbf{x} = (300, 400)^T$ ist in Abbildung 2.31 dargestellt. Sowohl $(300, 400)^T \in P \cap U(\mathbf{x}, 20)$ als auch $(300, 380)^T \notin P \cap U(\mathbf{x}, 20)$ sind Randpunkte von $P \cap U(\mathbf{x}, 20)$. Da einige, aber nicht alle Randpunkte in der Menge liegen, ist sie weder offen noch abgeschlossen. ∎

■ Beispiel 2.2.24 — Offene und abgeschlossene Intervalle.

Ein Intervall der Form $(a, b) = \{x \in \mathbb{R} \mid a < x < b\}$ heißt auch offenes Intervall, weil die Randpunkte a und b nicht zur Menge gehören. Intervalle der Form $[a, b] = \{x \in \mathbb{R} \mid a \leq x \leq b\}$ heißen abgeschlossen, da das Intervall eine abgeschlossene Menge darstellt. Intervalle der Form $[a, b) = \{x \in \mathbb{R} \mid a \leq x < b\}$ heißen halboffen bzw. rechts offen und links abgeschlossen, während man $(a, b] = \{x \in \mathbb{R} \mid a < x \leq b\}$ entsprechend als links offen und rechts abgeschlossen bezeichnet.

Das Intervall $(-\infty, +\infty) = \mathbb{R}$ ist offen, da zu jedem $x \in \mathbb{R}$ auch eine ε-Umgebung in $\mathbb{R}$ liegt. Da das Komplement von $\mathbb{R}$ die leere Menge ist und man die leere Menge ebenfalls als offen betrachten kann, ist $\mathbb{R}$ streng genommen auch abgeschlossen. Da die Menge $\mathbb{R}$ keine Randpunkte besitzt, kann hier nicht wie für echte Teilmengen von $\mathbb{R}$ für Abgeschlossenheit argumentiert werden. Für echte Teilmengen A von $\mathbb{R}$ müssen für die Abgeschlossenheit die Randpunkte von A in A enthalten sein. ∎

(Z) Findet man zu einem Punkt $\mathbf{x} \in \mathbb{R}^n$ eine ε-Umgebung mit $U(\mathbf{x}, \varepsilon) \subseteq A$, $A \subseteq \mathbb{R}^n$, so heißt $\mathbf{x}$ innerer Punkt von A. Findet man zu einem Punkt $\mathbf{x} \in \mathbb{R}^n$ eine ε-Umgebung mit $U(\mathbf{x}, \varepsilon) \subseteq \mathbb{R}^n \setminus A$, so heißt $\mathbf{x}$ äußerer Punkt von A. Ist $\mathbf{x} \in \mathbb{R}^n$ weder ein innerer noch ein äußerer Punkt von $A \subseteq \mathbb{R}^n$, so heißt er Randpunkt.

A heißt offen, wenn jedes Element aus A ein innerer Punkt ist. A heißt abgeschlossen, wenn $\overline{A} \subseteq \mathbb{R}^n$ offen ist, also alle Randpunkte in A liegen (falls Randpunkte existieren).

2.2.5 Beschränkte Mengen

Ziele dieses Unterkapitels

- Was ist eine obere bzw. untere Schranke einer Menge?
- Wann ist eine Menge beschränkt? Wann ist sie kompakt?
- Was ist das Supremum und das Infimum einer Teilmenge von $\mathbb{R}$? Wie unterscheiden sich diese von dem Maximum bzw. Minimum einer Menge?
- Welche allgemeinen Aussagen lassen sich über Maxima und Minima von Teilmengen von $\mathbb{R}$ treffen?

Offensichtlich nennt man zwei Vektoren gleich, wenn alle Komponenten gleich sind. Analog definiert man Vergleiche komponentenweise.

■ Beispiel 2.2.25 — Vergleich zweier Vektoren.

Für $\mathbf{x} = (3, 4)^T \in \mathbb{R}^2$ und $\mathbf{y} = (1, 2)^T \in \mathbb{R}^2$ gilt $\mathbf{x} \geq \mathbf{y}$, da $x_1 = 3 \geq 1 = y_1$ und $x_2 = 4 \geq 2 = y_2$, vgl. Abbildung 2.33. Stellt man Punkte des $\mathbb{R}^2$ in einem kartesischen Koordinatensystem dar, findet man größere Punkte in der Regel oben rechts, kleinere unten links.

Für die Vektoren $\mathbf{x} = (3, 4)^T \in \mathbb{R}^2$ und $\mathbf{z} = (4, 1)^T$ gilt sowohl $\mathbf{x} \nleq \mathbf{z}$ als auch $\mathbf{z} \nleq \mathbf{x}$. Dies ist besonders hervorzuheben, da für zwei reelle Zahlen $x, z \in \mathbb{R}$ aus $x \nleq z$ stets $z < x$ und damit auch $z \leq x$ folgt. ∎

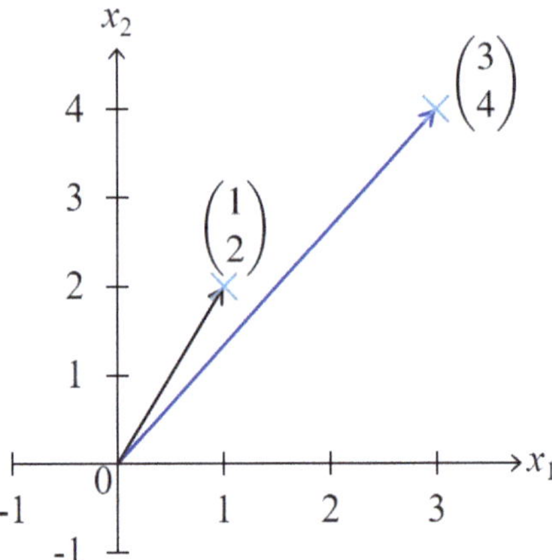

Abbildung 2.33: Die Vektoren x und y

> **Definition 2.2.11 — Vergleich von Vektoren.**
> Seien $\mathbf{x}, \mathbf{y} \in \mathbb{R}^n$. Man sagt, $\mathbf{x}$ ist **kleiner oder gleich** $\mathbf{y}$, also $\mathbf{x} \leq \mathbf{y}$, wenn $x_i \leq y_i$ für
> alle $i = 1, \ldots, n$. Man sagt, $\mathbf{x}$ ist **größer oder gleich** $\mathbf{y}$, $\mathbf{x} \geq \mathbf{y}$, wenn $x_i \geq y_i$ für alle
> $i = 1, \ldots, n$.

Existiert zu einer Menge $A \subseteq \mathbb{R}^n$ ein Punkt bzw. ein Vektor $\overline{\mathbf{b}} \in \mathbb{R}^n$, welcher größer ist
als alle Punkte $\mathbf{x} \in A$, so nennt man diesen Vektor eine obere Schranke von A. Es gilt
also $\overline{\mathbf{b}} \geq \mathbf{x}$ für alle $\mathbf{x} \in A$. Analog definiert man eine untere Schranke von A als einen
Vektor $\underline{\mathbf{b}}$ mit $\underline{\mathbf{b}} \leq \mathbf{x}$ für alle $\mathbf{x} \in A$. Hat eine Menge eine obere Schranke, so ist sie nach
oben beschränkt, hat sie eine untere Schranke, so ist sie nach unten beschränkt. Hat sie
sowohl eine obere als auch eine untere Schranke, nennt man sie beschränkt. Ist sie zudem
abgeschlossen, heißt sie kompakt.

> **Definition 2.2.12 — Beschränkte und kompakte Mengen.**
> Sei $A \subseteq \mathbb{R}^n$ eine Teilmenge des $\mathbb{R}^n$. Dann heißt
> - A **nach unten beschränkt**, wenn es einen Vektor $\underline{\mathbf{b}} \in \mathbb{R}^n$ gibt, so dass $\mathbf{x} \geq \underline{\mathbf{b}}$ für jedes
>   Element $\mathbf{x} \in A$ gilt. Man nennt $\underline{\mathbf{b}}$ dann auch untere Schranke von A;
> - A **nach oben beschränkt**, wenn es einen Vektor $\overline{\mathbf{b}} \in \mathbb{R}^n$ gibt, so dass $\mathbf{x} \leq \overline{\mathbf{b}}$ für jedes
>   Element $\mathbf{x} \in A$ gilt. Man nennt $\overline{\mathbf{b}}$ dann auch obere Schranke von A;
> - A **beschränkt**, wenn A nach oben und unten beschränkt ist;
> - A **kompakt**, wenn A abgeschlossen und beschränkt ist.

Wir demonstrieren diese Begriffe in Beispielen:

■ **Beispiel 2.2.26 — Beschränktheit von** $U(\mathbf{0}, 2)$.
Eine untere Schranke für die Menge $U(\mathbf{0}, 2)$ aus Beispiel 2.2.17 ist unter anderem $\underline{\mathbf{b}} =$
$(-2, -2)^T$. Aber auch $(-5, -5)^T$ oder $(-10, -3)^T$ stellen untere Schranken dar, vgl.
Abbildung 2.34. Der Punkt $(0, -4)^T$ hingegen ist keine untere Schranke, da es Punkte in
$U(\mathbf{0}, 2)$ gibt, welche nicht größer sind. Beispielsweise ist $(-1, -1)^T \in U(\mathbf{0}, 2)$ aber es gilt
$(-1, -1)^T \not\geq (0, -4)^T$. Die Menge $U(\mathbf{0}, 2)$ ist also nach unten beschränkt.
Analog hierzu ist $\overline{\mathbf{b}} = (2, 2)^T$ eine obere Schranke. Aber auch $(3, 3)^T$ oder $(7, 4)^T$ stellen

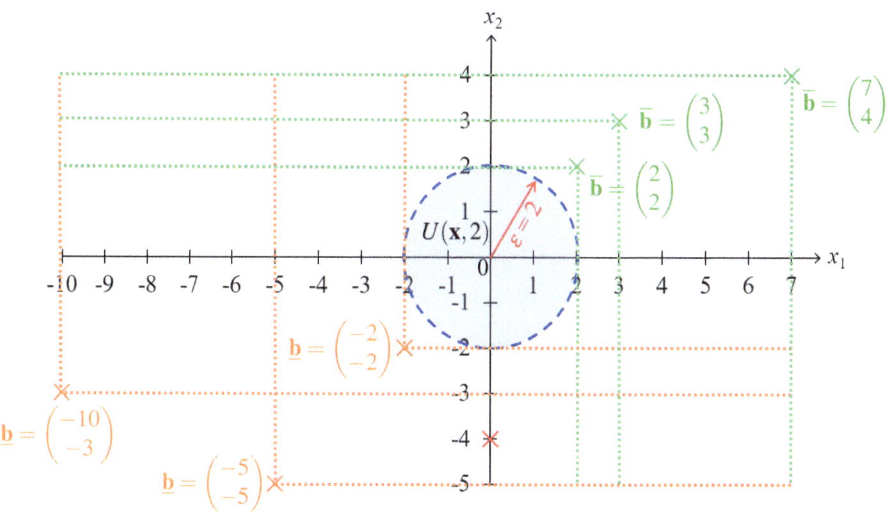

Abbildung 2.34: Schranken für $U(\mathbf{0},2)$

obere Schranken dar. Die Menge $U(\mathbf{0},2)$ ist also nach oben beschränkt.

Da die Menge nach oben und nach unten beschränkt ist, sagt man auch einfach, $U(\mathbf{0},2)$ ist beschränkt. Da die Menge $U(\mathbf{0},2)$ jedoch offen und somit nicht abgeschlossen ist, ist sie nicht kompakt.∎

■ **Beispiel 2.2.27 — Unbeschränktheit von H_1.**
Betrachten wir erneut die Menge H_1 der Punkte unterhalb der Geraden in Beispiel 2.2.2. Bei dieser Menge kann jede Komponente beliebig große und beliebig kleine Werte annehmen. Man findet weder eine obere noch eine untere Schranke. Damit ist die Menge H_1 nicht beschränkt. Da H_1 nicht beschränkt ist, kann H_1 auch nicht kompakt sein.∎

■ **Beispiel 2.2.28 — Beschränktheit von P.**
In Beispiel 2.2.3 ist die Menge P (nach unten und nach oben) beschränkt. Eine obere Schranke ist zum Beispiel $\bar{\mathbf{b}}$ mit $\bar{b}_1 = 600, \bar{b}_2 = 500$, aber auch mit $\bar{b}_1 = 600, \bar{b}_2 = 600$ ist $\bar{\mathbf{b}}$ eine obere Schranke. Eine untere Schranke ist beispielsweise $\underline{\mathbf{b}} = \mathbf{0}$, vgl. Abbildung 2.35. Da P zudem abgeschlossen ist, ist P kompakt.∎

■ **Beispiel 2.2.29 — Kompakte Intervalle.**
Sind sowohl die linke Intervallgrenze a als auch die rechte Intervallgrenze b reelle Zahlen, so nennt man Intervalle auch beschränkt, da sie eine obere Schranke (z.B. $\bar{b} = b$) sowie eine untere Schranke (z.B. $\underline{b} = a$) besitzen. Unbeschränkte Intervalle haben die Form $(-\infty,b] = \{x \in \mathbb{R} \mid x \leq b\}$, $(-\infty,b) = \{x \in \mathbb{R} \mid x < b\}$, $[a,+\infty) = \{x \in \mathbb{R} \mid a \leq x\}$, $(a,+\infty) = \{x \in \mathbb{R} \mid a < x\}$, oder $(-\infty,+\infty)$. Will man genau sein, sagt man bei den ersten beiden hier aufgeführten unbeschränkten Intervallen, dass sie nach oben beschränkt sind, bei den anderen beiden, dass sie nach unten beschränkt sind. Eine beschränkte Menge ist stets nach oben und unten beschränkt. Zudem nennen wir das Intervall $[a,b]$ kompakt, da es abgeschlossen und beschränkt ist.∎

Wie wir in den Beispielen gesehen haben, sind obere und untere Schranken nicht

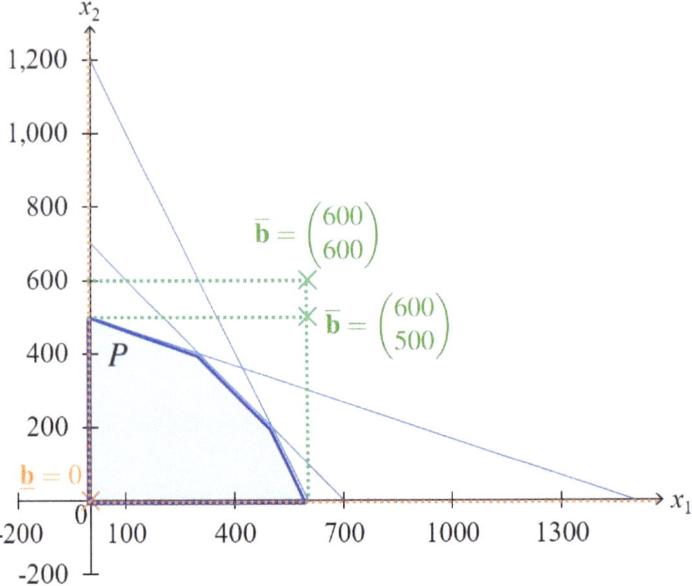

Abbildung 2.35: Schranken für P

eindeutig bestimmt. Hat man eine untere Schranke einer Menge gefunden, so ist auch jeder kleinere Vektor eine untere Schranke der Menge. Hat man eine obere Schranke einer Menge gefunden, so ist auch jeder größere Vektor eine obere Schranke der Menge. Unter all diesen Schranken bezeichnet man die größte untere Schranke als das Infimum. Ist das Infimum selbst ein Element der Menge, heißt es Minimum. Die kleinste obere Schranke heißt Supremum. Liegt das Supremum in der Menge, nennt man es auch Maximum der Menge. Zur Vereinfachung definieren wir diese Begriffe nur für Teilmengen von $\mathbb{R}$, obwohl sie auch für andere Zahlenmengen genutzt werden.

> **Definition 2.2.13 — Supremum, Infimum, Maximum und Minimum.**
> Sei $A \subseteq \mathbb{R}$ eine Menge. Ist A eine nach oben beschränkte Menge, so heißt die kleinste obere Schranke **Supremum** von A, geschrieben $\sup A$. Ist A eine nach unten beschränkte Menge, so heißt die größte untere Schranke **Infimum** von A, geschrieben $\inf A$.
>
> Gibt es ein Element $a^{\max} \in A$ mit $a^{\max} \geq a$ für alle $a \in A$, so heißt $a^{\max}$ **Maximum** der Menge A, geschrieben $a^{\max} = \max A$. Gibt es ein Element $a^{\min} \in A$ mit $a^{\min} \leq a$ für alle $a \in A$, so heißt $a^{\min}$ **Minimum** der Menge A, geschrieben $a^{\min} = \min A$.

■ **Beispiel 2.2.30 — Supremum, Infimum, Maximum und Minimum einer endlichen Menge.**
Zu Beginn dieses Kapitels hatten wir beispielsweise die Teilmenge $A_5 = \{a \in \mathbb{N} \mid 0 \leq a \leq 3\} = \{1, 2, 3\} \subseteq \mathbb{R}$ betrachtet. Obere Schranken dieser Menge sind unter anderem 100, 6 und 3. Unter allen denkbaren oberen Schranken ist die Zahl $\overline{b} = 3$ die kleinste Zahl, mit $a \leq \overline{b}$ für alle $a \in A_5$. Die Zahl 3 ist damit das Supremum der Menge, $\sup A_5 = 3$. Da zudem $3 \in A_5$ gilt, nennt man 3 auch Maximum der Menge A, $\max A_5 = 3$.

Untere Schranken dieser Menge sind unter anderem 0, -2 oder -1000. Unter allen denkbaren unteren Schranken ist die Zahl $\underline{b} = 1$ die größte Zahl, mit $a \geq \underline{b}$ für alle $a \in A_5$. Die Zahl 1 ist damit das Infimum der Menge, $\inf A_5 = 1$. Da zudem $1 \in A_5$ gilt, nennt man 1 auch Minimum der Menge A, $\min A_5 = 1$. ∎

Definition 2.2.13 besagt, dass das Maximum einer Menge A zwei Kriterien erfüllt:
1. Das Maximum ist ein Element in der Menge, $a^{\max} \in A$;
2. Das Maximum ist eine obere Schranke der Menge, d.h. es ist größer als alle anderen Elemente der Menge bzw. $a^{\max} \geq a$ für alle $a \in A$. Da $a^{\max} \in A$ muss für ein Element Gleichheit gelten. Damit ist das Maximum die kleinstmögliche obere Schranke und entspricht dem Supremum.

Analog ist ein Minimum ein Element in der Menge und eine untere Schranke, d.h. kleiner als alle anderen Elemente der Menge. Entspricht eine Zahl dem Minimum, so ist es auch das Infimum der Menge. Ist eine Zahl das Maximum, so ist es auch das Supremum der Menge. Aber nicht alle Mengen haben ein Maximum oder ein Minimum.

■ **Beispiel 2.2.31 — Supremum, Infimum, Maximum und Minimum von Intervallen.**
Betrachten wir das Intervall $(-1, 3]$, vgl. Abbildung 2.36. Das Supremum und zugleich Maximum des Intervalls $(-1, 3]$ ist $\sup(-1, 3] = \max(-1, 3] = 3$. Das Intervall hat jedoch kein Minimum, da es keinen Wert in der Menge gibt, der kleiner als alle anderen ist. -1 ist zwar eine untere Schranke des Intervalls, da $x \geq -1$ für alle $x \in (-1, 3]$. Der Wert -1 ist jedoch nicht im Intervall und stellt damit kein Minimum dar. Betrachtet man einen kleinen Wert innerhalb des Intervalls, wie z.B. -0.99, so kann man stets kleinere Zahlen innerhalb des Intervalls finden, z.B. -0.999. Der Wert $\inf(-1, 3] = -1$ ist zwar die größte untere Schranke und damit das Infimum der Menge. Da aber -1 selbst nicht in der Menge ist, wird der Wert nicht als Minimum bezeichnet.

Analog hat das Intervall $[0, 1)$ ein Infimum und Minimum von 0. Das Supremum ist 1. Da aber $1 \notin [0, 1)$, ist 1 kein Maximum von $[0, 1)$. ∎

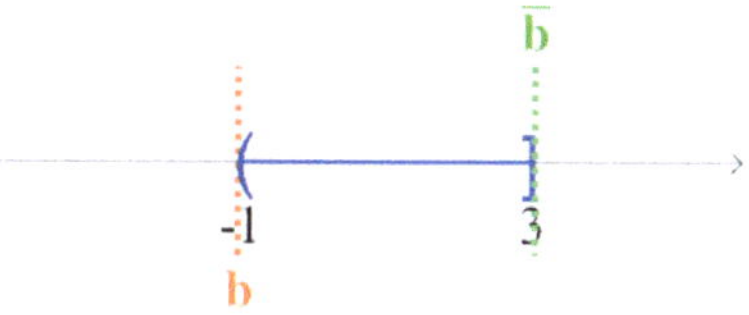

Abbildung 2.36: Schranken für das Intervall $(-1, 3]$

Alle in obigem Beispiel betrachteten Intervalle waren beschränkt, alle hatten sowohl ein Infimum als auch ein Supremum. Beschränkte Teilmengen von $\mathbb{R}$ besitzen stets ein Supremum und ein Infimum.

Satz 2.2.3 — Existenz des Supremums und des Infimums.
Sei $A \subseteq \mathbb{R}$ eine beschränkte, nichtleere Menge. Dann existiert das Supremum und das Infimum von A.

Ist eine Menge nicht beschränkt, muss sie aber kein Infimum oder Supremum besitzen.

■ **Beispiel 2.2.32 — Supremum, Infimum, Maximum und Minimum der ungeraden natürlichen Zahlen.**
Erinnern wir uns an A_3, die Menge aller ungeraden natürlichen Zahlen, so gilt $\min A_3 =$

1. Hier existiert weder ein Supremum noch ein Maximum, da die Menge nach oben unbeschränkt ist.   ■

Eine endliche Menge, also eine Menge mit endlich vielen Elementen, besitzt nicht nur ein Infimum und ein Supremum sondern sogar ein Maximum und ein Minimum. Schließlich kann man hier unter allen Elementen der Menge durch Sortierung stets das größte bzw. kleinste Element bestimmen.

> **Satz 2.2.4 — Existenz des Maximums und Minimums für endliche Mengen.**
> Sei $A \subseteq \mathbb{R}$ eine nichtleere endliche Menge. Dann gibt es ein Element $a^{\max} = \max A$ und ein Element $a^{\min} = \min A$.

■ **Beispiel 2.2.33 — Teilmengen und Maxima bzw. Minima.**
Betrachten wir erneut $A_5 = \{1, 2, 3\}$ und $A_1 = \{0, 1, 2, 3, 4, 5, 6, 7, 8, 9\}$ mit $A_5 \subseteq A_1$. Es gilt $\max A_1 = 9$, da $9 \in A_1$ und $9 \geq x$ für alle $x \in A_1$. Da $A_5 \subseteq A_1$ gilt, können wir $9 \geq x$ für alle $x \in A_5$ schließen. Die Zahl 9 ist also eine obere Schranke von A_5. Existiert das Maximum von A_5, so ist es also höchstens 9, auf keinen Fall größer. Hier ist sogar $\max A_5 = 3 < 9 = \max A_1$ (siehe auch Abbildung 2.37).

Es gilt auch $\min A_1 = 0$, da $0 \in A_1$ und $0 \leq x$ für alle $x \in A_1$. Da $A_5 \subseteq A_1$ gilt, können wir $0 \leq x$ für alle $x \in A_5$ schließen. Die Zahl 0 ist also eine untere Schranke von A_5, vgl. Abbildung 2.37.   ■

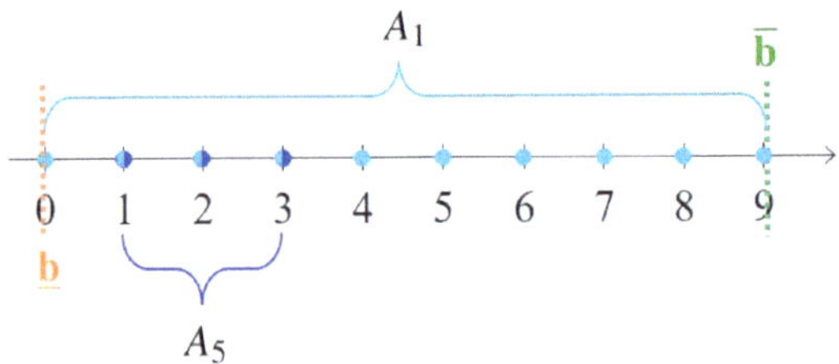

Abbildung 2.37: Schranken für $A_5 \subseteq A_1$

Das Maximum einer Menge wird durch Hinzunahme von Elementen nie kleiner, ein Minimum nie größer.

> **Satz 2.2.5 — Das Maximum und Minimum einer Obermenge.**
> Sei $A \subseteq B$ mit $A, B \subseteq \mathbb{R}$ eine Menge. Existiert das Maximum von A, $a^{\max} = \max A$, dann gilt $\max B \geq a^{\max} = \max A$ oder $\max B$ existiert nicht. Existiert das Minimum von A, $a^{\min} = \min A$, dann gilt $\min B \leq a^{\min} = \min A$ oder $\min B$ existiert nicht.

(Z) Ein Vektor $\overline{b} \geq \mathbf{x}$ für alle $\mathbf{x} \in A \subseteq \mathbb{R}^n$ heißt obere Schranke von A. Man nennt A dann auch nach oben beschränkt. Ein Vektor $\underline{b} \leq \mathbf{x}$ für alle $\mathbf{x} \in A \subseteq \mathbb{R}^n$ heißt untere Schranke von A. Man nennt A dann auch nach unten beschränkt.
Eine nach oben und unten beschränkte Menge nennt man auch eine beschränkte Menge.
Eine Menge, welche abgeschlossen und beschränkt ist, nennt man kompakt.
Im Speziellen gilt für Mengen in $\mathbb{R}$:
Die kleinste obere Schranke heißt Supremum. Ist das Supremum selbst ein Element von A, heißt es auch Maximum. Die größte untere Schranke heißt Infimum. Ist das Infimum

selbst ein Element von *A*, heißt es auch Minimum. Ein Maximum bzw. Minimum ist daher auch immer ein Supremum bzw. Infimum, aber nicht umgekehrt.

Das Maximum einer Teilmenge von *A* ist (wenn es existiert) nie größer als das Maximum von *A*. Das Minimum einer Teilmenge von *A* ist (wenn es existiert) nie kleiner als das Minimum von *A*.

2.3 Rückblick und weitere Literatur

In diesem Kapitel haben wir gesehen, wie man Mengen beschreibt. Operationen wie $A \cap B$ (Schnitt), $A \cup B$ (Vereinigung) und $A \setminus B$ (Differenz) verknüpfen zwei (oder ggf. mehrere) Mengen miteinander. Mengen kann man in Venndiagrammen wie Abbildung 2.38[10] veranschaulichen.

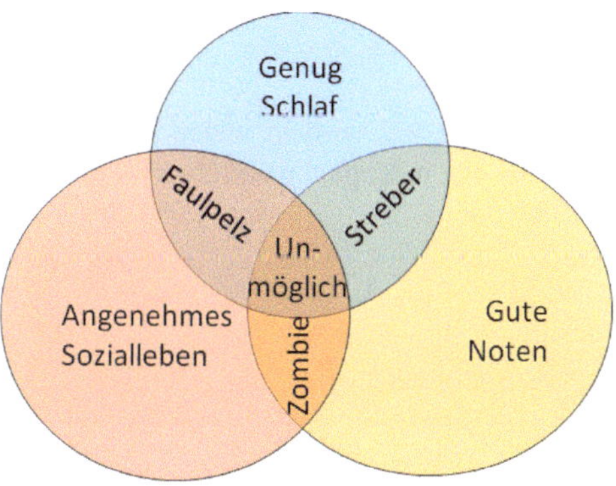

Abbildung 2.38: Studentenleben als Venn-Diagramm

Des Weiteren haben wir die Zahlenmengen $\mathbb{N}, \mathbb{N}_0, \mathbb{Z}, \mathbb{Q}, \mathbb{R}$ und den *n*-dimensionalen euklidischen Raum $\mathbb{R}^n$ kennen gelernt. Für den euklidischen Raum haben wir den Abstand zweier Punkte definiert sowie offene, abgeschlossene, beschränkte und konvexe Teilmengen besprochen.

Die Inhalte von Kapitel 2.1 kann man sehr einführend in Dietz (2012, Kapitel 0.3) nachlesen. Opitz et al. (2017, Kapitel 6) stellen die Inhalte etwas formaler dar. Auch Merz und Wüthrich (2013, Kapitel 2 und 6.1) diskutieren Mengen und das kartesische Produkt.

Zahlenmengen aus Kapitel 2.2. werden in Opitz et al. (2017, Kapitel 16) einführend erklärt.

2.4 Beweise

Beweis von Satz 2.1.1: Wir zeigen diesen Satz direkt. Gilt $A \subseteq B$, dann wissen wir, dass für alle $a \in A$ gilt: $a \in A \Rightarrow a \in B$. Aus $B \subseteq A$ folgt für alle $a \in B$, dass $a \in B \Rightarrow a \in A$. Zusammen folgt $a \in A \Leftrightarrow a \in B$, die beiden Mengen sind also gleich. ∎

Beweis von Satz 2.1.2: Die Aussage folgt direkt aus der Definition der Teilmenge und der Mengenoperationen und ist in den Venndiagrammen in Abbildung 2.6 veranschaulicht.

---

[10]   Meme angelehnt an https://www.pinterest.com/pin/64317100902054911/

Gilt $A \subseteq B$, so gilt $a \in A \Rightarrow a \in B$. Damit gilt sowohl $A \cup B = \{a \mid a \in A \text{ oder } a \in B\} = \{a \mid a \in B\} = B$ als auch $A \cap B = \{a \mid a \in A \text{ und } a \in B\} = \{a \mid a \in A\} = A$ und $A \setminus B = \{a \mid a \in A \text{ und } a \notin B\} = \{\}$. ∎

Beweis von Satz 2.1.3: Addiert man die Anzahl der Elemente in A und die Anzahl der Elemente in B, $|A| + |B|$, so werden die Elemente in der Schnittmenge $A \cap B$ doppelt gezählt. Wegen dieser Doppelzählung ist also die Summe $|A| + |B|$ um $|A \cap B|$ größer als die Anzahl der Elemente der Vereinigung, $|A \cup B|$. Es gilt also $|A| + |B| = |A \cap B| + |A \cup B|$ und damit auch $|A \cup B| = |A| + |B| - |A \cap B|$. ∎

Beweis von Satz 2.2.1: Für den Fall $n = 1$ haben wir diese Ungleichung in Kapitel 1 als Beispielsatz zum Beweis durch Fallunterscheidung bewiesen. Hier gilt für $x, y \in \mathbb{R}$, dass

$$\sqrt{(x+y)^2} = |x+y| \leq \sqrt{x^2} + \sqrt{y^2} = |x| + |y|.$$

Für einen formalen Beweis mit $n \geq 2$ wird in vielen Büchern zu diesem Thema das Skalarprodukt benötigt, das wir erst in Kapitel 6 einführen werden. Man findet den Beweis beispielsweise in Kall (1984, Satz 1.27). ∎

Beweis von Satz 2.2.2: Sei $\mathbf{x}, \mathbf{y} \in \bigcap_{i=1}^{m} A_i$. Laut Definition des Schnitts muss dann auch gelten, dass $\mathbf{x}, \mathbf{y} \in A_i$ für alle $i = 1 \ldots, m$. Da jede Menge A_i konvex ist, muss innerhalb jeder Menge dann auch gelten, dass $\alpha \mathbf{x} + (1 - \alpha)\mathbf{y} \in A_i$ für alle Skalare α mit $0 \leq \alpha \leq 1$.

Da diese Punkte in jeder Menge A_i, $i = 1, \ldots, m$ liegen, liegen sie auch im Schnitt und es gilt

$$\alpha \mathbf{x} + (1 - \alpha)\mathbf{y} \in \bigcap_{i=1}^{m} A_i \quad \text{für alle } 0 \leq \alpha \leq 1.$$

Damit ist die Menge $\bigcap_{i=1}^{m} A_i$ konvex. ∎

Beweis von Satz 2.2.3: Man findet einen Beweis in Kall (1982, Kapitel 1, Satz 1.15). ∎

Beweis von Satz 2.2.4: Sei A die Menge mit den Elementen $a_1, \ldots, a_n$, $n \in \mathbb{N}$ und es gelte $a_1 < a_2 < \ldots < a_n$. Die Elemente sind also der Größe nach sortiert. Dies ist für endliche Teilmengen in $\mathbb{R}$ immer möglich. Dann gilt offensichtlich $\min A = a_1$ und $\max A = a_n$. ∎

Beweis von Satz 2.2.5: Ist $a^{\max}$ das Maximum von A, so gilt $a^{\max} \in A \subseteq B$, also auch $a^{\max} \in B$. Für das Maximum von B gilt $\max B \geq b$ für alle $b \in B$, also gilt insbesondere $\max B \geq a^{\max}$. Analog kann das Resultat für das Minimum gezeigt werden. ∎

2.5 Literaturverzeichnis

Dietz, H. M., *Mathematik für Wirtschaftswissenschaftler*, Springer Berlin Heidelberg, 5. Auflage, 2012

Kall, P., *Analysis für Ökonomen*, Teubner Studienbücher Mathematik, Stuttgart, 1. Auflage, 1982

Kall, P., *Lineare Algebra für Ökonomen*, Teubner Studienbücher Mathematik, Stuttgart, 1. Auflage, 1984

Merz, M. und Wüthrich, M.V., *Mathematik für Wirtschaftswissenschaftler: Die Einführung mit vielen ökonomischen Beispielen*, Vahlen, 1. Auflage, 2013

Opitz, O., Etschberger, S., Burkart, W., und Klein, R., *Mathematik - Lehrbuch: für das Studium der Wirtschaftswissenschaften*, De Gruyter Studium, 12. Auflage, 2017

Open Access Dieses Kapitel wird unter der Creative Commons Namensnennung 4.0 International Lizenz (http://creativecommons.org/licenses/by/4.0/deed.de) veröffentlicht, welche die Nutzung, Vervielfältigung, Bearbeitung, Verbreitung und Wiedergabe in jeglichem Medium und Format erlaubt, sofern Sie den/die ursprünglichen Autor(en) und die Quelle ordnungsgemäß nennen, einen Link zur Creative Commons Lizenz beifügen und angeben, ob Änderungen vorgenommen wurden.

Die in diesem Kapitel enthaltenen Bilder und sonstiges Drittmaterial unterliegen ebenfalls der genannten Creative Commons Lizenz, sofern sich aus der Abbildungslegende nichts anderes ergibt. Sofern das betreffende Material nicht unter der genannten Creative Commons Lizenz steht und die betreffende Handlung nicht nach gesetzlichen Vorschriften erlaubt ist, ist für die oben aufgeführten Weiterverwendungen des Materials die Einwilligung des jeweiligen Rechteinhabers einzuholen.

3. Relationen und Funktionen

Die Elemente einer Menge, der sogenannten Ursprungsmenge, kann man mittels (binärer) Relationen und Funktionen in Beziehung zu Elementen einer anderen Menge setzen, der sogenannten Zielmenge. Relationen stellen dabei allgemeine Beziehungen zwischen Elementen dieser beiden Mengen dar. Funktionen weisen einem Element der Ursprungsmenge genau ein Element der Zielmenge zu.

3.1 Relationen

In diesem Kapitel beschäftigen wir uns mit Relationen, den Graphen von Relationen und Umkehrrelationen.

3.1.1 Definition der Relation

Ziele dieses Unterkapitels
- Was ist eine (binäre) Relation?
- Was ist der Graph einer (binären) Relation?

Wir beginnen hierfür mit Beispielen.

■ Beispiel 3.1.1 — Die kleiner-gleich-Relation.
Eine bekannte Relation ist die kleiner-gleich-Relation. Die Zahl 3 ist „kleiner oder gleich" 5. Ebenso ist die Zahl 3 „kleiner oder gleich" 7. Die Zahl 3 steht also unter anderem in der „kleiner oder gleich" Relation zu 5 und zu 7.

Definieren wir die Zahlenmenge

$$\tilde{K} = \left\{ \begin{pmatrix} x \\ y \end{pmatrix} \in \mathbb{R} \times \mathbb{R} \,\middle|\, x \leq y \right\} \subseteq \mathbb{R} \times \mathbb{R},$$

dann stehen zwei Zahlen x und y genau dann in der kleiner-gleich-Relation, wenn $(x,y)^T$ ein Element der Zahlenmenge $\tilde{K}$ ist. Im Kontext von Relationen wird dabei oft auf die

© Der/die Autor(en) 2026
C. Barz, *Mathematik für Wirtschaftswissenschaftler*,
https://doi.org/10.1007/978-3-658-50521-9_4

Schreibweise von Zahlenmengen als Spaltenvektoren verzichtet und man schreibt auch statt obiger Mengenbeschreibung

$$K = \{(x,y) \in \mathbb{R} \times \mathbb{R} \mid x \leq y\} \subseteq \mathbb{R} \times \mathbb{R}.$$

Auch diese Relation ist eine Teilmenge des kartesischen Produkts von $\mathbb{R}$ und $\mathbb{R}$.[1]

Die Menge K beschreibt die kleiner-gleich-Relation, welche Elemente aus $\mathbb{R}$ mit Elementen aus $\mathbb{R}$ in Beziehung setzt. Die kleiner-gleich-Relation ist somit durch die Ursprungsmenge $\mathbb{R}$, die Zielmenge $\mathbb{R}$ und die Menge K, also durch das Tupel $(\mathbb{R},\mathbb{R},K)$, charakterisiert. Es gilt beispielsweise $(3,5) \in K$ und $(3,7) \in K$. In anderen Worten: 3 steht in der kleiner-gleich-Relation zu 5 und 3 steht in der kleiner-gleich-Relation zu 7. Hingegen ist die Zahl 5 größer als 3 und steht nicht in der kleiner-gleich-Relation zu 3, also $(5,3) \notin K$. Die Menge K nennt man auch den Graph der Relation $(\mathbb{R},\mathbb{R},K)$ oder kurz die Relation K. Sie ist in Abbildung 3.1 in einem Koordinatensystem dargestellt. ∎

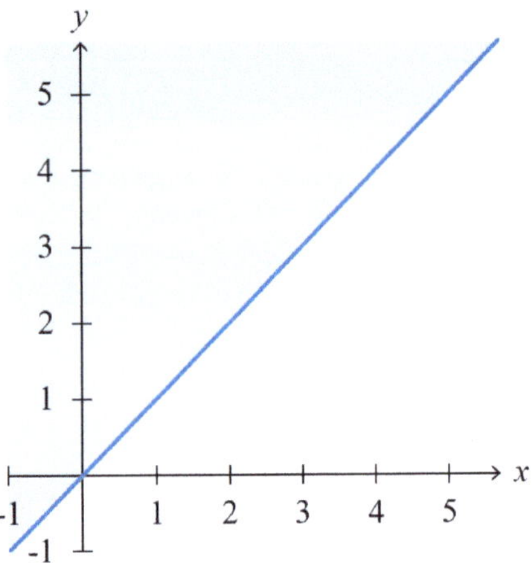

Abbildung 3.1: Die kleiner-gleich-Relation K

■ **Beispiel 3.1.2 — Eine Relation zwischen allgemeinen Mengen.**
Drei Kinder namens Mia, Anna und Luca sitzen vor drei süßen Snacks: Datteln, Trauben und Rosinen. Mia mag alle Snacks, Anna mag Trauben und Rosinen und Luca mag nur Datteln. Will man aufzählen, welches Kind welche Snacks mag, könnte man schreiben: Mia mag Datteln, Mia mag Trauben, Mia mag Rosinen … oder eben verkürzt und als Menge geschrieben: $M = \{$(Mia, Datteln), (Mia, Trauben), (Mia, Rosinen), (Anna, Trauben), (Anna, Rosinen), (Luca, Datteln)$\}$. Diese Relation $(\{$Mia, Anna, Luca$\}, \{$Datteln, Trauben, Rosinen$\}, M)$ würde man wohl die „mag"-Relation nennen.

Eine Relation gibt an, welche Elemente der Ursprungsmenge D mit welchen Elementen der Zielmenge Z in einer vorgegebenen Beziehung (hier „mag") stehen. Im obigen Beispiel

---

[1] Wollte man die Unterschiede betonen, müsste man an Stelle von $\mathbb{R}^n$ die Zahlenmenge $\mathbb{R}^{1 \times n}$ der Zeilenvektoren und die Zahlenmenge $\mathbb{R}^{n \times 1}$ der Spaltenvektoren unterscheiden, vgl. Kapitel 6. In diesem Buch verzichten wir hierauf und es gilt für uns $\mathbb{R}^n = \mathbb{R}^{1 \times n} = \mathbb{R}^{n \times 1}$.

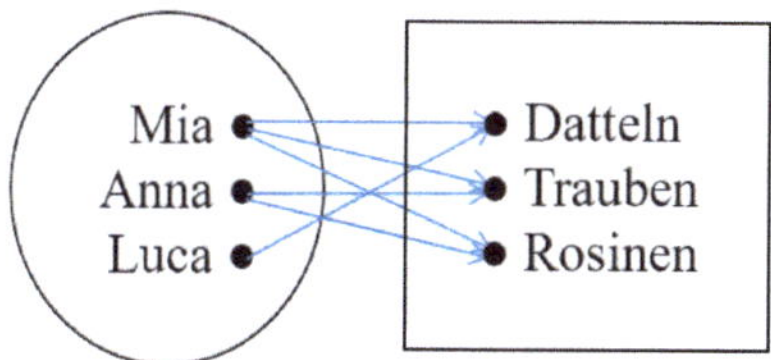

Abbildung 3.2: Graph der „mag"-Relation M

ist die Ursprungsmenge $D = \{$Mia, Anna, Luca$\}$ und die Zielmenge $Z = \{$Datteln, Trauben, Rosinen$\}$. Die Menge M nennt man auch den Graph der Relation. Sie ist eine Teilmenge der Menge aller möglichen Kombinationen der Elemente von D mit den Elementen von Z, d.h. $M \subseteq D \times Z$. Abbildung 3.2 veranschaulicht M in einem sogenannten Pfeildiagramm.

In obigem Graphen der Relation kommen alle Elemente der Ursprungsmenge und alle Elemente der Zielmenge mindestens einmal vor. Aus dem Graphen lassen sich hier im Beispiel also $D = \{$Mia, Anna, Luca$\}$ und $Z = \{$Datteln, Trauben, Rosinen$\}$ bestimmen, alle Informationen über die Relation sind im Graphen enthalten. Man spricht in solchen Situationen auch vereinfachend von der Relation M statt von der Relation (D,Z,M).   ∎

Elemente $x \in D$ und $y \in Z$, welche in einer solchen (binären) Relation (D,Z,R) mit $R \subseteq D \times Z$ zueinander stehen, werden als Tupel (x,y) beschrieben.

> **Definition 3.1.1 — Die Relation und der Graph einer Relation.**
> Ein Tupel dreier Mengen (D,Z,R) mit $R \subseteq D \times Z$ heißt (binäre) **Relation** zwischen der **Ursprungsmenge** D und der **Zielmenge** Z. Für Tupel $(x,y) \in R \subseteq D \times Z$ sagt man auch „x steht in Beziehung (Relation) zu y". Statt $(x,y) \in R$ schreibt man auch xRy.
>
> Die Menge R nennt man auch den **Graphen** der Relation. Ergeben sich die Mengen D und Z direkt aus den Elementen von R, spricht man auch vereinfacht von der Relation R anstatt vom Graphen der Relation.

Jede Teilmenge R des kartesischen Produkts $D \times Z$ beschreibt also eine Relation, wobei man zur Klarstellung die Mengen D und Z explizit angeben kann, aber nicht muss.

Oft ist es hilfreich, sich Relationen, bzw. deren Graphen, zu veranschaulichen. Sind die Mengen D und Z endlich (und besitzen sie nur wenige Elemente), so kann man den Graph einer Relation R durch ein Pfeildiagramm veranschaulichen. Ein Pfeildiagramm zeigt Venndiagramme der Ursprungs- und der Zielmenge. Pfeile verbinden alle Elemente $(x,y) \in R$ mit Beginn bei x und Pfeilspitze bei y. Sind D und Z Teilmengen der reellen Zahlen, so werden die Elemente einer Relation oft auch in entsprechenden Koordinatensystemen als Graph veranschaulicht, in dem x nach rechts und y nach oben größer wird. Gilt $D \subseteq \mathbb{R}^2$ und $Z \subseteq \mathbb{R}$, so kann man versuchen, Relationen in Koordinatensystemen mit drei Achsen zu veranschaulichen. Ist $D \subseteq \mathbb{R}^n$ und $Z \subseteq \mathbb{R}$, werden wir Elemente des Graphen der Relation $(\mathbf{x},y) \in R \subseteq \mathbb{R}^n \times \mathbb{R}$ also auch als Spaltenvektoren

$$\begin{pmatrix} x_1 \\ x_2 \\ \vdots \\ x_n \\ y \end{pmatrix} \in \mathbb{R}^{n+1}$$

interpretieren, um die Parallelen zum Abschnitt 2.2 über Zahlenmengen zu betonen und die Elemente des Graphen in einem Koordinatensystem darzustellen.

■ Beispiel 3.1.3 — Eine Relation zwischen Zahlenmengen.

Betrachten wir erneut die Zahlenmengen $A_4 = \{1,2,3\}$ und $A_1 = \{0,1,2,3,4,5,6,7,8,9\}$ sowie die Relation (A_4, A_1, G) „ist größer als". Elemente von G sind alle Tupel $(x,y) \in A_4 \times A_1$, für welche $x > y$ gilt. Somit ist

$$G = \{(x,y) \in A_4 \times A_1 \mid x > y\} = \{(1,0),(2,0),(2,1),(3,0),(3,1),(3,2)\}.$$

Da hier beide Mengen endlich sind und nur wenige Elemente haben, kann man die Relation in einem Pfeildiagramm darstellen. Abbildung 3.3 zeigt ein solches Pfeildiagramm der Relation G. Da beide Mengen Teilmengen der reellen Zahlen sind, kann G auch in einem Koordinatensystem dargestellt werden, vgl. Abbildung 3.4. ■

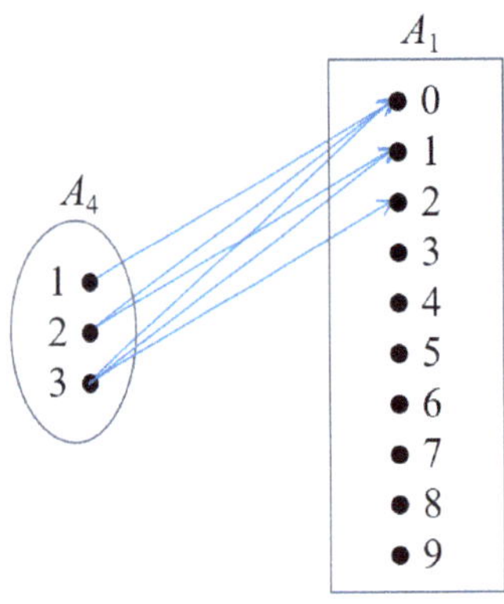

Abbildung 3.3: Das Pfeildiagramm zur Relation G

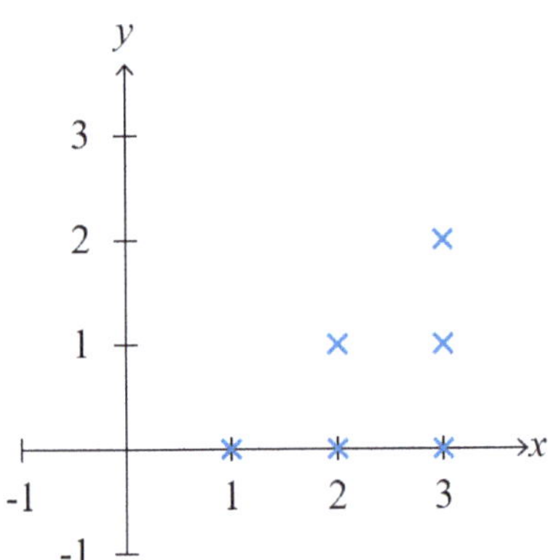

Abbildung 3.4: Graph von G in einem Koordinatensystem

■ Beispiel 3.1.4 — Die Relation „ergibt quadriert".

Will man alle Tupel beschreiben, deren erste Komponente quadriert die zweite ergibt, kann man diese mithilfe der Menge $Q = \{(x,y) \in \mathbb{R} \times \mathbb{R} \mid y = x^2\}$ beschreiben.

Abbildung 3.5 visualisiert die Relation $(\mathbb{R}, \mathbb{R}, Q)$ in einem Koordinatensystem. ■

■ Beispiel 3.1.5 — Die Relation „eine Ebene".

Elemente der Ursprungsmenge können auch selbst Tupel oder Vektoren sein. Beispielsweise beschreibt der Graph $A = \{(\mathbf{x},y) \in \mathbb{R}^2 \times \mathbb{R} \mid y = -8x_1 + 3x_2 + 10\}$ eine Relation zwischen zwei Elementen $\mathbf{x} \in \mathbb{R}^2$ und $y \in \mathbb{R}$. In diesem Fall steht zum Beispiel $\mathbf{x} = (0,-1)^T$ mit $y = 7$ in Relation, da $y = -8x_1 + 3x_2 + 10 = -3 + 10 = 7$. Abbildung 3.6 visualisiert die Relation $(\mathbb{R}^2, \mathbb{R}, A)$ in einem Koordinatensystem mit drei Achsen. ■

■ Beispiel 3.1.6 — Die Relation „vertauscht und verdoppelt".

Auch Elemente der Zielmenge können aus mehreren Komponenten bestehen. Beispielsweise kann man auch eine Relation zwischen Elementen des $\mathbb{R}^2$ und des $\mathbb{R}^2$ mithilfe der Menge

$$V = \{(\mathbf{x},\mathbf{y}) \in \mathbb{R}^2 \times \mathbb{R}^2 \mid y_1 = 2x_2,\ y_2 = 2x_1\}$$

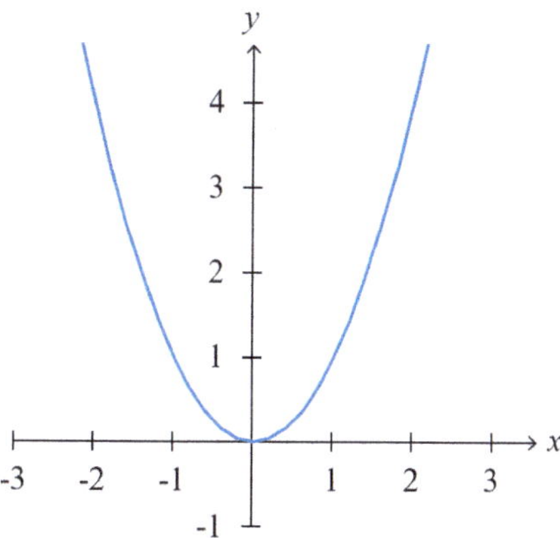

Abbildung 3.5: Graph der „ergibt quadriert"-Relation

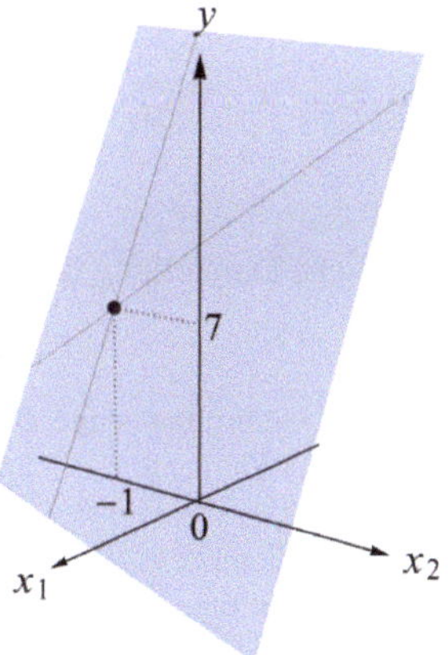

Abbildung 3.6: Graph der „eine Ebene"-Relation

als $(\mathbb{R}^2, \mathbb{R}^2, V)$ definieren. Der Vektor $\mathbf{y}$ steht also in Relation zu $\mathbf{x}$, wenn y_1 den doppelten Wert von x_2 und y_2 den doppelten Wert von x_1 hat. Es gilt unter anderem

$$\left(\begin{pmatrix} 1 \\ 2 \end{pmatrix}, \begin{pmatrix} 4 \\ 2 \end{pmatrix} \right) \in V \quad \text{und} \quad \left(\begin{pmatrix} 1 \\ 0 \end{pmatrix}, \begin{pmatrix} 0 \\ 2 \end{pmatrix} \right) \in V$$

aber

$$\left(\begin{pmatrix} 1 \\ 2 \end{pmatrix}, \begin{pmatrix} 2 \\ 4 \end{pmatrix} \right) \notin V \quad \text{und} \quad \left(\begin{pmatrix} 1 \\ 0 \end{pmatrix}, \begin{pmatrix} 2 \\ 0 \end{pmatrix} \right) \notin V.$$

Die Relation V ist eine Relation zwischen dem $\mathbb{R}^2$ und dem $\mathbb{R}^2$. Da ihr Graph somit eine Teilmenge des $\mathbb{R}^2 \times \mathbb{R}^2$ ist, können wir sie nicht einfach in einem Koordinatensystem darstellen.

Es gibt hier keinen Standardweg, den Graphen der Relation zu visualisieren. Eine Möglichkeit, sich hier zu behelfen, ist es, in einem Koordinatensystem exemplarisch Elemente der Urbildmenge einzuzeichnen und in einem weiteren Koordinatensystem in gleicher Farbe die Elemente einzuzeichnen, die zu diesem Element in Relation stehen. Abbildung 3.7 zeigt solche Koordinatensysteme. Der rote Vektor im linken Koordinatensystem steht in Relation zum roten Vektor im rechten Koordinatensystem. Der blaue Vektor im linken Koordinatensystem steht in Relation zum blauen Vektor im rechten Koordinatensystem. Der grüne Vektor im linken Koordinatensystem steht in Relation zum grünen Vektor im rechten Koordinatensystem. Ob diese Visualisierung hilfreich ist, hängt dabei jedoch stark von den gewählten Elementen $(\mathbf{x}, \mathbf{y}) \in V$ des Graphen ab, welche eingezeichnet werden. ∎

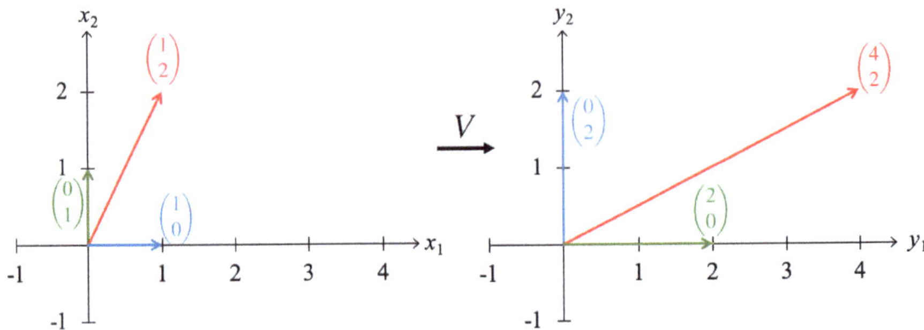

Abbildung 3.7: Mögliche Darstellung des Graphen von V

(Z) Eine binäre Relation ist durch eine Ursprungsmenge D, eine Zielmenge Z und eine Teilmenge $R \subseteq D \times Z$ beschrieben. Zwei Elemente $x \in D$ und $y \in Z$ stehen in der Relation R zueinander, wenn $(x, y) \in R$ gilt.
Man nennt die Menge aller Tupel von Elementen, welche in Relation zueinander stehen, also $R \subseteq D \times Z$, auch den Graph der Relation.

3.1.2   Die Umkehrrelation

Ziele dieses Unterkapitels

- Was versteht man unter einer Umkehrrelation einer Relation?
- Was ist die Umkehrrelation der Umkehrrelation einer Relation?
- Wie kann man den Graph der Umkehrrelation (einer binären Relation) ausgehend vom Graph der Relation (D, Z, R) im Fall $D, Z \subseteq \mathbb{R}$ erhalten?

Zu jeder binären Relation R gibt es eine Umkehrrelation, welche die umgekehrte Beziehung zwischen Elementen zum Ausdruck bringt. Aus einem Pfeildiagramm lässt sich die Umkehrrelation durch Umkehrung der Richtung aller Pfeile gewinnen. Die formale Definition ist folgende:

Definition 3.1.2 — Die Umkehrrelation.
Sei (D, Z, R), $R \subseteq D \times Z$ eine (binäre) Relation zwischen D und Z. Dann ist (Z, D, R^{-1}) mit

$$R^{-1} = \{(x, y) \in Z \times D \mid (y, x) \in R\} \subseteq Z \times D$$

die **Umkehrrelation** oder inverse Relation von (D, Z, R).

Sind D und Z eindeutig durch R^{-1} gegeben, nennt man auch R^{-1} selbst vereinfachend die Umkehrrelation von R.

Wir überlegen uns die Umkehrrelationen der oben genannten Beispiele:

■ **Beispiel 3.1.7 — Die Umkehrrelation der kleiner-gleich-Relation.**
Betrachten wir die Umkehrrelation der „kleiner oder gleich"-Relation aus Beispiel 3.1.1, $K^{-1} = \{(x,y) \in \mathbb{R} \times \mathbb{R} \mid y \leq x\}$, so entsteht die „größer oder gleich"-Relation. Ist 3 kleiner oder gleich 5, $3 \leq 5$, dann ist umgekehrt gelesen 5 größer oder gleich 3. Abbildung 3.8 veranschaulicht diese Relation in einem Koordinatensystem.   ■

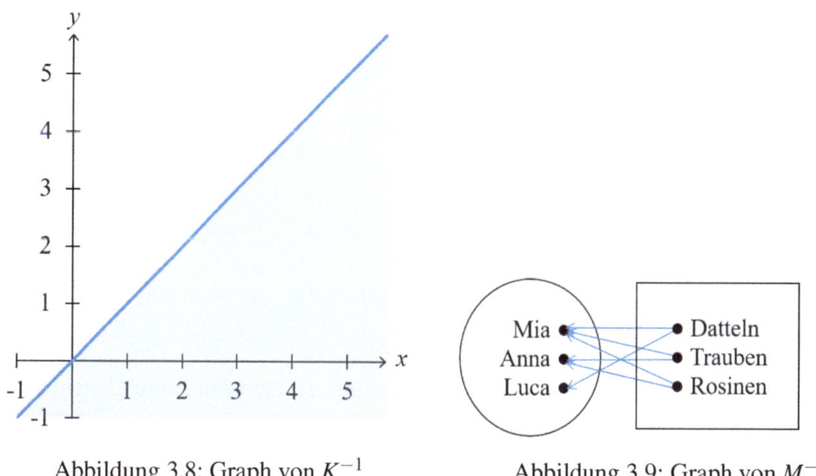

Abbildung 3.8: Graph von K^{-1} Abbildung 3.9: Graph von M^{-1}

■ **Beispiel 3.1.8 — Die Umkehrrelation von Beispiel 3.1.2.**
Die Umkehrrelation von M, der „mag" Relation, ist $M^{-1} = \{$(Datteln, Mia), (Trauben, Mia), (Rosinen, Mia), (Trauben, Anna), (Rosinen, Anna), (Datteln, Luca)$\}$. Sie entspricht der „wird gemocht von"-Relation und ist in Abbildung 3.9 dargestellt.   ■

■ **Beispiel 3.1.9 — Die Umkehrrelation von Beispiel 3.1.3.**
Die Umkehrrelation von (A_4, A_1, G) ist $(A_1, A_4, G^{-1}) = \{(0,1), (0,2), (1,2), (0,3), (1,3), (2,3)\}$. Analog zum vorherigen Beispiel entspicht sie der „ist kleiner als"-Relation zwischen den Mengen A_1 und A_4. Sie ist in Form eines Pfeildiagramms in Abbildung 3.10 und in einem Koordinatensystem in Abbildung 3.11 dargestellt.   ■

Gilt $D \subseteq \mathbb{R}$ und $Z \subseteq \mathbb{R}$, kann man sowohl den Graphen der Relation (D, Z, R) als auch den der Umkehrrelation (Z, D, R^{-1}) im gleichen Koordinatensystem darstellen. Der Graph der Umkehrrelation entspricht dann dem an der Achse $y - x$ (der „45° Achse") gespiegelten Graphen von R, da bei der Umkehrrelation nur die Reihenfolge der beiden in Relation zueinander stehenden Elemente vertauscht wird.

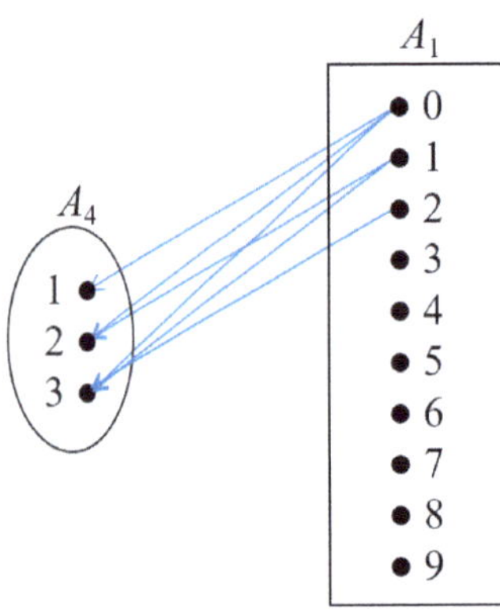

Abbildung 3.10: Der Graph von G^{-1} als Pfeildiagramm

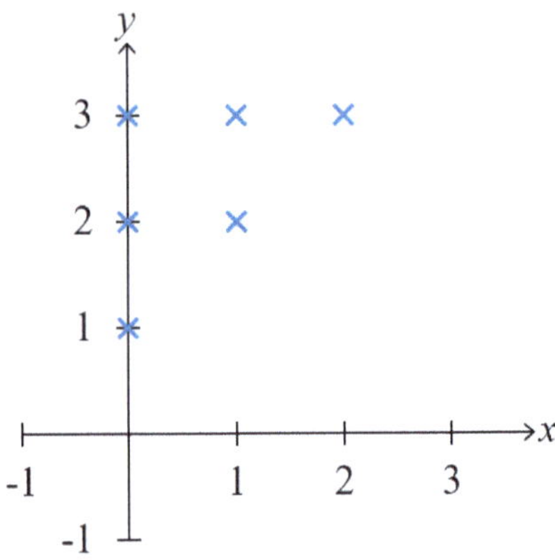

Abbildung 3.11: Graph von G^{-1} in einem Koordinatensystem

> **Satz 3.1.1 — Der Graph der Umkehrrelation.**
> Sei (D,Z,R), $R \subseteq D \times Z$ eine Relation zwischen D und Z und (Z,D,R^{-1}) die zugehörige Umkehrrelation. Dann entspricht der Graph von R^{-1} dem an der $y = x$-Achse gespiegelten Graphen von R.

Aus dieser Überlegung ergibt sich hier auch sofort, dass die Umkehrrelation der Umkehrrelation R^{-1} wieder R ergibt.

> **Satz 3.1.2 — Die Umkehrrelation der Umkehrrelation.**
> Sei (D,Z,R), $R \subseteq D \times Z$ eine Relation zwischen D und Z und (Z,D,R^{-1}) die zugehörige Umkehrrelation. Dann ist die Umkehrrelation von (Z,D,R^{-1}) wieder gleich der Relation (D,Z,R), das heißt
> $$(D,Z,(R^{-1})^{-1}) = (D,Z,R).$$

■ **Beispiel 3.1.10 — Die Umkehrrelation von Beispiel 3.1.4.**
Zur Relation $(\mathbb{R},\mathbb{R},Q)$ mit $Q = \{(x,y) \in \mathbb{R} \times \mathbb{R} \mid y = x^2\}$ aus Beispiel 3.1.4 in Abbildung 3.5 ist die Umkehrrelation $(\mathbb{R},\mathbb{R},Q^{-1})$ mit $Q^{-1} = \{(x,y) \in \mathbb{R} \times \mathbb{R} \mid x = y^2\} = \{(x,y) \in \mathbb{R} \times \mathbb{R} \mid y = \sqrt{x} \text{ oder } y = -\sqrt{x}\}$. Der Graph der Umkehrrelation ist in Abbildung 3.12 dargestellt. Wieder erhält man diese Umkehrrelation geometrisch aus der ursprünglichen Relation durch Spiegelung an der Achse $y = x$.

Spiegelt man den Graph von Q^{-1} erneut an der $y = x$ Achse, erhält man wieder Q. ■

Aber natürlich kann man auch Umkehrrelationen bilden, wenn die Ursprungsmenge oder Zielmenge keine Teilmenge der reellen Zahlen sind.

■ **Beispiel 3.1.11 — Die Umkehrrelation von Beispiel 3.1.5.**
Die Umkehrrelation von A ist durch $A^{-1} = \{(x,\mathbf{y}) \in \mathbb{R} \times \mathbb{R}^2 \mid x = -8y_1 + 3y_2 + 10\}$ beschrieben. ■

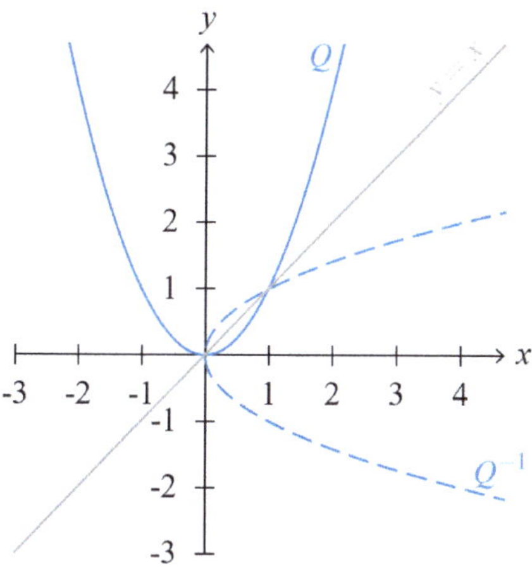

Abbildung 3.12: Graph von Q^{-1}

■ Beispiel 3.1.12 — Die Umkehrrelation von Beispiel 3.1.6.

Die Umkehrrelation von V ist

$$V^{-1} = \{(\mathbf{x}, \mathbf{y}) \in \mathbb{R}^2 \times \mathbb{R}^2 \mid x_1 = 2y_2,\ x_2 = 2y_1\}.$$

Es gilt unter anderem

$$\left(\begin{pmatrix} 4 \\ 2 \end{pmatrix}, \begin{pmatrix} 1 \\ 2 \end{pmatrix} \right) \in V^{-1} \quad \text{und} \quad \left(\begin{pmatrix} 0 \\ 2 \end{pmatrix}, \begin{pmatrix} 1 \\ 0 \end{pmatrix} \right) \in V^{-1}$$

aber

$$\left(\begin{pmatrix} 1 \\ 2 \end{pmatrix}, \begin{pmatrix} 4 \\ 2 \end{pmatrix} \right) \notin V^{-1} \quad \text{und} \quad \left(\begin{pmatrix} 0 \\ 1 \end{pmatrix}, \begin{pmatrix} 0 \\ 2 \end{pmatrix} \right) \notin V^{-1}.$$

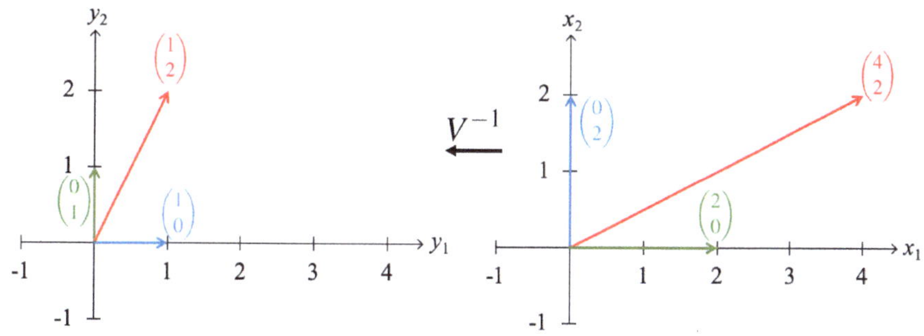

Abbildung 3.13: Mögliche Darstellung des Graphen von V^{-1}

Wie bereits in Beispiel 3.1.6 gibt es auch hier keinen Standardweg, den Graphen der Relation V^{-1} zu visualisieren. Abbildung 3.13 zeigt eine mögliche Darstellungsform. ■

 (Z, D, R^{-1}) ist die Umkehrrelation der Relation (D, Z, R), wobei $(x, y) \in R^{-1}$ gilt, wenn $(y, x) \in R$ ist.

Die Umkehrrelation zu (Z, D, R^{-1}) ist wieder die Relation (D, Z, R).

Sind D und Z Teilmengen der reellen Zahlen, so kann man die Elemente einer Relation auch in einem Koordinatensystemen darstellen. Den Graphen der Umkehrrelation erhält man in diesem Fall durch Spiegelung an der Achse $y = x$.

3.2 Funktionen

Im vorherigen Abschnitt wurde mit der Relation eine sehr allgemeine Möglichkeit eingeführt, Beziehungen zwischen Elementen aus einer Ursprungsmenge D und einer Zielmenge Z auszudrücken. Dabei wurde zugelassen, dass ein Element aus D mit keinem Element aus Z in Beziehung steht. Zudem wurde zugelassen, dass ein Element aus D mit mehr als einem Element aus Z in Beziehung steht. Beispielsweise gibt es in der kleiner-gleich-Relation K aus Beispiel 3.1.1 unendlich viele y, so dass $(5, y) \in K$ nämlich alle $y \in [5, +\infty)$. Funktionen beschreiben Relationen, die jedem Element aus der Ursprungsmenge D genau ein Element aus der Zielmenge Z zuordnen.

3.2.1 Definition einer Funktion

Ziele dieses Unterkapitels

- Was ist eine Funktion?
- Was ist das Bild von f?
- Was versteht man unter dem Graphen einer Funktion?
- Welche Funktion bezeichnet man auch als Identität?

Eine Funktion wird beschrieben durch die Mengen D, Z und die sogenannte Zuordnungs- oder Abbildungsvorschrift f, die jedem Element in D genau ein Element aus Z zuordnet.

Definition 3.2.1 — Die Funktion.

Eine Vorschrift, die jedem Element in der Ursprungsmenge $x \in D$ genau ein Element $y \in Z$ zuweist, heißt **Funktion** oder Abbildung. Man schreibt

$$f : D \to Z$$

oder elementweise

$$x \in D \mapsto y = f(x) \in Z.$$

Die Vorschrift, die jedem Element $x \in D$ ein $y \in Z$ zuordnet, heißt Zuordnungsvorschrift oder auch **Abbildungsvorschrift** $f(x) = y$. Man nennt die Ursprungsmenge D auch den **Definitionsbereich**, die Definitionsmenge oder die Urbildmenge, Z die Zielmenge. Die Untermenge $f(D) = \{ f(x) \in Z \mid x \in D \} \subseteq Z$ der durch die Funktion erreichbaren Elemente der Zielmenge bezeichnet man auch als Wertemenge, Bildmenge, Bildbereich oder **Wertebereich** von D bzgl. f.

Elemente $x \in D$ heissen Urbilder oder **Argumente** und die Elemente $y = f(x) \in f(D)$ Bilder oder **Funktionswerte**. Gilt $y \in f(D)$ sagt man auch, dass f den Wert y annimmt.

Für eine Teilmenge $A \subseteq D$ heißt $f(A) = \{ f(x) \in Z \mid x \in A \} \subseteq Z$ das **Bild** von A bzgl.

f. Für eine Teilmenge $B \subseteq Z$ heißt $A = \{x \in D \mid f(x) \in B\} \subseteq D$ der **Urbildbereich** von B bzgl. f.

Funktionen bzw. Abbildungen[2] werden unter anderem benutzt, um Kosten bei gegebenen Produktionsplänen, Aktienkurse gegebener Unternehmen zu gegebenen Zeiten, Gewinne bei gegebenen Verkaufszahlen oder Ortskoordinaten verschiedener Container zu verschiedenen Zeiten anzugeben. Da sie weit verbreitet sind, gibt es verschiedene, vereinfachte Darstellungsformen.

Sind der Definitionsbereich und die Zielmenge bekannt oder an anderer Stelle z.B. als $f : A \to B$ genannt, schreibt man statt $x \in D \mapsto y = f(x) \in Z$ auch $x \overset{f}{\mapsto} y$, $x \mapsto y = f(x)$ oder kurz $y = f(x)$. Diese Ausdrücke werden jeweils als „y ist das Bild von x bzgl. f" oder „x ist ein Urbild von y bzgl. f" gelesen.

Eine Funktion $f : D \to Z$ weist also jedem Element in D genau ein Element aus Z zu. Hierdurch beschreibt sie auch stets eine Relation (D, Z, R) mit $R = \{(x, y) \in D \times Z \mid f(x) = y\}$. Diese Menge nennt man auch den Graphen der Funktion.

> **Definition 3.2.2 — Der Graph einer Funktion.**
> Sei $f : D \to Z$ eine Funktion. Dann heißt die Menge
>
> $$\{(x, y) \in D \times Z \mid y = f(x)\}.$$
>
> **der Graph** von f.

Die graphische Darstellung von Funktionen erfolgt daher wie bei Relationen wenn möglich mit Hilfe eines Pfeildiagramms oder in einem Koordinatensystem. Ein Pfeildiagramm einer beispielhaften Funktion ist in Abbildung 3.14 dargestellt.

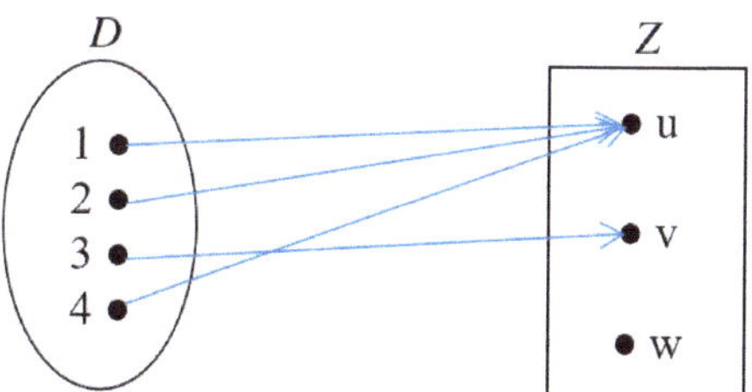

Abbildung 3.14: Eine Funktion

Im Pfeildiagramm einer Funktion zeigt von jedem Element des Definitionsbereichs, welcher bei Funktionen gleichbedeutend mit dem Begriff der Ursprungsmenge ist, genau ein Pfeil auf ein Element der Zielmenge. Dabei dürfen mehrere Pfeile auf das gleiche Element der Zielmenge zeigen, jedoch nie mehrere Pfeile vom gleichen Element des Definitionsbereichs auf mehrere Elemente in der Zielmenge. Zudem muss nicht jedes Element der Zielmenge erreicht werden.

Stellt man den Graph einer Funktion in einem Koordinatensystem dar, so kann man zu jedem Element aus dem Definitionsbereich (nach rechts abgetragen) genau ein Element der Zielmenge (nach oben abgetragen) ablesen. In anderen Worten: zeichnet man an einer

---

[2] In diesem Buch werden die Begriffe „Funktion" und „Abbildung" synonym verwendet. Um Verwechslungen mit der Bezeichnung Abbildung für Figur bzw. Graphik zu vermeiden, nutzen wir meist das Wort „Funktion".

Stelle $x \in D$ eine Gerade, die parallel zur nach oben verlaufenden Achse verläuft, so befindet sich auf dieser Geraden genau ein Punkt des Graphen, und zwar auf der Höhe des Funktionswertes. Ein Graph einer beispielhaften Funktion ist in Abbildung 3.15 links dargestellt. Die gestrichelt dargestellte Linie, welche von $x = 1$ ausgeht, schneidet den Graph genau bei einem y-Wert, nämlich $f(x) = f(1) = 1$.

Abbildung 3.15 rechts zeigt hingegen keinen Graph einer Funktion, da die gestrichelte Linie, welche von $x = 1$ ausgeht, den Graph bei zwei verschiedenen y-Werten schneidet und die Zuordnungsvorschrift somit nicht eindeutig ist. Dieser Graph beschreibt also eine Relation zwischen Elementen, u.a. zwischen $x = 1$ und $y = 1$ sowie $x = 1$ und $y = -1$, aber keine Funktion.

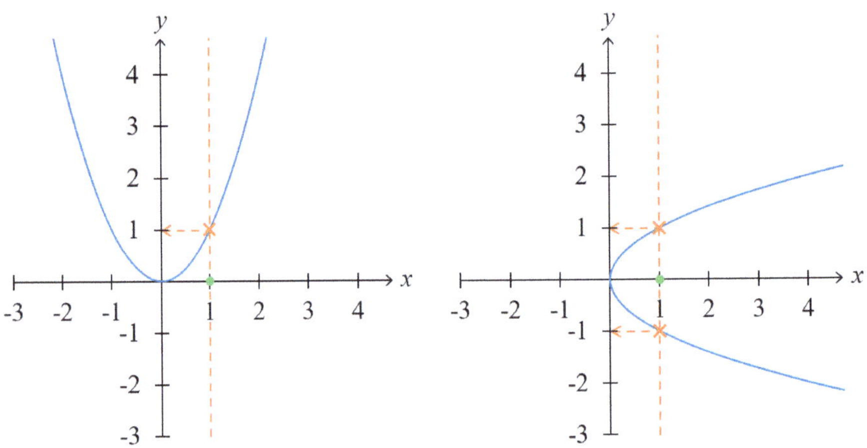

Abbildung 3.15: Der Graph einer Funktion (links) und kein Graph einer Funktion (rechts)

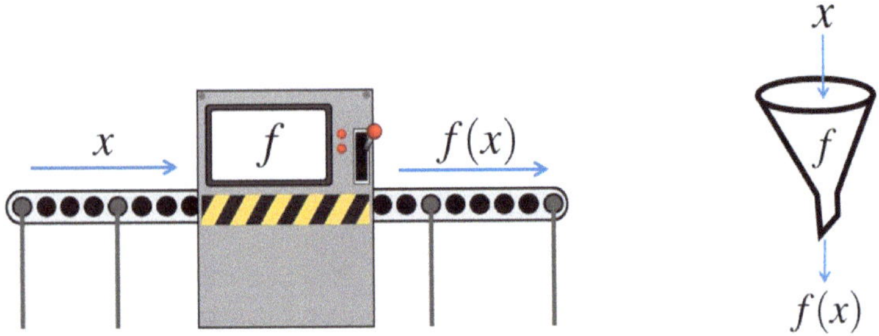

Abbildung 3.16: Die Maschinen-Analogie   Abbildung 3.17: Die Trichter-Analogie

Die wesentliche Idee einer Funktion wird auch durch eine Maschine visualisiert, welche ein Input x in einen Output y verwandelt, wobei aus einem x stets genau ein y hervorgeht, vgl. Abbildung 3.16. In einigen Lehrbüchern wird auch die Analogie zu einem Trichter hergestellt, in den man von oben ein x hineingibt und dann ein y herauskommt, vgl. Abbildung 3.17.

Wir betrachten drei Graphen der oben eingeführten Relationen und entscheiden, ob sie auch Graphen von Funktionen darstellen.

■ Beispiel 3.2.1 — Die mag-Relation.

Die „mag"-Relation M ordnet dem Element Mia drei Elemente aus der Menge der Snacks zu. Es gibt damit keine Funktion, welche diese Relation beschreibt. ■

■ Beispiel 3.2.2 — Die kleiner-gleich-Relation.

Bei der kleiner-gleich-Relation K aus Beispiel 3.1.1 steht ebenfalls jeder Wert der Ursprungsmenge zu mehreren Elementen in der Zielmenge in Relation. Damit gibt es auch hier keine Funktion, welche diese Relation beschreibt. ■

■ Beispiel 3.2.3 — Die quadriert-Relation.

Im Graph der Relation $Q \subseteq \mathbb{R} \times \mathbb{R}$ aus Beispiel 3.1.4 gibt es zu jedem $x \in \mathbb{R}$ aus der Ursprungsmenge genau ein $y = x^2$ in der Zielmenge $\mathbb{R}$. Es existiert damit eine Funktion, welche diese Relation beschreibt. Eine solche Funktion ist

$$q : \mathbb{R} \to \mathbb{R} \quad \text{mit} \quad x \in \mathbb{R} \mapsto y = q(x) = x^2.$$

Der Definitionsbereich und die Zielmenge dieser Funktion sind $\mathbb{R}$. Das Bild von -2 ist 4, das Bild von 1 ist 1. Das Bild der Menge $A = \{-2, 1, 2\}$ ist $f(A) = \{1, 4\}$. Auch am Graph erkennt man, dass es zu einem x-Wert stets nur genau einen y-Wert gibt.

Im Graph der Umkehrrelation Q^{-1} gibt es Elemente der Ursprungsmenge, welche zu zwei Elementen der Zielmenge in Relation stehen. Beispielsweise erhält man 4 sowohl wenn man die Zahl 2 als auch wenn man die Zahl -2 in die obige Abbildungsvorschrift einsetzt, d.h. $q(-2) = q(2) = 4$. Somit ist $(4, 2), (4, -2) \in Q^{-1}$. Zudem gibt es Werte in der Ursprungsmenge (wie z.B. -1), die mit keinem Element in der Zielmenge in Relation stehen (vgl. Abbildung 3.12). Zeichnet man die Relation Q^{-1} in einem Koordinatensystem, in dem man die erste Komponente nach rechts und die zweite nach oben abträgt, erkennt man, dass es zu einem y-Wert nicht stets nur genau einen x-Wert gibt. Es gibt also keine Funktion, welche Q^{-1} beschreibt. Wir werden uns später Eigenschaften von Funktionen überlegen, welche eine Funktion haben muss, damit die Umkehrrelation ebenfalls von einer Funktion beschrieben wird. ■

Eine Funktion ist durch den Definitionsbereich, die Zielmenge und die Abbildungsvorschrift gegeben. Verändert man eines dieser drei Elemente, ergibt sich eine andere Funktion.

■ Beispiel 3.2.4 — Die quadriert-Funktion mit endlichem Definitionsbereich.

Auch

$$\tilde{q} : \{1, 2, 3\} \to \{1, 2, 3, 4, 5, 6, 7, 8, 9\} \quad \text{mit} \quad x \mapsto y = \tilde{q}(x) = x^2$$

ist eine Funktion. Der Definitionsbereich dieser Funktion ist $D = \{1, 2, 3\}$, die Zielmenge $Z = \{1, 2, 3, 4, 5, 6, 7, 8, 9\}$. Das Bild von 1 ist 1, von 2 ist 4 und von 3 ist 9. Somit ist der Wertebereich $f(D) = \{1, 4, 9\} \subseteq Z$. Diese Funktion kann man wahlweise als Pfeildiagramm oder in einem Koordinatensystem graphisch darstellen, vgl. Abbildung 3.18. Obwohl $\tilde{q}$ die gleiche Abbildungsvorschrift wie q aus Beispiel 3.2.3 hat, handelt es sich um verschiedene Funktionen, da die Definitionsbereiche und Zielmengen verschieden sind.

Analog könnte man die Funktion

$$\hat{q} : \{1, 10, 100\} \to \{1, 100, 10000\} \quad \text{mit} \quad x \mapsto y = \hat{q}(x) = x^2$$

bilden. Der Definitionsbereich dieser Funktion ist $D = \{1, 10, 100\}$, die Zielmenge $Z = \{1, 100, 10000\} = \hat{q}(D)$ entspricht hier dem Wertebereich. Abbildung 3.19 veranschaulicht die Funktion in einem Pfeildiagramm und in einem Koordinatensystem.   ■

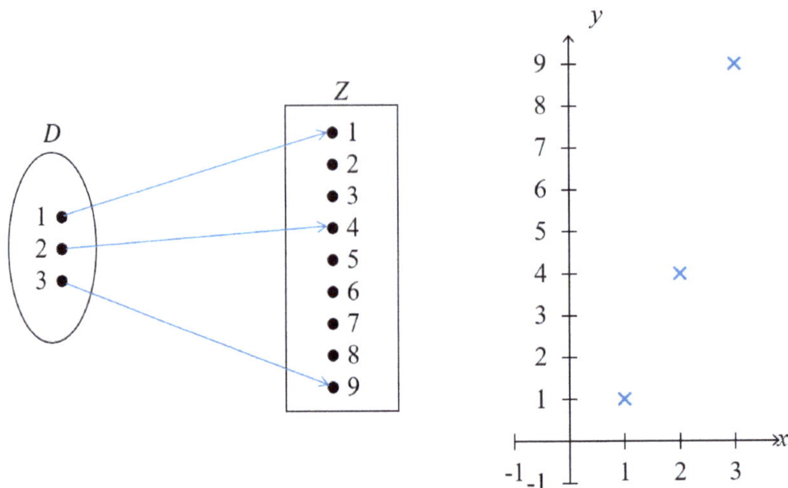

Abbildung 3.18: Die Funktion $\tilde{q}$

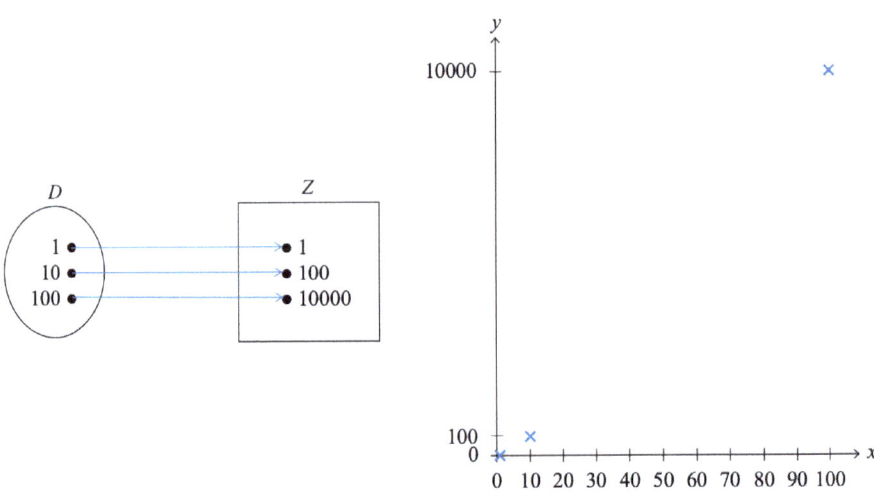

Abbildung 3.19: Die Funktion $\hat{q}$ als Pfeildiagramm und im Koordinatensystem

■ Beispiel 3.2.5 — Die logarithmische Funktion zur Basis 10, $\log_{10}$.
Betrachten wir die Funktion $r : (0, +\infty) \to \mathbb{R}$ mit $y = r(x) = \log_{10}(x)$. Der Definitionsbereich dieser Funktion ist $D = (0, +\infty)$, die Zielmenge ist $Z = \mathbb{R}$. Ihr Graph ist in Abbildung 3.20 dargestellt.

Schränken wir den Definitionsbereich auf die natürlichen Zahlen ein, ergibt sich auch hier streng genommen eine andere Funktion. Betrachtet man die Funktion

$$\tilde{r}: \mathbb{N} \to \mathbb{R} \quad \text{mit} \quad x \mapsto y = \tilde{r}(x) = \log_{10}(x),$$

so ist $\tilde{r}(0.1)$ nicht definiert, $r(0.1) = -1$ hingegen existiert.

In späteren Beispielen werden wir uns zudem auf die Funktion

$$\hat{r}: \{1, 100, 10000\} \to \{0, 2, 4\} \quad \text{mit} \quad x \mapsto y = \hat{r}(x) = \log_{10}(x)$$

beziehen. Sie ist in Abbildung 3.21 dargestellt.

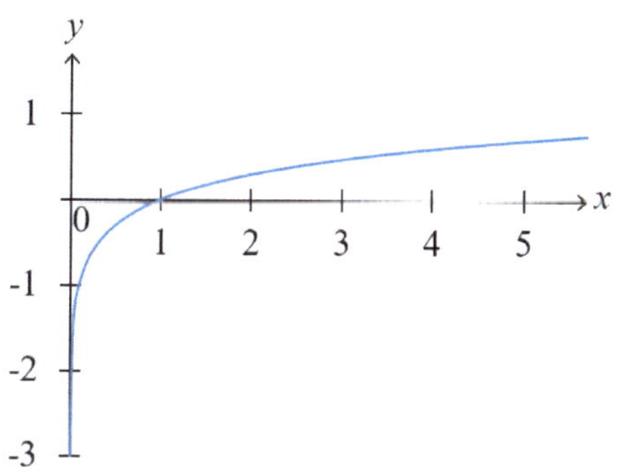

Abbildung 3.20: Die Logarithmus-Funktion $\log_{10}(x)$

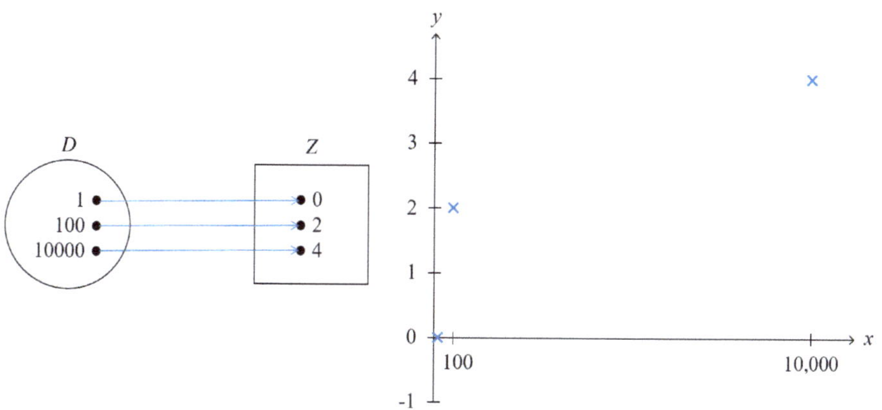

Abbildung 3.21: Die Funktion $\hat{r}$

■ Beispiel 3.2.6 — Fortsetzung des Beispiels „eine Ebene".
Betrachten wir die Funktion $p : \mathbb{R}^2 \to \mathbb{R}$ mit $p(\mathbf{x}) = -8x_1 + 3x_2 + 10$. Der Definitionsbereich dieser Funktion ist $D = \mathbb{R}^2$, die Menge aller Vektoren im $\mathbb{R}^2$, die Zielmenge ist $Z = \mathbb{R}$. Ihr Graph ist in einem Koordinatensystem mit drei Achsen in Abbildung 3.6 dargestellt.

Eine Funktion, welche jedes Element aus dem Definitionsbereich einfach wieder sich selbst zu ordnet, nennt man die Identität.

Definition 3.2.3 — Identität.
Die Funktion $id : D \to D$ heißt **Identität**, wenn $id(x) = x$ für alle $x \in D$.

■ **Beispiel 3.2.7 — Die Identität auf $\mathbb{R}$.**
Der Graph der Funktion $id : \mathbb{R} \to \mathbb{R}$ mit $id(x) = x$ ist in Abbildung 3.22 dargestellt.   ■

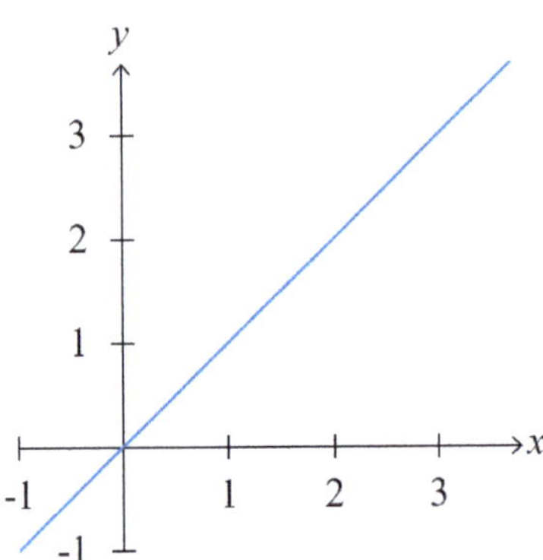

Abbildung 3.22: Die Identität id

Nicht immer kann man eine Funktion einfach in einem Koordinatensystem veranschaulichen.

■ **Beispiel 3.2.8 — Eine Funktion, die Komponenten vertauscht und verdoppelt.**
Die Funktion

$$v : \mathbb{R}^2 \to \mathbb{R}^2 \quad \text{mit} \quad \mathbf{x} = \begin{pmatrix} x_1 \\ x_2 \end{pmatrix} \mapsto \mathbf{y} = v(\mathbf{x}) = \begin{pmatrix} 2x_2 \\ 2x_1 \end{pmatrix}.$$

bildet unter anderem den Vektor $\mathbf{x} = (1,0)^T$ auf den Vektor $\mathbf{y} = v(\mathbf{x}) = (0,2)^T$ ab und den Vektor $\mathbf{x} = (0,1)^T$ auf den Vektor $\mathbf{y} = v(\mathbf{x}) = (2,0)^T$. Jedem Vektor wird genau ein anderer Vektor zugeordnet, indem die Komponenten mit zwei multipliziert und vertauscht werden. Ihr Graph entspricht dem Graph der Relation aus Beispiel 3.1.6.   ■

(Z) Eine Funktion $f : D \to Z$ ist eine Vorschrift, die jedem Element $x \in D$ (genau) ein $y \in Z$ zuordnet. D heißt auch Definitionsbereich und Z Zielmenge.
$f(D) = \{ f(x) \in Z \mid x \in D \} \subseteq Z$ heißt Wertebereich oder Bild von f.
Der Graph von f ist $\{(x, f(x)) \in D \times Z\}$. Oft wird er anhand eines Pfeildiagramms oder in einem Koordinatensystem veranschaulicht.
Eine Funktion $f : D \to D$ mit Abbildungsvorschrift $f(x) = x$ heißt Identität.

3.2.2 Eigenschaften von Funktionen und die Umkehrfunktion

Ziele dieses Unterkapitels
- Wann ist eine Funktion injektiv, surjektiv oder bijektiv?
- Was versteht man unter einer Umkehrfunktion? Unter welchen Voraussetzungen existiert sie?

Der Graph einer Funktion $f : D \to Z$ beschreibt stets eine Relation (D, Z, R) mit

$$R = \{(x, y) \in D \times Z \mid y = f(x)\}$$

und zugehöriger Umkehrrelation (Z, D, R^{-1}). Der Graph von R^{-1} beschreibt jedoch nicht immer den Graphen einer Funktion.

Abbildung 3.14 zeigt ein Pfeildiagramm, in welchem aus jedem Element der Ursprungsmenge $\{1, 2, 3, 4\}$ genau ein Pfeil auf ein Element der Zielmenge $\{u, v, w\}$ zeigt. Das Pfeildiagramm veranschaulicht somit eine Funktion.

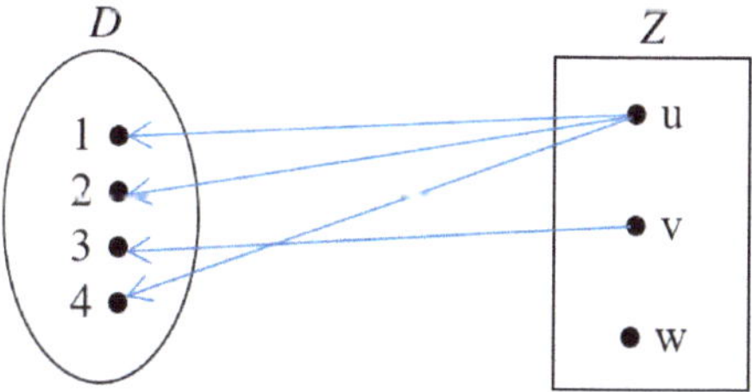

Abbildung 3.23: Die Umkehrrelation der Relation aus Abbildung 3.14

Abbildung 3.23 zeigt das Pfeildiagramm der zugehörigen Umkehrrelation. Dieses Pfeildiagramm veranschaulicht keine Funktion, da
- kein Pfeil aus dem Element w auf ein Element in $\{1, 2, 3, 4\}$ zeigt und
- drei Pfeile von u ausgehend auf Elemente in $\{1, 2, 3, 4\}$ zeigen.

Dies entspricht in Abbildung 3.14 den Beobachtungen, dass
- kein Pfeil auf das Element w der Zielmenge zeigt und
- drei Pfeile aus der Ursprungsmenge $\{1, 2, 3, 4\}$ auf das Element u der Zielmenge zeigen.

Damit die Umkehrrelation eine Funktion beschreibt, müssen also alle Elemente der Zielmenge angenommen werden und verschiedene Elemente der Ursprungsmenge auf verschiedene Elemente der Zielmenge abgebildet werden.

Funktionen, bei welchen jedes Element der Zielmenge angenommen wird, nennt man surjektiv. Funktionen, bei welchen nie zwei verschiedene Elemente der Ursprungsmenge auf das gleiche Element der Zielmenge abgebildet werden, nennt man injektiv. Wir diskutieren diese beiden Eigenschaften im Folgenden.

Surjektivität

Folgendes Beispiel zeigt, dass eine Funktion, deren Wertebereich sich von der Zielmenge unterscheidet, keine Umkehrfunktion haben kann.

■ Beispiel 3.2.9 — Die quadriert-Funktion mit endlichem Definitionsbereich.
Der Graph der Funktion

$$\tilde{q} : \{1, 2, 3\} \to \{1, 2, 3, 4, 5, 6, 7, 8, 9\} \quad \text{mit} \quad x \mapsto y = \tilde{q}(x) = x^2$$

ist

$$\tilde{Q} = \{(1,1),(2,4),(3,9)\}$$

und ist in Abbildung 3.18 als Pfeildiagramm und in einem Koordinatensystem dargestellt. Der Graph beschreibt die Funktion $\tilde{q}$, da aus jedem Element des Definitionsbereichs genau ein Pfeil auf ein Element der Zielmenge zeigt. Im Pfeildiagramm erkennt man aber auch, dass nicht jedes Element der Zielmenge erreicht wird. Es gilt $\tilde{q}(D) = \{1,4,9\} \neq Z$.

Interpretieren wir $\tilde{Q}$ als Relation, ist der Graph der Umkehrrelation $(\{1,2,3,4,5,6,7,8,9\},\{1,2,3\},\tilde{Q}^{-1})$ die Menge

$$\tilde{Q}^{-1} = \{(1,1),(4,2),(9,3)\}.$$

Im Pfeildiagramm entspricht dies der Umkehrung aller Pfeile. Dieses Pfeildiagramm beschreibt nicht den Graphen einer Funktion, da es hier nicht zu jedem Element der (neuen) Ursprungsmenge $\{1,2,3,4,5,6,7,8,9\}$ genau ein Element in der (neuen) Zielmenge $\{1,2,3\}$ gibt. Hier existiert zum Beispiel kein Pfeil, welcher aus 2 herausführt.

Da durch die Funktion nicht jedes Element der Zielmenge erreicht wird, ist der Graph der Umkehrrelation kein Graph einer Funktion. ∎

In obigem Beispiel beschreibt die Umkehrrelation keinen Graphen einer Funktion, weil durch die Abbildungsvorschrift ausgehend vom Definitionsbereich D nicht alle Elemente der Zielmenge Z angenommen werden. Der Wertebereich ist nur eine echte Teilmenge der Zielmenge und nicht gleich. Funktionen, deren Wertebereich gleich der Zielmenge ist, bei denen also alle Elemente der Zielmenge auch durch die Abbildung erreicht werden, nennt man surjektiv.

> **Definition 3.2.4 — Surjektivität.**
> Eine Funktion $f : D \to Z$ heißt **surjektive Funktion**, wenn $f(D) = Z$, also wenn der Wertebereich gleich der Zielmenge ist.

Eine Funktion ist also surjektiv, wenn jedes Element der Zielmenge auch wirklich erreicht wird, d.h. wenn jedes Element y aus der Zielmenge Z durch mindestens ein Element x aus dem Definitionsbereich D durch die Vorschrift $f(x) = y$ erreicht wird. Abbildung 3.24 zeigt schematisch ein Pfeildiagramm einer surjektiven Funktion. Damit die Umkehrrelation eine

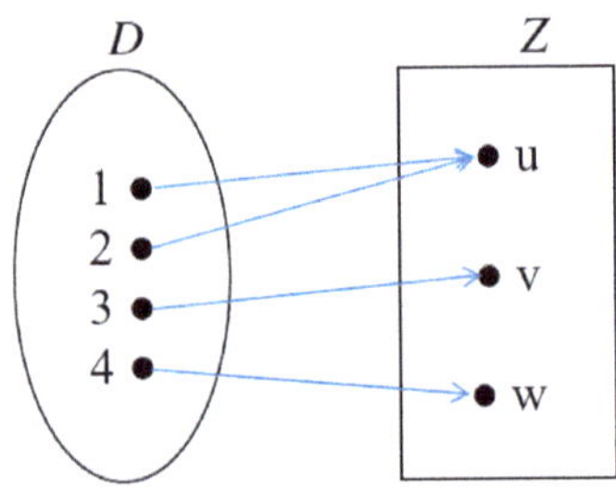

Abbildung 3.24: Eine surjektive Funktion

Funktion beschreibt, muss der Wertebereich der Funktion f der Zielmenge entsprechen. Das folgende Beispiel illustriert, dass die Forderung der Surjektivität nur eine notwendige, keine hinreichende Bedingung dafür ist, dass die Umkehrrelation den Graphen einer Funktion beschreibt.

Injektivität

■ Beispiel 3.2.10 — Eine surjektive quadriert-Funktion mit endlichem Definitionsbereich.

Der Graph der Funktion

$$\bar{q} : \{-1,1,2,3\} \to \{1,4,9\} \quad \text{mit} \quad x \mapsto y = \bar{q}(x) = x^2$$

ist

$$\bar{Q} = \{(-1,1),(1,1),(2,4),(3,9)\}$$

und ist als Pfeildiagramm in Abbildung 3.25 dargestellt. Der Graph beschreibt die Funktion $\bar{q}$, da aus jedem Element des Definitionsbereichs genau ein Pfeil auf ein Element der Zielmenge zeigt. Im Pfeildiagramm erkennt man, dass jedes Element aus der Zielmenge Z auch von mindestens einem Element aus D erreicht wird. Es gilt demnach $f(D) = Z$. Die Funktion ist surjektiv.

Interpretieren wir $\bar{Q}$ als Relation, ist der Graph der Umkehrrelation

$$\bar{Q}^{-1} = \{(1,-1),(1,1),(4,2),(9,3)\}.$$

Im Pfeildiagramm entspricht dies wieder der Umkehrung aller Pfeile. Dieses (umgekehrte) Pfeildiagramm beschreibt keinen Graphen einer Funktion mit Definitionsbereich $Z = \{1,4,9\}$ und Zielmenge $D = \{-1,1,2,3\}$, da hier das Element 1 aus dem Definitionsbereich auf zwei verschiedene Elemente der Zielmenge abgebildet wird.

Da durch die Funktion nicht jedes Element der Definitionsmenge auf ein anderes Element der Zielmenge abgebildet wird, ist der Graph der Umkehrrelation kein Graph einer Funktion. ■

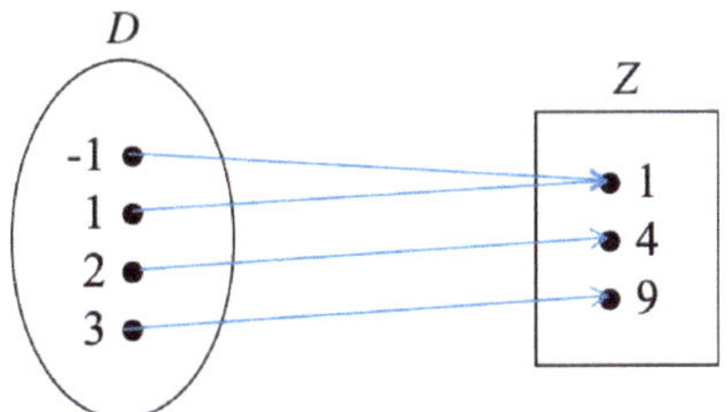

Abbildung 3.25: Pfeildiagramm der Funktion $\bar{q}$

In obigem Beispiel ist die Funktion surjektiv. Dennoch beschreibt die Umkehrrelation keinen Funktionsgraph, weil durch die Abbildungsvorschrift ausgehend vom Definitionsbereich D ein Element in Z zweimal angenommen wird bzw. zwei Pfeile auf das gleiche Element zeigen. Funktionen, die jedes Element in Z nur maximal einmal erreichen, erreichen also für verschiedene Elemente in D auch stets verschiedene Elemente in Z. Wir nennen Funktionen mit dieser Eigenschaft injektiv.

▎Definition 3.2.5 — Injektivität.

Eine Funktion $f : D \to Z$ heißt **injektive** (oder eineindeutige) **Funktion**, wenn verschiedene Elemente von D auf verschiedene Elemente von Z abgebildet werden, also für alle $x, x' \in D$ gilt:

$$x \neq x' \Rightarrow f(x) \neq f(x') \quad \text{oder gleichwertig} \quad f(x) = f(x') \Rightarrow x = x'.$$

Ebenso kann man sagen: Die Funktion ist injektiv, wenn jedes Element $y = f(x)$ aus dem Wertebereich $f(D)$ von f genau ein Urbild $x \in D$ hat. Abbildung 3.26 zeigt schematisch ein Pfeildiagramm einer injektiven Funktion. Bei einer injektiven Funktion zeigt jeder Pfeil in einem Pfeildiagramm auf ein anderes Element. Es muss aber nicht jedes Element in Z erreicht werden.

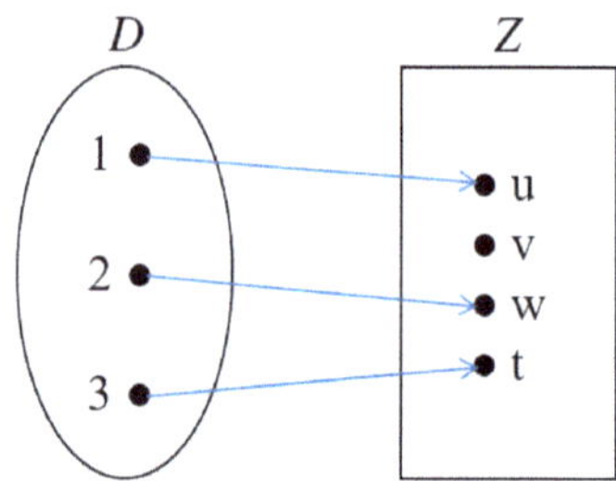

Abbildung 3.26: Eine injektive Funktion

■ Beispiel 3.2.11 — Eigenschaften einer quadratischen Funktion.

Betrachten wir erneut die Funktion $\tilde{q} : \{1,2,3\} \to \{1,2,3,4,5,6,7,8,9\}$ mit $\tilde{q}(x) = x^2$ aus Beispiel 3.2.4. Diese Funktion ist in einem Pfeildiagramm und in einem Koordinatensystem in Abbildung 3.18 dargestellt. Ihr Graph besteht aus der Menge aller Punkte $(x, \tilde{q}(x))$ mit $x \in D$, also $G = \{(1,1), (2,4), (3,9)\}$. Da es nicht zu jedem $y \in \{1,2,3,4,5,6,7,8,9\}$ ein x gibt, so dass $(x, \tilde{q}(x)) \in G$, ist diese Funktion nicht surjektiv. Es gilt $\tilde{q}(\{1,2,3\}) = \{1,4,9\} \neq \{1,2,3,4,5,6,7,8,9\}$. Beispielsweise gibt es zu $y = 5$ kein x mit $(x,5) \in G$.

Die Funktion weist aber jedem x-Wert ein anderes y zu. Es gibt keine zwei verschiedenen x-Werte, welche den gleichen Funktionswert annehmen. Es gibt zu jedem y-Wert im Wertebereich $\{1,4,9\}$ nur ein x mit $(x, \tilde{q}(x)) \in G$. Die Funktion ist also injektiv.

Der Graph der Funktion $\bar{q} : \{-1,1,2,3\} \to \{1,4,9\}$ mit $\bar{q}(x) = x^2$ aus Beispiel 3.2.10 ist $G = \{(-1,1), (1,1), (2,4), (3,9)\}$. Zu jedem $y \in \{1,4,9\}$ gibt es ein x, so dass $(x, \bar{q}(x)) \in G$. Es gilt also $\bar{q}(\{-1,1,2,3\}) = \{1,4,9\}$, der Wertebereich entspricht der Zielmenge. Diese Funktion ist surjektiv.

In diesem Beispiel gibt es aber $x = 1 \neq x' = -1$ mit $f(x) = f(x') = 1$. Die Funktion ist also gemäß Definition 3.2.5 nicht injektiv. Zu einem y-Wert im Wertebereich $\{1,4,9\}$ gibt es nicht nur ein x mit $(x, \bar{q}(x)) \in G$, da $(-1,1) \in G$ und $(1,1) \in G$.   ■

Bijektivität

Ist eine Funktion injektiv und surjektiv, so gibt es zu jedem Element in der Zielmenge genau einen Pfeil, der zu diesem Element zeigt, vgl. Abbildung 3.27. Man nennt diese Eigenschaft auch Bijektivität.

Definition 3.2.6 — Bijektivität.

Eine Funktion heißt **bijektiv**, wenn sie injektiv und surjektiv ist.

■ Beispiel 3.2.12 — Eigenschaften einer anderen quadratischen Funktion.

Betrachten wir die Funktion $\hat{q} : \{1,10,100\} \to \{1,100,10000\}$ mit $\hat{q}(x) = x^2$ aus Beispiel

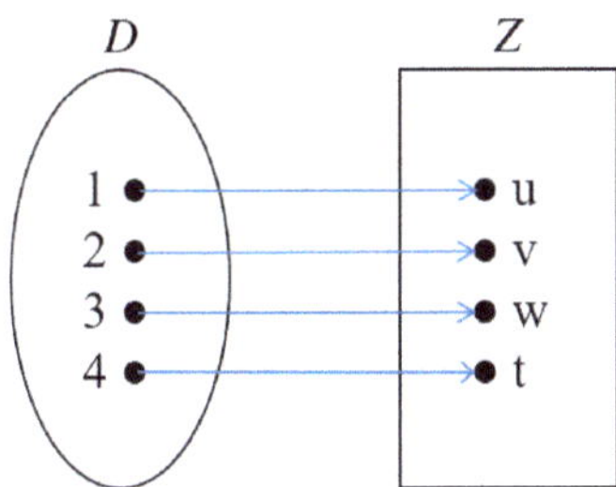

Abbildung 3.27: Eine bijektive Funktion

3.2.4. Diese Funktion ist in einem Pfeildiagramm und in einem Koordinatensystem in Abbildung 3.19 dargestellt. Ihr Graph besteht aus der Menge aller Punkte $(x, \hat{q}(x))$ mit $x \in D$, also $G = \{(1,1), (10,100), (100,10000)\}$. Diese Funktion ist surjektiv, da das Bild des Definitionsbereichs der Zielmenge entspricht. Zudem gibt es zu jedem Element des Wertebereichs genau ein Urbild. Die Funktion ist also injektiv. Zusammenfassend ist sie bijektiv. ∎

■ Beispiel 3.2.13 — Eine bijektive logarithmische Funktion.
Betrachten wir die Funktion $\hat{r} : \{1, 100, 10000\} \to \{0, 2, 4\}$ mit $\hat{r}(x) = \log_{10}(x)$ aus Beispiel 3.2.5. Diese Funktion ist in einem Pfeildiagramm und in einem Koordinatensystem in Abbildung 3.21 dargestellt. Ihr Graph besteht aus der Menge aller Punkte $(x, \hat{r}(x))$ mit $x \in D$, also $G = \{(1,0), (100,2), (10000,4)\}$. Da es zu jedem $y \in \{0, 2, 4\}$ ein x gibt, so dass $(x, \hat{r}(x)) \in G$, also jedes y von mindestens einem x im Pfeildiagramm erreicht wird, ist diese Funktion surjektiv. Da es zu jedem x-Wert auch nur ein y gibt mit $(x, \hat{r}(x)) \in G$ ist $\hat{r}$ zudem injektiv. Damit ist $\hat{r}$ bijektiv. ∎

Sind D und Z Teilmengen von $\mathbb{R}$ und kann man $f : D \to Z$ gut in einem Koordinatensystem darstellen, dann ist f genau dann surjektiv, wenn man zu jedem Element der Zielmenge (welche man auf der y-Achse aufzeichnet) ein Element im Definitionsbereich (welchen man auf der x-Achse aufzeichnet) findet. Die Funktion f ist genau dann injektiv, wenn man zu jedem Element der Zielmenge (auf der y-Achse) höchstens ein Element des Definitionsbereichs (auf der x-Achse) findet. Wir demonstrieren dies anhand von zwei Beispielen:

■ Beispiel 3.2.14 — Eigenschaften der Nachfragefunktion.
Betrachten wir die Nachfragefunktion d aus Einführungsbeispiel 0.1.2, die jedem Preis $x \in [0, 500]$ eine reellwertige Nachfrage zuordnet, $d : [0, 500] \to \mathbb{R}$ mit $d(x) = 50 - 0.1x$, so ist ihr Graph in Abbildung 3.28 dargestellt. Graphisch erkennt man, dass der Wertebereich $[0, 50]$ ist. Die Funktion ist also nicht surjektiv, da $[0, 50] \neq \mathbb{R}$. Ausgehend von einer gegebenen Nachfrage $y = 50 - 0.1x$ erhält man umgekehrt jedoch genau einen Preis $x = 500 - 10y$. Jedes Element aus dem Wertebereich hat also genau ein Urbild, die Funktion ist injektiv.
Die Nachfragefunktion $\tilde{d}$, welche jedem Preis $x \in [0, 500]$ eine Nachfrage $y \in [0, 50]$ zuordnet, $\tilde{d} : [0, 500] \to [0, 50]$ mit $\tilde{d}(x) = 50 - 0.1x$ ist hingegen bijektiv. Injektivität kann wie bei d gezeigt werden. Die Surjektivität ergibt sich daraus, dass man für jedes $y \in [0, 50]$ ein $x = 500 - 10y$ im Definitionsbereich findet, vgl. Abbildung 3.28. ∎

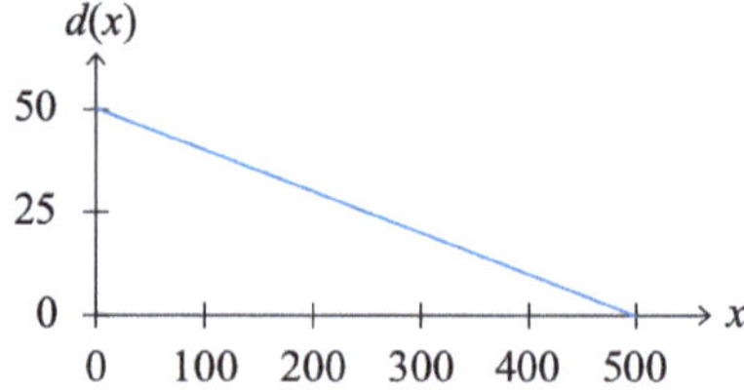

Abbildung 3.28: Die Nachfragefunktion $d(x) = 50 - 0.1x$

■ Beispiel 3.2.15 — Eigenschaften von Funktionen mit $y = x^2$.
Die in Beispiel 3.1.4 betrachtete Funktion $q : \mathbb{R} \to \mathbb{R}$ mit $q(x) = x^2$ ist nicht surjektiv, da man $y = q(x) = x^2$ für $y < 0$ nicht nach x auflösen kann. Zudem ist sie nicht injektiv, da man für alle $y \in q(D) = [0, +\infty)$ außer $y = 0$ zwei Werte im Definitionsbereich erhält, wenn man nach x auflöst, $x = \sqrt{y}$ und $x = -\sqrt{y}$. Dies ist auch in Abbildung 3.12 verdeutlicht.

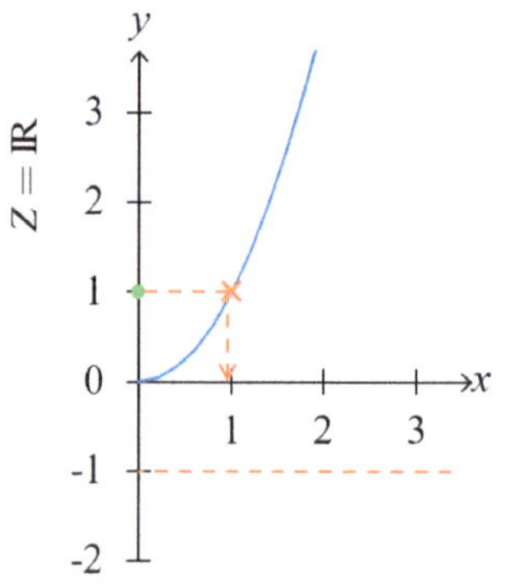
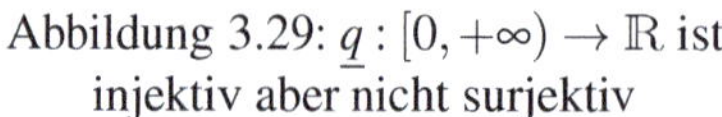

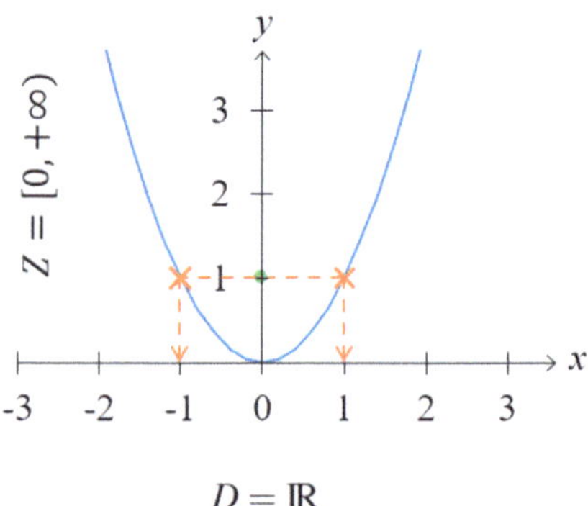

Abbildung 3.29: $\underline{q} : [0, +\infty) \to \mathbb{R}$ ist injektiv aber nicht surjektiv

Abbildung 3.30: $\underline{q} : \mathbb{R} \to [0, +\infty)$ ist surjektiv aber nicht injektiv

Wählt man bei der Funktion $\underline{q} : D \to Z$ mit $\underline{q}(x) = x^2$ den Definitionsbereich $D = [0, +\infty)$ und $Z = \mathbb{R}$, so ist $\underline{q}$ ebenfalls nicht surjektiv, da man $y = \underline{q}(x) = x^2$ für $y < 0$ nicht nach x auflösen kann. Diese Funktion ist jedoch injektiv, da man für alle $y \in [0, +\infty)$ nur den Wert $x = \sqrt{y}$ im Definitionsbereich erhält. Dies ist auch in Abbildung 3.29 verdeutlicht.

Wählt man hingegen $D = \mathbb{R}$ und $Z = [0, +\infty)$, dann ist $\underline{q} : D \to Z$ surjektiv, da man $y = x^2$ für alle $y \in [0, +\infty)$ nach x auflösen kann. Diese Funktion ist jedoch nicht injektiv, da man für alle $y \in (0, +\infty) \subseteq f(D)$ zwei x-Werte, $x = \pm\sqrt{y}$ im Definitionsbereich erhält, vgl. Abbildung 3.30.

Mit $D = [0, +\infty)$ und $Z = [0, +\infty)$, dann ist $\underline{q} : D \to Z$ wieder surjektiv. Zudem ist $\underline{q}$ dann injektiv, da man für alle $y \in [0, +\infty)$ nur einen Wert im Definitionsbereich erhält, vgl. Abbildung 3.31. Die Funktion $\underline{q}$ ist damit bijektiv. Und schließlich ist die Funktion $\underline{q}$ in Abbildung 3.32 mit $D = Z = \mathbb{R}$ weder surjektiv noch injektiv.   ■

In späteren Kapiteln werden wir verschiedene Eigenschaften wie die Stetigkeit und die Ableitung von Funktionen sowie den Rang einer Matrix kennenlernen, um die Surjektivität und die Injektivität einer Funktion $f : D \to Z$ mit $D \in \mathbb{R}^n$ und $Z \in \mathbb{R}$ zu überprüfen.

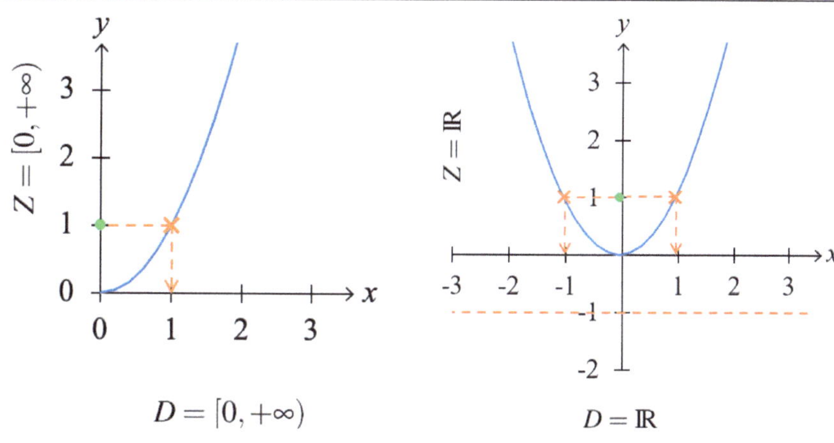

$$D = [0, +\infty)$$

Abbildung 3.31: $q : [0, +\infty) \to [0, +\infty)$ ist bijektiv

$$D = \mathbb{R}$$

Abbildung 3.32: $q : \mathbb{R} \to \mathbb{R}$ ist weder surjektiv noch injektiv

Die Umkehrfunktion

Dreht man in einem Pfeildiagramm wie beispielsweise in Abbildung 3.27 die Richtung der Pfeile um, so entsteht im Fall einer bijektiven Funktion wieder eine Funktion, siehe Abbildung 3.33.

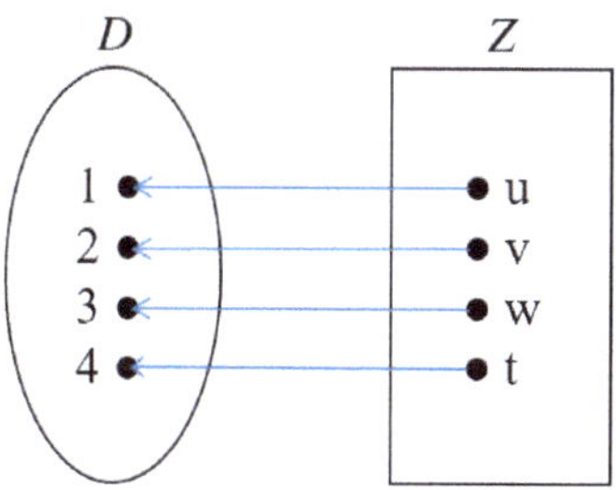

Abbildung 3.33: Umkehrfunktion einer bijektiven Funktion

Definition 3.2.7 — Die Umkehrfunktion.
Ist $f : D \to Z$ eine bijektive Funktion, dann heißt die Abbildung $f^{-1} : Z \to D$, welche jedem Element $y = f(x) \in Z$ das Urbild $x \in D$ zuordnet, **Umkehrfunktion**, Umkehrabbildung oder Inverse von f.

Es gilt also $f^{-1}(y) = x$ genau dann, wenn $f(x) = y$.

■ Beispiel 3.2.16 — Die Umkehrfunktionen von $y = \log_{10}(x)$.
Betrachten wir die Funktion $\hat{r} : \{1, 100, 10000\} \to \{0, 2, 4\}$ mit $\hat{r}(x) = \log_{10}(x)$. Ihr Graph ist

$$G = \{(1,0), (100,2), (10000,4)\}.$$

Da $\hat{r}$ bijektiv ist, ist eine Umkehrfunktion $\hat{r}^{-1}$ definiert. Der Graph dieser Umkehrfunktion ist

$$\{(0,1), (2,100), (4,10000)\}.$$

Die Abbildungsvorschrift der Umkehrfunktion ergibt sich durch Auflösen von $y = \log_{10}(x)$ als $x = 10^y$. Damit ist die Umkehrfunktion $\hat{r}^{-1} : \{0, 2, 4\} \rightarrow \{1, 100, 10000\}$ mit $\hat{r}^{-1}(y) = 10^y$. Will man das Argument wieder als x bezeichnen, schreibt man auch $\hat{r}^{-1} : \{0, 2, 4\} \rightarrow \{1, 100, 10000\}$ mit $\hat{r}^{-1}(x) = 10^x$. ∎

■ **Beispiel 3.2.17 — Die Umkehrfunktionen von Funktionen mit $y = x^2$.**

Die Funktion $\tilde{q} : \{1, 2, 3\} \rightarrow \{1, 2, 3, 4, 5, 6, 7, 8, 9\}$ mit $\tilde{q}(x) = x^2$ ist nicht bijektiv und hat daher keine Umkehrfunktion. Die Funktion $\hat{q} : \{1, 10, 100\} \rightarrow \{1, 100, 10000\}$ mit $\hat{q}(x) = x^2$ hingegen ist bijektiv. Die Abbildungsvorschrift ergibt sich durch Auflösen von $y = x^2$ als $x = \sqrt{y}$. Somit ist die Umkehrabbildung $\hat{q}^{-1} : \{1, 100, 10000\} \rightarrow \{1, 10, 100\}$ mit $\hat{q}^{-1}(y) = \sqrt{y}$. Auch hier kann man natürlich das Argument wieder als x bezeichnen und $\hat{q}^{-1}(x) = \sqrt{x}$ schreiben. ∎

■ **Beispiel 3.2.18 — Die Umkehrfunktion der Funktion $v(x)$.**

Wir betrachten erneut die Funktion $v : \mathbb{R}^2 \rightarrow \mathbb{R}^2$ mit $v(\mathbf{x}) = \begin{pmatrix} 2x_2 \\ 2x_1 \end{pmatrix}$ aus Beispiel 3.2.8.

Um zu überprüfen, ob diese Funktion bijektiv ist und somit eine Umkehrfunktion besitzt, muss man überprüfen, ob jedes $\mathbf{y}$ der Zielmenge von genau einem Element $\mathbf{x}$ des Definitionsbereichs erreicht werden kann.

Will man bestimmen, welche Elemente $\mathbf{x}$ auf ein Element $\mathbf{y}$ abgebildet werden, erhält man:

$$\mathbf{x} = \begin{pmatrix} x_1 \\ x_2 \end{pmatrix} = \begin{pmatrix} \frac{1}{2}y_2 \\ \frac{1}{2}y_1 \end{pmatrix}.$$

Die Umkehrrelation ordnet also jedem $\mathbf{y} \in \mathbb{R}^2$ genau ein $\mathbf{x} \in \mathbb{R}^2$ zu und beschreibt damit eine Funktion:

$$v^{-1} : \mathbb{R}^2 \rightarrow \mathbb{R}^2 \quad \text{mit} \quad v^{-1}(\mathbf{y}) = \begin{pmatrix} \frac{1}{2}y_2 \\ \frac{1}{2}y_1 \end{pmatrix}.$$ ∎

(Z) Eine Funktion $f : D \rightarrow Z$ heißt injektiv, wenn je zwei verschiedene Elemente x und x' auf verschiedene $y = f(x) \neq y' = f(x')$ abgebildet werden. Sie heißt surjektiv, wenn $f(D) = Z$. Ist sie injektiv und surjektiv, heißt sie bijektiv.

Eine bijektive Funktion $f : D \rightarrow Z$ mit $f(x) = y$ hat eine Umkehrfunktion f^{-1}, welche $y = f(x) \in Z$ auf $x = f^{-1}(y) \in D$ abbildet.

3.2.3 Die Komposition zweier Funktionen

Ziele dieses Unterkapitels

- Was ist eine Komposition?
- Welche Funktion entsteht durch die Komposition einer bijektiven Funktion mit ihrer Umkehrfunktion?
- Wie kann man die Umkehrfunktion einer Komposition aus den Umkehrfunktionen der ursprünglichen Funktionen erhalten?

Unter einigen Voraussetzungen ist es möglich, Funktionen nacheinanderzuschalten bzw. nacheinander auszuführen. Eine solche Verknüpfung zweier Funktionen nennt man auch Komposition oder Verkettung.

■ Beispiel 3.2.19 — Komposition.
Beispielsweise kann man eine Zahl zunächst quadrieren und dann den Logarithmus des
Ergebnisses zur Basis 10 bilden. Eine Zahl $x \in \{1, 10, 100\}$ wird durch die Funktion $\hat{q}$
zunächst auf ihr Quadrat $\hat{q}(x) = x^2$ abgebildet. Das Ergebnis $\hat{q}(x) = x^2$ wird dann durch
die Funktion $\hat{r}$ auf dessen Logarithmus zur Basis 10, auf $\hat{r}(\hat{q}(x)) = \hat{r}(x^2) = \log_{10}(x^2)$
abgebildet. Beispielsweise wird so 10 zunächst auf $\hat{q}(10) = 10^2 = 100$ und dann auf
$\hat{r}(100) = \log_{10}(100) = 2$ abgebildet.

Eine solche Komposition von $\hat{q}$ und $\hat{r}$ ist in Form eines Pfeildiagramms in Abbildung
3.34 dargestellt. Man schreibt hier auch $(\hat{r} \circ \hat{q})(x) = \hat{r}(\hat{q}(x)) = \log_{10}(x^2)$, wobei man beachten muss, dass die Reihenfolge der Verknüpfung im Pfeildiagramm nicht der Reihenfolge
der Schreibweise $\hat{r}(\hat{q}(x)) = \hat{r}(x^2) = \log_{10}(x^2)$ entspricht. Die Komposition von $\hat{q}$ und $\hat{r}$
lässt sich hier bilden, da der Wertebereich von $\hat{q}$ im Definitionsbereich von $\hat{r}$ liegt.   **■**

Veranschaulicht man eine Funktion als Maschine wie in Abbildung 3.16, so werden bei
einer Komposition zwei Maschinen hintereinandergestellt. Die erste Maschine verarbeitet
einen Input x zu $y - g(x)$, die zweite Maschine verarbeitet $y = g(x)$ zu $f(y) - f(g(x))$,
vgl. Abbildung 3.35. In der Darstellung als Trichter wie in Abbildung 3.17 entspricht
die Komposition zwei untereinander aufgestellten Trichtern. Der erste Trichter macht
aus einem Input x den Output $y = g(x)$, der zweite Trichter verwandelt dann $y = g(x)$ zu
$f(y) = f(g(x))$, vgl. Abbildung 3.36.

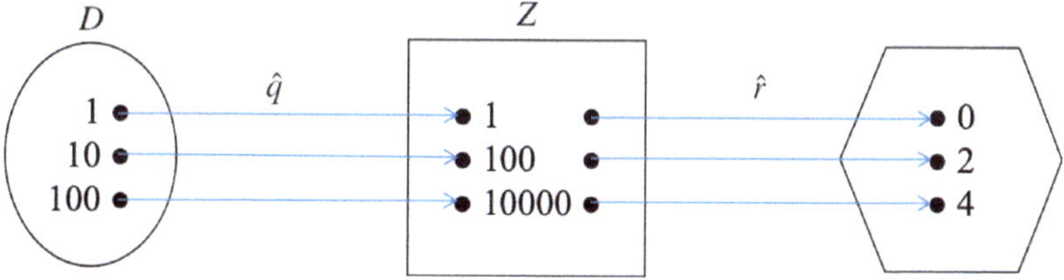

Abbildung 3.34: Die Komposition von $\hat{q}$ und $\hat{r}$ als Pfeildiagramm

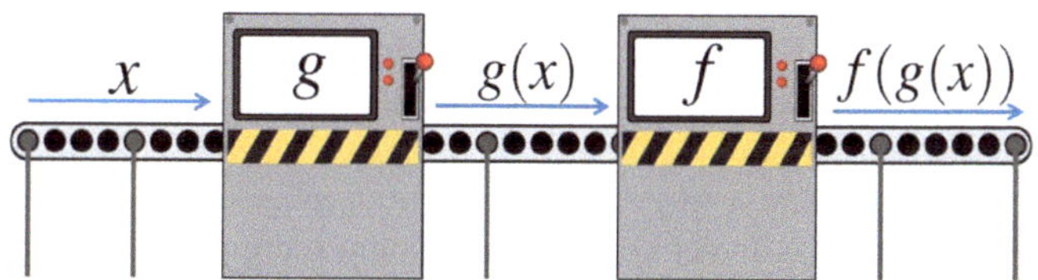

Abbildung 3.35: Die Komposition in der Maschinen-Analogie

Definition 3.2.8 — Die Komposition.
Seien $g : D_1 \to Z_1$ und $f : D_2 \to Z_2$ zwei Funktionen mit $g(D_1) \subseteq D_2$, so ist die **Komposition** $f \circ g$ eine Funktion

$$f \circ g : D_1 \to Z_2 \text{ mit } x \mapsto f(g(x)).$$

Der Ausdruck „$f \circ g$" wird als „f verkettet mit g" oder „f komponiert mit g" gelesen.
Die in der Definition genannte Bedingung $g(D_1) \subseteq D_2$ stellt sicher, dass jedes Element,
das von D_1 aus erreicht wird, auch durch f „weiterverarbeitet" werden kann, bzw. dass

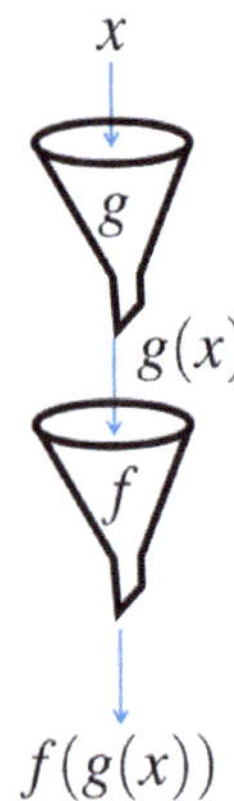

Abbildung 3.36: Die Komposition in der Trichter-Analogie

$g(x)$ stets ein Element im Definitionsbereich von f ist. Da $g(D_1) \subseteq Z_1$ gilt, kann man aus $Z_1 \subseteq D_2$ auch stets schließen, dass $g(D_1) \subseteq D_2$ gelten muss.

■ Beispiel 3.2.20 — Eine Komposition zweier Funktionen.

Betrachten wir die bijektiven Funktionen $r : (0, +\infty) \to \mathbb{R}$ mit $r(x) = \log_{10}(x)$ und $w : (0, +\infty) \to (0, +\infty)$ mit $w(x) = \sqrt{x}$.

Hier können wir die Komposition $r \circ w$ als

$$r \circ w : (0, +\infty) \to \mathbb{R} \quad \text{mit} \quad r(w(x)) = \log_{10}(\sqrt{x})$$

bilden. Beispielsweise wird der Wert $100 \in (0, +\infty)$ durch w auf $w(100) = \sqrt{100} = 10$ abgebildet und durch r dann auf $r(w(100)) = r(10) = \log_{10}(10) = 1$. Der Wert $0.01 \in (0, +\infty)$ wird durch w auf $w(0.01) = \sqrt{0.01} = 0.1$ abgebildet und durch r dann auf $r(w(0.01)) = r(0.1) = \log_{10}(0.1) = -1$.

Abbildung 3.37 zeigt, wie der Wert $40 \in (0, +\infty)$ durch w auf $w(40) = \sqrt{40}$ abgebildet wird und durch r dann auf $r(w(40)) = r(\sqrt{40}) = \log_{10}(\sqrt{40})$.

Umgekehrt kann aber die Komposition $w \circ r$ nicht gebildet werden. Denn beginnt man beispielsweise mit dem Wert 0.01, so wird dieser durch r auf $r(0.01) = \log_{10}(0.01) = -2$ abgebildet. Die Funktion w hat aber einen Definitionsbereich von $(0, +\infty)$, so dass $w(r(0.01))$ nicht definiert ist. In der Definition der Komposition wird daher gefordert, dass der Wertebereich der zuerst durchlaufenen Funktion eine Teilmenge des Definitionsbereichs der zweiten durchlaufenen Funktion sein muss. Man kann daher hier erst w und dann r durchlaufen, aber nicht umgekehrt. Die Komposition $r \circ w$ ist definiert, nicht aber $w \circ r$.   ■

Kompositionen tauchen in der Ökonomie häufig und auf sehr natürliche Weise auf.

■ Beispiel 3.2.21 — Auswirkung der Preissetzung auf die Bestellkosten.

In unserem Einführungsbeispiel 0.1.2 interessieren wir uns zum Beispiel für die Auswirkung der Preissetzung auf die Bestellkosten, wobei wir den Zusammenhang zwischen Preissetzung und Nachfrage sowie den Zusammenhang zwischen Nachfrage und Bestellkosten kennen. Die Nachfragefunktion d ordnet jedem Preis zwischen 0 und 500 eine

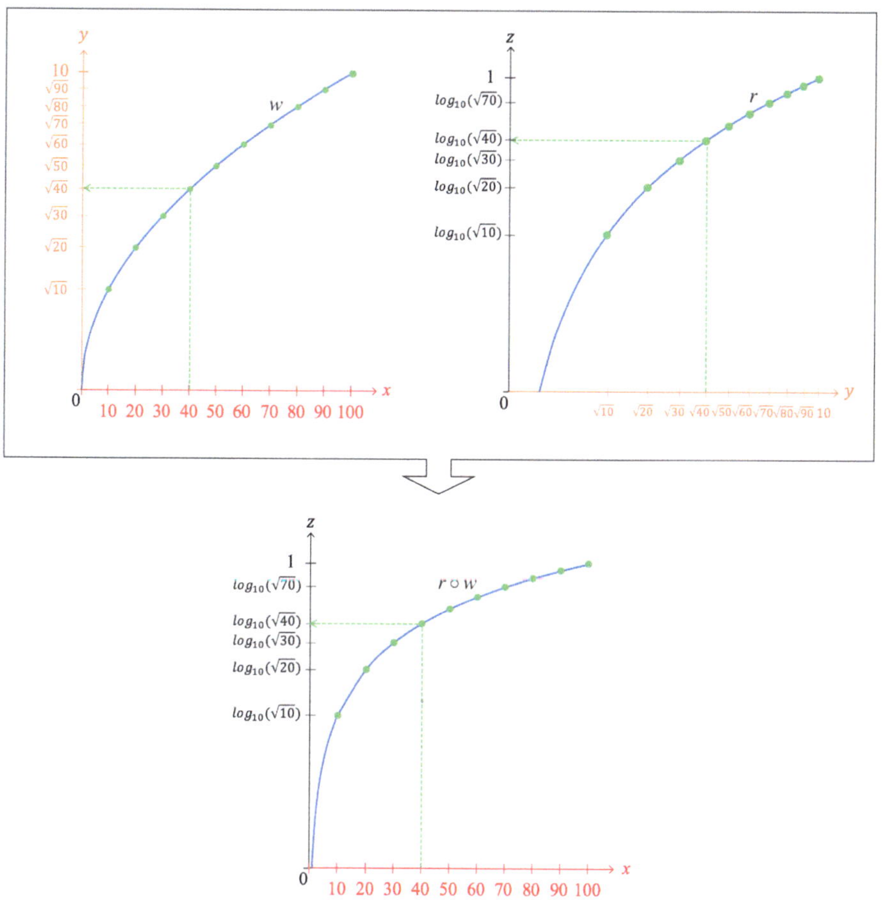

Abbildung 3.37: Die Komposition von r und w

Nachfrage zu, $d : [0,500] \to \mathbb{R}$ mit $d(x) = 50 - 0.1x$.[3] Zudem kennen wir die Bestellkosten, die im einfachsten Fall dem 80-fachen der Nachfrage entsprechen. Definieren wir die Bestellkosten in Abhängigkeit von der Nachfrage y als Funktion $c : [0, +\infty) \to \mathbb{R}$ mit $c(y) = 80y$, so ergeben sich die aus einem Preis x resultierenden Bestellkosten aus der Funktion $c \circ d : [0,500] \to \mathbb{R}$ mit $c(d(x)) = 80d(x) = 4000 - 8x$. Beispielsweise wird der Preis $300 \in [0,500]$ durch die Nachfragefunktion auf $d(300) = 20$ abgebildet. Anschließend wird die Nachfrage 20 durch c auf die Bestellkosten $c(d(300)) = c(20) = 1600$ abgebildet, siehe Abbildung 3.38.

Aus Abbildung 3.38 erahnt man auch, dass der Wertebereich dieser neuen Funktion $c \circ d([0,500]) = [0,4000]$ ist.[4]   ∎

---

[3] In der Einführung nannten wir das Argument p, hier nutzen wir x, um die Notation einheitlich zu halten. Es ist aber egal, wie das Argument genannt wird.

[4] Formal werden wir erst im Abschnitt 5.7 Wertebereiche derartiger Funktionen bestimmen, da hierfür unter anderem die Konzepte der Stetigkeit und globaler Extrema reeller Funktionen benötigt werden.

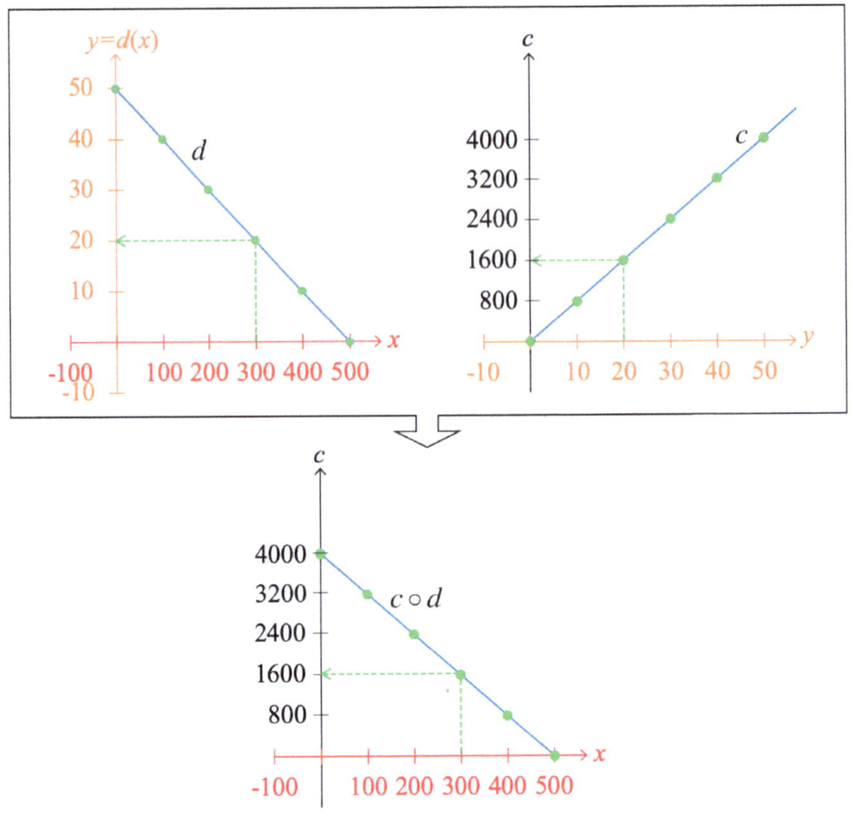

Abbildung 3.38: Komposition von c und d

Eine Komposition kann mit einer weiteren Funktion zusammengesetzt werden. Die Klammersetzung ist bei der Komposition dabei unerheblich, d.h. die Komposition ist assoziativ. Wir illustrieren dies an folgendem Beispiel.

■ Beispiel 3.2.22 — Mehrfache Komposition.

In Beispiel 3.2.20 hatten wir die Funktionen $r : (0, +\infty) \to \mathbb{R}$ mit $r(x) = \log_{10}(x)$ und $w : (0, +\infty) \to (0, +\infty)$ mit $w(x) = \sqrt{x}$ betrachtet und aus ihnen die Komposition $r \circ w : (0, +\infty) \to \mathbb{R}$ mit $r(w(x)) = \log_{10}(\sqrt{x})$ gebildet. Wollen wir diese Funktionen mit der Funktion $k : \mathbb{R} \to \mathbb{R}$, $k(x) = -x$ verketten, so stellen wir fest, dass man die Komposition $k \circ (r \circ w)$ bilden kann, da der Wertebereich von $r \circ w$, $(r \circ w)((0, +\infty)) \subseteq \mathbb{R}$, eine Teilmenge von $\mathbb{R}$ ist und diese dem Definitionsbereich von k entspricht. Es ergibt sich eine Komposition, deren Definitionsbereich dem Definitionsbereich von $r \circ w$ entspricht, und dessen Zielmenge der Zielmenge von k entspricht.

$$k \circ (r \circ w) : (0, +\infty) \to \mathbb{R} \quad \text{mit} \quad k(r(w(x))) = -r(w(x)) = -\log_{10}(\sqrt{x}).$$

Der Wert $x = 100$ wird hier beispielsweise durch $r \circ w$ auf $r(w(100)) = 1$ und dann durch k

auf $k(r(w(100))) = -1$ abgebildet, der Wert $x = 0.01$ wird durch $r \circ w$ auf $r(w(0.1)) = -1$ und dann durch k auf $k(r(w(0.01))) = 1.$ abgebildet.

Die Komposition $r \circ (w \circ k)$ kann jedoch wieder nicht gebildet werden, da z.B. der Wert $x = 100$ hier erst durch k auf -100 abgebildet werden würde und dann weder $w(-100)$ noch $r(w(-100))$ gebildet werden kann. Wie wir auch schon zuvor gesehen haben, ist die Komposition nicht kommutativ. Sie ist jedoch assoziativ, d.h. die Klammersetzung bei $k \circ (r \circ w)$ ist egal. Statt zuerst $r \circ w$ zu bilden und dann $k \circ (r \circ w)$ wie oben beschrieben zu berechnen, kann man auch erst $k \circ r : (0, +\infty) \to \mathbb{R}$ mit $k(r(x)) = -\log_{10}(x)$ bilden und diese Funktion dann mit $w : (0, +\infty) \to (0, +\infty)$ zu

$$(k \circ r) \circ w : (0, +\infty) \to \mathbb{R} \quad \text{mit} \quad k(r(w(x))) = -\log_{10}(w(x)) = -\log_{10}(\sqrt{x}).$$

verknüpfen. ∎

Die Komposition von mehreren Funktionen ist also nicht kommutativ aber assoziativ.

> **Satz 3.2.1 — Assoziativität der Komposition.**
> Die Komposition von Funktionen ist assoziativ. Für Funktionen $h : D_1 \to Z_1, g : D_2 \to Z_2$ und $f : D_3 \to Z_3$ mit $h(D_1) \subseteq D_2$ und $g(D_2) \subseteq D_3$, gilt also
>
> $$f \circ (g \circ h) = (f \circ g) \circ h.$$

Komposition einer Funktion mit ihrer Umkehrfunktion

Veranschaulicht man eine Komposition einer bijektiven Funktion $f : D \to Z$ mit ihrer Umkehrfunktion f^{-1} an einem Pfeildiagramm, so ist klar, dass diese Komposition ausgehend von einem Element stets wieder zu diesem Element führt, also dass $f^{-1}(f(x)) = x$ und $f(f^{-1}(y)) = y$ gilt. Man sagt auch, dass $f \circ f^{-1} = id$ und $f^{-1} \circ f = id$ die Identität beschreibt, da jedes Element sich selbst zugeordnet wird, vgl. auch Abbildung 3.39.

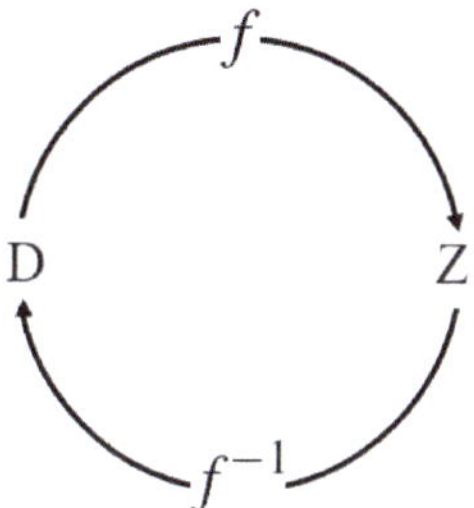

Abbildung 3.39: $f^{-1} \circ f = id$

> **Satz 3.2.2 — Komposition von Funktion und Umkehrfunktion.**
> Sei $f : D \to Z$ eine bijektive Funktion. Dann gilt:
> - $f^{-1} \circ f = id$, d.h. $(f^{-1} \circ f)(x) = x$ für alle $x \in D$.
> - $f \circ f^{-1} = id$, d.h. $(f \circ f^{-1})(y) = y$ für alle $y \in Z$.

Wir demonstrieren dies in zwei Beispielen.

■ Beispiel 3.2.23 — Die Umkehrfunktion von $\hat{q}$.

Betrachten wir die Funktion $\hat{q} : \{1, 10, 100\} \rightarrow \{1, 100, 10000\}$ mit $\hat{q}(x) = x^2$ und Umkehrfunktion $\hat{q}^{-1} : \{1, 100, 10000\} \rightarrow \{1, 10, 100\}$ mit $\hat{q}^{-1}(y) = \sqrt{y}$.

Eine Komposition von $\hat{q}$ und $\hat{q}^{-1}$ bildet beispielsweise den Wert 10000 auf $\hat{q}^{-1}(10000) = 100$ und dann auf $\hat{q}(\hat{q}^{-1}(10000)) = \hat{q}(100) = 10000$ ab. Allgemein ist die Komposition $\hat{q} \circ \hat{q}^{-1} : \{1, 100, 10000\} \rightarrow \{1, 100, 10000\}$ mit

$$(\hat{q} \circ \hat{q}^{-1})(y) = \hat{q}(\hat{q}^{-1}(y)) = \hat{q}(\sqrt{y}) = (\sqrt{y})^2 = y.$$

In umgekehrter Reihenfolge wird in $\hat{q}^{-1} \circ \hat{q}$ beispielsweise die Zahl 10 auf $\hat{q}(10) = 100$ und dann auf $\hat{q}^{-1}(\hat{q}(10)) = \hat{q}^{-1}(100) = 10$ abgebildet. Es gilt $\hat{q}^{-1} \circ \hat{q} : \{1, 10, 100\} \rightarrow \{1, 10, 100\}$ mit

$$(\hat{q}^{-1} \circ \hat{q})(x) = \hat{q}^{-1}(\hat{q}(x)) = \hat{q}^{-1}(x^2) = \sqrt{x^2} = x,$$

vgl. Abbildung 3.40.   ■

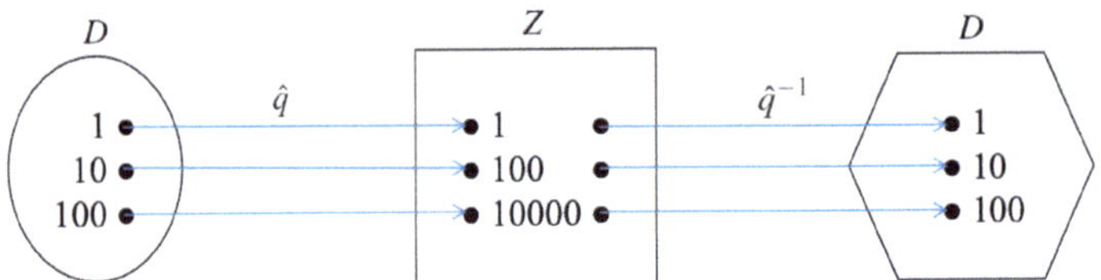

Abbildung 3.40: Pfeildiagramm der Komposition $\hat{q}^{-1} \circ \hat{q} = id$

■ Beispiel 3.2.24 — Die Umkehrfunktion von $\hat{r}$.

Eine Komposition von $\hat{r} : \{1, 100, 10000\} \rightarrow \{0, 2, 4\}$ mit $\hat{r}(x) = \log_{10}(x)$ mit Umkehrfunktion $\hat{r}^{-1} : \{0, 2, 4\} \rightarrow \{1, 100, 10000\}$ mit $\hat{r}^{-1}(y) = 10^y$ bildet beispielsweise den Wert 2 auf $\hat{r}^{-1}(2) = 100$ und dann auf $\hat{r}(\hat{r}^{-1}(2)) = \hat{r}(100) = 2$ ab. Allgemein ist die Komposition $\hat{r} \circ \hat{r}^{-1} : \{0, 2, 4\} \rightarrow \{0, 2, 4\}$ mit $(\hat{r} \circ \hat{r}^{-1})(y) = \hat{r}(\hat{r}^{-1}(y)) = \log_{10}(10^y) = y$. In umgekehrter Reihenfolge wird in $\hat{r}^{-1} \circ \hat{r}$ beispielsweise die Zahl 10000 auf $\hat{r}(10000) = 4$ und dann auf $\hat{r}^{-1}(\hat{r}(10000)) = \hat{r}^{-1}(4) = 10^4 = 10000$ abgebildet. Es gilt $\hat{r}^{-1} \circ \hat{r} : \{1, 100, 10000\} \rightarrow \{1, 100, 10000\}$ mit $(\hat{r}^{-1} \circ \hat{r})(x) = \hat{r}^{-1}(\hat{r}(x)) = 10^{\log_{10}(x)} = x$, siehe Abbildung 3.41.   ■

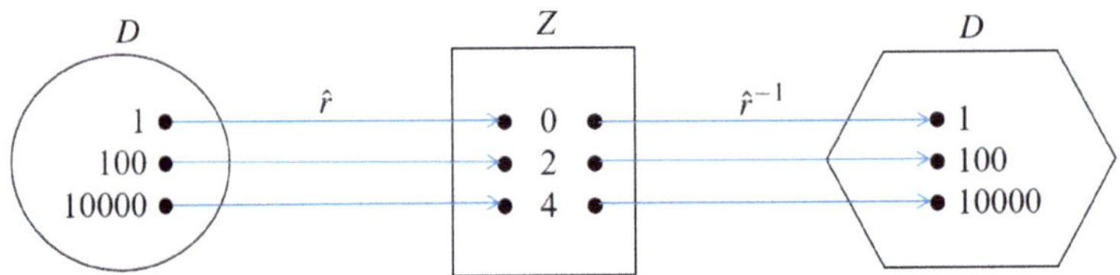

Abbildung 3.41: Pfeildiagramm der Komposition $\hat{r}^{-1} \circ \hat{r} = id$

Die Umkehrfunktion der Komposition

Veranschaulicht man sich Funktionen anhand von Pfeildiagrammen, so ist es intuitiv, dass die Umkehrfunktion einer Komposition der Komposition der Umkehrfunktionen in umgekehrter Reihenfolge entspricht. Denn wenn man bei der Komposition selbst zunächst die Funktion g und dann f durchläuft, durchläuft man in umgekehrter Richtung zunächst f und dann g, vgl. Abbildung 3.42. Wir demonstrieren dies an einem Beispiel bevor wir das Ergebnis als Satz formal zusammenfassen.

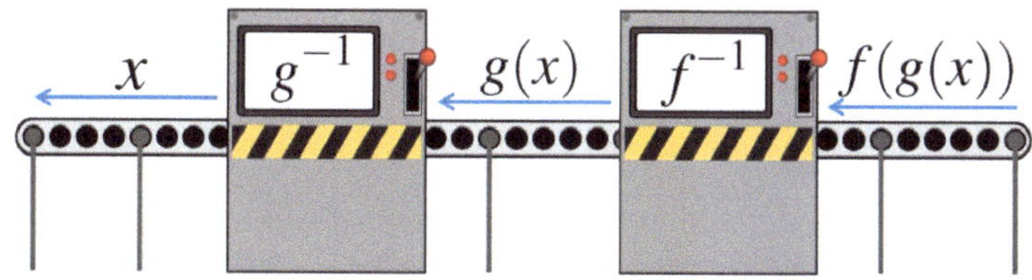

Abbildung 3.42: Die Umkehrfunktion der Komposition $f(g(x))$ in der Maschinen-Analogie

■ **Beispiel 3.2.25 — Die Umkehrfunktion der Komposition $\hat{r} \circ \hat{q}$ aus Beispiel 3.2.19.**
Wir betrachten erneut die Funktion $\hat{r} \circ \hat{q} : \{1, 10, 100\} \to \{0, 2, 4\}$ mit $\hat{r}(\hat{q}(x)) = \log_{10}(x^2)$ mit Graph

$$G = \{(1,0), (10,2), (100,4)\}.$$

Die Umkehrfunktion bildet also 0 auf 1, 2 auf 10 und 4 auf 100 ab. Löst man $y = \log_{10}(x^2)$ nach x auf, ergibt sich $x = \sqrt{10^y}$. Die Umkehrfunktion ist also

$$(\hat{r} \circ \hat{q})^{-1} : \{0, 2, 4\} \to \{1, 10, 100\} \quad \text{mit} \quad y = \sqrt{10^y}.$$

Erinnert man sich, dass die Umkehrfunktionen von $\hat{q}$ und $\hat{r}$ in den Beispielen 3.2.23 und 3.2.24 durch $\hat{q}^{-1} : \{1, 100, 1000\} \to \{1, 10, 100\}$ mit $\hat{q}^{-1}(y) = \sqrt{y}$ und $\hat{r}^{-1} : \{0, 2, 4\} \to \{1, 100, 10000\}$ mit $\hat{r}^{-1}(y) = 10^y$ gegeben sind, entspricht die Umkehrfunktion der Komposition also

$$(\hat{r} \circ \hat{q})^{-1} : \{0, 2, 4\} \to \{1, 10, 100\} \text{ mit } y = \hat{q}^{-1}(\hat{r}^{-1}(y)).$$

Es gilt also $(\hat{r} \circ \hat{q})^{-1} = \hat{q}^{-1} \circ \hat{r}^{-1}$, vgl auch Abbildung 3.43.   ■

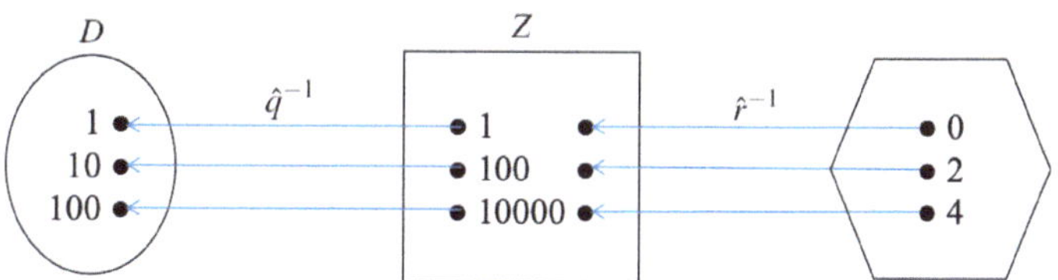

Abbildung 3.43: Die Umkehrfunktion $(\hat{r} \circ \hat{q})^{-1} = \hat{q}^{-1} \circ \hat{r}^{-1}$

Satz 3.2.3 — Umkehrfunktion der Komposition.
Seien $f : D_2 \to Z_2$ und $g : D_1 \to Z_1$ bijektive Funktionen mit $Z_1 = D_2$. Dann gilt $(f \circ g)^{-1} = g^{-1} \circ f^{-1}$, d.h. $(f \circ g)^{-1}(z) = (g^{-1} \circ f^{-1})(z)$ für alle $z \in Z_2$.

■ Beispiel 3.2.26 — Die Umkehrfunktion der Komposition aus Beispiel 3.2.20.
Betrachten wir erneut die Komposition der beiden bijektiven Funktionen $r : (0, +\infty) \to \mathbb{R}$
mit $r(x) = \log_{10}(x)$ und $w : (0, +\infty) \to (0, +\infty)$ mit $w(x) = \sqrt{x}$:

$$r \circ w : (0, +\infty) \to \mathbb{R} \quad \text{mit} \quad r(w(x)) = \log_{10}(\sqrt{x}).$$

Hier gilt

$$r^{-1} : \mathbb{R} \to (0, +\infty) \quad \text{mit} \quad r^{-1}(y) = 10^y$$

und

$$w^{-1} : (0, +\infty) \to (0, +\infty) \quad \text{mit} \quad w^{-1}(y) = y^2.$$

Damit gilt auch $(r \circ w)^{-1} : \mathbb{R} \to (0, +\infty)$ mit

$$(r \circ w)^{-1}(y) = (w^{-1} \circ r^{-1})(y) = w^{-1}(r^{-1}(y)) = w^{-1}(10^y) = (10^y)^2.$$

Beispielsweise wird durch $r \circ w$ der Wert $100 \in (0, +\infty)$ durch w auf $w(100) = \sqrt{100} = 10$
abgebildet und durch r dann auf $r(w(100)) = r(10) = \log_{10}(10) = 1$. In der Umkehrabbildung $(r \circ w)^{-1}$ wird $y = 1$ wieder auf $(10^y)^2 = (10^1)^2 = 100$ abgebildet. ■

(Z) Eine Komposition $f \circ g : D_1 \to Z_2$ entspricht einer Hintereinanderausführung der Funktionen $g : D_1 \to Z_1$ und $f : D_2 \to Z_2$, wobei $g(D_1) \subseteq D_2$ gelten muss.
Ist f bijektiv, so gilt $(f^{-1} \circ f)(x) = x$ und $(f \circ f^{-1})(y) = y$. Die Komposition von Funktion
und Umkehrfunktion ergibt also die Identität.
Sind $g : D_1 \to Z_1$ und $f : D_2 \to Z_2$ bijektiv mit $Z_1 = D_2$, dann gilt $(f \circ g)^{-1}(z) = (g^{-1} \circ f^{-1})(z)$ für alle $z \in Z_2$.

3.3 Rückblick und weitere Literatur

Funktionen bilden jedes Element x einer Menge, des sogenannten Definitionsbereichs D,
auf genau ein Element $f(x) = y$ einer anderen Menge, der Zielmenge Z, ab. Sie werden
daher auch Abbildungen genannt, siehe Abbildung 3.44. Relationen können einem Element
aus D hingegen beliebig viele Elemente aus Z zuweisen. Überlegt man sich umgekehrt,
welche Elemente $x \in D$ durch eine Funktion f auf ein gegebenes $y \in Z$ zugewiesen
werden, so beschreibt die Menge aller $\{(y, x) \in Z \times D \mid f(x) = y\}$ genau dann den Graph
einer Funktion, wenn f injektiv und surjektiv ist. Im allgemeinen beschreibt $\{(y, x) \in Z \times D \mid f(x) = y\}$ nur den Graph einer Relation.
Die Inhalte dieses Kapitels können deutlich ausführlicher in Dietz (2012, Kapitel 2 und 3)
und Merz und Wüthrich (2013, Kapitel 6.1, 6.2 und 6.6-6.9) nachgelesen werden. Auch
Opitz et al. (2017, Kapitel 7) diskutieren Funktionen als spezielle Relationen.

3.4 Beweise

Beweis von Satz 3.1.1: Diese Aussage ergibt sich direkt den Ausführungen vor Satz 3.1.1.
■

Beweis von Satz 3.1.2: Da der Graph der Relation (D, Z, R) eine Teilmenge $D \times Z$ ist,
kann man ihn auch als

$$R = \{(x, y) \in D \times Z \mid (x, y) \in R\} \subseteq D \times Z.$$

Abbildung 3.44: Funktionen sind Künstler

beschreiben. Der Graph der Umkehrrelation (Z, D, R^{-1}) der Relation (D, Z, R) ist definiert als

$$R^{-1} = \{(y,x) \in Z \times D \mid (x,y) \in R\} \subseteq Z \times D.$$

Bildet man die Umkehrrelation zu (Z, D, R^{-1}) wiederum gemäß der Definition 3.1.2 erhält man eine Relation mit Urbildmenge D, Zielmenge Z und Graphen

$$(R^{-1})^{-1} = \{(x,y) \in D \times Z \mid (y,x) \in R^{-1}\} = \{(x,y) \in D \times Z \mid (x,y) \in R\} = R,$$

wobei wir im letzten Schritt nutzten, dass R eine Teilmenge von $D \times Z$ ist und damit alle Elemente aus R auch in $D \times Z$ enthalten sind. Diese Umkehrrelation der Umkehrrelation ist also wiederum (D, Z, R). ∎

Beweis von Satz 3.2.1: Zwei Funktionen sind gleich, wenn sie den gleichen Definitionsbereich, die gleiche Zielmenge und die gleiche Abbildungsvorschrift haben. Beide Funktionen $(f \circ (g \circ h))$ und $((f \circ g) \circ h)$ haben den gleichen Definitionsbereich D_1 und die gleiche Zielmenge Z_3. Um zu zeigen, dass die Funktionen gleich sind, verbleibt zu zeigen, dass die Abbildungsvorschriften gleich sind. Sei dazu $x \in D_1$ beliebig gewählt. Man erhält

$$(f \circ (g \circ h))(x) = f((g \circ h)(x)) = f(g(h(x))) = (f \circ g)(h(x)) = ((f \circ g) \circ h)(x).$$

Die Abbildungsvorschriften stimmen also für alle $x \in D_1$ überein. Da die Funktionen also die gleichen Definitionsbereiche, Zielmengen und Abbildungsvorschriften haben, sind die beiden Funktionen gleich. ∎

Beweis von Satz 3.2.2: Wir zeigen die Gleichheit der Funktionen wieder, indem wir zeigen, dass die Funktionen gleiche Definitionsbereiche, Zielmengen und Abbildungsvorschriften haben. Die Funktionen $(f^{-1} \circ f)$ und *id* haben beide den Definitionsbereich D und Zielmenge D. Wir wenden uns den Abbildungsvorschriften zu. Sei dazu $x \in D$ beliebig gewählt, dann gilt mit $y = f(x)$ wegen $x = f^{-1}(y)$

$$(f^{-1} \circ f)(x) = f^{-1}(f(x)) = f^{-1}(y) = x = id(x).$$

Die beiden Funktionen $(f^{-1} \circ f)$ und *id* sind also gleich.

Analog zeigt man, dass die Funktion $(f \circ f^{-1})$ und die Identität *id* beide den Definitionsbereich D und Zielmenge D haben. Zudem bildet die Abbildungsvorschrift von $(f \circ f^{-1})$ jeden Wert $y \in D$ wegen

$$(f \circ f^{-1})(y) = f(f^{-1}(y)) = f(x) = y = id(y)$$

wieder auf y ab. Die Identität bildet ebenfalls jedes Element $y \in D$ auf y ab. Es gilt also $(f \circ f^{-1}) = id$.   ■

Beweis von Satz 3.2.3 $(*)$*:* Wiederum zeigen wir die Gleichheit der Funktionen, indem wir zeigen, dass sie den gleichen Definitionsbereich, die gleiche Zielmenge und die gleiche Abbildungsvorschrift besitzen. Die Funktionen $(f \circ g)^{-1}$ und $g^{-1} \circ f^{-1}$ sind beide auf Z_2 definiert und haben D_1 als Zielmenge. Wir überprüfen nun die Abbildungsvorschrift: Dazu wählen wir ein beliebiges $z \in Z_2$ aus. Zu diesem $z \in Z_2$ existiert wegen der Bijektivität von f genau ein $y \in D_2$ mit $f(y) = z$. Wegen der Bijektivität von g existiert zudem genau ein $x \in D_1$ mit $g(x) = y$. Zusammengenommen existiert also zu jedem $z \in Z_2$ genau ein $x \in D_1$ mit $f(g(x)) = z$. Damit gilt

$$(f \circ g)^{-1}(z) = (f \circ g)^{-1}(f(g(x))) = ((f \circ g)^{-1} \circ (f \circ g))(x) = x$$
$$(g^{-1} \circ f^{-1})(z) = (g^{-1} \circ f^{-1})(f(g(x))) = g^{-1}(f^{-1}(f(g(x)))) = g^{-1}(g(x)) = x$$

Beide Abbildungsvorschriften bilden also die Werte $z \in Z_2$ auf die gleichen Werte $x \in D_1$ ab. Wir können also schließen, dass die beiden Funktionen gleich sind.   ■

3.5   Literaturverzeichnis

Dietz, H. M., *Mathematik für Wirtschaftswissenschaftler*, Springer Berlin Heidelberg, 5. Auflage, 2012

Merz, M. und Wüthrich, M.V., *Mathematik für Wirtschaftswissenschaftler: Die Einführung mit vielen ökonomischen Beispielen*, Vahlen, 1. Auflage, 2013

Opitz, O., Etschberger, S., Burkart, W., und Klein, R., *Mathematik - Lehrbuch: für das Studium der Wirtschaftswissenschaften*, De Gruyter Studium, 12. Auflage, 2017

Open Access Dieses Kapitel wird unter der Creative Commons Namensnennung 4.0 International Lizenz (http://creativecommons.org/licenses/by/4.0/deed.de) veröffentlicht, welche die Nutzung, Vervielfältigung, Bearbeitung, Verbreitung und Wiedergabe in jeglichem Medium und Format erlaubt, sofern Sie den/die ursprünglichen Autor(en) und die Quelle ordnungsgemäß nennen, einen Link zur Creative Commons Lizenz beifügen und angeben, ob Änderungen vorgenommen wurden.

Die in diesem Kapitel enthaltenen Bilder und sonstiges Drittmaterial unterliegen ebenfalls der genannten Creative Commons Lizenz, sofern sich aus der Abbildungslegende nichts anderes ergibt. Sofern das betreffende Material nicht unter der genannten Creative Commons Lizenz steht und die betreffende Handlung nicht nach gesetzlichen Vorschriften erlaubt ist, ist für die oben aufgeführten Weiterverwendungen des Materials die Einwilligung des jeweiligen Rechteinhabers einzuholen.

4. Folgen und ihre Grenzwerte

In Einführungsbeispiel 0.1.1 hatten wir zwei Funktionen beschrieben, die verschiedenen Zeitperioden $n \in \mathbb{N}$ aus Projekten P_1 und P_2 entstehende Kosten zuordnen. Bezeichnen wir die Kostenfunktion, die jeder Zeitperiode $n \in \mathbb{N}$ den Wert der Kosten durch Projekt P_1 zuordnet, als c_1, so ist $c_1 : \mathbb{N} \to \mathbb{R}$ mit $c_1(n) = 10'000 \frac{1}{n^2}$. Die entsprechende Kostenfunktion von Projekt P_2 ist $c_2 : \mathbb{N} \to \mathbb{R}$ mit $c_2(n) = 10'000 \frac{1}{n}$. Wie man in Tabelle 1 sieht, scheinen beide Kostenwerte über die Zeit hinweg (d.h. für steigende n) zu fallen und sich langsam 0 anzunähern. Unklar ist jedoch, ob die kumulierten Kosten von Periode 1 bis n langfristig die Offerten der externen Firmen übersteigen oder nicht, d.h. ob es eine Zeitperiode n gibt, so dass die kumulierten Kosten $c_1(1) + c_1(2) + \cdots + c_1(n) = \sum_{i=1}^{n} c_1(i) = \sum_{i=1}^{n} \frac{10'000}{i^2} > 20'000$ oder ein n so, dass $c_2(1) + c_2(2) + \cdots + c_2(n) = \sum_{i=1}^{n} c_2(i) = \sum_{i=1}^{n} \frac{10'000}{i} > 50'000$. Diese Fragen wollen wir in diesem Kapitel über Folgen und deren Grenzwerte beantworten.[1] Weitere wichtige Anwendungen von Folgen finden Sie im Bereich der Zinsrechnung in den Wirtschaftswissenschaften.

4.1 Definition von Folgen, Reihen und Grenzwerten

In diesem Abschnitt werden wir Funktionen mit Definitionsbereich $\mathbb{N}$ und Zielmenge $\mathbb{R}$ als Folgen bezeichnen.[2] Reihen sind spezielle Folgen, die auf einer anderen Folge basieren. Mit Hilfe des sogenannten Grenzwertes werden wir das Verhalten von Folgen charakterisieren, wenn wir n immer größer werden lassen.

---

[1] Für alle Ungeduldigen, die vorblättern wollen: Die Antworten ergeben sich aus dem Beweis des Konvergenzverhaltens der allgemeinen harmonischen Reihe.

[2] Statt $n \in \mathbb{N}$ wählen einige Autoren auch $n \in \mathbb{N}_0$.

© Der/die Autor(en) 2026
C. Barz, *Mathematik für Wirtschaftswissenschaftler*,
https://doi.org/10.1007/978-3-658-50521-9_5

4.1.1   Folgen und Reihen

Ziele dieses Unterkapitels

- Was ist eine Folge?
- Was versteht man unter einer (streng) monoton steigenden oder fallenden Folge?
- Wann nennt man eine Folge beschränkt?
- Was ist eine Reihe?

Definition 4.1.1 — Die Folge.
Eine (unendliche) Zahlenfolge, kurz **Folge**, ist eine Funktion $f : \mathbb{N} \to \mathbb{R}$, die jeder natürlichen Zahl $n \in \mathbb{N}$ ein Element $a_n = f(n)$ aus $\mathbb{R}$ zuordnet. Man schreibt auch $\{a_n\}_{n\in\mathbb{N}}$ für die Folge und bezeichnet $a_n = f(n)$ als n-tes Glied der Folge.

In diesem Kapitel bezeichnen wir die Funktion bzw. die Folge mit a und das Argument der Funktion mit n. Dies ist anders als in Kapitel 3, entspricht aber der üblichen Schreibweise.

■ Beispiel 4.1.1 — Die Folge $\{3n\}_{n\in\mathbb{N}}$.
Die Zuordnungsvorschrift $a : \mathbb{N} \to \mathbb{R}$ mit $a(n) = a_n = 3n$ ist eine Folge mit $a_1 = 3$, $a_2 = 6, \dots$. Graphisch ist die Folge $\{3n\}_{n\in\mathbb{N}}$ in Abbildung 4.1 dargestellt.[3] Am Graphen erkennen wir, dass kein Wert dieser Folge kleiner als 3 ist, nach oben scheint der Wertebereich dieser Funktion unbeschränkt zu sein. Wir werden diese Eigenschaften später formal zeigen.

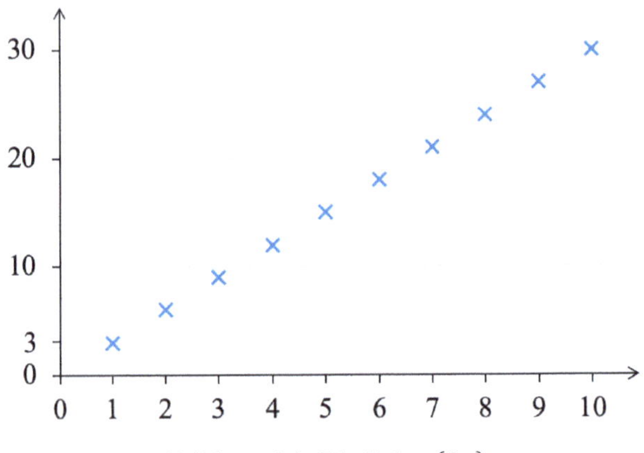

Abbildung 4.1: Die Folge $\{3n\}_{n\in\mathbb{N}}$

Betrachtet man Abbildung 4.1, so scheint es intuitiv, die Folge $\{3n\}_{n\in\mathbb{N}}$ als monoton steigend zu bezeichnen. größeren Indizes n werden größere (oder gleiche) Werte zugeordnet. Es gilt $a_{n+1} \geq a_n$ für alle $n \in \mathbb{N}$. Da hier die Folgenglieder für steigende n sogar stets größer (und nie gleich) sind, bezeichnet man die Folge als streng monoton steigend. Der Wertebereich der Folge $\{3n\}_{n\in\mathbb{N}}$ ist nicht beschränkt. Man nennt die Folge daher auch nicht beschränkt.   ■

■ Beispiel 4.1.2 — Die Folge $\{\frac{1}{n}\}_{n\in\mathbb{N}}$.
Auch $\{\frac{1}{n}\}_{n\in\mathbb{N}}$ ist eine Folge. Die ersten Folgenglieder sind $1, \frac{1}{2}, \frac{1}{3}, \dots$. Graphisch ist die

---

[3]   Auch wenn es an dieser Stelle verwirrend scheint, dass wir zwei verschiedene Darstellungen für das gleiche haben, ist die Schreibweise $\{a_n\}_{n\in\mathbb{N}}$ statt $a(n)$ als Vereinfachung gedacht.

Folge in Abbildung 4.2 dargestellt. Am Graphen erkennen wir, dass kein Wert dieser Folge kleiner als 0 ist, nach oben scheint der Wertebereich dieser Funktion durch den Wert 1 beschränkt zu sein.

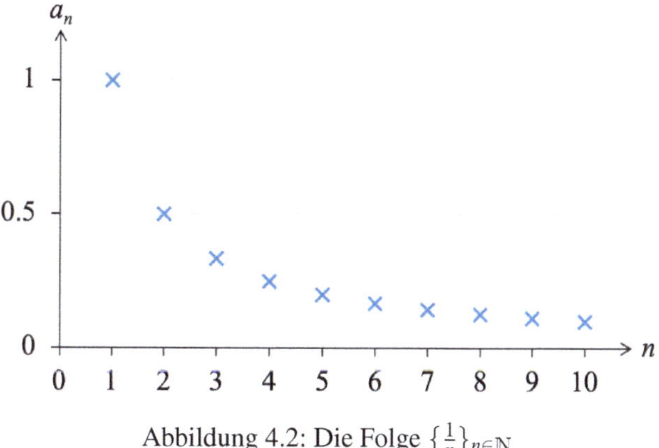

Abbildung 4.2: Die Folge $\{\frac{1}{n}\}_{n\in\mathbb{N}}$

Die Folge $\{\frac{1}{n}\}_{n\in\mathbb{N}}$ nennt man analog zum vorherigen Beispiel streng monoton fallend, da der zugeordnete Wert für steigende n fällt, $a_{n+1} < a_n$ für alle $n \in \mathbb{N}$. Der Wertebereich der Folge ist nach oben durch den Wert $\overline{b} = 1$ beschränkt, weil aus $n \geq 1$ folgt, dass $1 \geq \frac{1}{n}$. Nach unten ist der Wertebereich durch den Wert $\underline{b} = 0$ beschränkt, da alle natürlichen Zahlen positiv sind und damit $\frac{1}{n} > 0$ gilt. Man nennt diese Folge beschränkt, weil ihre Werte nach oben und unten beschränkt sind. ∎

Wir fassen die formalen Definitionen (streng) monoton steigender bzw. fallender Folgen und beschränkter Folgen in folgender Definition zusammen:

Definition 4.1.2 — Eigenschaften von Folgen.
Eine Folge $\{a_n\}_{n\in\mathbb{N}}$ heißt
- **streng monoton steigend** (oder wachsend), wenn $a_{n+1} > a_n$ für alle $n \in \mathbb{N}$;
- **monoton steigend** (oder wachsend), wenn $a_{n+1} \geq a_n$ für alle $n \in \mathbb{N}$;
- **monoton fallend**, wenn $a_{n+1} \leq a_n$ für alle $n \in \mathbb{N}$;
- **streng monoton fallend**, wenn $a_{n+1} < a_n$ für alle $n \in \mathbb{N}$;
- **(streng) monoton**, wenn sie (streng) monoton steigend oder fallend ist;
- **beschränkt**, wenn die Menge $\{a_n \mid n \in \mathbb{N}\}$ beschränkt ist, d.h. wenn es Schranken $\overline{b}, \underline{b} \in \mathbb{R}$ gibt so dass $\underline{b} \leq a_n \leq \overline{b}$ für alle $n \in \mathbb{N}$.

Nicht jede Folge ist monoton. Wir zeigen dies anhand von Beispielen.

■ **Beispiel 4.1.3 — Die Folge $\{(-1)^n\}_{n\in\mathbb{N}}$.**
Betrachten wir die Folge $\{(-1)^n\}_{n\in\mathbb{N}}$ mit Gliedern $a_1 = -1$, $a_2 = 1$, $a_3 = -1$, $a_4 = 1, \ldots$. Diese Folge ist nicht monoton, aber da alle Glieder höchstens 1 und mindestens -1 sind, gilt $\underline{b} = -1 \leq a_n = (-1)^n \leq 1 = \overline{b}$. Die Folge ist beschränkt, siehe Abbildung 4.3. ∎

■ **Beispiel 4.1.4 — Die Folge $\{2^n\}_{n\in\mathbb{N}}$.**
Die Folge $\{2^n\}_{n\in\mathbb{N}}$ ist nicht beschränkt, da es kein $\overline{b}$ gibt mit $2^n \leq \overline{b}$ für alle $n \in \mathbb{N}$. Sie ist streng monoton steigend, da $a_{n+1} = 2^{n+1} = 2 \cdot 2^n > 2^n = a_n$ für alle $n \in \mathbb{N}$, siehe Abbildung 4.3. ∎

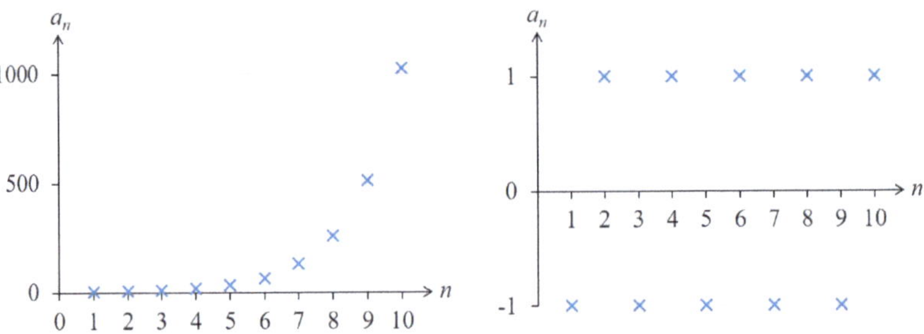

Abbildung 4.3: Die Folgen $\{2^n\}_{n\in\mathbb{N}}$ und $\{(-1)^n\}_{n\in\mathbb{N}}$

■ **Beispiel 4.1.5 — Die Folge $\{(\frac{1}{2})^n\}_{n\in\mathbb{N}}$ und ihre zugehörige Reihe.**
Ebenso kann man zeigen, dass die Folge $\{(\frac{1}{2})^n\}_{n\in\mathbb{N}}$ streng monoton fallend ist: $a_{n+1} = (\frac{1}{2})^{n+1} = (\frac{1}{2})\cdot(\frac{1}{2})^n < (\frac{1}{2})^n = a_n$ für alle $n \in \mathbb{N}$. Da bei einer monoton fallenden Folge $a_1 \geq a_2 \geq \ldots$ gilt, ist die Folge $\{(\frac{1}{2})^n\}_{n\in\mathbb{N}}$ durch $a_1 = \frac{1}{2}$ nach oben beschränkt. Zudem ist die Folge nach unten beschränkt, da kein Glied negativ ist. Es gilt also $\underline{b} = 0 \leq a_n = (\frac{1}{2})^n \leq \frac{1}{2} = \overline{b}$. Die Folge $\{(\frac{1}{2})^n\}_{n\in\mathbb{N}}$ ist streng monoton fallend und beschränkt.

Die Folge $\{(\frac{1}{2})^n\}_{n\in\mathbb{N}}$ kann man sich auch anschaulich wie folgt vorstellen: Isst man von einer Schokoladentafel jeden Tag die Hälfte der noch verbleibenden Tafel, so entspricht das n-te Glied dem Anteil der Schokoladentafel, den man an Tag n isst. Am ersten Tag isst man dann $a_1 = \frac{1}{2}$ Tafel, am zweiten isst man die Hälfte der verbleibenden Hälfte, also $a_2 = \frac{1}{4}$ Tafel und so weiter. Für große n wird der Anteil, den man an Tag n isst, immer weniger, bleibt aber stets positiv. Interessiert man sich dafür, wie viel der Schokolade bis zum Tag n schon gegessen wurde und bezeichnet diese Summe bis zum Tag n mit s_n, dann ist $s_1 = a_1 = \frac{1}{2}$, $s_2 = a_1 + a_2 = \frac{1}{2} + \frac{1}{4} = \frac{3}{4}$ und $s_n = \sum_{i=1}^{n} a_i = a_1 + a_2 + \cdots + a_n,$[4] hier $s_n = \sum_{i=1}^{n} (\frac{1}{2})^i = \frac{1}{2} + \frac{1}{4} + \cdots + (\frac{1}{2})^n$. Abbildung 4.4 zeigt die Glieder a_n und s_n für $n = 1,\ldots,10$.   ■

In obigem Beispiel addiert man also die ersten n Folgenglieder der Folge $\{a_n\}_{n\in\mathbb{N}}$ auf und erhält so eine neue Folge $\{s_n\}_{n\in\mathbb{N}}$. Folgen, die durch eine solche Summation entstehen, nennt man auch Reihen und ihre Glieder s_n Partialsummen der Folge.

Definition 4.1.3 — Die Reihe.
Ist $\{a_n\}_{n\in\mathbb{N}}$ eine beliebige Zahlenfolge, so heißt die Zahlenfolge $\{s_n\}_{n\in\mathbb{N}}$ mit $s_n = a_1 + a_2 + \ldots + a_n$ (unendliche) **Reihe**. Man schreibt auch $\{\sum_{i=1}^{n} a_i\}_{n\in\mathbb{N}}$. Die Glieder s_n der Reihe nennt man auch Partialsummen der Zahlenfolge $\{a_n\}_{n\in\mathbb{N}}$.

■ **Beispiel 4.1.6 — Eigenschaften der Folge $\{(\frac{1}{2})^n\}_{n\in\mathbb{N}}$ und ihrer zugehörigen Reihe.**
Die Reihe $\{\sum_{i=1}^{n} (\frac{1}{2})^i\}_{n\in\mathbb{N}}$ ist in Abbildung 4.4 veranschaulicht. Während die Folge $\{(\frac{1}{2})^n\}_{n\in\mathbb{N}}$ streng monoton fällt, steigt die Reihe $\{\sum_{i=1}^{n} (\frac{1}{2})^i\}_{n\in\mathbb{N}}$ streng monoton. Schließlich werden für steigende n immer mehr positive Glieder der zugehörigen Folge addiert. Die untere Schranke dieser Reihe ist offensichtlich wieder $\underline{b} = a_1 = s_1 = \frac{1}{2} \leq s_n$ für alle

---

[4]   Will man z.B. s_3 berechnen, dann ist $n = 3$ und die Folgenglieder a_1, a_2 und a_3 müssen addiert werden. In der Summe $\sum_{i=1}^{n} a_i$ nennt man den Index der Folgenglieder i, da der Buchstabe n in diesem Fall schon die 3 beschreibt und nun ein anderer Buchstabe benutzt werden muss, um von 1 bis $n = 3$ zu zählen.

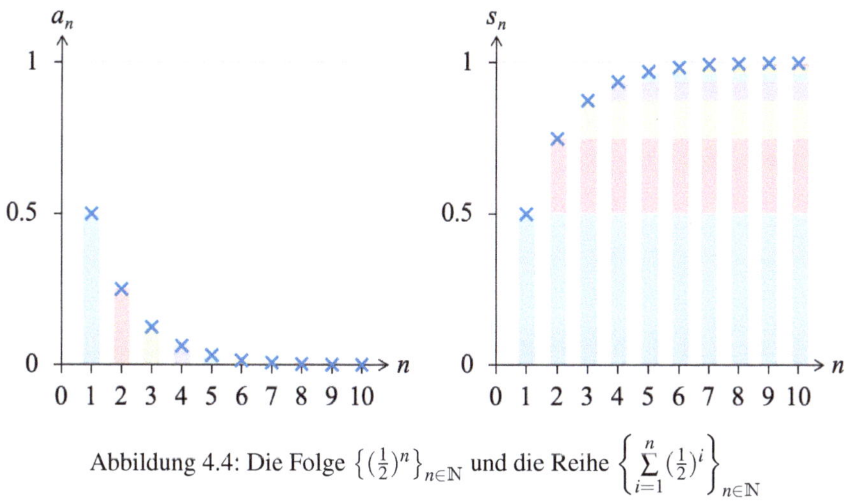

Abbildung 4.4: Die Folge $\left\{\left(\frac{1}{2}\right)^n\right\}_{n\in\mathbb{N}}$ und die Reihe $\left\{\sum_{i=1}^{n}\left(\frac{1}{2}\right)^i\right\}_{n\in\mathbb{N}}$

$n \in \mathbb{N}$. Zunächst könnte man denken, dass eine Reihe, bei der immer wieder etwas Positives addiert wird, keine obere Schranke hat. Denkt man aber an das Schokoladenbeispiel zurück, so ist klar, dass man nie mehr als die ganze Tafel gegessen haben kann. Es gibt hier also eine obere Schranke $\bar{b}$, so dass $s_n \leq \bar{b} = 1$ für alle $n \in \mathbb{N}$. Formaler werden wir dies in Abschnitt 4.3.2 zeigen. ∎

■ **Beispiel 4.1.7 — Die Folge $\{\frac{1}{n}\}_{n\in\mathbb{N}}$ und ihre zugehörige Reihe.**
Auch die Reihe $\{\sum_{i=1}^{n}\frac{1}{i}\}_{n\in\mathbb{N}}$ ist streng monoton steigend. Sie ist in Abbildung 4.5 veranschaulicht. Obwohl auch hier die Folgenglieder $\frac{1}{n}$ immer kleiner werden, kann man zeigen, dass diese Reihe nicht nach oben beschränkt ist. Vereinfachend gesagt fällt die Folge $\{\frac{1}{n}\}_{n\in\mathbb{N}}$ nicht schnell genug, damit die Summe beschränkt sein kann. Wir werden das in Abschnitt 4.3.3 zeigen. ∎

(Z) Eine Folge $\{a_n\}_{n\in\mathbb{N}}$ ist eine Funktion, welche jeder natürlichen Zahl $n \in \mathbb{N}$ ein Element $a_n \in \mathbb{R}$ zuordnet.
Gilt $a_{n+1} \geq a_n$ ($a_{n+1} > a_n$) für alle $n \in \mathbb{N}$, ist $\{a_n\}_{n\in\mathbb{N}}$ (streng) monoton steigend; gilt $a_{n+1} \leq a_n$ ($a_{n+1} < a_n$) für alle $n \in \mathbb{N}$, ist $\{a_n\}_{n\in\mathbb{N}}$ (streng) monoton fallend.
Ist der Wertebereich von $\{a_n\}_{n\in\mathbb{N}}$ beschränkt, d.h. gibt es $\underline{b},\bar{b} \in \mathbb{R}$ mit $\underline{b} \leq a_n \leq \bar{b}$ für alle n, heißt die Folge $\{a_n\}_{n\in\mathbb{N}}$ beschränkt.
Eine Folge $\{s_n\}_{n\in\mathbb{N}}$, deren Glieder den Partialsummen $s_n = \sum_{i=1}^{n} a_i$ der Folge $\{a_n\}_{n\in\mathbb{N}}$ entsprechen, nennt man auch Reihe.

4.1.2 Der Grenzwert
Ziele dieses Unterkapitels
- Was bedeutet $\lim_{n\to+\infty} a_n = a$?
- Wann heißt eine Folge konvergent, wann divergent?
- Was ist ein uneigentlicher Grenzwert?

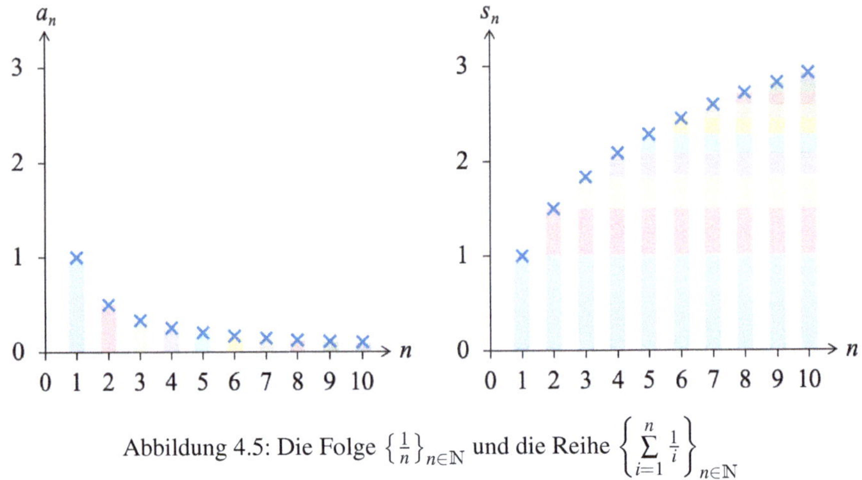

Abbildung 4.5: Die Folge $\left\{\frac{1}{n}\right\}_{n\in\mathbb{N}}$ und die Reihe $\left\{\sum_{i=1}^{n}\frac{1}{i}\right\}_{n\in\mathbb{N}}$

■ Beispiel 4.1.8 — Der Grenzwert von $\{(\frac{1}{2})^n\}_{n\in\mathbb{N}}$ und der zugehörigen Reihe.
Betrachten wir erneut das oben genannte Schokoladenbeispiel. Der Anteil der Schokolade, die an Tag n gegessen wird, ist durch die Folge $\{(\frac{1}{2})^n\}_{n\in\mathbb{N}}$ beschrieben. Der Anteil, der bis zum (Ende von) Tag n bereits gegessen wurde, entspricht der n-ten Partialsumme der Folge, bzw. dem n-ten Glied der Reihe $\{\sum_{i=1}^{n}(\frac{1}{2})^i\}_{n\in\mathbb{N}}$. Da Reihen nur spezielle Folgen sind, werden wir uns im folgenden Text auf die Bezeichnung „Folgen" beschränken. Anschaulich ist aus Abbildung 4.4 klar, dass für immer größer werdende n die Glieder der Folge $\{(\frac{1}{2})^n\}_{n\in\mathbb{N}}$ immer näher an die Zahl 0 und die Glieder der Folge $\{\sum_{i=1}^{n}(\frac{1}{2})^i\}_{n\in\mathbb{N}}$ immer näher an die Zahl 1 kommen.

Was heißt aber „immer näher kommen" genau? Stellen wir uns vor, wir legen ein Band mit gegebener Breite mittig um die horizontale Achse des linken Diagramms der Abbildung 4.4. Dann gibt es immer einen Wert $m \in \mathbb{R}$, so dass alle Glieder von $\{(\frac{1}{2})^n\}_{n\in\mathbb{N}}$ für $n > m$ von diesem Band überdeckt werden. Legen wir ebenso ein Band mit gegebener Breite mittig horizontal um den Wert 1 im rechten Diagramm der Abbildung 4.4, so gibt es immer einen Wert $m \in \mathbb{R}$, so dass das Band alle Glieder von $\{\sum_{i=1}^{n}(\frac{1}{2})^i\}_{n\in\mathbb{N}}$ für $n > m$ überdeckt. Dies gilt, egal wie breit das Band ist, wobei eine kleinere Breite in der Regel einem größeren Wert von m entspricht.

In Abbildung 4.6 beispielsweise sind alle außer den ersten 2 Gliedern $\frac{1}{2}$ und $\frac{3}{4}$ von $\{\sum_{i=1}^{n}(\frac{1}{2})^i\}_{n\in\mathbb{N}}$ von einem Band der Breite 0.4 um den Wert 1 überdeckt. Ist das Band nur 0.1 breit, so sind alle außer den ersten 4 Gliedern vom Band überdeckt.   ■

Analog zu der im Beispiel dargelegten Idee ist der Grenzwert einer Folge mit Hilfe eines Bands der Breite 2ε, welches mittig um den Wert a liegt, definiert. Liegen für ein Band beliebig kleiner Breite für große n alle Werte a_n innerhalb eines solchen Bandes, ist a der Grenzwert der Folge. Werte a_n, die innerhalb des Bandes liegen, sind weniger als ε vom Grenzwert a entfernt. Für sie gilt $|a_n - a| < \varepsilon$. Dabei repräsentiert das Band alle Folgenglieder in einer ε-Umgebung von a. Alle Folgenglieder mit $a - \varepsilon < a_n < a + \varepsilon$ bzw. $|a_n - a| < \varepsilon$ werden von diesem Band überdeckt, sie liegen innerhalb der ε-Umgebung.

In folgender Definition ist m ein Wert, der so gewählt ist, dass alle Glieder mit $n > m$

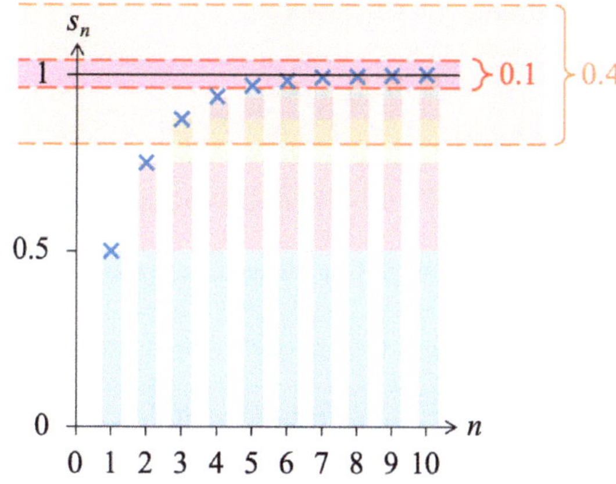

Abbildung 4.6: Die Reihe $\left\{\sum\limits_{i=1}^{n}\left(\tfrac{1}{2}\right)^{i}\right\}_{n\in\mathbb{N}}$ mit zwei Bändern

von dem Band überdeckt werden. Es ist also ein Wert m, so dass $|a_n - a| < \varepsilon$ für alle $n > m$. Wir erlauben, dass m reellwertig ist, da das unsere Berechnungen vereinfachen wird.

> **Definition 4.1.4 — Der Grenzwert einer Folge und Konvergenz.**
> Eine Folge $\{a_n\}_{n\in\mathbb{N}}$ konvergiert genau dann gegen einen (eigentlichen) **Grenzwert** $a \in \mathbb{R}$, wenn es zu jeder beliebigen Zahl $\varepsilon > 0$ eine Zahl $m \in \mathbb{R}$ gibt, so dass für alle a_n mit $n > m$ gilt:
> $$|a_n - a| < \varepsilon.$$
> Man schreibt
> $$a = \lim_{n\to+\infty} a_n, \quad a_n \xrightarrow[n\to+\infty]{} a \quad \text{oder} \quad a_n \to a \text{ für } n \to +\infty.$$
> Eine Folge, die einen Grenzwert besitzt, heißt **konvergent**. Folgen, die nicht konvergent sind, heißen **divergent**.

In dieser Definition erlauben wir, dass der Wert von m reell ist, obwohl Indizes natürlich nur ganzzahlig sein dürfen. Das Zeichen lim steht hierbei für Limes, den lateinischen Begriff der Grenze. Der Zusatz $n \to +\infty$ verdeutlicht, dass man den Grenzwert für immer größere Werte von n sucht.[5] Der Zusatz $n \to +\infty$ kann hierbei unter dem Zeichen lim oder in der Form $\lim_{n\to+\infty} a_n$ als Index unten rechts stehen.

Statt der Bedingung, dass zu beliebigem ε ein $m \in \mathbb{R}$ mit
$$|a_n - a| < \varepsilon$$
für alle $n > m$ existieren muss, könnte man auch gleichbedeutend $a_n \in (a - \varepsilon, a + \varepsilon)$ oder
$$a_n \in U(a, \varepsilon)$$
fordern.

---

[5] Ist aus dem Kontext klar, dass es sich um $+\infty$ handelt, schreibt man zur Vereinfachung oft nur ∞ statt $+\infty$.

■ Beispiel 4.1.9 — Fortsetzung von Beispiel 4.1.8.

Wir haben oben veranschaulicht, dass $\lim_{n\to+\infty}\sum_{i=1}^{n}(\frac{1}{2})^i = 1$ und $\lim_{n\to+\infty}(\frac{1}{2})^n = 0$ gelten muss. Will man formal zeigen, dass $\lim_{n\to+\infty}(\frac{1}{2})^n = 0$, also dass der Grenzwert der Folge $\{(\frac{1}{2})^n\}_{n\in\mathbb{N}}$ Null ist, so muss man zeigen, dass man zu jedem $\varepsilon > 0$ ein m angeben kann, so dass

$$\left|\left(\frac{1}{2}\right)^n - 0\right| < \varepsilon \text{ für alle } n > m$$

gilt. Um dies zu zeigen, lösen wir obige Ungleichung nach n auf und erhalten

$$\left|\left(\frac{1}{2}\right)^n - 0\right| < \varepsilon \quad \Leftrightarrow \quad \left|\frac{1}{2^n}\right| < \varepsilon \quad \Leftrightarrow \quad \frac{1}{2^n} < \varepsilon \quad \Leftrightarrow \quad \frac{1}{\varepsilon} < 2^n \quad \Leftrightarrow \quad \log_2 \frac{1}{\varepsilon} < n.$$

Für gegebenes ε sind also alle Glieder mit Index n größer als $m = \log_2 \frac{1}{\varepsilon}$ nicht mehr als ε von 0 entfernt. Es gilt $\lim_{n\to+\infty}(\frac{1}{2})^n = 0$. Tabelle 4.1 zeigt Werte von $m = \log_2 \frac{1}{\varepsilon}$ für verschiedene ε, Abbildung 4.7 veranschaulicht, dass sich alle Folgenglieder mit $n > m$ in einem Intervall mit Breite 2ε um den Grenzwert $a = 0$ befinden.   ■

ε	0.2	0.05	0.01	0.001	0.0001	0.00000000001
$m = \log_2 \frac{1}{\varepsilon}$	2.32	4.32	6.64	9.97	13.29	36.54

Tabelle 4.1: Werte von m für gegebenes ε

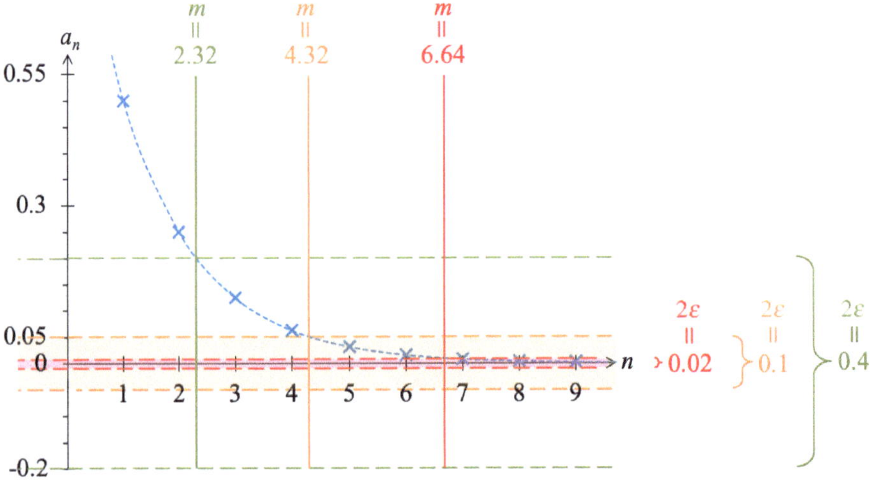

Abbildung 4.7: Werte von m für gegebene Breite 2ε

■ Beispiel 4.1.10 — Der Grenzwert der Folge $\{1 - \frac{1}{n}\}_{n\in\mathbb{N}}$.

Auf gleichem Weg kann man auch zeigen, dass $\lim_{n\to+\infty}(1 - \frac{1}{n}) = 1$ Grenzwert der Folge $\{1 - \frac{1}{n}\}_{n\in\mathbb{N}}$ ist. Hierfür muss man zu jedem $\varepsilon > 0$ ein m angeben können, so dass

$$|a_n - a| = \left|1 - \frac{1}{n} - 1\right| < \varepsilon \text{ für alle } n > m$$

gilt. Um dies zu zeigen, lösen wir obige Ungleichung nach n auf und erhalten

$$\left|1-\tfrac{1}{n}-1\right|<\varepsilon \quad\Leftrightarrow\quad \left|-\tfrac{1}{n}\right|<\varepsilon \quad\Leftrightarrow\quad \tfrac{1}{n}<\varepsilon \quad\Leftrightarrow\quad \tfrac{1}{\varepsilon}<n.$$

Für gegebenes ε sind also alle Glieder mit Index n größer als $m=\tfrac{1}{\varepsilon}$ nicht mehr als ε von 1 entfernt. Es gilt $\lim_{n\to+\infty}(1-\tfrac{1}{n})=1$, vgl. Abbildung 4.8. ∎

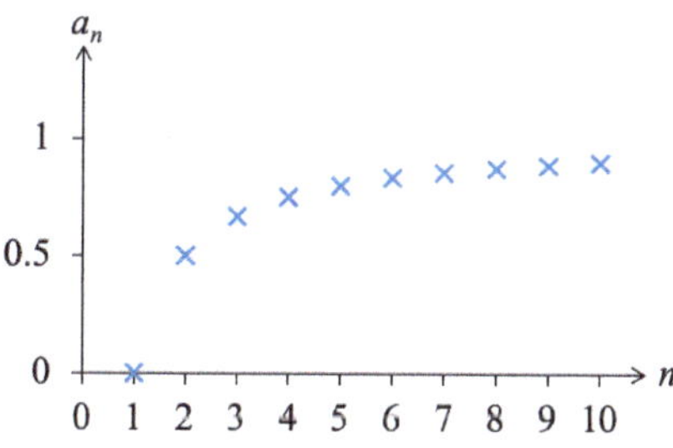

Abbildung 4.8: Die Folge $\{1-\tfrac{1}{n}\}_{n\in\mathbb{N}}$

Betrachten wir die Graphen der Folgen $\{2^n\}_{n\in\mathbb{N}}$ und $\{(-1)^n\}_{n\in\mathbb{N}}$ in Abbildung 4.3, so ahnen wir, dass keine der beiden Folgen einen Grenzwert $a\in\mathbb{R}$ hat. Wir zeigen die Divergenz dieser Folgen formal in den folgenden beiden Beispielen.

■ **Beispiel 4.1.11 — Formale Bestimmung des Grenzwerts von $\{(-1)^n\}_{n\in\mathbb{N}}$ (∗).**
Dem Graphen entnehmen wir, dass die Folge $\{(-1)^n\}_{n\in\mathbb{N}}$ ständig zwischen -1 (für ungerade n) und 1 (für gerade n) hin- und herspringt.[6] Die Folge scheint divergent zu sein.

Will man formal zeigen, dass $\{(-1)^n\}_{n\in\mathbb{N}}$ keinen Grenzwert a hat, kann man dies durch eine Fallunterscheidung tun. Zunächst zeigt man, dass die Folge keinen Grenzwert $a\geq 0$ haben kann: Zu jedem positiven Grenzwert $a\geq 0$ ist jedes Glied mit ungeradem n mindestens 1 entfernt, $|a_n-a|=|-1-a|=1+a\geq 1$. Somit gibt es im Fall $a\geq 0$ kein m, so dass $|a_n-a|<1$ für alle $n>m$ gilt.

Zudem kann die Folge keinen Grenzwert $a\leq 0$ haben: Zu jedem negativen Grenzwert $a\leq 0$ sind Glieder mit geradem n mindestens 1 entfernt, $|a_n-a|=|1-a|=1+(-a)\geq 1$. Somit gibt es im Fall $a\leq 0$ kein m, so dass $|a_n-a|<1$ für alle $n>m$ gilt.

Zusammenfassend gibt es für kein $a\in\mathbb{R}$ ein $m\in\mathbb{R}$, so dass $|a_n-a|<1$ für alle $n>m$ gilt. Die Folge ist nicht konvergent sondern divergent. ∎

■ **Beispiel 4.1.12 — Formale Bestimmung des Grenzwerts von $\{2^n\}_{n\in\mathbb{N}}$ (∗).**
Die Folge $\{2^n\}_{n\in\mathbb{N}}$ ist streng monoton wachsend und scheint divergent zu sein.

Wollte man zeigen, dass die Folge mit Gliedern $a_n=2^n$ einen Grenzwert $a\in\mathbb{R}$ hat, müsste man für jedes ε ein m so bestimmen, dass $|2^n-a|<\varepsilon$ für alle $n>m$. Dass es hier aber kein solches a gibt, die Folge also keinen Grenzwert hat, kann auch hier durch eine Fallunterscheidung gezeigt werden. In beiden Fällen nutzt man, dass

$$2^n>2^m \quad \text{für alle } n>m$$

gilt, weil 2^n streng monoton wachsend ist.

---

[6] Man sagt daher auch, dass die Folge zwei Häufungspunkte, 1 und -1, hat. Wir beschränken uns in diesem Buch jedoch auf Grenzwerte und Divergenz.

Wir zeigen zunächst, dass die Folge keinen Grenzwert $a < 2$ haben kann: Für $\varepsilon = 2 - a > 0$ gilt

$$2^n > a + \varepsilon = 2 \text{ bzw. } |2^n - a| > \varepsilon \text{ für alle } n > 1.$$

Somit gibt es für $a < 2$ zu diesem ε kein m mit $|2^n - a| < \varepsilon$ für alle $n > m$. Es kann kein Grenzwert $a < 2$ existieren.

Ist $a \geq 2$, gilt für jedes $\varepsilon > 0$ und $n > \log_2(a + \varepsilon)$, dass

$$2^n > 2^{\log_2(a+\varepsilon)} = a + \varepsilon \text{ bzw. } |2^n - a| > \varepsilon.$$

Es gibt für $a > 2$ zu beliebigem $\varepsilon > 0$ also einen Index, ab welchem alle Folgenglieder mehr als ε von a entfernt sind. Also kann es keinen Grenzwert $a \geq 2$ geben.

Zusammenfassend hat die Folge keinen Grenzwert $a \in \mathbb{R}$. Sie ist divergent. ∎

Sowohl die Folge $\{2^n\}_{n \in \mathbb{N}}$ als auch die Folge $\{(-1)^n\}_{n \in \mathbb{N}}$ divergieren. Beide Folgen haben keinen Grenzwert, vgl. Abbildung 4.3. Dennoch ist ihr Verhalten sehr unterschiedlich. Die Folge $\{(-1)^n\}_{n \in \mathbb{N}}$ springt ständig zwischen -1 und 1 hin und her. Auch für steigende n können wir nur sagen, dass die Folgenglieder abwechselnd 1 und -1 sind. Die Folge $\{2^n\}_{n \in \mathbb{N}}$ hingegen wird für steigende n immer größer. Egal welchen Wert a man sich überlegt, gibt es ein $m \in \mathbb{R}$ so dass $a_n > a$ für alle $n > m$. Die Folge wächst somit über alle Grenzen, man schreibt $\lim_{n \to +\infty} 2^n = +\infty$. Da die Folge jedoch nicht konvergiert (da man kein Band um $+\infty$ legen kann bzw. da $+\infty \notin \mathbb{R}$), sagt man, die Folge divergiert mit uneigentlichem Grenzwert $+\infty$.

> **Definition 4.1.5 — Uneigentliche Grenzwerte.**
>
> Eine divergente Folge $\{a_n\}_{n \in \mathbb{N}}$ hat den **uneigentlichen Grenzwert** $+\infty$, wenn für große n alle Folgenglieder jeden beliebigen Wert $a \in \mathbb{R}$ übersteigen, also wenn man zu jedem Wert a eine Zahl $m \in \mathbb{R}$ angeben kann, so dass alle Folgenglieder mit Index $n > m$ größer als a sind. Kurz: Man schreibt $\lim_{n \to +\infty} a_n = +\infty$, wenn zu jedem $a \in \mathbb{R}$ ein $m \in \mathbb{R}$ existiert, so dass
>
> $$a_n > a \text{ für alle } n > m.$$
>
> Analog schreibt man $\lim_{n \to +\infty} a_n = -\infty$, wenn zu jedem $a \in \mathbb{R}$ ein $m \in \mathbb{R}$ existiert, so dass
>
> $$a_n < a \text{ für alle } n > m.$$

Wir zeigen $\lim_{n \to +\infty} 2^n = +\infty$ anhand der Definition in folgendem Beispiel:

■ **Beispiel 4.1.13 — Der uneigentliche Grenzwert der Folge $\{2^n\}_{n \in \mathbb{N}}$.**
Man kann also zeigen, dass die Folge $\{2^n\}_{n \in \mathbb{N}}$ den uneigentlichen Grenzwert $+\infty$ hat, indem man für alle a zeigt, dass ein m existiert mit $2^n > a$ für alle $n > m$. Wir zeigen dies durch eine Fallunterscheidung. Für $a \leq 0$ gilt schon ab dem ersten Glied, dass $a_n \geq 2 > a$. Für $a > 0$ gilt

$$2^n > a \quad \Leftrightarrow \quad n > \log_2 a.$$

Somit gilt also $2^n > a$ für alle $n > m = \log_2 a$. Zusammenfassend wählt man also $m = 0$ für $a \leq 0$ und $m = \log_2 a$ für $a > 0$. Dann sind für alle $n > m$ die Folgenglieder a_n größer als a. Tabelle 4.2 zeigt Werte von m für verschiedene a. Abbildung 4.9 illustriert, dass die Folge über alle Grenzen steigt. Die Grenze $a = 5$ wird für alle $n > 2.32$ überschritten, die Grenze 10 für alle $n > 3.32$ und die Grenze 100 für alle $n > 6.64$. Somit gilt $\lim_{n \to +\infty} 2^n = +\infty$. ∎

a	5	10	100	1000	10000	100000000000
$m = \log_2 a$	2.32	3.32	6.64	9.97	13.29	36.54

Tabelle 4.2: Werte von m für gegebenes a

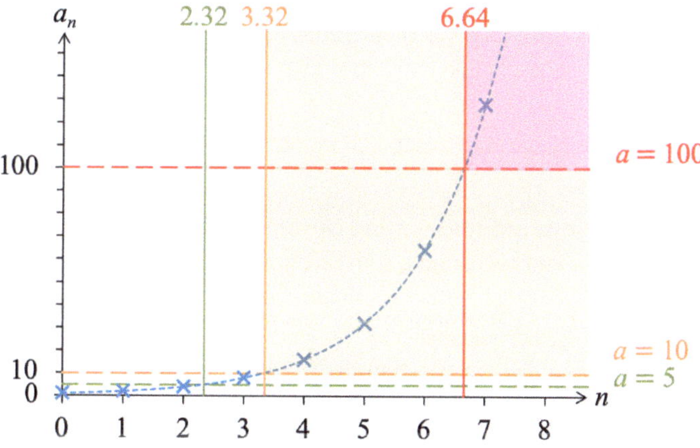

Abbildung 4.9: Werte von m für gegebenes a

(Z) Hat eine Folge $\{a_n\}_{n\in\mathbb{N}}$ den Grenzwert $a \in \mathbb{R}$, schreibt man auch $\lim_{n\to+\infty} a_n = a$. In diesem Fall liegen für beliebig kleine $\varepsilon > 0$ alle Glieder a_n ab einem (genügend großen) Index innerhalb des Intervalls $(a - \varepsilon, a + \varepsilon)$, bzw. es gilt $|a - a_n| < \varepsilon$.
Hat eine Folge einen Grenzwert, heißt sie konvergent, sonst divergent.
Steigt eine divergente Folge über alle Grenzen, schreibt man auch $\lim_{n\to+\infty} a_n = +\infty$, fällt sie unter alle Grenzen, schreibt man $\lim_{n\to+\infty} a_n = -\infty$. Man sagt in diesem Fall, dass die Folge einen uneigentlichen Grenzwert hat.

4.2 Eigenschaften konvergenter Folgen

In diesem Abschnitt fassen wir wichtige Eigenschaften konvergenter Folgen zusammen, um diese dann zur Bestimmung eigentlicher und uneigentlicher Grenzwerte zu nutzen.

4.2.1 Konvergenz und Beschränktheit

Ziele dieses Unterkapitels
- Sind konvergente Folgen stets beschränkt?
- Sind beschränkte Folgen stets konvergent?

Fassen wir die Ergebnisse der Beispiele 4.1.4, 4.1.12 und 4.1.13 zusammen, so haben wir gezeigt, dass die Folge $\{2^n\}_{n\in\mathbb{N}}$ (streng) monoton steigt, nicht beschränkt ist und divergiert. Aus der Tatsache, dass die Folge nicht beschränkt ist, kann man auch direkt schließen, dass sie keinen Grenzwert hat. Dies ist die Kontraposition des folgenden Satzes.

> **Satz 4.2.1 — Beschränktheit konvergenter Folgen.**
> Ist eine Folge konvergent, so ist sie auch beschränkt.

Jede konvergente Folge ist also beschränkt. Allerdings gilt die Umkehrung nicht: nicht jede beschränkte Folge ist konvergent.

■ Beispiel 4.2.1 — Eine beschränkte divergente Folge.
Die Folge $\{(-1)^n\}_{n\in\mathbb{N}}$ ist beschränkt und konvergiert nicht, vgl. Beispiele 4.1.3 und 4.1.11.

■

Ist eine beschränkte Folge aber zusätzlich monoton, so ist sie konvergent. Dies zeigt der folgende Satz.

> **Satz 4.2.2 — Konvergenz monotoner und beschränkter Folgen.**
> Ist eine Folge monoton und beschränkt, so ist sie konvergent.

(Z) Jede konvergente Folge ist beschränkt.
Nicht jede beschränkte Folge ist konvergent. Ist eine Folge beschränkt und monoton steigend (oder fallend), so ist sie konvergent.

4.2.2 Vergleichssätze

Ziele dieses Unterkapitels

- Wie kann man den Grenzwert bekannter Folgen $\{a_n\}_{n\in\mathbb{N}}$ und $\{c_n\}_{n\in\mathbb{N}}$ nutzen, um Aussagen über den Grenzwert einer Folge $\{b_n\}_{n\in\mathbb{N}}$ mit $a_n \leq b_n \leq c_n$ für alle n zu treffen?

■ Beispiel 4.2.2 — Vergleich zweier Folgen.
Die Folgen $\{(\frac{1}{2})^n\}_{n\in\mathbb{N}}$ und $\{\frac{1}{(n+1)!}\}_{n\in\mathbb{N}}$ mit zugehörigen Reihen $\{\sum_{i=1}^{n}(\frac{1}{2})^i\}_{n\in\mathbb{N}}$ und $\{\sum_{i=1}^{n}\frac{1}{(i+1)!}\}_{n\in\mathbb{N}}$ sind in den Abbildungen 4.4 und 4.10 veranschaulicht.

Wir hatten im Schokoladenbeispiel bereits gezeigt, dass $\lim_{n\to+\infty}(\frac{1}{2})^n = 0$ und argumentiert, dass $\lim_{n\to+\infty}\sum_{i=1}^{n}(\frac{1}{2})^i = 1$ gelten muss. Über die Grenzwerte von $\{\frac{1}{(n+1)!}\}_{n\in\mathbb{N}}$ und $\{\sum_{i=1}^{n}\frac{1}{(i+1)!}\}_{n\in\mathbb{N}}$ wissen wir nichts. Aber da für jedes n gilt, dass

$$\frac{1}{(n+1)!} = \frac{1}{\underbrace{2\cdot 3\cdot\ldots\cdot(n+1)}_{n\text{ Faktoren }\geq 2}} \leq \frac{1}{\underbrace{2\cdot 2\cdot\ldots\cdot 2}_{n-\text{mal Faktor }2}} = \left(\frac{1}{2}\right)^n,$$

und damit auch $\sum_{i=1}^{n}\frac{1}{(i+1)!} \leq \sum_{i=1}^{n}(\frac{1}{2})^i$ gilt, siehe Abbildungen 4.11 und 4.12, sollte anschaulich diese Ordnung auch für die Grenzwerte gelten, falls diese existieren. In anderen Worten: Falls die Grenzwerte der Folge $\{\frac{1}{(n+1)!}\}_{n\in\mathbb{N}}$ bzw. der Reihe $\{\sum_{i=1}^{n}\frac{1}{(i+1)!}\}_{n\in\mathbb{N}}$ existieren, sollte

$$\lim_{n\to+\infty}\frac{1}{(n+1)!} \leq \lim_{n\to+\infty}\left(\frac{1}{2}\right)^n = 0$$

und

$$\lim_{n\to+\infty}\sum_{i=1}^{n}\frac{1}{(i+1)!} \leq \lim_{n\to+\infty}\sum_{i=1}^{n}\left(\frac{1}{2}\right)^i = 1$$

gelten. ∎

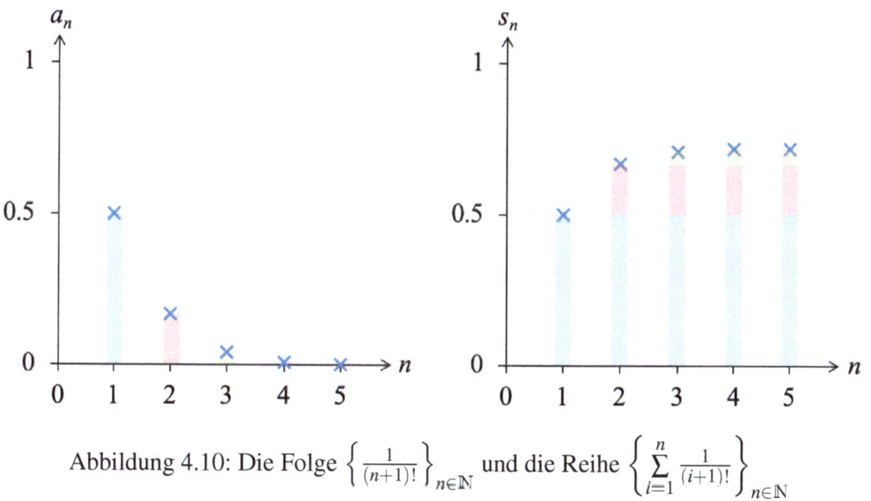

Abbildung 4.10: Die Folge $\left\{\frac{1}{(n+1)!}\right\}_{n\in\mathbb{N}}$ und die Reihe $\left\{\sum_{i=1}^{n}\frac{1}{(i+1)!}\right\}_{n\in\mathbb{N}}$

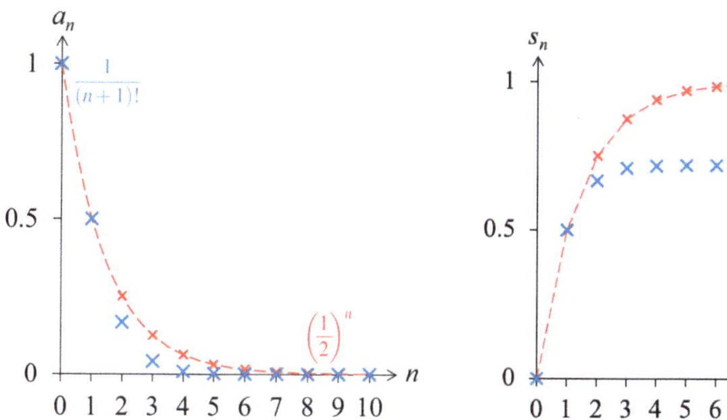

Abbildung 4.11: Vergleich zweier Folgen

Abbildung 4.12: Vergleich der Reihen

Sind alle Glieder einer konvergenten Folge kleiner als Glieder einer anderen konvergenten Folge oder gleich, so sollte dieser Zusammenhang auch für ihre Grenzwert gelten. Diese Idee fasst der folgende Vergleichssatz zusammen.

Satz 4.2.3 — Der Vergleichssatz für konvergente Folgen.
Es seien $m \in \mathbb{R}$ und $\{a_n\}_{n\in\mathbb{N}}$ und $\{b_n\}_{n\in\mathbb{N}}$ zwei konvergente Folgen mit $a = \lim\limits_{n\to+\infty} a_n$ und $b = \lim\limits_{n\to+\infty} b_n$ und $a_n \leq b_n$ für alle $n \geq m$. Dann gilt $a \leq b$.

■ **Beispiel 4.2.3 — Fortsetzung von Beispiel 4.2.2.**

Bezüglich der Folge $\lim_{n\to+\infty} \frac{1}{(n+1)!}$ konnten wir aus Satz 4.2.3 schließen, dass wegen $\frac{1}{(n+1)!} \le (\frac{1}{2})^n$ für alle $n \in \mathbb{N}$ auch

$$\lim_{n\to+\infty} \frac{1}{(n+1)!} \le \lim_{n\to+\infty} \left(\frac{1}{2}\right)^n = 0$$

gelten muss, falls die Folge konvergiert. Ob sie überhaupt konvergiert, kann Satz 4.2.3 nicht beantworten.

Da jedoch auch $0 \le \frac{1}{(n+1)!}$ für alle $n \in \mathbb{N}$ gilt, kann man zudem aus Satz 4.2.3 schließen, dass

$$\lim_{n\to+\infty} 0 = 0 \le \lim_{n\to+\infty} \frac{1}{(n+1)!}$$

gelten muss. Hat die Folge einen Grenzwert, so ist dieser also höchstens 0 und mindestens 0.   ■

Folgender Satz stellt über die Ideen des vorherigen Satzes hinaus sicher, dass die durch die beiden anderen Folgen „eingequetschte Folge" einen Grenzwert hat. Er ist auch als Sandwichkriterium oder Quetschsatz bekannt.

Satz 4.2.4 — Der Vergleichssatz zur Grenzwertbestimmung (Quetschsatz).

Es sei $m \in \mathbb{R}$. Zudem seien $\{a_n\}_{n\in\mathbb{N}}$ und $\{c_n\}_{n\in\mathbb{N}}$ zwei konvergente Folgen mit gleichem Grenzwert $a = \lim_{n\to+\infty} a_n = \lim_{n\to+\infty} c_n$ und $\{b_n\}_{n\in\mathbb{N}}$ eine Folge mit $a_n \le b_n \le c_n$ für alle $n \ge m$. Dann gilt $\lim_{n\to+\infty} b_n = a$.

Wird eine Folge durch zwei konvergente Folgen mit gleichem Grenzwert eingeschlossen, so konvergiert die eingeschlossene Folge ebenfalls gegen diesen Grenzwert.

■ **Beispiel 4.2.4 — Fortsetzung von Beispiel 4.2.3.**

Für die Folge $\lim_{n\to+\infty} \frac{1}{(n+1)!}$ kann der Quetschsatz mit $a_n = 0$, $b_n = \frac{1}{(n+1)!}$ und $c_n = (\frac{1}{2})^n$ angewandt werden. Damit ergibt sich

$$\underbrace{\lim_{n\to+\infty} 0}_{=0} \le \lim_{n\to+\infty} \frac{1}{(n+1)!} \le \underbrace{\lim_{n\to+\infty} \left(\frac{1}{2}\right)^n}_{=0}.$$

Laut Satz 4.2.4 konvergiert die Folge $\lim_{n\to+\infty} \frac{1}{(n+1)!}$ und es muss $\lim_{n\to+\infty} \frac{1}{(n+1)!} = 0$ gelten, vgl. auch Abbildung 4.13   ■

■ **Beispiel 4.2.5 — Grenzwertbestimmung einer Folge durch den Quetschsatz.**

Wir untersuchen die Folge $\{b_n\}_{n\in\mathbb{N}}$ mit $b_n = \frac{1}{n}\cos(n)$ auf Konvergenz. Für jedes n gilt, dass $-1 \le \cos(n) \le +1$. Damit muss mit den Folgen $\{a_n\}_{n\in\mathbb{N}}$ und $\{c_n\}_{n\in\mathbb{N}}$ mit $a_n = -\frac{1}{n}$ und $c_n = \frac{1}{n}$ gelten, dass $a_n \le b_n \le c_n$ bzw. $-\frac{1}{n} \le \frac{1}{n}\cos(n) \le \frac{1}{n}$ für alle $n \in \mathbb{N}$. Aus $\lim_{n\to+\infty} a_n = \lim_{n\to+\infty} c_n = 0$ folgt somit $\lim_{n\to+\infty} b_n = 0$, vgl. Abbildung 4.14.   ■

Die Idee des Vergleichssatzes lässt sich auch auf uneigentliche Grenzwerte übertragen.

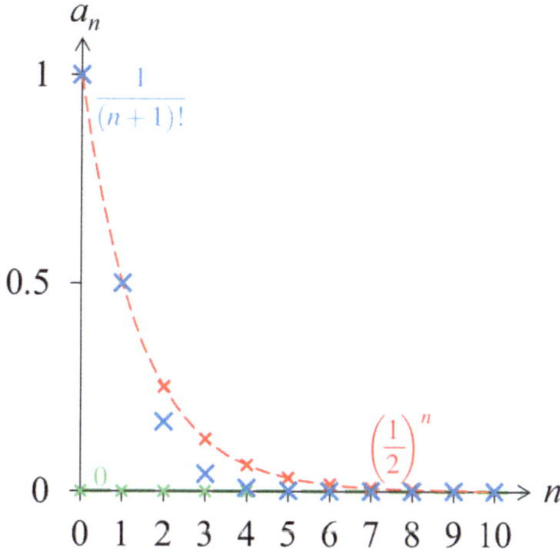

Abbildung 4.13: Anwendung des Quetschsatzes

■ Beispiel 4.2.6 — Der Vergleichssatz für uneigentliche Grenzwerte.

Interessieren wir uns für $\lim_{n\to+\infty} \pi^n$, so können wir unser Wissen über $\lim_{n\to+\infty} 2^n = +\infty$ wie folgt nutzen: Aus $2 < \pi$ folgt $2^n < \pi^n$ für alle $n \in \mathbb{N}$, siehe auch Abbildung 4.15. Da also

$$\pi^n \geq 2^n, \text{ für alle } n \in \mathbb{N}, \text{ und } \lim_{n\to+\infty} 2^n = +\infty$$

gelten, sollte auch $\lim_{n\to+\infty} \pi^n = +\infty$ gelten. ■

Sind die Glieder einer Folge $\{b_n\}_{n\in\mathbb{N}}$ also stets größer als die Glieder einer divergenten Folge mit uneigentlichem Grenzwert von $+\infty$, so ist auch $\{b_n\}_{n\in\mathbb{N}}$ divergent mit uneigentlichem Grenzwert von $+\infty$. Sind die Glieder einer Folge $\{a_n\}_{n\in\mathbb{N}}$ stets kleiner als die Glieder einer divergenten Folge mit uneigentlichem Grenzwert von $-\infty$, so ist auch $\{a_n\}_{n\in\mathbb{N}}$ divergent mit uneigentlichem Grenzwert von $-\infty$.

Satz 4.2.5 — Der Vergleichssatz für uneigentliche Grenzwerte.
Es seien $m \in \mathbb{R}$ und $\{a_n\}_{n\in\mathbb{N}}$ und $\{b_n\}_{n\in\mathbb{N}}$ zwei Folgen. Gilt $\lim_{n\to+\infty} a_n = +\infty$ und $a_n \leq b_n$ für alle $n \geq m$. Dann gilt $\lim_{n\to+\infty} b_n = +\infty$. Gilt $\lim_{n\to+\infty} b_n = -\infty$ und $a_n \leq b_n$ für alle $n \geq m$. Dann gilt $\lim_{n\to+\infty} a_n = -\infty$.

Wir demonstrieren das Vorgehen anhand eines Beispiels:

■ Beispiel 4.2.7 — Die n-te Wurzel von n Fakultät.

Interessieren wir uns für die Konvergenz der Folge $b_n = \sqrt[n]{n!}$, $n \in \mathbb{N}$, suchen wir zunächst eine Folge $\{a_n\}_{n\in\mathbb{N}}$ mit Gliedern $a_n \leq b_n$, deren Konvergenzverhalten bekannt ist. Um $b_n = \sqrt[n]{n!}$ nach unten abzuschätzen, betrachten wir $n!$ zunächst für gerade n und sehen

$$n! = \underbrace{n \cdot (n-1) \cdots \left(\frac{n}{2}+1\right) \cdot}_{\frac{n}{2} \text{ Faktoren sind } > \frac{n}{2}} \underbrace{\frac{n}{2} \cdots 2 \cdot 1}_{\text{andere Faktoren sind } \geq 1} \geq \frac{n}{2} \cdots \frac{n}{2} \cdot 1 \ldots 1 = \left(\frac{n}{2}\right)^{\frac{n}{2}}.$$

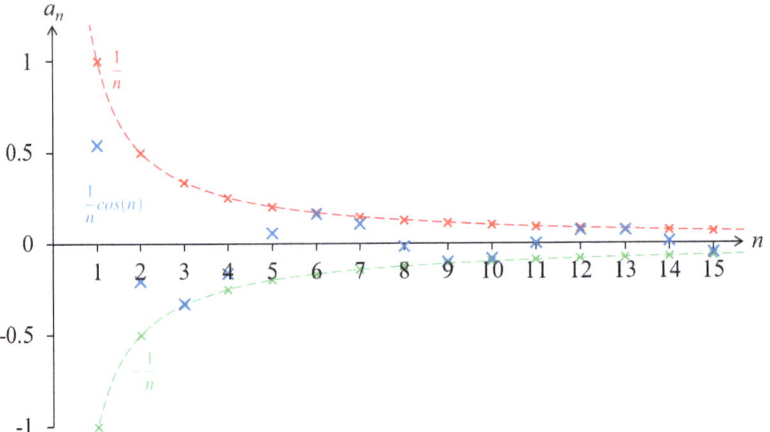

Abbildung 4.14: Quetschsatz

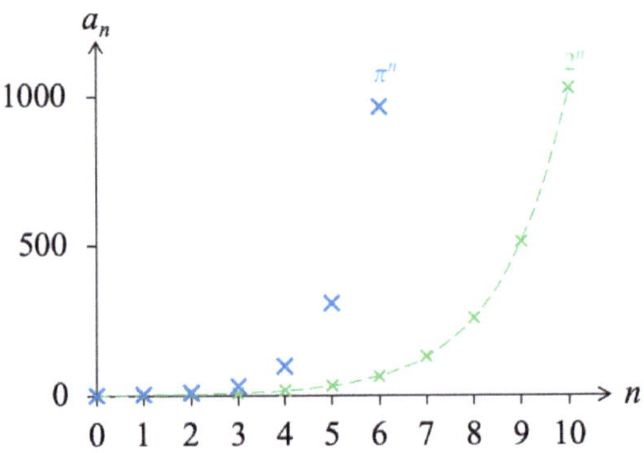

Abbildung 4.15: Vergleich der Folgen $\{2^n\}_{n\in\mathbb{N}}$ und $\{\pi^n\}_{n\in\mathbb{N}}$

Auch für ungerade $n > 1$ gilt

$$n! = \underbrace{n \cdot (n-1) \cdots \left(\frac{n}{2} + \frac{1}{2}\right)}_{\frac{n+1}{2}\text{ Faktoren sind } > \frac{n}{2}} \cdot \underbrace{\frac{n}{2} - \frac{1}{2} \cdots 2 \cdot 1}_{\text{andere Faktoren sind } \geq 1} \geq \frac{n}{2} \cdots \frac{n}{2} \cdot 1 \ldots 1 = \left(\frac{n}{2}\right)^{\frac{n+1}{2}} \geq \left(\frac{n}{2}\right)^{\frac{n}{2}}.$$

Also gilt: $b_n = \sqrt[n]{n!} \geq \sqrt[n]{\left(\frac{n}{2}\right)^{\frac{n}{2}}} = \left(\frac{n}{2}\right)^{\frac{1}{2}} = \sqrt{\frac{n}{2}} = a_n$, vgl. Abbildung 4.16.

Für jedes $a \in \mathbb{R}$ kann ein n angegeben werden, so dass $a_n = \sqrt{\frac{n}{2}} > a$, nämlich $n > 2a^2$. Die Folge $a_n = \sqrt{\frac{n}{2}}$ divergiert also und hat den uneigentlichen Grenzwert $+\infty$. Es folgt

$$b_n = \sqrt[n]{n!} \geq \underbrace{\sqrt{\frac{n}{2}}}_{\to +\infty} = a_n, \quad \text{für alle } n \in \mathbb{N},$$

d.h. die Folge $\lim\limits_{n\to+\infty} \sqrt[n]{n!}$ divergiert mit uneigentlichem Grenzwert $+\infty$. ∎

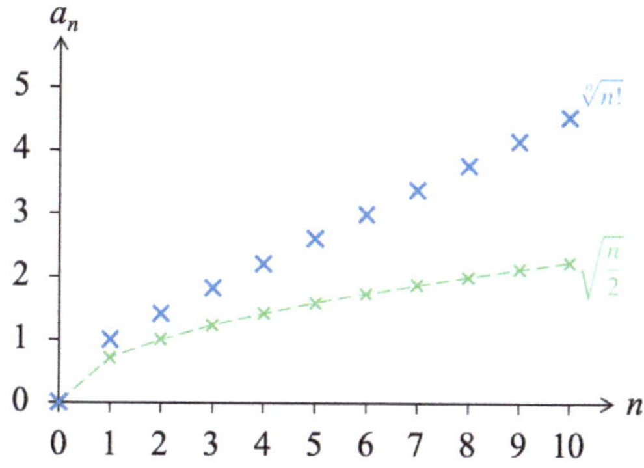

Abbildung 4.16: Vergleich von $\left\{\sqrt{\frac{n}{2}}\right\}_{n\in\mathbb{N}}$ mit $\left\{\sqrt[n]{n!}\right\}_{n\in\mathbb{N}}$

Findet man eine Folge, bei der jedes Glied größer ist als das entsprechende Glied der betrachteten Folge, und von der man weiß, dass sie gegen a konvergiert, so konvergiert die betrachtete Folge gegen einen Grenzwert, der höchstens a ist (oder sie divergiert); divergiert die größere Folge mit uneigentlichem Grenzwert von $-\infty$, divergiert auch die betrachtete Folge mit uneigentlichem Grenzwert von $-\infty$.

Findet man eine Folge, bei der jedes Glied kleiner ist als das entsprechende Glied der betrachteten Folge, und von der man weiß, dass sie gegen a konvergiert, so konvergiert die betrachtete Folge gegen einen Grenzwert, der mindestens a ist (oder sie divergiert); divergiert die kleinere Folge mit uneigentlichem Grenzwert von $+\infty$, divergiert auch die betrachtete Folge mit uneigentlichem Grenzwert von $+\infty$.

Findet man zwei Folgen, bei welchen jedes Glied der einen größer ist als das entsprechende Glied der betrachteten Folge und jedes Glied der anderen kleiner, und konvergieren beide gegen den Grenzwert a, so muss auch die betrachtete Folge den Grenzwert a haben.

4.2.3 Rechenregeln für konvergente und divergente Folgen

Ziele dieses Unterkapitels

- Welche Rechenregeln gelten für konvergente Folgen?
- Kann man diese Rechenregeln auch auf uneigentliche Grenzwerte übertragen?

Da die Berechnung von Grenzwerten mit Hilfe der Definition mühsam ist und sich nicht immer ein geeigneter Vergleich aufdrängt, sind Rechengesetze für Folgen und Reihen sehr hilfreich.

■ **Beispiel 4.2.8 — Addition konvergenter Folgen.**
Wir wissen bereits, dass $\lim_{n\to+\infty}(\frac{1}{2})^n = 0$ und $\lim_{n\to+\infty}(1-\frac{1}{n}) = 1$. Es wäre intuitiv, dass die Folge mit Gliedern $a_n = (1-\frac{1}{n}) + (\frac{1}{2})^n$ einen Grenzwert hat, welcher der Summe der Grenzwerte, also $1+0=1$ entspricht. Man vermutet also

$$\lim_{n\to+\infty}\left(\left(1-\frac{1}{n}\right)+\left(\frac{1}{2}\right)^n\right) = \lim_{n\to+\infty}\left(1-\frac{1}{n}\right) + \lim_{n\to+\infty}\left(\frac{1}{2}\right)^n = 1+0 = 1.$$ ∎

Dass nicht nur die Vermutung aus obigem Beispiel, sondern auch analoge Aussagen für Differenzen, Produkte, Quotienten, und Exponenten gelten, verdeutlicht der folgende Satz.

> **Satz 4.2.6 — Rechenregeln für konvergente Folgen.**
> Es seien $\{a_n\}_{n\in\mathbb{N}}$ und $\{b_n\}_{n\in\mathbb{N}}$ zwei konvergente Folgen mit $a = \lim\limits_{n\to+\infty} a_n$, $b = \lim\limits_{n\to+\infty} b_n$ und $c \in \mathbb{R}$. Dann gilt:
>
> i. $\lim\limits_{n\to+\infty} (a_n + b_n) = a + b$,
>
> ii. $\lim\limits_{n\to+\infty} (a_n - b_n) = a - b$,
>
> iii. $\lim\limits_{n\to+\infty} (a_n \cdot b_n) = a \cdot b$,
>
> iv. $\lim\limits_{n\to+\infty} \frac{a_n}{b_n} = \frac{a}{b}$, wenn $b_n \neq 0$ für alle $n \in \mathbb{N}$ und $b \neq 0$,
>
> v. $\lim\limits_{n\to+\infty} (a_n)^c = a^c$, wenn $a_n > 0$ für alle $n \in \mathbb{N}$ und $a > 0$,
>
> vi. $\lim\limits_{n\to+\infty} c^{a_n} = c^a$, wenn $c > 0$.

Steht im Nenner eines Quotienten eine Folge, deren Grenzwert 0 ist, findet obiger Satz keine Anwendung. Folgender Satz deckt diesen Fall ab:

> **Satz 4.2.7 — Rechenregeln für Quotienten, deren Nenner sich 0 nähert.**
> Es sei $\{a_n\}_{n\in\mathbb{N}}$ eine konvergente Folge mit $0 = \lim\limits_{n\to+\infty} a_n$. Dann gilt:
>
> - Existiert ein $m \in \mathbb{R}$ mit $a_n > 0$ für alle $n > m$, dann gilt $\lim\limits_{n\to+\infty} \frac{1}{a_n} = +\infty$.
>
> - Existiert ein $m \in \mathbb{R}$ mit $a_n < 0$ für alle $n > m$, dann gilt $\lim\limits_{n\to+\infty} \frac{1}{a_n} = -\infty$.
>
> - Existiert kein $m \in \mathbb{R}$ mit $a_n > 0$ für alle $n > m$ oder $a_n < 0$ für alle $n > m$, so hat die Folge $\{\frac{1}{a_n}\}_{n\in\mathbb{N}}$ keinen uneigentlichen Grenzwert.

Symbolisch wird obiger Satz auch als

$$\frac{1}{0^+} = +\infty, \quad \frac{1}{0^-} = -\infty$$

zusammengefasst. Das Symbol 0^+ steht hierbei für eine Folge, die gegen 0 konvergiert und ab genügend großem Index positive Folgenglieder hat. Das Symbol 0^- ist analog zu verstehen. Wir demonstrieren den Satz anhand eines Beispiels:

■ Beispiel 4.2.9 — Der Grenzwert eines Kehrwerts.
Beispielsweise gilt $\lim_{n\to+\infty}(\frac{1}{2})^n = 0$ und $(\frac{1}{2})^n > 0$ für alle n. Damit gilt

$$\lim_{n\to+\infty} \frac{1}{(\frac{1}{2})^n} = +\infty.$$

Das gleiche Ergebnis hätte man auch mit $\frac{1}{(\frac{1}{2})^n} = \frac{1}{(\frac{1}{2^n})} = 2^n$ aus

$$\lim_{n\to+\infty} \frac{1}{(\frac{1}{2})^n} = \lim_{n\to+\infty} 2^n = +\infty$$

in Verbindung mit Beispiel 4.1.13 erhalten können.   ■

Die bisher genannten Rechenregeln helfen dabei, Grenzwerte kompliziert zusammengesetzter Funktionen zu bilden. Sie helfen aber nur, wenn alle involvierten Folgen konvergieren. Divergieren die Folgen mit uneigentlichem Grenzwert, so ist es naheliegend, diese uneigentlichen Grenzwerte statt a, b und c in Satz 4.2.6 zu verwenden und mit diesen zu rechnen.

■ **Beispiel 4.2.10 — Der Grenzwert des Produkts von Folgen mit uneigentlichen Grenzwerten.**

Betrachtet man die Folgen $\{a_n\}_{n\in\mathbb{N}}$ und $\{b_n\}_{n\in\mathbb{N}}$ mit $a_n = 3$ und $b_n = 4n$, so gilt $\lim_{n\to+\infty} a_n = 3$ und $\lim_{n\to+\infty} b_n = +\infty$. Es scheint logisch zu schließen, dass der Grenzwert der Folge $\{a_n b_n\}_{n\in\mathbb{N}}$ dem Wert „$3(+\infty) = +\infty$" entspricht. Aber kann man mit Unendlichzeichen wirklich so einfach rechnen? ■

Will man wie in obigem Beispiel mit uneigentlichen Grenzwerten rechnen, muss man darauf achten, dass es einige Ausdrücke gibt, deren Wert nicht bestimmt ist.

■ **Beispiel 4.2.11 — Der Grenzwert des Quotienten von Folgen mit uneigentlichen Grenzwerten.**

Betrachtet man beispielsweise die Folgen $\{a_n\}_{n\in\mathbb{N}}$, $\{b_n\}_{n\in\mathbb{N}}$, und $\{c_n\}_{n\in\mathbb{N}}$ mit $a_n = 3n, b_n = 4n, c_n = 12n^2$, so haben sie alle den uneigentlichen Grenzwert $+\infty$. Es scheint logisch zu schließen, dass der Grenzwert der Folge $\{\frac{a_n}{b_n}\}_{n\in\mathbb{N}}$ dem Wert „$\frac{+\infty}{+\infty}$" entspricht. Aber was ist der Wert dieses Ausdrucks?

Für die Folge $\{\frac{a_n}{b_n}\}_{n\in\mathbb{N}}$ gilt $\frac{a_n}{b_n} = \frac{3}{4}$ für alle n. Es handelt sich um eine Folge mit konstanten Gliedern $\frac{3}{4}$. Damit gilt auch $\lim_{n\to+\infty} \frac{a_n}{b_n} = \frac{3}{4}$. Ist „$\frac{+\infty}{+\infty}$" also $\frac{3}{4}$? Nicht immer.

Betrachten wir die Folge $\{\frac{c_n}{b_n}\}_{n\in\mathbb{N}}$, so erhalten wir wieder „$\frac{+\infty}{+\infty}$". Berechnen wir die einzelnen Folgenglieder, erhalten wir $\frac{c_n}{b_n} = 3n = a_n$ für alle n und damit

$$\lim_{n\to+\infty} \frac{c_n}{b_n} = \lim_{n\to+\infty} 3n = \lim_{n\to+\infty} a_n = +\infty.$$

Der Wert des Ausdrucks „$\frac{+\infty}{+\infty}$" ist also nicht ohne weiteren Kontext bestimmbar. Man bezeichnet diesen Ausdruck daher als einen unbestimmten Ausdruck. ■

Verstehen wir die Symbole $0, 1, +\infty$ und $-\infty$ symbolisch als Folgen mit Grenzwerten von $0, 1, +\infty$ bzw. $-\infty$, sind folgende Ausdrücke alle unbestimmt:

$$\frac{0}{0}, 0\cdot(+\infty), 0\cdot(-\infty), \frac{+\infty}{+\infty}, \frac{+\infty}{-\infty}, \frac{-\infty}{+\infty}, \frac{-\infty}{-\infty}, +\infty-\infty, -\infty+\infty, (+\infty)^0, (-\infty)^0, 1^{+\infty}, 1^{-\infty}.$$

Multipliziert man die Zahl 0 mit einer Folge mit beliebig großen oder kleinen Elementen, so ergibt sich natürlich stets 0. Multipliziert man aber Elemente einer Folge mit einem Grenzwert von 0 mit Elementen einer Folge mit beliebig großen oder kleinen Werten, so ist der Grenzwert des Produkts unbestimmt.

■ **Beispiel 4.2.12 — Der unbestimmte Ausdruck $0\cdot(+\infty)$.**

Wir wissen bereits, dass der Grenzwert der Folge $\{\frac{1}{n}\}_{n\in\mathbb{N}}$ gleich 0 ist. Zudem hat die Folge $\{3n\}_{n\in\mathbb{N}}$ den uneigentlichen Grenzwert $+\infty$. Daraus kann man nicht schließen, dass der Grenzwert der Folge mit Folgengliedern $c_n = \frac{1}{n}\cdot 3n$ dem Produkt dieser Grenzwerte entspricht, da $0\cdot(+\infty)$ ein unbestimmter Ausdruck ist. In der Tat ist $c_n = \frac{1}{n}\cdot 3n = 3$ für alle n und damit gilt $\lim_{n\to+\infty} c_n = 3$. ■

Potenziert man die Zahl 1 mit Elementen b_n einer Folge mit beliebig großen oder kleinen Werten, so hat die Folge 1^{b_n} immer den Grenzwert 1. Potenziert man jedoch Elemente einer Folge a_n mit $\lim_{n\to+\infty} a_n = 1$ mit Elementen b_n einer Folge mit beliebig großen oder kleinen Werten, so ist $\lim_{n\to+\infty} a_n^{b_n}$ unbestimmt. Wie wir in folgendem Beispiel diskutieren werden, scheint beispielsweise $\lim_{n\to+\infty} (1 + \frac{1}{n})^n \neq 1$ zu gelten.

■ Beispiel 4.2.13 — Der unbestimmte Ausdruck $1^{+\infty}$.

Betrachten wir beispielsweise den Grenzwert der Folge $\{(1 + \frac{1}{n})^n\}_{n\in\mathbb{N}}$, so ist ein beliebter Fehler, zunächst die Folge innerhalb der Klammern zu betrachten, den Grenzwert 1 zu erhalten und dann zu folgern, dass „$1^{+\infty}$" 1 ergeben muss. Da es sich bei „$1^{+\infty}$" um einen unbestimmten Ausdruck handelt, ist dieser Schluss falsch. Aus Abbildung 4.23 lässt sich vermuten, dass der Grenzwert hier nicht 1 ist. Wir werden später ausführen, dass der Grenzwert hier e ist.   ■

Der Wert eines unbestimmten Ausdrucks ist nicht immer einfach zu erkennen. Wir fassen im Folgenden Werte von einigen bestimmten Ausdrücken zusammen: Bildet man den Grenzwert einer konvergenten Folge mit Grenzwert a und einer divergenten Folge mit uneigentlichem Grenzwert, ist der Grenzwert des Quotienten immer 0.[7] Es gilt für alle $a \in \mathbb{R}$, dass

$$\frac{a}{+\infty} = \frac{a}{-\infty} = 0.$$

Analog gilt

$$\frac{+\infty}{a} = a(+\infty) = +\infty \quad \text{und} \quad \frac{-\infty}{a} = a(-\infty) = -\infty, \quad \text{wenn } a > 0.$$

Im Fall $a < 0$ gelten umgekehrte Vorzeichen. Multipliziert man Folgen mit uneigentlichen Grenzwerten, gilt

$$(+\infty)(+\infty) = (-\infty)(-\infty) = +\infty \quad \text{und} \quad (+\infty)(-\infty) = (-\infty)(+\infty) = -\infty.$$

Folgender Satz fasst dies zusammen:

Satz 4.2.8 — Rechenregeln für Quotienten und Produkte mit uneigentlichen Grenzwerten.

Es seien $\{a_n\}_{n\in\mathbb{N}}$, $\{b_n\}_{n\in\mathbb{N}}$, $\{c_n\}_{n\in\mathbb{N}}$, $\{d_n\}_{n\in\mathbb{N}}$, und $\{e_n\}_{n\in\mathbb{N}}$ Folgen mit $\lim_{n\to+\infty} a_n = a \neq 0$, $\lim_{n\to+\infty} b_n = \lim_{n\to+\infty} c_n = +\infty$, und $\lim_{n\to+\infty} d_n = \lim_{n\to+\infty} e_n = -\infty$. Dann gilt:

i. $\lim_{n\to+\infty} \frac{a_n}{b_n} = \lim_{n\to+\infty} \frac{a_n}{d_n} = 0$, wenn $b_n, d_n \neq 0$ für alle $n \in \mathbb{N}$,

ii. $\lim_{n\to+\infty} (b_n \cdot c_n) = \lim_{n\to+\infty} (d_n \cdot e_n) = +\infty$,

iii. $\lim_{n\to+\infty} (b_n \cdot d_n) = -\infty$,

iv.   Wenn $a > 0$, dann $\lim_{n\to+\infty} (a_n \cdot b_n) = +\infty$ und $\lim_{n\to+\infty} (a_n \cdot d_n) = -\infty$,

v.   Wenn $a < 0$, dann $\lim_{n\to+\infty} (a_n \cdot b_n) = -\infty$ und $\lim_{n\to+\infty} (a_n \cdot d_n) = +\infty$.

---

[7] Bildet man den Quotienten zweier Folgen mit uneigentlichen Grenzwerten, ergibt sich wie oben beschrieben ein unbestimmter Ausdruck.

Summen uneigentlicher Grenzwerte mit verschiedenen Vorzeichen und Differenzen uneigentlicher Grenzwerte mit gleichen Vorzeichen ergeben unbestimmte Ausdrücke. Es gilt aber offensichtlich für alle $a \in \mathbb{R}$:

$$a + (+\infty) = (+\infty) + (+\infty) = +\infty \quad \text{und} \quad a + (-\infty) = (-\infty) + (-\infty) = -\infty.$$

Folgender Satz fasst dies zusammen:

Satz 4.2.9 — Rechenregeln für Summen mit uneigentlichen Grenzwerten.
Es seien $\{a_n\}_{n\in\mathbb{N}}$, $\{b_n\}_{n\in\mathbb{N}}$, $\{c_n\}_{n\in\mathbb{N}}$, $\{d_n\}_{n\in\mathbb{N}}$ und $\{e_n\}_{n\in\mathbb{N}}$ Folgen mit $\lim\limits_{n\to+\infty} a_n = a$, $\lim\limits_{n\to+\infty} b_n = \lim\limits_{n\to+\infty} c_n = +\infty$ und $\lim\limits_{n\to+\infty} d_n = \lim\limits_{n\to+\infty} e_n = -\infty$. Dann gilt:

- $\lim\limits_{n\to+\infty} (a_n + b_n) = \lim\limits_{n\to+\infty} (b_n + c_n) = +\infty$,
- $\lim\limits_{n\to+\infty} (a_n + d_n) = \lim\limits_{n\to+\infty} (d_n + e_n) = -\infty$.

(Z) Sind Folgen konvergent, so kann mit ihren Grenzwerten „normal" gerechnet werden, u.a. entspricht der Grenzwert der Summe, der Differenz oder des Produktes zweier konvergenter Folgen der Summe, der Differenz oder dem Produkt der Grenzwerte.

Bei der Bestimmung des Quotienten zweier Folgen, bei denen die Folge im Nenner den Grenzwert 0 hat, gilt: $1/0^+ = +\infty$, $1/0^- = -\infty$.

Haben Folgen uneigentliche Grenzwerte, kann auch mit diesen häufig „normal" gerechnet werden. Beispielsweise gilt $(+\infty) + (+\infty) = +\infty$. Vorsicht ist bei unbestimmten Ausdrücken geboten. Diese sind $\frac{1}{0}, 0 \cdot (+\infty), 0 \cdot (-\infty), \frac{+\infty}{+\infty}, \frac{+\infty}{-\infty}, \frac{-\infty}{+\infty}, \frac{-\infty}{-\infty}, (+\infty) + (-\infty), (-\infty) + (+\infty), (+\infty)^0, (-\infty)^0, 1^{+\infty}, 1^{-\infty}$.

4.3 Besondere Folgen und Reihen

Vier Typen von Folgen und Reihen treten in den Wirtschaftswissenschaften besonders häufig auf. Wir diskutieren diese im Folgenden und werden Sie dann als Grundlage nutzen, um auf ihnen aufbauend andere Grenzwerte von Folgen zu bestimmen.

4.3.1 Die arithmetische Folge und Reihe

Ziele dieses Unterkapitels
- Was ist eine arithmetische Folge?
- Wie kann man Elemente der arithmetischen Reihe direkt berechnen?
- Was sind Grenzwerte der arithmetischen Folge und Reihe?

Definition 4.3.1 — Die arithmetische Folge.
Eine Folge $\{a_n\}_{n\in\mathbb{N}}$ heißt **arithmetische Folge**, wenn die Differenz zweier aufeinander folgenden Glieder konstant ist, also $a_{n+1} - a_n = d$ für alle $n \in \mathbb{N}$.

Eine arithmetische Folge ist durch ein Anfangsglied a_1 und eine Konstante d eindeutig bestimmt. Da das $(n+1)$-te Glied stets d größer ist als das n-te Glied, gilt für die arithmetische Folge $a_{n+1} = a_n + d$ oder direkt $a_n = a_1 + (n-1)d$ für alle $n \in \mathbb{N}$.

■ Beispiel 4.3.1 — Arithmetische Folgen.
Für $a_1 = 3$ und $d = 3$ ergibt sich die Folge mit Gliedern $3, 6, 9, 12, \ldots$, für $a_1 = d = 1$

ergeben sich alle natürlichen Zahlen $1, 2, 3, 4, \ldots$, für $a_1 = 1$ und $d = 2$ ergibt sich die Folge der ungeraden positiven Zahlen $1, 3, 5, 7, \ldots$.

Für $a_1 = 7$ und $d = 0$ ergibt sich eine Folge mit $a_n = 7$ für alle n, für $a_1 = 0$ und $d = 0$ ergibt sich eine Folge mit $a_n = 0$ für alle n.

Ist d negativ, ist die arithmetische Folge fallend. Zum Beispiel ist für $a_1 = 1$ und $d = -2$ die Folge $1, -1, -3, -5, \ldots$. Abbildung 4.17 veranschaulicht einige arithmetischen Folgen sowie die zugehörigen Reihen.

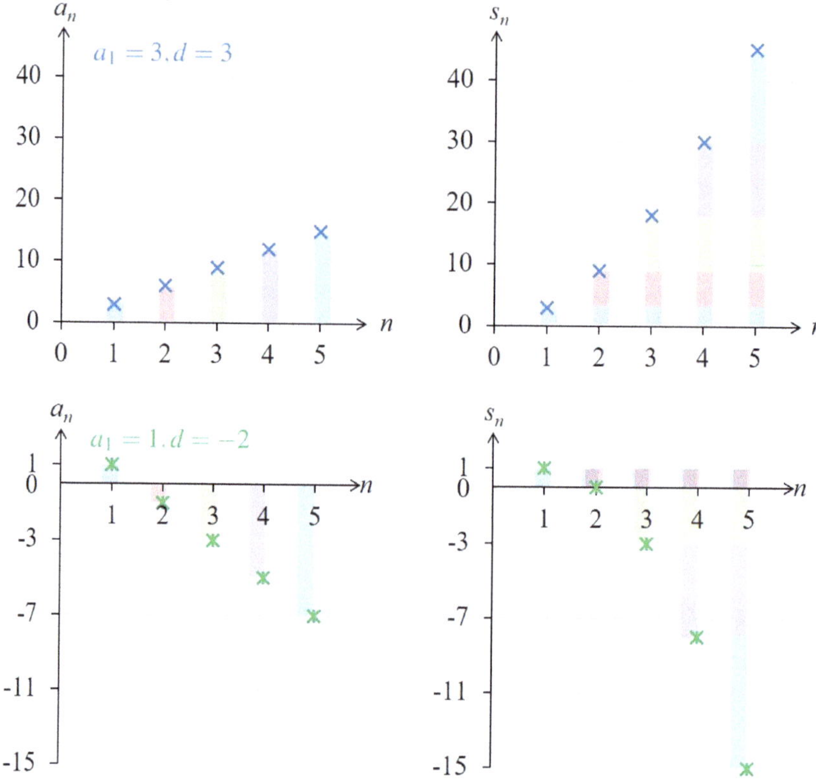

Abbildung 4.17: Zwei arithmetische Folgen mit zugehörigen Reihen

$$s_n = \sum_{i=1}^{n} (a_1 + (i-1)d) = \sum_{i=1}^{n} a_1 + \sum_{i=1}^{n} (i-1)d = \sum_{i=1}^{n} a_1 + d \sum_{i=1}^{n} (i-1)$$

$$= \underbrace{a_1 + \cdots + a_1}_{n-\text{mal}} + d \underbrace{\left(0 + 1 + 2 + \cdots + (n-3) + (n-2) + (n-1)\right)}_{\text{wobei } 0+(n-1)=n-1,\, 1+(n-2)=n-1,\ldots}$$

$$= na_1 + d\frac{n(n-1)}{2} = n(a_1 - d) + d\frac{n(n+1)}{2}. \qquad \blacksquare$$

Anschaulich ist klar, dass diese Glieder für wachsende n im Falle $d > 0$ über alle Grenzen steigen, im Falle $d < 0$ unter alle Grenzen fallen. Im Fall $d = 0$ ist die Folge konstant und jedes Glied gleich a_1.

Die zugehörige arithmetische Reihe hat folgende Partialsummen:

■ Beispiel 4.3.2 — Arithmetische Reihen.
Für $a_1 = 3$ und $d = 3$ ergibt sich die arithmetische Folge mit Gliedern $3, 6, 9, 12, \ldots$ und damit die Reihe mit den ersten vier Gliedern

$$s_1 = 3, \qquad s_2 = 3 + 6 = 9,$$
$$s_3 = 3 + 6 + 9 = 18, \qquad s_4 = 3 + 6 + 9 + 12 = 30.$$

Diese Glieder kann man ebenso direkt mit Hilfe der Formel als

$$s_1 = 1 \cdot 0 + 3 \frac{1 \cdot (1+1)}{2} = 3, \qquad s_2 = 2 \cdot 0 + 3 \frac{2 \cdot (2+1)}{2} = 9,$$
$$s_3 = 3 \cdot 0 + 3 \frac{3 \cdot (3+1)}{2} = 3 \cdot (6) = 18, \qquad s_4 = 4 \cdot 0 + 3 \frac{4 \cdot (4+1)}{2} = 30$$

berechnen. Die ersten Glieder dieser arithmetischen Reihe sind in Abbildung 4.17 oben rechts dargestellt. ■

■ Beispiel 4.3.3 — Die Gaußsche Summenformel.
Berühmt ist obige Formel für die Partialsummen der arithmetischen Folge im Fall $a_1 = 1$ und $d = 1$. In diesem Fall entspricht die arithmetische Folge einer Aufzählung aller natürlicher Zahlen $1, 2, 3, \ldots$, es gilt $a_n = n$. Für die Partialsummen $\sum_{i=1}^{n} i$ gilt dann[8]

$$\sum_{i=1}^{n} i = \frac{n(n+1)}{2}.$$

Sie ist dann als Gaußsche Summenformel (oder Satz vom kleinen Gauß) bekannt.

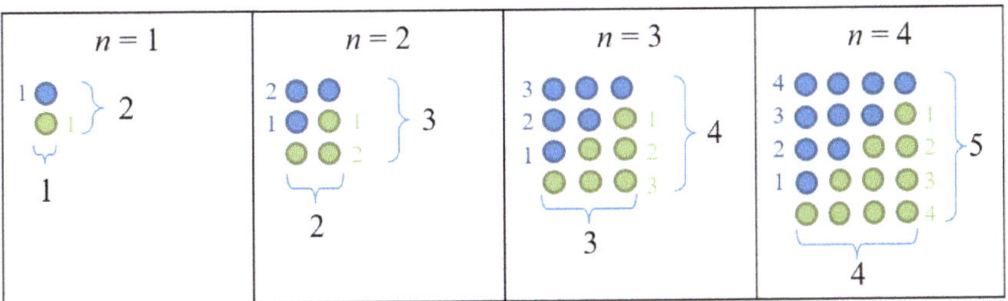

$$\text{Abbildung 4.18: } 2 \cdot \sum_{i=1}^{n} i = n(n+1)$$

Die Gaußsche Summenformel $\sum_{i=1}^{n} i = \frac{n(n+1)}{2}$ wurde bereits in der Herleitung oben für die Formel der Partialsummen benutzt. Deshalb möchten wir diese in Abbildung 4.18 nochmals veranschaulichen. Multipliziert man beide Terme mit 2, erhält man $2 \cdot \sum_{i=1}^{n} i = n(n+1)$. In der Abbildung ist der Term $\sum_{i=1}^{n} i$ für $n = 1, 2, 3, 4$ je einmal in blau und grün skizziert. Deren Summe ergibt jeweils ein Rechteck der Grösse $n \cdot (n+1)$. ■

Die arithmetische Reihe divergiert, außer wenn $a_1 = d = 0$ (denn dann sind alle Glieder der Folge und auch alle Partialsummen gleich 0).

---

[8]   Einsetzen in die Formel gibt hier: $n(a_1 - d) + d \frac{n(n+1)}{2} = n \cdot 0 + 1 \frac{n(n+1)}{2} = \frac{n(n+1)}{2}$.

Satz 4.3.1 — Konvergenzverhalten der arithmetischen Folge und Reihe.
Für die arithmetische Folge $\{a_1 + (n-1)\cdot d\}_{n\in\mathbb{N}}$ mit $a_1, d \in \mathbb{R}$ gilt

$$\lim_{n\to+\infty} (a_1 + (n-1)\cdot d) = \begin{cases} +\infty & \text{für } d > 0 \\ a_1 & \text{für } d = 0 \\ -\infty & \text{für } d < 0. \end{cases}$$

Für die arithmetische Reihe $\left\{ \sum_{i=1}^{n} (a_1 + (i-1)\cdot d) \right\}_{n\in\mathbb{N}}$ gilt

$$\lim_{n\to+\infty} \sum_{i=1}^{n} (a_1 + (i-1)\cdot d) = \lim_{n\to+\infty} \left(n(a_1 - d) + d\frac{n(n+1)}{2} \right)$$

$$= \begin{cases} +\infty & \text{für } d > 0 \ \text{oder} \ d = 0, a_1 > 0 \\ 0 & \text{für } a_1 = d = 0 \\ -\infty & \text{für } d < 0 \ \text{oder} \ d = 0, a_1 < 0. \end{cases}$$

(Z) Die arithmetische Folge $\{a_n\}_{n\in\mathbb{N}}$ ist eine Folge, deren Folgenglieder konstante Differenzen haben, d.h. $a_{n+1} - a_n = d$ für alle $n \in \mathbb{N}$.

Die Folgenglieder resp. die Partialsummen der arithmetischen Folge lassen sich auch als $a_n = a_1 + (n-1)d$ resp. $s_n = n(a_1 - d) + d\frac{n(n+1)}{2}$ für alle $n \geq 2$ direkt bestimmen.

Die Grenzwerte von $\{a_n\}_{n\in\mathbb{N}}$ resp. $\{s_n\}_{n\in\mathbb{N}}$ sind:

$$\lim_{n\to+\infty} a_n = \begin{cases} +\infty & \text{für } d > 0 \\ a_1 & \text{für } d = 0 \\ -\infty & \text{für } d < 0. \end{cases} , \lim_{n\to+\infty} s_n = \begin{cases} +\infty & \text{für } d > 0 \text{ oder } d = 0, a_1 > 0 \\ 0 & \text{für } a_1 = d = 0 \\ -\infty & \text{für } d < 0 \text{ oder } d = 0, a_1 < 0. \end{cases}$$

4.3.2 Die geometrische Folge und Reihe

Ziele dieses Unterkapitels

- Was ist eine geometrische Folge?
- Wie kann man Glieder der geometrischen Reihe direkt berechnen?
- Was sind Grenzwerte der geometrischen Folge und Reihe?

Bei der arithmetischen Folge wird zu einem Anfangsglied a_1 stets ein fester Wert d addiert. Im Gegensatz dazu wird bei der geometrischen Folge ein Anfangsglied a_1 stets mit einem festen Wert q multipliziert. Ausgehend von Glied a_n erhält man das folgende Glied als $a_{n+1} = qa_n$. Ist $q = 1$, so ist die Folge konstant und jedes Glied gleich a_1. Die Folge entspricht einer arithmetischen Folge mit $d = 0$. Wir schließen den Fall $q = 1$ daher aus.

Definition 4.3.2 — Die geometrische Folge.
Eine Folge $\{a_n\}_{n\in\mathbb{N}}$ heißt **geometrische Folge**, wenn der Quotient zweier aufeinander folgenden Glieder konstant aber nicht eins ist, also $\frac{a_{n+1}}{a_n} = q, q \neq 1, a_1 \neq 0$ für alle $n \in \mathbb{N}$.

Statt der rekursiven Definition des n-ten Glieds $a_n = qa_{n-1}$ für Folgenglieder $n \geq 2$ kann man die Glieder der geometrischen Folge auch direkt als $a_n = a_1 q^{n-1}$ bestimmen. Dieses Bildungsgesetz könnte man z.B. mit Hilfe eines Induktionsbeweises herleiten.

▪ Beispiel 4.3.4 — Geometrische Folgen.
Wir haben bereits zwei Beispiele für geometrische Folgen gesehen. Die Folge $\{2^n\}_{n\in\mathbb{N}}$ ist eine geometrische Folge mit $a_1 = 2, q = 2$, die Folge $\{(\frac{1}{2})^n\}_{n\in\mathbb{N}}$ ist eine geometrische Folge mit $a_1 = \frac{1}{2}, q = \frac{1}{2}$.

Für die geometrische Folge mit $a_1 = \frac{1}{2}, q = \frac{1}{2}$ zeigten wir in Beispiel 4.1.9, dass sie gegen 0 konvergiert. Der Beweis funktioniert für alle $a_1 \in \mathbb{R}$ und $|q| < 1$ analog. Ist $q > 1$, so steigt die Folge bei positivem Startwert $a_1 > 0$ über alle Grenzen. Die Folge divergiert und hat den uneigentlichen Grenzwert $+\infty$. Dies haben wir am Beispiel mit $a_1 = 2, q = 2$ bereits gesehen. Ist $q > 1$ und $a_1 < 0$, so fällt die Folge unter alle Grenzen. Die Folge divergiert und hat den uneigentlichen Grenzwert $-\infty$. Abbildung 4.19 zeigt links eine geometrische Folge mit $a_1 = 1$ und $q = -2$. Diese Folge divergiert und hat keinen uneigentlichen Grenzwert.   ▪

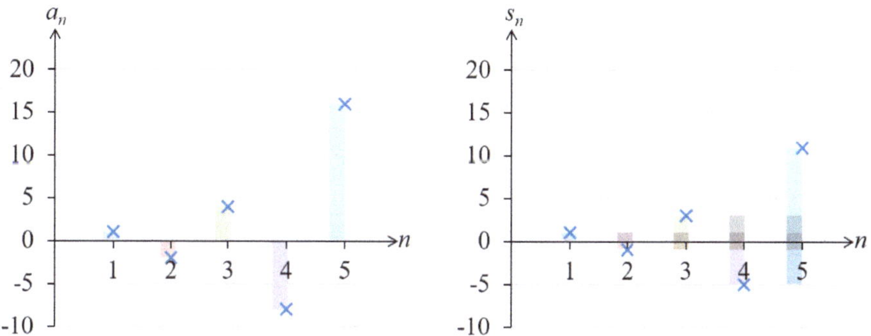

Abbildung 4.19: Geometrische Folge und Reihe mit $a_1 = 1$ und $q = -2$

Basierend auf der geometrischen Folge ist die geometrische Reihe als $\{\sum_{i=1}^{n} a_1 q^{i-1}\}_{n\in\mathbb{N}}$ definiert. Abbildungen 4.19 und 4.20 zeigen exemplarisch einige geometrische Folgen links und die zugehörige Reihe rechts. Die einzelnen Partialsummen $s_n = \sum_{i=1}^{n} a_1 q^{i-1}$ kann man wie folgt vereinfachen: Wir schreiben zunächst die Berechnung von s_n und qs_n als zwei Gleichungen

$$\text{(I)} \qquad s_n = a_1 + a_1 q + a_1 q^2 + \cdots + a_1 q^{n-1}$$

$$\text{(II)} \qquad qs_n = \qquad a_1 q + a_1 q^2 + \cdots + a_1 q^{n-1} + a_1 q^n$$

Zieht man nun (II) von (I) ab, so erhalten wir

$$\text{(I)} - \text{(II)} \quad s_n - qs_n = a_1 - a_1 q^n \ \Leftrightarrow \ s_n(1-q) = a_1(1-q^n) \ \Leftrightarrow \ s_n = a_1 \frac{1-q^n}{1-q}.$$

Das n-te Glied der geometrischen Reihe berechnet sich folglich zu

$$s_n = \sum_{i=1}^{n} a_1 q^{i-1} = a_1 \frac{1-q^n}{1-q}.$$

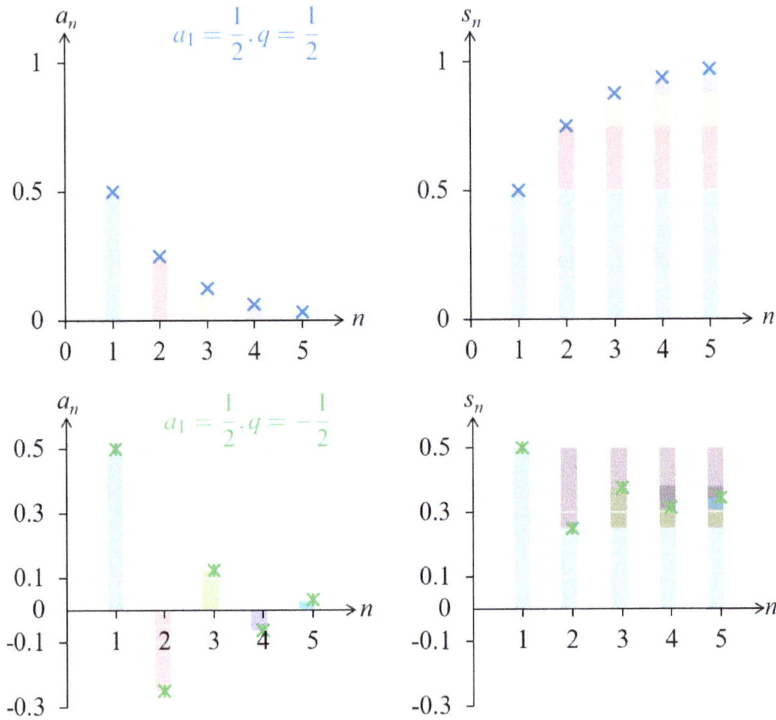

Abbildung 4.20: Zwei geometrische Folgen und ihre zugehörigen Reihen

■ Beispiel 4.3.5 — Geometrische Reihen.

Für $a_1 = \frac{1}{2}$ und $q = \frac{1}{2}$ ergibt sich die geometrische Folge mit Gliedern $\frac{1}{2}, \frac{1}{4}, \frac{1}{8}, \frac{1}{16}, \dots$ und damit die Reihe mit den ersten vier Gliedern

$$s_1 = \frac{1}{2}, \qquad\qquad s_2 = \frac{1}{2} + \frac{1}{4} = \frac{3}{4},$$

$$s_3 = \frac{1}{2} + \frac{1}{4} + \frac{1}{8} = \frac{7}{8}, \qquad\qquad s_4 = \frac{1}{2} + \frac{1}{4} + \frac{1}{8} + \frac{1}{16} = \frac{15}{16}.$$

Diese Glieder kann man ebenso mit Hilfe der Formel $s_n = a_1 \frac{1-q^n}{1-q}$ bestimmen:

$$s_1 = \frac{1}{2} \frac{1 - \left(\frac{1}{2}\right)^1}{1 - \frac{1}{2}} = \frac{1}{2}, \qquad\qquad s_2 = \frac{1}{2} \frac{1 - \left(\frac{1}{2}\right)^2}{1 - \frac{1}{2}} = \frac{3}{4},$$

$$s_3 = \frac{1}{2} \frac{1 - \left(\frac{1}{2}\right)^3}{1 - \frac{1}{2}} = \frac{7}{8}, \qquad\qquad s_4 = \frac{1}{2} \frac{1 - \left(\frac{1}{2}\right)^4}{1 - \frac{1}{2}} = \frac{15}{16}.$$

Die ersten Glieder dieser geometrischen Folge und ihrer zugehörigen Reihe sind in Abbildung 4.20 dargestellt.

Für $a_1 = \frac{1}{2}$ und $q = -\frac{1}{2}$ ergibt sich hingegen die geometrische Folge mit Gliedern $\frac{1}{2}$,

$-\frac{1}{4}, \frac{1}{8}, -\frac{1}{16}, \ldots$ und damit die zugehörige geometrische Reihe mit den ersten vier Gliedern

$$s_1 = \frac{1}{2}, \qquad\qquad s_2 = \frac{1}{2} + \left(-\frac{1}{4}\right) = \frac{1}{4}$$

$$s_3 = \frac{1}{2} + \left(-\frac{1}{4}\right) + \frac{1}{8} = \frac{3}{8}, \qquad\qquad s_4 = \frac{1}{2} + \left(-\frac{1}{4}\right) + \frac{1}{8} + \left(-\frac{1}{16}\right) = \frac{5}{16}.$$

Mit Hilfe der Formel $s_n = a_1 \frac{1-q^n}{1-q}$ erhält man die gleichen Werte von s_n. Wir zeigen dies wieder anhand der ersten vier Glieder:

$$s_1 = \frac{1}{2}\frac{1-\left(-\frac{1}{2}\right)^1}{1-\left(-\frac{1}{2}\right)} = \frac{1}{2}, \qquad\qquad s_2 = \frac{1}{2}\frac{1-\left(-\frac{1}{2}\right)^2}{1-\left(-\frac{1}{2}\right)} = \frac{1}{4}$$

$$s_3 = \frac{1}{2}\frac{1-\left(-\frac{1}{2}\right)^3}{1-\left(-\frac{1}{2}\right)} = \frac{3}{8}, \qquad\qquad s_4 = \frac{1}{2}\frac{1-\left(-\frac{1}{2}\right)^4}{1-\left(-\frac{1}{2}\right)} = \frac{5}{16}.$$

Die ersten Glieder dieser geometrischen Folge und ihrer zugehörigen Reihe sind in Abbildung 4.20 dargestellt. ∎

■ **Beispiel 4.3.6 — Sparen mit Zinsen.**
Besonders beliebt ist die geometrische Reihe in verschiedenen Anwendungen der Finanzwirtschaft. Würden Sie ab heute jährlich 6 000 CHF auf ein Vorsorgekonto einzahlen, wobei Ihnen Zinsen von 1 % pro Jahr versprochen werden, könnten Sie diese Reihe beispielsweise nutzen, um den Kontostand in 40 Jahren zu berechnen. Denn aus den vor 40 Jahren eingezahlten 6000 CHF erhält man dann $a_{40} = 6000(1.01)^{40}$, aus den vor 39 Jahren eingezahlten 6000 CHF erhält man $a_{39} = 6000(1.01)^{39}, \ldots$, aus den im Vorjahr eingezahlten 6000 CHF erhält man $a_1 = 6000(1.01)^1$. Zahlt man im 40. Jahr nicht mehr ein, beträgt der schlussendliche Kontostand

$$\sum_{i=1}^{40} 6000 \cdot (1.01)^i = \sum_{i=1}^{40} \underbrace{6000 \cdot 1.01}_{a_1} \cdot \underbrace{(1.01)^{i-1}}_{q} = 6000 \cdot 1.01 \cdot \frac{1 - 1.01^{40}}{1 - 1.01} \approx 296251.4,$$

also trotz geringem Zins erheblich mehr als $40 \cdot 6000 = 240000$. ∎

Die geometrische Reihe können wir also auch als $\{a_1 \frac{1-q^n}{1-q}\}_{n\in\mathbb{N}}$ beschreiben. Nutzen wir, dass $\lim\limits_{n\to+\infty} q^n = 0$ für alle $|q| < 1$ (vgl. Beispiel 4.3.4), so folgt unmittelbar aus den Rechenregeln für konvergente Folgen, dass $\lim\limits_{n\to+\infty} a_1 \frac{1-q^n}{1-q} = \frac{a_1}{1-q}$ für alle $|q| < 1$ gelten muss.

Satz 4.3.2 — Konvergenzverhalten der geometrischen Folge und Reihe.
Sei $a_1, q \in \mathbb{R}, a_1 \neq 0, q \neq 1$. Ist $|q| < 1$, so konvergieren die geometrische Folge $\{a_1 q^{n-1}\}_{n\in\mathbb{N}}$ und die geometrische Reihe $\left\{\sum\limits_{i=1}^{n} a_1 q^{i-1}\right\}_{n\in\mathbb{N}}$ mit

$$\lim_{n\to+\infty} a_1 q^{n-1} = 0 \quad \text{und}$$

$$\lim_{n\to+\infty} \sum_{i=1}^{n} a_1 q^{i-1} = \lim_{n\to+\infty} a_1 \frac{1-q^n}{1-q} = \frac{a_1}{1-q}.$$

Ist $|q| > 1$ oder $q = -1$, so divergieren die geometrische Folge und die geometrische Reihe. Ist $q > 1$, besitzen die geometrische Folge und die geometrische Reihe einen uneigentlichen Grenzwert, dessen Vorzeichen durch a_1 bestimmt wird:

$$\lim_{n \to +\infty} a_1 q^{n-1} = \lim_{n \to +\infty} s_n = \begin{cases} +\infty & \text{für } q > 1 \text{ und } a_1 > 0 \\ -\infty & \text{für } q > 1 \text{ und } a_1 < 0. \end{cases}$$

(Z) Die geometrische Folge hat konstante reelle Quotienten $a_{n+1}/a_n = q \neq 1$ für alle $n \in \mathbb{N}$. Es gilt $a_n = a_1 q^{n-1}$ mit $a_1, q \in \mathbb{R}$.
Zudem gilt für die geometrische Reihe $s_n = a_1 \frac{1-q^n}{1-q}$ für alle $n \in \mathbb{N}$.
Die geometrische Folge und Reihe konvergieren genau dann, wenn $|q| < 1$. In diesem Fall gilt $\lim_{n \to +\infty} a_n = 0$ und $\lim_{n \to +\infty} s_n = a_1 \frac{1}{1-q}$. Gilt $q > 1$ haben die geometrische Folge und Reihe einen uneigentlichen Grenzwert, dessen Vorzeichen durch a_1 bestimmt ist.

4.3.3 Die (allgemeine) harmonische Folge und Reihe

Ziele dieses Unterkapitels

- Was ist eine (allgemeine) harmonische Folge?
- Was sind Grenzwerte der (allgemeinen) harmonischen Folge und Reihe?

Zu Beginn dieses Kapitels betrachteten wir schon in Beispiel 4.1.2 die harmonische Folge $\left\{\frac{1}{n}\right\}_{n \in \mathbb{N}}$. Bildet man die c-te Potenz der Elemente, $c > 0$, ergibt sich die sogenannte allgemeine harmonische Folge $\left\{\frac{1}{n^c}\right\}_{n \in \mathbb{N}}$.

■ Beispiel 4.3.7 — Eine allgemeine harmonische Folge mit c = 2.
Die Folge $\left\{\frac{1}{n^2}\right\}_{n \in \mathbb{N}}$ ist also eine allgemeine harmonische Folge mit $c = 2$. Abbildung 4.21 vergleicht die harmonische Folge mit $c = 1$ mit dieser Folge und zeigt zudem die zugehörigen (allgemeinen) harmonischen Reihen. Beide Folgen scheinen gegen 0 zu streben. Ob und welchen Grenzwert die zugehörigen Reihen haben, ist nur schwer zu erahnen.   ■

Definition 4.3.3 — Die (allgemeine) harmonische Folge.
Eine Folge $\left\{\frac{1}{n^c}\right\}_{n \in \mathbb{N}}$ mit $c > 0$ heißt **(allgemeine) harmonische Folge**.

Offensichtlich streben die Glieder der Folge für $c > 0$ gegen den Grenzwert 0. Die einjährigen Kosten des Einführungsbeispiels 0.1.1 entsprechen den 10 000-fachen Werten der (allgemeinen) harmonischen Folge. Auch diese Kosten streben somit gegen 0. Im Einführungsbeispiel illustrierten wir, dass das Verhalten der (allgemeinen) harmonischen Reihe jedoch weniger offensichtlich ist. Auch Abbildung 4.21 hilft hier nicht weiter. Wir fassen das Verhalten in folgendem Satz zusammen.

Satz 4.3.3 — Konvergenzverhalten der (allgemeinen) harmonischen Folge und Reihe.
Für die allgemeine harmonische Folge $\left\{\frac{1}{n^c}\right\}_{n \in \mathbb{N}}$ mit $c > 0$ gilt

$$\lim_{n \to +\infty} \frac{1}{n^c} = 0.$$

Die allgemeine harmonische Reihe $\left\{ \sum_{i=1}^{n} \frac{1}{i^c} \right\}_{n \in \mathbb{N}}$ ist konvergent, wenn $c > 1$.

Für $0 < c \leq 1$ ist die Reihe divergent und es gilt $\lim_{n \to +\infty} \sum_{i=1}^{n} \frac{1}{i^c} = +\infty$.

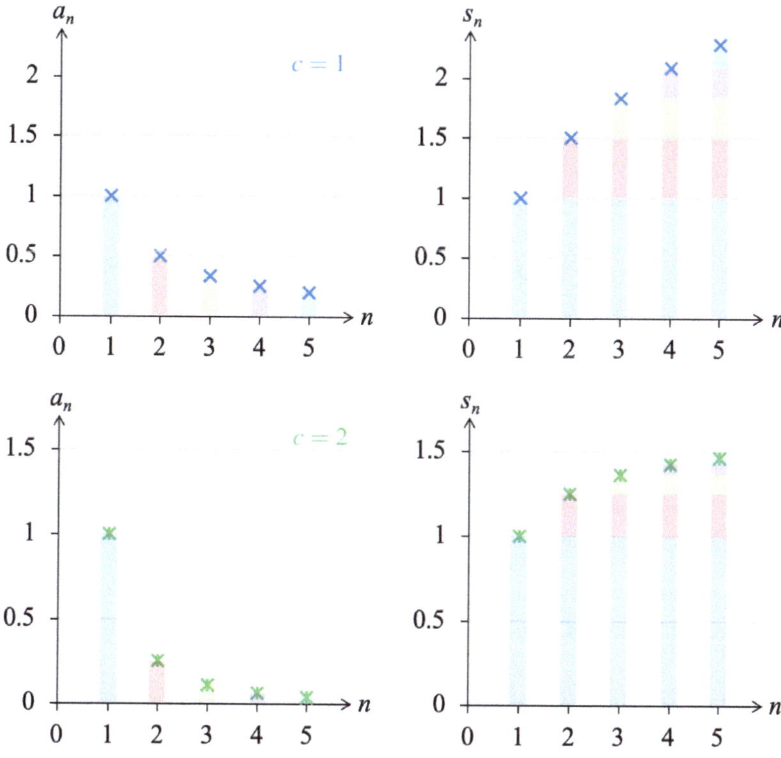

Abbildung 4.21: Harmonische Folgen und Reihen mit $c = 1$ und $c = 2$

■ Beispiel 4.3.8 — Fortsetzung des Einführungsbeispiels 0.1.1.

Aus Satz 4.3.3 wissen wir, dass die allgemeine harmonische Reihe, welche die Kosten von Projekt P_1 beschreibt, konvergiert. Über den Wert des Grenzwerts trifft der Satz jedoch keine Aussage.[9]

Nach einigen Umformungen ergibt sich jedoch

$$s_n = \sum_{i=1}^{n} \frac{1}{i^2} = \sum_{i=1}^{n} \frac{1}{i \cdot i} = 1 + \sum_{i=2}^{n} \frac{1}{i \cdot i}$$

---

[9]   Die Suche nach dem Grenzwert dieser Reihe ist als Basler Problem bekannt und wurde vom Schweizer Mathematiker Leonhard Euler gelöst. Es gilt $\lim_{n \to +\infty} \sum_{i=1}^{n} \frac{1}{i^2} = \frac{\pi^2}{6}$.

$$\leq 1 + \sum_{i=2}^{n} \frac{1}{i \cdot (i-1)} = 1 + \sum_{i=2}^{n} \left(\frac{1}{i-1} - \frac{1}{i} \right)$$

$$= 1 + \left(1 - \frac{1}{2} + \frac{1}{2} - \frac{1}{3} + \frac{1}{3} - \frac{1}{4} + \ldots + \frac{1}{n-2} - \frac{1}{n-1} + \frac{1}{n-1} - \frac{1}{n} \right)$$

$$= 1 + \left(1 - \frac{1}{n} \right) = 2 - \frac{1}{n} \leq 2.$$

Im ersten Schritt haben wir nur den ersten Summanden aus der Summe gezogen. Die erste Ungleichung ergibt sich aus $\frac{1}{i} \leq \frac{1}{i-1}$. Bringt man die Differenz $\frac{1}{i-1} - \frac{1}{i}$ auf den gemeinsamen Nenner, erhält man $\frac{1}{i(i-1)}$, was die Gleichheit erklärt. Im folgenden Schritt werden die Summanden ausgeschrieben, so dass man erkennt, dass sich aufeinanderfolgende Terme aufheben. Aus $\frac{1}{n} > 0$ folgt die letzte Ungleichung.[10]

Für unser einführendes Beispiel ergibt sich damit, dass P_1 sicher kumulierte Kosten von

$$10000 \sum_{i=1}^{n} \frac{1}{i^2} \leq 10000 \cdot 2 = 20000$$

CHF für alle n haben wird. Man sollte das Projekt also nicht an die externe Firma geben.

Bei Projekt P_2 jedoch kommt es auf den Planungshorizont an. Egal wie hoch die externe Firma den Preis setzt, wird es eine Periode n geben, ab der die kumulierten Kosten von P_2 den Preis der externen Firma übersteigen werden. Denn die harmonische Reihe hat einen uneigentlichen Grenzwert von $+\infty$.   ■

■ Beispiel 4.3.9 — Grenzwert eines Bruches.

In diesem Beispiel wollen wir die Grenzwerte der Folgen $\left\{ \frac{n^2+3}{n} \right\}_{n \in \mathbb{N}}$, $\left\{ \frac{n^2+3}{n^2} \right\}_{n \in \mathbb{N}}$ und $\left\{ \frac{n^2+3}{n^3} \right\}_{n \in \mathbb{N}}$ gegenüberstellen. Hierfür nutzen wir das bisher erworbene Wissen über arithmetische, geometrische und harmonische Folgen sowie die Rechengesetze für Folgen.

Für die Folge $\left\{ \frac{n^2+3}{n} \right\}_{n \in \mathbb{N}}$ nutzen wir, dass die arithmetische Folge $\{n\}_{n \in \mathbb{N}}$ mit $a_1 = 1$ und $d = 1$ den uneigentlichen Grenzwert $+\infty$ hat. Die harmonische Folge hat den Grenzwert 0. Damit ergibt sich:

$$\lim_{n \to +\infty} \frac{n^2+3}{n} = \lim_{n \to +\infty} \frac{n(n + \frac{3}{n})}{n} = \lim_{n \to +\infty} \left(n + \frac{3}{n} \right) = \underbrace{\lim_{n \to +\infty} n}_{=+\infty} + 3 \underbrace{\lim_{n \to +\infty} \frac{1}{n}}_{=0} = +\infty.$$

Hingegen ergibt sich als Grenzwert der zweiten Folge

$$\lim_{n \to +\infty} \frac{n^2+3}{n^2} = \lim_{n \to +\infty} \frac{n^2(1 + \frac{3}{n^2})}{n^2} = \lim_{n \to +\infty} \left(1 + \frac{3}{n^2} \right) = \underbrace{\lim_{n \to +\infty} 1}_{=1} + 3 \underbrace{\lim_{n \to +\infty} \frac{1}{n^2}}_{=0} = 1.$$

Die konstante Folge, bei der jedes Element gleich 1 ist (also die arithmetische Folge mit $a_1 = 1$ und $d = 0$), hat den Grenzwert 1. Die allgemeine harmonische Folge mit $c = 2$ hat den Grenzwert 0.

---

[10]   Diese Abschätzung wird auch im Beweis von Satz 4.3.3 genutzt.

Steht im Nenner n^3, erhält man

$$\lim_{n\to+\infty} \frac{n^2+3}{n^3} = \lim_{n\to+\infty} \frac{n^3\left(\frac{1}{n}+\frac{3}{n^3}\right)}{n^3} = \lim_{n\to+\infty} \left(\frac{1}{n}+\frac{3}{n^3}\right) = \underbrace{\lim_{n\to+\infty} \frac{1}{n}}_{=0} + 3\underbrace{\lim_{n\to+\infty} \frac{1}{n^3}}_{=0} = 0.$$

Denn die allgemeine harmonische Folge mit $c = 3$ hat den Grenzwert 0. Abbildung 4.22 vergleicht die Graphen der drei Folgen. ∎

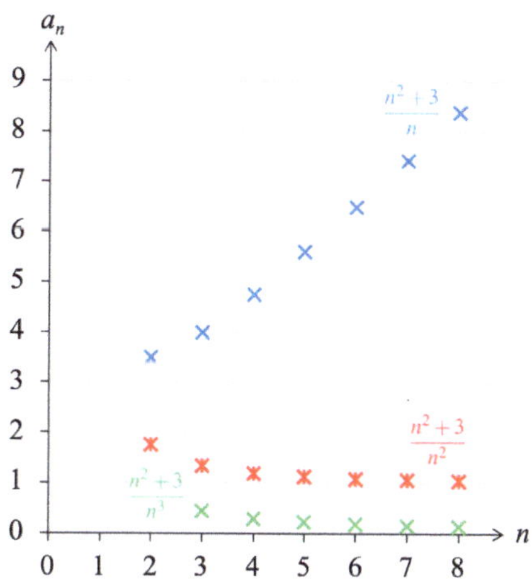

Abbildung 4.22: Die Folgen $\left\{\frac{n^2+3}{n}\right\}_{n\in\mathbb{N}}$, $\left\{\frac{n^2+3}{n^2}\right\}_{n\in\mathbb{N}}$ und $\left\{\frac{n^2+3}{n^3}\right\}_{n\in\mathbb{N}}$

(Z) Die (allgemeine) harmonische Folge hat die Form $a_n = \frac{1}{n^c}$, $c > 0$, $n \in \mathbb{N}$.
Die (allgemeine) harmonische Folge hat den Grenzwert 0, $\lim_{n\to+\infty} a_n = 0$. Die (allgemeine) harmonische Reihe $\{s_n\}_{n\in\mathbb{N}}$ ist konvergent, wenn $c > 1$. Für $0 < c \leq 1$ gilt $\lim_{n\to+\infty} s_n = +\infty$.

4.3.4 Eine weitere wichtige Folge

Ziele dieses Unterkapitels
- Was ist der Grenzwert der Folge $\{(1+\frac{1}{n})^n\}_{n\in\mathbb{N}}$?

Am Ende dieses Abschnittes betrachten wir erneut die Folge $\{(1+\frac{1}{n})^n\}_{n\in\mathbb{N}}$ aus Beispiel 4.1.10.[11] Für steigende n fällt die Basis $1+\frac{1}{n}$, der Exponent n steigt. Auf den ersten Blick ist weder ersichtlich, ob die Funktion monoton noch ob sie beschränkt ist. Aus Abbildung 4.23 lässt sich erahnen, dass die Folge monoton steigend und beschränkt ist. Wir halten dies in folgendem Satz fest.

---

[11] Obwohl diese Folge in vielen Bereichen von großer Bedeutung ist, scheint sie keinen etablierten Namen zu haben.

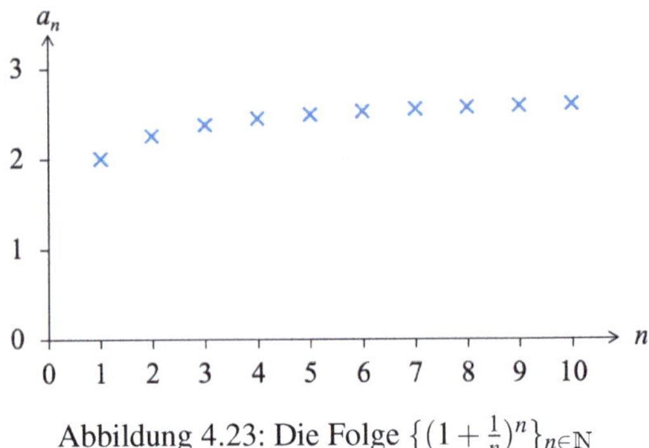

Abbildung 4.23: Die Folge $\{(1+\frac{1}{n})^n\}_{n\in\mathbb{N}}$

Satz 4.3.4 — Konvergenzverhalten der Folge $\{(1+\frac{1}{n})^n\}_{n\in\mathbb{N}}$.
Die Folge $\{(1+\frac{1}{n})^n\}_{n\in\mathbb{N}}$ ist monoton und beschränkt und daher konvergent.

Obwohl der voranstehende Satz die Konvergenz der Folge $\{(1+\frac{1}{n})^n\}_{n\in\mathbb{N}}$ zeigt, konnten wir nicht zeigen, welchen Wert der Grenzwert annimmt. Setzen wir einfach große Werte von n ein, ergibt sich Tabelle 4.3.

n	1	2	3	4	5	10	100	1000
$(1+\frac{1}{n})^n$	2	2.250	2.370	2.441	2.488	2.594	2.705	2.717

Tabelle 4.3: Folgenglieder von $(1+\frac{1}{n})^n$

■ **Beispiel 4.3.10 — Ein Zinseszinsproblem.**
Es scheint, als wäre Jacob Bernoulli als erster auf das Problem der Bestimmung dieses Grenzwertes getroffen, als er Probleme mit Zinseszins analysierte.

Angenommen, auf einem Konto wäre zu Beginn des Jahres 1 CHF und es gäbe 100 % Zins. Bei einmaliger Gutschrift von Zins am Jahresende wären am Ende des Jahres 2 CHF auf dem Konto, vgl. Abbildung 4.24 oben links. Was würde jedoch geschehen, wenn Zinsen auch unterjährig berechnet und bezahlt werden würden? Würde der Zins zweimal pro Jahr ausgezahlt, wäre der Zins für 6 Monate $100\,\%/2 = 50\,\%$. Der Ausgangsbetrag von 1 CHF würde also einmal zur Mitte des Jahres mit 1.5 multipliziert, die resultierenden 1.5 CHF würden dann am Jahresende erneut mit 1.5 multipliziert werden. Am Jahresende hätte man $1.00 \cdot (1.5)^2 = 1.00 \cdot (1+\frac{1}{2})^2 = 2.25$ CHF, wie in Abbildung 4.24 oben rechts illustriert. Würden Zinsen vierteljährlich gutgeschrieben, erhielte man $1.00 \cdot (1.25)^4 = 1.00 \cdot (1+\frac{1}{4})^4 = 2.4414$ CHF, vgl. Abbildung 4.24 unten links. Bei einem monatlichen Zinssatz von $\frac{1}{12} = 8.33\,\%$, wie in Abbildung 4.24 unten rechts gezeigt, ergäbe sich $1.00 \cdot (1+\frac{1}{12})^{12} = 2.613035$ CHF. Bei n Zeitintervallen hat man also Zinsen von $\frac{1}{n}$ pro Intervall und am Jahresende einen Kontostand von $1.00(1+\frac{1}{n})^n$ CHF. Betrachtet man den Grenzwert $n \to +\infty$, so werden die Intervalle immer kleiner. Man spricht dann von stetiger Verzinsung.

In obigem Problem wäre der Kontostand bei stetiger Verzinsung am Ende des Jahres $\lim_{n\to+\infty} (1+\frac{1}{n})^n$, ein Wert von ungefähr 2.71. Erst 1731 wurde dieser Grenzwert von Leonhard Euler dann benannt. Er hat den Namen Eulersche Zahl, geschrieben e. ■

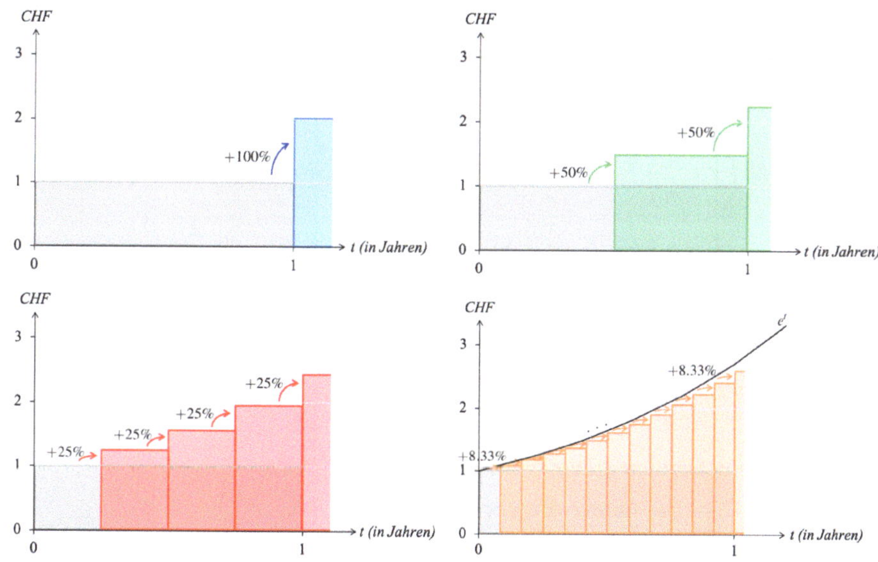

Abbildung 4.24: Jährliche, halbjährliche, vierteljährliche und monatliche Zinsauszahlung

> **Definition 4.3.4 — Die Eulersche Zahl e.**
> Der Grenzwert $\lim\limits_{n\to+\infty}(1+\frac{1}{n})^n$ heißt **Eulersche Zahl** e.

Aus Tabelle 4.3 ergibt sich, dass $e \approx 2.71$.

Diesen Grenzwert kann man in Verbindung mit einer Substitution oft auch nutzen, um Grenzwerte ähnlicher Folgen zu bestimmen.

▪ **Beispiel 4.3.11 — Der Grenzwert von** $\{(1+\frac{4}{n})^n\}_{n\in\mathbb{N}}$**.**
Um den Grenzwert $\lim\limits_{n\to+\infty}(1+\frac{4}{n})^n$ zu bestimmen, ersetzen wir n durch $4m$. (Eine solche Ersetzung nennt man Substitution). Wir erhalten

$$\lim_{4m\to+\infty}\left(1+\frac{4}{4m}\right)^{4m} = \lim_{m\to+\infty}\left(1+\frac{4}{4m}\right)^{4m} = \lim_{m\to+\infty}\left(\left(1+\frac{1}{m}\right)^m\right)^4$$

$$= \left(\underbrace{\lim_{m\to+\infty}\left(1+\frac{1}{m}\right)^m}_{=e}\right)^4 = e^4.$$

Der Grenzwert der Folge $(1+\frac{4}{n})^n$ ist somit ebenfalls e^4, obwohl man die Konvergenz oben nur auf einem Teil der Folge (nämlich die Folgenglieder mit Index 4,8,12,...) gezeigt hat. Man darf hier auf die Konvergenz der ganzen Folge schließen, da diese mononton wachsend ist.　　　　　　　　　　　　　　　　　　　　　▪

■ **Beispiel 4.3.12 — Der Grenzwert von** $\{(1+\frac{4}{n+2})^{3n+2}\}_{n\in\mathbb{N}}$**.**

Interessieren wir uns für $\lim\limits_{n\to+\infty}(1+\frac{4}{n+2})^{3n+2}$, ersetzen wir n durch $m=n+2$ und erhalten mit Hilfe des gerade berechneten Grenzwertes:

$$\lim_{m-2\to+\infty}\left(1+\frac{4}{m}\right)^{3(m-2)+2}=\lim_{m\to+\infty}\left(1+\frac{4}{m}\right)^{3m-4}$$

$$=\lim_{m\to+\infty}\left(1+\frac{4}{m}\right)^{3m}\cdot\lim_{m\to+\infty}\left(1+\frac{4}{m}\right)^{-4}$$

$$=\left(\lim_{m\to+\infty}\left(1+\frac{4}{m}\right)^{m}\right)^{3}\cdot\left(\lim_{m\to+\infty}\left(1+4\frac{1}{m}\right)\right)^{-4}$$

$$=\left(e^{4}\right)^{3}\cdot(1+4\cdot0)^{-4}=e^{12}.$$ ■

Allerdings funktioniert dieses Vorgehen leider nicht immer:

■ **Beispiel 4.3.13 — Der Grenzwert von** $\{(1-\frac{1}{n})^{n}\}_{n\in\mathbb{N}}$ **(∗).**

Betrachten wir nun $\lim\limits_{n\to+\infty}(1-\frac{1}{n})^{n}$. Obwohl eine Substitution oft bei Folgen dieses Typs hilfreich ist, kommt man durch eine Substitution hier auch nicht einfacher zum Ziel. Würde man n durch $-m$ ersetzen, hätten wir $\lim\limits_{-m\to+\infty}(1+\frac{1}{m})^{-m}=\lim\limits_{m\to-\infty}\left((1+\frac{1}{m})^{m}\right)^{-1}$. Doch leider kennen wir den Grenzwert innerhalb der Klammer nur für $m\to+\infty$, nicht für $m\to-\infty$. Es gibt hier leider keine lückenlosen Kochrezepte.

In diesem Fall ist es trickreich, aber möglich, durch Anwendung der Rechenregeln sowie obiger Definition von e weiterzukommen. Hierfür muss man darauf achten, dass es Rechenregeln für ein Produkt aus zwei Faktoren, aber nicht aus n Faktoren, gibt, wenn man den Grenzwert $n\to+\infty$ berechnet. Zerlegt man das Produkt in zwei Faktoren, erhält man:

$$\lim_{n\to+\infty}\left(1-\frac{1}{n}\right)^{n}=\lim_{n\to+\infty}\left(1-\frac{1}{n}\right)\left(1-\frac{1}{n}\right)^{n-1}=\underbrace{\lim_{n\to+\infty}\left(1-\frac{1}{n}\right)}_{=1}\lim_{n\to+\infty}\left(1-\frac{1}{n}\right)^{n-1}$$

$$=\lim_{n\to+\infty}\left(\frac{n-1}{n}\right)^{n-1}=\lim_{n\to+\infty}\left(\frac{n}{n-1}\right)^{-(n-1)}=\lim_{n\to+\infty}\frac{1}{\left(\frac{n}{n-1}\right)^{n-1}}$$

$$=\lim_{n\to+\infty}\frac{1}{\left(\frac{n-1+1}{n-1}\right)^{(n-1)}}=\lim_{n\to+\infty}\frac{1}{\left(1+\frac{1}{n-1}\right)^{(n-1)}}$$

$$=\lim_{m+1\to+\infty}\frac{1}{\left(1+\frac{1}{m}\right)^{m}}=\frac{1}{e}.$$ ■

Ⓩ Die Eulersche Zahl e ist der Grenzwert der Folge $\{(1+\frac{1}{n})^{n}\}_{n\in\mathbb{N}}$.

4.4　Rückblick und weitere Literatur

Wollen wir zeigen, dass eine gegebene Folge konvergiert, so können wir entweder zeigen, dass sie

- einer uns bekannten Folge, also einer arithmetischen, geometrischen, harmonischen oder der definierenden Folge mit Grenzwert e, entspricht,
- monoton und beschränkt ist,
- zwischen zwei anderen konvergenten Folgen mit gleichem Grenzwert verläuft (Quetschsatz).

Um den Grenzwert einer gegebenen Folge zu bestimmen, haben wir in diesem Kapitel verschiedene Methoden kennengelernt, nach denen wir vorgehen können:

- mit Hilfe der Definition,
- Rückführung auf eine Folge mit bekanntem Grenzwert z.B. durch
  - Anwendung der Vergleichssätze oder
  - Anwendung der Rechengesetze.

Da eine direkte Bestimmung eines Grenzwertes mit Hilfe der Definitionmeist aufwändig ist, versucht man in der Regel, Wissen über bekannte Folgen und Reihen durch Anwendung der Vergleichssätze und der Rechengesetze auszunutzen - allerdings nicht wie in Abbildung 4.25.

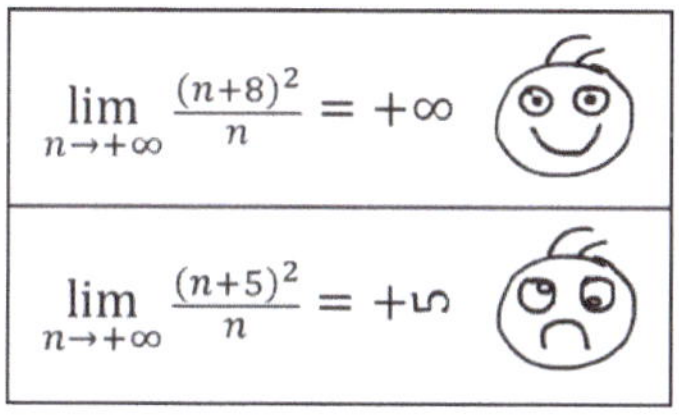

$$\lim_{n \to +\infty} \frac{(n+8)^2}{n} = +\infty$$

$$\lim_{n \to +\infty} \frac{(n+5)^2}{n} = +5$$

Abbildung 4.25: Muster sehen ist noch kein Verstehen.

Zunächst sollte man stets versuchen, eine Folge durch Anwendung der Rechengesetze auf eine oder mehrere Folgen mit bekannten Grenzwerten zurückzuführen. Bei Brüchen ist hier Ausklammern und Kürzen oft hilfreich. Eine Substitution kann helfen, um den Grenzwert e zu erhalten. Vorsichtig muss man sein, wenn man dabei unbestimmte Ausdrücke erhält. Kommt man durch Anwendung der Rechenregeln nicht weiter, kann man versuchen die Vergleichssätze 4.2.3, 4.2.4 oder 4.2.5 anzuwenden.

In Merz und Wüthrich (2013, Kapitel 11.1-11.3, 11.8, 12.1-12.3) kann man die Ergebnisse dieses Kapitels ausführlich nachlesen. Die meisten der in diesem Kapitel besprochenen Definitionen und Sätze kann man auch in Dietz (2012, Kapitel 5) nachlesen. Viele Ergebnisse kann man auch in Opitz et al. (2017, Kapitel 8) wiederfinden. Im Gegensatz zu diesem Skript ist der erste Index in all diesen Referenzen jedoch $n = 0$, weswegen einige Formeln auf den ersten Blick etwas anders aussehen.

4.5 Beweise

Beweis von Satz 4.2.1 ($*$): Ist die Folge $\{a_n\}_{n \in \mathbb{N}}$ konvergent, so hat sie einen Grenzwert $a = \lim_{n \to +\infty} a_n$. Das heißt, es gibt zu jedem $\varepsilon > 0$ ein $m \in \mathbb{R}$, so dass $|a_n - a| < \varepsilon$ für alle $n > m$. Wählen wir $\varepsilon = 1$, so muss es ein $m \subset \mathbb{R}$ geben, so dass $|a_n - a| < 1$ für alle $n > m$. Wir nutzen dies, um zu zeigen, dass der Wertebereich der Folge eine obere und untere Schranke hat.

Verwenden wir die Dreiecksungleichung aus Satz 2.2.1 für Elemente aus $\mathbb{R}$ sowie die obige Ungleichung $|a_n - a| < 1$, ergibt sich für alle $n > m$:

$$|a_n| = |a_n - a + a| \leq |a_n - a| + |a| < 1 + |a| \quad \Leftrightarrow \quad -(1 + |a|) < a_n < 1 + |a|$$

Wir wissen also, dass ab einem Index $n > m$ die Glieder der Folge betragsmäßig kleiner als $1 + |a|$ sind. Zudem gibt es unter den ersten Gliedern $a_1, a_2, \ldots, a_m$ einen Index i, für den die Folge den größten Wert annimmt, d.h. ein i mit $a_i = \max\{a_1, a_2, \ldots, a_m\}$ bzw. $a_i \geq a_n$ für alle $n \leq m$.

Ist $a_i \geq 1 + |a|$, so ist der größte Wert der Folge sicher unter den ersten Gliedern (denn alle Glieder mit $n > m$ sind ja höchstens $1 + |a|$) und wir wählen $\overline{b} = a_i$. Ist $a_i < 1 + |a|$, so wählen wir $\overline{b} = 1 + |a|$. Mit $\overline{b} = \max\{1 + |a|, a_i\}$ gilt $\overline{b} \geq a_n$ für alle $n \in \mathbb{N}$ und wir haben eine obere Schranke gefunden.

Analog kann man eine untere Schranke finden. Sei j der Index, für den die Folge den kleinsten Wert unter den ersten Gliedern $a_1, a_2, \ldots, a_m$ annimmt, d.h. $a_j = \min\{a_1, a_2, \ldots, a_m\}$ bzw. $a_j \leq a_n$ für alle $n \leq m$. Gilt $a_j \leq -(1 + |a|)$, so ist der kleinste Wert der Folge unter den ersten Gliedern und wir wählen $\underline{b} = a_j$. Gilt $a_j > -(1 + |a|)$, setzen wir $\underline{b} = -(1 + |a|)$. Mit $\underline{b} = \min\{-(1 + |a|), a_j\}$ gilt $\underline{b} \leq a_n$ für alle $n \in \mathbb{N}$ und wir haben eine untere Schranke.

Wir können also für jede beliebige konvergente Folge $\{a_n\}_{n \in \mathbb{N}}$ eine obere Schranke $\overline{b}$ und eine untere Schranke $\underline{b}$ finden, so dass $\underline{b} \leq a_n \leq \overline{b}$ gilt. Die Folge ist beschränkt. ∎

Beweis von Satz 4.2.2 (∗): Wir zeigen dies durch einen direkten Beweis durch Fallunterscheidung: Der erste Fall betrachtet eine monoton steigende und beschränkte Folge, der zweite eine monoton fallende und beschränkte Folge.

Fall 1: Angenommen die Folge $\{a_n\}_{n \in \mathbb{N}}$ ist beschränkt. Dann gibt es eine untere und eine obere Schranke von $\{a_n\}_{n \in \mathbb{N}}$. Die kleinste obere Schranke bezeichnen wir mit $\overline{b}$ (diese existiert gemäß Satz 2.2.3). Es gilt $a_n \leq \overline{b}$ für alle $n \in \mathbb{N}$. Da $\overline{b}$ die kleinste obere Schranke ist, gibt es zu jedem $\varepsilon > 0$ einen Index $m \in \mathbb{N}$ so dass $\overline{b} - a_m < \varepsilon$ bzw. $\overline{b} < \varepsilon + a_m$. (Würde das nicht gelten, dann wäre für alle $m \in \mathbb{N}$ $\overline{b} - a_m \geq \varepsilon \Leftrightarrow \overline{b} - \varepsilon \geq a_m$. Es gäbe also eine kleinere obere Schranke $\overline{b} - \varepsilon$.)

Wir zeigen im Folgenden, dass bei einer monoton steigenden Folge die kleinste obere Schranke $\overline{b}$ auch der Grenzwert der Folge sein muss.

Denn ist $\{a_n\}_{n \in \mathbb{N}}$ zudem monoton steigend, dann gilt mit obigem m, dass $\overline{b} < \varepsilon + a_m \leq \varepsilon + a_{m+1} \leq \ldots$, also $\overline{b} < \varepsilon + a_n$ für alle $n \geq m$. Damit gibt zu jedem $\varepsilon > 0$ ein m mit

$$|a_n - \overline{b}| = -(a_n - \overline{b}) = \overline{b} - a_n < \varepsilon \text{ für alle } n \geq m.$$

Die Folge konvergiert also gegen $\overline{b}$. Ist eine Folge also monoton steigend und beschränkt, so ist sie konvergent.

Fall 2 kann analog gezeigt werden. ∎

Beweis von Satz 4.2.3 (∗): Wir zeigen dies durch einen indirekten Beweis und zeigen die Kontraposition: gilt $\lim_{n \to +\infty} a_n = a > b = \lim_{n \to +\infty} b_n$, dann gilt $a_n > b_n$ für mindestens ein $n \geq m$, egal wie groß m gewählt wird.

Denn gilt $a > b$, dann ist $\frac{a-b}{2} > 0$. Zudem gibt es wegen $\lim_{n \to +\infty} a_n = a$ einen Wert m_a mit

$$|a_n - a| < \frac{a-b}{2} \text{ für alle } n > m_a.$$

Es gilt also

$$\frac{a+b}{2} = a - \frac{a-b}{2} < a_n < a + \frac{a-b}{2} \text{ für alle } n > m_a.$$

Analog gibt es wegen $\lim_{n \to +\infty} b_n = b$ einen Wert m_b mit

$$|b_n - b| < \frac{a-b}{2} \text{ für alle } n > m_b.$$

Es gilt also

$$b - \frac{a-b}{2} < b_n < b + \frac{a-b}{2} = \frac{a+b}{2} \text{ für alle } n > m_b.$$

Für alle $n > \max\{m_a, m_b\}$ gilt also

$$a_n > \frac{a+b}{2} > b_n$$

und damit $a_n > b_n$. ∎

Beweis von Satz 4.2.4: Gilt $a = \lim_{n \to +\infty} a_n$, dann gibt es zu jedem ε ein m_a mit $|a_n - a| < \varepsilon$ für alle $n > m_a$, bzw.

$$a - \varepsilon < a_n < a + \varepsilon \text{ für alle } n > m_a.$$

Analog gibt es wegen $a = \lim_{n \to +\infty} c_n$ zu jedem ε ein m_c mit $|c_n - a| < \varepsilon$ für alle $n > m_c$, bzw.

$$a - \varepsilon < c_n < a + \varepsilon \text{ für alle } n > m_c.$$

Also gilt für alle $n > \max\{m_a, m_c\}$, dass

$$a - \varepsilon < a_n \leq b_n \leq c_n < a + \varepsilon.$$

Wegen $a - \varepsilon < b_n < a + \varepsilon$ gilt also auch $a = \lim_{n \to +\infty} b_n$. ∎

Beweis von Satz 4.2.5: Die Folge $\{a_n\}_{n \in \mathbb{N}}$ hat einen uneigentlichen Grenzwert $+\infty$, das heißt

$$\text{für alle } a \in \mathbb{R} \text{ existiert ein } s \in \mathbb{R} : a_n > a \;\; \forall n > s.$$

Somit gilt aber auch $b_n \geq a_n > a$ für alle $n > \max\{s, m\}$. Das heißt, die Folge $\{b_n\}_{n \in \mathbb{N}}$ hat einen uneigentlichen Grenzwert $+\infty$. Die zweite Aussage zeigt man analog. ∎

Beweis von Satz 4.2.6 ($*$): Wir führen den direkten Beweis von Aussage i. Wir wissen, dass $a = \lim_{n \to +\infty} a_n$, $b = \lim_{n \to +\infty} b_n$, d.h. für gegebenes $\varepsilon_a > 0$ gibt es ein m_a mit $|a_n - a| < \varepsilon_a$ für alle $n > m_a$ und für gegebenes $\varepsilon_b > 0$ ein m_b mit $|b_n - b| < \varepsilon_b$ für alle $n > m_b$.

Der Grenzwert ist $a + b$, wenn es zu jedem ε ein m gibt, so dass $|(a_n + b_n) - (a+b)| < \varepsilon$ für alle $n > m$. Wir wenden die Dreiecksungleichung an

$$|(a_n + b_n) - (a+b)| = |(a_n - a) + (b_n - b)| \leq |a_n - a| + |b_n - b|.$$

Wählt man nun beispielsweise $\varepsilon_a = \varepsilon_b = \varepsilon/2$, so gilt für n größer als $\max\{m_a, m_b\}$, dass $|a_n - a| + |b_n - b| < \varepsilon$ und damit auch $|(a_n + b_n) - (a+b)| < \varepsilon$.

Für Beweißkizzen von Aussagen ii. bis vi. verweisen wir auf Opitz et al. (2017, Sätze 7.10 und 7.11). In Merz und Wüthrich (2013, Satz 11.39) finden sich Beweise für Aussagen ii-iv. ∎

Beweis von Satz 4.2.7 $(*)$: Gilt $\lim_{n\to+\infty} a_n = 0$, so existiert zu jedem $\varepsilon > 0$ ein $m_0 \in \mathbb{R}$ mit $|a_n| < \varepsilon$.

Um die erste Behauptung zu zeigen, nehmen wir zusätzlich an, es gäbe ein $m \in \mathbb{R}$ mit $a_n > 0$ für alle $n > m$. Dann gilt

$$|a_n| = a_n < \varepsilon \text{ für alle } n > \max\{m, m_0\}.$$

Umformen ergibt

$$\frac{1}{\varepsilon} < \frac{1}{a_n} \text{ für alle } n > \max\{m, m_0\}.$$

Somit sind für jeden Wert $b = \frac{1}{\varepsilon} > 0$ alle Glieder der Folge $\{\frac{1}{a_n}\}_{n\in\mathbb{N}}$ für $n > \max\{m, m_0\}$ größer als b. Somit gilt $\lim_{n\to+\infty} \frac{1}{a_n} = +\infty$.

Um die zweite Behauptung zu zeigen, nehmen wir stattdessen an, es gäbe ein $m \in \mathbb{R}$ mit $a_n < 0$ für alle $n > m$. Dann gilt

$$|a_n| = -a_n < \varepsilon \text{ für alle } n > \max\{m, m_0\}.$$

Umformen ergibt

$$-\frac{1}{\varepsilon} > \frac{1}{a_n} \text{ für alle } n > \max\{m, m_0\}.$$

Somit sind für jeden Wert $b = -\frac{1}{\varepsilon} < 0$ alle Glieder der Folge $\{\frac{1}{a_n}\}_{n\in\mathbb{N}}$ für $n > \max\{m, m_0\}$ kleiner als b. Somit gilt $\lim_{n\to+\infty} \frac{1}{a_n} = -\infty$.

Existieren zu jedem $m \in \mathbb{R}$ Glieder $a_{n^+} > 0$ und $a_{n^-} < 0$ mit $n^+, n^- > m$, dann existiert auch zu jedem $m \in \mathbb{R}$ ein Element $\frac{1}{a_{n^+}} > 0$ und $\frac{1}{a_{n^-}} < 0$ mit $n^+, n^- > m$. Somit kann weder $\lim_{n\to+\infty} \frac{1}{a_n} = -\infty$ noch $\lim_{n\to+\infty} \frac{1}{a_n} = +\infty$ gelten. ∎

Beweis von Satz 4.2.8 $(*)$: Wir führen direkte Beweise von Aussagen i.-v., wobei wir uns stets auf die Aussagen für die Folge b_n mit $\lim\limits_{n\to+\infty} b_n = +\infty$ beschränken. Die entsprechenden Aussagen für die Folge d_n mit $\lim\limits_{n\to+\infty} d_n = -\infty$ können analog bewiesen werden.

Allgemein gilt: Wir wissen, dass

- $a = \lim\limits_{n\to+\infty} a_n$, d.h. für gegebenes $\varepsilon_a > 0$ gibt es ein m_a mit $|a_n - a| < \varepsilon_a$ für alle $n > m_a$;
- $\lim\limits_{n\to+\infty} b_n = +\infty$, d.h. für gegebenes b gibt es stets ein m_b mit $b_n > b$ für alle $n > m_b$;
- $\lim\limits_{n\to+\infty} c_n = +\infty$, d.h. für gegebenes c gibt es stets ein m_c mit $c_n > c$ für alle $n > m_c$.

Aufgrund der ersten beiden Aussagen folgt: Für beliebige Werte von $b, \varepsilon_a > 0$ gilt für alle $m > \max\{m_a, m_b\}$

$$\left|\frac{a_n}{b_n}\right| < \frac{|a| + \varepsilon_a}{b}.$$

Wählt man $\varepsilon_a = 1$ und $b = \frac{|a| + \varepsilon_a}{\varepsilon}$ für beliebiges $\varepsilon > 0$, ergibt sich

$$\left|\frac{a_n}{b_n} - 0\right| < \frac{|a| + \varepsilon_a}{b} = \varepsilon.$$

Also gilt $\lim_{n\to+\infty} \frac{a_n}{b_n} = 0$, vgl. Aussage i.

Wir beweisen nun Aussage ii.: Für beliebige Werte von $b > 0$ und $c > 0$ gilt für alle $n > \max\{m_b, m_c\}$

$$b_n \cdot c_n > b \cdot c > 0.$$

Damit kann man für jedes $m > 0$ beispielsweise $b = 1$ und $c = m$ wählen, so dass

$$|b_n \cdot c_n| > b \cdot c = m$$

gilt. Also ist $\lim_{n \to +\infty} b_n c_n = +\infty$. Aussage iii. kann analog zu Aussage ii. bewiesen werden.

Wir wenden uns nun Aussage iv. zu: Da $a > 0$ gilt, gibt es Werte von ε_a mit $a > \varepsilon_a > 0$. Für diese ε_a und beliebige Werte von $b > 0$ gilt für alle $m > \max\{m_a, m_b\}$, dass

$$|a_n \cdot b_n| > (a - \varepsilon_a) \cdot b.$$

Damit kann man für jedes $m > 0$ den Wert $b = \frac{m}{a - \varepsilon_a}$ wählen, so dass

$$|a_n \cdot b_n| > (a - \varepsilon_a) \cdot b = m$$

gilt. Also ist $\lim_{n \to +\infty} a_n b_n = +\infty$. Aussage v. kann analog gezeigt werden. ∎

Beweis von Satz 4.2.9: Der Beweis kann wie der Beweis von Satz 4.2.8, Aussagen ii. und iv. über die Definition des (uneigentlichen) Grenzwerts geführt werden. ∎

Beweis von Satz 4.3.1: Der Beweis folgt direkt aus den Sätzen 4.2.8 und 4.2.9. ∎

Beweis von Satz 4.3.2: Der Beweis folgt aus den Konvergenzeigenschaften der Folge $\{q^n\}_{n \in \mathbb{N}}$ und den Rechenregeln für Grenzwerte aus den Sätzen 4.2.6, 4.2.8 und 4.2.9. ∎

Beweis von Satz 4.3.3 (∗): Für die allgemeine harmonische Folge gilt $|\frac{1}{n^c} - 0| = |\frac{1}{n^c}| < \varepsilon$ für alle $n > \left(\frac{1}{\varepsilon}\right)^{1/c}$. Also gilt $\lim_{n \to +\infty} \frac{1}{n^c} = 0$.

Für die allgemeine harmonische Reihe beweisen wir die Fälle $c \leq 1$ und $c \geq 2$. Um diese Teile zu beweisen, benötigt man einige nicht so offensichtliche Umwege. Die benötigten Mittel haben wir jedoch bereits alle kennengelernt. Für $1 < c < 2$ werden Mittel benötigt, die über den hier behandelten Stoff hinaus gehen. Man findet einen Beweis z.B. in Heuser (2000, Satz 33.3).

Sei zunächst $c = 2$. Wir zeigen, dass die Reihe in diesem Fall monoton wachsend und beschränkt, also konvergent ist. Da alle Glieder $a_n = \frac{1}{n^2} > 0$ sind, ist die Reihe offensichtlich monoton steigend. Um zu zeigen, dass sie beschränkt ist, nutzen wir einige Rechentricks:

$$\begin{aligned}
s_n &= \sum_{i=1}^{n} \frac{1}{i^2} = \sum_{i=1}^{n} \frac{1}{i \cdot i} = 1 + \sum_{i=2}^{n} \frac{1}{i \cdot i} \\
&\leq 1 + \sum_{i=2}^{n} \frac{1}{i \cdot (i-1)} = 1 + \sum_{i=2}^{n} \left(\frac{1}{i-1} - \frac{1}{i} \right) \\
&= 1 + \left(1 - \frac{1}{2} + \frac{1}{2} - \frac{1}{3} + \frac{1}{3} - \frac{1}{4} + \ldots + \frac{1}{n-2} - \frac{1}{n-1} + \frac{1}{n-1} - \frac{1}{n} \right) \\
&= 1 + \left(1 - \frac{1}{n} \right) = 2 - \frac{1}{n} \leq 2.
\end{aligned}$$

Im ersten Schritt haben wir nur den ersten Summanden aus der Summe gezogen. Die erste Ungleichung ergibt sich aus $\frac{1}{i} \leq \frac{1}{i-1}$. Bringt man die Differenz $\frac{1}{i-1} - \frac{1}{i}$ auf den gemeinsamen Nenner, erhält man $\frac{1}{i(i-1)}$, was die Gleichheit erklärt. Im folgenden Schritt werden die

Summanden ausgeschrieben, so dass man erkennt, dass sich aufeinanderfolgende Terme aufheben. Aus $\frac{1}{n} > 0$ folgt die letzte Ungleichung.

Auch für $c > 2$ ist die allgemeine harmonische Reihe monoton steigend und wegen $\sum_{i=1}^{n} \frac{1}{i^c} \leq \sum_{i=1}^{n} \frac{1}{i^2} \leq 2$ beschränkt und damit konvergent.

Den Fall $c = 1$ zu beweisen ist etwas trickreich. Wir definieren zunächst eine Abbildung, die jeder natürlichen Zahl n den Exponenten der größten Zweierpotenz kleiner gleich n zuweist:

$$p : \mathbb{N} \to \mathbb{N}_0 \text{ mit } p(n) = \max\{k \in \mathbb{N}_0 | 2^k \leq n\}.$$

Da $2^0 = 1$, $2^1 = 2$, $2^2 = 4$ und $2^3 = 8$, gilt also $p(1) = 0$, $p(2) = 1$, $p(3) = 1$, $p(4) = 2$, $p(5) = 2$, $p(6) = 2$, $p(7) = 2$, $p(8) = 3$, etc.. Die Abbildung p entspricht einem auf ganze Zahlen abgerundeten Logarithmus zur Basis 2, also ist $\log_2(n) - 1 \leq p(n) \leq \log_2(n)$.[12]

Da stets $2^{p(n)} \leq n$ und Brüche durch Vergrößerung des Nenners kleiner werden, gilt:

$$\sum_{i=1}^{n} \frac{1}{i} = 1 + \frac{1}{2} + \frac{1}{3} + \frac{1}{4} + \frac{1}{5} + \frac{1}{6} + \frac{1}{7} + \frac{1}{8} + \cdots + \frac{1}{2^{p(n)}} + \cdots + \frac{1}{n}$$

$$\geq 1 + \frac{1}{2} + \frac{1}{3} + \frac{1}{4} + \frac{1}{5} + \frac{1}{6} + \frac{1}{7} + \frac{1}{8} + \cdots + \frac{1}{2^{p(n)}}$$

$$\geq 1 + \frac{1}{2} + \underbrace{\frac{1}{4} + \frac{1}{4}}_{=\frac{1}{2}} + \underbrace{\frac{1}{8} + \frac{1}{8} + \frac{1}{8} + \frac{1}{8}}_{=\frac{1}{2}} + \cdots + \cdots + \underbrace{\frac{1}{2^{p(n)}}}_{=\frac{1}{2}}$$

Der Wert $p(n)$ gibt nun an, wie oft bei dieser nach oben abgeschätzten Summe der Summand $\frac{1}{2}$ zu 1 addiert wird. Mit $\log_2(n) - 1 \leq p(n)$ gilt daher:

$$\sum_{i=1}^{n} \frac{1}{i} \geq 1 + \underbrace{\frac{1}{2} + \frac{1}{2} + \frac{1}{2} + \cdots + \frac{1}{2}}_{=\frac{1}{2} \cdot p(n)} = 1 + \frac{1}{2} \cdot p(n) \geq 1 + \frac{1}{2} \cdot (\log_2(n) - 1).$$

Diese Abschätzung können wir nutzen, um zu zeigen, dass für jedes beliebige a ein m bestimmt werden kann, so dass alle Folgenglieder für $n > m$ größer sind als a:

$$1 + \frac{1}{2} \cdot (\log_2(n) - 1) > a \quad \Leftrightarrow \quad n > 2^{2(a-1)+1}.$$

Wählt man also $m = 2^{2(a-1)+1}$, so ist $a_n > a$ für alle $n \geq m$. Ist beispielsweise $a = 3$, so ist für alle $n \geq m = 2^{2(3-1)+1} = 2^5 = 32$ der Wert von $1 + \frac{1}{2} \cdot (\log_2(n) - 1)$ größer als 3 und damit auch $\sum_{i=1}^{n} \frac{1}{i} > 3$. Wir haben also gezeigt, dass $\lim_{n \to +\infty} \sum_{i=1}^{n} \frac{1}{i} = +\infty$ gelten muss.

Für $c < 1$ gilt für jedes Folgenglied $n \in \mathbb{N}$, dass

$$\sum_{i=1}^{n} \frac{1}{i^c} \geq \sum_{i=1}^{n} \frac{1}{i}.$$

Aus $\lim_{n \to +\infty} \sum_{i=1}^{n} \frac{1}{i} = +\infty$ können wir mit dem Vergleichssatz 4.2.5 für uneigentliche Grenzwerte schließen, dass die Reihe für $c < 1$ divergieren muss. ∎

---

[12] Es empfiehlt sich hier, die Berechnungen anhand eines konkreten Zahlenbeispiels, z.B. $n = 17$ zu verfolgen.

Beweis von Satz 4.3.4 $(*)$: Der entscheidende Trick dieses Beweises ist es, den Binomischen Lehrsatz

$$(x+y)^n = \sum_{k=0}^{n} \binom{n}{k} x^{n-k} y^k$$

mit $x = 1$ und $y = \frac{1}{n}$ für jedes Glied der Folge anzuwenden. Man erhält so

$$a_n = \left(1 + \frac{1}{n}\right)^n = \sum_{k=0}^{n} \binom{n}{k} \cdot 1^{n-k} \cdot \left(\frac{1}{n}\right)^k = \sum_{k=0}^{n} \binom{n}{k} \cdot \frac{1}{n^k}$$

$$= 1 + n \cdot \frac{1}{n} + \frac{n(n-1)}{2!} \cdot \frac{1}{n^2} + \ldots + \frac{n(n-1)(n-2)\cdots 1}{n!} \cdot \frac{1}{n^n}.$$

Will man nun zeigen, dass die Folge monoton wachsend ist, muss man zeigen, dass $a_{n+1} \geq a_n$ bzw. $a_n \leq a_{n+1}$ für alle $n \in \mathbb{N}$ gilt. Wir beginnen mit dem Einsetzen der obigen Umformung für a_n, fassen die einzelnen Summanden zusammen und vereinfachen sie wie folgt:

$$a_n = 1 + n \cdot \frac{1}{n} + \frac{n(n-1)}{2!} \cdot \frac{1}{n^2} + \ldots + \frac{n(n-1)(n-2)\cdots 1}{n!} \cdot \frac{1}{n^n}$$

$$= 1 + 1 + \frac{1}{2!}\left(\frac{n-1}{n}\right) + \ldots + \frac{1}{n!}\left(\frac{n-1}{n}\right)\left(\frac{n-2}{n}\right)\cdots\left(\frac{1}{n}\right)$$

$$= 1 + 1 + \frac{1}{2!}\left(1 - \frac{1}{n}\right) + \ldots + \frac{1}{n!}\left(1 - \frac{1}{n}\right)\left(1 - \frac{2}{n}\right)\cdots\left(1 - \frac{n-1}{n}\right)$$

$$\leq 1 + 1 + \frac{1}{2!}\left(1 - \frac{1}{n+1}\right) + \ldots + \frac{1}{n!}\left(1 - \frac{1}{n+1}\right)\left(1 - \frac{2}{n+1}\right)\cdots\left(1 - \frac{n-1}{n+1}\right)$$

$$= 1 + 1 + \frac{1}{2!}\left(\frac{n}{n+1}\right) + \ldots + \frac{1}{n!}\left(\frac{n}{n+1}\right)\left(\frac{n-1}{n+1}\right)\cdots\left(\frac{2}{n+1}\right)$$

$$= 1 + (n+1) \cdot \frac{1}{n+1} + \frac{(n+1)n}{2!} \cdot \frac{1}{(n+1)^2} + \ldots + \frac{(n+1)n(n-1)\ldots 2}{n!} \cdot \frac{1}{(n+1)^n}$$

$$= \frac{(n+1)!}{(n+1)!0!} \cdot \frac{1}{(n+1)^0} + \frac{(n+1)!}{n!1!} \cdot \frac{1}{n+1} + \frac{(n+1)!}{(n-1)!2!} \cdot \frac{1}{(n+1)^2} + \ldots + \frac{(n+1)!}{1!n!} \cdot \frac{1}{(n+1)^n}$$

$$= \sum_{k=0}^{n} \binom{n+1}{k} \cdot \frac{1}{(n+1)^k}$$

$$\leq \sum_{k=0}^{n+1} \binom{n+1}{k} \cdot \frac{1}{(n+1)^k} = \left(1 + \frac{1}{n+1}\right)^{n+1} = a_{n+1}$$

Die erste Ungleichung kommt dadurch zustande, dass wir den Nenner im Subtrahenden erhöhen. Hierdurch wird der Subtrahend kleiner und die Differenz größer. Die folgenden Umformungen sind Umkehrungen der ersten Schritte und eine Zusammenfassung in der Summenschreibweise. Die zweite Ungleichung entsteht dadurch, dass ein weiterer, positiver Summand hinzugefügt wird und wir so den Binomischen Lehrsatz erneut anwenden können, um a_{n+1} zu erhalten.

Um zu zeigen, dass die Folge beschränkt ist, nutzen wir wieder die obige Umformung von a_n mit Hilfe des Binomischen Lehrsatzes. Statt in der ersten Ungleichung den Nenner im Subtrahenden nur etwas zu erhöhen, lassen wir den (positiven) Subtrahenden $\frac{1}{n}$ einfach weg. Es entsteht eine Abschätzung nach oben.

$$
\begin{aligned}
a_n &= 1 + n \cdot \frac{1}{n} + \frac{n(n-1)}{2!} \cdot \frac{1}{n^2} + \cdots + \frac{n(n-1)(n-2)\ldots 1}{n!} \cdot \frac{1}{n^n} \\
&= 1 + 1 + \frac{1}{2!}\left(1 - \frac{1}{n}\right) + \cdots + \frac{1}{n!}\left(1 - \frac{1}{n}\right)\left(1 - \frac{2}{n}\right)\ldots\left(1 - \frac{n-1}{n}\right) \\
&\leq 1 + 1 + \frac{1}{2!} + \frac{1}{3!} + \cdots + \frac{1}{n!} \\
&\leq 1 + 1 + \frac{1}{2} + \frac{1}{2^2} + \cdots + \frac{1}{2^{n-1}} = 2 + \sum_{k=1}^{n-1}\left(\frac{1}{2}\right)^k \\
&\leq 2 + \sum_{k=1}^{n-1}\left(\frac{1}{2}\right)^k + \left(\frac{1}{2}\right)^n + \left(\frac{1}{2}\right)^{n+1} + \cdots \\
&\leq 2 + \sum_{k=1}^{+\infty}\left(\frac{1}{2}\right)^k = 2 + \frac{\frac{1}{2}}{1 - \frac{1}{2}} = 2 + 1 = 3.
\end{aligned}
$$

Die zweite Ungleichung entsteht dadurch, dass wir alle Faktoren von $k!$, die größer sind als 2, durch 2 ersetzen. Hierdurch wird der Nenner verkleinert, also der Wert erhöht. Die letzte Ungleichung entsteht dadurch, dass wir weitere positive Summanden addieren bevor wir dann den Grenzwert der geometrischen Reihe einsetzen.

Zusammenfassend haben wir also gezeigt, dass die Folge monoton wachsend und nach oben durch 3 beschränkt ist. (Da die Folge monoton wachsend ist, ist sie auch nach unten durch $\underline{b} = a_1 = 2$ beschränkt. Also ist sie beschränkt). Damit ist die Folge konvergent. ■

4.6   Literaturverzeichnis

Dietz, H. M., *Mathematik für Wirtschaftswissenschaftler*, Springer Berlin Heidelberg, 5. Auflage, 2012

Heuser, H., *Lehrbuch der Analysis, Teil 1*, Teubner, Stuttgart, 13. Auflage, 2000

Merz, M. und Wüthrich, M.V., *Mathematik für Wirtschaftswissenschaftler: Die Einführung mit vielen ökonomischen Beispielen*, Vahlen, 1. Auflage, 2013

Opitz, O., Etschberger, S., Burkart, W., und Klein, R., *Mathematik - Lehrbuch: für das Studium der Wirtschaftswissenschaften*, De Gruyter Studium, 12. Auflage, 2017

Open Access Dieses Kapitel wird unter der Creative Commons Namensnennung 4.0 International Lizenz (http://creativecommons.org/licenses/by/4.0/deed.de) veröffentlicht, welche die Nutzung, Vervielfältigung, Bearbeitung, Verbreitung und Wiedergabe in jeglichem Medium und Format erlaubt, sofern Sie den/die ursprünglichen Autor(en) und die Quelle ordnungsgemäß nennen, einen Link zur Creative Commons Lizenz beifügen und angeben, ob Änderungen vorgenommen wurden.

Die in diesem Kapitel enthaltenen Bilder und sonstiges Drittmaterial unterliegen ebenfalls der genannten Creative Commons Lizenz, sofern sich aus der Abbildungslegende nichts anderes ergibt. Sofern das betreffende Material nicht unter der genannten Creative Commons Lizenz steht und die betreffende Handlung nicht nach gesetzlichen Vorschriften erlaubt ist, ist für die oben aufgeführten Weiterverwendungen des Materials die Einwilligung des jeweiligen Rechteinhabers einzuholen.

5. Reelle Funktionen

Reelle Funktionen sind Funktionen, deren Definitionsbereich und Zielmenge Teilmengen der reellen Zahlen sind. Da die natürlichen Zahlen eine Teilmenge der reellen Zahlen sind, $\mathbb{N} \subseteq \mathbb{R}$, ist auch jede Folge eine reelle Funktion. Reelle Funktionen erlauben aber beliebige Teilmengen von $\mathbb{R}$ als Definitionsbereich, häufig sind es Intervalle oder Vereinigungen von Intervallen. Um die Definitionen und Sätze in den folgenden Unterkapiteln zu vereinfachen, beschränken wir uns in diesem Kapitel auf reelle Funktionen mit einem Definitionsbereich, der als Vereinigung von endlich vielen Intervallen geschrieben werden kann.[1]

Den Graphen einer reellen Funktion visualisieren wir stets in einem Koordinatensystem, in welchem die Elemente des Definitionsbereichs $x \in D$ auf einer horizontalen Achse und die zugehörigen Werte $y = f(x)$ auf einer vertikalen Achse abgetragen sind. Wir bezeichnen daher in diesem Kapitel die horizontale Achse als x-Achse und die vertikale Achse als y-Achse.

5.1 Grundlagen

In diesem Abschnitt definieren wir, was eine reelle Funktion ist, und stellen wichtige reelle Funktionen sowie Verknüpfungen von Funktionen vor. Wir nutzen dabei das in Kapitel 3 eingeführte Grundwissen über Funktionen.

5.1.1 Definition

Ziele dieses Unterkapitels
- Was ist eine reelle Funktion?
- Was ist eine Nullstelle?
- Was versteht man unter einem natürlichen Definitions- und Wertebereich?

---

[1] Diese Annahme schließt beispielsweise Folgen aus.

© Der/die Autor(en) 2026
C. Barz, *Mathematik für Wirtschaftswissenschaftler*,
https://doi.org/10.1007/978-3-658-50521-9_6

- In welcher geometrischen Beziehung stehen der Graph einer reellen Funktion und der Graph der zugehörigen Umkehrfunktion, falls diese existiert?

Definition 5.1.1 — Die reelle Funktion.
Eine Funktion $f : D \to Z$ mit $D, Z \subseteq \mathbb{R}$ heißt **reelle** oder **reellwertige Funktion**. Innere Punkte, äußere Punkte und Randpunkte des Definitionsbereichs $x \in D$ werden auch als innere Stellen, äußere Stellen und Randstellen bezeichnet.

Eine Funktionsbeschreibung besteht also aus einer Definitionsmenge D, einer Zielmenge Z und einer Abbildungsvorschrift (vgl. Kapitel 3). Wie für allgemeine Funktionen nennt man $f(D)$ auch den Wertebereich oder das Bild der Funktion.

Beispiel 5.1.1 — Die Funktion q.
Sei $q : [-2,4] \to \mathbb{R}$ mit $q(x) = x^2$ gegeben. Dann sind die inneren Stellen des Definitionsbereichs im Intervall $(-2,4)$. Der Rand des Definitionsbereichs besteht aus den Stellen -2 und 4. Das Bild von $x = -1$ ist hier $q(-1) = (-1)^2 = 1$, das Bild von $x = 2$ ist $q(2) = 2^2 = 4$.

Es gibt zwei Urbilder, welche zum Wert $4 \in Z$ führen, nämlich $x = 2$ und $x = -2$, siehe Abbildung 5.1. Man sagt auch, die Funktion hat zwei 4-Stellen. Die Funktion hat eine Nullstelle bei $x = 0$, da in diesem Fall $q(x) = 0$ gilt.   ∎

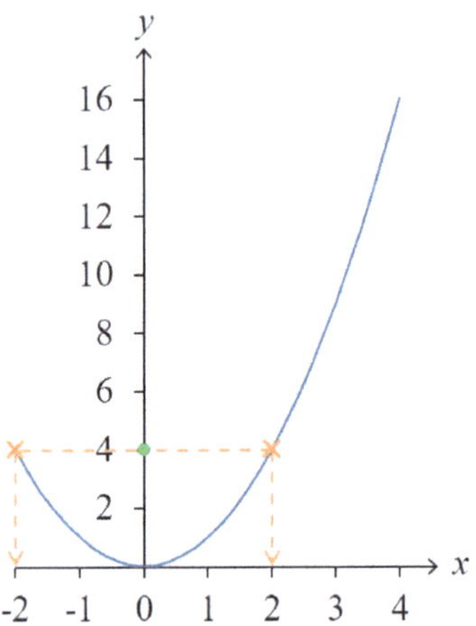

Abbildung 5.1: Die zwei 4-Stellen der Funktion $q(x) = x^2$

Definition 5.1.2 — c-Stelle und Nullstelle.
Sei $f : D \to Z$ eine reelle Funktion. Man nennt die Stelle $x \in D$ mit $f(x) = c$ eine **c-Stelle** von f. Für $c = 0$ spricht man von einer **Nullstelle** von f.

Fehlen bei der Funktionsbeschreibung Definitionsbereich und Zielmenge, so nimmt man als Definitionsbereich die Menge aller x-Werte an, für welche die Abbildungsvorschrift definiert ist. Die Zielmenge entspricht dann dem Bild dieser Menge.

Beispiel 5.1.2 — Eine Abbildungsvorschrift.
Ist eine reelle Funktion nur als $q(x) = x^2$ gegeben, so nimmt man an, dass der Definitionsbereich gleich $\mathbb{R}$ ist, da die Funktion für alle $x \in \mathbb{R}$ ausgewertet werden kann. Als

Zielmenge setzt man $q(\mathbb{R}) = [0, +\infty)$, da nur nicht-negative reelle Zahlen durch $x \in \mathbb{R}$ erreicht werden können, vgl. Abbildung 5.2. Ohne weitere Angaben gehen wir also von einer Funktion $q : \mathbb{R} \to [0, +\infty)$ aus.   ∎

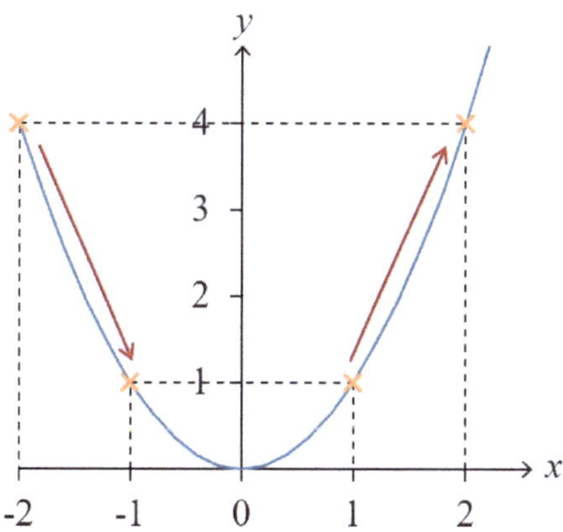

Abbildung 5.2: Die Funktion $q(x) = x^2$ hat den Wertebereich $[0, +\infty)$

Den sich so aus der Abbildungsvorschrift f ergebenden Definitionsbereich nennt man den natürlichen Definitionsbereich D_f, die entsprechende Zielmenge heißt natürlicher Wertebereich $W_f = f(D_f)$.

> **Definition 5.1.3 — Der natürliche Definitions- und Wertebereich.**
> Der **natürliche Definitionsbereich** D_f einer reellen Funktion $y = f(x)$ gibt an, für welche Argumente $x \in \mathbb{R}$ die Abbildungsvorschrift $f(x)$ ausgewertet werden kann. Der **natürliche Wertebereich** ist $W_f = f(D_f)$.

Der natürliche Definitionsbereich gibt also alle Werte von x an, die man in die Abbildungsvorschrift $f(x)$ einsetzen darf.

■ Beispiel 5.1.3 — Der natürliche Definitions- und Wertebereich.
Ist die Abbildungsvorschrift als $f(x) = \log_{10}(x) - 1$ gegeben, so ist $D_f = (0, +\infty)$. Der Wertebereich gibt alle Werte von y an, die man bei der Berechnung von $y = f(x)$ erhalten kann. Im Beispiel $y = f(x) = \log_{10}(x) - 1$ ist das jede reelle Zahl und damit $W_f = \mathbb{R}$. Die Abbildungsvorschrift $f(x) = \log_{10}(x) - 1$ steht also kurz für die Funktion $f : (0, +\infty) \to \mathbb{R}$ mit $f(x) = \log_{10}(x) - 1$.

Reelle Funktionen können, müssen aber nicht, ihren natürlichen Definitionsbereich als Definitionsbereich haben. Auch $f : [0.1, 10] \to [-3, 3]$ mit $f(x) = \log_{10}(x) - 1$ beschreibt eine reelle Funktion (mit Definitionsbereich $[0.1, 10]$, Zielmenge $[-3, 3]$ und Wertebereich $f([0.1, 10]) = [-2, 0]$). Der Graph dieser Funktion ist in Abbildung 5.3 dargestellt.   ∎

Bildet eine Funktion den natürlichen Definitionsbereich ihrer Abbildungsvorschrift auf den natürlichen Wertebereich ab, werden in der Regel der Definitionsbereich und die Zielmenge bei der Funktionsbeschreibung weggelassen. In diesem Fall beschreibt man die Funktion oft nur mithilfe der Abbildungsvorschrift.

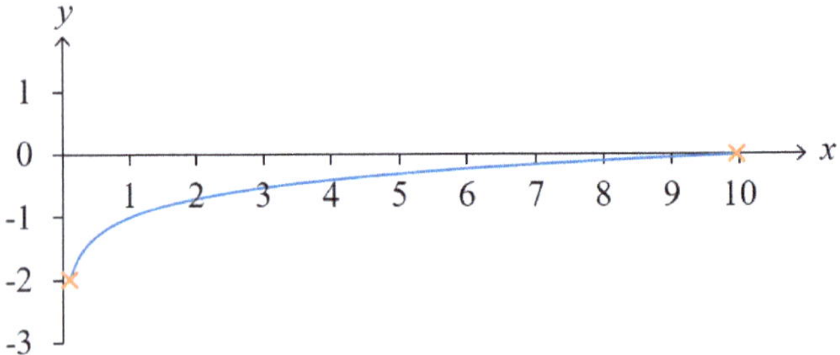

Abbildung 5.3: Der Graph von $f : [0.1, 10] \to [-3, 3]$ mit $f(x) = \log_{10}(x) - 1$

Die Umkehrfunktion einer reellen Funktion kann häufig wie folgt bestimmt werden:[2]
1. Auflösen der Abbildungsvorschrift $y = f(x)$ nach x: $x = f^{-1}(y)$
2. Vertauschen von x und y: $y = f^{-1}(x)$
Wir demonstrieren das Vorgehen erneut in folgendem Beispiel:

■ **Beispiel 5.1.4 — Die Umkehrfunktion von $f(x) = \log_{10}(x) - 1$.**
Interessieren wir uns für die Umkehrfunktion von $f : (0, +\infty) \to \mathbb{R}$ mit $f(x) = \log_{10}(x) - 1$,
können wir versuchen, $y = f(x)$ nach x aufzulösen. Hier ergibt sich

$$y = \log_{10}(x) - 1$$
$$\Leftrightarrow y + 1 = \log_{10}(x)$$
$$\Leftrightarrow 10^{y+1} = 10^{\log_{10}(x)} = x.$$

Da man für jedes $y \in \mathbb{R}$ genau ein $x \in (0, +\infty)$ erhält, ist f bijektiv. Will man das Argument
wieder als x und das Bild als y bezeichnen, vertauscht man in der Abbildungsvorschrift der
Umkehrfunktion die Symbole x und y. So ergibt sich

$$f^{-1} : \mathbb{R} \to (0, +\infty) \quad \text{mit} \quad f^{-1}(x) = 10^{x+1},$$

die Umkehrfunktion von f.

Wie man in Abbildung 5.4 erkennen kann, entspricht der Graph von f^{-1} einer Spiegelung des Graphen von f an der Achse $y = x$.   ■

Das Vertauschen von x und y entspricht der Spiegelung des Graphen von f an der
$y = x$-Achse. Folgender Satz überträgt Satz 3.1.1 auf reelle Funktionen.

> **Satz 5.1.1 — Der Graph der Umkehrfunktion.**
> Stellt man die Graphen einer bijektiven reellen Funktion f und deren Umkehrfunktion
> f^{-1} in einem Koordinatensystem dar, entspricht der Graph von f^{-1} dem an der $y = x$-
> Achse gespiegelten Graphen von f.

Auch wenn man die Abbildungsvorschrift einer bijektiven Funktion nicht nach x auflösen
kann, existiert die Umkehrfunktion. Folgendes Beispiel demonstriert dies.

---

[2]   Dabei erleichtert der zweite Schritt den Vergleich mit f, prinzipiell ist es aber unerheblich, ob das
Argument einer Funktion x oder y heißt.

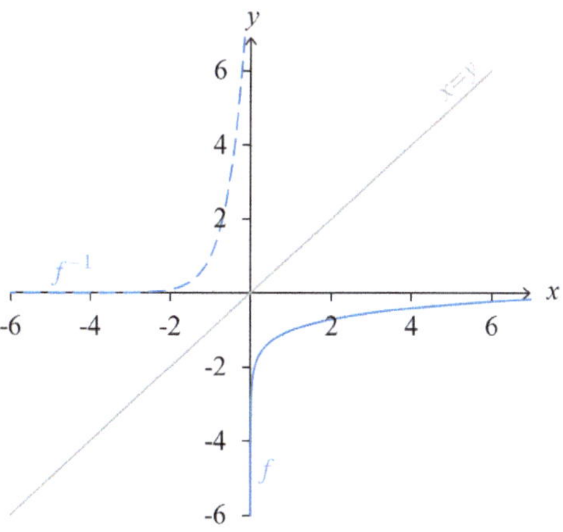

Abbildung 5.4: Graph der Funktion $f(x) = \log_{10}(x) - 1$ und der zugehörigen Umkehrfunktion $f^{-1}(x) = 10^{x+1}$

■ **Beispiel 5.1.5 — Die Umkehrfunktion von $f(x) = x + e^x$.**
Wir betrachten die Funktion mit Abbildungsvorschrift

$$f(x) = x + e^x.$$

In Abbildung 5.5 links scheint es, als existiere zu jedem x genau ein y und umgekehrt. Beispielsweise gibt es zu $y = -10$ genau ein x (bei ungefähr -10) mit $f(x) = -10 = y$. In anderen Worten: es scheint, als sei die Funktion bijektiv. Wenn das tatsächlich der Fall ist, existiert eine Umkehrfunktion.

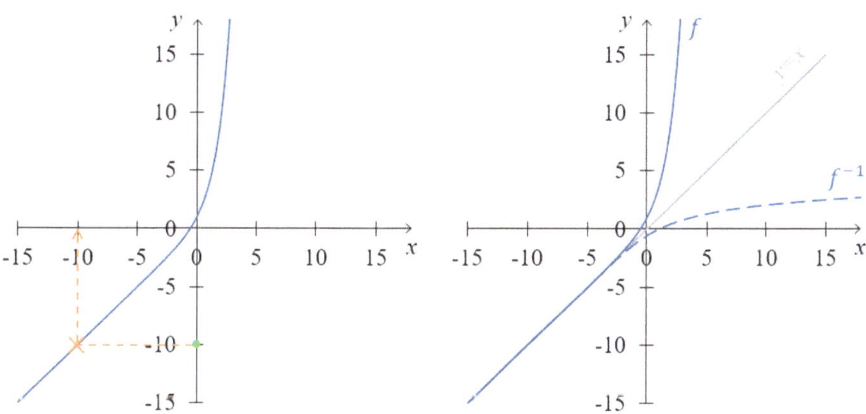

Abbildung 5.5: Graph der Funktion $f(x) = x + e^x$ und der zugehörigen Umkehrfunktion $f^{-1}(x)$

In Abbildung 5.5 rechts ist die Spiegelung des Graphen von $f(x)$ an der $y = x$-Achse eingezeichnet. Dieser Graph scheint der Graph der Umkehrfunktion f^{-1} zu sein. Dennoch kann man die Gleichung $y = x + e^x$ nicht analytisch nach x auflösen. Wir zeigen später, wie man hier auch ohne eine explizite Angabe der Umkehrfunktion Aussagen über die Existenz sowie Eigenschaften der Umkehrfunktion treffen kann. ∎

(Z) Eine reelle Funktion ist eine Funktion $f : D \to Z$ mit $D, Z \subseteq \mathbb{R}$.
Gilt $f(x) = 0$, nennt man x Nullstelle von f.
Der natürliche Definitionsbereich D_f ist die Menge aller x-Werte, für welche die Abbildungsvorschrift ausgewertet werden kann. Der natürliche Wertebereich ist das Bild von D_f, $W_f = f(D_f)$.
Spiegelt man den Graphen einer bijektiven Funktion f an der Achse mit $y = x$, erhält man den Graphen der Umkehrfunktion f^{-1}.

5.1.2 Ein Katalog wichtiger reeller Funktionen

Ziele dieses Unterkapitels

- Was ist eine affin-lineare Funktion? Was ist ein Polynom? Was ist eine rationale Funktion?
- Was ist der Unterschied zwischen einer Potenz- und einer Exponentialfunktion? Wie lauten ihre Umkehrfunktionen?
- Wie kann man sich die Werte der Sinus- und der Kosinusfunktion am Einheitskreis veranschaulichen?
- Welche Werte nimmt die Betragsfunktion an?
- Was ist die Aufrundungsfunktion? Was ist die Abrundungsfunktion?
- Was ist eine abschnittsweise definierte Funktion?

Bevor wir Eigenschaften und Operationen auf reellen Funktionen diskutieren, benennen und besprechen wir ausgewählte Klassen von reellen Funktionen.

Affin-lineare Funktionen und Polynome

Der Graph der Abbildungsvorschrift $y = f(x) = a_0 + a_1 x$ beschreibt eine Gerade, welche um a_1 ansteigt wenn x um eine Einheit ansteigt, also eine Steigung a_1 hat. Diese Gerade schneidet die y-Achse im Punkt $(0, a_0)^T$, vgl. Abbildung 5.6.

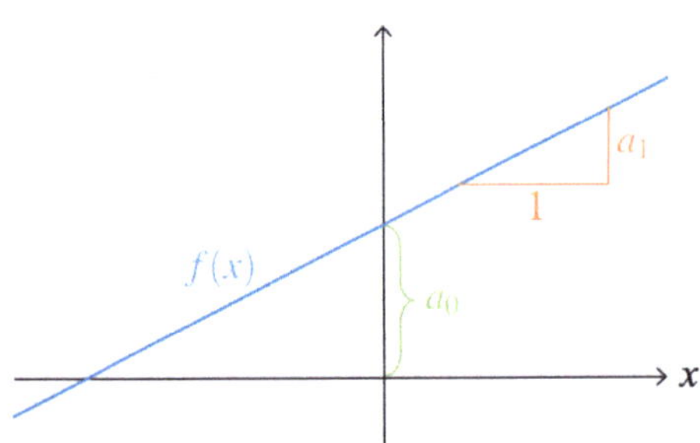

Abbildung 5.6: $y = f(x) = a_0 + a_1 x$

In der Schule werden Funktionen dieser Form häufig unter dem Namen „lineare" Funktionen besprochen. Wie wir in Kapitel 8 sehen werden, sind solche Funktionen nur dann im mathematischen Sinn linear, wenn $a_0 = 0$. Der den Eigenschaften entsprechende Name dieser Funktion ist „affin-lineare" Funktion.

> **Definition 5.1.4 — Affin-lineare Funktion.**
> Eine Funktion mit Abbildungsvorschrift
>
> $$f(x) = a_0 + a_1 x$$
>
> und $a_0, a_1 \in \mathbb{R}$ heißt **affin-lineare** Funktion. Man nennt a_0 den y-Achsenabschnitt und a_1 die Steigung der Funktion.

Erweitern wir diese Definition um höhere ganzzahlige Potenzen von x, erhalten wir die Definition eines Polynoms.

> **Definition 5.1.5 — Polynome.**
> Eine Funktion mit Abbildungsvorschrift
>
> $$p(x) = \sum_{k=0}^{n} a_k x^k = a_0 + a_1 x + a_2 x^2 + \cdots + a_n x^n,$$
>
> $n \in \mathbb{N}_0$ und Koeffizienten $a_0, \ldots, a_n \in \mathbb{R}$, $a_n \neq 0$, heißt **Polynom** oder ganzrationale Funktion n-ten Grades. Man nennt a_n den führenden Koeffizienten und spricht vom Grad n des Polynoms. Im Fall $a_n = 0$ für alle $n \in \mathbb{N}_0$ spricht man von einem Nullpolynom.

Der natürliche Definitionsbereich eines Polynoms ist $\mathbb{R}$.

■ **Beispiel 5.1.6 — Verschiedene Polynome.**
Eine konstante Funktion $p(x) = a_0$ ist für $a_0 \neq 0$ ein Polynom 0-ten Grades. Jede affin-lineare Funktion mit $a_1 \neq 0$ ist ein Polynom ersten Grades. Die Funktion $q(x) = x^2$ ein Polynom zweiten Grades. Auch eine Funktion mit Abbildungsvorschrift $y = \sqrt{7}x^5 - 2x^2 + 17$ ist ein Polynom (5-ten Grades mit $a_5 = \sqrt{7}$, $a_4 = a_3 = a_1 = 0$, $a_2 = -2$ und $a_0 = 17$).

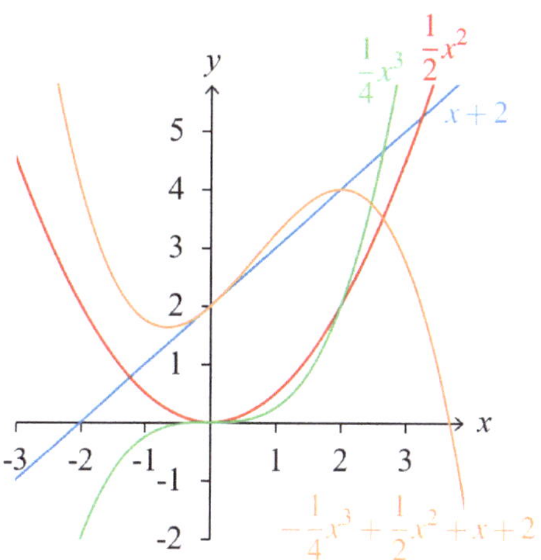

Abbildung 5.7: Verschiedene Polynome

Funktionen, die Wurzeln von x enthalten, wie z.B. $y = 4x^3 + x^{1/2}$, sind keine Polynome, da x nur mit ganzzahligen positiven Exponenten vorkommen darf. Der Graph eines Polynoms hängt stark von dem Grad des Polynoms ab. Einige beispielhafte Verläufe sind in Abbildung 5.7 dargestellt. ■

Rationale Funktionen

Der Quotient zweier Polynome ergibt eine rationale Funktion.

> **Definition 5.1.6 — Rationale Funktion.**
> Sind p_1 und p_2 zwei Polynome, so heißt eine Funktion mit Abbildungsvorschrift $f(x) = \frac{p_1(x)}{p_2(x)}$ **rationale Funktion**. Der natürliche Definitionsbereich der rationalen Funktion $f(x) = \frac{p_1(x)}{p_2(x)}$ ist $D_f = \{x \in \mathbb{R} \mid p_2(x) \neq 0\}$.

In den Wirtschaftswissenschaften werden viele Zusammenhänge mittels rationaler Funktionen modelliert.

> **Beispiel 5.1.7 — Rationale Funktionen in den Wirtschaftswissenschaften.**
> Werden Kosten- oder Gewinnfunktionen als Polynome $p_1(x)$ in Abhängigkeit von der Anzahl produzierter Stücke x modelliert, so sind die resultierenden Stückkosten oder Stückgewinnfunktionen rationale Funktionen mit $p_2(x) = x$, also von der Form $\frac{p_1(x)}{x}$.
>
> Weitere Beispiele für rationale Funktionen in der Ökonomie sind Preis-Absatz-Funktionen der Form $f(x) = \frac{c}{x^n}$ (wobei x der Preis, $f(x)$ der Absatz und $c > 0$, $n \in \mathbb{N}$ Konstanten sind), die Engelkurve $f(x) = \frac{c_1 x}{c_2 + x}$ (wobei x das Einkommen, $f(x)$ die Nachfrage und $c_1, c_2 > 0$ Konstanten sind), oder die Phillipskurve $f(x) = c_1 + \dfrac{c_2}{x} = \dfrac{c_1 x + c_2}{x}$ (wobei x die prozentuale Arbeitslosigkeit, $f(x)$ die Preisniveauänderung und $c_1, c_2 > 0$ Konstanten sind). ∎

Potenzfunktionen

Im Gegensatz zu Polynomen können Potenzfunktionen nicht-ganzzahlige Exponenten haben.

> **Definition 5.1.7 — Potenzfunktion.**
> Eine Funktion mit Abbildungsvorschrift
>
> $$f(x) = x^b, \qquad b \in \mathbb{R}$$
>
> heißt **Potenzfunktion**. Ist b nicht ganzzahlig, aber rational, d.h. $b \in \mathbb{Q} \setminus \mathbb{Z}$, so spricht man auch von einer **Wurzelfunktion**.

Der natürliche Definitionsbereich einer Potenzfunktion hängt von dem Exponenten b ab.[3]

> **Beispiel 5.1.8 — Natürlicher Definitionsbereich der Potenzfunktion.**
> Für $b = \frac{1}{2}$ hat die Wurzelfunktion $f(x) = \sqrt{x}$ den natürlichen Definitionsbereich $x \in [0, +\infty)$. Für $b = -\frac{1}{2}$ ergibt sich die Funktion $f(x) = 1/\sqrt{x}$ mit natürlichem Definitionsbereich $x \in (0, +\infty)$. Allgemein gilt für $b < 0$, wegen $x^b = 1/x^{-b}$, dass die Zuordnungsvorschrift für $x = 0$ nicht definiert ist. Im Falle $b \in \mathbb{N}_0$ ist die Potenzfunktion ein Polynom[4] und hat den natürlichen Definitionsbereich $\mathbb{R}$. Abbildung 5.8 zeigt beispielhafte Verläufe einiger Graphen von Potenzfunktionen. ∎

Zur Potenzfunktion mit Definitions- und Wertebereich $[0, +\infty)$ und $b \neq 0$ kann man die Abbildungsvorschrift $y = x^b$ als $y^{1/b} = x$ nach x auflösen. Die Potenzfunktion ist in diesem

---

[3] Einige Autoren wie Opitz et al. (2017) definieren Potenzfunktionen nur für Definitionsbereiche, die $x \in [0, +\infty)$ oder $x \in (0, +\infty)$ sind.

[4] Wir folgen dabei der verbreiteten Konvention, dass die Potenzfunktion mit $b = 0$ der Konstanten 1 entspricht, also insbesondere $0^0 = 1$ gilt.

Fall also stets bijektiv mit Umkehrfunktion $f^{-1} : [0, +\infty) \to [0, +\infty)$ mit $f^{-1}(x) = x^{1/b}$.

■ Beispiel 5.1.9 — Die Umkehrfunktion der Potenzfunktion.

Die Potenzfunktion $f : [0, +\infty) \to [0, +\infty)$ mit $f(x) = x^2$ hat also die Umkehrfunktion $f^{-1} : [0, +\infty) \to [0, +\infty)$ mit $f^{-1}(x) = x^{1/2}$. In Abbildung 5.8 ist der Graph von f^{-1} orange gezeichnet. In blau ist der Graph einer Funktion mit $y = x^2$ zu sehen, jedoch bezüglich des natürlichen Definitionsbereichs $\mathbb{R}$. ■

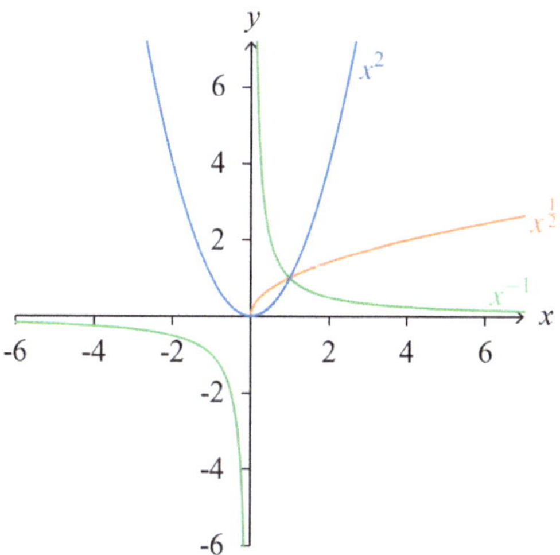

Abbildung 5.8: Potenzfunktionen mit Exponenten $-1, \frac{1}{2}$ und 2

Exponentialfunktionen

Gleichmäßige Wachstumsprozesse werden oft durch Exponentialfunktionen modelliert.

■ Beispiel 5.1.10 — Ein Wachstumsprozess.

Verdoppelt sich eine Population von einer Zeiteinheit zur nächsten, so kann das Wachstum beispielsweise durch eine Funktion mit Abbildungsvorschrift $f(x) = 2^x = e^{x \ln 2}$ dargestellt werden. Der Graph einer solchen Funktion ist in Abbildung 5.9 dargestellt. ■

Definition 5.1.8 — Exponentialfunktion.

Eine Funktion mit Abbildungsvorschrift

$$f(x) = b^x, \qquad b \in \mathbb{R}, b > 0$$

heißt **Exponentialfunktion** mit der Basis b. Ist die Basis b gleich der Zahl e, so wird sie auch natürliche Exponentialfunktion $\exp(x) = e^x$ genannt.

Im Fall $b \neq 1$ ist der natürliche Definitionsbereich der Exponentialfunktion $\mathbb{R}$, der natürliche Wertebereich ist stets $f(\mathbb{R}) = (0, +\infty)$. Die Exponentialfunktion an der Stelle 0 ist stets 1, $b^0 = 1$ für alle $b > 0$. Aus den Rechenregeln für Exponenten folgt zudem, dass

$$b^x = \frac{1}{b^{-x}} \text{ bzw. } b^{-x} = \frac{1}{b^x}$$

für alle $x \in \mathbb{R}$. Sind zwei Werte $x_1, x_2 \in \mathbb{R}$ gegeben, so gilt unter anderem

$$b^{x_1+x_2} = b^{x_1} \cdot b^{x_2} \quad \text{und} \quad b^{x_1 \cdot x_2} = (b^{x_1})^{x_2}.$$

Abbildung 5.9 zeigt die Graphen von Exponentialfunktionen mit verschiedenen Basen.

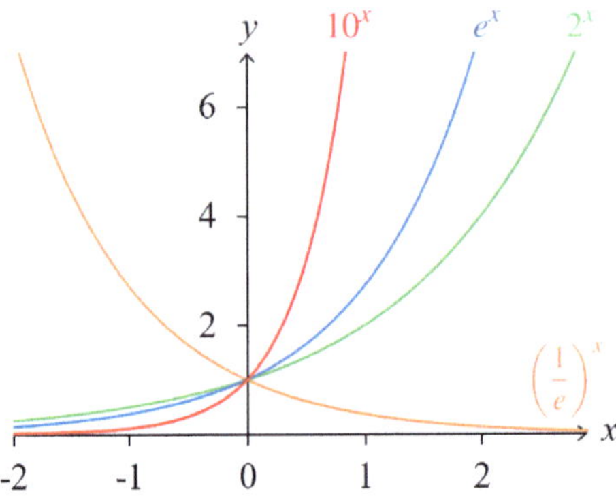

Abbildung 5.9: Exponentialfunktion mit Basis $\frac{1}{e}, 2, e$ und 10

Logarithmische Funktionen

Für $b \neq 1$ erhält man als Umkehrfunktion einer Exponentialfunktion eine logarithmische Funktion. Den Graphen der natürlichen logarithmischen Funktion erhält man daher durch Spiegelung des Graphen der natürlichen Exponentialfunktion an der Achse $y = x$.

> **Definition 5.1.9 — Logarithmische Funktion.**
> Eine Funktion mit Abbildungsvorschrift
>
> $$f(x) = \log_b x, \qquad b > 0, b \neq 1$$
>
> heißt **logarithmische Funktion** zur Basis b. Ist die Basis b gleich der Zahl e, so spricht man vom natürlichen Logarithmus und schreibt auch $\ln x$ statt $\log_e x$.

Der natürliche Definitionsbereich einer logarithmischen Funktion ist $(0, +\infty)$, der natürliche Wertebereich ist $f((0, +\infty)) = \mathbb{R}$. Aus den Rechenregeln für Logarithmen folgt unter anderem, dass für alle $x_1, x_2, b > 0$,

$$\log_b(x_1 \cdot x_2) = \log_b(x_1) + \log_b(x_2),$$

$$\log_b\left(\frac{x_1}{x_2}\right) = \log_b(x_1) - \log_b(x_2) \text{ und}$$

$$\log_b(x_1^{x_2}) = x_2 \log_b(x_1)$$

gilt.

Da die logarithmische Funktion die Umkehrfunktion der Exponentialfunktion ist, ergibt die Komposition der beiden Funktionen die Identität. In anderen Worten: Es gilt für alle $x \in (0, +\infty)$, dass

$$x = \log_b(b^x) = b^{\log_b x}$$

und für $b = e$ im Speziellen

$$x = \ln(e^x) = e^{\ln(x)}.$$

Nutzt man dies zusammen mit den Rechenregeln für Logarithmen, kann man wie zuvor angesprochen jede Exponentialfunktion mit Hilfe einer natürlichen Exponentialfunktion darstellen. Denn für alle $x \in \mathbb{R}$ gilt

$$b^x = e^{\ln(b^x)} = e^{x\ln(b)}.$$

Der Graph der natürlichen logarithmischen Funktion sowie die logarithmischen Funktionen zu verschiedenen Basen sind in Abbildung 5.10 dargestellt. Sie ergeben sich aus den Graphen aus Abbildung 5.9 durch Spiegelung an der $y = x$-Achse.

Sind Werte der logarithmischen Funktion für eine Basis b bekannt, so können daraus die Werte der logarithmischen Funktion für andere Basen $a > 0, a \neq 1$ berechnet werden. Es gilt für alle $a, b, x > 0, a, b \neq 1$, dass

$$\log_a(x) = \frac{\log_b(x)}{\log_b(a)}.$$

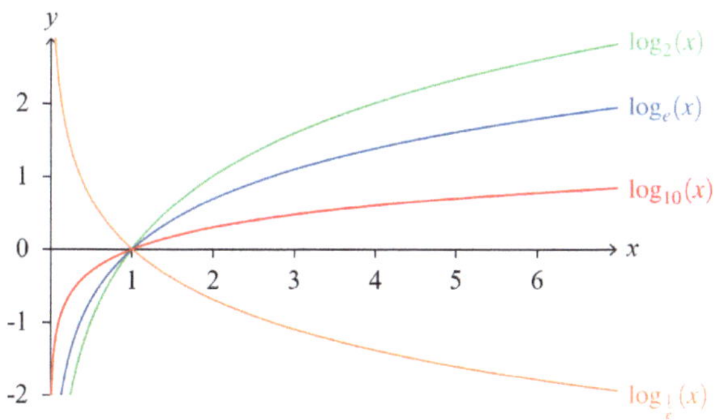

Abbildung 5.10: Graph der logarithmischen Funktionen zur Basis $\frac{1}{e}$, 2, e und 10

Sinus- und Kosinusfunktionen

Bewegt man sich im Einheitskreis ausgehend vom Punkt $(1,0)^T$ am Kreisbogen entlang um eine Länge von x gegen den Uhrzeigersinn, so erreicht man einen Punkt $(x_1, x_2)^T$, vgl. Abbildung 5.11. Die Kosinusfunktion beschreibt die x_1-Koordinate dieses Punktes, die Sinusfunktion die x_2-Koordinate. Da der Einheitskreis einen Kreisbogen der Länge 2π hat, gilt also z.B. $\cos(0) = 1, \sin(0) = 0, \cos(\pi/2) = 0, \sin(\pi/2) = 1, \cos(\pi) = -1, \sin(\pi) = 0,$ $\cos(\frac{3}{2}\pi) = 0, \sin(\frac{3}{2}\pi) = -1,$ und $\cos(2\pi) = 1, \sin(2\pi) = 0.$

Definition 5.1.10 — Sinus- und Kosinusfunktion.
Die reelle Funktion mit $f(x) = \sin(x)$ heißt **Sinusfunktion**, die reelle Funktion mit $f(x) = \cos(x)$ heißt **Kosinusfunktion**.

Der natürliche Definitionsbereich beider Funktionen ist $\mathbb{R}$. Der natürliche Wertebereich ist das Intervall $[-1, 1]$. Sinus- und Kosinusfunktionen werden in den Wirtschaftswissenschaften unter anderem genutzt, um Saison- oder Konjunkturzyklen zu modellieren.

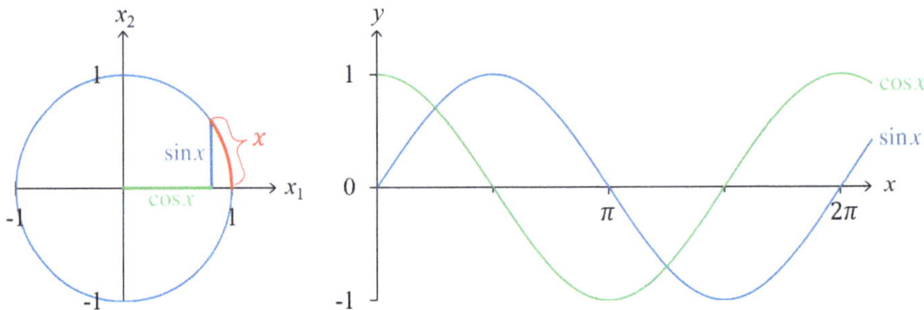

Abbildung 5.11: Sinus und Kosinus im Einheitskreis

Die Betragsfunktion

Wie wir im Kapitel über Zahlenmengen bereits eingeführt haben, beschreibt die Betrags-funktion den Abstand einer Zahl x zur Zahl 0. Dieser Abstand entspricht x, wenn die Zahl x positiv ist. Ist x negativ, so ist der Abstand $-x > 0$.

> **Definition 5.1.11 — Die Betragsfunktion.**
> Eine Funktion mit Abbildungsvorschrift
>
> $$f(x) = |x| = \begin{cases} -x & \text{wenn } x < 0 \\ x & \text{wenn } x \geq 0 \end{cases}$$
>
> heißt **Betragsfunktion**.

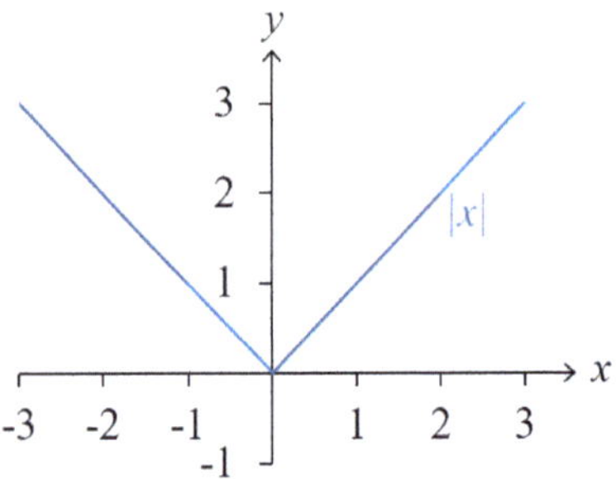

Abbildung 5.12: Betragsfunktion

Der natürliche Definitionsbereich der Betragsfunktion ist $\mathbb{R}$. Der Wertebereich der Betrags-funktion ist stets eine Teilmenge von $[0, +\infty)$. Betrachten wir den Graph dieser Funktion in Abbildung 5.12 mit den zuvor besprochenen Funktionen, so fällt der „Knick" an der Stelle 0 auf.

Auf- und Abrundungsfunktionen

Weitere wichtige Funktionen sind die sogenannten Auf- und Abrundungsfunktionen. Der Name verrät hierbei die Wirkungsweise dieser Funktionen. Eine gegebene Zahl x wird bei der Aufrundungsfunktion auf die nächstgrößere ganze Zahl aufgerundet, bei der Abrundungsfunktion auf die nächstkleinere ganze Zahl abgerundet.

> **Definition 5.1.12 — Die Auf- und Abrundungsfunktion.**
> Eine Funktion $f : \mathbb{R} \to \mathbb{Z}$ mit
>
> $$f(x) = \lfloor x \rfloor = \max\{y \in \mathbb{Z} \,|\, y \le x\}$$
>
> heißt **Abrundungsfunktion**.
> Eine Funktion $f : \mathbb{R} \to \mathbb{Z}$ mit
>
> $$f(x) = \lceil x \rceil = \min\{y \in \mathbb{Z} \,|\, y \ge x\}$$
>
> heißt **Aufrundungsfunktion**.

■ **Beispiel 5.1.11 — Auf- und Abrunden von 4.05.**
Aus der Zahl 4.07 wird also durch die Abrundungsfunktion die Zahl $\lfloor 4.07 \rfloor = 4$, denn 4 ist die größte Zahl in der Menge der ganzen Zahlen $\mathbb{Z}$, die kleiner oder gleich 4.07 ist. Aufrunden bedeutet, dass wir die kleinste ganze Zahl suchen, die größer ist. Betrachten wir 4.07 so ist die Menge der ganzen Zahlen, die größer oder gleich sind, $\{5, 6, 7 \ldots\}$. Das kleinste Element ist also 5 und $\lceil 4,07 \rceil = 5$. ■

Abbildung 5.13 zeigt die Graphen der Abrundungs- und der Aufrundungsfunktion. Um graphisch zu verdeutlichen, dass die Abrundungsfunktion an der Stelle $x = 2$ den Wert 2 (und nicht 1) hat, wird am Funktionswert 2 ein ausgefüllter kleiner Kreis, beim Wert 1 ein hohler kleiner Kreis gezeichnet. Dies ist eine allgemein übliche Notation an Sprungstellen.

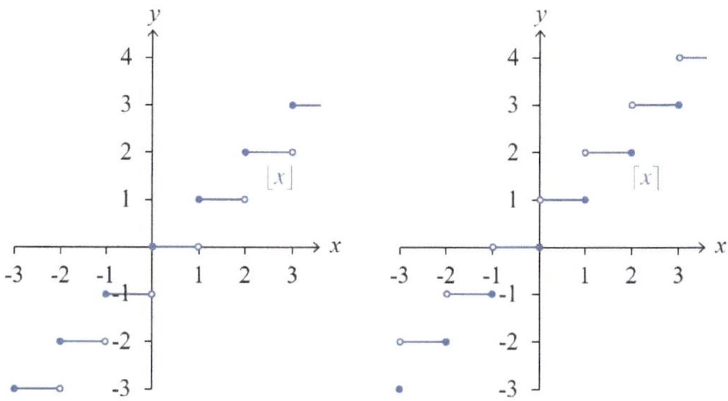

Abbildung 5.13: Abrundungs- und Aufrundungsfunktion

Ist x eine ganze Zahl, $x \in \mathbb{Z}$, so verändert weder Auf- noch Abrunden den Wert von x, $\lfloor x \rfloor = \lceil x \rceil = x$. Ist x keine ganze Zahl, wird x durch die Funktionen auf einen Wert ungleich x abgebildet. Der aufgerundete resp. abgerundete Wert ist nie kleiner resp. größer als x, d.h. $\lfloor x \rfloor \le x$ und $x \le \lceil x \rceil$ bzw.

$$\lfloor x \rfloor \le x \le \lceil x \rceil.$$

Zudem ist leicht einzusehen, dass x durch Abrunden nie um mehr als 1 kleiner wird, also $x \le \lfloor x \rfloor + 1$. Der Wert x wird durch Aufrunden nie um mehr als 1 größer, also $\lceil x \rceil \le x + 1$.

Zusammenfassend gilt für alle $x \in \mathbb{R}$

$$\lfloor x \rfloor \leq x \leq \lfloor x \rfloor + 1 \qquad \text{und} \qquad \lceil x \rceil - 1 \leq x \leq \lceil x \rceil.$$

Addiert oder subtrahiert man ganze Zahlen $z \in \mathbb{Z}$ zu einer rationalen Zahl $x \in \mathbb{R}$, so gilt:

$$\lfloor x+z \rfloor = \lfloor x \rfloor + z \qquad \text{und} \qquad \lceil x+z \rceil = \lceil x \rceil + z.$$

Abschnittsweise definierte reelle Funktionen

■ Beispiel 5.1.12 — Eine Nachfragefunktion.

Eine Nachfragefunktion der Form $d_{agg} : [0, +\infty) \to \mathbb{R}$ mit

$$d_{agg}(p) = \begin{cases} 15 - 2p & \text{für } p \leq 5 \\ 10 - p & \text{für } 5 < p \leq 10 \\ 0 & \text{für } p > 10 \end{cases}$$

nennt man auch eine abschnittsweise definierte reelle Funktion, da sie auf $n = 3$ verschiedenen Abschnitten des Definitionsbereiches durch $n = 3$ verschiedene Funktionen, $g_1 : [0,5] \to \mathbb{R}$ mit $g_1(p) = 15 - 2p$, $g_2 : (5,10] \to \mathbb{R}$ mit $g_2(p) = 10 - p$ und $g_3 : (10, +\infty) \to \mathbb{R}$ mit $g_3(p) = 0$, definiert ist. Ihr Graph ist in Abbildung 5.14 dargestellt. (Das Subskript „agg" wird in Beispiel 5.1.16 klar.)   ■

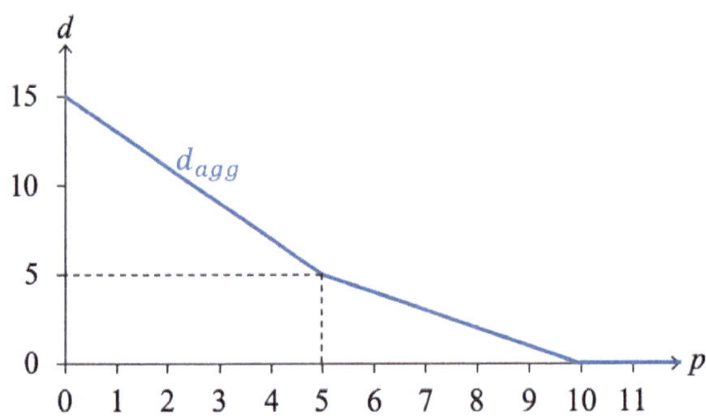

Abbildung 5.14: Graph der Nachfragefunktion d_{agg}

Formal definieren wir eine abschnittsweise definierte reelle Funktion wie folgt:

Definition 5.1.13 — Abschnittsweise definierte reelle Funktion.

Eine reelle Funktion heißt **abschnittsweise definierte reelle Funktion**, wenn für ein $n \geq 2, n \in \mathbb{N}$, die Abbildungsvorschrift als

$$f(x) = \begin{cases} g_1(x) & \text{falls } x \in D_1 \\ \vdots & \vdots \\ g_n(x) & \text{falls } x \in D_n \end{cases}$$

mit reellen Funktionen $g_i : D_i \to Z_i$, $D_i \cap D_j = \{\}$ für alle $i \neq j$, $i, j = 1, \ldots, n$, beschrieben ist.

Die Bedingung $D_i \cap D_j = \{\}$ für alle $i \neq j$ stellt hierbei sicher, dass jedem Wert in $D = \bigcup_{i=1}^{n} D_i$ durch die Funktion f nur ein Wert zugeordnet wird.

■ **Beispiel 5.1.13 — Die Betragsfunktion als abschnittsweise definierte Funktion.**
Die Betragsfunktion kann man auch als abschnittsweise definierte Funktion mit $n = 2$, $D_1 = (-\infty, 0)$, $g_1(x) = -x$, $D_2 = [0, +\infty)$, und $g_2(x) = x$ beschreiben.   ■

(z) Ein Polynom vom Grad n hat die Form $y = a_0 + a_1 x + a_2 x^2 + \cdots + a_n x^n$, $a_n \neq 0$. Eine affin-lineare Funktion mit einer von null verschiedenen Steigung ist ein Polynom vom Grad 1. Die Abbildungsvorschrift einer rationalen Funktion ist durch den Quotienten zweier Polynome gegeben.

Die Potenzfunktion hat x als Basis, die Exponentialfunktion hat x im Exponenten. Die Abbildungsvorschrift der Potenzfunktion hat also die Form $y = x^b$ mit $b \in \mathbb{R}$. Die Umkehrfunktion der Potenzfunktion $f : [0, +\infty) \to [0, +\infty)$ mit $f(x) = x^b$, $b \neq 0$ ist die Potenzfunktion $f^{-1} : [0, +\infty) \to [0, +\infty)$ mit $f^{-1}(x) = x^{1/b}$. Die Umkehrfunktion der Exponentialfunktion $f : \mathbb{R} \to (0, +\infty)$ mit $f(x) = b^x = e^{x \ln b}$, $b > 0, b \neq 1$ ist die logarithmische Funktion $f^{-1} : (0, +\infty) \to \mathbb{R}$ mit $f^{-1}(x) = \log_b(x)$.

$\cos(x)$ beschreibt die x_1-Koordinate des Punktes, auf welchen man trifft, wenn man sich im Einheitskreis ausgehend von Punkt $(1,0)^t$ am Kreisbogen entlang um eine Länge von x gegen den Uhrzeigersinn bewegt, $\sin(x)$ beschreibt die entsprechende x_2-Koordinate.

Die Betragsfunktion weist jedem $x \geq 0$ den Wert $|x| = x$ zu. Ist $x < 0$, weist sie x den Absolutbetrag, also $|x| = -x$ zu. Damit nimmt sie nur positive Werte oder den Wert 0 an.

Die Aufrundungsfunktion $\lceil x \rceil$ weist jedem x die nächstgrößere ganze Zahl zu, die Abrundungsfunktion $\lfloor x \rfloor$ weist jedem x die nächstkleinere ganze Zahl zu.

Ist eine Funktion für disjunkte Teilmengen des Definitionsbereichs durch unterschiedliche Abbildungsvorschriften definiert, spricht man von einer abschnittsweise definierten Funktion.

5.1.3   Verknüpfungen reeller Funktionen

Ziele dieses Unterkapitels
- Ergibt die Summe, die Differenz, das Produkt, der Quotient, das Maximum, das Minimum und die Komposition zweier reeller Funktionen wieder eine reelle Funktion?
- Wie kann man sich ausgehend vom Graphen von $y = f(x)$ den Graphen von $cf(ax + b) + d$, $a, b, c, d \in \mathbb{R}$ vorstellen?

Da man reelle Zahlen addieren, subtrahieren, multiplizieren und (solange man nicht durch 0 teilt) auch dividieren kann, kann man aus zwei reellen Funktionen durch diese Operationen andere reelle Funktionen erhalten. Definieren wir das Maximum zweier Funktionen an einer Stelle x als den größeren Funktionswert der beiden, das Minimum als den kleineren, erhält man auch durch die Bildung des Maximums und des Minimums zweier reeller Funktionen eine andere reelle Funktion.

■ **Beispiel 5.1.14 — Das Maximum und das Minimum zweier Funktionen.**
Wir betrachten erneut $q(x) = x^2$ und $f(x) = \log_{10}(x) - 1$. Dann ist das Maximum der beiden Funktionen innerhalb des Intervalls $(0, +\infty)$ durch $\max\{q, f\}(x) = \max\{q(x), f(x)\}$ bestimmt, das Minimum $\min\{q, f\}(x) = \min\{q(x), f(x)\}$.

Beispielsweise gilt $\max\{q, f\}(10) = \max\{q(10), f(10)\} = \max\{10^2, \log_{10} 10 - 1\} =$

$\max\{100,0\} = 100$ und $\min\{q,f\}(10) = \min\{q(10),f(10)\} = \min\{10^2,\log_{10}10-1\} = \min\{100,0\} = 0.$ ∎

In folgendem Satz fassen wir diese Verknüpfungen zweier reeller Funktionen zusammen:

Satz 5.1.2 — Summe, Differenz, Produkt, Quotient, Maximum, Minimum und Komposition reeller Funktionen.

Sind f und g reelle Funktionen mit Definitionsbereich D, dann sind auch
- $f+g : D \to \mathbb{R}$ mit $(f+g)(x) = f(x)+g(x)$
- $f-g : D \to \mathbb{R}$ mit $(f-g)(x) = f(x)-g(x)$
- $f \cdot g : D \to \mathbb{R}$ mit $(f \cdot g)(x) = f(x) \cdot g(x)$
- $\frac{f}{g} : \{x \in D \,|\, g(x) \neq 0\} \to \mathbb{R}$ mit $\frac{f}{g}(x) = \frac{f(x)}{g(x)}$
- $\max\{f,g\} : D \to \mathbb{R}$ mit $\max\{f,g\}(x) = \max\{f(x),g(x)\}$
- $\min\{f,g\} : D \to \mathbb{R}$ mit $\min\{f,g\}(x) = \min\{f(x),g(x)\}$

reelle Funktionen. Sind $g : D_1 \to Z_1$ und $f : D_2 \to Z_2$ reelle Funktionen mit $g(D_1) \subseteq D_2$, dann ist auch $f \circ g : D_1 \to Z_2$ mit $(f \circ g)(x) = f(g(x))$ eine reelle Funktion.

■ Beispiel 5.1.15 — Verknüpfungen.
Betrachten wir die Funktionen $f : \mathbb{R} \to \mathbb{R}$ und $g : \mathbb{R} \to \mathbb{R}$ mit $f(x) = x$ und $g(x) = x^3$. Dann sind $(f+g)(x) = x+x^3$, $(f-g)(x) = x-x^3$, $(f \cdot g)(x) = x^4$, $\max\{f,g\}(x) = \max\{x,x^3\}$ und $\min\{f,g\}(x) = \min\{x,x^3\}$ reelle Funktionen mit Definitionsbereichen $D = \mathbb{R}$. Da $g(\mathbb{R}) = \mathbb{R} \subseteq \mathbb{R}$, ist auch die Komposition $(f \circ g)(x) = f(g(x)) = x^3 = g(x)$ eine reelle Funktion mit Definitionsbereich $\mathbb{R}$. Der Quotient $f/g(x) = \frac{x}{x^3}$ ist hingegen eine reelle Funktion mit einem Definitionsbereich von $\mathbb{R} \setminus \{0\}$. Abbildungen 5.15, 5.16 und 5.17 zeigen die Graphen obiger Funktionen. ∎

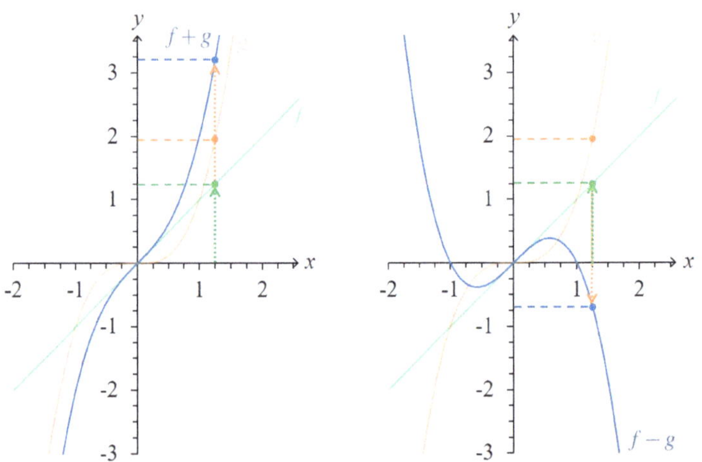

Abbildung 5.15: $f+g$ und $f-g$ für Funktionen f und g mit $f(x) = x$ und $g(x) = x^3$

■ Beispiel 5.1.16 — Aggregierte Nachfrage.
Ein Unternehmen hat zwei Kunden mit Nachfragefunktionen $d_1 : [0,+\infty) \to \mathbb{R}$ und $d_2 :$

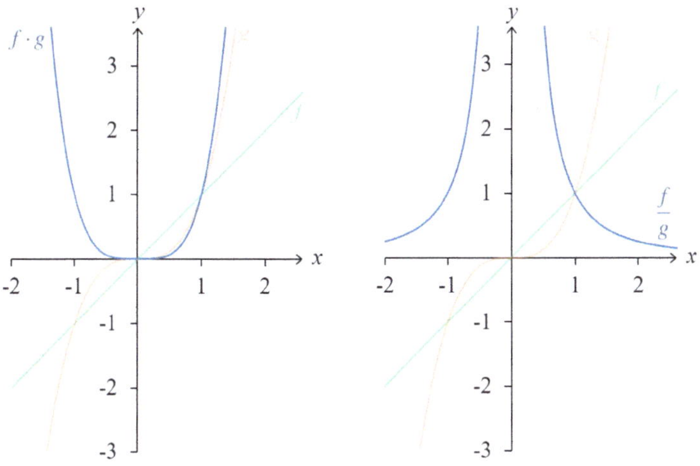

Abbildung 5.16: $f \cdot g$ und $\frac{f}{g}$ für Funktionen f und g mit $f(x) = x$ und $g(x) = x^3$

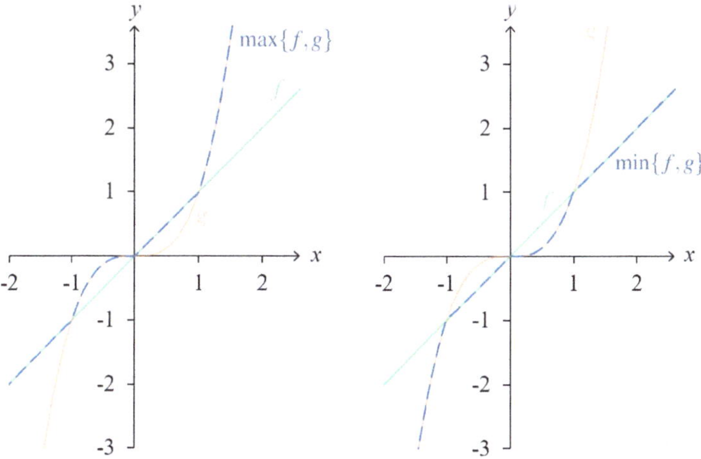

Abbildung 5.17: $\max\{f,g\}$ und $\min\{f,g\}$ für Funktionen f und g mit $f(x) = x$ und $g(x) = x^3$

$[0, +\infty) \to \mathbb{R}$, wobei

$$d_1(p) = \begin{cases} 10 \quad p & \text{für } p \leq 10 \\ 0 & \text{für } p > 10 \end{cases} \qquad\qquad d_2(p) = \begin{cases} 5 - p & \text{für } p \leq 5 \\ 0 & \text{für } p > 5. \end{cases}$$

Da beide Nachfragefunktionen reelle Funktionen sind, ist auch die in Abbildung 5.18 dargestellte aggregierte Nachfrage $d_{agg}(p) = (d_1 + d_2)(p)$ eine reelle Funktion mit Definitionsbereich $D = [0, +\infty)$. Durch Addition ergibt sich die oben bereits als abschnittsweise definierte Funktion vorgestellte Funktion

$$d_{agg}(p) = (d_1 + d_2)(p) = d_1(p) + d_2(p)$$

$$= \begin{cases} 10 - p + (5 - p) & \text{für } p \leq 5 \\ 10 - p + 0 & \text{für } 5 < p \leq 10 \\ 0 + 0 & \text{für } p > 10 \end{cases}$$

$$= \begin{cases} 15 - 2p & \text{für } p \leq 5 \\ 10 - p & \text{für } 5 < p \leq 10 \\ 0 & \text{für } p > 10. \end{cases}$$

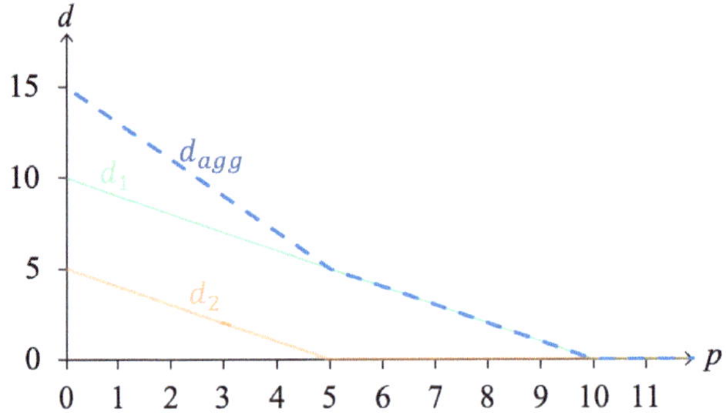

Abbildung 5.18: Die aggregierte Nachfrage $d_{agg}(p) = (d_1 + d_2)(p)$

Vorsichtig muss man bei der Bestimmung der natürlichen Definitionsbereiche der neuen Funktionen sein. In der Regel entsprechen sie dem Schnitt der beiden natürlichen Definitionsbereiche. Teilt man durch eine Funktion, muss man zudem ausschließen, dass die Funktion im Nenner den Wert 0 annimmt.

■ Beispiel 5.1.17 — Natürliche Definitionsbereiche.

Bildet man beispielsweise das Maximum der beiden Funktionen $q(x) = x^2$ und $f(x) = \log_{10}(x) - 1$, muss man beachten, dass man in eine Abbildungsvorschrift der Form $\max\{q, f\}(x) = \max\{q(x), f(x)\}$ nur x-Werte einsetzen darf, für die beide Funktionen definiert sind. Der Definitionsbereich entspricht also der Schnittmenge der beiden Definitionsbereiche, hier $\mathbb{R} \cap (0, \infty) = (0, +\infty)$.

Auch wenn man die beiden Funktionen addiert, kann man in eine Abbildungsvorschrift der Form $(q + f)(x) = x^2 + \log_{10}(x) - 1$ nur x-Werte einsetzen, für die beide Funktionen definiert sind. Auch hier entspricht der Definitionsbereich also der Schnittmenge der beiden Definitionsbereiche $\mathbb{R} \cap (0, \infty) = (0, +\infty)$.

Teilt man die beiden Funktionen durcheinander, so kann die Abbildungsvorschrift $\left(\frac{q}{f}\right)(x) = \frac{x^2}{\log_{10}(x) - 1}$ nur dann in der Schnittmenge der Definitionsbereiche ausgewertet werden, wenn der Nenner ungleich 0 ist, d.h. $x \neq 10$. Der natürliche Definitionsbereich ist $(0, +\infty) \setminus \{10\}$.

Im Allgemeinen ist es nicht einfach, sich Verkettungen zweier reeller Funktionen graphisch vorzustellen. Wir demonstrieren dies in Beispielen 3.2.20 und 3.2.21 in Kapitel

3. Wir beschränken uns an dieser Stelle daher auf Verkettungen einer Funktion f mit einer affin-linearen Funktion.

■ Beispiel 5.1.18 — Affin-lineare Transformationen.

Vergleichen wir den Graphen von $f(x) = x - 0.001x^3$ mit den Graphen von $f(ax)$ mit $a = 2$ und $f(x+b)$ mit $b = 10$ in Abbildung 5.19 sowie $cf(x)$ mit $c = 2$ und $f(x) + d$ mit $d = 10$ in Abbildung 5.20, so erahnen wir folgende Zusammenhänge:

- Die Konstanten a und b verändern den Graphen in x-Richtung: $a = 2$ staucht den Graphen in x-Richtung um den Faktor $\frac{1}{2}$ (was sich ursprünglich über einem Intervall der Breite 1 befand, ist nun über ein Intervall der Breite $\frac{1}{2}$ gestaucht); $b = 10$ verschiebt den Graphen um 10 Einheiten nach links.
- Die Konstanten c und d verändern den Graphen in y-Richtung: $c = 2$ streckt den Graphen in y-Richtung um den Faktor 2 (was sich ursprünglich über einem Intervall der Breite 1 befand, ist nun über ein Intervall der Breite 2 gestreckt); $d = 10$ verschiebt den Graphen um 10 Einheiten nach oben.   ■

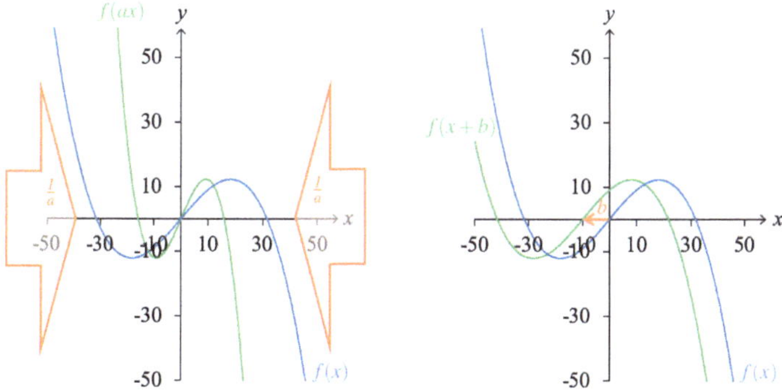

Abbildung 5.19: Stauchung um den Faktor $\frac{1}{a}$ in x-Richtung und Verschiebung um b nach links

Abbildung 5.21 visualisiert eine Komposition einer reellen Funktion f mit einer affin-linearen Funktion $y = ax + b$ zu $f(ax + b)$.

Eine solche Transformation kann man sich auf zwei Arten vorstellen: Eine Art ist es, das Koordinatensystem beizubehalten und den abgebildeten Graphen zu strecken oder zu stauchen bzw. nach rechts oder links zu verschieben. Die andere Art behält das Aussehen des Graphen bei, verändert aber die x-Achse des Koordinatensystems. Diese zweite Art beschriftet die x-Achse neu.

Die erste Funktion $y = ax + b$ in Abbildung 5.21 entspricht dieser Neubeschriftung der x-Achse des Graphen von f: An Stelle von b schreibt man also 0, an Stelle von $a + b$ schreibt man 1, an Stelle von $2a + b$ schreibt man 2 u.s.w. Die Konstante a führt also zu einer Streckung bzw. Stauchung in x-Richtung und b zu einer Verschiebung des Graphen nach links bzw. rechts. Umgekehrt kann man sich die Komposition von einer affin-linearen Funktion $y = cx + d$ mit einer reellen Funktion f zu $cf(x) + d$ als eine Neubeschriftung der y-Achse des Graphen von f vorstellen, vgl. Abbildung 5.22. Die Funktion $y = cx + d$ führt dazu, dass auf der y-Achse der Wert 0 durch d ersetzt wird, 1 durch $c + d$ und so

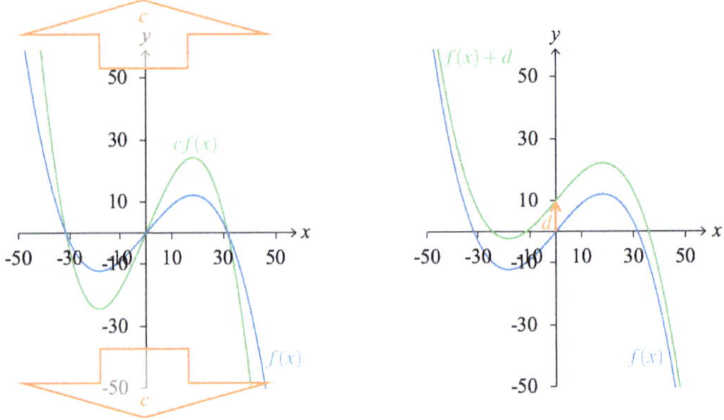

Abbildung 5.20: Streckung um den Faktor c in y-Richtung und Verschiebung um d nach oben

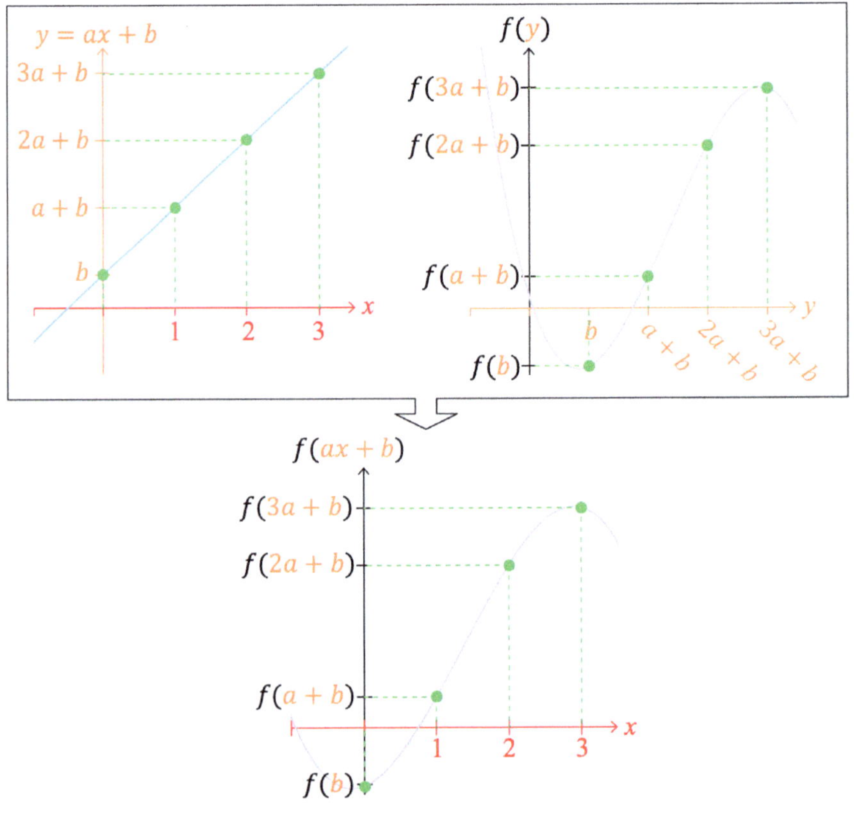

Abbildung 5.21: Transformationen in x-Richtung

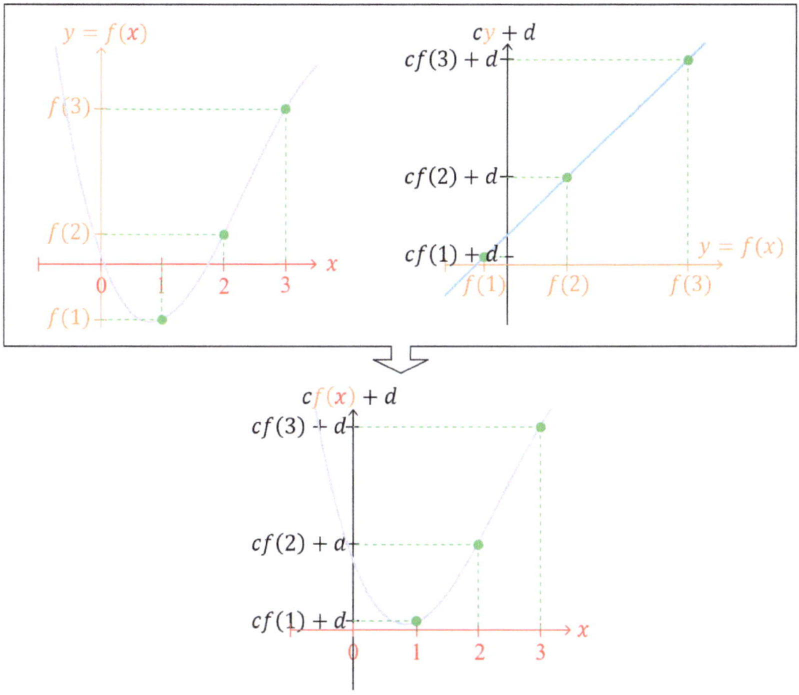

Abbildung 5.22: Transformationen in y-Richtung

weiter. Die Konstante c führt zu einer Streckung bzw. Stauchung in y-Richtung und d zu einer Verschiebung des Graphen nach oben bzw. unten. Allgemein gilt:

Satz 5.1.3 — Affin-lineare Transformationen.
Sei $f : D \to Z$ eine reelle Funktion und g, h reelle Funktionen mit $g(x) = ax + b$ und $h(x) = cx + d$, $a, b, c, d \in \mathbb{R}$, wobei $a \neq 0$ und $c \neq 0$. Dann gilt:

- Die Komposition $f \circ g$ ist eine Funktion mit Zuordnungsvorschrift $y = f(ax + b)$. Den Graphen von $f \circ g$ erhält man ausgehend vom Graph von $f(x)$ wie folgt:

  i. Der Graph der Funktion $f(x)$ wird im Fall $b > 0$ um b Einheiten nach links verschoben, im Fall $b < 0$ um $|b|$ Einheiten nach rechts.

  ii. Zusätzlich wird der Graph der Funktion $f(x)$ um den Faktor $\frac{1}{a}$ in x-Richtung gestreckt bzw. gestaucht. Falls $|a| > 1$ wird er um den Faktor $\frac{1}{|a|}$ gestaucht. Falls $|a| < 1$ wird er um den Faktor $\frac{1}{|a|}$ gestreckt. Ist $a < 0$ wird der Graph zudem an der y-Achse gespiegelt.

- Die Komposition $h \circ f$ ist eine Funktion mit Zuordnungsvorschrift $y = cf(x) + d$. Die Konstanten c und d haben folgende Auswirkungen auf den Graphen der Funktion $f(x)$:

  i. Die Konstante c streckt bzw. staucht den Graphen der Funktion $f(x)$ entlang der y-Achse. Falls $|c| > 1$ wird er um den Faktor $|c|$ gestreckt. Falls $|c| < 1$ wird er um den Faktor $|c|$ gestaucht. Im Fall $c < 0$ wird der Graph von $f(x)$ zusätzlich noch an

> der x-Achse gespiegelt.
>
> ii. Die Konstante d verschiebt den Graphen von $f(x)$ zusätzlich um d Einheiten nach oben, falls $d > 0$, bzw. um $|d|$ Einheiten nach unten, falls $d < 0$.

Wir demonstrieren dies am Beispiel:

■ Beispiel 5.1.19 — Transformation des natürlichen Logarithmus.

Kennen wir also den Graphen der natürlichen logarithmischen Funktion, so kann man den Graphen einer Funktion mit Abbildungsvorschrift $y = \frac{1}{4}\ln(3x+2)+1$ mit Hilfe des obigen Satz erhalten, indem man $f(x) = \ln(x)$, $g(x) = 3x+2$ und $h(x) = \frac{1}{4}x+1$ setzt und dann in einem ersten Schritt den Graphen von $f \circ g$ und dann in einem zweiten Schritt den Graphen von $h \circ (f \circ g)$ bildet.

- Der Graph von $f \circ g$ bzw. von $f(ax+b)$ mit $a = 3$ und $b = 2$: Die Konstanten a und b führen dazu, dass die x-Achse transformiert wird, vgl. Abbildungen 5.21. Im Vergleich zu dem Graph von $\ln(x)$ ist der Graph von $\ln(3x+2)$ um 2 nach links verschoben und dann um den Faktor $\frac{1}{|a|} = \frac{1}{3}$ in x-Richtung gestaucht, vgl. Abbildung 5.23.

- In einem zweiten Schritt bestimmt man den Graph der Komposition von h und $f(ax+b)$ bzw. den Graph von $cf(ax+b)+d$, indem man die y-Achse entsprechend transformiert, vgl. Abbildung 5.22. Der Graph von $\frac{1}{4}\ln(3x+2)+1$ ergibt sich aus dem Graph von $\ln(3x+2)$, indem man ihn in y-Richtung um $c = \frac{1}{4}$ staucht (bzw. viertelt) und um $d = 1$ nach oben verschiebt, vgl. Abbildung 5.24. ■

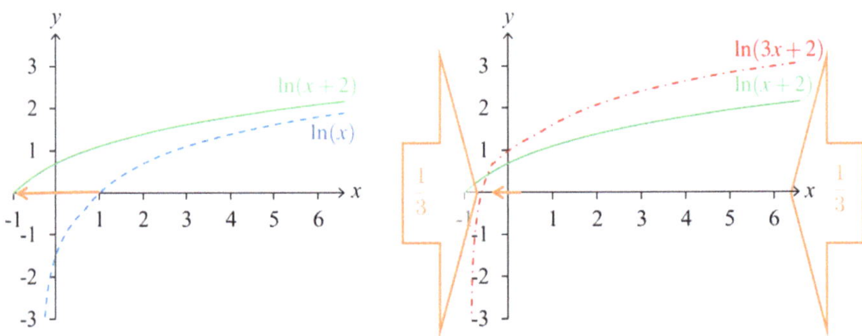

Abbildung 5.23: Transformation von $\ln(x)$ zu $\ln(3x+2)$

Wir beenden diesen Abschnitt mit einem Beispiel, in dem verschiedene reelle Funktionen erst transformiert und dann gemäß Satz 5.1.2 miteinander verknüpft werden.

■ Beispiel 5.1.20 — Die Kostenfunktion aus Einführungsbeispiel 0.1.2.

In Einführungsbeispiel 0.1.2 sind die Bestellkosten unterteilt in Kosten pro Hektoliter sowie die Lieferkosten (Kosten pro Tankwagen). Für eine gegebene Bestellmenge x kann man die Anzahl an benötigten Tankwagen berechnen, indem man $\frac{x}{10}$ aufrundet. Bei einer Bestellmenge von 0 entstehen keine Kosten, bei einer Bestellmenge x mit $0 < x \leq 10$ muss ein Tankwagen bezahlt werden, bei einer Bestellmenge x mit $10 < x \leq 20$ zwei u.s.w. Die reinen Lieferkosten entsprechen also $500\left\lceil\frac{x}{10}\right\rceil$. Die Gesamtkosten der Bestellung ergeben sich durch die Addition der Kosten für die Milch von $30x$. Negative Bestellmengen sind in der Regel nicht möglich, $x \in [0, +\infty)$. Zusammenfassend kann man die Gesamtkosten bei

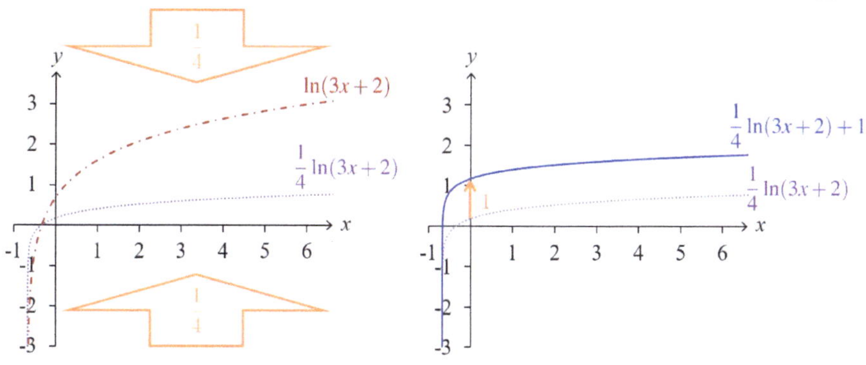

Abbildung 5.24: Transformation von $\ln(3x+2)$ zu $\frac{1}{4}\ln(3x+2)+1$

Bestellmenge x als Funktion

$$c^{ges} : [0,+\infty) \to \mathbb{R} \quad \text{mit} \quad c^{ges}(x) = 30x + 500\left\lceil \frac{x}{10} \right\rceil$$

beschreiben. Abbildung 5.25 zeigt den Graphen dieser Funktion. Anschaulich erhält man den Graphen von $y = 500\left\lceil\frac{x}{10}\right\rceil$, indem man die Aufrundungsfunktion entlang der x-Achse um den Faktor $\frac{1}{1/10} = 10$ streckt und den resultierenden Graph entlang der y-Achse um den Faktor 500 streckt. Anschließend addiert man hierzu die Funktion mit $y = 30x$, um den Graphen von c^{ges} zu erhalten. Teilt man diese Gesamtkosten durch die Stückzahl x, entsteht die zugehörige Stückkostenfunktion

$$c^{st} : (0,+\infty) \to \mathbb{R} \quad \text{mit} \quad c^{st}(x) = \frac{c^{ges}(x)}{x}.$$

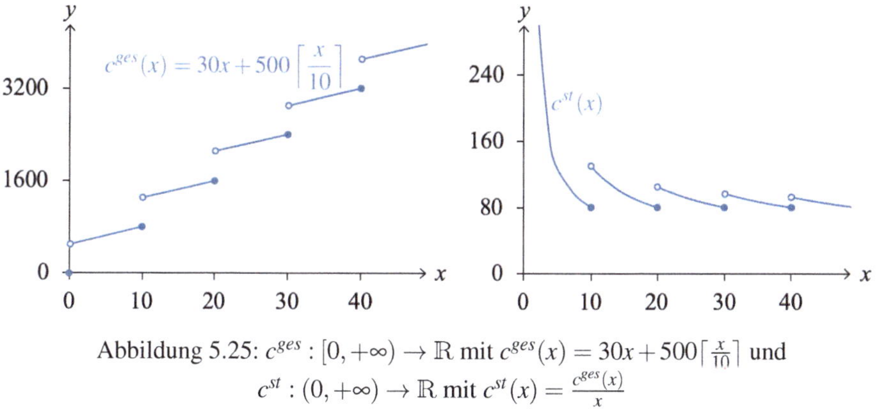

Abbildung 5.25: $c^{ges} : [0,+\infty) \to \mathbb{R}$ mit $c^{ges}(x) = 30x + 500\left\lceil\frac{x}{10}\right\rceil$ und
$c^{st} : (0,+\infty) \to \mathbb{R}$ mit $c^{st}(x) = \frac{c^{ges}(x)}{x}$

(Vorsicht: Für $x = 0$ ist die Stückkostenfunktion nicht definiert.) Am Graphen erkennt man, dass beide Funktionen Sprungstellen an den Stellen $x = 10, 20, 30, \ldots$ haben. Zudem scheint sich die Stückkostenfunktion für größere x-Werte dem Funktionswert 80 anzunähern. Beide Konzepte werden wir im folgenden Kapitel präzisieren. ∎

 Die Summe, die Differenz, das Produkt, der Quotient das Maximum und das Minimum zweier reeller Funktionen mit gleichem Definitionsbereich ergeben wieder eine reelle Funktion. Bei der Bildung des Quotienten müssen im Definitionsbereich jedoch x-Werte ausgeschlossen werden, die zu einem Nenner von 0 führen. Ist die Komposition zweier reeller Funktionen möglich, ergibt auch die Komposition wieder eine reelle Funktion. Ausgehend vom Graph von $y = f(x)$, verschiebt man den Graph um b nach links, staucht ihn dann in x-Richtung um den Faktor $\frac{1}{|a|}$, streckt ihn um den Faktor c in y-Richtung und verschiebt ihn zuletzt um d nach oben. Das Resultat ist der Graph von $cf(ax+b)+d$.

5.2 Grenzwerte und Stetigkeit

In diesem Abschnitt diskutieren wir das Verhalten einer Funktion an den Rändern des Definitionsbereiches sowie den Begriff der Stetigkeit. Hierfür erweitern wir die Idee des Grenzwertes für Folgen auf Funktionen, indem wir x beliebig groß resp. klein werden lassen. Zudem werden wir das Verhalten einer Funktion an einer bestimmten Stelle $x = x_0$ mit Hilfe des Grenzwerts untersuchen. Nach einem kurzen Überblick über einige Grenzwerte wichtiger Funktionen definieren wir die wichtige Eigenschaft der Stetigkeit einer Funktion und zeigen, wie man die Stetigkeit überprüft. Am Ende des Abschnittes demonstrieren wir dann einige Eigenschaften stetiger Funktionen.

5.2.1 Der Grenzwert einer Funktion für $x \to \pm\infty$

Ziele dieses Unterkapitels
- Was versteht man unter $\lim_{x\to+\infty} f(x)$ und $\lim_{x\to-\infty} f(x)$?
- Wie kann man Grenzwerte einer Funktion bestimmen?

Zunächst erweitern wir den Begriff des Grenzwertes von Folgen auf Funktionen anhand eines Beispiels.

■ **Beispiel 5.2.1 — Grenzwerte der Funktion $y = \frac{1}{x^3}$ für $x \to \pm\infty$.**
Um den Grenzwert der Funktion mit Abbildungsvorschrift $y = \frac{1}{x^3}$ für $x \to +\infty$, symbolisch $\lim_{x\to+\infty} \frac{1}{x^3}$, zu berechnen, überlegen wir uns zunächst, dass diese Vorschrift für immer größere x-Werte zu immer kleineren, aber stets positiven, y-Werten führt. Wir vermuten daher, dass der Grenzwert 0 ist. Ist diese Vermutung richtig, dann gibt es im Graphen der Funktion zu einem beliebig schmalen Band der Breite $2\varepsilon > 0$ um $a = 0$ herum einen Wert $m \in \mathbb{R}$, so dass alle Funktionswerte von Argumenten $x > m$ innerhalb des Bandes liegen. Zu jedem $\varepsilon > 0$ gibt es also einen Wert $m \in \mathbb{R}$, so dass alle Funktionswerte für Argumente $x > m$ nicht weiter als ε von $a = 0$ entfernt sind. Für alle $x > 0$ gilt demnach:

$$\left|\frac{1}{x^3} - 0\right| = \frac{1}{x^3} < \varepsilon \qquad \Leftrightarrow \qquad \sqrt[3]{\frac{1}{\varepsilon}} < x.$$

Für alle $x > m = \sqrt[3]{\frac{1}{\varepsilon}}$ sind also die Werte $\frac{1}{x^3}$ weniger als ε von 0 entfernt, vgl. Abbildung 5.26. Da wir ε beliebig klein wählen dürfen, ist der Wert $a = 0$ der Grenzwert. Es gilt $\lim_{x\to+\infty} \frac{1}{x^3} = 0.$ ■

In obigem Beispiel erfolgte die Grenzwertbildung für $x \to +\infty$ analog zur Grenzwertbildung von Folgen. Die folgende Definition eines Grenzwerts entspricht im Wesentlichen

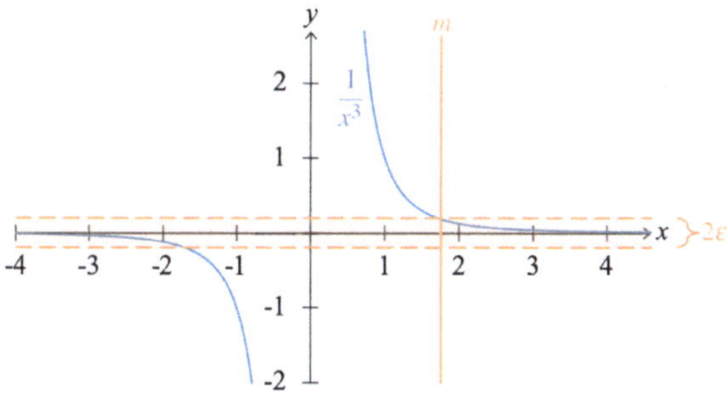

Abbildung 5.26: Der Grenzwert $\displaystyle\lim_{x\to+\infty}\frac{1}{x^3}=0$

der Definition 4.1.4 des Grenzwerts einer Folge, wobei $n\in\mathbb{N}$ durch $x\in\mathbb{R}$ und $a_n=a(n)$ durch $f(x)$ ersetzt wird.

> **Definition 5.2.1 — Der Grenzwert einer Funktion für x → +∞.**
> Eine reelle Funktion $f:D\to Z$ mit nach oben unbeschränktem Definitionsbereich D konvergiert für $x\to+\infty$ gegen einen **Grenzwert** $a\in\mathbb{R}$, wenn es zu jeder beliebig kleinen reellen Zahl $\varepsilon>0$ eine Zahl $m\in\mathbb{R}$ gibt, so dass $(m,+\infty)\subseteq D$ und für alle $x>m$ gilt:
> $$|f(x)-a|<\varepsilon.$$
> Man schreibt
> $$a=\lim_{x\to+\infty}f(x),\quad f(x)\underset{x\to+\infty}{\longrightarrow}a\quad\text{oder}\quad f(x)\to a\ \text{für}\ x\to+\infty.$$
> Konvergiert eine Funktion mit nach oben unbeschränktem Definitionsbereich nicht für $x\to+\infty$, so divergiert sie für $x\to+\infty$.

Da man jedoch das Argument einer reellen Funktion $x\in\mathbb{R}$ (im Gegensatz zum Argument $n\in\mathbb{N}$ einer Folge) nicht nur beliebig groß, sondern auch beliebig klein wählen kann, definieren wir auch Grenzwerte für $x\to-\infty$:

> **Definition 5.2.2 — Der Grenzwert einer Funktion für x → −∞.**
> Eine reelle Funktion $f:D\to Z$ mit nach unten unbeschränktem Definitionsbereich D konvergiert für $x\to-\infty$ gegen einen **Grenzwert** $a\in\mathbb{R}$, wenn es zu jeder beliebig kleinen reellen Zahl $\varepsilon>0$ eine Zahl $m\in\mathbb{R}$ gibt, so dass $(-\infty,m)\subseteq D$ und für alle $x<m$ gilt:
> $$|f(x)-a|<\varepsilon.$$
> Man schreibt
> $$a=\lim_{x\to-\infty}f(x),\quad f(x)\underset{x\to-\infty}{\longrightarrow}a\quad\text{oder}\quad f(x)\to a\ \text{für}\ x\to-\infty.$$
> Konvergiert eine Funktion mit nach unten unbeschränktem Definitionsbereich nicht für $x\to-\infty$, so divergiert sie für $x\to-\infty$.

Im Kapitel über Folgen veranschaulichten wir die Idee eines Grenzwerts wie folgt: Legt man um diesen Wert ein Band beliebiger Breite $2\varepsilon>0$, so gibt es ein $m\in\mathbb{R}$, so dass sich die Folge für alle Indizes größer als m innerhalb dieses Bandes bewegt. Der Grenzwert $\lim_{x\to+\infty} f(x)$, bzw. $\lim_{x\to-\infty} f(x)$, ist analog definiert: Legt man um diesen Wert ein solches Band beliebiger Breite $2\varepsilon > 0$, verläuft die Funktion für alle $x > m$, bzw. $x < m$, innerhalb des Bandes. Wir betrachten das formale Vorgehen der Grenzwertbestimmung in einem einfachen Beispiel:

■ Beispiel 5.2.2 — Grenzwerte der Funktion $y = \frac{1}{x^3}$ für $x \to -\infty$.

Um den Grenzwert der Funktion mit Abbildungsvorschrift $y = \frac{1}{x^3}$ für $x \to -\infty$, also $\lim_{x\to-\infty} \frac{1}{x^3}$, zu berechnen, überlegen wir uns, welche Funktionswerte für sehr kleine x-Werte (genauer: betragsmäßig große x-Werte mit negativem Vorzeichen) entstehen. Setzt man beispielsweise -1000 in die Vorschrift ein, so erhalten wir -0.000000001, einen negativen Wert sehr nahe bei 0. Für kleine Argumente scheinen Werte zu entstehen, die nahe bei 0 sind. Wir vermuten also, dass der Grenzwert auch in diesem Fall 0 ist. In der Tat gilt für $x < 0$

$$\left| \frac{1}{x^3} - 0 \right| = -\frac{1}{x^3} < \varepsilon \qquad \Leftrightarrow \qquad -\sqrt[3]{\frac{1}{\varepsilon}} > x.$$

Für alle $x < m = -\sqrt[3]{\frac{1}{\varepsilon}}$ sind die Funktionswerte von $\frac{1}{x^3}$ also weniger als ε von 0 entfernt. Dies gilt für alle ε. Also ist der Grenzwert 0, $\lim_{x\to-\infty} \frac{1}{x^3} = 0$.   ■

Auch für Funktionen kann man uneigentliche Grenzwerte $+\infty$ und $-\infty$ definieren. Folgender Satz verallgemeinert mit deren Hilfe die Aussagen aus Beispielen 5.2.1 und 5.2.2:

Satz 5.2.1 — Grenzwerte der Potenzfunktion.
Wir betrachten die Potenzfunktion $f(x) = x^b$, $b \in \mathbb{R}$. Es gilt:

- $\lim_{x\to+\infty} x^b = +\infty$, für alle $b > 0$;

- $\lim_{x\to+\infty} x^b = \lim_{x\to+\infty} x^{-|b|} = \lim_{x\to+\infty} \frac{1}{x^{|b|}} = 0$, für alle $b < 0$.

Ist b ganzzahlig, $b \in \mathbb{Z}$, so kann auch ein Grenzwert $x \to -\infty$ bestimmt werden. Es gilt:

- $\lim_{x\to-\infty} x^0 = \lim_{x\to+\infty} x^0 = 1$.

- $\lim_{x\to-\infty} x^b = +\infty$, wenn $b \in \mathbb{N}$ und b gerade;

- $\lim_{x\to-\infty} x^b = -\infty$, wenn $b \in \mathbb{N}$ und b ungerade;

- $\lim_{x\to-\infty} x^b = \lim_{x\to+\infty} \frac{1}{x^{|b|}} = 0$, für alle $b \in \mathbb{Z} \setminus \mathbb{N}_0$.

Für Grenzwerte von Funktionen gelten die gleichen Rechenregeln wie für Grenzwerte von Folgen. Wir formulieren dazu folgenden Satz.

Satz 5.2.2 — Rechenregeln für Grenzwerte von Funktionen.
Es seien f und g zwei reelle Funktionen und es gelte für $a, b \in \mathbb{R}$

$$a = \lim_{x\to+\infty} f(x), \; b = \lim_{x\to+\infty} g(x).$$

Sei $c \in \mathbb{R}$, dann gilt:

i. $\lim_{x\to+\infty} (f(x) + g(x)) = a + b,$

ii. $\lim\limits_{x \to +\infty} (f(x) - g(x)) = a - b$,

iii. $\lim\limits_{x \to +\infty} (f(x) \cdot g(x)) = a \cdot b$,

iv. $\lim\limits_{x \to +\infty} \frac{f(x)}{g(x)} = \frac{a}{b}$, wenn $g(x) \neq 0$ für alle x im Definitionsbereich von g und $b \neq 0$,

v. $\lim\limits_{x \to +\infty} (f(x))^c = a^c$, wenn $f(x) > 0$ für alle x im Definitionsbereich von f und $a > 0$,

vi. $\lim\limits_{x \to +\infty} c^{f(x)} = c^a$, wenn $c > 0$.

Die Rechenregeln dieses Satzes stimmen natürlich auch für Grenzwerte $x \to -\infty$ und lassen sich mit Einschränkungen analog zu Satz 4.2.8 auf uneigentliche Grenzwerte übertragen.

Wie für Folgen kann der Grenzwert einer Funktion mit Hilfe von Vergleichen (siehe Sätze 4.2.3, 4.2.4, 4.2.5) oder der Rechengesetze oben bestimmt werden. Um den Grenzwert einer rationalen Funktion zu bestimmen, ist es dabei meist empfehlenswert, in einem ersten Schritt die höchste Potenz der Variablen in Zähler und Nenner auszuklammern und dann weitestgehend zu kürzen. Danach kann man die Rechengesetze sowie die bekannten Grenzwerte aus Satz 5.2.1 nutzen. Wir zeigen das Vorgehen im folgenden Beispiel an drei rationalen Funktionen:

■ **Beispiel 5.2.3 — Die Grenzwerte dreier rationaler Funktionen.**
Wollen wir den Grenzwert von $f_1(x) = \frac{2x^2 + 8x + 4}{x^2 + x}$ für $x \to +\infty$ bestimmen, $\lim_{x \to +\infty} \frac{2x^2 + 8x + 4}{x^2 + x}$, so können wir die Rechenregeln und Satz 5.2.1 wie folgt nutzen:

$$\lim_{x \to +\infty} f_1(x) = \lim_{x \to +\infty} \frac{2x^2 + 8x + 4}{x^2 + x} = \lim_{x \to +\infty} \frac{x^2(2 + 8\frac{1}{x} + 4\frac{1}{x^2})}{x^2(1 + \frac{1}{x})} = \lim_{x \to +\infty} \frac{2 + 8\frac{1}{x} + 4\frac{1}{x^2}}{1 + \frac{1}{x}}$$

$$= \frac{2 + 8\lim_{x \to +\infty} \frac{1}{x} + 4\lim_{x \to +\infty} \frac{1}{x^2}}{1 + \lim_{x \to +\infty} \frac{1}{x}} = \frac{2 + 8 \cdot (0) + 4 \cdot (0)}{1 + (0)} = 2.$$

Man erhält analog den (eigentlichen) Grenzwert $\lim_{x \to -\infty} f_1(x) = 2$.

Um den Grenzwert von $f_2(x) = \frac{2x^2 + 8x + 4}{x + 1}$ für $x \to +\infty$ zu bestimmen, gehen wir ähnlich vor:

$$\lim_{x \to +\infty} f_2(x) = \lim_{x \to +\infty} \frac{2x^2 + 8x + 4}{x + 1} = \lim_{x \to +\infty} \frac{x^2(2 + 8\frac{1}{x} + 4\frac{1}{x^2})}{x(1 + \frac{1}{x})} = \lim_{x \to +\infty} x\frac{2 + 8\frac{1}{x} + 4\frac{1}{x^2}}{1 + \frac{1}{x}}$$

$$= \lim_{x \to +\infty} x \cdot \lim_{x \to +\infty} \frac{2 + 8\frac{1}{x} + 4\frac{1}{x^2}}{1 + \frac{1}{x}} = \lim_{x \to +\infty} x \cdot 2 = +\infty.$$

Für $x \to -\infty$ ergibt sich im letzten Schritt der uneigentliche Grenzwert $f_2(x) = \lim_{x \to -\infty} x \cdot 2 = -\infty$.

Gehen wir bei der Berechnung von $\lim_{x \to +\infty} f_3(x)$ mit $f_3(x) = \frac{2x^4 + 8x^3 + 4x^2}{x + 1}$ analog vor, erhalten wir:

$$\lim_{x \to +\infty} f_3(x) = \lim_{x \to +\infty} \frac{2x^4 + 8x^3 + 4x^2}{x + 1} = \lim_{x \to +\infty} \frac{x^4(2 + 8\frac{1}{x} + 4\frac{1}{x^2})}{x(1 + \frac{1}{x})} = \lim_{x \to +\infty} x^3\frac{2 + 8\frac{1}{x} + 4\frac{1}{x^2}}{1 + \frac{1}{x}}$$

$$= \lim_{x \to +\infty} x^3 \cdot \lim_{x \to +\infty} \frac{2 + 8\frac{1}{x} + 4\frac{1}{x^2}}{1 + \frac{1}{x}} = \lim_{x \to +\infty} x^3 \cdot 2 = +\infty.$$

Für $x \to -\infty$ ergibt sich im letzten Schritt der uneigentliche Grenzwert $\lim_{x\to-\infty} f_3(x) = \lim_{x\to-\infty} x^3 \cdot 2 = -\infty$.

Die Graphen der Funktionen sind in Abbildung 5.27 dargestellt.   ■

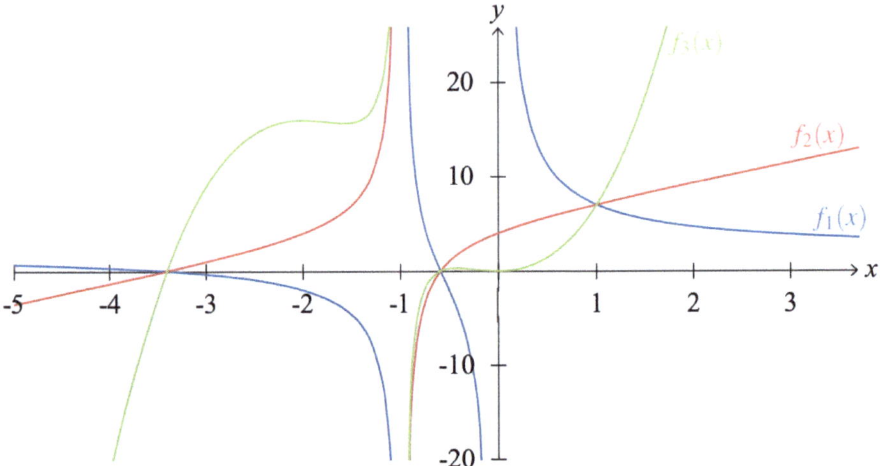

Abbildung 5.27: $f_1(x) = \frac{2x^2+8x+4}{x^2+x}$ (blau), $f_2(x) = \frac{2x^2+8x+4}{x+1}$ (rot) und $f_3(x) = \frac{2x^4+8x^3+4x^2}{x+1}$ (grün)

In folgendem Beispiel nutzen wir einen Vergleich mit einer kleineren Funktion, um zu zeigen, dass die Funktion einen uneigentlichen Grenzwert hat.

■ Beispiel 5.2.4 — Die Kostenfunktion aus Einführungsbeispiel 0.1.2 .
Der Definitionsbereich der Kostenfunktion $c^{ges} : [0, +\infty) \to \mathbb{R}$ mit $c^{ges}(x) = 30x + 500 \lceil \frac{x}{10} \rceil$ hat eine untere Schranke von $\underline{b} = 0$. Da er also nach unten beschränkt ist, ist eine Grenzwertbildung für $x \to -\infty$ nicht möglich. Wir beschreiben daher ausschließlich das Verhalten der Funktion für $x \to +\infty$.

Betrachten wir die beiden Summanden der Abbildungsvorschrift, erkennt man die Potenzfunktion mit $b = 1$ im ersten Summanden. Laut Satz 5.2.1 gilt $\lim_{x\to+\infty} 30x = +\infty$. Da für alle $x > 0$ auch $\lceil \frac{x}{10} \rceil > 0$ gilt, erhält man

$$c^{ges}(x) = 30x + 500 \left\lceil \frac{x}{10} \right\rceil \geq \underbrace{30x}_{\to+\infty}.$$

Damit folgt $\lim_{x\to+\infty} c^{ges}(x) = +\infty$, vgl. auch Abbildung 5.28.   ■

Die Aussagen zum Grenzwert der Summe, der Differenz, des Produkts, des Quotienten, der Potenz zweier Folgen mit bekannten eigentlichen oder uneigentlichen Grenzwerten lassen sich also so eins zu eins auf Funktionen übertragen. Ebenso lassen sich die Vergleichssätze übertragen. Oft wird dabei übersehen, dass wir jedoch (noch) keine allgemeingültige Rechenregel bezüglich des Grenzwerts der Komposition zweier Funktionen haben.

■ Beispiel 5.2.5 — Grenzwert der Komposition.
Bildet man die Komposition der Funktionen $f : (0, +\infty) \to (0, +\infty)$ mit $f(x) = x^2$ und

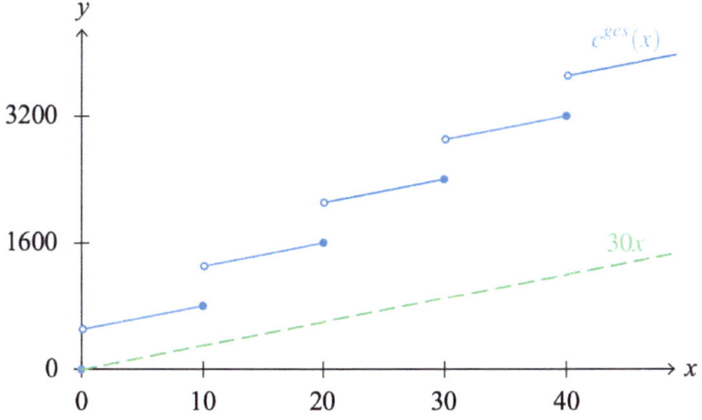

Abbildung 5.28: Vergleich der Funktionen c^{ges} und $30x$

$g : (0,+\infty) \to (0,+\infty)$ mit $g(x) = 3 + \frac{1}{x}$ zu $y = f(g(x))$, so gilt

$$\lim_{x \to +\infty} f(g(x)) = \lim_{x \to +\infty} \left(3 + \frac{1}{x}\right)^2 = \lim_{x \to +\infty} \left(9 + \frac{6}{x} + \frac{1}{x^2}\right) = 9.$$

Bei obigem Vorgehen haben wir zuerst die Komposition gebildet und dann den Grenzwert gebildet. Bildet man erst den (inneren) Grenzwert

$$\lim_{x \to +\infty} g(x) = \lim_{x \to +\infty} \left(3 + \frac{1}{x}\right) = 3$$

und setzt dann dieses Ergebnis in f ein, erhält man

$$f\left(\lim_{x \to +\infty} g(x)\right) = f(3) = 3^2 = 9.$$

Es gilt in diesem Beispiel also $\lim_{x \to +\infty} f(g(x)) = f(\lim_{x \to +\infty} g(x))$. Der Grenzwert der Komposition $f \circ g$ ist hier gleich dem Funktionswert des Grenzwertes der inneren Funktion. Dies gilt aber nicht immer![5]

Wählt man beispielsweise $f : (0,+\infty) \to (0,+\infty)$ mit $f(x) = \lceil x \rceil$, so gilt noch immer

$$\lim_{x \to +\infty} g(x) = \lim_{x \to +\infty} \left(3 + \frac{1}{x}\right) = 3.$$

und nun mit neuer Funktion f

$$f\left(\lim_{x \to +\infty} g(x)\right) = f(3) = \lceil 3 \rceil = 3.$$

---

[5]   Im Allgemeinen gilt $\lim_{x \to +\infty} f(g(x)) = f(\lim_{x \to +\infty} g(x))$ nur, wenn die Funktion f an der Stelle $\lim_{x \to +\infty} g(x)$ einen Grenzwert hat, welcher dem Funktionswert an dieser Stelle entspricht. Wir werden diese Eigenschaft in Abschnitt 5.2.5 als Stetigkeit kennenlernen.

Aber da $3 < 3 + \frac{1}{x} < 4$ für alle $x > 1$ ist, gilt

$$\lim_{x \to +\infty} f(g(x)) = \lim_{x \to +\infty} \left\lceil 3 + \frac{1}{x} \right\rceil = 4.$$

Zusammenfassend ist hier also

$$\lim_{x \to +\infty} f(g(x)) \neq f\left(\lim_{x \to +\infty} g(x) \right). \qquad \blacksquare$$

■ Beispiel 5.2.6 — Die Kostenfunktion aus Einführungsbeispiel 0.1.2 .
Als ein etwas anspruchsvolleres Beispiel betrachten wir erneut die Kostenfunktion c^{ges} :
$[0, +\infty) \to \mathbb{R}$ mit $c^{ges}(x) = 30x + 500 \lceil \frac{x}{10} \rceil$ und Stückkostenfunktion $c^{st} : (0, +\infty) \to \mathbb{R}$
mit $c^{st}(x) = c^{ges}(x)/x$, vgl. Abbbildung 5.25. Eine Grenzwertbildung für $x \to -\infty$ ist
nicht möglich, da der Definitionsbereich dieser Funktionen nach unten beschränkt ist. Wir
beschreiben daher ausschließlich das Verhalten der beiden Funktionen für $x \to +\infty$.

Für $x \to +\infty$ gilt

$$\lim_{x \to +\infty} c^{ges}(x) = \lim_{x \to +\infty} \left(30x + 500 \left\lceil \frac{x}{10} \right\rceil \right) = +\infty.$$

Denn zu jedem $a \in \mathbb{R}$ gilt für alle $x > a/30$, dass $c^{ges}(x) > 30x > a$. Auch intuitiv ist klar,
dass die Gesamtkosten über alle Schranken steigen, wenn immer mehr produziert wird.

Vermuten wir, dass die Stückkosten $c^{st}(x) = c^{ges}(x)/x$ gegen 80 konvergieren, so
erhalten wir durch Umformungen:

$$\left| c^{st}(x) - 80 \right| = \left| \frac{c^{ges}(x)}{x} - 80 \right| = \left| \frac{30x + 500 \lceil \frac{x}{10} \rceil}{x} - 80 \right|$$

$$= \left| 30 + \frac{500 \lceil \frac{x}{10} \rceil}{x} - 80 \right| = \left| \frac{500 \lceil \frac{x}{10} \rceil}{x} - 50 \right|.$$

Wollen wir nun zeigen, dass wir zu jedem $\varepsilon > 0$ einen Wert m angeben können, so dass
dieser Betrag für alle $x > m$ kleiner als ε ist, verwenden wir die Abschätzung $\lceil x \rceil \leq x + 1$
und schreiben

$$\left| c^{st}(x) - 80 \right| = \left| \frac{500 \lceil \frac{x}{10} \rceil}{x} - 50 \right| \leq \left| \frac{500(\frac{x}{10} + 1)}{x} - 50 \right| = \left| \frac{500}{x} \right| = \frac{500}{x}.$$

Für alle $x > \frac{500}{\varepsilon}$ ist $\frac{500}{x} < \varepsilon$ und damit auch $|\frac{c^{ges}(x)}{x} - 80| < \varepsilon$. Es gilt also $\lim_{x \to +\infty} \frac{c^{ges}(x)}{x} = $
80, siehe Abbildung 5.29. $\qquad \blacksquare$

(Z) Der Grenzwert einer Funktion für $x \to +\infty$ ist $\lim_{x \to +\infty} f(x)$. Hat eine Funktion für
$x \to +\infty$ einen reellen Grenzwert, sagt man auch die Funktion konvergiert für $x \to +\infty$. An-
sonsten sagt man, die Funktion divergiert für $x \to +\infty$. Wächst f über alle Grenzen schreibt
man $\lim_{x \to +\infty} f(x) = +\infty$; fällt sie unter alle Grenzen, schreibt man $\lim_{x \to +\infty} f(x) = -\infty$.
Man sagt dann, f hat einen uneigentlichen Grenzwert. Analog schreibt man $\lim_{x \to -\infty} f(x)$
für den Grenzwert für $x \to -\infty$.

Grenzwerte einer Funktion kann man ausgehend von bekannten Grenzwerten analog zu
Kapitel 4 mit Hilfe von Vergleichen oder der Rechengesetze bestimmen.

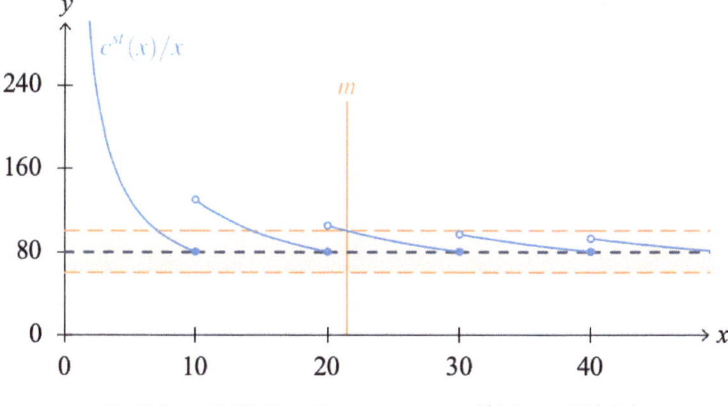

Abbildung 5.29: Der Grenzwert von $c^{st}(x) = c^{ges}(x)/x$

5.2.2 Der Grenzwert einer Funktion an einer Stelle

Ziele dieses Unterkapitels

- Was verstcht man unter einem rechtsseitigen bzw. linksseitigen Grenzwert an der Stelle x_0? Wie kann man diese bestimmen?
- Was ist der Grenzwert einer Funktion an der Stelle x_0?
- Wie kann man den Grenzwert einer Funktion an der Stelle x_0 bestimmen?

Anschaulich bedeutet die Idee des Grenzwertes einer Funktion nichts anderes als „die Funktion nähert sich diesem Wert an". Bisher diskutierten wir Grenzwerte für $x \to +\infty$ oder $x \to -\infty$. Nun überlegen wir uns, welchem Wert sich die Funktion annähert, wenn sich x einer bestimmten Stelle der x-Achse, also z.B. der Stelle $x = 10$ annähert.

■ **Beispiel 5.2.7 — Die Kostenfunktion aus Einführungsbeispiel 0.1.2 .**
Wir betrachten erneut Beispiel 5.2.6 mit Gesamtkostenfunktion

$$c^{ges} : [0, +\infty) \to \mathbb{R} \quad \text{mit} \quad c^{ges}(x) = 30x + 500 \left\lceil \frac{x}{10} \right\rceil,$$

vgl. Abbildung 5.28. An der Stelle $x = 10$ hat diese Funktion den Wert $c^{ges}(x) = 800$. Wählt man die Bestellmenge x nur etwas kleiner, so wird auch der Funktionswert etwas kleiner. Wählt man die Bestellmenge x nur etwas größer, so wird der Funktionswert sprunghaft größer. Nähert man sich auf dem Graphen der Stelle $x = 10$ von links kommend, so nähert man sich immer mehr dem Wert 800. Nähert man sich auf dem Graphen der Stelle $x = 10$ von rechts kommend, so nähert man sich immer mehr dem Wert 1300 und fällt erst beim Erreichen von $x = 10$ plötzlich auf 800. Man sagt auch, der linksseitige Grenzwert der Funktion an der Stelle $x = 10$ ist 800, der rechtsseitige Grenzwert ist 1300.[6] Um auszudrücken, dass 800 der linksseitige Grenzwert ist, wenn man sich von kleineren Zahlen aus (also von links) der Stelle 10 nähert, betont man dies mit einem Minuszeichen und schreibt $\lim_{x \to 10^-} c^{ges}(x) = 800$. Man schreibt $\lim_{x \to 10^+} c^{ges}(x) = 1300$, um darzustellen, dass der rechtsseitige Grenzwert 1300 ist, wenn man sich von größeren Zahlen aus (also von rechts) der Stelle 10 nähert. ■

---

[6] Die rechtsseitigen und linksseitigen Grenzwerte können, müssen aber nicht mit dem Funktionswert übereinstimmen.

Wir definieren zunächst formal, was ein rechts- bzw. linksseitiger Grenzwert ist. Darauf aufbauend führen wir dann später den Begriff des Grenzwertes ein.

> **Definition 5.2.3 — Rechts- und linksseitiger Grenzwert.**
> Eine reelle Funktion $f : D \to Z$ hat an der Stelle $x_0 \in \mathbb{R}$ bzw. „in x_0"
> - den **rechtsseitigen Grenzwert** $a \in \mathbb{R}$,
>
> $$\lim_{x \to x_0^+} f(x) = \lim_{x \downarrow x_0} f(x) = \lim_{x \to x_0 + 0} f(x) = a,$$
>
> wenn es zu jeder beliebig kleinen reellen Zahl $\varepsilon > 0$ eine reelle Zahl $\delta > 0$ gibt, so dass $(x_0,, x_0 + \delta) \subseteq D$ und für alle $x \in (x_0, x_0 + \delta)$ gilt $|f(x) - a| < \varepsilon$.
> - den **linksseitigen Grenzwert** $a \in \mathbb{R}$,
>
> $$\lim_{x \to x_0^-} f(x) = \lim_{x \uparrow x_0} f(x) = \lim_{x \to x_0 - 0} f(x) = a,$$
>
> wenn es zu jeder beliebig kleinen reellen Zahl $\varepsilon > 0$ eine reelle Zahl $\delta > 0$ gibt, so dass $(x_0 - \delta, x_0) \subseteq D$ und für alle $x \in (x_0 - \delta, x_0)$ gilt $|f(x) - a| < \varepsilon$.

Bisher bezeichneten wir eine Stelle, wie z.B. die Stelle $x = 10$ einfach mit x. In obiger Definition bezeichnen wir die Stelle, für die der Grenzwert berechnet wird, mit x_0, da wir das Symbol x schon benutzen, um die Variable zu bezeichnen, und eine Schreibweise $x \to x$ keinen Sinn ergeben würde. Schreiben wir $x \to x_0^+$, ist also gemeint, dass sich die Variable x der Stelle x_0 (hier hat man in der Regel einen Wert wie $x_0 = 10$ gegeben) von rechts nähert.

Auch für rechts- und linksseitige Grenzwerte können uneigentliche Grenzwerte definiert und die bekannten Rechenregeln für Grenzwerte genutzt werden (vgl. Satz 5.2.2).

■ **Beispiel 5.2.8 — Grenzwerte von $p(x)$.**
Wir betrachten die rationale Funktion mit Abbildungsvorschrift $p(x) = \frac{x^3 - x^2 + 5x - 5}{x^2 - 1}$. Diese Funktion hat einen natürlichen Definitionsbereich von $D_f = \mathbb{R} \setminus \{-1, 1\}$. Teilt man Zähler und Nenner durch x^2 ergibt sich

$$\lim_{x \to -\infty} p(x) = \lim_{x \to -\infty} \frac{x - 1 + 5\frac{1}{x} - 5\frac{1}{x^2}}{1 - \frac{1}{x^2}} = -\infty$$

bzw.

$$\lim_{x \to +\infty} p(x) = \lim_{x \to +\infty} \frac{x - 1 + 5\frac{1}{x} - 5\frac{1}{x^2}}{1 - \frac{1}{x^2}} = +\infty.$$

Die Funktion $p(x)$ divergiert für $x \to -\infty$ also mit uneigentlichem Grenzwert $-\infty$ und für $x \to +\infty$ mit uneigentlichem Grenzwert $+\infty$. [7]

Welchem Wert nähert sich der Funktionswert nun aber an, wenn wir uns der Stelle $x_0 = -1$ von links aus annähern, d.h. was ist der Wert von $\lim_{x \to -1^-} p(x)$?

Aus Abbildung 5.30 vermuten wir, dass $\lim_{x \to -1^-} \frac{x^3 - x^2 + 5x - 5}{x^2 - 1} = -\infty$ gilt. Formal kennen wir keine Methode, um den Grenzwert $x \to x_0^-$ zu bestimmen. Da die in Kapitel 4 besprochenen Rechenregeln für Grenzwerte auch für $x \to x_0^-$ gelten, kommt man oft

---

[7]   Falls Sie das #-Kapitel über Asymptoten gelesen haben, wussten Sie dies bereits aus Beispiel 5.2.15.

dennoch zum Ziel:

$$\lim_{x \to -1^-} \frac{x^3 - x^2 + 5x - 5}{x^2 - 1} = \lim_{x \to -1^-} \frac{(x-1)(x^2+5)}{(x-1)(x+1)} = \lim_{x \to -1^-} \frac{x^2+5}{x+1}$$

$$= \frac{\lim_{x \to -1^-}(x^2+5)}{\lim_{x \to -1^-}(x+1)}$$

Dabei gilt die letzte Gleichung, wenn der resultierende Bruch einen bestimmten Ausdruck ergibt. Beim Zähler erhält man durch Einsetzen der Zahl -1 für x den Wert $(-1)^2 + 5 = 6$. Beim Nenner ergibt sich durch Einsetzen eine 0. Nähert sich bei einem Quotienten der Nenner der 0, hilft Satz 4.2.7 weiter. Da der Nenner $(x+1)$ für $x < -1$ kleiner als 0 ist, wissen wir, dass $\frac{1}{\lim_{x \to -1^-}(x+1)}$ divergiert mit uneigentlichem Grenzwert $\frac{1}{0^-} = -\infty$. Multipliziert man dies mit 6, dem Grenzwert des Zählers, bleibt dieser Wert $-\infty$. Zusammenfassend gilt für den linksseitigen Grenzwert:

$$\lim_{x \to -1^-} \frac{x^3 - x^2 + 5x - 5}{x^2 - 1} \overset{\text{symbolisch}}{=} \frac{6}{0^-} = -\infty.$$

Ebenso erhält man als rechtsseitigen Grenzwert

$$\lim_{x \to -1^+} \frac{x^3 - x^2 + 5x - 5}{x^2 - 1} = \lim_{x \to -1^+} \frac{(x-1)(x^2+5)}{(x-1)(x+1)} = \lim_{x \to -1^+} \frac{x^2+5}{x+1} \overset{\text{symbolisch}}{=} \frac{6}{0^+} = +\infty.$$

An der anderen Stelle, an der die Funktion nicht definiert ist, $x_0 = 1$, ergibt sich hingegen

$$\lim_{x \to 1^-} \frac{x^3 - x^2 + 5x - 5}{x^2 - 1} = \lim_{x \to 1^-} \frac{(x-1)(x^2+5)}{(x-1)(x+1)} = \lim_{x \to 1^-} \frac{x^2+5}{x+1} = \frac{1^2+5}{1+1} = \frac{6}{2} = 3.$$

als linksseitiger Grenzwert und

$$\lim_{x \to 1^+} \frac{x^3 - x^2 + 5x - 5}{x^2 - 1} = \lim_{x \to 1^+} \frac{(x-1)(x^2+5)}{(x-1)(x+1)} = \lim_{x \to 1^+} \frac{x^2+5}{x+1} = \frac{1^2+5}{1+1} = \frac{6}{2} = 3.$$

als rechtsseitiger Grenzwert.

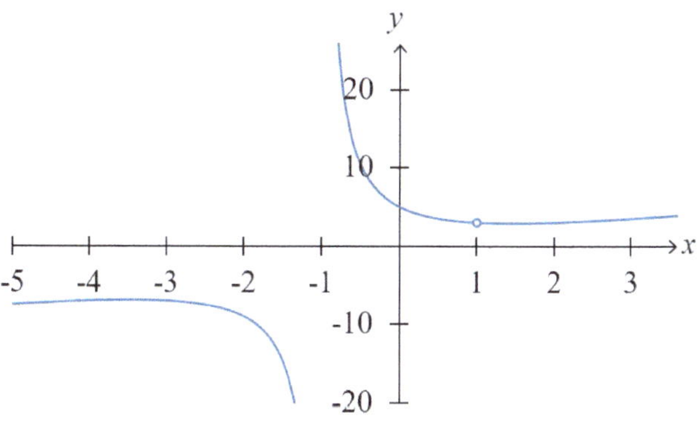

Abbildung 5.30: $p : \mathbb{R} \setminus \{-1, 1\} \to \mathbb{R}$ mit $p(x) = \frac{x^3 - x^2 + 5x - 5}{x^2 - 1}$

Das Verhalten der Funktion an den Stellen $x_0 = -1$ und $x_0 = 1$ ist hier sehr unterschiedlich. An der Stelle $x_0 = -1$ schmiegt sich der Graph an eine (vertikale) Gerade an, die parallel zur y-Achse durch den Punkt $(-1,0)^T$ verläuft, vgl. Abbildung 5.30. An der Stelle $x_0 = 1$ ist im Graphen kaum erkennbar, dass die Funktion hier nicht definiert ist. Sowohl von links als auch von rechts kommend nähert sich der Graph dem Punkt $(1,3)^T$ an. Man sagt daher auch einfach: die Funktion hat für $x \to 1$ den Grenzwert 3, $\lim_{x\to 1} \frac{x^3-x^2+5x-5}{x^2-1} = 3$, vgl. Abbildung 5.30.   ■

Wir definieren den Grenzwert an einer Stelle x_0 als den Wert, gegen den der Funktionswert strebt, wenn sich x der Stelle x_0 von beiden Seiten nähert. Aus den Definitionen des rechts- und linksseitigen Grenzwertes, Definition 5.2.3, ergibt sich:

> **Definition 5.2.4 — Grenzwert einer Funktion an der Stelle x_0.**
> Sei $x_0 \in \mathbb{R}$ und $U(x_0, \delta) = (x_0 - \delta, x_0 + \delta)$. Eine reelle Funktion $f : D \to Z$ hat für $x \to x_0$ („in x_0") den **Grenzwert** $a \in \mathbb{R}$,
>
> $$\lim_{x \to x_0} f(x) = a,$$
>
> wenn es zu jeder beliebig kleinen reellen Zahl $\varepsilon > 0$ eine reelle Zahl $\delta > 0$ gibt, so dass $U(x_0, \delta) \setminus \{x_0\} \subseteq D$ und
>
> $$|f(x) - a| < \varepsilon \text{ für alle } x \in U(x_0, \delta) \setminus \{x_0\}.$$

Wir definieren den Grenzwert einer Funktion in Definition 5.2.4 so, dass die Funktion genau dann einen Grenzwert an der Stelle x_0 hat, wenn der rechts- und linksseitige Grenzwert übereinstimmen. Entsprechend gilt folgender Satz.

> **Satz 5.2.3 — Existenz des Grenzwerts einer Funktion an der Stelle x_0.**
> Eine reelle Funktion f hat in x_0 genau dann einen Grenzwert $a \in \mathbb{R}$, d.h. $\lim_{x\to x_0} f(x) = a$, wenn $\lim_{x \to x_0^-} f(x) = \lim_{x \to x_0^+} f(x) = a$.

Analog zu den vorherigen Grenzwerten kann man auch hier die uneigentlichen Grenzwerte ($\lim_{x\to x_0} f(x) = +\infty$ und $\lim_{x\to x_0} f(x) = -\infty$) definieren und die bekannten Rechengesetze über Grenzwerte anwenden.

■ **Beispiel 5.2.9 — Die Gesamtkostenfunktion c^{ges} aus Beispiel 5.2.6.**
Die Gesamtkostenfunktion aus Beispiel 5.2.6 ,

$$c^{ges} : [0, +\infty) \to \mathbb{R} \quad \text{mit} \quad c^{ges}(x) = 30x + 500 \left\lceil \frac{x}{10} \right\rceil,$$

hat bei allen Vielfachen von 10, also an jeder Stelle $x_0 = 10n$ mit $n \in \mathbb{N}_0$ einen linksseitigen Grenzwert

$$\lim_{x\to 10n^-} \left(30x + 500 \left\lceil \frac{x}{10} \right\rceil \right) = 30 \cdot (10n) + 500 \left\lceil \frac{10n}{10} \right\rceil = 300n + 500n = 800n$$

und einen rechtsseitigen Grenzwert von

$$\lim_{x\to 10n^+} \left(30x + 500 \left\lceil \frac{x}{10} \right\rceil \right) = 30 \cdot (10n) + 500 \cdot (n+1) = 300n + 500n + 500 = 800n + 500.$$

Da der rechtsseitige Grenzwert an Stellen $x_0 = 10n$ nicht dem linksseitigen entspricht, vgl. Abbildung 5.28, sagt man, c^{ges} hat an diesen Stellen keinen Grenzwert. ∎

■ Beispiel 5.2.10 — Der Grenzwert von $f(x) = \frac{1}{x^2}$ an der Stelle 0.

Die Funktion mit Abbildungsvorschrift $f(x) = \frac{1}{x^2}$ hat einen natürlichen Definitionsbereich von $\mathbb{R} \setminus \{0\}$. An der Stelle 0 gilt:

$$\lim_{x \to 0^+} \frac{1}{x^2} \overset{\text{symbolisch}}{=} \frac{1}{(0^+)^2} = \frac{1}{0^+} = +\infty$$

$$\lim_{x \to 0^-} \frac{1}{x^2} \overset{\text{symbolisch}}{=} \frac{1}{(0^-)^2} = \frac{1}{0^+} = +\infty.$$

An der Stelle 0 hat die Funktion somit den uneigentlichen Grenzwert $\lim_{x \to 0} \frac{1}{x^2} = +\infty$. ∎

■ Beispiel 5.2.11 — Die Funktion aus Beispiel 5.2.8.

An der Stelle $x_0 = -1$ hat die in Beispiel 5.2.8 diskutierte Funktion den uneigentlichen linksseitigen Grenzwert $-\infty$ und den uneigentlichen rechtsseitigen Grenzwert $+\infty$. Sie hat an der Stelle $x_0 = -1$ somit weder einen eigentlichen noch einen uneigentlichen Grenzwert, vgl. auch Abbildung 5.30.

An der Stelle $x_0 = 1$ hat sie einen Grenzwert von 3, vgl. Abbildung 5.30. Es gilt $\lim_{x \to 1} \frac{x^3 - x^2 + 5x - 5}{x^2 - 1} = 3$. Berechnet man den entsprechenden links- und rechtsseitigen Grenzwert mit Hilfe der Rechenregeln wie in Beispiel 5.2.8, folgt dies direkt mit Hilfe von Satz 5.2.3.

Dies über die Definition zu beweisen, ist deutlich komplizierter: Hierfür muss man zu jedem $\varepsilon > 0$ ein δ angeben, so dass

$$\left| \frac{x^3 - x^2 + 5x - 5}{x^2 - 1} - 3 \right| = \left| \frac{x^2 - 3x + 2}{x + 1} \right| < \varepsilon \quad \text{für alle } x \in U(1, \delta) = (1 - \delta, 1 + \delta)$$

gilt. Die Betrachtung dieses Ausdrucks vereinfacht sich, wenn man den Zähler des Bruchs auf der linken Seite als $(x - 1)(x - 2)$ darstellt und beachtet, dass für $\delta < 1$ der Faktor $(x - 2)$ im Zähler negativ und der Nenner des Bruchs, $(x + 1)$, positiv ist. So vereinfacht sich die linke Seite der Ungleichung für $x \in (1 - \delta, 1 + \delta) \subseteq (0, 2)$ zu

$$\left| \frac{x^2 - 3x + 2}{x + 1} \right| = \left| \frac{(x - 2)}{x + 1}(x - 1) \right| = \underbrace{\frac{\overbrace{2 - x}^{<2}}{x + 1}}_{>1} \underbrace{|x - 1|}_{<\delta} < 2\delta.$$

Wählt man also für $\varepsilon < 2$ den Wert $\delta = \frac{1}{2}\varepsilon < 1$, ist sichergestellt, dass

$$\left| \frac{x^3 - x^2 + 5x - 5}{x^2 - 1} - 3 \right| < 2\frac{1}{2}\varepsilon = \varepsilon.$$

Für $\varepsilon \geq 2$ kann man z.B. $\delta = \frac{1}{2}$ (oder jeden anderen Wert kleiner als 1) wählen und erhält

$$\left| \frac{x^3 - x^2 + 5x - 5}{x^2 - 1} - 3 \right| < 2\delta \leq \varepsilon.$$

Da man also zu jedem $\varepsilon > 0$ ein entsprechendes δ angeben kann, ist 3 der Grenzwert für $x \to 1$. ∎

 Der rechtsseitige Grenzwert einer Funktion an der Stelle x_0, $\lim_{x \to x_0^+} f(x)$, ist der Wert, dem sich die Funktionswerte „von größeren x-Werten zu x_0 kommend" annähern. Der linksseitige Grenzwert einer Funktion an der Stelle x_0, $\lim_{x \to x_0^-} f(x)$, ist der Wert, dem sich die Funktionswerte „von kleineren x-Werten zu x_0 kommend" nähern.

Gilt $\lim_{x \to x_0^+} f(x) = \lim_{x \to x_0^-} f(x) = a \in \mathbb{R}$, so heißt $\lim_{x \to x_0} f(x) = a$ auch der Grenzwert von f an der Stelle x_0.

Falls sich ein bestimmter Ausdruck ergibt, kann man zur Bestimmung des Grenzwertes $x \to x_0$ den Wert x_0 einfach einsetzen. Ergibt sich dabei ein unbestimmter Ausdruck, kann man die Rechenregeln für Grenzwerte von Folgen (siehe Satz 4.2.7 resp. Satz 5.2.2) auch nutzen, um rechts- und linksseitige Grenzwerte zu bestimmen.

5.2.3　Wichtige Grenzwerte

Ziele dieses Unterkapitels

- Welchen Wert hat $\lim_{x \to +\infty} \left(1 + \frac{1}{x}\right)^x$?
- Gegen welche Werte streben die affin-lineare Funktion, die Potenzfunktion, die Exponentialfunktion, die logarithmische Funktion, Sinus- und Kosinusfunktion, die Betragsfunktion und die Auf- und Abrundungsfunktion für $x \to x_0$ bzw. $x \to \pm\infty$?

Analog zum Kapitel über Folgen und Reihen kann man einige Resultate über wiederkehrende Grenzwerte zeigen. Beispielsweise kann man das Ergebnis für den Grenzwert von $(1 + \frac{1}{n})^n$ aus Kapitel 4.3.4 direkt übertragen:[8]

Satz 5.2.4 — Der Grenzwert e.

Es gilt

$$\lim_{x \to +\infty} \left(1 + \frac{1}{x}\right)^x = \lim_{x \to -\infty} \left(1 + \frac{1}{x}\right)^x = e.$$

Wir fassen im Folgenden einige Grenzwerte wichtiger Funktionen zusammen.

Satz 5.2.5 — Grenzwert der affin-linearen Funktion.

Für die affin-lineare Funktion $y = a_0 + a_1 x$ mit $a_0, a_1 \in \mathbb{R}$ gilt $\lim_{x \to x_0} a_0 + a_1 x = a_0 + a_1 x_0$ für alle x_0 im Inneren des Definitionsbereichs und im Fall eines nach oben bzw. unten unbeschränkten Definitionsbereichs

$$\lim_{x \to +\infty} a_0 + a_1 x = \begin{cases} +\infty & \text{wenn } a_1 > 0 \\ a_0 & \text{wenn } a_1 = 0 \text{ ,} \\ -\infty & \text{wenn } a_1 < 0 \end{cases} \qquad \lim_{x \to -\infty} a_0 + a_1 x = \begin{cases} -\infty & \text{wenn } a_1 > 0 \\ a_0 & \text{wenn } a_1 = 0 \\ +\infty & \text{wenn } a_1 < 0. \end{cases}$$

Satz 5.2.6 — Grenzwert der Potenzfunktion.

Für die Potenzfunktion $y = x^b$ mit $b \in \mathbb{R}$ gilt $\lim_{x \to x_0} x^b = x_0^b$ für alle x_0 im Inneren des Definitionsbereichs. Ist der Definitionsbereich so gewählt, dass folgende Grenzwerte

---

[8] Obwohl obige Aussage intuitiv erscheint, bräuchten wir noch einiges theoretisches Rüstzeug, um die Aussage formal zu beweisen.

gebildet werden können, gilt zudem:

$$\lim_{x\to+\infty} x^b = \begin{cases} +\infty & \text{wenn } b>0 \\ 1 & \text{wenn } b=0, \\ 0 & \text{wenn } b<0 \end{cases} \qquad \lim_{x\to 0^+} x^b = \begin{cases} 0 & \text{wenn } b>0 \\ 1 & \text{wenn } b=0 \\ +\infty & \text{wenn } b<0. \end{cases}$$

Ist $b \in \mathbb{Z}$ und damit $D_f = \mathbb{R}$, gilt zudem

$$\lim_{x\to-\infty} x^b = \begin{cases} -\infty & \text{wenn } b>0, b \text{ ungerade} \\ +\infty & \text{wenn } b>0, b \text{ gerade} \\ 1 & \text{wenn } b=0 \\ 0 & \text{wenn } b<0 \end{cases} , \; \lim_{x\to 0^-} x^b = \begin{cases} +\infty & \text{wenn } b<0, b \text{ gerade} \\ -\infty & \text{wenn } b<0, b \text{ ungerade} \\ 1 & \text{wenn } b=0 \\ 0 & \text{wenn } b>0. \end{cases}$$

Satz 5.2.7 — Grenzwert der Exponentialfunktion.
Für die Exponentialfunktion $y = b^x$ mit $b \in \mathbb{R}, b > 0$ gilt $\lim_{x\to x_0} b^x = b^{x_0}$ für alle x_0 im Inneren des Definitionsbereichs. Ist der Definitionsbereich so gewählt, dass folgende Grenzwerte gebildet werden können, gilt zudem

$$\lim_{x\to+\infty} b^x = \begin{cases} +\infty & \text{wenn } b>1 \\ 1 & \text{wenn } b=1, \\ 0 & \text{wenn } b<1 \end{cases} \qquad \lim_{x\to-\infty} b^x = \begin{cases} 0 & \text{wenn } b>1 \\ 1 & \text{wenn } b=1 \\ +\infty & \text{wenn } b<1. \end{cases}$$

Satz 5.2.8 — Grenzwert der logarithmischen Funktion.
Für die logarithmische Funktion $y = \log_b x$ mit $b \in \mathbb{R}, b > 0, b \neq 1$ gilt $\lim_{x\to x_0} \log_b x = \log_b x_0$ für alle x_0 im Inneren des Definitionsbereichs. Ist der Definitionsbereich so gewählt, dass folgende Grenzwerte gebildet werden können, gilt zudem

$$\lim_{x\to+\infty} \log_b x = \begin{cases} +\infty & \text{wenn } b>1 \\ -\infty & \text{wenn } b<1 \end{cases}, \qquad \lim_{x\to 0^+} \log_b x = \begin{cases} -\infty & \text{wenn } b>1 \\ +\infty & \text{wenn } b<1. \end{cases}$$

Satz 5.2.9 — Grenzwert von Sinus und Kosinus.
Es gilt $\lim_{x\to x_0} \sin(x) = \sin(x_0)$ und $\lim_{x\to x_0} \cos(x) = \cos(x_0)$ für alle x_0 im Inneren des Definitionsbereichs. Im Fall eines nach oben bzw. unten unbeschränkten Definitionsbereichs divergieren sowohl die Sinus- als auch die Kosinusfunktion für $x \to \pm\infty$ ohne uneigentlichen Grenzwert.

Satz 5.2.10 — Grenzwert der Betragsfunktion.
Für die Betragsfunktion gilt $\lim_{x\to x_0} |x| = |x_0|$ für alle x_0 im Inneren des Definitionsbereichs und im Fall eines nach oben bzw. unten unbeschränkten Definitionsbereichs

$$\lim_{x\to+\infty} |x| = \lim_{x\to-\infty} |x| = +\infty.$$

> **Satz 5.2.11 — Grenzwert der Auf- und Abrundungsfunktionen.**
> Sei $z \in \mathbb{Z}$. Für die Auf- und Abrundungsfunktionen gilt für alle $x_0 \in \mathbb{R} \setminus \mathbb{Z}$ im Definitionsbereich, dass $\lim_{x \to x_0} \lceil x \rceil = \lceil x_0 \rceil$ bzw. $\lim_{x \to x_0} \lfloor x \rfloor = \lfloor x_0 \rfloor$ und für $z \in \mathbb{Z}$ bei entspechendem Definitionsbereich
>
> $$\lim_{x \to +\infty} \lceil x \rceil = \lim_{x \to +\infty} \lfloor x \rfloor = +\infty, \qquad\qquad \lim_{x \to -\infty} \lceil x \rceil = \lim_{x \to -\infty} \lfloor x \rfloor = -\infty,$$
>
> $$\lim_{x \to z^-} \lceil x \rceil = z, \qquad\qquad\qquad\qquad \lim_{x \to z^+} \lceil x \rceil = z+1,$$
>
> $$\lim_{x \to z^-} \lfloor x \rfloor = z-1, \qquad\qquad\qquad\qquad \lim_{x \to z^+} \lfloor x \rfloor = z.$$

(Z) Es gilt $\lim_{x \to +\infty} \left(1 + \frac{1}{x}\right)^x = \lim_{x \to -\infty} \left(1 + \frac{1}{x}\right)^x = e$.
Die affin-lineare Funktion, die Potenzfunktion, die Exponentialfunktion, die logarithmische Funktion, die Betragsfunktion und die Auf- und Abrundungsfunktion haben für $x \to x_0$ und $x \to \pm\infty$ eigentliche oder uneigentliche Grenzwerte, welche von den jeweiligen Parametern abhängen, vgl. Sätze 5.2.5-5.2.8 sowie 5.2.10 und 5.2.11. Für $x \to \pm\infty$ divergieren sowohl die Sinus- als auch die Kosinusfunktion ohne uneigentlichen Grenzwert, vgl. Satz 5.2.9.

5.2.4   Asymptoten (#)

Ziele dieses Unterkapitels

- Was ist eine Asymptote?
- Wie kann man Asymptoten rationaler Funktionen bestimmen?
- Was ist eine vertikale Asymptote?
- Was ist eine Polstelle?

■ Beispiel 5.2.12 — Fortsetzung von Beispiel 5.2.3.
Vergleichen wir das Verhalten der beiden Funktionen $f_2(x) = \frac{2x^2+8x+4}{x+1}$ und $f_3(x) = \frac{2x^4+8x^3+4x^2}{x+1}$ in Beispiel 5.2.3 für $x \to +\infty$ in Abbildung 5.27, so erkennen wir auch graphisch, dass beide über alle Grenzen wachsen. Allerdings scheint f_3 deutlich schneller zu wachsen als f_2. Um das Verhalten von Funktionen für $x \to +\infty$ und $x \to -\infty$ genauer beschreiben zu können und diese Unterschiede zu betonen, eignen sich Asymptoten.

Zunächst definieren wir eine Asymptote einer Funktion f als eine Funktion, die sich für $x \to +\infty$ oder $x \to -\infty$ immer stärker an die Funktion f anschmiegt. Graphisch erahnen wir, dass beispielsweise f_2 eine affin-lineare Asymptote hat, vgl. Abbildung 5.31. Wir werden das nach der mathematischen Definition einer Asymptote zeigen.   ■

Definition der Asymptote

Den Grenzwert $\lim_{x \to +\infty} f(x)$ definierten wir als einen Wert a, zu dem es stets ein $m \in \mathbb{R}$ gibt, so dass die Funktion für alle $x > m$ innerhalb eines Bandes der Breite 2ε um a verläuft. Existiert ein solcher Wert, nennen wir ihn eine horizontale Asymptote. Der allgemeine Begriff der Asymptote umfasst nicht nur Konstanten, sondern auch Funktionen. Man legt hier das Band um eine Funktion g (statt um einen festen Wert a) und überprüft, ob sich f für alle $x > m$ bzw. $x < m$ nur noch innerhalb des Bandes um g herum bewegt. Ist dies der Fall, nennt man g eine Asymptote von f.

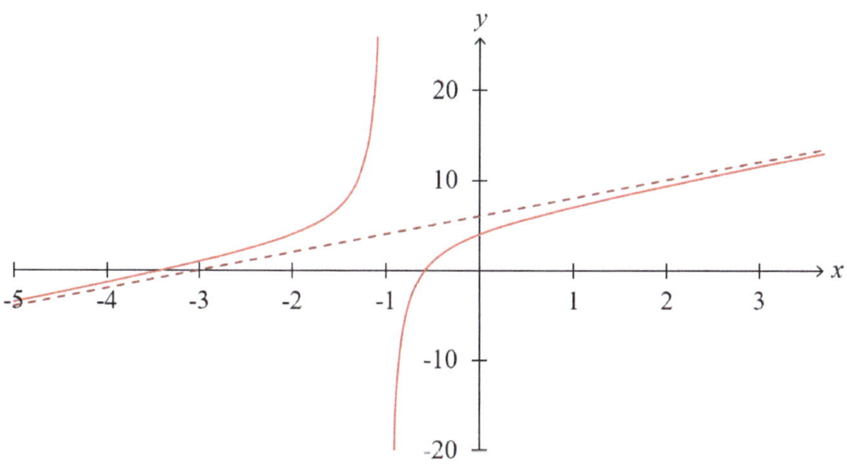

Abbildung 5.31: Graph und Asymptote von $f_2(x) = \frac{2x^2+8x+4}{x+1}$

> **Definition 5.2.5 — Die Asymptote.**
> Die Funktion g heißt **Asymptote** zu der Funktion f, wenn gilt
>
> $$\lim_{x \to -\infty} (f(x) - g(x)) = 0 \quad \text{oder} \quad \lim_{x \to +\infty} (f(x) - g(x)) = 0.$$
>
> Eine konstante Asymptote der Form $g(x) = a$, $a \in \mathbb{R}$, heißt auch horizontale Asymptote.

Wir illustrieren die Asymptote anhand der drei rationalen Funktionen aus Beispiel 5.2.3.

■ Beispiel 5.2.13 — Asymptoten einer rationalen Funktion.
Wir betrachten erneut die in Beispiel 5.2.3 eingeführten Funktionen. Für $f_1(x) = \frac{2x^2+8x+4}{x^2+x}$ ist z.B. $g_1(x) = 2$ eine (horizontale) Asymptote von f_1, da

$$\lim_{x \to +\infty} (f_1(x) - g_1(x)) = \lim_{x \to +\infty} \frac{2x^2 + 8x + 4}{x^2 + x} - 2 = 2 - 2 = 0.$$

Betrachten wir die Funktion $f_2(x) = \frac{2x^2+8x+4}{x+1} = xf_1(x)$, so könnte man vermuten, dass $g_2(x) = xg_1(x) = 2x$ eine Asymptote von f_2 ist. Überprüfen wir diese Vermutung durch die Berechnung von

$$\lim_{x \to +\infty} (f_2(x) - g_2(x)) = \lim_{x \to +\infty} \left(\frac{2x^2 + 8x + 4}{x + 1} - 2x \right) = \lim_{x \to +\infty} \left(\frac{2x^2 + 8x + 4}{x + 1} - \frac{2x^2 + 2x}{x + 1} \right)$$

$$= \lim_{x \to +\infty} \frac{6x + 4}{x + 1} = \lim_{x \to +\infty} \frac{6 + \frac{4}{x}}{1 + \frac{1}{x}} = 6 \neq 0,$$

so erkennt man, dass dies nicht richtig ist. Für große x konvergiert die Differenz von f_2

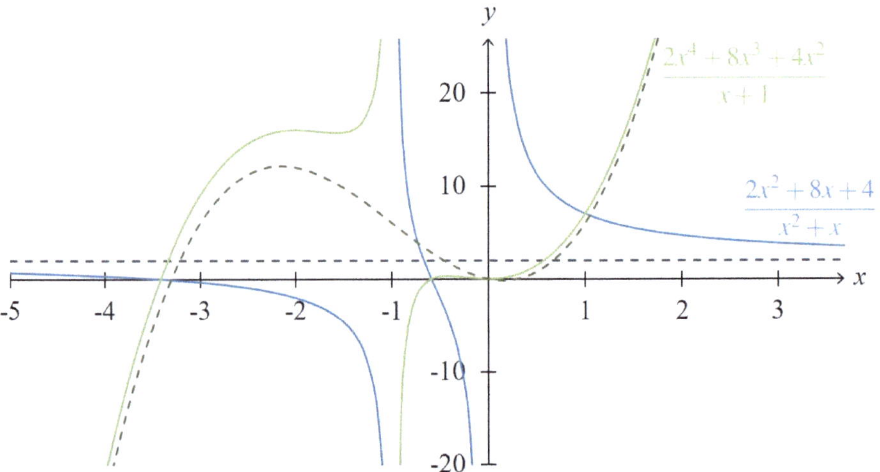

Abbildung 5.32: Asymptoten für $f_1(x) = \frac{2x^2+8x+4}{x^2+x}$ und $f_3(x) = \frac{2x^4+8x^3+4x^2}{x+1}$

und g_2 gegen 6, nicht gegen 0. Für $g_3(x) = 2x+6$ ergibt sich

$$\lim_{x\to+\infty}(f_2(x)-g_3(x)) = \lim_{x\to+\infty}\left(\frac{2x^2+8x+4}{x+1} - (2x+6)\right)$$
$$= \lim_{x\to+\infty}\left(\frac{2x^2+8x+4}{x+1} - \frac{2x^2+8x+6}{x+1}\right) = \lim_{x\to+\infty}\frac{-2}{x+1} = 0.$$

Die Funktion f_2 verhält sich für große x also zunehmend wie die Funktion $g_3(x) = 2x+6$, $g_3(x)$ ist eine Asymptote von f_2.

Für die Funktion f_3 ist $g_3(x) = 2x+6$ jedoch keine Asymptote, da

$$\lim_{x\to+\infty}(f_3(x)-g_3(x)) = \lim_{x\to+\infty}\left(\frac{2x^4+8x^3+4x^2}{x+1} - (2x+6)\right)$$
$$= \lim_{x\to+\infty}\left(\frac{2x^4+8x^3+4x^2}{x+1} - \frac{2x^2+8x+6}{x+1}\right)$$
$$= \lim_{x\to+\infty}\frac{2x^4+8x^3+2x^2-8x-6}{x+1} = \lim_{x\to+\infty}2x^3 = +\infty$$

und $\lim_{x\to-\infty}(f_3(x)-g_3(x)) = \lim_{x\to-\infty}2x^3 = -\infty$.

Die Funktion verhält sich also weder für große positive, noch für betragsmäßig große negative x zunehmend wie die Funktion $2x+6$; sie wächst schneller. Aus obiger Grenzwertberechnung vermutet man, dass es eine Asymptote geben sollte, die ein Polynom vom Grad 3 ist. Bei rationalen Funktionen kann man Asymptoten statt durch Raten auch durch

Polynomdivision erhalten. Teilt man den Zähler durch den Nenner, ergibt sich für f_3:

$$(2x^4 + 8x^3 + 4x^2) : (x+1) = 2x^3 + 6x^2 - 2x + 2 - \frac{2}{x+1}$$

$$\underline{-2x^4 - 2x^3}$$
$$6x^3 + 4x^2$$
$$\underline{-6x^3 - 6x^2}$$
$$-2x^2$$
$$\underline{+2x^2 + 2x}$$
$$2x$$
$$\underline{-2x - 2}$$
$$-2$$

Da wir wissen, dass $\frac{2}{x+1}$ für große x gegen 0 konvergiert, $\lim_{x \to +\infty} \frac{2}{x+1} = 0$, ist $g_4(x) = 2x^3 + 6x^2 - 2x + 2$ eine Asymptote, siehe Abbildung 5.32. Man kann auch nachrechnen, dass

$$\lim_{x \to +\infty} (f_3(x) - g_4(x)) = \lim_{x \to +\infty} -\frac{2}{x+1} = 0.$$

Dieser Trick der Polynomdivision funktioniert gut, um Asymptoten rationaler Funktionen zu bestimmen. Bei anderen Typen von Funktionen ist es in der Regel nicht leicht, geeignete Kandidaten zu finden, für die man die Bedingung $\lim_{x \to +\infty}(f(x) - g(x)) = 0$ oder $\lim_{x \to -\infty}(f(x) - g(x)) = 0$ überprüfen kann. ∎

Einige Aspekte der Definition einer Asymptote werden oft übersehen: Zum einen erlauben wir Asymptoten jeder Gestalt. (Schulbücher beschränken sich oft auf horizontale oder affin-lineare Asymptoten). Zum anderen folgt aus dieser Allgemeinheit, dass jede Funktion auch eine Asymptote zu sich selbst ist. Diese Aussage folgt direkt aus der Definition, wenn man $g(x) = f(x)$ setzt. Sinn einer Asymptote ist es jedoch, vereinfachend das Verhalten einer Funktion für sehr große und kleine x-Werte zu beschreiben. Den Verlauf einer Funktion mit Abbildungsvorschrift $y = 2x + 6$ kann man sich leicht vorstellen: eine Gerade mit Steigung 2 und y-Achsenabschnitt 6. Will man sich f_2 vorstellen, ist die Aussage, dass $y = 2x + 6$ eine Asymptote von f_2 ist, hilfreich. Es ist in der Regel nicht hilfreich, auf f_2 als Asymptote zu verweisen, wenn man f_2 beschreiben will.

Aus unserer Definition folgt zudem, dass jede Funktion unendlich viele Asymptoten hat. Betrachten wir das Beispiel f_1 mit Asymptote $g_1(x) = 2$ in Abbildung 5.31. Auch die Funktion $\tilde{g}_1(x) = 2 + \frac{1}{x}$ ist eine Asymptote von f_1, da sich $\tilde{g}_1$ und g_1 für große x immer weiter annähern. Das gleiche gilt für $\hat{g}_1(x) = 2 + \frac{1}{x^2}$.

■ **Beispiel 5.2.14 — Fortsetzung von Beispiel 5.2.6 .**
In Beispiel 5.2.14 zeigten wir, dass die Kostenfunktion $c^{ges} : [0, +\infty) \to \mathbb{R}$ mit $c^{ges}(x) = 30x + 500 \lceil \frac{x}{10} \rceil$ für große x über alle Schranken wächst und Stückkostenfunktion $c^{st} : (0, +\infty) \to \mathbb{R}$ mit $c^{st}(x) = c^{ges}(x)/x$ den Grenzwert 80 hat. Hat eine Funktion für $x \to +\infty$ oder $x \to -\infty$ einen Grenzwert $a \in \mathbb{R}$, so hat sie auch immer eine horizontale Asymptote $g(x) = a$. Das Kriterium zur Überprüfung ist in diesem Fall ja identisch. Die Stückkostenfunktion hat also die Asymptote $g(x) = 80$. Nun überprüfen wir, ob die vereinfachte

Gesamtkostenfunktion $80x$ eine Asymptote von c^{ges} darstellt und anschließend, ob die vereinfachten Stückkosten von 80 eine Asymptote von $c^{st}(x) = c^{ges}(x)/x$ darstellt.

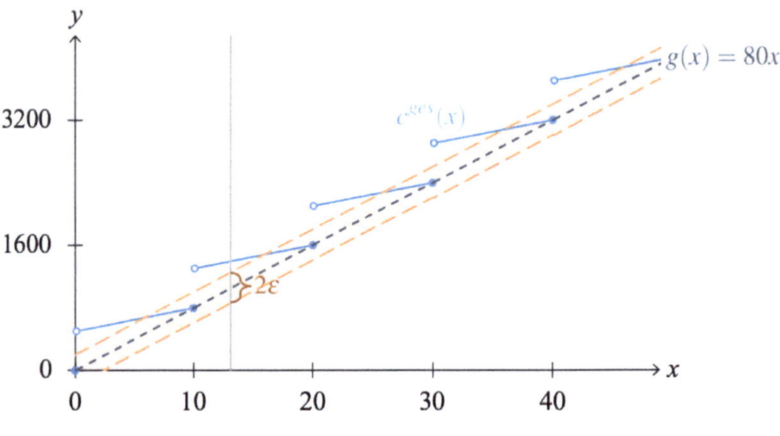

Abbildung 5.33: Asymptote für c^{ges}

Die Funktion mit Abbildungsvorschrift $80x$ wäre eine Asymptote, wenn wir zu jedem ε einen Wert m bestimmen könnten, so dass $|c^{ges}(x) - 80x| < \varepsilon$ für alle $x > m$. Gibt es ein ε, für das man kein m angeben kann, so dass $|c^{ges}(x) - 80x| < \varepsilon$ für alle $x > m$, ist $80x$ keine Asymptote. Wir erahnen aus Abbildung 5.33, dass sich die Funktion aufgrund der wiederkehrenden Sprungstellen mit Sprüngen der Höhe 500 nicht der durch $80x$ beschriebenen Gerade annähert. In der Nähe der Sprungstellen (für x-Werte, die etwas größer sind als (ganzzahlig) Vielfache von 10) sollte man also einfach zeigen können, dass es immer wieder Stellen gibt, an denen der Funktionswert von c^{ges} weit von $g(x) = 80x$ entfernt ist. Etwas konkreter: Egal wie groß m ist, wird es eine natürliche Zahl n geben, so dass $x = 10n + \frac{1}{100} > m$. An dieser Stelle gilt

$$|c^{ges}(x) - 80x| = \left| 30 \left(10n + \frac{1}{100} \right) + 500 \left\lceil \frac{10n + \frac{1}{100}}{10} \right\rceil - 80 \left(10n + \frac{1}{100} \right) \right|$$

$$= |300n + 0.3 + 500(n+1) - 800n - 0.8| = |500 - 0.5| = 499.5.$$

Wählt man also beispielsweise $\varepsilon = 1$, so gibt es kein m, so dass für alle $x > m$ alle Funktionswerte weniger als $\varepsilon = 1$ von $80x$ entfernt sind (denn an der Stelle $x = 10n + \frac{1}{100}$ sind die Funktionswerte ja 499.5 entfernt). $80x$ ist also keine Asymptote von $c^{ges}(x)$. ∎

Anhand einer weiteren rationalen Funktion zeigen wir, dass man die Asymptote auch nutzen kann, um Grenzwerte zu bestimmen. Denn ist g für $x \to +\infty$ eine Asymptote von f und hat g für $x \to +\infty$ einen eigentlichen oder uneigentlichen Grenzwert, so folgt direkt aus der Definition und den Rechenregeln für Grenzwerte, dass f den gleichen eigentlichen oder uneigentlichen Grenzwert haben muss und umgekehrt.

■ **Beispiel 5.2.15 — Grenzwerte und Asymptote von** $p(x) = \frac{x^3 - x^2 + 5x - 5}{x^2 - 1}$.
Anhand einer weiteren rationalen Funktion mit Abbildungsvorschrift

$$p(x) = \frac{x^3 - x^2 + 5x - 5}{x^2 - 1}$$

und natürlichem Definitionsbereich von $D_f = \mathbb{R} \setminus \{-1, 1\}$ zeigen wir, dass man die Asymptote auch nutzen kann, um Grenzwerte zu bestimmen. Eine Polynomdivision und anschliessendes Kürzen des verbleibenden Bruchs mit $x - 1$ ergibt

$$(x^3 - x^2 + 5x - 5) : (x^2 - 1) = x - 1 + \frac{6x - 6}{x^2 - 1} = x - 1 + \frac{6(x-1)}{(x-1)(x+1)} = x - 1 + \frac{6}{x+1}.$$
$$\underline{-x^3 + x}$$
$$-x^2 + 6x - 5$$
$$\underline{x^2 - 1}$$
$$6x - 6$$

Wir wissen, dass $\frac{6}{x+1}$ sowohl für $x \to +\infty$ als auch für $x \to -\infty$ gegen 0 konvergiert. Die Funktion $g(x) = x - 1$ stellt also eine Asymptote von $p(x)$ dar. Es gilt

$$\lim_{x \to -\infty} p(x) = \lim_{x \to -\infty} \left(x - 1 + \frac{6}{x+1} \right) = \lim_{x \to -\infty} x - 1 + \lim_{x \to -\infty} \frac{6}{x+1} = \lim_{x \to -\infty} x - 1 = -\infty,$$

und

$$\lim_{x \to +\infty} p(x) = \lim_{x \to +\infty} \left(x - 1 + \frac{6}{x+1} \right) = \lim_{x \to +\infty} x - 1 + \lim_{x \to +\infty} \frac{6}{x+1} = \lim_{x \to +\infty} x - 1 = +\infty.$$

Die Funktion $p(x)$ divergiert für $x \to -\infty$ also mit uneigentlichem Grenzwert $-\infty$. Für $x \to +\infty$ divergiert $p(x)$ mit uneigentlichem Grenzwert $+\infty$, vgl. auch Abbildung 5.34. ∎

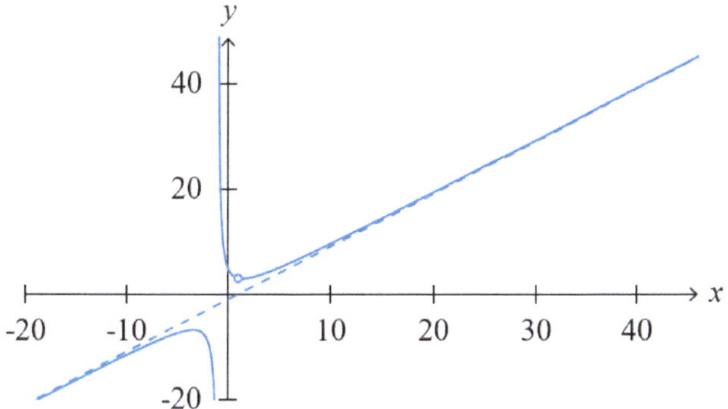

Abbildung 5.34: Graph und Asymptote von $p(x) = \frac{x^3 - x^2 + 5x - 5}{x^2 - 1}$

Satz 5.2.12 — Grenzwerte von Asymptoten.
Sei $f : D \to Z$ eine reelle Funktion mit nach oben unbeschränktem Definitionsbereich D und $g : D \to Z$ eine Asymptote von f für $x \to +\infty$. Dann gilt: Hat g einen eigentlichen oder uneigentlichen Grenzwert, so gilt $\lim_{x \to +\infty} g(x) = \lim_{x \to +\infty} f(x)$. Divergiert g ohne uneigentlichen Grenzwert, so divergiert auch f für $x \to +\infty$ ohne uneigentlichen Grenzwert.

 Sei $f : D \to Z$ eine reelle Funktion mit nach unten unbeschränktem Definitionsbereich

D und $g : D \to Z$ eine Asymptote von f für $x \to -\infty$. Dann gilt: Hat g einen eigentlichen oder uneigentlichen Grenzwert, so gilt $\lim_{x \to -\infty} g(x) = \lim_{x \to -\infty} f(x)$. Divergiert g ohne uneigentlichen Grenzwert, so divergiert auch f für $x \to -\infty$ ohne uneigentlichen Grenzwert.

Vertikale Asymptoten

In Definition 5.2.5 haben wir die Asymptote einer Funktion f als eine Funktion definiert, an die sich f für große oder kleine Argumente anschmiegt. In Beispiel 5.2.3 schmiegt sich die betrachtete Funktion an den Stellen $x_0 = -1$ und $x_0 = 0$ jeweils an eine (vertikale) Gerade, parallel zur y-Achse an, siehe Abbildung 5.35. Eine solche (vertikale) Gerade, parallel zur y-Achse, beschreibt zwar eine Relation, aber keine Funktion. Die vertikale Gerade ist also laut Definition 5.2.5 keine Asymptote. Dennoch ist es üblich, eine derartige Gerade „vertikale Asymptote" (oder senkrechte Asymptote) zu nennen, wenn man betonen will, dass sich die Funktion einer solchen vertikalen Geraden an der Stelle x_0 nähert.

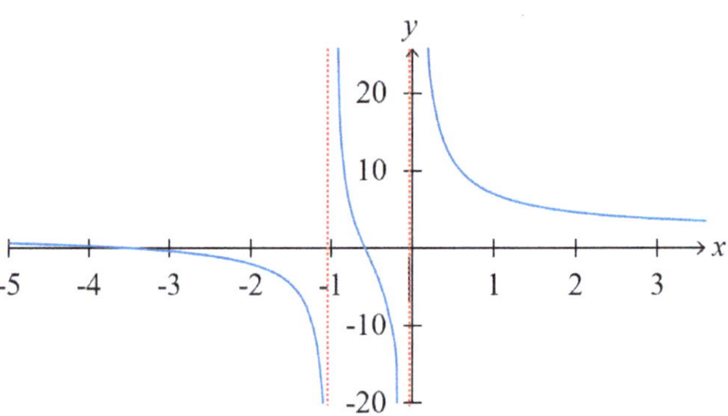

Abbildung 5.35: Graph und vertikale Asymptoten von $f_1(x) = \frac{2x^2 + 8x + 4}{x^2 + x}$ an den Stellen $x_0 = -1$ und $x_0 = 0$

Definition 5.2.6 — Vertikale Asymptote.
Sei f eine reelle Funktion. Wenn

$$\lim_{x \to x_0^+} f(x) = \pm\infty \quad \text{oder} \quad \lim_{x \to x_0^-} f(x) = \pm\infty$$

sagt man auch, dass die Funktion f eine **vertikale** (oder senkrechte) **Asymptote** an der Stelle x_0 hat. Hat f an der Stelle x_0 eine vertikale Asymptote, so nennt man x_0 auch eine **Polstelle**.

▪ Beispiel 5.2.16 — Fortsetzung von Beispiel 5.2.3.

Die Funktion $f_1 : \mathbb{R} \setminus \{-1,0\} \to \mathbb{R}$ mit $f_1(x) = \frac{2x^2+8x+4}{x^2+x}$ hat die horizontale Asymptote $g(x) = 2$ (siehe Beispiel 5.2.3). Wir überprüfen, ob sie an der Stelle $x_0 = 0$ eine vertikale Asymptote hat, indem wir den rechtsseitigen und den linksseitigen Grenzwert bestimmen. Es gilt

$$\lim_{x \to 0^+} \frac{2x^2+8x+4}{x^2+x} \overset{\text{symbolisch}}{=} \frac{4}{0^+} = +\infty.$$

Bei der Berechnung von

$$\lim_{x \to 0^-} \frac{2x^2+8x+4}{x^2+x}$$

kann man im Nenner nicht sofort erkennen, ob dieser stets kleiner oder größer als 0 ist. Wir kürzen daher x:

$$\lim_{x \to 0^-} \frac{2x^2+8x+4}{x^2+x} = \lim_{x \to 0^-} \frac{x(2x+8+\frac{4}{x})}{x(x+1)} = \lim_{x \to 0^-} \frac{2x+8+\frac{4}{x}}{x+1}$$

$$= \frac{\lim_{x \to 0^-} 2x+8+\lim_{x \to 0^-} \frac{4}{x}}{\lim_{x \to 0^-} x+1} \overset{\text{symbolisch}}{=} \frac{8-\infty}{1} = -\infty.$$

Zudem hat die Funktion an der Stelle $x_0 = -1$ eine vertikale Asymptote, da

$$\lim_{x \to -1^+} \frac{2x^2+8x+4}{x^2+x} = \lim_{x \to -1^+} \frac{x(2x+8+\frac{4}{x})}{x(x+1)}$$

$$= \lim_{x \to -1^+} \frac{2x+8+\frac{4}{x}}{x+1} \overset{\text{symbolisch}}{=} \frac{-2+8-4}{0^+} = +\infty.$$

Auch über den linksseitigen Grenzwert kann gezeigt werden, dass an dieser Stelle eine vertikale Asymptote vorliegt. Denn es gilt

$$\lim_{x \to -1^-} \frac{2x^2+8x+4}{x^2+x} = \lim_{x \to -1^-} \frac{x(2x+8+\frac{4}{x})}{x(x+1)}$$

$$= \lim_{x \to -1^-} \frac{2x+8+\frac{4}{x}}{x+1} \overset{\text{symbolisch}}{=} \frac{-2+8-4}{0^-} = -\infty.$$

Zusammenfassend hat die Funktion also an den Stellen 0 und -1 vertikale Asymptoten, aber keinen Grenzwert.   ▪

(Z) Die Funktion g ist eine Asymptote von f, wenn $\lim_{x \to -\infty}(f(x)-g(x)) = 0$ oder $\lim_{x \to +\infty}(f(x)-g(x)) = 0$ gilt. Hat f für $x \to \pm\infty$ einen Grenzwert a, heißt $g(x) = a$, $a \in \mathbb{R}$, horizontale Asymptote.

Asymptoten rationaler Funktionen lassen sich durch Polynomdivision bestimmen, für andere Funktionen können wir nur durch Überprüfung der Definition feststellen, ob es sich bei gegebener Funktion g um eine Asymptote handelt.

Ist g eine Asymptote für $x \to +\infty$, bzw. $x \to -\infty$, und hat g einen eigentlichen oder uneigentlichen Grenzwert, dann gilt $\lim_{x \to +\infty} f(x) = \lim_{x \to +\infty} g(x)$, bzw. $\lim_{x \to -\infty} f(x) = \lim_{x \to -\infty} g(x)$.

Gilt $\lim_{x \to x_0^+} f(x) = \pm\infty$ oder $\lim_{x \to x_0^-} f(x) = \pm\infty$, dann nennt man x_0 auch Polstelle und sagt, an dieser Stelle existiert eine vertikale Asymptote.

5.2.5 Definition der Stetigkeit

Ziele dieses Unterkapitels
- Wann heißt eine Funktion stetig an der Stelle x_0?
- Wann heißt eine Funktion stetig auf einem Intervall I?
- Wann heißt eine Funktion stetig? Wann stückweise stetig?

Im Abschnitt 5.2.2 definierten wir den Grenzwert einer Funktion $f : D \to Z$ an einer Stelle x_0. Die Idee des Grenzwerts ist hierbei eng mit den Funktionswerten in der Nähe von x_0 verknüpft. Der Funktionswert an der Stelle x_0 selbst, $f(x_0)$, ist jedoch kein Bestandteil der Definition des Grenzwertes. Hat eine Funktion an einer Stelle $x_0 \in D$ keinen Grenzwert, sagt man, sie ist nicht stetig an der Stelle x_0. Aber für die Stetigkeit einer Funktion fordert man noch mehr als nur die Existenz eines Grenzwerts: Nur wenn der Grenzwert dem Funktionswert an der Stelle x_0 entspricht, sagt man, die Funktion sei stetig in x_0. Ist sie an allen Stellen des Definitionsbereichs stetig, spricht man von einer stetigen Funktion.

■ Beispiel 5.2.17 — Fortsetzung von Beispiel 5.2.8.
Wir betrachten wieder die Funktion

$$p(x) = \frac{x^3 - x^2 + 5x - 5}{x^2 - 1}$$

mit natürlichem Definitionsbereich $\mathbb{R} \setminus \{-1, 1\}$. Diese rationale Funktion ist an den Stellen 1 und -1 nicht definiert, hat an der Stelle $x_0 = 1$ den Grenzwert 3, $\lim_{x \to 1} p(x) = 3$, und hat an der Stelle $x_0 = -1$ keinen Grenzwert.

Anlehnend an diese Funktion könnte man eine Funktion mit Definitionsbereich $D = \mathbb{R}$ definieren, indem man den Stellen -1 und 1 Funktionswerte zuweist. Weist man diesen beiden Stellen beispielsweise den Wert 5 zu, erhält man die Funktion

$$p_5 : \mathbb{R} \to \mathbb{R} \quad \text{mit} \quad p_5(x) = \begin{cases} p(x) & \text{wenn } x \notin \{-1, 1\} \\ 5 & \text{wenn } x \in \{-1, 1\}. \end{cases}$$

Betrachten wir diese in Abbildung 5.36 dargestellte Funktion an der Stelle $x_0 = 1$, so gilt $\lim_{x \to 1} p_5(x) = 3$ und $p_5(1) = 5$. Der Grenzwert der Funktion an der Stelle 1 ist also 3, der Funktionswert ist aber 5. An der Stelle 1 springt die Funktion von links kommend erst von 3 auf 5 und dann wieder von 5 auf 3. Weist eine Funktion solche Sprungstellen auf, nennt man die Funktion nicht stetig.   ■

Definition 5.2.7 — Stetigkeit an einer inneren Stelle.
Sei $f : D \to Z$ eine reelle Funktion. Zudem sei $U(x_0, \delta) = (x_0 - \delta, x_0 + \delta) \subseteq D$ für eine reelle Zahl $\delta > 0$, also insbesondere $x_0 \in D$. Die Funktion f heißt **stetig an der Stelle** x_0 oder stetig in x_0, wenn

$$\lim_{x \to x_0} f(x) = f(x_0).$$

Ist f nicht stetig in x_0, heißt f unstetig in x_0. Man nennt dann x_0 auch eine Unstetigkeitsstelle der Funktion.

Eine in x_0 stetige Funktion erfüllt also zwei Bedingungen:
1. Der Grenzwert $\lim_{x \to x_0} f(x)$ existiert.
2. Der Funktionswert $f(x_0)$ entspricht diesem Grenzwert.

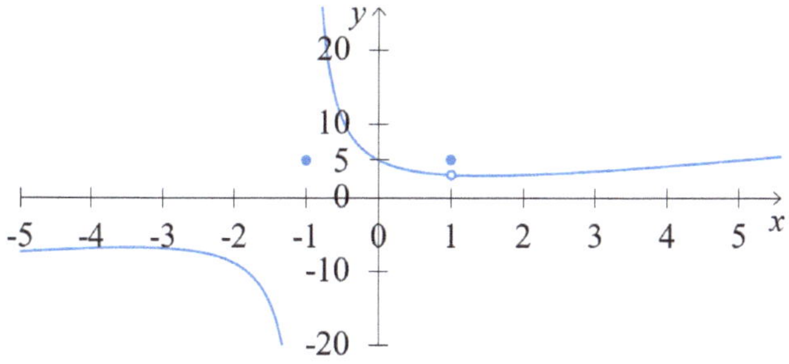

Abbildung 5.36: Die Funktion p_5

Ist eine Funktion in x_0 stetig, so hat der Graph an der Stelle x_0 keinen Sprung. Sagt man, dass an der Stelle x_0 eine Unstetigkeitsstelle vorliegt, bedeutet dies, dass die Funktion an der Stelle x_0 definiert ist, aber dass kein Grenzwert existiert oder der Grenzwert nicht dem Funktionswert entspricht.

■ Beispiel 5.2.18 — Fortsetzung von 5.2.17.

In Beispiel 5.2.17 hatten wir p_5 als eine Funktion definiert, welche an den Stellen, an welchen die Funktion p nicht definiert ist, den Wert 5 hat. Natürlich hätte man statt 5 auch jeden anderen Wert $t \in \mathbb{R}$ wählen können. Man hätte auch beiden Stellen verschiedene Werte zuweisen können. Wir beschränken uns auch weiterhin zur Vereinfachung auf Funktionen, welche an beiden Stellen den gleichen Wert haben und definieren die parametrische Funktion

$$p_t : \mathbb{R} \to \mathbb{R} \quad \text{mit} \quad p_t(x) = \begin{cases} p(x) & \text{wenn } x \notin \{-1,1\} \\ t & \text{wenn } x \in \{-1,1\}. \end{cases}$$

mit Parameter $t \in \mathbb{R}$. Mit $t = 5$ ergibt sich hier wieder die Funktion p_5. Auch für diese allgemeinere Funktion gilt für alle $t \in \mathbb{R}$, dass $\lim_{x\to 1} p_t(x) = 3$. An der Stelle $x_0 = 1$ hat der Grenzwert für alle $t \in \mathbb{R}$ den Wert 3. Da der Funktionswert an dieser Stelle t ist, entspricht der Grenzwert nur für $t = 3$ dem Funktionswert. Der Graph der Funktion p_3 kann an der Stelle $x_0 = 1$ gezeichnet werden ohne den Stift abzusetzen, vgl. Abbildung 5.37. Man sagt auch, die Funktion p_3 ist stetig in $x_0 = 1$. Für alle Werte $t \neq 3$ entspricht der Grenzwert der Funktion an der Stelle $x_0 = 1$ nicht dem Funktionswert, d.h. $\lim_{x\to 1} p_t(x) = 3 \neq t = p_t(1)$. Für alle $t \neq 3$ ist die Funktion nicht stetig in 1, man sagt auch „unstetig in 1". ■

Eine Funktion heißt stetig, wenn sie in jedem Punkt des Definitionsbereiches stetig ist. Um dies zu definieren, müssen wir zunächst eine Erweiterung des Begriffs der Stetigkeit für Randstellen definieren.

Definition 5.2.8 — Rechts- und linksseitige Stetigkeit.

Sei $f : D \to Z$ eine reelle Funktion. Ist $(x_0 - \delta, x_0) \subseteq D$ für eine reelle Zahl $\delta > 0$, dann heißt die Funktion f **linksseitig stetig an der Stelle** x_0 oder in x_0, wenn $\lim_{x\to x_0^-} f(x) = f(x_0)$. Ist $(x_0, x_0 + \delta) \subseteq D$ für eine reelle Zahl $\delta > 0$, dann heißt die Funktion f **rechtsseitig stetig an der Stelle** x_0 oder in x_0, wenn $\lim_{x\to x_0^+} f(x) = f(x_0)$.

Ist eine Funktion stetig in x_0, ist sie auch immer rechtsseitig und linksseitig stetig in x_0. Die Begriffe der rechtsseitigen und linksseitigen Stetigkeit sind vor allem an Randstellen

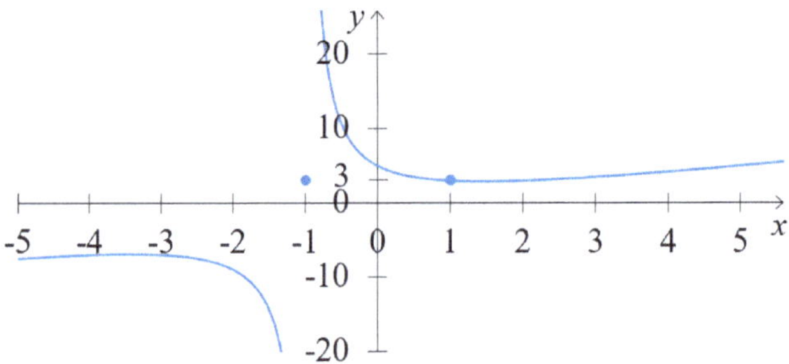

Abbildung 5.37: Die Funktion p_3

wichtig, an welchen Stetigkeit anhand von Definition 5.2.7 nicht definiert ist:

Definition 5.2.9 — Stetigkeit auf Intervallen.
Es sei $f : D \to Z$ eine reelle Funktion, $a, b \in \mathbb{R}$ mit $a < b$. Die Funktion f heißt **stetig auf** einem

- offenen Intervall $I \subseteq D$ der Form $I = (a,b)$, $I = (-\infty, b)$ oder $I = (a, +\infty)$, wenn f an jeder (inneren) Stelle $x_0 \in I$ stetig ist;
- Intervall $I \subseteq D$ der Form $I = [a,b)$ bzw. $I = [a, +\infty)$, wenn 1) f auf dem offenen Intervall (a,b) bzw. $(a, +\infty)$ stetig ist und 2) f in a rechtsseitig stetig ist;
- Intervall $I \subseteq D$ der Form $I = (a,b]$ bzw. $I = (-\infty, b]$, wenn 1) f auf dem offenen Intervall (a,b) bzw. $(-\infty, b)$ stetig ist und 2) f in b linksseitig stetig ist;
- abgeschlossenen Intervall $I = [a,b]$, $I \subseteq D$, wenn 1) f auf dem offenen Intervall (a,b) stetig ist, 2) f in a rechtsseitig stetig ist und 3) f in b linksseitig stetig ist;

Die Funktion f heißt **stetig**, wenn f auf jedem Intervall $I \subseteq D$ stetig ist.

■ Beispiel 5.2.19 — Eine Funktion mit Unstetigkeitsstellen.
Betrachten wir die Funktion $f : [0, +\infty) \to \mathbb{R}$ mit Abbildungsvorschrift

$$f(x) = \begin{cases} 1 & \text{für } 0 \le x \le 2 \\ 0.5 & \text{für } 2 < x \le 8 \\ 0 & \text{für } 8 < x, \end{cases}$$

vgl. auch Abbildung 5.38, so gilt:
- $\lim_{x \to 0^+} f(x) = 1 = f(0)$
- $\lim_{x \to x_0} f(x) = 1 = f(x_0)$ für alle $x_0 \in (0,2)$
- $\lim_{x \to 2^-} f(x) = 1 = f(2)$
- $\lim_{x \to 2^+} f(x) = 0.5 \ne f(2)$
- $\lim_{x \to x_0} f(x) = 0.5 = f(x_0)$ für alle $x_0 \in (2,8)$
- $\lim_{x \to 8^-} f(x) = 0.5 = f(8)$
- $\lim_{x \to 8^+} f(x) = 0 \ne f(8)$
- $\lim_{x \to x_0} f(x) = 0 = f(x_0)$ für alle $x_0 \in (8, +\infty)$.

Da die Funktion rechtsseitig stetig in 0 ($\lim_{x \to 0^+} f(x) = f(0)$), stetig auf $(0,2)$ und linksseitig stetig in 2 ($\lim_{x \to 2^-} f(x) = f(2)$) ist, ist sie stetig auf $[0,2]$. Da die Funktion zudem linksseitig stetig in 8 und stetig auf $(2,8)$ ist, ist sie stetig auf $(2,8]$. Zusammenfassend ist die Funktion f also stetig auf $[0,2]$, auf $(2,8]$ und auf $(8, +\infty)$.

Die Funktion f ist aber nicht stetig auf $[0, +\infty)$, der Vereinigung dieser Mengen. An den Stellen 2 und 8 ist der rechtsseitige Grenzwert verschieden vom linksseitigen Grenzwert. Somit existiert an diesen Stellen kein Grenzwert. Diese beiden Stellen sind Unstetigkeitsstellen. ∎

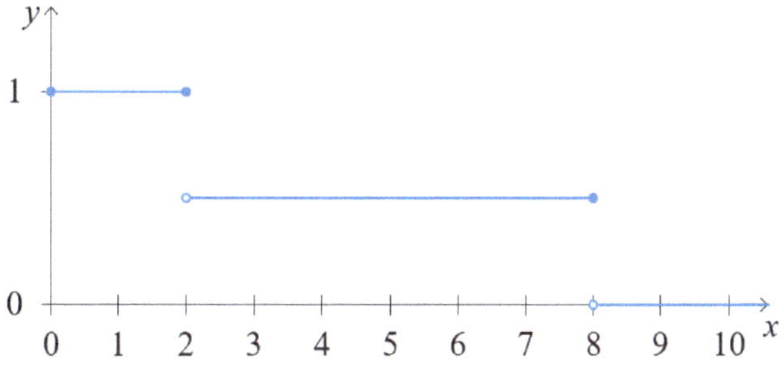

Abbildung 5.38: Eine Funktion mit zwei Unstetigkeitsstellen

Die Funktion in obigem Beispiel hat zwei Unstetigkeitsstellen. Funktionen können aber auch unendlich viele Unstetigkeitsstellen haben.

■ Beispiel 5.2.20 — Unstetigkeitsstellen der Abrundungsfunktion.
Betrachtet man den Graph der Abrundungsfunktion in Abbildung 5.13, erkennt man Unstetigkeitsstellen an allen ganzzahligen Stellen. Satz 5.2.11 besagt, dass für alle $z \in \mathbb{Z}$

$$\lim_{x \to z^-} \lfloor x \rfloor = z - 1 \qquad \text{und} \qquad \lim_{x \to z^+} \lfloor x \rfloor = z.$$

Der rechtsseitige Grenzwert ist also für alle $z \in \mathbb{Z}$ vom linksseitigen (um 1) verschieden. Damit besitzt diese Funktion für $z \in \mathbb{Z}$ keine Grenzwerte für $x \to z$. Jede Stelle $x = z$ ist damit eine Unstetigkeitsstelle. Die Abrundungsfunktion hat demnach unendlich viele Unstetigkeitsstellen. ∎

Eine andere, sehr abstrakte, aber oft zitierte Funktion mit unendlich vielen Unstetigkeitsstellen ist die sogenannte Dirichlet-Funktion.

■ Beispiel 5.2.21 — Die Dirichlet-Funktion (∗).
Die sogenannte Dirichlet-Funktion $g : [0, 1] \to [0, 1]$ mit

$$g(x) = \begin{cases} 1 & \text{falls } x \in \mathbb{Q} \\ 0 & \text{falls } x \in \mathbb{R} \setminus \mathbb{Q} \end{cases}$$

ist an keiner Stelle $x_0 \in \mathbb{R} \setminus \mathbb{Q}$ stetig.[9] Denn betrachtet man eine beliebige Stelle $x_0 \in \mathbb{R} \setminus \mathbb{Q}$ mit $g(x_0) = 0$, so ist g nur dann stetig in x_0, wenn $\lim_{x \to x_0} g(x) = 0$, also wenn es zu jedem $\varepsilon > 0$ ein $\delta > 0$ gibt mit

$$|g(x) - 0| < \varepsilon \text{ für alle } x \in U(x_0, \delta).$$

Es gibt aber in jeder δ-Umgebung von x_0, $U(x_0, \delta)$, eine Stelle $x \in \mathbb{Q}$.

---

[9]   Man kann sogar zeigen, dass sie an keiner Stelle stetig ist.

Beispielsweise gilt $x_0 = \pi - 3 \notin \mathbb{Q}$, aber wegen $0.1415 < \pi - 3 < 0.1416$ gibt es z.B. für $\delta = 0.001$ die rationalen Stellen $0.1415 \in U(\pi - 3, \delta)$ und $0.1416 \in U(\pi - 3, \delta)$. Es gilt $g(\pi - 3) = 0$, aber $g(0.1415) = 1$ und $g(0.1416) = 1$.

Also gibt es für jede Stelle mit $g(x_0) = 0$ ein $x \in U(x_0, \delta)$ mit $g(x) = 1$. Somit gibt es also z.B. für $\varepsilon = 0.5$ und jedes δ eine Stelle $x \in U(x_0, \delta)$, für welche $|g(x) - 0| < 0.5$ nicht gilt und 0 kann kein Grenzwert der Funktion an der Stelle x_0 sein.   ∎

Hat eine Funktion nur endlich viele Unstetigkeitsstellen, nennt man sie stückweise stetig.

Definition 5.2.10 — Stückweise stetige Funktion.
Sei $f : D \to Z$ eine reelle Funktion. Hat f endlich viele Unstetigkeitsstellen, so heißt f **stückweise stetig**.

■ **Beispiel 5.2.22 — Stückweise stetige Funktionen.**
Die Funktion aus Beispiel 5.2.19 hat zwei Unstetigkeitsstellen. Sie ist stückweise stetig.

Die Aufrundungsfunktion, die Abrundungsfunktion und die Dirichlet-Funktion aus Beispiel 5.2.21 sind nicht stückweise stetig, da sie unendlich viele Unstetigkeitsstellen haben.   ∎

(Z) Eine Funktion $f : D \to Z$ heißt stetig an der Stelle $x_0 \in D$, wenn der Grenzwert an dieser Stelle existiert und dem Funktionswert entspricht, $\lim_{x \to x_0} f(x) = f(x_0)$.
f heißt stetig auf einem Intervall I, wenn f an jeder Stelle des Intervalls stetig ist. An Randpunkten muss dabei der jeweils einseitige Grenzwert existieren und dem Funktionswert entsprechen.
Ist f stetig auf D, so heißt f stetig. Hat f auf D nur endlich viele Unstetigkeitsstellen, heißt f stückweise stetig.

5.2.6   Prüfung der Stetigkeit

Ziele dieses Unterkapitels
- Angenommen, $f : D \to Z$ und $g : D \to Z$ sind stetig. Sind dann $f + g$, $f - g$, $f \cdot g$, $\max\{f, g\}$, $\min\{f, g\}$ und $\left(\frac{f}{g}\right)$ stetig? Ist die Komposition von f und g stetig?
- Ist die Umkehrfunktion einer stetigen Funktion immer stetig?

Stetigkeit einer Funktion auf einem Intervall bedeutet, dass man den Graphen der Funktion innerhalb des betrachteten Intervalls mit nur einer Linie, bzw. ohne den Stift abzusetzen, zeichnen kann. Wie kann man jedoch prüfen, ob eine Funktion in einem ganzen Intervall stetig ist ohne diese zu zeichnen?

In Beispiel 5.2.19 hatten wir eine stückweise konstante Funktion gewählt, um für jede Stelle die Grenzwerte berechnen und vergleichen zu können. In der Regel ist es jedoch nicht möglich, jeden einzelnen Punkt des Definitionsbereichs einer Funktion auf Stetigkeit zu überprüfen. Daher ist es wichtig, einige stetige Funktionen zu kennen, um dann mit Hilfe dieser Funktionen auf die Stetigkeit neuer, unbekannter Funktionen schließen zu können.

Satz 5.2.13 — Katalog stetiger Funktionen.
Folgende Funktionen sind auf ihrem natürlichen Definitionsbereich stetig:

- Polynome (insbesondere affin-lineare Funktionen),
- rationale Funktionen,
- Potenzfunktionen,
- Exponentialfunktionen,
- Logarithmusfunktionen,
- Sinus- und Kosinusfunktion,
- Betragsfunktion.

Die Auf- und Abrundungsfunktionen haben Unstetigkeitsstellen bei ganzzahligen Stellen, dazwischen sind sie stetig:

Satz 5.2.14 — Stetigkeitseigenschaften der Auf- und Abrundungsfunktion.
Die Auf- und die Abrundungsfunktionen, $\lceil x \rceil$ und $\lfloor x \rfloor$, sind stetig in x für $x \in (z, z+1)$ und unstetig an der Stelle $x = z$ für alle $z \in \mathbb{Z}$.

Bei abschnittsweise definierten Funktionen muss man in der Regel die Randpunkte der verschiedenen Definitionsmengen einzeln überprüfen. Wir demonstrieren dies in Beispielen:

■ **Beispiel 5.2.23 — Fortsetzung von Beispiel 5.2.17.**
Wir betrachten wieder die parametrische Funktion

$$p_t : \mathbb{R} \to \mathbb{R} \quad \text{mit} \quad p_t(x) = \begin{cases} p(x) & \text{wenn } x \notin \{-1, 1\} \\ t & \text{wenn } x \in \{-1, 1\} \end{cases}$$

aus Beispiel 5.2.17, wobei p eine rationale Funktion mit natürlichem Definitionsbereich $\mathbb{R} \setminus \{-1, 1\}$ ist. Die Funktion p_t ist keine Funktion aus dem Katalog stetiger Funktionen, Satz 5.2.13. Da p aber eine rationale Funktion ist, wissen wir aus Satz 5.2.13, dass die Funktion p auf ihrem natürlichen Definitionsbereich stetig ist. Also gilt:
- die Funktion p ist stetig auf $(-\infty, -1)$;
- die Funktion p ist stetig auf $(-1, 1)$;
- die Funktion p ist stetig auf $(1, +\infty)$.

Da die Funktion p_t auf diesen Intervallen der Funktion p entspricht, ist auch die Funktion p_t auf diesen Intervallen stetig. Der Grenzwert an der Stelle -1 existiert nicht, unabhängig von der Wahl von t. Die Funktion p_t ist demnach für alle t unstetig an der Stelle -1. An der Stelle 1 ist die Funktion p_t für $t = 3$ stetig, vgl. Beispiel 5.2.17, sonst unstetig. Zusammenfassend gilt also: Für $t = 3$ ist die Funktion p_t stetig auf $(-\infty, -1)$ und $(-1, +\infty)$. Für $t \neq 3$ ist die Funktion p_t stetig auf $(-\infty, -1)$, $(-1, 1)$ und $(1, +\infty)$.

Die Funktion p_t hat für $t = 3$ also eine Unstetigkeitsstelle, für $t \neq 3$ hat sie zwei Unstetigkeitsstellen. Die Funktion p_t ist für alle $t \in \mathbb{R}$ stückweise stetig. ■

■ **Beispiel 5.2.24 — Nachfragefunktionen aus Beispiel 5.1.16.**
Erneut betrachten wir die Nachfragefunktionen $d_1 : [0, +\infty) \to \mathbb{R}$ und $d_2 : [0, +\infty) \to \mathbb{R}$ aus Beispiel 5.1.16 mit

$$d_1(p) = \begin{cases} 10 - p & \text{für } p \leq 10 \\ 0 & \text{für } p > 10 \end{cases} \qquad d_2(p) = \begin{cases} 5 - p & \text{für } p \leq 5 \\ 0 & \text{für } p > 5. \end{cases}$$

Da beide Nachfragefunktionen in den verschiedenen Intervallen durch affin-lineare Funktionen beschrieben werden, sind sie auf diesen Intervallen stetig. Zu überprüfen sind nur die Stellen $p = 10$ für d_1 und $p = 5$ für d_2.

Der Funktionswert ist $d_1(10) = 0$. Die links- und rechtsseitigen Grenzwerte berechnen sich als

$$\lim_{p \to 10^-} d_1(p) = \lim_{p \to 10^-} (10 - p) = 0 \quad \text{und} \quad \lim_{p \to 10^+} d_1(p) = \lim_{p \to 10^+} 0 = 0.$$

Der Grenzwert existiert somit und entspricht $d_1(10)$. Die Funktion d_1 ist damit stetig an der Stelle 10. Folglich ist die Funktion d_1 auf ihrem gesamten Definitionsbereich stetig. Analog ergibt sich, dass die Funktion d_2 an der Stelle 5, und damit auch auf ihrem gesamten Definitionsbereich, stetig ist.

Wollte man überprüfen, ob die aggregierte Nachfrage $d_1 + d_2$ stetig ist, könnte man diese wie in Beispiel 5.1.16 bilden und die so entstandene abschnittsweise definierte Funktion an den Stellen 0, 5 und 10 überprüfen. Aus der Stetigkeit der Funktionen d_1 und d_2 ergibt sich jedoch direkt, dass auch die Summe der beiden stetig ist. Dies besagt der folgende Satz.   ∎

Satz 5.2.15 — Verknüpfungen stetiger Funktionen.
Sind die beiden reellen Funktionen $f : D \to Z_1$ und $g : D \to Z_2$ stetig, so gilt
- $f + g$, $f - g$, $f \cdot g$, $\max\{f, g\}$ und $\min\{f, g\}$ sind stetig auf D,
- $\left(\frac{f}{g}\right)$ ist stetig auf $\{x \in D \mid g(x) \neq 0\}$.

Sind zwei Funktionen stetig, so sind auch deren Summe, Differenz, Produkt, Minimum und Maximum stetig. Zudem ist ihr Quotient überall dort in ihrem Definitionsbereich stetig, wo der Nenner ungleich 0 ist. Wir demonstrieren die Anwendung des Satzes in Beispielen:

■ **Beispiel 5.2.25 — Stetigkeit von Verknüpfungen stetiger Funktionen.**
Interessieren wir uns dafür, ob eine Funktion mit Abbildungsvorschrift $y = \max\{0, e^x - x^2\}$ stetig ist, so kann man wie folgt argumentieren: Aus Satz 5.2.13 wissen wir, dass die Funktionen mit Abbildungsvorschriften $q(x) = -x^2$ und $f(x) = 0$ stetig sind auf $\mathbb{R}$, da sie Polynome beschreiben. Zudem ist die Exponentialfunktion $g(x) = e^x$ stetig mit natürlichem Definitionsbereich $\mathbb{R}$. Aus Satz 5.2.15 können wir damit schließen, dass auch $g + q$ auf $\mathbb{R}$ stetig ist. Und aus Satz 5.2.15 lässt sich auch schließen, dass damit $\max\{f, g + q\}$ auf $\mathbb{R}$ stetig sein muss.   ∎

■ **Beispiel 5.2.26 — Die vereinfachte Gewinnfunktion aus Einführungsbeispiel 0.1.2.**
In Einführungsbeispiel 0.1.2 ist es das Ziel, den gewinnmaximierenden Preis zu bestimmen. Vereinfachend soll hierbei angenommen werden, dass die Nachfrage der produzierten Menge entspricht. Zudem ist gegeben, dass sich der Gewinn aus der Differenz von dem Erlös aus dem Verkauf des Joghurts (Preis multipliziert mit Nachfrage) und den Kosten (vereinfachend das 80-fache der Nachfrage, eigentlich c^{ges}) ergibt.

Die Nachfrage ist als $d : [0, 500] \to \mathbb{R}$ mit $d(p) = 50 - 0.1p$ gegeben Der Erlös bei Preis $p \in [0, 500]$ entspricht dem Preis multipliziert mit der verkauften Menge, also $pd(p)$. Hiervon ziehen wir die Kosten von $80d(p)$ ab, um den Gewinn zu erhalten. Es ergibt sich die vereinfachte Gewinnfunktion

$$g(p) = \underbrace{pd(p)}_{\text{Erlös}} - \underbrace{80d(p)}_{\text{Kosten}} = 58p - 0.1p^2 - 4000.$$

Auf ihrem Definitionsbereich ist die Nachfrage eine affin-lineare Funktion und damit stetig. Versteht man den Erlös als eine Funktion, welche einen Preis $p \in [0,500]$ auf einen Erlös $pd(p)$ abbildet, so ist diese Funktion das Produkt zweier affin-linearer Funktionen und damit stetig. Die Kosten sind durch eine Funktion beschrieben, welche einen Preis $p \in [0,500]$ auf Kosten $80d(p)$ abbildet. Auch diese Funktion ist das Produkt zweier affin-linearer Funktionen und damit stetig. Die Gewinnfunktion $g : [0,500] \to \mathbb{R}$ mit $g(p) = pd(p) - 80d(p)$ entspricht damit der Differenz zweier stetiger Funktionen und ist somit selbst stetig. ∎

Die Eigenschaft der Stetigkeit bleibt auch bei der Umkehrung einer Funktion erhalten:

■ Beispiel 5.2.27 — Stetigkeit der Umkehrfunktion.
Betrachten wir erneut die Funktion mit Abbildungsvorschrift $f(x) = x + e^x$ aus Beispiel 5.1.5. Dort hatten wir anhand des Graphen geschlossen, dass die Funktion bijektiv ist und eine Umkehrfunktion existiert, vgl. Abbildung 5.5. Da wir $y = x + e^x$ jedoch nicht einfach nach x auflösen können, können wir diese nicht angeben.

Mit Hilfe von Satz 5.2.15 ist es einfach zu sehen, dass f als Summe zweier stetiger Funktionen stetig ist und damit keine Unstetigkeitsstellen hat. Da der Graph der Umkehrfunktion dem an der $y = x$ Achse gespiegelten Graphen von f entspricht, kann die Umkehrfunktion auch keine Unstetigkeitsstellen haben. Wir vermuten also, dass f^{-1} stetig ist. Dies gilt tatsächlich. ∎

> **Satz 5.2.16 — Die Umkehrfunktion einer stetigen Funktion.**
> Ist $f : I \to Z$ eine bijektive, stetige, reelle Funktion und I ein Intervall, dann ist die Umkehrfunktion f^{-1} stetig auf $f(I) = Z$.

Obige Sätze erlauben uns von der Stetigkeit von Funktionen auf die Stetigkeit von Verknüpfungen bzw. der Umkehrfunktion zu schließen. Es ist naheliegend zu vermuten, dass auch die Komposition zweier stetiger Funktionen wieder stetig sein muss.

> **Satz 5.2.17 — Stetigkeit der Komposition.**
> Seien $g : D_1 \to Z_1$ und $f : D_2 \to Z_2$ zwei reelle Funktionen mit $g(D_1) \subseteq D_2$. Sind f und g stetig, so ist die Komposition $f \circ g : D_1 \to Z_2$ stetig.

■ Beispiel 5.2.28 — Dichte der Standardnormalverteilung.
In der Statistik werden Sie die Funktion

$$\phi(x) = \frac{1}{\sqrt{2\pi}} e^{-\frac{x^2}{2}}$$

als die Dichte der Standardnormalverteilung kennenlernen. Diese Funktion ist in Abbildung 5.39 dargestellt. Sie ist stetig, da sie sich als Komposition aus der stetigen Funktion $g(x) = -\frac{x^2}{2}$ und der stetigen Funktion $f(x) = \frac{1}{\sqrt{2\pi}} e^x$ ergibt. Dass f stetig ist, ergibt sich dabei aus der Stetigkeit der Exponentialfunktion, der Stetigkeit der Funktion, welche alle x auf $y = \frac{1}{\sqrt{2\pi}}$ abbildet und Satz 5.2.15. ∎

In folgendem Beispiel nutzen wir die Stetigkeit verschiedener Funktionen aus dem Katalog stetiger Funktionen, Satz 5.2.13, um auf das Verhalten der Kostenfunktion des Einführungsbeispiels rückzuschließen.

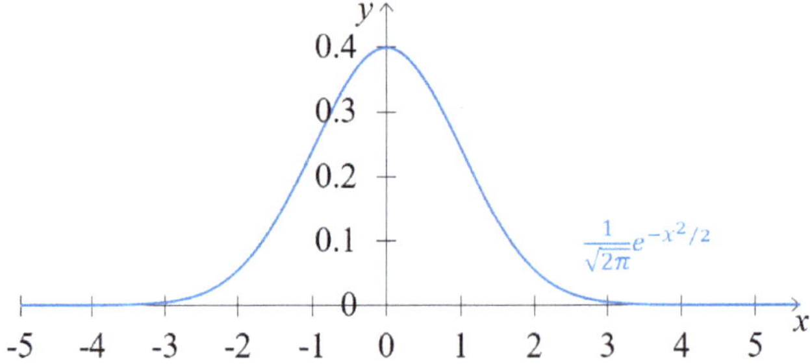

Abbildung 5.39: Die Dichte der Standardnormalverteilung

■ Beispiel 5.2.29 — Die Kostenfunktion aus Einführungsbeispiel 0.1.2.
Wollen wir angeben, auf welchen Intervallen die Funktion $c^{ges}(x) = 30x + 500 \lceil \frac{x}{10} \rceil$ bzw.
die Stückkostenfunktion $c^{st}(x) = c^{ges}(x)/x$ stetig ist, kann man wie folgt vorgehen:

In Beispiel 5.1.20 hatten wir schon erwähnt, dass sich die rechts- und linksseitigen
Grenzwerte an den Stellen mit $x = 10n$, $n \in \mathbb{N}_0$, um die Lieferkosten unterscheiden und
nicht gleich sind. An diesen Stellen hat die Funktion somit keinen Grenzwert. Es liegen
hier Unstetigkeitsstellen vor. Wir nutzen die bisher vorgestellten Sätze, um zu zeigen, dass
die Funktion auf den Intervallen $(10n, 10(n+1))$, $n \in \mathbb{N}$, also zwischen diesen Stellen,
stetig ist:

Die Aufrundungsfunktion ist auf $(z, z+1)$, $z \in \mathbb{Z}$, stetig. Definieren wir für ein $z \in \mathbb{Z}$
die Funktion $f : (z, z+1) \to \mathbb{R}$ mit $f(x) = \lceil x \rceil$, so ist f stetig. Zudem ist die Funktion
$g : (10z, 10(z+1)) \to \mathbb{R}$ mit $g(x) = \frac{x}{10}$ stetig. Abbildung 5.40 veranschaulicht für $z = 1$,
dass das Bild von $(10z, 10(z+1))$ das Intervall $(z, z+1)$ ist. Also gilt $g((10z, 10(z+1))) = (z, z+1)$. Man kann g daher mit f verketten. Aus dem vorherigen Satz können wir also
direkt schließen, dass die Funktion $f(g(x))$ auf $(10z, 10(z+1))$ für $z \in \mathbb{Z}$ stetig ist.

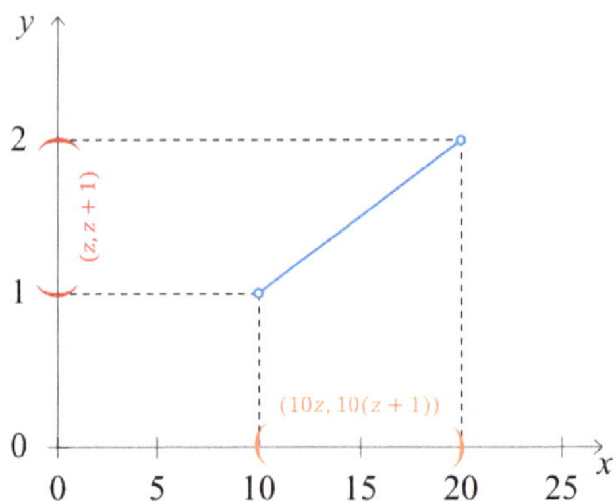

Abbildung 5.40: $g((10, 20)) = (1, 2)$ mit $g(x) = \frac{x}{10}$

Wir wissen zudem aus Satz 5.2.13, dass jede affin-lineare Funktion und somit auch $y = 30x$
auf $\mathbb{R}$ stetig ist. Aus Satz 5.2.15 folgt unter Berücksichtigung des Definitionsbereichs von
c^{ges}, dass $c^{ges} : [0, +\infty) \to \mathbb{R}$ mit $c^{ges}(x) = 30x + 500 \lceil \frac{x}{10} \rceil$ für alle $n \in \mathbb{N}_0$ auf $(10n, 10(n+$

1)) stetig ist. Die Gesamtkostenfunktion $c^{ges}(x)$ hat aber an jeder Stelle $x = 10n$, $n \in \mathbb{N}_0$ eine Unstetigkeitsstelle. Sie hat damit unendlich viele Unstetigkeitsstellen und ist nicht stückweise stetig.

Aus der Stetigkeit von c^{ges} auf $(10n, 10(n+1))$ für alle $n \in \mathbb{N}_0$, können wir mit Satz 5.2.15 schließen, dass auch die Stückkostenfunktion $c^{st} : (0, +\infty) \to \mathbb{R}$ mit $c^{st}(x) = \frac{c^{ges}(x)}{x}$ für alle $n \in \mathbb{N}_0$ auf $(10n, 10(n+1))$ stetig ist. Auch die Stückkostenfunktion ist jedoch nicht stückweise stetig. ∎

■ **Beispiel 5.2.30 — Die Gewinnfunktion aus Einführungsbeispiel 0.1.2 (∗).**
Wollen wir im Einführungsbeispiel die Kosten als $c^{ges}(x) = 30x + 500\lceil \frac{x}{10} \rceil$ pro x berücksichtigen, so erhalten wir die Kosten in Abhängigkeit vom Preis p durch eine Komposition der Kosten- und der Nachfragefunktion:

$$c^{ges}(d(p)) = 30(50 - 0.1p) + 500 \left\lceil \frac{50 - 0.1p}{10} \right\rceil = 1500 - 3p + 500 \left\lceil \frac{50 - 0.1p}{10} \right\rceil.$$

Als Gewinnfunktion ergibt sich

$$g^{ges}(p) = pd(p) - c^{ges}(d(p)) = 50p - 0.1p^2 - \left(1500 - 3p + 500 \left\lceil \frac{50 - 0.1p}{10} \right\rceil \right)$$

$$= -1500 + 53p - 0.1p^2 - 500 \left\lceil \frac{50 - 0.1p}{10} \right\rceil.$$

Diese Funktion hat an allen Vielfachen von 100 Unstetigkeitsstellen, da hier der rechts- und der linksseitige Grenzwert nicht übereinstimmen. Verwendet man die symbolische Schreibweise aus Kapitel 5.2, so gilt z.B.

$$\lim_{p \to 100^+} g^{ges}(p) = \lim_{p \to 100^+} \left(-1500 + 53p - 0.1p^2 - 500 \left\lceil \frac{50 - 0.1p}{10} \right\rceil \right)$$

$$= -1500 + 53 \cdot 100 - 0.1 \cdot (100)^2 - 500 \left\lceil \frac{50 - 0.1 \cdot 100^+}{10} \right\rceil$$

$$= 2800 - 500 \left\lceil \frac{50 - 10^+}{10} \right\rceil = 2800 - 500 \left\lceil \frac{40^-}{10} \right\rceil$$

$$= 2800 - 500 \lceil 4^- \rceil = 2800 - 500 \cdot 4 = 800,$$

wobei wir benutzt haben, dass $50 - 10^+ < 40$ ist bzw. $50 - 10^+ = 40^-$ gilt, da wir uns der Zahl 40 von links nähern. Da 4^- symbolisch eine Zahlenfolge repräsentiert, welche sich von links der Zahl 4 nähert, gilt zudem $\lceil 4^- \rceil = 4$. Für den Grenzwert $p \to 100^-$ gilt hingegen

$$\lim_{p \to 100^-} g^{ges}(p) = \lim_{p \to 100^-} \left(-1500 + 53p - 0.1p^2 - 500 \left\lceil \frac{50 - 0.1p}{10} \right\rceil \right)$$

$$= -1500 + 53 \cdot 100 - 0.1 \cdot (100)^2 - 500 \left\lceil \frac{50 - 0.1 \cdot 100^-}{10} \right\rceil$$

$$= 2800 - 500 \left\lceil \frac{50 - 10^-}{10} \right\rceil = 2800 - 500 \left\lceil \frac{40^+}{10} \right\rceil$$

$$= 2800 - 500 \lceil 4^+ \rceil = 2800 - 500 \cdot 5 = 300,$$

wobei nun $\lceil 4^+ \rceil = 5$, da man sich 4 von rechts nähert, vgl. auch Abbildung 5.41.

Auch hier kann man die bisher vorgestellten Sätze nutzen, um zu zeigen, dass die Funktion auf den Intervallen $(100n, 100(n+1))$, $n \in \{0,1,2,3,4\}$, also zwischen diesen Stellen, stetig ist. Beispielsweise kann man wegen $d((0,100)) = (40,50)$, $d((100,200)) = (30,40)$, $d((200,300)) = (20,30)$, $d((300,400)) = (10,20)$ und $d((400,500)) = (0,10)$ aus der Stetigkeit von $c^{ges}(x) = 30x + 500\lceil \frac{x}{10} \rceil$ auf $(10n, 10(n+1))$ für alle $n \in \mathbb{N}_0$ schließen, dass die Komposition $c^{ges}(d(p))$ mit Definitionsbereich $[0,500]$ auf den Intervallen $(100n, 100(n+1))$, $n \in \{0,1,2,3,4\}$ stetig ist. Die Komposition ist in Abbildung 5.41 dargestellt. Da der Erlös $pd(p)$ stetig ist, ist damit die Addition von $pd(p)$ und $c^{ges}(d(p))$ auf diesen Intervallen stetig. Somit ist die Gewinnfunktion auf den Intervallen $(100n, 100(n+1))$, $n \in \{0,1,2,3,4\}$ stetig. ∎

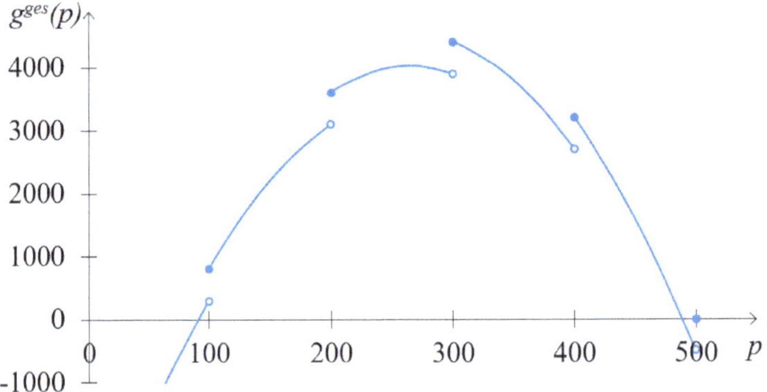

Abbildung 5.41: $g^{ges}(p) = pd(p) - c^{ges}(d(p)) = 53p - 0.1p^2 - 1500 - 500\lceil \frac{50-0.1p}{10} \rceil$

(Z) Sind $f : D \to Z$ und $g : D \to Z$ stetig, dann sind auch $f+g$, $f-g$, $f \cdot g$, $\max\{f,g\}$ und $\min\{f,g\}$ stetig. Die Funktion $\left(\frac{f}{g}\right)$ ist stetig auf $D \setminus \{x \in D \mid g(x) = 0\}$. Auch die Komposition $f \circ g$ ist stetig, wenn f und g stetig sind.

Ist f eine stetige bijektive Funktion, so ist auch f^{-1} stetig und bijektiv.

5.2.7 Eigenschaften stetiger Funktionen

Ziele dieses Unterkapitels
- Welche Rückschlüsse kann man auf die Funktionswerte in einer Umgebung von x_0 ziehen, wenn f stetig in x_0 ist?
- Was besagt der Zwischenwertsatz?
- Wie kann man die Stetigkeit einer Funktion nutzen, um die Nullstellen einer Funktion zu bestimmen?
- Wie kann man die Stetigkeit einer Funktion nutzen, um Rückschlüsse auf das Bild eines Intervalls zu ziehen?

Warum ist es hilfreich zu wissen, ob eine Funktion (an einer Stelle x_0) stetig ist? Im Wesentlichen erlaubt uns die Stetigkeit, von einer Stelle ausgehend Rückschlüsse auf andere Stellen zu ziehen.

- Ist die Funktion f stetig in x_0, können wir von $f(x_0)$ auf Funktionswerte von Stellen in der Nähe von x_0, also Stellen innerhalb einer δ-Umgebung $U(x_0,\delta)$, schließen.
- Ist die Funktion stetig auf einem Intervall $[a,b]$, so können wir von $f(a)$ und $f(b)$ auf Funktionswerte von Stellen innerhalb des Intervalls schließen.

Folgen der Stetigkeit in x_0

Laut Definition 5.2.7 ist f stetig in x_0, wenn es eine Umgebung um x_0 gibt, so dass alle Funktionswerte von Stellen innerhalb dieser Umgebung weniger als ε entfernt sind. Hat man eine Stelle x_0 gefunden mit $f(x_0) > 0$, so kann man beispielsweise stets Stellen nahe x_0 finden, so dass für all diese Stellen ebenso $f(x) > 0$ gilt.

> **Satz 5.2.18 — Verhalten einer in x_0 stetigen Funktion.**
> Sei $f : D \to Z$ eine reelle Funktion, $x_0 \in D$ und f stetig in x_0 mit $f(x_0) > 0$. Dann gibt es eine δ-Umgebung $U(x_0,\delta) = (x_0 - \delta, x_0 + \delta) \subseteq D$, $\delta > 0$, so dass $f(x) > 0$ für alle $x \in U(x_0,\delta)$.
> Sei $f : D \to Z$ eine reelle Funktion, $x_0 \in D$ und f stetig in x_0 mit $f(x_0) < 0$. Dann gibt es eine δ-Umgebung $U(x_0,\delta) = (x_0 - \delta, x_0 + \delta) \subseteq D$, $\delta > 0$, so dass $f(x) < 0$ für alle $x \in U(x_0,\delta)$.

■ Beispiel 5.2.31 — Verhalten einer in x_0 stetigen Funktion .
Für die Gewinnfunktion $g : [0,500] \to \mathbb{R}$ mit $g(p) = p(50 - 0.1p) - 80(50 - 0.1p)$ gilt beispielsweise an der Stelle $p_0 = 100$, dass $g(p_0) = 800 > 0$. Bei einem Preis von 100 ist der Gewinn 800. Die stetige Funktion g ist auch an der Stelle $p_0 = 100$ stetig. Aus $g(100) > 0$ folgt also, dass es auch eine Umgebung $(p_0 - \delta, p_0 + \delta)$ um p_0 geben muss, mit $g(p) > 0$ für alle $p \in (p_0 - \delta, p_0 + \delta)$. Eine kleine Veränderung des Preises verändert zwar den Gewinn, ist die Veränderung aber sehr klein, so bleibt der Gewinn stets positiv.

Wäre die Gewinnfunktion hingegen eine Funktion $\bar{g} : [0,500] \to \mathbb{R}$ mit

$$\bar{g}(p) = \begin{cases} -2000 & \text{für } p < 100 \\ p(50 - 0.1p) - 80(50 - 0.1p) & \text{für } p \geq 100, \end{cases}$$

so gilt ebenfalls $\bar{g}(100) = 800$. Da $\bar{g}$ aber nicht in $p_0 = 100$ stetig ist, kann eine noch so kleine Veränderung des Preises (nach unten) bewirken, dass der Gewinn sprunghaft von $+800$ auf -2000 fällt. Die beiden Funktionen sind in Abbildung 5.42 veranschaulicht. ■

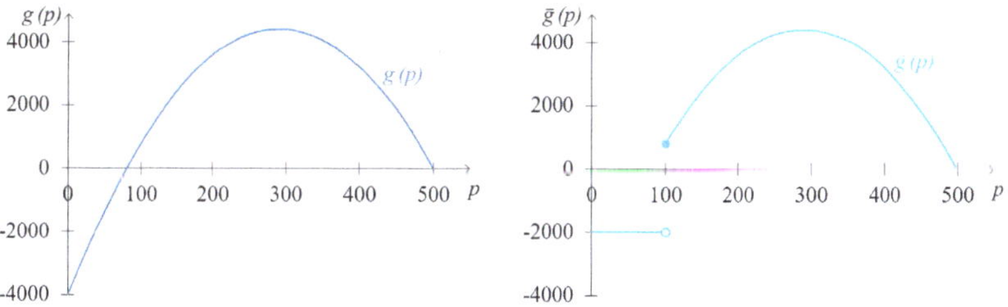

Abbildung 5.42: Graph der Funktionen $g(p)$ (links) und $\bar{g}(p)$ (rechts)

Folgen der Stetigkeit auf [a,b]

Ist f stetig auf dem Intervall $[a,b]$, so gibt es eine Umgebung um $x_0 \in (a,b)$, so dass alle Funktionswerte von Stellen innerhalb dieser Umgebung nicht weit, maximal ε, von $f(x_0)$ entfernt sind. Zeichnet man f in einer Umgebung von x_0, kommt man also von beiden Seiten $f(x_0)$ beliebig nahe, es gibt keine Unstetigkeitsstelle. Daher kann man eine auf einem Intervall $[a,b]$ stetige Funktion f innerhalb des Intervalls in einer Linie durchzeichnen. Beginnt man mit dieser Linie an einem Punkt $(a, f(a))^T$ und endet an einem Punkt $(b, f(b))^T$, so kreuzt diese Linie an mindestens einer Stelle die Gerade $y = c$ für beliebige Werte von c zwischen $f(a)$ und $f(b)$. Abbildung 5.43 illustriert, dass es bei einer stetigen Funktion zu jedem Wert $y = c$ zwischen $f(a)$ und $f(b)$ mindestens eine Stelle $x_0 \in (a,b)$ geben muss, an der $f(x_0) = c$ gilt. Dass es unmöglich ist, eine Linie von $(a, f(a))^T$ nach $(b, f(b))^T$ zu zeichnen, die nicht jeden y-Wert zwischen $f(a)$ und $f(b)$ innerhalb des Intervalls $[a,b]$ mindestens einmal annimmt, behauptet der folgende Satz:

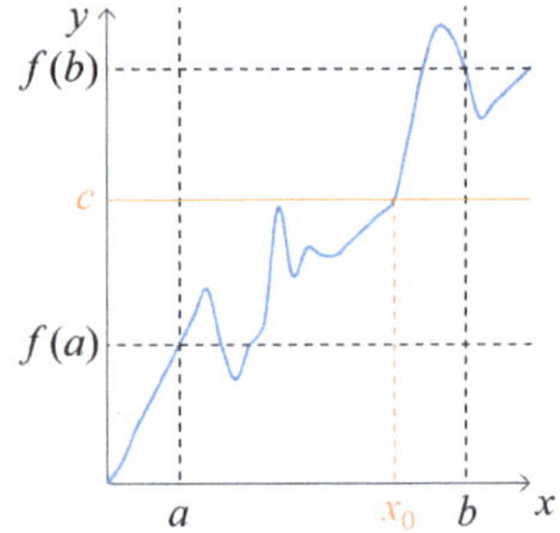

Abbildung 5.43: Der Zwischenwertsatz

Satz 5.2.19 — Zwischenwertsatz.
Ist für $a, b \in \mathbb{R}$ die reelle Funktion $f : [a,b] \to Z$ stetig, so nimmt f jeden Wert zwischen $f(a)$ und $f(b)$ an.

Der Zwischenwertsatz besagt also, dass eine über dem abgeschlossenen Intervall $[a,b]$ stetige Funktion alle y-Werte zwischen $f(a)$ und $f(b)$ annimmt. Ein Wert zwischen $f(a)$ und $f(b)$ kann an mehr als einer Stelle $x \in [a,b]$ angenommen werden. Zudem kann für $x \in [a,b]$ der Funktionswert $f(x)$ auch außerhalb des von $f(a)$ und $f(b)$ begrenzten Intervalls liegen. Er besagt nur, dass es zu jedem c zwischen $f(a)$ und $f(b)$ mindestens eine Stelle im Intervall $[a,b]$ mit Funktionswert c gibt. [10]

■ Beispiel 5.2.32 — Werte einer stetigen Funktion.
Die in Abbildung 5.44 dargestellte Funktion $q : [-2,4] \to \mathbb{R}$ mit $q(x) = x^2$ beschreibt ein Polynom und ist daher stetig. Es gilt $q(-2) = 4$ und $q(4) = 16$. Da z.B. die Zahl $y = 9 \in [4,16]$ zwischen den Funktionswerten $q(-2)$ und $q(4)$ liegt, können wir aus der

---

[10] Üblicherweise bezeichnet man in der Mathematik eine solche Stelle im Intervall $[a,b]$ als Zwischenstelle und nutzt hierfür den griechischen Buchstaben ξ (gesprochen „xi"). Laut Zwischenwertsatz gibt es also zu jedem Wert c zwischen $f(a)$ und $f(b)$ mindestens ein $\xi \in [a,b]$ mit $f(\xi) = c$. Statt ξ werden wir in diesem Abschnitt aber in der Regel die Bezeichnungen x oder x_0 auch für Zwischenstellen verwenden.

Stetigkeit von q mit Hilfe des Zwischenwertsatzes schließen, dass es mindestens ein $x \in [-2,4]$ geben muss, so dass $q(x) = 9$ gilt. Man sagt auch, dass die Funktion mindestens eine „9-Stelle" hat. Hier im Beispiel ist diese bei $x = 3$ da $q(3) = 9$. Zudem gibt es bei

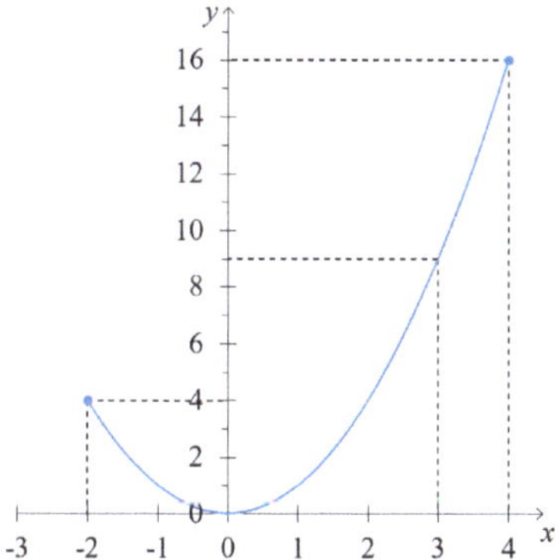

Abbildung 5.44: Die stetige Funktion $q : [-2,4] \to \mathbb{R}$ mit $q(x) = x^2$

dieser Funktion auch Stellen $x \in [-2,4]$ mit $q(x) \notin [q(-2), q(4)] = [4,16]$, wie z.B. $x = 0$ mit $q(0) = 0$. Es gibt hier also eine Nullstelle, obwohl $0 \notin [4,16]$.

Der Zwischenwertsatz besagt nur, dass es zu jedem Wert innerhalb des Intervalls $y \in [4,16]$ mindestens eine Stelle $x \in D = [-2,4]$ gibt mit $q(x) = y$, nicht dass es zu jeder Stelle $x \in [-2,4]$ ein $y \in [4,16]$ gibt. ∎

Um den Zwischenwertsatz anwenden zu können, muss die Funktion über dem abgeschlossenen Intervall definiert und stetig sein. Funktionen mit Unstetigkeitsstellen auf $[a,b]$ müssen nicht alle Werte zwischen $f(a)$ und $f(b)$ annehmen. Dies sieht man an folgendem Beispiel.

■ Beispiel 5.2.33 — Zwischenwerte bei unstetigen Funktionen.
Betrachtet man die (nicht stetige) Funktion $\bar{g} : [0,500] \to \mathbb{R}$ mit

$$\bar{g}(p) = \begin{cases} -2000 & \text{für } p < 100 \\ p(50 - 0.1p) - 80(50 - 0.1p) & \text{für } p \geq 100, \end{cases}$$

aus Beispiel 5.2.31, wird hier nicht jeder Funktionswert im Intervall $[\bar{g}(0), \bar{g}(500)] = [-2000, 0]$ angenommen. Beispielsweise gibt es kein $p \in [0,500]$, so dass $\bar{g}(p) = -1000$, vgl. Abbildung 5.45. ∎

Neben der Anwendung in Beweisen ist der Zwischenwertsatz vor allem in zwei Bereichen wichtig:
- Er zeigt mit Hilfe des Nullstellensatzes ein einfaches Verfahren der Nullstellenbestimmung stetiger Funktionen auf;
- Er stellt sicher, dass das Bild eines Intervalls bei einer stetigen Funktion wieder ein Intervall oder ein einzelner Wert ist. Man nennt diese Eigenschaft auch Intervalltreue stetiger Funktionen.

Wir beschreiben beide Bereiche im Folgenden kurz:

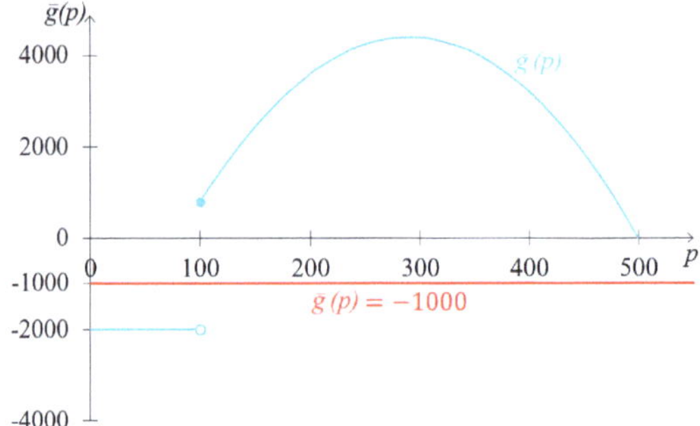

Abbildung 5.45: Die unstetige Funktion $\bar{g} : [0, 500] \to \mathbb{R}$

Der Nullstellensatz

Ein Spezialfall des Zwischenwertsatzes ergibt sich, wenn der Funktionswert an einem Rand des Intervalls größer als Null und am anderen kleiner als Null ist. Denn dann liegt 0 zwischen $f(a)$ und $f(b)$. Laut Zwischenwertsatz muss es also eine Stelle $x \in [a, b]$ geben mit $f(x) = 0$. Im Intervall $[a, b]$ liegt also (mindestens) eine Nullstelle.

> **Satz 5.2.20 — Nullstellensatz.**
> Ist für $a, b \in \mathbb{R}$ die Funktion $f : [a, b] \to \mathbb{R}$ stetig, $\min\{f(a), f(b)\} < 0$ und $\max\{f(a), f(b)\} > 0$, so besitzt f in $[a, b]$ mindestens eine Nullstelle.

Sucht man Nullstellen einer stetigen, reellen Funktion f und kann $f(x) = 0$ nicht einfach nach x aufgelöst werden, kann man mit Hilfe dieses Satzes algorithmisch Nullstellen von f bestimmen. Wir demonstrieren dies am Beispiel, bevor wir einen entsprechenden Algorithmus vorstellen.

■ **Beispiel 5.2.34 — Suche nach Nullstellen eines Polynoms.**
Suchen wir nach Nullstellen der reellen Funktion $f : \mathbb{R} \to \mathbb{R}$ mit

$$f(x) = -x^5 + 3x^3 + 10x - 1,$$

so können wir damit beginnen, die Funktion an verschiedenen Stellen auszuwerten: Wir erhalten beispielsweise $f(-2) = -13$, $f(-1) = -13$, $f(0) = -1$, $f(1) = 11$, $f(2) = 11$. Aus dem Nullstellensatz können wir schließen, dass es eine Nullstelle im Intervall $(0, 1)$ geben muss, da mit $a_1 = 0$ und $b_1 = 1$ $f(a_1) = -1 < 0 < 11 = f(b_1)$ gilt.

Um diese Nullstelle genauer eingrenzen zu können, berechnen wir den Wert in der Mitte des Intervalls, den Wert an der Stelle $m_1 = 0.5$, also $f(m_1) = \frac{139}{32} \approx 4.34 > 0$. Wir wissen nun, dass $f(0) = -1 < 0 < \frac{139}{32} = f(0.5)$ gilt. Es muss somit eine Nullstelle innerhalb des Intervalls $[0, 0.5]$ geben.

Wir betrachten nun also das Intervall $[0, 0.5]$ und setzen $a_2 = 0$ und $b_2 = 0.5$. Mit $m_2 = 0.25$ berechnen wir den Wert $f(m_2) = \frac{1583}{1024} \approx 1.55 > 0$. Es muss also eine Nullstelle innerhalb des Intervalls $[0, 0.25]$ geben, da $f(0) = -1 < 0 < \frac{1583}{1024} = f(0.25)$.

Wir setzen im nächsten Schritt $a_3 = 0$ und $b_3 = 0.25$. Mit $m_3 = 0.125$ und $f(m_3) = \frac{8383}{32768} \approx 0.26 > 0$ schließen wir, dass es eine Nullstelle innerhalb des Intervalls $[0, 0.125]$ gibt.

Im vierten Schritt ist $a_4 = 0$ und $b_4 = 0.125$. Mit $m_4 = 0.0625$ ergibt sich $f(m_4) \approx -0.37 < 0$. Da wir nun einen Wert kleiner als Null erhalten haben, muss es also eine Nullstelle innerhalb des Intervalls $[0.0625, 0.125]$ geben. schließlich gilt $f(0.0625) < 0 < f(0.125)$.

Im fünften Schritt ist daher $a_5 = 0.0625$ und $b_5 = 0.125$. Wir berechnen $m_5 = \frac{3}{32} = 0.09375$ und $f(m_5) \approx -0.06 < 0$. Es muss also eine Nullstelle innerhalb des Intervalls $[0.09375, 0.125]$ geben.

Die ersten fünf Schritte dieses Verfahrens sind in Tabelle 5.1 und Abbildung 5.46 zusammengefasst. Bricht man dieses Verfahren hier ab, weiß man sicher, dass es im Intervall $[0.09375, 0.125]$ eine Nullstelle gibt. Gibt man als Schätzung einer Nullstelle den Mittelpunkt des Intervalls

$$\frac{0.09375 + 0.125}{2} = \frac{\frac{3}{32} + \frac{1}{8}}{2} = \frac{7}{64} \approx 0.11$$

an, so ist der Fehler dieser Schätzung maximal so groß wie der Abstand zu den Rändern des Intervalls $|\frac{7}{64} - \frac{3}{32}| = |\frac{7}{64} - \frac{6}{64}| = \frac{1}{64} \approx 0.016$. ∎

Schritt n	$f(a_n)$	$f(b_n)$	$f(m_n)$
1	$f(0) = -1$	$f(1) = 11$	$f(0.5) \approx 4.34$
2	$f(0) = -1$	$f(0.5) \approx 4.34$	$f(0.25) \approx 1.55$
3	$f(0) = -1$	$f(0.25) \approx 1.55$	$f(0.125) \approx 0.26$
4	$f(0) = -1$	$f(0.125) \approx 0.26$	$f(0.0625) \approx -0.37$
5	$f(0.0625) \approx -0.37$	$f(0.125) \approx 0.26$	$f(0.09375) \approx -0.06$

Tabelle 5.1: Die Nullstellensuche für $f(x) = -x^5 + 3x^3 + 10x - 1$

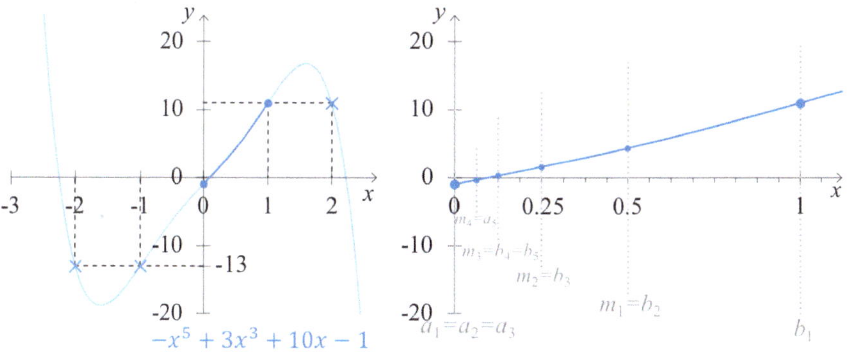

Abbildung 5.46: Die Nullstellensuche für $f(x) = -x^5 + 3x^3 + 10x - 1$

Findet man also bei einer stetigen Funktion Stellen a_1 und b_1 mit $f(a_1) < 0 < f(b_1)$, so weiß man, dass sich zwischen a_1 und b_1 eine Nullstelle befinden muss. Wir nehmen im Folgenden an, dass $a_1 < b_1$ gilt, also dass sich eine Nullstelle im Intervall $[a_1, b_1]$ befinden muss.[11] Will man genauer eingrenzen, wo sich diese Nullstelle befindet, kann man eine

---

[11] Man könnte aber natürlich im Falle von $a_1 > b_1$ analog mit Intervallen der Form $[b_1, a_1]$ vorgehen.

beliebige Stelle $m_1 \in [a_1, b_1]$ wählen und $f(m_1)$ berechnen. Oft verwendet man $m_1 = \frac{a_1 + b_1}{2}$, d.h. man nimmt die Stelle, die das Intervall $[a_1, b_1]$ halbiert. Da dies der erste Schritt auf dem Weg zu einer Nullstelle ist, führen wir den Schritt-Zähler n ein und sprechen im Weiteren von der Stelle $m_n \in [a_n, b_n]$, wobei wir mit $n = 1$ beginnen.

Man kann in diesem n-ten Schritt einen von drei Fällen erhalten:

1. Mit (viel) Glück hat man $f(m_n) = 0$ und eine Nullstelle gefunden. Die Suche nach einer Nullstelle endet mit dem Resultat m_n.

2. Ist $f(m_n) > 0$, so weiß man, dass sich eine Nullstelle zwischen a_n und m_n befinden muss da $f(a_n) < 0 < f(m_n)$. Man setzt $a_{n+1} = a_n$, $b_{n+1} = m_n$, berechnet eine Stelle zwischen a_{n+1} und b_{n+1} als $m_{n+1} = \frac{a_{n+1} + b_{n+1}}{2}$, erhöht n um eins und unterscheidet erneut zwischen den drei möglichen Fällen dieser Liste.

3. Ist $f(m_n) < 0$, so weiß man, dass sich eine Nullstelle zwischen m_n und b_n befinden muss da $f(m_n) < 0 < f(b_n)$. Man setzt $a_{n+1} = m_n$, $b_{n+1} = b_n$, berechnet eine Stelle zwischen a_{n+1} und b_{n+1} als $m_{n+1} = \frac{a_{n+1} + b_{n+1}}{2}$, erhöht n um eins und unterscheidet erneut zwischen den drei möglichen Fällen dieser Liste.

Mit diesem Verfahren ist nicht sicher gestellt, dass man die Nullstelle genau erhalten wird. Man kann sich ihr aber so beliebig nähern. Dieses Prinzip der Intervallschachtelung gibt es in verschiedenen Formen mit verschiedenen Stopp-Kriterien. Wir veranschaulichen es in weiteren Beispielen:

■ Beispiel 5.2.35 — Nullstelle der Funktion $y = x + e^x$.
Versucht man $x + e^x = 0$ nach x aufzulösen, kommt man mit Schulmethoden nicht weit. Da die Exponentialfunktion und affin-lineare Funktionen stetig sind, wissen wir, dass die Funktion mit Abbildungsvorschrift $y = x + e^x$ jedoch als Summe solcher Funktionen ebenfalls stetig ist. Dies nutzen wir zur numerischen Annäherung der Nullstelle: Setzen wir den Wert $x = 0$ in die Funktion ein, erhalten wir $y = 0 + e^0 = 1 > 0$, für $x = -1$ ergibt sich $y = -1 + e^{-1} \approx -0.63 < 0$. Es gibt also eine Nullstelle innerhalb $[a_1, b_1] = [-1, 0]$. Mit $m_1 = -0.5$ erhalten wir als Funktionswert $y = -0.5 + e^{-0.5} \approx 0.11 > 0$. Es gibt also eine Nullstelle innerhalb des Intervalls $[a_2, b_2] = [-1, -0.5]$. Mit $m_2 = -0.75$ ergibt sich $y = -0.75 + e^{-0.75} \approx -0.28 < 0$. Es gibt also eine Nullstelle innerhalb $[a_3, b_3] = [-0.75, -0.5]$. Der Mittelpunkt des Intervalls ist nun $m_3 = -0.625$. An dieser Stelle ist $y = -0.625 + e^{-0.625} \approx -0.09$. So wissen wir, dass es eine Nullstelle innerhalb von $[-0.625, -0.5]$ geben muss. Am Mittelpunkt $m_4 = -0.5625$ des Intervalls erhalten wir $y = -0.5625 + e^{-0.5625} \approx 0.01 > 0$. Wir schließen, dass eine Nullstelle im Intervall $[-0.6250, -0.5625]$ liegt. Der Funktionswert am Mittelpunkt des Intervalls, an der Stelle $m_5 = -0.59375$ beträgt nun $y = -0.59375 + e^{-0.59375} \approx -0.04$. Es muss demnach eine Nullstelle im Intervall $[-0.59375, -0.5625]$ vorliegen.   ■

■ Beispiel 5.2.36 — Existenz eines Gleichgewichtspreises.
Der Gleichgewichtspreis eines Markts ist in den Wirtschaftswissenschaften der Preis, an dem das Angebot der Nachfrage entspricht. Auch um zu zeigen, dass es auf einem Markt einen Gleichgewichtspreis gibt, kann der Zwischenwertsatz genutzt werden.

Sind die Angebotsfunktion $a : [0, +\infty) \to \mathbb{R}$ mit $a(p) = e^{0.1p} - 1$ und Nachfragefunktion $b : [0, +\infty) \to \mathbb{R}$ mit $b(p) = \frac{1}{p+1}$ bekannt, dann ist ein Gleichgewichtspreis ein Preis p mit $a(p) = b(p)$ bzw. $a(p) - b(p) = 0$. Der Gleichgewichtspreis ist also eine Nullstelle der Funktion

$$f(p) = a(p) - b(p) = e^{0.1p} - 1 - \tfrac{1}{p+1}.$$

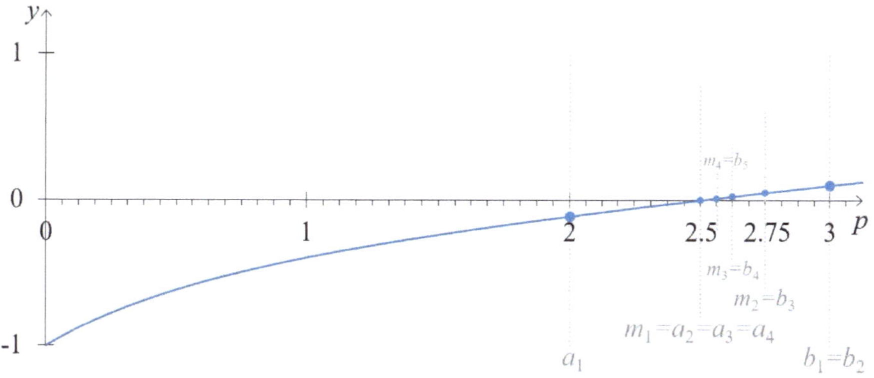

Abbildung 5.47: Die Nullstellensuche für $a(p) - b(p)$

Setzt man wieder verschiedene Argumente in diese Funktion ein, erhält man: $f(0) = -1, f(1) \approx -0.39, f(2) \approx -0.11$ und $f(3) \approx 0.10$. Es muss also einen Gleichgewichtspreis innerhalb des Intervalls $[2,3]$ geben. Um den Gleichgewichtspreis genauer zu bestimmen, könnte man wieder das oben beschriebene Prinzip der Intervallschachtelung nutzen. Wie in Abbildung 5.47 dargestellt würde man so Intervalle von $[2.5,3]$, $[2.5,2.75]$ $[2.5,2.625]$, $[2.5,2.5625]$, $[2.5,2.53125]$, $[2.5,2.515625]$ etc. erhalten. Nach 5 Schritten könnte man schließen, dass es eine Nullstelle zwischen 2.5 und 2.515625 gibt, wobei der Funktionswert im Mittelpunkt des Intervalles in etwa 0.00005 beträgt. ∎

■ Beispiel 5.2.37 — Auffinden eines Fixpunktes (∗).
Student Max Mustermanns Kaffeekonsum funktioniert auf ganz sonderbare Weise: Wendet er in einem Monat Geldbetrag x (in 100 CHF) für Kaffee auf, so ist der für Kaffee ausgegebene Betrag im Folgemonat durch die Funktion $g : [0,1] \to [0,1]$ mit $g(x) = 0.5^x$ gegeben. Trinkt er also in einem Monat nur für 10 CHF, $x = 0.1$, Kaffee, gönnt er sich im Folgemonat häufiger einen Kaffee auswärts und wendet $g(0.1) = 0.5^{0.1} \approx 0.93$ bzw. 93 CHF auf. Aufgrund der hohen Ausgaben von 93 CHF er im Folgemonat disziplinierter und gibt dann $g(0.93) = 0.5^{0.93} \approx 0.52$ bzw. 52 CHF aus.

Ökonomen fragen sich in derartigen Situationen oft, ob es einen Betrag gäbe, bei dem Max konstante Ausgaben für Kaffee hätte. Anders formuliert: Gibt es ein x mit $g(x) = x$? Mathematiker nennen einen solchen Punkt einen Fixpunkt. Im Beispiel ist dieser Betrag x der Wert mit $g(x) = x$ bzw. $g(x) - x = 0$. Um obige Ideen hier anzuwenden, betrachten wir die Funktion $f : [0,1] \to \mathbb{R}$ mit $f(x) = g(x) - x$. Ein Fixpunkt x^* von g ist dann eine Nullstelle von f. Die Funktionen f und g sind in Abbildung 5.48 dargestellt.
Wir erhalten hier $f(0) = g(0) - 0 = 0.5^0 - 0 = 1 > 0$ und $f(1) = g(1) - 1 = 0.5^1 - 1 = -0.5 < 0$. Da die Funktion g und somit auch f stetig ist, folgt aus $f(0) > 0$ und $f(1) < 0$ aus dem Nullstellensatz, dass f eine Nullstelle und somit g einen Fixpunkt haben muss. Auffinden können wir diesen Fixpunkt beispielsweise mit obigem Verfahren. Wir erhalten die Intervalle $[0,1]$, $[0.5,1]$, $[0.5,0.75]$, $[0.5,0.675]$, $[0.5875,0.675]$, usw. ∎

Intervalltreue

Aus dem Zwischenwertsatz folgt für eine stetige Funktion zudem, dass das Bild eines Intervalls auch wieder ein Intervall oder eine Menge mit nur einem Element ist.

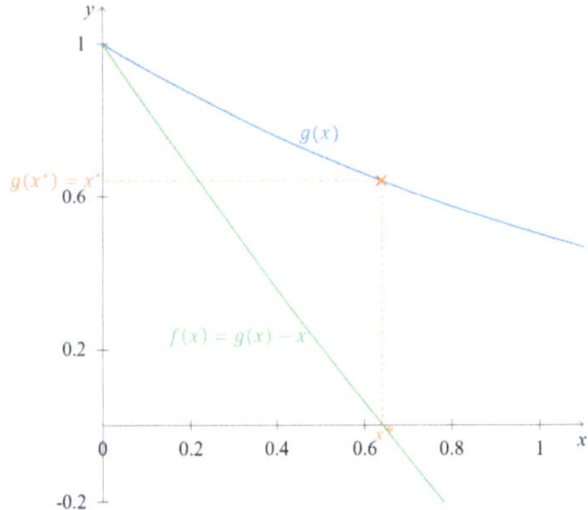

Abbildung 5.48: Die Funktionen $g(x)$ und $f(x) = g(x) - x$

Satz 5.2.21 — Intervalltreue stetiger Funktionen.
Es sei $f : D \to Z$ eine reelle Funktion und $I \subseteq D$ ein Intervall. Ist f stetig, dann ist auch $f(I)$ ein Intervall oder eine Menge mit nur einem Element.

■ **Beispiel 5.2.38 — Der Wertebereich von q.**
Wollen wir das Bild $q([-2,4])$, also den Wertebereich von $q : [-2,4] \to \mathbb{R}$ mit $q(x) = x^2$ bestimmen, so wissen wir bereits, dass $q(0) = 0 \in q([-2,4])$ und dass $[4,16] \subseteq q([-2,4])$. Aus Satz 5.2.21 folgt, dass das Bild ein Intervall sein muss und damit auch $[0,16] \subseteq q([-2,4])$ gilt. Ohne Satz 5.2.21, müsste man für diesen Schluss zeigen, dass zu jedem $y \in [0,16]$ auch ein $x \in [-2,4]$ existiert mit $q(x) = y$.

Da $q(x) \geq 0$ für alle $x \in \mathbb{R}$ und $q(x) \leq 16$ für alle $x \in [-2,4]$, wissen wir, dass $[0,16]$ nicht nur eine Teilmenge des Wertebereichs ist, sondern dem Wertebereich entspricht,[12] siehe Abbildung 5.49.   ■

Ⓩ   Ist eine reelle Funktion f stetig in x_0, existieren in einer Umgebung von x_0 stets nur Stellen, deren Funktionswerte in einer Umgebung von $f(x_0)$ liegen. Gilt also zum Beispiel $f(x_0) > 0$, muss es eine Umgebung von x_0 geben, in der alle Stellen positive Funktionswerte haben.
Der Zwischenwertsatz besagt: Ist $f : [a,b] \to Z \subseteq \mathbb{R}$ stetig, so nimmt f jeden Wert zwischen $f(a)$ und $f(b)$ an.
Ist eine reelle Funktion $f : D \to Z$ stetig und gibt es Stellen $a < b, a,b \in D$ mit $f(a) > 0$ und $f(b) < 0$ (oder umgekehrt), kann man stets schließen, dass eine Nullstelle innerhalb des Intervalls (a,b) liegen muss.
Stetige Funktionen sind intervalltreu, d.h. ist eine reelle Funktion $f : D \to Z$ stetig und D ein Intervall, so ist $f(D)$ ebenfalls ein Intervall oder eine Menge mit nur einem Wert.

---

[12]   In Kapitel 5.6 werden wir ein generelles Vorgehen zur Bestimmung des Wertebereichs stetiger Funktionen diskutieren.

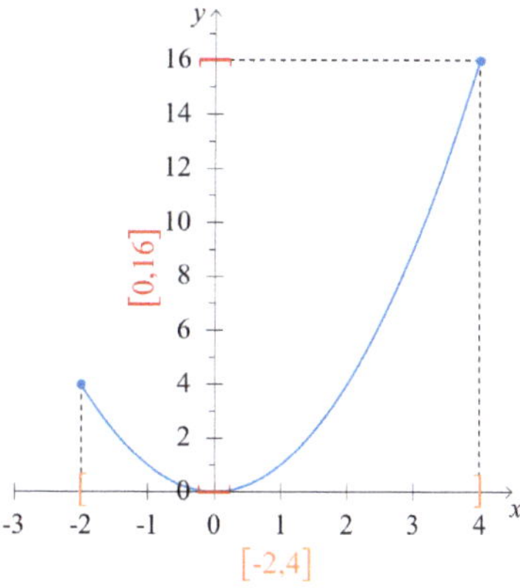

Abbildung 5.49: $q([-2,4]) = [0,16]$ mit $q(x) = x^2$

5.3 Differenzierbarkeit

In den Wirtschaftswissenschaften wird häufig von marginalen Kosten, Gewinnen, Nutzen oder Erträgen bzw. Grenzkosten, -gewinnen, -nutzen oder -erträgen gesprochen, wenn man ausdrücken will, wie sich die Kosten-, Gewinn-, Nutzen- oder Ertragsfunktion für kleine Änderungen des Arguments verändert.

In diesem Kapitel werden wir diese Änderungen durch den Begriff der Ableitung erklären und mathematisch definieren. Am Ende des Kapitels befassen wir uns dann damit, wie man diese Ableitung in verschiedenen Fällen berechnen kann.

5.3.1 Vom Differenzenquotient zum Differentialquotient

Ziele dieses Unterkapitels
- Was ist ein Differenzenquotient und was ist ein Differentialquotient?
- Wann heißt eine Funktion differenzierbar an einer Stelle x_0? Wann heißt sie differenzierbar in einem Intervall?
- Was versteht man unter einer Tangente an den Graphen von f an der Stelle x_0?
- Was versteht man unter der ersten Ableitung von f?

■ **Beispiel 5.3.1 — Die Geschwindigkeit eines Fahrrads.**
Betrachten wir als Beispiel ein Fahrrad, das 100 Meter in 10 Sekunden zurücklegt. Nach 1 Sekunde ist es bei Meter 0.856, nach 2 Sekunden bei Meter 5.792, nach 3 Sekunden bei Meter 16.308 usw. bis es nach Sekunde 10 genau 100 Meter gefahren ist. Die Funktion $f : [0,10] \to [0,100]$ mit $f(x) = 0.006x^5 - 0.15x^4 + x^3$ gibt die zurückgelegte Wegstrecke $f(x)$ nach x Zeiteinheiten an, vgl. Abbildung 5.50.
Am Graph erkennt man, dass das Fahrrad innerhalb der ersten Sekunde nur eine kurze Strecke zurücklegt. Der Graph der Funktion f steigt für kleine Werte von x sehr wenig. Der Quotient von zurückgelegtem Weg $f(1) - f(0)$ und verstrichener Zeit $1 - 0$ ist klein. Die durchschnittliche Geschwindigkeit des Fahrrads innerhalb der ersten Sekunde ist also $\frac{f(1)-f(0)}{1-0}$ und beträgt näherungsweise 0.856 Meter pro Sekunde.

In der folgenden Sekunde legt das Fahrrad eine größere Strecke zurück. Die durch-

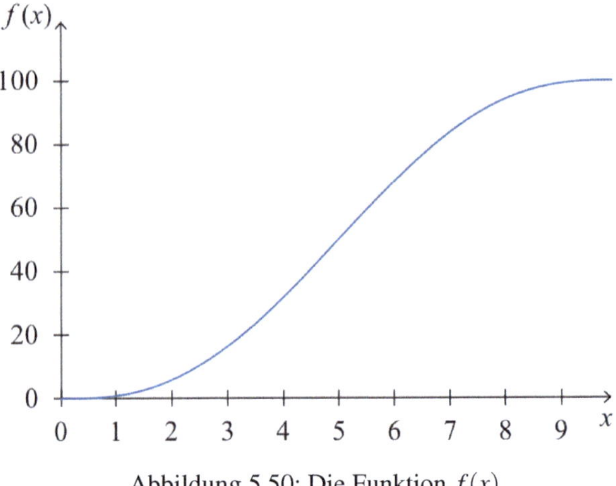

Abbildung 5.50: Die Funktion $f(x)$

schnittliche Geschwindigkeit des Fahrrads innerhalb der zweiten Sekunde berechnet sich als $\frac{f(2)-f(1)}{2-1} = 4.936$ Meter pro Sekunde. Das Fahrrad ist in der zweiten Sekunde also schneller als in der ersten. Der Graph steigt zwischen $x = 1$ und $x = 2$ stärker als zwischen $x = 0$ und $x = 1$. Die durchschnittliche Geschwindigkeit innerhalb der dritten Sekunde ist $\frac{f(3)-f(2)}{3-2} = 10.516$ Meter pro Sekunde, vgl. auch Abbildung 5.51.

Um die (durchschnittliche) Geschwindigkeit des Fahrrads zu berechnen, teilt man die Strecke Δf, die innerhalb eines Zeitraums zurückgelegt wurde, durch die Länge des Zeitraums Δx. Den Quotienten $\Delta f/\Delta x$, welcher hier die durchschnittliche Geschwindigkeit angibt, bezeichnen Mathematiker als Differenzenquotienten. Für diese Berechnung benötigt man die zurückgelegte Strecke zwischen zwei Zeitpunkten.

Wie groß ist in diesem Beispiel die Geschwindigkeit des Fahrrads zur Zeit 2? Betrachtet man das Fahrrad zum Zeitpunkt $x_0 = 2$ (z.B. auf einem Foto), um die Geschwindigkeit zu bestimmen, so wird zu diesem Zeitpunkt keine Strecke zurücklegt und es vergeht keine Zeit. Es gilt $\Delta f = f(2) - f(2) = 0$ und $\Delta x = 0$. Wir können den Differenzenquotienten $\Delta f/\Delta x = 0/0$ für $\Delta x = 0$ also nicht bestimmen.

Ein Tachometer misst zur Zeit $x_0 = 2$ vereinfacht gesagt die zurückgelegte Wegstrecke Δf innerhalb einer sehr kurzen Zeit Δx und zeigt den Quotienten $\Delta f/\Delta x$ an. Ist beispielsweise $\Delta x = 0.1$, so vergleicht es die zurückgelegte Wegstrecke zur Zeit $x_0 = 2$, $f(2) = 5.792$, mit der Wegstrecke zur Zeit $x_0 + \Delta x = 2.1$, $f(2.1) \approx 5.869$, und zeigt

$$\frac{\Delta f}{\Delta x} = \frac{f(x_0 + \Delta x) - f(x_0)}{(x_0 + \Delta x) - x_0} = \frac{f(2 + 0.1) - f(2)}{(2 + 0.1) - 2} = \frac{5.869 - 5.792}{2.1 - 2} = 7.709$$

Meter pro Sekunde an. Der Tachometer misst genau genommen also nicht die Geschwindigkeit zu einem bestimmten Zeitpunkt x_0 an, sondern die durchschnittliche Geschwindigkeit innerhalb einer sehr kurzen Zeit zwischen x_0 und $x_0 + \Delta x$ für $\Delta x > 0$, bzw. zwischen $x_0 + \Delta x$ und x_0 für $\Delta x < 0$.[13]

Tabelle 5.2 stellt Werte des Differenzenquotienten für verschiedene Δx gegenüber.

---

[13] Da für die Anzeige auf dem Tachometer zum Zeitpunkt x_0 nur Enfernungen Δf aus der Vergangenheit bekannt sind, gilt dabei stets $\Delta x < 0$.

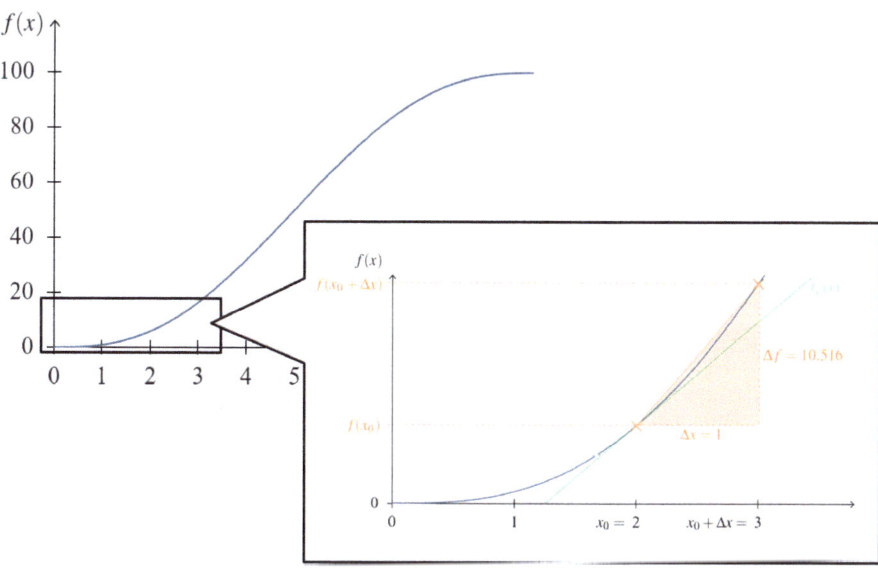

Abbildung 5.51: Die durchschnittliche Geschwindigkeit innerhalb der dritten Sekunde

Δx	-1	-0.5	-0.1	-0.01	0.01	0.1	0.5	1
$\frac{f(2+\Delta x)-f(2)}{\Delta x}$	4.936	6.262	7.392	7.651	7.709	7.968	9.119	10.516

Tabelle 5.2: Der Differenzenquotient der zurückgelegten Strecke $f(x)$ an der Stelle $x_0 = 2$

Wir definieren dann die Geschwindigkeit des Fahrrads zur Zeit $x_0 = 2$ als Grenzwert dieses Quotienten für $\Delta x \to 0$. Diesen Grenzwert des Differenzenquotienten für $\Delta x \to 0$ nennt man auch Differentialquotient oder Ableitung von f an der Stelle x_0. Mit Hilfe der Tabelle schätzen wir, dass die Geschwindigkeit zur Zeit 2 in etwa 7.7 ist. ∎

Der Quotient $\frac{f(x_0+\Delta x)-f(x_0)}{\Delta x}$ beschreibt die durchschnittliche Änderungsrate[14] des Funktionswertes f zwischen x_0 und $x_0 + \Delta x$. Man nennt ihn den Differenzenquotienten der Funktion f und schreibt abkürzend $\Delta f/\Delta x$.

Definition 5.3.1 — Der Differenzenquotient.
Es sei $f : D \to Z$ eine reelle Funktion und $x_0, x_0 + \Delta x \in D$, wobei $\Delta x \neq 0$. Mit $\Delta f = f(x_0 + \Delta x) - f(x_0)$ heißt der Quotient

$$\frac{\Delta f}{\Delta x} = \frac{f(x_0 + \Delta x) - f(x_0)}{\Delta x}$$

Differenzenquotient von f an der Stelle x_0.

---

[14] Eine „Rate" erkennt man an der Verwendung des Wortes "pro" oder an der Formulierung "bezogen auf". So ist beispielsweise die Geschwindigkeit die Änderung der zurückgelegten Strecke bezogen auf die benötigte Zeit bzw. die Änderung der zurückgelegten Strecke pro Zeiteinheit oder pro Sekunde. Geschwindigkeit ist daher die (zeitliche) Änderungsrate der zurückgelegten Strecke.

Der Differenzenquotient $\frac{\Delta f}{\Delta x}$ beschreibt, wie sich der Funktionswert $f(x)$ für Argumente x zwischen x_0 und $x_0 + \Delta x$ durchschnittlich verändert. Für $\Delta x \to 0$ ergibt sich die Ableitung. Für sehr kleines Δx entspricht der Differenzenquotient ungefähr der Ableitung:

$$\frac{\Delta f}{\Delta x} \approx f'(x_0) \quad \text{bzw.} \quad f(x_0 + \Delta x) - f(x_0) = \Delta f \approx f'(x_0)\Delta x.$$

Ändert sich x von x_0 ausgehend um Δx, so ändert sich f also ungefähr um $f'(x_0)\Delta x$. Damit kann die Ableitung einer Funktion f an der Stelle x_0 auch als Änderungsrate von f an der Stelle x_0, bzw. als durchschnittliche Änderung des Funktionswerts innerhalb eines sehr kleinen Intervalls zwischen x_0 und $x_0 + \Delta x$ interpretiert werden. Man nennt $f'(x_0)\Delta x$ auch das Differential von f. Um zu betonen, dass obige Abschätzung nur für sehr kleine „infinitesimale" Änderungen $\Delta x \to 0$ gilt, schreibt man statt des Großbuchstaben Δ (gesprochen: delta) auch den Kleinbuchstaben δ (gesprochen: delta) oder einfach d. Man schreibt also z.B. $df = f'(x_0)dx$.

Allgemein nennen wir für $\Delta x \to 0$ den Grenzwert des Differenzenquotienten einer Funktion mit Abbildungsvorschrift $f(x)$ Differentialquotient oder Ableitung der Funktion f an der Stelle $x = x_0$.

> **Definition 5.3.2 — Der Differentialquotient und Differenzierbarkeit.**
> Die reelle Funktion $f : D \to Z$ heißt **differenzierbar** an der inneren Stelle $x_0 \in D$, falls der Grenzwert
> $$f'(x_0) = \lim_{\Delta x \to 0} \frac{f(x_0 + \Delta x) - f(x_0)}{\Delta x}$$
> existiert. Der Grenzwert $f'(x_0)$ heißt **(erste) Ableitung**, **Differentialquotient** oder **Steigung** von f **an der Stelle** x_0 bzw. $x = x_0$. Häufig verwendete Symbole sind neben $f'(x_0)$ auch $\frac{df}{dx}(x_0)$, $\frac{df(x_0)}{dx}$ oder $\left.\frac{df(x)}{dx}\right|_{x=x_0}$.

Will man den Differentialquotienten einer gegebenen reellen Funktion $f : D \to Z$ an einer Stelle $x_0 \in D$ berechnen, so berechnet man also $f(x_0)$ und $f(x_0 + \Delta x)$ mit $x_0, x_0 + \Delta x \in D$ und $\Delta x \neq 0$. Die Differenz $\Delta f = f(x_0 + \Delta x) - f(x_0)$ der beiden Werte teilt man durch Δx. Gesucht ist dann der Grenzwert dieses Quotienten. Wir demonstrieren dieses Vorgehen in unserem Beispiel:

■ **Beispiel 5.3.2 — Formale Bestimmung der Geschwindigkeit zur Zeit 2.**
Berechnen wir die erste Ableitung der Funktion $f(x) = 0.006x^5 - 0.15x^4 + x^3$ an der Stelle $x_0 = 2$ auf diese Weise, erhalten wir mit Hilfe des Binomischen Lehrsatzes

$$\begin{aligned}
f'(2) &= \lim_{\Delta x \to 0} \frac{f(2 + \Delta x) - f(2)}{\Delta x} \\[2mm]
&= \lim_{\Delta x \to 0} \frac{(0.006(2+\Delta x)^5 - 0.15(2+\Delta x)^4 + (2+\Delta x)^3) - (0.006 \cdot 2^5 - 0.15 \cdot 2^4 + 2^3)}{\Delta x} \\[2mm]
&= \lim_{\Delta x \to 0} \left[\frac{0.006 \cdot (5 \cdot 2^4 \Delta x + 10 \cdot 2^3 (\Delta x)^2 + 10 \cdot 2^2 (\Delta x)^3 + 5 \cdot 2(\Delta x)^4 + (\Delta x)^5)}{\Delta x} \right. \\[2mm]
&\qquad\left. - \frac{0.15 \cdot (4 \cdot 2^3 \Delta x + 6 \cdot 2^2 (\Delta x)^2 + 4 \cdot 2(\Delta x)^3 + 0.006(\Delta x)^4)}{\Delta x} \right.
\end{aligned}$$

$$+ \frac{3 \cdot 2^2 \Delta x + 3 \cdot 2(\Delta x)^2 + (\Delta x)^3}{\Delta x} \Bigg]$$

$$= \lim_{\Delta x \to 0} \Big[0.48 + 0.48 \Delta x + 0.24(\Delta x)^2 + 0.06(\Delta x)^3 + 0.006(\Delta x)^4 - 4.8 - 3.6 \Delta x$$

$$- 1.2(\Delta x)^2 - 0.15(\Delta x)^3 + 12 + 6\Delta x + (\Delta x)^2 \Big]$$

$$= 0.48 - 4.8 + 12 = 7.68.$$

Wir konnten mit Hilfe der formalen Grenzwertbestimmung also unsere Schätzung von „in etwa 7.7" aus Beispiel 5.3.1 präzisieren. ∎

Geometrisch gibt der Differenzenquotient die Steigung einer Gerade durch die Punkte $(x_0, f(x_0))^T$ und $(x_0 + \Delta x, f(x_0 + \Delta x))^T$ an. Man nennt eine solche Gerade durch zwei Punkte des Graphen auch eine Sekante. Für $\Delta x \to 0$ nähern sich die beiden Punkte und man erhält eine Tangente an den Graphen von f.

∎ Beispiel 5.3.3 — Die Geschwindigkeit im Graphen.

Abbildung 5.52 zeigt exemplarisch zwei Sekanten sowie die Tangente der Funktion f an der Stelle $x_0 = 2$. Die Steigung einer Sekante durch die Punkte $(2, f(2))^T$ und $(2 + \Delta x, f(2 + \Delta x))^T$ entspricht einem Differenzenquotienten, die Steigung der Tangente an der Stelle $x_0 = 2$ entspricht dem Grenzwert des Differenzenquotienten für $\Delta x \to 0$, dem sogenannten Differentialquotienten. Hier im Beispiel entspricht der Differentialquotient der Geschwindigkeit. ∎

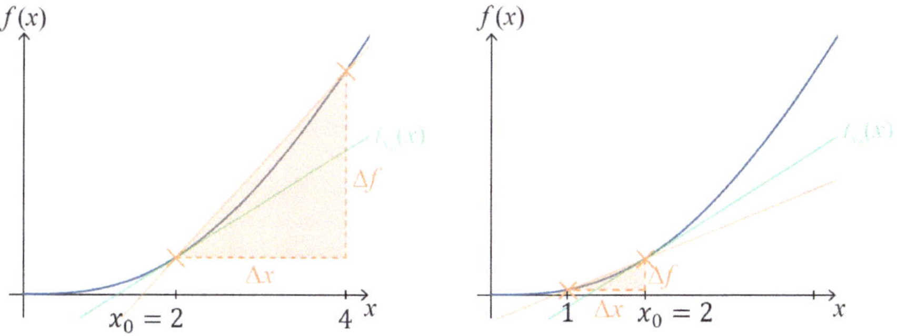

Abbildung 5.52: Vergrößerter Ausschnitt des Graphen der zurückgelegten Strecke $f(x)$ mit der Tangente $t_{x_0}(x)$ an der Stelle $x_0 = 2$ und einer Sekante für $\Delta x = 2$ (links) und $\Delta x = -1$ (rechts)

Eine Tangente ist eine Gerade mit einer Steigung von $f'(x_0)$, welche durch den Punkt $(x_0, f(x_0))^T$ verläuft.

Definition 5.3.3 — Die Tangente.

Ist die reelle Funktion $f : D \to Z$ an der inneren Stelle $x_0 \in D$ differenzierbar, so heißt die Gerade durch $(x_0, f(x_0))^T$ mit Steigung $f'(x_0)$ die **Tangente** an (den Graphen von)

f an der Stelle x_0. Sie ist der Graph der Funktion

$$t_{x_0}(x) = f(x_0) + f'(x_0)(x - x_0).$$

Vereinfachend bezeichnet man auch die Abbildungsvorschrift t_{x_0} als die Tangente an f an der Stelle x_0.

Die Ableitung entspricht also der Steigung bzw. der Änderungsrate der Tangente an den Graphen von f an der Stelle x_0. In Abbildung 5.51 ist die Tangente grün eingezeichnet. Wir demonstrieren die Idee in weiteren Beispielen.

■ Beispiel 5.3.4 — Die Ableitung von x^2.

Berechnen wir die erste Ableitung der Funktion $f(x) = x^2$ an der Stelle $x_0 = -1$ auf diese Weise, erhalten wir

$$\begin{aligned}
f'(-1) &= \lim_{\Delta x \to 0} \frac{f(-1 + \Delta x) - f(-1)}{\Delta x} = \lim_{\Delta x \to 0} \frac{(-1 + \Delta x)^2 - (-1)^2}{\Delta x} \\
&= \lim_{\Delta x \to 0} \frac{(-1)^2 + 2 \cdot (-1) \cdot \Delta x + (\Delta x)^2 - (-1)^2}{\Delta x} = \lim_{\Delta x \to 0} \frac{2 \cdot (-1) \cdot \Delta x + (\Delta x)^2}{\Delta x} \\
&= \lim_{\Delta x \to 0} (2 \cdot (-1) + \Delta x) = -2.
\end{aligned}$$

Statt der formalen Grenzwertbildung kann man den Grenzwert auch numerisch bestimmen, indem man betragsmäßig sehr kleine Werte von Δx in die Formel des Differenzenquotienten einsetzt, vgl. Tabelle 5.3 und Abbildung 5.53. Für $\Delta x \to 0$ erhält man auch hier einen Wert von (etwa) -2.

Δx	3	2	1	0.1	0.01	0.001	-0.0001	-0.5
$\frac{f(-1+\Delta x)-f(-1)}{\Delta x}$	1	0	-1	-1.9	-1.99	-1.999	-2.0001	-2.5

Tabelle 5.3: Der Differenzenquotient von $f(x) = x^2$ an der Stelle $x_0 = -1$

Im Graphen von $f(x) = x^2$ stellt man die Ableitung $f'(-1) = -2$ in der Regel mit Hilfe der Tangente dar. An der Stelle $x_0 = -1$ berechnet sich diese als

$$t_{-1}(x) = f(-1) + f'(-1)(x - (-1)) = (-1)^2 + (-2)(x + 1) = 1 - 2(x + 1) = -2x - 1.$$

Ein Vorteil der formalen Grenzwertbetrachtung gegenüber der numerischen Approximation ist, dass man so nicht nur exakte Werte für festes x_0, sondern auch einfache Rechenregeln für die Ableitung erhalten kann. Betrachten wir $f(x) = x^2$ nicht an der Stelle $x = -1$ sondern an irgendeiner anderen Stelle $x = x_0$, ergibt sich folgende Grenzwertberechnung:

$$\begin{aligned}
f'(x_0) &= \lim_{\Delta x \to 0} \frac{\Delta f}{\Delta x} = \lim_{\Delta x \to 0} \frac{f(x_0 + \Delta x) - f(x_0)}{\Delta x} = \lim_{\Delta x \to 0} \frac{(x_0 + \Delta x)^2 - (x_0)^2}{\Delta x} \\
&= \lim_{\Delta x \to 0} \frac{x_0^2 + 2x_0 \Delta x + (\Delta x)^2 - x_0^2}{\Delta x} = \lim_{\Delta x \to 0} \frac{2x_0 \Delta x + (\Delta x)^2}{\Delta x} \\
&= \lim_{\Delta x \to 0} (2x_0 + \Delta x) = 2x_0.
\end{aligned}$$

Diese Grenzwertbetrachtung hat für positive Werte von x_0 auch eine geometrische Interpretation: Die quadratische Funktion $f(x)$ weist jedem Wert von $x_0 \geq 0$ den Flächeninhalt eines Quadrates mit Seitenlänge x_0 zu. Abbildung 5.54 zeigt ein solches Quadrat.

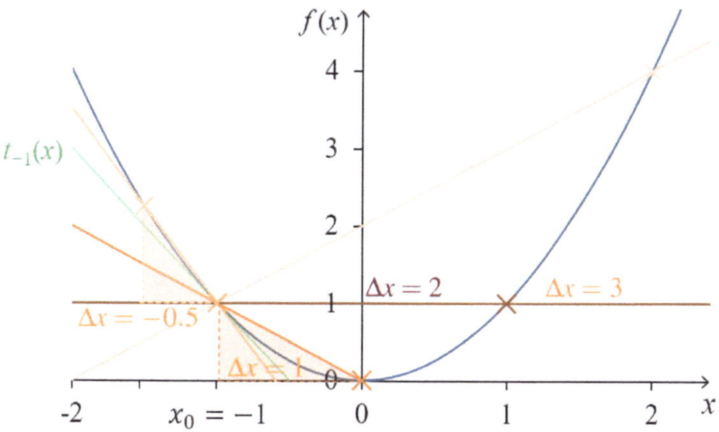

Abbildung 5.53: Die Tangente t_{-1} und Sekanten von $f(x) = x^2$ durch die Punkte $(-1, f(-1))^T$ und $(-1 + \Delta x, f(-1 + \Delta x))^T$

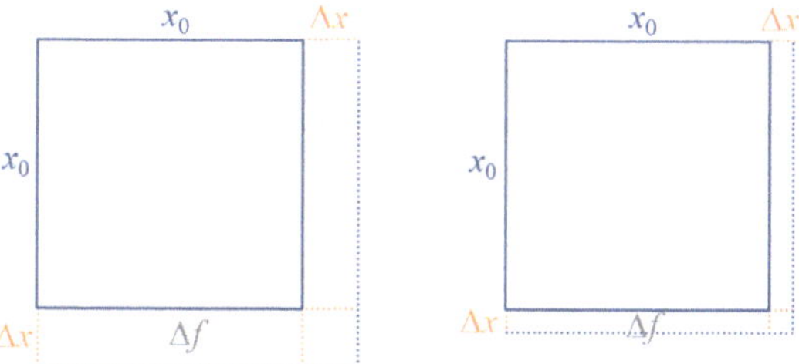

Abbildung 5.54: Visualisierung von Δf mit $f(x) = x^2$ an der Stelle x_0

Vergrößert man x_0 um Δx, so ergibt sich für positive Δx ein größeres Quadrat. In Abbildung 5.54 erkennt man, dass das große Quadrat mit Seitenlänge $x_0 + \Delta x$ um zwei Rechtecke mit Seitenlängen Δx und x_0 und ein Quadrat mit Seitenlänge Δx größer ist als das kleine. Die Differenz zwischen dem großen und dem kleinen Quadrat ist

$$\Delta f = 2x_0 \Delta x + (\Delta x)^2.$$

Pro Δx ändert sich der Flächeninhalt also um

$$\frac{\Delta f}{\Delta x} = \frac{2x_0 \Delta x + (\Delta x)^2}{\Delta x} = 2x_0 + \Delta x,$$

den Differenzenquotient. Für kleine Δx entspricht dies $2x_0$. Vergrößern wir die Seitenlängen x_0 nur ein bisschen, so vergrößert sich die Fläche (in erster Näherung) also mit einer Rate von $2x_0$. ∎

Funktionen sind in der Regel nicht an jeder beliebigen Stelle differenzierbar. Wir zeigen im Folgenden ein Beispiel einer an der Stelle $x_0 = 0$ nicht-differenzierbaren Funktion.

■ Beispiel 5.3.5 — Die Ableitung der Betragsfunktion.
Berechnen wir den Differentialquotienten der Funktion $f(x) = |x|$ an der Stelle $x_0 = 2$,
erhalten wir

$$f'(2) = \lim_{\Delta x \to 0} \frac{f(2 + \Delta x) - f(2)}{\Delta x} = \lim_{\Delta x \to 0} \frac{2 + \Delta x - 2}{\Delta x} = 1.$$

Analog kann für alle $x_0 > 0$ gezeigt werden, dass $f'(x_0) = 1$ gilt. An der Stelle $x_0 = -2$
erhalten wir

$$f'(-2) = \lim_{\Delta x \to 0} \frac{f(-2 + \Delta x) - f(-2)}{\Delta x} = \lim_{\Delta x \to 0} \frac{2 - \Delta x - 2}{\Delta x} = -1,$$

vgl. Abbildung 5.55. Ebenso kann für alle $x_0 < 0$ gezeigt werden, dass $f'(x_0) = -1$ gilt.
Nun betrachten wir die Stelle $x_0 = 0$: Damit die Funktion dort differenzierbar ist, muss der
Grenzwert des Differenzenquotienten an dieser Stelle existieren, siehe Definition 5.3.2.
Dieser Grenzwert existiert gemäß Satz 5.2.3 genau dann, wenn links- und rechtsseitiger
Grenzwert des Differenzenquotienten übereinstimmen. Es ergibt sich aber

$$\lim_{\Delta x \to 0^+} \frac{f(\Delta x) - f(0)}{\Delta x} = \lim_{\Delta x \to 0^+} \frac{\Delta x}{\Delta x} = 1 \neq \lim_{\Delta x \to 0^-} \frac{f(\Delta x) - f(0)}{\Delta x} = \lim_{\Delta x \to 0^-} \frac{-\Delta x}{\Delta x} = -1.$$

Da an der Stelle 0 der linksseitige Grenzwert des Differenzenquotienten nicht dem rechtsseitigen entspricht, hat der Graph von f einen Knick. Denn links von der Stelle 0 hat der
Graph die Steigung -1 und rechts die Steigung 1. Der Differentialquotient existiert somit
an der Stelle 0 nicht. Die Betragsfunktion ist an der Stelle 0 nicht differenzierbar. An der
Stelle 0 kann man keine eindeutige Tangente definieren.

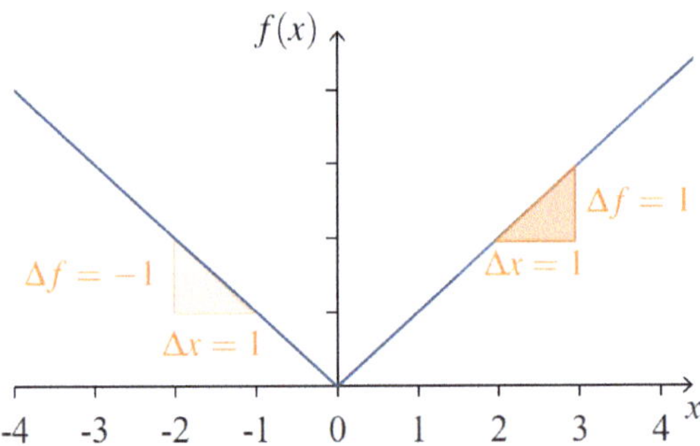

Abbildung 5.55: Die Steigung des Betrags

Für die Betragsfunktion existiert also für alle Stellen $x_0 \in \mathbb{R} \setminus \{0\}$ der Differentialquotient. Man sagt auch, dass die Betragsfunktion auf $\mathbb{R} \setminus \{0\}$ differenzierbar ist.   ■

Wenn der linksseitige Grenzwert des Differenzenquotienten nicht dem rechtsseitigen
Grenzwert entspricht, ergibt sich im Graph ein Knick. An Stellen, an welchen der Graph
einen Knick hat, ist eine Funktion nicht differenzierbar. So wie Definition 5.2.9 den
Begriff der Stetigkeit von einer Stelle auf Intervalle erweitert, erweitern wir den Begriff
der Differenzierbarkeit an einer Stelle zur Differenzierbarkeit auf Intervallen.

> **Definition 5.3.4 — Rechts- und linksseitige Differenzierbarkeit.**
> Sei $f : D \to Z$ eine reelle Funktion. Ist $(x_0 - \delta, x_0] \subseteq D$ für eine reelle Zahl $\delta > 0$, dann heißt die Funktion f **linksseitig differenzierbar an der Stelle** x_0 oder in x_0, wenn der linksseitige Grenzwert $f'_-(x_0) = \lim_{\Delta x \to 0^-} \frac{f(x_0 + \Delta x) - f(x_0)}{\Delta x}$ existiert. Ist $[x_0, x_0 + \delta) \subseteq D$ für eine reelle Zahl $\delta > 0$, dann heißt die Funktion f **rechtsseitig differenzierbar an der Stelle** x_0 oder in x_0, wenn der rechtsseitige Grenzwert $f'_+(x_0) = \lim_{\Delta x \to 0^+} \frac{f(x_0 + \Delta x) - f(x_0)}{\Delta x}$ existiert.

Ist eine Funktion differenzierbar in x_0, ist sie auch immer rechtsseitig und linksseitig differenzierbar in x_0. Die Begriffe der rechtsseitigen und linksseitigen Differenzierbarkeit sind vor allem an Randstellen wichtig, an welchen Differenzierbarkeit sonst nicht definiert ist:

> **Definition 5.3.5 — Differenzierbarkeit auf einem Intervall.**
> Es sei $f : D \to Z$ eine reelle Funktion, $a, b \in \mathbb{R}$ mit $a < b$ Die Funktion f heißt **differenzierbar auf** einem
> - offenen Intervall $I \subseteq D$ der Form $I = (a, b)$, $I = (-\infty, b)$ oder $I = (a, +\infty)$, wenn f an jeder (inneren) Stelle $x_0 \in I$ differenzierbar ist;
> - Intervall $I \subseteq D$ der Form $I = [a, b)$ bzw. $I = [a, +\infty)$, wenn 1) f auf dem offenen Intervall (a, b) bzw. $(a, +\infty)$ differenzierbar ist und 2) f in a rechtsseitig differenzierbar ist;
> - Intervall $I \subseteq D$ der Form $I = (a, b]$ bzw. $I = (-\infty, b]$, wenn 1) f auf dem offenen Intervall (a, b) bzw. $(-\infty, b)$ differenzierbar ist und 2) f in b linksseitig differenzierbar ist;
> - abgeschlossenen Intervall $I = [a, b], I \subseteq D$, wenn 1) f auf dem offenen Intervall (a, b) differenzierbar ist, 2) f in a rechtsseitig differenzierbar ist und 3) f in b linksseitig differenzierbar ist;
>
> Die Funktion f heißt **differenzierbar**, wenn f auf jedem Intervall $I \subseteq D$ differenzierbar ist.

Die Menge aller Stellen, an welchen f differenzierbar ist, bezeichnet man als den Differenzierbarkeitsbereich von f. Die Funktion, die jeder inneren Stelle x aus dem Differenzierbarkeitsbereich den Wert der Ableitung an der Stelle x zuweist und den Randstellen x dieses Bereichs den entsprechenden Wert $f'_-(x)$ bzw. $f'_+(x)$, nennt man auch die (erste) Ableitung von f.

> **Definition 5.3.6 — Die Ableitungsfunktion.**
> Sei $f : D \to Z$ eine reelle Funktion. Der **Differenzierbarkeitsbereich** $D_{f'} \subseteq D$ von f umfasst alle inneren Stellen von D, an welchen die Funktion f differenzierbar ist, sowie Randstellen $x \in D$, wenn die Funktion dort links- oder rechtsseitig differenzierbar ist. Die reelle Funktion f', die jedem $x \in D_{f'}$ den Wert
>
> $$f'(x) = \lim_{\Delta x \to 0} \frac{f(x + \Delta x) - f(x)}{\Delta x}$$
>
> bzw. an Randstellen von $D_{f'}$ den entsprechenden einseitigen Grenzwert zuweist, heißt **Ableitungsfunktion** von f, **erste Ableitung** oder Ableitung erster Ordnung von f (auf $D_{f'}$). Statt $f'(x)$ schreibt man auch $f^{(1)}(x)$ oder $\frac{df(x)}{dx}$.

■ **Beispiel 5.3.6 — Die Ableitung von f(x) = x².**
Die Funktion mit Abbildungsvorschrift $f(x) = x^2$ ist auf ganz $D_{f'} = \mathbb{R}$ differenzierbar.
Die Ableitung der Funktion $f(x) = x^2$ ist also $f' : \mathbb{R} \to \mathbb{R}$ mit $f'(x) = 2x$.   ■

■ **Beispiel 5.3.7 — Die erste Ableitung der Betragsfunktion.**
Die Betragsfunktion ist differenzierbar auf $D_{f'} = \mathbb{R} \setminus \{0\}$, vgl. Beispiel 5.3.5. Die erste
Ableitung der Betragsfunktion $f(x) = |x|$ ist $f' : \mathbb{R} \setminus \{0\} \to \mathbb{R}$ mit

$$f'(x) = \begin{cases} -1 & \text{für } x < 0 \\ 1 & \text{für } x > 0 \end{cases}.$$ ■

Der Differenzierbarkeitsbereich ist in der Regel also nicht gleich dem Definitionsbereich. Wir geben zwei weitere Beispiele.

■ **Beispiel 5.3.8 — Die Ableitung der Wurzelfunktion.**
Für die erste Ableitung der Wurzelfunktion f mit Abbildungsvorschrift $f(x) = \sqrt{x}$ und
natürlichem Definitionsbereich $D_f = [0, +\infty)$ erhält man an der Stelle x_0 einen Differenzenquotienten von

$$\frac{\sqrt{x_0 + \Delta x} - \sqrt{x_0}}{\Delta x}.$$

Eine Grenzwertbildung von $\Delta x \to 0$ ist mit diesem Ausdruck schwierig, da sich ein unbestimmter Ausdruck $(\frac{0}{0})$ ergibt. Wir erweitern den Bruch daher für die Grenzwertbildung
und erhalten für $x \neq 0$ die Ableitungsfunktion

$$f'(x) = \lim_{\Delta x \to 0} \frac{\sqrt{x + \Delta x} - \sqrt{x}}{\Delta x} = \lim_{\Delta x \to 0} \left(\frac{\sqrt{x + \Delta x} - \sqrt{x}}{\Delta x} \cdot \frac{\sqrt{x + \Delta x} + \sqrt{x}}{\sqrt{x + \Delta x} + \sqrt{x}} \right)$$

$$= \lim_{\Delta x \to 0} \frac{(x + \Delta x) - x}{\Delta x (\sqrt{x + \Delta x} + \sqrt{x})} = \lim_{\Delta x \to 0} \frac{1}{\sqrt{x + \Delta x} + \sqrt{x}} = \frac{1}{2\sqrt{x}}.$$

Im Fall $x = 0$ ergibt sich

$$\lim_{\Delta x \to 0^+} \frac{\sqrt{0 + \Delta x} - \sqrt{0}}{\Delta x} = \lim_{\Delta x \to 0^+} (\Delta x)^{-\frac{1}{2}} = +\infty,$$

der Grenzwert existiert nicht. Der Differenzierbarkeitsbereich ist $D_{f'} = (0, +\infty) \subset D_f = [0, +\infty)$ und die Ableitung ist

$$f'(x) = \frac{1}{2\sqrt{x}}.$$ ■

■ **Beispiel 5.3.9 — Die Ableitung der Abrundungsfunktion.**
Für die erste Ableitung der Abrundungsfunktion mit Abbildungsvorschrift $f(x) = \lfloor x \rfloor$
und natürlichem Definitionsbereich $D_f = \mathbb{R}$ erhält man einen Differenzenquotienten von
$\frac{\lfloor x_0 + \Delta x \rfloor - \lfloor x_0 \rfloor}{\Delta x}$. Eine Grenzwertbildung von $\Delta x \to 0$ ergibt

$$\lim_{\Delta x \to 0} \frac{\lfloor x_0 + \Delta x \rfloor - \lfloor x_0 \rfloor}{\Delta x} = \begin{cases} \lim\limits_{\Delta x \to 0} 0 = 0 & \text{für } x_0 \notin \mathbb{Z} \\ \text{existiert nicht} & \text{für } x_0 \in \mathbb{Z}. \end{cases}$$

Somit ergibt sich für $x_0 \notin \mathbb{Z}$ eine Ableitung von 0. Für $x_0 \in \mathbb{Z}$ gilt $\lim_{\Delta x \to 0^+} \frac{\lfloor x + \Delta x \rfloor - \lfloor x \rfloor}{\Delta x} = 0$ und $\lim_{\Delta x \to 0^-} \frac{\lfloor x_0 + \Delta x \rfloor - \lfloor x_0 \rfloor}{\Delta x} = \lim_{\Delta x \to 0^-} \frac{(x_0 - 1) - x_0}{\Delta x} = +\infty$. Damit existiert der Grenzwert für $x_0 \in \mathbb{Z}$ nicht. Der Differenzierbarkeitsbereich der Abrundungsfunktion ist also $D_{f'} = \mathbb{R} \setminus \mathbb{Z} \subset D_f = \mathbb{R}$. Für alle Stellen $x \in D_{f'}$ gilt

$$f'(x) = \frac{d \lfloor x \rfloor}{dx} = 0.$$

∎

(Z) Erhöht man x von x_0 ausgehend um Δx, verändert sich der Funktionswert um $\Delta f = f(x_0 + \Delta x) - f(x_0)$. Der Differenzenquotient $\frac{f(x_0 + \Delta x) - f(x_0)}{\Delta x}$ gibt dabei die durchschnittliche Veränderung pro Einheit von x wieder. Der Differentialquotient ist der Grenzwert des Differenzenquotienten für $\Delta x \to 0$: $f'(x_0) = \lim_{\Delta x \to 0} \frac{f(x_0 + \Delta x) - f(x_0)}{\Delta x}$. Man nennt den Differentialquotienten auch (erste) Ableitung von f an der Stelle x_0.

Existiert der Differentialquotient, d.h. existiert der obige Grenzwert, so heißt f an der Stelle x_0 differenzierbar. Hat die Funktion an der Stelle x_0 beispielsweise einen Knick, so existiert der Differentalquotient dort nicht, also ist die Funktion an Knickstellen nicht differenzierbar. Man sagt f ist differenzierbar in einem Intervall, wenn f für alle x_0 im Inneren des Intervalls differenzierbar ist. An den Rändern müssen nur die einseitigen Grenzwerte des Differenzenquotienten existieren. Ist f differenzierbar auf D, sagt man auch einfach f ist differenzierbar.

Ist f an der Stelle x_0 differenzierbar, beschreibt der Graph der Funktion mit Abbildungsvorschrift $t_{x_0}(x) = f(x_0) + f'(x_0)(x - x_0)$ die Tangente an den Graphen von f an der Stelle x_0.

Der Differenzierbarkeitsbereich einer Funktion beinhaltet alle Intervalle, auf welchen die Funktion differenzierbar ist. Die Funktion, welche jeder inneren Stelle des Differenzierbarkeitsbereichs den Differentialquotienten zuweist (und jeder Randstelle den entsprechenden einseitigen Differentialquotienten), nennt man erste Ableitung von f.

5.3.2 Stetigkeit als Voraussetzung zur Differenzierbarkeit

Ziele dieses Unterkapitels

- Ist eine Funktion an der Stelle x_0 stetig, ist sie dann dort auch differenzierbar?
- Ist eine Funktion an der Stelle x_0 differenzierbar, ist sie dann dort auch stetig?

Die Abrundungsfunktion ist an ganzzahligen Stellen nicht stetig und auch nicht differenzierbar. Dass Differenzierbarkeit Stetigkeit voraussetzt, gilt allgemein. Wenn eine Funktion f in x_0 unstetig ist, so ist f in x_0 auch nicht differenzierbar. Als Kontraposition dieser Aussage formulieren wir folgenden Satz:

> **Satz 5.3.1 — Aus Differenzierbarkeit folgt Stetigkeit.**
> Ist eine reelle Funktion $f : D \to \mathbb{Z}$ differenzierbar in $x_0 \in D$, so ist f stetig in x_0.

Umgekehrt folgt aus Stetigkeit aber nicht immer Differenzierbarkeit. Den Graph einer stetigen Funktion kann man über einem Intervall zeichnen ohne den Stift abzusetzen. Hat der Graph einen Knick, so ist die Funktion nicht differenzierbar. Somit kann eine stetige Funktion differenzierbar sein, wenn sie u.a. keinen Knick hat. Eine stetige Funktion kann aber z.B. (wie die in Beispiel 5.3.5 besprochene Betragsfunktion an der Stelle $x_0 = 0$)

einen Knick haben und ist dann nicht differenzierbar. Wir demonstrieren dies an einem weiteren Beispiel:

■ Beispiel 5.3.10 — Aggregierte Nachfrage.

Wie bereits in Beispiel 5.2.24 diskutiert, ist die abschnittsweise definierte, aggregierte Nachfrage $d_{agg} : [0, +\infty) \to \mathbb{R}$ mit

$$d_{agg}(p) = \begin{cases} 15 - 2p & \text{für } p \leq 5 \\ 10 - p & \text{für } 5 < p \leq 10 \\ 0 & \text{für } p > 10 \end{cases}$$

stetig. Betrachten wir aber z.B. die Stelle $p_0 = 5$, so erhalten wir

$$\lim_{\Delta p \to 0^+} \frac{d_{agg}(5 + \Delta p) - d_{agg}(5)}{\Delta p} = \lim_{\Delta p \to 0^+} \frac{10 - (5 + \Delta p) - (15 - 2(5))}{\Delta p} = -1$$

und

$$\lim_{\Delta p \to 0^-} \frac{d_{agg}(5 + \Delta p) - d_{agg}(5)}{\Delta p} = \lim_{\Delta p \to 0^-} \frac{15 - 2(5 + \Delta p) - (15 - 2(5))}{\Delta p} = -2.$$

Der rechtsseitige und der linksseitige Differentialquotient stimmen nicht überein. Damit folgt aus Satz 5.2.3, dass der Differentialquotient, also der Grenzwert

$$\lim_{\Delta p \to 0} \frac{d_{agg}(5 + \Delta p) - d_{agg}(5)}{\Delta p},$$

nicht existiert. Die Funktion ist an der Stelle $p_0 = 5$ nicht differenzierbar, vgl. Abbildung 5.56. ■

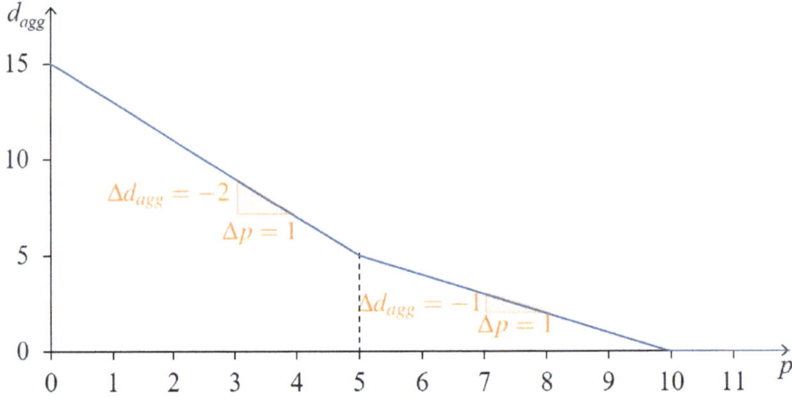

Abbildung 5.56: Die Steigung der aggregierten Nachfrage

■ Beispiel 5.3.11 — Differenzierbarkeit von p_3 an den Stellen 1 und -1.

Betrachten wir die Funktion $p_3 : \mathbb{R} \to \mathbb{R}$ mit

$$p_3(x) = \begin{cases} \frac{x^3 - x^2 + 5x - 5}{x^2 - 1} & \text{für } x \notin \{-1, 1\} \\ 3 & \text{für } x \in \{-1, 1\} \end{cases}.$$

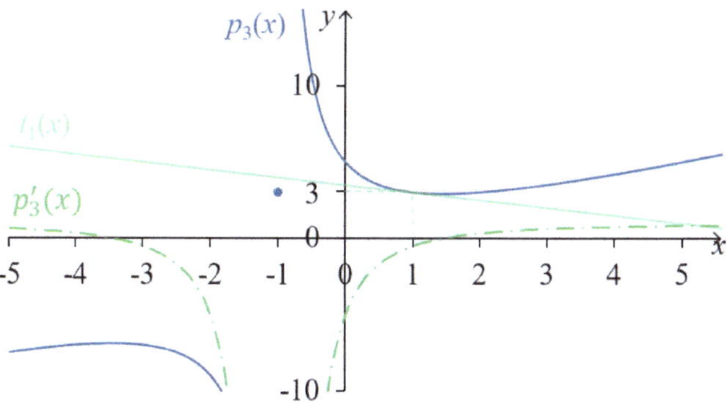

Abbildung 5.57: Die Tangente t_1 an p_3 an der Stelle $x_0 = 1$ und die Ableitung von p_3

In Beispiel 5.2.17 hatten wir diskutiert, dass diese Funktion an der Stelle $x_0 = 1$ stetig ist. An der Stelle $x_0 = -1$ ist sie unstetig. Wir können also direkt aus Satz 5.3.1 schließen, dass p_3 an der Stelle $x_0 = -1$ nicht differenzierbar ist. Um die Differenzierbarkeit an der Stelle $x_0 = 1$ zu prüfen, bilden wir den Grenzwert des Differenzenquotienten:

$$\lim_{\Delta x \to 0} \frac{p_3(1+\Delta x) - p_3(1)}{\Delta x} = \lim_{\Delta x \to 0} \frac{\frac{(1+\Delta x)^3 - (1+\Delta x)^2 + 5(1+\Delta x) - 5}{(1+\Delta x)^2 - 1} - 3}{\Delta x}$$

$$= \lim_{\Delta x \to 0} \frac{\frac{1+3\Delta x+3(\Delta x)^2+(\Delta x)^3-1-2\Delta x-(\Delta x)^2+5+5\Delta x-5}{\Delta x(\Delta x+2)} - 3}{\Delta x}$$

$$= \lim_{\Delta x \to 0} \frac{6\Delta x + 2(\Delta x)^2 + (\Delta x)^3 - 3(\Delta x(\Delta x+2))}{(\Delta x)^2(\Delta x+2)}$$

$$= \lim_{\Delta x \to 0} \frac{-(\Delta x)^2 + (\Delta x)^3}{(\Delta x)^2(\Delta x+2)} = \lim_{\Delta x \to 0} \frac{-1+\Delta x}{\Delta x+2} = -\frac{1}{2}.$$

Die Funktion ist an der Stelle $x_0 = 1$ also differenzierbar und $p_3'(1) = -\frac{1}{2}$, vgl. Abbildung 5.57. ∎

(Z) Ist eine reelle Funktion f stetig in x_0, kann f in x_0 differenzierbar sein oder nicht. Es gilt zudem für eine reelle Funktion f: f differenzierbar in $x_0 \Rightarrow f$ stetig in x_0, bzw. die entsprechende Kontaposition: f nicht stetig in $x_0 \Rightarrow f$ nicht differenzierbar in x_0

5.3.3 Rechenregeln und wichtige Ableitungen

Ziele dieses Unterkapitels

- Welcher Zusammenhang besteht zwischen der Ableitung einer bijektiven Funktion f an der Stelle x_0 und der Ableitung ihrer Umkehrfunktion an der Stelle $f(x_0)$?
- Wie lauten die Ableitungen einer konstanten Funktion, der Potenzfunktion, der Exponentialfunktion, der logarithmischen Funktion, der Sinus- und der Kosinusfunktion?
- Wie kann man aus den Ableitungen von f und g die Ableitungen von $f+g$, $f-g$, f/g und $f \cdot g$ berechnen?

- Wie kann man aus den Ableitungen von f und g die Ableitung von $f \circ g$ berechnen?
- Wie kann man die Ränder der Definitionsbereiche abschnittsweise definierter Funktionen auf Differenzierbarkeit prüfen?

Die Bestimmung der Ableitung als Grenzwert des Differenzenquotienten ist aufwändig. Daher sind Rechenregeln für Ableitungen hilfreich. Wir besprechen in diesem Abschnitt Rechenregeln für die Ableitung der Umkehrfunktion, wichtige Ableitungen häufiger Funktionen, Ableitungen von Summen, Differenzen, Produkten und Quotienten zweier Funktionen sowie die Ableitung der Komposition zweier Funktionen mittels der Kettenregel. Abschließend werden wir Aussagen über Ableitungen von abschnittsweise definierten Funktionen treffen.

Die Ableitung der Umkehrfunktion

■ Beispiel 5.3.12 — Die Ableitung der Wurzel- und der Quadratfunktion.

Wir betrachten erneut die Funktion $f : [0, +\infty) \to [0, +\infty)$ mit $f(x) = \sqrt{x}$ aus Beispiel 5.3.8. Da man zu jedem $y = \sqrt{x}$ genau ein $x = y^2 \in [0, +\infty)$ angeben kann, ist die Funktion f bijektiv mit Umkehrfunktion $f^{-1} : [0, +\infty) \to [0, +\infty)$ mit $f^{-1}(x) = x^2$.

Aus Beispiel 5.3.8 wissen wir, dass z.B. an der Stelle $x_0 = \frac{9}{4} = 2.25$ die Ableitung von f gleich $f'(\frac{9}{4}) = \frac{1}{2\sqrt{\frac{9}{4}}} = \frac{1}{3}$ ist. Abbildung 5.58 veranschaulicht f und die Tangente an f durch den Punkt $(\frac{9}{4}, \frac{3}{2})^T$,

$$t_{\frac{9}{4}}(x) = \sqrt{\frac{9}{4}} + \frac{1}{3}\left(x - \frac{9}{4}\right) = \frac{3}{2} + \frac{1}{3}\left(x - \frac{9}{4}\right) = \frac{1}{3}x + \frac{3}{4}.$$

Den Graphen der Umkehrfunktion erhält man durch Spiegelung an der Achse $y = x$, vgl. Satz 5.1.1. Auch die Tangente kann man so spiegeln. Sie verläuft nach der Spiegelung durch den Punkt $(\frac{3}{2}, \frac{9}{4})^T$ und hat die Steigung $\frac{1}{f'(\frac{9}{4})} = \frac{1}{\frac{1}{3}} = 3$, vgl. Abbildung 5.58. Aus der Abbildung ist klar, dass sie der Tangente der Umkehrfunktion $f^{-1}(x) = x^2$ an der Stelle $y_0 = f(x_0) = f(\frac{9}{4}) = \frac{3}{2}$ entspricht. Die Umkehrfunktion f^{-1} hat an der Stelle $y_0 = f(x_0) = f(\frac{9}{4}) = \frac{3}{2}$ demnach eine Steigung von

$$(f^{-1})'\left(\tfrac{3}{2}\right) = \frac{1}{f'(\frac{9}{4})} = \frac{1}{\frac{1}{3}} = 3.$$ ■

Allgemein gilt der folgende Zusammenhang zwischen der Ableitung einer Funktion an der Stelle x_0 und der Ableitung ihrer Umkehrfunktion an der Stelle $y_0 = f(x_0)$:

Satz 5.3.2 — Die Ableitung der Umkehrfunktion.

Sei $f : D \to Z$ eine bijektive reelle Funktion. Ferner sei f an einer Stelle $x_0 \in D$ differenzierbar mit $f'(x_0) \neq 0$. Dann ist die Umkehrfunktion f^{-1} an der Stelle $y_0 = f(x_0)$ differenzierbar und es gilt

$$(f^{-1})'(y_0) = (f^{-1})'(f(x_0)) = \frac{1}{f'(x_0)}.$$

Als besonders hilfreich entpuppt sich obiger Satz in Fällen, in denen eine Funktion bijektiv, aber nicht (einfach) analytisch nach x auflösbar ist.

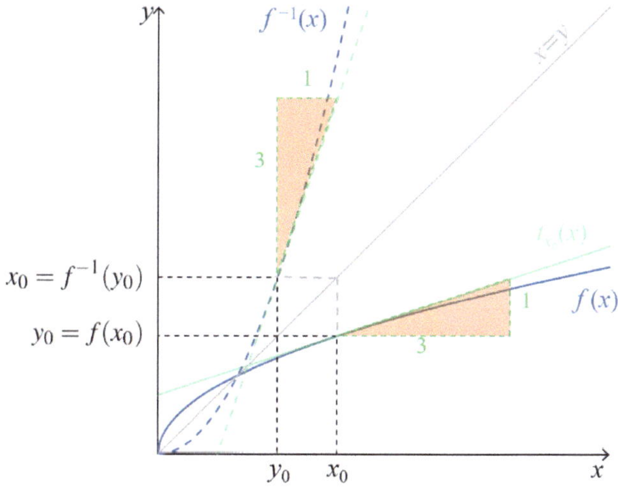

Abbildung 5.58: Die Tangente $t_{\frac{9}{4}}$ an $f(x)$ und die Tangente $t_{f(9/4)} = t_{\frac{3}{2}}$ an $f^{-1}(x)$

■ Beispiel 5.3.13 — Die Ableitung der Umkehrfunktion.

Anhand des Graphen der Funktion $f : [0,10] \to [0,100]$ mit $f(x) = 0.006x^5 - 0.15x^4 + x^3$, vgl. Abbildung 5.50, erahnt man, dass f eine bijektive Funktion ist. Die Gleichung $y = 0.006x^5 - 0.15x^4 + x^3$ umzukehren, fällt analytisch aber schwer. Aber auch ohne die Umkehrfunktion zu bilden, können wir Aussagen über die Umkehrfunktion f^{-1} und ihre Ableitung $(f^{-1})'$ machen:

Beispielsweise können wir den Graph von f spiegeln, um den Graph von f^{-1} zu erhalten, vgl. Abbildung 5.59. In Beispielen 5.3.1 und 5.3.2 haben wir zudem berechnet, dass $f(2) = 5.792$ und $f'(2) = 7.68$. Damit ist eine Tangente an f an der Stelle $x_0 = 2$ gegeben durch $t_2(x) = 5.792 + 7.68(x - 2)$. Spiegelt man diese Tangente ebenfalls, erhält man die Tangente an f^{-1} an der Stelle $f(2) = 5.792$ als $t_{f(2)}(x) = 2 + \frac{1}{7.68}(x - f(2))$. Die Steigung der Funktion f^{-1} an der Stelle $y_0 = f(2) = 5.792$ ist also

$$(f^{-1})'(5.792) = (f^{-1})'(y_0) = (f^{-1})'(f(x_0)) = \frac{1}{f'(2)} = \frac{1}{7.68}. \qquad ■$$

Wichtige Ableitungen

In Beispiel 5.3.4 haben wir gezeigt, dass die Ableitung der Funktion $f(x) = x^2$ gleich $f'(x) = 2x$ ist. Auf die gleiche Weise kann man sich die Ableitung der Funktion $f(x) = x^3$ überlegen.

■ Beispiel 5.3.14 — Die Ableitung von $f(x) = x^3$.

Die erste Ableitung von $f(x) = x^3$ ergibt sich als

$$f'(x) = \lim_{\Delta x \to 0} \frac{\Delta f}{\Delta x} = \lim_{\Delta x \to 0} \frac{f(x + \Delta x) - f(x)}{\Delta x} = \lim_{\Delta x \to 0} \frac{(x + \Delta x)^3 - x^3}{\Delta x}$$

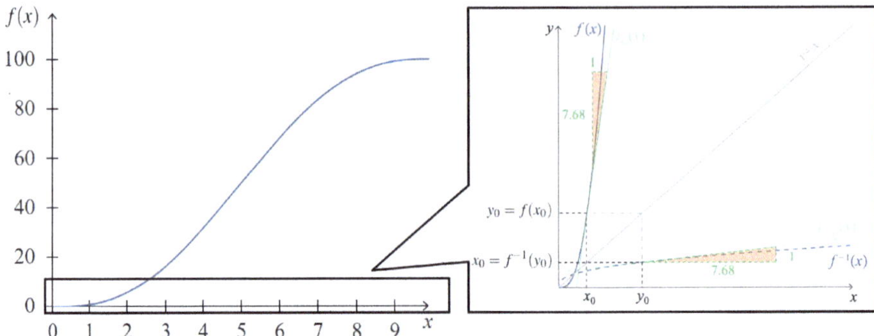

Abbildung 5.59: Graph der Funktion f und der Umkehrfunktion f^{-1}

$$= \lim_{\Delta x \to 0} \frac{x^3 + 3x^2\Delta x + 3x(\Delta x)^2 + (\Delta x)^3 - x^3}{\Delta x} = \lim_{\Delta x \to 0} \frac{3x^2\Delta x + 3x(\Delta x)^2 + (\Delta x)^3}{\Delta x}$$
$$= \lim_{\Delta x \to 0} (3x^2 + 3x\Delta x + (\Delta x)^2) = 3x^2.$$

Der Differenzierbarkeitsbereich von f ist also $\mathbb{R}$ und es gilt $f'(x) = 3x^2$.

Wieder hat diese Berechnung im Fall $x_0 > 0$ eine geometrische Interpretation. Für $x_0 > 0$ beschreibt der Funktionswert $f(x_0) = x_0^3$ das Volumen eines Würfels mit Seitenlänge x_0, vgl. Abbildung 5.60. Entsprechend ist die absolute Veränderung des Funktionswertes bei einer Änderung von x_0 um Δx gleich der Differenz der beiden Volumen:

$$\Delta f = 3(\Delta x)x_0^2 + 3x_0(\Delta x)^2 + (\Delta x)^3.$$

Diese Differenz setzt sich aus drei Quadern mit Kantenlängen x_0, x_0 und Δx, drei Quadern mit Kantenlängen $x_0, \Delta x$ und Δx und einem Würfel mit Kantenlänge Δx zusammen. Die Änderungsrate ist somit $\frac{\Delta f}{\Delta x} = 3x_0^2 + 3x_0(\Delta x) + (\Delta x)^2$, welche für kleine Δx dem Wert $3x_0^2$ entspricht, der Summe der drei Seitenflächen. ∎

Sowohl für $n = 2$ als auch für $n = 3$ ist die Ableitung von $f(x) = x^n$ gleich $f'(x) = nx^{n-1}$. Diese Regel lässt sich allgemein für Potenzfunktionen erweitern. Ebenso kann man sich auch Ableitungsregeln anderer Funktionen herleiten. Wir fassen einige wichtige Ableitungen zusammen:

Satz 5.3.3 — Wichtige Ableitungen.
Sei f eine reelle Funktion mit ihrem natürlichen Definitions- und Wertebereich und Abbildungsvorschrift
i. $f(x) = c$, $c \in \mathbb{R}$, dann ist f differenzierbar und es gilt $f'(x) = 0$;
ii. $f(x) = x^r$, dann ist f für alle $r \in \mathbb{R}$, $x \in D_f$, für welche x^{r-1} definiert ist, differenzierbar und es gilt $f'(x) = r \cdot x^{r-1}$;
iii. $f(x) = \ln(x)$, dann ist f differenzierbar und es gilt $f'(x) = \frac{1}{x}$;
iv. $f(x) = e^x$, dann ist f differenzierbar und es gilt $f'(x) = e^x$;
v. $f(x) = \sin(x)$, dann ist f differenzierbar und es gilt $f'(x) = \cos(x)$;
vi. $f(x) = \cos(x)$, dann ist f differenzierbar und es gilt $f'(x) = -\sin(x)$.

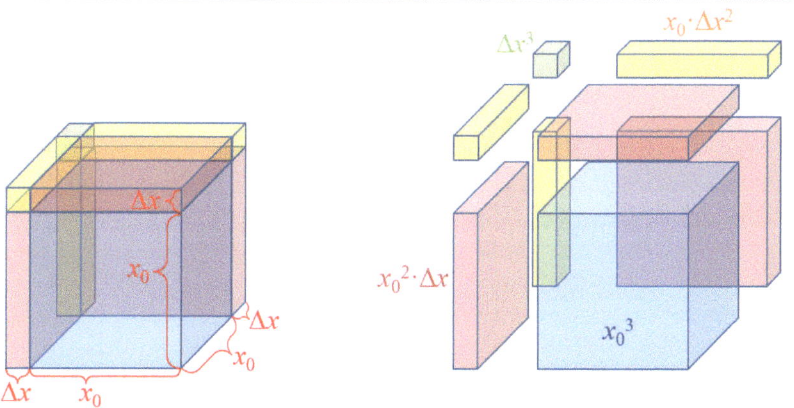

Abbildung 5.60: Geometrische Interpretation der Ableitung von $f(x) = x^3$

Ableitungen von der Summe, der Differenz, dem Produkt und dem Quotienten zweier differenzierbarer Funktionen

Veranschaulicht man sich die Interpretation der Ableitung als Steigung der Tangente, so ist klar, dass eine Verschiebung des Graphen um eine Konstante $d \in \mathbb{R}$ nach oben oder unten die Ableitung nicht verändert. Zudem bewirkt eine Multiplikation aller Funktionswerte mit einer Konstante $c \in \mathbb{R}$ eine Streckung um den Faktor c, also eine Multiplikation der Steigung mit c.

> **Satz 5.3.4 — Die Ableitung nach Verschiebung oder Streckung bzw. Stauchung.**
> Ist $f : D \to Z$ eine an der Stelle x_0 differenzierbare, reelle Funktion und $c, d \in \mathbb{R}$ Konstanten. Dann gilt:
> - $(cf(x_0))' = cf'(x_0)$ und
> - $(f(x_0) + d)' = f'(x_0)$.

Zusammenfassend gilt für eine differenzierbare Funktion f also $(cf(x) + d)' = cf'(x)$. Natürlich impliziert dies auch $(f(x) - d)' = f'(x)$ für alle $d \in \mathbb{R}$ und $(f(x)/c)' = f'(x)/c$ für alle $c \neq 0$.

■ **Beispiel 5.3.15 — Verschiebung der Wurzelfunktion.**
Abbildung 5.61 zeigt den Effekt einer Addition von 2 und einer Multiplikation von 2 anhand der Funktion $f(x) = \sqrt{x}$ und ihrer Tangente an der Stelle $x_0 = 1$. Es gilt $f'(x_0) = \frac{1}{2\sqrt{x_0}}$ und damit $f'(1) = \frac{1}{2\sqrt{1}} = \frac{1}{2}$. Addiert man eine Konstante, verschiebt man also den Graphen im Koordinatensystem in y-Richtung, so verändert sich die Ableitung nicht. Es gilt $(f+2)'(x_0) = \frac{1}{2\sqrt{x_0}}$ und an der Stelle $x_0 = 1$ daher $(f+2)'(1) = \frac{1}{2\sqrt{1}} = \frac{1}{2}$.

Multipliziert man die Funktion mit einer Konstanten c, streckt oder staucht man also den Graphen in y-Richtung, so ist die Ableitung der neuen Funktion das c-fache der ursprünglichen Funktion. Es gilt hier $(2f)'(x_0) = \frac{2}{2\sqrt{x_0}} = \frac{1}{\sqrt{x_0}}$ bzw. $(2f)'(1) = 2 \cdot \frac{1}{2\sqrt{1}} = 1$.

■

Addiert man zwei Funktionen, so addieren sich auch die Raten der Änderungen, bzw. Ableitungen. Versucht man sich die Ableitung des Produkts zweier (differenzierbarer)

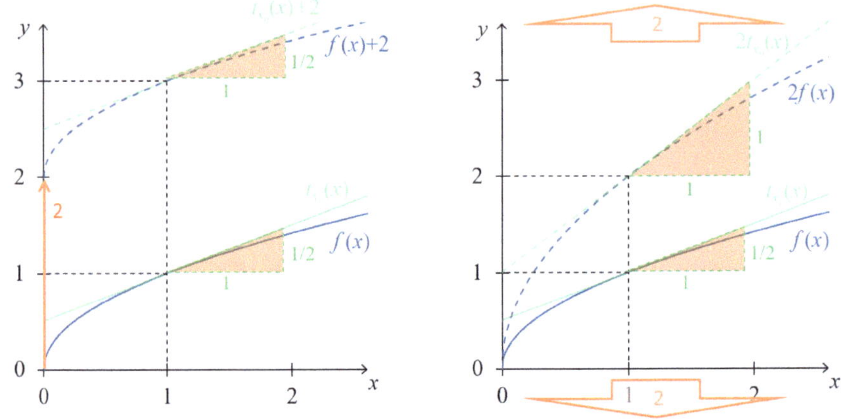

Abbildung 5.61: Transformationen von $f(x) = \sqrt{x}$

Funktionen intuitiv zu erschließen, ist dies schwieriger. In folgendem Beispiel skizzieren wir die geometrische Idee der Produktregel.

■ Beispiel 5.3.16 — Geometrische Herleitung der Ableitung von $x^2\ln(x)$.

Stellt man sich ein Rechteck mit Seitenlängen $f(x_0) = x_0^2$ und $g(x_0) = \ln(x_0)$ vor, so hat dieses Rechteck einen Flächeninhalt von $f(x_0)g(x_0) = x_0^2\ln(x_0)$. Vergrößert man nun x_0 um $\Delta x > 0$, so hat das neue Rechteck einen Flächeninhalt von $f(x_0 + \Delta x)g(x_0 + \Delta x) = (x_0 + \Delta x)^2 \ln(x_0 + \Delta x)$. Es ist also um

$$
\begin{aligned}
\Delta(f \cdot g) &= (x_0 + \Delta x)^2 \ln(x_0 + \Delta x) - x_0^2 \ln(x_0) \\
&= (x_0 + \Delta x)^2 \ln(x_0 + \Delta x) - x_0^2 \ln(x_0) \\
&\quad + (x_0^2 \ln(x_0) - x_0^2 \ln(x_0)) + (x_0^2 \ln(x_0 + \Delta x) - x_0^2 \ln(x_0 + \Delta x)) \\
&= ((x_0 + \Delta x)^2 - x_0^2) \ln(x_0) + (\ln(x_0 + \Delta x) - \ln(x_0))x_0^2 \\
&\quad + ((x_0 + \Delta x)^2 - x_0^2)(\ln(x_0 + \Delta x) - \ln(x_0)),
\end{aligned}
$$

die Summe der in Abbildung 5.62 rot, blau und gelb schattierten kleinen Rechtecke größer als das ursprüngliche Rechteck.

Der Differenzenquotient $\Delta(f \cdot g)/(\Delta x)$ beschreibt also, wie sich der Flächeninhalt des Rechtecks pro Δx verändert. Die Veränderung (pro Δx) ergibt sich dabei als Summe der Veränderungen der Flächeninhalte der kleinen Rechtecke (pro Δx). Die Veränderung des Flächeninhalts des roten Rechtecks pro Δx ist dabei

$$
\frac{((x_0 + \Delta x)^2 - x_0^2)\ln(x_0)}{\Delta x} = \underbrace{\frac{(x_0 + \Delta x)^2 - x_0^2}{\Delta x}}_{\Delta f/\Delta x} \underbrace{\ln(x_0)}_{g(x_0)},
$$

das Produkt der kurzen Seitenlänge des ursprünglichen Rechtecks und dem Differenzenquotient der langen Seite. Die Veränderung des Flächeninhalts des blauen Rechtecks

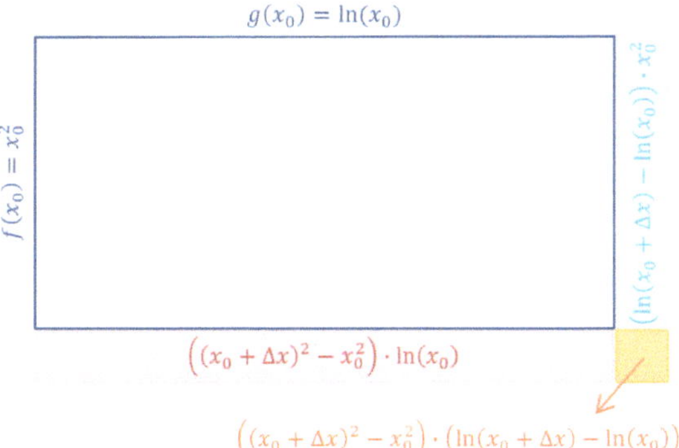

Abbildung 5.62: Flächenveränderung des Rechtecks mit Seitenlängen $f(x_0)$ und $g(x_0)$

ist

$$\frac{x_0^2(\ln(x_0 + \Delta x) - \ln(x_0))}{\Delta x} = \underbrace{x_0^2}_{f(x_0)} \underbrace{\frac{\ln(x_0 + \Delta x) - \ln(x_0)}{\Delta x}}_{\Delta g/\Delta x},$$

das Produkt der langen Seitenlänge des ursprünglichen Rechtecks multipliziert mit dem Differenzenquotient der kurzen Seite. Die Fläche des gelben Rechtecks verändert sich pro Δx für kleine Δx kaum. Es gilt

$$\frac{((x_0 + \Delta x)^2 - x_0^2)(\ln(x_0 + \Delta x) - \ln(x_0))}{\Delta x} = \Delta x \underbrace{\frac{(x_0 + \Delta x)^2 - x_0^2}{\Delta x}}_{\Delta f/\Delta x} \underbrace{\frac{\ln(x_0 + \Delta x) - \ln(x_0)}{\Delta x}}_{\Delta g/\Delta x}.$$

Somit gilt für $f(x) = x^2$ mit $f'(x) = 2x$ und $g(x) = \ln(x)$ mit $g'(x) = \frac{1}{x}$

$$(f \cdot g)'(x_0) = \lim_{\Delta x \to 0} \frac{\Delta(f \cdot g)}{\Delta x} = \lim_{\Delta x \to 0} \left(\ln(x_0) \frac{(x_0 + \Delta x)^2 - x_0^2}{\Delta x} + x_0^2 \frac{\ln(x_0 + \Delta x) - \ln(x_0)}{\Delta x} \right.$$

$$\left. + \Delta x \frac{(x_0 + \Delta x)^2 - x_0^2}{\Delta x} \frac{\ln(x_0 + \Delta x) - \ln(x_0)}{\Delta x} \right)$$

$$= \underbrace{\ln(x_0)}_{g(x_0)} \underbrace{\lim_{\Delta x \to 0} \frac{((x_0 + \Delta x)^2 - x_0^2)}{\Delta x}}_{f'(x_0)} + \underbrace{x_0^2}_{f(x_0)} \underbrace{\lim_{\Delta x \to 0} \frac{\ln(x_0 + \Delta x) - \ln(x_0)}{\Delta x}}_{g'(x_0)}$$

$$+ \underbrace{\lim_{\Delta x \to 0} \Delta x}_{0} \underbrace{\lim_{\Delta x \to 0} \frac{(x_0 + \Delta x)^2 - x_0^2}{\Delta x}}_{f'(x_0)} \underbrace{\lim_{\Delta x \to 0} \frac{\ln(x_0 + \Delta x) - \ln(x_0)}{\Delta x}}_{g'(x_0)}$$

$$= \ln(x_0) 2x_0 + x_0^2 \frac{1}{x_0} + 0 \cdot 2x_0 \cdot \frac{1}{x_0} = \underbrace{2x_0 \ln(x_0)}_{f'(x_0)g(x_0)} + \underbrace{x_0}_{f(x_0)g'(x_0)} \qquad \blacksquare$$

Folgender Satz fasst die Rechenregeln für Ableitungen von Summen, Differenzen, Produkte und Quotienten zweier Funktionen zusammen:

> **Satz 5.3.5 — Rechenregeln für Ableitungen.**
> Sind $f : D \to Z$ und $g : D \to Z$ reelle Funktionen, die an einer Stelle $x_0 \in D$ differenzierbar
> sind, so sind auch die Funktionen $f+g$, $f-g$, $f \cdot g$ und f/g (sofern $g(x_0) \neq 0$) an der
> Stelle x_0 differenzierbar und es gilt:
> - $(f+g)'(x_0) = f'(x_0) + g'(x_0)$ (Summenregel),
> - $(f-g)'(x_0) = f'(x_0) - g'(x_0)$ (Differenzenregel),
> - $(f \cdot g)'(x_0) = f'(x_0)g(x_0) + f(x_0)g'(x_0)$ (Produktregel),
> - $\left(\frac{f}{g}\right)'(x_0) = \frac{f'(x_0)g(x_0) - f(x_0)g'(x_0)}{g(x_0)^2}$ (Quotientenregel).

■ Beispiel 5.3.17 — Ableitung von $x\ln(x)$.
Zur Ableitung der Funktion $h : (0, +\infty) \to \mathbb{R}$ mit $h(x) = x\ln(x)$ bietet sich die Produktregel
an. Mit $f(x) = x$ und $g(x) = \ln(x)$ bzw. $f'(x) = 1$ und $g'(x) = \frac{1}{x}$ ergibt sich, dass

$$h'(x) = (f(x) \cdot g(x))' = f'(x)g(x) + f(x)g'(x) = 1 \cdot \ln(x) + x \cdot \frac{1}{x} = \ln(x) + 1. \qquad ■$$

■ Beispiel 5.3.18 — Ableitung von $e^x(x-1)$.
Auch zur Ableitung der Funktion $h : \mathbb{R} \to \mathbb{R}$ mit $h(x) = e^x(x-1)$ kann man die Produktregel, diesmal mit $f(x) = e^x$ und $g(x) = (x-1)$ bzw. $f'(x) = e^x$ und $g'(x) = 1$ nutzen. Man
erhält

$$h'(x) = (f(x) \cdot g(x))' = f'(x)g(x) + f(x)g'(x) = e^x \cdot (x-1) + e^x \cdot 1 = xe^x. \qquad ■$$

■ Beispiel 5.3.19 — Die Ableitung von $x^2\sqrt{x}$.
Interessieren wir uns für die Ableitung des Produktes aus $f(x) = x^2$ und $g(x) = \sqrt{x}$
für $x > 0$, können wir dies auf zwei Wegen berechnen: Zum einen ergibt sich über die
Produktregel mit $f'(x) = 2x$ und $g'(x) = \frac{1}{2\sqrt{x}}$, dass

$$(f(x) \cdot g(x))' = f'(x)g(x) + f(x)g'(x) = 2x\sqrt{x} + x^2\frac{1}{2\sqrt{x}} = 2x^{\frac{3}{2}} + \frac{1}{2}x^{\frac{3}{2}} = \frac{5}{2}x^{\frac{3}{2}}.$$

Zum anderen hätte man natürlich auch erst $f(x) \cdot g(x) = x^2\sqrt{x} = x^{\frac{5}{2}}$ berechnen können und
dann Regel ii. aus Satz 5.3.3 mit $r = \frac{5}{2}$ nutzen können, um $(f(x) \cdot g(x))' = \frac{5}{2}x^{\frac{3}{2}}$ zu erhalten.
Oft gibt es beim Ableiten mehr als einen richtigen Weg zum Ziel. $\qquad ■$

■ Beispiel 5.3.20 — Die Ableitung des Quotienten $\frac{\ln(x)}{x^2}$.
Den Quotienten $\frac{\ln(x)}{x^2}$, $x > 0$ kann man auf zwei Arten ableiten: entweder durch Verwendung der Quotientenregel oder mit Hilfe der Produktregel aus Satz 5.3.5.

Will man die Quotientenregel anwenden, so setzt man $f(x) = \ln(x)$ und $g(x) = x^2$. Es
ergibt sich dann

$$\left(\frac{\ln(x)}{x^2}\right)' = \frac{f'(x)g(x) - f(x)g'(x)}{g(x)^2} = \frac{\frac{1}{x}x^2 - \ln(x)(2x)}{x^4} = \frac{x(1 - 2\ln(x))}{x^4} = \frac{1 - 2\ln(x)}{x^3}.$$

Formt man den Quotienten zu $\frac{\ln(x)}{x^2} = (\ln(x))(x^{-2})$ um, ergibt sich mit der Produktregel und $f(x) = \ln(x)$ und $g(x) = x^{-2}$

$$\left(\frac{\ln(x)}{x^2}\right)' = ((\ln(x))(x^{-2}))' = (\ln(x))'x^{-2} + (\ln(x))(x^{-2})' = \frac{1}{x}x^{-2} + (\ln(x))(-2)x^{-3}$$

$$= \frac{1 - 2\ln(x)}{x^3}.$$

∎

■ **Beispiel 5.3.21 — Die Ableitung von p_3.**

Betrachten wir wieder die reelle Funktion aus Beispiel 5.3.11, $p_3 : \mathbb{R} \to \mathbb{R}$ mit

$$p_3(x) = \begin{cases} \frac{x^3 - x^2 + 5x - 5}{x^2 - 1} & \text{für } x \notin \{-1, 1\} \\ 3 & \text{für } x \in \{-1, 1\}. \end{cases}$$

Aus Beispiel 5.3.11 wissen wir, dass die Funktion an der Stelle $x = -1$ nicht differenzierbar ist und $p_3'(1) - -\frac{1}{2}$. Für alle anderen Stellen nutzen wir die Quotientenregel[15] mit $f(x) = x^3 - x^2 + 5x - 5$ und $g(x) = x^2 - 1$. Aus der Summen bzw. Differenzenregel erhält man $f'(x) = 3x^2 - 2x + 5$ und $g'(x) = 2x$. Es ergibt sich damit für alle $x \notin \{-1, 1\}$:

$$p_3'(x) = \left(\frac{x^3 - x^2 + 5x - 5}{x^2 - 1}\right)'$$

$$= \frac{f'(x)g(x) - f(x)g'(x)}{g(x)^2}$$

$$= \frac{(3x^2 - 2x + 5)(x^2 - 1) - (x^3 - x^2 + 5x - 5)2x}{(x^2 - 1)^2}$$

$$= \frac{3x^4 - 2x^3 + 5x^2 - 3x^2 + 2x - 5 - 2x^4 + 2x^3 - 10x^2 + 10x}{(x^2 - 1)^2}$$

$$= \frac{x^4 - 8x^2 + 12x - 5}{(x^2 - 1)^2} = \frac{(x-1)^2(x^2 + 2x - 5)}{(x-1)^2(x+1)^2}$$

$$= \frac{x^2 + 2x - 5}{(x+1)^2}.$$

Da wir aus Beispiel 5.3.11 wissen, dass $p_3'(1) = -\frac{1}{2}$ und da $\frac{x^2 + 2x - 5}{(x+1)^2}$ an der Stelle $x = 1$ den Wert $-\frac{1}{2}$ ergibt, kann man zusammenfassend schreiben:

$$p_3'(x) = \frac{x^2 + 2x - 5}{(x+1)^2} \text{ für alle } x \neq -1.$$

∎

■ **Beispiel 5.3.22 — Ableitung der Umkehrfunktion von $f(x) = e^x + x$.**

Abbildung 5.63 zeigt die Funktion $f : \mathbb{R} \to \mathbb{R}$ mit $f(x) = e^x + x$ aus Beispiel 5.1.5. Diese Funktion ist bekanntlich bijektiv und stetig. Wir interessieren uns für die Ableitung der Umkehrfunktion an der Stelle $y = 1$, den Wert $(f^{-1})'(1)$.

---

[15] Würde man in diesem Bruch erst $(x - 1)$ kürzen und dann die Quotientenregel mit $f(x) = x^2 + 5$ und $g(x) = x + 1$ anwenden, würde man sich einige Rechenarbeit sparen. Wir demonstrieren aber im Folgenden, dass es auch ohne Kürzen mit etwas Geduld funktioniert.

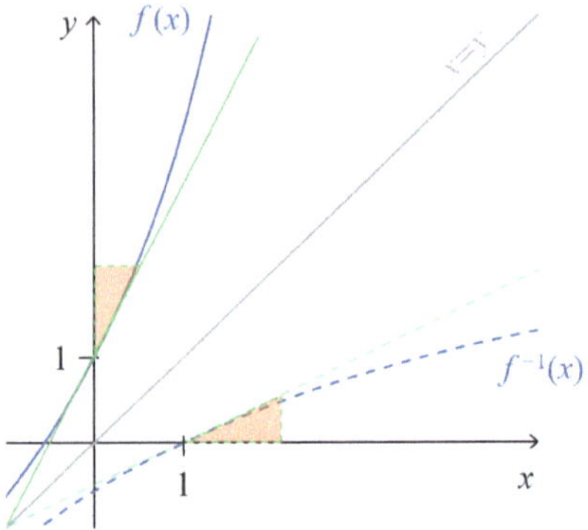

Abbildung 5.63: $f(x) = e^x + x$

Versucht man zunächst die Umkehrfunktion zu bilden und dann diese abzuleiten, erkennt man, dass man die Gleichung $y = f(x) = e^x + x$ nicht analytisch nach x auflösen kann.

Aus Satz 5.3.2 wissen wir, dass wir aus der Ableitung von f an der Stelle 0 die Ableitung der Umkehrfunktion an der Stelle $y = 1 = f(0)$ berechnen können. Die Ableitung von f entspricht laut Satz 5.3.5 der Summe der Ableitungen von e^x und x, also $f'(x) = e^x + 1$. Nutzt man nun Satz 5.3.2, erhält man $(f^{-1})'(1) = \frac{1}{f'(0)} = \frac{1}{e^0 + 1} = \frac{1}{2}$. Die Ableitung der Umkehrfunktion an der Stelle $y = 1$ ist also $\frac{1}{2}$, $(f^{-1})'(1) = \frac{1}{2}$.   ∎

Ableitung der Komposition: Die Kettenregel

■ **Beispiel 5.3.23 — Die Ableitung von $y = e^{6x}$.**
Der Graph der Funktion $h(x) = e^{6x}$ entsteht durch eine Stauchung des Graphen von $f(x) = e^x$ in x-Richtung um den Faktor $\frac{1}{6}$, vgl. Satz 5.1.3. Beispielsweise gilt $f(3) = h(\frac{3}{6}) = h(\frac{1}{2})$, vgl. Abbildung 5.64.

Die Ableitung der Funktion $h(x) = e^{6x}$ an der Stelle $x_0 = \frac{1}{2}$ entspricht der Steigung der Tangente an dieser Stelle. In Abbildung 5.64 erkennt man, dass durch die Stauchung das Steigungsdreieck der Tangente an h bei $x_0 = \frac{1}{2}$ die gleiche Höhe hat wie das Steigungsdreieck der Tangente an f an der Stelle $6x_0 = 3$, die Breite des Dreiecks ist jedoch nur $\frac{1}{6}$. Es gilt also

$$h'(x_0) = h'\left(\frac{1}{2}\right) = \frac{f'(3)}{\frac{1}{6}} = 6f'(3) = 6f'(6x_0).$$

Obige Transformation kann man als Komposition von $f(x) = e^x$ mit $g(x) = 6x$ verstehen, $h(x) = f(g(x)) = e^{6x}$. Im Beispiel gilt

$$h'(x) = f'(g(x))g'(x).$$ ∎

Auch allgemein gilt, dass man die Ableitung der Komposition von f und g als Produkt der Ableitung von f an der Stelle $g(x)$ und der Ableitung von g (aufgrund der durch g ausgelösten Streckung bzw. Stauchung) erhält, $h'(x) = f'(g(x))g'(x)$. Wir fassen dies in folgendem Satz, der sogenannten Kettenregel, zusammen.

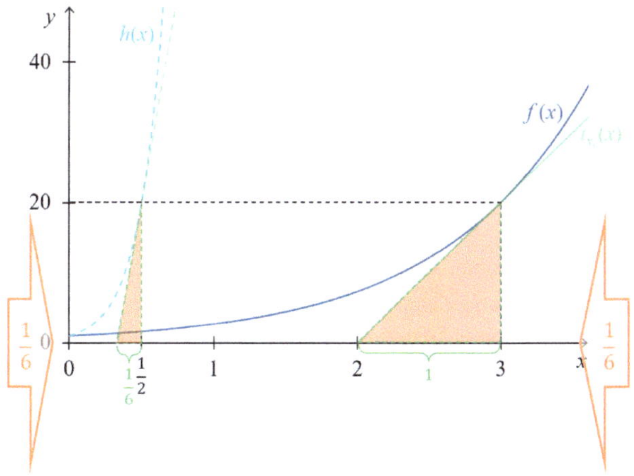

Abbildung 5.64: $h(x) = f(g(x)) = e^{6x}$ mit $f(x) = e^x, g(x) = 6x$

Satz 5.3.6 — Kettenregel.
Ist die reelle Funktion $g : D_1 \to Z_1$ an der Stelle $x_0 \in D_1$ differenzierbar und $f : D_2 \to Z_2$ an der Stelle $y_0 = g(x_0) \in D_2$ differenzierbar und gilt $g(D_1) \subseteq D_2$, dann ist die zusammengesetzte Funktion $h = (f \circ g)$ differenzierbar an der Stelle x_0, wobei

$$h'(x_0) = (f \circ g)'(x_0) = \underbrace{f'(g(x_0))}_{\text{äußere Ableitung}} \cdot \underbrace{g'(x_0)}_{\text{innere Ableitung}}.$$

Wir demonstrieren die Anwendung der Kettenregel an einigen Beispielen.

■ **Beispiel 5.3.24 — Die Ableitung der Funktion $\ln(5x^2)$.**
Anwendung der Kettenregel mit $f(x) = \ln(x)$ und $g(x) = 5x^2$ ergibt mit $f'(x) = \frac{1}{x}$ und $g'(x) = 10x$

$$(\ln(5x^2))' = \frac{1}{5x^2}(5x^2)' = \frac{1}{5x^2}10x = \frac{2}{x}.$$

Natürlich hätte man aber auch erkennen können, dass $\ln(5x^2) = \ln(5) + 2\ln(x)$ und damit dann die Ableitung einfach als

$$\left(\ln(5x^2)\right)' = (\ln(5) + 2\ln(x))' = \frac{2}{x}$$

ohne Anwendung der Kettenregel berechnet werden können. ■

■ **Beispiel 5.3.25 — Die Ableitung der Funktion $\frac{\sqrt{e^x}}{5}$.**
Anwendung der Kettenregel mit $f(x) = \frac{\sqrt{x}}{5}$ und $g(x) = e^x$ ergibt mit $f'(x) = \frac{1}{5} \cdot \frac{1}{2\sqrt{x}}$ und $g'(x) = e^x$:

$$\left(\frac{\sqrt{e^x}}{5}\right)' = \frac{1}{5} \cdot \frac{1}{2\sqrt{e^x}} \cdot (e^x)' = \frac{1}{10\sqrt{e^x}}e^x = \frac{\sqrt{e^x}}{10}.$$

■

■ Beispiel 5.3.26 — Die Ableitung der Funktion $\frac{1}{4}\ln(3x+2)+1$.

Mit $f(x) = \ln(x)$ und $g(x) = 3x+2$ kann man die Funktion mit $y = \frac{1}{4}\ln(3x+2)+1$ wie folgt ableiten:

$$\left(\frac{1}{4}\ln(3x+2)+1\right)' = \frac{1}{4}\cdot\frac{1}{3x+2}\cdot(3x+2)' = \frac{1}{4}\cdot\frac{1}{3x+2}\cdot 3 = \frac{3}{12x+8}.$$

Beispielsweise ist die Ableitung an der Stelle $x_0 = \frac{1}{3}$ gleich $\frac{3}{12x+8} = \frac{3}{4+8} = \frac{1}{4}$. In Beispiel 5.1.19 hatten wir dabei gesehen, dass der Graph ein um den Faktor $\frac{1}{3}$ in x Richtung gestauchte und um $\frac{2}{3}$ nach links verschobene, dann um den Faktor $\frac{1}{4}$ in y Richtung gestauchte und 1 nach oben verschobener Graph der Logarithmusfunktion ist. Die Ableitung der Logarithmusfunktion an der Stelle x ist $\frac{1}{x}$. Beispielsweise ist die Steigung an der Stelle 3 gleich 1/3. Durch die Stauchung und Verschiebung in x-Richtung verdreifacht sich die Steigung, vgl. Abbildung 5.65.

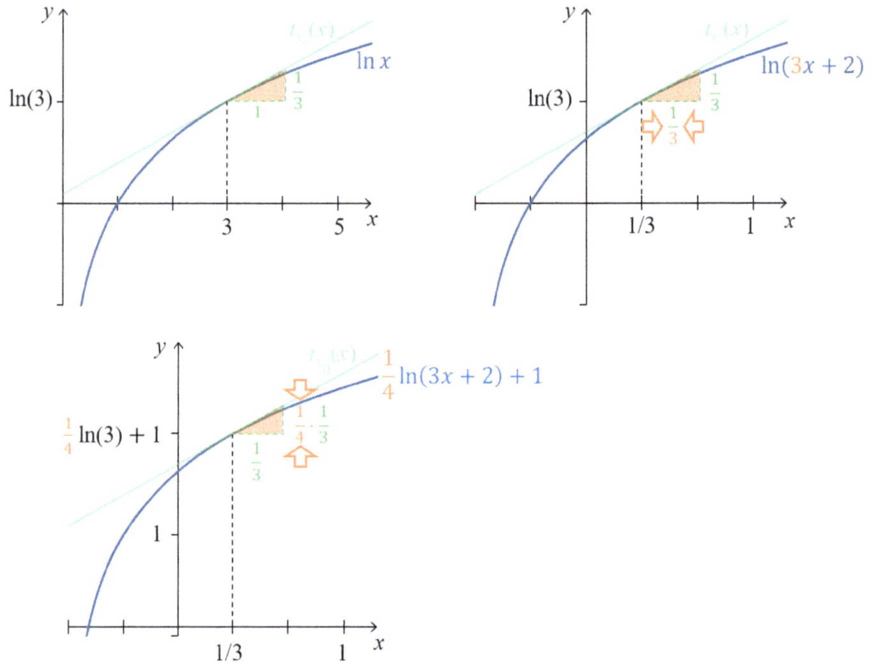

Abbildung 5.65: Die Ableitung von $\frac{1}{4}\ln(3x+2)+1$

Zudem wird auf der x-Achse die Stelle 3 zu $x_0 = \frac{3-2}{3} = \frac{1}{3}$. Damit ist also die Ableitung von $\ln(3x+2)$ an der Stelle $x_0 = \frac{1}{3}$ gleich dem dreifachen der Ableitung von $\ln(x)$ an der Stelle $3x_0+2 = 1$, also $3\frac{1}{3x_0+2} = 3\frac{1}{3\frac{1}{3}+2} = 1$. Die Stauchung in y-Richtung um $\frac{1}{4}$ verkleinert die Ableitung entsprechend zu $\frac{1}{4}\frac{3}{3x_0+2}$, an der Stelle $x_0 = \frac{1}{3}$ ist dieser Wert $\frac{1}{4}$. Die Verschiebung nach oben verändert die Steigung nicht. Wir erhalten also geometrisch das gleiche Ergebnis wie durch Anwendung der Kettenregel. ■

Mit Hilfe der Kettenregel können auch andere Rechenregeln für Ableitungen gezeigt werden.

■ **Beispiel 5.3.27 — $(x^r)' = rx^{r-1}$ für alle $r \in \mathbb{R}$.**
Laut Satz 5.3.3 gilt $x^r = e^{\ln(x^r)} = e^{r\ln(x)}$. Wir rechnen diese Behauptung im Fall $x > 0$ durch Anwendung der Kettenregel mit $f(x) = e^x$ und $g(x) = r\ln(x)$ nach. Unter Verwendung von $f'(x) = e^x$ und $g'(x) = \frac{r}{x}$ ergibt sich:

$$(x^r)' = \left(e^{r\ln(x)}\right)' = e^{r\ln(x)}\,(r\ln(x))' = e^{r\ln(x)}\frac{r}{x} = (x^r)\frac{r}{x} = rx^{r-1}. \qquad ■$$

■ **Beispiel 5.3.28 — Die Ableitung der Funktion a^x.**
Es gilt $2^x = e^{\ln(2^x)} = e^{x\ln(2)}$. Anwendung der Kettenregel mit $f(x) = e^x$ und $g(x) = x\ln(2)$ ergibt unter Verwendung von $f'(x) = e^x$ und $g'(x) = \ln(2)$:

$$(2^x)' = \left(e^{x\ln(2)}\right)' = e^{x\ln(2)}\,(x\ln(2))' = e^{x\ln(2)}\ln(2) = \ln(2)2^x.$$

Analog kann man für alle $a > 0$ zeigen, dass $(a^x)' = \ln(a)a^x$. Mit $a = e$ ergibt sich natürlich $(e^x)' = \ln(e)e^x = e^x$. ■

Differenzierbarkeit abschnittsweise definierter Funktionen

Wir wiederholen hier anhand eines weiteren Beispiels, dass es mühsam, aber nicht unmöglich ist, die Differenzierbarkeit einer abschnittsweise definierten Funktion anhand der Definition nachzuprüfen. Im Anschluss stellen wir ein in der Regel einfacher zu überprüfendes Kriterium vor.

■ **Beispiel 5.3.29 — Die Ableitung einer abschnittsweise definierten Funktion.**
Wir betrachten die in Abbildung 5.66 (links) dargestellte Funktion

$$f(x) = \begin{cases} x^2 & \text{falls } x < 0 \\ 4x^2 & \text{falls } x \geq 0 \end{cases}.$$

Wir wissen, dass die Funktion $g_2 : [0, +\infty) \to \mathbb{R}$ mit $g_2(x) = 4x^2$ auf $(0, +\infty)$ differenzierbar ist. Damit ist auch f auf $(0, +\infty)$ differenzierbar mit $f'(x) = g_2'(x) = 8x$. Analog kann man zeigen, dass $g_1 : (-\infty, 0) \to \mathbb{R}$ mit $g_1(x) = x^2$ differenzierbar ist mit $g_1'(x) = 2x$. Damit ist auch f auf $(-\infty, 0)$ differenzierbar mit $f'(x) = 2x$.

Zur Überprüfung der Differenzierbarkeit von f an der Stelle 0 können wir den rechts- und linksseitigen Grenzwert des Differenzenquotienten bilden. Existieren diese und sind sie gleich, existiert der Differentialquotient. Die Funktion ist differenzierbar. Wir haben hier:

$$\lim_{\Delta x \to 0^+} \frac{f(\Delta x) - f(0)}{\Delta x} = \lim_{\Delta x \to 0^+} \frac{4(\Delta x)^2 - 0}{\Delta x} = \lim_{\Delta x \to 0^+} 4\Delta x = 4 \cdot \lim_{\Delta x \to 0^+} \Delta x = 0$$

und

$$\lim_{\Delta x \to 0^-} \frac{f(\Delta x) - f(0)}{\Delta x} = \lim_{\Delta x \to 0^-} \frac{(\Delta x)^2 - 0}{\Delta x} = \lim_{\Delta x \to 0^-} \Delta x = 0.$$

Zusammenfassend ist die Funktion f an der Stelle 0 differenzierbar mit $f'(0) = 0$.

In diesem Beispiel gilt $f'(x) = 2x$ für $x < 0$ und $f'(x) = 8x$ für $x > 0$. Da f stetig ist und sich die Werte der Ableitung sowohl von links als auch von rechts aus an der Stelle 0 dem Wert 0 nähern, liegt es auf der Hand, zu schließen, dass die Ableitung an der Stelle 0 den Wert 0 haben muss. Die obige Grenzwertbetrachtung bestätigt die Vermutung. ∎

Folgender Satz rechtfertigt das am Ende von Beispiel 5.3.29 vorgeschlagene Vorgehen, die Ableitung einer stetigen Funktion an der Stelle x_0 über die Grenzwerte der Ableitungen links und rechts von ihr zu bestimmen. Wir werden ihn später in Beispiel 5.3.44 beweisen.

> **Satz 5.3.7 — Die Ableitung einer abschnittsweise definierten reellen Funktion.**
> Ist $f : (a,b) \to \mathbb{R}$ eine stetige Funktion und $x_0 \in (a,b)$ mit
>
> $$f(x) = \begin{cases} g_1(x), & \text{falls } a < x \leq x_0 \\ g_2(x), & \text{falls } x_0 < x < b \end{cases} \quad \text{oder} \quad f(x) = \begin{cases} g_1(x), & \text{falls } a < x < x_0 \\ g_2(x), & \text{falls } x_0 \leq x < b, \end{cases}$$
>
> wobei g_1 auf (a,x_0) differenzierbar ist mit $\lim_{x \to x_0^-} g_1'(x) = a_1 \in \mathbb{R}$ und g_2 auf (x_0,b) differenzierbar ist mit $\lim_{x \to x_0^+} g_2'(x) = a_2 \in \mathbb{R}$, dann gilt:
>
> $$f \text{ ist differenzierbar auf } (a,b) \text{ mit } f'(x_0) = a_1 \quad \Leftrightarrow \quad a_1 = a_2.$$

Zum Vergleich zeigen wir ausführlich, wie man in obigem Beispiel 5.3.29 die Differenzierbarkeit unter Verwendung von Satz 5.3.7 zeigen kann.

■ **Beispiel 5.3.30 — Differenzierbarkeit unter Verwendung des Satzes.**
Wir betrachten erneut die Funktion aus Beispiel 5.3.29. Eine Voraussetzung zur Anwendung von Satz 5.3.7 ist, dass die betrachtete Funktion f stetig ist und die einzelnen Funktionen g_1 und g_2 differenzierbar sind. Wir überprüfen dies, bevor wir versuchen die Ableitung zu bestimmen. Die Funktion

$$f(x) = \begin{cases} x^2 & \text{falls } x < 0 \\ 4x^2 & \text{falls } x \geq 0 \end{cases}$$

ist stetig, da $g_1(x) = x^2$ und $g_2(x) = 4x^2$ stetige Funktionen sind und

$$f(0) = \lim_{x \to 0^-} f(0) = \lim_{x \to 0^+} f(0) = 0.$$

Wir wissen, dass g_1 und g_2 differenzierbar sind mit $g_1'(x) = 2x$, $g_2'(x) = 8x$.

An der Stelle 0 ist der linksseitige Grenzwert des Differenzenquotienten von g_1 gleich dem rechtsseitigen Grenzwert des Differenzenquotienten von g_2, $\lim_{x \to 0^-} g_1'(x) = \lim_{x \to 0^+} g_2'(x) = 0$. Also ist f differenzierbar und $f'(0) = 0$. ∎

■ **Beispiel 5.3.31 — Fortsetzung von Beispiel 5.3.30.**
Betrachten wir die Funktion

$$f(x) = \begin{cases} 2 + x^2 & \text{falls } x < 0 \\ 4x^2 & \text{falls } x \geq 0, \end{cases}$$

so sind die beiden Funktionen g_1 und g_2 ebenfalls differenzierbar mit $g_1'(x) = 2x$, $g_2'(x) = 8x$. An der Stelle 0 ist der linksseitige Grenzwert des Differenzenquotienten von g_1

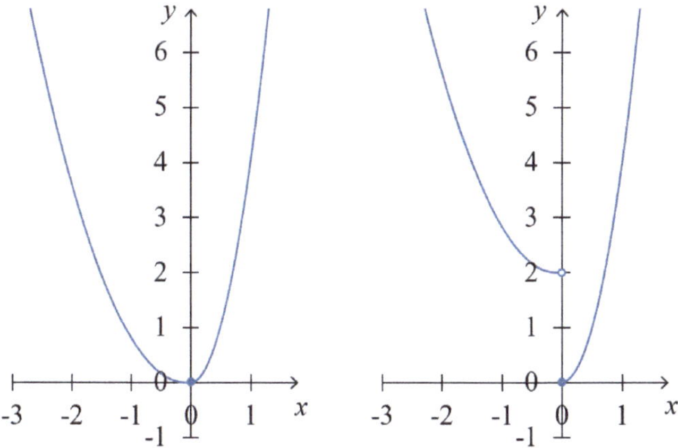

Abbildung 5.66: Graph einer differenzierbaren (links) und einer nicht differenzierbaren
Funktion (rechts)

gleich dem rechtsseitigen Grenzwert des Differenzenquotienten von g_2, $\lim_{x\to 0^-} g_1'(x) =$
$\lim_{x\to 0^+} g_2'(x) = 0$. Dennoch kann man nicht schließen, dass f differenzierbar ist. Betrachtet man Abbildung 5.66 (rechts) ist es klar, dass f an der Stelle 0 nicht stetig ist und damit dort nicht differenzierbar sein kann. ∎

■ Beispiel 5.3.32 — Fortsetzung von Beispiel 5.3.10.

In Beispiel 5.3.10 betrachteten wir die abschnittsweise definierte stetige Nachfragefunktion

$$d_{agg}(p) = \begin{cases} 15 - 2p & \text{für } p \leq 5 \\ 10 - p & \text{für } 5 < p \leq 10 \,. \\ 0 & \text{für } p > 10 \end{cases}$$

Aus $g_1(p) = 15 - 2p$ mit $g_1'(p) = -2$, $g_2(p) = 10 - p$ mit $g_2'(p) = -1$ und $g_3(p) = 0$ mit $g_3'(p) = 0$ kann man hier folgern, dass $\lim_{p\to 5^-} g_1'(p) = -2 \neq -1 = \lim_{p\to 5^+} g_2'(p)$ und $\lim_{p\to 10^-} g_2'(p) = -1 \neq 0 = \lim_{p\to 10^+} g_3'(p)$ gilt. Damit ist die Funktion an den Stellen 5 und 10 nicht differenzierbar.

In Beispiel 5.3.10 hatten wir dies bereits über die Definition der Differenzierbarkeit gezeigt. ∎

■ Beispiel 5.3.33 — Fortsetzung von Beispiel 5.3.11.

Eine alternative Vorgehensweise, die Differenzierbarkeit der Funktion $p_3 : \mathbb{R} \to \mathbb{R}$ mit

$$p_3(x) = \begin{cases} \frac{x^3 - x^2 + 5x - 5}{x^2 - 1} & \text{für } x \notin \{-1, 1\} \\ 3 & \text{für } x \in \{-1, 1\} \end{cases}$$

an der Stelle $x_0 = 1$ zu zeigen, ist folgende: Die Funktion p_3 ist an der Stelle $x_0 = 1$ stetig, vgl. Beispiel 5.2.18. Zudem kann man mit Hilfe der Quotientenregel wie in Beispiel 5.3.21 einfach zeigen, dass für alle $x \notin \{-1, 1\}$

$$p_3'(x) = \frac{x^2 + 2x - 5}{(x+1)^2}$$

gilt. Also ist $\lim_{x \to 1^-} p_3'(x) = -\frac{1}{2} = \lim_{x \to 1^+} p_3'(x)$. Somit ist p_3 an der Stelle $x_0 = 1$ differenzierbar mit $p_3'(1) = -\frac{1}{2}$. ∎

(Z) Ist f bijektiv mit $f'(x) \neq 0$, dann gilt $(f^{-1})'(f(x)) = \frac{1}{f'(x)}$.

Die Ableitung einer konstanten Funktion ist 0. Ableitung der Potenzfunktion ist $(x^r)' = r \cdot x^{r-1}$, $r \in \mathbb{R}$, wenn x^{r-1} definiert ist. Zudem gilt $(e^x)' = e^x$, $(\ln(x))' = \frac{1}{x}$, $(\sin(x))' = \cos(x)$ und $(\cos(x))' = -\sin(x)$.

Summenregel: $(f(x) + g(x))'(x) = f'(x) + g'(x)$, $(f(x) - g(x))' = f'(x) - g'(x)$.

Produktregel: $(f(x)g(x))' = f'(x)g(x) + f(x)g'(x)$.

Quotientenregel: $(\frac{f(x)}{g(x)})' = \frac{f'(x)g(x) - f(x)g'(x)}{g^2(x)}$

Kettenregel: $(f \circ g)'(x) = (f(g(x)))' = f'(g(x))g'(x)$

Ist eine abschnittsweise definierte Funktion f mit Definitionsbereich $(a, x_0] \cup (x_0, b)$ bzw. $(0, x_0) \cup [x_0, b)$ an einer Randstelle x_0 zweier Definitionsbereiche $(a, x_0]$ und (x_0, b), bzw. $(0, x_0)$ und $[x_0, b)$ stetig und entspricht der linksseitige Grenzwert der Ableitung der einen Funktion an dieser Stelle dem rechtsseitigen Grenzwert der Ableitung der anderen, dann ist dieser Wert gleich $f'(x_0)$.

5.3.4　Höhere Ableitungen

Ziele dieses Unterkapitels

- Was versteht man unter einer n-ten Ableitung?
- Wann ist eine Funktion n-mal stetig differenzierbar? Wann heißt eine Funktion unendlich oft stetig differenzierbar?

■ **Beispiel 5.3.34 — Die Ableitung der Ableitung.**

Betrachten wir erneut die Funktion $f : [0, 10] \to [0, 100]$ mit $f(x) = 0.006x^5 - 0.15x^4 + x^3$ aus Beispiel 5.3.1. Anwendung der Ableitungsregeln ergibt hier

$$f'(x) = 0.006 \cdot 5 \cdot x^{5-1} - 0.15 \cdot 4 \cdot x^{4-1} + 3 \cdot x^{3-1} = 0.03x^4 - 0.6x^3 + 3x^2$$

für alle $x \in [0, 10]$. Die Ableitung der zurückgelegten Strecke entspricht hier der Änderungsrate der zurückgelegten Strecke pro Zeit, also der Geschwindigkeit. Interessiert man sich für die Änderungsrate der Geschwindigkeit pro Zeit, also die Beschleunigung, muss man die Ableitung der Geschwindigkeit $f'(x)$ bilden. Es gilt

$$(f')'(x) = f''(x) = 0.03 \cdot 4 \cdot x^{4-1} - 0.6 \cdot 3 \cdot x^{3-1} + 3 \cdot 2 \cdot x^{2-1} = 0.12x^3 - 1.8x^2 + 6x.$$

Die Beschleunigung ist hier also die Ableitung der Ableitung von f. Man nennt dies die zweite Ableitung von f. Ausgehend von der Beschleunigung kann man auch berechnen, wie sich die Beschleunigung über die Zeit ändert. Diese Ableitung der zweiten Ableitung nennt man auch die dritte Ableitung. Sie ist hier

$$(f'')'(x) = f'''(x) = 0.12 \cdot 3 \cdot x^{3-1} - 1.8 \cdot 2 \cdot x^{2-1} + 6 \cdot 1 \cdot x^{1-1} = 0.36x^2 - 3.6x + 6.$$

Ebenso kann man die vierte Ableitung als

$$(f''')'(x) = f''''(x) = 0.72x - 3.6$$

bestimmen. Da es ab einer gewissen Anzahl von Strichen schwer wird, den Überblick zu behalten, kann man die Anzahl von Strichen (den sogenannten Grad der Ableitung) auch in Klammern als oberen Index von f notieren.[16] Man schreibt also z.B. auch $f^{(4)}(x) = f''''(x) = 0.72x - 3.6$. Es gilt somit:

$$f^{(5)}(x) = f^{(4)'}(x) = 0.72.$$

Die fünfte Ableitung ist also eine Konstante. Leitet man diese Konstante erneut ab, erhält man als sechste Ableitung den Wert 0. Leitet man die Konstante 0 wiederum ab, ergibt sich erneut 0. Es gilt also $f^{(6)}(x) = f^{(5)'}(x) = 0$ und allgemein $f^{(n)}(x) = f^{(n-1)'}(x) = 0$ für alle $n \geq 6$. Abbildung 5.67 zeigt die Graphen dieser Ableitungen. ∎

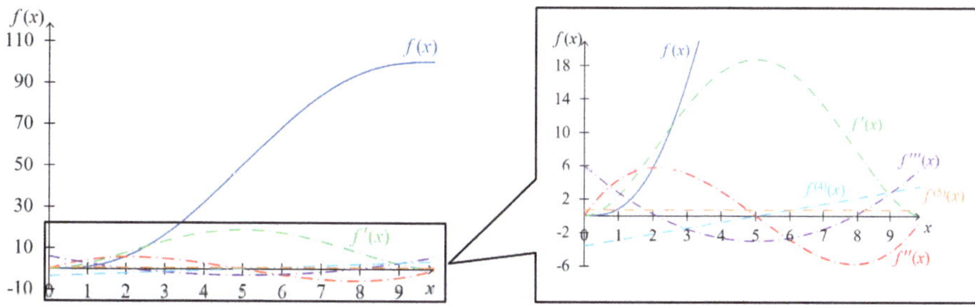

Abbildung 5.67: Höhere Ableitungen von f

Die Funktion im vorherigen Beispiel war ein Polynom. Diese Funktion konnte man beliebig oft ableiten. Sie ist beliebig oft differenzierbar. Das folgende Beispiel zeigt, dass nicht jede differenzierbare Funktion beliebig oft differenzierbar ist.

■ Beispiel 5.3.35 — Differenzierbarkeit der Ableitung.
Wie in Beispiel 5.3.30 beschrieben, ist die Funktion

$$f(x) = \begin{cases} x^2, & \text{falls } x < 0 \\ 4x^2, & \text{falls } x \geq 0 \end{cases}$$

differenzierbar mit Ableitung

$$f'(x) = \begin{cases} 2x, & \text{falls } x < 0 \\ 8x, & \text{falls } x \geq 0 \end{cases},$$

vgl. Abbildung 5.68.
Betrachten wir die Ableitung als Funktion, so stellen wir leicht fest, dass die Ableitung selbst stetig ist. Die Frage der Differenzierbarkeit der Ableitung $f'(x)$ können wir erneut mit Hilfe von Satz 5.3.7 beantworten. Diesmal ist jedoch $g_1(x) = 2x$ und $g_2(x) = 8x$, also $g_1'(x) = 2$ und $g_2'(x) = 8$. An der Stelle 0 ist der linksseitige Grenzwert des Differenzenquotienten also 2 und der rechtsseitige Grenzwert des Differenzenquotienten 8. Es gilt $\lim_{x \to 0^-} g_1'(x) \neq \lim_{x \to 0^+} g_2'(x)$. Die Ableitung $f'(x)$ ist also zwar stetig, aber nicht (weiter) differenzierbar. Graphisch hätte man das anhand des Knicks bei der 0 vermuten können. ∎

---

[16] Wir verwenden die Notation von Leibniz und Lagrange. In der Physik wird auch Newtons Punktnotation verwendet.

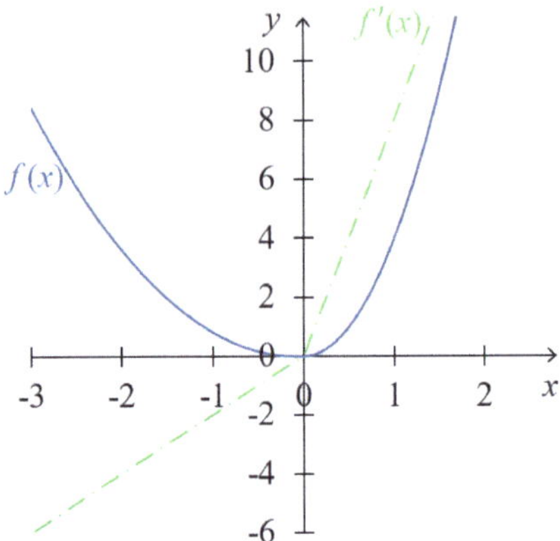

Abbildung 5.68: Ableitung einer einmal differenzierbaren Funktion

Die Ableitung der Ableitungsfunktion $f'(x)$ nennt man auch die zweite Ableitung von $f(x)$. Sie beschreibt die Änderungsrate der (ersten) Ableitung $f'(x)$ an einer Stelle x. So wie kleine Veränderungen des Arguments, von x zu $x + \Delta x$, den Wert der Funktion um etwa $|f'(x)\Delta x|$ verändern, verändern kleine Veränderungen des Arguments, von x zu $x + \Delta x$, den Wert der (ersten) Ableitung um etwa $|f''(x)\Delta x|$. Analog können Ableitungen höherer Ordnungen gebildet und interpretiert werden.

Definition 5.3.7 — Die n-te Ableitung.
Ist $D_{f''} \subseteq D_{f'}$ der Differenzierbarkeitsbereich von f', dann heißt die Funktion f'' : $D_{f''} \to \mathbb{R}$, welche jeder inneren Stelle den Wert

$$f''(x) = \lim_{\Delta x \to 0} \frac{f'(x + \Delta x) - f'(x)}{\Delta x}$$

und Randstellen von $D_{f'}$ den entsprechenden einseitigen Grenzwert zuweist, die **2. Ableitung** von f (auf $D_{f''}$) oder Ableitung zweiter Ordnung. Man schreibt auch $f^{(2)}(x)$ statt $f''(x)$ und $f^{(1)}(x)$ statt $f'(x)$.

Analog wird für alle x, für die folgender Grenzwert existiert, die **n-te Ableitung** $f^{(n)}$ für $n \geq 3, n \in \mathbb{N}$, als Funktion mit Abbildungsvorschrift

$$f^{(n)}(x) = \lim_{\Delta x \to 0} \frac{f^{(n-1)}(x + \Delta x) - f^{(n-1)}(x)}{\Delta x}$$

definiert, wobei man an Randstellen gegebenenfalls den einseitigen Grenzwert bildet. Die n-te Ableitung bezeichnet man auch als Ableitung n-ter Ordnung.

■ Beispiel 5.3.36 — Fortsetzung von Beispiel 5.3.35.
Im Fall der abschnittsweise definierten Funktion aus Beispiel 5.3.29 sagt man also, dass die zweite Ableitung als $f''(x) = 2$ für $x < 0$ und $f''(x) = 8$ für $x > 0$ gegeben ist. An der Stelle 0 ist die zweite Ableitung nicht definiert. Die erste Ableitung ist an dieser Stelle nicht differenzierbar. Die erste Ableitung ist jedoch (an allen Stellen) stetig. Man sagt

zusammenfassend, dass die Funktion aus Beispiel 5.3.29 einmal stetig differenzierbar ist. ∎

> **Definition 5.3.8 — Stetig differenzierbare Funktion.**
> Sei $n \in \mathbb{N}$. Eine reelle Funktion $f : D \to Z$ heißt n-mal differenzierbar in $x \in D$, wenn $f^{(n)}(x)$ existiert. Ist die Funktion $f^{(n)}$ in x zusätzlich stetig, so heißt die Funktion **n-mal stetig differenzierbar** in $x \in D$.
>
> Ist f eine reelle Funktion, welche n-mal (stetig) differenzierbar für alle $x \in D$ ist, so heißt f kurz n-mal (stetig) differenzierbar. Ist eine reelle Funktion n-mal stetig differenzierbar für alle $n \in \mathbb{N}$, dann nennt man sie unendlich oft stetig differenzierbar oder glatt.

Wir betrachten im Folgenden Beispiele mehrfach stetig differenzierbarer Funktionen.

■ **Beispiel 5.3.37 — Eine mehrfach stetige differenzierbare Funktion.**
Abbildung 5.69 zeigt die Funktion

$$f(x) = \begin{cases} -x^3 & \text{falls } x < 0 \\ \frac{1}{6}x^6 & \text{falls } x \geq 0 \end{cases}$$

mit stetigen ersten und zweiten Ableitungen

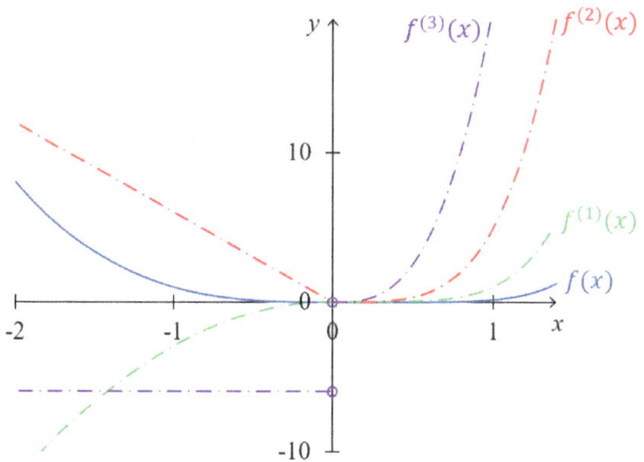

Abbildung 5.69: Eine zweimal stetig differenzierbare Funktion

$$f'(x) = f^{(1)}(x) = \begin{cases} -3x^2 & \text{falls } x < 0 \\ x^5 & \text{falls } x \geq 0 \end{cases}$$

und

$$f''(x) = f^{(2)}(x) = \begin{cases} -6x & \text{falls } x < 0 \\ 5x^4 & \text{falls } x \geq 0. \end{cases}$$

Für die dritte Ableitung,

$$f^{(3)}(x) = \begin{cases} -6 & \text{falls } x < 0 \\ 20x^3 & \text{falls } x > 0, \end{cases}$$

ist der linksseitige Grenzwert an der Stelle $x_0 = 0$ gleich -6, der rechtsseitige ist 0. Man erkennt, dass die zweite Ableitung an der Stelle 0 einen Knick hat (vgl. Abbildung 5.69). Die dritte Ableitung ist an der Stelle $x_0 = 0$ also nicht definiert. Somit ist f nicht für alle $x \in \mathbb{R}$ dreimal differenzierbar. Die Funktion ist also zweimal, aber nicht dreimal stetig differenzierbar. ∎

■ Beispiel 5.3.38 — Eine unendlich oft stetig differenzierbare Funktion.
Für die Funktion $q(x) = x^2$ gilt $q'(x) = q^{(1)}(x) = 2x$, $q''(x) = q^{(2)}(x) = 2$, und $q^{(n)}(x) = 0$ für alle $n \geq 3, n \in \mathbb{N}$. Da also für alle $n \in \mathbb{N}$ die Ableitungen existieren und stetig sind, sagt man auch, q ist unendlich oft stetig differenzierbar oder q ist glatt.

Auch die Funktion $f : [0,10] \to [0,100]$ mit $f(x) = 0.006x^5 - 0.15x^4 + x^3$ ist unendlich oft stetig differenzierbar, vgl. Beispiel 5.3.34. ∎

Satz 5.3.8 — Unendlich oft stetig differenzierbare Funktionen.
Folgende Funktionen aus Abschnitt 5.1.2 sind unendlich oft stetig differenzierbar:
- Polynome auf Definitionsbereichen $D \subseteq \mathbb{R}$,
- Potenzfunktionen auf Definitionsbereichen $D \subseteq (0, +\infty)$,
- Exponentialfunktionen auf Definitionsbereichen $D \subseteq \mathbb{R}$,
- logarithmische Funktionen auf Definitionsbereichen $D \subseteq (0, +\infty)$,
- Sinus- und Kosinusfunktion auf Definitionsbereichen $D \subseteq \mathbb{R}$.

Als ein weiteres Beispiel bilden wir nun alle Ableitungen der Gewinnfunktion des Einführungsbeispiels:

■ Beispiel 5.3.39 — Die Gewinnfunktion aus Einführungsbeispiel 0.1.2.
Die vereinfachte Gewinnfunktion $g(p) : [0,500] \to \mathbb{R}$ mit

$$g(p) = \underbrace{pd(p)}_{\text{Erlös}} - \underbrace{80d(p)}_{\text{Kosten}} = 58p - 0.1p^2 - 4000$$

ist ein Polynom und damit unendlich oft stetig differenzierbar. Man erhält $g'(p) = 58 - 0.2p$, $g''(p) = -0.2$ und $g^{(n)}(p) = 0$ für alle $n \geq 3$.

Wollen wir die Kosten als $c^{ges}(x) = 30x + 500\lceil \frac{x}{10} \rceil$ pro x berücksichtigen, so erhalten wir die Kosten in Abhängigkeit vom Preis p durch eine Komposition der Kosten und der Nachfragefunktion:

$$c^{ges}(d(p)) = 30(50 - 0.1p) + 500 \left\lceil \frac{50 - 0.1p}{10} \right\rceil = 1500 - 3p + 500 \left\lceil \frac{50 - 0.1p}{10} \right\rceil.$$

Als Gewinnfunktion ergibt sich $g^{ges} : [0,500] \to \mathbb{R}$ mit

$$g^{ges}(p) = pd(p) - c^{ges}(d(p)) = 50p - 0.1p^2 - \left(1500 - 3p + 500 \left\lceil \frac{50 - 0.1p}{10} \right\rceil\right).$$

Diese Funktion hat an allen Vielfachen von $p = 100$ Unstetigkeitsstellen, vgl. Beispiel 5.2.30 und ist an diesen Stellen nicht differenzierbar, vgl. Abbildung 5.41.

Für die anderen Stellen $p \in (0,500) \setminus \{100, 200, 300, 400\}$ gilt $(g^{ges})'(p) = 53 - 0.2p$, $(g^{ges})''(p) = -0.2$ und $(g^{ges})^{(n)}(p) = 0$ für alle $n \geq 3$. ∎

Zuletzt stellt sich die Frage, ob es Funktionen gibt, die differenzierbar, aber nicht stetig differenzierbar sind. Dies kommt sehr selten vor, aber es gibt Beispiele solcher Funktionen.

▪ Beispiel 5.3.40 — Eine (nicht stetig) differenzierbare Funktion (∗).

Wir untersuchen die Funktion

$$f(x) = \begin{cases} x^2 \cos(\frac{1}{x}) & \text{falls } x \neq 0 \\ 0 & \text{falls } x = 0. \end{cases}$$

Diese Funktion ist an jeder Stelle differenzierbar. Für die Stelle $x_0 = 0$ sieht man dies, indem man den Grenzwert

$$\lim_{\Delta x \to 0} \frac{f(\Delta x) - f(0)}{\Delta x} = \lim_{\Delta x \to 0} \frac{(\Delta x)^2 \cos(\frac{1}{\Delta x})}{\Delta x} = \lim_{\Delta x \to 0} \Delta x \cos\left(\frac{1}{\Delta x}\right)$$

untersucht. Um den Grenzwert zu bestimmen, wenden wir den Quetschsatz 4.2.4 an.[17] Wir definieren zwei Funktionen g_1 und g_2 mit Abbildungsvorschriften $g_1(x) = -x$ und $g_2(x) = x$, da so $g_1(\Delta x) \leq \Delta x \cos(\frac{1}{\Delta x}) \leq g_2(\Delta x)$ für $\Delta x > 0$ und $g_1(\Delta x) \geq \Delta x \cos(\frac{1}{\Delta x}) \geq g_2(\Delta x)$ für $\Delta x < 0$ gilt. Aus dem Quetschsatz folgt

$$\underbrace{\lim_{\Delta x \to 0^+} -\Delta x}_{=0} \leq \lim_{\Delta x \to 0^+} \Delta x \cos\left(\frac{1}{\Delta x}\right) \leq \underbrace{\lim_{\Delta x \to 0^+} \Delta x}_{=0}$$

$$\underbrace{\lim_{\Delta x \to 0^-} -\Delta x}_{=0} \geq \lim_{\Delta x \to 0^-} \Delta x \cos\left(\frac{1}{\Delta x}\right) \geq \underbrace{\lim_{\Delta x \to 0^-} \Delta x}_{=0}$$

und damit

$$f'(0) = \lim_{\Delta x \to 0} \frac{f(\Delta x) - f(0)}{\Delta x} = \lim_{\Delta x \to 0} \Delta x \cos\left(\frac{1}{\Delta x}\right) = 0.$$

An der Stelle 0 ist die Funktion also differenzierbar und hat die Ableitung 0. Für alle $x \neq 0$ ergibt eine Anwendung der Produktregel und der Kettenregel, dass

$$\left(x^2 \cos\left(\frac{1}{x}\right)\right)' = 2x \cos\left(\frac{1}{x}\right) + x^2 \left(-\sin\left(\frac{1}{x}\right)\left(-\frac{1}{x^2}\right)\right) = 2x \cos\left(\frac{1}{x}\right) + \sin\left(\frac{1}{x}\right).$$

Die Funktion f ist also differenzierbar mit Ableitung

$$f'(x) = \begin{cases} 2x \cos(\frac{1}{x}) + \sin(\frac{1}{x}) & \text{falls } x \neq 0 \\ 0 & \text{falls } x = 0 \end{cases}$$

und in Abbildung 5.70 dargestellt. Die Ableitung ist an der Stelle $x_0 = 0$ nur dann stetig, wenn 1) der Grenzwert an dieser Stelle existiert, d.h. der rechtsseitige Grenzwert an dieser Stelle dem linksseitigen Grenzwert entspricht und 2) dieser Grenzwert dem Funktionswert entspricht. Wir zeigen im Folgenden, dass der rechtsseitige Grenzwert an der Stelle 0 nicht 0 ist.[18] Damit kann die Funktion nicht stetig sein.

---

[17]   Hier wenden wir ihn jedoch nicht für Folgen für $n \to +\infty$ sondern für Funktionen und für den Grenzwert an einer Stelle an. Wie in Kapitel 5.2 erwähnt, gelten diese Sätze auch für Grenzwerte von Funktionen.

[18]   In der Tat existiert der rechtsseitige Grenzwert nicht.

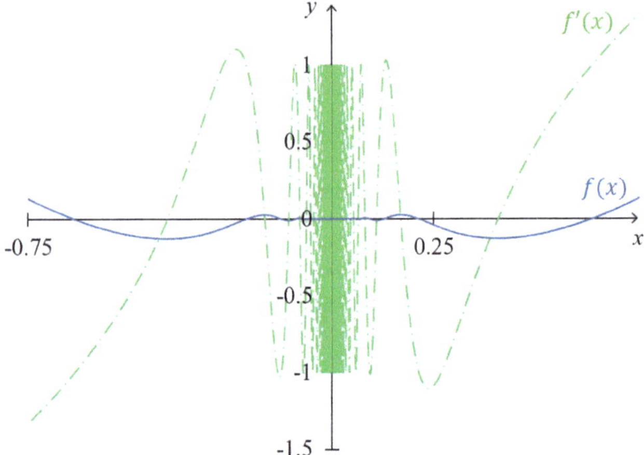

Abbildung 5.70: Eine (nicht stetig) differenzierbare Funktion

Dass der rechtsseitige Grenzwert nicht gleich 0 ist, kann über die Definition bewiesen werden. Für jedes noch so kleine Intervall $(0, \delta)$, $\delta > 0$, gilt für ein ausreichend großes $n \in \mathbb{N}_0$,[19] dass $x_1 = \frac{2}{\pi(1+4n)} \in (0, \delta)$ mit

$$f'(x_1) = f'\left(\frac{2}{\pi(1+4n)}\right) = 2\frac{2}{\pi(1+4n)}\cos\left(\frac{\pi(1+4n)}{2}\right) + \sin\left(\frac{\pi(1+4n)}{2}\right) = 1.$$

Es gilt also für jedes $\delta > 0$, dass $|f'(x) - 0| \geq 1$ für $x_1 \in (0, \delta)$. Damit gilt z.B. für $\varepsilon = 0.1$, dass es kein $\delta > 0$ gibt, so dass $|f'(x) - 0| < \varepsilon$ für alle $x \in (0, \delta)$. Der Grenzwert an der Stelle $x_0 = 0$ kann damit nicht 0 sein. Die Ableitung ist an dieser Stelle unstetig.   ∎

(Z) Leitet man die (erste) Ableitung erneut ab, erhält man die zweite Ableitung u.s.w. Man schreibt statt $f'(x)$ auch $f^{(1)}(x)$ und es gilt $f^{(n)}(x) = (f^{(n-1)})'(x)$.

Existiert die n-te Ableitung von f an einer Stelle x_0, so heißt f n-mal differenzierbar an der Stelle x_0. Ist die n-te Ableitung zudem stetig, heißt die Funktion n-mal stetig differenzierbar an der Stelle x_0. Ist f n-mal stetig differenzierbar für alle $x \in D$, heißt f n-mal stetig differenzierbar.

Ist f n-mal stetig differenzierbar für alle $n \in \mathbb{N}$, heißt f unendlich oft stetig differenzierbar oder glatt. Polynome, Potenzfunktionen (auf $(0, +\infty)$), Exponentialfunktionen, logarithmische Funktionen, Sinus- und Kosinusfunktionen sind unendlich oft stetig differenzierbar.

5.3.5 Eigenschaften differenzierbarer Funktionen

Ziele dieses Unterkapitels
- Was besagt der Mittelwertsatz der Differentialrechnung?

Ist eine Funktion f im Intervall $[a, b]$ differenzierbar, so kann man die Ableitung f' der Funktion an jeder Stelle innerhalb des Intervalls berechnen. Es gibt aber eine weitere

---

[19]   Man wähle ein $n \in \mathbb{N}_0$ mit $n > \frac{1}{2\pi\delta} - \frac{1}{4}$.

Eigenschaft differenzierbarer Funktionen, die für mathematische Schlussfolgerungen, insbesondere bei der Kurvendiskussion, hilfreich ist:

Verbindet man die Randpunkte des Intervalls, $(a, f(a))^T$ und $(b, f(b))^T$, so ergibt sich als Sekante eine Gerade $y = f(a) + \frac{f(b)-f(a)}{b-a}(x-a)$ mit Steigung $\frac{f(b)-f(a)}{b-a}$. Für eine auf (a,b) differenzierbare (und auf $[a,b]$ stetige) Funktion f kann man zeigen, dass es (mindestens) eine Stelle $x_0 \in (a,b)$ gibt, so dass die Ableitung an dieser Stelle gleich der Steigung der beschriebenen Gerade ist, also dass $f'(x_0) = \frac{f(b)-f(a)}{b-a}$. Diese Aussage ist in Abbildungen 5.71 und 5.72 illustriert und wird als Mittelwertsatz der Differentialrechnung bezeichnet. Im Fall $f(a) = f(b)$ ist sie auch als Satz von Rolle bekannt.

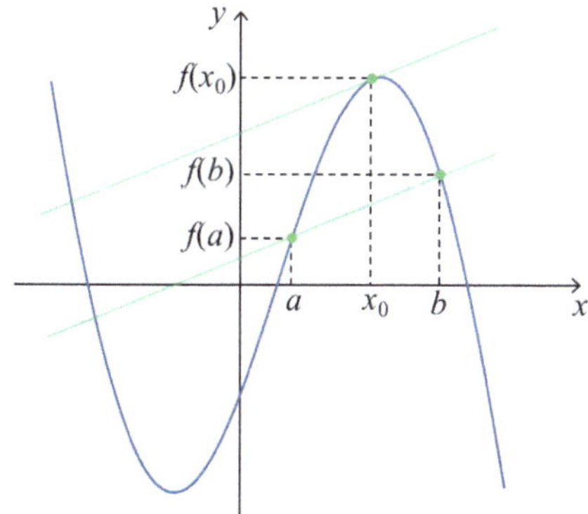

Abbildung 5.71: Der Mittelwertsatz der Differentialrechnung

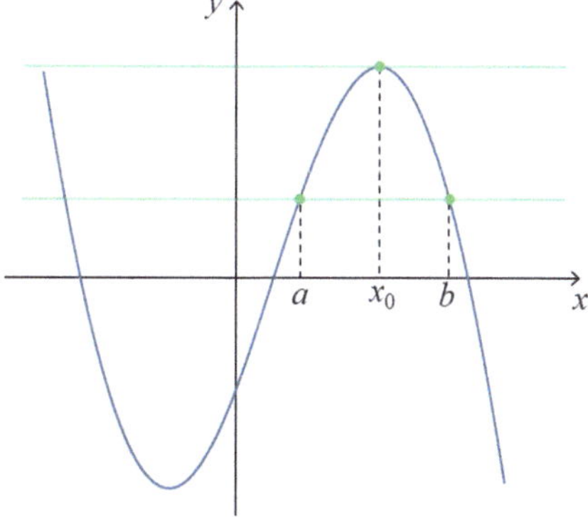

Abbildung 5.72: Der Satz von Rolle

Satz 5.3.9 — Mittelwertsatz der Differentialrechnung.
Für $a, b \in \mathbb{R}$, $a < b$ sei die reelle Funktion $f : D \to Z$ auf dem Intervall $[a,b] \subseteq D$ stetig und auf (a,b) differenzierbar. Dann gibt es mindestens ein $x_0 \in (a,b)$, so dass

$$f'(x_0) = \frac{f(b)-f(a)}{b-a}.$$

Wir veranschaulichen hier die Aussage des Satzes an einigen Beispielen:

■ Beispiel 5.3.41 — Eine komplizierte Funktion.
Betrachten wir die Funktion

$$f(x) = \ln(e + 0,5e\sin(e^x)).$$

Diese Funktion zu zeichnen oder abzuleiten ist machbar aber mühsam.

Fragen wir uns nur, ob es ein $x_0 \in \mathbb{R}$ gibt mit $f'(x_0) = 0$, erleichtert uns der Mittelwertsatz die Arbeit.[20]

Aus den Rechenregeln für differenzierbare Funktionen und dem Satz über Kompositionen differenzierbarer Funktionen, Sätzen 5.3.5 und 5.3.6, folgt direkt, dass f auf $\mathbb{R}$ differenzierbar und damit stetig ist.

---

[20]   Warum wir solche Stellen mit einer Ableitung von 0 interessant finden, werden wir in Kapitel 5.6 sehen.

Finden wir also zwei Stellen $a, b \in \mathbb{R}$ im Definitionsbereich mit $a < b$ und $f(a) = f(b)$, so folgt aus dem Mittelwertsatz direkt, dass es eine solche Stelle $x_0 \in (a, b)$ mit Ableitung $f'(x_0) = 0$ geben muss.[21]

Durch geschicktes Ausprobieren findet man z.B. $f(\ln(\pi)) = 1$ und $f(\ln(2\pi)) = 1$.[22] Laut Satz 5.3.9, dem Mittelwertsatz, muss es also ein $x_0 \in (\ln(\pi), \ln(2\pi))$ geben mit $f'(x_0) = 0$. Natürlich hätte man auch z.B. $f(\ln(4\pi)) = 1$ und $f(\ln(5\pi)) = 1$ finden und daraus schließen können, dass es eine Stelle $x_0 \in (\ln(4\pi), \ln(5\pi))$ geben muss mit $f'(x_0) = 0$. Beide Schlüsse sind korrekt, wie Abbildung 5.73 zeigt.   ■

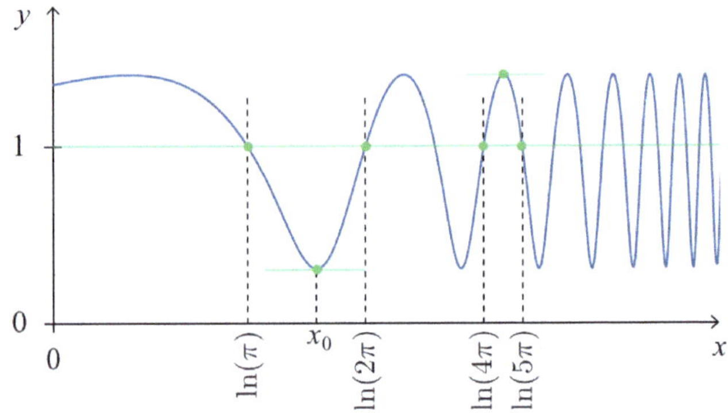

Abbildung 5.73: $f(x) = \ln(e + 0.5e\sin(e^x))$

■ Beispiel 5.3.42 — Die Betragsfunktion.

Betrachten wir die Funktion $f(x) = |x|$, so gilt $f(2) = f(-2) = 2$. Die Ableitung ist jedoch

$$f'(x) = \begin{cases} -1, & \text{falls } x < 0 \\ 1, & \text{falls } x > 0. \end{cases}$$

Es gibt also kein $x_0 \in (-2, 2)$ mit $f'(x) = 0$. Ist das ein Widerspruch zum Mittelwertsatz? An der Stelle $x = 0$ ist die Betragsfunktion nicht differenzierbar, vgl. Beispiel 5.3.5 oder Satz 5.3.7. Eine Voraussetzung des Mittelwertsatzes ist, dass die Funktion überall im Inneren des Intervalls differenzierbar ist. Er kann hier also nicht angewandt werden.   ■

■ Beispiel 5.3.43 — Eine Funktion mit einem Sprung.

Für die Funktion $f : [0, 3] \to \mathbb{R}$ mit

$$f(x) = \begin{cases} 4 - x & \text{falls } 0 \leq x < 3 \\ 4 & \text{falls } x = 3 \end{cases}$$

---

21   Diese Aussage verwechselt man leicht mit dem Nullstellensatz, Satz 5.2.20. Der Nullstellensatz besagt, dass eine stetige Funktion, die einen negativen und einen positiven Funktionswert hat, auch eine Nullstelle haben muss. Dies trifft hier nicht zu. (In diesem Beispiel sind alle Funktionswerte größer als 0.) Hier suchen wir nach gleichen Funktionswerten einer differenzierbaren Funktion und schließen daraus, dass es eine Stelle mit einer Ableitung von 0 geben muss.

22   Denn z.B. ist $f(\ln(\pi)) = \ln(e + 0.5e\sin(e^{\ln(\pi)})) = \ln(e + 0.5e\sin(\pi)) = \ln(e + 0.5e \cdot 0) = 1$.

gilt $f(0) = f(3) = 4$. Zudem ist die Funktion auf $(0,3)$ differenzierbar. Dennoch gibt es kein $x \in (0,3)$ mit $f'(x_0) = 0$. Ist das ein Widerspruch zum Mittelwertsatz? Eine Voraussetzung des Mittelwertsatzes ist, dass die Funktion an den Rändern stetig sein muss. Die Funktion f ist an der Stelle $x = 3$ jedoch nicht stetig, vgl. Abbildung 5.74. Der Mittelwertsatz kann hier also nicht angewandt werden. ∎

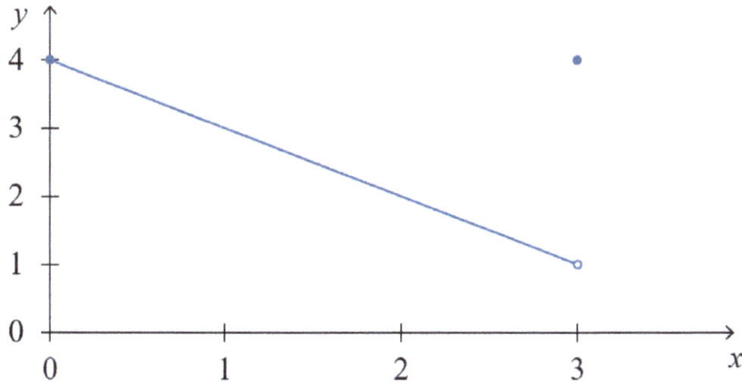

Abbildung 5.74: Eine Funktion mit Sprung

Der Mittelwertsatz erlaubt es, Schlüsse über die Ableitungen von stetigen und differenzierbaren Funktionen zu ziehen. Er ist auch hilfreich, um einfache Aussagen zu beweisen. Beispielsweise folgt aus ihm, dass eine differenzierbare Funktion genau dann konstant ist, wenn ihre Ableitung gleich 0 ist.

Satz 5.3.10 — Die Ableitung der konstanten Funktion.
Ist f auf (a,b) differenzierbar, so gibt es ein $c \in \mathbb{R}$ mit $f(x) = c$ für alle $x \in (a,b)$ genau dann, wenn $f'(x) = 0$ für alle $x \in (a,b)$.

Hieraus folgt unmittelbar:

Satz 5.3.11 — Funktionen mit gleicher Ableitung.
Sind f und g differenzierbar auf (a,b) und ist $f'(x) = g'(x)$ für alle $x \in (a,b)$, so unterscheiden sich f und g auf (a,b) nur bis auf eine Konstante $c \in \mathbb{R}$, d.h.

$$\exists c \in \mathbb{R} \ \forall x \in (a,b) : f(x) = g(x) + c.$$

In Kapitel 5.7 über Intergalrechnung wird dieser Satz von großer Bedeutung sein. Arbeiten wir z.B. mit der Funktion $f(x) = x^2 + 3$ mit Ableitung $2x$ und gibt es eine andere Funktion $g(x)$ mit $g'(x) = 2x = f'(x)$ für alle x, so muss g die Gestalt $g(x) = x^2 + 3 + c$ für ein $c \in \mathbb{R}$, also z.B. $g(x) = x^2 + 7$, $g(x) = x^2 - 101$ oder $g(x) = x^2$ haben.

Zudem können wir mithilfe des Mittelwertsatzes Satz 5.3.7 beweisen.

■ Beispiel 5.3.44 — Beweis von Satz 5.3.7 mithilfe des Mittelwertsatzes (∗).
Die Funktion f ist genau dann differenzierbar in x_0, wenn

$$\lim_{\Delta x \to 0^-} \frac{f(x_0 + \Delta x) - f(x_0)}{\Delta x} = \lim_{\Delta x \to 0^+} \frac{f(x_0 + \Delta x) - f(x_0)}{\Delta x}$$

gilt. Der linksseitige Grenzwert des Differenzenquotienten muss also gleich dem rechtsseitigen Grenzwert des Differenzenquotienten sein.

Wir betrachten zuerst den linkseitigen Differenzenquotienten für ein festes $(x_0 + \Delta x) \in (a, x_0)$. Die Funktion f ist auf dem Intervall $[x_0 + \Delta x, x_0]$ stetig und auf dem Intervall $(x_0 + \Delta x, x_0)$ differenzierbar. Laut Mittelwertsatz gibt es dann eine Stelle $\xi \in (x_0 + \Delta x, x_0)$ mit

$$\frac{f(x_0 + \Delta x) - f(x_0)}{\Delta x} = f'(\xi) = g_1'(\xi).$$

(Wir nennen die Zwischenstelle hier ξ statt x_0, da wir das Symbol x_0 in Satz 5.3.7 schon für die Stelle verwendet haben, welche den Randpunkt der beiden Definitionsbereiche darstellt.) Für $\Delta x \to 0^-$ muss wegen $\xi \in (x_0 + \Delta x, x_0)$ die Zwischenstelle $\xi \to x_0^-$ streben. Es folgt also

$$\lim_{\Delta x \to 0^-} \frac{f(x_0 + \Delta x) - f(x_0)}{\Delta x} = \lim_{\xi \to x_0^-} g_1'(\xi) = a_1.$$

Völlig analog zeigt man für den rechtsseitigen Grenzwert

$$\lim_{\Delta x \to 0^+} \frac{f(x_0 + \Delta x) - f(x_0)}{\Delta x} = \lim_{\xi \to x_0^+} g_2'(\xi) = a_2.$$

Man erhält also die Gleichheit des linksseitigen Grenzwerts und des rechtsseitigen Grenzwerts des Differenzenquotienten von f an der Stelle x_0 genau dann wenn $a_1 = a_2$ gilt. In diesem Fall ist f an der Stelle x_0 differenzierbar mit Ableitung $f'(x_0) = a_1$. ∎

> **(Z)** Ist f auf einem Intervall $[a, b]$ stetig und auf (a, b) differenzierbar, dann gibt es eine Stelle $x_0 \in [a, b]$, deren Ableitung der durchschnittlichen Steigung über diesem Intervall entspricht:
> $$f'(x_0) = \frac{f(b) - f(a)}{b - a}.$$

5.3.6 Die Grenzwertregeln von L'Hospital

Ziele dieses Unterkapitels

- Wie kann man Ableitungen nutzen, um den Grenzwert eines Bruchs zu bestimmen, wenn dieser Bruch bei separater Grenzwertbildung einen unbestimmten Ausdruck der Form $\frac{0}{0}$, $\frac{+\infty}{+\infty}$, $\frac{+\infty}{-\infty}$, $\frac{-\infty}{+\infty}$ oder $\frac{-\infty}{-\infty}$ liefert?

Die Ableitung von f an einer Stelle x_0 wurde zu Beginn dieses Kapitels als Grenzwert des Differenzenquotienten definiert. Umgekehrt kann die Ableitung auch hilfreich sein, um Grenzwerte zu bestimmen. Den Mittelwertsatz bzw. die Ableitung einer Funktion kann auch bei der Grenzwertbestimmung nützlich sein. Wir demonstrieren dies im folgenden Beispiel.

■ Beispiel 5.3.45 — Grenzwert der Funktion $h(x) = \frac{2xe^x}{e^x - 1}$.
Die Funktion $h(x) = \frac{2xe^x}{e^x - 1}$ hat einen natürlichen Definitionsbereich von $D_h = \mathbb{R} \setminus \{0\}$. Wollen wir das Verhalten an der Stelle $x = 0$ untersuchen, so stellt sich die Frage nach dem Grenzwert an der Stelle 0,

$$\lim_{x \to 0} \frac{2xe^x}{e^x - 1}.$$

Einfaches Einsetzen von 0 ergibt den unbestimmten Ausdruck $\frac{0}{0}$. Auch Ausklammern von einzelnen Faktoren scheint das Problem nicht zu beheben. Nennen wir die Funktion im Zähler $f(x) = 2xe^x$ und die im Nenner $g(x) = e^x - 1$, so wissen wir, dass beide Funktionen stetige, unendlich oft differenzierbare Funktionen sind. Ihre Funktionswerte sind $f(0) = g(0) = 0$. Ihre Ableitungen sind $f'(x) = 2e^x + 2xe^x$ mit $f'(0) = 2e^0 = 2$ bzw. $g'(x) = e^x$ mit $g'(0) = e^0 = 1$. An der Stelle 0 haben also beide Funktionen den Funktionswert 0, die Steigung der Tangente an f an der Stelle 0 ist aber doppelt so groß wie die Steigung der Tangente an g. Nutzt man die Definition der Ableitung und schreibt Δx statt x, ergibt sich

$$2 = \frac{f'(0)}{g'(0)} = \frac{\lim_{\Delta x \to 0} \frac{f(0+\Delta x)-f(0)}{\Delta x}}{\lim_{\Delta x \to 0} \frac{g(0+\Delta x)-g(0)}{\Delta x}} = \frac{\lim_{x \to 0} \frac{f(0+x)-f(0)}{x}}{\lim_{x \to 0} \frac{g(0+x)-g(0)}{x}} = \lim_{x \to 0} \frac{f(x) - \overbrace{f(0)}^{=0}}{g(x) - \underbrace{g(0)}_{=0}}$$

$$= \lim_{x \to 0} \frac{f(x)}{g(x)} = \lim_{x \to 0} \frac{2xe^x}{e^x - 1}.$$

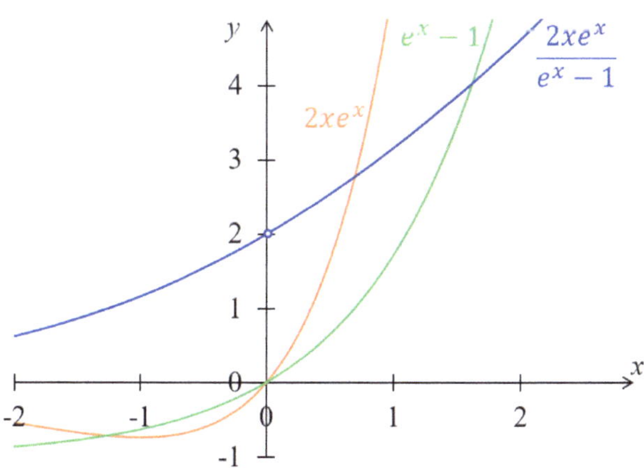

Abbildung 5.75: Der Grenzwert von $\frac{2xe^x}{e^x-1}$ an der Stelle 0

Der Quotient der Ableitungen entspricht also dem gesuchten Grenzwert, vgl. Abbildung 5.75. ∎

In obigem Beispiel suchten wir den Grenzwert eines Bruchs an einer Stelle, an welcher wir durch Einsetzen den unbestimmten Ausdruck $\frac{0}{0}$ erhalten. Wir ersetzten die Funktionen, welche den Zähler und den Nenner beschreiben, durch ihre Ableitungen. Der Wert dieses Quotienten der Ableitungen entsprach dann dem gesuchten Grenzwert. Dieses Vorgehen, bei der Grenzwertbildung die Funktionen im Zähler und den Nenner des Quotienten durch ihre Ableitungen zu ersetzen, ist als Anwendung der Regeln von L'Hospital bekannt. Folgender Satz rechtfertigt dieses Vorgehen.

Satz 5.3.12 — Erste Regel von L'Hospital (Fall $\frac{0}{0}$).

Sei $x_0 \in \mathbb{R}, \varepsilon > 0$ und f, g (mindestens) auf $(x_0 - \varepsilon, x_0 + \varepsilon) \setminus \{x_0\}$ definiert und dort differenzierbar. Ferner sei

- $\lim_{x \to x_0} f(x) = \lim_{x \to x_0} g(x) = 0$,
- $g'(x) \neq 0$ für alle $x \in (x_0 - \varepsilon; x_0 + \varepsilon) \setminus \{x_0\}$ und
- $\lim\limits_{x \to x_0} \frac{f'(x)}{g'(x)}$ existiert oder hat einen uneigentlichen Grenzwert.

Dann gilt:

$$\lim_{x \to x_0} \frac{f(x)}{g(x)} = \lim_{x \to x_0} \frac{f'(x)}{g'(x)}.$$

Unter entsprechend angepassten Voraussetzungen gilt auch

$$\lim_{x \to x_0^+} \frac{f(x)}{g(x)} = \lim_{x \to x_0^+} \frac{f'(x)}{g'(x)}, \qquad \lim_{x \to x_0^-} \frac{f(x)}{g(x)} = \lim_{x \to x_0^-} \frac{f'(x)}{g'(x)},$$

$$\lim_{x \to +\infty} \frac{f(x)}{g(x)} = \lim_{x \to +\infty} \frac{f'(x)}{g'(x)} \qquad \text{bzw.} \qquad \lim_{x \to -\infty} \frac{f(x)}{g(x)} = \lim_{x \to -\infty} \frac{f'(x)}{g'(x)}.$$

Auch wenn sich für den Bruch $\frac{f(x)}{g(x)}$ ein unbestimmter Ausdruck der Form $\frac{+\infty}{+\infty}$, $\frac{+\infty}{-\infty}$, $\frac{-\infty}{+\infty}$, oder $\frac{-\infty}{-\infty}$ ergibt, kann der Grenzwert durch Bildung der Ableitungen bestimmt werden:

Satz 5.3.13 — Zweite Regel von L'Hospital (die Fälle $\frac{+\infty}{+\infty}$, $\frac{+\infty}{-\infty}$, $\frac{-\infty}{+\infty}$, $\frac{-\infty}{-\infty}$).

Sei $x_0 \in \mathbb{R}, \varepsilon > 0$ und f, g (mindestens) auf $(x_0 - \varepsilon, x_0 + \varepsilon) \setminus \{x_0\}$ definiert und dort differenzierbar. Ferner sei

- $\lim\limits_{x \to x_0} f(x) = +\infty$ oder $-\infty$ und $\lim\limits_{x \to x_0} g(x) = +\infty$ oder $-\infty$,
- $g'(x) \neq 0$ für alle $x \in (x_0 - \varepsilon; x_0 + \varepsilon) \setminus \{x_0\}$ und
- $\lim_{x \to x_0} \frac{f'(x)}{g'(x)}$ existiert oder hat einen uneigentlichen Grenzwert.

Dann gilt:

$$\lim_{x \to x_0} \frac{f(x)}{g(x)} = \lim_{x \to x_0} \frac{f'(x)}{g'(x)}.$$

Unter entsprechend angepassten Voraussetzungen gilt auch

$$\lim_{x \to x_0^+} \frac{f(x)}{g(x)} = \lim_{x \to x_0^+} \frac{f'(x)}{g'(x)}, \qquad \lim_{x \to x_0^-} \frac{f(x)}{g(x)} = \lim_{x \to x_0^-} \frac{f'(x)}{g'(x)},$$

$$\lim_{x \to +\infty} \frac{f(x)}{g(x)} = \lim_{x \to +\infty} \frac{f'(x)}{g'(x)} \qquad \text{bzw.} \qquad \lim_{x \to -\infty} \frac{f(x)}{g(x)} = \lim_{x \to -\infty} \frac{f'(x)}{g'(x)}.$$

Zusammenfassend besagen die beiden Regeln, dass wenn der Grenzwert eines Bruches $\frac{f(x)}{g(x)}$ an der Stelle x_0 oder für $x \to \pm\infty$ als $\frac{0}{0}$, $\frac{+\infty}{+\infty}$, $\frac{+\infty}{-\infty}$, $\frac{-\infty}{+\infty}$, oder $\frac{-\infty}{-\infty}$ ausgewertet wird, der Grenzwert von $\frac{f(x)}{g(x)}$ dem Grenzwert von $\frac{f'(x)}{g'(x)}$ entspricht (falls dieser existiert oder man einen uneigentlichen Grenzwert erhält). Statt den Bruch aus Zähler $f(x)$ und Nenner $g(x)$ zu untersuchen, untersucht man den Bruch der jeweiligen Ableitungen. Wir zeigen das Vorgehen in einfachen Beispielen, bevor wir dann kompliziertere Fälle betrachten:

■ Beispiel 5.3.46 — Beispiel zur Anwendung der Regel von L'Hospital.

Der natürliche Definitionsbereich von $h(x) = \frac{\ln(x^2)}{e^{1/x^2}}$ ist $D_h = \mathbb{R} \setminus \{0\}$. Wollen wir den Grenzwert

$$\lim_{x \to 0} \frac{\ln(x^2)}{e^{1/x^2}}$$

bestimmen, überprüfen wir zunächst die Voraussetzungen: Sowohl der Zähler als auch der

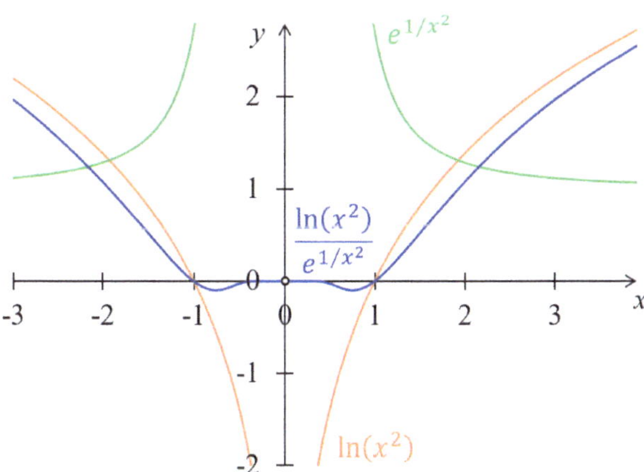

Abbildung 5.76: Der Grenzwert von $\frac{\ln(x^2)}{e^{1/x^2}}$ an der Stelle 0

Nenner sind differenzierbar auf D_h und haben einen uneigentlichen Grenzwert, denn mit $z = 1/x^2$ ergibt sich

$$\lim_{x \to 0} e^{1/x^2} = \lim_{z \to +\infty} e^z = +\infty \quad \text{und} \quad \lim_{x \to 0} \ln(x^2) = \lim_{z \to +\infty} \ln\left(\frac{1}{z}\right) = -\infty.$$

Zudem gilt für alle $x \neq 0 = x_0$, dass $\left(e^{1/x^2}\right)' = -\frac{2}{x^3} e^{1/x^2} \neq 0$. Die Ableitung des Nenners ist also für alle $x \neq 0 = x_0$ nicht gleich 0. Zuletzt überprüfen wir, ob der Grenzwert $\lim_{x \to 0} \frac{(\ln(x^2))'}{(e^{1/x^2})'}$ existiert. Wir substituieren wieder $z = 1/x^2$ und erhalten:

$$\lim_{x \to 0} \frac{\left(\ln(x^2)\right)'}{(e^{1/x^2})'} = \lim_{x \to 0} \frac{\frac{2x}{x^2}}{\frac{-2}{x^3} e^{1/x^2}} = \lim_{x \to 0} \frac{-x^2}{e^{1/x^2}} = \lim_{x \to 0}(-x^2) \cdot \lim_{x \to 0} \frac{1}{e^{1/x^2}}$$

$$= \lim_{x \to 0}(-x^2) \cdot \lim_{z \to +\infty} e^{-z} = \lim_{x \to 0}(-x^2) \cdot \lim_{z \to -\infty} e^z = 0 \cdot 0 = 0.$$

Der Grenzwert existiert also und entspricht 0, wie Abbildung 5.76 auch suggeriert. Damit gilt

$$\lim_{x \to 0} \frac{\ln(x^2)}{e^{1/x^2}} = \lim_{x \to 0} \frac{(\ln(x^2))'}{(e^{1/x^2})'} = 0. \qquad \blacksquare$$

Die beiden Regeln von L'Hospital gelten auch für einseitige Grenzwerte bzw. Grenzwerte für $x \to +\infty$ oder $x \to -\infty$.

■ Beispiel 5.3.47 — Vergleich von Logarithmus und Potenzfunktion.

Der Grenzwert $\lim_{x \to +\infty} \frac{\ln(x)}{\sqrt{x}}$ kann ebenfalls über die zweite Regel von L'Hospital bestimmt werden:

Der Zähler und der Nenner haben für $x \to +\infty$ jeweils den uneigentlichen Grenzwert $+\infty$ und sind differenzierbar für alle $x \neq 0$. Zudem ist für alle $x \neq 0$ die Ableitung des Nenners gleich $\frac{1}{2\sqrt{x}} \neq 0$. Man erhält durch Anwendung der zweiten Regel von L'Hospital

$$\lim_{x \to +\infty} \frac{\ln(x)}{\sqrt{x}} = \lim_{x \to +\infty} \frac{(\ln(x))'}{(\sqrt{x})'} = \lim_{x \to +\infty} \frac{\frac{1}{x}}{\frac{1}{2\sqrt{x}}} = \lim_{x \to +\infty} \frac{2}{\sqrt{x}} = 0.$$

Diese Berechnung kann analog für beliebige Potenzen von x im Nenner durchgeführt werden. Denn für beliebiges $b > 0$ gilt $\lim_{x \to +\infty} x^b = +\infty$ und

$$\lim_{x \to +\infty} \frac{\ln(x)}{x^b} = \lim_{x \to +\infty} \frac{(\ln(x))'}{(x^b)'} = \lim_{x \to +\infty} \frac{\frac{1}{x}}{bx^{b-1}} = \lim_{x \to +\infty} \frac{1}{bx^b} = 0.$$

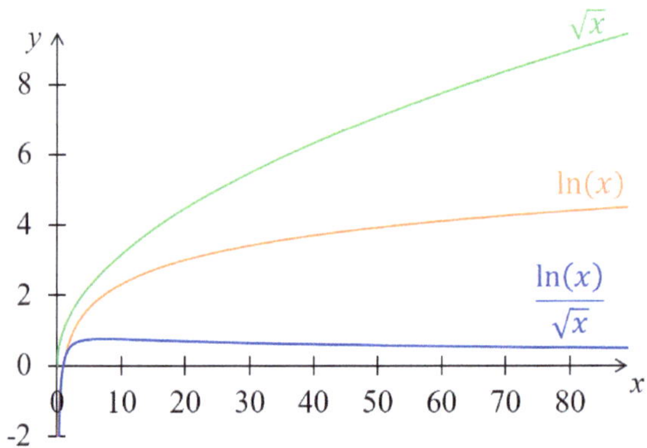

Abbildung 5.77: Der Grenzwert von $\frac{\ln(x)}{\sqrt{x}}$ für $x \to +\infty$

Anschaulich erkennt man auch in Abbildung 5.77, dass die Funktion $y = x^b$ für große Werte von x schneller wächst als $\ln(x)$. Der Nenner wird also „schneller groß" als der Zähler. Daher konvergiert der Bruch gegen 0.   ■

Wie in den Regeln von L'Hospital, Sätzen 5.3.12 und 5.3.13, beschrieben, gelten die beiden Regeln von L'Hospital auch, wenn der Grenzwert des Bruches mit abgeleitetem Zähler und Nenner ein uneigentlicher Grenzwert ist.

■ Beispiel 5.3.48 — Vergleich von Logarithmus und Exponentialfunktion.

Wir betrachten nun den Grenzwert von $y = \frac{e^x}{\ln(x)}$ für $x \to +\infty$. Sowohl der Zähler als auch der Nenner haben für $x \to +\infty$ einen uneigentlichen Grenzwert, die Ableitung des Nenners ist $(\ln(x))' = \frac{1}{x} \neq 0$ für alle $x \neq 0$.

Zudem gilt

$$\lim_{x\to+\infty}\frac{(e^x)'}{(\ln(x))'}=\lim_{x\to+\infty}\frac{e^x}{\frac{1}{x}}=\lim_{x\to+\infty}xe^x=\lim_{x\to+\infty}x\lim_{x\to+\infty}e^x=+\infty.$$

Also ist laut der zweiten Regel von L'Hospital $\lim_{x\to+\infty}\frac{e^x}{\ln(x)}=+\infty$, vgl. Abbildung 5.78. ∎

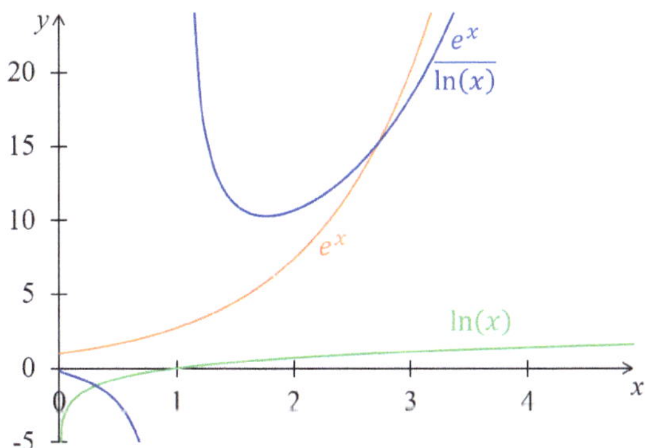

Abbildung 5.78: Der Grenzwert von $\frac{e^x}{\ln(x)}$ für $x\to+\infty$

Die Regeln von L'Hospital können auch angewendet werden, um zu überprüfen, ob $\lim_{x\to x_0}\frac{f'(x)}{g'(x)}$, $\lim_{x\to+\infty}\frac{f'(x)}{g'(x)}$ oder $\lim_{x\to-\infty}\frac{f'(x)}{g'(x)}$ existiert. Falls f und g also von höherer Ordnung differenzierbar sind, der durch Ableitung entstandene Grenzwert selbst ein unbestimmter Ausdruck ist und der Nenner stets ungleich 0 ist, kann man $\lim_{x\to x_0}\frac{f''(x)}{g''(x)}$ bzw. $\lim_{x\to+\infty}\frac{f''(x)}{g''(x)}$ oder $\lim_{x\to-\infty}\frac{f''(x)}{g''(x)}$ usw. untersuchen. Wir demonstrieren dies an einem Beispiel:

■ **Beispiel 5.3.49 — Vergleich von Potenz- und Exponentialfunktion.**
Interessieren wir uns für den Grenzwert von $\lim_{x\to+\infty}\frac{x^n}{e^x}$ für beliebiges $n\in\mathbb{N}$, so sind wir wieder im Fall „$\frac{\pm\infty}{+\infty}$". Ableiten ergibt

$$\lim_{x\to+\infty}\frac{x^n}{e^x}=\lim_{x\to+\infty}\frac{nx^{n-1}}{e^x}.$$

Für $n\geq 2$ hat man wieder einen Grenzwert, bei dem sowohl der Zähler als auch der Nenner des betrachteten Bruchs gegen $+\infty$ gehen.

Erneutes und wiederholtes Ableiten von Zähler und Nenner ergibt

$$\lim_{x\to+\infty}\frac{x^n}{e^x}=\lim_{x\to+\infty}\frac{nx^{n-1}}{e^x}=\lim_{x\to+\infty}\frac{n(n-1)x^{n-2}}{e^x}=\lim_{x\to+\infty}\frac{n(n-1)(n-2)x^{n-3}}{e^x}=\ldots$$

$$=\lim_{x\to+\infty}\frac{n(n-1)(n-2)\cdot\ldots\cdot2\cdot x^1}{e^x}=\lim_{x\to+\infty}\frac{n(n-1)(n-2)\cdot\ldots\cdot1\cdot x^0}{e^x}$$

$$=\lim_{x\to+\infty}\frac{n!}{e^x}=0.$$

Die natürliche Exponentialfunktion wächst also schneller als jede Potenzfunktion mit $n \in \mathbb{N}$, vgl. beispielsweise Abbildung 5.79.[23]   ■

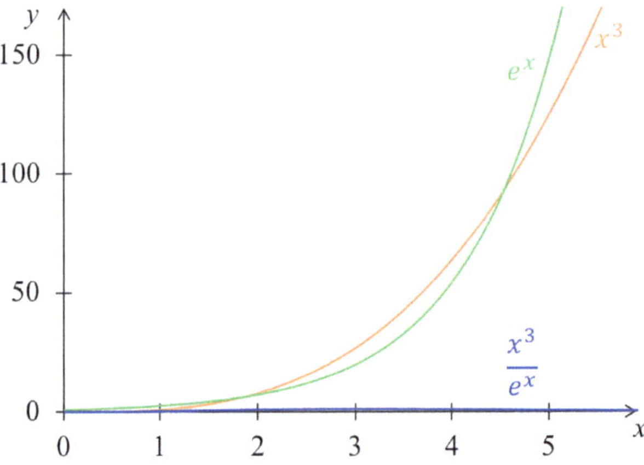

Abbildung 5.79: Der Grenzwert von $\frac{x^3}{e^x}$ für $x \to +\infty$

Liegen unbestimmte Ausdrücke der Form $0 \cdot (+\infty)$, $0 \cdot (-\infty)$, $+\infty - \infty$, 0^0 usw. vor, kann man sie oft zu unbestimmten Ausdrücken der Form $\frac{0}{0}$, $\frac{+\infty}{+\infty}$, $\frac{+\infty}{-\infty}$, $\frac{-\infty}{+\infty}$ oder $\frac{-\infty}{-\infty}$ transformieren und dann die Regeln von L'Hospital anwenden:

■ **Beispiel 5.3.50 — Unbestimmter Ausdruck der Form $0 \cdot (-\infty)$.**
Wir betrachten die Funktion mit $f(x) = x\ln(x)$. Es ist klar, dass $\lim_{x \to +\infty} x\ln(x) = +\infty$, da beide Faktoren für $x \to +\infty$ über alle Schranken wachsen. Für $x \to 0^+$ ist das Verhalten jedoch auf den ersten Blick unklar: Es gilt $\lim_{x \to 0^+} x = 0$ und $\lim_{x \to 0^+} \ln(x) = -\infty$. Das Produkt ist also ein unbestimmter Ausdruck. Auf den ersten Blick handelt es sich hier außerdem nicht um einen Bruch, so dass eine Anwendung der Regeln von L'Hospital nicht auf der Hand liegt. Allerdings kann man das vorliegende Produkt in einen Bruch umwandeln und dann die Regeln von L'Hospital nutzen. Im Beispiel ziehen wir x als $1/x$ in den Nenner und erhalten so den Fall $\frac{+\infty}{+\infty}$:

$$\lim_{x \to 0^+} x\ln(x) = \lim_{x \to 0^+} \frac{\ln(x)}{\frac{1}{x}} = \lim_{x \to 0^+} \frac{(\ln(x))'}{\left(\frac{1}{x}\right)'} = \lim_{x \to 0^+} \frac{\frac{1}{x}}{-\frac{1}{x^2}} = \lim_{x \to 0^+} -x = 0. \qquad ■$$

Wir betrachten als weiteres Beispiel einen unbestimmten Ausdruck der Form $+\infty - \infty$, den man in die Form eines Bruches bringen kann, um dann die Regeln von L'Hospital anzuwenden:

■ **Beispiel 5.3.51 — Unbestimmter Ausdruck der Form $+\infty - \infty$.**
Untersuchen wir den Grenzwert $\lim_{x \to 0^+} \left(\frac{1}{x} - \frac{1}{e^x - 1}\right)$, so können wir die Differenz hier auf einen gemeinsamen Nenner bringen und erhalten so an Stelle des unbestimmten Ausdrucks $+\infty - \infty$ einen Bruch der Form $\frac{0}{0}$. In dieser Form können wir dann die erste Regel von

---

[23]   Da für alle $x > 1$ für jede Potenzfunktion $x^r \leq x^{\lceil r \rceil}$, wenn $r > 0$, bzw. $x^r \leq x$, wenn $r \leq 1$, gilt, wächst die natürliche Exponentialfunktion sogar schneller als jede beliebige Potenzfunktion.

L'Hospital wiederholt anwenden. Es ergibt sich:

$$\lim_{x\to0^+}\left(\frac{1}{x}-\frac{1}{e^x-1}\right)=\lim_{x\to0^+}\frac{e^x-1-x}{x(e^x-1)}=\lim_{x\to0^+}\frac{(e^x-1-x)'}{(x(e^x-1))'}=\lim_{x\to0^+}\frac{e^x-1}{e^x-1+xe^x}$$

$$=\lim_{x\to0^+}\frac{(e^x-1)'}{(e^x-1+xe^x)'}=\lim_{x\to0^+}\frac{e^x}{e^x+e^x+xe^x}=\frac{1}{2}.\qquad\blacksquare$$

So sehr wir in den Beispielen nun die vielseitige Anwendbarkeit der Regeln von L'Hospital betonten, ist zu beachten, dass sie nur für Brüche der Formen $\frac{0}{0}$, $\frac{+\infty}{+\infty}$, $\frac{+\infty}{-\infty}$, $\frac{-\infty}{+\infty}$ oder $\frac{-\infty}{-\infty}$ angewendet werden dürfen.

■ **Beispiel 5.3.52 — Ein Ausdruck der Form $\frac{0}{3}$.**
Will man beispielsweise mit $f(x)=3x$ und $g(x)=3-x$ den Grenzwert

$$\lim_{x\to0}\frac{f(x)}{g(x)}=\lim_{x\to0}\frac{3x}{3-x}$$

bestimmen, so kann man hier die Regeln von L'Hospital nicht anwenden, da $\lim_{x\to0}f(x)=0$ und $\lim_{x\to0}g(x)\neq0$ gilt. In diesem Beispiel erhalten wir:

$$\lim_{x\to0}\frac{f(x)}{g(x)}=\lim_{x\to0}\frac{3x}{3-x}=\lim_{x\to0}3x\lim_{x\to0}\frac{1}{3-x}=0\cdot\frac{1}{3}=0$$

Untersuchen wir hier statt des Bruchs $\frac{f(x)}{g(x)}$ den Bruch der Ableitungen $\frac{f'(x)}{g'(x)}$, erhalten wir ein anderes Ergebnis.

$$\lim_{x\to0}\frac{f'(x)}{g'(x)}=\lim_{x\to0}\frac{3}{-1}=-3.$$

Die Untersuchung des Bruchs aus Zähler $f(x)$ und Nenner $g(x)$ darf hier nicht durch eine Untersuchung des Bruchs aus den Ableitungen ersetzt werden, da keiner der in den Regeln von L'Hospital behandelten Fälle vorliegt.   ■

Ⓩ Ergibt $\dfrac{\lim\limits_{x\to x_0}f(x)}{\lim\limits_{x\to x_0}g(x)}$ einen unbestimmten Ausdruck der Form $\frac{0}{0}$, $\frac{+\infty}{+\infty}$, $\frac{+\infty}{-\infty}$, $\frac{-\infty}{+\infty}$ oder $\frac{-\infty}{-\infty}$, und

ergibt $\lim\limits_{x\to x_0}\frac{f'(x)}{g'(x)}$ einen eigentlichen oder uneigentlichen Grenzwert, dann gilt $\lim\limits_{x\to x_0}\frac{f(x)}{g(x)}=$

$\lim\limits_{x\to x_0}\frac{f'(x)}{g'(x)}$. Unter entsprechend angepassten Voraussetzungen gilt dies entsprechend für einseitige Grenzwerte.

5.4 Eigenschaften

In diesem Kapitel diskutieren wir spezielle Eigenschaften reeller Funktionen wie Monotonie, Konvexität, Symmetrie und Periodizität.

5.4.1 Monotonie

Ziele dieses Unterkapitels

* Wann nennt man eine Funktion monoton steigend bzw. fallend? Wann nennt man sie streng monoton steigend bzw. fallend?
* Wie kann man das Monotonieverhalten einer differenzierbaren Funktion überprüfen?
* Sind streng monotone Funktionen stets injektiv? Sind injektive Funktionen stets streng monoton?
* Welche Operationen erhalten die Monotonie einer Funktion?
  - Ist f eine bijektive und (streng) monoton steigende bzw. fallende Funktion, ist dann auch die Umkehrfunktion f^{-1} streng monoton steigend bzw. fallend?
  - Sind f und g (streng) monoton steigende bzw. fallende Funktionen, ist dann auch $f+g$, $f-g$, $f \cdot g$ oder f/g (streng) monoton steigend bzw. fallend? Ist $\min\{f,g\}$ (streng) monoton steigend bzw. fallend? Ist $\max\{f,g\}$ (streng) monoton steigend bzw. fallend?
  - Ist f eine (streng) monoton steigende bzw. fallende Funktion, ist dann $cf(ax+b)+d$ mit $a,b,c,d \in \mathbb{R}$ eine (streng) monoton steigende bzw. fallende Funktion? Ist zusätzlich g monoton, ist dann $f(g(x))$ monoton steigend oder fallend?

■ Beispiel 5.4.1 — Monotonieverhalten am Graph.

Liest man die Funktionswerte der Kostenfunktion c^{ges} aus Beispiel 5.1.20 in Abbildung 5.25 im Graphen von links nach rechts, so ergeben sich immer größere Werte. Die Funktion steigt (monoton).

Die Funktionswerte der Funktion q aus Beispiel 5.1.2 in Abbildung 5.80 fallen von links nach rechts gelesen, bis man die Stelle $x = 0$ erreicht hat, danach steigen sie. Man bezeichnet die Funktion im Bereich der negativen x-Werte bis zur Stelle 0, $x \in (-\infty, 0]$ daher als monoton fallend und im Bereich der positiven x-Werte ab der Stelle 0, $x \in [0, +\infty)$, als monoton steigend.   ■

Formal definieren wir das Monotonieverhalten „monoton steigend" auf einem gegebenen Intervall wie folgt: vergleichen wir die Funktionswerte an zwei Stellen x_1 und x_2 innerhalb des Intervalls, wobei wir die Stellen so bezeichnen, dass $x_1 < x_2$ gilt, dann muss der Funktionswert an der Stelle x_1 stets kleiner oder gleich dem Funktionswert an der Stelle x_2 sein.[24]

Definition 5.4.1 — Monotonieverhalten reeller Funktionen.

Gilt für eine reelle Funktion $f : D \to Z$ und für eine Teilmenge $M \subseteq D$, dass für alle $x_1, x_2 \in M$ mit $x_1 < x_2$

* $f(x_1) \leq f(x_2)$, so heißt f **monoton steigend** (oder monoton wachsend) auf M bzw. in M;
* $f(x_1) < f(x_2)$, so heißt f **streng monoton steigend** (oder streng monoton wachsend)

---

[24] Da jede Folge auch eine reelle Funktion ist, könnte man sich fragen, warum diese Definition so anders erscheint als die Definition in Kapitel 4. Bei Folgen konnten wir die Monotonie aus dem Vergleich „benachbarter" Werte, also von Glied n und $n+1$, schließen. Bei einer reellen Funktion ist es jedoch im Allgemeinen unklar, was ein Nachbar von $x_1 \in \mathbb{R}$ ist. Daher müssen wir für allgemeine reelle Funktionen auf diese etwas andere Definition zurückgreifen. Die Folge ist jedoch laut Definition 4.1.2 genau dann monoton, wenn die durch sie beschriebene Funktion nach Definition 5.4.1 auf dem ganzen Definitionsbereich monoton ist.

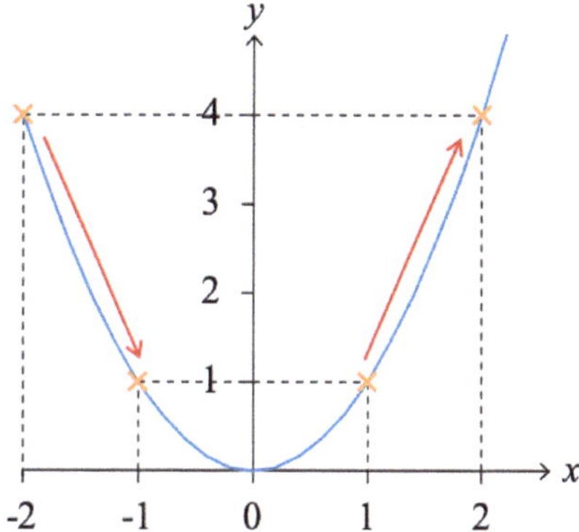

Abbildung 5.80: Die Funktion $q(x) = x^2$

> auf M bzw. in M;
> - $f(x_1) \geq f(x_2)$, so heißt f **monoton fallend** auf M bzw. in M;
> - $f(x_1) > f(x_2)$, so heißt f **streng monoton fallend** auf M bzw. in M.
>
> Ist f (streng) monoton steigend oder (streng) monoton fallend auf M, so sagt man auch, dass f (streng) **monoton** auf M ist. Gilt eine dieser Eigenschaften für $M = D$, wird auf den Zusatz „auf D" oft verzichtet.

Der Unterschied zwischen einer monoton steigenden und einer streng monoton steigenden Funktion ist, dass bei einer monoton steigenden Funktion verschiedenen x-Werten auch gleiche y-Werte zugeordnet werden können. Die Auf- und die Abrundungsfunktion sind also z.B. monoton steigend aber nicht streng monoton steigend. Wir zeigen dies formal:

■ **Beispiel 5.4.2 — Monotonieverhalten der Auf- und Abrundungsfunktion.**
Die Abrundungsfunktion ist definiert als $\lfloor x \rfloor = \max\{z \in \mathbb{Z} \mid z \leq x\}$. Um zu zeigen, dass diese Funktion monoton steigend ist, muss man den Funktionswert an einer Stelle x_1 mit dem Funktionswert einer Stelle x_2 mit $x_1 < x_2$ vergleichen. Gilt $x_1 < x_2$, dann ist jede ganze Zahl, welche kleiner als x_1 ist, auch kleiner als x_2. Somit ist die Menge aller Zahlen, welche kleiner als x_1 sind, eine Teilmenge der Menge aller Zahlen, welche kleiner als x_2 sind. Aus $\{z \in \mathbb{Z} \mid z \leq x_1\} \subseteq \{z \in \mathbb{Z} \mid z \leq x_2\}$ folgt mit Satz 2.2.5, dass $\max\{z \in \mathbb{Z} \mid z \leq x_1\} \leq \max\{z \in \mathbb{Z} \mid z \leq x_2\}$.

Es gilt also

$$\lfloor x_1 \rfloor = \max\{z \in \mathbb{Z} \mid z \leq x_1\} \leq \max\{z \in \mathbb{Z} \mid z \leq x_2\} = \lfloor x_2 \rfloor,$$

die Funktion ist monoton steigend. Dass die Funktion nicht streng monoton steigend ist, erkennt man z.B. daran, dass die Werte $x_1 = 1.1$ und $x_2 = 1.2$ mit $x_1 < x_2$ beide auf den Funktionswert $f(x_1) = f(x_2) = 1$ abgebildet werden. Es gibt also ein $x_1 < x_2$ mit $\lfloor x_1 \rfloor = \lfloor x_2 \rfloor$. Somit gilt für alle $x_1 < x_2$, dass $\lfloor x_1 \rfloor \leq \lfloor x_2 \rfloor$, aber nicht $\lfloor x_1 \rfloor < \lfloor x_2 \rfloor$.

Ebenso kann man für die Aufrundungsfunktion zeigen, dass

$$\lceil x_1 \rceil = \min\{z \in \mathbb{Z} \mid z \geq x_1\} \leq \min\{z \in \mathbb{Z} \mid z \geq x_2\} = \lceil x_2 \rceil.$$

Auch hier gilt für alle $x_1 < x_2$, dass $\lceil x_1 \rceil \leq \lceil x_2 \rceil$, aber nicht $\lceil x_1 \rceil < \lceil x_2 \rceil$. Die Aufrundungsfunktion ist demnach ebenfalls monoton steigend, aber nicht streng monoton steigend.

■

■ Beispiel 5.4.3 — Monotonieverhalten einer konstanten Funktion.

Bei einer konstanten Funktion, $f(x) = c$ mit $c \in \mathbb{R}$, gilt für alle $x_1 < x_2$, dass $f(x_1) = f(x_2)$. Damit gilt für alle $x_1 < x_2$ sowohl $f(x_1) \leq f(x_2)$ als auch $f(x_1) \geq f(x_2)$. Deshalb ist eine konstante Funktion sowohl monoton steigend als auch monoton fallend. Sie ist aber weder streng monoton steigend noch streng monoton fallend.   ■

■ Beispiel 5.4.4 — Monotonieverhalten der Funktion q.

Betrachten wir $q(x) = x^2$, so folgt aus $0 \leq x_1 < x_2$, dass $0 \leq x_1^2 < x_2^2$. Die Funktion ist also streng monoton steigend, wenn $x_1, x_2 \in [0, +\infty)$. Für $x_1 < x_2 \leq 0$ gilt $0 \leq x_2^2 < x_1^2$. Die Funktion ist somit streng monoton fallend, wenn $x_1, x_2 \in (-\infty, 0]$. Zusammenfassend ist q (streng) monoton fallend in $(-\infty, 0]$ und (streng) monoton steigend in $[0, +\infty)$ ■

■ Beispiel 5.4.5 — Monotonieverhalten von $f(x) = x^3$.

Betrachten wir die Funktion $f(x) = x^3$. Betrachtet man den Graphen in Abbildung 5.81, erahnt man, dass diese Funktion streng monoton ist. Um dies zu zeigen, zeigen wir, dass aus $x_1 < x_2$ die Ungleichung $x_1^3 < x_2^3$ folgt bzw. dass aus $x_2 - x_1 > 0$ die Ungleichung $x_2^3 - x_1^3 > 0$ folgt. Beginnen wir mit $x_2^3 - x_1^3$ und addieren und subtrahieren $x_1 x_2^2 + x_1^2 x_2$, ergibt sich ein Term, aus dem man $\frac{1}{2}(x_2 - x_1)$ ausklammern kann. So erhält man

$$x_2^3 - x_1^3 = x_2^3 + x_1 x_2^2 + x_1^2 x_2 - x_1 x_2^2 - x_1^2 x_2 - x_1^3 = \frac{1}{2}(x_2 - x_1)(2x_2^2 + 2x_1 x_2 + 2x_1^2)$$

$$= \frac{1}{2} \underbrace{(x_2 - x_1)}_{>0} \underbrace{\left(x_2^2 + x_1^2 + (x_2 + x_1)^2\right)}_{>0} > 0.$$

Dabei sind alle Faktoren des letzten Terms streng größer als 0, da entweder $x_1 \neq 0$ oder $x_2 \neq 0$ gelten muss. Also gilt für alle $x_1 < x_2$ auch $x_1^3 = f(x_1) < f(x_2) = x_2^3$. Die Funktion $f(x) = x^3$ ist streng monoton steigend.   ■

Ein Monotoniekriterium

Die Ableitung beschreibt die Änderungsrate einer Funktion. Es liegt auf der Hand, eine Verbindung zwischen einer positiven Änderungsrate und einer monoton steigenden Funktion, sowie einer negativen Änderungsrate und einer monoton fallenden Funktion ziehen zu wollen:

> **Satz 5.4.1 — Ein Monotoniekriterium.**
> Sei $f : D \to Z$ eine reelle Funktion und $I \subseteq D$ ein Intervall. Ist f auf I stetig und an jeder inneren Stelle differenzierbar, dann gilt:
> i. $f'(x) \geq 0$ für alle inneren Stellen $x \in I \Leftrightarrow f$ monoton steigend auf I;
> ii. $f'(x) \leq 0$ für alle inneren Stellen $x \in I \Leftrightarrow f$ monoton fallend auf I;
> iii. $f'(x) > 0$ für alle inneren Stellen $x \in I \Rightarrow f$ streng monoton steigend auf I;
> iv. $f'(x) < 0$ für alle inneren Stellen $x \in I \Rightarrow f$ streng monoton fallend auf I.

Wir analysieren das Verhalten einer affin-linearen Funktion mit Hilfe dieses Satzes.

■ Beispiel 5.4.6 — Monotonie von $f(x) = a_1 x + a_0$.

Die Funktion $f(x) = a_1 x + a_0$ hat die erste Ableitung $f'(x) = a_1$ für alle $x \in \mathbb{R}$. Für $a_1 > 0$ ist f damit (auf $\mathbb{R}$) streng monoton steigend, für $a_1 < 0$ ist f (auf $\mathbb{R}$) streng monoton fallend. Für $a_1 = 0$ entspricht die Funktion der konstanten Funktion $f(x) = a_0$. In diesem Fall gilt also $f'(x) = 0$ und somit sowohl $f'(x) \leq 0$ als auch $f'(x) \geq 0$ für alle $x \in \mathbb{R}$. Die

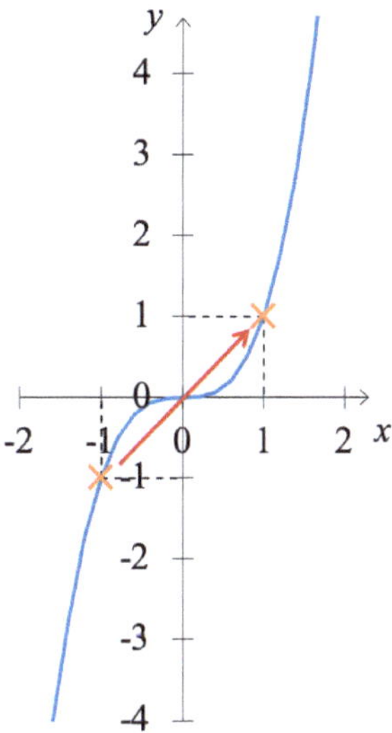

Abbildung 5.81: Die Funktion $f(x) = x^3$

Funktion f ist folglich sowohl monoton fallend als auch monoton steigend, wenn $a_1 = 0$, vgl. auch Beispiel 5.4.3.   ∎

Wir wenden diesen Satz auf die anderen zuvor betrachteten Beispiele an:

■ Beispiel 5.4.7 — Fortsetzung von Beispiel 5.4.4.
Für $q(x) = x^2$ gilt, dass $q'(x) = 2x$. Somit gilt $q'(x) < 0$ für alle $x \in (-\infty, 0)$ und $q'(x) > 0$ für alle $x \in (0, +\infty)$. Die Funktion q ist folglich streng monoton fallend auf $(-\infty, 0]$ und streng monoton steigend auf $[0, +\infty)$.   ∎

■ Beispiel 5.4.8 — Fortsetzung von Beispiel 5.4.5.
Für die Funktion $f(x) = x^3$ gilt $f'(x) = 3x^2 \geq 0$ für alle $x \in \mathbb{R}$. Die Funktion ist also monoton steigend.

Dieser Weg scheint hier deutlich einfacher zu sein als die Abschätzung in Beispiel 5.4.5. Zu beachten ist hierbei jedoch, dass wir als Ergebnis nur erhalten, dass f monoton ist. Obwohl wir zuvor gezeigt hatten, dass die Funktion streng monoton ist, können wir diese Aussage nicht durch Satz 5.4.1 mit Hilfe der Ableitung bestätigen, da $f'(0) = 0$ und damit $f'(x) > 0$ nicht für alle x gilt.[25]   ∎

Aus $f'(x) > 0$ (bzw. $f'(x) < 0$) für alle x folgt also zwar strenge Monotonie im betrachteten Intervall, aus strenger Monotonie folgt aber nicht $f'(x) > 0$ (bzw. $f'(x) < 0$) sondern nur $f'(x) \geq 0$ (bzw. $f'(x) \leq 0$) für alle x.

■ Beispiel 5.4.9 — Fortsetzung von Beispiel 5.4.2.
Die Ableitung der Abrundungsfunktion $\lfloor x \rfloor$ ist 0 für alle $x \notin \mathbb{Z}$. Für alle anderen Werte,

---

[25] Man könnte hier aus den Ableitungen aber schließen, dass f sowohl auf dem Intervall $(-\infty, 0]$ als auch auf dem Intervall $[0, +\infty)$ monoton steigen muss. Es gilt also $f(x_1) < f(x_2)$ für alle $x_1 < x_2 \leq 0$ und für alle $0 \leq x_1 < x_2$. Zudem gilt für $x_1 < 0 < x_2$, dass $f(x_1) < f(0) < f(x_2)$ und somit $f(x_1) < f(x_2)$ für alle $x_1, x_2 \in \mathbb{R}$. Zusammenfassend ist f damit streng monoton steigend.

$x \in \mathbb{Z}$ existiert sie nicht, vgl. Beispiel 5.3.9. Dennoch ist die Funktion nicht konstant, sondern monoton steigend, da an jeder Unstetigkeitsstelle $x_2 \in \mathbb{Z}$ für alle $x_1 < x_2$ die Ungleichung $f(x_1) < f(x_2)$ gilt. Um das Verhalten an diesen Unstetigkeitsstellen zu untersuchen, kann man die Ableitungen nicht nutzen, da die Funktion an Unstetigkeitsstellen nicht differenzierbar ist. Somit ist Satz 5.4.1 nicht hilfreich, um die Monotonie der Abrundungsfunktion $\lfloor x \rfloor$ zu untersuchen. ∎

Wir betrachten ein weiteres Beispiel, in dem man bei Anwendung von Satz 5.4.1 vorsichtig sein muss.

■ Beispiel 5.4.10 — Monotonie der Funktion $\frac{1}{x}$.
Die Funktion $f : (0, +\infty) \to \mathbb{R}$ mit $f(x) = \frac{1}{x}$ ist auf ihrem gesamten Definitionsbereich differenzierbar mit $f'(x) = -\frac{1}{x^2} < 0$. Die Funktion ist streng monoton fallend.

Die Funktion $\hat{f} : \mathbb{R} \setminus \{0\} \to \mathbb{R}$ mit größerem Definitionsbereich und $\hat{f}(x) = \frac{1}{x}$ ist ebenfalls an allen Stellen ihres Definitionsbereichs differenzierbar mit $\hat{f}'(x) = -\frac{1}{x^2} < 0$. Aus Satz 5.4.1 ergibt sich, dass $\hat{f}$ (streng) monoton fallend auf $(-\infty, 0)$ und (streng) monoton fallend auf $(0, +\infty)$ ist. Obwohl $\hat{f}'(x) < 0$ für alle $x \in D = \mathbb{R} \setminus \{0\}$, ist die Funktion nicht (streng) monoton fallend auf D, vgl. Abbildung 5.82. Es gilt beispielsweise $x_1 = -2 \leq x_2 = 2$ aber $\hat{f}(x_1) = -\frac{1}{2} < \frac{1}{2} = \hat{f}(x_2)$. Dies ist kein Widerspruch zu Satz 5.4.1, da dieser nur über Intervallen angewandt werden kann und $D = \mathbb{R} \setminus \{0\}$ kein Intervall ist. ∎

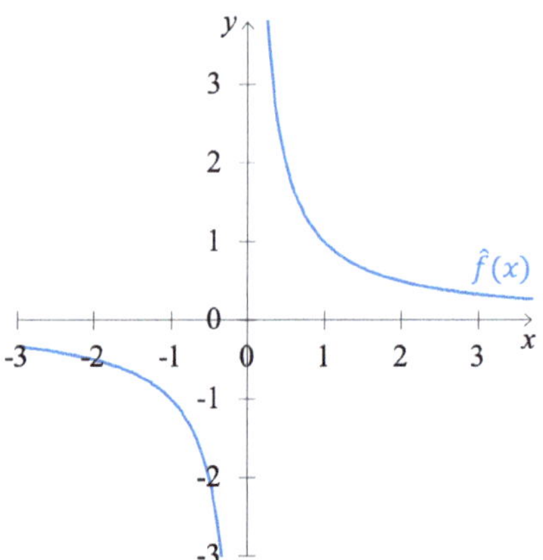

Abbildung 5.82: Die Funktion mit Abbildungsvorschrift $y = \frac{1}{x}$

Wir zeigen die Monotonie einer abschnittsweise definierten Funktion:

■ Beispiel 5.4.11 — Eine abschnittsweise definierte Funktion.
Die Funktion $f : \mathbb{R} \to \mathbb{R}$ mit

$$f(x) = \begin{cases} x^2 & \text{falls } x \leq 0 \\ 0 & \text{falls } x > 0 \end{cases}$$

ist differenzierbar, da $\lim_{x \to 0^-} (x^2)' = \lim_{x \to 0^-} 2x = 0 = \lim_{x \to 0^+} (0)'$ und hat die Ableitung

$f': \mathbb{R} \to \mathbb{R}$ mit

$$f'(x) = \begin{cases} 2x & \text{falls } x \le 0 \\ 0 & \text{falls } x > 0. \end{cases}$$

Somit ist $f'(x) \le 0$ für alle $x \in \mathbb{R}$. Die Funktion ist also monoton fallend. Da aber zum Beispiel $f(0) = f(1) = 0$ gilt, ist die Funktion nicht streng monoton fallend, vgl. Abbildung 5.83. ∎

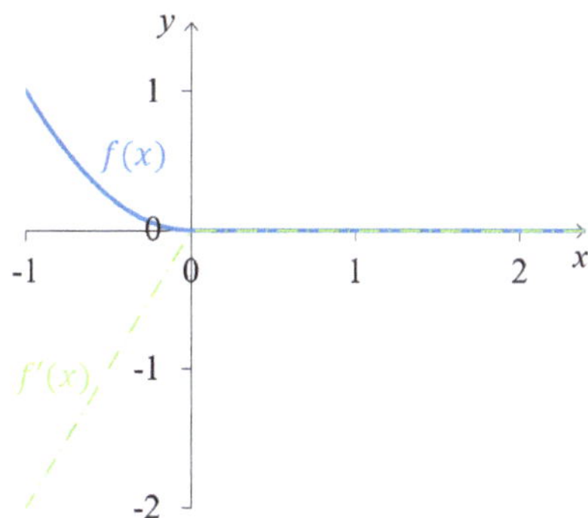

Abbildung 5.83: Eine monoton, aber nicht streng monoton, fallende Funktion

Monotonie und Injektivität

In Kapitel 3 diskutierten wir die Eigenschaften der Surjektivität und der Injektivität. Beide Eigenschaften sind wichtig, wenn man prüfen will, ob eine Funktion umkehrbar ist. Dabei ist eine Funktion mit Definitionsbereich D und Abbildungsvorschrift $y = f(x)$ stets surjektiv, wenn man als Zielmenge den Wertebereich $f(D)$ wählt. Ob eine Funktion injektiv ist oder nicht, kann man anhand des Definitionsbereichs und der Abbildungsvorschrift beurteilen. Ist eine reelle Funktion streng monoton, so ist sie injektiv:

> **Satz 5.4.2 — Injektivitätskriterium.**
> Ist $f: D \to Z$ eine (auf D) streng monotone reelle Funktion, so ist f injektiv auf D.

■ Beispiel 5.4.12 — Nachfragefunktion.
Dass die Funktion $d: [0,500] \to \mathbb{R}$ mit $d(p) = 50 - 0.1p$ injektiv ist, hatten wir schon in Beispiel 3.2.14 gezeigt, indem wir $y = d(p)$ eindeutig nach p auflösten. Man kann in diesem Fall auch über die Ableitung argumentieren:

Für die Nachfragefunktion $d: [0,500] \to \mathbb{R}$ mit $d(p) = 50 - 0.1p$ gilt $d'(p) = -0.1 < 0$ für alle $p \in [0,500]$. Die Funktion ist also streng monoton fallend und damit laut Satz 5.4.2 injektiv. ∎

Zu beachten ist hier, dass man die Injektivität einer differenzierbaren Funktion $y = f(x)$ nicht aus $f'(x) \ge 0$ bzw. $f'(x) \le 0$ sondern nur aus $f'(x) > 0$ bzw. $f'(x) < 0$ schließen kann. Denn Satz 5.4.2 setzt strenge Monotonie voraus, Monotonie alleine ist nicht hinreichend.

■ Beispiel 5.4.13 — Die konstante Funktion.
Beispielsweise ist die konstante Funktion $f(x) = c, c \in \mathbb{R}$ monoton aber nicht injektiv.

Schließlich gilt $f'(x) = 0 \geq 0$ für alle $x \in \mathbb{R}$, die Funktion ist demnach monoton steigend. Analog kann man argumentieren, dass $f'(x) = 0 \leq 0$ für alle $x \in \mathbb{R}$, die Funktion ist demnach monoton fallend. Auf beide Arten kommt man zu dem Schluss, dass die Funktion monoton, aber nicht streng monoton ist.

Die Funktion ist aber nicht injektiv, da die Funktionswerte verschiedener x-Werte gleich sind: für alle $x_1, x_2 \in \mathbb{R}$ mit $x_1 \neq x_2$ gilt $f(x_1) = f(x_2)$.

Eine monotone Funktion ist also in der Regel nicht injektiv.   ■

■ Beispiel 5.4.14 — Die Funktion f(x) = x³.

Wie im vorherigen Beispiel kann man Injektivität der Funktion $y = f(x) = x^3$ entweder durch Auflösen von $y = x^3$ nach x zeigen (erhält man nur ein x, so ist f injektiv) oder über die Monotonie: Wie in Beispiel 5.4.5 gezeigt, ist die Funktion $f(x) = x^3$ streng monoton steigend. Aus Satz 5.4.2 folgt, dass die Funktion injektiv ist. Auch hier kann man die Injektivität der Funktion $y = f(x) = x^3$ aber nicht aus $f'(x) \geq 0$ direkt schließen.   ■

Satz 5.4.2 besagt, dass eine streng monotone Funktion stets injektiv ist. Allerdings ist umgekehrt nicht jede injektive Funktion monoton. Satz 5.4.2 ist nicht umkehrbar. Wir demonstrieren dies an einem Beispiel.

■ Beispiel 5.4.15 — Eine injektive, nicht monotone Funktion.

In Abbildung 5.84 erkennt man leicht, dass die Funktion

$$f : \mathbb{R} \to \mathbb{R} \quad \text{mit} \quad f(x) = \begin{cases} x & \text{falls } x \leq 0 \\ \frac{1}{x} & \text{falls } x > 0 \end{cases}$$

injektiv ist: negative x-Werte werden auf sich selbst (also auf einen negativen Wert) abgebildet, positive x-Werte werden auf ihren Kehrwert abgebildet. Der negative Wert $y = -4$ beispielsweise hat genau ein Urbild $x = -4$, der positive Wert $y = 3$ hat das Urbild $x = \frac{1}{3}$. Die Umkehrfunktion lautet

$$f^{-1} : \mathbb{R} \to \mathbb{R} \quad \text{mit} \quad f^{-1}(y) = \begin{cases} y & \text{falls } y \leq 0 \\ \frac{1}{y} & \text{falls } y > 0 \end{cases}.$$

Jedem y-Wert kann also genau ein x-Wert zugeordnet werden. Die Funktion ist injektiv. Dennoch ist die Funktion weder (auf dem gesamten Definitionsbereich) (streng) monoton steigend noch (auf dem gesamten Definitionsbereich) (streng) monoton fallend. Für negative x-Werte gilt $f'(x) = 1 > 0$, die Funktion ist hier streng monoton steigend. Für positive x-Werte gilt $f'(x) = -\frac{1}{x^2} < 0$, die Funktion ist hier streng monoton fallend. An der Stelle 0 ist die Funktion nicht stetig und damit auch nicht differenzierbar.   ■

Die unstetige Funktion im vorherigen Beispiel ist injektiv aber nicht monoton. Ist der Definitionsbereich einer stetigen Funktion ein Intervall, so ist sie genau dann injektiv, wenn sie streng monoton ist.

> **Satz 5.4.3 — Injektivität stetiger Funktionen.**
> Ist I ein Intervall und ist die reelle Funktion $f : I \to Z$ stetig, dann gilt: f ist genau dann injektiv, wenn f auf I streng monoton ist.

Besonders hilfreich sind Sätze 5.4.1-5.4.3, um die Injektivität einer Funktion zu zeigen, bei der man die Abbildungsvorschrift nicht einfach nach x auflösen kann.

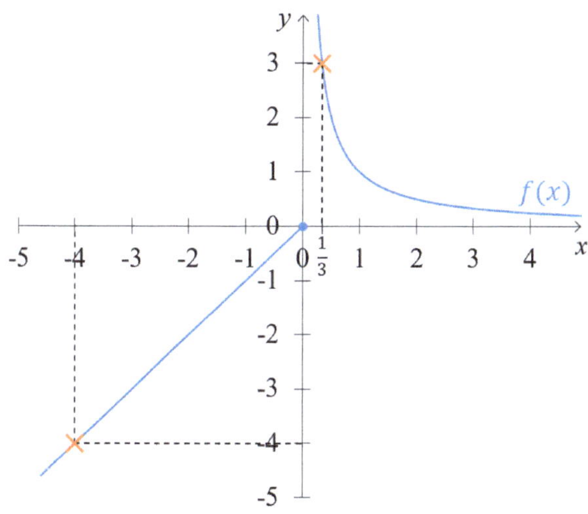

Abbildung 5.84: Eine injektive, nicht monotone Funktion f

■ Beispiel 5.4.16 — Bijektivität einer Funktion mit nicht nach x auflösbarer Abbildungsvorschrift.

Schon in Beispiel 5.3.22 behaupteten wir, dass die stetige Funktion $f : \mathbb{R} \to \mathbb{R}$ mit $f(x) = x + e^x$ bijektiv sei und die Umkehrfunktion existiert. Wir holen hier den Beweis dieser Behauptungen nach:

- Injektivität: Da $e^x > 0$ für alle x, gilt $f'(x) = e^x + 1 > 1 > 0$ für alle x. Somit ist f streng monoton steigend und injektiv.
- Surjektivität: In Kapitel 5.6 werden wir ein allgemeines Vorgehen zur Bestimmung des Wertebereichs und damit zur Überprüfung der Surjektivität $Z = f(D)$ darstellen. Im Fall der Funktion $f : \mathbb{R} \to \mathbb{R}$ mit $f(x) = x + e^x$ haben wir schon alle nötigen Mittel:
  Es gilt $\lim_{x \to -\infty} f(x) = -\infty$ und $\lim_{x \to +\infty} f(x) = +\infty$. Die Funktion f steigt also für große x über alle Grenzen c. Für alle $c > 0$ kann somit ein $b \in \mathbb{R}$ bestimmt werden, so dass $f(b) > c$. Die Funktion fällt für kleine x unter alle Grenzen. Demnach kann also für alle $c > 0$ auch ein $a \in \mathbb{R}$, $a < b$ bestimmt werden, so dass $f(a) < -c$. Aus dem Definitionsbereich $D = \mathbb{R}$ und der Intervalltreue stetiger Funktionen, Satz 5.2.21, folgt, dass für alle $c > 0$ das Intervall $[-c, c] \subseteq f(\mathbb{R})$ im Wertebereich liegt. Somit muss $f(\mathbb{R}) = \mathbb{R}$ gelten. Die Funktion ist surjektiv.

Die Funktion $f : \mathbb{R} \to \mathbb{R}$ mit $f(x) = x + e^x$ ist also injektiv und surjektiv. Somit ist f bijektiv und die Umkehrfunktion f^{-1} existiert. ■

Monotonieerhaltungssätze

Bei einer differenzierbaren Funktion lässt sich das Monotonieverhalten mit Hilfe der ersten Ableitung untersuchen. Oft kann man einer Funktion aber noch schneller „ansehen", dass sie monoton ist. Dabei ist die Idee, das Monotonieverhalten einer „neuen" Funktion auf das von bekannten Funktionen zurückzuführen. Wir diskutieren im Folgenden das Monotonieverhalten

- der Umkehrfunktion einer monotonen Funktion;

- von Verknüpfungen zweier monotoner Funktionen in Form von Summen, Differenzen, Produkten, Quotienten, Maxima und Minima;
- einer Komposition einer monotonen Funktion mit einer affin-linearen Funktion.

Die Umkehrfunktion einer monotonen Funktion

Ist eine reelle Funktion $f : D \to f(D)$ streng monoton, wissen wir aus Satz 5.4.2, dass eine Umkehrfunktion existiert. Den Graph dieser Umkehrfunktion erhält man durch Spiegelung des Graphen von f an der Achse $y = x$. Diese Spiegelung verändert das Monotonieverhalten dabei nicht.

> **Satz 5.4.4 — Monotonieeigenschaft der Umkehrfunktion.**
> Ist die reelle Funktion $f : D \to f(D)$ streng monoton, so existiert die Umkehrfunktion $f^{-1} : f(D) \to D$. Ist f streng monoton steigend, so ist die Umkehrfunktion $f^{-1} : f(D) \to D$ streng monoton steigend. Ist f streng monoton fallend, so ist die Umkehrfunktion $f^{-1} : f(D) \to D$ streng monoton fallend.

■ **Beispiel 5.4.17 — Die Umkehrfunktion von $f(x) = x^3$.**
Betrachten wir erneut die bijektive Funktion $f : \mathbb{R} \to \mathbb{R}$ mit $y = f(x) = x^3$, so wissen wir aus Beispiel 5.4.5, dass diese Funktion streng monoton ist. Damit können wir aus Satz 5.4.4 direkt schließen, dass die Umkehrfunktion $f^{-1}(y) : \mathbb{R} \to \mathbb{R}$ existiert und ebenfalls streng monoton steigt, vgl. auch Abbildung 5.85. [26]   ■

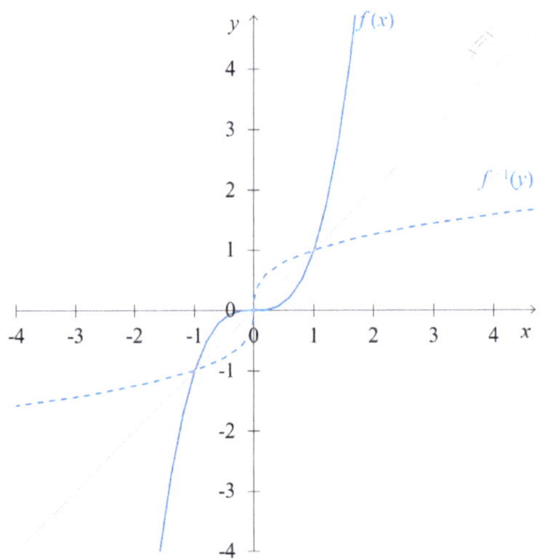

Abbildung 5.85: Die Funktion $f(x) = x^3$ und ihre Umkehrfunktion

In obigem Beispiel hätte man aber natürlich auch die Abbildungsvorschrift der Umkehrfunktion einfach angeben können, um zu verifizieren, dass diese monoton ist. Wieder

---

[26] Hierbei ist zu beachten, dass die Abbildungsvorschrift der Umkehrfunktion für $x \geq 0$ als $f^{-1}(x) = x^{1/3}$ gegeben ist und für $x < 0$ als $f^{-1}(x) = -(|x|)^{1/3}$. Bezüglich der Existenz der dritten Wurzel einer negativen Zahl werden unter Mathematikern verschiedene Positionen vertreten.

erweist sich der Satz 5.4.4 als besonders hilfreich, wenn die Abbildungsvorschrift der Umkehrfunktion nicht so einfach zu bestimmen ist.

■ Beispiel 5.4.18 — Eine nicht nach x auflösbare Abbildungsvorschrift.
Betrachten wir erneut die Funktion $f : \mathbb{R} \to f(\mathbb{R}) = \mathbb{R}$ mit $y = f(x) = x + e^x$. Wir zeigten in Beispiel 5.4.16, dass f bijektiv ist. Die Umkehrfunktion $f^{-1} : \mathbb{R} \to \mathbb{R}$ mit $x = f^{-1}(y)$ existiert also und ist ebenfalls streng monoton steigend, vgl. Abbildung 5.5.					■

Summe, Differenz, Produkt und Quotient monotoner Funktionen
Addiert man zwei (gleichartig) monotone Funktionen, so ergibt sich eine monotone Funktion:

Satz 5.4.5 — Die Summe zweier monotoner Funktionen.
Es seien f und g reelle Funktionen auf dem gemeinsamen Definitionsbereich D.
- Ist f monoton steigend und g (streng) monoton steigend, so ist auch die Summe $f + g$ (streng) monoton steigend.
- Ist f monoton fallend und g (streng) monoton fallend, so ist auch die Summe $f + g$ (streng) monoton fallend.

■ Beispiel 5.4.19 — Skalierung und Addition monotoner Funktionen.
Addiert man zur monoton steigenden Abrundungsfunktion $f(x) = \lfloor x \rfloor$ die streng monoton steigende Funktion $g(x) = x^3$, vgl. Beispiel 5.4.5, so erhält man laut Satz 5.4.5 eine streng monoton steigende Funktion mit Abbildungsvorschrift $(f + g)(x) = f(x) + g(x) = \lfloor x \rfloor + x^3$, vgl. Abbildung 5.86.					■

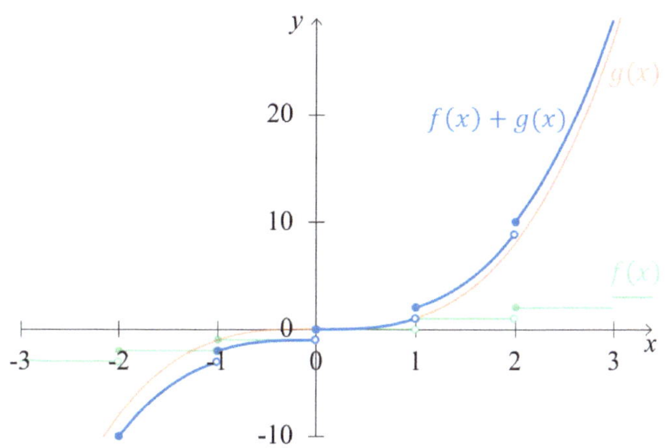

Abbildung 5.86: Addition zweier monotoner Funktionen

Ein häufiger Fehler ist es, obigen Satz 5.4.5 überzustrapazieren. Er behauptet nur, dass die Summe zweier (gleichartig) monotoner Funktionen monoton ist. Er macht weder eine Aussage zur Differenz monotoner Funktionen noch zum Produkt oder zum Quotienten.

■ Beispiel 5.4.20 — Subtraktion monotoner Funktionen.
Subtrahiert man von der streng monoton steigenden Funktion $f(x) = x$ die streng mono-

ton steigende Funktion $g(x) = x^3$, so erhält man eine Funktion mit Abbildungsvorschrift $(f-g)(x) = x - x^3$. Diese Funktion ist nicht monoton, vgl. Abbildung 5.15 rechts. Beispielsweise gilt $(f-g)(0) = 0 < (f-g)(\frac{1}{2}) = \frac{3}{8}$ und $(f-g)(\frac{1}{2}) = \frac{3}{8} > (f-g)(1) = 0$, vgl. wiederum Abbildung 5.15 rechts. ∎

■ **Beispiel 5.4.21 — Produkt und Quotient monotoner Funktionen.**
Multipliziert man die streng monoton steigende Funktion $f(x) = x$ mit der streng monoton steigenden Funktion $g(x) = x^3$, so erhält man eine Funktion mit Abbildungsvorschrift $(f \cdot g)(x) = x^4$. Diese Funktion ist nicht monoton, vgl. Abbildung 5.16 links. Beispielsweise gilt $(f \cdot g)(-1) = 1 > (f \cdot g)(0) = 0$ und $(f \cdot g)(0) = 0 < (f \cdot g)(1) = 1$.

Betrachtet man den Quotienten der beiden Funktionen, so ist weder die Funktion mit Abbildungsvorschrift $\frac{f(x)}{g(x)} = \frac{x}{x^3}$ noch die Funktion mit Abbildungsvorschrift $\frac{g(x)}{f(x)} = \frac{x^3}{x}$ monoton, vgl. Abbildungen 5.16 rechts und 5.87. ∎

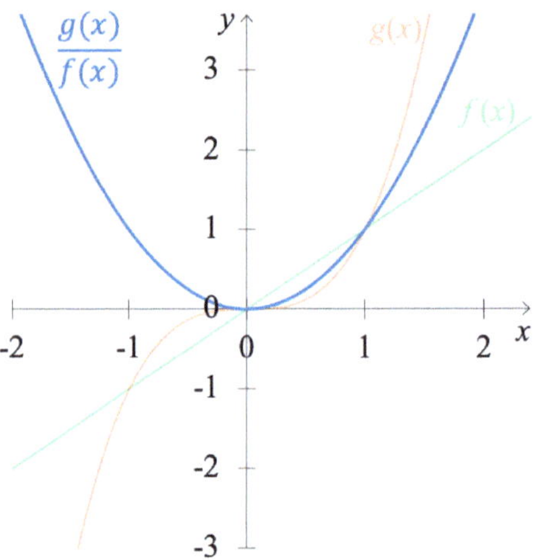

Abbildung 5.87: Quotient zweier monotoner Funktionen

Minimum und Maximum monotoner Funktionen

Sind zwei Funktionen beide monoton steigend oder beide monoton fallend, so ist auch ihr Maximum, bzw. ihr Minimum monoton.

Satz 5.4.6 — Monotonieeigenschaft von Maximum und Minimum.
Es seien $f : D \to Z_1$ und $g : D \to Z_2$ reelle Funktionen.
- Sind f und g (streng) monoton steigend, so sind auch $\max\{f,g\}$ und $\min\{f,g\}$ (streng) monoton steigend.
- Sind f und g (streng) monoton fallend, so sind auch $\max\{f,g\}$ und $\min\{f,g\}$ (streng) monoton fallend.

Wir betrachten ein Beispiel:

■ **Beispiel 5.4.22 — Fortsetzung von Beispiel 5.1.15.**
Wir untersuchen die Funktion mit Abbildungsvorschrift $h(x) = \max\{x, x^3\}$ bzw. $h(x) = \max\{f(x), g(x)\}$ mit $f(x) = x$ und $g(x) = x^3$ aus Beispiel 5.1.15. Diese Funktion ist in

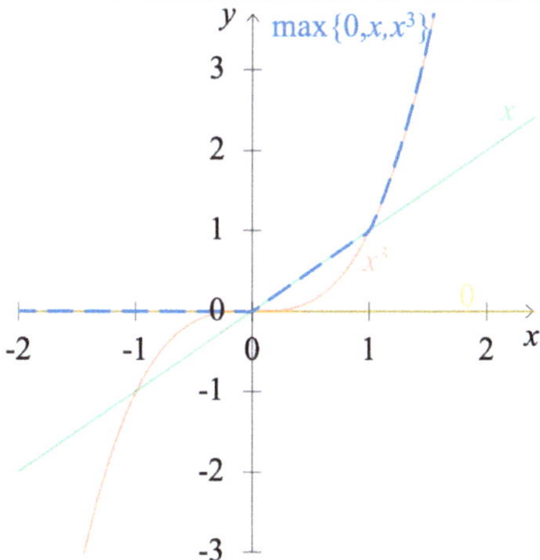

Abbildung 5.88: Die Funktionen $0, x, x^3$ und $\max\{0, x, x^3\}$

Abbildung 5.17 dargestellt. Man sieht leicht, dass diese Funktion an den Stellen $-1, 0$ und 1 nicht differenzierbar ist. Man kann das Monotonieverhalten also nicht einfach aus der Ableitung ablesen.

Da sowohl x als auch x^3 jedoch monoton steigende Funktionen sind, ist gemäß Satz 5.4.6 auch h monoton steigend.

Die Funktion mit Abbildungsvorschrift $y = \min\{x, x^3\}$ ist gemäß Satz 5.4.6 ebenfalls monoton steigend. Der Graph ist in Abbildung 5.17 dargestellt. ∎

■ Beispiel 5.4.23 — Das Maximum dreier monotoner Funktionen.

Wir untersuchen die Funktion mit Abbildungsvorschrift $y = \max\{0, h(x)\}$ mit $h(x) = \max\{x, x^3\}$. Diese Funktion ist in Abbildung 5.88 in blau dargestellt. Da die konstante Funktion mit Abbildungsvorschrift $y = 0$ ebenso monoton steigend ist wie $h(x)$, muss nach Satz 5.4.6 die Funktion $y = \max\{0, h(x)\} = \max\{0, x, x^3\}$ monoton steigen. ∎

■ Beispiel 5.4.24 — Das Maximum dreier anderer monotoner Funktionen.

Die Funktion $f : [0, +\infty) \to \mathbb{R}$ mit $f(x) = \max\{\max\{15 - 2x, 10 - x\}, 0\} = \max\{15 - 2x, 10 - x, 0\}$ hat den gleichen Graphen wie die aggregierte Nachfragefunktion aus Beispiel 5.1.16. Betrachten wir zunächst die Funktion mit Abbildungsvorschrift $g(x) = \max\{15 - 2x, 10 - x\}$, so entspricht diese Funktion dem Maximum zweier affin-linearer Funktionen mit negativer Steigung. Da die affin-lineare Funktion mit Abbildungsvorschrift $y = 15 - 2x$ ebenso monoton fallend ist wie die affin-lineare Funktion mit Abbildungsvorschrift $y = 10 - x$, muss nach Satz 5.4.6 die Funktion g monoton fallen.

Betrachten wir nun die Funktion mit $f(x) = \max\{g(x), 0\}$ erhalten wir eine Funktion mit dem in Abbildung 5.89 rot gestrichelt eingezeichneten Graphen. Da f das Maximum einer streng monoton fallenden Funktion $g(x)$ und der monoton fallenden Funktion mit $y = 0$ darstellt, ist f nach Satz 5.4.6 monoton fallend.

Somit haben wir gezeigt, dass die aggregierte Nachfragefunktion aus Beispiel 5.1.16 monoton fallend ist. ∎

Wie im vorherigen Beispiel skizziert, kann man Satz 5.4.6 auf das Maximum bzw.

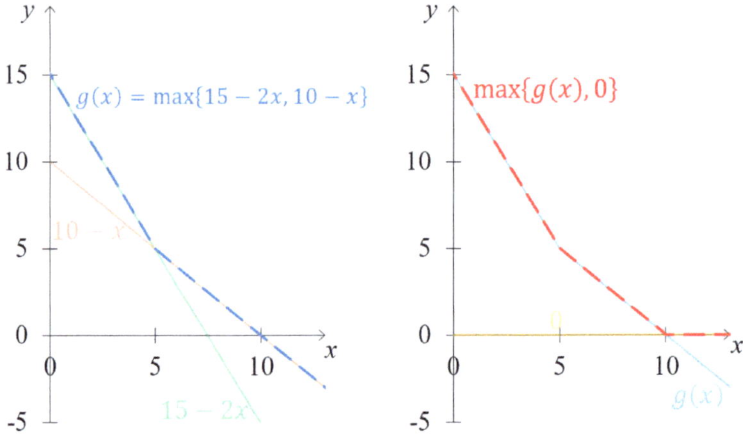

Abbildung 5.89: $f(x) = \max\{g(x), 0\}$ mit $g(x) = \max\{15 - 2x, 10 - x\}$

Minimum von n monotonen Funktionen, $n \in \mathbb{N}$, verallgemeinern.

Kompositionen mit affin-linearen Funktionen

Streckt, staucht, oder verschiebt man die x-Achse, so verändert sich das Monotonieverhalten einer Funktion über einem Intervall I des Definitionsbereichs nicht. Spiegelt man die Funktion jedoch an der y-Achse, so kehrt sich das Monotonieverhalten auf dem entsprechenden Intervall um.

> **Satz 5.4.7 — Monotonieerhaltung bei Transformation der x-Achse.**
> Ist $f : D \to Z$ eine reelle Funktion, $I = [i_1, i_2] \subseteq D$ ein Intervall, und $a, b \in \mathbb{R}$ Konstanten, so gilt:
> - Ist $a > 0$ und
>   - f (streng) monoton steigend auf I, so ist $f(ax + b)$ (streng) monoton steigend auf $\left[\frac{i_1 - b}{a}, \frac{i_2 - b}{a}\right]$.
>   - f (streng) monoton fallend auf I, so ist $f(ax + b)$ (streng) monoton fallend auf $\left[\frac{i_1 - b}{a}, \frac{i_2 - b}{a}\right]$.
> - Ist $a < 0$ und
>   - f (streng) monoton steigend auf I, so ist $f(ax + b)$ (streng) monoton fallend auf $\left[\frac{i_2 - b}{a}, \frac{i_1 - b}{a}\right]$.
>   - f (streng) monoton fallend auf I, so ist $f(ax + b)$ (streng) monoton steigend auf $\left[\frac{i_2 - b}{a}, \frac{i_1 - b}{a}\right]$.
> Ist I ein offenes, halb-offenes oder unbeschränktes Intervall, gelten obige Aussagen analog.

■ **Beispiel 5.4.25 — Transformation der x-Achse.**
Die Funktion $f : (0, +\infty) \to \mathbb{R}$ mit $f(x) = \ln(x)$ hat die Ableitung $f'(x) = \frac{1}{x} > 0$ für alle $x \in (0, +\infty)$. Die Funktion f ist also streng monoton steigend (auf $(0, +\infty)$). Betrachten wir die Funktion mit Abbildungsvorschrift $y = f(3x + 2) = \ln(3x + 2)$, so ist diese laut

Satz 5.4.7 ebenfalls streng monoton steigend (auf dem Intervall $(-\frac{2}{3}, +\infty)$).

Alternativ könnte man auch die Ableitung von $g(x) = \ln(3x+2)$ als $g'(x) = \frac{3}{3x+2} > 0$ bilden und hieraus schließen, dass g auf $D_g = (-\frac{2}{3}, +\infty)$ streng monoton steigt. ∎

Streckt, staucht, oder verschiebt man die y-Achse, so bleibt das Monotonieverhalten der Funktion auf einer Teilmenge des Definitionsbereichs $M \subseteq D$ erhalten. Spiegelt man die Funktion jedoch an der x-Achse, so kehrt sich auch hier das Monotonieverhalten um.

Satz 5.4.8 — Monotonieerhaltung bei Transformation der y-Achse.
Ist $f : D \to Z$ eine reelle Funktion, $M \subseteq D$ und $c, d \in \mathbb{R}$ Konstanten, so gilt:
- Ist $c > 0$ und f (streng) monoton
  - steigend auf M, so ist $c \cdot f + d$ (streng) monoton steigend auf M.
  - fallend auf M, so ist $c \cdot f + d$ (streng) monoton fallend auf M.
- Ist $c < 0$ und f (streng) monoton
  - steigend auf M, so ist $c \cdot f + d$ (streng) monoton fallend auf M.
  - fallend auf M, so ist $c \cdot f + d$ (streng) monoton steigend auf M.

Mit Hilfe dieses Satzes kann man beispielsweise schließen, dass f genau dann (streng) monoton fällt, wenn $-f$ (streng) monoton steigt.

■ **Beispiel 5.4.26 — Transformation der y-Achse.**
Die Funktion $f : (0, +\infty) \to \mathbb{R}$ mit $f(x) = \ln(3x+2)$ hat die Ableitung $f'(x) = \frac{3}{3x+2} > 0$ für alle $x \in (0, +\infty)$. Die Funktion f ist also streng monoton steigend. Betrachten wir die Funktion mit Abbildungsvorschrift $y = \frac{1}{4}f(x) + 1$, so ist diese laut Satz 5.4.8 ebenfalls streng monoton steigend.

Alternativ könnte man auch die Ableitung von $g(x) = \frac{1}{4}f(x) + 1$ als $g'(x) = \frac{1}{4}f'(x) = \frac{3}{12x+8} > 0$ bilden und hieraus schließen, dass g streng monoton steigt. ∎

Die vorangegangenen beiden Sätze lassen sich wie folgt zu einem Satz über Kompositionen verallgemeinern: Eine monoton steigende äußere Funktion gibt die Monotonie der inneren Funktion an die Komposition weiter; eine monoton fallende äußere Funktion kehrt die Monotonie der inneren Funktion um:

Satz 5.4.9 — Komposition monotoner Funktionen.
Es seien $f : D_2 \to Z_2$ und $g : D_1 \to Z_1$ reelle Funktionen. außerdem seien $M_1 \subseteq D_1$ resp. $M_2 \subseteq D_2$ mit $g(M_1) \subseteq M_2$.
- Sind f und g beide (streng) monoton steigend auf M_2 resp. M_1, so ist auch die Komposition $(f \circ g)$ (streng) monoton steigend auf M_1.
- Sind f und g beide (streng) monoton fallend auf M_2 resp. M_1, so ist die Komposition $(f \circ g)$ (streng) monoton steigend auf M_1.
- Ist f (streng) monoton steigend und g (streng) monoton fallend auf M_2 resp. M_1, so ist die Komposition $(f \circ g)$ (streng) monoton fallend auf M_1.
- Ist f (streng) monoton fallend und g (streng) monoton steigend auf M_2 resp. M_1, so ist die Komposition $(f \circ g)$ (streng) monoton fallend auf M_1.

Wir betrachten einige Beispiele:

■ Beispiel 5.4.27 — Komposition zweier monoton fallender Funktionen.

Betrachten wir die Funktion $h : (0, +\infty) \to (0, +\infty)$ mit $h(x) = (\frac{1}{2})^{\frac{1}{x}}$. Die Funktion ist eine Komposition der Funktion $f : (0, +\infty) \to (0, +\infty)$ mit $f(x) = (\frac{1}{2})^x$ mit der Funktion $g : (0, +\infty) \to (0, +\infty)$ mit $g(x) = \frac{1}{x}$. Sowohl f als auch g sind streng monoton fallende Funktionen, denn

$$f'(x) = \ln\left(\frac{1}{2}\right)\left(\frac{1}{2}\right)^x = -\ln(2)\left(\frac{1}{2}\right)^x < 0 \quad \text{und} \quad g'(x) = -\frac{1}{x^2} < 0$$

für alle $x \in (0, +\infty)$. Somit ist die Komposition laut Satz 5.4.9 streng monoton steigend, vgl. Abbildung 5.90. Natürlich könnte man die Monotonie der Komposition auch ohne

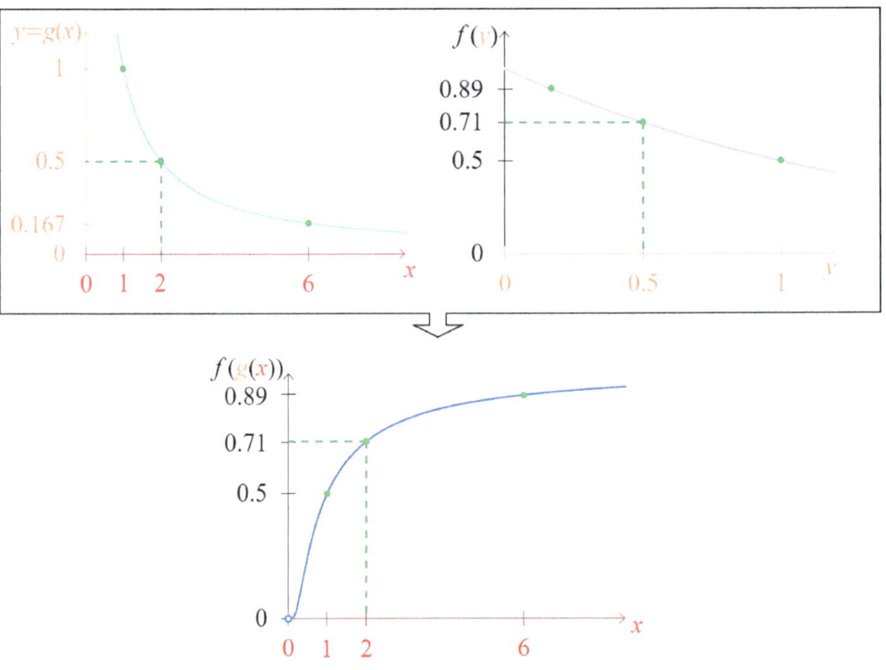

Abbildung 5.90: Die Komposition $h(x) = f(g(x)) = (\frac{1}{2})^{\frac{1}{x}}$

Anwendung des obigen Satzes über Differentiation der Funktion h und die Anwendung der Kettenregel zeigen, da f und g differenzierbar sind:

$$h'(x) = \ln\left(\frac{1}{2}\right)\left(\frac{1}{2}\right)^{\frac{1}{x}}\left(-\frac{1}{x^2}\right) = -\ln(2)\left(\frac{1}{2}\right)^{\frac{1}{x}}(-1)\frac{1}{x^2}$$

$$= \underbrace{\ln(2)}_{>0}\underbrace{\left(\frac{1}{2}\right)^{\frac{1}{x}}}_{>0}\underbrace{\frac{1}{x^2}}_{>0} > 0 \quad \text{für alle } x \in (0, +\infty).$$

Auch über Satz 5.4.1 können wir also schließen, dass h streng monoton steigt.   ■

■ **Beispiel 5.4.28 — Komposition zweier monotoner Funktionen.**
Betrachten wir die Funktion $h : (0, +\infty) \to (0, +\infty)$ mit $h(x) = \ln(\frac{1}{x})$. Die Funktion ist
eine Komposition der Funktion $f : (0, +\infty) \to (0, +\infty)$ mit $f(x) = \ln(x)$ mit der Funktion
$g : (0, +\infty) \to (0, +\infty)$ mit $g(x) = \frac{1}{x}$. Die Funktion f ist streng monoton steigend, g ist
streng monoton fallend. Die Komposition ist also laut Satz 5.4.9 streng monoton fallend,
vgl. Abbildung 5.91.   ■

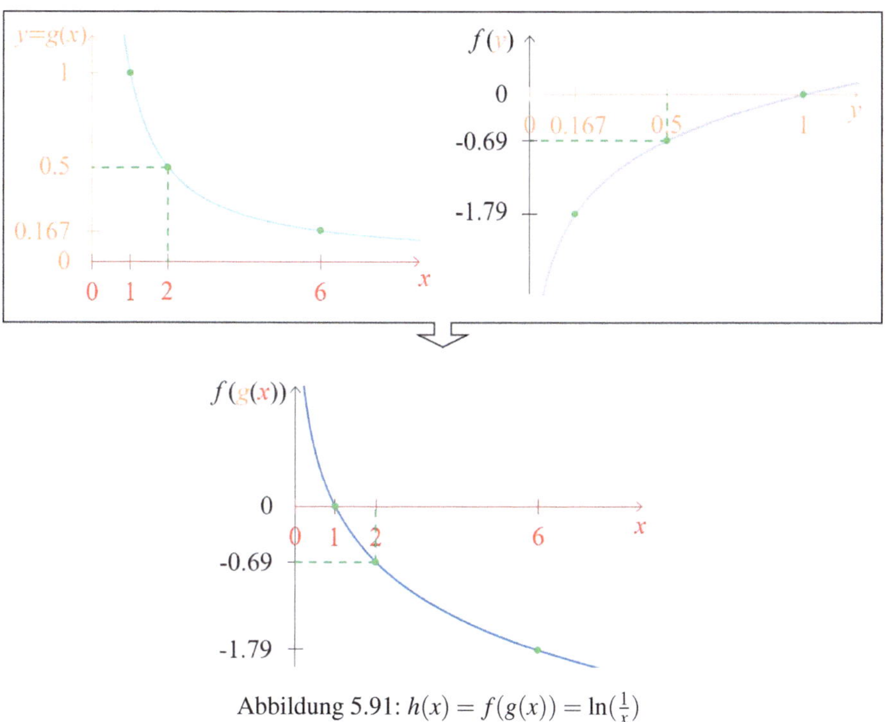

Abbildung 5.91: $h(x) = f(g(x)) = \ln(\frac{1}{x})$

■ **Beispiel 5.4.29 — Die Kostenfunktion des Einführungsbeispiels 0.1.2 .**
Wir betrachten erneut die Kostenfunktion $c^{ges} : [0, +\infty) \to \mathbb{R}$ mit $c^{ges}(x) = 30x + 500 \lceil \frac{x}{10} \rceil$.

Wir zeigen, dass die Funktion $c^{ges}(x)$ streng monoton steigt, indem wir zeigen, dass
die Funktionen $c_1(x) = 30x$ und $c_2(x) = 500 \lceil \frac{x}{10} \rceil$ streng monoton bzw. monoton steigen.
Damit muss dann auch $c^{ges}(x) = c_1(x) + c_2(x)$ streng monoton steigen.

Die Funktion $f(x) = x$ ist streng monoton steigend auf $[0, +\infty)$. Laut Satz 5.4.8 ist
damit auch die Funktion $c_1(x) = 30 f(x)$ streng monoton steigend auf $[0, +\infty)$.

Wir zeigen nun, dass $c_2(x)$ monoton steigt: Laut Satz 5.4.8 ist mit $f(x) = x$ auch die
Funktion $\frac{f(x)}{10}$ streng monoton steigend auf $[0, +\infty)$.

In Beispiel 5.4.2 hatten wir gezeigt, dass die Aufrundungsfunktion $g(x) = \lceil x \rceil$ monoton
steigend auf $[0, +\infty)$ ist. Also ist die Komposition mit der streng monotonen Funktion
$\frac{f(x)}{10}$ laut Satz 5.4.9 monoton steigend auf $[0, +\infty)$. Multipliziert man die sich durch die
Komposition ergebende Funktion $\lceil \frac{x}{10} \rceil$ mit 500, so erhält man laut Satz 5.4.8 die auf
$[0, +\infty)$ monoton steigende Funktion $c_2(x) = 500 \lceil \frac{x}{10} \rceil$.

Die Kostenfunktion ergibt sich als Summe einer streng monoton steigenden und einer monoton steigenden Funktion auf $[0, +\infty)$. Laut Satz 5.4.5 ist $c^{ges}(x) = c_1(x) + c_2(x)$ damit streng monoton steigend auf $[0, +\infty)$, vgl. Abbildung 5.92. ∎

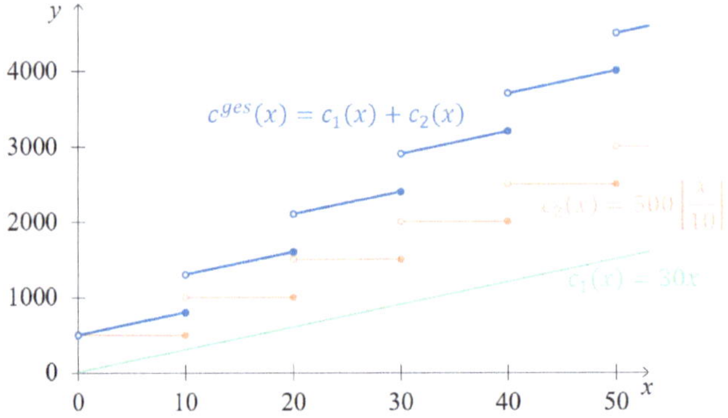

Abbildung 5.92: Die Kostenfunktion aus Einführungsbeispiel 0.1.2

(Z) Eine reelle Funktion f heißt auf $M \subseteq D$

$$
\left.
\begin{array}{l}
\text{monoton steigend} \\
\text{streng monoton steigend} \\
\text{monoton fallend} \\
\text{streng monoton fallend}
\end{array}
\right\}, \text{ wenn für alle } x_1 < x_2, x_1, x_2 \in M \text{ gilt }
\left\{
\begin{array}{l}
f(x_1) \leq f(x_2) \\
f(x_1) < f(x_2) \\
f(x_1) \geq f(x_2) \\
f(x_1) > f(x_2)
\end{array}
\right. .
$$

Ist f auf dem Intervall I differenzierbar, dann ist f genau dann monoton steigend (fallend) auf I, wenn $f'(x) \geq 0$ $(f'(x) \leq 0)$ an allen inneren Stellen $x \in I$. Gilt $f'(x) > 0$ $(f'(x) < 0)$ an allen inneren Stellen $x \in I$, dann ist f streng monoton steigend (fallend) auf I. Umgekehrt gilt aber nicht, dass für die Ableitung $f'(x) > 0$ $(f'(x) < 0)$ an allen inneren Stellen $x \in I$ gelten muss, wenn f auf I streng monoton steigt oder fällt.

Ist $f : D \to Z$ auf D streng monoton, dann ist f injektiv. Aber nicht jede injektive reelle Funktion ist streng monoton. Ist f stetig und injektiv auf einem Intervall I, dann ist f streng monoton auf I.

Zudem gilt:

- Die Umkehrfunktion einer streng monoton steigenden (fallenden) Funktion ist wiederum streng monoton steigend (fallend);
- Die Summe, das Maximum und das Minimum zweier (streng) monoton steigender (fallender) Funktionen ist wiederum (streng) monoton steigend (fallend);
- Ist f (streng) monoton steigend (fallend), dann ist $cf(ax+b)+d, a, b, c, d \in \mathbb{R}$ (streng) monoton steigend (fallend), wenn $a \cdot c > 0$ und (streng) monoton fallend (steigend), wenn $a \cdot c < 0$. Allgemein ist eine Komposition zweier monoton steigender (oder fallender) Funktionen wieder monoton steigend. Ist eine der Funktionen monoton steigend und eine fallend, so ist die Komposition monoton fallend. Ist eine der Funktionen dabei streng monoton, so ist die Komposition ebenfalls streng monoton.

5.4.2 Konvexität

Ziele dieses Unterkapitels

- Wann nennt man eine Funktion (streng) konvex oder konkav?
- Welchen Zusammenhang gibt es zwischen konvexen Punktmengen und konvexen bzw. konkaven Funktionen?
- Wie kann man das Krümmungsverhalten einer differenzierbaren Funktion überprüfen? In welchem Zusammenhang stehen der Graph und die Tangenten einer konvexen bzw. konkaven Funktion f? Was kann man über die ersten und zweiten Ableitungen sagen?
- Welche Operationen erhalten die (strenge) Konvexität bzw. die Konkavität einer Funktion?
  - Ist f eine bijektive und (streng) konvexe bzw. konkave Funktion, ist dann auch die Umkehrfunktion f^{-1} streng konvex bzw. konkav?
  - Sind f und g (streng) konvexe bzw. konkave Funktionen, ist dann auch $f + g$, $f - g$, $f \cdot g$ oder f/g (streng) konvex bzw. konkav? Ist $\min\{f,g\}$ (streng) konvex bzw. konkav? Ist $\max\{f,g\}$ (streng) konvex bzw. konkav?
  - Ist f eine (streng) konvexe bzw. konkave Funktion, ist dann $cf(ax + b) + d$ mit $a,b,c,d \in \mathbb{R}$ eine (streng) konvexe bzw. konkave Funktion? Ist zusätzlich g konvex, ist dann $f(g(x))$ (streng) konvex?
- Was ist ein Wendepunkt? Was ist ein Sattelpunkt?

Wir nennen eine Funktion konvex, wenn die Menge aller Punkte, die sich oberhalb des Funktionsgraphen befindet, konvex ist. Ist die Menge aller Punkte unterhalb des Graphen konvex, so nennen wir die Funktion konkav, vgl. Abbildung 5.93.[27]

Statt diese einfache geometrische Anschauung zu nutzen, wird Konvexität einer Funktion üblicherweise mit Hilfe eines Vergleichs von Funktionswerten an einer Stelle zwischen x_1 und x_2 mit dem gewichteten Mittel der Funktionswerte $f(x_1)$ und $f(x_2)$ definiert.

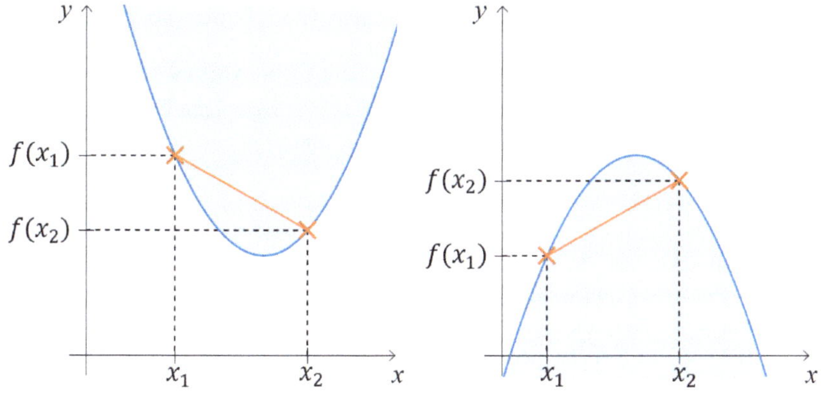

Abbildung 5.93: Eine konvexe Funktion (links) und eine konkave Funktion (rechts)

Dabei bezeichnet man eine Funktion f auf einem Intervall I dann als konvex, wenn für

---

[27] Im Folgenden ist darauf zu achten, dass man eine Funktion nicht dann konvex nennt, wenn der durch sie beschriebene Graph konvex ist, sondern wenn die Menge der Punkte oberhalb ihres Graphen konvex ist.

alle Stellen $x_1, x_2 \in I$ die Verbindungsstrecke von $(x_1, f(x_1))^T$ und $(x_2, f(x_2))^T$ oberhalb des oder genau auf dem Funktionsgraphen verläuft; die Werte auf der Verbindungsstrecke müssen also größer als die Funktionswerte des Graphen sein, oder gleich. Verlaufen diese Verbindungsstrecken stets oberhalb (und nicht auf) dem Funktionsgraphen, nennt man die Funktion streng konvex. Ersetzt man die Worte oberhalb durch unterhalb, ergibt sich die Definition von Konkavität bzw. strenger Konkavität.

> **Definition 5.4.2 — Konvexe und konkave Funktionen.**
> Die reelle Funktion $f : D \to Z$ heißt auf dem Intervall $I \subseteq D$
> - **konvex**, wenn $\alpha f(x_1) + (1-\alpha)f(x_2) \geq f(\alpha x_1 + (1-\alpha)x_2)$ für alle $x_1, x_2 \in I, x_1 \neq x_2$ und $0 < \alpha < 1$;
> - **streng konvex**, wenn $\alpha f(x_1) + (1-\alpha)f(x_2) > f(\alpha x_1 + (1-\alpha)x_2)$ für alle $x_1, x_2 \in I$, $x_1 \neq x_2$ und $0 < \alpha < 1$;
> - **konkav**, wenn $\alpha f(x_1) + (1-\alpha)f(x_2) \leq f(\alpha x_1 + (1-\alpha)x_2)$ für alle $x_1, x_2 \in I, x_1 \neq x_2$ und $0 < \alpha < 1$ und
> - **streng konkav**, wenn $\alpha f(x_1) + (1-\alpha)f(x_2) < f(\alpha x_1 + (1-\alpha)x_2)$ für alle $x_1, x_2 \in I$, $x_1 \neq x_2$ und $0 < \alpha < 1$.
>
> Man sagt, f ist (streng) konvex, wenn f auf dem Intervall $I = D$ (streng) konvex ist; man sagt, f ist (streng) konkav, wenn f auf dem Intervall $I = D$ (streng) konkav ist.

In obiger Definition werden zwei Ausdrücke verglichen: der Funktionswert an einer Stelle zwischen x_1 und x_2, $f(\alpha x_1 + (1-\alpha)x_2)$, und das gewichtete Mittel der Funktionswerte $f(x_1)$ und $f(x_2)$, $\alpha f(x_1) + (1-\alpha)f(x_2)$.[28]

- $f(\alpha x_1 + (1-\alpha)x_2)$:
  Der Funktionswert $f(\alpha x_1 + (1-\alpha)x_2) = f(x_2 - \alpha(x_2 - x_1))$ ist für $0 \leq \alpha \leq 1$ ein Funktionswert an einer Konvexkombination $x = \alpha x_1 + (1-\alpha)x_2 = x_2 - \alpha(x_2 - x_1)$ der Stellen x_1 und x_2, einer Stelle zwischen x_1 und x_2. Für $\alpha = 0$ handelt es sich dabei stets um den Funktionswert an der Stelle x_2, also $f(x_2)$. Für $\alpha = 1$ handelt es sich dabei stets um den Funktionswert an der Stelle x_1, also $f(x_1)$. Für $\alpha = 0.5$ ergibt sich der Funktionswert auf halbem Weg zwischen x_1 und x_2, also $f(0.5(x_1 + x_2))$. Für $\alpha = 0.3$ wird die Funktion f an einer Stelle ausgewertet, welche die Strecke zwischen x_1 und x_2 in einem Verhältnis von $70\,\%$ zu $30\,\%$ teilt. Für $\alpha = 0.9$ wird die Funktion f an einer Stelle ausgewertet, welche die Strecke zwischen x_1 und x_2 in einem Verhältnis von $10\,\%$ zu $90\,\%$ teilt.
- $\alpha f(x_1) + (1-\alpha)f(x_2)$:
  Das gewichtete Mittel $\alpha f(x_1) + (1-\alpha)f(x_2) = f(x_2) + \alpha(f(x_1) - f(x_2))$ beschreibt die Konvexkombination der Funktionswerte $f(x_1)$ und $f(x_2)$, also einen Wert zwischen $f(x_1)$ und $f(x_2)$. Für $\alpha = 1$ ergibt sich der Wert $f(x_1)$ und für $\alpha = 0$ der Wert $f(x_2)$. Für $\alpha = 0.5$ ergibt sich der Wert auf halbem Weg zwischen $f(x_1)$ und $f(x_2)$, $0.5(f(x_1) + f(x_2))$. Für $\alpha = 0.3$ wird die Strecke zwischen $f(x_1)$ und $f(x_2)$ in einem Verhältnis von $70\,\%$ zu $30\,\%$ geteilt. Für $\alpha = 0.9$ wird die Strecke zwischen $f(x_1)$ und $f(x_2)$ in einem Verhältnis von $10\,\%$ zu $90\,\%$ geteilt.

Im Fall $\alpha = 0$ vergleicht man so stets den Funktionswert an der Stelle $0x_1 + 1x_2$, den Wert $f(x_2)$, mit dem gewichteten Mittel $0f(x_1) + 1f(x_2) = f(x_2)$. Offensichtlich gilt hier immer Gleichheit. Ebenso sind die beiden zu vergleichenden Ausdrücke im Fall $\alpha = 1$ gleich

---

[28]   In der Regel wird in der Definition von Konvexität und Konkavität auch $x_1 = x_2$ zugelassen, da dann stets $f(\alpha x_1 + (1-\alpha)x_1) = f(x_1) = \alpha f(x_1) + (1-\alpha)f(x_1)$ gilt.

$f(x_1)$. In der Definition der Konvexität bzw. Konkavität sind daher nur die Fälle $0 < \alpha < 1$ von Bedeutung.

Eine Gerade, welche die Punkte $(x_1, f(x_1))^T$ und $(x_2, f(x_2))^T$ verbindet, ist in Abbildung 5.94 orange eingezeichnet. Ihre Geradengleichung lautet

$$s(x) = f(x_1) + (x - x_1)\frac{f(x_2) - f(x_1)}{x_2 - x_1}.$$

Setzt man in diese Geradengleichung $x = \alpha x_1 + (1 - \alpha)x_2$ ein, gilt hier offensichtlich für alle $0 < \alpha < 1, x_1, x_2 \in I$

$$\begin{aligned}
s(\alpha x_1 + (1 - \alpha)x_2) &= f(x_1) + (\alpha x_1 + (1 - \alpha)x_2 - x_1)\frac{f(x_2) - f(x_1)}{x_2 - x_1} \\
&= f(x_1) + (1 - \alpha)(x_2 - x_1)\frac{f(x_2) - f(x_1)}{x_2 - x_1} \\
&= f(x_1) + (1 - \alpha)(f(x_2) - f(x_1)) \\
&= \alpha f(x_1) + (1 - \alpha)f(x_2).
\end{aligned}$$

Ist der Graph einer Funktion eine Gerade, d.h. ist die Funktion affin-linear, so gilt also Gleichheit. Entsprechend ist eine affin-lineare Funktion stets konvex und konkav, aber weder streng konvex noch streng konkav. Auch umgekehrt sind die beiden Ausdrücke genau dann für alle $0 < \alpha < 1, x_1, x_2 \in I$ gleich, wenn die reelle Funktion $f : I \to Z$ affin-linear ist.

Wenn für alle $x_1, x_2 \in I$ die Verbindungsstrecke der Punkte $(x_1, f(x_1))^T$ und $(x_2, f(x_2))^T$ oberhalb (oder auf) der Funktion verläuft, ist f konvex auf I. Manche Autoren bezeichnen konvexe Funktionen daher auch als „durchhängende" Funktionen. Eine streng konvexe Funktion hängt dabei wirklich durch, eine konvexe Funktion ist dabei entweder gespannt oder hängt durch. Eine Funktion ist konkav, wenn diese Verbindungsstrecke der Punkte $(x_1, f(x_1))^T$ und $(x_2, f(x_2))^T$ für alle $x_1, x_2 \in I$ unterhalb (oder auf) der Funktion verläuft.

Bewegt man sich auf dem Graphen einer konvexen Funktion entlang der x-Achse von links nach rechts, so beschreibt man eine Linkskurve. Auf dem Graphen einer konkaven Funktion durchläuft man hingegen entlang der x-Achse eine Rechtskurve. Aus diesem Grund werden in Schulen zum Teil auch die Worte linksgekrümmt und rechtsgekrümmt statt konvex und konkav verwendet.

Das Krümmungsverhalten einer Funktion beschreibt, ob bzw. in welchen Intervallen eine Funktion konvex oder konkav ist. Wir untersuchen hier in einigen Beispielen das Krümmungsverhalten mittels Definition 5.4.2, um zu demonstrieren, dass es möglich aber mühsam ist, mit einer solch elementaren Definition zum Ziel zu kommen. Wir werden später Methoden kennenlernen, mit Hilfe derer man die Konvexität deutlich einfacher und kürzer zeigen kann.

■ **Beispiel 5.4.30 — Die konvexe Funktion $q(x) = x^2$.**
Wollen wir mittels Definition 5.4.2 zeigen, dass die Funktion $q(x) = x^2$ konvex ist, so prüfen wir also, ob

$$\alpha q(x_1) + (1 - \alpha)q(x_2) = \alpha x_1^2 + (1 - \alpha)x_2^2 \geq (\alpha x_1 + (1 - \alpha)x_2)^2 = q(\alpha x_1 + (1 - \alpha)x_2)$$

für alle $x_1, x_2 \in \mathbb{R}$ und $0 < \alpha < 1$. Wir beginnen auf der rechten Seite und formen diese

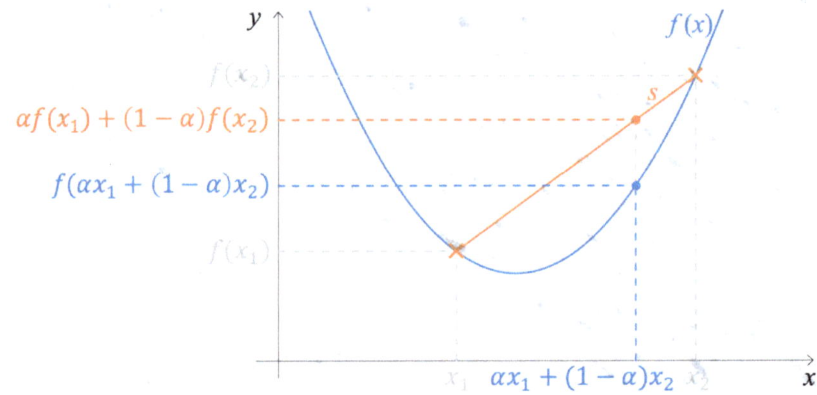

Abbildung 5.94: Illustration von Definition 5.4.2

um zu:

$$
\begin{aligned}
(\alpha x_1 &+ (1-\alpha)x_2)^2 \\
&= \alpha^2 x_1^2 + 2\alpha x_1(1-\alpha)x_2 + (1-\alpha)^2 x_2^2 \\
&= \alpha^2 x_1^2 + 2\alpha x_1(1-\alpha)x_2 + (1-\alpha)^2 x_2^2 + (\alpha x_1^2 - \alpha x_1^2 + (1-\alpha)x_2^2 - (1-\alpha)x_2^2) \\
&= \alpha x_1^2 + (1-\alpha)x_2^2 - (\alpha x_1^2 - \alpha^2 x_1^2 + (1-\alpha)x_2^2 - (1-\alpha)^2 x_2^2 - 2\alpha(1-\alpha)x_1 x_2) \\
&= \alpha x_1^2 + (1-\alpha)x_2^2 - (x_1^2(\alpha - \alpha^2) + x_2^2((1-\alpha)-(1-\alpha)^2) - 2\alpha(1-\alpha)x_1 x_2) \\
&= \alpha x_1^2 + (1-\alpha)x_2^2 - (x_1^2\alpha(1-\alpha) + x_2^2(1-\alpha-1+2\alpha-\alpha^2) - 2\alpha(1-\alpha)x_1 x_2) \\
&= \alpha x_1^2 + (1-\alpha)x_2^2 - (x_1^2\alpha(1-\alpha) + x_2^2\alpha(1-\alpha) - 2\alpha(1-\alpha)x_1 x_2) \\
&= \alpha x_1^2 + (1-\alpha)x_2^2 - \alpha(1-\alpha)(x_1^2 + x_2^2 - 2x_1 x_2) \\
&= \alpha x_1^2 + (1-\alpha)x_2^2 - \underbrace{\alpha(1-\alpha)(x_1 - x_2)^2}_{>0} < \alpha x_1^2 + (1-\alpha)x_2^2.
\end{aligned}
$$

Obige Ungleichung gilt für alle $x_1, x_2 \in \mathbb{R}$ und $0 < \alpha < 1$. Die Funktion ist also streng konvex. Da jede streng konvexe Funktion auch konvex ist, ist q zudem konvex.   ∎

Jede streng konvexe Funktion ist auch konvex, jede streng konkave Funktion auch konkav. Umgekehrt gilt dies jedoch nicht. Affin-lineare Funktionen sind beispielsweise konvex, aber nicht streng konvex.

■ Beispiel 5.4.31 — Konvexität und Konkavität affin-linearer Funktionen.

Betrachten wir eine Funktion der Form $f(x) = a_0 + a_1 x$. Bei einer solchen affin-linearen Funktion ist die Verbindungsstrecke zweier Punkte auf dem Graphen stets wieder genau auf dem Graph. Damit ist eine affin-lineare Funktion sowohl konvex als auch konkav, vgl. Abbildung 5.95. Es gilt

$$
\begin{aligned}
f(\alpha x_1 + (1-\alpha)x_2) &= a_0 + a_1(\alpha x_1 + (1-\alpha)x_2) \\
&= a_0 + a_1 \alpha x_1 + a_1(1-\alpha)x_2
\end{aligned}
$$

$$= \alpha a_0 + (1-\alpha)a_0 + a_1\alpha x_1 + a_1(1-\alpha)x_2$$
$$= \alpha(a_0 + a_1 x_1) + (1-\alpha)(a_0 + a_1 x_2)$$
$$= \alpha f(x_1) + (1-\alpha)f(x_2). \qquad \blacksquare$$

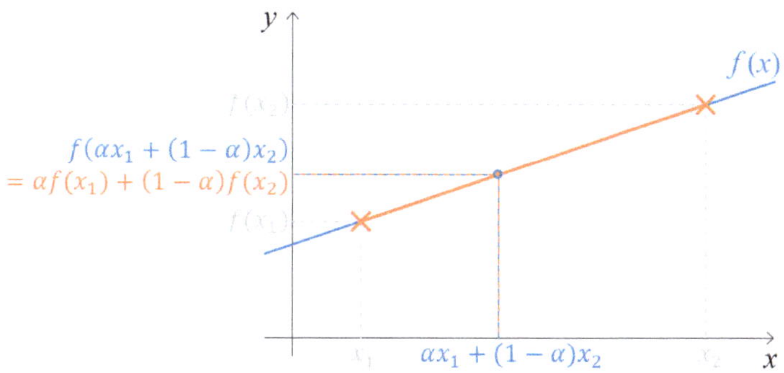

Abbildung 5.95: Eine Funktion der Form $f(x) = a_0 + a_1 x$

Folgender Satz rechtfertigt die einleitende Überlegung, eine Funktion konvex zu nennen, wenn die Menge der Punkte oberhalb des Graphen konvex ist:

> **Satz 5.4.10 — Konvexe Funktion.**
> Es sei $f : D \to Z$ eine reelle Funktion und $I \subseteq D$ ein Intervall. f ist genau dann
> - konvex auf I, wenn die Menge $\left\{ \begin{pmatrix} x \\ y \end{pmatrix} \in \mathbb{R}^2 \mid y \geq f(x), x \in I \right\}$ konvex ist;
> - konkav auf I, wenn die Menge $\left\{ \begin{pmatrix} x \\ y \end{pmatrix} \in \mathbb{R}^2 \mid y \leq f(x), x \in I \right\}$ konvex ist.

Erinnert man sich an Kapitel 2.2 über konvexe Zahlenmengen, ist es sehr mühsam, das Krümmungsverhalten mit Hilfe des obigen Satzes zu überprüfen. Dennoch ist es für eine visuelle Überprüfung hilfreich.

■ **Beispiel 5.4.32 — Das Krümmungsverhalten von $q(x) = x^2$.**
In Beispiel 2.2.18 hatten wir gezeigt, dass die Menge der Punkte oberhalb des Graphen der Funktion $q(x) = x^2$ konvex ist. Also nennt man die Funktion $q(x) = x^2$ konvex. ■

■ **Beispiel 5.4.33 — Die Kostenfunktion aus Einführungsbeispiel 0.1.2 .**
Die vereinfachte Kostenfunktion aus Einführungsbeispiel 0.1.2 lautet $c(x) = 80x$. Da $c(x)$ eine affin-lineare Funktion beschreibt, ist $c(x)$ sowohl konvex als auch konkav, vgl. auch Beispiel 5.4.31.
Die Kostenfunktion $c^{ges}(x) = 30x + 500\lceil \frac{x}{10} \rceil$ ist jedoch weder konvex noch konkav, wie man in Abbildung 5.96 oder rechnerisch wie folgt sieht: Wählt man beispielsweise $x_1 = 5$ mit $c^{ges}(x_1) = c^{ges}(5) = 650$ und $x_2 = 15$ mit $c^{ges}(x_2) = c^{ges}(15) = 1450$, so gilt z.B. für $\alpha = 0.9$, dass

$$c^{ges}(0.9x_1 + (1-0.9)x_2) = c^{ges}(6) = 680$$
$$< 0.9c^{ges}(x_1) + (1-0.9)c^{ges}(x_2) = 730.$$

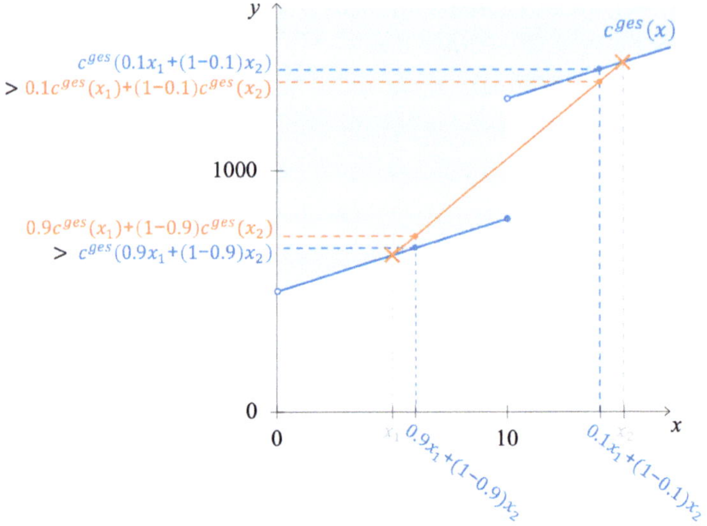

Abbildung 5.96: c^{ges}

Es gibt also einen Punkt auf der Verbindungsstrecke zwischen $(5,650)^T$ und $(15,1450)^T$, der oberhalb des Graphen liegt. Die Funktion c^{ges} ist somit nicht konkav. Zudem gilt für $\alpha = 0.1$, dass

$$c^{ges}(0.1x_1 + (1-0.1)x_2) = c^{ges}(14) = 1420$$
$$> 0.1c^{ges}(x_1) + (1-0.1)c^{ges}(x_2) = 1370.$$

Es gibt also einen Punkt auf der Verbindungsstrecke zwischen $(5,650)^T$ und $(15,1450)^T$, der unterhalb des Graphen liegt. Die Funktion c^{ges} ist somit nicht konvex.[29] ∎

Erinnern wir uns an die aggregierte Nachfrage aus Beispiel 5.1.16, scheint die Menge oberhalb der Funktion und damit die Nachfragefunktion konvex zu sein. Wir werden im folgenden Abschnitt Mittel kennenlernen, mit Hilfe derer wir dann in Beispiel 5.4.50 die Konvexität dieser Funktion einfacher zeigen können. Folgendes Beispiel dient lediglich der Demonstration, dass eine Untersuchung der Konvexität mit Hilfe der Definition 5.4.2 sehr aufwändig sein kann. Es sollte beim ersten Lesen übersprungen werden.

▪ Beispiel 5.4.34 — Aggregierte Nachfrage (∗).
Wir betrachten also die Nachfragefunktion $d_{agg} : [0, +\infty) \to \mathbb{R}$ mit

$$d_{agg}(x) = \begin{cases} 15 - 2x & \text{für } x \leq 5 \\ 10 - x & \text{für } 5 < x \leq 10 \\ 0 & \text{für } x > 10 \end{cases}$$

und wollen zeigen, dass die Funktion konvex ist, also dass für alle $x_1, x_2 \in [0, +\infty)$ und

---

[29] Man kann jedoch u.a. zeigen, dass die Funktion für alle $I = (10n, 10(n+1))$, $n \in \mathbb{N}$ konvex ist, wie wir später sehen werden.

$0 < \alpha < 1$

$$\alpha d_{agg}(x_1) + (1-\alpha)d_{agg}(x_2) \geq d_{agg}(\alpha x_1 + (1-\alpha)x_2).$$

Wir nehmen an, dass $x_1 \leq x_2$ und nehmen eine Fallunterscheidung vor. Sollte $x_1 > x_2$ gelten, kann alles analog, mit vertauschten Rollen von x_1 und x_2, gezeigt werden. Wieder zeigen wir in den verschiedenen Fällen die Ungleichung von rechts nach links. Die verschiedenen Fälle sind in Abbildung 5.97 visualisiert.

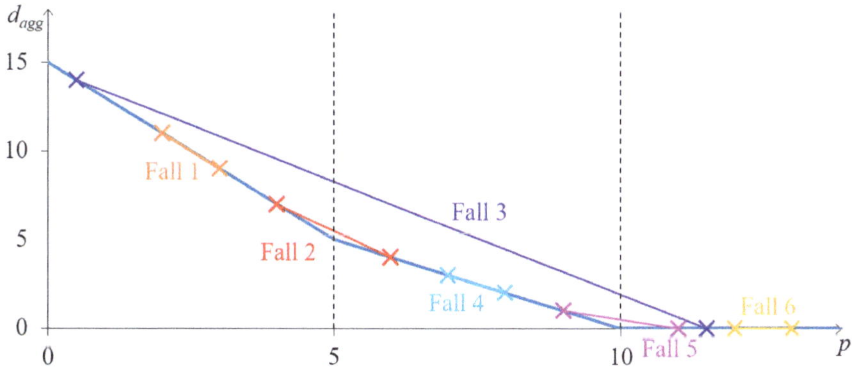

Abbildung 5.97: $d_{agg}(x)$

1. x_1 und x_2 sind beide im Intervall $[0,5]$, $x_1, x_2 \in [0,5]$: Dann ist für $0 < \alpha < 1$ auch $\alpha x_1 + (1-\alpha)x_2 \in [0,5]$ und damit

$$\begin{aligned}
d_{agg}(\alpha x_1 + (1-\alpha)x_2) &= 15 - 2(\alpha x_1 + (1-\alpha)x_2) \\
&= \alpha 15 + (1-\alpha)15 - 2\alpha x_1 - 2(1-\alpha)x_2 \\
&= \alpha d_{agg}(x_1) + (1-\alpha)d_{agg}(x_2).
\end{aligned}$$

2. $x_1 \in [0,5]$, $x_2 \in (5,10]$: Dann ist für $\frac{x_2-5}{x_2-x_1} \leq \alpha < 1$ die gewichtete Summe $\alpha x_1 + (1-\alpha)x_2 \leq 5$, sonst ist $5 < \alpha x_1 + (1-\alpha)x_2 \leq 10$. Wir betrachten erst $\frac{x_2-5}{x_2-x_1} \leq \alpha < 1$. In diesem Fall ist wegen $x_2 > 5$

$$\begin{aligned}
d_{agg}(\alpha x_1 + (1-\alpha)x_2) &= 15 - 2(\alpha x_1 + (1-\alpha)x_2) \\
&= \alpha 15 + (1-\alpha)15 - 2\alpha x_1 - 2(1-\alpha)x_2 \\
&= \alpha 15 + (1-\alpha)10 - 2\alpha x_1 - (1-\alpha)x_2 - (1-\alpha)(x_2-5) \\
&\leq \alpha 15 + (1-\alpha)10 - 2\alpha x_1 - (1-\alpha)x_2 \\
&= \alpha d_{agg}(x_1) + (1-\alpha)d_{agg}(x_2).
\end{aligned}$$

Ist $0 < \alpha < \frac{x_2-5}{x_2-x_1}$, gilt wegen $x_1 \leq 5$, dass

$$\begin{aligned}
d_{agg}(\alpha x_1 + (1-\alpha)x_2) &= 10 - (\alpha x_1 + (1-\alpha)x_2) \\
&= \alpha 10 + (1-\alpha)10 - \alpha x_1 - (1-\alpha)x_2 \\
&\leq \alpha 10 + (1-\alpha)10 - \alpha x_1 - (1-\alpha)x_2 + \alpha(5-x_1) \\
&= \alpha 15 + (1-\alpha)10 - 2\alpha x_1 - (1-\alpha)x_2 \\
&= \alpha d_{agg}(x_1) + (1-\alpha)d_{agg}(x_2).
\end{aligned}$$

3. $x_1 \in [0,5]$, $x_2 \in (10, +\infty)$: Dann ist für $\frac{x_2-5}{x_2-x_1} \leq \alpha < 1$ erneut $\alpha x_1 + (1-\alpha)x_2 \leq 5$, für $\frac{x_2-10}{x_2-x_1} \leq \alpha < \frac{x_2-5}{x_2-x_1}$ ist $5 < \alpha x_1 + (1-\alpha)x_2 \leq 10$. Für $0 < \alpha < \frac{x_2-10}{x_2-x_1}$ ist $\alpha x_1 + (1-\alpha)x_2 > 10$.

Im Fall $\frac{x_2-5}{x_2-x_1} \leq \alpha < 1$ zeigt man mit $x_2 > 10$, dass

$$\begin{aligned}
d_{agg}(\alpha x_1 + (1-\alpha)x_2) &= 15 - 2(\alpha x_1 + (1-\alpha)x_2) \\
&= \alpha 15 + (1-\alpha)15 - 2\alpha x_1 - 2(1-\alpha)x_2 \\
&= \alpha 15 - 2\alpha x_1 - (1-\alpha)2(x_2 - 7.5) \\
&\leq \alpha 15 - 2\alpha x_1 + 0 \\
&= \alpha d_{agg}(x_1) + (1-\alpha)d_{agg}(x_2).
\end{aligned}$$

Ist $\frac{x_2-10}{x_2-x_1} \leq \alpha < \frac{x_2-5}{x_2-x_1}$, so gilt wegen $x_2 > 10$ und $x_1 \leq 5$, dass

$$\begin{aligned}
d_{agg}(\alpha x_1 + (1-\alpha)x_2) &= 10 - (\alpha x_1 + (1-\alpha)x_2) \\
&= \alpha 10 + (1-\alpha)10 - \alpha x_1 - (1-\alpha)x_2 \\
&= \alpha 10 - \alpha x_1 - (1-\alpha)(x_2 - 10) \\
&\leq \alpha 10 - \alpha x_1 \leq \alpha 10 - \alpha x_1 + \alpha(5 - x_1) \\
&= \alpha 15 - 2\alpha x_1 + 0 \\
&= \alpha d_{agg}(x_1) + (1-\alpha)d_{agg}(x_2).
\end{aligned}$$

Ist $0 < \alpha < \frac{x_2-10}{x_2-x_1}$, so gilt wegen $x_1 \leq 5$, dass

$$\begin{aligned}
d_{agg}(\alpha x_1 + (1-\alpha)x_2) &= 0 \\
&\leq \alpha(15 - 2x_1) + 0 \\
&= \alpha d_{agg}(x_1) + (1-\alpha)d_{agg}(x_2).
\end{aligned}$$

4. $x_1, x_2 \in (5, 10]$: Dann ist für $0 < \alpha < 1$ auch $\alpha x_1 + (1-\alpha)x_2 \in (5, 10]$ und damit

$$\begin{aligned}
d_{agg}(\alpha x_1 + (1-\alpha)x_2) &= 10 - (\alpha x_1 + (1-\alpha)x_2) \\
&= \alpha 10 + (1-\alpha)10 - \alpha x_1 - (1-\alpha)x_2 \\
&= \alpha d_{agg}(x_1) + (1-\alpha)d_{agg}(x_2).
\end{aligned}$$

5. $x_1 \in (5, 10]$, $x_2 \in (10, +\infty)$: Dann ist für $\frac{x_2-10}{x_2-x_1} \leq \alpha < 1$ das gewichtete Mittel $\alpha x_1 + (1-\alpha)x_2 \leq 10$, sonst ist $10 < \alpha x_1 + (1-\alpha)x_2$. Wir betrachten erst $\frac{x_2-10}{x_2-x_1} \leq \alpha < 1$. In diesem Fall ist wegen $x_2 > 10$

$$\begin{aligned}
d_{agg}(\alpha x_1 + (1-\alpha)x_2) &= 10 - (\alpha x_1 + (1-\alpha)x_2) \\
&= \alpha 10 + (1-\alpha)10 - \alpha x_1 - (1-\alpha)x_2 \\
&= \alpha 10 - \alpha x_1 - (1-\alpha)(x_2 - 10) \\
&\leq \alpha 10 - \alpha x_1 \\
&= \alpha d_{agg}(x_1) + (1-\alpha)d_{agg}(x_2).
\end{aligned}$$

Sonst gilt wegen $x_1 \leq 10$, dass

$$\begin{aligned}
d_{agg}(\alpha x_1 + (1-\alpha)x_2) &= 0 \\
&\leq \alpha(10 - x_1) + 0 \\
&= \alpha d_{agg}(x_1) + (1-\alpha)d_{agg}(x_2).
\end{aligned}$$

6. $x_1, x_2 \in (10, +\infty)$: Hier gilt

$$d_{agg}(\alpha x_1 + (1-\alpha)x_2) = 0$$
$$= \alpha d_{agg}(x_1) + (1-\alpha)d_{agg}(x_2).$$

Zusammenfassend gilt in jedem Fall $\alpha d_{agg}(x_1) + (1-\alpha)d_{agg}(x_2) \geq d_{agg}(\alpha x_1 + (1-\alpha)x_2)$. Die Funktion ist also konvex. Sie ist jedoch nicht streng konvex, da in den Fällen 1, 4 und 6 Gleichheit gilt. ∎

Auf den bisher besprochenen Wegen ist es in der Regel sehr aufwändig zu überprüfen, ob eine Funktion konvex oder konkav ist. Später werden wir sehen, dass konvexe Funktionen einige Eigenschaften haben, die in der Optimierung hilfreich sind. Auch aufgrund dieser Eigenschaft werden viele Zusammenhänge in den Wirtschafts- und Ingenieurwissenschaften als konvexe oder konkave Funktionen modelliert. Es lohnt sich daher, konvexe (bzw. konkave) Funktionen einfach als solche zu erkennen. Aus diesem Grund beschäftigen wir uns im folgenden Abschnitt mit Konvexitätskriterien.

Konvexitätskriterien

Zu Beginn dieses Abschnittes über konvexe Funktionen hatten wir bereits erwähnt, dass man konvexe Funktionen auch linksgekrümmt nennt, da man sich entlang einer konvexen Funktion stets geradeaus oder nach links bewegt. Man dreht sich entgegen dem Uhrzeigersinn. Wir versuchen nun, diesen „Linksdrall" konvexer differenzierbarer Funktionen mathematisch auszudrücken: ausgehend von einem Punkt $(x_0, y_0)^T$ verläuft eine konvexe Funktion also entweder „geradeaus", d.h. auf der Tangente oder „weiter links", d.h. bei gegebenem x durch einen größeren Wert von y, vgl. Abbildung 5.98.

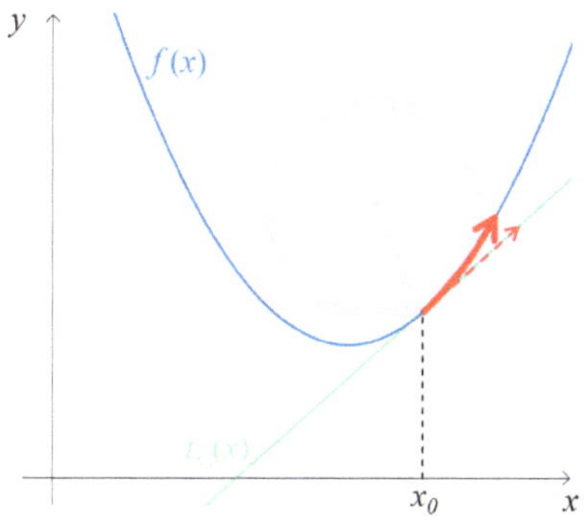

Abbildung 5.98: Eine linksgekrümmte Funktion verläuft oberhalb einer Tangente

Laut Definition 5.3.3 hat die Tangente an der Stelle x_0 die Form

$$t_{x_0}(x) = f(x_0) + (x - x_0)f'(x_0).$$

Eine differenzierbare Funktion $f : D \rightarrow Z$ hat also einen „Linksdrall", wenn für alle $x_0 \in D$ und $x > x_0$

$$f(x) \geq t_{x_0}(x) = f(x_0) + (x - x_0)f'(x_0)$$

gilt. Diese Bedingung ist bei einer differenzierbaren Funktion nur dann erfüllt, wenn die erste Ableitung – die Steigung der Tangente – für steigende x-Werte monoton steigt, vgl. auch Abbildung 5.99.

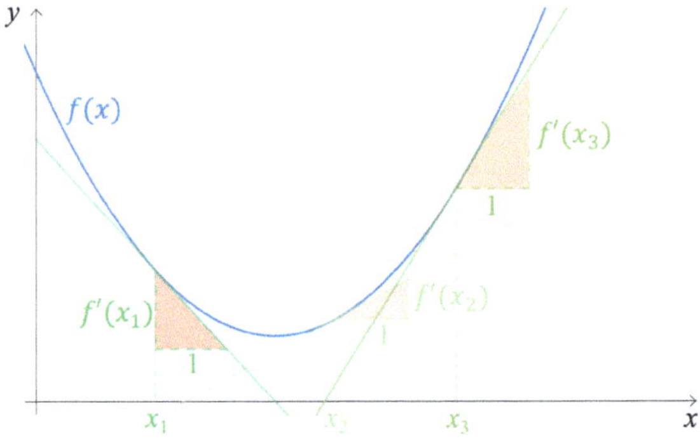

Abbildung 5.99: Die Ableitungen einer konvexen Funktion

Wir fassen zusammen:

> **Satz 5.4.11 — Konvexitätskriterien einer differenzierbaren Funktion.**
> Es sei $I \subseteq D$ ein Intervall und $f : D \to Z$ eine reelle Funktion, welche auf I stetig und an jeder inneren Stelle des Intervalls differenzierbar ist. Dann sind die folgenden Aussagen paarweise äquivalent zueinander:
>
> $\quad f$ ist konvex auf I.
> $\Leftrightarrow f(x) \geq f(x_0) + f'(x_0)(x - x_0)$ für alle $x \in I$ und alle inneren Stellen x_0 von I.
> $\Leftrightarrow f'$ ist monoton steigend auf I.
> Analog gilt
> $\quad f$ ist streng konvex auf I.
> $\Leftrightarrow f(x) > f(x_0) + f'(x_0)(x - x_0)$ für alle $x \in I \setminus \{x_0\}$ und alle inneren Stellen x_0 von I.
> $\Leftrightarrow f'$ ist streng monoton steigend auf I.

Ist f' differenzierbar, kann man die Ableitung von f' berechnen und mit Hilfe dieser zweiten Ableitung f'' das Verhalten von f' untersuchen. Die Ableitung f' ist laut Satz 5.4.1 genau dann monoton steigend in (a,b), wenn $f''(x) \geq 0$ für alle $x \in (a,b)$. Für strenge Konvexität gilt der Satz wie im Falle strenger Monotonie nur eine Richtung. Es gilt also:

> **Satz 5.4.12 — Konvexitätskriterium einer zweimal differenzierbaren Funktion.**
> Es sei $f : D \to Z$ eine reelle Funktion, die auf dem Intervall $I \subseteq D$ stetig und an allen inneren Stellen zweimal differenzierbar ist. Die Funktion f ist genau dann konvex auf I, wenn $f''(x) \geq 0$ für alle inneren Stellen $x \in I$. Gilt $f''(x) > 0$ für alle inneren Stellen $x \in I$, dann ist f streng konvex auf I.

Dieses Kriterium wird in der Regel genutzt, um die Krümmungseigenschaften von Standardfunktionen zu zeigen.

■ **Beispiel 5.4.35 — Exponentialfunktion.**

Exponentialfunktionen haben die Form

$$f(x) = b^x, \qquad b \in (0, +\infty).$$

Sie sind unendlich oft stetig differenzierbar mit $f'(x) = b^x \ln(b)$ und $f''(x) = b^x (\ln(b))^2$. Da $b^x > 0$ und $(\ln(b))^2 \geq 0$ für alle $b \in (0, +\infty)$ und $x \in \mathbb{R}$, ist die zweite Ableitung also stets größer als 0 oder gleich 0. Die Exponentialfunktion ist stets konvex. ■

Um Konkavität zu überprüfen, kann man die Konvexitätskriterien mit umgekehrten Vorzeichen nutzen. Aus Sätzen 5.4.11 und 5.4.12 ergeben sich folgende zwei Sätze:

Satz 5.4.13 — Konkavitätskriterium einer differenzierbaren Funktion.

Es sei $I \subseteq D$ ein Intervall und $f : D \to Z$ eine reelle Funktion, welche auf I stetig und an jeder inneren Stelle des Intervalls differenzierbar ist. Dann sind die folgenden Aussagen paarweise zueinander äquivalent:

f ist konkav auf I.

$\Leftrightarrow$ $f(x) \leq f(x_0) + f'(x_0)(x - x_0)$ für alle $x \in I$ und alle inneren Stellen x_0 von I.

$\Leftrightarrow$ f' ist monoton fallend auf I.

Analog gilt

f ist streng konkav auf I.

$\Leftrightarrow$ $f(x) < f(x_0) + f'(x_0)(x - x_0)$ für alle $x \in I \setminus \{x_0\}$ und alle inneren Stellen x_0 von I.

$\Leftrightarrow$ f' ist streng monoton fallend auf I.

Satz 5.4.14 — Konkavitätskriterium einer zweimal differenzierbaren Funktion.

Es sei $f : D \to Z$ eine reelle Funktion, die auf dem Intervall $I \subseteq D$ stetig und an allen inneren Stellen zweimal differenzierbar ist. Die Funktion f ist genau dann konkav auf I, wenn $f''(x) \leq 0$ für alle inneren Stellen $x \in I$. Gilt $f''(x) < 0$ für alle inneren Stellen $x \in I$, dann ist f streng konkav auf I.

Beispielsweise gilt:

■ **Beispiel 5.4.36 — Die Logarithmusfunktion.**

Betrachten wir die unendlich oft stetig differenzierbare (glatte) Funktion $f : (0, +\infty) \to \mathbb{R}$ mit $f(x) = \ln(x)$, so gilt $f'(x) = \frac{1}{x}$ und $f''(x) = -\frac{1}{x^2} < 0$ für alle $x \in (0, +\infty)$. Also ist die Funktion streng konkav. ■

Wie im vorherigen Beispiel kann man bei logarithmischen Funktionen zu beliebiger Basis $b \in (0, +\infty), b \neq 1$ zeigen, dass sie konkav sind.

■ **Beispiel 5.4.37 — Die Funktion $q(x) = x^2$.**

Auch bei der Funktion $q(x) = x^2$ in Beispiel 5.4.30 kann man die Konvexität der zweimal differenzierbaren Funktion einfach über die zweite Ableitung $q''(x) = 2$ überprüfen. Da $q''(x) > 0$ für alle $x \in \mathbb{R}$, ist q streng konvex. ■

■ **Beispiel 5.4.38 — Die Funktion $f(x) = x^3$.**

Die Funktion mit $f(x) = x^3$ hat Ableitungen $f'(x) = 3x^2$ und $f''(x) = 6x$. Die zweite Ableitung ist also kleiner als 0 für alle $x < 0$, $f''(x) < 0$ für $x \in (-\infty, 0)$. Die Funktion ist damit streng konkav auf $(-\infty, 0]$. Die zweite Ableitung ist positiv für alle $x > 0$, $f''(x) > 0$ für $x \in (0, +\infty)$. Die Funktion ist streng konvex auf $[0, +\infty)$. ■

■ **Beispiel 5.4.39 — Die Funktion $f(x) = x^4$.**

Die Funktion mit $f(x) = x^4$ ist in Abbildung 5.100 dargestellt. Sie hat Ableitungen $f'(x) = 4x^3$ und $f''(x) = 12x^2 \geq 0$. Die zweite Ableitung ist also stets positiv oder gleich 0. Die Funktion ist damit auf dem gesamten Definitionsbereich konvex.   ■

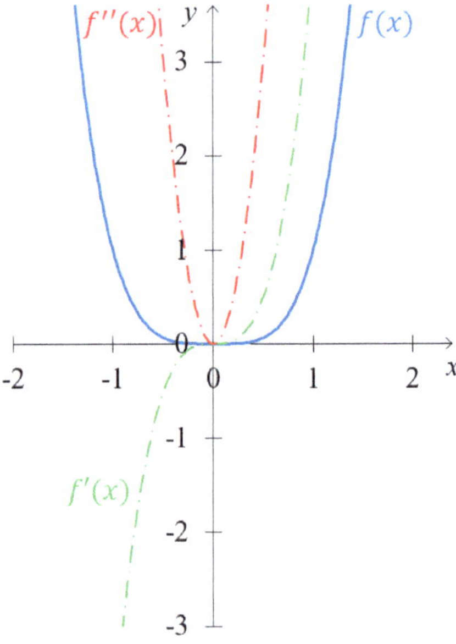

Abbildung 5.100: Die Funktion $f(x) = x^4$

■ **Beispiel 5.4.40 — Die Krümmung der Funktion p_3.**

Betrachten wir wieder die reelle Funktion $p_3 : \mathbb{R} \to \mathbb{R}$ mit

$$p_3(x) = \begin{cases} \frac{x^3 - x^2 + 5x - 5}{x^2 - 1} & \text{für } x \notin \{-1, 1\} \\ 3 & \text{für } x \in \{-1, 1\}. \end{cases}$$

Aus Beispiel 5.3.21 wissen wir, dass die Funktion an der Stelle $x = -1$ nicht differenzierbar ist und

$$p_3'(x) = \frac{x^2 + 2x - 5}{(x + 1)^2} \quad \text{für alle } x \neq -1.$$

Aus dem Graphen erahnen wir, dass die Funktion im Intervall $(-\infty, -1)$ streng konkav und im Intervall $(-1, +\infty)$ streng konvex ist. In Abbildung 5.101 ist der Verlauf von p_3' dargestellt. Der Verdacht scheint sich zu bestätigen. Die erste Ableitung scheint für alle $x < -1$ monoton zu fallen und für alle $x > -1$ monoton zu steigen. Wir überprüfen das mit Hilfe der zweiten Ableitung. Für alle $x \neq -1$ gilt

$$p_3''(x) = \frac{12}{(x + 1)^3}.$$

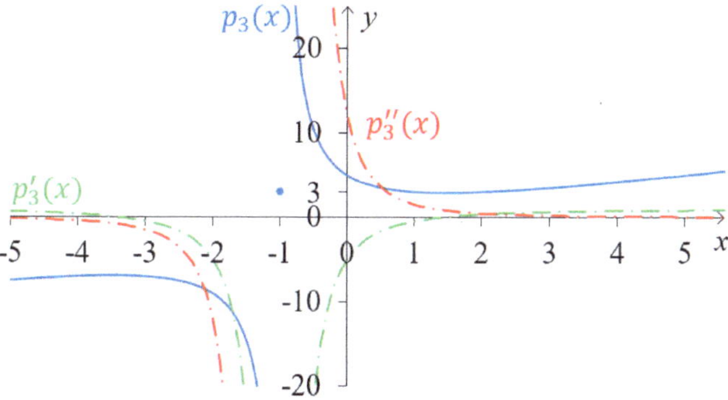

Abbildung 5.101: Die Funktion p_3 und ihre Ableitung

Die zweite Ableitung ist größer als Null, $p_3''(x) > 0$, genau dann, wenn $(x+1)^3 > 0$, bzw. wenn $x > -1$ ist. Laut Satz 5.4.12 ist die Funktion im Intervall $(-1, +\infty)$ streng konvex.

Die Funktion ist im Intervall $(-\infty, -1)$ streng konkav, da die zweite Ableitung hier negativ ist. ∎

Mit Hilfe dieses Kriteriums kann man auch zeigen, dass die Gewinnfunktion im einfachen Fall des Einführungsbeispiels streng konkav ist.

■ **Beispiel 5.4.41 — Die Gewinnfunktion aus Einführungsbeispiel 0.1.2.**
Die zuvor betrachtete vereinfachte Gewinnfunktion aus Einführungsbeispiel 0.1.2 ist

$$g(p) = pd(p) - 80d(p) = 58p - 0.1p^2 - 4000$$

und unendlich oft stetig differenzierbar mit $g'(p) = 58 - 0.2p$ und $g''(p) = -0.2$. Es gilt also $g''(p) = -0.2 < 0$ für alle p. Die vereinfachte Gewinnfunktion ist streng konkav.

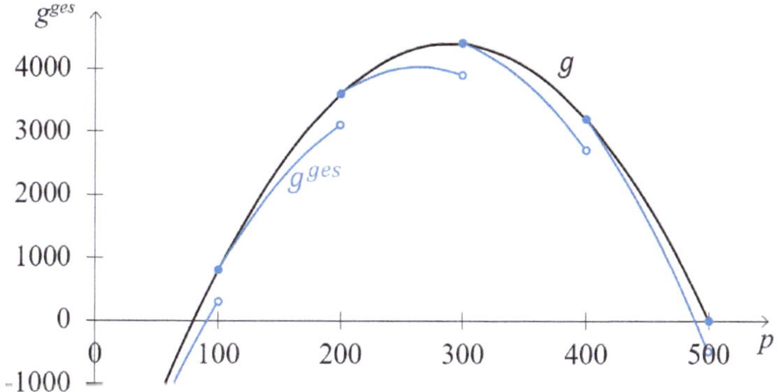

Abbildung 5.102: g^{ges} und g

Berücksichtigt man die Kosten als $c^{ges}(x)$, so ist die Gewinnfunktion

$$g^{ges}(p) = pd(p) - c^{ges}(d(p)) = 50p - 0.1p^2 - 1500 - 3p - 500 \left\lceil \frac{50 - 0.1p}{10} \right\rceil$$

jedoch weder konvex noch konkav, wie man in Abbildung 5.102 erkennen kann. Es gilt beispielsweise mit $p_1 = 150, p_2 = 200$ und $\alpha = 0.5$, dass

$$g^{ges}(0.5p_1 + 0.5p_2) = g^{ges}(175) = 1662.5 < 0.5g^{ges}(p_1) + 0.5g^{ges}(p_2) = 650 + 1200 = 1850.$$

aber mit $p_1 = 200, p_2 = 250$ und $\alpha = 0.5$, dass

$$g^{ges}(0.5p_1 + 0.5p_2) = g^{ges}(225) = 2512.5 > 0,5g^{ges}(p_1) + 0.5g^{ges}(p_2) = 1200 + 1250 = 2450.$$

■

Satz 5.4.12 kann man nur bei Funktionen anwenden, die auf dem betrachteten Intervall stetig und im Inneren des Intervalls differenzierbar sind. Wir demonstrieren in den folgenden Beispielen, warum diese Kriterien nicht z.B. zur Prüfung der aggregierten Nachfrage auf Konvexität, Beispiel 5.4.34, genutzt werden können.

■ **Beispiel 5.4.42 — Die Krümmung einer unstetigen Funktion.**
Gegeben sei die Funktion $f : [0, +\infty) \to \mathbb{R}$ mit

$$f(x) = \begin{cases} 10 - 2x & \text{für } x \leq 5 \\ 10 - x & \text{für } 5 < x \leq 10 \\ 5 & \text{für } x > 10 \end{cases} \quad \text{mit} \quad f'(x) = \begin{cases} -2 & \text{für } x < 5 \\ -1 & \text{für } 5 < x < 10 \\ 0 & \text{für } x > 10 \end{cases}.$$

Die zweite Ableitung ist $f''(x) = 0$ für alle $x \in [0, +\infty) \setminus \{5, 10\}$. Der Graph der Funktion ist in Abbildung 5.103 dargestellt.

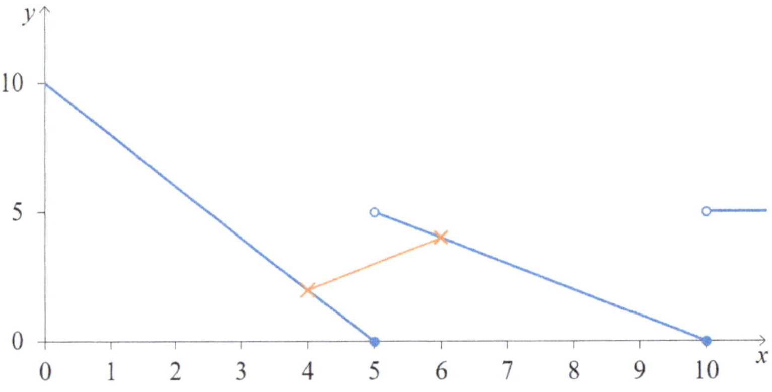

Abbildung 5.103: Die Krümmung einer unstetigen Funktion f

Vergleichen wir obige erste und zweite Ableitung von f mit der ersten und zweiten Ableitung von $d_{agg} : [0, +\infty) \to \mathbb{R}$ mit

$$d_{agg}(x) = \begin{cases} 15 - 2x & \text{für } x \leq 5 \\ 10 - x & \text{für } 5 < x \leq 10 \\ 0 & \text{für } x > 10, \end{cases}$$

ergibt sich $d'_{agg}(x) = f'(x)$ und $d''_{agg}(x) = f''(x)$ für alle $x \in [0, +\infty) \setminus \{5, 10\}$. An den Stellen 5 und 10 sind beide Funktionen nicht differenzierbar.

Beide Funktionen sind auf den Intervallen $[0,5)$, $(5,10]$ und $(10,+\infty)$ sowohl konvex als auch konkav. Obwohl beide Funktionen die gleichen ersten und zweiten Ableitungen haben, erkennen wir am Graphen jedoch, dass die Funktion d_{agg} auf $[0,+\infty)$ konvex ist und f nicht. In Beispiel 5.4.34 hatten wir mathematisch aufwändig gezeigt, dass d_{agg} konvex ist. Dass f nicht konvex ist, erkennt man beispielsweise mit $x_1 = 4$, $x_2 = 6$ und $\alpha = 0.25$ daran, dass

$$f(0.25 \cdot 4 + 0.75 \cdot 6) = f(5.5) = 4.5 > 0.25f(4) + 0.75f(6) = 0.25(2) + 0.75(4) = 3.5.$$

Dass f auch nicht konkav ist, erkennt man mit $x_1 = 4$, $x_2 = 6$ und $\alpha = 0.75$ daran, dass

$$f(0.75 \cdot 4 + 0.25 \cdot 6) = f(4.5) = 1 < 0.75f(4) + 0.25f(6) = 0.75(2) + 0.25(4) = 2.5.$$

Für $D = I = [0,+\infty)$ helfen die oben besprochenen Konvexitätskriterien, Sätze 5.4.11 und 5.4.12, bei dieser Funktion nicht weiter, da die Funktion an den Stellen 5 und 10 nicht stetig und damit auch nicht differenzierbar ist. ∎

Oft wird bei der Analyse des Krümmungsverhaltens der Fehler begangen, direkt nur die Ableitungen zu betrachten. In obigem Beispiel war f an einigen Stellen unstetig. Ebenso genügt eine Analyse der Ableitungen nicht, wenn eine Funktion stetig aber nicht an allen inneren Stellen differenzierbar ist.

■ Beispiel 5.4.43 — Krümmungsverhalten einer nicht differenzierbaren Funktion.
Gegeben sei die Funktion $f : [0,10] \to \mathbb{R}$ mit

$$f(x) = \begin{cases} (x-5)^2 + 10 & \text{für } 0 \leq x \leq 5 \\ (x-10)^2 - 15 & \text{für } 5 < x \leq 10 \end{cases} \quad \text{mit} \quad f'(x) = \begin{cases} 2(x-5) & \text{für } 0 < x < 5 \\ 2(x-10) & \text{für } 5 < x < 10 \end{cases}$$

und $f''(x) = 2 > 0$ für alle $x \in D_{f'} = [0,10] \setminus \{5\}$.

Auch bei dieser Funktion hilft Satz 5.4.12, nicht weiter, da die Funktion an der Stelle $x_0 = 5$ zwar stetig, aber nicht differenzierbar ist. Aus $f''(x) > 0$ für alle $x \in D_{f'}$ kann man nicht auf die Konvexität der Funktion schließen. In Abbildung 5.104 sieht man, dass die Funktion sowohl auf dem Intervall $[0,5]$ als auch auf dem Intervall $[5,10]$ konvex ist. Auf $[0,10]$ ist die Funktion jedoch weder konvex noch konkav. ∎

Ist eine Funktion an einer inneren Stelle des Definitionsbereichs D also nicht differenzierbar, können aus den Ableitungen direkt nur Aussagen über das Krümmungsverhalten auf Intervallen $I \subseteq D$ getroffen werden. Um mit Hilfe von Sätzen 5.4.11 und 5.4.12 Aussagen über das Krümmungsverhalten auf abgeschlossenen oder halboffenen Intervallen zu treffen, ist auch die Stetigkeit an den Intervallgrenzen wichtig, welche auf I enthalten sind. Wir demonstrieren dies an folgendem Beispiel.

■ Beispiel 5.4.44 — Ein anderes unstetiges Beispiel.
Offensichtlich folgt aus Satz 5.4.12, dass die Funktion $q(x) = x^2$ auf $D = [0,+\infty)$ konvex ist. Schließlich ist die Funktion auf D stetig und unendlich oft differenzierbar mit $q''(x) = 2 > 0$.

Betrachten wir die Funktion $k : [0,+\infty) \to \mathbb{R}$ mit

$$k(x) = \begin{cases} -1 & \text{wenn } x = 0 \\ x^2 & \text{wenn } x > 0, \end{cases}$$

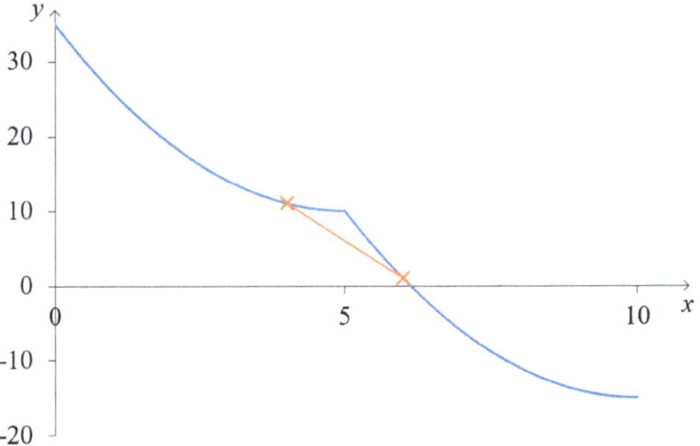

Abbildung 5.104: Die Krümmung einer nicht differenzierbaren Funktion f

so ist auch k auf dem offenen Intervall $(0, +\infty)$, also für alle inneren Stellen von D, stetig und zweimal differenzierbar mit $k''(x) = 2 > 0$. Dennoch ist die Funktion nicht (auf $D = [0, +\infty)$) konvex, da z.B. mit $x_1 = 0 \in [0, +\infty)$, $x_2 = 1 \in [0, +\infty)$ und $\alpha = 0.5$ gilt, dass

$$k(0.5x_1 + 0.5x_2) = k(0.5) = 0.25 > 0.5k(x_1) + 0.5k(x_2) = 0.5(-1) + 0.5 \cdot 1^2 = 0,$$

vgl. Abbildung 5.105 links. Dies steht nicht im Widerspruch zu Satz 5.4.12, da k die im Satz genannte Voraussetzung der Stetigkeit nicht erfüllt.

Die Funktion $\tilde{k} : [0, +\infty) \to \mathbb{R}$ mit

$$\tilde{k}(x) = \begin{cases} 1 & \text{wenn } x = 0 \\ x^2 & \text{wenn } x > 0. \end{cases}$$

ist hingegen konvex. Dies kann man durch eine Fallunterscheidung erkennen: Ist $x_1, x_2 \in (0, +\infty)$, so nutzen wir die Konvexität der Funktion $f(x) = x^2$ um zu zeigen, dass für $0 < \alpha < 1$

$$\tilde{k}(\alpha x_1 + (1-\alpha)x_2) = (\alpha x_1 + (1-\alpha)x_2)^2$$
$$\leq \alpha x_1^2 + (1-\alpha)x_2^2 = \alpha \tilde{k}(x_1) + (1-\alpha)\tilde{k}(x_2).$$

Ist $x_1 = 0$ und $x_2 > 0$, so gilt wegen $0 < \alpha < 1$

$$\tilde{k}(\alpha x_1 + (1-\alpha)x_2) = \tilde{k}((1-\alpha)x_2) = ((1-\alpha)x_2)^2 = (1-\alpha)^2 x_2^2$$
$$< (1-\alpha)x_2^2 < \alpha x_1^2 + (1-\alpha)x_2^2 = \alpha \tilde{k}(x_1) + (1-\alpha)\tilde{k}(x_2).$$

Den Fall $x_1 > 0$ und $x_2 = 0$ zeigt man analog. Zudem gilt für $x_1 = x_2 = 0$ für alle $0 < \alpha < 1$, dass
$$\tilde{k}(\alpha x_1 + (1-\alpha)x_2) = \tilde{k}(0) = 1 = \alpha \tilde{k}(x_1) + (1-\alpha)\tilde{k}(x_2).$$

Die Funktion $\tilde{k}$, welche sich von k nur an der Stelle 0 unterscheidet, ist also konvex, vgl. Abbildung 5.105 Mitte.

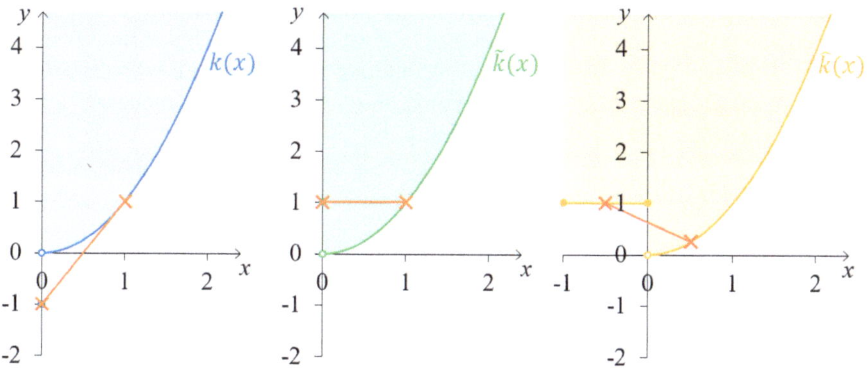

Abbildung 5.105: $k(x)$, $\tilde{k}(x)$ und $\hat{k}(x)$

Die Funktion $\hat{k} : [-1, +\infty) \to \mathbb{R}$ mit

$$\hat{k}(x) = \begin{cases} 1 & \text{wenn } x < 0 \\ x^2 & \text{wenn } x > 0. \end{cases}$$

ist im Intervall $[-1, 0]$ durch eine affin-lineare Funktion beschrieben und damit konvex. Im Intervall $(0, +\infty)$ entspricht sie $\tilde{k}$ und ist damit ebenfalls konvex. Die Funktion $\hat{k}$ ist jedoch nicht im Intervall $[-1, +\infty)$ konvex: Abbildung 5.105 rechts veranschaulicht, dass z.B. mit $x_1 = -0.5$, $x_2 = 0.5$ und $\alpha = 0.5$ gilt

$$\hat{k}(\alpha x_1 + (1-\alpha)x_2) = \hat{k}(0) = 1$$
$$> \alpha\hat{k}(x_1) + (1-\alpha)\hat{k}(x_2) = 0.5(1) + 0.5(0.25) = 0.625.$$

Obwohl diese Funktion auf den halboffenen Intervallen $(-\infty, 0]$ und $[0, +\infty)$ konvex ist, ist sie auf $\mathbb{R}$ nicht konvex. ∎

Konvexitätserhaltungssätze

Im Allgemeinen haben wir gesehen, dass die Überprüfung einer Funktion auf Konvexität sehr aufwändig sein kann. Für zweimal differenzierbare Funktionen lässt sich das Krümmungsverhalten mit Hilfe der zweiten Ableitung untersuchen. Oft kann man aber einer Funktion, sogar einer nicht-differenzierbaren Funktion, schnell „ansehen" ob sie konvex oder konkav ist. Dabei ist die Idee, die Krümmungseigenschaften einer „neuen" Funktion auf diejenigen bekannter Funktionen zurückzuführen. Wir diskutieren im Folgenden das Krümmungsverhalten

- der Umkehrfunktion einer konvexen bzw. konkaven Funktion;
- Verknüpfungen zweier konvexer bzw. konkaver Funktionen in Form von Summen, Differenzen, Produkten, Quotienten, Maxima und Minima;
- einer Komposition einer konvexen bzw. konkaven Funktion mit einer affin-linearen Funktion.

Die Umkehrfunktion einer konvexen Funktion

Nicht immer ist die Umkehrfunktion einer konvexen bijektiven Funktion wieder konvex.

■ Beispiel 5.4.45 — Die Umkehrfunktion der quadratischen Funktion.
Die Funktion $q : (0, +\infty) \to (0, +\infty)$ mit $q(x) = x^2$ ist bijektiv mit Umkehrfunktion $q^{-1} :$
$(0, +\infty) \to (0, +\infty)$ mit $q^{-1}(y) = \sqrt{y}$, vgl. Abbildung 5.106. Es gilt $q'(x) = 2x > 0$ und
$q''(x) = 2 > 0$ für alle $x \in (0, +\infty)$. Die Funktion q ist also (streng) monoton steigend
und (streng) konvex. Für die Wurzelfunktion $q^{-1}(x) = \sqrt{x}$ gilt $(q^{-1})'(x) = \frac{1}{2\sqrt{x}} > 0$ und
$(q^{-1})''(x) = -\frac{1}{4\sqrt{x^3}} < 0$ für alle $x \in (0, +\infty)$. Die Umkehrfunktion ist also (streng) monoton
steigend und (streng) konkav.   ■

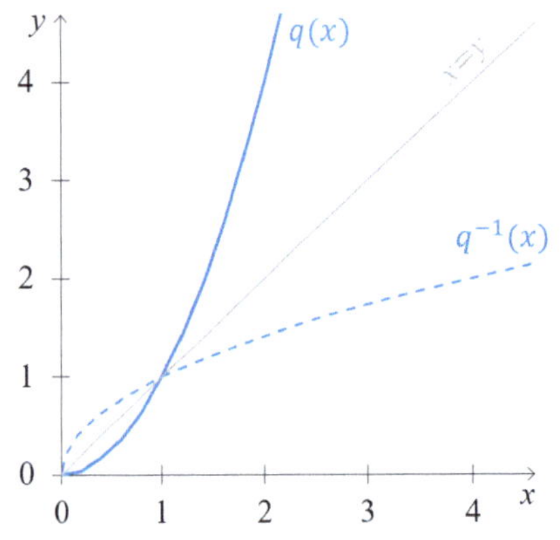

Abbildung 5.106: Die Funktion q und ihre   Abbildung 5.107: Die Funktion e^{-x} und
Umkehrfunktion   ihre Umkehrfunktion

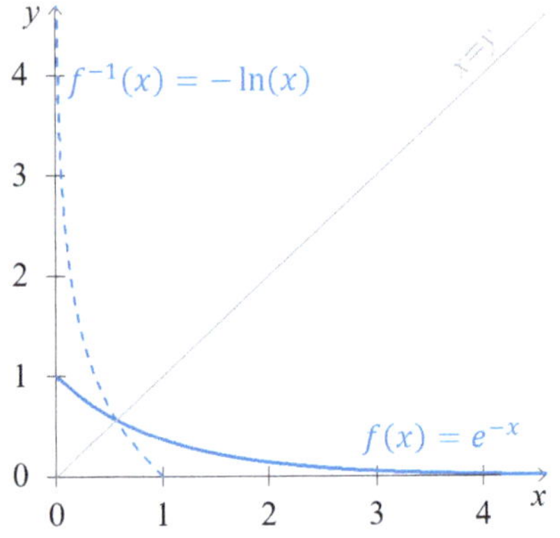

■ Beispiel 5.4.46 — Die Umkehrfunktion von $f(x) = e^{-x}$.
Die Funktion $f : \mathbb{R} \to (0, +\infty)$ mit $f(x) = e^{-x}$ ist bijektiv mit Umkehrfunktion $f^{-1} :$
$(0, +\infty) \to \mathbb{R}$ mit $f^{-1}(x) = -\ln(x)$. Es gilt $f'(x) = -e^{-x} < 0$ und $f''(x) = e^{-x} > 0$ für
alle $x \in \mathbb{R}$. Die Funktion f ist also (streng) monoton fallend und (streng) konvex. Für die
Umkehrfunktion gilt $(f^{-1})'(x) = -\frac{1}{x} < 0$ und $(f^{-1})''(x) = \frac{1}{x^2} > 0$ für alle $x \in (0, +\infty)$.
Die Umkehrfunktion ist also ebenfalls (streng) monoton fallend und (streng) konvex, vgl.
Abbildung 5.107.   ■

Im ersten Beispiel war die Umkehrfunktion einer konvexen Funktion konkav, im
zweiten konvex. Konvexität bleibt bei Bildung der Umkehrfunktion also im Allgemeinen
nicht erhalten.[30]

Summe, Differenz, Produkt und Quotient konvexer Funktionen

Addiert man zwei Funktionen mit gleicher Krümmung, so bleibt laut folgendem Satz das
Krümmungsverhalten erhalten.

Satz 5.4.15 — Krümmungsverhalten der Summe.
Sind f und g reelle Funktionen und I ein Intervall, so gilt:

---

[30]   Man kann aber kompliziertere Aussagen treffen. Unter anderem gilt: Die Umkehrfunktion einer streng
       monoton steigenden konvexen Funktion ist stets konkav und die Umkehrfunktion einer streng monoton
       fallenden konvexen Funktion ist stets konvex.

- Sind f und g beide (streng) konvex auf I, so ist auch die Summe $f+g$ (streng) konvex auf I.
- Sind f und g beide (streng) konkav auf I, so ist auch die Summe $f+g$ (streng) konkav auf I.

■ Beispiel 5.4.47 — Summe und Differenz konvexer Funktionen.
Wir wissen bereits, dass $y = e^x$ und $y = x^2$ Abbildungsvorschriften konvexer Funktionen sind. Aus Satz 5.4.15 folgt dann z.B., dass die Funktion mit $y = e^x + x^2$ konvex sein muss. Wie bei der Monotonie bleibt das Krümmungsverhalten bei Subtraktion aber nicht erhalten. So ist beispielsweise eine Funktion mit $y = e^x - x^2$ nicht konvex, vgl. Abbildung 5.108. ■

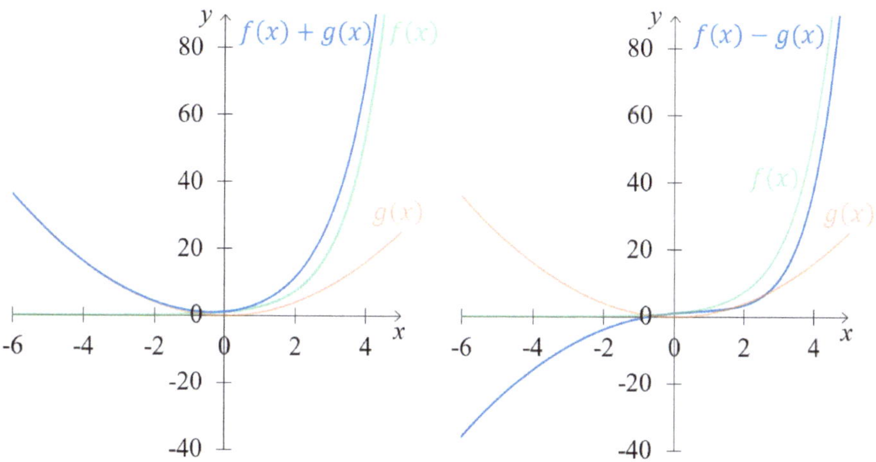

Abbildung 5.108: Summe und Differenz der Funktionen $f(x) = e^x$ und $g(x) = x^2$

■ Beispiel 5.4.48 — Produkt und Quotient konvexer Funktionen.
Die Funktion $f(x) = x^4$ mit $f'(x) = 4x^3$ und $f''(x) = 12x^2 \geq 0$ ist eine konvexe Funktion. Zudem ist die Funktion $g(x) = x$ konvex. In Abbildung 5.109 erkennt man, dass jedoch weder die Funktion $y = f(x)g(x) = x^5$ noch $y = \frac{f(x)}{g(x)} = \frac{x^4}{x}$ eine konvexe Funktion ist. Beide Funktionen sind auf $(-\infty, 0)$ konkav und auf $(0, +\infty)$ konvex. ■

Minimum und Maximum konvexer Funktionen

■ Beispiel 5.4.49 — Das Maximum und das Minimum zweier Funktionen.
Wir betrachten erneut die Funktion mit Abbildungsvorschrift $h(x) = \max\{x, x^3\}$. In Beispiel 5.4.22 hatten wir gezeigt, dass diese Funktion monoton steigt. Auf dem Intervall $(-\infty, 0]$ beschreiben sowohl $y = x^3$ als auch $y = x$ konkave Funktionen. Die Funktion h beschreibt hier jedoch keine konkave Funktion. Es gilt z.B. mit $x_1 = -2$ und $x_2 = -0.5$, dass

$$h(0.5x_1 + 0.5x_2) = h(-1.25) = -1.25 < 0.5h(x_1) + 0.5h(x_2)$$
$$= 0.5(-2) + 0.5(-0.125) = -1.0625.$$

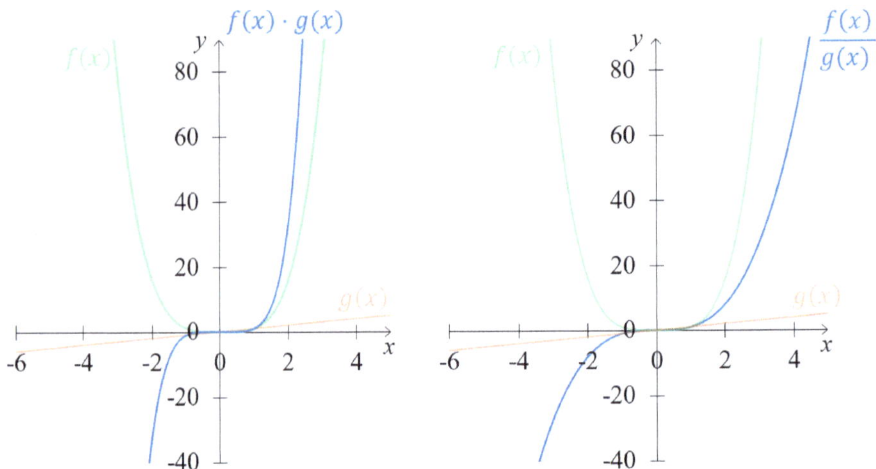

Abbildung 5.109: Produkt und Quotient der Funktionen $f(x) = x^4$ und $g(x) = x$

Auf dem Intervall $[0, +\infty)$ beschreiben sowohl $y = x^3$ als auch $y = x$ konvexe Funktionen. Am Graphen in Abbildung 5.17 erahnt man, dass h auf $[0, +\infty)$ konvex ist.

Die Funktion mit Abbildungsvorschrift $y = \min\{x, x^3\}$ ist ebenfalls monoton steigend. Auf dem Intervall $(-\infty, 0]$ beschreiben sowohl $y = x^3$ als auch $y = x$ konkave Funktionen. Auf dem Intervall $(-\infty, 0]$ scheint $y = \min\{x, x^3\}$ ebenfalls konkav zu sein. Auf dem Intervall $[0, +\infty)$ beschreiben sowohl $y = x^3$ als auch $y = x$ konvexe Funktionen. Die Funktion $y = \min\{x, x^3\}$ ist auf $[0, +\infty)$ jedoch nicht konvex. Es gilt z.B. mit $x_1 = 0.5$ und $x_2 = 2$, dass

$$h(0.5x_1 + 0.5x_2) = h(1.25) = 1.25 > 0.5h(x_1) + 0.5h(x_2) = 0.5(0.125) + 0.5(2) = 1.0625.$$
■

Im vorherigen Beispiel scheint es, als sei das Maximum zweier konvexer Funktionen wieder konvex, das Maximum zweier konkaver Funktionen aber in der Regel nicht konkav. Zudem vermutet man, dass das Minimum zweier konkaver Funktionen wieder konkav ist, das Minimum zweier konvexer Funktionen aber nicht konvex. Und in der Tat gilt:

> **Satz 5.4.16 — Krümmungsverhalten bei Maximum und Minimum.**
> Es seien f und g reelle Funktionen und I ein Intervall.
> - Sind f und g (streng) konvex auf I, so ist auch die Funktion $\max\{f, g\}$ (streng) konvex auf I.
> - Sind f und g (streng) konkav auf I, so ist auch die Funktion $\min\{f, g\}$ (streng) konkav auf I.

■ **Beispiel 5.4.50 — Die aggregierte Nachfrage.**
In Beispiel 5.4.24 sahen wir, dass die aggregierte Nachfragefunktion dem Maximum dreier affin-linearer Funktionen mit Abbildungsvorschriften $y = 15 - 2x$, $y = 10 - x$, und $y = 0$ entspricht.

Affin-lineare Funktionen sind stets konvex (und auch konkav). Das Maximum zweier affin-linearer Funktionen ist laut Satz 5.4.16 konvex. Das Maximum der so entstandenen

Funktion $y = \max\{15 - 2x, 10 - x\}$ mit einer weiteren affin-linearen Funktion ist wieder konvex. Die aggregierte Nachfragefunktion, deren Nachfrage bei gegebenem Preis $y = \max\{0, \max\{15 - 2x, 10 - x\}\}$ entspricht, ist also konvex. $\blacksquare$

Kompositionen mit affin-linearen Funktionen

Streckt, staucht oder verschiebt man die x-Achse oder spiegelt die x-Achse an der y-Achse ausgehend vom Graphen einer Funktion, so beschreibt der neu entstandene Graph eine Funktion mit dem gleichen Krümmungsverhalten. Allerdings transformieren sich wie schon im Fall der Monotonie die entsprechenden Intervalle.

> **Satz 5.4.17 — Konvexitätserhaltung bei Transformation der x-Achse.**
> Ist $f : D \to Z$ eine reelle Funktion, $I = [i_1, i_2] \subseteq D$ ein Intervall, und $a, b \in \mathbb{R}$ Konstanten, so gilt:
> - Ist $a > 0$ und
>   - f (streng) konvex auf I, so ist $f(ax + b)$ (streng) konvex auf $\left[\frac{i_1 - b}{a}, \frac{i_2 - b}{a}\right]$.
>   - f (streng) konkav auf I, so ist $f(ax + b)$ (streng) konkav auf $\left[\frac{i_1 - b}{a}, \frac{i_2 - b}{a}\right]$.
> - Ist $a < 0$ und
>   - f (streng) konvex auf I, so ist $f(ax + b)$ (streng) konvex auf $\left[\frac{i_2 - b}{a}, \frac{i_1 - b}{a}\right]$.
>   - f (streng) konkav auf I, so ist $f(ax + b)$ (streng) konkav auf $\left[\frac{i_2 - b}{a}, \frac{i_1 - b}{a}\right]$.
> Ist I ein offenes, halb-offenes oder unbeschränktes Intervall, gelten die Aussagen analog.

$\blacksquare$ **Beispiel 5.4.51 — Transformation der y-Achse.**
Die Funktion $f : (0, +\infty) \to \mathbb{R}$ mit $f(x) = \ln(x)$ hat die Ableitungen $f'(x) = \frac{1}{x} > 0$ und $f''(x) = -\frac{1}{x^2} < 0$ für alle $x \in (0, +\infty)$. Die Funktion f ist also streng monoton steigend und konkav. Betrachten wir die Funktion mit Abbildungsvorschrift $y = f(3x + 2) = \ln(3x + 2)$, so ist diese laut Sätzen 5.4.7 und 5.4.17 ebenfalls streng monoton steigend und konkav.

Alternativ könnte man auch die Ableitungen von $g(x) = \ln(3x + 2)$ als $g'(x) = \frac{3}{3x+2} > 0$ und $g''(x) = -\frac{9}{(3x+2)^2} < 0$ bilden und hieraus schließen, dass g streng monoton steigend und konkav ist. $\blacksquare$

Spiegelt man den Graphen einer konvexe Funktion jedoch an der x-Achse, multipliziert man die Abbildungsvorschrift der Funktion also mit (-1), so kehrt sich wie im Fall der Monotonie das Krümmungsverhalten um. Ist die Menge der Punkte oberhalb des Graphen konvex, ist nach der Spiegelung die Menge der Punkte unterhalb des Graphen konvex und umgekehrt. Eine konvexe Funktion ergibt mit (-1) multipliziert daher eine konkave Funktion und umgekehrt, vgl. Abbildung 5.110.

Streckt, staucht, oder verschiebt man die y-Achse des Graphen einer konvexen Funktion, so bleibt das Krümmungsverhalten jedoch erhalten.

> **Satz 5.4.18 — Konvexitätserhaltung bei Transformation der y-Achse.**
> Ist $f : D \to Z$ eine reelle Funktion, I ein Intervall und $c, d \in \mathbb{R}$ Konstanten, so gilt:
> - Ist $c > 0$ und
>   - f (streng) konvex auf I, so ist $c \cdot f + d$ (streng) konvex auf I.
>   - f (streng) konkav auf I, so ist $c \cdot f + d$ (streng) konkav auf I.
> - Ist $c < 0$ und

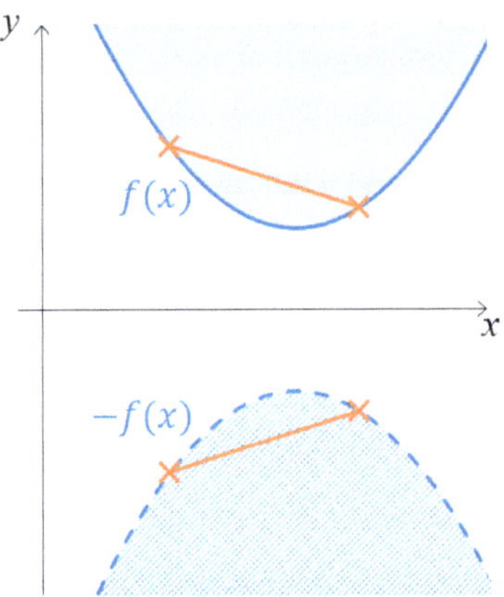

Abbildung 5.110: Eine Spiegelung des Funktionsgraphen an der x-Achse

- f (streng) konvex auf I, so ist $c \cdot f + d$ (streng) konkav auf I.
- f (streng) konkav auf I, so ist $c \cdot f + d$ (streng) konvex auf I.

■ **Beispiel 5.4.52 — Transformation der y-Achse.**
Die Funktion $f : (0, +\infty) \to \mathbb{R}$ mit $f(x) = \ln(3x+2)$ hat die Ableitungen $f'(x) = \frac{3}{3x+2} > 0$ und $f''(x) = -\frac{9}{(3x+2)^2} < 0$ für alle $x \in (0, +\infty)$. Die Funktion f ist also streng monoton steigend und streng konkav. Betrachten wir die Funktion mit Abbildungsvorschrift $y = \frac{1}{4}f(x) + 1$, so ist diese laut Sätzen 5.4.8 und 5.4.18 ebenfalls streng monoton steigend und konkav.

Alternativ könnte man auch die Ableitungen von $g(x) = \frac{1}{4}f(x) + 1$ als $g'(x) = \frac{1}{4}f'(x) = \frac{3}{12x+8} > 0$ und $g''(x) = -\frac{36}{(12x+8)^2}$ bilden und hieraus schließen, dass g streng monoton steigend und konkav ist.   ■

■ **Beispiel 5.4.53 — Vielfache der Exponentialfunktion.**
Aus der Tatsache, dass die Exponentialfunktion $y = e^x$ konvex ist, kann man so z.B. schließen, dass die Funktion mit Abbildungsvorschrift $y = 5e^x$ ebenfalls konvex, aber die Funktion mit Abbildungsvorschrift $y = -2e^x$ konkav ist.   ■

■ **Beispiel 5.4.54 — Die Summe von Vielfachen konvexer Funktionen.**
Analysieren wir das Krümmungsverhalten der Funktion $f : (0, +\infty) \to \mathbb{R}$ mit $f(x) = 5x^2 - 2\ln(x) + 8x - 12$, so wissen wir, dass eine Funktion mit Abbildungsvorschrift

- $y = x^2$ und damit laut Satz 5.4.18 auch $y = 5x^2$ konvex,
- $y = \ln(x)$ konkav und damit $y = -2\ln(x)$ konvex und
- $y = 8x - 12$ eine affin-lineare Abbildung und damit sowohl konvex als auch konkav

ist. Damit kann f als eine Summe konvexer Funktionen betrachtet werden. Die Funktion f ist damit laut Satz 5.4.15 konvex.   ■

Die Komposition einer konvexen Funktion mit einer konvexen Funktion ergibt im Allgemeinen nicht zwingend wieder eine konvexe Funktion, wie folgendes Beispiel demonstriert:[31]

■ Beispiel 5.4.55 — Die Dichte der Standardnormalverteilung.

Aus Beispiel 5.4.30 wissen wir, dass die Funktion mit Abbildungsvorschrift $y = x^2$ und mit $c = \frac{1}{2}$ laut Satz 5.4.18 auch $g(x) = \frac{x^2}{2}$ konvex ist. Zudem erkennt man leicht, dass auch die Funktion mit Abbildungsvorschrift $f(x) = \frac{1}{\sqrt{2\pi}}e^{-x}$ konvex ist. schließlich gilt $f'(x) = -\frac{1}{\sqrt{2\pi}}e^{-x} < 0$ und $f''(x) = \frac{1}{\sqrt{2\pi}}e^{-x} > 0$ für alle $x \in \mathbb{R}$.

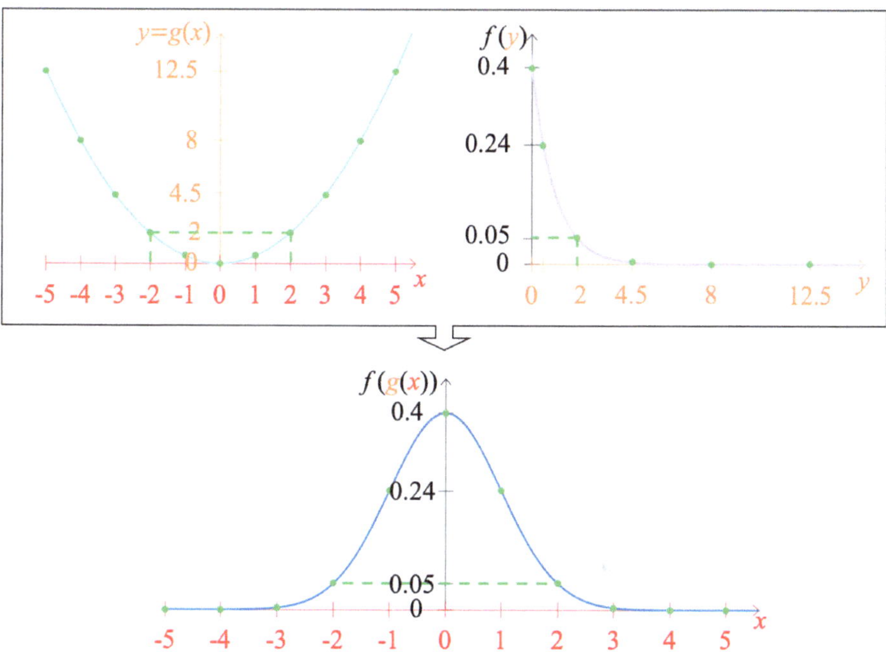

Abbildung 5.111: Die Funktionen $f(x) = \frac{1}{\sqrt{2\pi}}e^{-x}$, $g(x) = \frac{x^2}{2}$ und $\phi(x) = f(g(x))$

Wir untersuchen das Krümmungsverhalten der Komposition dieser konvexen Funktionen $f \circ g$, die Funktion mit Abbildungsvorschrift $\phi(x) = \frac{1}{\sqrt{2\pi}}e^{-\frac{x^2}{2}}$. Diese Funktion haben wir als die Dichte der Standardnormalverteilung bereits in Beispiel 5.2.28 kennengelernt. Schon anhand des Graphen in Abbildung 5.111 erkennen wir, dass diese Funktion nicht konvex ist. Rechnerisch kann man über die Ableitung mit Hilfe der Kettenregel zeigen, dass

$$\phi'(x) = -\frac{x}{\sqrt{2\pi}}e^{-\frac{x^2}{2}}.$$

Die Funktion steigt also monoton für $x \leq 0$ und fällt monoton für $x \geq 0$. Durch Anwendung der Produktregel und erneute Anwendung der Kettenregel ergibt sich

$$\phi''(x) = -\frac{1}{\sqrt{2\pi}}e^{-\frac{x^2}{2}} + \frac{x^2}{\sqrt{2\pi}}e^{-\frac{x^2}{2}} = \frac{1}{\sqrt{2\pi}}e^{-\frac{x^2}{2}}(x^2 - 1).$$

---

[31] Man kann jedoch auch allgemeinere Konvexitätserhaltungssätze formulieren, siehe z.B. Dietz (2012, Kapitel 11.6).

Es gilt also $\phi''(x) < 0$ für alle $x \in (-1,1)$. Da die Funktion stetig ist, ist sie im Intervall $[-1,1]$ (streng) konkav. Zudem gilt $\phi''(x) > 0$ für alle $x \notin [-1,1]$, die Funktion ist aufgrund ihrer Stetigkeit in den Intervallen $(-\infty,-1]$ und $[1,+\infty)$ (streng) konvex. ■

Wir zeigen in folgendem Beispiel eine weitere Anwendung von Satz 5.4.17.

■ Beispiel 5.4.56 — Die Dichte der Normalverteilung (∗).

Wir wissen aus Beispiel 5.4.55, dass die Standardnormalverteilung mit Abbildungsvorschrift $\phi(x) = \frac{1}{\sqrt{2\pi}}e^{-\frac{1}{2}x^2}$ auf $[-1,1]$ konkav und sonst konvex ist.

Für Parameter $\mu \in \mathbb{R}$ und $\sigma > 0$ ergibt sich die sogenannte Normalverteilung mit

$$f(x) = \frac{1}{\sqrt{2\pi}}e^{-\frac{1}{2}\left(\frac{x-\mu}{\sigma}\right)^2}$$

aus $\phi(x)$ als $f(x) = \phi(\frac{x-\mu}{\sigma})$. Mit $g(x) = \frac{1}{\sigma}x - \frac{\mu}{\sigma}$, also $a = \frac{1}{\sigma}$ und $b = -\frac{\mu}{\sigma}$, ist die Normalverteilung also eine Komposition $\phi(g(x))$. Die affin-lineare Funktion $g(x) = \frac{x}{\sigma} - \frac{\mu}{\sigma}$ hat die Umkehrfunktion $g^{-1}(y) = \sigma y + \mu$. Diese Umkehrfunktion bildet das Intervall $[-1,1]$ auf $[\mu - \sigma, \mu + \sigma]$ ab, vgl. Abbildung 5.112.

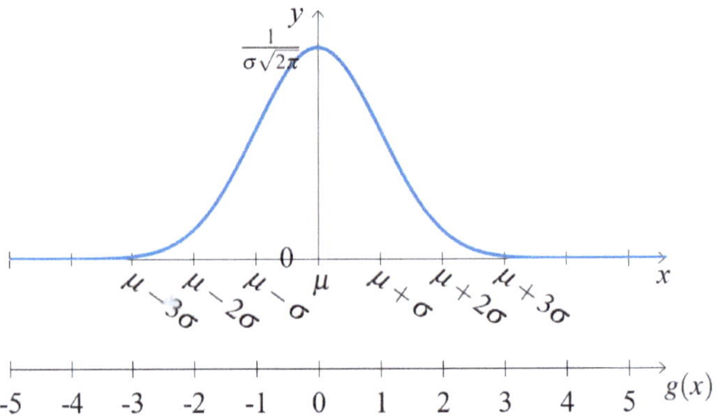

Abbildung 5.112: Die Dichte der Normalverteilung

Nach Satz 5.4.17 ist mit $i_1 = -1$ und $i_2 = 1$ die Normalverteilung also auf $\left[\frac{i_1-b}{a}, \frac{i_2-b}{a}\right] = [\mu - \sigma, \mu + \sigma]$ konkav und sonst konvex, vgl. Abbildung 5.112. ■

Wendepunkte

In der Regel ist eine Funktion nicht auf dem gesamten Definitionsbereich konvex oder konkav. In Beispielen haben wir bereits gesehen, dass es Stellen gibt, an denen sich das Krümmungsverhalten einer Funktion verändert. An solchen Stellen spricht man von Wendepunkten.

Definition 5.4.3 — Wendepunkt.

Sei $f : D \to Z$ eine reelle Funktion und $x_0 \in D$. Die Funktion f hat an der Stelle x_0 einen **Wendepunkt**, wenn es ein $\varepsilon > 0$ gibt, so dass f auf $(x_0 - \varepsilon, x_0]$ streng konkav und auf $[x_0, x_0 + \varepsilon)$ streng konvex ist. Ebenso hat f an der Stelle x_0 einen Wendepunkt, wenn f auf $(x_0 - \varepsilon, x_0]$ streng konvex und auf $[x_0, x_0 + \varepsilon)$ streng konkav ist.

Ist die Funktion f an der Stelle x_0 zusätzlich differenzierbar mit $f'(x_0) = 0$, so nennt man x_0 auch **Sattelpunkt** oder Terrassenpunkt.

▪ Beispiel 5.4.57 — Fortsetzung von Beispiel 5.4.55.

Wir zeigten bereits, dass die Standardnormalverteilung im Intervall $[-1, 1]$ streng konkav und in den Intervallen $(-\infty, -1]$ und $[1, +\infty)$ streng konvex ist. An den Stellen -1 und 1 liegen also Wendepunkte vor. ▪

▪ Beispiel 5.4.58 — Die Funktion $f(x) = x^3$.

Für die stetige Funktion $f(x) = x^3$ mit $f'(x) = 3x^2$ hatten wir in Beispiel 5.4.38 gezeigt, dass sie auf $(-\infty, 0]$ streng konkav und auf $[0, +\infty)$ streng konvex ist. Sie hat also an der Stelle 0 einen Wendepunkt, vgl. Abbildung 5.113. Da $f'(0) = 0$ gilt, nennt man den Wendepunkt auch Sattelpunkt. ▪

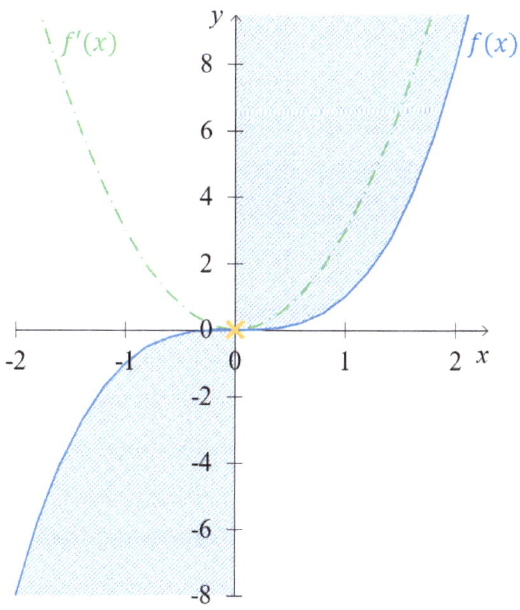

Abbildung 5.113: Wendepunkt der Funktion $f(x) = x^3$

▪ Beispiel 5.4.59 — Die Funktion $p(x)$.

Wir hatten die Ableitungen der Funktion $p : \mathbb{R} \to \mathbb{R}$ mit $p(x) = x - \left(\frac{x}{10}\right)^3$ als $p'(x) = 1 - \frac{3}{1000}x^2$ und $p''(x) = -\frac{6}{1000}x$ berechnet. Es gilt $p''(x) < 0$ für alle $x > 0$ und $p''(x) > 0$ für alle $x < 0$. Die Funktion ist also für alle $x > 0$ streng konkav und für alle $x < 0$ streng konvex, vgl. Abbildung 5.114. An der Stelle $x = 0$ hat die Funktion einen Wendepunkt. Hier gilt $p''(0) = 0$. Da $p'(0) = 1 > 0$ ist die Funktion an der Stelle 0 monoton steigend. Es liegt also kein Sattelpunkt vor. ▪

An einem Wendepunkt einer zweimal differenzierbaren Funktion verändert die zweite

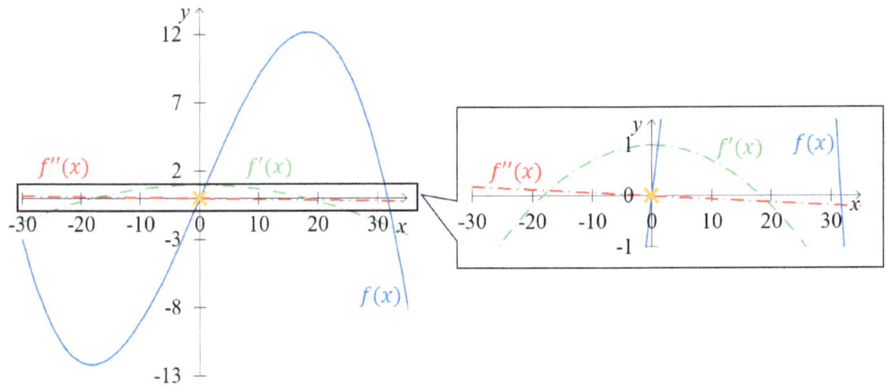

Abbildung 5.114: Wendepunkt der Funktion $p(x) = x - \left(\frac{x}{10}\right)^3$

Ableitung ihr Vorzeichen. An der Stelle des Wendepunktes ist die zweite Ableitung stets 0. Umgekehrt muss aber kein Wendepunkt vorliegen, wenn die zweite Ableitung an einer Stelle gleich 0 ist. Die Bedingung $f''(x_0) = 0$ ist für einen Wendepunkt einer zweimal differenzierbaren Funktion notwendig, aber nicht hinreichend.

> **Satz 5.4.19 — Notwendige Bedingung für Wendepunkte.**
> Es sei $f : D \to Z$ eine reelle Funktion, die auf dem Intervall $(x_0 - \varepsilon, x_0 + \varepsilon)$ zweimal differenzierbar ist. Hat f an der Stelle x_0 einen Wendepunkt, dann gilt $f''(x_0) = 0$.

■ **Beispiel 5.4.60 — Die Funktion $f(x) = x^4$.**
Die Funktion $f(x) = x^4$ hat Ableitungen $f'(x) = 4x^3$ und $f''(x) = 12x^2$. An der Stelle 0 gilt also $f''(0) = 0$. Dennoch ist die Funktion auf $\mathbb{R}$ konvex, vgl. auch Beispiel 5.4.39. Sie hat damit keinen Wendepunkt.   ■

■ **Beispiel 5.4.61 — Wendepunkt einer abschnittsweise definierten Funktion.**
Die Funktion $f : \mathbb{R} \to \mathbb{R}$ mit

$$f(x) = \begin{cases} x^2 & x \leq 1 \\ 2 - x^2 & x > 1 \end{cases}$$

ist stetig, da $\lim_{x \to 1^-} f(x) = 1 = \lim_{x \to 1^+} f(x)$, vgl. auch Abbildung 5.115. Zudem gilt für alle $x \leq 1$, dass $f'(x) = 2x$ und $f''(x) = 2$. Die Funktion ist also streng konvex auf $(-\infty, 1]$. Für alle $x > 1$ gilt $f'(x) = -2x$ und $f''(x) = -2 < 0$. Die Funktion ist also streng konkav auf $[1, +\infty)$. An der Stelle 1 hat die Funktion einen Wendepunkt. Da die Funktion an der Stelle 1 aber nicht differenzierbar ist, spricht man hier nicht von einem Sattelpunkt.   ■

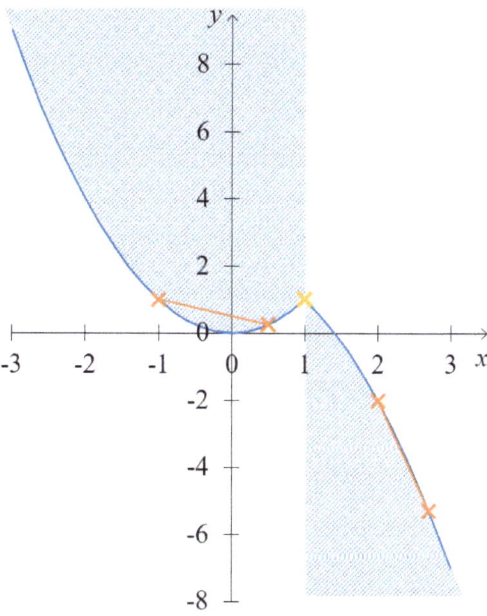

Abbildung 5.115: Graph der abschnittsweise definierten Funktion f

(Z) Eine reelle Funktion f heißt auf dem Intervall $I \subseteq D$

$$\left\{\begin{array}{l} \text{konvex} \\ \text{streng konvex} \\ \text{konkav} \\ \text{streng konkav} \end{array}\right\}, \text{ wenn } \alpha f(x_1) + (1-\alpha)f(x_2) \left\{\begin{array}{l} \geq \\ > \\ \leq \\ < \end{array}\right\} f(\alpha x_1 + (1-\alpha)x_2)$$

$$\text{für alle } x_1, x_2 \in I, 0 < \alpha < 1.$$

Eine Funktion ist genau dann konvex, wenn die Punktmenge oberhalb des Graphen konvex ist. Sie ist konkav, wenn die Punktmenge unterhalb des Graphen konvex ist.
Ist f differenzierbar:

$$f\left\{\begin{array}{l} \text{konvex} \\ \text{streng konvex} \\ \text{konkav} \\ \text{streng konkav} \end{array}\right\} \Leftrightarrow \text{ihr Graph verläuft} \left\{\begin{array}{l} \text{oberhalb oder auf} \\ \text{oberhalb} \\ \text{unterhalb oder auf} \\ \text{unterhalb} \end{array}\right\} \text{jeder Tangente von } f.$$

Ist f differenzierbar:

$$f\left\{\begin{array}{l} \text{konvex} \\ \text{streng konvex} \\ \text{konkav} \\ \text{streng konkav} \end{array}\right\} \Leftrightarrow f'\left\{\begin{array}{l} \text{monoton steigend} \\ \text{streng monoton steigend} \\ \text{monoton fallend} \\ \text{streng monoton fallend} \end{array}\right\}.$$

Ist f zweimal differenzierbar:

$$f\left\{\begin{array}{c} \text{konvex} \\ \text{konkav} \end{array}\right\} \Leftrightarrow f''(x)\left\{\begin{array}{c} \geq 0 \\ \leq 0 \end{array}\right\} \text{ für alle } x.$$

$$f\left\{\begin{array}{c} \text{streng konvex} \\ \text{streng konkav} \end{array}\right\} \Leftarrow f''(x)\left\{\begin{array}{c} > 0 \\ < 0 \end{array}\right\} \text{ für alle } x.$$

Zudem gilt:

- Die Umkehrfunktion einer bijektiven konvexen Funktion ist nicht immer konvex.
- Die Summe zweier (streng) konvexer bzw. konkaver Funktionen ist wiederum (streng) konvex bzw. konkav; das Maximum bzw Minimum zweier (streng) konvexer bzw. konkaver Funktionen ist wiederum (streng) konvex bzw. konkav;
- Ist f (streng) konvex bzw. konkav, dann ist $cf(ax+b)+d, a,b,c,d \in \mathbb{R}$ (streng) konvex bzw. konkav, wenn $c > 0$ und (streng) konkav bzw. konvex, wenn $c < 0$. Im Allgemeinen ist eine Komposition zweier konvexer (oder konkaver) Funktionen nicht wieder konvex (oder konkav).

Ist eine Funktion links von x_0 streng konvex (konkav) und rechts von x_0 streng konkav (konvex), so hat die Funktion an der Stelle x_0 einen Wendepunkt. Ist eine Funktion zweimal differenzierbar, so gilt in diesem Fall $f''(x_0) = 0$. Ein Sattelpunkt ist ein Wendepunkt mit $f'(x_0) = 0$.

5.4.3　Symmetrie und Periodizität

Ziele dieses Unterkapitels

- Wann nennt man eine Funktion spiegelsymmetrisch zur y-Achse, wann punktsymmetrisch zum Urspung?
- Was versteht man unter der Periode einer periodischen Funktion?

Die Untersuchung von reellen Funktionen kann sich vereinfachen, wenn eine Funktion symmetrisch oder periodisch ist.

Symmetrie

■ Beispiel 5.4.62 — Symmetrieeigenschaft der Funktion mit q(x) = x².

Betrachten wir die Funktion mit Abbildungsvorschrift $q(x) = x^2$. Ihr Graph ist spiegelsymmetrisch zur y-Achse, da der Funktionswert an jeder Stelle x gleich dem Funktionswert an der Stelle $-x$ ist, also $q(x) = q(-x)$ für alle $x \in \mathbb{R}$ gilt, vgl. Abbildung 5.116 links. Unter anderem werden die Werte 2 und -2 beide auf den Wert 4 abgebildet. Entsprechend nennt man auch die Funktion selbst spiegelsymmetrisch zur y-Achse.[32]　　　　　　　　　　　　■

■ Beispiel 5.4.63 — Symmetrieeigenschaft der Funktion mit f(x) = x³.

Betrachten wir $f(x) = x^3$ in Abbildung 5.116 rechts, so erkennen wir schon am Graphen, dass diese Funktion nicht spiegelsymmetrisch zur y-Achse ist. Es gilt z.B. $f(2) = 8 \neq f(-2) = -8$. Allgemein gilt für alle $x \neq 0$, dass $x^3 \neq (-x)^3 = -x^3$. Kennt man den Funktionswert von $f(x)$ an der Stelle x, so berechnet sich der Funktionswert an der Stelle $-x$ jedoch als $f(-x) = -f(x)$. In Abbildung 5.116 erkennt man, dass es sich um einen zum Ursprung punktsymmetrischen Graphen handelt.　　　　　　　　　　　　■

Wir definieren daher folgende Symmetrieeigenschaften:

---

[32]　Relationen können auch Graphen haben, die spiegelsymmetrisch zur x Achse sind. Für Funktionen ist dies jedoch nicht möglich, da in diesem Fall einem x-Wert zwei y-Werte zugeordnet werden würden.

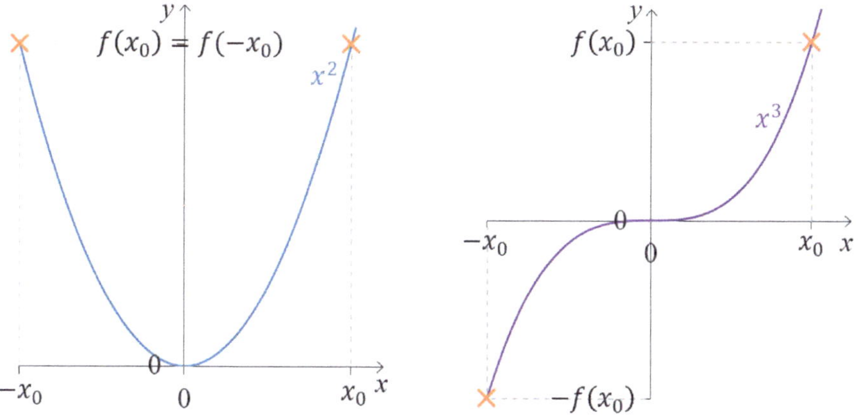

Abbildung 5.116: Eine spiegelsymmetrische Funktion (links) und eine punktsymmetrische Funktion (rechts)

> **Definition 5.4.4 — Symmetrieeigenschaften.**
> Die reelle Funktion $f : D \to Z$, für die für alle $x \in D$ auch $-x \in D$ ist, heißt
> - **spiegelsymmetrisch zur y-Achse** (oder achsensymmetrisch zur y-Achse bzw. gerade), wenn
>
> $$f(-x) = f(x) \qquad \forall x \in D;$$
>
> - **punktsymmetrisch zum Urspung** (oder ungerade), wenn
>
> $$f(-x) = -f(x) \qquad \forall x \in D.$$

Untersuchen wir eine Funktion f auf Symmetrie, so setzen wir einfach $-x$ in die Funktionsbeschreibung ein, $f(-x)$. Ergibt sich durch Umformungen $f(x)$, gilt also $f(-x) = f(x)$, so ist die Funktion spiegelsymmetrisch zur y-Achse. Ergibt sich hingegen $-f(x)$, gilt also $f(-x) = -f(x)$, so ist sie punktsymmetrisch zum Nullpunkt.

■ **Beispiel 5.4.64 — Symmetrieuntersuchung.**
Untersuchen wir die Funktionen $f(x) = x - \left(\frac{x}{10}\right)^3$, $g(x) = 5 + x - x^3$ und $h(x) = 5 + x^4 - x^2$ auf Symmetrie, so ergibt sich für alle $x \in \mathbb{R}$:

$$f(-x) = -x - \left(\frac{-x}{10}\right)^3 = -x + \left(\frac{x}{10}\right)^3 = -\left(x - \left(\frac{x}{10}\right)^3\right) = -f(x)$$

$$g(-x) = 5 - x - (-x)^3 = 5 - x + x^3 = 5 - (x - x^3) \neq -g(x) \text{ und } \neq g(x)$$

$$h(-x) = 5 + (-x)^4 - (-x)^2 = 5 + x^4 - x^2 - h(x)$$

Die Funktion f ist also punktsymmetrisch zum Ursprung. Die Funktion g ist weder punktsymmetrisch zum Ursprung[33] noch spiegelsymmetrisch zur y-Achse. Die Funktion h ist spiegelsymmetrisch zur y-Achse, vgl. Abbildung 5.117.   ■

---

[33] Die Funktion g ist – wie man auch am Graphen erkennt – punktsymmetrisch zum Punkt $(0,5)^T$, dies behandeln wir aber hier nicht.

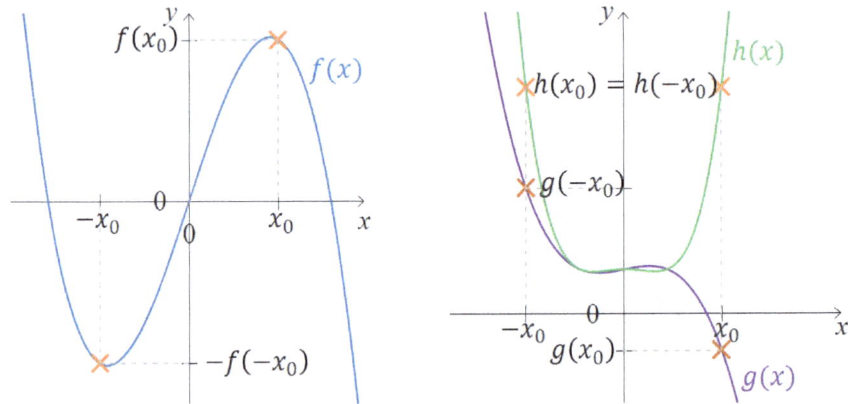

Abbildung 5.117: Die Funktionen $f(x) = x - \left(\frac{x}{10}\right)^3$, $g(x) = 5 + x - x^3$ und
$$h(x) = 5 + x^4 - x^2$$

Die Kenntnis der Funktionswerte an allen Stellen $x \geq 0$ (oder $x \leq 0$) ist bei einer um die
y-Achse symmetrischen Funktion ausreichend, um die gesamte Funktion beschreiben zu
können.

Periodizität

■ **Beispiel 5.4.65 — Die Sinusfunktion.**

Die Sinusfunktion $\sin(x)$ beschreibt eine Funktion, deren Werte sich alle 2π wiederholen.
In anderen Worten $\sin(x) = \sin(2\pi + x)$ für alle x. Man nennt die Sinusfunktion daher auch
periodisch mit Periode 2π, vgl. Abbildung 5.118.   ■

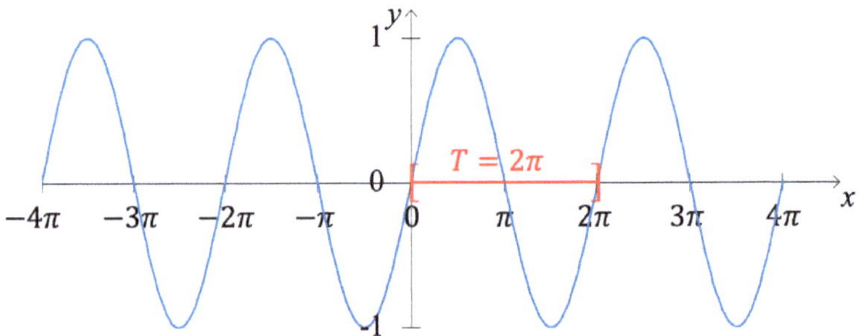

Abbildung 5.118: Die Sinusfunktion

Periodische Funktionen wiederholen all ihre Funktionswerte in regelmäßigen Abständen.
Die Abstände zwischen dem Auftreten der gleichen Funktionswerte nennt man Periode.

> **Definition 5.4.5 — Periodische Funktionen.**
> Eine reelle Funktion $f : D \to Z$, für die für alle $x \in D$ mit $T > 0$ (fest) auch $x + T \in D$
> gilt, heißt **periodisch** mit **Periode** T, falls
>
> $$f(x + T) = f(x) \qquad \forall x \in D.$$

Da sich bei einer periodischen Funktion der Verlauf nach einem Intervall der Länge T
wiederholt, kann man also von einem kleinen bekannten Intervall auf alle Funktionswerte
schließen. Man beachte, dass die Periodenlänge T in obiger Definition nicht eindeutig
definiert ist.

■ **Beispiel 5.4.66 — Die Sinusfunktion – fortgesetzt.**
Obwohl man wohl intuitiv sagen würde, dass die Sinusfunktion $\sin(x)$ eine Periode von
2π hat, wäre es nach obiger Definition auch nicht falsch zu sagen, dass die Periode z.B.
4π ist. ■

Periodische Funktionen werden in der Ökonomie beispielsweise genutzt, um ideali-
sierte Lagerbestandsverläufe (mit periodischer Bestellung) oder saisonale Einflüsse auf
Absatzwerte oder Umsätze zu beschreiben. Wir präsentieren zwei entsprechende Beispiele:

■ **Beispiel 5.4.67 — Lagerhaltungsfunktion.**
Werden in ein Milchlager alle 7 Tage zu Beginn der Woche 20 Hektoliter geliefert und wird
die Milch gleichmäßig über die Woche in der Produktion (komplett) verbraucht, so ergibt
sich ein Lagerbestand (in Hektolitern) zur Zeit t (in Wochen) von $b(t) = (\lceil t \rceil - t) \cdot 20$.
Abbildung 5.119 zeigt den Graphen dieser Lagerhaltungsfunktion. Sie ist eine periodische
Funktion mit $T = 1$ da $b(t+1) = (\lceil t+1 \rceil - (t+1)) \cdot 20 = (\lceil t \rceil - t) \cdot 20 = b(t)$. Ebenso
hätte man aber auch z.B. zeigen können, dass die Funktion periodisch mit $T = 3$ ist, da

$$b(t+3) = (\lceil t+3 \rceil - (t+3)) \cdot 20 = (\lceil t \rceil - t) \cdot 20 = b(t).$$

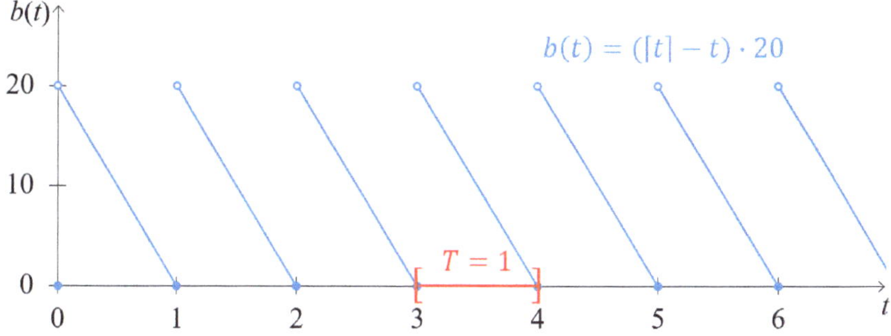

Abbildung 5.119: Ein Lagerbestandsverlauf

Weiß man, dass die Funktion periodisch ist mit $T = 1$, so genügt es, die Funktion z.B.
im Bereich $(0, 1]$ zu betrachten. Hier kann man sie vereinfachen zu $\tilde{b} : (0, 1] \to \mathbb{R}$ mit
$\tilde{b}(t) = (\lceil t \rceil - t) \cdot 20 = (1 - t)20 = 20 - 20t$. Die Funktion $\tilde{b}$ ist affin-linear und fallend.
Wir wissen also, dass die Funktion b innerhalb jeder Periode affin-linear und fallend ist.
(Zwischen Perioden hat sie aber Sprungstellen nach oben, vgl. Abbildung 5.119) ■

▪ Beispiel 5.4.68 — Zick-Zack (∗).
Der Graph in Abbildung 5.120 scheint eine periodische Funktion mit minimaler Periode von $T = 2$ abzubilden. Er lässt sich als Funktion mit Abbildungsvorschrift $f(x) = \left| x - 2 \cdot \left\lfloor \frac{x+1}{2} \right\rfloor \right|$ beschreiben. Nutzt man die periodische Form, kann man die Funktion auch vereinfacht als $f(x) = |x|$ und $f(x + 2z) = f(x)$ für alle $x \in \mathbb{R}, z \in \mathbb{Z}$ beschreiben.

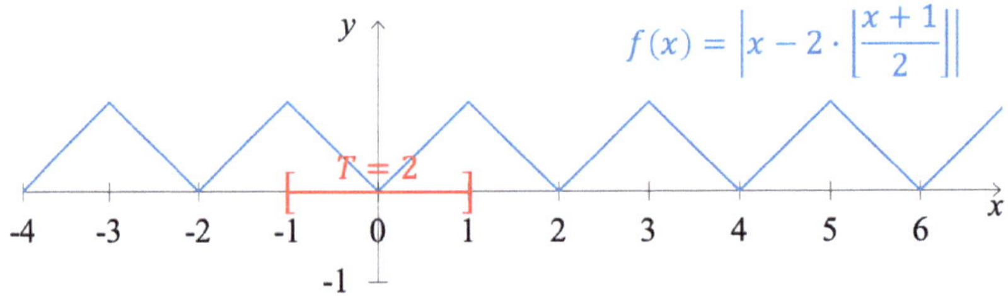

Abbildung 5.120: Zick-Zack

Anhand von Abbildung 5.120 erkennt man, dass f nicht nur periodisch, sondern auch spiegelsymmetrisch zur y-Achse ist. Rechnerisch verifiziert man die Periode von 2, indem man zeigt, dass

$$f(x+2) = \left| (x+2) - 2 \cdot \left\lfloor \frac{(x+2)+1}{2} \right\rfloor \right| = \left| x + 2 - 2 \cdot \left\lfloor \frac{x+1}{2} + 1 \right\rfloor \right|$$

$$= \left| x + 2 - 2 \cdot \left(\left\lfloor \frac{x+1}{2} \right\rfloor + 1 \right) \right| = \left| x + 2 - 2 \cdot \left\lfloor \frac{x+1}{2} \right\rfloor - 2 \right|$$

$$= \left| x - 2 \cdot \left\lfloor \frac{x+1}{2} \right\rfloor \right| = f(x).$$

Da also f periodisch ist mit $T = 2$, gilt für alle $x \in \mathbb{R}, z \in \mathbb{Z}$, dass $f(x) = f(x+2z)$. Damit kann man die Spiegelsymmetrie wie folgt zeigen:

Sei $z \in \mathbb{Z}$ so gewählt, dass für gegebenes $x \in \mathbb{R}$ gilt: $x = \hat{x} + 2z$, mit $\hat{x} \in [-1, 1]$. In diesem Fall gilt auch $-x = -(\hat{x} + 2z) \in [-1, 1]$ und damit

$$f(-x) = f(-(\hat{x} + 2z)) = f(-\hat{x}) = |\hat{x}| = f(\hat{x}) = f(\hat{x} + 2z) = f(x). \qquad \blacksquare$$

⒵ f heißt $\left\{ \begin{array}{l} \text{spiegelsymmetrsich zur } y\text{-Achse} \\ \text{punktsymmetrisch zum Ursprung} \end{array} \right\} \Leftrightarrow f(-x) = \left\{ \begin{array}{l} f(x) \\ -f(x) \end{array} \right\}$ für alle x.
Eine periodische Funktion f mit Periode T wiederholt alle Funktionswerte im Abstand von T, so dass $f(x + T) = f(x)$ für alle x.

5.5 Taylorpolynome

Polynome kann man relativ leicht auf Monotonie, Konvexität etc. untersuchen, da sie unendlich oft auf $\mathbb{R}$ differenzierbar sind und leicht abgeleitet werden können. Aus diesem Grund verwendet man oft besondere Polynome, sogenannte Taylorpolynome, um komplizierte Funktionen zu approximieren. Der Satz von Taylor, welchen wir am Ende dieses Kapitels vorstellen, erlaubt es, den Fehler dieser Approximation zu quantifizieren.

Die Tangente an den Graph einer Funktion f an einer Stelle x_0 ist (für $f'(x_0) \neq 0$) ein Polynom 1. Grades. Wir bezeichnen sie daher von nun an als t_{1,x_0} statt t_{x_0} und schreiben

$$t_{1,x_0}(x) = f(x_0) + f'(x_0)(x - x_0).$$

Die Tangente an f an der Stelle x_0 hat an dieser Stelle x_0 den gleichen Funktionswert und die gleiche erste Ableitung wie die Funktion f:

$$t_{1,x_0}(x_0) = f(x_0) \qquad \text{und}$$
$$t'_{1,x_0}(x_0) = t^{(1)}_{1,x_0}(x_0) = f'(x_0).$$

Allerdings gilt auch stets

$$t^{(n)}_{1,x_0}(x_0) = 0 \quad \text{für alle } n \geq 2.$$

Die zweite, dritte oder vierte Ableitung der Tangente an der Stelle x_0 ist also immer 0 und entspricht damit im Allgemeinen nicht der entsprechenden Ableitung von f an der Stelle x_0.

Ziel dieses Kapitels ist es zunächst, zu einer Funktion f an einer Stelle x_0 ihres Definitionsbereichs Polynome eines vorgegebenen Grads n zu bestimmen,
- welche an dieser Stelle x_0 den gleichen Funktionswert wie f haben, und
- deren erste n Ableitungen an dieser Stelle den entsprechenden Ableitungen von f entsprechen.

Wir nennen ein solches Polynom dann Taylorpolynom an der Stelle x_0 vom Grad n. Für $n = 1$ ist ein solches Polynom die Tangente. Um solche Polynome für $n \geq 2$ zu bestimmen, diskutieren wir im folgenden Abschnitt alternative Darstellungsweisen von Polynomen.

5.5.1 Polynome und ihre Darstellungen

Ziele dieses Unterkapitels
- Wie kann man aus den Koeffizienten eines Polynoms den Funktionswert und die Ableitungen des Polynoms an der Stelle 0 ablesen?
- Wie kann aus dem Funktionswert und den Ableitungen eines Polynoms an nur einer Stelle x_0 das Polynom bestimmen?

■ Beispiel 5.5.1 — Zwei Darstellungen einer Tangente.
Ist f eine Funktion mit $f(3) = 4$ und $f'(3) = 2$, dann lautet die Tangentengleichung an f an der Stelle $x_0 = 3$

$$t_{1,3}(x) = f(x_0) + f'(x_0)(x - x_0) = 4 + 2(x - 3).$$

Aus dieser Darstellungsform kann man direkt ablesen, dass der Wert der Tangente an der Stelle $x_0 = 3$ gleich 4 ist. Um den Wert der Tangente an einer beliebigen Stelle x zu erhalten, wird die Differenz zu dieser Stelle, $(x - 3)$, mit 2 multipliziert und 4 addiert.

Tangenten sind affin-lineare Funktionen und (im Fall $f'(x_0) \neq 0$) Polynome vom Grad 1. Polynome vom Grad n werden üblicherweise in der Form

$$p(x) = \sum_{k=0}^{n} a_k x^k = a_0 + a_1 x + a_2 x^2 + \cdots + a_n x^n$$

mit $a_n \neq 0$ angegeben. Ein Polynom vom Grad 1 hat dann die Form $a_0 + a_1 x$. Natürlich kann man die obige Tangentengleichung für $t_{1,3}(x)$ auch zu

$$t_{1,3}(x) = 4 + 2(x - 3) = -2 + 2x$$

ausmultiplizieren und erhält so die Koeffizienten $a_0 = -2$ als Achsenabschnitt und $a_1 = 2$ als Steigung. In dieser Form kann man den Wert der Tangente an der Stelle 0 direkt als a_0 ablesen. Will man die Werte der Tangente an anderen Stellen x berechnen, wird x mit dem Koeffizienten a_1 multipliziert und dieses Ergebnis zu a_0 addiert.   ■

Im vorherigen Beispiel haben wir die Tangente in der üblichen Darstellungsform eines Polynoms beschrieben. Umgekehrt kann man auch jedes Polynom in der üblichen Form in eine Form überführen, die (wie die erste Form der Tangente) nur Potenzen von $(x - x_0)$ enthält. Wir zeigen dies an einem kleinen Beispiel.

■ Beispiel 5.5.2 — Alternative Darstellungen eines Polynoms.
Will man das Polynom

$$p(x) = \underbrace{1}_{=a_0} + \underbrace{5}_{=a_1} \cdot x + \underbrace{1}_{=a_2} \cdot x^2$$

mit Koeffizienten $a_0 = 1$, $a_1 = 5$, $a_2 = 1$ nur als Potenzen von $(x - 3)$ darstellen, so ergibt sich

$$p(x) = x^2 + 5x + 1 = (x - 3)^2 + 6x - 9 + 5x + 1 = 25 + 11(x - 3) + (x - 3)^2.$$

Während man in der ursprünglichen Form
- den Wert des Polynoms an der Stelle 0 als $p(0) = a_0 = 1$,
- den Wert der Ableitung $p'(x) = 2x + 5$ an der Stelle 0 als $p'(0) = a_1 = 5$ und
- den Wert der zweiten Ableitung an der Stelle 0 als $p''(0) = 2a_2 = 2$

einfach aus den Koeffizienten ablesen kann, kann man in dieser alternativen Darstellungsweise
- den Funktionswert an der Stelle 3 als $p(3) = 25$,
- den Wert der ersten Ableitung $p'(x) = 11 + 2(x - 3)$ an der Stelle 3, also $p'(3) = 11$ und
- den Wert der zweiten Ableitung an der Stelle 3, $p''(3) = 2 \cdot 1 = 2$

direkt anhand der Faktoren vor den entsprechenden Potenzen von $(x - 3)$ ablesen. Interessiert man sich also vor allem für Eigenschaften der Funktion in der Nähe der Stelle 3, die aus dem Funktionswert und den Ableitungen ablesbar sind, kann die alternative Darstellung hilfreich sein.

Natürlich haben wir hier die Stelle 3 beliebig gewählt. Würde man sich für Werte in der Nähe der Stelle 7 interessieren, könnte man das gleiche Polynom auch in der Form $p(x) = 85 + 19(x - 7) + (x - 7)^2$ schreiben. Zusammenfassend gilt:

$$p(x) = \underbrace{1}_{p(0)} + \underbrace{5}_{p'(0)} x + \underbrace{1}_{p''(0)/2} x^2 = \underbrace{25}_{p(3)} + \underbrace{11}_{p'(3)} (x - 3) + \underbrace{1}_{p''(3)/2} (x - 3)^2$$

$$= \underbrace{85}_{p(7)} + \underbrace{19}_{p'(7)} (x - 7) + \underbrace{1}_{p''(7)/2} (x - 7)^2. \qquad ■$$

Wenn Polynome als Potenzen von $(x - x_0)$ dargestellt sind, kann man die Ableitungen an der Stelle x_0 aus den Faktoren vor den jeweiligen Potenzen ablesen. Wir halten diese Beobachtung in folgendem Satz fest:

> **Satz 5.5.1 — Darstellungsformen eines Polynoms.**
> Es sei $p(x) = \sum_{k=0}^{n} a_k x^k$ ein Polynom vom Grad $n \in \mathbb{N}_0$ und $x_0 \in \mathbb{R}$. Dann gilt
>
> $$p(x) = p(x_0) + \sum_{k=1}^{n} \frac{p^{(k)}(x_0)}{k!}(x - x_0)^k$$
>
> für alle $x \in \mathbb{R}$.

Ein Polynom der Form $p(x) = p(x_0) + \sum_{k=1}^{n} \frac{p^{(k)}(x_0)}{k!}(x - x_0)^k$ hat an der Stelle x_0 einen Funktionswert $p(x_0)$, eine erste Ableitung von $p'(x_0)$, eine zweite Ableitung von $p''(x_0)$, … und eine k-te Ableitung von $p^{(k)}(x_0)$. Die k-te Ableitung lässt sich in obiger Darstellung also direkt aus dem Koeffizienten vor $(x - x_0)^k$ ablesen.

■ Beispiel 5.5.3 — Alternative Darstellungen eines Polynoms - fortgesetzt.
Will man das Polynom

$$p(x) = x^2 + 5x + 1.$$

mit Potenzen von $(x - 5)$, also als

$$p(x) = \sum_{k=0}^{2} b_k (x - 5)^k,$$

formulieren, ergeben sich die Koeffizienten $b_k = \frac{p^{(k)}(x_0)}{k!}$ als $b_0 = p(5) = 51$, $b_1 = \frac{p'(5)}{1!} = 15$ und $b_2 = \frac{p''(5)}{2!} = \frac{2}{2!} = 1$ und damit

$$p(x) = 51 + 15(x - 5) + (x - 5)^2. \qquad ■$$

(Z) Bei einem Polynom der Form $p(x) = \sum_{k=0}^{n} a_k x^k$ gilt $p(0) = a_0$ und für die k-te Ableitung $p^{(k)}(0) = k! a_k$, $k \geq 1$.
Kennt man den Funktionswert sowie alle Ableitungen eines Polynoms an einer Stelle x_0, gilt

$$p(x) = p(x_0) + \sum_{k=1}^{n} \frac{p^{(k)}(x_0)}{k!}(x - x_0)^k.$$

5.5.2 Taylorpolynome

Ziele dieses Unterkapitels

- Welche Eigenschaften hat das Taylorpolynom n-ten Grades einer Funktion f an der Stelle x_0?
- Wie bildet man das Taylorpolynom n-ten Grades einer Funktion f gegeben den Funktionswert und die ersten n Ableitungen an der Stelle x_0?
- Was ist das Restglied bei der Approximation einer Funktion f durch das Taylorpolynom n-ten Grades an der Stelle x_0?

Approximiert man eine Funktion durch ihre Tangente an der Stelle x_0, $t_{1,x_0}(x)$, nennt man die Differenz zwischen dem Funktionswert an einer Stelle x und $t_{1,x_0}(x)$ den absoluten Fehler oder das Restglied

$$r_{1,x_0}(x) = f(x) - t_{1,x_0}(x).$$

Offensichtlich kann man mit Hilfe des Restglieds auch umgekehrt die Funktion als

$$\underbrace{f(x)}_{\text{Funktionswert an der Stelle } x} = \underbrace{f(x_0)}_{\text{Funktionswert an der Stelle } x_0} + \underbrace{f'(x_0)(x - x_0)}_{\text{linearer Korrekturterm}} + \underbrace{r_{1,x_0}(x)}_{\text{Restglied}}$$

$$= \underbrace{t_{1,x_0}(x)}_{\text{Tangente an der Stelle } x_0 \text{ ausgewertet bei } x} + \underbrace{r_{1,x_0}(x)}_{\text{Restglied}}$$

beschreiben, vgl. Abbildung 5.121.

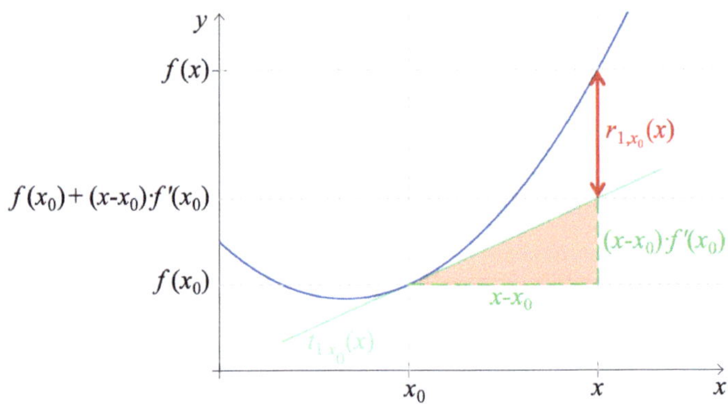

Abbildung 5.121: Eine Approximation in der Nähe von x_0

Im Folgenden approximieren wir die Funktion f an der Stelle x_0 allgemeiner durch ein Polynom vom Grad n, das sogenannte Taylorpolynom $t_{n,x_0}(x)$. Das Taylorpolynom $t_{n,x_0}(x)$ ist hierbei ein Polynom n-ten Grades, dessen Funktionswert und k-te Ableitungen mit dem Funktionswert und den k-ten Ableitungen von f an der Stelle x_0 für alle $k = 1,\ldots,n$ übereinstimmen. Die Differenz von Funktion und Taylorpolynom beschreibt das Restglied.

> **Definition 5.5.1 — Taylorpolynom.**
> Sei $n \in \mathbb{N}_0$. Für eine reelle Funktion f, die n-mal auf einem offenen Intervall I differenzierbar ist, heißt das Polynom
>
> $$t_{n,x_0}(x) = f(x_0) + \sum_{k=1}^{n} \frac{f^{(k)}(x_0)}{k!}(x - x_0)^k$$
>
> für $x, x_0 \in I$ **Taylorpolynom** n-ten Grades für f an der Stelle x_0. Die Differenz
>
> $$r_{n,x_0}(x) = f(x) - t_{n,x_0}(x)$$
>
> bezeichnet man als **Restglied** und die Darstellung
>
> $$f(x) = f(x_0) + \sum_{k=1}^{n} \frac{f^{(k)}(x_0)}{k!}(x - x_0)^k + r_{n,x_0}(x)$$
>
> als **Taylor-Formel** oder **Taylor-Entwicklung** von f an der Stelle x_0.

Das Taylorpolynom vom Grad 0 entspricht definitionsgemäß dem Funktionswert an der Stelle x_0, da die Summe von $k = 1$ bis 0 leer und somit gleich 0 ist. Für $n = 1$ ergibt sich die Tangente an f an der Stelle x_0. Dass Taylorpolynome an der Stelle x_0 den gleichen Funktionswert und für $k = 1, \ldots, n$ die gleichen k-ten Ableitungen wie f haben, kann man leicht durch Nachrechnen zeigen.

> **Satz 5.5.2 — Funktionswert und Ableitungen von Taylorpolynomen.**
> Sei f eine reelle Funktion und $t_{n,x_0}(x)$ das Taylorpolynom n-ten Grades von f an der Stelle x_0, $n \in \mathbb{N}_0$. Dann gilt $t_{n,x_0}(x_0) = f(x_0)$ und, wenn $n \geq 1$, $t_{n,x_0}^{(k)}(x_0) = f^{(k)}(x_0)$ für alle $k = 1, \ldots, n$.

In der Taylor-Entwicklung von f wird statt einer Tangente das Taylorpolynom n-ten Grades als Approximation der Funktion genutzt,

$$\underbrace{f(x)}_{\text{Funktionswert an der Stelle } x} = \underbrace{t_{n,x_0}(x)}_{\text{Taylorpolynom an der Stelle } x_0 \text{ ausgewertet bei } x} + \underbrace{r_{n,x_0}(x)}_{\text{Restglied}}.$$

Der Wert des Restglieds $r_{n,x_0}(x)$ hängt daher vom Grad n des Taylorpolynoms ab. Bevor wir im Satz von Taylor das Restglied genauer charakterisieren, demonstrieren wir in Beispielen, wie man Taylorpolynome bestimmen kann.

■ **Beispiel 5.5.4 — Taylorpolynom zur Funktion $f(x) = e^x + x$.**
Wir betrachten die Funktion $f(x) = e^x + x$ an der Stelle 0. Es gilt u.a. $f(0) = 1$, $f'(0) = 2$ und $f''(0) = 1 = f^{(n)}(0)$ für alle $n \geq 3$. Das Taylorpolynom nullten Grades an der Stelle $x_0 = 0$ ist $t_{0,0}(x) = f(x_0) = 1$. Ein Taylorpolynom ersten Grades an der Stelle 0 entspricht der Tangentengleichung

$$t_{1,0}(x) = f(x_0) + f'(x_0)(x - x_0) = 1 + 2(x - 0) = 1 + 2x.$$

Das Taylorpolynom zweiten Grades von f an der Stelle 0 hat die Form

$$t_{2,0}(x) = f(x_0) + f'(x_0)(x - x_0) + \frac{f''(x_0)}{2}(x - x_0)^2 = 1 + 2(x - 0) + \frac{1}{2}(x - 0)^2 = 1 + 2x + \frac{1}{2}x^2.$$

Taylorpolynome höherer Grade lassen sich als

$$t_{3,0}(x) = 1 + 2x + \frac{1}{2}x^2 + \frac{1}{3!}x^3$$

$$t_{4,0}(x) = 1 + 2x + \frac{1}{2}x^2 + \frac{1}{3!}x^3 + \frac{1}{4!}x^4$$

$$\ldots\ldots$$

$$t_{n,0}(x) = 1 + 2x + \frac{1}{2}x^2 + \frac{1}{3!}x^3 + \cdots + \frac{1}{n!}x^n$$

bestimmen. Mit größerem n nähert sich das Taylorpolynom in der Nähe von x_0 immer mehr dem Graphen von $f(x)$ an, vgl. Abbildung 5.122.[34] Es gibt jedoch in diesem Beispiel kein $n \in \mathbb{N}$, für welches das Taylorpolynom der Funktion für alle $x \in \mathbb{R}$ entspricht. ■

---

[34] Wir werden diese Annäherung im Satz von Taylor genauer präzisieren.

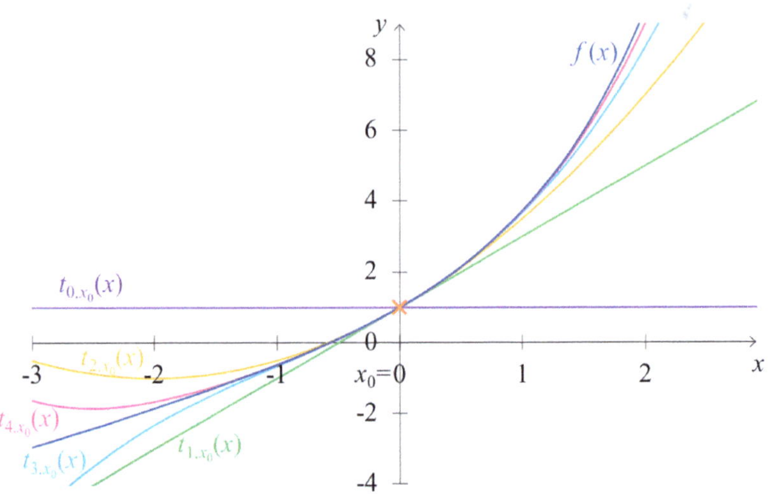

Abbildung 5.122: Taylorpolynome von $f(x) = e^x + x$ an der Stelle $x_0 = 0$

▪ Beispiel 5.5.5 — Taylorpolynom zur Exponentialfunktion.
Wir betrachten die Funktion e^x an der Stelle 0. Für diese Funktion ist für beliebige $n \in \mathbb{N}$ die k-te Ableitung für alle $k = 1, \ldots, n$ gleich e^x. An der Stelle 0 ist dieser Wert gleich 1. Ein Taylorpolynom n-ten Grades an der Stelle 0 ist also durch

$$t_{n,0}(x) = 1 + \sum_{k=1}^{n} \frac{(x-0)^k}{k!} = 1 + \sum_{k=1}^{n} \frac{x^k}{k!} = \sum_{k=0}^{n} \frac{x^k}{k!}$$

gegeben.   ▪

Auch wenn die Funktion f selbst ein Polynom ist, kann man Taylorpolynome zur Approximation nutzen. Ist f ein Polynom vom Grad m, so stellt $t_{n,x_0}(x)$ für $n < m$ eine Approximation von f in einer Umgebung von x_0 dar. Für $n \geq m$ kann man aus der Definition des Taylorpolynoms zusammen mit Satz 5.5.1 schließen, dass $t_{n,x_0}(x) = f(x)$, also dass das Restglied 0 ist. Wir zeigen dies an folgendem Beispiel:

▪ Beispiel 5.5.6 — Taylorpolynome eines Polynoms.
Betrachten wir die Funktion $f(x) = 2x + 3x^2 + x^4 - x^5$ mit

$$f'(x) = 2 + 6x + 4x^3 - 5x^4$$
$$f''(x) = 6 + 12x^2 - 20x^3$$

$$f^{(3)}(x) = 24x - 60x^2$$
$$f^{(4)}(x) = 24 - 120x$$
$$f^{(5)}(x) = -120$$
$$f^{(n)}(x) = 0 \quad \text{für alle } n \geq 6.$$

An der Stelle 1 gilt u.a. $f(1) = 5$, $f'(1) = 7$, $f''(1) = -2$. Ein Taylorpolynom nullten Grades ist eine Konstante, die gleich dem Funktionswert an der betrachteten Stelle ist. Hier ist dies die konstante Funktion $t_{0,1}(x) = 5$. Ein Taylorpolynom ersten Grades an der Stelle $x_0 = 1$ hat an dieser Stelle den gleichen Funktionswert und die gleiche Ableitung wie die ursprüngliche Funktion. Laut Definition 5.5.1 entspricht das Taylorpolynom ersten Grades der Tangentengleichung $t_{1,1}(x) = 5 + 7(x-1)$. Taylorpolynome höherer Grade ergeben sich als

$$t_{2,1}(x) = 5 + 7(x-1) + \frac{-2}{2}(x-1)^2 = 5 + 7(x-1) - (x-1)^2$$

$$t_{3,1}(x) = 5 + 7(x-1) + \frac{-2}{2}(x-1)^2 + \frac{-36}{3!}(x-1)^3$$
$$= 5 + 7(x-1) - (x-1)^2 - 6(x-1)^3$$

$$t_{4,1}(x) = 5 + 7(x-1) + \frac{-2}{2}(x-1)^2 + \frac{-36}{3!}(x-1)^3 + \frac{-96}{4!}(x-1)^4$$
$$= 5 + 7(x-1) - (x-1)^2 - 6(x-1)^3 - 4(x-1)^4$$

$$t_{5,1}(x) = 5 + 7(x-1) + \frac{-2}{2}(x-1)^2 + \frac{-36}{3!}(x-1)^3 + \frac{-96}{4!}(x-1)^4 + \frac{-120}{5!}(x-1)^5$$
$$= 5 + 7(x-1) - (x-1)^2 - 6(x-1)^3 - 4(x-1)^4 - (x-1)^5$$

$$t_{n,1}(x) = 5 + 7(x-1) - (x-1)^2 - 6(x-1)^3 - 4(x-1)^4 - (x-1)^5$$
$$= t_{5,1}(x) \quad \text{für alle } n \geq 6.$$

Durch Ausmultiplizieren ergibt sich bei $n \geq 5$,

$$t_{n,1}(x) = 5 + 7(x-1) - (x-1)^2 - 6(x-1)^3 - 4(x-1)^4 - (x-1)^5$$
$$= 2x + 3x^2 + x^4 - x^5 = f(x),$$

was auch der Aussage von Satz 5.5.1 entspricht. Abbildung 5.123 veranschaulicht die verschiedenen Taylorpolynome. Man sieht, dass die Taylorpolynome den Verlauf der Funktion in der Nähe von $x_0 = 1$ immer besser approximieren. Für $n \geq 5$ entspricht das Taylorpolynom der Funktion und das Restglied ist 0. ∎

■ Beispiel 5.5.7 — Anwendung von Taylorpolynomen im Finance.
Der Barwert einer Anleihe mit einem Nennwert von 100, einer Laufzeit von 10 Jahren und einem Zins von x bei halbjährlicher Verzinsung sei als

$$f(x) = \frac{100}{(1 + \frac{x}{2})^{20}}$$

gegeben. Ist z.B. $x = 0.06$, der Zins also 6 %, ergibt sich ein Barwert von $f(0.06) \approx 55.368$. Es gilt

$$f'(x) = -\frac{1'000}{(1 + \frac{x}{2})^{21}} \quad \text{und} \quad f''(x) = \frac{10'500}{(1 + \frac{x}{2})^{22}}.$$

Approximiert man diese Funktion mit Hilfe einer Tangente an der Stelle $x_0 = 0.06$, ergibt sich mit

$$f(0.06) \approx 55.368, \quad f'(0.06) \approx -537.549 \quad \text{und} \quad f''(0.06) \approx 5'479.871$$

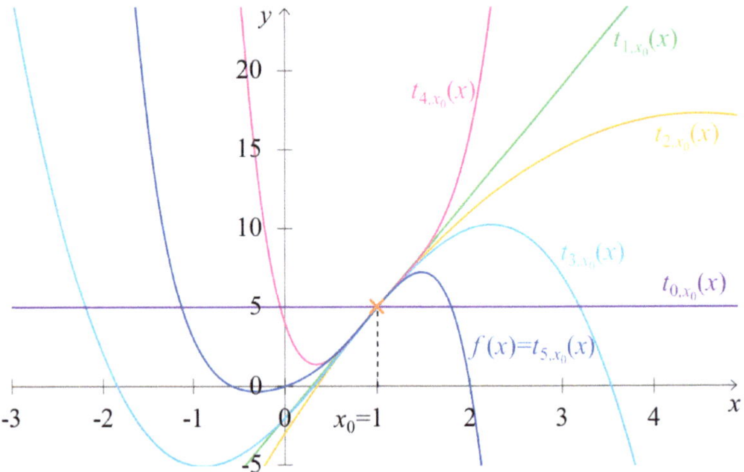

Abbildung 5.123: Taylorpolynome von $f(x) = 2x + 3x^2 + x^4 - x^5$ an der Stelle $x_0 = 1$

die Tangente

$$t_{1,0.06}(x) \approx 55.368 - 537.549(x - 0.06).$$

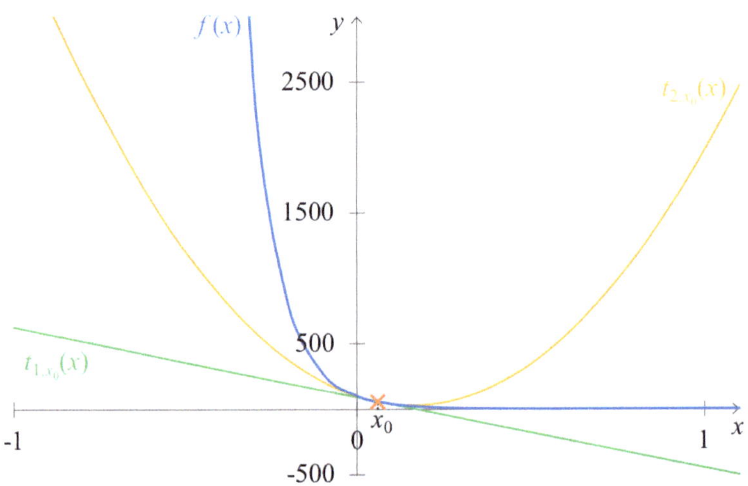

Abbildung 5.124: Taylorpolynom zweiten Grades einer konvexen Funktion

(Wir schreiben hier kein Gleichheitszeichen, da die Koeffizienten gerundet wurden). In erster Schätzung fällt also der Wert der Anleihe bei einer Zinssteigerung. Steigt der Zins beispielsweise auf 0.07, also um $\Delta x = 0.07 - 0.06 = 0.01$, ergibt sich aus dieser Schätzung ein Verlust von etwa

$$t_{1,0.06}(0.06) - t_{1,0.06}(0.07) \approx 537.549\Delta x = 5.3755.$$

Basiert diese Schätzung auf dem Taylorpolynom zweiten Grades

$$t_{2,0.06}(x) \approx 55.368 - 537.549(x - 0.06) + \frac{5'479.871}{2}(x - 0.06)^2,$$

ergibt sich ein geschätzer Verlust von

$$t_{2,0.06}(0.06) - t_{2,0.06}(0.07) \approx 537.549\Delta x - \frac{5'479.871}{2}\Delta x^2 \approx 5.1015.$$

Diese zweite Schätzung berücksichtigt dabei die Konvexität der ursprünglichen Funktion, vgl. Abbildung 5.124. Sie wird in weiterführenden Veranstaltungen daher auch durations- und konvexitätsbasicrtc Schätzung genannt. ∎

(Z) Für $t_{n,x_0}(x)$, das Taylorpolynom n-ten Grades einer Funktion f an der Stelle x_0, gilt:
- Die Funktionswerte sind an der Stelle x_0 gleich: $t_{n,x_0}(x_0) = f(x_0)$
- Für alle $0 < k \leq n$ entspricht die k-te Ableitung von f an der Stelle x_0 der k-ten Ableitung von $t_{n,x_0}(x)$: $t_{n,x_0}^{(k)}(x_0) = f^{(k)}(x_0)$.

Man bestimmt $t_{n,x_0}(x)$ aus dem Funktionswert und den Ableitungen von f an der Stelle x_0 als

$$t_{n,x_0}(x) = f(x_0) + \sum_{k=1}^{n} \frac{f^{(k)}(x_0)}{k!}(x - x_0)^k.$$

Die Differenz zwischen f und dem Taylorpolynom n-ten Grades an der Stelle x_0 heißt Restglied, $r_{n,x_0}(x) = f(x) - t_{n,x_0}(x)$. An der Stelle x_0 ist das Restglied stets 0.

5.5.3 Der Satz von Taylor

Ziele dieses Unterkapitels
- Was besagt der Satz von Taylor bzw. wie kann man das Restglied $r_{n,x_0}(x)$ mit Hilfe der $(n+1)$-ten Ableitung von f abschätzen?

Wie in Beispiel 5.5.4 erwähnt, gibt es im Allgemeinen kein $n \in \mathbb{N}$, so dass das Taylorpolynom der Funktion entspricht. Die Differenz der beiden Funktionen an der Stelle x, $f(x) - t_{n,x_0}(x) = r_{n,x_0}(x)$, entspricht dem Restglied.

■ **Beispiel 5.5.8 — Die Idee des Satzes am Beispiel.**
Wir betrachten die Funktion $f(x) = e^x$. An der Stelle $x_0 = 0$ gilt $f(0) = f'(0)$. Damit ist die Tangente

$$t_{1,0}(x) = 1 + x$$

und das Restglied

$$r_{1,0}(x) = e^x - 1 - x$$

In Abbildung 5.125 erkennen wir, dass das Restglied hier im Fall $x > 0$ für größere x-Werte steigt, da dic Funktion schneller wächst als ihre Tangente. Das Restglied ist hier für alle $x \neq 0$ ungleich 0, da die erste Ableitung der Funktion streng monoton steigt. Die zweite Ableitung beschreibt, wie sich die erste Ableitung verändert, und in der Tat kann man das Restglied einer Tangente stets mit Hilfe der zweiten Ableitung beschreiben: Ist diese überall zwischen x_0 und x klein, muss auch das Restglied klein sein. Ist diese überall zwischen x_0 und x groß, muss auch das Restglied groß sein. Der Satz von Taylor präzisiert diese Intuition. Er behauptet, dass es stets eine Stelle ξ (gesprochen: „Xi") zwischen $x_0 = 0$ und x gibt, so dass das Restglied wie folgt durch die zweite Ableitung an dieser Zwischenstelle, $f''(\xi)$, beschrieben werden kann:

$$r_{1,0}(x) = \frac{f''(\xi)}{2}(x-x_0)^2.$$

(Dass diese auf den ersten Blick sonderbar aussehende Formel gilt, kann man mit Hilfe des Mittelwertsatzes beweisen). Hier im Beispiel mit $f(x) = e^x$ gilt also wegen $f''(\xi) = e^\xi$ im Fall $x > x_0 = 0$ für ein $\xi \in (0,x)$, dass

$$r_{1,0}(x) = \frac{f''(\xi)}{2}(x-x_0)^2 = \frac{e^\xi}{2}x^2. \qquad \blacksquare$$

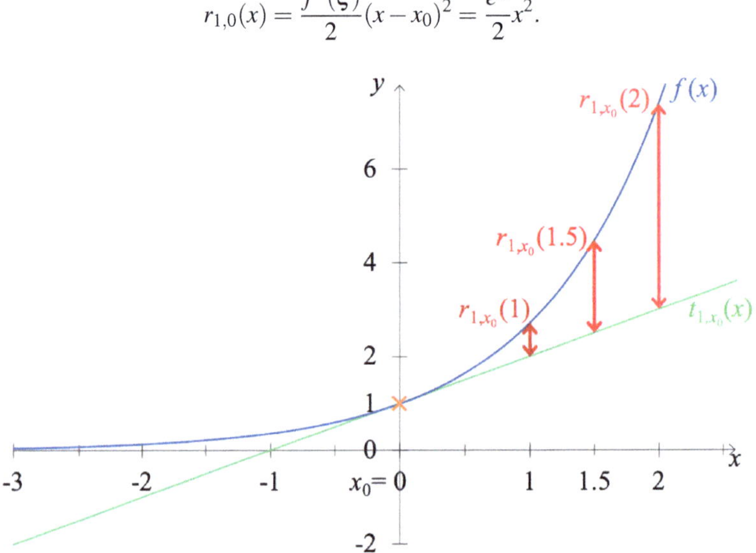

Abbildung 5.125: Das Restglied $r_{1,0}(x) = e^x - 1 - x$

Folgender Satz von Taylor besagt, dass es immer eine Stelle ξ zwischen x und x_0 gibt, so dass das Restglied $r_{n,x_0}(x)$ gleich der $(n+1)$-ten Ableitung an der Stelle ξ multipliziert mit $(x-x_0)^{n+1}$ und geteilt durch $(n+1)!$ ist:[35]

> **Satz 5.5.3 — Satz von Taylor.**
> Sei f eine reelle Funktion, die auf dem offenen Intervall I (mindestens) $(n+1)$-mal stetig differenzierbar ist. Dann existiert für beliebige $x_0, x \in I$ eine Zwischenstelle ξ,

---

[35]   Es gibt verschiedene Varianten, dieses Restglied zu beschreiben. Wir nutzen die Lagrangesche Darstellung.

also eine Stelle $\xi \in (x_0, x)$ falls $x_0 < x$ bzw. $\xi \in (x, x_0)$ falls $x < x_0$, so dass

$$f(x) = f(x_0) + \underbrace{\sum_{k=1}^{n} \frac{f^{(k)}(x_0)}{k!}(x - x_0)^k}_{t_{n,x_0}(x)} + \underbrace{\frac{f^{(n+1)}(\xi)}{(n+1)!}(x - x_0)^{n+1}}_{r_{n,x_0}(x)}.$$

Wir illustrieren die Behauptung des Satzes von Taylor in Beispielen.

■ Beispiel 5.5.9 — Das Restglied beim Polynom.

Betrachten wir erneut die Funktion $f(x) = 2x + 3x^2 + x^4 - x^5$. In Beispiel 5.5.6 bildeten wir das Taylorpolynom zweiten Grades an der Stelle 1 als

$$t_{2,1}(x) = 5 + 7(x - 1) - (x - 1)^2.$$

Das Restglied ergibt sich dann als

$$r_{2,1}(x) = f(x) - t_{2,1}(x) = 2x + 3x^2 + x^4 - x^5 - (5 + 7(x - 1) - (x - 1)^2).$$

Für $x = 1$ ist das Restglied 0, da $t_{2,1}(1) = 5 = f(1)$. Der Satz von Taylor besagt, dass es für $x \neq x_0 = 1$ eine Stelle zwischen x und $x_0 = 1$ gibt, so dass

$$r_{2,1}(x) = \frac{f^{(3)}(\xi)}{3!}(x - 1)^3 = \frac{24\xi - 60\xi^2}{3!}(x - 1)^3.$$

Ist also z.B. $x = 2$, so ist $r_{2,1}(2) = f(2) - t_{2,1}(2) = 0 - 11 = -11$. Dann gibt es eine Stelle $\xi \in (1, 2)$, so dass

$$r_{2,1}(2) = \frac{24\xi - 60\xi^2}{3!}(2 - 1)^3 = -11.$$

Versucht man obige Gleichung nach ξ aufzulösen, ergibt sich

$$4\xi - 10\xi^2 = -11$$
$$-10\xi^2 + 4\xi + 11 = 0.$$

Mit der Formel für quadratische Gleichungen erhalten wir $\xi = \frac{-4 \pm \sqrt{456}}{-20}$ und somit $\xi \approx -0.868$ bzw. $\xi \approx 1.268$. Aus dem Satz von Taylor ergibt sich nicht der genaue Wert von ξ. Aus ihm folgt nur, dass es (mindestens) ein $\xi \in (1, 2)$ gibt.　　　■

■ Beispiel 5.5.10 — Das Restglied zur Exponentialfunktion.

Wir betrachten die Funktion $f(x) = e^x$ mit Tangente

$$t_{1,0}(x) = 1 + x$$

an der Stelle 0. Laut dem Satz von Taylor gibt es für jedes $x \neq 0$ eine Zwischenstelle ξ zwischen 0 und x, so dass

$$r_{1,0}(x) = f(x) - t_{1,0}(x) = \frac{e^\xi}{2!}x^2 \quad \text{bzw.} \quad f(x) - 1 - x = \frac{e^\xi}{2!}x^2.$$

Für $x = 1$ ist obige Gleichung beispielsweise für $\xi = \ln(2e - 4) \approx 0.36$ erfüllt. Wie im Satz von Taylor behauptet, gilt also $\xi \in (0, 1)$.

Zudem kann man die Restglieddarstellung nutzen, um den Fehler abzuschätzen, der entsteht, wenn man die Funktion $f(x) = e^x$ in einem Intervall wie z.B. $(0, 0.5)$ durch die Tangente ersetzt. Für alle Werte $x \in (0, 0.5)$ gilt wegen der Monotonie der Exponentialfunktion und der von x^2 auf $(0, +\infty)$, dass

$$r_{1,0}(x) = \frac{e^\xi}{2!}x^2 \le \frac{e^{0.5}}{2!}0.5^2 = \frac{\sqrt{e}}{8} < 0.21.$$

Der absolute Fehler ist für alle $x \in (0, 0.5)$ also kleiner als 0.21, vgl. auch Abbildung 5.126. ∎

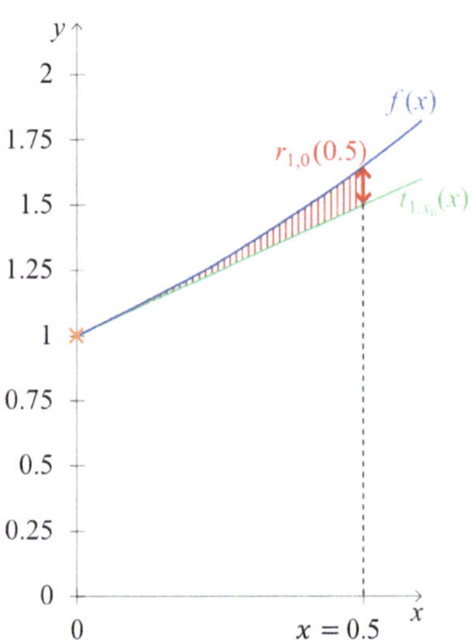

Abbildung 5.126: Der absolute Fehler $r_{1,0}(x) = e^x - (1+x)$ auf $(0, 0.5)$

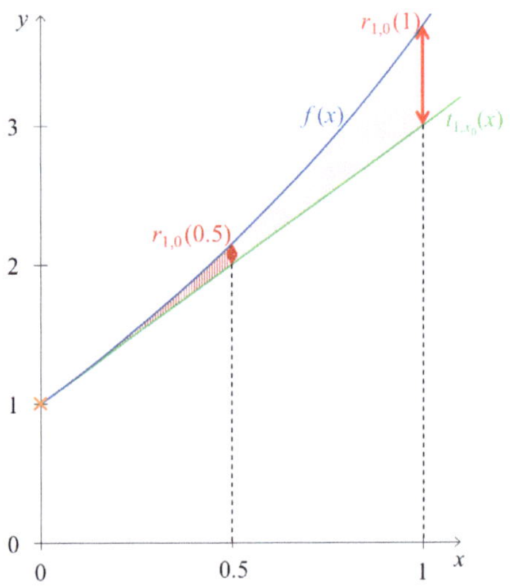

Abbildung 5.127: Der absolute Fehler $r_{1,0}(x) = e^x + x - (1+2x)$ auf $(0, 0.5)$ und $(0, 1)$

■ Beispiel 5.5.11 — Das Restglied zur Funktion $\mathbf{f(x) = e^x + x}$.
Wir betrachten die Funktion $f(x) = e^x + x$ mit Tangente

$$t_{1,0}(x) = f(x_0) + f'(x_0)(x - x_0) = 1 + 2(x - 0) = 1 + 2x$$

an der Stelle 0. Wie im vorherigen Beispiel gibt es laut dem Satz von Taylor für jedes $x \ne 0$ eine Zwischenstelle ξ zwischen 0 und x, so dass

$$r_{1,0}(x) = f(x) - t_{1,0}(x) = \frac{f''(\xi)}{2!}x^2 \quad \text{bzw.} \quad e^x + x - (1 + 2x) = \frac{e^\xi}{2!}x^2.$$

Für $x = 1$ ist obige Gleichung wieder für $\xi = \ln(2e - 4) \approx 0.36$ erfüllt. Wie im Satz behauptet gilt also $\xi \in (0, 1)$. Auch hier ist die Fehlerabschätzung monoton steigend auf $(0, +\infty)$. Damit ist auch für diese Funktion der absolute Fehler für alle $x \in (0, 0.5)$ kleiner als $\frac{f''(0.5)}{2!}(0.5)^2 \approx 0.21$. Vergrößert man das Intervall, so vergrößert sich die Fehlerabschätzung: für alle $x \in (0, 1)$ ist der absolute Fehler kleiner als $\frac{f''(1)}{2!}1^2 = \frac{e}{2} \approx 1.36$, vgl. Abbildung 5.127. ∎

Wie in den letzten beiden Beispielen kann man aus dem Satz von Taylor auch allgemein für eine (zweimal stetig differenzierbare) Funktion f schließen, dass eine Tangente an einer Stelle x_0 in einer Umgebung von x_0 eine „recht gute" Approximation darstellt. Denn für sehr kleine Differenzen von x und x_0 wird das Restglied klein sein.

Neben derartigen Abschätzungen kann der Satz von Taylor auch zur Bestimmung lokaler Maxima und Minima einer Funktion genutzt werden. Mit diesem Thema beschäftigen wir uns im folgenden Kapitel.

(Z) Der Satz von Taylor besagt, dass für eine $(n+1)$-mal stetig differenzierbare Funktion stets ein ξ zwischen x_0 und x existiert, so dass

$$r_{n,x_0}(x) = \frac{f^{(n+1)}(\xi)}{(n+1)!}(x - x_0)^{n+1}.$$

5.6 Extremwertbestimmung

In der Betriebswirtschaft zielen die meisten Aktionen darauf ab, Gewinne zu maximieren oder Kosten zu minimieren. In der Mikroökonomie beschäftigt man sich mit dem Konzept der Nutzenmaximierung. In der Informatik wird unter anderem versucht, Speicherplatz oder die benötigte Anzahl von Rechenschritten zu minimieren. Auch wenn Google Maps den kürzesten Weg von einem Ort zum anderen vorschlägt, wird das Ergebnis eines Minimierungsproblems der benötigten Zeit (oder Distanz) als Ergebnis gezeigt.

Wir beschäftigen uns in diesem Kapitel damit, wie man das Argument bzw. die Stelle einer Funktion finden kann, für welches bzw. welche die Funktion ihren minimalen oder maximalen Wert annimmt. Man nennt diesen minimalen oder maximalen Wert auch Extremum. Die Stelle, an der die Funktion diesen Wert annimmt, ist die Extremalstelle.

Bevor wir in das Thema der Extremwertbestimmung formal einsteigen, wollen wir ein verbreitetes Missverständnis adressieren: Die Frage nach der Bestimmung eines Extremwerts wird häufig wie folgt beantwortet: „Man bestimmt die Ableitung der Funktion f, löst $f'(x) = 0$ nach x auf, und stellt dann mit der zweiten Ableitung fest, ob es sich um ein Maximum oder ein Minimum handelt." Warum genügt uns dieses Wissen, welches wir verkürzt „Ableiten und Nullsetzen" nennen werden, nicht? Wir betrachten ein einfaches Beispiel:

■ Beispiel 5.6.1 — Ein einfaches Beispiel.
Versucht man, den maximalen Wert der Gewinnfunktion $f : [1,2] \to \mathbb{R}$ mit $f(x) = -2 + (x+1)^2$ zu bestimmen, ergibt such durch Ableiten

$$f'(x) = 2(x+1)$$
$$f''(x) = 2.$$

Folgt man dem Rezept „Ableiten und Nullsetzen", kommt man hier nicht weit. Da die Stelle -1 nicht im Definitionsbereich $D = [1,2]$ ist, existiert kein x mit $f'(x) = 0$. Dennoch erkennt man in Abbildung 5.128, dass die Funktion an der Stelle 2 ihren maximalen Wert annimmt.

Auch die zweite Ableitung ist in diesem Beispiel nicht hilfreich, um zwischen der Stelle mit maximalem und minimalem Funktionswert zu unterscheiden. Denn für alle Stellen im Definitionsbereich ist die zweite Ableitung gleich 2. ■

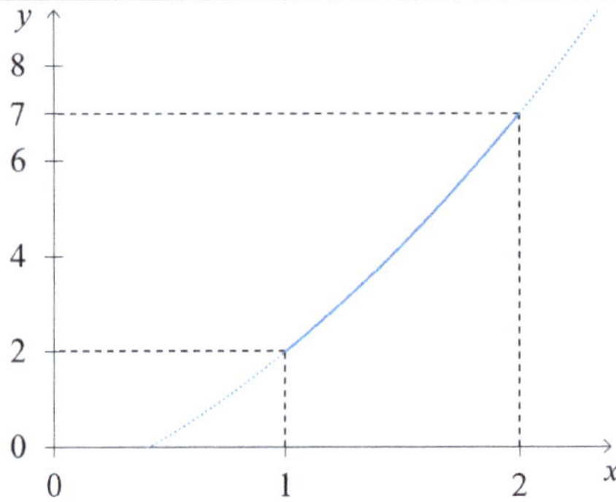

Abbildung 5.128: Die Extrema der Gewinnfunktion $f : [1,2] \to \mathbb{R}$ mit $f(x) = -2 + (x+1)^2$

Um zu klären, wann das Rezept „Ableiten und Nullsetzen" zielführend ist und wann nicht, beleuchten wir das Thema der Extremwertbestimmung genauer. Wir beginnen mit einer begrifflichen Abgrenzung.

5.6.1 Globale Extrema

Ziele dieses Unterkapitels

- Was ist ein globales Minimum einer Funktion? Was ist ein globales Maximum? Was ist eine globale Minimalstelle einer Funktion? Was ist eine globale Maximalstelle?
- Was ist ein globales Extremum? Was ist eine globale Extremalstelle?
- Was versteht man unter dem Supremum bzw. Infimum einer Funktion?
- Welcher Zusammenhang besteht zwischen den globalen Minima und Maxima der Funktionen f und $-f$?

Das globale Maximum der reellen Funktion $f : D \to Z$ ist der maximal erzielbare Funktionswert, das Maximum des Wertebereichs, $\max f(D)$. Einige Funktionen haben kein globales Maximum, da $\max f(D)$ nicht existiert. Die kleinste obere Schranke des Wertebereichs, $\sup f(D)$, nennt man auch Supremum von f. Man sagt $\sup f(D) = +\infty$, wenn der Wertebereich nicht nach oben beschränkt ist. Analog definieren wir das globale Minimum bzw. Infimum einer Funktion über den Wertebereich. Wir demonstrieren dies in Beispielen, bevor wir die Definitionen festhalten.

▪ Beispiel 5.6.2 — Fortsetzung von Beispiel 5.6.1.
In Beispiel 5.6.1 erkennt man am Graphen, dass das globale Maximum der reellen Funktion f mit Definitionsbereich $D = [1,2]$ und Abbildungsvorschrift $f(x) = -2 + (x+1)^2$ den Wert $f(2) = 7$ hat. Die Stelle, $x = 2$, an der das globale Maximum angenommen wird, heißt globale Maximalstelle.

Analytisch kann man dies über die Monotonie von f auf $[1,2]$ einfach zeigen. Denn für alle $x \in [1,2]$ gilt $f'(x) > 0$. Die Funktion f ist also streng monoton wachsend. Somit gilt für alle $x_1, x_2 \in \mathbb{R}$ mit $x_1 < x_2$, dass $f(x_1) < f(x_2)$. Die globale Minimalstelle ist die Stelle im Definitionsbereich mit dem kleinsten Funktionswert, die globale Maximalstelle ist die Stelle im Definitionsbereich mit dem größten Funktionswert.[36]

---

[36] Diese Idee, mit Hilfe der Monotonie Extremalstellen zu klassifizieren, wird in den folgenden Abschnitten ausführlich behandelt und in Satz 5.6.5 zusammengefasst.

Symbolisch beschreibt man das globale Maximum als $\max_{x \in D} f(x) = 7$ und die Menge aller globalen Maximalstellen als $\arg\max_{x \in D} f(x) = \{2\}$. Diese Menge enthält also alle Argumente (arg), an welchen der Wert $\max_{x \in D} f(x) = 7$ angenommen wird. Das globale Minimum hat den Wert $f(1) = 2$ und wird an der globalen Minimalstelle $x = 1$ angenommen. Es gilt also $\min_{x \in D} f(x) = 2$ mit $\arg\min_{x \in D} f(x) = \{1\}$. ∎

> **Definition 5.6.1 — Globale Extrema.**
>
> Sei $f : D \to Z$ eine reelle Funktion. Gibt es ein $x^{\max} \in D$ mit $f(x^{\max}) \geq f(x)$ für alle $x \in D$, so heißt
>
> $$\max f(D) = \max_{x \in D} f(x) = f(x^{\max})$$
>
> **globales Maximum** von f und $x^{\max}$ **globale Maximalstelle**. Die Menge aller globalen Maximalstellen wird durch $\arg\max_{x \in D} f(x)$ symbolisiert.
>
> Gibt es ein $x^{\min} \in D$ mit $f(x^{\min}) \leq f(x)$ für alle $x \in D$, so heißt
>
> $$\min f(D) = \min_{x \in D} f(x) = f(x^{\min})$$
>
> **globales Minimum** von f und $x^{\min}$ **globale Minimalstelle**. Die Menge aller globalen Minimalstellen wird durch $\arg\min_{x \in D} f(x)$ symbolisiert.
>
> Ein globales Maximum oder globales Minimum wird auch als globales **Extremum** oder Extremwert bezeichnet, analog ist eine (globale) **Extremalstelle** eine (globale) Minimal- oder (globale) Maximalstelle.

Statt $\max_{x \in D} f(x)$ schreibt man auch verkürzt $\max_D f(x)$ oder $\max f(x)$, statt $\min_{x \in D} f(x)$ verkürzt $\min_D f(x)$ oder $\min f(x)$, wenn die Variable bzw. der Definitionsbereich aus dem Kontext hervorgeht.

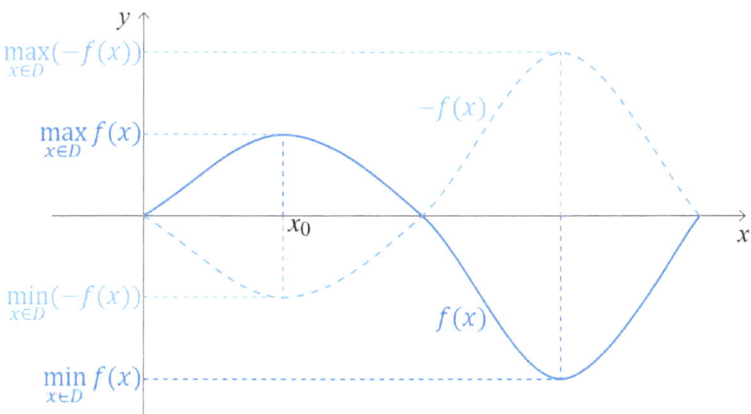

Abbildung 5.129: Min-Max Dualität

Spiegelt man den Graphen von f an der x-Achse, erhält man den Graphen von $-f$, vgl. Satz 5.1.3. In Abbildung 5.129, erkennt man, dass eine Funktion f genau dann ein (globales)

Maximum an einer Stelle x_0 hat, wenn die Funktion $-f$ ein (globales) Minimum an dieser Stelle hat und umgekehrt. Wir fassen dies in einem Satz zusammen:

> **Satz 5.6.1 — Min-Max Dualität.**
> Die reelle Funktion $f : D \to Z$ hat genau dann ein globales Maximum an der Stelle x_0, wenn die reelle Funktion $-f$ an der Stelle x_0 ein globales Minimum hat. Es gilt $\min_{x \in D}(-f(x)) = -\max_{x \in D} f(x)$.
> Die reelle Funktion f hat genau dann ein globales Minimum an der Stelle x_0, wenn $-f$ an der Stelle x_0 ein globales Maximum hat. Es gilt $\max_{x \in D}(-f(x)) = -\min_{x \in D} f(x)$.

■ Beispiel 5.6.3 — Fortsetzung von Beispiel 5.6.1.
Verändern wir das Vorzeichen der Funktion aus Beispiel 5.6.1 und betrachten die Funktion $\tilde{f} : [1,2] \to \mathbb{R}$ mit $\tilde{f}(x) = -f(x) = 2 - (x+1)^2$, erkennt man am Graphen in Abbildung 5.130, dass

$$\max \tilde{f}([1,2]) = -2 = -\min f([1,2]).$$

Zudem gilt

$$\min \tilde{f}([1,2]) = -7 = -\max f([1,2]). \qquad \blacksquare$$

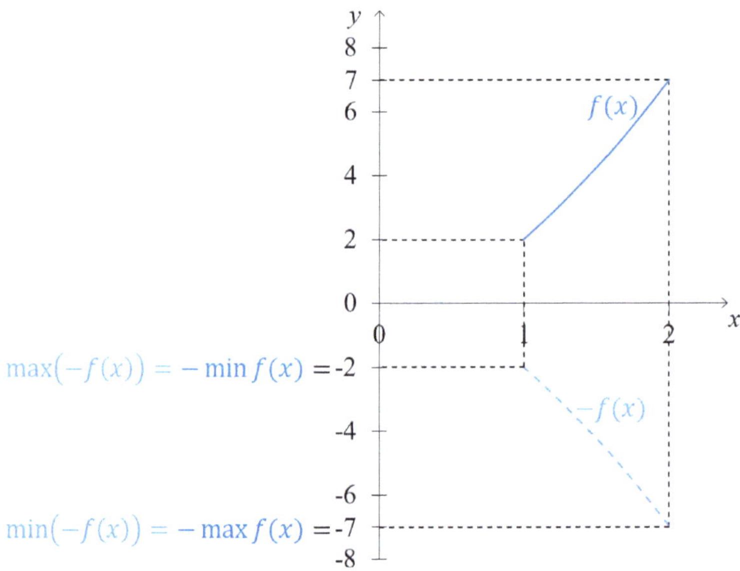

Abbildung 5.130: Min-Max Dualität

Nicht immer gibt es eine Stelle, für die eine Funktion einen maximalen oder minimalen Funktionswert annimmt. Eine Funktion kann sich einer oberen Schranke immer weiter nähern ohne deren Wert je anzunehmen oder sie kann über alle Schranken wachsen.

■ Beispiel 5.6.4 — Weitere Fortsetzung von Beispiel 5.6.1.
Verändern wir den Definitionsbereich der Funktion aus Beispiel 5.6.1 und betrachten die Funktion $f : (1, +\infty) \to \mathbb{R}$ mit $f(x) = -2 + (x+1)^2$, erkennt man am Graphen, dass sich

diese Funktion für $x \to 1^+$ immer mehr dem Wert 2 nähert. Es gibt jedoch keine Stelle im Definitionsbereich mit $f(x) = 2$. Also ist 2 nicht das globale Minimum der Funktion. Aber es gilt

$$\inf f((1, +\infty)) = 2.$$

Man sagt auch vereinfachend, die Funktion hat das Infimum 2. Für große x-Werte wachsen die Funktionswerte über alle Schranken. Die Menge $f((1, +\infty))$ ist also nach oben unbeschränkt mit $\sup f((1, +\infty)) = +\infty$. ∎

Wir definieren die im Vergleich zu (globalen) Extrema schwächeren Begriffe des Supremums und des Infimums einer Funktion wie folgt:

Definition 5.6.2 — Supremum und Infimum.
Sei $f : D \to Z$ eine reelle Funktion. Ist der Wertebereich $f(D)$ nach oben beschränkt, so nennt man die kleinste obere Schranke

$$\sup f(D) = \sup_{x \in D} f(x)$$

das **Supremum** von f. Ist $f(D)$ nicht nach oben beschränkt, schreibt man $\sup_{x \in D} f(x) = +\infty$.

Ist der Wertebereich $f(D)$ nach unten beschränkt, so nennt man die größte untere Schranke

$$\inf f(D) = \inf_{x \in D} f(x)$$

das **Infimum** von f. Ist $f(D)$ nicht nach unten beschränkt, schreibt man $\inf_{x \in D} f(x) = -\infty$.

Wie bei Grenzwerten spricht man im Fall $\sup_{x \in D} f(x) = +\infty$ bzw. $\inf_{x \in D} f(x) = -\infty$ von einem uneigentlichen Supremum bzw. einem uneigentlichen Infimum. Ein Wert $\sup_{x \in D} f(x) \in \mathbb{R}$ heißt auch eigentliches Supremum, $\inf_{x \in D} f(x) \in \mathbb{R}$ heißt eigentliches Infimum.

Existiert das Maximum einer Funktion, so stellt es auch immer die kleinste obere Schranke dar, $\max_{x \in D} f(x) = \sup_{x \in D} f(x)$. Existiert das Minimum einer Funktion, so stellt es auch immer die größte untere Schranke dar, $\min_{x \in D} f(x) = \inf_{x \in D} f(x)$. Unterschiede ergeben sich also nur, wenn das globale Minimum oder das globale Maximum nicht existieren.

Wir verdeutlichen die bisher eingeführten Bezeichnungen in Beispielen.

■ **Beispiel 5.6.5 — Supremum und Infimum von f : $(0, +\infty) \to \mathbb{R}$ mit f(x) = $\frac{1}{x}$.**
Die Funktion $f : (0, +\infty) \to \mathbb{R}$ mit $f(x) = \frac{1}{x}$ hat eine erste Ableitung von $f'(x) = -\frac{1}{x^2} < 0$ für alle $x \in (0, +\infty)$. Da die Funktion streng monoton fällt, wird der größte Wert von $f(x)$ für den kleinsten Wert $x \in (0, +\infty)$ erzielt, der kleinste Wert von $f(x)$ wird für den größten Wert $x \in (0, +\infty)$ erzielt. Zudem gilt $\lim_{x \to +\infty} \frac{1}{x} = 0$, aber $f(x) > 0$ für alle $x \in (0, +\infty)$. Der Grenzwert 0 ist also die größte untere Schranke. Es gilt

$$\inf_{x \in (0, +\infty)} f(x) = 0.$$

Da $\lim_{x \to 0^+} \frac{1}{x} = +\infty$, hat die Funktion keine obere Schranke. Es existiert weder das (eigentliche) Supremum noch das globale Maximum. Man schreibt

$$\sup_{x\in(0,+\infty)} f(x) = +\infty.$$

 ■

■ Beispiel 5.6.6 — Fortsetzung von Beispiel 5.6.1.

Definiert man eine Funktion mit der Abbildungsvorschrift aus Beispiel 5.6.1 und Definitionsbereich $[-3,1]$, also $f : [-3,1] \to \mathbb{R}$ mit $f(x) = -2 + (x+1)^2$, so erkennen wir in Abbildung 5.131, dass diese Funktion an der Stelle $x = -1$ ein globales Minimum mit $f(-1) = -2$ hat. Analytisch können wir dies über das Monotonieverhalten von f zeigen: Denn für alle $x < -1$ ist f wegen $f'(x) = 2x + 2 < 0$ streng monoton fallend und damit $f(x) > f(-1) = -2$. Für alle $x > -1$ ist f wegen $f'(x) = 2x + 2 > 0$ streng monoton steigend und damit $f(x) > f(-1) = -2$. Somit gilt für alle x, dass $f(x) \geq f(-1) = -2$.

Der Wert -2 ist ein globales Minimum und damit auch Infimum der Funktion,

$$\min_{x\in[-3,1]} f(x) = -2 = \inf_{x\in[-3,1]} f(x).$$

Die Menge aller x-Werte, für welche dieses globale Minimum angenommen wird, ist

$$\arg\min_{x\in[-3,1]} f(x) = \{-1\}.$$

Die Stelle $x^{\min} = -1$ heißt globale Minimalstelle.

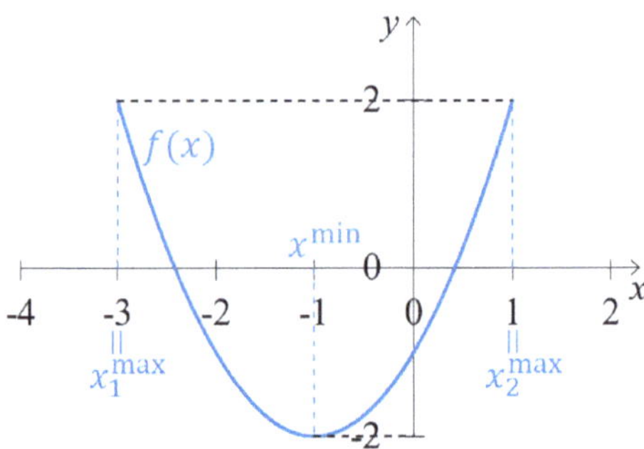

Abbildung 5.131: Extremalstellen der Funktion $f(x) = -2 + (x+1)^2$

Am Graphen erkennt man, dass das globale Maximum an den Randstellen des Definitionsbereiches, bei $x_1^{\max} = -3$ und $x_2^{\max} = 1$, angenommen wird. Analytisch kann man dies aus $f(1) = f(-3) = 2$ mit Hilfe der Monotonie wie folgt schließen: Da f für alle $x \in [-3,-1]$ streng monoton fällt, gilt $f(-1) \leq f(x)$ für alle $x \in [-3,-1]$. Da f für alle $x \in [-1,1]$ streng monoton steigt, gilt $f(x) \leq f(1)$ für alle $x \in [-1,1]$. Zusammen gilt $f(1) = f(-3) \geq f(x)$ für alle $x \in [-3,-1]$.

Das globale Maximum (und damit auch Supremum) der Funktion ist also $f(-3) = f(1) = 2$. Man schreibt

$$\max_{x\in[-3,1]} f(x) = 2 = \sup_{x\in[-3,1]} f(x).$$

Die Stellen $x_1^{\max} = -3$ und $x_2^{\max} = 1$ sind globale Maximalstellen,

$$\arg \max_{x \in [-3,1]} f(x) = \{-3, 1\}.$$

Betrachten wir stattdessen die über ganz $\mathbb{R}$ definierte Funktion $\hat{f} : \mathbb{R} \to \mathbb{R}$ mit $\hat{f}(x) = -2 + (x+1)^2$, so befindet sich an der Stelle $x^{\min} = -1$ ein globales Minimum, $\min_{x \in \mathbb{R}} \hat{f}(x) = -1 = \inf_{x \in \mathbb{R}} \hat{f}(x)$ und $\arg \min_{x \in \mathbb{R}} \hat{f}(x) = \{-1\}$. Diese Funktion hat aber kein globales Maximum, da der Wertebereich nach oben unbeschränkt ist. Man schreibt $\sup_{x \in \mathbb{R}} \hat{f}(x) = +\infty$. ∎

■ Beispiel 5.6.7 — Extrema der zick-zackförmigen Funktion f(x).

Die periodische zick-zackförmige Funktion aus Beispiel 5.4.68 kann als $f : \mathbb{R} \to \mathbb{R}$ mit

$$f(x) = \begin{cases} x & \text{für } 0 \leq x < 1 \\ 2 - x & \text{für } 1 \leq x < 2 \end{cases}$$

und $f(x + 2z) = f(x)$ für alle $z \in \mathbb{Z}$ beschrieben werden. Diese Funktion ist stetig, da $f(x)$ für alle geraden x-Werte den Grenzwert 0 hat und damit dem Funktionswert entspricht,

$$\lim_{x \to 2z} f(x) = f(2z) = 0 \quad \text{für alle } z \in \mathbb{Z}.$$

Für alle ungeraden x-Werte ist der Grenz- und Funktionswert 1,

$$\lim_{x \to 2z+1} f(x) = f(2z+1) = 1 \quad \text{für alle } z \in \mathbb{Z}.$$

Außerdem ist die Funktion f auf den Intervallen $(2z, 2z+1)$ resp. $(2z+1, 2(z+1))$ für alle $z \in \mathbb{Z}$ stetig, da sie dort linear ist.

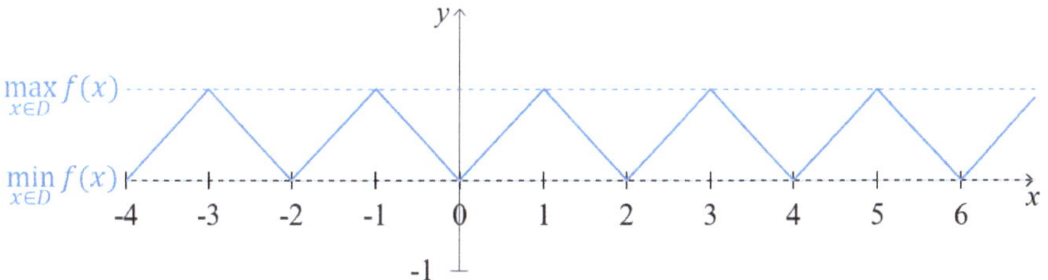

Abbildung 5.132: Extrema der zick-zackförmigen Funktion

In Abbildung 5.132 sieht man, dass der Wert 0 das globale Minimum (und Infimum) der Funktion ist. Dieser Wert wird an allen globalen Minimalstellen $x = 2z$ mit $z \in \mathbb{Z}$ angenommen. Das globale Maximum (und damit auch Supremum) von 1 wird an allen globalen Maximalstellen $x = 2z + 1$, $z \in \mathbb{Z}$, angenommen.

Analytisch zeigt man dies wie folgt: Betrachten wir die Funktion nun nur auf dem Intervall $[0, 2]$, so gilt $f(0) = f(2) = 0$ und $f(1) = 1$. Für $0 \leq x \leq 1$ ist f streng monoton steigend, für $1 \leq x \leq 2$ streng monoton fallend. Also ist $f(0) \leq f(x)$ für alle $x \in [0, 1]$ und $f(2) \leq f(x)$ für alle $x \in [1, 2]$. Zusammenfassend ist $f(0) = f(2) = 0 \leq f(x)$ für alle $x \in [0, 2]$. Da die Funktion periodisch ist, gilt die Ungleichung $0 \leq f(x)$ für alle $x \in \mathbb{R}$.

Das globale Minimum ist 0, es wird für gerade x-Werte angenommen. Analog gilt wegen der Monotonie von f, dass für alle $x \in [0,1]$ die Ungleichung $f(x) \leq f(1)$ und für alle $x \in [1,2]$ die Ungleichung $f(1) \geq f(x)$ gilt. Zusammenfassend ist $f(x) \leq f(1) = 1$ für alle $x \in [0,2]$. Da die Funktion periodisch ist, gilt $f(x) \leq 1$ für alle $x \in \mathbb{R}$. Das globale Maximum ist 1, es wird für ungerade x-Werte angenommen.

Zusammenfassend ist

$$\max_{x \in \mathbb{R}} f(x) = \sup_{x \in \mathbb{R}} f(x) = 1 \quad \text{mit} \quad \arg\max_{x \in \mathbb{R}} f(x) = \left\{ x \in \mathbb{R} \,\middle|\, \tfrac{x+1}{2} \in \mathbb{Z} \right\}$$

$$\min_{x \in \mathbb{R}} f(x) = \inf_{x \in \mathbb{R}} f(x) = 0 \quad \text{mit} \quad \arg\min_{x \in \mathbb{R}} f(x) = \left\{ x \in \mathbb{R} \,\middle|\, \tfrac{x}{2} \in \mathbb{Z} \right\}. \qquad \blacksquare$$

Eine Funktion kann nur ein globales Maximum, aber, wie im vorherigen Beispiel gesehen, sogar unendlich viele globale Maximalstellen haben. Ebenso kann eine Funktion nur ein globales Minimum, aber unendlich viele globale Minimalstellen haben. Eine Stelle kann auch gleichzeitig globale Maximal- und Minimalstelle sein, wie das folgende Beispiel verdeutlicht:

■ Beispiel 5.6.8 — Eine konstante Funktion.

Für die Funktion $f : \mathbb{R} \to \mathbb{R}$ mit $f(x) = 5$ gilt an jeder Stelle $x_0 \in \mathbb{R}$, dass $f(x_0) \geq f(x)$ für alle $x \in \mathbb{R}$. Jede Stelle ist also eine globale Maximalstelle, das globale Maximum ist 5. Zudem gilt an jeder Stelle $x_0 \in \mathbb{R}$, dass $f(x_0) \leq f(x)$ für alle $x \in \mathbb{R}$. Jede Stelle ist also eine globale Minimalstelle, das globale Minimum ist 5. Es gilt

$$\max_{x \in \mathbb{R}} f(x) = \sup_{x \in \mathbb{R}} f(x) = 5 \quad \text{mit} \quad \arg\max_{x \in \mathbb{R}} f(x) = \mathbb{R}$$

$$\min_{x \in \mathbb{R}} f(x) = \inf_{x \in \mathbb{R}} f(x) = 5 \quad \text{mit} \quad \arg\min_{x \in \mathbb{R}} f(x) = \mathbb{R}. \qquad \blacksquare$$

(Z) Das Minimum (bzw. Maximum) des Wertebereichs bezeichnet man als das globale Minimum (bzw. Maximum) der Funktion, $\min_{x \in D} f(x)$ (bzw. $\max_{x \in D} f(x)$). Die Stelle $x \in D$, an welcher das globale Minimum (bzw. Maximum) angenommen wird, bezeichnet man als globale Minimalstelle (bzw. Maximalstelle). Die Menge aller solcher Stellen wird $\arg\min_{x \in D} f(x)$ (bzw. $\arg\max_{x \in D} f(x)$) symbolisiert.

Ein globales Extremum ist ein globales Minimum oder ein globales Maximum, eine globale Extremalstelle ist eine globale Minimal- oder Maximalstelle.

Die größte untere bzw. kleinste obere Schranke des Wertebereichs nennt man Infimum, $\inf_{x \in D} f(x)$, bzw. Supremum der Funktion, $\sup_{x \in D} f(x)$.

Globale Minimalstellen einer Funktion $-f$ entsprechen den globalen Maximalstellen der Funktion f und umgekehrt. Es gilt $\min_{x \in D}(-f(x)) = -\max_{x \in D} f(x)$ und $\max_{x \in D}(-f(x)) = -\min_{x \in D} f(x)$.

5.6.2 Die Existenz globaler Extrema

Ziele dieses Unterkapitels

• Was besagt der Satz von Weierstraß bezüglich der Existenz globaler Extrema?

Jede reelle Funktion hat ein (eigentliches oder uneigentliches) Supremum und ein (eigentliches oder uneigentliches) Infimum, vgl. auch Satz 2.2.3. Wir haben in den Beispielen aber gesehen, dass nicht jede Funktion ein globales Maximum bzw. Minimum hat. Schon anhand von Beispielen 5.6.1 und 5.6.4 hatten wir demonstriert, dass nicht nur die Abbildungsvorschrift, sondern auch die Wahl des Definitionsbereichs eine große Rolle dabei spielt, ob globale Extrema existieren.

Der Satz von Weierstraß gibt einfach zu überprüfende Bedingungen, die sowohl die Existenz eines globalen Maximums als auch eines globalen Minimums sicherstellen. Diese hinreichenden Bedingungen sind

- ein abgeschlossener und beschränkter Definitionsbereich und
- Stetigkeit der Funktion.

> **Satz 5.6.2 — Satz von Weierstraß.**
> Eine auf einem abgeschlossenen und beschränkten Intervall $[a,b] \subseteq \mathbb{R}$ stetige Funktion $f : [a,b] \to \mathbb{R}$ hat sowohl ein globales Maximum als auch ein globales Minimum.

Beide Bedingungen, die Stetigkeit und das Vorliegen eines abgeschlossenen und beschränkten Definitionsbereichs, müssen erfüllt sein, um mit dem Satz von Weierstraß zu schließen, dass eine Funktion ein globales Maximum und ein globales Minimum hat. Allerdings hat nicht jede Funktion mit globalen Extrema einen abgeschlossenen und beschränkten Definitionsbereich. Ebenso muss nicht jede Funktion mit globalen Extrema stetig sein. Es handelt sich um hinreichende, nicht um notwendige Bedingungen. Ist der Definitionsbereich nicht abgeschlossen und/oder nicht beschränkt, kann eine stetige Funktion f ihr globales Minimum und/oder Maximum annehmen, sie muss es aber nicht.

■ Beispiel 5.6.9 — Fortsetzung von Beispiel 5.6.1.
Die Funktion $f : D \to \mathbb{R}$ mit $f(x) = -2 + (x+1)^2$, $D \subseteq \mathbb{R}$ ist ein Polynom und damit stetig. Ob sie ein globales Minimum oder Maximum besitzt, hängt vom Definitionsbereich $D \subseteq \mathbb{R}$ ab.

In Beispiel 5.6.1 ist $D = [1,2]$. In diesem Fall hat f einen abgeschlossenen und beschränkten Definitionsbereich. Der Satz von Weierstraß besagt, dass f für $D = [1,2]$ sowohl ein globales Maximum als auch ein globales Minimum besitzt.

Im Fall $D = (1, +\infty)$ ist der Definitionsbereich weder abgeschlossen noch beschränkt. In diesem Fall trifft der Satz von Weierstraß keine Aussage. Wir zeigten in Beispiel 5.6.4, dass f in diesem Fall weder ein globales Maximum noch ein globales Minimum besitzt.

Für $D = (1,2)$ ist der Definitionsbereich beschränkt aber nicht abgeschlossen. Auch in diesem Fall trifft der Satz von Weierstraß keine Aussage. Hier gilt aufgrund der strengen Monotonie von f, dass

$$\inf_{x \in (1,2)} f(x) = 2 \quad \text{und} \quad \sup_{x \in (1,2)} f(x) = 7.$$

Diese Funktion besitzt jedoch weder ein globales Minimum noch ein globales Maximum, da es keine Stelle $x \in (1,2)$ gibt mit $f(x) = 2$ bzw. $f(x) = 7$.

Wählt man $D = (-2,2)$, so ist D ebenfalls beschränkt und offen, also nicht abgeschlossen. Auch hier trifft der Satz von Weierstraß keine Aussage. Da f in diesem Fall auf $(-2,-1]$ stetig und streng monoton fallend ist, gilt

$$-1 = \lim_{x \to -2^+} f(x) > f(x) \geq f(-1) = -2 \quad \text{für alle } x \in (-2,-1].$$

Da f auf $[-1,2)$ streng monoton steigend ist, gilt zudem

$$-2 = f(-1) \leq f(x) < \lim_{x \to 2^-} f(2) = 7 \quad \text{für alle } x \in [-1,2).$$

Zusammenfassend ist also $-2 = f(-1) \leq f(x) < 7$ für alle $x \in D$. Also ist -2 das globale Minimum und -1 die globale Minimalstelle. Da es jedoch keine Stelle mit Funktionswert 7 gibt, existiert das globale Maximum nicht.

Auch wenn man $D = (-2, 2]$ wählt, ist der Definitionsbereich beschränkt aber nicht abgeschlossen. Da f jedoch auf $(-2, -1]$ stetig und streng monoton fallend ist, gilt

$$-1 = \lim_{x \to -2^+} f(x) > f(x) \geq f(-1) = -2 \quad \text{für alle } x \in (-2, -1].$$

Da f auf $[-1, 2]$ streng monoton steigend ist, gilt zudem

$$-2 = f(-1) \leq f(x) \leq f(2) = 7 \quad \text{für alle } x \in [-1, 2].$$

Zusammenfassend ist also $-2 = f(-1) \leq f(x) \leq f(2) = 7$ für alle $x \in (-2, 2]$. Also existieren bei dieser stetigen Funktion mit einem nicht abgeschlossenen Definitionsbereich sowohl das globale Minimum als auch das globale Maximum.   ■

Im vorherigen Beispiel betrachteten wir die gleiche Abbildungsvorschrift einer stetigen Funktion über verschiedenen Definitionsbereichen. Der Satz von Weierstraß trifft dabei nur dann eine Aussage, wenn der Definitionsbereich ein abgeschlossenes und beschränktes Intervall ist. Im Fall eines offenen Intervalls kann es sein, dass eine stetige Funktion globale Extrema besitzt, es muss aber nicht sein.

■ Beispiel 5.6.10 — Extremalstellen eines Polynoms.

Interessieren wir uns dafür, ob das Polynom $p : D \to \mathbb{R}$ mit $p(x) = x - \left(\frac{x}{10}\right)^3$, $D \subseteq \mathbb{R}$, globale Extrema besitzt, halten wir zunächst fest, dass ein Polynom über Intervallen stets eine stetige Funktion beschreibt.

Anhand von Abbildung 5.133 erahnen wir, dass diese Funktion für $D = \mathbb{R}$ weder ein globales Minimum noch ein globales Maximum hat, weil sie über alle Schranken fällt bzw. wächst. Es gibt daher keine globalen Extrema und keine globalen Extremalstellen. Schließlich gilt $\lim_{x \to +\infty} p(x) = -\infty$ und $\lim_{x \to -\infty} p(x) = +\infty$. Das Supremum resp. Infimum existiert nicht, man schreibt $\sup_{x \in \mathbb{R}} p(x) = +\infty$ resp. $\inf_{x \in \mathbb{R}} p(x) = -\infty$.

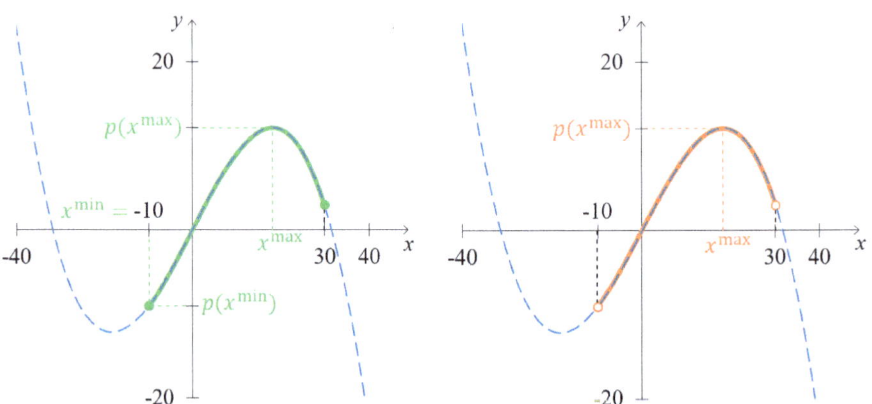

Abbildung 5.133: Extrema von $p(x) = x - \left(\frac{x}{10}\right)^3$ auf verschiedenen Definitionsbereichen

Schränken wir den Definitionsbereich auf das abgeschlossene und beschränkte Intervall $D = [-10, 30]$ ein (vgl. Abbildung 5.133 links), so folgt aus dem Satz von Weierstraß, dass die stetige Funktion p sowohl ein globales Maximum als auch ein globales Minimum besitzt.

Schränken wir den Definitionsbereich auf das offene und beschränkte Intervall $D = (-10, 30)$ ein, so findet der Satz von Weierstraß keine Anwendung. An Abbildung 5.133 rechts erkennt man jedoch, dass die Funktion auch in diesem Fall ein globales Maximum besitzt. ∎

Dass die Stetigkeit eine wichtige Voraussetzung des Satzes von Weierstraß ist, kann man in folgendem Beispiel sehen:

■ Beispiel 5.6.11 — Extremalstellen einer unstetigen Funktion.

Wir betrachten eine weitere Version der in Beispiel 5.4.44 diskutierten Funktion $\hat{k}$, diesmal jedoch mit eingeschränktem Definitionsbereich $D = [-1, 1]$. Wir betrachten also $\hat{k}_1 : [-1, 1] \to \mathbb{R}$ mit

$$\hat{k}_1(x) = \begin{cases} 1 & \text{wenn } x \leq 0 \\ x^2 & \text{wenn } x > 0. \end{cases}$$

In diesem Beispiel ist der Definitionsbereich abgeschlossen und beschränkt. Aus dem Graphen in Abbildung 5.134 erkennt man, dass die Funktion jedoch nicht stetig ist. Die Funktion hat ein globales Maximum von 1, globale Maximalstellen sind alle Stellen aus der Menge $[-1, 0] \cup \{1\}$, $\arg\max_{x \in [-1,1]} \hat{k}_1(x) = [-1, 0] \cup \{1\}$. Die Funktion hat allerdings kein globales Minimum. Dem Infimum von 0 nähert sich die Funktion für $x \to 0^+$, erreicht es aber nie.

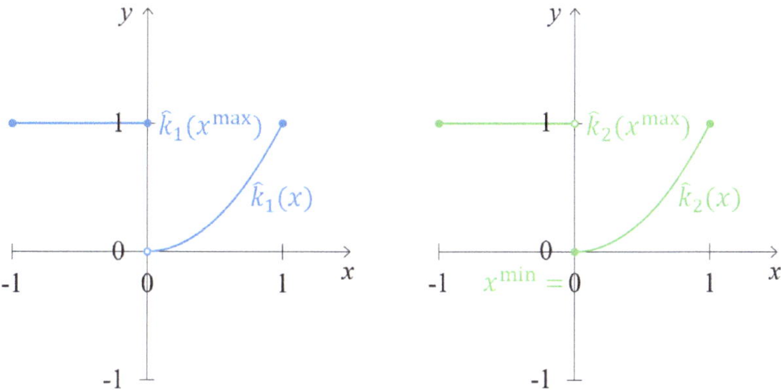

Abbildung 5.134: Die unstetigen Funktionen $\hat{k}_1$ und $\hat{k}_2$

Unstetige Funktionen können aber natürlich sowohl ein globales Maximum als auch ein globales Minimum haben. Verändern wir obige Funktion z.B. nur an der Stelle 0 zu $\hat{k}_2 : [-1, 1] \to \mathbb{R}$ mit

$$\hat{k}_2(x) = \begin{cases} 1 & \text{wenn } x < 0 \\ x^2 & \text{wenn } x \geq 0, \end{cases}$$

so liegt noch immer eine Funktion vor, die an der Stelle 0 unstetig ist und einen abgeschlossenen und beschränkten Definitionsbereich hat. Die Funktion $\hat{k}_2$ hat wie $\hat{k}_1$ ein globales Maximum von 1, globale Maximalstellen sind alle Stellen aus der Menge $[-1,0) \cup \{1\}$. Die Funktion $\hat{k}_2$ hat zudem ein globales Minimum von 0 an der Stelle 0. ∎

 Laut des Satzes von Weierstraß hat eine stetige Funktion über einem abgeschlossenen und beschränkten Intervall sowohl ein globales Maximum als auch ein globales Minimum.

5.6.3 Lokale Extrema

Ziele dieses Unterkapitels

- Was unterscheidet eine lokale Extremalstelle von einer globalen Extremalstelle?
- Was ist ein lokales Extremum?

Bevor wir den Begriff des lokalen Extremums mathematisch präzisieren, geben wir ein allgemeineres Beispiel.

▪ Beispiel 5.6.12 — Lokale und globale Extrema bei Bergen.

Wandert man im Wallis, so scheint die Dufourspitze mit 4634 Metern über dem Meeresspiegel der höchste Punkt weit und breit zu sein. Sucht man den höchsten Punkt der Erde, ist die Dufourspitze aber nicht der höchste Punkt. Die Spitze des Mount Everest ist deutlich höher. Die Dufourspitze stellt also kein globales Maximum (bezüglich der Höhe über dem Meeresspiegel) auf der Erde dar. Da jede Bergspitze einen höchsten Punkt in seiner lokalen Umgebung darstellt, ist jede Bergspitze, auch die Dufourspitze, ein lokales Maximum. Der Mount Everest ist nicht nur das globale Maximum sondern auch der lokal höchste Punkt in seiner Umgebung, dem Himalaya. Steht man auf dem (global) höchsten Punkt, so muss dies auch der höchste Punkt der Umgebung sein. Ein globales Maximum ist also immer ein lokales Maximum, aber nicht umgekehrt. ∎

Um diese Unterscheidung zwischen lokalen und globalen Extrema für Funktionen anwenden zu können, nutzen wir die Definition 2.2.6 der Umgebung aus Kapitel 2.2. Für $\varepsilon > 0$ umfasst die ε-Umgebung einer Stelle $x_0 \in \mathbb{R}$ alle Stellen, die weniger als ε von x_0 entfernt sind,

$$U(x_0, \varepsilon) = \{x \in \mathbb{R} \mid |x_0 - x| < \varepsilon\} = (x_0 - \varepsilon, x_0 + \varepsilon).$$

Abbildung 5.135 veranschaulicht zwei solche Umgebungen sowie den Unterschied zwischen lokalen und globalen Extrema. Ein lokales Minimum liegt an einer Stelle x_0 vor, wenn es irgendein beliebig kleines $\varepsilon > 0$ gibt, so dass der Funktionswert an dieser Stelle kleiner oder gleich dem Funktionswert an allen Stellen der ε-Umgebung der Stelle x_0 ist, $f(x_0) \leq f(x)$ für alle $x \in (x_0 - \varepsilon, x_0 + \varepsilon)$. Ein lokales Maximum liegt analog an der Stelle x_1 vor, wenn es irgendein beliebig kleines $\varepsilon > 0$ gibt, so dass der Funktionswert an dieser Stelle größer oder gleich dem Funktionswert an allen Stellen der ε-Umgebung der Stelle x_1 ist, $f(x_1) \geq f(x)$ für alle $x \in (x_1 - \varepsilon, x_1 + \varepsilon)$.[37]
  Wir definieren dies formal wie folgt:

---

[37] Wir nummerieren in Beispielen die Stellen, an denen lokale Maxima oder Minima vorliegen (können), wobei wir mit 0 beginnen.

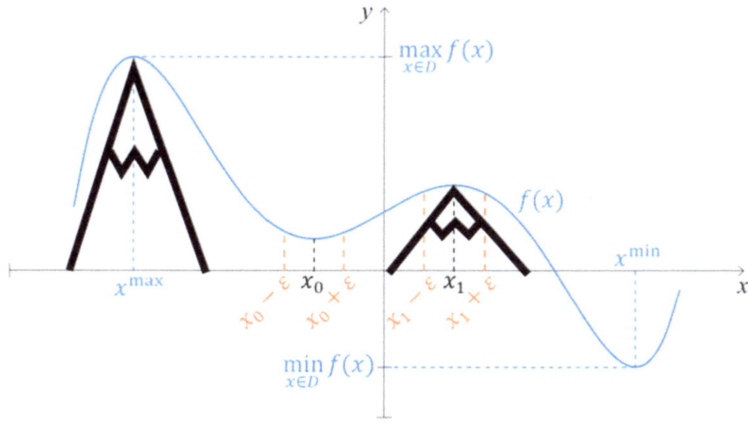

Abbildung 5.135: Lokale Extremalstellen x_0 und x_1

Definition 5.6.3 — Lokale Extrema und Extremalstellen.
Es sei $f : D \to Z$ eine reelle Funktion, eine Stelle $x_0 \in D$ und $U(x_0, \varepsilon) = (x_0 - \varepsilon, x_0 + \varepsilon)$.
Die Funktion f hat in x_0 ein **lokales Maximum** $f(x_0)$, falls ein $\varepsilon > 0$ existiert, so dass

$$f(x_0) \geq f(x) \quad \text{für alle } x \in U(x_0, \varepsilon) \cap D.$$

In diesem Fall ist x_0 **lokale Maximalstelle** von f.
Die Funktion f hat in x_0 ein **lokales Minimum** $f(x_0)$, falls ein $\varepsilon > 0$ existiert, so dass

$$f(x_0) \leq f(x) \quad \text{für alle } x \in U(x_0, \varepsilon) \cap D.$$

In diesem Fall ist x_0 **lokale Minimalstelle** von f.
Lokales Extremum ist der Sammelbegriff für ein lokales Maximum oder Minimum,
eine **lokale Extremalstelle** ist eine lokale Minimal- oder Maximalstelle.

Ein lokales Maximum ist also ein Funktionswert, zu dem es in einer kleinen Umgebung keinen größeren Funktionswert gibt. Ein globales Maximum ist ein Funktionswert, zu dem es im gesamten Definitionsbereich keinen größeren Funktionswert gibt. Ein lokales Minimum ist ein Funktionswert, zu dem es in einer kleinen Umgebung keinen kleineren Funktionswert gibt. Ein globales Minimum ist ein Funktionswert, zu dem es im gesamten Definitionsbereich keinen kleineren Funktionswert gibt. Ein globales Extremum muss demnach auch ein lokales Extremum sein.

Satz 5.6.3 — Globale und lokale Extrema.
Ist $x_0 \in D$ eine globale Extremalstelle der reellen Funktion $f : D \to Z$, dann ist x_0 auch eine lokale Extremalstelle.

■ **Beispiel 5.6.13 — Fortsetzung von Beispiel 5.6.10.**
Wir bestimmen die lokalen und globalen Extrema des Polynoms $p : \mathbb{R} \to \mathbb{R}$ mit $p(x) = x - \left(\frac{x}{10}\right)^3$ aus Beispiel 5.6.10 anhand des Graphen in Abbildung 5.136:
Man erkennt, dass diese Funktion kein globales Minimum, aber ein lokales Minimum

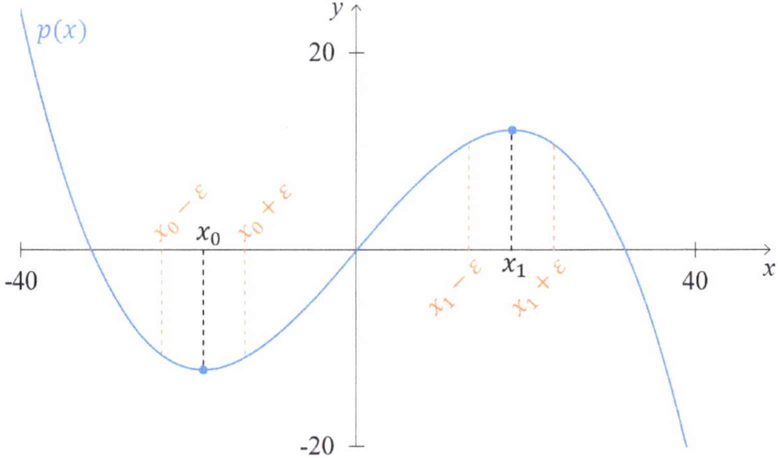

Abbildung 5.136: Das Polynom $p : \mathbb{R} \to \mathbb{R}$ mit $p(x) = x - \left(\frac{x}{10}\right)^3$

hat, welches im Graphen durch x_0 gekennzeichnet ist. Denn betrachtet man beispielsweise $\varepsilon = 5$, so ist $p(x_0)$ der kleinste Funktionswert innerhalb der ε-Umgebung von x_0. Ebenso hat p kein globales Maximum, aber ein lokales Maximum, welches im Graphen durch x_1 gekennzeichnet ist. Denn für $\varepsilon = 5$ ist $p(x_1)$ der größte Funktionswert innerhalb der ε-Umgebung von x_1.

Analytisch kann man durch eine Grenzwertbildung $\lim_{x \to +\infty} p(x) = -\infty$ bzw. $\lim_{x \to -\infty} p(x) = +\infty$ erkennen, dass dieses Polynom keine globalen Extrema besitzt. Die lokalen Extrema kann man über das Monotonieverhalten von p nachweisen. Wir werden dies in Beispiel 5.6.28 nachholen, nachdem wir allgemeine Verfahren zur Bestimmung lokaler Extrema diskutiert haben. ∎

Eine Stelle kann sowohl eine lokale Maximalstelle als auch eine lokale Minimalstelle sein. Wir zeigen dies anhand eines weiteren Beispiels.

■ Beispiel 5.6.14 — Eine unstetige, abschnittsweise definierte Funktion.
Die Funktion $f : \mathbb{R} \to \mathbb{R}$ mit

$$f(x) = \begin{cases} -1 & \text{für } x < -1 \\ x^2 & \text{für } -1 \leq x \leq 1 \\ -1 & \text{für } x > 1 \end{cases}$$

ist in Abbildung 5.137 dargestellt.

Das globale (und auch ein lokales) Maximum ist $\max_{x \in \mathbb{R}} f(x) = 1$, die globalen Maximalstellen sind die Elemente der Menge $\arg\max_{x \in \mathbb{R}} f(x) = \{-1, 1\}$. Alle Stellen in $(-\infty, -1)$ und alle Stellen in $(1, +\infty)$ sind globale (und auch lokale) Minimalstellen mit $\min_{x \in \mathbb{R}} f(x) = -1$ bzw. $\arg\min_{x \in \mathbb{R}} f(x) = (-\infty, -1) \cup (1, +\infty)$. Analog zu Beispiel 5.6.8 sind alle Stellen in $(-\infty, -1)$ und $(1, +\infty)$ auch lokale Maximalstellen. An der Stelle $x = 0$ befindet sich ein lokales Minimum, da sich z.B. in einer ε-Umgebung von 0 mit $\varepsilon = 0.5$ keine kleineren Funktionswerte befinden. ∎

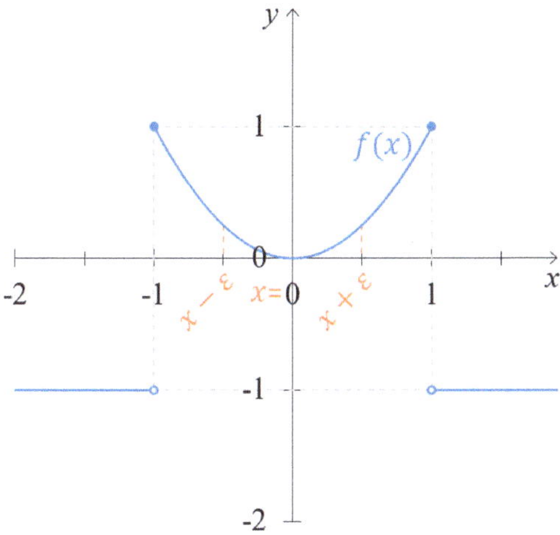

Abbildung 5.137: Eine unstetige, abschnittsweise definierte Funktion

(Z) An einer globalen Extremalstelle x_0 nimmt eine Funktion den minimalen oder maximalen Funktionswert (das globale Extremum) $f(x_0)$ im gesamten Definitionsbereich an. An einer lokalen Extremalstelle (also einer lokalen Minimal- oder Maximalstelle) x_0 hingegen muss es nur eine Umgebung von x_0, $U(x_0, \varepsilon) = (x_0 - \varepsilon, x_0 + \varepsilon)$, geben, so dass $f(x_0)$ der minimale oder maximale Funktionswert in dieser Umgebung von x_0 ist. Jede globale Extremalstelle ist damit auch eine lokale Extremalstelle, jedes globale Extremum ein lokales Extremum, aber nicht umgekehrt.

Ist x_0 eine lokale Extremalstelle, heißt $f(x_0)$ lokales Extremum (bzw. lokales Minimum oder Maximum).

5.6.4 Identifikation möglicher lokaler Extremalstellen

Ziele dieses Unterkapitels

- Was sind stationäre Stellen? Was besagt das Kriterium von Fermat in Bezug auf stationäre Stellen?
- Welche Stellen des Definitionsbereichs sind Kandidaten für lokale Extremalstellen?

Auch wenn man in Anwendungen meist an globalen Extrema interessiert ist, ist das Auffinden lokaler Extrema meist sehr viel einfacher. Man versucht daher in der Regel erst alle lokalen Extrema zu finden und dann daraus die globalen zu bestimmen.

Ein hilfreiches Kriterium zur Identifikation lokaler Extrema ist das Kriterium von Fermat. Es besagt, dass die erste Ableitung einer differenzierbaren Funktion an einer lokalen Extremalstelle stets 0 ist. Es ist daher für differenzierbare Funktionen eine recht einfach nachprüfbare notwendige Bedingung für lokale und globale Extremalstellen.

> **Satz 5.6.4 — Kriterium von Fermat.**
> Für $a, b \in \mathbb{R}, a < b$ sei $f : (a,b) \to Z$ eine reelle differenzierbare Funktion, welche an der Stelle $x_0 \in (a,b)$ ein lokales Extremum besitzt. Dann gilt $f'(x_0) = 0$.

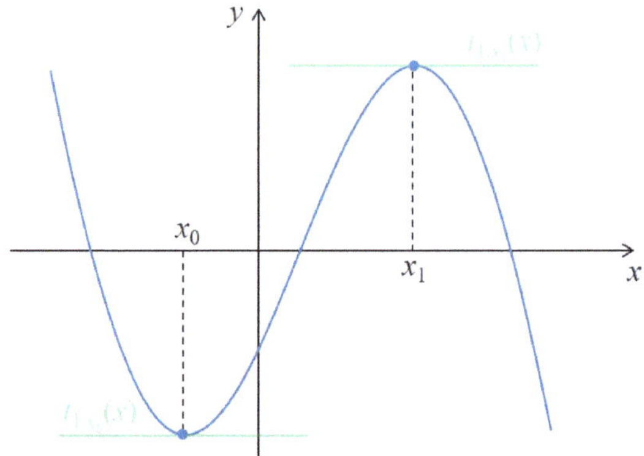

Abbildung 5.138: Das Kriterium von Fermat

■ Beispiel 5.6.15 — Fortsetzung von Beispiel 5.6.6.
In Beispiel 5.6.6 zeigten wir, dass die Funktion $f : [-3, 1] \to \mathbb{R}$ mit $f(x) = -2 + (x+1)^2$ an der Stelle -1 ein globales und damit auch lokales Minimum hat. Die Funktion ist ein Polynom und damit unendlich oft differenzierbar mit

$$f'(x) = 2(x+1) \quad \text{und} \quad f'(-1) = 2(-1+1) = 0.$$

Wie das Kriterium besagt und Abbildung 5.138 illustriert, ist die erste Ableitung an der lokalen Minimalstelle gleich 0.

Das Kriterium besagt also, dass für jede lokale Extremalstelle in $(-3, 1)$ die differenzierbare Funktion f eine Ableitung von 0 haben muss. Da -3 aber nicht in diesem offenen Intervall, sondern an einer Randstelle des Definitionsbereichs liegt, trifft das Kriterium keine Aussage zur Ableitung an der lokalen Maximalstelle -3.   ■

Ist f eine differenzierbare Funktion und liegt an einer inneren Stelle eines Intervalls ein lokales Extremum vor, so muss die erste Ableitung dort 0 sein. Umgekehrt muss aber nicht an jeder Stelle, an welcher die Ableitung 0 ist, eine Extremalstelle vorliegen. Wir demonstrieren dies in folgendem Beispiel.

■ Beispiel 5.6.16 — Eine Funktion ohne lokale Extrema.
Für die Funktion $f(x) = x^3$ gilt $f'(x) = 3x^2$ und damit $f'(0) = 0 = f(0)$. Dennoch konnten wir in Beispiel 5.4.5 zeigen, dass die Funktion streng monoton steigend auf $\mathbb{R}$ ist. Es gilt also für alle $x > 0$, dass $f(x) > 0$ und für alle $x < 0$, dass $f(x) < 0$. Somit gibt es keine ε-Umgebung um 0, für welche alle Funktionswerte größer oder kleiner als 0 sind, vgl. Abbildung 5.139. Die Funktion hat an der Stelle 0 eine Ableitung von 0, aber keine lokale Extremalstelle.   ■

Das Kriterium von Fermat ist also ein notwendiges, aber kein hinreichendes Kriterium für ein Extremum. Es begrenzt die Anzahl möglicher lokaler Extremstellen im Inneren

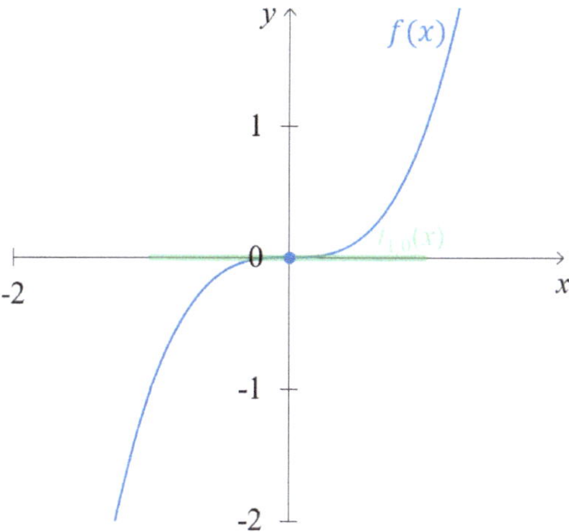

Abbildung 5.139: Die Funktion $f(x) = x^3$ mit stationärer Stelle $x_0 = 0$

des Definitionsbereichs einer differenzierbaren Funktion auf die Stellen, an denen die Ableitung 0 ist. Diese Stellen x_0 nennen wir im Folgenden stationäre Stellen, die Punkte $(x_0, f(x_0))^T$ stationäre Punkte.[38]

> **Definition 5.6.4 — Stationäre Punkte.**
> Eine reelle Funktion $f : D \to Z$ hat an der inneren Stelle x_0 von D einen **stationären Punkt** $(x_0, f(x_0))^T$ oder kritischen Punkt, falls f in x_0 differenzierbar ist mit $f'(x_0) = 0$. Die Stelle x_0 mit $f'(x_0) = 0$ nennen wir stationäre Stelle.

■ **Beispiel 5.6.17 — Fortsetzung von Beispiel 5.6.6.**
Um die stationären Punkte der Funktion $f : [-3,1] \to \mathbb{R}$ mit $f(x) = -2 + (x+1)^2$ zu berechnen, lösen wir

$$f'(x) = 2(x+1) = 0$$

und erhalten die stationäre Stelle $x = -1$. Die Funktion hat also einen stationären Punkt $(-1, -2)^T$ an der Stelle -1. ■

Wir betrachten erneut Beispiel 5.6.10 sowie Einführungsbeispiel 0.1.2.

■ **Beispiel 5.6.18 — Fortsetzung von Beispiel 5.6.10.**
Die stationären Punkte einer Funktion mit Abbildungsvorschrift $p(x) = x - \left(\frac{x}{10}\right)^3$ befinden sich an Stellen, für die

$$p'(x) = 1 - \frac{3}{1000}x^2 = 0$$

gilt. Durch Auflösen erhält man $x = -\sqrt{\frac{1000}{3}} \approx -18.25$ oder $x = \sqrt{\frac{1000}{3}} \approx 18.25$. Diese Stellen sind also die einzigen Stellen, an denen die differenzierbare Funktion p im Inneren des Definitionsbereichs lokale Extrema haben kann. Laut des Kriteriums von Fermat sind

---

[38] Viele Autoren unterscheiden dies nicht, wir verwenden diese Terminologie, um Verwechslungen von Stellen und Funktionswerten zu vermeiden.

alle lokalen Extrema der in Beispiel 5.6.10 diskutierten Fälle entweder an den Rändern des Definitionsbereichs oder an einer dieser stationären Stellen. ∎

■ **Beispiel 5.6.19 — Fortsetzung von Beispiel 0.1.2.**
In Einführungsbeispiel 0.1.2 hatten wir graphisch festgestellt, dass die vereinfachte Gewinnfunktion $g : [0,500] \to \mathbb{R}$ mit $g(p) = 58p - 0.1p^2 - 4000$ in der Nähe von $p = 300$ ein globales und damit auch lokales Maximum hat. Den genauen Wert konnten wir aus Abbildung 0.4 nicht ablesen. Laut des Kriteriums von Fermat muss diese differenzierbare Funktion an einer solchen lokalen Maximalstelle im Inneren des Definitionsbereichs eine Ableitung von 0 haben. Löst man

$$g'(p) = 58 - 0.2p = 0,$$

ergibt sich $p = 290$. Die Funktion hat also die stationäre Stelle $p = 290$. Der gewinnmaximierende Preis ist $p = 290$, der maximale Gewinn $g(290) = 4410$. ∎

Nicht immer kann man stationäre Stellen einfach bestimmen:

■ **Beispiel 5.6.20 — Die Funktion $f(x) = -1.2 \cdot e^{x-0.5} + (x-0.5)^3 + 5$.**
Da die Funktion $f : \mathbb{R} \to \mathbb{R}$ mit $f(x) = -1.2 \cdot e^{x-0.5} + (x-0.5)^3 + 5$ als Komposition und Verknüpfung differenzierbarer Funktionen differenzierbar ist und der Definitionsbereich offen ist, können lokale Extrema nur an stationären Stellen vorliegen. Auch hier kann man die stationären Stellen prinzipiell als Lösung von

$$f'(x) = -1.2 \cdot e^{x-0.5} + 3(x-0.5)^2 = 0$$

berechnen. Diese Gleichung kann man jedoch nicht so einfach nach x auflösen. Da f stetig ist, kann mit Hilfe des Nullstellensatzes 5.2.20 eine Lösung approximativ bestimmt werden. So erhalten wir durch Ausprobieren beispielsweise $f'(0) > 0$, $f'(0.5) = -1.2 < 0$, $f'(3) > 0$ und $f'(4) < 0$. Die Ableitung muss also eine Nullstelle im Intervall $(0,0.5)$, eine im Intervall $(0.5,3)$ und eine weitere im Intervall $(3,4)$ haben. Schrittweise kann man sich so stationären Stellen bei ungefähr 0.01, 1.59, und 3.81 nähern. In Abbildung 5.140 erkennen wir, dass diese Stellen auch die Stellen sind, an denen die Funktion lokale Extrema hat. ∎

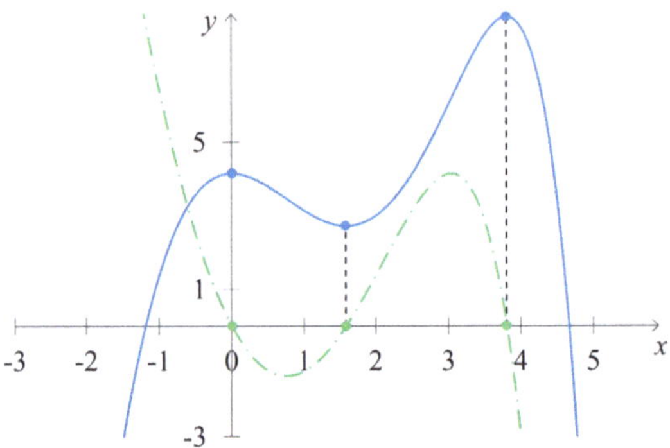

Abbildung 5.140: Die stationären Punkte von $f(x) = -1.2 \cdot e^{x-0.5} + (x-0.5)^3 + 5$

Mit Hilfe des Kriteriums von Fermat lässt sich bei einer differenzierbaren Funktion die Anzahl der Stellen, an denen im Inneren des Definitionsbereichs ein lokales Extremum vorliegen könnte, auf wenige Kandidaten einschränken: die stationären Stellen.

Es macht keine Aussagen über die Ränder des Definitionsbereichs. Zudem hilft es bei nicht-differenzierbaren Funktionen nicht weiter.

■ Beispiel 5.6.21 — Das lokale Minimum der Betragsfunktion.
Für die Betragsfunktion $f(x) = |x|$ gilt $f(x) \geq 0$ für alle $x \in \mathbb{R}$. Zudem gilt $f(0) = 0$. Die Funktion hat ein globales Minimum, und damit auch ein lokales Minimum, an der Stelle 0. Es gibt aber kein x mit $f'(x) = 0$. Für alle $x < 0$ gilt $f'(x) = -1$ und für $x > 0$ gilt $f'(x) = 1$. An der Stelle 0 ist die Funktion nicht differenzierbar. ■

Auch in Beispiel 5.6.14 muss man vorsichtig sein

■ Beispiel 5.6.22 — Lokale Extrema einer nicht differenzierbaren Funktion.
In Beispiel 5.6.14 bestimmten wir die lokalen und globalen Extrema der Funktion mit Abbildungsvorschrift

$$f(x) = \begin{cases} -1 & \text{für } x < -1 \\ x^2 & \text{für } -1 \leq x \leq 1 \\ -1 & \text{für } x > 1. \end{cases}$$

Diese Funktion ist an den Stellen -1 und 1 nicht differenzierbar. Sie ist differenzierbar auf $\mathbb{R} \setminus \{-1, 1\}$ mit

$$f'(x) = \begin{cases} 0 & \text{für } x < -1 \\ 2x & \text{für } -1 < x < 1 \\ 0 & \text{für } x > 1. \end{cases}$$

Stationäre Stellen dieser Funktion sind alle Stellen in der Menge $(-\infty, -1) \cup \{0\} \cup (1, +\infty)$. Die globalen Maximalstellen 1 und -1 sind keine stationären Stellen. Da die Funktion an diesen Stellen nicht stetig ist, existiert die Ableitung dort nicht. ■

Im Allgemeinen kann ein lokales Extremum also an folgenden Stellen auftreten:
- Stationären Stellen,
- Rändern des Definitionsbereichs (sofern sie zum Definitionsbereich gehören) und
- Stellen, an denen die Funktion nicht differenzierbar ist.

Ⓩ Alle Stellen x_0 mit $f'(x_0) = 0$ nennt man stationäre Stellen von f. Hat eine differenzierbare Funktion im Inneren des Definitionsbereichs ein lokales Extremum, so muss diese lokale Extremalstelle laut des Kriteriums von Fermat eine stationäre Stelle sein.
Lokale Extrema können laut des Kriteriums von Fermat also nur an drei Typen von Stellen vorliegen:
  - stationären Stellen,
  - Rändern des Definitionsbereichs (sofern sie zum Definitionsbereich gehören) und
  - Stellen, an denen die Funktion nicht differenzierbar ist.

5.6.5 Bestimmung lokaler Extrema

Ziele dieses Unterkapitels
- Wie kann man aus dem Monotonieverhalten einer Funktion mit Hilfe des hinreichenden Kriteriums auf lokale Extrema schließen?
- Was besagt das hinreichende Kriterium erster Ordnung?
- Was besagt das hinreichende Kriterium zweiter Ordnung?

▌ • Was besagt das hinreichende Kriterium n-ter Ordnung?

Nachdem wir mögliche Kandidaten für Extrema (stationäre Stellen, Ränder des Definitionsbereichs und Stellen, an denen die Funktion nicht differenzierbar ist) identifiziert haben, ist die nächste Frage, wie man – ohne den Funktionsgraphen zu zeichnen – entscheiden kann, an welcher dieser Stellen wirklich lokale Extrema auftreten, und ob es sich um lokale Maxima oder Minima handelt. Wir illustrieren zunächst ein einfaches, elementares Kriterium, das wir dann in einem zweiten Schritt für differenzierbare Funktionen vereinfachen. Man unterscheidet hierbei zwischen Kriterien erster Ordnung, die eine Entscheidung mit Hilfe der ersten Ableitung treffen, Kriterien zweiter Ordnung, welche die zweite Ableitung zu Grunde legen und Kriterien n-ter Ordnung, welche die n-te Ableitung nutzen. Die Idee ist bei allen Kriterien die gleiche: eine reelle Funktion hat an einer Stelle ein lokales Maximum, wenn sie links von dieser Stelle steigt und rechts davon fällt; sie hat an einer Stelle ein lokales Minimum, wenn sie links von dieser Stelle fällt und rechts davon steigt.

Ein hinreichendes Kriterium

▪ Beispiel 5.6.23 — Die Intuition des Kriteriums am Graphen.
Um die grundlegende Idee der Kriterien zu veranschaulichen, halten wir uns anhand von Abbildung 5.141 erneut die Definition eines lokalen Maximums vor Augen.

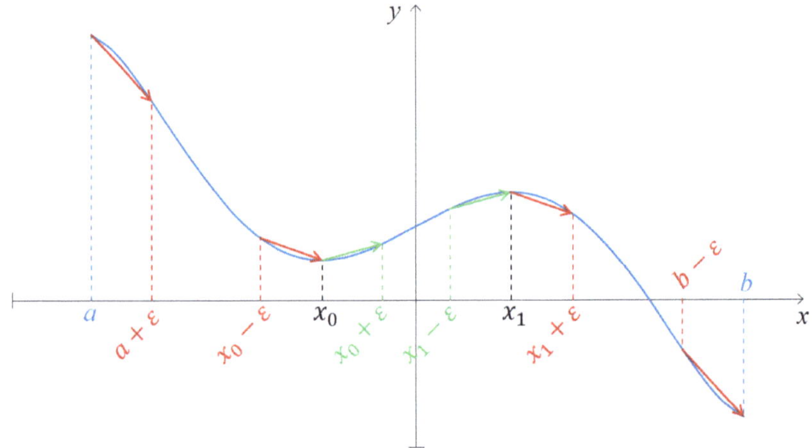

Abbildung 5.141: Monotonieverhalten in Umgebungen lokaler Extrema

Ist die Funktion am linken Rand des Definitionsbereichs a definiert, dann befindet sich dort ein lokales Maximum, wenn die Funktion nahe der Randstelle monoton fällt, bzw. ein lokales Minimum, wenn die Funktion nahe der Randstelle monoton steigt. In Abbildung 5.141 fällt die Funktion auf einem Intervall $[a, a + \varepsilon)$, an der Stelle a befindet sich ein lokales Maximum.

Ist eine Funktion $f : D \to Z$ auf $(x_0 - \varepsilon, x_0) \subseteq D$, also links von einer Stelle x_0, monoton fallend, gilt $f(x_0) \leq f(x)$ für alle $x \in (x_0 - \varepsilon, x_0)$. Steigt die Funktion monoton auf $(x_0, x_0 + \varepsilon)$, also rechts von x_0, so gilt $f(x_0) \leq f(x)$ für alle $x \in (x_0, x_0 + \varepsilon)$. Damit gilt $f(x_0) \leq f(x)$ für alle $x \in (x_0 - \varepsilon, x_0 + \varepsilon)$ und x_0 muss eine Minimalstelle sein.

Ist eine Funktion f auf $(x_1 - \varepsilon, x_1)$ monoton steigend, gilt $f(x_1) \geq f(x)$ für alle $x \in (x_1 - \varepsilon, x_1)$. Fällt die Funktion monoton auf $(x_1, x_1 + \varepsilon)$ so gilt $f(x_1) \geq f(x)$ für alle $x \in (x_1, x_1 + \varepsilon)$. Damit gilt $f(x_1) \geq f(x)$ für alle $x \in (x_1 - \varepsilon, x_1 + \varepsilon)$ und x_1 muss eine Maximalstelle sein.

Ist die Funktion am rechten Rand des Definitionsbereichs b definiert, befindet sich dort ein lokales Maximum, wenn die Funktion von links kommend monoton steigt bzw. ein lokales Minimum, wenn die Funktion von links kommend monoton fällt. In Abbildung 5.141 fällt die Funktion auf einem Intervall $(b - \varepsilon, b]$. An der Stelle b befindet sich ein lokales Minimum. ∎

Allgemein gilt folgender Satz.

> **Satz 5.6.5 — Ein hinreichendes Kriterium.**
> Sei $f : D \to Z$ eine reelle Funktion, $\varepsilon > 0$, $x_0 \in D$.
> - Ist x_0 eine innere Stelle mit $(x_0 - \varepsilon, x_0 + \varepsilon) \subseteq D$ und ist f
>   - monoton steigend auf $(x_0 - \varepsilon, x_0]$ und monoton fallend auf $[x_0, x_0 + \varepsilon)$, dann hat f an der Stelle x_0 ein lokales Maximum.
>   - monoton fallend auf $(x_0 - \varepsilon, x_0]$ und monoton steigend auf $[x_0, x_0 + \varepsilon)$, dann hat f an der Stelle x_0 ein lokales Minimum.
> - Ist x_0 ein (rechter) Randpunkt des Definitionsbereichs D mit $(x_0 - \varepsilon, x_0 + \varepsilon) \cap D = (x_0 - \varepsilon, x_0]$ und ist f
>   - monoton steigend auf $(x_0 - \varepsilon, x_0]$, dann hat f an der Stelle x_0 ein lokales Maximum.
>   - monoton fallend auf $(x_0 - \varepsilon, x_0]$, dann hat f an der Stelle x_0 ein lokales Minimum.
> - Ist x_0 ein (linker) Randpunkt des Definitionsbereichs D mit $(x_0 - \varepsilon, x_0 + \varepsilon) \cap D = [x_0, x_0 + \varepsilon)$ und ist f
>   - monoton steigend auf $[x_0, x_0 + \varepsilon)$, dann hat f an der Stelle x_0 ein lokales Minimum.
>   - monoton fallend auf $[x_0, x_0 + \varepsilon)$, dann hat f an der Stelle x_0 ein lokales Maximum.

Wir demonstrieren die Anwendung dieses Kriteriums:

■ Beispiel 5.6.24 — Das lokale Minimum der Betragsfunktion.
Die Betragsfunktion $f(x) = |x|$ ist stetig. Für alle $x < 0$ ist die Ableitung $f'(x) = -1$ und für $x > 0$ gilt $f'(x) = 1$. Also ist sie auf $(-\infty, 0]$ streng monoton fallend und auf $[0, +\infty)$ streng monoton steigend.

An der Stelle 0 ist die Funktion nicht differenzierbar. Gemäß Satz 5.6.5 besitzt die Funktion jedoch ein lokales Minimum an dieser Stelle. ∎

In Beispiel 5.6.14 ist die Überprüfung umfangreicher:

■ Beispiel 5.6.25 — Fortsetzung von Beispiel 5.6.14.
In Beispiel 5.6.14 bestimmten wir die lokalen und globalen Extrema der Funktion mit Abbildungsvorschrift

$$
f(x) = \begin{cases} -1 & \text{für } x < -1 \\ x^2 & \text{für } -1 \leq x \leq 1 \\ -1 & \text{für } x > 1, \end{cases}
$$

deren Graph in Abbildung 5.137 dargestellt ist. Diese Funktion ist an den Stellen -1 und

1 nicht differenzierbar. Sie ist differenzierbar auf $\mathbb{R} \setminus \{-1, 1\}$ mit

$$f'(x) = \begin{cases} 0 & \text{für } x < -1 \\ 2x & \text{für } -1 < x < 1 \\ 0 & \text{für } x > 1. \end{cases}$$

Wir nutzen obiges Kriterium, um alle lokalen Extrema zu bestimmen:

An allen stationären Stellen $x_0 \in (-\infty, -1)$ gibt es eine Umgebung $(x_0 - \varepsilon, x_0 + \varepsilon)$, in der die Ableitung überall 0 ist. Somit ist die Funktion stets links von x_0 monoton steigend und rechts von x_0 monoton fallend. Laut obigem Kriterium liegt an jeder Stelle $x_0 \in (-\infty, -1)$ ein lokales Maximum vor. Zudem ist die Funktion stets links von x_0 monoton fallend und rechts von x_0 monoton steigend, es liegt also laut obigem Kriterium ein lokales Minimum vor.

Die Funktion ist an der Stelle -1 nicht stetig und damit nicht differenzierbar. Auf $(-\infty, -1)$ ist $f'(x) = 0 \geq 0$ und somit f monoton steigend. Da zudem $f(x) < f(-1)$ gilt, ist f auf $(-\infty, -1]$ monoton steigend. Auf $(-1, 0)$ ist $f'(x) = 2x < 0$ und somit f (streng) monoton fallend. Da zudem $f(-1) = 1 > x^2$ für alle $x \in (-1, 0)$ gilt, ist f auf $[-1, 0)$ monoton fallend. Die Funktion f ist also auf $(-\infty, -1]$ monoton steigend und auf $[-1, 0)$ monoton fallend. Somit liegt nach obigem hinreichenden Kriterium ein lokales Maximum an der Stelle -1 vor.

Im Intervall $(-1, 1)$ ist die Funktion differenzierbar. Somit ist die stationäre Stelle 0 der einzige Kandidat für eine lokale Extremalstelle. In der Tat ist hier $f'(x) \leq 0$ für alle $x \in (-1, 0]$ und $f'(x) \geq 0$ für alle $x \in [0, 1)$. Damit liegt an der Stelle 0 laut obigem Kriterium ein lokales Minimum vor.

Dass an der Stelle 1 ein lokales Maximum vorliegt, kann man analog zur Argumentation an der Stelle -1 zeigen. Wie für die Stellen im Intervall $(-\infty, -1)$ kann man auch für alle Stellen im Intervall $(1, +\infty)$ zeigen, dass sie sowohl lokale Minima als auch lokale Maxima darstellen. ∎

Das hinreichende Kriterium erster Ordnung

Ist eine Funktion differenzierbar, so kann man ihr Monotonieverhalten durch Ableitungen untersuchen. Ist die Ableitung links von x_0 größer oder gleich 0 und rechts von x_0 kleiner oder gleich 0, so muss in x_0 laut Satz 5.6.5 ein lokales Maximum vorliegen. Umgekehrt verhält es für ein lokales Minimum. Folgendes Kriterium formalisiert diese Idee:

Satz 5.6.6 — Hinreichendes Kriterium erster Ordnung.
Sei $f : D \to Z$ eine auf $(x_0 - \varepsilon, x_0 + \varepsilon) \cap D$ differenzierbare reelle Funktion, $\varepsilon > 0$, $x_0 \in D$.

- Ist x_0 eine innere Stelle mit $(x_0 - \varepsilon, x_0 + \varepsilon) \subseteq D$ und gilt
  - $f'(x) \geq 0$ für alle $x \in (x_0 - \varepsilon, x_0)$ und $f'(x) \leq 0$ für alle $x \in (x_0, x_0 + \varepsilon)$, dann hat f ein lokales Maximum in x_0.
  - $f'(x) \leq 0$ für alle $x \in (x_0 - \varepsilon, x_0)$ und $f'(x) \geq 0$ für alle $x \in (x_0, x_0 + \varepsilon)$, dann hat f ein lokales Minimum in x_0.
- Ist x_0 ein (rechter) Randpunkt des Definitionsbereichs D mit $(x_0 - \varepsilon, x_0 + \varepsilon) \cap D = (x_0 - \varepsilon, x_0]$ und gilt
  - $f'(x) \geq 0$ für alle $x \in (x_0 - \varepsilon, x_0)$, dann hat f an der Stelle x_0 ein lokales Maximum.
  - $f'(x) \leq 0$ für alle $x \in (x_0 - \varepsilon, x_0)$, dann hat f an der Stelle x_0 ein lokales Minimum.

- Ist x_0 ein (linker) Randpunkt des Definitionsbereichs D mit $(x_0 - \varepsilon, x_0 + \varepsilon) \cap D = [x_0, x_0 + \varepsilon)$ und gilt
  - $f'(x) \leq 0$ für alle $x \in (x_0, x_0 + \varepsilon)$, dann hat f an der Stelle x_0 ein lokales Maximum.
  - $f'(x) \geq 0$ für alle $x \in (x_0, x_0 + \varepsilon)$, dann hat f an der Stelle x_0 ein lokales Minimum.

■ **Beispiel 5.6.26 — Fortsetzung von Beispiel 5.6.6.**

Die erste Ableitung der Funktion $f : [-3, 1] \to \mathbb{R}$ mit $f(x) = -2 + (x+1)^2$ ist $f'(x) = 2(x+1)$. Für alle $-3 < x < -1$ gilt hier $f'(x) \leq 0$, für alle $-1 < x < 1$ gilt $f'(x) \geq 0$. Die Funktion fällt bis zur Stelle -1 monoton, danach ist sie monoton steigend. Somit liegt nach dem hinreichenden Kriterium erster Ordnung an der Stelle -3 ein lokales Maximum, an der Stelle -1 ein lokales Minimum, und an der Stelle 1 ein lokales Maximum vor.

Dies hatten wir zuvor ausführlicher in Beispiel 5.6.6 gezeigt. Obiges Kriterium vereinfacht die Analyse. ■

■ **Beispiel 5.6.27 — Eine einmal differenzierbare Funktion.**

Die Funktion $f : \mathbb{R} \to \mathbb{R}$ mit

$$f(x) = \begin{cases} x^2 & \text{für } x \leq 0 \\ 4x^2 & \text{für } x > 0 \end{cases}$$

aus Beispiel 5.3.29 ist stetig mit erster Ableitung

$$f'(x) = \begin{cases} 2x & \text{für } x \leq 0 \\ 8x & \text{für } x > 0. \end{cases}$$

Für alle $x < 0$ gilt somit $f'(x) < 0$, für alle $x > 0$ ist $f'(x) > 0$. An der Stelle 0 liegt demnach ein lokales Minimum vor. Da f keine weiteren stationären oder nicht differenzierbare Stellen hat und der Definitionsbereich offen ist, hat f keine weiteren lokalen Extrema. ■

■ **Beispiel 5.6.28 — Fortsetzung von Beispiel 5.6.10.**

Die erste Ableitung der Funktion $p : \mathbb{R} \to \mathbb{R}$ mit $p(x) = x - \left(\frac{x}{10}\right)^3$ ist $p'(x) = 1 - \frac{3}{1000}x^2$. Der Graph dieser Funktion und der Graph ihrer Ableitung sind in Abbildung 5.142 dargestellt.

Hier gilt

$$1 - \frac{3}{1000}x^2 \geq 0 \quad \Leftrightarrow \quad \frac{1000}{3} \geq x^2 \quad \Leftrightarrow \quad \sqrt{\frac{1000}{3}} \geq |x| \quad \Leftrightarrow \quad -\sqrt{\frac{1000}{3}} \leq x \leq \sqrt{\frac{1000}{3}}.$$

Demnach ist $p'(x) \geq 0$ für alle $-\sqrt{\frac{1000}{3}} \leq x \leq \sqrt{\frac{1000}{3}}$ und $p'(x) \leq 0$ für alle $x \leq -\sqrt{\frac{1000}{3}}$ und $x \geq \sqrt{\frac{1000}{3}}$.

Wir bezeichnen die beiden stationären Stellen als $x_0 = -\sqrt{\frac{1000}{3}}$ und $x_1 = \sqrt{\frac{1000}{3}}$.

Für alle $x < x_0$ gilt $p'(x) < 0$, die differenzierbare Funktion ist monoton fallend auf dem Intervall $(-\infty, x_0]$. Überprüfen wir, ob die erste Ableitung für $x > x_0$ größer oder gleich 0 ist, gilt z.B. für alle $x \in (x_0, 0)$, dass $p'(x) \geq 0$. Mit $\varepsilon = \sqrt{\frac{1000}{3}} > 0$ gilt also $p'(x) \geq 0$ für alle $x \in (x_0, x_0 + \varepsilon)$ und $p'(x) \leq 0$ für alle $x \in (x_0 - \varepsilon, x_0)$. An der Stelle x_0 liegt ein lokales Minimum vor.

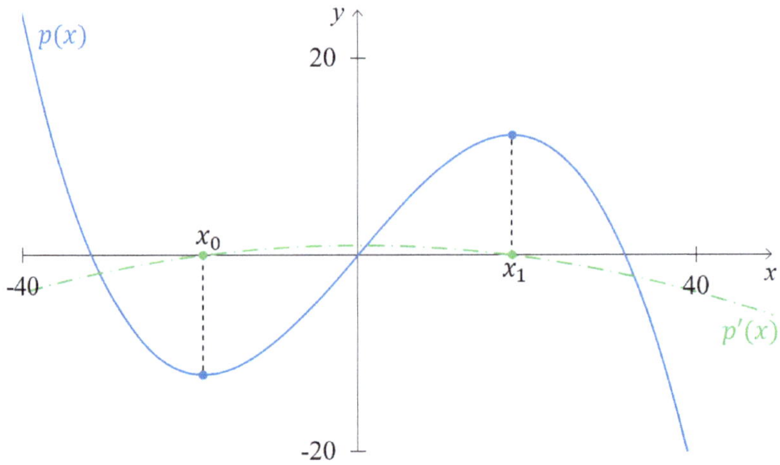

Abbildung 5.142: Die erste Ableitung der Funktion $p : \mathbb{R} \to \mathbb{R}$ mit $p(x) = x - \left(\frac{x}{10}\right)^3$

Ebenso gilt an der Stelle x_1 mit $\varepsilon = \sqrt{\frac{1000}{3}} > 0$, dass $p'(x) \geq 0$ für alle $x \in (x_1 - \varepsilon, x_1) = (0, x_1)$. Die Funktion ist auf diesem Intervall monoton steigend. Zudem gilt $p'(x) \leq 0$ für alle $x > x_1$ und damit auch für alle $x \in (x_1, x_1 + \varepsilon)$. An der Stelle x_1 liegt ein lokales Maximum vor. ∎

Das hinreichende Kriterium zweiter Ordnung

Bei einer auf $(x_0 - \varepsilon, x_0 + \varepsilon)$ differenzierbaren Funktion kann man lokale Extrema auch mit Hilfe einer Tangente an den Graphen an einer stationären Stelle x_0 charakterisieren: Da an einer stationären Stelle die Ableitung 0 ist, lautet die Tangentengleichung $t_{1,x_0}(x) = f(x_0) + 0(x - x_0) = f(x_0)$. An der Stelle x_0 liegt also ein lokales Maximum vor, wenn (innerhalb einer ε-Umgebung) alle Funktionswerte $f(x) \leq f(x_0) = t_{1,x_0}(x)$ sind. Befinden sich innerhalb des Intervalls $(x_0 - \varepsilon, x_0 + \varepsilon)$ also alle Punkte des Graphen unter dieser Tangente, liegt ein lokales Maximum vor. Bei einem Minimum befinden sich all diese Punkte oberhalb der Tangente, vgl. Abbildung 5.143. Diese Beschreibung erinnert an die Eigenschaften konvexer und konkaver Funktionen, Satz 5.4.11. In der Tat gilt: Ist eine differenzierbare Funktion auf einem Intervall um die stationären Stelle konkav, so liegt dort ein lokales Maximum vor, ist sie auf einem Intervall um die stationäre Stelle konvex, liegt dort ein lokales Minimum vor. Folgendes hinreichendes Kriterium charakterisiert diese Eigenschaft über die zweite Ableitung[39]:

> **Satz 5.6.7 — Hinreichendes Kriterium zweiter Ordnung.**
> Sei $f : D \to Z$ eine reelle auf $(x_0 - \varepsilon, x_0 + \varepsilon) \subseteq D$ zweimal stetig differenzierbare Funktion, $\varepsilon > 0$, und $f'(x_0) = 0$.
> - Gilt $f''(x_0) > 0$ dann hat f in x_0 ein lokales Minimum.
> - Gilt $f''(x_0) < 0$ dann hat f in x_0 ein lokales Maximum.

---

[39] Die Aussage des Satzes 5.6.7 stimmt sogar, wenn die Funktion nur zweimal differenzierbar ist in x_0 (vgl. Heuser (2000, Satz 49.6))

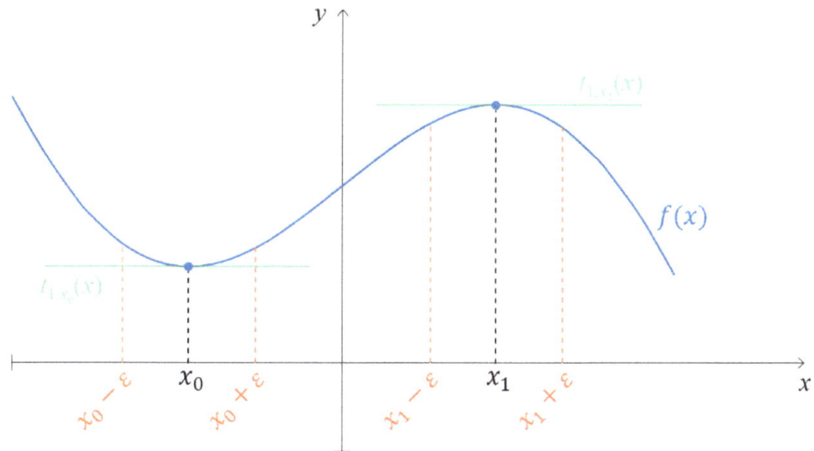

Abbildung 5.143: Tangenten an stationären Punkten

Wir diskutieren einige Beispiele zur Anwendung dieses hinreichenden Kriteriums zweiter
Ordnung:

■ Beispiel 5.6.29 — Fortsetzung von Beispiel 5.6.6.

Wir analysieren erneut die Funktion $f : [-3,1] \to \mathbb{R}$ mit $f(x) = -2 + (x+1)^2$, diesmal
mit dem Kriterium zweiter Ordnung.

Die erste Ableitung ist $f'(x) = 2(x+1)$. An der Stelle $x_0 = -1$ gilt $f'(-1) = 0$. Die
zweite Ableitung ist $f''(x) = 2$ für alle x, also auch $f''(-1) = 2 > 0$. Aus dem Kriterium
zweiter Ordnung folgt damit, dass an der stationären Stelle -1 ein lokales Minimum
vorliegt.

Das gleiche Ergebnis hatten wir auch schon zuvor mit Hilfe des Kriteriums erster
Ordnung erhalten. Die Überprüfung mit Hilfe der zweiten Ableitung ist nun noch einfacher
geworden. Das hinreichende Kriterium zweiter Ordnung trifft jedoch nur Aussagen für
stationäre Stellen und damit u.a. nicht für die Randstellen -3 und 1. ■

■ Beispiel 5.6.30 — Fortsetzung von Beispiel 5.6.10.

Die erste Ableitung der Funktion $p : \mathbb{R} \to \mathbb{R}$ mit $p(x) = x - \left(\frac{x}{10}\right)^3$ ist $p'(x) = 1 - \frac{3}{1000}x^2$,
die zweite $p''(x) = -\frac{6}{1000}x$. Die stationären Stellen hatten wir bereits als $x_0 = -\sqrt{\frac{1000}{3}}$
und $x_1 = \sqrt{\frac{1000}{3}}$ bestimmt. Es gilt $p''(x_0) > 0$ und $p''(x_1) < 0$. Also muss an der Stelle x_0
ein lokales Minimum und an der Stelle x_1 ein lokales Maximum vorliegen. ■

Ist eine Funktion in der Nähe einer stationären Stelle zweimal stetig differenzierbar, so
vereinfacht das hinreichende Kriterium zweiter Ordnung die Analyse im Vergleich zum
hinreichenden Kriterium erster Ordnung. Zur Anwendung muss die Funktion aber an der
stationären Stelle zweimal stetig differenzierbar sein.

■ Beispiel 5.6.31 — Fortsetzung von Beispiel 5.6.27.

Die Funktion $f : \mathbb{R} \to \mathbb{R}$ mit

$$f(x) = \begin{cases} x^2 & \text{für } x \le 0 \\ 4x^2 & \text{für } x > 0 \end{cases}$$

aus Beispiel 5.6.27 ist stetig differenzierbar mit erster Ableitung

$$f'(x) = \begin{cases} 2x & \text{für } x \le 0 \\ 8x & \text{für } x > 0. \end{cases}$$

Die Stelle 0 ist eine stationäre Stelle, $f'(0) = 0$. Die Funktion ist aber an der Stelle 0 nicht zweimal differenzierbar, da

$$\lim_{x \to 0^-} f''(x) = 2 \ne \lim_{x \to 0^+} f''(x) = 8.$$

Anhand des hinreichenden Kriteriums zweiter Ordnung kann also nicht entschieden werden, ob es sich bei der stationären Stelle 0 um ein lokales Maximum oder um ein lokales Minimum handelt. ∎

Selbst wenn die Funktion an der stationären Stelle x_0 zweimal differenzierbar ist, trifft das hinreichende Kriterium zweiter Ordnung keine Aussage im Fall $f''(x_0) = 0$. Wir verdeutlichen dies an Beispielen:

■ Beispiel 5.6.32 — Die Funktion $f(x) = x^4$.
Die Funktion $f : \mathbb{R} \to \mathbb{R}$ mit $f(x) = x^4$ hat Ableitungen $f'(x) = 4x^3$ sowie $f''(x) = 12x^2$. Die Funktion hat eine stationäre Stelle $x_0 = 0$, An dieser Stelle gilt $f'(x_0) = f''(x_0) = 0$. Das hinreichende Kriterium zweiter Ordnung trifft hier keine Aussage.

Anhand der ersten Ableitung erkennen wir, dass $f'(x) < 0$ für alle $x < x_0$ und $f'(x) > 0$ für alle $x > x_0$. Aus dem hinreichenden Kriterium erster Ordnung, Satz 5.6.6, folgt, dass an der Stelle $x_0 = 0$ ein lokales Minimum vorliegt. ∎

■ Beispiel 5.6.33 — Die Funktion $f(x) = x^3$.
Die Funktion $f : \mathbb{R} \to \mathbb{R}$ mit $f(x) = x^3$ hat Ableitungen $f'(x) = 3x^2$ sowie $f''(x) = 6x$. Die Funktion hat eine stationäre Stelle $x_0 = 0$. An dieser Stelle gilt $f'(x_0) = f''(x_0) = 0$. Das hinreichende Kriterium zweiter Ordnung trifft hier keine Aussage.

Anhand der ersten Ableitung erkennen wir, dass $f'(x) > 0$ für alle $x \ne x_0 = 0$. Die Funktion steigt streng monoton. In jeder noch so kleinen Umgebung von 0 gibt es also rechts von 0 größere und links von 0 kleinere Funktionswerte als $f(0) = 0$. Es liegt also kein lokales Extremum vor, vgl. auch Abbildung 5.139.

Eine Tangente an der Stelle 0 schneidet den Funktionsgraphen innerhalb jeder noch so kleinen Umgebung um x_0, da die Funktion links von x_0 (streng) konkav und rechts (streng) konvex ist. Wir hatten bereits in Beispiel 5.4.5 gezeigt, dass diese Funktion an der Stelle 0 einen Sattelpunkt, also einen Wendepunkt an einer stationären Stelle, hat. ∎

Das hinreichende Kriterium n-ter Ordnung

Wie kann man (ohne den Funktionsgraphen visualisieren zu müssen) allgemein erkennen ob eine Funktion an einer stationären Stelle x_0 mit $f''(x_0) = 0$ einen Sattelpunkt oder ein lokales Extremum hat?

Wir zeigen anhand des folgenden Beispiels einen Weg über den Satz von Taylor, der uns zu einer allgemeineren Form des hinreichenden Kriteriums zweiter Ordnung führen wird:

■ **Beispiel 5.6.34 — Die Funktion $f(x) = 1 + x^4 - x^6$.**

Untersuchen wir die Funktion $f : \mathbb{R} \to \mathbb{R}$ mit $f(x) = 1 + x^4 - x^6$, $f'(x) = 4x^3 - 6x^5$ und $f''(x) = 12x^2 - 30x^4$ auf Extrema, so können wir die stationären Stellen als Lösungen der Gleichung

$$f'(x) = 4x^3 - 6x^5 = 2x^3(2 - 3x^2) = 0$$

bestimmen. Die stationären Stellen sind demnach $x_0 = 0$, $x_1 = -\sqrt{\frac{2}{3}}$, und $x_2 = \sqrt{\frac{2}{3}}$. Berechnen wir die zweite Ableitung, um zu prüfen, ob an diesen Stellen Extrema vorliegen, erhält man:

$$f''(x_0) = f''(0) = 0,$$

$$f''(x_1) = f''\left(-\sqrt{\frac{2}{3}}\right) \approx -5.33 < 0, \text{ und}$$

$$f''(x_2) = f''\left(\sqrt{\frac{2}{3}}\right) \approx -5.33 < 0.$$

Wir schließen also aus dem hinreichenden Kriterium zweiter Ordnung, dass an den Stellen $x_1 = -\sqrt{\frac{2}{3}}$ und $x_2 = \sqrt{\frac{2}{3}}$ lokale Maxima vorliegen. Über die Stelle $x_0 = 0$ macht das Kriterium keine Aussage, da hier $f''(0) = 0$ gilt.

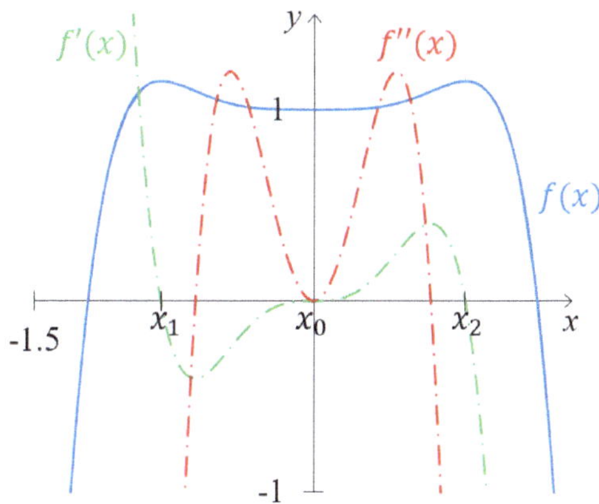

Abbildung 5.144: Die Funktion $f(x)$ und ihre Ableitungen

Betrachten wir die Ableitungen der Funktion an der Stelle 0, gilt unter anderem:

$$
\begin{array}{lll}
f'(x) = 4x^3 - 6x^5 & \text{und} & f'(0) = 0 \\
f''(x) = 12x^2 - 30x^4 & \text{und} & f''(0) = 0 \\
f^{(3)}(x) = 24x - 120x^3 & \text{und} & f^{(3)}(0) = 0 \\
f^{(4)}(x) = 24 - 360x^2 & \text{und} & f^{(4)}(0) = 24 > 0
\end{array}
$$

Zusammenfassend ist an der Stelle 0 die k-te Ableitung gleich 0 für alle $k = 1, 2, 3$. Die 4. Ableitung ist ungleich 0. Laut des Satzes von Taylor (mit $n = 3$), gibt es für jedes x eine

Stelle ξ zwischen 0 und x mit

$$f(x) = f(0) + \sum_{k=1}^{3} \frac{f^{(k)}(0)}{k!}(x-0)^k + \frac{f^{(4)}(\xi)}{4!}(x-0)^4.$$

Einsetzen der ersten drei Ableitungen ergibt

$$f(x) - f(0) = \frac{f^{(4)}(\xi)}{4!}(x-0)^4.$$

Da 4 eine gerade Zahl ist, muss $x^4 \geq 0$ sein. Für $x \neq 0$ gilt sogar $x^4 > 0$. Da $f^{(4)}(x)$ stetig ist und $f^{(4)}(0) > 0$ gilt, muss es laut Satz 5.2.18 eine ε-Umgebung um $x_0 = 0$ geben, $\varepsilon > 0$, so dass $f^{(4)}(x) > 0$ für alle $x \in (x_0 - \varepsilon, x_0 + \varepsilon)$. Für $x \in (x_0 - \varepsilon, x_0 + \varepsilon)$ liegt die Zwischenstelle $0 < \xi < x$ auch innerhalb dieser Umgebung, $\xi \in (x_0 - \varepsilon, x_0 + \varepsilon)$. Demnach gilt $f^{(4)}(\xi) > 0$. Es folgt, dass

$$f(x) - f(0) = \underbrace{\frac{f^{(4)}(\xi)}{4!}}_{>0} \underbrace{(x-0)^4}_{>0} > 0 \quad \text{für alle } x \in (0 - \varepsilon, 0 + \varepsilon)$$

und somit $f(x) > f(0)$ für alle $x \in (0 - \varepsilon, 0 + \varepsilon)$. Innerhalb der ε-Umgebung sind also alle Funktionswerte größer als $f(0)$. An der Stelle 0 liegt also ein lokales Minimum vor, vgl. auch Abbildung 5.144. ∎

Folgendes Kriterium fasst diese Ideen zusammen:

Satz 5.6.8 — Hinreichendes Optimalitätskriterium n-ter Ordnung.
Sei $f : D \to Z$ eine reelle Funktion und $x_0 \in D$. Für ein $n \in \mathbb{N}$, $n \geq 2$, sei f auf $(x_0 - \varepsilon, x_0 + \varepsilon) \subseteq D$ n-mal stetig differenzierbar mit

$$f'(x_0) = f''(x_0) = \ldots = f^{(n-1)}(x_0) = 0, \; f^{(n)}(x_0) \neq 0,$$

Ist n gerade und
- $f^{(n)}(x_0) > 0$, so ist x_0 eine lokale Minimalstelle.
- $f^{(n)}(x_0) < 0$, so ist x_0 eine lokale Maximalstelle.

Ist n ungerade, so hat f an der Stelle x_0 einen Sattelpunkt.

Wir verdeutlichen das Vorgehen bei Anwendung dieses Kriteriums in einem weiteren Beispiel:

■ Beispiel 5.6.35 — Anwendung des hinreichenden Kriteriums n-ter Ordnung.
Untersuchen wir die Funktion mit $f(x) = x^4 - 4x^3 + 4$, so ergibt sich

$$f'(x) = 4x^3 - 12x^2 = x^2(4x - 12).$$

Die Funktion hat somit die stationären Stellen $x_0 = 0$ und $x_1 = 3$. Die höheren Ableitungen ergeben sich als:

$$f''(x) = 12x^2 - 24x \quad \text{und} \quad f^{(3)}(x) = 24x - 24.$$

An der Stelle $x_0 = 0$ gilt also $f''(x_0) = 0$ und $f^{(3)}(x_0) = -24$, bzw. $f^{(k)}(0) = 0$ für $k = 1, 2$ und $f^{(3)}(0) < 0$. Die erste von 0 verschiedene Ableitung ist die dritte. Da $n = 3$ ungerade ist, liegt hier ein Wendepunkt, bzw. ein Sattelpunkt vor.

An der Stelle $x_1 = 3$ gilt $f''(3) = 12 \cdot 9 - 24 \cdot 3 = 36 > 0$. Die erste von 0 verschiedene Ableitung ist die zweite. Da $n = 2$ gerade ist, liegt hier ein lokales Minimum vor. Abbildung 5.145 visualisiert den Graphen von f (links) und den der Ableitungen (rechts). ∎

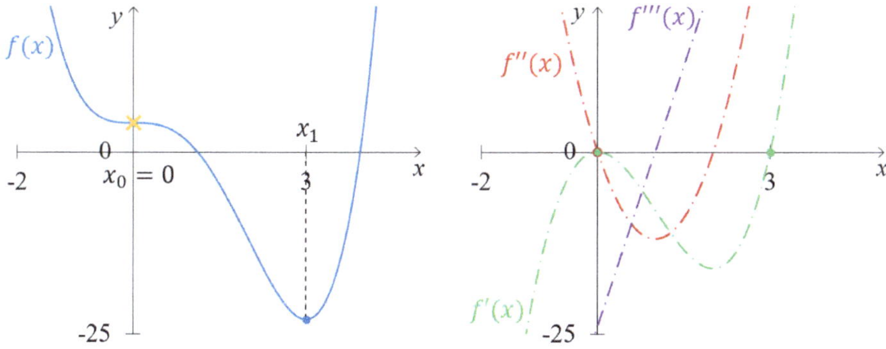

Abbildung 5.145: Die Funktion $f(x) = x^4 - 4x^3 + 4$ und ihre Ableitungen

Obwohl dieses Kriterium an sich sehr stark ist, und in den meisten Fällen bei differenzierbaren Funktionen zum Ziel führt, gibt es auch Funktionen, deren Ableitungen an einer Stelle alle 0 sind. Dann trifft auch das hinreichende Kriterium n-ter Ordnung keine Aussage.

Z Hinreichendes Kriterium: Ist $f : D \to Z$ auf einem Intervall $(x_0 - \varepsilon, x_0]$ monoton steigend (bzw. fallend) und auf $[x_0, x_0 + \varepsilon)$ monoton fallend (bzw. steigend), so ist x_0 eine lokale Maximalstelle (Minimalstelle). Ist x_0 eine Randstelle, so muss nur eine Richtung überprüft werden.

Hinreichendes Kriterium erster Ordnung: Ist $f : D \to Z$ differenzierbar auf $(x_0 - \varepsilon, x_0 + \varepsilon) \cap D$ und gilt $f'(x) \geq 0$ (bzw. $f'(x) \leq 0$) für alle $x \in (x_0 - \varepsilon, x_0)$ und $f'(x) \leq 0$ (bzw. $f'(x) \geq 0$) für alle $x \in (x_0, x_0 + \varepsilon)$, so ist die innere Stelle x_0 eine lokale Maximalstelle (Minimalstelle). Ist x_0 eine Randstelle, so muss nur eine Richtung überprüft werden.

Hinreichendes Kriterium zweiter Ordnung: Ist $f : D \to Z$ zweimal stetig differenzierbar auf $(x_0 - \varepsilon, x_0 + \varepsilon)$ und gilt $f'(x_0) = 0$ und $f''(x_0) < 0$ (bzw. $f''(x_0) > 0$), so ist x_0 eine lokale Maximalstelle (Minimalstelle).

An einem WEndepunkt

Hinreichendes Kriterium n-ter Ordnung: Ist $f : D \to Z$ n-mal stetig differenzierbar auf $(x_0 - \varepsilon, x_0 + \varepsilon)$ und gilt für ein

- ungerades $n \geq 2$: $f'(x_0) = \cdots = f^{(n-1)}(x_0) = 0$ und $f^{(n)}(x_0) \neq 0$, dann hat f an der Stelle x_0 einen Sattelpunkt;
- gerades $n \geq 2$: $f'(x_0) = \cdots = f^{(n-1)}(x_0) = 0$ und $f^{(n)}(x_0) > 0$, dann hat f an der Stelle x_0 ein lokales Minimum;
- gerades $n \geq 2$: $f'(x_0) = \cdots = f^{(n-1)}(x_0) = 0$ und $f^{(n)}(x_0) < 0$, dann hat f an der Stelle x_0 ein lokales Maximum.

5.6.6 Bestimmung globaler Extrema

Ziele dieses Unterkapitels

- Wie kann man anhand der lokalen Extremalstellen globale Extremalstellen bestimmen?
- Inwiefern vereinfacht sich diese Bestimmung im Fall einer konvexen oder konkaven Funktion mit einer stationären Stelle?

In der Regel ist es nicht einfach zu erkennen, ob ein lokales Extremum auch ein globales Extremum ist oder nicht. Oft hilft nur ausprobieren.

■ **Beispiel 5.6.36 — Das globale Minimum eines Polynoms.**
Wollen wir analytisch das globale Minimum des Polynoms $p : D \to \mathbb{R}$ mit $p(x) = x - \left(\frac{x}{10}\right)^3$ aus Beispiel 5.6.10 für $D = [-10, 30]$ bestimmen, erhalten wir aus dem Satz von Weierstraß zwar, dass diese stetige Funktion über dem abgeschlossenen Intervall ein globales Minimum besitzt, über die Lage sagt dieser Satz jedoch nichts aus. Aus dem Satz von Fermat ergibt sich, dass die einzigen Kandidaten für lokale Extrema hier folgende sind:

- die stationäre Stelle $x_0 = \sqrt{\frac{1000}{3}}$,
- die Randstelle -10 und
- die Randstelle 30.

Aus dem hinreichenden Kriterium ergibt sich weiterhin, dass die Randstellen lokale Minima sind, die stationäre Stelle ist ein lokales Maximum.

Zudem wissen wir aus Satz 5.6.3, dass ein globales Minimum stets auch ein lokales ist. Damit verbleiben die Stellen -10 und 30 als Kandidaten für globale Minimalstellen. Berechnen wir die Funktionswerte der beiden Stellen, ergibt sich

$$p(-10) = -10 + 1 = -9 < p(30) = 30 - 3^3 = 3.$$

Also ist -10 die globale Minimalstelle und -9 das globale Minimum von p über $D = [-10, 30]$.

Für $D = \mathbb{R}$ (vgl. Abbildung 5.136) ist nicht gesichert, ob globale Extrema existieren. Kandidaten für lokale Extremalstellen sind nun

- die stationäre Stelle $x_0 = -\sqrt{\frac{1000}{3}}$,
- die stationäre Stelle $x_1 = \sqrt{\frac{1000}{3}}$.

Mit Hilfe des hinreichenden Kriteriums zweiter Ordnung ergibt sich, dass an der Stelle $x_0 = -\sqrt{\frac{1000}{3}}$ ein lokales Minimum und an der Stelle $x_1 = \sqrt{\frac{1000}{3}}$ ein lokales Maximum vorliegt. Die Grenzwertbetrachtung

$$\lim_{x \to -\infty} \left(x - \left(\frac{x}{10}\right)^3 \right) = \lim_{x \to -\infty} x^3 \left(\frac{1}{x^2} - \frac{1}{1000} \right) = +\infty \quad \text{und}$$

$$\lim_{x \to +\infty} \left(x - \left(\frac{x}{10}\right)^3 \right) = \lim_{x \to +\infty} x^3 \left(\frac{1}{x^2} - \frac{1}{1000} \right) = -\infty$$

zeigt jedoch, dass der Wertebereich sowohl nach oben als auch nach unten unbeschränkt ist. Es existieren also keine globalen Extrema.   ■

Globale Extrema konvexer oder konkaver Funktionen

Ist eine Funktion stetig, so kann man durch Berechnung aller Funktionswerte an den lokalen Extrema und den Rändern des Definitionsbereichs (ggf. durch Grenzwertbildung) im Vergleich feststellen, ob und wo globale Extrema existieren. Für konvexe oder konkave differenzierbare Funktionen f vereinfacht sich die Suche nach dem globalen Extremum: Eine stationäre Stelle beschreibt hier stets ein lokales und globales Extremum.

> **Satz 5.6.9 — Globale Extrema konvexer und konkaver Funktionen.**
> Sei $f : D \to Z$ eine reelle und differenzierbare Funktion mit stationärer Stelle $x_0 \in D$. Ist f konvex, so hat f in x_0 ein globales Minimum, $\min_{x \in D} f(x) = f(x_0)$. Ist f konkav, so hat f in x_0 ein globales Maximum, $\max_{x \in D} f(x) = f(x_0)$.

Wir demonstrieren die Idee in Beispielen:

■ **Beispiel 5.6.37 — Fortsetzung von Beispiel 5.6.19.**
Die Gewinnfunktion im einfachen Fall von Einführungsbeispiel 0.1.2 lautet $g : [0, 500] \to \mathbb{R}$ mit $g(p) = -0.1p^2 + 58p - 4'000$. Wie bereits in Beispiel 5.4.41 diskutiert, ist g konkav. Die stationäre Stelle berechnet sich aus der Gleichung $g'(p) = -0.2p + 58 = 0$ als $p = 58/0.2 = 290 \in [0, 500]$. Obigem Satz entsprechend ist das globale Maximum also an der Stelle $290 \in \arg\max_{x \in [0,500]} g(p)$ und hat den Wert $\max_{x \in [0,500]} g(p) = g(290) = 4'410$. ■

■ **Beispiel 5.6.38 — Die Funktion $f(x) = e^x$.**
Die Funktion $f : [0, 10] \to \mathbb{R}$ mit $f(x) = e^x$ ist stetig und konvex. Die Funktion hat aber keine stationäre Stelle, insbesondere keine im Definitionsbereich $[0, 10]$. Obiger Satz findet hier also keine Anwendung. Globale Extrema können hier nur an den Rändern des Definitionsbereiches, an den Stellen 0 oder 10, auftreten. Es gilt: $f(0) = 1$ und $f(10) = e^{10} > 1$. Das globale Maximum ist also $f(10) = e^{10}$ das globale Minimum an der Stelle 0, $f(0) = e^0 = 1$, siehe Abbildung 5.146. ■

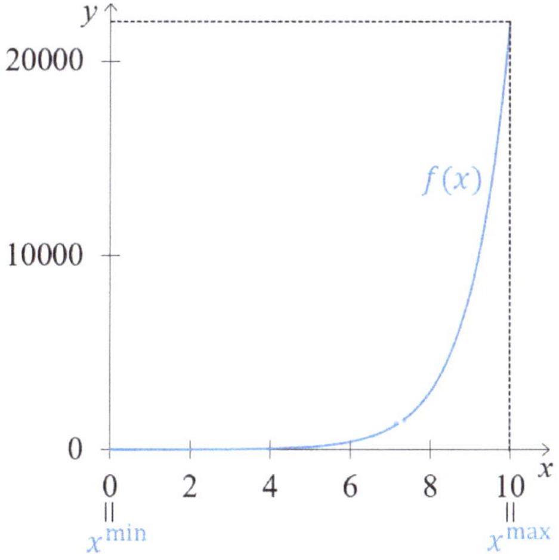

Abbildung 5.146: $f : [0, 10] \to \mathbb{R}$ mit $f(x) = e^x$

Zusammenfassendes Vorgehen

Wir betrachten nun eine stetige reelle Funktion $f : D \to Z$, bei der D ein Intervall ist, also die Form $(-\infty, +\infty)$, $(-\infty, b)$, $(-\infty, b]$, (a, b), $[a, b)$, $(a, b]$, $[a, b]$, $(a, +\infty)$ oder $[a, +\infty)$ hat mit reellen Zahlen $a < b$. Fassen wir unser Wissen zur Identifikation globaler Extrema zusammen, so kommen wir zu folgendem Vorgehen. Hilfen, wie man effizienter globale Maxima und Minima erkennen kann, werden in fortgeschritteneren Lehrbüchern behandelt.

1. Identifikation von Kandidaten
   - Stationäre Stellen;
   - Ränder des Definitionsbereichs, falls Randstellen $a, b \in \mathbb{R}$ existieren und im Definitionsbereich liegen, und
   - Stellen, an denen die Funktion nicht differenzierbar ist.
2. Prüfung der hinreichenden Kriterien für alle Kandidaten $x_0 \in D$.
   - Ist f in einer ε-Umgebung von x_0 ausreichend oft stetig differenzierbar: Prüfung des hinreichenden Kriteriums 5.6.8;
   - Ist f auf $(x_0 - \varepsilon, x_0 + \varepsilon) \cap D$ einmal differenzierbar: Prüfung des hinreichenden Kriteriums 5.6.6.
   - In allen anderen Fällen: Prüfung des hinreichenden Kriteriums 5.6.5 oder der Definition 5.6.1.
3. Identifikation globaler Extrema:
   - Ist x_0 eine stationäre Stelle und
     - f konvex, so liegt an der Stelle x_0 ein globales Minimum vor;
     - f konkav, so liegt an der Stelle x_0 ein globales Maximum vor;
   - In allen anderen Fällen müssen alle lokalen Maxima und lokalen Minima berechnet werden und die globalen Extrema im Vergleich (ggf. auch im Vergleich zum Verhalten an den Rändern von D) bestimmt werden.
     - Ist D von der Form $[a, b]$, so entspricht das größte lokale Maximum dem globalen Maximum und das kleinste lokale Minimum dem globalen Minimum.
     - In allen anderen Fällen muss das Verhalten für $x \to a^+$ bzw. $x \to -\infty$ und $x \to b^-$ bzw. $x \to +\infty$ untersucht werden, um Aussagen treffen zu können.

Im Falle der Existenz globaler Extremalstellen kann man sie prinzipiell mit dem oben beschriebenen Vorgehen finden. Die Durchführung der Schritte kann jedoch je nach betrachteter Funktion schwierig sein. Wir demonstrieren dies anhand von Beispielen.

■ Beispiel 5.6.39 — Fortsetzung von Beispiel 5.6.35.

Aus Beispiel 5.6.35 kennen wir bereits die unendlich oft differenzierbare Funktion $f(x) = x^4 - 4x^3 + 4$ mit $f'(x) = 4x^3 - 12x^2 = 4x^2(x - 3)$, $f''(x) = 12x^2 - 24x = 12x(x - 2)$ und $f^{(3)}(x) = 24x - 24$.

1. Identifikation von Kandidaten
   Stationäre Stellen sind Stellen 0 und 3, vgl. Beispiel 5.6.35.
2. Prüfung der hinreichenden Kriterien für alle Kandidaten $x_0 \in D$. Es gilt

$$f''(0) = 0$$
$$f''(3) = 36 > 0.$$

An der Stelle $x_1 = 3$ liegt somit ein lokales Minimum vor. Um die Stelle $x_0 = 0$ zu klassifizieren, nutzen wir die dritte Ableitung. Wegen $f^{(3)}(0) = -24 \neq 0$ schließen wir aus Satz 5.6.8, dass an der Stelle 3 ein Sattelpunkt vorliegt.

3. Identifikation globaler Extrema:
   An der Stelle $x_1 = 3$ liegt ein lokales Minimum vor mit $f(3) = -23$. An den Rändern des Definitionsbereichs ergibt sich:

$$\lim_{x \to -\infty} x^4 - 4x^3 + 4 = \lim_{x \to -\infty} \left(x^4 \left(1 - 4\frac{1}{x} + 4\frac{1}{x^4} \right) \right) = +\infty \cdot 1 = +\infty \quad \text{und}$$

$$\lim_{x \to +\infty} x^4 - 4x^3 + 4 = \lim_{x \to +\infty} \left(x^4 \left(1 - 4\frac{1}{x} + 4\frac{1}{x^4} \right) \right) = +\infty \cdot 1 = +\infty.$$

Somit ist der Werbereich von f nach oben unbeschränkt, es gilt $\sup_{x \in \mathbb{R}} f(x) = +\infty$. Die Funktion hat kein globales Maximum. Das globale Minimum ist $\min_{x \in \mathbb{R}} f(x) = -23$.

Zu beachten ist, dass wir bei obigem Vorgehen zum Ziel haben, globale Extrema zu finden. Auf dem Weg dorthin finden wir auch Sattelpunkte einer zweimal differenzierbaren Funktion. Wir finden im Allgemeinen auf diesem Weg jedoch nicht alle Wendepunkte, da wir nicht alle Nullstellen der zweiten Ableitung untersuchen. Hier im Beispiel hat die Funktion zusätzlich zum Sattelpunkt an der Stelle 0 noch einen Wendepunkt an der Stelle 2. ∎

■ Beispiel 5.6.40 — Bestimmung der globalen Extremalstellen.
Wir maximieren die Funktion $f : \mathbb{R} \to \mathbb{R}$ mit $f(x) = x^2 + (9.5 - x^2)^2 + 3$. Diese Funktion ist unendlich oft differenzierbar mit:

$$f'(x) = 2x - 4(9.5 - x^2)x = 4x^3 - 36x = 4x(x - 3)(x + 3)$$
$$f''(x) = 12x^2 - 36.$$

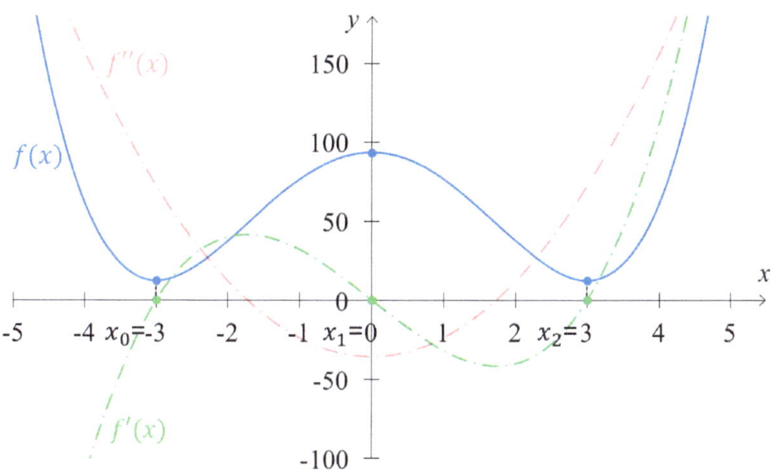

Abbildung 5.147: Die Funktionen f, f' und f''

1. Identifikation von Kandidaten
   Stationäre Stellen sind Stellen $x \in \mathbb{R}$ mit

$$f'(x) = 4x(x - 3)(x + 3) = 0.$$

Die Funktion hat also die stationäre Stellen $x_0 = -3$, $x_1 = 0$ und $x_2 = 3$ (siehe auch Abbildung 5.147).

2. Prüfung der hinreichenden Kriterien für alle Kandidaten $x_0 \in D$. Es gilt

$$f''(-3) = 12 \cdot (-3)^2 - 36 = 72$$
$$f''(0) = 12 \cdot (0)^2 - 36 = -36$$
$$f''(3) = 12 \cdot (3)^2 - 36 = 72.$$

An der Stelle $x_1 = 0$ liegt somit ein lokales Maximum vor. An den Stellen $x_0 = -3$ und $x_2 = 3$ liegen lokale Minima vor (vgl. Abbildung 5.147).

3. Identifikation globaler Extrema:

Es gilt $f(-3) = f(3) = 12.25$ und $f(0) = 93.25$. An den Rändern des Definitionsbereichs ergibt sich:

$$\lim_{x \to -\infty} f(x) = \lim_{x \to +\infty} (x^2 + (9.5 - x^2)^2 + 3) = \lim_{x \to -\infty} (93.25 - 18x^2 + x^4)$$
$$= \lim_{x \to -\infty} \left(x^4 \left(\frac{93.25}{x^4} - \frac{18}{x^2} + 1 \right) \right) = +\infty$$
$$\lim_{x \to +\infty} f(x) = \lim_{x \to +\infty} \left(x^4 \left(\frac{93.25}{x^4} - \frac{18}{x^2} + 1 \right) \right) = +\infty.$$

Die Funktion ist somit nach oben unbeschränkt, $\sup_{x \in \mathbb{R}} f(x) = +\infty$, d.h. es existiert kein globales Maximum. An der Stelle 0 liegt (nur) ein lokales Maximum vor. Nach unten ist die Funktion beschränkt. Das globale Minimum ist $\min_{x \in \mathbb{R}} f(x) = f(3) = f(-3) = 12.25$, globale Minimalstellen sind -3 und 3, $\arg\min_{x \in \mathbb{R}} f(x) = \{3, -3\}$. $\blacksquare$

■ **Beispiel 5.6.41 — Bestimmung des optimalen Konsums.**

Wir maximieren die Nutzenfunktion eines Konsumenten, der entscheidet, wie viele Einheiten x_1 er von einem Gut kaufen soll, wobei er ein Budget für maximal 300 Einheiten besitzt. Seine Nutzenfunktion lautet $u : [0, 300] \to \mathbb{R}$ mit $u(x) = x^{0.2}(200 - \frac{2}{3}x)^{0.8}$.[40] Diese Funktion ist stetig und für $x \in (0, 300)$ unendlich oft differenzierbar, nicht aber bei 0 und 300. Für $x \in (0, 300)$ gilt:

$$u'(x) = 0.2x^{-0.8} \left(200 - \frac{2}{3}x \right)^{0.8} - \frac{2}{3}0.8x^{0.2} \left(200 - \frac{2}{3}x \right)^{-0.2}$$

$$u''(x) = -0.16x^{-1.8} \left(200 - \frac{2}{3}x \right)^{0.8} - 2 \cdot 0.16 \cdot \frac{2}{3}x^{-0.8} \left(200 - \frac{2}{3}x \right)^{-0.2}$$
$$- 0.16 \cdot \frac{2}{3} \cdot \frac{2}{3} \cdot x^{0.2} \left(200 - \frac{2}{3}x \right)^{-1.2}.$$

Hier kann man nach dem Standardschema wie folgt vorgehen:

---

[40] Wir nehmen hier an, er habe eine Cobb-Douglas Nutzenfunktion über zwei Güter mit Parametern 0.2 und 0.8, ein Budget von 600. Gut 1 kostet 2 und Gut 2 kostet 3 pro Mengeneinheit.

1. Identifikation von Kandidaten
Stationäre Stellen sind Stellen $x \in (0, 300)$ mit

$$0.2x^{-0.8}\left(200 - \frac{2}{3}x\right)^{0.8} - \frac{2}{3}0.8x^{0.2}\left(200 - \frac{2}{3}x\right)^{-0.2} = 0$$

$$0.2x^{-0.8}\left(200 - \frac{2}{3}x\right)^{0.8} = \frac{2}{3}0.8x^{0.2}\left(200 - \frac{2}{3}x\right)^{-0.2}$$

$$300 - x = 4x$$

$$300 - 5x = 0$$

$$x = 60.$$

Die Funktion hat also die stationäre Stelle 60. Die Ränder sind bei 0 und 300.

2. Prüfung der hinreichenden Kriterien für alle Kandidaten $x_0 \in D$.
   - Die zweite Ableitung ist für alle $x \in (0, 300)$ eine Summe von drei negativen Summanden. Es gilt also $u''(x) < 0$ für alle $x \in (0, 300)$. Damit ist auch $u''(60) < 0$ und wir wissen, dass an der Stelle 60 ein lokales Maximum vorliegt.
   - An den Stellen 0 und 300 ist u nicht differenzierbar. Die Funktion u ist aber stetig und es gilt: $u'(x) > 0$ für alle $x \in (0, 60)$ und $u'(x) < 0$ für alle $x \in (60, 300)$. Damit ist f auf $[0, 60]$ monoton steigend und auf $[60, 300]$ monoton fallend. Laut Satz 5.6.5 befinden sich an den Stellen 0 und 300 demnach lokale Minima.

3. Identifikation globaler Extrema:
   Diese auf dem abgeschlossenen Intervall $[0, 300]$ stetige Funktion nimmt laut des Satzes von Weierstraß, Satz 5.6.2, sowohl ihr globales Maximum als auch ihr globales Minimum an. Da es nur ein lokales Maximum (an der Stelle 60) gibt, muss dieses lokale Maximum mit Wert $u(60)$ auch das globale Maximum sein. Das globale Minimum liegt an den Rändern des Definitionsbereichs und hat den Wert 0.

Da die zweite Ableitung für alle $x \in (0, 300)$ negativ ist, kann man auch über die Konkavität der Funktion argumentieren: Die stationäre Stelle ist bei $x_0 = 60 \in D$. Da u konkav ist, ist diese stationäre Stelle die globale Maximalstelle. Somit ist das globale Maximum $u(60)$. (Man hätte sich hier die Betrachtung der Ränder des Definitionsbereichs also sparen können). ∎

   Die meisten der in diesem Kapitel behandelten Sätze betrachten stetige Funktionen. In Einführungsbeispiel 0.1.2 haben wir mehrere Unstetigkeitsstellen. Hier kann man obiges Vorgehen auf jedem stetigen Bereich separat anwenden und dann das globale Maximum durch einen Vergleich der verschiedenen separat gelösten Probleme erhalten.

■ **Beispiel 5.6.42 — Die Preisbestimmung in Einführungsbeispiel 0.1.2.**
Wir betrachten die Gewinnfunktion aus Einführungsbeispiel 0.1.2.

$$g^{\mathrm{ges}} : [0, 500] \to \mathbb{R} \quad \text{mit} \quad g(p) = -0.1p^2 + 53p - 1'500 - 500\left\lceil \frac{50 - 0.1p}{10} \right\rceil$$

und suchen den gewinnmaximierenden Preis. Da die Funktion g^{ges} nicht stetig auf $[0, 500]$ ist, können wir obiges Verfahren nicht einfach mit $D = [0, 500]$ anwenden.
   Die Funktion g^{ges} ist jedoch stetig und zweimal stetig differenzierbar auf allen $p \in$

$(0,500) \setminus \{100,200,300,400\}$. Es gilt

$$(g^{\text{ges}})'(p) = -0.2p + 53 \qquad \text{für} \qquad p \in (0,500) \setminus \{100,200,300,400\} \text{ und}$$
$$(g^{\text{ges}})''(p) = -0.2 \qquad \text{für} \qquad p \in (0,500) \setminus \{100,200,300,400\}.$$

Wir unterteilen den Definitionsbereich in 5 verschiedene Intervalle, über denen die Funktion jeweils stetig ist, und suchen das globale Maximum und das globale Minimum über jedem einzelnen Intervall. Am Ende dieses Beispiels tragen wir dann unser Wissen über g^{ges} zusammen. Abbildung 5.148 visualisiert den Graphen von g^{ges}.

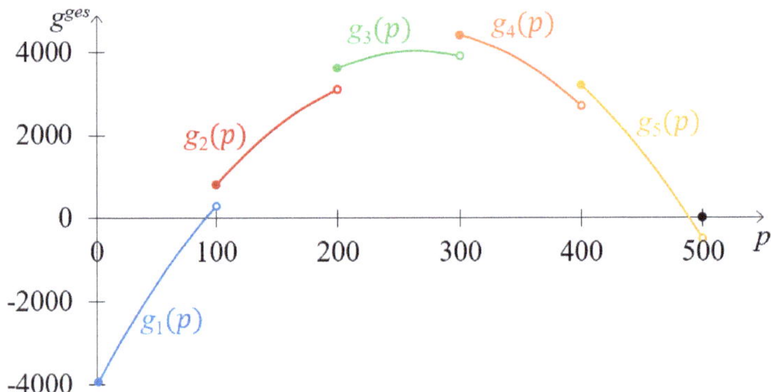

Abbildung 5.148: Die Gewinnfunktion g^{ges}

1. Wir betrachten zunächst das Intervall $[0,100)$, die Funktion

$$g_1 : [0,100) \to \mathbb{R} \quad \text{mit} \quad g_1(p) = g^{\text{ges}} = -0.1p^2 + 53p - 1'500 - 500 \cdot 5.$$

g_1 ist auf $(0,100)$ differenzierbar und hat keine stationären Stellen. Ränder sind bei 0 und 100. Da $g_1'(p) > 0$ für alle $p \in (0,100)$ und g_1 auf $[0,100)$ stetig ist, ist g_1 monoton steigend auf $[0,100)$. Damit hat g_1 ein lokales und globales Minimum bei 0, $\min_{p \in [0,100)} g_1(p) = g_1(0) = -4'000$. Die Funktion hat kein Maximum. Die Funktion nähert sich ihrem Supremum für große Werte von p, $\sup_{p \in [0,100)} g_1(p) = \lim_{p \to 100-} g_1(p) = 300$. Das globale Maximum existiert nicht.
Innerhalb dieses Intervalls gilt also: je höher p, desto höher der Gewinn.

2. Im Intervall $[100,200)$ definieren wir die stetige Funktion

$$g_2 : [100,200) \to \mathbb{R} \quad \text{mit} \quad g_2(p) = -0.1p^2 + 53p - 1'500 - 500 \cdot 4.$$

Diese Funktion hat keine stationären Stellen. Ränder sind bei 100 und 200. Da $g_2'(p) > 0$ für alle $p \in (100,200)$ und g_2 auf $[100,200)$ stetig ist, ist g_2 monoton steigend auf $[100,200)$. Damit hat g_2 ein lokales und globales Minimum bei 100, $\min_{p \in [100,200)} g_2(p) = g_2(100) = 800$. Die Funktion nähert sich ihrem Supremum für große Werte von p, $\sup_{p \in [100,200)} g_2(p) = \lim_{p \to 200-} g_2(p) = 3'100$. Das globale Maximum existiert nicht.
Innerhalb dieses Intervalls gilt also: je höher p, desto höher der Gewinn.

3. Im Intervall $[200,300)$ betrachten wir die stetige Funktion

$$g_3 : [200,300) \to \mathbb{R} \quad \text{mit} \quad g_3(p) = -0.1p^2 + 53p - 1'500 - 500 \cdot 3.$$

g_3 hat die stationäre Stelle $p = 265$. Ränder sind bei 200 und 300. Die zweite Ableitung $g_3''(p) < 0$ für alle $p \in (200, 300)$. Also ist g_3 auf $[200, 300)$ konkav. Das lokale und globale Maximum von g_3 ist bei 265 mit $g_3(265) = 4'022.5$. An den Rändern gilt $g_3(200) = 3'600$ und $\lim_{p \to 300^-} g_3(p) = 3'900$. Damit ist das globale Minimum dieser Funktion an der Stelle 200 und hat den Wert 3'600.

Innerhalb dieses Intervalls gilt also: der Gewinn maximierende Preis ist 265. Das globale Maximum und damit auch Supremum von g_3 ist $g_3(265) = 4'022.5$.

4. Im Intervall $[300, 400)$ hat die stetige Funktion

$$g_4 : [300, 400) \to \mathbb{R} \quad \text{mit} \quad g_4(p) = -0.1p^2 + 53p - 1'500 - 500 \cdot 2.$$

keine stationäre Stelle. Ränder sind bei 300 und 400. Die erste Ableitung $g_4'(p) < 0$ für alle $p \in (300, 400)$. Die Funktion ist monoton fallend auf $[300, 400)$. Das lokale und globale Maximum von g_4 ist bei 300 mit $g_4(300) = 4'400$ und das Infimum $\lim_{p \to 400^-} g_4(p) = 2'700 = \inf_{p \subset [300, 400)} g_4(p)$.

Innerhalb dieses Intervalls gilt also: je niedriger p, desto besser. Das globale Maximum und damit auch Supremum von g_4 ist $g_4(300) = 4'400$.

5. Im Intervall $[400, 500)$ hat die stetige Funktion

$$g_5 : [400, 500) \to \mathbb{R} \quad \text{mit} \quad g_5(p) = -0.1p^2 + 53p - 1'500 - 500 \cdot 1.$$

keine stationäre Stelle. Ränder sind bei 400 und 500. Die erste Ableitung $g_5'(p) < 0$ für alle $p \in (400, 500)$. Die Funktion ist monoton fallend auf $[400, 500)$. Das lokale und globale Maximum von g_5 ist bei 400 mit $g_5(400) = 3'200$ und das Infimum $\lim_{p \to 500^-} g_5(p) = -500 = \inf_{p \in [400, 500)} g_5(p)$.

Innerhalb dieses Intervalls gilt also: je niedriger p, desto besser. Das globale Maximum und damit auch Supremum von g_5 ist $g_5(400) = 3'200$.

Bezeichnen wir die Definitionsmenge der Funktion g_i als D_i, $i = 1, \ldots, 5$, so ist $D = [0, 500] = D_1 \cup D_2 \cup D_3 \cup D_4 \cup D_5 \cup \{500\}$. Das globale Maximum von $g^{\text{ges}} : D \to \mathbb{R}$ entspricht dem maximalen Funktionswert, der auf diesen Intervallen bzw. für den Wert 500 angenommen wird. Da $g^{\text{ges}}(300) = 4'400 \geq g^{\text{ges}}(500) = 0$ und $g^{\text{ges}}(300) = 4'400 \geq \sup_{p \in D_i} g_i(p)$ für alle i gilt, wissen wir, dass $g^{\text{ges}}(300) = 4'400$ der maximal erzielbare Gewinn und $p = 300$ der optimale Preis ist. ∎

(Z) Da eine globale Extremalstelle auch stets eine lokale Extremalstelle ist, kann man zur Bestimmung des globalen Extremums wie folgt vorgehen: 1) Identifikation von Kandidaten: stationäre Stellen, Randstellen des Definitionsbereichs (sofern sie zum Definitionsbereich gehören), und Stellen, an welchen die Funktion nicht differenzierbar ist. 2) Prüfung der hinreichenden Kriterien für diese Kandidaten. 3) Vergleich der Funktionswerte an lokalen Extremalstellen und Prüfung des Verhaltens der Funktion an den Rändern des Definitionsbereichs. Ist die reelle Funktion $f : D \to Z$ (nach oben) beschränkt und existiert eine Stelle x_0 mit $f(x_0) = \sup_{x \in D} f(x)$, so liegt an der Stelle x_0 ein globales Maximum vor. Ist die reelle Funktion $f : D \to Z$ nach unten beschränkt und existiert eine Stelle x_0 mit $f(x_0) = \inf_{x \in D} f(x)$, so liegt an der Stelle x_0 ein globales Minimum vor. Ist eine differenzierbare Funktion konvex, so ist jede stationäre Stelle eine globale Minimalstelle. Ist eine differenzierbare Funktion konkav, so ist jede stationäre Stelle eine globale Maximalstelle.

5.6.7　Der Wertebereich und globale Extrema

Ziele dieses Unterkapitels

* Welcher Zusammenhang besteht zwischen den globalen Extrema einer stetigen Funktion $f : D \to Z$ und ihrem Wertebereich $f(D)$?
* Wann nennt man eine Funktion beschränkt?

Die Definition von globalen Extrema ist eng mit der Definition des Wertebereichs verbunden. Sind die globalen Extrema bzw. das Infimum und das Supremum einer stetigen Funktion bekannt, ergibt sich mit Hilfe von Satz 5.2.21 über die Intervalltreue stetiger Funktionen der Wertebereich direkt als das Intervall zwischen diesen Werten.

■ **Beispiel 5.6.43 — Der Wertebereich einer quadratischen Funktion.**
In Beispiel 5.6.6 ist das globale Minimum der Funktion $f : [-3, 1] \to \mathbb{R}$ mit $f(x) = -2 + (x + 1)^2$ gleich $f(-1) = -2$, das globale Maximum ist 2. Aus Satz 5.2.21 folgt, dass das Bild von $[-3, 1]$ wieder ein Intervall ist. Der Wertebereich $f([-3, 1])$ ist also ein Intervall, welches die Werte -2 und 2 enthält. Es gilt also $[-2, 2] \subseteq f([-3, 1])$. Da 2 das globale Maximum der Funktion ist und -2 das globale Minimum, wissen wir, dass $f([-3, 1])$ keine Werte enthält, welche größer als 2 oder kleiner als -2 sind. Es gilt somit $f([-3, 1]) = [-2, 2]$.　　　　■

■ **Beispiel 5.6.44 — Der Wertebereich einer konstanten Funktion.**
Für die Funktion $f : \mathbb{R} \to \mathbb{R}$ mit $f(x) = 5$ aus Beispiel 5.6.8 gilt $\min_{x \in \mathbb{R}} f(x) = 5 = \max_{x \in \mathbb{R}} f(x)$. Es wird nur der Wert 5 angenommen. Damit gilt $f(\mathbb{R}) = \{5\}$.　　　■

> **Satz 5.6.10 — Der Wertebereich.**
> Ist D ein Intervall und $f : D \to Z$ eine stetige reelle Funktion, die
> * sowohl ein globales Maximum als auch ein globales Minimum besitzt. Dann gilt im Fall $\min_{x \in D} f(x) \neq \max_{x \in D} f(x)$, dass $f(D) = [\min_{x \in D} f(x), \max_{x \in D} f(x)]$. Gilt $\min_{x \in D} f(x) = \max_{x \in D} f(x)$, so ist $f(D) = \{\min_{x \in D} f(x)\} = \{\max_{x \in D} f(x)\}$;
> * ein globales Maximum aber kein globales Minimum besitzt, so ist $f(D) = (\inf_{x \in D} f(x), \max_{x \in D} f(x)]$;
> * kein globales Maximum aber ein globales Minimum besitzt, so ist $f(D) = [\min_{x \in D} f(x), \sup_{x \in D} f(x))$;
> * weder ein globales Maximum noch ein globales Minimum besitzt, so ist $f(D) = (\inf_{x \in D} f(x), \sup_{x \in D} f(x))$.

Nimmt eine reelle Funktion $f : D \to Z$ nur einen Wert $c \in \mathbb{R}$ an, gilt also $f(x) = c$ für alle $x \in D$, so besteht der Wertebereich nur aus diesem Wert, $f(D) = \{c\}$. Nimmt eine stetige Funktion $f : D \to Z$ mehr als nur einen Wert an und ist D ein Intervall, ist der Wertebereich ebenfalls ein Intervall. Existieren $\max_{x \in D} f(x)$ und $\min_{x \in D} f(x)$, so muss der Wertebereich dem Intervall $[\min_{x \in D} f(x), \max_{x \in D} f(x)]$ entsprechen. Existieren das globale Maximum oder das globale Minimum nicht, werden diese Werte durch das Supremum bzw. das Infimum ersetzt. Dabei muss beachtet werden, dass diese Werte nicht angenommen werden, also runde Klammern gesetzt werden müssen. Tabelle 5.4 fasst die Ergebnisse zusammen.

■ **Beispiel 5.6.45 — Der Wertebereich von f(x) $= \frac{1}{x}$.**
In Beispiel 5.6.5 zeigten wir, dass die Funktion $f : (0, +\infty) \to \mathbb{R}$ mit $f(x) = \frac{1}{x}$ weder ein

$f(D)$	$\max\limits_{x\in D} f(x)$ existiert	$\max\limits_{x\in D} f(x)$ existiert nicht
$\min\limits_{x\in D} f(x)$ existiert	$\left[\min\limits_{x\in D} f(x), \max\limits_{x\in D} f(x)\right]$ bzw. $\{\min\limits_{x\in D} f(x)\}$, falls $\min\limits_{x\in D} f(x) = \max\limits_{x\in D} f(x)$	$\left[\min\limits_{x\in D} f(x), \sup_{x\in D} f(x)\right)$
$\min\limits_{x\in D} f(x)$ existiert nicht	$\left(\inf\limits_{x\in D} f(x), \max\limits_{x\in D} f(x)\right]$	$\left(\inf\limits_{x\in D} f(x), \sup\limits_{x\in D} f(x)\right)$

Tabelle 5.4: Der Wertebereich $f(D)$, wenn D ein Intervall und f stetig ist

globales Maximum noch ein globales Minimum hat. Das Infimum ist $\inf_{x\in(0,+\infty)} f(x) = 0$. Zudem gilt $\sup_{x\in(0,+\infty)} f(x) = +\infty$. Demzufolge ist der Wertebereich $f((0,+\infty)) = (0,+\infty)$. ∎

■ **Beispiel 5.6.46 — Wertebereich der zick-zackförmigen Funktion .**
Betrachten wir erneut die zick-zackförmige Funktion $f : \mathbb{R} \to \mathbb{R}$ aus Beispiel 5.6.7. Hier ist $\min_{x\in\mathbb{R}} f(x) = 0$ und $f(1) = \max_{x\in\mathbb{R}} f(x) = 1$. Damit ist der Wertebereich

$$f(\mathbb{R}) = \left[\min_{x\in\mathbb{R}} f(x), \max_{x\in\mathbb{R}} f(x)\right] = [0,1].$$

Der Wertebereich dieser Funktion ist abgeschlossen, da beide Randstellen zum Wertebereich gehören. Zudem ist der Wertebereich beschränkt, da beispielsweise 0 eine untere Schranke und 1 eine obere Schranke bildet. Funktionen mit einem beschränkten Wertebereich nennt man auch kurz beschränkte Funktionen. ∎

Definition 5.6.5 — Beschränkte Funktionen.
Ist der Wertebereich $f(D)$ einer reellen Funktion $f : D \to Z$ beschränkt, so heißt f **beschränkt**.

■ **Beispiel 5.6.47 — Beschränktheit von Funktionen.**
Der Wertebereich der Funktion $f : [-3,1] \to \mathbb{R}$ mit $f(x) = -2 + (x+1)^2$ aus 5.6.6 ist $f([-3,1]) = [-2,2]$. Da der Wertebereich sowohl nach oben als auch nach unten beschränkt ist, ist f eine beschränkte Funktion. Auch die konstante Funktion mit $f(\mathbb{R}) = \{5\}$ aus Beispiel 5.6.8 ist beschränkt.

In Beispiel 5.6.45 zeigten wir, dass für die Funktion $f : (0,+\infty) \to \mathbb{R}$ mit $f(x) = \frac{1}{x}$ den Wertebereich $f((0,+\infty)) = (0,+\infty)$ hat. Der Wertebereich hat somit keine obere Schranke. Diese Funktion ist damit nicht beschränkt. ∎

■ **Beispiel 5.6.48 — Der Wertebereich der Funktion $y = 2 + \frac{1}{x}$.**
Funktionswerte der Funktion $\tilde{f} : (0,+\infty) \to \mathbb{R}$ mit $\tilde{f}(x) = 2 + \frac{1}{x}$ sind alle um 2 größer als Funktionswerte von $f . (0,+\infty) \to \mathbb{R}$ mit $f(x) = \frac{1}{x}$ und $f((0,+\infty)) = (0,+\infty)$. Es gilt $\inf_{x\in D} \tilde{f}(x) = 2$ und $\sup_{x\in D} \tilde{f}(x) = +\infty$. Also ist der Wertebereich $\tilde{f}((0,+\infty)) = (2,+\infty)$, vgl. Abbildung 5.149. Auch diese Funktion ist nicht beschränkt.

Schränken wir den Definitionsbereich der Funktion $\tilde{f}$ auf das Intervall $(0,1]$ ein, $\bar{f} : (0,1] \to \mathbb{R}$ mit $\bar{f}(x) = 2 + \frac{1}{x}$, liegt an der Stelle 1 ein globales Minimum mit $\bar{f}(1) = 3$ vor. Es gilt also $\bar{f}((0,1]) = [3,+\infty)$.
Weiten wir den Definitionsbereich der Funktion auf die negativen Zahlen aus, so muss

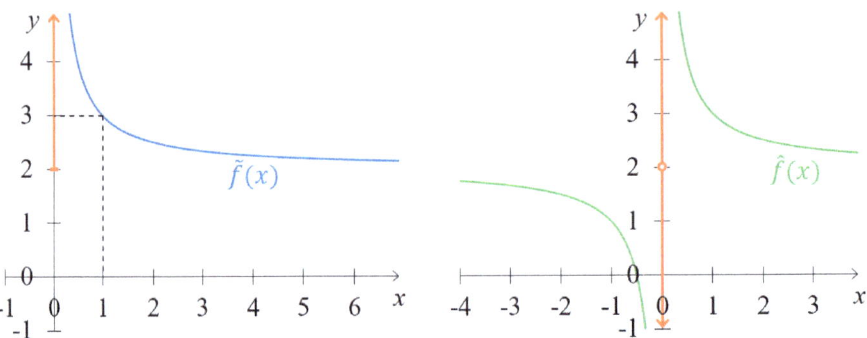

Abbildung 5.149: Die Wertebereiche der Funktionen $\tilde{f}: (0, +\infty) \to \mathbb{R}$ mit $\tilde{f}(x) = 2 + \frac{1}{x}$
und $\hat{f}: \mathbb{R} \setminus \{0\} \to \mathbb{R}$ mit $\hat{f}(x) = 2 + \frac{1}{x}$

man vorsichtig sein: Die Funktion $\hat{f}$ mit Abbildungsvorschrift $\hat{f}(x) = 2 + \frac{1}{x}$ hat einen natürlichen Definitionsbereich von

$$D_{\hat{f}} = \mathbb{R} \setminus \{0\} = (-\infty, 0) \cup (0, +\infty).$$

Zudem gilt $\sup_{x \in D_{\hat{f}}} \hat{f}(x) = +\infty$ und $\inf_{x \in D_{\hat{f}}} \hat{f}(x) = -\infty$, vgl. Abbildung 5.149.[41] Der Wertebereich ist jedoch nicht $(\inf_{x \in D} \hat{f}(x), \sup_{x \in D} \hat{f}(x)) = (-\infty, +\infty) = \mathbb{R}$. Der Definitionsbereich der in Satz 5.6.10 adressierten Funktionen ist ein Intervall. Hier besteht der Definitionsbereich aus der Vereinigung zweier Intervalle, nämlich $(-\infty, 0)$ und $(0, +\infty)$. Der Wertebereich entspricht dann der Vereinigung der Bilder dieser Intervalle:

$$\hat{f}((-\infty, 0) \cup (0, +\infty)) = \hat{f}((-\infty, 0)) \cup \hat{f}((0, +\infty)) = (-\infty, 2) \cup (2, +\infty) = \mathbb{R} \setminus \{2\}.$$

Da in diesem Beispiel das Bild von $(-\infty, 0)$ dem Intervall $(-\infty, 2)$ und das Bild von $(0, +\infty)$ dem Intervall $(2, +\infty)$ entspricht, ist der Wertebereich also

$$\hat{f}(D) = (-\infty, 2) \cup (2, +\infty) = \mathbb{R} \setminus \{2\}. \qquad \blacksquare$$

(Z) Ist D ein Intervall und ist f stetig, so ist der Wertebereich $f(D)$ ein Intervall. Die obere Intervallgrenze des Wertebereichs ist $\sup_{x \in D} f(x)$, die untere $\inf_{x \in D} f(x)$. Besitzt die Funktion über D ein globales Maximum, so gehört die obere Intervallgrenze zu $f(D)$, sonst nicht. Besitzt die Funktion über D ein globales Minimum, so gehört die untere Intervallgrenze zu $f(D)$, sonst nicht.
Eine reelle Funktion $f: D \to Z$ heißt beschränkt, wenn ihr Wertebereich $f(D)$ beschränkt ist.

5.7 Integralrechnung

In Kapitel 5.3 illustrierten wir, dass man die Geschwindigkeit als Ableitung der bis zur Zeit x zurückgelegten Strecke $f(x)$ verstehen kann. Die Geschwindigkeit zur Zeit x entspricht

---

[41] Dies kann man analog zu Beispiel 5.6.5 zeigen.

dabei $f'(x)$. Nun überlegen wir, wie man umgekehrt die zurückgelegte Strecke $f(x)$ zur Zeit x bestimmen kann, wenn die Geschwindigkeit zu jedem vorherigen Zeitpunkt bekannt ist. Diese Umkehrung der Ableitung, die Integration, ist Gegenstand dieses Kapitels. In der Statistik wird die Integration genutzt, um im Falle stetiger Zufallsvariablen Wahrscheinlichkeiten, Erwartungswerte oder Varianzen zu berechnen. In der Volkswirtschaftslehre wird die Integration unter anderem benutzt, um Konsumenten- oder Produzentenrenten zu bestimmen.

■ Beispiel 5.7.1 — Von der Geschwindigkeit zur zurückgelegten Strecke.

Wollen wir die bis zur Sekunde x zurückgelegte Strecke $f(x)$ ausgehend von der Geschwindigkeit $v(x)$ bestimmen, so scheint das im linken Bild in Abbildung 5.150 einfach: Die Geschwindigkeit ist konstant 5 Meter pro Sekunde. Nach x Sekunden wurden also x mal 5 Meter zurückgelegt, die zurückgelegte Strecke ist $f(x) = 5x$ Meter. Dieser Wert entspricht der Fläche zwischen der x-Achse und dem Funktionsgraphen von v zwischen 0 und x, vgl. Abbildung 5.150 (links).

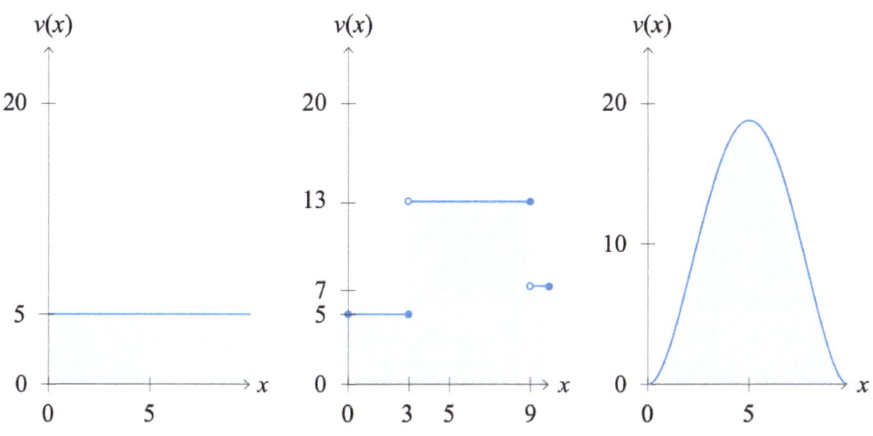

Abbildung 5.150: Verschiedene Funktionen $v(x)$

Auch im mittleren Bild können wir die zurückgelegte Strecke einfach berechnen. Die Geschwindigkeit ist nun in den ersten 3 Sekunden konstant 5m/s. Bis Sekunde 9 ist die Geschwindigkeit 13m/s und danach 7m/s. Für $x \leq 3$ ist wie zuvor die zurückgelegte Strecke bis zur Zeit x gleich $5x$ Meter. Für Zeitpunkte $3 < x \leq 9$ muss man beachten, dass in den ersten 3 Sekunden bereits $f(3) = 3 \cdot 5 = 15$ Meter zurückgelegt wurden. Danach steigt die Geschwindigkeit auf 13m/s an. Für $3 < x \leq 9$ werden in x Sekunden $f(x) = 15 + 13 \cdot (x - 3)$ Meter zurückgelegt. In den ersten 9 Sekunden werden also insgesamt $f(9) = 15 + 13 \cdot (9 - 3) = 93$ Meter zurückgelegt. Daraufhin sinkt die Geschwindigkeit auf 7m/s. Die zurückgelegte Strecke steigt somit um 7 Meter pro zusätzlicher Sekunde von x. Zusammengenommen werden innerhalb von $x > 9$ Sekunden $f(x) = 93 + 7 \cdot (x - 9)$ Meter zurückgelegt. Die zurückgelegte Strecke $f(x)$ bis zur Zeit x entspricht jeweils der Fläche unterhalb des Graphen der Funktion $v(x)$ zwischen 0 und x.

An den einfachen Beispielen haben wir gesehen, dass die zurückgelegte Strecke $f(x)$ bis zur Zeit x dem Flächeninhalt zwischen der x-Achse und dem Graphen der Geschwindigkeit zwischen 0 und x entspricht. Auch im rechten Bild in Abbildung 5.150 sollte die bis zur Zeit x zurückgelegte Strecke $f(x)$ dem Flächeninhalt zwischen der x-Achse und dem Graphen von $v(x)$ entsprechen. Aber wie kann man diesen Flächeninhalt unter dem Graphen, oberhalb des Intervalls $[0,10]$ auf der x-Achse, bestimmen?

Die grundlegende Idee zur Flächenbestimmung ist es, in einem ersten Schritt einen einfach zu berechnenden Flächeninhalt zu bestimmen,

- welcher etwas größer ist als der gesuchte Flächeninhalt, und einen,
- welcher etwas kleiner ist als der gesuchte Flächeninhalt.

Der gesuchte Flächeninhalt ist dann zwischen diesen beiden Werten. Danach versuchen wir den größeren Flächeninhalt zu verkleinern und den kleineren Flächeninhalt zu vergrößern. Dabei verkleinern wir den größeren Flächeninhalt so, dass eine Folge O_n von Flächeninhalten entsteht, welche alle größer oder gleich dem gesuchten Flächeninhalt sind. Wir vergrößern den kleineren Flächeninhalt so, dass eine Folge U_n von Flächeninhalten entsteht, welche alle kleiner oder gleich dem gesuchten Flächeninhalt sind. Kann man dann zeigen, dass der Grenzwert der kleineren Flächeninhalte U_n dem Grenzwert der größeren Flächeninhalte O_n entspricht, folgt aus dem Vergleichskriterium für Folgen, dass dieser Grenzwert dem gesuchten Flächeninhalt entspricht.

Da Flächeninhalte von Rechtecken besonders einfach zu berechnen sind, teilen wir für den ersten Schritt das Intervall von $[0,10]$ in n gleich große Teilintervalle der Form $\left[\frac{10(k-1)}{n}, \frac{10k}{n}\right]$ für $k = 1,\ldots,n$ und bestimmen in jedem Teilintervall das Infimum

$$u_k = \inf_{x \in \left[\frac{10(k-1)}{n}, \frac{10k}{n}\right]} f(x)$$

und das Supremum

$$o_k = \sup_{x \in \left[\frac{10(k-1)}{n}, \frac{10k}{n}\right]} f(x).$$

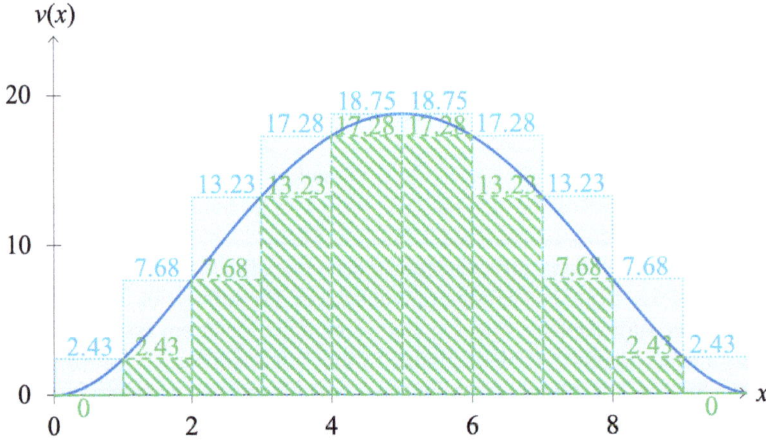

Abbildung 5.151: Die Unter- und Obersumme für $n = 10$

Die Summe aller in Abbildung 5.151 grün eingezeichneten Rechtecke mit Breite $\frac{10}{n}$ und Höhe u_k,

$$U_n = \sum_{k=1}^{n} u_k \frac{10}{n},$$

bezeichnet man als Untersumme. Ihr Wert entspricht der Gesamtfläche der in Abbildung 5.151 grün eingezeichneten Rechtecke. Die Summe

$$O_n = \sum_{k=1}^{n} o_k \frac{10}{n}$$

bezeichnet man als Obersumme. Ihr Wert entspricht der Gesamtfläche der in Abbildung 5.151 blau eingezeichneten Rechtecke. Graphisch ist direkt klar, dass

$$U_n \leq \text{Gesuchter Flächeninhalt} \leq O_n$$

für alle n gilt.

Verdoppelt man n, so wird jedes Intervall in zwei Intervalle aufgeteilt. Die jeweiligen Infima der kleineren Intervalle sind dabei größer als das Infimum des ursprünglichen Intervalls oder gleich. Die jeweiligen Suprema der kleineren Intervalle sind kleiner als das Supremum des ursprünglichen Intervalls oder gleich. Somit wird die Untersumme U_n größer und die Obersumme O_n kleiner (oder sie bleiben gleich). Die Untersumme U_n nähert sich dabei von unten an den gesuchten Flächeninhalt an, die Obersumme O_n von oben. Auch für $n \to +\infty$ gilt laut dem Vergleichskriterium für Folgen, dem Quetschsatz 4.2.4,

$$\lim_{n \to +\infty} U_n \leq \text{Gesuchter Flächeninhalt} \leq \lim_{n \to +\infty} O_n.$$

Tabelle 5.5 zeigt U_n und O_n für verschiedene n. Der gesuchte Flächeninhalt ist also vermutlich auf eine Nachkommastelle genau 100. Wie in Kapitel 5.3 erwähnt, legt das Fahrrad in 10 Sekunden 100 Meter zurück.

n	5	10	20	50	100	1000	10000
U_n	65.28	81.24	90.624	96.25	98.13	99.813	99.981
O_n	137.34	118.74	109.374	103.75	101.875	100.188	100.019

Tabelle 5.5: Ober- und Untersummen für verschiedene Werte von n

In Kapitel 5.3 diskutierten wir, dass die Geschwindigkeit $v(x)$ der Ableitung der zurückgelegten Strecke $f(x)$ entspricht. Nun behaupten wir, dass die zurückgelegte Strecke $f(x)$ der Fläche unter dem Graphen der Geschwindigkeit $v(x)$ (von 0 bis x) entspricht. Die Flächenberechnung scheint die Umkehrung der Ableitung darzustellen.[42] Wir besprechen daher zunächst diese Umkehrung der Ableitung, um diese dann bei der Berechnung von Flächeninhalten zu nutzen. ∎

---

[42] In der Tat ergibt die Ableitung der Funktionen für die zurückgelegte Strecke $f(x) = 5x$ im Fall des linken Bildes aus Abbildung 5.150 genau $v(x) = 5$.

5.7.1 Die Stammfunktion und das unbestimmte Integral

Ziele dieses Unterkapitels

- Was ist eine Stammfunktion? Ist die Stammfunktion einer Funktion eindeutig bestimmt?
- Was ist das unbestimmte Integral einer Funktion?
- Welche Rechenregeln gelten für Stammfunktionen und unbestimmte Integrale? Gegeben Stammfunktionen von Funktionen f und g und $\alpha \in \mathbb{R}$, was ist eine Stammfunktion von αf, $f + g$ und $f - g$? Was sind die entsprechenden unbestimmten Integrale?

In Kapitel 5.3 berechneten wir ausgehend von einer Funktion f die Ableitung f'. Nun stellen wir uns die Frage, welche Gestalt die Funktion f hat, wenn die Ableitung f' bekannt ist.

■ **Beispiel 5.7.2 — Die Ableitung und Stammfunktion.**
Kennen wir zum Beispiel $f'(x) = 2x + 2$, und suchen f, so kommt man durch Raten einfach ans Ziel: die Funktion $f(x) = x^2 + 2x$ hat eine Ableitung von $f'(x) = 2x + 2$. Man nennt f' Ableitung von f und umgekehrt f Stammfunktion von f'.   ■

Eine Funktion f, die abgeleitet f' ergibt, nennt man Stammfunktion von f'. Eine Stammfunktion der Funktion f' ist also f, eine Stammfunktion von f'' ist f' und eine Stammfunktion von $f^{(n)}$ ist $f^{(n-1)}$. Sucht man eine Stammfunktion der Funktion f, behilft man sich symbolisch mit Großbuchstaben. Eine Stammfunktion von f heißt in der Regel demnach F, vgl. Abbildung 5.152.

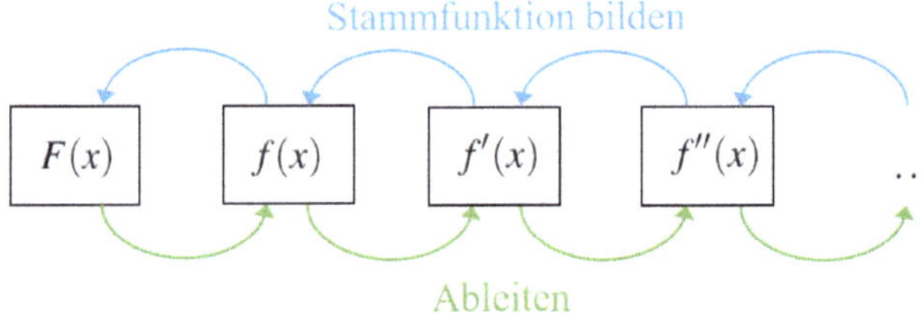

Abbildung 5.152: Die Beziehung zwischen Funktion, Ableitung und Stammfunktion

Definition 5.7.1 — Die Stammfunktion.
Sei $f : D \to Z_1$ eine reelle Funktion und D ein Intervall. Jede reelle Funktion $F : D \to Z_2$ mit

$$F'(x) = f(x) \qquad \forall x \in D$$

heißt **Stammfunktion** von f.

■ **Beispiel 5.7.3 — Fortsetzung von Beispiel 5.7.2.**
Suchen wir also die Funktion mit Ableitung $f(x) = 2x + 2$, so bezeichnen wir die Stammfunktion von f als $F(x) = x^2 + 2x$.   ■

Durch Ableiten lässt sich einfach überprüfen, ob eine gegebene Funktion eine Stammfunktion von f ist.

■ Beispiel 5.7.4 — Fortsetzung von Beispiel 5.7.2.
Will man beispielsweise überprüfen, ob die Funktion $G(x) = x^2 + 2x + 5$ eine Stammfunktion von $f(x) = 2x + 2$ ist, so berechnen wir

$$G'(x) = (x^2 + 2x + 5)' = 2x + 2 = f(x).$$

Die Funktion $G(x) = x^2 + 2x + 5$ ist also eine Stammfunktion von $f(x) = 2x + 2$. Ebenso ist die Funktion $F(x) = x^2 + 2x$ eine Stammfunktion von f.   ■

Da Konstanten bei der Ableitung wegfallen, hat eine Funktion keine eindeutig bestimmbare Stammfunktion. Es gilt:

Satz 5.7.1 — Uneindeutigkeit von Stammfunktionen.
Sei f eine reelle Funktion mit Stammfunktion F.
- Ist G eine Stammfunktion von f, so unterscheiden sich F und G nur um eine Konstante $c \in \mathbb{R}$, d.h. $F(x) = G(x) + c$.
- Für jedes $c \in \mathbb{R}$ ist auch $G(x) = F(x) + c$ eine Stammfunktion von f.

Drehen wir unsere Liste wichtiger Ableitungen um, erhalten wir wichtige Stammfunktionen:

Satz 5.7.2 — Wichtige Stammfunktionen.
Sei $D \subseteq \mathbb{R}$ ein Intervall, $Z \subseteq \mathbb{R}$, $c \in \mathbb{R}$. Eine Stammfunktion $F : D \to \mathbb{R}$ von $f : D \to Z$ mit
i. $f(x) = x^r$ ist durch $F(x) = \frac{1}{r+1}x^{r+1} + c$ für alle $r \in \mathbb{R} \setminus \{-1\}$ gegeben;
ii. $f(x) = x^{-1} = \frac{1}{x}$ ist durch $F(x) = \ln(x) + c$, wenn $D \subseteq (0, +\infty)$, und $F(x) = \ln(-x) + c$, wenn $D \subseteq (-\infty, 0)$, also allgemein $F(x) = \ln(|x|) + c$ gegeben.
iii. $f(x) = e^x$ ist durch $F(x) = e^x + c$ gegeben.
iv. $f(x) = \sin(x)$ ist durch $F(x) = -\cos(x) + c$ gegeben.
v. $f(x) = \cos(x)$ ist durch $F(x) = \sin(x) + c$ gegeben.

■ Beispiel 5.7.5 — Stammfunktionen der Funktion $f(x) = x^3$.
Leitet man die Funktion mit Abbildungsvorschrift $y = x^4$ ab, erhält man $(x^4)' = 4x^3$. Demnach ist $y = x^4$ eine Stammfunktion von $y = 4x^3$, welche für jedes $x \in \mathbb{R}$ den vierfachen Wert der ursprünglichen Funktion $f(x) = x^3$ hat. Leitet man also eine Funktion mit Abbildungsvorschrift $y = \frac{1}{4}x^4$ ab, erhält man $(\frac{1}{4}x^4)' = x^3$. Die Funktion $y = \frac{1}{4}x^4$ ist somit eine Stammfunktion von $y = x^3$.

Natürlich bekommt man das gleiche Resultat, wenn man Satz 5.7.2 i. mit $r = 3$ anwendet. Demnach ist jede Funktion $F(x) = \frac{1}{4}x^4 + c$, $c \in \mathbb{R}$ eine Stammfunktion von f. ■

■ Beispiel 5.7.6 — Stammfunktionen der Funktion $f(x) = 4e^{4x}$.
Die Ableitung der Exponentialfunktion ergibt wieder die Exponentialfunktion. Eine Stammfunktion der Exponentialfunktion ist damit die Exponentialfunktion selbst. Sucht man eine Stammfunktion von $f(x) = 4e^{4x}$, vermutet man daher, dass auch diese der Funktion f ähnlich sieht. Es liegt auf der Hand, „auszuprobieren", ob Funktionen mit Abbildungsvorschrift $y = e^{4x}$ oder $y = 4e^{4x}$ Stammfunktionen von f sind. Entspricht ihre Ableitung der Funktion $f(x) = 4e^{4x}$, handelt es sich um eine Stammfunktion. Ist dies nicht der Fall, ist die Funktion keine Stammfunktion. Durch Ableiten mit Hilfe der Kettenregel erhält man:

$$\left(e^{4x}\right)' = 4e^{4x} = f(x) \quad \text{und} \quad \left(4e^{4x}\right)' = 16e^{4x} \neq f(x).$$

Also ist $F(x) = e^{4x}$ eine Stammfunktion von $f(x)$. Die Funktion mit Abbildungsvorschrift $y = 4e^{4x}$ ist keine Stammfunktion von $f(x)$, da ihre Ableitung nicht $f(x)$ entspricht.[43]

Neben $F(x) = e^{4x}$ sind aber auch die Funktionen $F(x) + 1$, $F(x) - 27$ oder $F(x) + e^{\pi}$ Stammfunktionen von f. ∎

Analog zu obigem Beispiel kann man folgenden Satz zeigen:

> **Satz 5.7.3 — Stammfunktion von $y = e^{ax}$.**
> Sei $D \subseteq \mathbb{R}$ ein Intervall und $f : D \to Z$ mit $f(x) = e^{ax}$ eine reelle Funktion. Dann ist $F : D \to \mathbb{R}$ mit $F(x) = \frac{1}{a}e^{ax}$ eine Stammfunktion von f.

Aus Satz 5.7.1 folgt, dass wenn $F(x)$ eine Stammfunktion von f ist, auch $F(x) + c$ für jedes $c \in \mathbb{R}$ eine Stammfunktion von f ist. Die Schreibweise $F(x) + c$, $c \in \mathbb{R}$ für mögliche Stammfunktionen von $f(x)$ soll verdeutlichen, dass man die verschiedenen Stammfunktionen für verschiedene $c \in \mathbb{R}$ erhält. Ist F eine Stammfunktion zur reellen Funktion $f : D \to Z$, so nennt man die Menge aller Stammfunktionen von f, die Menge $\{F(x) + c \mid c \in \mathbb{R}\}$, das unbestimmte Integral. Es ist jedoch unüblich, die Mengenklammern zu schreiben. Wir folgen dieser Konvention und schreiben vereinfacht

$$\underbrace{\int f(x)\, dx}_{\text{Das unbestimmte Integral}} = \underbrace{F(x) + c, \qquad c \in \mathbb{R}}_{\text{Die Menge aller Stammfunktionen}} \ .$$

Die Notation des unbestimmten Integrals setzt sich dabei aus einem langgestecktem S, dem $\int$-Symbol, zu Beginn, sowie dem Symbol dx am Ende zusammen, welches wir schon von der Ableitung kennen.[44]

> **Definition 5.7.2 — Das unbestimmte Integral.**
> Sei f eine reelle Funktion mit Stammfunktion F. Die Menge aller (unendlich vielen) Stammfunktionen von f bezeichnet man als **unbestimmtes Integral**
> $$\int f(x)\, dx = F(x) + c, \quad c \in \mathbb{R}.$$
> Man bezeichnet x als Integrationsvariable, $f(x)$ als Integranden und c als Integrationskonstante.

Oft wird bei Darstellungen des unbestimmten Integrals einfach die konkrete Abbildungsvorschrift für $f(x)$ eingesetzt. Da bei dieser Schreibweise der Definitionsbereich der Funktion „verloren" geht, muss dann jedoch darauf geachtet werden, dass die Gleichung für beliebige Intervalle $D \subseteq D_f$, welche Definitionsbereiche von f und F sein könnten, richtig ist.

■ Beispiel 5.7.7 — Verkürzte Schreibweise unbestimmter Integrale.
Ist also z.B. $f : (0, +\infty) \to \mathbb{R}$ mit $f(x) = x^3$ gegeben, schreibt man statt

$$\int f(x)\, dx = \frac{1}{4}x^4 + c$$

---

[43]   Wir werden später noch allgemeine Regeln zur Bestimmung von Stammfunktionen kennenlernen, um weniger „ausprobieren" zu müssen.

[44]   Symbolisch kann man sich vorstellen, dass aufgrund von $\frac{dF}{dx} = f$ die Gleichung $dF = f\, dx$ gelten muss. Das Integrationssymbol führt dann zu $F(x) = \int dF(x) = \int f\, dx$.

auch einfach

$$\int x^3 \, dx = \frac{1}{4}x^4 + c.$$

Aus der letzten Gleichung ist dabei der Definitionsbereich D von f nicht mehr erkennbar. Es gilt aber für jedes Intervall $D \subseteq D_f = \mathbb{R}$, dass $F : D \to \mathbb{R}$ mit $F(x) = \frac{1}{4}x^4 + c$ eine Stammfunktion von $f : D \to \mathbb{R}$ mit $f(x) = x^3$ ist.

Für ein Intervall D und $f : D \to \mathbb{R}$ mit $f(x) = \frac{1}{x}$ gilt

$$\int f(x) \, dx = \begin{cases} \ln(x), & \text{wenn } D \subseteq (0, +\infty) \\ \ln(-x), & \text{wenn } D \subseteq (-\infty, 0) \end{cases}.$$

Da in der verkürzten Schreibweise D nicht bekannt ist, muss man hier

$$\int \frac{1}{x} \, dx = \ln(|x|) + c$$

schreiben. Für jedes Intervall $D \subseteq D_f = \mathbb{R} \setminus \{0\}$ ist $F : D \to \mathbb{R}$ mit $F(x) = \ln(|x|) + c$ eine Stammfunktion von $f : D \to \mathbb{R}$ mit $f(x) = \frac{1}{x}$. $\blacksquare$

Auch wenn x ein sehr üblicher Name der Integrationsvariable ist (neben t und y), kann hier wie bei der Wahl des Namens der Variable einer Funktion jeder Variablenname gewählt werden. Wichtig ist lediglich die Konsistenz von Variablennamen, z.B. x, t, s, y oder β, und dem auf den Buchstaben d folgenden Symbol, z.B. dx, dt, ds, dy oder $d\beta$.

■ **Beispiel 5.7.8 — Namen der Integrationsvariablen.**
Es gilt z.B.:

$$\int t^3 \, dt = \frac{1}{4}t^4 + c, \quad c \in \mathbb{R},$$

$$\int \frac{1}{s} \, ds = \ln(|s|) + c, \quad c \in \mathbb{R},$$

$$\int 4e^{4y} \, dy = e^{4y} + c, \quad c \in \mathbb{R} \quad \text{und}$$

$$\int (2\beta + 1) \, d\beta = \beta^2 + \beta + c, \quad c \in \mathbb{R}. \qquad \blacksquare$$

Wie im Fall der Ableitungen helfen Rechenregeln dabei, aus nur wenigen wichtigen Stammfunktionen die Stammfunktionen komplizierterer Funktionen bilden zu können. So entspricht die Stammfunktion des α-fachen einer Funktion der α-fachen Stammfunktion der Funktion, die Stammfunktion der Summe zweier Funktionen der Summe ihrer Stammfunktionen und die Stammfunktion der Differenz zweier Funktionen der Differenz ihrer Stammfunktionen. Entsprechend gilt für unbestimmte Integrale folgender Satz:[45]

---

[45] In Satz 5.7.4 werden die zwei Mengen $\int f(x) \, dx$ und $\int g(x) \, dx$ addiert. Die Summe ist dabei elementweise zu verstehen, d.h.

$$\int f(x) \, dx + \int g(x) \, dx = \left\{ F(x) + G(x) \mid F(x) \in \int f(x) \, dx, \ G(x) \in \int g(x) \, dx \right\}.$$

> **Satz 5.7.4 — Rechenregeln für unbestimmte Integrale.**
> Für zwei reelle Funktionen f und g mit Stammfunktionen $F(x)$ und $G(x)$ gilt:
> - $\displaystyle \int \alpha f(x)\,dx = \alpha \int f(x)\,dx = \alpha F(x) + c,\ c \in \mathbb{R}$, für alle $\alpha \in \mathbb{R}$;
> - $\displaystyle \int (f(x)+g(x))\,dx = \int f(x)\,dx + \int g(x)\,dx = F(x)+G(x)+c,\ c \in \mathbb{R}$;
> - $\displaystyle \int (f(x)-g(x))\,dx = \int f(x)\,dx - \int g(x)\,dx = F(x)-G(x)+c,\ c \in \mathbb{R}$.

Wir demonstrieren die Anwendung dieser einfachen Rechenregeln in einem Beispiel.

■ Beispiel 5.7.9 — Bestimmung des unbestimmten Integrals.

Interessieren wir uns für die Menge aller Stammfunktionen der reellen Funktion $f : D \to Z$ mit $f(x) = \frac{5}{x} + 7x - 2$, also das unbestimmte Integral

$$\int \left(\frac{5}{x} + 7x - 2 \right)\,dx,$$

so wissen wir mit Hilfe von Satz 5.7.2 und Beispiel 5.7.7, dass

$$\int \frac{1}{x}\,dx = \ln(|x|) + c, \quad c \in \mathbb{R},$$

$$\int x\,dx = \frac{x^2}{2} + c, \quad c \in \mathbb{R} \quad \text{und}$$

$$\int 1\,dx = x + c, \quad c \in \mathbb{R}.$$

Schreiben wir zur besseren Unterscheidung c_1 für die Konstante des ersten unbestimmten Integrals, c_2 für die zweite und c_3 für die dritte, folgt aus diesen drei unbestimmten Integralen und obigen Rechenregeln:

$$\int \left(\frac{5}{x} + 7x - 2 \right)\,dx = 5 \int \frac{1}{x}\,dx + 7 \int x\,dx - 2 \int 1\,dx$$

$$= 5(\ln(|x|) + c_1) + 7\left(\frac{x^2}{2} + c_2 \right) - 2(x + c_3), \quad c_1, c_2, c_3 \in \mathbb{R}$$

$$= 5\ln(|x|) + 7\frac{x^2}{2} - 2x + (5c_1 + 7c_2 - 2c_3), \quad c_1, c_2, c_3 \in \mathbb{R}$$

$$= 5\ln(|x|) + 7\frac{x^2}{2} - 2x + c, \quad c \in \mathbb{R}.$$

Da in dieser Berechnung $5c_1 + 7c_2 - 2c_3$ mit $c_1, c_2, c_3 \in \mathbb{R}$ eine beliebige Konstante ergibt, haben wir diesen Teil zu $c \in \mathbb{R}$ vereinfacht.

Eine Stammfunktion von obiger Funktion mit $f(x) = \frac{5}{x} + 7x - 2$ ist also $F(x) = 5\ln(|x|) + 7\frac{x^2}{2} - 2x$, eine andere Stammfunktion ist $G(x) = 5\ln(|x|) + 7\frac{x^2}{2} - 2x + 2$.   ■

■ Beispiel 5.7.10 — Produktionskosten bei gegebenen Grenzkosten.

In einem Produktionsprozess ist bekannt, dass die Grenzkosten (also die Ableitung der Kostenfunktion) als

$$k(t) = 1 + 2t - \frac{1}{4}t^2$$

mit $t \geq 0$ (in 1'000 CHF) gegeben sind. Zusätzlich fallen Fixkosten in Höhe von 4 (bzw. 4'000 CHF) an. Werden aktuell $t = 1$ Einheiten produziert, so kostet also eine kleine Erhöhung der produzierten Menge um Δt etwa

$$\Delta t \cdot k(1) = \Delta t \cdot \left(1 + 2 - \frac{1}{4}\right) = \Delta t \cdot \frac{11}{4}.$$

Wir versuchen im Folgenden, die Kostenfunktion zu rekonstruieren: Da die Grenzkosten k der Ableitung der Kostenfunktion entsprechen, muss die Kostenfunktion eine Stammfunktion von k sein. Bestimmen wir alle Stammfunktionen als das unbestimmte Integral, erhalten wir mit Hilfe der Rechenregeln für unbestimmte Integrale

$$\int k(t)\, dt = \int \left(1 + 2t - \frac{1}{4}t^2\right) dt = t + t^2 - \frac{1}{12}t^3 + c, \quad c \in \mathbb{R}.$$

Die Fixkosten der Produktion, also die Kosten bei Produktion von $t = 0$ Einheiten, sind 4. Es gilt also

$$0 + 0^2 - \frac{1}{12}0^3 + c = 4,$$

bzw. $c = 4$. Die Stammfunktion $K(t)$, die der gesuchten Kostenfunktion entspricht, ist also

$$K(t) = t + t^2 - \frac{1}{12}t^3 + 4. \qquad \blacksquare$$

(Z) Eine reelle Funktion F ist eine Stammfunktion von $f : D \to Z$, wenn $F'(x) = f(x)$ für alle $x \in D$ gilt, wobei D ein Intervall ist. Da die Ableitung einer Konstanten gleich 0 ist, gilt für alle Stammfunktionen F und Konstanten $c \in \mathbb{R}$ auch $(F(x) + c)' = f(x)$. Ist $F(x)$ eine Stammfunktion von f, so ist also auch $F(x) + c$ eine Stammfunktion von f.
Die Menge aller Stammfunktionen von f nennt man das unbestimmte Integral von f: $\int f(x)\, dx = F(x) + c, c \in \mathbb{R}$.
Eine Stammfunktion von $\alpha f(x)$, $\alpha \in \mathbb{R}$, ist das α-fache der Stammfunktion von f, die Stammfunktion der Summe zweier Funktionen entspricht der Summe der Stammfunktionen der Funktionen, die Stammfunktion der Differenz zweier Funktionen entspricht der Differenz der Stammfunktionen der Funktionen. Es gilt $\int \alpha f(x)\, dx = \alpha \int f(x)\, dx$, $\int (f(x) + g(x))\, dx = \int f(x)\, dx + \int g(x)\, dx$ und $\int (f(x) - g(x))\, dx = \int f(x)\, dx - \int g(x)\, dx$

5.7.2 Weitere Methoden zur Berechnung von unbestimmten Integralen (#)

Ziele dieses Unterkapitels

- Wie funktioniert die Substitutionsmethode der Integration?
- Was versteht man unter partieller Integration?

Laut Satz 5.7.4 ist das unbestimmte Integral der Summe zweier Funktionen durch die Summe der jeweiligen unbestimmten Integrale gegeben. Das unbestimmte Integral des Produkts, des Quotienten, oder der Komposition zweier Funktionen lässt sich jedoch nicht wie bei Ableitungen immer mittels einer einfachen Regel bestimmen. Aus diesem Grund wird oft behauptet, Ableiten sei ein Handwerk, Integrieren hingegen eine Kunst. Hilfsmittel der Integrationsrechnung sind einfache Umkehrungen von Regeln der Differentialrechnung. Wir besprechen im folgenden zwei solche Hilfsmittel: Die partielle Integration als Umkehrung der Produktregel und die Substitution als Umkehrung der Kettenregel. Wir beginnen mit der Substitution.

Substitution

Die Substitutionsmethode ergibt sich durch Umkehrung der Kettenregel. In der Regel findet die Substitutionsmethode daher ihre Anwendung bei zusammengesetzten Funktionen.

■ Beispiel 5.7.11 — Die Idee der Substitution.

Wir hatten zu Beginn des Kapitels durch Ausprobieren festgestellt, dass $\int 4e^{4x}dx = e^{4x} + c, c \in \mathbb{R}$. Denn leitet man eine dieser Stammfunktionen mit Hilfe der Kettenregel ab, so erhält man den Integranden

$$(e^{4x})' = \underbrace{4}_{(4x)'} e^{4x}.$$

Bezeichnen wir die „innere" Funktion als g mit $g(x) = 4x$, folgt aus der Kettenregel also, dass

$$\int g'(x)e^{g(x)}dx = e^{g(x)} + c, c \in \mathbb{R}.$$

Diese Struktur $g'(x)e^{g(x)}$ erkennt man auch, wenn man eine Stammfunktion von $y = 2xe^{x^2}$ sucht. Mit $g'(x) = 2x$ ergibt $g(x) = x^2$ und damit die Stammfunktion $y = e^{x^2}$.　　■

Die grundlegende Idee der Substitution ist es, die zu integrierenden Funktion als Produkt einer Komposition $f(g(x))$ und der inneren Ableitung $g'(x)$ wiederzuerkennen und dann die Kettenregel umzukehren, vgl. Abbildung 5.153. Diese Methode war im vorherigen Beispiel einfach, da die Stammfunktion der Exponentialfunktion wieder die Exponentialfunktion ist. Folgender Satz fasst diese Methode allgemein zusammen:

Satz 5.7.5 — Integration durch Substitution.
Es sei $f : D_1 \to Z_1$ eine reelle Funktion mit Stammfunktion F, und $g : D_2 \to Z_2$ eine reelle differenzierbare Funktion mit $g(D_2) \subseteq D_1$. Dann gilt

$$\int g'(x)f(g(x))\, dx = F(g(x)) + c, \quad c \in \mathbb{R}$$

Abbildung 5.153: Integration durch Substitution

Man nennt diese umgekehrte Kettenregel auch Substitutionsmethode, da man $u = g(x)$ substituiert, um so von $f(u)$ auf $F(u) = F(g(x))$ zu schließen. Zunächst demonstrieren wir diese Methode an einigen Beispielen, bevor wir allgemeine aus ihr abgeleitete Rechenregeln angeben.

■ Beispiel 5.7.12 — Einfaches Beispiel zur Integration durch Substitution.

Interessieren wir uns für das unbestimmte Integral

$$\int xe^{-x^2}\, dx,$$

so erkennen wir, dass hier „fast" die Form $g'(x)f(g(x))$ mit $f(x) = e^x$ und $g(x) = -x^2$ vorliegt. Statt $(-2x)e^{-x^2}$ steht hier jedoch nur xe^{-x^2} im Integranden. Wir multiplizieren den Integranden daher zusätzlich mit $1 = (-2) \cdot (-\frac{1}{2})$ und erhalten

$$\int xe^{-x^2}\,dx = \int \left(-\tfrac{1}{2}\right)(-2)xe^{-x^2}\,dx = -\frac{1}{2}\int \underbrace{(-2x)}_{g'(x)}\,\underbrace{e^{-x^2}}_{f(g(x))}\,dx = -\frac{1}{2}\cdot \underbrace{e^{-x^2}}_{F(g(x))} +c,\ c \in \mathbb{R}. \ \blacksquare$$

- **Beispiel 5.7.13 — Weiteres Beispiel zur Integration durch Substitution.**
Interessieren wir uns für das unbestimmte Integral

$$\int \sqrt{1+3x}\,dx,$$

so wissen wir, dass eine Stammfunktion der Wurzelfunktion $f(x) = \sqrt{x}$ durch $F(x) = \frac{2}{3}x^{\frac{3}{2}}$ gegeben ist. Wir wählen also $f(x) = \sqrt{x}$ und $g(x) = 1+3x$. Es folgt

$$\int \sqrt{1+3x}\,dx = \frac{1}{3}\int \underbrace{3}_{g'(x)}\,\underbrace{\sqrt{1+3x}}_{f(g(x))}\,dx = \frac{1}{3}\cdot \underbrace{\frac{2}{3}(1+3x)^{\frac{3}{2}}}_{F(g(x))} +c = \frac{2}{9}(1+3x)^{\frac{3}{2}} +c,\ c \in \mathbb{R}. \ \blacksquare$$

- **Beispiel 5.7.14 — Schwierigeres Beispiel zur Integration durch Substitution.**
Interessieren wir uns für das unbestimmte Integral

$$\int \frac{2x}{x^2+1}\,dx,$$

so ist es hier auf den ersten Blick schwieriger zu erkennen, welche Funktion f und welche g ist. Mit $f(x) = \frac{1}{x}$ und $g(x) = x^2+1$ ergibt sich $f(g(x)) = \frac{1}{x^2+1}$, $g'(x) = 2x$, und $F(x) = \ln(|x|)$. Wir schreiben hiermit

$$\int \frac{2x}{x^2+1}\,dx = \int \underbrace{2x}_{g'(x)}\,\underbrace{\frac{1}{x^2+1}}_{f(g(x))}\,dx = \underbrace{\ln(|x^2+1|)}_{F(g(x))} +c = \ln(x^2+1) +c,\quad c \in \mathbb{R}. \qquad \blacksquare$$

Wir fassen Verallgemeinerungen obiger Beispiele in folgendem Satz zusammen:

Satz 5.7.6 — Folgerungen aus der Substitutionsmethode.
Sei f eine reelle Funktion mit Stammfunktion F und g eine reelle differenzierbare Funktion. Dann gilt:

- $\displaystyle\int g'(x)e^{g(x)}\,dx = e^{g(x)} +c,\quad c \in \mathbb{R}$;

- $\displaystyle\int f(ax+b)\,dx = \frac{1}{a}F(ax+b) +c,\quad c \in \mathbb{R}$, für alle $a,b \in \mathbb{R}$, $a \neq 0$;

- $\displaystyle\int \frac{g'(x)}{g(x)}\,dx = \ln(|g(x)|) +c,\quad c \in \mathbb{R}$, mit $g(x) \neq 0$.

Zur Integration komplizierter Funktionen existiert kein einheitliches Verfahren. Leider gibt es bei der Substitutionsmethode keine immer gültigen Regeln, wie f und g gewählt werden müssen oder wann diese Methode zum Ziel führt. Auch bei folgender Methode der partiellen Integration muss man im Einzelfall entscheiden, wie der Integrand zerlegt werden muss.

Partielle Integration

■ **Beispiel 5.7.15 — Von der Produktregel der Differentiation zur Integration.**
In Beispiel 5.3.18 haben wir mit Hilfe der Produktregel und $f(x) = e^x$, $g(x) = (x-1)$
gezeigt, dass $(e^x(x-1))' = xe^x$. Es gilt also

$$\int xe^x \, dx = e^x(x-1) + c, \quad c \in \mathbb{R}. \qquad ■$$

Wie kann man aber auf eine Stammfunktion eines Produkts wie in obigem Beispiel
kommen, wenn man sie nicht schon zufällig vorab entdeckt hat?

Beim Ableiten eines Produkts hatten wir ein hilfreiches Werkzeug – die Produktregel.
Könnten wir dieses Prinzip auch umkehren? Wir erinnern uns hierfür an die Produktregel:

$$(f(x) \cdot g(x))' = f'(x)g(x) + f(x)g'(x)$$

Wenn wir beide Seiten integrieren, ergibt sich:

$$\int (f(x)g(x))' \, dx = \int f'(x)g(x) \, dx + \int f(x)g'(x) \, dx$$

Umformen ergibt

$$\int (f(x)g(x))' \, dx - \int f'(x)g(x) \, dx = \int f(x)g'(x) \, dx$$

. Da eine Stammfunktion der Ableitung einer Funktion die ursprüngliche Funktion ist, gilt
damit:

$$f(x)g(x) - \int f'(x)g(x) \, dx = \int f(x)g'(x) \, dx$$

Dieser Zusammenhang ist in Abbildung 5.154 veranschaulicht und wird partielle
Integration genannt. Diese Formel können wir nutzen, um ein kompliziertes unbestimmtes
Integral in ein hoffentlich einfacheres umzuwandeln:

Satz 5.7.7 — Partielle Integration.
Es seien f und g zwei differenzierbare reelle Funktionen. Dann gilt

$$\int f(x)g'(x) \, dx = f(x)g(x) - \int f'(x)g(x) \, dx.$$

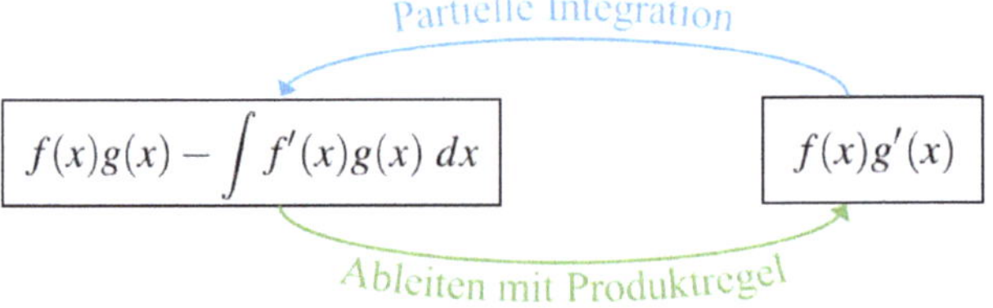

Abbildung 5.154: Partielle Integration

Es gibt kein allgemeingültiges Prinzip zur Wahl von f und g, doch an Beispielen werden
wir typische Strategien kennenlernen, die sich in der Praxis bewährt haben.

■ Beispiel 5.7.16 — Fortsetzung von Beispiel 5.7.15.
Wenden wir die partielle Integration auf unser oben genanntes Beispiel zur Bestimmung von $\int xe^x\,dx$ an, so müssen wir uns in einem ersten Schritt entscheiden, welche Funktion f und welche g' entsprechen soll. Mit $f(x) = e^x$ und $g'(x) = x$ (also z.B. $g(x) = \frac{1}{2}x^2$) erhält man:

$$\int xe^x\,dx = \frac{1}{2}x^2 e^x - \int \frac{1}{2}x^2 e^x\,dx.$$

Um dieses Integral auszuwerten, müssen wir nun $\int \frac{1}{2}x^2 e^x\,dx$ ermitteln. Da wir dieses unbestimmte Integral nicht kennen, ist diese Umformung zwar korrekt, aber nicht zielführend.

Wählt man stattdessen $f(x) = x$ und $g'(x) = e^x$ (also z.B. $g(x) = e^x$), erhält man

$$\int xe^x\,dx = xe^x - \int e^x\,dx.$$

Da e^x eine Stammfunktion von e^x ist, wir das unbestimmte Integral $\int e^x\,dx = e^x + c,\ c \in \mathbb{R}$ also einfach ermitteln können, kann man auf diesem Weg das gesuchte unbestimmte Integral nun ermitteln. Es gilt:

$$\int xe^x\,dx - xe^x - e^x + c - e^x(x-1) + c, \quad c \in \mathbb{R}.$$

(Man könnte auch $xe^x - e^x - c,\ c \in \mathbb{R}$ schreiben. Da c beliebig ist, sind beide Darstellungen gleich und es ist üblich $+c$ zu schreiben.) ■

Besteht der Integrand aus dem Produkt eines Polynoms und der Exponentialfunktion, so ist es bei der partiellen Integration in der Regel ratsam, das Polynom als Funktion f und die Exponentialfunktion als g' zu wählen. Durch die partielle Integration wird so der Grad des Polynoms um 1 gesenkt, die Exponentialfunktion bleibt unverändert. Durch wiederholte Anwendung der partiellen Integration kommt man so zum Ziel, wie folgendes Beispiel demonstriert:

■ Beispiel 5.7.17 — Integration des Produktes von einem Polynom und einer Exponentialfunktion.
Suchen wir

$$\int (x^2 + x)e^x\,dx,$$

so können wir versuchen, das unbestimmte Integral $\int (x^2 + x)e^x\,dx$ mit Hilfe der partiellen Integration und $f(x) = x^2 + x$ und $g'(x) = e^x$ zu ermitteln:

$$\int \underbrace{(x^2 + x)}_{f(x)} \underbrace{e^x}_{g'(x)}\,dx = \underbrace{(x^2 + x)}_{f(x)} \underbrace{e^x}_{g(x)} - \int \underbrace{(2x + 1)}_{f'(x)} \underbrace{e^x}_{g(x)}\,dx.$$

Um das Integral $\int (2x + 1)e^x\,dx$ zu ermitteln, integrieren wir erneut partiell mit $f(x) = 2x + 1$ und $g'(x) = e^x$:

$$\int \underbrace{(2x + 1)}_{f(x)} \underbrace{e^x}_{g'(x)}\,dx = \underbrace{(2x + 1)}_{f(x)} \underbrace{e^x}_{g(x)} - \int \underbrace{2}_{f'(x)} \underbrace{e^x}_{g(x)}\,dx$$

$$= (2x + 1)e^x - 2e^x + c, \quad c \in \mathbb{R}.$$

Eingesetzt ergibt sich:

$$\int (x^2+x)e^x \, dx = (x^2+x)e^x - \int (2x+1)e^x \, dx$$
$$= (x^2+x)e^x - (2x+1)e^x + 2e^x + c$$
$$= (x^2-x+1)e^x + c.$$

Die Funktion $F(x) = (x^2-x+1)e^x$ ist also eine Stammfunktion von $(x^2+x)e^x$. Dies können wir nachprüfen, indem wir F ableiten. So erhalten wir mit der Produktregel

$$F'(x) = (2x-1)e^x + (x^2-x+1)e^x = (x^2+x)e^x.$$

■

Auch bei einem Produkt von einem Polynom mit der Sinus- oder Kosinusfunktion ist es in der Regel ratsam, das Polynom als f zu wählen. Bei einem Produkt eines Polynoms mit einem Logarithmus ist meistens das Umgekehrte hilfreich: hier wählt man in der Regel den Logarithmus als f, da dieser abgeleitet einfach $\frac{1}{x}$ ist. Wir demonstrieren dies in einem Beispiel:

■ Beispiel 5.7.18 — Integration des Produktes von einem Polynom und einer logarithmischen Funktion.

Bestimmen wir

$$\int (3x^2-2)\ln(x) \, dx$$

mit Hilfe der partiellen Integration und $f(x) = \ln(x)$ und $g'(x) = (3x^2-2)$, ergibt sich

$$\int \underbrace{\ln(x)}_{f(x)} \underbrace{(3x^2-2)}_{g'(x)} \, dx = \underbrace{\ln(x)}_{f(x)} \underbrace{(x^3-2x)}_{g(x)} - \int \underbrace{\frac{1}{x}}_{f'(x)} \underbrace{(x^3-2x)}_{g(x)} \, dx$$
$$= \ln(x)(x^3-2x) - \int (x^2-2) \, dx$$
$$= \ln(x)(x^3-2x) - \frac{1}{3}x^3 + 2x + c, \quad c \in \mathbb{R}.$$

Die Funktion $F(x) = \ln(x)(x^3-2x) - \frac{1}{3}x^3 + 2x$ ist also eine Stammfunktion von $(3x^2 - 2)\ln(x)$, wie man durch Differenzieren nachprüfen kann. ■

In der Liste der elementaren Stammfunktionen fehlt der natürliche Logarithmus. Auch diese Stammfunktion können wir mit Hilfe der partiellen Integration, wie eben skizziert, bestimmen:

■ Beispiel 5.7.19 — Das Integral des natürlichen Logarithmus.

Suchen wir

$$\int \ln(x) \, dx,$$

so scheint die Produktform $f(x)g'(x)$, die zur partiellen Integration vorliegen muss, auf den ersten Blick nicht vorhanden zu sein. Schreiben wir jedoch

$$\int \ln(x) \cdot 1 \, dx,$$

so liegt erneut ein Produkt aus einem Polynom (0-ten Grades) und dem Logarithmus vor. Wir gehen wie im vorherigen Beispiel vor, um eine Stammfunktion durch partielle Integration mit $f(x) = \ln(x)$ und $g'(x) = 1$ zu finden:

$$\int \underbrace{\ln(x)}_{f(x)} \underbrace{1}_{g'(x)} \, dx = \underbrace{\ln(x)}_{f(x)} \underbrace{x}_{g(x)} - \int \underbrace{\frac{1}{x}}_{f'(x)} \underbrace{x}_{g(x)} \, dx$$

$$= \ln(x)x - \int 1 \, dx$$

$$= \ln(x)x - x + c, \quad c \in \mathbb{R}.$$

$\blacksquare$

Auch wenn wir hier nur einfache Rechenregeln, die Substitutionsmethode und die partielle Integration vorgestellt haben, existiert eine Vielzahl an Methoden zur Identifikation von Stammfunktionen.

> **(Z)** Die Substitutionsmethode der Integration stellt das Gegenstück zur Kettenregel der Differentiation dar. Es gilt $\int g'(x)f(g(x)) \, dx = F(g(x)) + c$.
> Die partielle Integration stellt das Gegenstück zur Produktregel der Differentiation dar. Hierbei versucht man ein schwer zu ermittelndes Integral in ein einfacheres Integral zu überführen, indem man die Gleichung $\int f(x)g'(x) \, dx = f(x)g(x) - \int f'(x)g(x) \, dx$ nutzt.

5.7.3 Flächeninhalte und das bestimmte Integral

Ziele dieses Unterkapitels

- Wann nennt man eine reelle Funktion f Riemann-integrierbar über dem Intervall $[a,b]$?
- Was ist das bestimmte Integral einer reellen Funktion f über dem Intervall $[a,b]$?
- Was hat das bestimmte Integral $\int_a^b f(x) \, dx$ im Fall $a < b$ mit der Fläche zwischen der x-Achse und dem Graphen zu tun?

Wir beschreiben das in Beispiel 5.7.1 illustrierte Vorgehen zur Berechnung des Flächeninhalts zwischen der x-Achse und einer beschränkten Funktion $f : [a,b] \to \mathbb{R}$ im Fall $f(x) \geq 0$ allgemein:

1. Das Intervall $[a,b]$ wird in n Teilintervalle der Breite $\frac{b-a}{n}$ und der Form $I_k = [a + (k-1)\frac{b-a}{n}, a + k\frac{b-a}{n}]$, $k = 1 \ldots, n$, aufgeteilt.
2. Für jedes Teilintervall I_k wird das Infimum und das Supremum als $u_k = \inf_{x \in I_k} f(x)$ und $o_k = \sup_{x \in I_k} f(x)$ bestimmt.
3. Man berechnet die Unter- und Obersumme, $U_n = \sum_{k=1}^n \frac{b-a}{n} u_k$ und $O_n = \sum_{k=1}^n \frac{b-a}{n} o_k$.
4. Existieren die Grenzwerte $\lim_{n \to +\infty} U_n$ und $\lim_{n \to +\infty} O_n$, und gilt $\lim_{n \to +\infty} U_n = \lim_{n \to +\infty} O_n$, entspricht der Grenzwert dem Flächeninhalt.

Um sicherzustellen, dass die hier berechneten Ober- und Untersummen endliche Summanden haben, geht man bei diesem Vorgehen von beschränkten Funktionen aus, also Funktionen, deren Wertebereich beschränkt ist, vgl. Definition 5.6.5.

Wir nennen nun eine reelle Funktion Riemann-integrierbar im Intervall $[a,b]$, wenn der Grenzwert der so beschriebenen Untersumme U_n für $n \to +\infty$ dem Grenzwert der Obersumme O_n entspricht.

Definition 5.7.3 — Riemann-integrierbare Funktionen.
Die reelle Funktion $f : D \to Z$, $[a,b] \subseteq D$, $a,b \in \mathbb{R}$, heißt **(Riemann-)integrierbar** im bzw. auf oder über dem Intervall $[a,b]$, wenn sie beschränkt ist und der Grenzwert der Untersumme dem Grenzwert der Obersumme entspricht, also wenn

$$\lim_{n \to +\infty} U_n = \lim_{n \to +\infty} \sum_{k=1}^{n} \frac{b-a}{n} u_k = \lim_{n \to +\infty} \sum_{k=1}^{n} \frac{b-a}{n} o_k = \lim_{n \to +\infty} O_n,$$

mit $u_k = \inf_{x \in I_k} f(x)$ und $o_k = \sup_{x \in I_k} f(x)$ und $I_k = \left[a + (k-1)\frac{b-a}{n}, a + k\frac{b-a}{n} \right]$, $k = 1, \ldots, n$. Ist f Riemann-integrierbar über $D = [a,b]$, nennt man f auch kurz Riemann-integrierbar.

Man nennt die Zerlegung des Intervalls $[a,b]$ in Teilintervalle $I_k = \left[a + (k-1)\frac{b-a}{n}, a + k\frac{b-a}{n} \right]$, für $k = 1, \ldots, n$, der gleichen Breite eine äquidistante Zerlegung des Intervalls.[46]

■ **Beispiel 5.7.20 — Die Fläche unter der Funktion $f(x) = 2x$.**
Wir demonstrieren das oben beschriebene Vorgehen der Flächenberechnung mit Hilfe der Ober- und Untersumme an dem Beispiel der Fläche, die im Intervall $[0,2]$ von der x-Achse und der Funktion $f(x) = 2x$ eingeschlossen wird, vgl. Abbildung 5.155.
　Wir führen wieder die oben beschriebenen vier Schritte durch:
1. Das Intervall $[0,2]$ wird in n Teilintervalle zerlegt. Eine äquidistante Zerlegung hat eine Intervallbreite von $\frac{b-a}{n} = \frac{2}{n}$ und Intervalle der Form $I_k = \left[\frac{2(k-1)}{n}, \frac{2k}{n} \right]$.
2. Bestimmung des Infimums und des Supremums der Funktionswerte. Die Funktion $f(x) = 2x$ ist monoton steigend. Innerhalb des Intervalls $I_k = \left[\frac{2(k-1)}{n}, \frac{2k}{n} \right]$ entspricht das Infimum daher dem Funktionswert an der kleinsten Stelle des Intervalls,

$$u_k = f\left(\frac{2(k-1)}{n} \right) = 2 \cdot \frac{2(k-1)}{n},$$

das Supremum dem Funktionswert an der größten Stelle des Intervalls,

$$o_k = f\left(\frac{2k}{n} \right) = 2 \cdot \frac{2k}{n}.$$

---

[46]　(#) In den meisten Büchern finden Sie andere Definitionen der Riemann-Integrierbarkeit, da Riemann-Integrale historisch über Riemann-Summen definiert wurden. Um dieses Konzept zu erklären, müssen wir anmerken, dass man das Intervall $[a,b]$ nicht nur äquidistant sondern beliebig in Teilintervalle $I_k = [x_{k-1}, x_k]$, $k = 1, \ldots, n$ mit $a = x_0 < x_1 < \ldots < x_n = b$, unterteilen und Ober- bzw. Untersummen bestimmen kann. Gilt $\lim_{n \to +\infty}(\max_{k=1,\ldots,n}(x_k - x_{k-1})) = 0$, so gilt auch in dieser allgemeineren Form für eine Riemann integrierbare Funktion

$$\int_a^b f(x)\, dx = \lim_{n \to +\infty} \sum_{k=1}^{n} (x_k - x_{k-1}) o_k = \lim_{n \to +\infty} \sum_{k=1}^{n} (x_k - x_{k-1}) u_k.$$

Statt o_k und u_k, dem Supremum bzw. Infimum des Intervalls, kann man in der Berechnung auch einen beliebigen Funktionswert $f(\xi_k)$ mit $\xi_k \in [x_{k-1}, x_k]$, $k = 1, \ldots, n$ innerhalb des Intervalls nutzen. Derartige Summen nennt man Riemann-Summen und auch sie konvergieren bei einer Riemann-integrierbaren Funktion im Falle von $\lim_{n \to +\infty}(\max_{k=1,\ldots,n}(x_k - x_{k-1})) = 0$ gegen das bestimmte Integral,

$$\int_a^b f(x)\, dx = \lim_{n \to +\infty} \sum_{k=1}^{n} (x_k - x_{k-1}) f(\xi_k), \quad \xi_k \in [x_{k-1}, x_k].$$

Definition 5.7.3 ist jedoch für unsere Belange ausreichend und äquivalent zur Definition der Integrierbarkeit über Riemann-Summen.

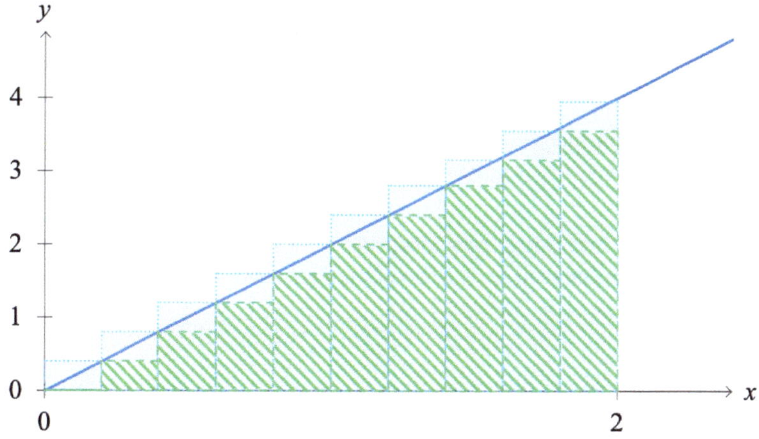

Abbildung 5.155: Die Ober- und Untersumme von $f(x) = 2x$ über $[0,2]$

3. Berechnung der Unter- und der Obersumme. Für die Untersumme gilt

$$U_n = \sum_{k=1}^{n} \frac{2}{n} u_k = \sum_{k=1}^{n} \frac{2}{n} \cdot 2 \cdot \left(\frac{2(k-1)}{n} \right) = 8 \frac{1}{n^2} \sum_{k=1}^{n} (k-1)$$

$$= 8 \frac{1}{n^2} \left(\sum_{k=1}^{n} k - \sum_{k=1}^{n} 1 \right) = 8 \frac{1}{n^2} \left(\frac{n(n+1)}{2} - n \right)$$

$$= 4 \frac{n(n-1)}{n^2} = 4 \left(1 - \frac{1}{n} \right).$$

Für die Obersumme erhält man

$$O_n = \sum_{k=1}^{n} \frac{2}{n} o_k = \sum_{k=1}^{n} \frac{2}{n} \cdot 2 \cdot \left(\frac{2k}{n} \right) = 8 \frac{1}{n^2} \sum_{k=1}^{n} k = 8 \frac{1}{n^2} \frac{n(n+1)}{2}$$

$$= 4 \frac{n(n+1)}{n^2} = 4 \left(1 + \frac{1}{n} \right).$$

4. Bildet man den Grenzwert der Untersummen, erhält man

$$\lim_{n \to +\infty} U_n = \lim_{n \to +\infty} \sum_{k=1}^{n} \frac{2}{n} u_k = 4 \lim_{n \to +\infty} \left(1 - \frac{1}{n} \right) = 4.$$

Für die Obersummen erhält man

$$\lim_{n \to +\infty} O_n = \lim_{n \to +\infty} \sum_{k=1}^{n} \frac{2}{n} o_k = 4 \lim_{n \to +\infty} \left(1 + \frac{1}{n} \right) = 4.$$

Da die Untersumme und die Obersumme gegen den gleichen Grenzwert, den Wert 4, konvergieren, sagt man, dass f auf $[0,2]$ Riemann-integrierbar ist.

Den Wert 4 nennt man auch das bestimmte Integral. Er entspricht hier dem Flächeninhalt zwischen dem Funktionsgraphen und der x-Achse im Intervall $[0,2]$.

Graphisch hätte man in diesem Fall zur Bestimmung des Flächeninhalts auch einfach die Fläche eines Dreiecks mit Grundseite 2 und Höhe 4 berechnen können, $\frac{1}{2} \cdot 2 \cdot 4 = 4$. $\blacksquare$

Bei einer Riemann-integrierbaren Funktion entspricht der Grenzwert der Untersumme dem Grenzwert der Obersumme. Diesen Grenzwert nennen wir das bestimmte Integral.

> **Definition 5.7.4 — Das bestimmte Integral.**
>
> Sei f eine über dem Intervall $[a,b]$ Riemann-integrierbare Funktion. Den Grenzwert
>
> $$\int_a^b f(x)\, dx = \lim_{n \to +\infty} U_n = \lim_{n \to +\infty} O_n$$
>
> bezeichnet man als das **bestimmte Integral** von f im, über oder auf dem Intervall $[a,b]$. Hierbei bezeichnet man x als Integrationsvariable, $f(x)$ als Integranden, und a und b als Integrationsgrenzen.

Die meisten der in den Wirtschaftswissenschaften relevanten beschränkten Funktionen sind über abgeschlossenen Intervallen Riemann-integrierbar. Wir nennen im Folgenden einfach nachzuprüfende Kriterien:

> **Satz 5.7.8 — Kriterien zur Riemann-Integrierbarkeit.**
>
> Sei $a,b \in \mathbb{R}, a < b$ und $f : [a,b] \to Z_1$ eine reelle Funktion.
> 1. Ist f stetig, dann ist f über $[a,b]$ Riemann-integrierbar.
> 2. Ist f stückweise stetig und beschränkt, dann ist f über $[a,b]$ Riemann-integrierbar.
> 3. Ist f monoton, dann ist f über $[a,b]$ Riemann-integrierbar.
> 4. Sind f und g, $g : [a,b] \to Z_2, Z_2 \subseteq \mathbb{R}$, Riemann-integrierbar (über $[a,b]$), dann gilt:
>   - Für $\alpha \in \mathbb{R}$ ist auch αf über $[a,b]$ Riemann-integrierbar.
>   - $|f|$ ist über $[a,b]$ Riemann-integrierbar.
>   - $f+g$, $f-g$ und $f \cdot g$ sind über $[a,b]$ Riemann-integrierbar.
>   - Existiert ein $\varepsilon > 0$ mit $|g(x)| \geq \varepsilon$ für alle $x \in [a,b]$, dann ist auch f/g über $[a,b]$ Riemann-integrierbar.

Ist f über $[a,b]$ Riemann-integrierbar, so entspricht der Grenzwert der Obersumme dem Grenzwert der Untersumme. Wir berechnen im Folgenden die Grenzwerte der Obersummen in Beispielen, um einige bestimmte Integrale zu bestimmen. Analog zu obigem Vorgehen zur Bestimmung von Flächeninhalten, gehen wir dabei wie folgt vor:
1. Äquidistante Zerlegung des Intervalls in n Teilintervalle
2. Bestimmung des Supremums der Funktionswerte innerhalb jedes (Teil-)Intervalls
3. Bestimmung der Obersumme O_n
4. Grenzwertbestimmung $\lim_{n \to +\infty} O_n$

Bestimmt man statt des Supremums das Infimum und damit die Untersummen U_n bzw. $\lim_{n \to +\infty} U_n$, erhält man bei einer integrierbaren Funktion laut Definition 5.7.3 das gleiche Ergebnis.

Hervorzuheben ist jedoch, dass wir bei obigen Definitionen 5.7.3 und 5.7.4 auf die Einschränkung $f(x) \geq 0$ verzichten, wodurch die direkte Interpretation des bestimmten Integrals als Flächeninhalt verloren gehen kann.

■ **Beispiel 5.7.21 — Das bestimmte Integral $\int_a^b 2x\,dx$.**

Die Funktion $f:[a,b] \to \mathbb{R}$ mit $f(x) = 2x$ ist für $a,b \in \mathbb{R}$, $a < b$ stetig und somit laut Satz 5.7.8 über $[a,b]$ Riemann-integrierbar. Wir berechnen das bestimmte Integral $\int_a^b 2x\,dx$.

1. Schritt 1: Wir zerlegen das Intervall in n gleich große Teilintervalle der Breite $\frac{b-a}{n}$. Das erste ist also $[a, a+\frac{b-a}{n}]$, das zweite $[a+\frac{b-a}{n}, a+2\frac{b-a}{n}]$ und so weiter. Allgemein ergeben sie sich als $I_k = \left[a + \frac{(k-1)(b-a)}{n}, a + \frac{k(b-a)}{n}\right]$, $k = 1, \ldots, n$.

2. Schritt 2: Wir bestimmen das Supremum über jedem Teilintervall. Die Funktion $f(x) = 2x$ ist monoton steigend. Innerhalb eines Intervalls I_k entspricht das Supremum daher dem Funktionswert am rechten Rand des jeweiligen Teilintervalls,

$$o_k = f\left(a + \frac{k(b-a)}{n}\right) = 2a + 2(b-a)\frac{k}{n}.$$

3. Schritt 3: Um die Obersumme zu bestimmen, multiplizieren wir für jedes Teilintervall die Breite $frac b-an$ mit dem Supremum und addieren diese Werte über alle Teilintervalle. Die Obersumme O_n berechnet sich somit als

$$O_n = \sum_{k=1}^{n} \frac{b-a}{n} o_k = (b-a) \sum_{k=1}^{n} \frac{1}{n}\left(2a + 2(b-a)\frac{k}{n}\right)$$

$$= (b-a) \cdot \left(\sum_{k=1}^{n} \frac{2a}{n} + \sum_{k=1}^{n} \frac{2(b-a)}{n^2} k\right) = (b-a) \cdot \left(\frac{2a}{n}\sum_{k=1}^{n} 1 + \frac{2(b-a)}{n^2}\sum_{k=1}^{n} k\right)$$

$$= (b-a) \cdot \left(\frac{2a}{n}n + \frac{2(b-a)}{n^2}\frac{n(n+1)}{2}\right) = (b-a) \cdot \left(2a + (b-a)\frac{n+1}{n}\right).$$

4. Schritt 4: Berechnet man darauf aufbauend das bestimmte Integral als Grenzwert der Obersummen, ergibt sich so

$$\int_a^b 2x\,dx = \lim_{n \to +\infty} O_n = \lim_{n \to +\infty}\left((b-a)\cdot\left(2a + (b-a)\frac{n+1}{n}\right)\right)$$

$$= (b-a) \cdot \left(2a + (b-a)\lim_{n \to +\infty}\frac{n+1}{n}\right)$$

$$= (b-a)(a+b).$$

Damit gilt $\int_a^b 2x\,dx = (b-a)(b+a)$ für $a < b$.

An Abbildung 5.156 links erkennen wir, dass dieser Wert im Fall $a \geq 0$ dem Flächeninhalt entspricht, der von der x-Achse und dem Graphen im Intervall $[a,b]$ eingeschlossen wird. Der Flächeninhalt entspricht der Summe der Flächeninhalte eines Rechtecks mit Grundseite von $b-a$ und Höhe $2a$ und eines Dreiecks mit einer Grundseite von $b-a$ und einer Höhe $2(b-a)$,

$$2a(b-a) + \frac{1}{2}(b-a)2(b-a) - (b-a)(a+b) - \int_a^b 2x\,dx.$$

Beispielsweise ist $\int_2^5 2x\,dx = (5-2)(5+2) = 3 \cdot 7 = 21$.

Ist $a < b < 0$, wie in Abbildung 5.156 in der Mitte dargestellt, so ergibt sich $\int_a^b 2x\,dx = (b-a)(b+a) < 0$, z.B.

$$\int_{-5}^{-2} 2x\,dx = ((-2)-(-5))((-2)+(-5)) = 3 \cdot (-7) = -21.$$

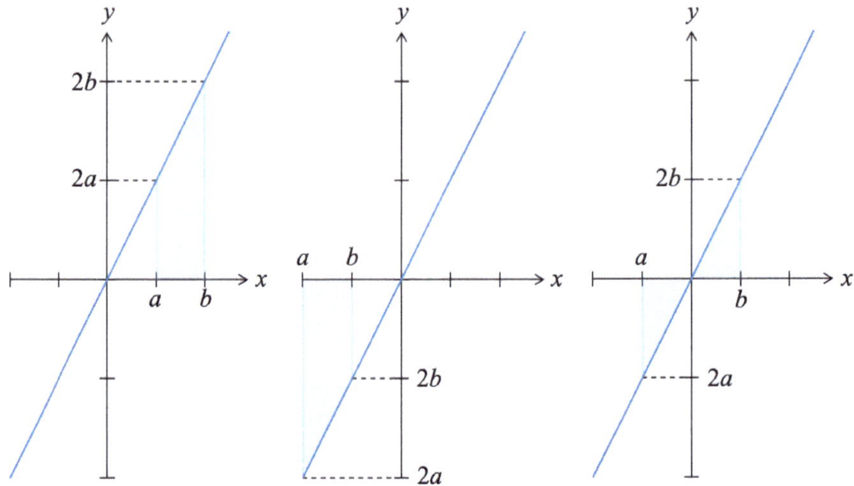

Abbildung 5.156: Das bestimmte Integral $\int_a^b 2x\,dx$

Der zwischen der x-Achse und dem Graphen von f eingeschlossene Flächeninhalt entspricht nun

$$\left|\int_{-5}^{-2} 2x\,dx\right| = -\int_{-5}^{-2} 2x\,dx = 21.$$

Ist $a < 0 < b$, so entspricht das bestimmte Integral der Differenz der Flächeninhalte oberhalb und unterhalb der x-Achse. Ist beispielsweise $a = -b$, wie in Abbildung 5.156 rechts, so ergibt sich ein bestimmtes Integral von

$$\int_{-b}^{b} 2x\,dx = (b-(-b))(b+(-b)) = 0.$$

Der Flächeninhalt oberhalb der x-Achse entspricht in diesem Fall dem Flächeninhalt unterhalb.   ∎

∎ Beispiel 5.7.22 — Das bestimmte Integral $\int_a^b 2\,dx$.

Die Funktion $f : [a,b] \to \mathbb{R}$ mit $f(x) = 2$ ist für $a,b \in \mathbb{R}$, $a < b$ stetig und damit Riemann-integrierbar. Da $f(x) \geq 0$ für alle $x \in [a,b]$ gilt, ist der Funktionsgraph stets oberhalb der x-Achse. Das bestimmte Integral $\int_a^b 2\,dx$ entspricht also dem Inhalt der Fläche zwischen der x-Achse und dem Funktionsgraphen, der Fläche eines Rechtecks mit Seitenlängen von 2 und $(b-a)$. Es gilt $\int_a^b 2\,dx = 2(b-a)$.

Berechnet man das bestimmte Integral über die äquidistante Zerlegung mit Intervallbreiten von $\frac{b-a}{n}$ (Schritt 1), ergeben sich Suprema von 2 (Schritt 2). Der Grenzwert der Obersumme (Schritte 3 und 4) ist

$$\int_a^b 2\,dx = \lim_{n\to+\infty} \sum_{k=1}^n \frac{b-a}{n} o_k = \lim_{n\to+\infty} \sum_{k=1}^n \frac{b-a}{n} 2$$

$$= 2(b-a) \lim_{n\to+\infty} \frac{1}{n} \sum_{k=1}^n 1 = 2(b-a) \lim_{n\to+\infty} \frac{1}{n} n = 2(b-a). \qquad ∎$$

Allgemein kann man wie in obigem Beispiel zeigen:

> **Satz 5.7.9 — Das bestimmte Integral einer konstanten Funktion.**
> Sei $f(x) = k$ mit $k \in \mathbb{R}$ und $a, b \in \mathbb{R}, a < b$. Dann gilt $\int_a^b k \, dx = k(b-a)$.

■ **Beispiel 5.7.23 — Das bestimmte Integral $\int_a^b (2x+2) \, dx$.**
Zur Berechnung von $\int_a^b (2x+2) \, dx$ stellen wir zunächst fest, dass die Funktion $f(x) = 2x + 2$ auf $[a,b]$ für alle $a, b \in \mathbb{R}$, $a < b$, stetig und damit über $[a,b]$ Riemann-integrierbar ist, vgl. auch Abbildung 5.157. Berechnet man das bestimmte Integral über die äquidistante

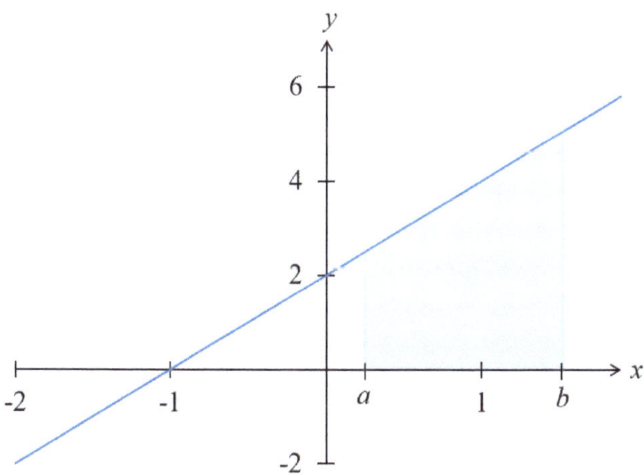

Abbildung 5.157: Das bestimmte Integral $\int_a^b (2x+2) \, dx$

Zerlegung mit Intervallbreiten von $\frac{b-a}{n}$ (Schritt 1), ergeben sich Suprema am rechten Rand der Teilintervalle (Schritt 2). Das bestimmte Integral ergibt sich als Grenzwert der Obersumme (Schritte 3 und 4):

$$\int_a^b (2x+2) \, dx = \lim_{n \to +\infty} \sum_{k=1}^{n} \frac{b-a}{n} o_k$$

$$= \lim_{n \to +\infty} \sum_{k=1}^{n} \frac{b-a}{n} \left(2a + 2(b-a)\frac{k}{n} + 2 \right)$$

$$= \underbrace{\left(\lim_{n \to +\infty} (b-a) \left(\sum_{k=1}^{n} \frac{2a}{n} + \sum_{k=1}^{n} \frac{2(b-a)}{n^2} k \right) \right)}_{\text{Beispiel 5.7.21}} + \underbrace{\lim_{n \to +\infty} \sum_{k=1}^{n} \frac{b-a}{n} 2}_{\text{Beispiel 5.7.22}}$$

$$= (b-a)(a+b) + 2(b-a).$$

■

Im Fall $f(x) \geq 0$ für alle $x \in [a,b]$ beschreibt das bestimmte Integral $\int_a^b f(x) \, dx$ den Flächeninhalt unter der Kurve des Graphen von f (nach unten begrenzt durch die x-Achse). Im Allgemeinen gilt dies jedoch nicht. Gilt $f(x) \leq 0$ für alle $x \in [a,b]$, so ist das bestimmte Integral negativ, der Inhalt der Fläche zwischen x-Achse und Funktionsgraph entspricht dann dem Betrag des bestimmten Integrals.

Nimmt f innerhalb des Intervalls $[a,b]$ sowohl positive als auch negative Funktionswerte an, so kann man aus dem bestimmten Integral nur wenig Rückschlüsse auf die Fläche zwischen dem Funktionsgraphen und der x-Achse ziehen. Beziehen wir uns bei der Angabe von Flächeninhalten stets auf Flächen zwischen der x-Achse und dem Graphen, so gilt aber stets:

$$\int_a^b f(x)\,dx = \left(\begin{array}{c}\text{Der vom Graphen}\\ \text{oberhalb der } x\text{-Achse ein-}\\ \text{geschlossene Flächeninhalt}\end{array}\right) - \left(\begin{array}{c}\text{Der vom Graphen}\\ \text{unterhalb der } x\text{-Achse ein-}\\ \text{geschlossene Flächeninhalt}\end{array}\right),$$

vgl. auch Abbildung 5.158.

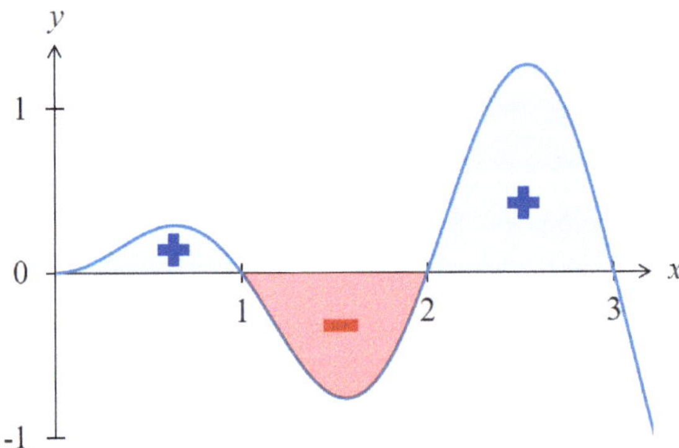

Abbildung 5.158: Der Zusammenhang zwischen Integral und Flächeninhalt

Ist das bestimmte Integral gleich null, so weiß man beispielsweise, dass der Funktionsgraph oberhalb der x-Achse eine Fläche mit gleichem Flächeninhalt einschließt wie unterhalb, den exakten Flächeninhalt kann man jedoch aus dieser Angabe heraus alleine nicht bestimmen.

Die Betrachtung des bestimmten Integrals als Flächeninhalt kann die Berechnung vereinfachen, wie das folgende Beispiel zeigt.

■ **Beispiel 5.7.24 — Das bestimmte Integral einer abschnittsweise definierten Funktion.**
Die Funktion $f : [0,5] \to \mathbb{R}$ mit

$$f(x) = \begin{cases} 4 & \text{falls } x \leq 2 \\ 8 & \text{falls } 2 < x \leq 2.5 \\ 6 & \text{falls } 2.5 < x \end{cases}$$

ist in Abbildung 5.159 illustriert. Die Funktion ist weder stetig noch monoton. Sie ist jedoch beschränkt und stückweise stetig. Damit ist sie Riemann-integrierbar, vgl. Satz 5.7.8. Da der Funktionsgraph stets oberhalb der x-Achse verläuft, entspricht das bestimmte Integral $\int_a^b f(x)\,dx$ der Fläche zwischen der x-Achse und dem Funktionsgraphen. Es gilt $\int_0^5 f(x)\,dx = 2\cdot 4 + (2.5-2)\cdot 8 + (5-2.5)\cdot 6 = 8+4+15 = 27$, was man auch über die Grenzwertbildung (aufwändig) überprüfen kann.   ■

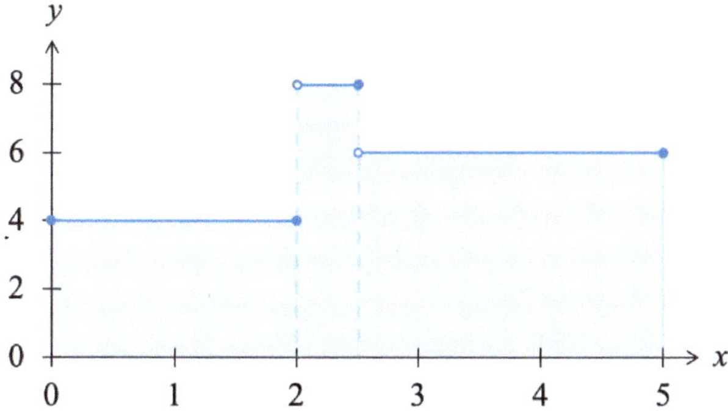

Abbildung 5.159: Das bestimmte Integral $\int_0^5 f(x)\,dx$

Mit Hilfe des bestimmten Integrals können aber auch komplizierte Flächen berechnet werden. Mit unseren bisherigen Methoden machbar, aber aufwändig, ist folgendes Beispiel:

■ Beispiel 5.7.25 — Das bestimmte Integral $\int_0^1 e^{-4x}\,dx$ (*).
Die Funktion $f : [0,1] \to \mathbb{R}$ mit $f(x) = e^{-4x}$ ist stetig und daher Riemann-integrierbar. Die Funktion ist monoton fallend. Das Supremum befindet sich daher stets am linken Rand der Teilintervalle, das Infimum am rechten. Statt das Integral als Grenzwert der Obersummen zu berechnen, berechnen wir es nun als Grenzwert der Untersummen. Es ergibt sich

$$\int_0^1 e^{-4x}\,dx = \lim_{n\to+\infty}\sum_{k=1}^n \frac{1}{n}u_k = \lim_{n\to+\infty}\sum_{k=1}^n \frac{1}{n}e^{-4\frac{k}{n}} = \lim_{n\to+\infty}\frac{1}{n}\sum_{k=1}^n \left(e^{-\frac{4}{n}}\right)^k.$$

Die Struktur des letzten Faktors erinnert an eine geometrische Reihe. Wir nutzen, dass $\sum_{k=1}^n q^k = q\frac{1-q^n}{1-q}$ mit $q = e^{-\frac{4}{n}} < 1$ und berechnen

$$\int_0^1 e^{-4x}\,dx = \lim_{n\to+\infty}\frac{1}{n}\sum_{k=1}^n \left(e^{-\frac{4}{n}}\right)^k = \lim_{n\to+\infty}\frac{1}{n}e^{-\frac{4}{n}}\frac{1-\left(e^{-\frac{4}{n}}\right)^n}{1-e^{-\frac{4}{n}}}$$

$$= \lim_{n\to+\infty}\frac{\left(1-e^{-\frac{4n}{n}}\right)e^{-\frac{4}{n}}\frac{1}{n}}{1-e^{-\frac{4}{n}}}$$

$$= (1-e^{-4})\underbrace{\lim_{n\to+\infty}e^{-\frac{4}{n}}}_{=1}\lim_{n\to+\infty}\frac{1}{n\left(1-e^{-\frac{4}{n}}\right)}.$$

Um den letzten Term auszuwerten, nutzen wir, dass laut Satz 5.5.3 zur Taylor-Entwicklung zu jedem n eine Zwischenstelle ξ_n mit $-\frac{4}{n} < \xi_n < 0$ existiert mit

$$e^{-\frac{4}{n}} = \underbrace{t_{2,0}\left(-\frac{4}{n}\right)}_{\text{Taylorpolynom 2. Ordnung}} + \underbrace{r_{2,0}\left(-\frac{4}{n}\right)}_{\text{Restglied}}$$

$$= e^0 + e^0 \cdot \left(-\frac{4}{n} - 0\right) + \frac{e^0}{2} \cdot \left(-\frac{4}{n} - 0\right)^2 + \frac{e^{\xi_n}}{6} \cdot \left(-\frac{4}{n}\right)^3$$

$$= 1 - \frac{4}{n} + \frac{8}{n^2} - \frac{32e^{\xi_n}}{3n^3}.$$

Es gilt also

$$\int_0^1 e^{-4x}\, dx = \left(1 - e^{-4}\right) \cdot 1 \cdot \lim_{n \to +\infty} \frac{1}{n\left(1 - \left(1 - \frac{4}{n} + \frac{8}{n^2} - \frac{32e^{\xi_n}}{3n^3}\right)\right)}$$

$$= \left(1 - e^{-4}\right) \lim_{n \to +\infty} \frac{1}{n\left(\frac{4}{n} - \frac{8}{n^2} + \frac{32e^{\xi_n}}{3n^3}\right)} = \left(1 - e^{-4}\right) \lim_{n \to +\infty} \frac{1}{4 - \frac{8}{n} + \frac{32e^{\xi_n}}{3n^2}}$$

$$= \left(1 - e^{-4}\right) \frac{1}{4 - 0 + 0},$$

wobei $\lim_{n \to \infty} e^{\xi_n} = 1$ gilt, da $\lim_{n \to \infty} \xi_n = 0$ und die Funktion e^x stetig ist.
Damit gilt hier:

$$\int_0^1 e^{-4x}\, dx = \frac{1}{4}\left(1 - e^{-4}\right).$$

Die in Abbildung 5.160 blau schattierte Fläche hat also einen Inhalt von $\frac{1}{4}\left(1 - e^{-4}\right)$. ∎

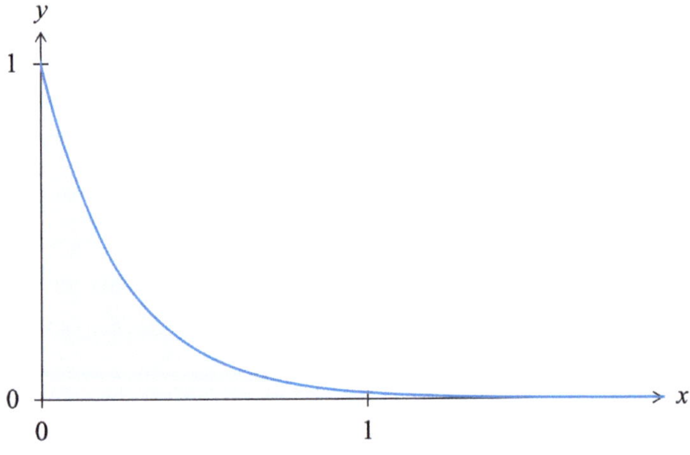

Abbildung 5.160: Das bestimmte Integral $\int_0^1 e^{-4x}\, dx$

Wir werden in den kommenden Abschnitten Methoden erlernen, die diese Berechnungen vereinfachen. Der Vollständigkeit halber zeigen wir hier ein Beispiel einer nicht Riemann-integrierbaren Funktion:

■ Beispiel 5.7.26 — Eine nicht Riemann-integrierbare Funktion.

Die sogenannte Dirichlet-Funktion $g : [0,1] \to [0,1]$ mit

$$g(x) = \begin{cases} 1 & \text{falls } x \in \mathbb{Q} \\ 0 & \text{falls } x \in \mathbb{R} \setminus \mathbb{Q} \end{cases}$$

ist weder (stückweise) stetig noch monoton. Wir können damit nicht aus Satz 5.7.8 schließen, dass sie Riemann-integrierbar ist. Die Funktion hat in jedem beliebig kleinen Intervall ein Infimum von 0 und ein Supremum von 1, vgl. auch Beispiel 5.2.21. Daher ist O_n stets 1 und U_n stets 0. Es folgt

$$\lim_{n \to +\infty} U_n = 0 \neq 1 = \lim_{n \to +\infty} O_n.$$

Diese Funktion ist nicht Riemann-integrierbar. ■

Um mit Funktionen wie in Beispiel 5.7.26 arbeiten zu können, existieren auch andere Arten von Integralen. Da aber fast alle „gebräuchlichen" Funktionen Riemann-integrierbar sind, werden wir uns hier auf Riemann-Integrale beschränken.

Wenn wir in den folgenden Abschnitten von einer integrierbaren Funktion sprechen, beziehen wir uns stets auf die bisher besprochene Form der (sogenannten eigentlichen) Riemann-Integrierbarkeit, in Abschnitt 5.7.7 werden wir noch uneigentliche Riemann-Integrale kennenlernen.

(Z) Die reelle Funktion $f : D \to Z$ heißt (Riemann-) integrierbar im Intervall $[a,b] \subseteq D$, wenn sie beschränkt ist und

$$\underbrace{\lim_{n \to +\infty} U_n}_{\text{Grenzwert der Untersummen}} = \lim_{n \to +\infty} \sum_{k=1}^{n} \frac{b-a}{n} u_k = \lim_{n \to +\infty} \sum_{k=1}^{n} \frac{b-a}{n} o_k = \underbrace{\lim_{n \to +\infty} O_n}_{\text{Grenzwert der Obersummen}},$$

gilt. Anstatt die Grenzwerte der Untersummen und Obersummen zu vergleichen, kann man auch schließen, dass $f : [a,b] \to Z$ Riemann-integrierbar ist, wenn f stetig, stückweise stetig und beschränkt oder monoton ist. Zudem sind αf und $|f|$ über $[a,b]$ Riemann-integrierbar, wenn f über $[a,b]$ Riemann-integrierbar ist. Sind f und g Riemann-integrierbar über $[a,b]$, dann sind auch $f+g$, $f-g$ und $f \cdot g$ über $[a,b]$ Riemann-integrierbar. Existiert außerdem ein $\varepsilon > 0$ mit $|g(x)| \geq \varepsilon$ für alle $x \in [a,b]$, dann ist auch f/g über $[a,b]$ Riemann-integrierbar.

Ist f über $[a,b]$ Riemann-integrierbar, nennt man den Grenzwert der Ober- bzw. Untersummen auch das bestimmte Integral,

$$\int_a^b f(x)\,dx = \lim_{n \to +\infty} U_n = \lim_{n \to +\infty} O_n.$$

Gilt $f(x) \geq 0$ für alle $x \in [a,b]$, dann entspricht das bestimmte Integral dem Flächeninhalt der Fläche, welche der Graph von f in einem Koordinatensystem mit der x-Achse (oberhalb dieser Achse) einschließt. Gilt $f(x) \leq 0$ für alle $x \in [a,b]$, dann entspricht das bestimmte Integral dem Produkt von (-1) und dem Flächeninhalt der Fläche, welche der Graph von f in einem Koordinatensystem mit der x-Achse (unterhalb dieser Achse) einschließt. Allgemein entspricht das bestimmte Integral der Differenz der Flächeninhalte von Flächen, welche der Graph oberhalb der x-Achse einschließt, und der Flächeninhalte von Flächen, welche der Graph unterhalb der x-Achse einschließt.

5.7.4　Rechenregeln für bestimmte Integrale

Ziele dieses Unterkapitels

- Was ist das bestimmte Integral über einer Stelle x_0?
- Was versteht man unter dem bestimmten Integral $\int_b^a f(x)\,dx$ im Fall $a < b$?
- Welche Rechenregeln gelten für bestimmte Integrale?
- Wie kann man Symmetrieeigenschaften einer Funktion nutzen, um bestimmte Integrale der Form $\int_{-a}^a f(x)\,dx$ zu berechnen?

Bisher haben wir das bestimmte Integral $\int_a^b f(x)\,dx$ als Grenzwert von Ober- und Untersummen über dem Intervall $[a,b]$, $a,b \in \mathbb{R}$, $a < b$ definiert. Nun wollen wir bestimmte Integrale mit $a = b$ und $a > b$ zulassen. Folgen wir der Intuition, dass das Integral dem Inhalt einer Fläche zwischen der x-Achse und dem Funktionsgraphen entspricht, erscheint es logisch, dass für jedes $z \in [a,b]$ gilt: $\int_z^z f(x)\,dx = 0$. Denn über der Stelle z ist zwischen der x-Achse und dem Graphen nur ein Strich, welcher keine Fläche beschreibt. Zudem definieren wir, dass ein Tausch der Integrationsgrenzen das Vorzeichen umkehrt, also $\int_b^a f(x)\,dx = -\int_a^b f(x)\,dx$.

> **Definition 5.7.5 — Punktintegral und Tausch der Integrationsgrenzen.**
>
> Es sei f eine über $[a,b]$ Riemann-integrierbare reelle Funktion, $z \in [a,b]$. Dann definieren wir
> $$\int_z^z f(x)\,dx = 0 \quad \text{und} \quad \int_b^a f(x)\,dx = -\int_a^b f(x)\,dx.$$

■ **Beispiel 5.7.27 — Punktintegral und Tausch der Integrationsgrenzen.**
Somit ist beispielsweise $\int_1^1 2\,dx = 0$ und $\int_1^0 2\,dx = -\int_0^1 2\,dx = -2$.　　　　　■

Die Werte von Ober- und Untersummen verdoppeln sich, wenn man jeden Funktionswert verdoppelt, sie verdreifachen sich, wenn man jeden Funktionswert verdreifacht. Multipliziert man alle Funktionswerte mit α, sind die Werte von Ober- und Untersummen α-mal so groß wie zuvor. Damit ist bei einer Riemann-integrierbaren Funktion auch das bestimmte Integral α-mal so groß wie zuvor, vgl. Abbildung 5.161.

　　Abbildung 5.162 veranschaulicht eine Funktion $f(x) \geq 0$ für $x \in [a,b]$ und ein $z \in [a,b]$. Die Fläche zwischen der x-Achse und dem Graphen der Funktion zwischen a und b entspricht der Summe der Fläche von a bis z und der Fläche von z bis b. Man kann daher vermuten, dass das bestimmte Integral der Funktion über $[a,b]$ der Summe der bestimmten Integrale über $[a,z]$ und $[z,b]$ entspricht.

　　Folgender Satz besagt, dass diese Zusammenhänge für alle integrierbaren Funktionen gelten und dass das bestimmte Integral der Summe zweier Funktionen den gleichen Wert hat wie die Summe der bestimmten Integrale:

> **Satz 5.7.10 — Rechenregeln für bestimmte Integrale.**
> Sei f eine über $[a,b]$ Riemann-integrierbare reelle Funktion, $a,b \in \mathbb{R}$. Dann gilt:
>
> 1. Ist $\alpha \in \mathbb{R}$, dann gilt $\displaystyle\int_a^b (\alpha f(x))\,dx = \alpha \int_a^b f(x)\,dx$;
> 2. Ist $z \in [a,b]$, dann gilt $\displaystyle\int_a^b f(x)\,dx = \int_a^z f(x)\,dx + \int_z^b f(x)\,dx$.
> 3. Ist zudem g eine über $[a,b]$ Riemann-integrierbare reelle Funktion, $a,b \in \mathbb{R}$, dann gilt

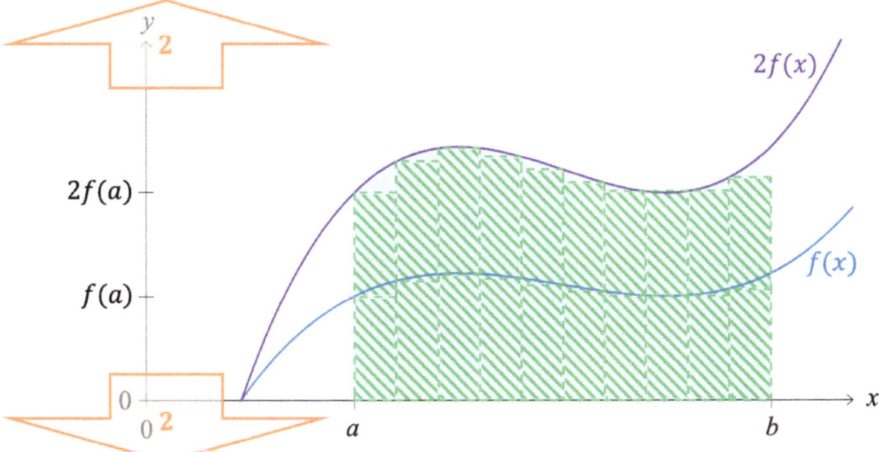

Abbildung 5.161: Multiplikation der Funktion mit 2 verdoppelt das Integral

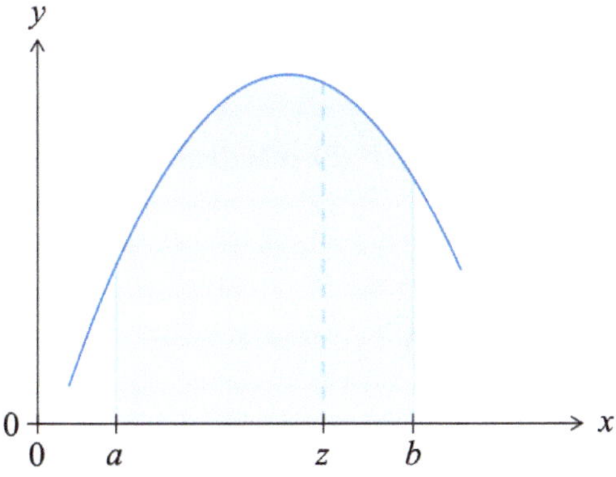

Abbildung 5.162: Aufteilung des Integrationsintervalls

$$\int_a^b (f+g)(x)\,dx = \int_a^b f(x)\,dx + \int_a^b g(x)\,dx \quad \text{und}$$

$$\int_a^b (f-g)(x)\,dx = \int_a^b f(x)\,dx - \int_a^b g(x)\,dx.$$

Da das bestimmte Integral der Grenzwert einer Summe ist, ist es nicht überraschend, dass sich viele Rechenregeln des Summenzeichens ebenfalls in der Integralrechnung wiederfinden.[47]

Wir geben zwei Beispiele, in denen obiger Satz die Bestimmung bestimmter Integrale

---

[47] Historisch entstand auch das Symbol des Integralzeichens aus einem langgezogenen S für das lateinische „Summa".

vereinfacht:

■ Beispiel 5.7.28 — Eine stückweise definierte Funktion.

Wir suchen $\int_{-2}^{5} f(x)\,dx$ mit

$$f(x) = \begin{cases} 1 & \text{für } x < 0 \\ x+1 & \text{für } 0 \leq x \leq 2 \\ 1.5x & \text{für } 2 < x. \end{cases}$$

Nutzen wir die zweite Rechenregel aus Satz 5.7.10, erhalten wir:

$$\int_{-2}^{5} f(x)\,dx = \int_{-2}^{0} f(x)\,dx + \int_{0}^{2} f(x)\,dx + \int_{2}^{5} f(x)\,dx$$
$$= \int_{-2}^{0} 1\,dx + \int_{0}^{2} (x+1)\,dx + \int_{2}^{5} 1{,}5x\,dx$$
$$= \int_{-2}^{0} 1\,dx + \int_{0}^{2} \left(\frac{1}{2}(2x+2)\right)\,dx + \int_{2}^{5} \left(\frac{3}{4}\cdot 2x\right)\,dx.$$

Anwendung von Satz 5.7.9 $\int_{a}^{b} 1\,dx = 1(b-a)$ für das erste Integral sowie Rechenregel 1 mit $\alpha = \frac{1}{2}$ für das zweite Integral und mit $\alpha = \frac{3}{4}$ für das dritte bestimmte Integral ergibt dann mit Hilfe der Resultate aus Beispielen 5.7.21 und 5.7.23

$$\int_{-2}^{5} f(x)\,dx = 1(0-(-2)) + \frac{1}{2}\int_{0}^{2}(2x+2)\,dx + \frac{3}{4}\int_{2}^{5} 2x\,dx$$
$$= 2 + \frac{1}{2}\cdot((2-0)\cdot(0+2)+2\cdot(2-0)) + \frac{3}{4}\cdot(5-2)\cdot(2+5)$$
$$= 2 + 4 + \frac{63}{4} = \frac{87}{4},$$

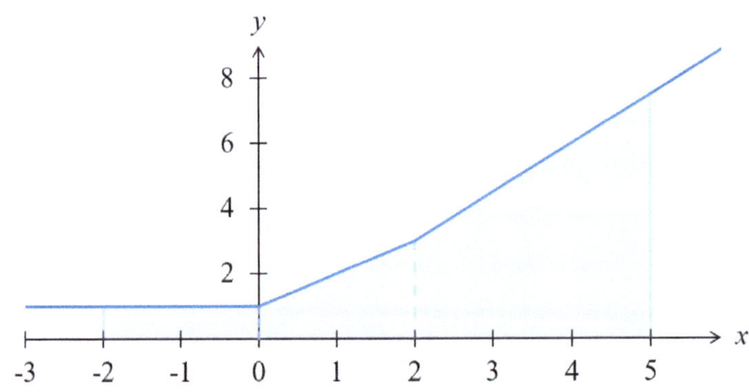

Abbildung 5.163: Das bestimmte Integral $\int_{-2}^{5} f(x)\,dx$

wobei der Summand 2 der letzten Summe $2 + 4 + \frac{63}{4}$ in Abbildung 5.163 der Fläche (unter dem Graphen) oberhalb des Intervalls $[-2,0]$, der Summand 4 der Fläche oberhalb des Intervalls $[0,2]$ und der Summand $\frac{63}{4}$ der Fläche oberhalb des Intervalls $[2,5]$ entspricht. ■

■ Beispiel 5.7.29 — Beispiel zur Summe.
Laut obigem Satz gilt $\int_a^b (2x+2)\,dx = \int_a^b 2x\,dx + \int_a^b 2\,dx$. In Beispiel 5.7.21 zeigten wir, dass $\int_a^b 2x\,dx = (b-a)(b+a)$. Aus Beispiel 5.7.22 bzw. Satz 5.7.9 wissen wir, dass $\int_a^b 2\,dx = 2(b-a)$. Somit gilt

$$\int_a^b (2x+2)\,dx = \int_a^b 2x\,dx + \int_a^b 2\,dx = (b-a)(b+a) + 2(b-a),$$

wie wir auch in Beispiel 5.7.23 (deutlich aufwändiger) erhalten haben. ■

Durch die enge Beziehung zwischen Integralen und Flächen kann man Symmetrieeigenschaften nutzen, um Integrale symmetrischer Funktionen einfacher zu berechnen.

■ Beispiel 5.7.30 — Eine punktsymmetrische Funktion.
In Beispiel 5.7.21 haben wir gesehen, dass die zum Ursprung punktsymmetrische Funktion $f(x) = 2x$ ein Integral von 0 hat, wenn die untere Integrationsgrenze betragsmäßig der oberen (aber mit umgekehrtem Vorzeichen) entspricht. ■

Eine zum Ursprung punktsymmetrische Funktion schließt über einem Intervall der Form $[-a, a]$ die gleiche Fläche zwischen der x-Achse und dem Funktionsgraph oberhalb der x-Achse ein wie unterhalb, vgl. auch Abbildung 5.156 (rechts). Hierdurch ergibt sich ein bestimmtes Integral von 0.

Bei einer zur y-Achse spiegelsymmetrischen Funktion f entsprechen die Flächen oberhalb und unterhalb der x-Achse rechts von $x = 0$ den Flächen oberhalb und unterhalb der x-Achse links von $x = 0$. Demnach gilt bei einer solch spiegelsymmetrischen Funktion $\int_{-a}^0 f(x)\,dx = \int_0^a f(x)\,dx$ und damit mit Satz 5.7.10, dass $\int_{-a}^a f(x)\,dx = 2\int_0^a f(x)\,dx$.

Folgender Satz fasst obige Beobachtungen zusammen:

Satz 5.7.11 — Symmetrieeigenschaften bestimmter Integrale.
Gegeben sei ein $a > 0$ und eine über $[-a, a]$ Riemann-integrierbare reelle Funktion, $a \in \mathbb{R}$.

- Ist f punktsymmetrisch zum Ursprung, dann gilt

$$\int_{-a}^a f(x)\,dx = 0.$$

- Ist f spiegelsymmetrisch zur y-Achse, dann gilt

$$\int_{-a}^a f(x)\,dx = 2\int_0^a f(x)\,dx.$$

Wir demonstrieren den Satz anhand von Beispielen:

■ Beispiel 5.7.31 — Fortsetzung von Beispiel 5.7.30.
Die Funktion $f(x) = 2x$ ist punktsymmetrisch zum Ursprung. Das bestimmte Integral $\int_{-5}^5 2x\,dx$ ist somit gleich 0. Auch mit Hilfe der in Beispiel 5.7.21 hergeleiteten Formel, $\int_a^b 2x\,dx = (b-a)(b+a)$, ergibt sich ein Wert von

$$\int_{-5}^5 2x\,dx = (5 - (-5))(5 + (-5)) = 0.$$

Das bestimmte Integral $\int_{-5}^{6} 2x\, dx$ muss mit Satz 5.7.10 dann gleich dem bestimmten Integral $\int_{5}^{6} 2x\, dx$ sein, denn

$$\int_{-5}^{6} 2x\, dx = \int_{-5}^{5} 2x\, dx + \int_{5}^{6} 2x\, dx = 0 + \int_{5}^{6} 2x\, dx.$$

Und in der Tat ergibt sich:

$$\int_{-5}^{6} 2x\, dx = (6+5)(6-5) = 11 = \int_{5}^{6} 2x\, dx. \qquad \blacksquare$$

■ **Beispiel 5.7.32 — Eine spiegelsymmetrische Funktion.**
Die Funktion $f(x) = |2x|$ ist spiegelsymmetrisch zur y-Achse. Das bestimmte Integral $\int_{-5}^{5} |2x|\, dx$ entspricht somit dem doppelten Wert von $\int_{0}^{5} |2x|\, dx = \int_{0}^{5} 2x\, dx = 25$, vgl. Abbildung 5.164. Der gesuchte Wert ist also $\int_{-5}^{5} |2x|\, dx = 2 \cdot 25 = 50$. $\qquad \blacksquare$

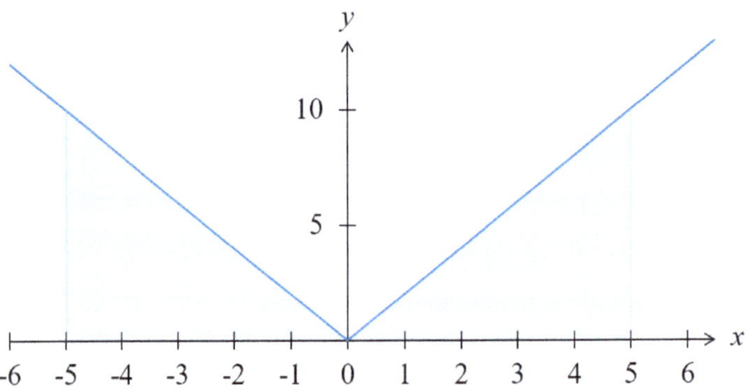

Abbildung 5.164: Die spiegelsymmetrische Funktion $f(x) = |2x|$

(Z) Seien f und g über $[a,b]$ Riemann-integrierbar, $z \in [a,b]$, $\alpha \in \mathbb{R}$. Dann gilt: Das Integral über jeder Stelle $z \in [a,b]$ ist 0, $\int_{z}^{z} f(x)\, dx = 0$.
Der Tausch der Integrationsgrenzen kehrt das Vorzeichen des bestimmten Integrals um:
$\int_{b}^{a} f(x)\, dx = - \int_{a}^{b} f(x)\, dx.$

$$\int_{a}^{b} \alpha f(x)\, dx = \alpha \int_{a}^{b} f(x)\, dx$$

$$\int_{a}^{b} f(x)\, dx = \int_{a}^{z} f(x)\, dx + \int_{z}^{b} f(x)\, dx$$

$$\int_{a}^{b} (f(x)+g(x))\, dx = \int_{a}^{b} f(x)\, dx + \int_{a}^{b} g(x)\, dx$$

$$\int_{a}^{b} (f(x)-g(x))\, dx = \int_{a}^{b} f(x)\, dx - \int_{a}^{b} g(x)\, dx.$$

Ist f punktsymmetrisch zum Ursprung, gilt $\int_{-a}^{a} f(x)\, dx = 0$. Ist f spiegelsymmetrisch zur y-Achse, gilt $\int_{-a}^{a} f(x)\, dx = 2 \int_{0}^{a} f(x)\, dx$.

5.7.5 Eigenschaften bestimmter Integrale

Ziele dieses Unterkapitels
- Was besagt der Vergleichssatz für bestimmte Integrale?
- Was besagt der Mittelwertsatz der Integralrechnung?

Anschaulich ist klar, dass eine Funktion f, deren Graph stets auf oder unterhalb des Graphen einer anderen Funktion g verläuft, im Fall

$$0 \le f(x) \le g(x) \quad \text{für alle } x,$$

auch eine kleinere (bzw. maximal gleich große) Fläche zwischen dem Graphen und der x-Achse einschließt.

■ **Beispiel 5.7.33 — Die Idee des Vergleichsatzes.**
Die stetige Funktion $f : [1,3] \to \mathbb{R}$ mit $f(x) = e^{\frac{1-x}{2}}$ hat eine erste Ableitung von $f'(x) = -\frac{1}{2}e^{\frac{1-x}{2}} < 0$ für alle x und ist damit streng monoton fallend. Interessieren wir uns für den Flächeninhalt, welche der Graph der Funktion $f(x) = e^{\frac{1-x}{2}}$ zwischen 1 und 3 einschließt, also

$$\int_1^3 e^{\frac{1-x}{2}}\, dx,$$

so erschließt sich der Wert nicht direkt aus Abbildung 5.165. Was man aber direkt aus Abbildung 5.165 erkennen kann, ist, dass der gesuchte blau schraffierte Flächeninhalt kleiner ist als der Flächeninhalt des ebenfalls in Abbildung 5.165 rot dargestellten Rechtecks der Höhe 1, also die Fläche, welche der Graph der konstanten Funktion $g(x) = 1$ zwischen 1 und 3 mit der x-Achse einschließt. Da f monoton fallend ist und daher $f(x) \le f(1) = 1 = g(x)$ für alle $x \in [1,3]$ gilt, sollte intuitiv

$$\int_1^3 f(x)\, dx \le \int_1^3 g(x)\, dx,$$

bzw. hier konkret

$$\int_1^3 e^{\frac{1-x}{2}}\, dx \le \int_1^3 1\, dx = 1(3-1) = 2$$

gelten.																	■

Obiger Zusammenhang gilt dabei nicht nur für Flächeninhalte, sondern auch allgemein für bestimmte Integrale.

> **Satz 5.7.12 — Der Vergleichssatz für bestimmte Integrale.**
> Seien f, g über $[a,b]$ Riemann-integrierbare reelle Funktionen mit $f(x) \le g(x)$ für alle $x \in [a,b]$. Dann gilt auch $\int_a^b f(x)\, dx \le \int_u^b g(x)\, dx$.

Wir demonstrieren die Anwendung des Vergleichssatzes in Beispielen, bevor wir allgemeine Folgerungen in einem weiteren Satz zusammenfassen.

■ **Beispiel 5.7.34 — Fortsetzung von Beispiel 5.7.33.**
Da die Funktion $f : [1,3] \to \mathbb{R}$ mit $f(x) = e^{\frac{1-x}{2}}$ monoton fallend ist, ist ihr globales Maximum $f(1) = 1$ und ihr globales Minimum $f(3) = e^{-1}$.

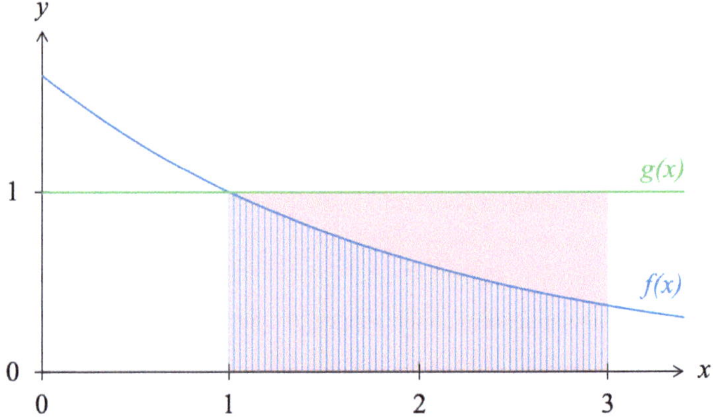

Abbildung 5.165: Die Idee des Vergleichssatzes

In Beispiel 5.7.33 motivierten wir anschaulich, dass wegen $e^{\frac{1-x}{2}} \leq 1$ für alle $x \in [1,3]$ auch

$$\int_1^3 e^{\frac{1-x}{2}}\, dx \leq \int_1^3 \underbrace{1}_{\max_{x\in[1,3]} f(x)}\, dx = 1 \cdot (3-1) = 2$$

gelten muss. Natürlich muss umgekehrt wegen $e^{\frac{1-x}{2}} \geq e^{-1}$ für alle $x \in [1,3]$ auch

$$\int_1^3 e^{\frac{1-x}{2}}\, dx \geq \int_1^3 \underbrace{e^{-1}}_{\min_{x\in[1,3]} f(x)}\, dx = e^{-1}(3-1) = 2e^{-1}$$

gelten. So erhält man als erste Abschätzung, dass

$$\int_1^3 \min_{t\in[1,3]} f(t)\, dx = 2e^{-1} \leq \int_1^3 e^{\frac{1-x}{2}}\, dx \leq \int_1^3 \max_{t\in[1,3]} f(t)\, dx = 2. \qquad \blacksquare$$

Offensichtlich gilt für jede reelle Funktion f, dass $f(x) \leq |f(x)|$ und damit auch $\int_a^b f(x)\, dx \leq \int_a^b |f(x)|\, dx$.

▪ Beispiel 5.7.35 — Eine weitere Folgerung aus dem Vergleichssatz.

Wir betrachten erneut die Funktion $f : [0,5] \to \mathbb{R}$ mit $f(x) = 2 - x$ und vergleichen das bestimmte Integral der Funktion mit dem bestimmten Integral des Absolutbetrags dieser Funktion. Wegen $f(x) \leq |f(x)|$ folgt aus dem Vergleichssatz, dass

$$\int_0^5 (2-x)\, dx \leq \int_0^5 |(2-x)|\, dx.$$

Um die Ungleichung zu verdeutlichen, berechnen wir die Werte der beiden bestimmten Integrale: Nutzt man die zweite Rechenregel in 5.7.10, ergibt sich für die linke Seite

$$\int_0^5 (2-x)\, dx = \int_0^2 (2-x)\, dx + \int_2^5 (2-x)\, dx.$$

Da $f(x) = 2 - x \geq 0$ für alle $x \in [0,2]$ gilt, entspricht das erste Integral dem Flächeninhalt des linken, blau schraffierten Dreiecks in Abbildung 5.166 mit Höhe 2 und Grundseite 2. Da $f(x) = 2 - x \leq 0$ für alle $x \in [2,5]$ entspricht das zweite Integral betragsmäßig dem Flächeninhalt eines Dreicks mit Höhe 3 und Grundseite 3, jedoch ist das Vorzeichen negativ. Somit gilt

$$\int_0^5 (2-x)\,dx = \int_0^2 (2-x)\,dx + \int_2^5 (2-x)\,dx = \frac{2\cdot 2}{2} + \left(-\frac{3\cdot 3}{2}\right) = 2 - 4.5 = -2.5.$$

Graphisch entspricht die linke Seite der Ungleichung

$$\int_0^5 (2-x)\,dx \leq \int_0^5 |(2-x)|\,dx$$

der Differenz der Flächeninhalte der beiden blau schraffierten Dreiecke in Abbildung 5.166 (links).

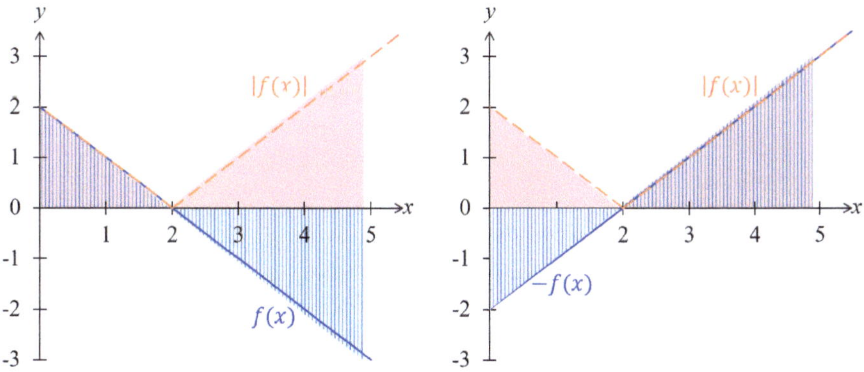

Abbildung 5.166: Ein Beispiel zur Folgerung aus dem Vergleichssatz

Da $|f(x)| \geq 0$, entspricht die rechte Seite obiger Ungleichung dem Inhalt der Fläche zwischen dem Graphen von $|f(x)|$ und der x-Achse für $0 \leq x \leq 5$, also der Summe der Flächeninhalte der beiden roten Dreicke in Abbildung 5.166 (links). Man erhält

$$\int_0^5 |2-x|\,dx = \int_0^2 |2-x|\,dx + \int_2^5 |2-x|\,dx = \frac{2\cdot 2}{2} + \frac{3\cdot 3}{2} = 2 + 4.5 = 6.5.$$

Die in Abbildung 5.166 (links) blau schraffierten und roten Dreiecke haben dabei jeweils den gleichen Flächeninhalt. Offensichtlich ist die Summe der Flächeninhalte größer als die Differenz. Somit haben wir für die angegebene Funktion mit $f(x) = 2 - x$ rechnerisch gezeigt:

$$-2.5 = \int_0^5 f(x)\,dx \leq \int_0^5 |f(x)|\,dx = 6.5.$$

Ebenso gilt für jede reelle Funktion f, dass $-f(x) \leq |f(x)|$, hier $-(2-x) \leq |2-x|$ und damit auch

$$\int_0^5 -(2-x)\,dx \leq \int_0^5 |(2-x)|\,dx.$$

Graphisch visualisiert dies Abbildung 5.166 (rechts). Rechnerisch ergibt sich dabei für die linke Seite

$$\int_0^5 -(2-x)\,dx = -\int_0^5 (2-x)\,dx = 2.5.$$

Die rechte Seite ist wie oben gezeigt 6.5. Es gilt

$$2.5 = -\int_0^5 f(x)\,dx \le \int_0^5 |f(x)|\,dx = 6.5.$$

Da der Betrag des bestimmten Integrals, $|\int_0^5 f(x)\,dx|$ je nach Vorzeichen des bestimmten Integrals, entweder $\int_0^5 f(x)\,dx$ oder $-\int_0^5 f(x)\,dx$ ist, gilt zusammenfassend also auch

$$|-2.5| = \left|\int_0^5 f(x)\,dx\right| \le \int_0^5 |f(x)|\,dx = 6.5. \qquad \blacksquare$$

Wir fassen die Ideen der vorangegangenen Beispiele in folgendem Satz zusammen:

Satz 5.7.13 — Folgerungen aus dem Vergleichssatz.
Sei f eine über $[a,b]$ Riemann-integrierbare reelle Funktion, $a,b \in \mathbb{R}$. Dann gilt

1. $\left|\int_a^b f(x)\,dx\right| \le \int_a^b |f(x)|\,dx$;
2. Ist f stetig, so gilt

$$\left(\min_{x\in[a,b]} f(x)\right)(b-a) \le \int_a^b f(x)\,dx \le \left(\max_{x\in[a,b]} f(x)\right)(b-a).$$

■ Beispiel 5.7.36 — Fortsetzung von Beispielen 5.7.31 und 5.7.32.
In Beispiel 5.7.31 zeigten wir, dass $\int_{-5}^5 2x\,dx = 0$, in Beispiel 5.7.32 berechneten wir $\int_{-5}^5 |2x|\,dx = 50$. Somit gilt auch hier

$$\left|\int_{-5}^5 2x\,dx\right| = 0 \le \int_{-5}^5 |2x|\,dx = 50. \qquad \blacksquare$$

Folgerung 2 in Satz 5.7.13 besagt für $f(x) \ge 0$, dass das Integral stets mindestens so groß ist wie der Flächeninhalt eines Rechtecks mit Höhe $\min_{x\in[a,b]} f(x)$ und Breite $(b-a)$, und höchstens so groß wie der Flächeninhalt eines Rechtecks mit Höhe $\max_{x\in[a,b]} f(x)$ und Breite $(b-a)$.

Der sogenannte Mittelwertsatz der Integralrechnung besagt, dass es bei stetiger Funktion f über einem abgeschlossenen Intervall $[a,b]$ auch stets (mindestens) eine Stelle $\xi \in [a,b]$ gibt, so dass das bestimmte Integral genau dem Flächeninhalt eines Rechtecks mit Höhe $f(\xi)$ und Breite $(b-a)$ entspricht, vgl. Abbildung 5.167.

Satz 5.7.14 — Der Mittelwertsatz der Integralrechnung.
Für jede über $[a,b]$ stetige, reelle Funktion f existiert ein $\xi \in [a,b]$ mit

$$\int_a^b f(x)\,dx = f(\xi)(b-a).$$

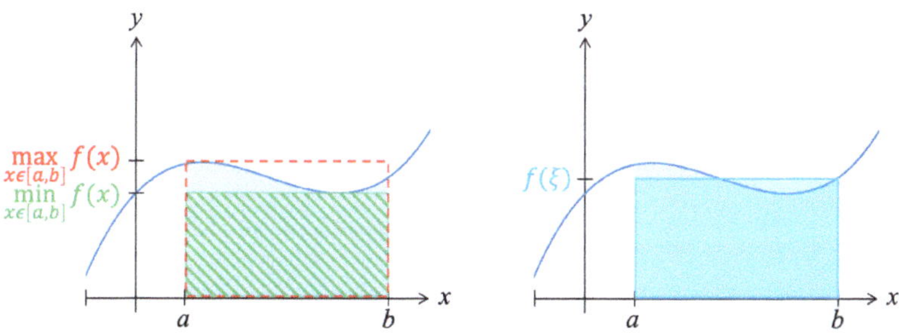

Abbildung 5.167: Eine weitere Folgerung aus dem Vergleichssatz

Interpretiert man $\frac{1}{b-a}\int_a^b f(x)\,dx$ als den mittleren Wert der Funktion f im Intervall $b-a$, besagt der Mittelwertsatz, dass eine stetige Funktion stets einen Wert $\xi \in [a,b]$ besitzt, so dass $f(\xi)$ diesem mittleren Wert entspricht.

■ Beispiel 5.7.37 — Der Vergleichssatz und der Mittelwertsatz.

Wir betrachten das bestimmte Integral $\int_0^2 (2x+2)\,dx$. Die Funktion $f(x) = 2x+2$ ist stetig mit $\min_{x\in[0,2]} f(x) = 2$ und $\max_{x\in[0,2]} f(x) = 6$. Eine Folgerung aus dem Vergleichssatz ist daher:

$$4 = 2\cdot 2 \le \int_0^2 (2x+2)\,dx \le 6\cdot 2 = 12.$$

In Beispiel 5.7.23 hatten wir gezeigt, dass $\int_0^2 (2x+2)\,dx = 8$. Der Mittelwertsatz besagt, dass die Funktion $f(x)$ irgendwo zwischen 0 und 2 den mittleren Funktionswert $\frac{1}{2}\int_0^2 (2x+2)\,dx$ annimmt. Er trifft jedoch keine Aussage darüber, wo diese Stelle ist. In diesem Beispiel wird der mittlere Wert $\frac{1}{2}\int_0^2 (2x+2)\,dx = 4$ von der Funktion f an der Stelle $\xi = 1 \in [0,2]$ angenommen, $f(1) = 4$. In der Regel liegt ξ jedoch nicht unbedingt in der Mitte des betrachteten Intervalls. Satz 5.7.14 besagt nur, dass es einen Wert ξ mit $f(\xi) = \frac{1}{2}\int_0^2 (2x+2)\,dx = 4$ zwischen a und b gibt. ■

(Z) Sind f und g Riemann-integrierbar über $[a,b]$ mit $f(x) \le g(x)$ für alle $x \in [a,b]$, dann besagt der Vergleichssatz, dass $\int_a^b f(x)\,dx \le \int_a^b g(x)\,dx$.

Für jede auf $[a,b]$ stetige, reelle Funktion f gibt es laut dem Mittelwertsatz eine Stelle $\xi \in [a,b]$, deren Funktionswert dem mittleren Funktionswert auf dem Intervall entspricht, also mit $f(\xi) = \frac{1}{b-a}\int_a^b f(x)\,dx$.

5.7.6 Der Hauptsatz der Differential- und Integralrechnung

Ziele dieses Unterkapitels
- Was besagt der Hauptsatz der Differential- und Integralrechnung?
- Wie kann man das unbestimmte Integral nutzen, um das bestimmte Integral zu berechnen?

Wir illustrieren die Idee des Hauptsatzes erst ausführlich, bevor wir die Anwendung zur Berechnung bestimmter Integrale nutzen und dann kurz die Unterschiede zwischen dem bestimmten und dem unbestimmten Integral zusammenfassen.

Herleitung des Hauptsatzes der Differential- und Integralrechnung

Ziel der folgenden Überlegungen ist es, geometrisch einen Zusammenhang zwischen dem bestimmten Integral und der Stammfunktion $F(x)$ einer stetigen Funktion $f(x)$ aufzuzeigen und so den folgenden Hauptsatz der Differential- und Integralrechung zu motivieren.

Es sei $f : [a,b] \to Z$ eine stetige reelle Funktion und

$$F(x) = \int_a^x f(t)\, dt$$

das bestimmte Integral von a bis x, $x \in [a,b]$. Da wir die obere Integrationsgrenze als x bezeichnen, wählen wir nun t als Integrationsvariable. (Wir deuten hier das Ergebnis der Analyse bereits an, indem wir für das bestimmte Integral das gleiche Symbol F wie für Stammfunktionen von f nutzen. Dass es sich hier um eine Stammfunktion von f handelt, wollen wir eigentlich erst zeigen). Aus Satz 5.7.13 und Abbildung 5.168 folgt für $\Delta x > 0$, dass wir das bestimmte Integral über dem Intervall $[x, x+\Delta x]$ mit Hilfe des globalen Minimums und des globalen Maximums von f wie folgt abschätzen können:

$$\min_{t \in [x,x+\Delta x]} f(t) \cdot \Delta x \leq \int_x^{x+\Delta x} f(t)\, dt \leq \max_{t \in [x,x+\Delta x]} f(t) \cdot \Delta x.$$

Dabei entspricht laut Satz 5.7.10 das bestimmte Integral $\int_x^{x+\Delta x} f(t)\, dt$ der Differenz des bestimmten Integrals über $[a, x+\Delta x]$ und dem bestimmten Integral über $[a, x]$. Also

$$\Delta x \cdot \min_{t \in [x,x+\Delta x]} f(t) \leq \underbrace{F(x+\Delta x) - F(x)}_{= \int_x^{x+\Delta x} f(t)\, dt} \leq \Delta x \cdot \max_{t \in [x,x+\Delta x]} f(t)$$

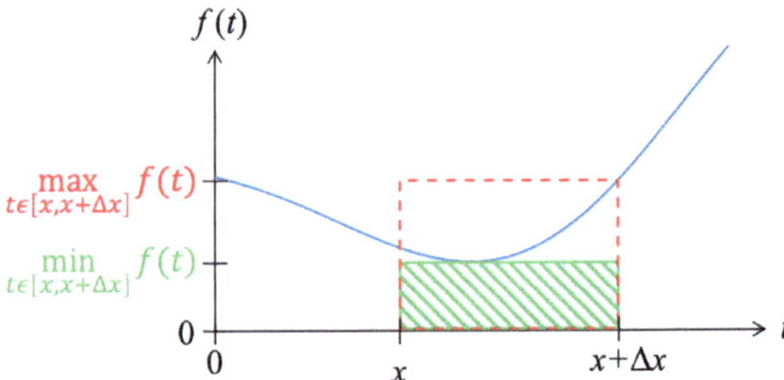

Abbildung 5.168: $\Delta x \cdot \min_{t \in [x,x+\Delta x]} f(t) \leq F(x+\Delta x) - F(x) \leq \Delta x \cdot \max_{t \in [x,x+\Delta x]} f(t)$

Teilen wir durch $\Delta x > 0$, erhalten wir

$$\min_{t \in [x,x+\Delta x]} f(t) \leq \frac{F(x+\Delta x) - F(x)}{\Delta x} \leq \max_{t \in [x,x+\Delta x]} f(t).$$

Damit folgt für $\Delta x \to 0$

$$\lim_{\Delta x \to 0} \min_{t \in [x,x+\Delta x]} f(t) \leq \lim_{\Delta x \to 0} \frac{F(x+\Delta x) - F(x)}{\Delta x} \leq \lim_{\Delta x \to 0} \max_{t \in [x,x+\Delta x]} f(t).$$

Für $\Delta x \to 0$ wird das Intervall $[x, x+\Delta x]$ immer kleiner. So nähern sich $\min_{t \in [x,x+\Delta x]} f(t)$ und $\max_{t \in [x,x+\Delta x]} f(t)$ für $\Delta x \to 0$ dem Wert $f(x)$. Es ergibt sich

$$f(x) \le \underbrace{\lim_{\Delta x \to 0} \frac{F(x+\Delta x) - F(x)}{\Delta x}}_{F'(x)} \le f(x)$$

und somit das Ergebnis

$$F'(x) = f(x).$$

Die Ableitung der Funktion $F(x) = \int_a^x f(t)\, dt$ ist $f(x)$. Das bestimmte Integral ist somit eine Stammfunktion von f. Dieses Resultat ist als Hauptsatz der Differential- und Integralrechnung bekannt.

Satz 5.7.15 — Hauptsatz der Differential- und Integralrechnung.
Es sei $f : [a,b] \to Z$ eine stetige reelle Funktion. Dann ist die auf $[a,b]$ definierte Funktion

$$F(x) = \int_a^x f(t)\, dt, \quad x \in [a,b],$$

differenzierbar auf $[a,b]$ und es gilt

$$F'(x) = f(x) \quad \text{für alle } x \in (a,b).$$

An den Intervallgrenzen gilt $F'_+(a) = f(a)$ und $F'_-(b) = f(b)$.

An Stellen, an welchen die stetige Funktion f positive Funktionswerte hat, ist die Ableitung des bestimmten Integrals F positiv. In einer Umgebung einer solchen Stelle ist F damit monoton steigend. Ist $f(x) = 0$, ist die Ableitung von F an der Stelle x gleich 0. Ist $f(x)$ negativ, so ist F in einer Umgebung von x monoton fallend. Das bestimmte Integral $F(x) = \int_a^x f(t)dt$ entspricht also dem Wert einer Stammfunktion von f an der Stelle x. Wir haben aber in Abschnitt 5.7.1 gesehen, dass eine Funktion f unendlich viele Stammfunktionen hat. Wie kann man ausgehend von f die Funktion F bestimmen?

Berechnung bestimmter Integrale mit Hilfe unbestimmter Integrale

Laut dem Hauptsatz der Differential- und Integralrechnung hat die Funktion $F(x) = \int_a^x f(t)\, dt$ folgende zwei Eigenschaften:
1. die Funktion F ist eine Stammfunktion von f, und
2. der Funktionswert an der Stelle a muss 0 sein, weil $F(a) = \int_a^a f(t)\, dt = 0$.

Unter den unendlich vielen Stammfunktionen von f findet man die gesuchte Stammfunktion also, indem man sicherstellt, dass sie ausgewertet an der Stelle a den Wert 0 ergibt.

■ **Beispiel 5.7.38 — Das bestimmte Integral $\int_1^2 t^3\, dt$.**
Wir suchen den Wert des bestimmten Integrals $\int_1^2 t^3\, dt$. In Beispiel 5.7.5 zeigten wir, dass die Menge aller Stammfunktionen

$$\int t^3\, dt = \frac{1}{4}t^4 + c, \quad c \in \mathbb{R}$$

ist. Aus dem Hauptsatz können wir schließen, dass eine dieser Stammfunktionen $F(x) = \frac{1}{4}t^4 + c$ dem bestimmten Integral $\int_1^x t^3\, dt$ entspricht, müssen aber den Wert von c noch bestimmen. Da $\int_1^1 t^3\, dt = 0$, muss

$$F(1) = \frac{1}{4}1^4 + c = 0.$$

Demnach gilt $c = -\frac{1}{4}$ und

$$\int_1^x t^3\, dt = F(x) = \frac{1}{4}x^4 - \frac{1}{4}.$$

Die Fläche unter dem Graphen von f entspricht also $F(2) = \frac{1}{4}2^4 - \frac{1}{4} = \frac{15}{4}$, vgl. Abbildung 5.169. ∎

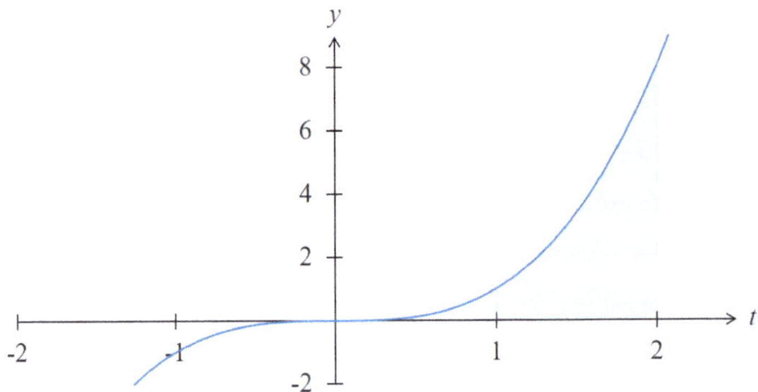

Abbildung 5.169: Das bestimmte Integral $\displaystyle\int_1^2 t^3\, dt$

Folgender Satz vereinfacht obige Berechnung, indem er festhält, dass man zu einer beliebigen Stammfunktion F die gesuchte Konstante c als $c = -F(a)$ bestimmen kann.

> **Satz 5.7.16 — Die Berechnung des bestimmten Integrals.**
> Ist F eine Stammfunktion der über $[a,b]$ Riemann-integrierbaren stetigen, reellen Funktion f, dann gilt
> $$\int_a^b f(x)\, dx = [F(x)]_a^b = F(b) - F(a).$$

Hierbei dient die Schreibweise $[F(x)]_a^b$ vor allem bei komplizierten Stammfunktionen der Vereinfachung. Einige Autoren schreiben auch $F(x)|_a^b$ statt $[F(x)]_a^b$. Wir demonstrieren den Nutzen dieses Satzes in einigen Beispielen:

■ **Beispiel 5.7.39 — Das bestimmte Integral $\int_3^5 (2x+2)\, \mathbf{dx}$.**
In Abschnitt 5.7.1 hatten wir festgestellt, dass $F(x) = x^2 + 2x$ eine Stammfunktion der Funktion $f(x) = 2x + 2$ ist. Interessieren wir uns für die Fläche zwischen der x-Achse und dieser positiven Funktion im Intervall $[3,5]$, ergibt sich:

$$\int_3^5 (2x+2)\, dx = [F(x)]_3^5 = F(5) - F(3) = 5^2 + 2\cdot 5 - (3^2 + 2\cdot 3) = 35 - 15 = 20.$$

Ebenso ist $G(x) = x^2 + 2x + 5$ eine Stammfunktion von f. Die Berechnung

$$\int_3^5 (2x+2)\,dx = G(5) - G(3) = 5^2 + 2 \cdot 5 + 5 - (3^2 + 2 \cdot 3 + 5) = 40 - 20 = 20$$

führt zum gleichen Ergebnis. ∎

■ **Beispiel 5.7.40 — Das bestimmte Integral $\int_3^5 \frac{1}{x}\,dx$.**
Laut Satz 5.7.2 ist $F(x) = \ln(|x|)$ eine Stammfunktion der Funktion $f(x) = \frac{1}{x}$. Somit gilt:

$$\int_3^5 \frac{1}{x}\,dx = [\ln(|x|)]_3^5 = \ln 5 - \ln 3 \quad \text{und} \quad \int_{-5}^{-3} \frac{1}{x}\,dx = [\ln(|x|)]_{-5}^{-3} = \ln 3 - \ln 5.$$

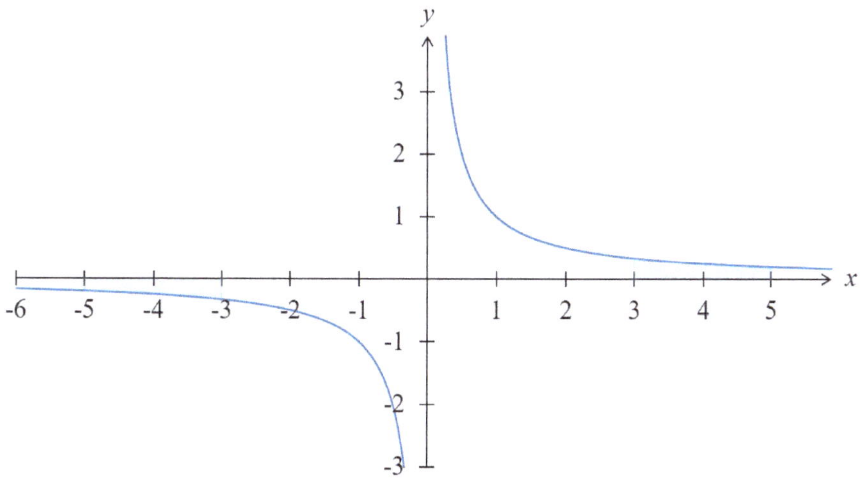

Abbildung 5.170: Die bestimmten Integrale $\displaystyle\int_{-5}^{-3} \frac{1}{x}\,dx$ und $\displaystyle\int_3^5 \frac{1}{x}\,dx$

Die beiden in Abbildung 5.170 eingezeichneten Flächen haben also den gleichen Flächeninhalt. Da eine Fläche oberhalb der x-Achse und die andere unterhalb liegt, haben die Werte der bestimmten Integrale verschiedene Vorzeichen.[48] ∎

■ **Beispiel 5.7.41 — Das bestimmte Integral $\int_0^1 e^{-4x}\,dx$.**
In Beispiel 5.7.25 hatten wir sehr aufwändig das Integral $\int_0^1 e^{-4x}\,dx$ berechnet. Mithilfe von Satz 5.7.3 erhält man als Menge aller Stammfunktionen von $f(x) = e^{-4x}$ das unbestimmte Integral

$$\int e^{-4x}\,dx = -\frac{1}{4}e^{-4x} + c, \quad c \in \mathbb{R}.$$

---

[48] Diese Eigenschaft ist erneut eng mit der Punktsymmetrie der Funktion zum Ursprung verbunden. Es gilt $f(-x) = \frac{1}{-x} = -\frac{1}{x} = -f(x)$.

Mit $F(x) = -\frac{1}{4}e^{-4x}$ gilt also:

$$\int_0^1 e^{-4x}\,dx = \left[-\frac{1}{4}e^{-4x}\right]_0^1 = -\frac{1}{4}e^{-4} - \left(-\frac{1}{4}e^0\right)$$

$$= -\frac{1}{4}e^{-4} + \frac{1}{4} = \frac{1}{4}(1 - e^{-4}).$$

■ Beispiel 5.7.42 — Geschwindigkeit und die zurückgelegte Strecke.

Ist wie in Beispiel 5.3.34 die Geschwindigkeit eines Fahrrads (in Metern pro Sekunde) zur Zeit $x \in [0, 10]$ durch

$$v(x) = 0.03x^4 - 0.6x^3 + 3x^2$$

gegeben, so ist die bis zur Zeit x zurückgelegte Strecke (in Metern) gleich

$$f(x) = \int_0^x v(t)dt = \int_0^x \left(0.03t^4 - 0.6t^3 + 3t^2\right)dt$$

$$= \left[\frac{0.03}{5}t^5 - \frac{0.6}{4}t^4 + \frac{3}{3}t^3\right]_0^x = 0.006x^5 - 0.15x^4 + x^3.$$

Bis zur Zeit $x = 10$ werden also $\int_0^{10} v(t)dt = 0.006 \cdot 10^5 - 0.15 \cdot 10^4 + 10^3 = 100$ Meter zurückgelegt, siehe auch Beispiel 5.3.1.

■ Beispiel 5.7.43 — Lagerbestände.

Ein Lager, in dem aktuell 75 Mengeneinheiten gelagert sind, bedient eine Nachfrage, die in den ersten 5 Zeiteinheiten konstant 10 pro Zeiteinheit ist und dann abfällt. Die Rate, mit der Nachfrage eintritt, ist zur Zeit x gleich

$$d(x) = \begin{cases} 10 & \text{für } 0 \le x \le 5 \\ \frac{250}{x^2} & \text{für } x > 5 \end{cases}$$

pro Zeiteinheit. Fragen wir uns, zu welcher Zeit das Lager leer ist, entspricht dies der Suche nach dem Wert von x, bei dem die kumulierte Nachfrage 75 ist. Abbildung 5.171 visualisiert diese Frage. Die kumulierte Nachfrage zwischen Zeit 0 und Zeit x ist:

$$\int_0^x d(t)\,dt = \begin{cases} \int_0^x 10\,dt & \text{für } x \le 5 \\ \int_0^5 10\,dt + \int_5^x \frac{250}{t^2}\,dt & \text{für } x > 5 \end{cases}$$

$$= \begin{cases} 10 \cdot (x - 0) & \text{für } x \le 5 \\ 10 \cdot (5 - 0) + 250\int_5^x \frac{1}{t^2}\,dt & \text{für } x > 5 \end{cases}$$

$$= \begin{cases} 10x & \text{für } x \le 5 \\ 50 + 250 \cdot \left[-\frac{1}{t}\right]_5^x & \text{für } x > 5 \end{cases}$$

$$= \begin{cases} 10x & \text{für } x \le 5 \\ 50 + 250 \cdot \left(-\frac{1}{x} - \left(-\frac{1}{5}\right)\right) & \text{für } x > 5 \end{cases}$$

$$= \begin{cases} 10x & \text{für } x \le 5 \\ 100 - \frac{250}{x} & \text{für } x > 5 \end{cases}$$

Die Gesamtnachfrage entspricht also dem Lagerbestand von 75 für $x = 10$,

$$100 - \frac{250}{x} = 75 \quad \Leftrightarrow \quad x = 10.$$

Zur Zeit $x = 10$ ist das Lager leer. ∎

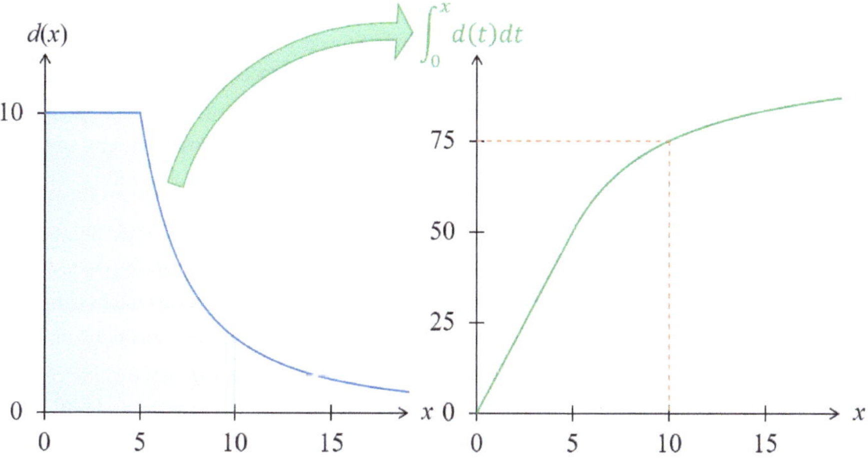

Abbildung 5.171: Die Funktion $d(x)$ und das bestimmte Integral $\int_0^x d(t)\, dt$

■ **Beispiel 5.7.44 — Das bestimmte Integral einer unstetigen Funktion.**
Betrachten wir erneut die Funktion $f : [0,5] \to \mathbb{R}$ mit

$$f(x) = \begin{cases} 4 & \text{falls } x \leq 2 \\ 8 & \text{falls } 2 < x \leq 2.5 \\ 6 & \text{falls } 2.5 < x \end{cases}$$

aus Beispiel 5.7.24. Diese Funktion ist an den Stellen 2 und 2.5 unstetig. Um hier den Hauptsatz anzuwenden, unterteilt man den Definitionsbereich in Teilintervalle, auf deren Innerem die Funktion stetig ist. So ergibt sich:

$$\int_0^5 f(x)dx = \int_0^2 f(x)dx + \int_2^{2.5} f(x)dx + \int_{2.5}^5 f(x)dx$$
$$= [4x]_0^2 + [8x]_2^{2.5} + [6x]_{2.5}^5 = 8 - 0 + 20 - 16 + 30 - 15 = 27.$$

Zu beachten ist, dass bei diesem Vorgehen die Funktionswerte an den Integrationsgrenzen nicht wichtig sind. Für die Funktion $g : [0,5] \to \mathbb{R}$ mit

$$g(x) = \begin{cases} 4 & \text{falls } x < 2 \\ 8 & \text{falls } 2 \leq x < 2.5 \\ 10 & \text{falls } x = 2.5 \\ 6 & \text{falls } 2.5 < x \end{cases}$$

gilt ebenfalls

$$\int_0^5 g(x)dx = \int_0^2 g(x)dx + \int_2^{2.5} g(x)dx + \int_{2.5}^5 g(x)dx$$
$$= [4x]_0^2 + [8x]_2^{2.5} + [6x]_{2.5}^5 = 8 - 0 + 20 - 16 + 30 - 15 = 27. \qquad \blacksquare$$

Begriffliche Abgrenzung bestimmter und unbestimmter Integrale

Wir haben nun eine Brücke zwischen dem unbestimmten Integral $\int f(x)\,dx$ und dem bestimmten Integral $\int_a^b f(x)\,dx$ geschlagen. Aufgrund des ähnlichen Namens und der ähnlichen Symbolik kommt es hier häufig zu Verwechslungen,[49] obwohl beide grundverschieden sind:

- Das bestimmte Integral $\int_a^b f(x)\,dx$ entspricht dem Grenzwert von Ober- bzw. Untersummen in einem Intervall $[a,b]$. Es ist eng mit dem Flächeninhalt zwischen der x-Achse und dem Graphen von f innerhalb des Intervalls $[a,b]$ verbunden. Es entspricht (im Falle der Existenz) einer reellen Zahl, die man über Ober- und Untersummen oder mit Hilfe einer Stammfunktion berechnen kann.
- Das unbestimmte Integral $\int f(x)\,dx$ hingegen ist keine Zahl. Es ist die Menge aller Stammfunktionen von f. Es hat daher auch keine Integrationsgrenzen.

Tabelle 5.6 fasst die Unterschiede zusammen.

	$\int f(x)\,dx$	$\int_a^b f(x)\,dx$
Name	unbestimmtes Integral	bestimmtes Integral
Repräsentiert	die Menge aller Funktionen, die abgeleitet f ergeben	eine reelle Zahl, der Grenzwert der Ober- bzw. Untersummen
Beispiel	$\int 2x\,dx = x^2 + c, c \in \mathbb{R}$	$\int_0^1 2x\,dx = 1$

Tabelle 5.6: Das bestimmte und das unbestimmte Integral

Stammfunktionen und Integrierbarkeit

Wir wollen zum Abschluss dieses Kapitels zudem darauf hinweisen, dass Integrierbarkeit nicht mit der Existenz einer (analytisch darstellbaren) Stammfunktion gleichzusetzen ist. In der Statistik werden Wahrscheinlichkeiten oft als Fläche unter Graphen repräsentiert. Da einige dort genutzte Funktionen keine analytisch darstellbaren Stammfunktionen besitzen, werden hier oft Tabellen genutzt, in denen die Werte der Stammfunktionen aufgelistet werden. Beispielsweise ist die Dichte der Normalverteilung über jedem Intervall stetig und damit Riemann-integrierbar. Diese Dichte besitzt jedoch keine (analytisch darstellbare) Stammfunktion. Der Wert bestimmter Integrale kann in diesem Fall nur numerisch bestimmt werden. Umgekehrt existieren auch Funktionen, die eine Stammfunktion haben, aber nicht Riemann-integrierbar sind.

---

[49] Besonders unintuitiv ist hierbei, dass die Bestimmung des unbestimmten Integrals nicht zum bestimmten Integral führt.

■ Beispiel 5.7.45 — Nicht Riemann-integrierbare Funktion mit Stammfunktion (∗).
Wir betrachten die Funktion

$$F : [0,1] \to \mathbb{R} \quad \text{mit} \quad F(x) = \begin{cases} x^{\frac{3}{2}} \sin\left(\frac{1}{x}\right) & x > 0 \\ 0 & x = 0. \end{cases}$$

Mit Hilfe des Quetschsatzes sieht man, dass wegen

$$0 = \lim_{x \to 0^+} x^{\frac{3}{2}} \cdot (-1) \leq \lim_{x \to 0^+} x^{\frac{3}{2}} \sin\left(\frac{1}{x}\right) \leq \lim_{x \to 0^+} x^{\frac{3}{2}} \cdot (1) = 0$$

$\lim_{x \to 0^+} x^{\frac{3}{2}} \sin\left(\frac{1}{x}\right) = 0$ gelten muss und F stetig ist. Zudem gilt

$$F'(0) = \lim_{\Delta x \to 0^+} \frac{(\Delta x)^{\frac{3}{2}} \sin\left(\frac{1}{\Delta x}\right) - 0}{\Delta x} = \lim_{\Delta x \to 0^+} (\Delta x)^{\frac{1}{2}} \sin\left(\frac{1}{\Delta x}\right) = 0,$$

wobei man den letzten Grenzwert wieder durch Anwendung des Quetschsatzes erhält. Mit Hilfe der Produktregel erhält man für $x > 0$, dass $F'(x) = \frac{3}{2}x^{\frac{1}{2}} \sin\left(\frac{1}{x}\right) - x^{-\frac{1}{2}} \cos\left(\frac{1}{x}\right)$. Somit ist F also differenzierbar mit

$$F'(x) = \begin{cases} \frac{3}{2}x^{\frac{1}{2}} \sin\left(\frac{1}{x}\right) - x^{-\frac{1}{2}} \cos\left(\frac{1}{x}\right) & x > 0 \\ 0 & x = 0. \end{cases}$$

Umgekehrt ist $F : [0,1] \to \mathbb{R}$ also eine Stammfunktion der Funktion $f(x) = F'(x)$. Wir zeigen im Folgenden, dass die Funktion $f(x) = F'(x)$ in jedem Intervall $[0,\delta] \subseteq [0,1]$ weder eine untere Schranke noch eine obere Schranke besitzt. Die Untersummen haben daher einen Grenzwert von $-\infty$, die Obersummen einen Grenzwert von $+\infty$. Die unbeschränkte Funktion $f(x) = F'(x)$ ist auf dem Intervall $[0,\delta] \subseteq [0,1]$ nicht Riemann-integrierbar.

Um zu zeigen, dass die Funktion jeden beliebigen Wert a unterschreitet, definieren wir für beliebiges $\delta > 0$ Stellen

$$x_m = \frac{1}{2\pi \left(\left\lceil \frac{1/\delta}{2\pi} \right\rceil + m\right)}, \quad m \in \mathbb{N}_0.$$

An jeder dieser Stellen x_m, $m \in \mathbb{N}_0$, gilt wegen

$$2\pi \left(\left\lceil \frac{1/\delta}{2\pi} \right\rceil + m\right) \geq 2\pi \left\lceil \frac{1/\delta}{2\pi} \right\rceil \geq 1/\delta$$

auch $\frac{1}{x_m} \geq \frac{1}{\delta}$ bzw. $x_m \leq \delta$. Zudem gilt an jeder dieser Stellen

$$\cos\left(\frac{1}{x_m}\right) = \cos\left(2\pi \underbrace{\left(\left\lceil \frac{1/\delta}{2\pi} \right\rceil + m\right)}_{\in \mathbb{N}_0}\right) = 1$$

$$\sin\left(\frac{1}{x_m}\right) = \sin\left(2\pi \underbrace{\left(\left\lceil \frac{1/\delta}{2\pi} \right\rceil + m\right)}_{\in \mathbb{N}_0}\right) = 0.$$

An jeder Stelle $x_m \in [0, \delta]$ gilt somit

$$f(x_m) = \frac{3}{2}x_m^{\frac{1}{2}}\underbrace{\sin\left(\frac{1}{x_m}\right)}_{=0} - x_m^{-\frac{1}{2}}\underbrace{\cos\left(\frac{1}{x_m}\right)}_{=1} = -x_m^{-\frac{1}{2}} = -\frac{1}{\sqrt{x_m}}.$$

Zu jedem beliebigen $a \in \mathbb{R}\setminus\{0\}$ kann man nun x_m so wählen, dass $0 < x_m < \frac{1}{a^2}$ und $f(x_m) = -\frac{1}{\sqrt{x_m}} < -|a| \leq a$. Die Funktion unterschreitet also auf jedem noch so kleinen Intervall $[0, \delta]$ jeden Wert $a \in \mathbb{R}$. Es gilt $\inf_{x \in [0,\delta]} f(x) = -\infty$.

Bildet man also die Untersumme von f, so gilt für alle $n \in \mathbb{N}$ mit $\delta = \frac{1}{n}$, dass

$$u_1 = \inf_{x \in [0,\frac{1}{n}]} f(x) = -\infty.$$

Da f auf $[\frac{1}{n}, 1]$ für alle $n \in \mathbb{N}$ stetig ist, folgt aus dem Satz von Weierstraß, dass $u_k = \inf_{x \in [\frac{k-1}{n}, \frac{k}{n}]} f(x)$ für alle $k \geq 2$ endlich ist, also $u_k \in \mathbb{R}$ für alle u_k mit $k \geq 2$. Damit gilt

$$U_n = \sum_{k=1}^{n} \frac{1}{n} \inf_{x \in [\frac{k-1}{n}, \frac{k}{n}]} f(x) = -\infty$$

Analog kann man zeigen, dass die Funktion jeden beliebigen Wert a innerhalb des Intervalls $[0, \delta]$ überschreitet. Hierfür definieren wir für beliebiges $\delta > 0$ Stellen

$$x_m = \frac{1}{\pi + 2\pi\left(\left\lceil\frac{1/\delta}{2\pi}\right\rceil + m\right)}, \quad m \in \mathbb{N}_0.$$

An jeder dieser Stellen x_m, $m \in \mathbb{N}_0$, gilt wegen

$$\pi + 2\pi\left(\left\lceil\frac{1/\delta}{2\pi}\right\rceil + m\right) \geq \pi + 2\pi\left\lceil\frac{1/\delta}{2\pi}\right\rceil \geq \pi + 1/\delta$$

auch $\frac{1}{x_m} \geq \pi + \frac{1}{\delta} \geq \frac{1}{\delta}$ bzw. $x_m \leq \delta$. Zudem gilt an jeder dieser Stellen

$$\cos\left(\frac{1}{x_m}\right) = \cos\left(\pi + 2\pi\underbrace{\left(\left\lceil\frac{1/\delta}{2\pi}\right\rceil + m\right)}_{\in \mathbb{N}_0}\right) = -1$$

$$\sin\left(\frac{1}{x_m}\right) = \sin\left(\pi + 2\pi\underbrace{\left(\left\lceil\frac{1/\delta}{2\pi}\right\rceil + m\right)}_{\in \mathbb{N}_0}\right) = 0.$$

An jeder Stelle $x_m \in [0, \delta]$ gilt somit

$$f(x_m) = \frac{3}{2}x_m^{\frac{1}{2}}\underbrace{\sin\left(\frac{1}{x_m}\right)}_{=0} - x_m^{-\frac{1}{2}}\underbrace{\cos\left(\frac{1}{x_m}\right)}_{=-1} = x_m^{-\frac{1}{2}} = \frac{1}{\sqrt{x_m}}.$$

Zu jedem beliebigen $a \in \mathbb{R} \backslash \{0\}$ kann man nun x_m so wählen, dass $0 < x_m < \frac{1}{a^2}$ und $f(x_m) = \frac{1}{\sqrt{x_m}} > |a| \geq a$. Die Funktion überschreitet also auf jedem noch so kleinen Intervall $[0, \delta]$ jeden Wert $a \in \mathbb{R}$. Es gilt $\sup_{x \in [0,\delta]} f(x) = +\infty$. Damit gilt mit $\delta = \frac{1}{n}$, dass

$$o_1 = \sup_{x \in [0, \frac{1}{n}]} f(x) = +\infty$$

und analog zu oben

$$O_n = \sum_{k=1}^{n} \frac{1}{n} \sup_{x \in [\frac{k-1}{n}, \frac{k}{n}]} f(x) = +\infty.$$

Die Ober- und Untersummen haben für alle n und damit auch für $n \to +\infty$ die Grenzwerte $+\infty$ bzw. $-\infty$. Somit ist die Funktion nicht Riemann-integrierbar, obwohl sie eine Stammfunktion hat. $\blacksquare$

(Z) Für die Funktion $F(x) = \int_a^x f(t)\, dt$, die das bestimmte Integral von f über $[a, x] \subseteq [a, b]$ berechnet, gilt $F'(x) = f(x)$ für alle $x \in (a, b)$.
Ist F eine beliebige Stammfunktion der Riemann-integrierbaren Funktion f, gilt $\int_a^b f(t)\, dt = F(b) - F(a)$.

5.7.7 Uneigentliche Integrale

Ziele dieses Unterkapitels

- Was versteht man unter $\displaystyle\int_a^{+\infty} f(x)\, dx$, $\displaystyle\int_{-\infty}^{b} f(x)\, dx$ und $\displaystyle\int_{-\infty}^{+\infty} f(x)\, dx$?

- Was versteht man unter $\displaystyle\int_a^{b} f(x)\, dx$, wenn f auf $[a, b]$ unbeschränkt ist?

Bisher haben wir stets vorausgesetzt, dass sowohl die zu integrierende Funktion als auch das Intervall zwischen den Integrationsgrenzen beschränkt sind. Ist eine dieser Bedingungen verletzt, spricht man von uneigentlichen (Riemann-)Integralen.

Wir erweitern unsere Definition von Integralen zunächst auf unbeschränkte Intervalle, bevor wir dann in einem zweiten Schritt einen unbeschränkten Wertebereich bzw. unbeschränkte Funktionen zulassen.

Uneigentliche Integrale über unbeschränkten Intervallen

■ Beispiel 5.7.46 — Der Flächeninhalt einer unbeschränkten Fläche.
Um den Inhalt der Fläche unter dem Graphen der Funktion $f(x) = \frac{1}{x^2}$ rechts von der Stelle 1 zu berechnen, können wir nutzen, dass für alle $b > 1$

$$\int_1^b \frac{1}{x^2}\, dx = \left[-\frac{1}{x} \right]_1^b = -\frac{1}{b} - (-1) = 1 - \frac{1}{b}$$

gilt, vgl. Abbildung 5.172.
Für große Werte von b nähert sich der Flächeninhalt über dem Intervall $[1, b]$ also immer mehr dem Wert 1. Bestimmt man nun den Grenzwert $b \to +\infty$ ergibt sich

$$\lim_{b \to +\infty} \left(1 - \frac{1}{b} \right) = 1.$$

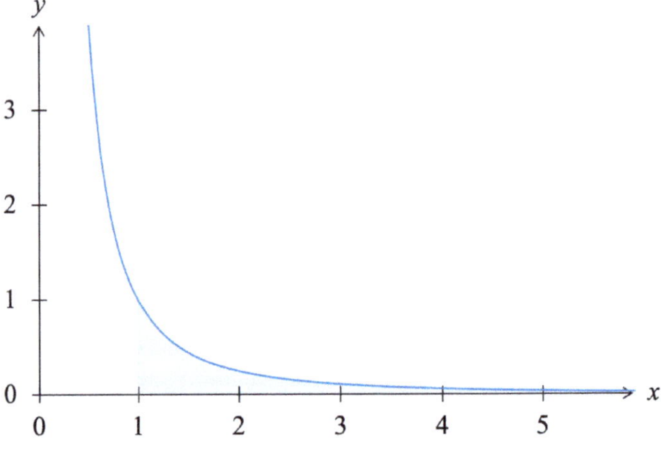

Abbildung 5.172: Das uneigentliche Integral $\displaystyle\int_1^{+\infty} \frac{1}{x^2}\, dx$

Wir definieren, dass

$$\int_1^{+\infty} \frac{1}{x^2}\, dx = \lim_{b \to +\infty} \int_1^b \frac{1}{x^2}\, dx = 1.$$

Der Grenzwert

$$\lim_{b \to +\infty} \int_a^b f(x)\, dx$$

wird auch als uneigentliches Integral bezeichnet und verkürzt als

$$\int_a^{+\infty} f(x)\, dx = \lim_{b \to +\infty} \int_a^b f(x)\, dx$$

geschrieben. Dieser Grenzwert existiert jedoch nicht immer.

■ Beispiel 5.7.47 — Uneigentlicher Grenzwert eines uneigentlichen Integrals.

Interessieren wir uns beispielsweise für die Fläche unter dem Graphen der Funktion $f(x) = \frac{1}{x}$ rechts von der Stelle 1, so gilt für alle $b > 1$

$$\int_1^b \frac{1}{x}\, dx = \big[\ln(|x|) \big]_1^b = \ln(b) - \ln(1).$$

Dieser Flächeninhalt wächst für große b über alle Grenzen, da

$$\lim_{b \to +\infty} (\ln(b) - \ln(1)) = +\infty.$$

Man schreibt auch

$$\int_1^{+\infty} \frac{1}{x}\, dx = +\infty$$

und sagt, dass das Integral divergiert.

Folgende Definition fasst diese Ideen zusammen und erweitert sie auf nach unten unbeschränkte Intervalle:

> **Definition 5.7.6 — Uneigentliche Integrale (über unbeschränkten Intervallen).**
> Ist die reelle Funktion $f : D \to Z$ über jedem endlichen Intervall $[a,b], b > a$ Riemann-integrierbar und $[a, +\infty) \subseteq D$, dann heißt der Grenzwert
>
> $$\int_a^{+\infty} f(x)\, dx = \lim_{b \to +\infty} \int_a^b f(x)\, dx$$
>
> **uneigentliches Integral von** f über $[a, +\infty)$. Existiert der Grenzwert, spricht man von einem konvergenten uneigentlichen Integral. Existiert der Grenzwert nicht, spricht man von einem divergenten uneigentlichen Integral oder man sagt, dass f über $[a, +\infty)$ nicht uneigentlich integrierbar ist.
>
>   Ist die reelle Funktion $f : D \to Z$ über jedem endlichen Intervall $[a,b], b > a$ Riemann-integrierbar und $(-\infty, b] \subseteq D$, dann heißt der Grenzwert
>
> $$\int_{-\infty}^b f(x)\, dx = \lim_{u \to -\infty} \int_a^b f(x)\, dx$$
>
> uneigentliches Integral von f über $(-\infty, b]$. Existiert der Grenzwert, spricht man von einem konvergenten uneigentlichen Integral. Existiert der Grenzwert nicht, spricht man von einem divergenten uneigentlichen Integral oder man sagt, dass f über $(-\infty, b]$ nicht uneigentlich integrierbar ist.
>
>   Ist f auf dem Intervall $(-\infty, +\infty)$ definiert und existiert ein $z \in \mathbb{R}$, für welches die uneigentlichen Integrale $\int_{-\infty}^z f(x)\, dx$ und $\int_z^{+\infty} f(x)\, dx$ konvergent sind, dann ist
>
> $$\int_{-\infty}^{+\infty} f(x)\, dx = \int_{-\infty}^z f(x)\, dx + \int_z^{+\infty} f(x)\, dx$$
>
> das (konvergente) uneigentliche Integral von f über $(-\infty, +\infty)$ bzw. auf $\mathbb{R}$. Existiert ein solches z nicht, so sagt man, dass f auf $\mathbb{R}$ nicht uneigentlich integrierbar ist.

Wir berechnen beispielhaft einige uneigentliche Integrale.

■ **Beispiel 5.7.48 — Dichte der Exponentialverteilung.**

In der Statistik werden Sie die Dichte der Exponentialverteilung mit Parameter $\lambda > 0$ als

$$f(x) = \lambda e^{-\lambda x}, \quad x \geq 0$$

kennenlernen. Aus Satz 5.7.3 ergibt sich die Stammfunktion $F(x) = -e^{-\lambda x}$. Das uneigentliche Integral über $[0, +\infty)$ berechnet sich damit als

$$\begin{aligned}
\int_0^{+\infty} f(x)\, dx &= \lim_{b \to +\infty} \int_0^b \lambda e^{-\lambda x}\, dx \\
&= \lim_{b \to +\infty} \left[-e^{-\lambda x} \right]_0^b \\
&= \lim_{b \to +\infty} -e^{-\lambda b} - (-e^{-\lambda 0}) \\
&= \lim_{b \to +\infty} \left(1 - e^{-\lambda b} \right) = 1.
\end{aligned}$$

Unabhängig vom Parameter λ ist die Fläche unter $f(x)$ also gleich 1. Abbildung 5.173 veranschaulicht diese Fläche im Fall $\lambda = 2$.   ■

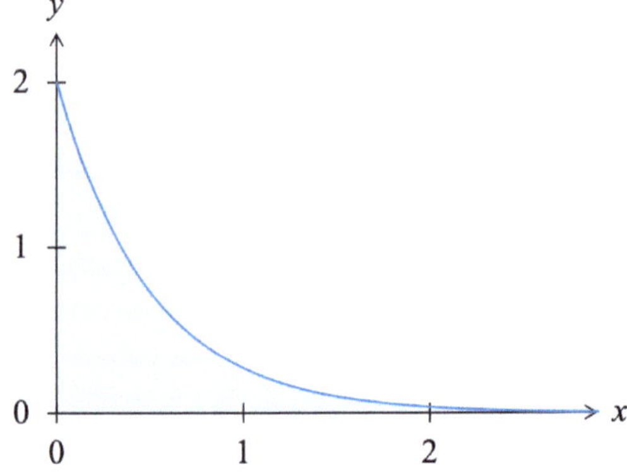

Abbildung 5.173: Das uneigentliche Integral $\int_0^{+\infty} 2e^{-2x}\, dx$

■ Beispiel 5.7.49 — Ein uneigentliches Integral über $\mathbb{R}$.

Wir betrachten die in Abbildung 5.174 skizzierte Funktion

$$f(x) = \begin{cases} 1 & \text{für } -1 \leq x \leq 1 \\ \frac{1}{x^2} & \text{sonst.} \end{cases}$$

Das uneigentliche Integral berechnet sich hier als

$$\int_{-\infty}^{+\infty} f(x)\, dx = \int_{-\infty}^{-1} \frac{1}{x^2}\, dx + \int_{-1}^{1} 1\, dx + \int_{1}^{+\infty} \frac{1}{x^2}\, dx$$

$$= \lim_{a \to -\infty} \int_{a}^{-1} \frac{1}{x^2}\, dx + \int_{-1}^{1} 1\, dx + \lim_{b \to +\infty} \int_{1}^{b} \frac{1}{x^2}\, dx$$

$$= \lim_{a \to -\infty} \left[-\frac{1}{x} \right]_{a}^{-1} + [x]_{-1}^{1} + \lim_{b \to +\infty} \left[-\frac{1}{x} \right]_{1}^{b}$$

$$= \lim_{a \to -\infty} \left[1 + \frac{1}{a} \right] + [1+1] + \lim_{b \to +\infty} \left[-\frac{1}{b} + 1 \right] = 1 + 2 + 1 = 4.$$

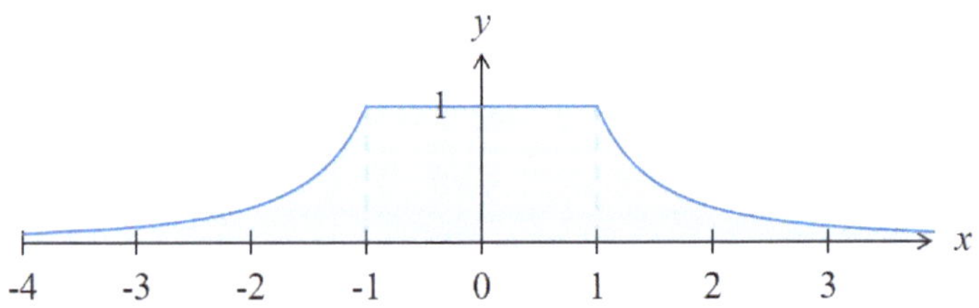

Abbildung 5.174: Das uneigentliche Integral $\int_{-\infty}^{+\infty} f(x)\, dx$ aus Beispiel 5.7.49

Ebenso hätte man argumentieren können, dass wir zu Beginn dieses Kapitels schon

$\int_1^{+\infty} \frac{1}{x^2}\, dx = 1$ berechnet hatten und offensichtlich $\int_0^1 1\, dx = 1$ gilt. Somit ist

$$\int_0^{+\infty} f(x)\, dx = \int_0^1 f(x)\, dx + \int_1^{+\infty} f(x)\, dx = 1 + 1 = 2.$$

Da $f(-x) = f(x)$ für alle x gilt, ist f spiegelsymmetrisch zur y-Achse und es gilt $\int_0^{+\infty} f(x)\, dx = \int_{-\infty}^0 f(x)\, dx$ und damit $\int_{-\infty}^{+\infty} f(x)\, dx = 4$. ∎

Zu beachten ist, dass das uneigentliche Integral $\int_{-\infty}^{+\infty} f(x)\, dx$ definitionsgemäß die Summe zweier uneigentlicher Integrale ist und nur dann existiert, wenn beide existieren. Siehe dazu folgendes Beispiel.

■ Beispiel 5.7.50 — Ein weiteres uneigentliches Integral über ℝ.
Wir betrachten das Integral über die Funktion $f(x) = x$. Für diese zum Ursprung punktsymmetrische Funktion gilt

$$\lim_{z \to +\infty} \int_{-z}^z x\, dx = 0.$$

Da aber für jedes z

$$\lim_{a \to -\infty} \int_a^z x\, dx = -\infty \quad \text{und} \quad \lim_{b \to +\infty} \int_z^b x\, dx = +\infty$$

gilt, existiert das uneigentliche Integral $\int_{-\infty}^{+\infty} x\, dx$, die Summe dieser beiden Grenzwerte, laut obiger Definition nicht. ∎

■ Beispiel 5.7.51 — Einführungsbeispiel 0.1.3.
In Einführungsbeispiel 0.1.3 hatten wir den Anteil der Nutzer, welche eine App auf ihrem Gerät auch t Tage nach Installation noch auf ihrem Gerät verwenden, durch die sogenannte Retention-Funktion $f(t)$ charakterisiert und illustriert, dass die mittlere Nutzungsdauer der Fläche unter dieser Retention-Funktion entspricht.

Ist die Retention-Funktion $f(t) = e^{-0.17t}$, kann man diese Fläche als uneigentliches Integral berechnen. Nutzt man Satz 5.7.3, ergibt sich die Stammfunktion $F(t) = -\frac{1}{0.17} e^{-0.17t}$ und damit

$$\int_0^{+\infty} e^{-0.17t}\, dt = \lim_{b \to +\infty} \int_0^b e^{-0.17t}\, dt = \lim_{b \to +\infty} \left[-\frac{e^{-0.17t}}{0.17} \right]_0^b$$

$$= \lim_{b \to +\infty} \left(-\frac{e^{-0.17b}}{0.17} + \frac{e^0}{0.17} \right)$$

$$= -\frac{0}{0.17} + \frac{1}{0.17} \approx 5.88.$$

Die mittlere Nutzungsdauer beträgt in diesem Beispiel also 5.88 Tage. ∎

Uneigentliche Integrale unbeschränkter Funktionen
Analog zu den eben besprochenen uneigentlichen Integralen über unbeschränkten Intervallen definieren wir uneigentliche Integrale unbeschränkter Funktionen ebenfalls über ihren Grenzwert.

■ Beispiel 5.7.52 — Ein uneigentliches Integral einer unbeschränkten Funktion.
Wir betrachten die Funktion $f : (0, 1] \to \mathbb{R}$ mit $f(x) = \frac{1}{\sqrt{x}}$, vgl. Abbildung 5.175. Es gilt $\lim_{x \to 0^+} \frac{1}{\sqrt{x}} = +\infty$. Damit ist f (nach oben) unbeschränkt.

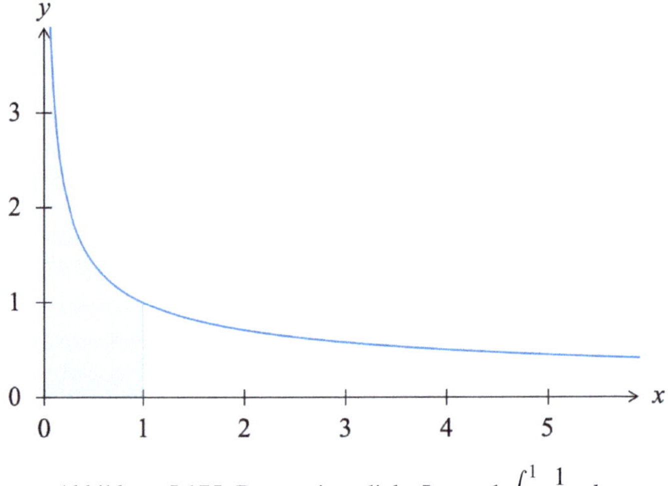

Abbildung 5.175: Das uneigentliche Integral $\int_0^1 \frac{1}{\sqrt{x}}\,dx$

Auf jedem Intervall $[\varepsilon, 1]$ ist die Funktion $f : [\varepsilon, 1] \to \mathbb{R}$ mit $f(x) = \frac{1}{\sqrt{x}}$ jedoch beschränkt und Riemann-integrierbar mit

$$\int_\varepsilon^1 \frac{1}{\sqrt{x}}\,dx = \left[2\sqrt{x}\right]_\varepsilon^1 = \left(2\sqrt{1} - 2\sqrt{\varepsilon}\right).$$

Für $\varepsilon \to 0^+$ ergibt sich

$$\lim_{\varepsilon \to 0^+} \int_\varepsilon^1 \frac{1}{\sqrt{x}}\,dx = \lim_{\varepsilon \to 0^+} 2\sqrt{1} - 2\sqrt{\varepsilon} = 2.$$

Man schreibt auch

$$\int_0^1 \frac{1}{\sqrt{x}}\,dx = \lim_{\varepsilon \to 0^+} \int_\varepsilon^1 \frac{1}{\sqrt{x}}\,dx = 2$$

Formal definieren wir diese uneigentlichen Integrale wie folgt:

Definition 5.7.7 — Uneigentliche Integrale (unbeschränkter Funktionen).
Sei $[a, b) \subseteq D$ und $f : D \to Z$ eine reelle unbeschränkte Funktion, die über jedem Intervall $[a, b - \varepsilon]$ mit $\varepsilon \in (0, b - a)$ Riemann-integrierbar ist. Dann heißt

$$\int_a^b f(x)\,dx = \lim_{\varepsilon \to 0^+} \int_a^{b-\varepsilon} f(x)\,dx$$

uneigentliches Integral von f im Intervall $[\mathbf{a}, \mathbf{b}]$. Existiert der Grenzwert, spricht man von einem konvergenten uneigentlichen Integral. Existiert der Grenzwert nicht, spricht man von einem divergenten uneigentlichen Integral oder man sagt, dass f über $[a, b]$ nicht uneigentlich integrierbar ist.

Sei $(a, b] \subseteq D$ und $f : D \to Z$ eine reelle unbeschränkte Funktion, die über jedem

Intervall $[a+\varepsilon, b]$ mit $\varepsilon \in (0, b-a)$ Riemann-integrierbar ist. Dann heißt

$$\int_a^b f(x)\, dx = \lim_{\varepsilon \to 0^+} \int_{a+\varepsilon}^b f(x)\, dx$$

uneigentliches Integral von f im Intervall $[a,b]$. Existiert der Grenzwert, spricht man von einem konvergenten uneigentlichen Integral. Existiert der Grenzwert nicht, spricht man von einem divergenten uneigentlichen Integral oder man sagt, dass f über $[a,b]$ nicht uneigentlich integrierbar ist.

Ist $(a,b) \subseteq D$ und $f : D \to Z$ eine reelle unbeschränkte Funktion, für die mit $z \in (a,b)$ die uneigentlichen Integrale $\int_a^z f(x)\, dx$ und $\int_z^b f(x)\, dx$ konvergent sind. Dann heißt

$$\int_a^b f(x)\, dx = \int_a^z f(x)\, dx + \int_z^b f(x)\, dx$$

uneigentliches Integral von f über dem Intervall $[a,b]$. Existieren beide Grenzwerte, spricht man von einem konvergenten uneigentlichen Integral. Existiert einer der Grenzwerte nicht, spricht man von einem divergenten uneigentlichen Integral oder man sagt, dass f über $[a,b]$ nicht uneigentlich integrierbar ist.

Wir demonstrieren die Bestimmung dieser uneigentlichen Integrale in zwei weiteren Beispielen:

■ Beispiel 5.7.53 — Ein divergentes uneigentliches Integral.

Die Funktion mit Abbildungsvorschrift $f(x) = \frac{1}{x}$ ist in Abbildung 5.176 skizziert. Es gilt $\lim_{x \to 0^+} \frac{1}{x} = +\infty$. Das uneigentliche Integral

$$\int_0^1 \frac{1}{x}\, dx = \lim_{\varepsilon \to 0^+} \int_\varepsilon^1 \frac{1}{x}\, dx = \lim_{\varepsilon \to 0^+} \left[\ln(|x|) \right]_\varepsilon^1$$
$$= \lim_{\varepsilon \to 0^+} (\ln(1) - \ln(\varepsilon)) = +\infty$$

divergiert. ■

■ Beispiel 5.7.54 — Die logarithmische Funktion.

Interessieren wir uns für die Fläche zwischen der x-Achse und dem Graphen des natürlichen Logarithmus zwischen 0 und 1, so gilt $\lim_{x \to 0^+} \ln(x) = -\infty$, vgl. Abbildung 5.177.

Da sich die erste Ableitung von $F(x) = x\ln(x) - x$ mit der Produktregel als

$$F'(x) = \ln(x) + x\frac{1}{x} - 1 = \ln(x)$$

berechnet, ist $F(x)$ eine Stammfunktion von $f(x) = \ln(x)$.[50] Damit ergibt sich

$$\int_0^1 \ln(x)\, dx = \lim_{\varepsilon \to 0^+} \int_\varepsilon^1 \ln(x)\, dx = \lim_{\varepsilon \to 0^+} [x\ln(x) - x]_\varepsilon^1$$
$$= \lim_{\varepsilon \to 0^+} (1\ln(1) - 1 - (\varepsilon\ln(\varepsilon) - \varepsilon)) = -1 - \lim_{\varepsilon \to 0^+} (\varepsilon\ln(\varepsilon))$$

---

[50] Dies haben wir im #-Kapitel zur partiellen Integration auch in Beispiel 5.7.19 gezeigt.

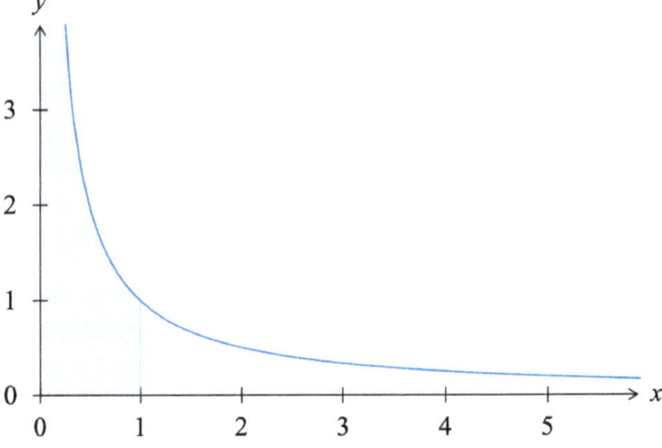

Abbildung 5.176: Das uneigentliche Integral $\int_0^1 \frac{1}{x}\, dx$

$$= -1 - \lim_{\varepsilon \to 0^+} \left(\frac{\ln(\varepsilon)}{\frac{1}{\varepsilon}} \right) = -1 - \lim_{\varepsilon \to 0^+} \left(\frac{\frac{1}{\varepsilon}}{-\frac{1}{\varepsilon^2}} \right)$$

$$= -1 - \lim_{\varepsilon \to 0^+} (-\varepsilon) = -1,$$

wobei wir zur Bestimmung des Grenzwertes $\lim_{\varepsilon \to 0^+} \left(\frac{\ln(\varepsilon)}{\frac{1}{\varepsilon}} \right)$ der Form $\frac{-\infty}{+\infty}$ die Regel von L'Hospital verwendet haben. ∎

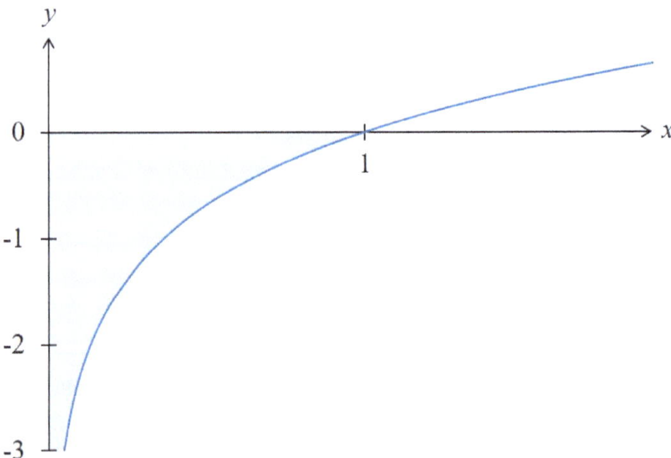

Abbildung 5.177: Das uneigentliche Integral $\int_0^1 \ln(x)\, dx$

Ⓩ Die Bezeichnungen $\int_a^{+\infty} f(x)\,dx$, $\int_{-\infty}^b f(x)\,dx$ und $\int_{-\infty}^{+\infty} f(x)\,dx$ heißen uneigentliche Integrale und stehen abkürzend für Grenzwerte bestimmter Integrale:

$$\int_a^{+\infty} f(x)\,dx = \lim_{b\to+\infty} \int_a^b f(x)\,dx$$

$$\int_{-\infty}^b f(x)\,dx = \lim_{a\to-\infty} \int_a^b f(x)\,dx$$

$$\int_{-\infty}^{+\infty} f(x)\,dx = \int_{-\infty}^z f(x)\,dx + \int_z^{+\infty} f(x)\,dx$$

Ist $f : D \to Z$ eine reelle unbeschränkte Funktion, nennt man folgende Grenzwerte bestimmter Integrale ebenfalls uneigentliche Integrale:

- Ist $D = (a,b]$ und f über jedem $[a+\varepsilon,b]$, $\varepsilon \in (0,b-a)$, Riemann-integrierbar:

$$\int_a^b f(x)\,dx = \lim_{\varepsilon\to 0^+} \int_{a+\varepsilon}^b f(x)\,dx.$$

- Ist $D = [a,b)$ und f über jedem $[a,b-\varepsilon]$, $\varepsilon \in (0,b-a)$, Riemann-integrierbar:

$$\int_a^b f(x)\,dx = \lim_{\varepsilon\to 0^+} \int_a^{b-\varepsilon} f(x)\,dx.$$

- Ist $D = (a,b)$ und existieren die Grenzwerte von $\int_a^z f(x)\,dx$ und $\int_z^b f(x)\,dx$ für $z \in (a,b)$:

$$\int_a^b f(x)\,dx = \int_a^z f(x)\,dx + \int_z^b f(x)\,dx.$$

5.8 Rückblick und weitere Literatur

Reelle Funktionen bilden Teilmengen der reellen Zahlen auf Teilmengen der reellen Zahlen ab. Eine ausführlichere Einführung und Diskussion der Grundfunktionen, die in Abbildung 5.178 veranschaulicht sind, kann in Dietz (2012, Kapitel 8) gefunden werden. Auch in Merz und Wüthrich (2013, Kapitel 13) findet sich eine Übersicht über Grundfunktionen. Manipulationen des Graphen werden in Dietz (2012, Kapitel 8) ausführlicher besprochen.

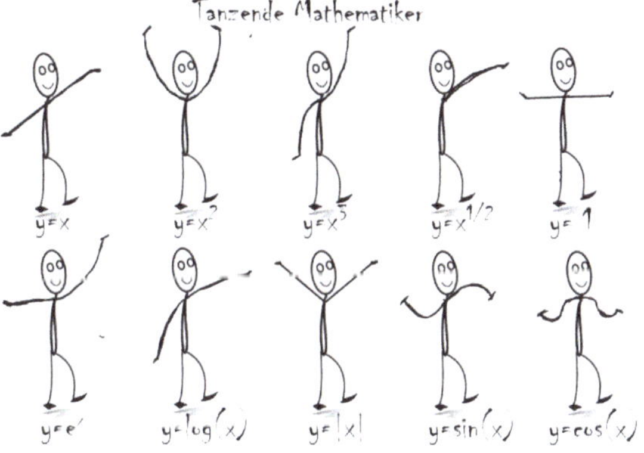

Abbildung 5.178: Formen wichtiger Funktionen

Stetige reelle Funktionen haben innerhalb des Definitionsbereichs keine Sprungstellen, da der Funktionswert an jeder Stelle mit dem rechts- und linksseitigen Grenzwert übereinstimmt. Im Gegensatz zu vielen anderen Lehrbüchern haben wir uns in diesem Kapitel auf die Grenzwertdefinition mit Hilfe von δ-ε-Umgebungen beschränkt. Oft wird zusätzlich der Grenzwert mit Hilfe von Folgen definiert, siehe z.B. Dietz (2012, Kapitel 10). In Opitz et al. (2017, Kapitel 10) wird ausschließlich die Definition über Folgen besprochen. In Merz und Wüthrich (2013, Kapitel 15) findet sich eine ausführliche mathematischere Einführung.

Bei differenzierbaren Funktionen ist an jeder Stelle des Definitionsbereichs der rechtsseitige Grenzwert der Änderungsrate bzw. des Differenzenquotienten (für Änderungen gegen 0^+) gleich dem linksseitigen (für Änderungen gegen 0^-). Differenzierbare Funktionen haben somit auch keine Knickstellen. Den Grenzwert des Differenzenquotienten für Änderungen gegen 0 nennt man auch Ableitung. Wir haben verschiedene Ableitungsregeln wie die Produktregel, die Quotientenregel, und die Kettenregel besprochen.Die Ableitung wird in Dietz (2012, Kapitel 11), Opitz et al. (2017, Kapitel 11) und Merz und Wüthrich (2013, Kapitel 16) diskutiert. Ableitungen können genutzt werden, um differenzierbare Funktionen auf Eigenschaften wie Monotonie oder Konvexität zu untersuchen. Eine deutlich ausführlichere Diskussion der Monotonie- und Konvexitätseigenschaften findet man in Dietz (2012, Kapitel 12 und 13). In Merz und Wüthrich (2013, Kapitel 13) werden Eigenschaften von Funktionen unabhängig von der Differenzierbarkeit diskutiert. In Merz und Wüthrich (2013, Kapitel 18) als auch Opitz et al. (2017, Kapitel 12.1) werden speziell die Eigenschaften der Monotonie und Konvexität mit Hilfe von Ableitungen untersucht.

Taylorpolynome n-ten Grades an einer Stelle x_0 sind Polynome, deren Funktionswert und erste n Ableitungen an der Stelle x_0 der ursprünglichen Funktion entsprechen. Der Satz von Taylor hilft dabei einzuschätzen, wie stark der Wert des Taylorpolynoms an einer von x_0 verschiedenen Stelle von der ursprünglichen Funktion abweichen kann. Nachlesen kann man die Grundidee sehr kurz in Opitz et al. (2017, Kapitel 12.3), etwas ausführlicher in Dietz (2012, Kapitel 11.5) und mathematischer in Merz und Wüthrich (2013, Kapitel 17).

Die Extremwertbestimmung reeller Funktionen bildet eine zentrale Grundlage für das Verständnis weiterführender Themen wie der Extremwertanalyse bei reellen Funktionen mit mehreren Variablen und der darauf aufbauenden Optimierung mit Nebenbedingungen. Diese Techniken spielen später eine Schlüsselrolle, etwa im Bereich des maschinellen Lernens: Dort geht es häufig darum, lokale Extrema zu finden, nicht zwingend globale, vgl. Abbildung 5.179. Ein zentraler Gedanke ist, dass differenzierbare Funktionen auf offenen Intervallen an Extremalstellen stets eine Ableitung von Null besitzen. Ist die Funktion sogar mehrfach differenzierbar, können höhere Ableitungen dabei helfen zu entscheiden, ob eine stationäre Stelle tatsächlich ein Extremum ist – und wenn ja, welcher Art (Minimum oder Maximum). Sucht man Extrema über nicht-offenen Intervallen, so müssen auch die Randstellen als mögliche Extremstellen berücksichtigt werden. Die grundlegenden Methoden zur Extremwertbestimmung finden sich in nahezu jedem einführenden Mathematikbuch. Besonders empfehlen möchten wir hier Dietz (2012, Kapitel 14) und Merz und Wüthrich (2013, Kapitel 18).

Die Integrationsrechnung bildet das Gegenstück zur Ableitung. Die Ableitung der Stammfunktion einer integrierbaren Funktion ist wieder die Funktion selbst. Das unbestimmte Integral einer Funktion entspricht dabei der Menge aller Stammfunktionen. Das bestimmte Integral einer reellen Funktion über einem Intervall entspricht zudem betragsmäßig der

Abbildung 5.179: Lokale vs. globale Extrema

Differenz der Flächen, die zwischen dem Funktionsgraphen und der x-Achse oberhalb
bzw. unterhalb der x-Achse eingeschlossen werden. Dietz (2012, Kapitel 15) bietet eine
intuitive Einführung, fortgeschritteneren Lesern ist Merz und Wüthrich (2013, Kapitel 19)
zu empfehlen. Auch Opitz et al. (2017, Kapitel 13) führt in die Integralrechnung ein.

5.9 Beweise

Beweis von Satz 5.1.1. Diese Aussage ergibt sich direkt aus Satz 3.1.1. ∎

Beweis von Satz 5.1.2: Alle aufgelisteten Abbildungsvorschriften ordnen einem $x \in D$ ein
Element in $\mathbb{R}$ zu. Da $D \subseteq \mathbb{R}$ gilt, handelt es sich also um reelle Funktionen. ∎

Beweis von Satz 5.1.3: Der Beweis folgt direkt aus Kapitel 3.2.3 und den Ausführungen
im Text vor Satz 5.1.3. ∎

Beweis von Satz 5.2.1: Die Beweise dieser Aussagen lassen sich analog zu Beispielen
5.2.1 und 5.2.2 führen. ∎

Beweis von Satz 5.2.2 ($*$): Wir zeigen exemplarisch Aussage i. Die anderen Aussagen
folgen analog.

Wegen $\lim\limits_{x \to +\infty} f(x) = a$ und $\lim\limits_{x \to +\infty} g(x) = b$ gibt es zu jedem $\frac{\varepsilon}{2} > 0$ ein $m \in \mathbb{R}$, so dass

$$|f(x) - a| < \frac{\varepsilon}{2}, \text{ und } |g(x) - b| < \frac{\varepsilon}{2},$$

für alle $x > m$.

Aus der Dreiecksungleichung folgt somit für all diese $x > m$, dass für beliebiges ε gilt
mit:

$$|f(x) + g(x) - (a+b)| \leq |f(x) - a| + |g(x) - b| < \frac{\varepsilon}{2} + \frac{\varepsilon}{2} = \varepsilon.$$

Aus der Definition des Grenzwerts folgt daraus $\lim\limits_{x \to +\infty} (f(x) + g(x)) = a + b$. Aussage i. ist
somit wahr. ∎

Beweis von Satz 5.2.3: Für alle $x_0 \in \mathbb{R}, \delta > 0$ gilt: $U(x_0, \delta) \setminus \{x_0\} = (x_0 - \delta, x_0) \cup (x_0, x_0 + \delta)$.

Im Fall $\lim_{x \to x_0} f(x) = a$, existiert laut Definition zu jedem $\varepsilon > 0$ also eine Zahl
$\delta > 0$, so dass $|f(x) - a| < \varepsilon$ für alle Stellen $x \in ((x_0 - \delta, x_0) \cup (x_0, x_0 + \delta)) \subseteq D$. Damit
existiert auch zu jedem $\varepsilon > 0$ eine Zahl $\delta > 0$, so dass $|f(x) - a| < \varepsilon$ für alle Stellen

$x \in (x_0 - \delta, x_0) \subseteq D$, d.h. der linksseitige Grenzwert existiert. Zudem existiert zu jedem $\varepsilon > 0$ eine Zahl $\delta > 0$, so dass $|f(x) - a| < \varepsilon$ für alle Stellen $x \in (x_0, x_0 + \delta) \subseteq D$, d.h. der rechtsseitige Grenzwert existiert.

Wir zeigen nun die andere Richtung: Existieren die einseitigen Grenzwerte und sind sie gleich a, d.h. gilt $\lim_{x \to x_0^-} f(x) = \lim_{x \to x_0^+} f(x) = a$, dann gibt es zu jedem $\varepsilon > 0$ Zahlen $\delta_1, \delta_2 > 0$, so dass $|f(x) - a| < \varepsilon$ für alle $x \in (x_0 - \delta_1, x_0)$ und $|f(x) - a| < \varepsilon$ für alle $x \in (x_0, x_0 + \delta_2)$. Wählt man $\delta = \min\{\delta_1, \delta_2\}$, so gilt $|f(x) - a| < \varepsilon$ für alle Stellen $x \in ((x_0 - \delta, x_0) \cup (x_0, x_0 + \delta)) \subseteq D$. ∎

Beweis von Satz 5.2.4 (∗): Wir beweisen zunächst $\lim_{x \to +\infty} \left(1 + \frac{1}{x}\right)^x = e$, also dass es zu jedem $\varepsilon > 0$ ein m gibt mit $\left|\left(1 + \frac{1}{x}\right)^x - e\right| < \varepsilon$ bzw. $e - \varepsilon < \left(1 + \frac{1}{x}\right)^x < e + \varepsilon$ für alle $x > m$.

Wir wissen bereits aus Kapitel 4.3.4, dass der Grenzwert der Folge $\left(\left(1 + \frac{1}{n}\right)^n\right)_{n \in \mathbb{N}}$ gleich e ist, und damit auch

$$\lim_{\substack{n \to +\infty \\ n \in \mathbb{N}}} \left(1 + \frac{1}{n}\right)^{n+1} = \lim_{\substack{n \to +\infty \\ n \in \mathbb{N}}} \left(1 + \frac{1}{n}\right)^n \cdot \left(1 + \frac{1}{n}\right) = e$$

und

$$\lim_{\substack{n \to +\infty \\ n \in \mathbb{N}}} \left(1 + \frac{1}{n+1}\right)^n = \lim_{\substack{n \to +\infty \\ n \in \mathbb{N}}} \frac{\left(1 + \frac{1}{n+1}\right)^{n+1}}{1 + \frac{1}{n+1}} = e$$

gilt.

Es gibt also zu jedem ε ein $m_1 > 0$ mit $\left|\left(1 + \frac{1}{n}\right)^{n+1} - e\right| < \varepsilon$ bzw. $e - \varepsilon < \left(1 + \frac{1}{n}\right)^{n+1} < e + \varepsilon$ für alle $n > m_1$ und ein $m_2 > 0$ mit $\left|\left(1 + \frac{1}{n+1}\right)^n - e\right| < \varepsilon$ bzw. $e - \varepsilon < \left(1 + \frac{1}{n+1}\right)^n < e + \varepsilon$ für alle $n > m_2$.

Für jedes $x > 1$ gilt mit $n = \lfloor x \rfloor$, dass $n \leq x < n + 1$ und $\frac{1}{n+1} < \frac{1}{x} \leq \frac{1}{n}$ und $1 + \frac{1}{n+1} < 1 + \frac{1}{x} \leq 1 + \frac{1}{n}$ bzw. wegen $n \leq x < n + 1$ auch $(1 + \frac{1}{n+1})^n < (1 + \frac{1}{x})^x < (1 + \frac{1}{n})^{n+1}$.

Damit gilt für alle x mit $\lfloor x \rfloor > m_1$ auch

$$\left(1 + \frac{1}{x}\right)^x < \left(1 + \frac{1}{n}\right)^{n+1} < e + \varepsilon$$

und für alle x mit $\lfloor x \rfloor > m_2$, dass $e - \varepsilon < \left(1 + \frac{1}{n+1}\right)^n < (1 + \frac{1}{x})^x$. Zusammengefasst gilt für alle x mit $\lfloor x \rfloor > \max\{m_1, m_2\}$, dass

$$e - \varepsilon < \left(1 + \frac{1}{x}\right)^x < e + \varepsilon,$$

also gilt $\lim_{x \to +\infty} (1 + \frac{1}{x})^x = e$.

Für den Fall $\lim_{x \to -\infty} \left(1 + \frac{1}{x}\right)^x = e$ kann man analog mit $n = \lfloor -x \rfloor$ die Abschätzung $(1 - \frac{1}{n})^{n+1} < (1 + \frac{1}{x})^{-x} < (1 - \frac{1}{n+1})^n$ erhalten und den Grenzwert $\lim_{n \to +\infty} (1 - \frac{1}{n})^n = \frac{1}{e}$, vgl. Beispiel 4.3.13, zum Beweis nutzen. Es ergibt sich dann, dass $\lim_{x \to -\infty} \left(1 + \frac{1}{x}\right)^{-x} = \frac{1}{e}$ bzw. $\lim_{x \to -\infty} \left(1 + \frac{1}{x}\right)^x = e$. ∎

Beweis von Satz 5.2.5: Der Beweis folgt aus den Rechenregeln für Grenzwerte von Funktionen (vgl. u.a. Satz 5.2.2). ∎

Beweis von Satz 5.2.6: Die Behauptung $\lim_{x \to x_0} x^b = x_0^b$ für x_0 im Inneren des Definitionsbereichs findet man in Heuser (2000, Satz 25.6). Die verbleibenden Aussagen können so wie Satz 5.2.1 analog zu Beispielen 5.2.1 und 5.2.2 gezeigt werden. ∎

Beweis von Satz 5.2.7 (∗): Den Beweis kann man analog zum Beweis von Satz 5.2.4 durch den Vergleich $n \leq x < n+1$ mit $n = \lfloor x \rfloor$ bzw. $n \leq -x < n+1$ mit $n = \lfloor -x \rfloor$ und der Nutzung der geometrischen Folge führen. ∎

Beweis von Satz 5.2.8 (∗): Wir zeigen zunächst $\lim_{x \to +\infty}$: Ist $b > 1$, dann gilt für beliebiges $a > 0$, dass $\log_b x > a$ genau dann, wenn $x > b^a$. Also gibt es zu jedem $a > 0$ ein $m = b^a$, so dass $\log_b x > a$ für alle $x > m$. Die Funktion divergiert mit uneigentlichem Grenzwert $+\infty$.

Ist $b < 1$, dann gilt für beliebiges $a < 0$, dass $\log_b x < a$ genau dann, wenn $x > b^a$. Also gibt es zu jedem $a < 0$ ein $m = b^a$, so dass $\log_b x < a$ für alle $x > m$. Die Funktion divergiert mit uneigentlichem Grenzwert $-\infty$.

Der Fall $\lim_{x \to 0^+}$ kann analog gezeigt werden. ∎

Beweis von Satz 5.2.9: Der Beweis der ersten Aussage folgt direkt aus der Definition der Sinus- und der Kosinusfunktion. Die Divergenz bei $x \to +\infty$ folgt unmittelbar aus $\sin(z\pi) = 0$ und $\sin(2z\pi + \frac{\pi}{2}) = 1$ für alle $z \in \mathbb{N}$ bzw. $\cos(2z\pi) = 1$ und $\cos(2z\pi + \frac{\pi}{2}) = 0$ für alle $z \in \mathbb{Z}$. Beide Funktionen wachsen nicht über alle Schranken, fallen nicht unter alle Schranken und haben keinen eigentlichen Grenzwert. ∎

Beweis von Satz 5.2.10: Der Satz folgt direkt aus Satz 5.2.5. ∎

Beweis von Satz 5.2.11: Der Satz folgt aus Satz 5.2.5 und Überlegungen analog zu Beispiel 5.2.9. ∎

Beweis von Satz 5.2.12 (∗): Wir zeigen den Fall, dass $\lim_{x \to +\infty} g(x) = a$ mit eigentlichem Grenzwert $a \in \mathbb{R}$. Die anderen Fälle folgen analog.
Wir müssen zeigen, dass es zu jedem $\varepsilon > 0$ ein passendes $m \in \mathbb{R}$ gibt, so dass

$$|f(x) - a| < \varepsilon, \text{ für alle } x > m.$$

Wir wählen dazu ein m, so dass

$$|g(x) - a| < \frac{\varepsilon}{2}, \text{ und } |g(x) - f(x)| < \frac{\varepsilon}{2} \text{ für alle } x > m.$$

Dies ist möglich, weil $\lim_{x \to +\infty} g(x) = a$ und $\lim_{x \to +\infty} (g(x) - f(x)) = 0$ nach Voraussetzung gilt. Nun folgt mit der Dreiecksungleichung

$$|f(x) - a| < |a - g(x)| + |g(x) - f(x)| < \frac{\varepsilon}{2} + \frac{\varepsilon}{2} = \varepsilon \text{ für alle } x > m.$$

Es folgt $\lim_{x \to +\infty} f(x) = a$. ∎

Beweis von Satz 5.2.13: Der Satz folgt aus den Sätzen 5.2.10, 5.2.9, 5.2.8, 5.2.7, 5.2.6 und 5.2.2. ∎

Beweis von Satz 5.2.14: Der Satz folgt aus Sätzen 5.2.5 und 5.2.11. ∎

Beweis von Satz 5.2.15 ($*$): Die Stetigkeit von $\max\{f,g\}$ und $\min\{f,g\}$ folgt aus den Darstellungen

$$\max\{f(x),g(x)\} = \frac{f(x)+g(x)+|f(x)-g(x)|}{2},$$

$$\min\{f(x),g(x)\} = \frac{f(x)+g(x)-|f(x)-g(x)|}{2},$$

und aus den Sätzen 5.2.10 und 5.2.17.

Der Beweis der Stetigkeit für alle anderen Verknüpfungen findet man z.B. in Kall (1982, Satz 3.5). ∎

Beweis von Satz 5.2.16: Einen Beweis findet man in Heuser (2000, Satz 37.1). ∎

Beweis von Satz 5.2.17. Den Beweis findet man z.B. in Kall (1982, Satz 3.6). ∎

Beweis von Satz 5.2.18 ($*$): Wir zeigen die erste Aussage: Ist die reelle Funktion $f : D \to Z$ stetig in x_0, gilt $\lim_{x \to x_0} f(x) = f(x_0)$. Damit gibt es zu jeder beliebig kleinen Zahl $\varepsilon > 0$ ein $\delta > 0$, so dass $U(x_0,\delta) \subseteq D$ und $|f(x) - f(x_0)| < \varepsilon$ bzw. $f(x) \in (f(x_0) - \varepsilon, f(x_0) + \varepsilon)$ für alle $x \in U(x_0,\delta)$.

Gilt $f(x_0) > 0$, gibt es auch ein $\varepsilon > 0$ mit $f(x_0) > \varepsilon$. Auch für dieses ε gibt es ein $\delta > 0$, so dass $f(x) \in (f(x_0) - \varepsilon, f(x_0) + \varepsilon)$ für alle $x \in U(x_0,\delta)$. Wegen $f(x_0) > \varepsilon$ gilt für all diese $x \in U(x_0,\delta)$ dann auch $f(x) > 0$.

Die zweite Aussage kann man analog zeigen. ∎

Beweis von Satz 5.2.19. Den Beweis findet man z.B. in Kall (1982, Satz 3.9). ∎

Beweis von Satz 5.2.20: Der Beweis folgt direkt aus dem Zwischenwertsatz 5.2.19. Es gilt per Voraussetzung, dass $0 \in [\min\{f(a),f(b)\}, \max\{f(a),f(b)\}]$. Gemäß dem Zwischenwertsatz gibt es dann eine Stelle $x \in [a,b]$ mit $f(x) = 0$. ∎

Beweis von Satz 5.2.21 ($*$): Für $a,b \in I$ wissen wir, dass auch $[a,b] \subseteq I$ gilt, weil I ein Intervall ist. Damit $f(I)$ ein Intervall ist, muss man zeigen, dass zu beliebigen zwei Punkten aus $f(I)$ auch die Verbindungsstrecke zwischen diesen Punkten wieder in $f(I)$ liegt. Gibt es also zwei Werte $f_a \neq f_b \in Z$ mit $f(a) = f_a$ und $f(b) = f_b$, dann folgt aus dem Zwischenwertsatz mit der Stetigkeit von f, dass jeder Wert zwischen f_a und f_b angenommen wird. Das Bild muss demnach ein Intervall sein.

Gibt es keine zwei Werte $f_a \neq f_b \in Z$, gibt es also ein $f_a \in Z$ mit $f(x) = f_a$ für alle $x \in I$, so ist $f(I) = \{f_a\}$ und das Bild des Intervalls besteht aus nur einem Element. ∎

Beweis von Satz 5.3.1: $f : D \to Z$ ist stetig in $x_0 \in D$, wenn $\lim_{x \to x_0} f(x) = f(x_0)$. Mit $x = x_0 + \Delta x$ ist dies gleichbedeutend mit $\lim_{\Delta x \to 0} f(x_0 + \Delta x) = f(x_0)$ bzw. $\lim_{\Delta x \to 0} (f(x_0 + \Delta x) - f(x_0)) = 0$. Für eine in x_0 differenzierbare Funktion gilt

$$\lim_{\Delta x \to 0} \frac{f(x_0 + \Delta x) - f(x_0)}{\Delta x} = f'(x_0)$$

und somit

$$\lim_{\Delta x \to 0} \left(f(x_0 + \Delta x) - f(x_0) \right) = \lim_{\Delta x \to 0} \frac{f(x_0 + \Delta x) - f(x_0)}{\Delta x} \Delta x = f'(x_0) \cdot 0 = 0.$$

Also ist f stetig in x_0. Für Randstellen folgt dies analog mit entsprechenden einseitigen Grenzwert. ∎

Beweis von Satz 5.3.2: Einen Beweis findet man z.B. in Kall (1982, Satz 4.9). ∎

Beweis von Satz 5.3.3: Aussage i. kann man einfach über den Differenzenquotienten zeigen. Für $f(x) = c$ gilt stets $\frac{f(x_0+\Delta x)-f(x_0)}{\Delta x} = \frac{c-c}{\Delta x} = 0$. Damit ist auch der Grenzwert für $\Delta x \to 0$ gleich 0.

Aussage ii. kann man für $n \in \mathbb{N}$ analog zu den Fällen $n = 2$ und $n = 3$ durch Anwendung des Binomischen Satzes zeigen. Wir tragen einen Beweis für den Fall $r \in \mathbb{R}$ und $x > 0$ in Beispiel 5.3.27 am Ende dieses Abschnitts nach. Für v. und vi. benötigt man einige Rechenregeln für trigonometrische Funktionen sowie $\lim_{x\to 0} \frac{\sin x}{x} = 1$. Wir verweisen hierbei auf Merz und Wüthrich (2013, Satz 16.16 und dessen Beweis auf S. 455f). Hier beweisen wir noch iii. und iv.

Zu iii.: Erinnert man sich daran, dass für Logarithmen die Rechenregeln $\ln(x_1) - \ln(x_2) - \ln(\frac{x_1}{x_2})$ und $x_1 \ln(x_2) = \ln(x_2^{x_1})$ gelten, so erhält man als Differenzenquotient der Funktion $f(x) = \ln(x)$ an der Stelle $x_0 > 0$

$$
\begin{aligned}
\frac{\ln(x_0 + \Delta x) - \ln(x_0)}{\Delta x} &= \frac{1}{\Delta x}\left(\ln(x_0 + \Delta x) - \ln(x_0)\right) \\
&= \frac{1}{\Delta x} \ln\left(\frac{x_0 + \Delta x}{x_0}\right) = \frac{1}{x_0}\frac{x_0}{\Delta x} \ln\left(\frac{x_0 + \Delta x}{x_0}\right) \\
&= \frac{1}{x_0}\frac{x_0}{\Delta x} \ln\left(1 + \frac{\Delta x}{x_0}\right) = \frac{1}{x_0} \ln\left(\left(1 + \frac{1}{\frac{x_0}{\Delta x}}\right)^{\frac{x_0}{\Delta x}}\right).
\end{aligned}
$$

Eine Substitution $z = \frac{x_0}{\Delta x}$ ergibt mit $\lim_{\Delta x \to 0^+} \frac{x_0}{\Delta x} = +\infty$

$$
\begin{aligned}
\lim_{\Delta x \to 0^+} \frac{1}{x_0} \ln\left(\left(1 + \frac{1}{\frac{x_0}{\Delta x}}\right)^{\frac{x_0}{\Delta x}}\right) &= \frac{1}{x_0} \lim_{z \to +\infty} \ln\left(\left(1 + \frac{1}{z}\right)^z\right) = \frac{1}{x_0} \ln\left(\lim_{z \to +\infty}\left(1 + \frac{1}{z}\right)^z\right) \\
&= \frac{1}{x_0} \ln(e) = \frac{1}{x_0}.
\end{aligned}
$$

Dabei darf man den Grenzwert und die ln-Funktion im zweiten Schritt vertauschen, weil die logarithmische Funktion stetig ist. Mit $\lim_{\Delta x \to 0^-} \frac{x_0}{\Delta x} = -\infty$ ergibt sich analog

$$
\begin{aligned}
\lim_{\Delta x \to 0^-} \frac{1}{x_0} \ln\left(\left(1 + \frac{1}{\frac{x_0}{\Delta x}}\right)^{\frac{x_0}{\Delta x}}\right) &= \frac{1}{x_0} \lim_{z \to -\infty} \left(\ln\left(1 + \frac{1}{z}\right)^z\right) = \frac{1}{x_0} \ln\left(\lim_{z \to -\infty}\left(1 + \frac{1}{z}\right)^z\right) \\
&= \frac{1}{x_0} \ln(e) = \frac{1}{x_0}.
\end{aligned}
$$

Zusammenfassend gilt

$$
\lim_{\Delta x \to 0} \frac{\ln(x_0 + \Delta x) - \ln(x_0)}{\Delta x} = \frac{1}{x_0}.
$$

Somit ist $\ln(x)$ differenzierbar auf $(0, \infty)$.

Zu iv.: Die Umkehrfunktion zu $f(x) = e^x$ ist $f^{-1}(y) = \ln(y)$ mit Ableitung $(f^{-1})'(y) = \frac{1}{y}$. Die Logarithmusfunktion ist differenzierbar. Entsprechend folgt aus Satz 5.3.2, dass

$$
f'(x) = \frac{1}{(f^{-1})'(f(x))} = \frac{1}{(f^{-1})'(e^x)} = \frac{1}{\frac{1}{e^x}} = e^x.
$$
∎

Beweis von Satz 5.3.4: Der Satz folgt aus Satz 5.3.3 und aus Kall (1982, Satz 4.2). ∎

Beweis von Satz 5.3.5: [Beweis (∗):] Wir beweisen die Produktregel analog zur Vorgehensweise im vorherigen Beispiel, wobei $\Delta(f \cdot g)$ nun allgemein in Abbildung 5.180 veranschaulicht ist.

Interessieren wir uns für die Ableitung des Produkts zweier differenzierbarer Funktionen f und g, so entspricht der Zähler des Differenzenquotienten der Differenz von $f(x_0 + \Delta x)g(x_0 + \Delta x)$ und $f(x_0)g(x_0)$. Nutzen wir wieder die Notation $\Delta f = f(x_0 + \Delta x) - f(x_0)$ und $\Delta g = g(x_0 + \Delta x) - g(x_0)$, ergibt sich

$$
\begin{aligned}
\Delta(f \cdot g) &= (f \cdot g)(x_0 + \Delta x) - (f \cdot g)(x_0) = f(x_0 + \Delta x) \cdot g(x_0 + \Delta x) - f(x_0)g(x_0) \\
&= (f(x_0 + \Delta x) - f(x_0))g(x_0) + (g(x_0 + \Delta x) - g(x_0))f(x_0) \\
&\quad + (f(x_0 + \Delta x) - f(x_0)) \cdot (g(x_0 + \Delta x) - g(x_0)) \\
&= \Delta f \cdot g(x_0) + \Delta g \cdot f(x_0) + \Delta f \cdot \Delta g.
\end{aligned}
$$

Die Änderung pro Δx ist demnach

$$
\frac{\Delta(f \cdot g)}{\Delta x} = \frac{\Delta f \cdot g(x_0) + \Delta g \cdot f(x_0) + \Delta f \cdot \Delta g}{\Delta x} = \frac{\Delta f}{\Delta x}g(x_0) + \frac{\Delta g}{\Delta x}f(x_0) + \frac{\Delta f}{\Delta x} \cdot \frac{\Delta g}{\Delta x}\Delta x.
$$

Für $\Delta x \to 0$ streben die Differenzenquotienten gegen die Ableitung, der letzte Summand wird 0. Formal ergibt sich durch Anwendung der Rechenregeln für Grenzwerte,

$$
\begin{aligned}
\lim_{\Delta x \to 0} \frac{\Delta(f \cdot g)}{\Delta x} &= \lim_{\Delta x \to 0} \left(\frac{\Delta f}{\Delta x}g(x_0) + \frac{\Delta g}{\Delta x}f(x_0) + \frac{\Delta f}{\Delta x} \cdot \frac{\Delta g}{\Delta x}\Delta x \right) \\
&= f'(x_0)g(x_0) + g'(x_0)f(x_0) + f'(x_0) \cdot g'(x_0) \lim_{\Delta x \to 0} \Delta x \\
&= f'(x_0)g(x_0) + g'(x_0)f(x_0),
\end{aligned}
$$

die aus der Schule bekannte Produktregel.

Im Falle positiver Funktionswerte, $f(x_0), g(x_0) \geq 0$, kann man sich die Produktregel auch geometrisch wieder über Flächeninhalte von Rechtecken veranschaulichen: Der Wert $f(x_0) \cdot g(x_0)$ entspricht dem Inhalt eines Rechtecks mit Grundseite $g(x_0)$ und Höhe $f(x_0)$. Verändert man nun x_0 zu $x_0 + \Delta x$, ergibt sich ein Rechteck mit Grundseite $g(x_0 + \Delta x)$ und Höhe $f(x_0 + \Delta x)$.

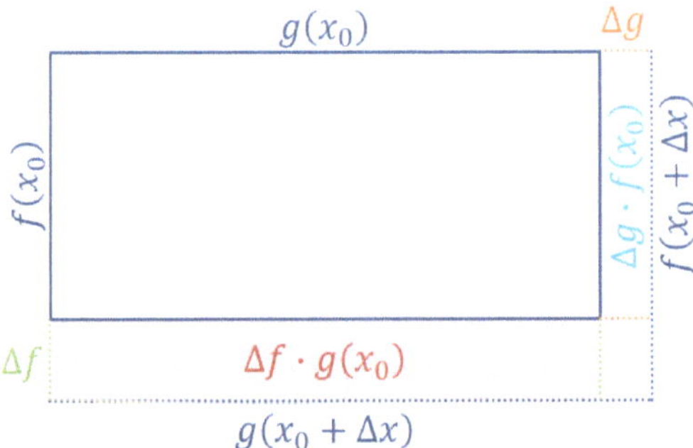

Abbildung 5.180: Die geometrische Interpretation der Produktregel

Der durch diese Veränderung bewirkte Unterschied des Produktes $\Delta(f \cdot g)$ entspricht der Differenz der Flächeninhalte. In Abbildung 5.180 erkennt man, dass sich diese Differenz $\Delta(f \cdot g)$ aus drei kleinen Rechtecken zusammensetzt: Das erste Rechteck hat Seitenlängen Δf und $g(x_0)$, das zweite hat Seitenlängen $f(x_0)$ und Δg und das dritte hat Seitenlängen Δf und Δg. Für kleine Δx verändert sich der Inhalt des ersten Rechtecks also pro Δx um die Grundfläche $g(x_0)$, multipliziert mit der Höhe $\lim_{\Delta x \to 0} \frac{\Delta f}{\Delta x} = f'(x_0)$. Der Inhalt des zweiten Rechtecks verändert sich um $f(x_0)$, multipliziert mit $\lim_{\Delta x \to 0} \frac{\Delta g}{\Delta x} = g'(x_0)$. Die Veränderung des dritten Rechtecks ist für $\Delta x \to 0$ gleich 0. Zusammenfassend ist die Änderung also $f'(x_0)g(x_0) + g'(x_0)f(x_0)$.

Auch alle anderen Teilaussagen können durch die Definition der Differentialquotienten und die Rechenregeln für Grenzwerte hergeleitet werden, siehe Merz und Wüthrich (2013, Satz 16.6 und dessen Beweis auf S. 448). ■

Beweis von Satz 5.3.6: Der Differenzenquotient der Komposition ergibt sich als

$$\frac{f(g(x_0 + \Delta x)) - f(g(x_0))}{\Delta x} = \frac{f(g(x_0 + \Delta x)) - f(g(x_0))}{g(x_0 + \Delta x) - g(x_0)} \frac{g(x_0 + \Delta x) - g(x_0)}{\Delta x}.$$

Durch Grenzwertbildung ergibt sich somit

$$\lim_{\Delta x \to 0} \frac{f(g(x_0 + \Delta x)) - f(g(x_0))}{\Delta x} =$$
$$= \lim_{\Delta x \to 0} \frac{f(g(x_0 + \Delta x)) - f(g(x_0))}{g(x_0 + \Delta x) - g(x_0)} \cdot \lim_{\Delta x \to 0} \frac{g(x_0 + \Delta x) - g(x_0)}{\Delta x} = f'(g(x_0))g'(x_0).$$

■

Beweis von Satz 5.3.7: Für den Beweis dieses Satzes brauchen wir den Mittelwertsatz 5.3.9 aus Abschnitt 5.3.5. Wir führen den Beweis in Beispiel 5.3.44 durch. ■

Beweis von Satz 5.3.9: Für den Beweis dieser Aussage benötigt man den Satz von Weierstraß, den wir erst in Kapitel 5.6 kennenlernen werden. Einen Beweis findet man in Kall (1982, Satz 4.11). ■

Beweis von Satz 5.3.10: Aus $f(x) = c$ für alle $x \in (a,b)$ folgt über die Bildung des Differenzenquotienten unmittelbar, dass die Ableitung gleich null sein muss.

Die andere Richtung dieser Äquivalenz führen wir über einen indirekten Beweis: Angenommen, es gäbe eine Funktion f, die auf (a,b) differenzierbar wäre und die zwei Stellen $x_a, x_b \in (a,b)$, $x_a < x_b$, hat mit $f(x_a) \neq f(x_b)$. Dann folgt aus dem Mittelwertsatz, dass es eine Stelle $x_0 \in (x_a, x_b) \subseteq (a,b)$ geben muss mit $f'(x_0) \neq 0$. Wir haben also die Kontraposition bewiesen. Es kann keine auf (a,b) differenzierbare Funktion f mit verschiedenen Werten in (a,b) geben, wenn $f'(x) = 0$ für alle $x \in (a,b)$. Somit gilt die Implikation. ■

Beweis von Satz 5.3.11: Die reelle Funktion $h = f - g$ ist stetig und differenzierbar auf (a,b) mit $h'(x) = f'(x) - h'(x) = 0$ für alle $x \in (a,b)$. Aus Satz 5.3.10 folgt, dass h konstant auf (a,b) ist, also dass es ein $c \in \mathbb{R}$ gibt mit $c = h(x) = f(x) - g(x)$ für alle $x \in (a,b)$. ■

Beweis von Satz 5.3.12 (∗): Wir zeigen, dass unter den obigen Voraussetzungen $\lim_{x \to x_0^+} \frac{f(x)}{g(x)} = \lim_{x \to x_0^+} \frac{f'(x)}{g'(x)}$ gilt.

Wegen $\lim_{x \to x_0} f(x) = \lim_{x \to x_0} g(x) = 0$ kann man (unabhängig davon, ob f und g an der Stelle x_0 definiert sind) für $0 < \Delta x < \varepsilon$ stetige Funktionen $\tilde{f} : [x_0, x_0 + \Delta x] \to \mathbb{R}$ und $\tilde{g} : [x_0, x_0 + \Delta x] \to \mathbb{R}$ so definieren, dass an allen Stellen $x \neq x_0$ diese Funktionen f bzw. g entsprechen und an der Stelle x_0 den Wert 0 haben, also $\tilde{f}(x) = f(x)$ und $\tilde{g}(x) = g(x)$ für alle $x \neq x_0$ und $\tilde{f}(x_0) = \tilde{g}(x_0) = 0$. Definiert man nun eine Funktion $h : [x_0, x_0 + \Delta x] \to \mathbb{R}$ mit

$$h(x) = \tilde{f}(x) - \frac{\tilde{f}(x_0 + \Delta x)}{\tilde{g}(x_0 + \Delta x)} \tilde{g}(x),$$

so ist diese ebenfalls stetig mit $h(x_0) = h(x_0 + \Delta x) = 0$.

Die Funktionen f und g sind laut Annahme differenzierbar. Da die Funktionswerte von $\tilde{f}$ und $\tilde{g}$ für alle $x \neq x_0$ diesen Funktionen entsprechen, sind $\tilde{f}$ und $\tilde{g}$ und damit auch ihre gewichtete Differenz h auf $(x_0, x_0 + \Delta x)$ differenzierbar mit

$$h'(x) = \tilde{f}'(x) - \frac{\tilde{f}(x_0 + \Delta x)}{\tilde{g}(x_0 + \Delta x)} \tilde{g}'(x) = f'(x) - \frac{f(x_0 + \Delta x)}{g(x_0 + \Delta x)} g'(x).$$

Für die Funktion h existiert somit laut Mittelwertsatz eine Stelle $x_h \in (x_0, x_0 + \Delta x)$, so dass

$$h'(x_h) = \frac{\overbrace{h(x_0 + \Delta x)}^{=0} - \overbrace{h(x_0)}^{=0}}{x_0 + \Delta x - x_0} = 0.$$

Es gibt es also eine Stelle $x_h \in (x_0, x_0 + \Delta x)$, so dass

$$h'(x_h) = f'(x_h) - \frac{f(x_0 + \Delta x)}{g(x_0 + \Delta x)} g'(x_h) = 0$$

bzw.

$$\frac{f'(x_h)}{g'(x_h)} = \frac{f(x_0 + \Delta x)}{g(x_0 + \Delta x)}.$$

Da für $\Delta x \to 0^+$ die Stelle $x_h \in (x_0, x_0 + \Delta x)$ gegen x_0^+ strebt, muss also gelten:

$$\lim_{\Delta x \to 0^+} \frac{f(x_0 + \Delta x)}{g(x_0 + \Delta x)} = \lim_{x \to x_0^+} \frac{f'(x)}{g'(x)}.$$

Ersetzt man $x_0 + \Delta x$ mit x und lässt x von rechts gegen x_0 streben, erhält man die erste Regel von L'Hospital:

$$\lim_{x \to x_0^+} \frac{f(x)}{g(x)} = \lim_{x \to x_0^+} \frac{f'(x)}{g'(x)}.$$

Der Beweis für $\lim_{x \to x_0^-} \frac{f(x)}{g(x)} = \lim_{x \to x_0^-} \frac{f'(x)}{g'(x)}$ funktioniert analog. Zusammen gilt dann $\lim_{x \to x_0} \frac{f(x)}{g(x)} = \lim_{x \to x_0} \frac{f'(x)}{g'(x)}$.

Der Beweis der einseitigen Grenzwerte funktioniert mit angepassten Definitions- und Differenzierbarkeitsbereichen analog. Die Fälle $x \to +\infty$ und $x \to -\infty$ können über eine Substitution $y = \frac{1}{x_0 - x}$ bzw. $y = \frac{1}{x - x_0}$ auf die einseitigen Grenzwerte zurückgeführt werden. ∎

Beweis von Satz 5.3.13. Der Beweis der zweiten Regel ist deutlich aufwändiger. Er kann z.B. in Merz und Wüthrich (2013, Beweis von Satz 16.38, Seite 475) nachgelesen werden.
∎

Beweis von Satz 5.4.1. Wir beweisen die Äquivalenz in i.: Zunächst zeigen wir die Implikation von rechts nach links ($\Leftarrow$), die besagt, dass eine monoton steigende Funktion eine nicht-negative Ableitung an allen inneren Stellen hat.

Sei f monoton steigend. Zudem sei x eine innere Stelle und Δx so, dass $x \in I$ und $x + \Delta x \in I$. Im Fall $\Delta x > 0$ gilt, dass $f(x + \Delta x) \geq f(x)$ und damit $f(x + \Delta x) - f(x) \geq 0$. Im Fall $\Delta x < 0$ gilt, dass $f(x + \Delta x) \leq f(x)$ und damit $f(x + \Delta x) - f(x) \leq 0$. Damit folgt für alle $\Delta x \neq 0$, dass

$$\frac{f(x + \Delta x) - f(x)}{\Delta x} \geq 0.$$

Ist f differenzierbar, dann gilt damit auch $f'(x) = \lim_{\Delta x \to 0} \frac{f(x + \Delta x) - f(x)}{\Delta x} \geq 0$.

Wir zeigen die andere Richtung ($\Rightarrow$): Es gelte $f'(x) \geq 0$ für alle inneren Stellen $x \in I$. Dann folgt aus dem Mittelwertsatz, Satz 5.3.9, dass es für alle $x_1, x_2 \in I$ mit $x_1 < x_2$ ein $x_0 \in (x_1, x_2)$ gibt mit

$$\frac{f(x_2) - f(x_1)}{x_2 - x_1} - f'(x_0) \geq 0.$$

Für $x_1 < x_2$ ist der Nenner des Bruchs positiv. Damit der Bruch bei positivem Nenner größer oder gleich null ist, muss der Zähler auch größer oder gleich null sein, d.h. es muss $f(x_2) \geq f(x_1)$ gelten. Für $x_2 > x_1$ gilt also $f(x_2) \geq f(x_1)$. Damit ist f monoton steigend.

Aussage iii kann für $f(x) > 0$ analog zum Beweis von i. in Richtung „$\Rightarrow$" gezeigt werden: Es gelte $f(x) > 0$ für alle inneren Stellen $x \in I$. Dann folgt aus dem Mittelwertsatz, dass es für alle $x_1, x_2 \in I$ mit $x_1 < x_2$ ein $x_0 \in (x_1, x_2)$ gibt mit

$$\frac{f(x_2) - f(x_1)}{x_2 - x_1} = f'(x_0) > 0.$$

Damit der Bruch bei positivem Nenner größer null ist, muss $f(x_2) > f(x_1)$ gelten. Aus $x_2 > x_1$ folgt also $f(x_2) > f(x_1)$. Damit ist f streng monoton steigend.

Die Äquivalenz in ii. und Implikation in iv. folgen aus i. bzw. iii., weil $f(x_2) < f(x_1)$ für alle $x_2, x_1 \in I$ genau dann, wenn $-f(x_2) > -f(x_1)$. Die Ungleichung $f(x_2) \leq f(x_1)$ gilt für alle $x_2, x_1 \in I$ genau dann, wenn $-f(x_2) \geq -f(x_1)$. Die Funktion f fällt monoton genau dann, wenn $-f$ monoton steigt.
∎

Beweis von Satz 5.4.2: Injektivität einer Funktion bedeutet, dass zwei verschiedene Werte im Definitionsbereich, $x_1, x_2 \in D$ mit $x_1 \neq x_2$, auf zwei verschiedene Werte im Zielbereich abgebildet werden. Aus $x_1 \neq x_2$ folgt bei einer injektiven Funktion also $f(x_1) \neq f(x_2)$. Wir zeigen dies durch Fallunterscheidung und zeigen zunächst, dass die Aussage für eine streng monoton steigende Funktion gilt:

Für eine streng monoton steigende Funktion f gilt für $x_1 < x_2$ stets, dass $f(x_1) < f(x_2)$; für $x_1 > x_2$ gilt $f(x_1) > f(x_2)$. Zusammenfassend gilt für eine streng monoton steigende Funktion mit $x_1 \neq x_2$, dass $f(x_1) \neq f(x_2)$.

Nun betrachten wir den zweiten Fall: Für eine streng monoton fallende Funktion f gilt für $x_1 < x_2$ stets, dass $f(x_1) > f(x_2)$. Im Fall $x_1 > x_2$ folgt $f(x_1) < f(x_2)$. Auch hier folgt aus $x_1 \neq x_2$, dass $f(x_1) \neq f(x_2)$.
∎

Beweis von Satz 5.4.3: Die Richtung $\Leftarrow$ folgt direkt aus Satz 5.4.2: Gemäß Satz 5.4.2 ist eine streng monotone Funktion immer injektiv.

Wir zeigen nun $\Rightarrow$ mit Hilfe eines indirekten Beweises. Wir zeigen, dass eine stetige Funktion, welche nicht streng monoton ist, nicht injektiv sein kann.

Sei also f stetig und nicht streng monoton. Da f nicht streng monoton ist, gibt es Stellen x_1, x_2, $x_3 \in I$ mit $x_1 < x_2 < x_3$ und entweder

$$1:\ f(x_1) \geq f(x_2),\ f(x_2) \leq f(x_3)\ \text{ oder }\ 2:\ f(x_1) \leq f(x_2),\ f(x_2) \geq f(x_3).$$

Wir betrachten zunächst Fall 1. Gilt $f(x_1) = f(x_2)$ oder $f(x_2) = f(x_3)$, so gibt es zwei Stellen $x_1 \neq x_2$ oder $x_2 \neq x_3$ mit gleichem Funktionswert. Die Funktion ist also nicht injektiv. Gilt $f(x_1) > f(x_2)$ und $f(x_2) < f(x_3)$, folgt wegen der Stetigkeit von f aus dem Zwischenwertsatz, dass es zu jeden Funktionswert im Intervall $[f(x_2), f(x_1)]$ eine Stelle in $[x_1, x_2]$ gibt, für welche der Funktionswert angenommen wird. Zudem gibt es zu jedem Funktionswert im Intervall $[f(x_2), f(x_3)]$ eine Stelle innerhalb von $[x_2, x_3]$, für welche der Funktionswert angenommen wird. Somit werden alle Stellen im offenen Intervall $(f(x_2), \min\{f(x_1), f(x_3)\})$ an mindestens zwei Stellen aus I angenommen. f ist nicht injektiv auf I. In Fall 2 kann man analog zeigen, dass f nicht injektiv ist. Somit ist die Kontraposition von „f stetig und streng monoton $\Rightarrow$ f ist injektiv" und damit auch die Aussage selbst bewiesen. ∎

Beweis von Satz 5.4.4: Laut Satz 5.4.2 folgt aus der strengen Monotonie Injektivität. Aus der Definition der Zielmenge als $f(D)$ folgt Surjektivität. Damit ist f bijektiv und somit umkehrbar.

Ist f streng monoton steigend, dann gilt $y_1 = f(x_1) < f(x_2) = y_2$ für alle $x_1, x_2 \in D$ und $x_1 < x_2$. Damit muss für alle $y_1 < y_2$ auch $f^{-1}(y_1) = x_1 < f^{-1}(y_2) = x_2$ gelten. Somit ist f^{-1} streng monoton steigend.

Ist f streng monoton fallend, dann gilt $y_1 = f(x_1) > f(x_2) = y_2$ für alle $x_1, x_2 \in D$ und $x_1 < x_2$. Für $y_1 > y_2$ folgt, dass $f^{-1}(y_1) = x_1 < f^{-1}(y_2) = x_2$. Somit ist f^{-1} streng monoton fallend. ∎

Beweis von Satz 5.4.5: Wir zeigen die erste Aussage. Die restlichen Aussagen folgen analog. Seien also f, g monoton steigend. Außerdem seien $x_1 < x_2$ aus D beliebig gewählt. Dann gilt

$$(f + g)(x_1) = f(x_1) + g(x_1) \leq f(x_2) + g(x_1) \leq f(x_2) + g(x_2) = (f + g)(x_2).$$

$(f + g)$ ist also monoton steigend. ∎

Beweis von Satz 5.4.6: Wir zeigen nur die erste Aussage, die andere Aussage folgt analog. Seien also f, g monoton steigende reelle Funktionen mit Definitionsbereich D und $x_1 < x_2$ aus D beliebig gewählt. Dann gilt

$$\max\{f, g\}(x_1) = \max\{f(x_1), g(x_1)\} \leq \max\{f(x_2), g(x_1)\} \leq \max\{f(x_2), g(x_2)\} = \max\{f, g\}(x_2).$$

Dabei gelten die Ungleichungen oben, da f und g per Voraussetzung beide monoton steigend sind. Die Funktion $\max\{f, g\}$ ist also auch monoton steigend. ∎

Beweis von Satz 5.4.7: Wir zeigen lediglich die erste Aussage. Die restlichen Aussagen folgen analog. Sei also f monoton steigend auf I und $a > 0$. Zwei Stellen $x_1 < x_2$ aus dem Intervall $\left[\frac{i_1-b}{a}, \frac{i_2-b}{a}\right]$ seien beliebig gewählt. Dann liegen $(ax_1 + b) < (ax_2 + b)$ in $I = [i_1, i_2]$. Es folgt

$$f(ax_1 + b) \le f(ax_2 + b),$$

weil f monoton auf I ist. Die Funktion $f(ax+b)$ ist also monoton steigend auf $\left[\frac{i_1-b}{a}, \frac{i_2-b}{a}\right]$. $\blacksquare$

Beweis von Satz 5.4.8: Wir zeigen lediglich die erste Aussage. Die restlichen Aussagen folgen analog. Sei also f monoton steigend auf M und $c > 0$. Wir wählen $x_1 < x_2$ beliebig in M. Dann gilt

$$(c \cdot f + d)(x_1) = cf(x_1) + d \le cf(x_2) + d = (c \cdot f + d)(x_2).$$

Die Funktion $c \cdot f + d$ ist also monoton steigend auf M. $\blacksquare$

Beweis von Satz 5.4.9: Wir zeigen lediglich die erste Aussage für den Fall $M_1, M_2 \ne \{\}$. Die restlichen Aussagen folgen analog. Seien f und g beide monoton steigend auf M_2 resp. M_1 und $x_1 < x_2$ aus M_1 beliebig gewählt. Dann gilt

$$(f \circ g)(x_1) = f(g(x_1)) \le f(g(x_2)) = (f \circ g)(x_2).$$

Dabei gilt die Ungleichung oben, da aus der Monontonie von g folgt, dass $g(x_1) \le g(x_2)$ ist. Die Funktion $(f \circ g)$ ist also monoton steigend auf M_1. $\blacksquare$

Beweis von Satz 5.4.10 (∗): Wir beweisen das Kriterium für den Fall, dass f konvex ist. Der andere Fall kann analog bewiesen werden.

Sei

$$E = \left\{ \begin{pmatrix} x \\ y \end{pmatrix} \in \mathbb{R}^2 \,\middle|\, y \ge f(x), x \in I \right\}$$

die Menge aller Punkte oberhalb des Graphen von f mit $x \in I$.[51]

Diese Menge ist konvex, wenn für beliebige $(x_1, y_1)^T, (x_2, y_2)^T \in E$ alle Punkte auf der Verbindungslinie von $(x_1, y_1)^T$ nach $(x_2, y_2)^T$ ebenfalls in E sind, d.h.

$$\alpha \begin{pmatrix} x_1 \\ y_1 \end{pmatrix} + (1 - \alpha) \begin{pmatrix} x_2 \\ y_2 \end{pmatrix} \in E \quad \text{für alle} \quad \begin{pmatrix} x_1 \\ y_1 \end{pmatrix}, \begin{pmatrix} x_2 \\ y_2 \end{pmatrix} \in E, 0 < \alpha < 1.$$

Es gilt

$$\alpha \begin{pmatrix} x_1 \\ y_1 \end{pmatrix} + (1 - \alpha) \begin{pmatrix} x_2 \\ y_2 \end{pmatrix} = \begin{pmatrix} \alpha x_1 + (1 - \alpha)x_2 \\ \alpha y_1 + (1 - \alpha)y_2 \end{pmatrix} \in E$$

$$\Leftrightarrow \quad \alpha y_1 + (1 - \alpha)y_2 \ge f(\alpha x_1 + (1 - \alpha)x_2),\ \alpha x_1 + (1 - \alpha)x_2 \in I.$$

---

[51]   Im Gegensatz zu Kapitel 2.2 nennen wir Elemente des $\mathbb{R}^2$ nun $(x,y)^T$, bzw. $(x_1,y_1)^T$ oder $(x_2,y_2)^T$, um die Verbindung zu Funktionen aufzuzeigen. Wir verwenden hier den Buchstaben E, da diese Menge Epigraph von f genannt wird.

Da I ein Intervall ist, liegt mit $x_1 \in I$ und $x_2 \in I$ auch stets jeder Punkt zwischen x_1 und x_2, $\alpha x_1 + (1-\alpha)x_2$ für $0 < \alpha < 1$, in I. Die Punkte $(x_1, y_1)^T$ und $(x_2, y_2)^T$ sind in der Menge E, wenn $f(x_1) \leq y_1$, $f(x_2) \leq y_2$ und $x_1, x_2 \in I$. Also gilt für alle $(x_1, y_1)^T, (x_2, y_2)^T \in E$:

$$\alpha y_1 + (1-\alpha)y_2 \geq \alpha f(x_1) + (1-\alpha)f(x_2).$$

Es ergibt sich

$$\alpha \begin{pmatrix} x_1 \\ y_1 \end{pmatrix} + (1-\alpha) \begin{pmatrix} x_2 \\ y_2 \end{pmatrix} \in E \text{ für alle } \begin{pmatrix} x_1 \\ y_1 \end{pmatrix}, \begin{pmatrix} x_2 \\ y_2 \end{pmatrix} \in E, 0 < \alpha < 1$$
$$\Leftrightarrow \quad \alpha f(x_1) + (1-\alpha)f(x_2) \geq f(\alpha x_1 + (1-\alpha)x_2) \quad \text{für alle } x_1, x_2 \in I, 0 < \alpha < 1.$$

Die Menge E ist also genau dann konvex, wenn die Bedingung aus Definition 5.4.2 erfüllt ist. In diesem Fall heißt f laut Definition konvex auf I. ∎

Beweis von Satz 5.4.11: Einen Beweis findet man z.B. in Kall (1982, Satz 4.14, Korollar 4.15). ∎

Beweis von Satz 5.4.12: Der Beweis folgt direkt aus Satz 5.4.11 und Satz 5.4.1. ∎

Beweis von Satz 5.4.13 (∗): Ist $f : D \to Z$ konkav auf I, so gilt für alle $x_1, x_2 \in I, 0 < \alpha < 1$, dass

$$f(\alpha x_1 + (1-\alpha)x_2) \geq \alpha f(x_1) + (1-\alpha)f(x_2).$$

Dann gilt für die Funktion $g : D \to Z$ mit $g(x) = -f(x)$ für alle $x \in D$, dass

$$\begin{aligned} g(\alpha x_1 + (1-\alpha)x_2) &= -f(\alpha x_1 + (1-\alpha)x_2) \\ &\leq \alpha(-f(x_1)) + (1-\alpha)(-f(x_2)) \\ &= \alpha g(x_1) + (1-\alpha)g(x_2). \end{aligned}$$

Die Funktion g ist demnach konvex. Wendet man Satz 5.4.12 auf die konvexe Funktion g an, ergibt sich die Konvexität von g bzw. Konkavität von f. ∎

Beweis von Satz 5.4.14 (∗): Wieder ergibt sich der Beweis durch Anwendung von Satz 5.4.12 auf die konvexe Funktion $g : D \to Z$ mit $g(x) = -f(x)$, vgl. Beweis von Satz 5.4.13. ∎

Beweis von Satz 5.4.15: Wir zeigen nur die erste Aussage. Die zweite Aussage folgt analog. Seien f und g also konvex auf I. Seien außerdem $x_1 \neq x_2$ beliebig gewählt aus I. Dann gilt für alle $0 < \alpha < 1$:

$$\begin{aligned} (f+g)(\alpha x_1 + (1-\alpha)x_2) &= f(\alpha x_1 + (1-\alpha)x_2) + g(\alpha x_1 + (1-\alpha)x_2) \\ &\leq \alpha f(x_1) + (1-\alpha)f(x_2) + \alpha g(x_1) + (1-\alpha)g(x_2) \\ &= \alpha(f+g)(x_1) + (1-\alpha)(f+g)(x_2). \end{aligned}$$

Also ist $(f+g)$ konvex auf I. Sind f und g streng konvex, gilt die Ungleichung im strengen Sinn, also mit $<$ statt $\leq$. Es folgt dann, dass $(f+g)$ streng konvex auf I ist. ∎

Beweis von Satz 5.4.16 (∗)*:* Wir zeigen nur die erste Aussage. Die zweite Aussage folgt analog. Seien f und g also konvex auf I und $x_1 \neq x_2$ beliebig gewählt aus I. Dann gilt für alle $0 < \alpha < 1$:

$$
\begin{aligned}
f(\alpha x_1 + (1-\alpha)x_2) &\leq \alpha f(x_1) + (1-\alpha)f(x_2) \\
&\leq \alpha \max\{f(x_1), g(x_1)\} + (1-\alpha)\max\{f(x_2), g(x_2)\} \\
&= \alpha \max\{f,g\}(x_1) + (1-\alpha)\max\{f,g\}(x_2)
\end{aligned}
$$

und

$$
\begin{aligned}
g(\alpha x_1 + (1-\alpha)x_2) &\leq \alpha g(x_1) + (1-\alpha)g(x_2) \\
&\leq \alpha \max\{f(x_1), g(x_1)\} + (1-\alpha)\max\{f(x_2), g(x_2)\} \\
&= \alpha \max\{f,g\}(x_1) + (1-\alpha)\max\{f,g\}(x_2).
\end{aligned}
$$

Da für jeden Wert $x = \alpha x_1 + (1-\alpha)x_2$ entweder $\max\{f,g\}(x) = f(x)$ oder $\max\{f,g\}(x) = g(x)$ gilt, muss somit auch

$$
\max\{f,g\}(\alpha x_1 + (1-\alpha)x_2) \leq \alpha \max\{f,g\}(x_1) + (1-\alpha)\max\{f,g\}(x_2)
$$

gelten. Die Funktion $\max\{f,g\}$ ist also konvex auf I.

Sind f und g streng konvex, so gilt

$$
f(\alpha x_1 + (1-\alpha)x_2) < \alpha f(x_1) + (1-\alpha)f(x_2)
$$

bzw.

$$
g(\alpha x_1 + (1-\alpha)x_2) < \alpha g(x_1) + (1-\alpha)g(x_2),
$$

alle anderen Schritte sind unverändert. So ergibt sich, dass

$$
\max\{f,g\}(\alpha x_1 + (1-\alpha)x_2) < \alpha \max\{f,g\}(x_1) + (1-\alpha)\max\{f,g\}(x_2)
$$

für alle $x_1 \neq x_2, x_1, x_2 \in I$. Somit ist $\max\{f,g\}$ dann streng konvex. ∎

Beweis von Satz 5.4.17: Wir zeigen lediglich die erste Aussage. Die restlichen Aussagen folgen analog. Sei also f konvex I und $a > 0$. Zwei Stellen $x_1 < x_2$ aus dem Intervall $\left[\frac{i_1-b}{a}, \frac{i_2-b}{a}\right]$ seien beliebig gewählt. Dann liegen $ax_1 + b$ und $ax_2 + b$ in $I = [i_1, i_2]$. Für ein $\alpha \in [0,1]$ folgt

$$
\begin{aligned}
f(a(\alpha x_1 + (1-\alpha)x_2) + b) &= f(\alpha(ax_1 + b) + (1-\alpha)(ax_2 + b)) \\
&\leq \alpha f(ax_1 + b) + (1-\alpha)f(ax_2 + b).
\end{aligned}
$$

Die Ungleichung oben gilt, weil f auf I konvex ist. Die Funktion $f(ax + b)$ ist also konvex auf $\left[\frac{i_1-b}{a}, \frac{i_2-b}{a}\right]$. ∎

Beweis von Satz 5.4.18: Wir zeigen lediglich die erste Aussage. Die restlichen Aussagen folgen analog. Seien also f eine auf I konvexe Funktion, $c > 0$, $d \in \mathbb{R}$ und zwei Stellen $x_1, x_2 \in I$ beliebig gewählt. Dann gilt für jedes $0 < \alpha < 1$:

$$
\begin{aligned}
(cf+d)(\alpha x_1 + (1-\alpha)x_2) &= cf(\alpha x_1 + (1-\alpha)x_2) + d \\
&\leq c(\alpha f(x_1) + (1-\alpha)f(x_2)) + d \\
&= \alpha(cf+d)(x_1) + (1-\alpha)(cf+d)(x_2).
\end{aligned}
$$

Die Funktion $c \cdot f + d$ ist also konvex auf I. ∎

Beweis von Satz 5.4.19 (∗): Wir zeigen die Aussage für den Fall, dass f im Intervall $(x_0 - \varepsilon, x_0]$ streng konvex und im Intervall $[x_0, x_0 + \varepsilon)$ streng konkav ist (im umgekehrten Fall kann analog vorgegangen werden):

Ist f streng konvex im Intervall $(x_0 - \varepsilon, x_0]$ und im Inneren des Intervalls differenzierbar, so ist $f'(x)$ laut Satz 5.4.11 im Intervall $(x_0 - \varepsilon, x_0)$ streng monoton steigend. Ist f streng konkav im Intervall $[x_0, x_0 + \varepsilon)$ und im Inneren differenzierbar, so ist $f'(x)$ laut Satz 5.4.11, im Intervall $(x_0, x_0 + \varepsilon)$ streng monoton fallend. Für $x \in (x_0 - \varepsilon, x_0)$ gilt also für alle Δx mit $-\varepsilon < \Delta x \leq 0$ aufgrund der Umkehrung des Vorzeichens bei Division durch $\Delta x < 0$

$$f'(x_0) \geq f'(x_0 + \Delta x) \quad \text{und damit} \quad 0 \leq \frac{f'(x_0 + \Delta x) - f'(x_0)}{\Delta x}.$$

Ist f' differenzierbar, folgt

$$0 \leq \lim_{\Delta x \to 0^-} \frac{f'(x_0 + \Delta x) - f'(x_0)}{\Delta x} = f''(x_0).$$

Ebenso gilt für $x \in (x_0, x_0 + \varepsilon)$ bzw. $0 \leq \Delta x < \varepsilon$

$$f'(x_0) \geq f'(x_0 + \Delta x) \text{ und damit } 0 \geq \frac{f'(x_0 + \Delta x) - f'(x_0)}{\Delta x}$$

sowie

$$0 \geq \lim_{\Delta x \to 0^-} \frac{f('x_0 + \Delta x) - f'(x_0)}{\Delta x} = f''(x_0)$$

gelten. Aus $0 \leq f''(x_0) \leq 0$ folgt die Behauptung, dass $f''(x_0) = 0$.   ■

Beweis von Satz 5.5.1 (∗):
Es gilt $p(x) = a_0 + \sum_{k=1}^{n} a_k(x_0 + (x - x_0))^k$ für alle $x \in \mathbb{R}$. Werden alle Binome $(x_0 + (x - x_0))^k$ nach dem Binomischen Lehrsatz ausmultipliziert und die Ergebnisse nach den Potenzen von $(x - x_0)$ geordnet, entsteht ein Polynom der Form $p(x) = a_0 + \sum_{m=1}^{n} b_m(x - x_0)^m$ mit $p(x_0) = a_0$. Die k-te Ableitung dieses Polynoms nach x an der Stelle x_0 ist $p^{(k)}(x_0) = k! b_k$ für $k = 1, \ldots, n$. Auflösen nach b_k und Einsetzen gibt $p(x) = p(x_0) + \sum_{k=1}^{n} \frac{p^{(k)}(x_0)}{k!}(x - x_0)^k$.   ■

Beweis von Satz 5.5.2: Die Behauptung folgt direkt aus Satz 5.5.1 und der Konstruktion des Taylorpolynoms, Definition 5.5.1.   ■

Beweis von Satz 5.5.3 (∗): Das Restglied $r_{n,x_0}(x) = f(x) - t_{n,x_0}(x)$ entspricht laut Annahme der Differenz zweier stetiger Funktionen und ist damit selbst stetig. Zudem gilt $r_{n,x_0}(x_0) = 0$.

Wir definieren nun die stetige Funktion

$$g_k(x) = \frac{(n+1)!}{(n+1-k)!}(x - x_0)^{n+1-k}$$

mit Variable x und Parameter $k \in \{0, \ldots, n+1\}$. Für $k \leq n$ gilt

$$g_k'(x) = \frac{(n+1)!}{(n+1-k-1)!}(x - x_0)^{n+1-k-1} = \frac{(n+1)!}{(n+1-(k+1))!}(x - x_0)^{n+1-(k+1)} = g_{k+1}(x).$$

Ähnlich wie im Beweis von Satz 5.3.12 (L'Hospital) definieren wir im Fall $x > x_0$ mit $\Delta x = x - x_0$ damit eine Funktion $h : [x_0, x_0 + \Delta x] \to \mathbb{R}$ mit

$$h(y) = r_{n,x_0}(y) - \frac{r_{n,x_0}(x_0 + \Delta x)}{g_k(x_0 + \Delta x)} g_k(y),$$

welche ebenfalls stetig ist mit $h(x_0) = h(x_0 + \Delta x) = 0$. Zudem ist $h(y)$ auf $(x_0, x_0 + \Delta x)$ differenzierbar mit

$$h'(y) = r'_{n,x_0}(y) - \frac{r_{n,x_0}(x_0 + \Delta x)}{g_k(x_0 + \Delta x)} g'_k(y).$$

Da $h(x_0) = h(x_0 + \Delta x) = 0$, muss laut Mittelwertsatz eine Stelle $\xi \in (x_0, x_0 + \Delta x)$ mit einer Ableitung von 0 existieren. Es gibt also eine Stelle $\xi \in (x_0, x_0 + \Delta x)$ mit

$$h'(\xi) = r'_{n,x_0}(\xi) - \frac{r_{n,x_0}(x_0 + \Delta x)}{g_k(x_0 + \Delta x)} g'_k(\xi) = 0 = \frac{h(x_0 + \Delta x) - h(x_0)}{\Delta x}.$$

Damit gibt es für jedes x eine Stelle $\xi \in (x_0, x_0 + \Delta x) = (x_0, x)$, so dass

$$\frac{r_{n,x_0}(x_0 + \Delta x)}{g_k(x_0 + \Delta x)} = \frac{r'_{n,x_0}(\xi)}{g'_k(\xi)}.$$

Nutzt man $g'_k(x) = g_{k+1}(x)$ und wiederholt obiges Argument für den Quotienten aus Restglied und g_k, ergibt sich ausgehend von $k = 0$

$$\begin{aligned}
\frac{r_{n,x_0}(x)}{g_0(x)} &= \frac{r_{n,x_0}(x_0 + \Delta x)}{g_0(x_0 + \Delta x)} = \frac{r'_{n,x_0}(\xi)}{g'_0(\xi)} = \frac{r'_{n,x_0}(\xi)}{g_1(\xi)} \\
&= \frac{r'_{n,x_0}(x_0 + \Delta x)}{g_1(x_0 + \Delta x)} = \frac{r''_{n,x_0}(\xi)}{g'_1(\xi)} = \frac{r''_{n,x_0}(\xi)}{g_2(\xi)} \\
&= \cdots = \frac{r_{n,x_0}^{(n+1)}(\xi)}{g_{n+1}(\xi)} = \frac{r_{n,x_0}^{(n+1)}(\xi)}{\frac{(n+1)!}{(n+1-(n+1))!}(x - x_0)^{n+1-(n+1)}} = \frac{r_{n,x_0}^{(n+1)}(\xi)}{(n+1)!}.
\end{aligned}$$

Multipliziert man die so entstandene Gleichung

$$\frac{r_{n,x_0}(x)}{g_0(x)} = \frac{r_{n,x_0}^{(n+1)}(\xi)}{(n+1)!}$$

mit

$$g_0(x) = \frac{(n+1)!}{(n+1)!}(x - x_0)^{n+1} = (x - x_0)^{n+1}$$

(vgl. die Definition von g_k zu Beginn des Beweises), gibt es also ein $\xi \in (x_0, x)$ mit

$$r_{n,x_0}(x) = \frac{r_{n,x_0}^{(n+1)}(\xi)}{(n+1)!} g_0(x) = \frac{r_{n,x_0}^{(n+1)}(\xi)}{(n+1)!}(x - x_0)^{n+1}.$$

Die $(n+1)$-te Ableitung des Restglieds $r_{n,x_0}(x) = f(x) - t_{n,x_0}(x)$ ist

$$r_{n,x_0}^{(n+1)}(x) = f^{(n+1)}(x) - t_{n,x_0}^{(n+1)}(x).$$

Da die $(n+1)$-te Ableitung eines Polynoms n-ter Ordnung stets 0 ist, gilt damit $t_{n,x_0}^{(n+1)}(x) = 0$ bzw. $r_{n,x_0}^{(n+1)}(x) = f^{(n+1)}(x)$. Es muss also ein $\xi \in (x_0, x)$ existieren, so dass

$$r_{n,x_0}(x) = \frac{f^{(n+1)}(\xi)}{(n+1)!}(x - x_0)^{n+1}.$$

Mit $r_{n,x_0}(x) = f(x) - t_{n,x_0}(x)$ folgt schließlich

$$f(x) = t_{n,x_0}(x) + \frac{f^{(n+1)}(\xi)}{(n+1)!}(x - x_0)^{n+1}.$$

Im Fall $x < x_0$ funktioniert der Beweis analog. ∎

Beweis von Satz 5.6.1: Für $x_1, x_2 \in D$ folgt aus $f(x_1) < f(x_2)$ durch Multiplikation mit (-1), dass $-f(x_2) < -f(x_1)$ und umgekehrt.

Ist x_0 eine globale Maximalstelle von f, so ist also inbesondere $f(x_0) = \max_{x \in D} f(x) \geq f(x)$ für alle $x \in D$ gleichbedeutend mit $-f(x_0) = -\max_{x \in D} f(x) \leq -f(x)$ für alle $x \in D$. Die Stelle x_0 ist also eine globale Maximalstelle von f, genau dann wenn x_0 eine globale Minimalstelle von $-f$ ist und es gilt $-f(x_0) = \min_{x \in D}(-f(x)) = -\max_{x \in D} f(x)$ bzw. $f(x_0) = \max_{x \in D} f(x) = -\min_{x \in D}(-f(x))$.

Ist x_0 eine globale Minimalstelle folgt analog, dass x_0 eine globale Minimalstelle von f ist, genau dann wenn x_0 eine globale Maximalstelle von $-f$ ist. ∎

Beweis von Satz 5.6.2: Einen Beweis findet man in Heuser (2000, Satz 36.3). ∎

Beweis von Satz 5.6.3: Sei $x_0 \in D$ eine globale Maximalstelle. Dann gilt $f(x) \leq f(x_0)$ für alle $x \in D$. Insbesondere gilt dann für ein beliebiges $\varepsilon > 0$

$$f(x_0) \geq f(x) \quad \text{für alle } x \in U(x_0, \varepsilon) \cap D.$$

x_0 ist also eine lokale Maximalstelle. Der Beweis im Falle einer globalen Minimalstelle ist analog. ∎

Beweis von Satz 5.6.4: Wir beweisen die Aussage für den Fall einer lokalen Maximalstelle. Der Beweis einer lokalen Minimalstelle verläuft analog. Ist $x_0 \in (a,b)$ eine lokale Maximalstelle, dann gibt es ein $\varepsilon > 0$, so dass für alle $0 \leq \Delta x < \varepsilon$

$$f(x_0) \geq f(x_0 + \Delta x) \quad \text{und damit} \quad 0 \geq \frac{f(x_0 + \Delta x) - f << (x_0)}{\Delta x}.$$

Zusammenfassend muss für eine differenzierbare Funktion f an einer Maximalstelle x_0 also

$$0 \geq \lim_{\Delta x \to 0^+} \frac{f(x_0 + \Delta x) - f(x_0)}{\Delta x} = f'(x_0)$$

gelten. Ebenso gilt aufgrund der Umkehrung des Vorzeichens bei Division durch $\Delta x < 0$ für alle $-\varepsilon < \Delta x \leq 0$

$$f(x_0) \geq f(x_0 + \Delta x) \quad \text{und damit} \quad 0 \leq \frac{f(x_0 + \Delta x) - f(x_0)}{\Delta x}.$$

Ist f differenzierbar, so muss entsprechend auch

$$0 \leq \lim_{\Delta x \to 0^-} \frac{f(x_0 + \Delta x) - f(x_0)}{\Delta x} = f'(x_0)$$

gelten. Aus $0 \leq f'(x_0) \leq 0$ folgt die Behauptung, dass $f'(x_0) = 0$. ∎

Beweis von Satz 5.6.5: Der Satz folgt direkt aus den Bemerkungen vor dem Satz im Text. ∎

Beweis von Satz 5.6.6: Der Satz folgt aus Satz 5.6.5 und Satz 5.4.1. ∎

Beweis von Satz 5.6.7: Wir beweisen im Folgenden die erste Aussage, also den Fall eines lokalen Minimums. Der Beweis im Fall eines lokalen Maximums funktioniert analog.

Seien also $f'(x_0) = 0$ und $f''(x_0) > 0$. Somit folgt aus der Stetigkeit der zweiten Ableitung und Satz 5.2.18, dass es ein $\delta > 0$ gibt, so dass $f''(x) > 0$ für alle $x \in (x_0 - \delta, x_0 + \delta)$. Aus dem Monotoniekriterium, Satz 5.4.1, folgt damit, dass die erste Ableitung $f'(x)$ auf $(x_0 - \delta, x_0 + \delta)$ streng monoton steigt. Da $f'(x_0) = 0$ ist, muss für $x \in (x_0 - \delta, x_0)$ die Ableitung kleiner 0 sein, $f'(x) < 0$. Für $x \in (x_0, x_0 + \delta)$ muss hingegen $f'(x) > 0$ gelten.

Aus dem hinreichenden Kriterium erster Ordnung, Satz 5.6.6, folgt damit, dass f an der Stelle x_0 ein lokales Minimum hat. ∎

Beweis von Satz 5.6.8 (∗): Sind bei einer (mindestens) n-mal stetig differenzierbaren Funktion die ersten $n - 1$ Ableitungen an einer Stelle x_0 gleich 0 und die n-te Ableitung an dieser Stelle x_0 von Null verschieden, dann folgt aus dem Satz von Taylor, dass es für alle $x \in D$ zwischen x und x_0 eine Zwischenstelle ξ mit $f(x) - f(x_0) - \frac{f^{(n)}(\xi)}{n!} \cdot (x - x_0)^n$ gibt. Aus der Stetigkeit der n-ten Ableitung folgt dann mit Satz 5.2.18, dass $f^{(n)}(\xi)$ in einer ε-Umgebung von x_0 das gleiche Vorzeichen wie $f^{(n)}(x_0)$ hat. Demnach gilt für alle $x \in (x_0 - \varepsilon, x_0 + \varepsilon)$:

$$f(x) - f(x_0) = \underbrace{\frac{f^{(n)}(\xi)}{n!}}_{\substack{>0 \text{ wenn } f^{(n)}(x_0)>0, \\ <0 \text{ wenn } f^{(n)}(x_0)<0}} \cdot \underbrace{(x - x_0)^n}_{\substack{>0 \text{ für } x \neq x_0 \\ \text{wenn } n \text{ gerade}}} .$$

Für gerade n schließen wir somit im Fall $f^{(n)}(x_0) > 0$, dass

$$f(x) - f(x_0) > 0 \quad \text{bzw.} \quad f(x) > f(x_0) \quad \text{für alle } x \in (x_0 - \varepsilon, x_0 + \varepsilon).$$

In diesem Fall liegt an der Stelle x_0 ein lokales Minimum vor. Für gerade n schließen wir im Fall $f^{(n)}(x_0) < 0$, dass

$$f(x) - f(x_0) < 0 \quad \text{bzw.} \quad f(x) < f(x_0) \quad \text{für alle } x \in (x_0 - \varepsilon, x_0 + \varepsilon).$$

In diesem Fall liegt an der Stelle x_0 ein lokales Maximum vor. Ist n ungerade, so wechselt $(x - x_0)^n$ in x_0 das Vorzeichen, der erste Faktor aber nicht. In diesem Fall liegt kein lokales Extremum vor.

Ist n ungerade mit $n \geq 3$, kann man analog zu oben eine Taylor-Entwicklung für die zweite Ableitung f'' bilden. So ergibt sich für alle $x \in (x_0 - \varepsilon, x_0 + \varepsilon)$, dass es eine Zwischenstelle ξ geben muss mit:

$$f''(x) - f''(x_0) = \underbrace{\frac{f^{(n)}(\xi)}{(n-2)!}}_{\substack{>0, \text{ wenn } f^{(n)}(x_0)>0, \\ <0, \text{ wenn } f^{(n)}(x_0)<0}} \cdot \underbrace{(x - x_0)^{n-2}}_{\substack{\text{Vorzeichenwechsel} \\ \text{bei } x=x_0, \text{ wenn } n \text{ ungerade}}} .$$

Somit wechselt die zweite Ableitung an der Stelle x_0 in diesem Fall das Vorzeichen. Die Funktion ist also auf der einen Seite von x_0 streng konvex und auf der anderen streng konkav. Es liegt ein Wendepunkt vor. Da zudem $f'(x_0) = 0$ gilt, handelt es sich um einen Sattelpunkt. ∎

Beweis von Satz 5.6.9: Für eine reelle differenzierbare und konvexe Funktion f wissen wir aus Satz 5.4.11, dass

$$f(x) \geq f(x_0) + f'(x_0)(x - x_0)$$

für alle $x, x_0 \in D$. Alle Punkte des Graphen von f liegen oberhalb jeder Tangente an f. Hat die Funktion eine stationäre Stelle x_0 (mit $f'(x_0) = 0$), so muss also gelten, dass

$$f(x) \geq f(x_0) + f'(x_0)(x - x_0) = f(x_0)$$

für alle $x, x_0 \in D$. Demnach muss an der Stelle x_0 ein globales Minimum vorliegen. Ist umgekehrt f eine reelle differenzierbare und konkave Funktion mit stationärer Stelle x_0, so wissen wir aus Satz 5.4.11, dass

$$f(x) \leq f(x_0) + f'(x_0)(x - x_0) = f(x_0)$$

für alle $x \in D$. In diesem Fall muss an einer stationären Stelle ein globales Maximum vorliegen. ∎

Beweis von Satz 5.6.10: Wir beweisen die erste Aussage, die restlichen kann man analog zeigen. f besitzt also ein globales Maximum und Minimum auf D. Dann gilt

$$\min_{x \in D} f(x) \leq f(x) \leq \max_{x \in D} f(x) \text{ für alle } x \in D,$$

und somit $f(D) \subseteq [\min_{x \in D} f(x), \max_{x \in D} f(x)]$. Andererseits wird gemäß dem Zwischenwertsatz 5.2.19 jeder Wert in $[\min_{x \in D} f(x), \max_{x \in D} f(x)]$ angenommen. Es folgt $f(D) = [\min_{x \in D} f(x), \max_{x \in D} f(x)]$. ∎

Beweis von Satz 5.7.1: Der Beweis ergibt sich direkt aus Satz 5.3.11, in dem wir gezeigt hatten, dass sich zwei Funktionen mit gleicher Ableitung nur um eine Konstante $c \in \mathbb{R}$ unterscheiden. ∎

Beweis von Satz 5.7.2: Wir zeigen die Behauptungen i.-v., indem wir jeweils die Stammfunktion F ableiten und $f = F'$ erhalten:

i. Es gilt für $r \neq -1$:

$$F'(x) = \left(\frac{1}{r+1} x^{r+1} + c \right)' = \frac{1}{r+1} \cdot (r+1) \cdot x^{r+1-1} = x^r = f(x).$$

ii. Es gilt für $x > 0$

$$F'(x) = (\ln((x)) + c)' = \frac{1}{x} = f(x).$$

Für $x < 0$ ergibt sich durch Anwendung der Kettenregel

$$F'(x) = (\ln(-x) + c)' = (\ln(-x) + c)' = \frac{1}{-x}(-1) = \frac{1}{x} = f(x).$$

iii. $F'(x) = (e^x + c)' = e^x = f(x)$.
iv. $F'(x) = (-\cos(x) + c)' = -(-\sin(x)) = \sin(x) = f(x)$.
v. $F'(x) = (\sin(x) + c)' = \cos(x) = f(x)$. ∎

Beweis von Satz 5.7.3: Ableiten der Stammfunktion $F(x) = \frac{1}{a}e^{ax}$ mit Hilfe der Kettenregel ergibt $F'(x) = \frac{1}{a} \cdot a \cdot e^{ax} = e^{ax} = f(x)$. Damit ist F eine Stammfunktion von f. ∎

Beweis von Satz 5.7.4: Dies ergibt sich direkt aus Satz 5.3.4 und der Summen- bzw. Differenzenregel aus Satz 5.3.5. ∎

Beweis von Satz 5.7.5: Aus den Rechenregeln für Ableitungen kennen wir die Kettenregel. Es gilt

$$(F(g(x)))' = F'(g(x))g'(x) = f(g(x))g'(x).$$

Damit ist $F(g(x))$ eine Stammfunktion von $g'(x)f(g(x))$. ∎

Beweis von Satz 5.7.6: Der Beweis erfolgt durch Anwendung der Kettenregel: Leitet man $e^{g(x)}$ ab, ergibt sich

$$\left(e^{g(x)}\right)' = g'(x)e^{g(x)}.$$

Leitet man $\frac{1}{a}F(ax+b)$ ab, ergibt sich

$$\left(\frac{1}{a}F(ax+b)\right)' = \frac{1}{a}f(ax+b)a = f(ax+b).$$

Leitet man $\ln(|g(x)|)$ ab, ergibt sich im Fall $g(x) > 0$

$$(\ln(g(x)))' = \frac{1}{g(x)}g'(x) = \frac{g'(x)}{g(x)}$$

und im Fall $g(x) < 0$

$$(\ln(-g(x)))' = \frac{1}{-g(x)}(-g'(x)) = \frac{g'(x)}{g(x)}.$$ ∎

Beweis von Satz 5.7.8: Alle obigen Aussagen finden sich in Heuser (2000). Aussagen 1 und 2 entsprechen dort Satz 84.3, Aussage 3 Satz 83.3 und Aussage 4 Sätzen 79.4 und 84.8. ∎

Beweis von Satz 5.7.9: Der Beweis folgt wie in Beispiel 5.7.22, indem man 2 durch k ersetzt. ∎

Beweis von Satz 5.7.10: Die Aussagen sind in Heuser (2000, Satz 79.4, Satz 84.5) bewiesen. ∎

Beweis von Satz 5.7.11: Wir zeigen den Beweis für die Punktsymmetrie. Der andere Fall geht analog. Sei f also punktsymmetrisch zum Ursprung, dann gilt gemäß Satz 5.7.10

$$\int_{-a}^{a} f(x)\,dx = \int_{-a}^{0} f(x)\,dx + \int_{0}^{a} f(x)\,dx = \int_{-a}^{0} (-f(-x))\,dx + \int_{0}^{a} f(x)\,dx$$

$$= \int_{a}^{0} f(x)\,dx + \int_{0}^{a} f(x)\,dx = 0.$$

Für den zweitletzten Schritt wurde die Punktsymmetrie von f verwendet, für den letzten Schritt die Definition von bestimmten Integralen mit vertauschten Integrationsgrenzen, Definition 5.7.5. ∎

Beweis von Satz 5.7.12 (∗):
Die Aussage ergibt sich aus den Vergleichssätzen für Folgen direkt mit der Definition des bestimmten Integrals. ∎

Beweis von Satz 5.7.13: Sei $a, b \in \mathbb{R}$ mit $a \leq b$. Folgerung 1 folgt direkt aus Satz 5.7.12: Mit $g(x) = |f(x)| \geq f(x)$ folgt, dass

$$\int_{a}^{b} f(x)\,dx \leq \int_{a}^{b} |f(x)|\,dx.$$

Zudem folgt wegen $g(x) = |f(x)| \geq -f(x)$, dass

$$-\int_{a}^{b} f(x)\,dx \leq \int_{a}^{b} |f(x)|\,dx.$$

Also gilt $\left|\int_{a}^{b} f(x)\,dx\right| \leq \int_{a}^{b} |f(x)|\,dx$, vgl. auch Abbildung 5.181.

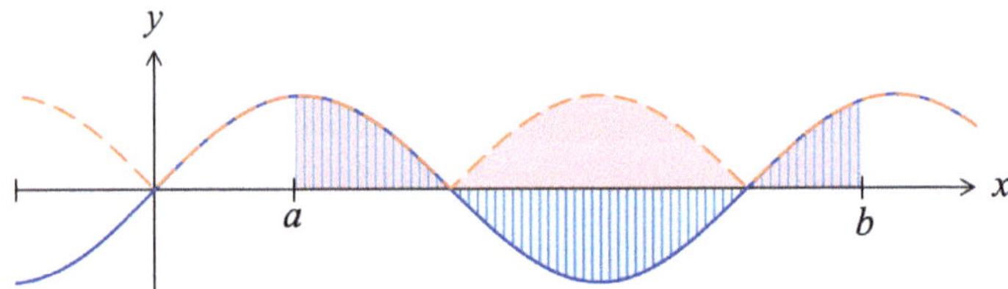

Abbildung 5.181: Illustration von $\left|\int_{a}^{b} f(x)\,dx\right| \leq \int_{a}^{b} |f(x)|\,dx$

Wir beweisen nun Folgerung 2.: Da eine stetige Funktion auf einem abgeschlossenen Intervall gemäß des Satzes von Weierstraß, Satz 5.6.2, sowohl ihr Maximum als auch ihr Minimum annimmt, gilt

$$\min_{x \in [a,b]} f(x) \leq f(x) \leq \max_{x \in [a,b]} f(x).$$

Aus dem Vergleichssatz 5.7.12 folgt bei einer stetigen Funktion

$$\int_a^b \min_{x\in[a,b]} f(x)\, dt \le \int_a^b f(x)\, dx \le \int_a^b \max_{x\in[a,b]} f(x)\, dt$$

$$\left(\min_{x\in[a,b]} f(x)\right) \int_a^b 1\, dt \le \int_a^b f(x)\, dx \le \left(\max_{x\in[a,b]} f(x)\right) \int_a^b 1\, dt$$

$$\left(\min_{x\in[a,b]} f(x)\right)(b-a) \le \int_a^b f(x)\, dx \le \left(\max_{x\in[a,b]} f(x)\right)(b-a).$$

(Bei dieser Berechnung nutzten wir, dass das Maximum und das Minimum der Funktion über $[a,b]$ nicht von x abhängt, und dass $\int_a^b 1\, dx = b - a$ ist, vgl. Satz 5.7.9.) ∎

Beweis von Satz 5.7.14: Diese Aussage ist in Kall (1982, Satz 6.12) bewiesen. ∎

Beweis von Satz 5.7.15 (∗): Ein eleganterer aber weniger anschaulicher Weg als der oben beschriebene nutzt den Mittelwertsatz: Laut Mittelwertsatz existiert eine Zwischenstelle ξ in $[x, x+\Delta x]$ mit

$$\frac{F(x+\Delta x) - F(x)}{\Delta x} = f(\xi).$$

Mit $\theta = \frac{\xi - x}{\Delta x} \in [0,1]$ ergibt sich

$$\frac{F(x+\Delta x) - F(x)}{\Delta x} = f(x + \theta \Delta x).$$

Der Grenzübergang $\Delta x \to 0$ liefert $F'(x) = f(x)$. ∎

Beweis von Satz 5.7.16: Hat man eine beliebige Stammfunktion F von f, so ist stets auch $G(x) = F(x) - F(a)$ eine Stammfunktion von f. An der Stelle $x = a$ gilt für diese Stammfunktion $G(a) = F(a) - F(a) = 0$. Die Behauptung folgt dann aus dem Hauptsatz der Differential- und Integralrechnung, Satz 5.7.15. ∎

5.10 Literaturverzeichnis

Dietz, H. M., *Mathematik für Wirtschaftswissenschaftler*, Springer Berlin Heidelberg, 5. Auflage, 2012

Heuser, H., *Lehrbuch der Analysis, Teil 1*, Teubner, Stuttgart, 13. Auflage, 2000

Kall, P., *Analysis für Ökonomen*, Teubner Studienbücher Mathematik, Stuttgart, 1. Auflage, 1982

Merz, M. und Wüthrich, M.V., *Mathematik für Wirtschaftswissenschaftler: Die Einführung mit vielen ökonomischen Beispielen*, Vahlen, 1. Auflage, 2013

Opitz, O., Etschberger, S., Burkart, W., und Klein, R., *Mathematik - Lehrbuch: für das Studium der Wirtschaftswissenschaften*, De Gruyter Studium, 12. Auflage, 2017

Open Access Dieses Kapitel wird unter der Creative Commons Namensnennung 4.0 International Lizenz (http://creativecommons.org/licenses/by/4.0/deed.de) veröffentlicht, welche die Nutzung, Vervielfältigung, Bearbeitung, Verbreitung und Wiedergabe in jeglichem Medium und Format erlaubt, sofern Sie den/die ursprünglichen Autor(en) und die Quelle ordnungsgemäß nennen, einen Link zur Creative Commons Lizenz beifügen und angeben, ob Änderungen vorgenommen wurden.

Die in diesem Kapitel enthaltenen Bilder und sonstiges Drittmaterial unterliegen ebenfalls der genannten Creative Commons Lizenz, sofern sich aus der Abbildungslegende nichts anderes ergibt. Sofern das betreffende Material nicht unter der genannten Creative Commons Lizenz steht und die betreffende Handlung nicht nach gesetzlichen Vorschriften erlaubt ist, ist für die oben aufgeführten Weiterverwendungen des Materials die Einwilligung des jeweiligen Rechteinhabers einzuholen.

6. Linearkombinationen

Schon seit Kapitel 2.2 bezeichnen wir Elemente des $\mathbb{R}^n$ als Punkte oder Vektoren

$$\mathbf{x} = \begin{pmatrix} x_1 \\ \vdots \\ x_n \end{pmatrix} \in \mathbb{R}^n,$$

wobei wir uns in der Regel auf Spaltenvektoren (also Vektoren mit einer Spalte und n Zeilen) beziehen und x_i als die i-te Komponente von $\mathbf{x}$ bezeichnen. Ein transponierter Vektor ist durch ein hochgestelltes T gekennzeichnet[1], $\mathbf{x}^T = (x_1, \ldots, x_n)$. Der Zeilenvektor $\mathbf{x}^T$ hat n Spalten und eine Zeile. Wir werden im Folgenden im Fließtext häufig die Transposition eines Zeilenvektors verwenden, um einen Spaltenvektor darzustellen, da dies platzsparender ist. Dabei machen wir uns zunutze, dass ein transponierter Zeilenvektor gleich einem Spaltenvektor ist,

$$\mathbf{x} = (x_1, \ldots, x_n)^T = \begin{pmatrix} x_1 \\ \vdots \\ x_n \end{pmatrix} \in \mathbb{R}^n.$$

Um die Definitionen und Sätze in folgenden Kapiteln zu vereinfachen, werden wir in der Regel auf die Erklärung $n \in \mathbb{N}$ und später, wenn wir mehr als einen Index benötigen, auch auf die Erklärung $m \in \mathbb{N}$ verzichten.

---

[1] Achtung: Dieses T ist kein Platzhalter für eine Zahl, sondern steht für *Transposition*, also die Umwandlung eines Spaltenvektors in einen Zeilenvektor bzw. die Umwandlung eines Zeilenvektors in einen Spaltenvektor.

© Der/die Autor(en) 2026
C. Barz, *Mathematik für Wirtschaftswissenschaftler*,
https://doi.org/10.1007/978-3-658-50521-9_7

6.1 Richtungen von Vektoren

Für $n = 1$ entsprechen Vektoren Zahlen auf der Zahlengerade. Für $n = 2$ oder $n = 3$ lassen sich Vektoren in einem Koordinatensystem mit Achsen x_1, x_2 und ggf. x_3 graphisch darstellen.[2] Vier oder mehr Dimensionen können im Allgemeinen nicht illustriert werden.[3] Daher werden wir uns in Beispielen häufig auf $n \leq 3$ beschränken, obwohl unsere Ergebnisse allgemeiner gelten.

6.1.1 Die Richtung

Ziele dieses Unterkapitels

- Was ist ein Einheitsvektor? Was ist eine Richtung?
- Was versteht man unter der Richtung eines Vektors? Wann zeigen zwei Vektoren in die gleiche Richtung? Wann zeigen sie in entgegengesetzte Richtungen?

In Kapitel 2.2, Definition 2.2.5, definierten wir bereits die (euklidische) Norm eines Vektors $\mathbf{x} \in \mathbb{R}^n$ als

$$\|\mathbf{x}\| = \sqrt{x_1^2 + x_2^2 + \cdots + x_n^2} = \sqrt{\sum_{i=1}^{n} x_i^2}.$$

Die euklidische Norm kann auch als die Länge des Vektors interpretiert werden. Einen Vektor der Länge 1 nennt man Einheitsvektor oder Richtung.

> **Definition 6.1.1 — Einheitsvektor.**
> Ein Vektor $\mathbf{x} \in \mathbb{R}^n$ heißt **Einheitsvektor** oder Richtung, wenn $\|\mathbf{x}\| = 1$.

Von besonderer Bedeutung sind die (kanonischen) Einheitsvektoren, bei denen genau eine Komponente gleich 1 ist und die anderen gleich 0 sind. Im $\mathbb{R}^n$ existieren genau n verschiedene solche Einheitsvektoren. Wir bezeichnen den Einheitsvektor, dessen k-te Komponente 1 ist, als den k-ten Einheitsvektor $\mathbf{e}^k$. Im $\mathbb{R}^3$ ist also

$$\mathbf{e}^1 = \begin{pmatrix} 1 \\ 0 \\ 0 \end{pmatrix}, \quad \mathbf{e}^2 = \begin{pmatrix} 0 \\ 1 \\ 0 \end{pmatrix}, \quad \mathbf{e}^3 = \begin{pmatrix} 0 \\ 0 \\ 1 \end{pmatrix} \in \mathbb{R}^3.$$

Wir halten diese Konventionen in folgender Definition fest:

> **Definition 6.1.2 — Kanonische Einheitsvektoren.**
> Seien $n \in \mathbb{N}$ und $k \in \{1, \ldots, n\}$. Ein Vektor $\mathbf{x} \in \mathbb{R}^n$ heißt k-ter **(kanonischer) Einheitsvektor**, wenn $x_k = 1$ und $x_i = 0$ für alle $i \in \{1, \ldots, n\} \setminus \{k\}$. Man schreibt $\mathbf{e}^k$ für den k-ten (kanonischen) Einheitsvektor.

Multipliziert man einen Vektor $\mathbf{x}$ mit $\alpha \in \mathbb{R}$ so ergibt sich die Norm von $\alpha \cdot \mathbf{x}$ als $\|\alpha \cdot \mathbf{x}\| = \sqrt{\sum_{i=1}^{n}(\alpha \cdot x_i)^2} = \sqrt{\alpha^2 \cdot \sum_{i=1}^{n} x_i^2} = |\alpha| \cdot \sqrt{\sum_{i=1}^{n} x_i^2} = |\alpha| \cdot \|\mathbf{x}\|$. Teilt man also einen beliebigen Vektor $\mathbf{x} \in \mathbb{R}^n$ mit $\|\mathbf{x}\| \neq 0$ durch seine Länge $\|\mathbf{x}\|$, so ist $\mathbf{x}/\|\mathbf{x}\|$ stets

---

[2]　In der Regel werden im $\mathbb{R}^2$ die Werte x_1 dabei horizontal (nach rechts ansteigend), und x_2 vertikal (nach oben ansteigend) abgetragen. Im $\mathbb{R}^3$ verläuft die Achse für x_1 in der Regel diagonal (nach links unten ansteigend), für x_2 horizontal (nach rechts ansteigend) und für x_3 vertikal (nach oben ansteigend). Da dies jedoch nicht immer einheitlich ist, sind Achsenbeschriftungen sehr wichtig.

[3]　Bzw. nur über Umwege wie z.B. die vierte Dimension als Zeit.

ein Einheitsvektor.[4] Aus diesem Grund werden Einheitsvektoren auch als Richtungen bezeichnet.

■ Beispiel 6.1.1 — Vektoren der Länge 1.

Der Vektor $\mathbf{x} = (3,4)^T$ hat eine Länge von $\|\mathbf{x}\| = \sqrt{3^2 + 4^2} = \sqrt{25} = 5$. Der Vektor $\tilde{\mathbf{x}} = \frac{\mathbf{x}}{\|\mathbf{x}\|} = \left(\frac{3}{5}, \frac{4}{5}\right)^T$ zeigt in die gleiche Richtung wie $\mathbf{x}$ und hat eine Länge von $\|\tilde{\mathbf{x}}\| = 1$, vgl. Abbildung 6.1.

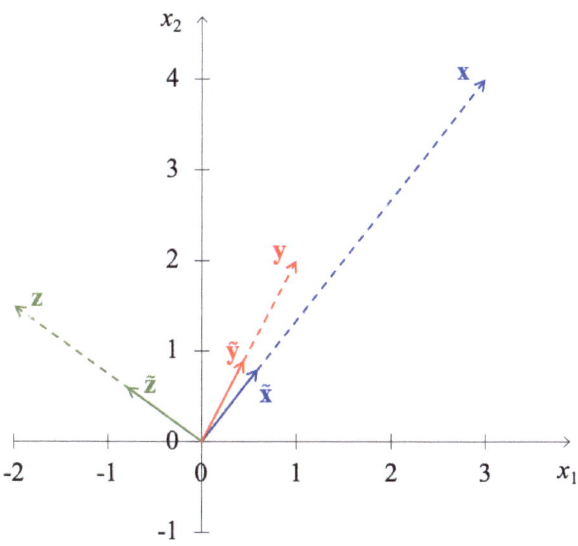

Abbildung 6.1: Vektoren der Länge 1

Der Vektor $\mathbf{y} = (1,2)^T$ hat eine Länge von $\|\mathbf{y}\| = \sqrt{1^2 + 2^2} = \sqrt{5}$. Der Vektor $\tilde{\mathbf{y}} = \frac{\mathbf{y}}{\|\mathbf{y}\|} = \left(\frac{1}{\sqrt{5}}, \frac{2}{\sqrt{5}}\right)^T$ zeigt in die gleiche Richtung wie $\mathbf{y}$ und hat eine Länge von $\|\tilde{\mathbf{y}}\| = 1$, vgl. Abbildung 6.1. Der Vektor $\mathbf{z} = (-2, 1.5)^T$ hat eine Länge von $\|\mathbf{z}\| = \sqrt{(-2)^2 + 1.5^2} = \sqrt{6.25} = 2.5$. Der Vektor $\tilde{\mathbf{z}} = \frac{\mathbf{z}}{\|\mathbf{z}\|} = \left(\frac{-2}{2.5}, \frac{1.5}{2.5}\right)^T = \left(-\frac{4}{5}, \frac{3}{5}\right)^T$ zeigt in die gleiche Richtung wie $\mathbf{z}$ und hat eine Länge von $\|\tilde{\mathbf{z}}\| = 1$, vgl. Abbildung 6.1. ■

Definition 6.1.3 — Die Richtung eines Vektors.

Ist $\mathbf{x} \in \mathbb{R}^n$ ein Vektor mit $\mathbf{x} \neq \mathbf{0}$, dann nennt man $\frac{\mathbf{x}}{\|\mathbf{x}\|}$ die **Richtung** oder Richtungsvektor von $\mathbf{x}$. Man sagt, zwei Vektoren $\mathbf{x}, \mathbf{y} \in \mathbb{R}^n$ mit $\mathbf{x} \neq \mathbf{0}$ und $\mathbf{y} \neq \mathbf{0}$ zeigen in die gleiche Richtung, wenn

$$\frac{\mathbf{x}}{\|\mathbf{x}\|} = \frac{\mathbf{y}}{\|\mathbf{y}\|}.$$

---

[4]   Der Quotient $\mathbf{x}/\|\mathbf{x}\|$ entspricht dem Produkt des Vektors $\mathbf{x}$ mit $\alpha = \frac{1}{\|\mathbf{x}\|}$, also $\frac{1}{\|\mathbf{x}\|}\,\mathbf{x}$.

Sie zeigen in die entgegengesetzte Richtung, wenn

$$\frac{\mathbf{x}}{||\mathbf{x}||} = -\frac{\mathbf{y}}{||\mathbf{y}||}.$$

Ist $\mathbf{x} \in \mathbb{R}^n$ ein Vektor mit $\mathbf{x} \neq \mathbf{0}$ so hat jeder Vektor $\alpha\mathbf{x}$ also die gleiche Richtung wie $\mathbf{x}$, wenn $\alpha > 0$ gilt. Er hat die entgegengesetzte Richtung, wenn $\alpha < 0$ gilt. Der Nullvektor $\mathbf{0}$, vgl. Definition 2.2.2, hat keine Richtung.

(Z) Einheitsvektoren haben eine Norm von 1. Die k-te Komponente des k-ten kanonischen Einheitsvektors ist 1, alle anderen Komponenten sind 0. Einheitsvektoren werden je nach Kontext auch als Richtungen bezeichnet.

Die Richtung eines Vektors $\mathbf{x} \in \mathbb{R}^n$ ergibt sich durch Multiplikation des Vektors mit $1/||\mathbf{x}||$. Zwei Vektoren zeigen in die gleiche Richtung, wenn sie den gleichen Richtungsvektor haben. Unterscheiden sich die Richtungsvektoren zweier Vektoren (nur) um das Vorzeichen, so zeigen die Vektoren in entgegengesetzte Richtungen.

6.1.2 Das Skalarprodukt

Ziele dieses Unterkapitels

- Wie berechnet sich das Skalarprodukt zweier Vektoren?

Das Skalarprodukt zweier Vektoren $\mathbf{x}$ und $\mathbf{y}$ berechnet sich als die Summe der komponentenweisen Multiplikation ihrer Elemente.[5] Symbolisch wird die Notation $\langle\mathbf{x},\mathbf{y}\rangle$ oder $\mathbf{x}^T\mathbf{y}$ verwendet.[6]

Definition 6.1.4 — Skalarprodukt.

Für zwei Vektoren $\mathbf{x},\mathbf{y} \in \mathbb{R}^n$ heißt die reelle Zahl

$$\mathbf{x}^T\mathbf{y} = \langle\mathbf{x},\mathbf{y}\rangle = \sum_{i=1}^{n} x_i y_i$$

(euklidisches) Skalarprodukt der Vektoren $\mathbf{x}$ und $\mathbf{y}$.

Aus der Berechnungsvorschrift ergibt sich unmittelbar, dass das Skalarprodukt der Vektoren $\mathbf{x}$ und $\mathbf{y}$ dem Skalarprodukt der Vektoren $\mathbf{y}$ und $\mathbf{x}$ entspricht, also

$$\mathbf{x}^T\mathbf{y} = \mathbf{y}^T\mathbf{x}.$$

Zudem ist das Skalarprodukt eines Vektors mit sich selbst gleich der quadrierten Norm des Vektors,

$$\mathbf{x}^T\mathbf{x} = ||\mathbf{x}||^2.$$

■ **Beispiel 6.1.2 — Skalarprodukte.**
Mit den Vektoren $\mathbf{x} = (3,4)^T$, $\mathbf{y} = (1,2)^T$ und $\mathbf{z} = (-2, 1.5)^T$ aus Beispiel 6.1.1 ergibt

---

[5]   Vorsicht, die skalare Multiplikation bezeichnet das Produkt eines Vektors mit einer reellen Zahl. Das Skalarprodukt berechnet aus zwei Vektoren eine Zahl. Der Begriff Skalar bezeichnet in der Mathematik nichts weiter als eine Zahl, also ein Element aus $\mathbb{R}$.

[6]   Wir werden in Definition 6.5.9 sehen, dass $\mathbf{x}^T\mathbf{y}$ dem Matrixprodukt zwischen dem Zeilenvektor $\mathbf{x}^T$ und dem Spaltenvektor $\mathbf{y}$ entspricht.

sich

$$\mathbf{x}^T\mathbf{x} = 3^2 + 4^2 = \|\mathbf{x}\|^2 = 25, \qquad \mathbf{x}^T\mathbf{y} = 3\cdot 1 + 4\cdot 2 = 11,$$
$$\mathbf{x}^T\mathbf{z} = 3\cdot(-2) + 4\cdot 1.5 = 0, \qquad \mathbf{y}^T\mathbf{x} = \mathbf{x}^T\mathbf{y} = 11,$$
$$\mathbf{y}^T\mathbf{y} = 1^2 + 2^2 = \|\mathbf{y}\|^2 = 5, \qquad \mathbf{y}^T\mathbf{z} = 1\cdot(-2) + 2\cdot 1.5 = 1,$$
$$\mathbf{z}^T\mathbf{x} = \mathbf{x}^T\mathbf{z} = 0, \qquad \mathbf{z}^T\mathbf{y} = \mathbf{y}^T\mathbf{z} = 1,$$
$$\mathbf{z}^T\mathbf{z} = (-2)^2 + 1.5^2 = \|\mathbf{z}\|^2 = 6.25.$$

Die Vektoren sind in Abbildung 6.1 dargestellt. ∎

■ Beispiel 6.1.3 — Das Skalarprodukt zur Berechnung von Gesamtkosten.
Beschreibt die i-te Komponente des Vektors $\mathbf{p}$ den Preis eines Gutes i, $i = 1,\ldots,n$, und die i-te Komponente des Vektors $\mathbf{x}$ die verkauften Mengeneinheiten von Gut i, $i = 1,\ldots,n$, dann entspricht das Skalarprodukt

$$\mathbf{p}^T\mathbf{x} = \langle \mathbf{p},\mathbf{x}\rangle = \sum_{i=1}^{n} p_i x_i$$

dem Erlös, den man für den Verkauf der in $\mathbf{x}$ beschriebenen Mengen erhält. Mit $\mathbf{p} = (2,1,4)^T$ und $\mathbf{x} = (5,0,10)^T$ ergibt sich beispielsweise

$$\mathbf{p}^T\mathbf{x} = \langle \mathbf{p},\mathbf{x}\rangle = \sum_{i=1}^{3} p_i x_i = 2\cdot 5 + 1\cdot 0 + 4\cdot 10 = 50.$$

Verkauft man 5 Einheiten von Gut 1 zu einem Preis von 2 je Mengeneinheit, keine Einheiten von Gut 2 und 10 Einheiten von Gut 3 zu einem Preis von 4 je Mengeneinheit, ist der Erlös 50.

Repräsentiert man den Einkauf eines Gutes i zum Preis p_i durch negative Werte von x_i, entspricht das Skalarprodukt $\mathbf{p}^T\mathbf{x}$ der Differenz von Erlös durch Verkauf und Kosten durch Einkauf der n Güter. Mit $\mathbf{p} = (2,1,4)^T$ und $\mathbf{x} = (5,-5,10)^T$ ergibt sich beispielsweise

$$\mathbf{p}^T\mathbf{x} = \langle \mathbf{p},\mathbf{x}\rangle = \sum_{i=1}^{3} p_i x_i = 2\cdot 5 + 1\cdot(-5) + 4\cdot 10 = 45.$$

Hier wurden also 5 Einheiten von Gut 2 eingekauft, und 5 Einheiten von Gut 1 und 10 Einheiten von Gut 3 verkauft. Der durch den Verkauf erzielte Erlös ist um 45 größer als die entstandenen Kosten durch den Einkauf. Ist das Skalarprodukt in dieser Anwendung gleich 0, so entspricht der Erlös den Kosten. ∎

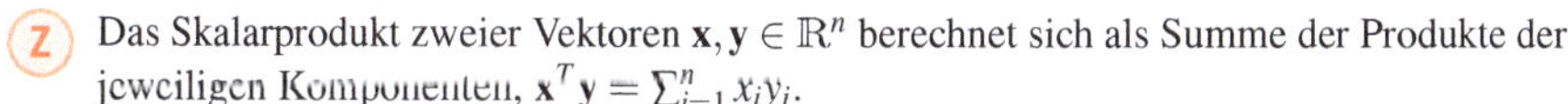

(Z) Das Skalarprodukt zweier Vektoren $\mathbf{x},\mathbf{y} \in \mathbb{R}^n$ berechnet sich als Summe der Produkte der jeweiligen Komponenten, $\mathbf{x}^T\mathbf{y} = \sum_{i=1}^{n} x_i y_i$.

6.1.3 Geometrische Interpretation des Skalarprodukts (#)

Ziele dieses Unterkapitels

- Welcher Zusammenhang besteht zwischen dem Skalarprodukt zweier Vektoren und dem Winkel, welchen die beiden Vektoren einschließen?

Vergleicht man die Definition des Skalarprodukts mit der Definition der Norm, 2.2.5, erkennt man leicht, dass das Skalarprodukt von $\mathbf{x} \in \mathbb{R}^n$ mit sich selbst der quadrierten Norm bzw. Länge von $\mathbf{x}$ entspricht,

$$\mathbf{x}^T \mathbf{x} = \langle \mathbf{x}, \mathbf{x} \rangle = \sum_{i=1}^{n} x_i^2 = \|\mathbf{x}\|^2.$$

Zeigen zwei verschiedene Vektoren $\mathbf{x}$ und $\mathbf{y}$ in die gleiche Richtung, so entspricht das Skalarprodukt $\mathbf{x}^T \mathbf{y}$ dem Produkt der Längen dieser Vektoren. Zeigen sie in unterschiedliche Richtungen, kann man sich das Skalarprodukt als Produkt der Länge von $\mathbf{x}$ und der Länge des auf $\mathbf{x}$ projizierten Vektors $\mathbf{y}$ vorstellen. Wir führen diese Idee im Folgenden weiter aus.

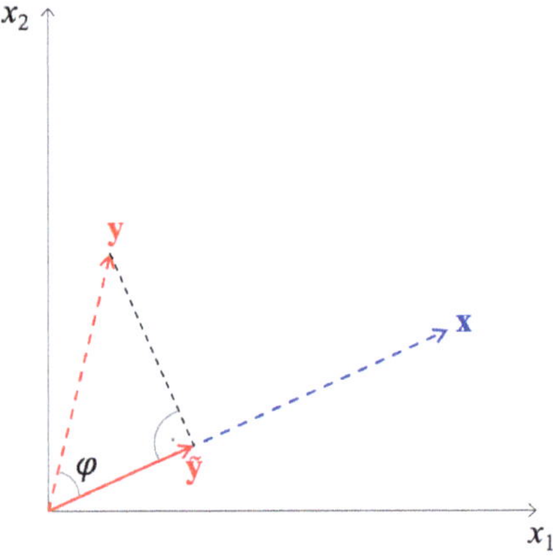

Abbildung 6.2: Die Vektoren $\mathbf{x}$ und $\mathbf{y}$, sowie der eingeschlossene Winkel φ und die Projektion $\tilde{\mathbf{y}}$ von $\mathbf{y}$ auf $\mathbf{x}$

Um sich das Skalarprodukt von $\mathbf{x}$ mit einem anderen Vektor $\mathbf{y}$ vorzustellen, betrachtet man den auf die Richtung von $\mathbf{x}$ projizierten Vektor $\mathbf{y}$, welchen wir $\tilde{\mathbf{y}}$ nennen. Dieser Vektor $\tilde{\mathbf{y}}$ ist ebenso wie der Winkel φ, welchen $\mathbf{x}$ und $\mathbf{y}$ einschließen, in Abbildung 6.2 dargestellt. Der Winkel φ liegt dabei zwischen 0 und 180 Grad.

Erinnert man sich nun, dass der Kosinus eines Winkels im rechtwinkligen Dreieck dem Quotienten von Ankathete und Hypotenuse entspricht, so gilt

$$\cos(\varphi) = \frac{\|\tilde{\mathbf{y}}\|}{\|\mathbf{y}\|} \quad \text{bzw. } \|\tilde{\mathbf{y}}\| = \|\mathbf{y}\| \cdot \cos(\varphi).$$

Somit ist das Produkt aus der Länge von $\mathbf{x}$ und der Länge des „auf $\mathbf{x}$ projizierten" Vektors $\tilde{\mathbf{y}}$ gleich

$$\|\mathbf{x}\| \cdot \|\tilde{\mathbf{y}}\| = \|\mathbf{x}\| \cdot \|\mathbf{y}\| \cdot \cos(\varphi).$$

Folgender Satz besagt, dass der sich so ergebende Wert gleich dem Skalarprodukt $\mathbf{x}^T \mathbf{y}$ ist.

> **Satz 6.1.1 — Das Skalarprodukt und das Produkt der Vektorlängen.**
> Seien $\mathbf{x}, \mathbf{y} \in \mathbb{R}^n$, $n \in \{2,3\}$, zwei Vektoren, welche den Winkel φ einschließen. Dann gilt:
> $$\mathbf{x}^T \mathbf{y} = \|\mathbf{x}\| \cdot \|\mathbf{y}\| \cdot \cos(\varphi).$$

Das Skalarprodukt von $\mathbf{x}$ mit einem anderen Vektor $\mathbf{y}$ kann man sich also im $\mathbb{R}^2$ oder $\mathbb{R}^3$ als Produkt der beiden Längen multipliziert mit dem Kosinus des Winkels, welchen die beiden Vektoren einschließen, vorstellen. Allgemein definiert man häufig über obigen Satz auch für $n > 3$ einen Winkel zwischen Vektoren.

■ Beispiel 6.1.4 — Geometrische Interpretation des Skalarprodukts.
Betrachten wir erneut die Vektoren $\mathbf{x} = (3,4)^T$, $\mathbf{y} = (1,2)^T$ und $\mathbf{z} = (-2, 1.5)^T$ aus Beispiel 6.1.1 mit Längen $\|\mathbf{x}\| = 5$, $\|\mathbf{y}\| = \sqrt{5}$ und $\|\mathbf{z}\| = 2.5$. Die Vektoren $\mathbf{x}$ und $\mathbf{y}$ haben unterschiedliche Richtungen. Der Winkel, welchen $\mathbf{x}$ und $\mathbf{y}$ einschließen, ist aber klein. Aus dem bekannten Wert des Skalarprodukts $\mathbf{x}^T \mathbf{y}$ und den Längen der Vektoren, ergibt sich der Winkel φ mit Hilfe der Gleichung

$$\cos(\varphi) = \frac{\mathbf{x}^T \mathbf{y}}{\|\mathbf{x}\| \cdot \|\mathbf{y}\|} = \frac{11}{5\sqrt{5}}$$

als $\varphi = \cos^{-1}(\frac{11}{5\sqrt{5}}) \approx 10.3$ Grad.

Der Winkel zwischen $\mathbf{y}$ und $\mathbf{z}$ ergibt sich analog aus

$$\cos(\varphi) = \frac{\mathbf{y}^T \mathbf{z}}{\|\mathbf{y}\| \cdot \|\mathbf{z}\|} = \frac{1}{\sqrt{5} \cdot 2.5}$$

als $\varphi = \cos^{-1}\left(\frac{1}{\sqrt{5} \cdot 2.5}\right) \approx 79.7$ Grad.

Der Winkel zwischen $\mathbf{x}$ und $\mathbf{z}$ ist wegen

$$\cos(\varphi) = \frac{\mathbf{x}^T \mathbf{z}}{\|\mathbf{x}\| \cdot \|\mathbf{z}\|} = 0$$

genau 90 Grad. Die beiden Vektoren stehen also senkrecht zueinander. ■

(Z) Das Skalarprodukt von $\mathbf{x} \in \mathbb{R}^n$ und $\mathbf{y} \in \mathbb{R}^n$ entspricht für $n \in \{2,3\}$ dem Produkt der Längen von $\mathbf{x}$ und $\mathbf{y}$ und dem Kosinus des von ihnen eingeschlossenen Winkels.

6.1.4 Orthogonale Vektoren

Ziele dieses Unterkapitels

- Wann sind zwei Vektoren orthogonal?
- Wie kann man sich orthogonale Vektoren veranschaulichen?

Zwei Vektoren, die ein Skalarprodukt von 0 haben, nennen wir orthogonal.

Definition 6.1.5 — Orthogonale Vektoren.
Zwei Vektoren $\mathbf{x}, \mathbf{y} \in \mathbb{R}^n$ heißen **orthogonal**, wenn $\mathbf{x}^T \mathbf{y} = 0$.

Der Nullvektor $\mathbf{0}$ ist zu jedem Vektor $\mathbf{x} \in \mathbb{R}^n$ orthogonal, da $\mathbf{x}^T \mathbf{0} = 0$ für alle $\mathbf{x} \in \mathbb{R}^n$. Wir veranschaulichen im folgenden Beispiel Orthogonalität im Fall $\mathbf{x}, \mathbf{y} \neq \mathbf{0}$.

■ Beispiel 6.1.5 — Orthogonale Vektoren in $\mathbb{R}^2$.
Betrachten wir die Vektoren $\mathbf{x} = (3,4)^T$ und $\mathbf{z} = (-2, 1.5)^T$, so hatten wir bereits berechnet, dass $\mathbf{x}^T\mathbf{z} = 3 \cdot (-2) + 4 \cdot 1.5 = 0$. Die beiden Vektoren nennt man also orthogonal. In Abbildung 6.1 erkennen wir, dass die beiden Vektoren senkrecht zueinander stehen, also dass der Winkel zwischen dem Vektor $\mathbf{x}$ und dem Vektor $\mathbf{z}$ 90 Grad beträgt.

Die Vektoren $\mathbf{x} = (3,4)^T$ und $\mathbf{y} = (1,2)^T$ sind hingegen nicht orthogonal, da $\mathbf{x}^T\mathbf{y} = 3 \cdot 1 + 4 \cdot 2 = 11 \neq 0$. In Abbildung 6.1 sehen wir, dass die beiden Vektoren nicht senkrecht zueinander stehen. ■

Folgender Satz verallgemeinert die Beobachtung aus dem vorherigen Beispiel.

> **Satz 6.1.2 — Anschauung orthogonaler Vektoren.**
> Zwei Vektoren $\mathbf{x}, \mathbf{y} \in \mathbb{R}^n \backslash \{\mathbf{0}\}$, stehen genau dann senkrecht zueinander, wenn sie orthogonal sind, also wenn $\mathbf{x}^T\mathbf{y} = 0$.

Schließen zwei Vektoren $\mathbf{x}, \mathbf{y} \neq \mathbf{0}$ einen 90 Grad Winkel ein, sind sie also orthogonal, d.h. $\mathbf{x}^T\mathbf{y} = 0$.

■ Beispiel 6.1.6 — Orthogonale Vektoren in $\mathbb{R}^3$.
Betrachten wir die beiden Vektoren $\mathbf{x} = (-1,2,2)^T$ und $\mathbf{y} = (2,2,-1)^T$, so sehen wir in Abbildung 6.3, dass die beiden Vektoren senkrecht zueinander stehen. Auch diese Vektoren sind orthogonal,

$$\mathbf{x}^T\mathbf{y} = (-1) \cdot 2 + 2 \cdot 2 + 2 \cdot (-1) = 0.$$

Die beiden Vektoren $\mathbf{p} = (2,1,4)^T$ und $\mathbf{x} = (5,-5,10)^T$ aus Beispiel 6.1.3 stehen nicht senkrecht zueinander, vgl. Abbildung 6.4. Wir zeigten oben bereits $\mathbf{p}^T\mathbf{x} = 45$. Sie sind somit nicht orthogonal. Wären $\mathbf{p}$ und $\mathbf{x}$ orthogonal, wäre der Gesamterlös aus dem Verkauf gleich 0. ■

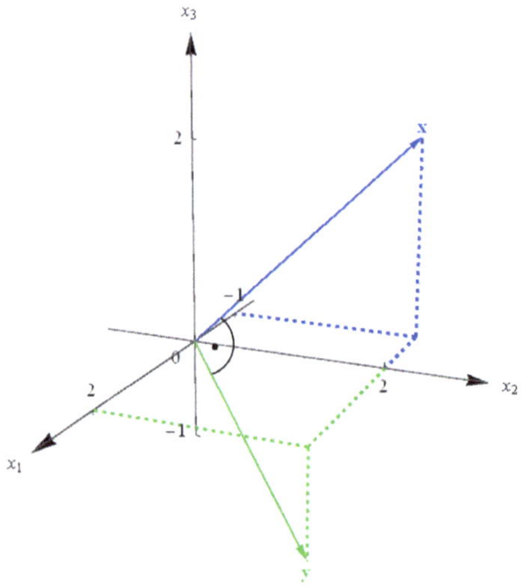

Abbildung 6.3: Orthogonale Vektoren im $\mathbb{R}^3$

(Z) Ist das Skalarprodukt zweier Vektoren gleich 0, nennt man diese zwei Vektoren orthogonal.

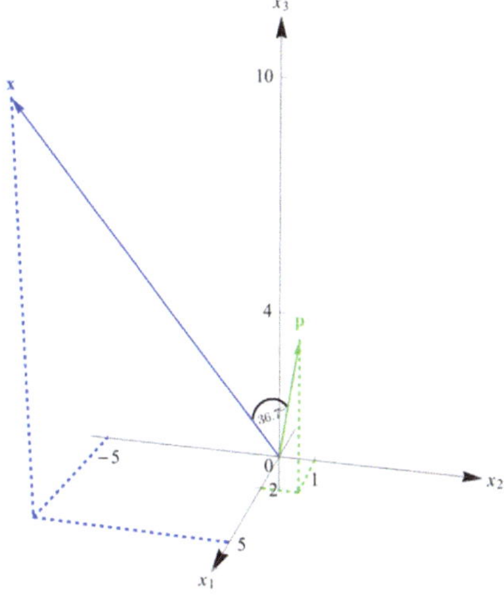

Abbildung 6.4: Preis- und Mengenvektor im $\mathbb{R}^3$

Der Nullvektor $\mathbf{0} \in \mathbb{R}^n$ ist orthogonal zu jedem anderen Vektor $\mathbf{x} \in \mathbb{R}^n$. Sind zwei Vektoren $\mathbf{x}, \mathbf{y} \neq \mathbf{0}$ orthogonal, so schließen sie einen rechten Winkel (90 Grad) ein.

6.2 Die Linearkombination

Im Gegensatz zu den vorherigen Ausführungen werden wir Spaltenvektoren nun meist als $\mathbf{v}^1$, $\mathbf{v}^2$, $\mathbf{v}^3$, etc. statt $\mathbf{x}$, $\mathbf{y}$, $\mathbf{z}$, etc. bezeichnen.[7] Zudem werden wir in Sätzen und Definitionen überwiegend von Vektoren aus dem $\mathbb{R}^m$ statt dem $\mathbb{R}^n$ sprechen, um später den Übergang zur Matrizenmultiplikation klarer zu machen.[8]

6.2.1 Vielfache eines Vektors

Ziele dieses Unterkapitels

- Wie kann man sich die Menge aller Vielfachen eines Vektors, also der Ergebnisse einer skalaren Multiplikation des Vektors mit $\alpha \in \mathbb{R}$, vorstellen?

In Definition 2.2.4 hatten wir die skalare Multiplikation, d.h. die Multiplikation eines Vektors $\mathbf{v} \in \mathbb{R}^m$ mit einer reellen Zahl $\alpha \in \mathbb{R}$, als die komponentenweise Multiplikation des Vektors mit α definiert. Im Fall $\alpha > 0$ erhält man einen Vektor mit Länge $\alpha \|\mathbf{v}\|$, der in die gleiche Richtung zeigt wie $\mathbf{v}$. Für negative α ergibt sich ein Vektor mit Länge $|\alpha| \|\mathbf{v}\|$, der genau in die entgegengesetzte Richtung von $\mathbf{v}$ zeigt. Ist $\alpha = 0$, ergibt sich der Nullvektor.

Alle Vielfachen eines Vektors $\mathbf{v} \in \mathbb{R}^m$ liegen also auf einer Geraden durch den Ursprung. Die Menge aller Vielfachen von $\mathbf{v} \in \mathbb{R}^m$ ist

$$\{\alpha \mathbf{v} \in \mathbb{R}^m \mid \alpha \in \mathbb{R}\}.$$

---

[7] Achtung: Die dem Vektor $\mathbf{v}$ hochgestellte Zahl ist ein Index und darf nicht als Exponent missverstanden werden. Die Zwei in $\mathbf{v}^2$ dient zur Unterscheidung von anderen Vektoren und steht nicht für $\mathbf{v} \cdot \mathbf{v}$. Die Nummerierung im oberen Index vermeidet Verwechslungen mit der i-ten Komponente.

[8] Da m und n ganzzahlige Parameter sind, ist die Bezeichnung an sich irrelevant. Sie muss nur konsistent sein.

Diese Menge beschreibt eine Gerade durch den Ursprung. Wir demonstrieren dies an zwei Beispielen.

■ Beispiel 6.2.1 — Alle Vielfachen eines Vektors.

Wir betrachten nun Vielfache des Vektors $\mathbf{v}^1 = (3,4)^T$, also $\alpha\mathbf{v}^1$, $\alpha \in \mathbb{R}$. Mit $\alpha = 2$ ergibt sich $2\mathbf{v}^1 = (6,8)^T$, mit $\alpha = -2$ ergibt sich $-2\mathbf{v}^1 = (-6,-8)^T$. Abbildung 6.5 zeigt exemplarisch einige Vielfache des Vektors sowie die Menge

$$\left\{ \alpha\mathbf{v}^1 \in \mathbb{R}^2 \,\middle|\, \alpha \in \mathbb{R} \right\}.$$

Anhand von Abbildung 6.5 erkennt man leicht, dass diese Menge eine Gerade durch den Ursprung mit Steigung $\frac{4}{3}$ im $\mathbb{R}^2$ beschreibt.   ■

Folgendes Beispiel stellt einen allgemeinen Zusammenhang zwischen affin-linearen Funktionen und Vektoren im $\mathbb{R}^2$ her.

■ Beispiel 6.2.2 — Geraden im $\mathbb{R}^2$.

In Kapitel 5.1.2 hatten wir affin-lineare Funktionen, deren Graphen durch den Ursprung gehen, als $y = a_1 x$ mit $a_1 \in \mathbb{R}$ beschrieben, wobei x die Variable bezeichnet, deren Achse horizontal von links nach rechts verläuft. Die zu y gehörige Achse verläuft vertikal von unten nach oben. In der Vektornotation entspricht die erste Komponente eines Vektors der Variablen x und die zweite der Variablen y. Wir können also $y = a_1 x$ als $v_2 = a_1 v_1$ schreiben. In anderen Worten:

$$\begin{pmatrix} v_1 \\ v_2 \end{pmatrix} = \begin{pmatrix} v_1 \\ a_1 v_1 \end{pmatrix} = v_1 \begin{pmatrix} 1 \\ a_1 \end{pmatrix}.$$

Die Menge aller Punkte auf der Geraden $y = a_1 x$ bzw. $v_2 = a_1 v_1$, entspricht also

$$\left\{ v_1 \begin{pmatrix} 1 \\ a_1 \end{pmatrix} \in \mathbb{R}^2 \,\middle|\, v_1 \in \mathbb{R} \right\} = \left\{ \alpha \begin{pmatrix} 1 \\ a_1 \end{pmatrix} \in \mathbb{R}^2 \,\middle|\, \alpha \in \mathbb{R} \right\}.$$

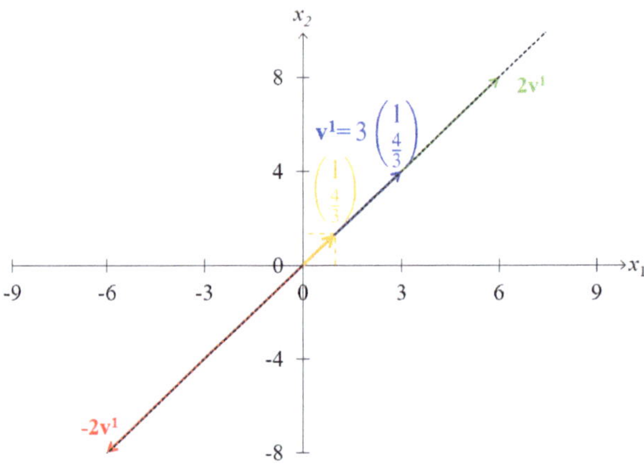

Abbildung 6.5: Die affin-lineare Funktion $v_2 = a_1 v_1$ mit $a_1 = \frac{4}{3}$

Beispielsweise entspricht mit $a_1 = \frac{4}{3}$ die Menge aller Punkte auf der Geraden $v_2 = \frac{4}{3}v_1$ der Menge aller Vielfachen des Vektors $(1,\frac{4}{3})^T$, vgl. Abbildung 6.5. Die Menge aller Vielfachen von $(3,4)^T$ beschreibt dieselbe Gerade mit Steigung $\frac{4}{3}$.   ■

Allgemein beschreiben alle Vielfachen des Vektors $\mathbf{v} = (v_1, v_2)^T$ eine Gerade. Wie im Beispiel gesehen, entspricht diese Gerade im Fall $v_1 \neq 0$ dem Graph einer affin-linearen Funktion mit y-Achsenabschnitt 0 und Steigung $\frac{v_2}{v_1}$.[9] Die Menge aller Vielfachen eines Vektors im $\mathbb{R}^3$ beschreibt eine Gerade im $\mathbb{R}^3$, wie folgendes Beispiel veranschaulicht.

■ Beispiel 6.2.3 — Eine Gerade im Raum.
Sei $\mathbf{v}^1 = (0, 2, 1)^T \in \mathbb{R}^3$. Alle Vielfachen von $\mathbf{v}^1$ werden für $\alpha \in \mathbb{R}$ durch

$$\alpha \mathbf{v}^1 = \alpha \begin{pmatrix} 0 \\ 2 \\ 1 \end{pmatrix} = \begin{pmatrix} 0 \\ 2\alpha \\ \alpha \end{pmatrix}$$

beschrieben. Abbildung 6.6 zeigt die Menge $\{\alpha \mathbf{v}^1 \,|\, \alpha \in \mathbb{R}\} \subset \mathbb{R}^3$. Auch alle Vielfachen von $\mathbf{v}^2 = (2, 2, 0)^T \in \mathbb{R}^3$,

$$\left\{ \alpha \begin{pmatrix} 2 \\ 2 \\ 0 \end{pmatrix} \,\middle|\, \alpha \in \mathbb{R} \right\},$$

ergeben eine Gerade im $\mathbb{R}^3$, vgl. Abbildung 6.7. ■

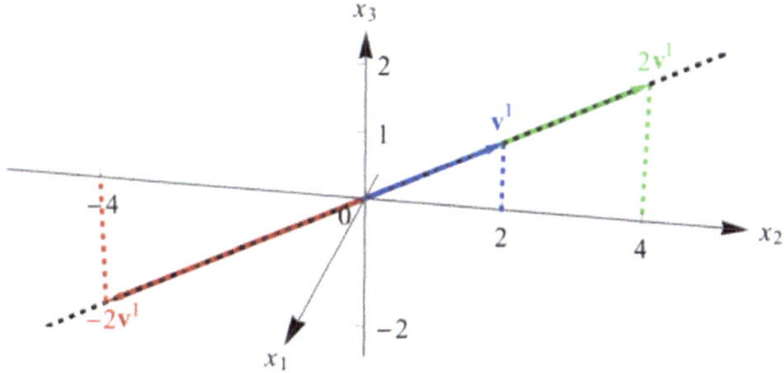

Abbildung 6.6: Alle Vielfachen von $\mathbf{v}^1$

(Z) Die Menge aller Vektoren, die sich aus der skalaren Multiplikation eines gegebenen Vektors $\mathbf{v}$ mit reellen Zahlen α ergeben, kann man sich als eine Gerade durch den Ursprung $\mathbf{0}$ und den Punkt $\mathbf{v}$ vorstellen.

6.2.2 Definition der Linearkombination
Ziele dieses Unterkapitels
- Was versteht man unter einer Linearkombination von n Vektoren?
- Wie kann man einen beliebigen Vektor als Linearkombination der kanonischen Einheitsvektoren darstellen?

Die Menge aller Ergebnisse der skalaren Multiplikation eines gegebenen Vektors $\mathbf{x}$ mit einer reellen Zahl α ergibt also eine Gerade durch den Ursprung $\mathbf{0}$ und den Punkt $\mathbf{x}$. Die Summe von n skalaren Multiplikationen nennt man Linearkombination.

---

[9] Im Fall $v_1 = 0$ wird die y-Achse beschrieben, die keine Funktion darstellt.

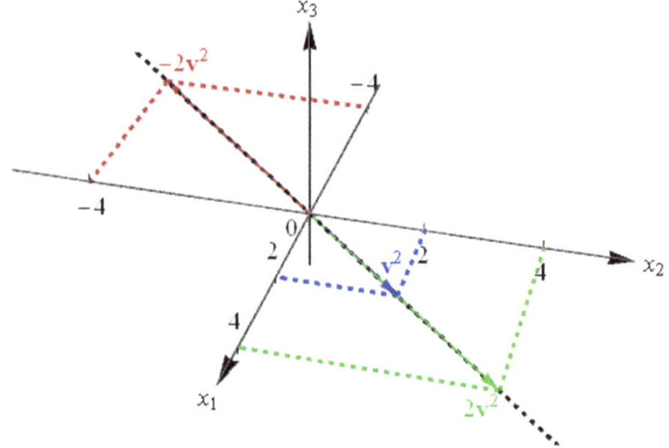

Abbildung 6.7: Alle Vielfachen von $\mathbf{v}^2$

Definition 6.2.1 — Linearkombination.
Gegeben sind $\alpha_1, \ldots, \alpha_n \in \mathbb{R}$ und $\mathbf{v}^1, \mathbf{v}^2, \ldots, \mathbf{v}^n \in \mathbb{R}^m$. Dann heißt

$$\sum_{i=1}^{n} \alpha_i \mathbf{v}^i = \alpha_1 \mathbf{v}^1 + \alpha_2 \mathbf{v}^2 + \cdots + \alpha_n \mathbf{v}^n \in \mathbb{R}^m$$

Linearkombination der Vektoren $\mathbf{v}^1, \mathbf{v}^2, \ldots, \mathbf{v}^n$.

■ **Beispiel 6.2.4 — Linearkombinationen im $\mathbb{R}^2$.**
Betrachten wir die $n = 2$ Vektoren mit $m = 2$ Komponenten $\mathbf{v}^1 = (3,4)^T$ und $\mathbf{v}^2 = (-2, 1.5)^T \in \mathbb{R}^2$. Mit $\alpha_1 = 1$ und $\alpha_2 = 1$ entspricht die Linearkombination

$$\sum_{i=1}^{2} \alpha_i \mathbf{v}^i = \alpha_1 \mathbf{v}^1 + \alpha_2 \mathbf{v}^2 = 1 \begin{pmatrix} 3 \\ 4 \end{pmatrix} + 1 \begin{pmatrix} -2 \\ 1.5 \end{pmatrix} = \begin{pmatrix} 1 \\ 5.5 \end{pmatrix}$$

der Summe der beiden Vektoren. Mit $\alpha_1 = 2$ und $\alpha_2 = -3$ ergibt sich die Linearkombination

$$\sum_{i=1}^{2} \alpha_i \mathbf{v}^i = \alpha_1 \mathbf{v}^1 + \alpha_2 \mathbf{v}^2 = 2 \begin{pmatrix} 3 \\ 4 \end{pmatrix} - 3 \begin{pmatrix} -2 \\ 1.5 \end{pmatrix} = \begin{pmatrix} 12 \\ 3.5 \end{pmatrix}.$$

Abbildung 6.8 illustriert diese beiden Linearkombinationen. ■

■ **Beispiel 6.2.5 — Linearkombinationen im $\mathbb{R}^3$.**
Es sei $m = 3$ und $n = 2$ und $\mathbf{v}^1 = (0,2,1)^T, \mathbf{v}^2 = (2,2,0)^T \in \mathbb{R}^3$. Mit $\alpha_1 = 1$ und $\alpha_2 = 2$ ergibt sich die Linearkombination

$$\alpha_1 \mathbf{v}^1 + \alpha_2 \mathbf{v}^2 = 1 \begin{pmatrix} 0 \\ 2 \\ 1 \end{pmatrix} + 2 \begin{pmatrix} 2 \\ 2 \\ 0 \end{pmatrix} = \begin{pmatrix} 4 \\ 6 \\ 1 \end{pmatrix} \in \mathbb{R}^3.$$

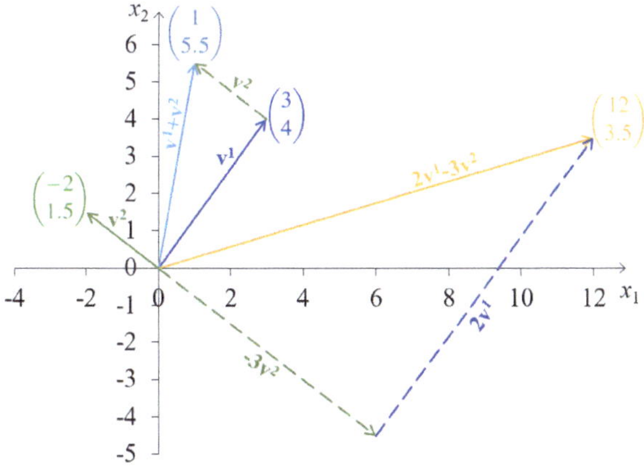

Abbildung 6.8: Linearkombinationen von $\mathbf{v}^1$ und $\mathbf{v}^2$

Die Wahl $\alpha_1 = 1$ und $\alpha_2 = 1$ ergibt als Linearkombination

$$\alpha_1\mathbf{v}^1 + \alpha_2\mathbf{v}^2 = 1 \begin{pmatrix} 0 \\ 2 \\ 1 \end{pmatrix} + 1 \begin{pmatrix} 2 \\ 2 \\ 0 \end{pmatrix} = \begin{pmatrix} 2 \\ 4 \\ 1 \end{pmatrix} \in \mathbb{R}^3,$$

was der Summe der beiden Vektoren entspricht. Analog erhält man mit $\alpha_1 = 1$ und $\alpha_2 = -1$ die Differenz der beiden Vektoren,

$$\alpha_1\mathbf{v}^1 + \alpha_2\mathbf{v}^2 = 1 \begin{pmatrix} 0 \\ 2 \\ 1 \end{pmatrix} - 1 \begin{pmatrix} 2 \\ 2 \\ 0 \end{pmatrix} = \begin{pmatrix} -2 \\ 0 \\ 1 \end{pmatrix} \in \mathbb{R}^3.$$

Mit $\alpha_1 = 2$ und $\alpha_2 = 0$ entspricht die Linearkombination

$$\alpha_1\mathbf{v}^1 + \alpha_2\mathbf{v}^2 = 2 \begin{pmatrix} 0 \\ 2 \\ 1 \end{pmatrix} + 0 \begin{pmatrix} 2 \\ 2 \\ 0 \end{pmatrix} = \begin{pmatrix} 0 \\ 4 \\ 2 \end{pmatrix} \in \mathbb{R}^3$$

dem Ergebnis einer skalaren Multiplikation von $\mathbf{v}^1$ mit der Zahl 2.

Setzt man $\alpha_1 = 0$ und $\alpha_2 = 0$, ergibt sich der Nullvektor,

$$\alpha_1\mathbf{v}^1 + \alpha_2\mathbf{v}^2 = 0 \begin{pmatrix} 0 \\ 2 \\ 1 \end{pmatrix} + 0 \begin{pmatrix} 2 \\ 2 \\ 0 \end{pmatrix} = \begin{pmatrix} 0 \\ 0 \\ 0 \end{pmatrix} = \mathbf{0} \in \mathbb{R}^3.$$

Abbildung 6.9 illustriert diese Linearkombinationen.   ∎

Für $n = 1$ ist die Linearkombination einfach eine skalare Multiplikation. Für $n > 1$ ergeben sich aus Definition 6.2.1 folgende Spezialfälle von Linearkombinationen von n Vektoren:

- die Summe zweier Vektoren $\mathbf{v}^i + \mathbf{v}^j$, wenn $\alpha_i = \alpha_j = 1$ und $\alpha_k = 0$ für alle $k \neq i$ und $k \neq j$;

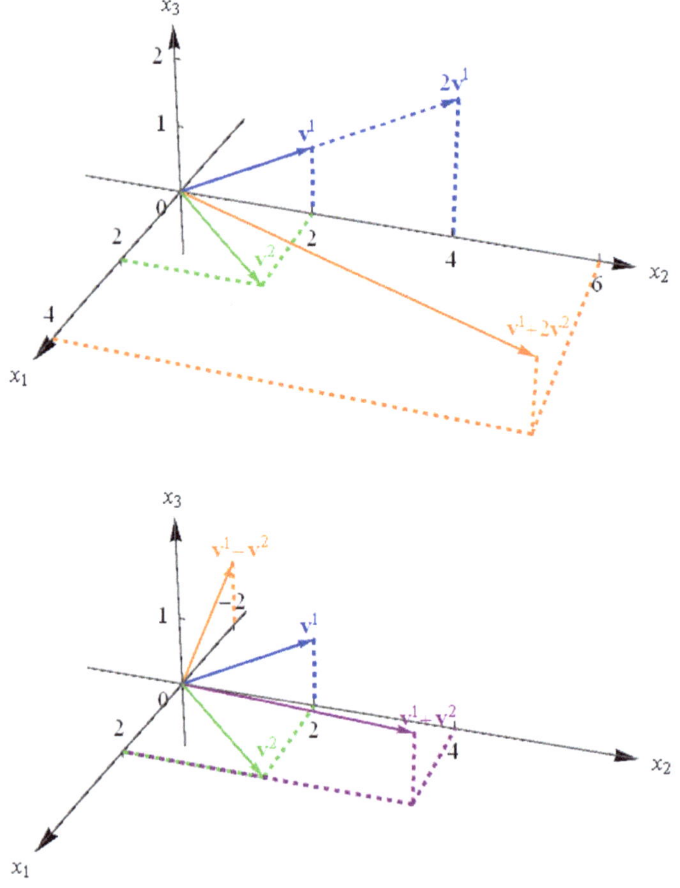

Abbildung 6.9: Linearkombinationen von $\mathbf{v}^1$ und $\mathbf{v}^2$

- die Differenz zweier Vektoren $\mathbf{v}^i - \mathbf{v}^j$, wenn $\alpha_i = 1$ und $\alpha_j = -1$ und $\alpha_k = 0$ für alle $k \neq i$ und $k \neq j$;
- die skalare Multiplikation von $\mathbf{v}^i$ mit α, wenn $\alpha_i = \alpha$ und $\alpha_k = 0$ für alle $k \neq i$;
- der Nullvektor, wenn $\alpha_k = 0$ für alle $k = 1, \ldots, n$.

Offensichtlich gilt:

Satz 6.2.1 — Linearkombination der Einheitsvektoren.
Jeder Vektor $\mathbf{v} \in \mathbb{R}^m$ kann als Linearkombination der m kanonischen Einheitsvektoren

des $\mathbb{R}^m$ dargestellt werden,

$$\mathbf{v} = \begin{pmatrix} v_1 \\ v_2 \\ \vdots \\ v_m \end{pmatrix} = v_1\,\mathbf{e}^1 + v_2\,\mathbf{e}^2 + \ldots + v_m\,\mathbf{e}^m.$$

Beispielsweise kann der Vektor $(3,4)^T$ als Linearkombination von $\mathbf{e}^1$ und $\mathbf{e}^2$ in der Form

$$\begin{pmatrix} 3 \\ 4 \end{pmatrix} = 3\mathbf{e}^1 + 4\mathbf{e}^2$$

dargestellt werden, vgl. Abbildung 6.10.

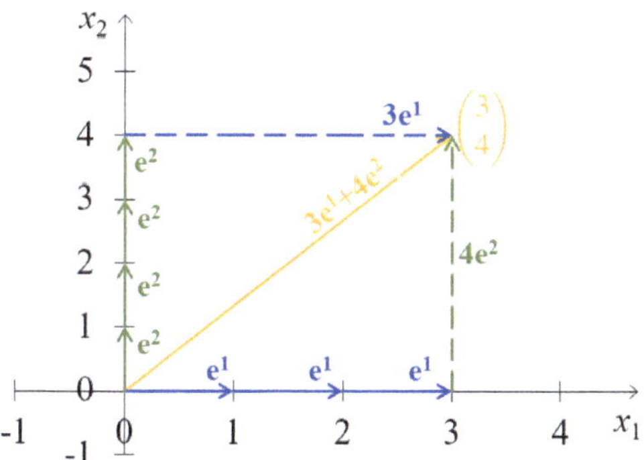

Abbildung 6.10: Ein Vektor als Linearkombination von Einheitsvektoren

(Z) Die gewichtete Summe von n Vektoren des $\mathbb{R}^m$, $\mathbf{v}^i \in \mathbb{R}^m, i = 1,\ldots,n$, mit Gewichten $\alpha_i \in \mathbb{R}$, nennt man Linearkombination dieser Vektoren.

Jeder Vektor $\mathbf{v} \in \mathbb{R}^m$ kann als Linearkombination der kanonischen Einheitsvektoren des $\mathbb{R}^m$ dargestellt werden, indem man den i-ten kanonischen Einheitsvektor mit Gewicht $\alpha_i = v_i$ multipliziert.

6.3 Lineare Unabhängigkeit

Kann man in einer Menge von n Vektoren (mindestens) einen Vektor als Linearkombination der anderen Vektoren darstellen, so nennen wir diese Menge von Vektoren linear abhängig, sonst linear unabhängig.

6.3.1 Definition der linearen Abhängigkeit und Unabhängigkeit

Ziele dieses Unterkapitels

- Wann heißt eine Menge von zwei oder mehr Vektoren linear abhängig bzw. linear unabhängig?
- Wann heißt eine Menge von einem Vektor linear abhängig bzw. linear unabhängig?

Formal definieren wir die lineare Abhängigkeit einer Menge von Vektoren wie folgt:

Definition 6.3.1 — Lineare Abhängigkeit und Unabhängigkeit.
Für $n \geq 2$ heißt die Menge von Vektoren $\{\mathbf{v}^1, \mathbf{v}^2, \ldots, \mathbf{v}^n\}$ mit $\mathbf{v}^1, \mathbf{v}^2, \ldots, \mathbf{v}^n \in \mathbb{R}^m$ **linear abhängig**, wenn sich mindestens einer der Vektoren als Linearkombination der anderen darstellen lässt, also wenn für (mindestens) ein $j \in \{1, \ldots, n\}$ Werte $\alpha_1, \alpha_2, \ldots, \alpha_{j-1}, \alpha_{j+1}, \ldots, \alpha_n \in \mathbb{R}$ existieren, so dass

$$\mathbf{v}^j = \sum_{i=1, i \neq j}^{n} \alpha_i \mathbf{v}^i = \alpha_1 \mathbf{v}^1 + \ldots + \alpha_{j-1} \mathbf{v}^{j-1} + \alpha_{j+1} \mathbf{v}^{j+1} + \ldots + \alpha_n \mathbf{v}^n.$$

Man spricht in diesem Fall auch (vereinfachend) von linear abhängigen Vektoren $\mathbf{v}^1, \mathbf{v}^2, \ldots, \mathbf{v}^n \in \mathbb{R}^m$. Sind die Vektoren $\mathbf{v}^1, \mathbf{v}^2, \ldots, \mathbf{v}^n \in \mathbb{R}^m$ nicht linear abhängig, nennt man sie **linear unabhängig**.

Da obige Definition nur den Fall $n \geq 2$ behandelt, definiert man separat:

Definition 6.3.2 — Lineare Abhängigkeit und Unabhängigkeit eines Vektors.
Die Menge $\{\mathbf{v}^1\}$ heißt **linear unabhängig** wenn $\mathbf{v}^1 \neq \mathbf{0}$, die Menge $\{\mathbf{0}\}$ heißt **linear abhängig**.

■ **Beispiel 6.3.1 — Linear abhängige und linear unabhängige Vektoren im $\mathbb{R}^2$.**
Die Vektoren $\mathbf{v}^1 = (3,4)^T$ und $\mathbf{v}^2 = (-2, 1.5)^T$ sind linear unabhängig, da es kein $\alpha_2 \in \mathbb{R}$ gibt mit $\mathbf{v}^1 = \alpha_2 \mathbf{v}^2$ und kein $\alpha_1 \in \mathbb{R}$ gibt mit $\mathbf{v}^2 = \alpha_1 \mathbf{v}^1$.

Die Vektoren $\mathbf{v}^1 = (3,4)^T, \mathbf{v}^2 = (-2, 1.5)^T$ und $\mathbf{v}^4 = (1.5, 2)^T$ sind linear abhängig, da

$$\mathbf{v}^1 = 0\mathbf{v}^2 + 2\mathbf{v}^4.$$

■

■ **Beispiel 6.3.2 — Linear abhängige und linear unabhängige Vektoren im $\mathbb{R}^3$.**
Für die drei Vektoren

$$\mathbf{v}^1 = \begin{pmatrix} 0 \\ 2 \\ 1 \end{pmatrix}, \quad \mathbf{v}^2 = \begin{pmatrix} 2 \\ 2 \\ 0 \end{pmatrix} \quad \text{und} \quad \mathbf{v}^3 = \begin{pmatrix} 2 \\ 0 \\ -1 \end{pmatrix}$$

gilt $\mathbf{v}^3 = \mathbf{v}^2 - \mathbf{v}^1$. Laut Definition sind sie somit linear abhängig. Will man prüfen, ob die drei Vektoren

$$\mathbf{w}^1 = \mathbf{v}^1 = \begin{pmatrix} 0 \\ 2 \\ 1 \end{pmatrix}, \quad \mathbf{w}^2 = \mathbf{v}^2 = \begin{pmatrix} 2 \\ 2 \\ 0 \end{pmatrix} \quad \text{und} \quad \mathbf{w}^3 = \begin{pmatrix} 3 \\ 4 \\ 1 \end{pmatrix}$$

linear unabhängig sind, so muss man überlegen, ob $\mathbf{w}^1$ eine Linearkombination von $\mathbf{w}^2$ und $\mathbf{w}^3$, $\mathbf{w}^2$ eine Linearkombination von $\mathbf{w}^1$ und $\mathbf{w}^3$, oder $\mathbf{w}^3$ eine Linearkombination von $\mathbf{w}^1$ und $\mathbf{w}^2$ ist. Da man keinen der drei Vektoren als Linearkombination der anderen Vektoren darstellen kann, ist die Menge der drei Vektoren linear unabhängig. ■

Die Überprüfung, ob eine Menge von Vektoren linear abhängig oder unabhängig ist, kann über die Definition recht aufwändig sein. Wir überlegen uns daher im Folgenden einfachere Kriterien.

 Eine Menge von zwei oder mehr Vektoren heißt linear abhängig, wenn man (mindestens) einen Vektor der Menge als Linearkombination der anderen Vektoren darstellen kann. Ist dies für keinen der Vektoren möglich, heißt die Menge von Vektoren linear unabhängig. Eine Menge mit nur dem Nullvektor heißt linear abhängig. Eine Menge mit nur einem Vektor, der nicht der Nullvektor ist, heißt linear unabhängig.

6.3.2 Kriterien zur Überprüfung

Ziele dieses Unterkapitels

- Wie kann man erkennen, ob eine Menge von zwei Vektoren linear abhängig oder unabhängig sind?
- Wie kann man mit Hilfe eines Gleichungssystems entscheiden, ob eine Menge von Vektoren linear abhängig oder unabhängig ist?

Für zwei Vektoren ist lineare Abhängigkeit einfach zu überprüfen, da sich die Summe auf der rechten Seite der Definition zu einer skalaren Multiplikation des anderen Vektors vereinfacht. Es ergibt sich also das folgende Kriterium im Fall $n = 2$:

> **Satz 6.3.1 — Lineare Abhängigkeit zweier Vektoren.**
> Zwei Vektoren $\mathbf{v}^1, \mathbf{v}^2 \subset \mathbb{R}^m, \mathbf{v}^1, \mathbf{v}^2 \neq \mathbf{0}$ sind genau dann linear abhangig, wenn es ein $\alpha \in \mathbb{R}$ gibt, so dass $\mathbf{v}^1 = \alpha \mathbf{v}^2$.

Anschaulich sind also zwei Vektoren, welche nicht der Nullvektor sind, genau dann linear abhängig, wenn der eine Vektor auf der durch die Vielfachen des anderen Vektors bestimmten Geraden liegt.

■ **Beispiel 6.3.3 — Überprüfung von zwei Vektoren im $\mathbb{R}^2$.**
Die Vektoren $\mathbf{v}^1 = (3,4)^T$ und $\mathbf{v}^4 = (1.5, 2)^T$ sind linear abhängig, da $\mathbf{v}^1 = 2\mathbf{v}^4$. Der Vektor $\mathbf{v}^4$ liegt also auf der Geraden $\{\alpha \mathbf{v}^1 \,|\, \alpha \in \mathbb{R}\}$.

Der Vektor $\mathbf{v}^1 = (3,4)^T$ ist orthogonal zu $\mathbf{v}^2 = (-2, 1.5)^T$ da $\mathbf{v}^{1^T}\mathbf{v}^2 = 3 \cdot (-2) + 4 \cdot 1.5 = 0$, wie wir bereits in Beispiel 6.1.2 gezeigt hatten. Da orthogonale und von $\mathbf{0}$ verschiedene Vektoren senkrecht zueinander stehen, kann der Vektor $\mathbf{v}^2$ nicht auf der Geraden $\{\alpha \mathbf{v}^1 \,|\, \alpha \in \mathbb{R}\}$ liegen. Demnach sind $\mathbf{v}^1$ und $\mathbf{v}^2$ nicht linear abhängig. Die beiden Vektoren sind linear unabhängig.

Da $\mathbf{v}^4 = (1,2)^T$ kein Vielfaches von $\mathbf{v}^1 = (3,4)^T$ ist, sind die beiden Vektoren linear unabhängig. Sie sind jedoch nicht orthogonal, da $\mathbf{v}^{1^T}\mathbf{v}^4 = 3 \cdot 1 + 4 \cdot 2 = 11 \neq 0$.   ■

Orthogonale Vektoren $\mathbf{v}^1, \mathbf{v}^2 \neq \mathbf{0}$ sind stets linear unabhängig. Im vorherigen Beispiel haben wir gesehen, dass linear unabhängige Vektoren aber nicht zwingend orthogonal sind.

> **Satz 6.3.2 — Lineare Unabhängigkeit orthogonaler Vektoren.**
> Sind zwei Vektoren $\mathbf{v}^1, \mathbf{v}^2 \subset \mathbb{R}^m, \mathbf{v}^1, \mathbf{v}^2 \neq \mathbf{0}$ zueinander orthogonal, dann sind sie linear unabhängig.

Bei der Überprüfung von Mengen mit drei oder mehr Vektoren, wie in Beispiel 6.3.2, helfen die Sätze 6.3.1 und 6.3.2 jedoch nicht weiter. Statt im Fall $n \geq 3$ über die Definition jeweils einen Vektor als Linearkombination der anderen ausdrücken zu wollen, ist es in der Regel einfacher, folgendes Kriterium zu prüfen:

> **Satz 6.3.3 — Lineare Unabhängigkeit.**
> Die Vektoren $\mathbf{v}^1, \mathbf{v}^2, \ldots, \mathbf{v}^n \in \mathbb{R}^m$ sind genau dann linear unabhängig, wenn
>
> $$\alpha_1 \mathbf{v}^1 + \alpha_2 \mathbf{v}^2 + \cdots + \alpha_n \mathbf{v}^n = \mathbf{0}$$
>
> nur für $\alpha_1 = \alpha_2 = \cdots = \alpha_n = 0$ erfüllt ist.

Ist eine Menge von n Vektoren gegeben, so kann man den Nullvektor stets als Linearkombination mit $\alpha_i = 0$ für alle $i = 1, \ldots, n$ erhalten. Kann man den Nullvektor auch mit einer Linearkombination erhalten, in der (mindestens) ein $\alpha_i \neq 0$ ist, so ist die Menge von Vektoren linear abhängig.

■ **Beispiel 6.3.4 — Linear unabhängige Vektoren im $\mathbb{R}^3$.**
Bei den drei linear abhängigen Vektoren

$$\mathbf{v}^1 = \begin{pmatrix} 0 \\ 2 \\ 1 \end{pmatrix}, \quad \mathbf{v}^2 = \begin{pmatrix} 2 \\ 2 \\ 0 \end{pmatrix} \quad \text{und} \quad \mathbf{v}^3 = \begin{pmatrix} 2 \\ 0 \\ -1 \end{pmatrix}$$

ergibt sich der Nullvektor auch als Linearkombination dieser drei Vektoren mit $\alpha_1 = -1$, $\alpha_2 = 1$ und $\alpha_3 = -1$:

$$(-1) \cdot \mathbf{v}^1 + (1) \cdot \mathbf{v}^2 + (-1) \cdot \mathbf{v}^3 = \begin{pmatrix} (-1) \cdot 0 + 1 \cdot 2 + (-1) \cdot 2 \\ (-1) \cdot 2 + 1 \cdot 2 + (-1) \cdot 0 \\ (-1) \cdot 1 + 1 \cdot 0 + (-1) \cdot (-1) \end{pmatrix} = \begin{pmatrix} 0 \\ 0 \\ 0 \end{pmatrix} = \mathbf{0}.$$

Wollen wir wissen, ob die drei Vektoren

$$\mathbf{w}^1 = \begin{pmatrix} 0 \\ 2 \\ 1 \end{pmatrix}, \quad \mathbf{w}^2 = \begin{pmatrix} 2 \\ 2 \\ 0 \end{pmatrix} \quad \text{und} \quad \mathbf{w}^3 = \begin{pmatrix} 3 \\ 4 \\ 1 \end{pmatrix}$$

linear unabhängig sind, müssen wir überprüfen, ob die Gleichung

$$\alpha_1 \mathbf{w}^1 + \alpha_2 \mathbf{w}^2 + \alpha_3 \mathbf{w}^3 = \begin{pmatrix} 0\alpha_1 + 2\alpha_2 + 3\alpha_3 \\ 2\alpha_1 + 2\alpha_2 + 4\alpha_3 \\ 1\alpha_1 + 0\alpha_2 + 1\alpha_3 \end{pmatrix} = \begin{pmatrix} 0 \\ 0 \\ 0 \end{pmatrix} = \mathbf{0},$$

also ob das Gleichungssystem

$$\begin{aligned} 0\alpha_1 + 2\alpha_2 + 3\alpha_3 &= 0 \\ 2\alpha_1 + 2\alpha_2 + 4\alpha_3 &= 0 \\ \alpha_1 + 0\alpha_2 + \alpha_3 &= 0 \end{aligned}$$

mit Variablen α_i, $i = 1, 2, 3$ nur die Lösung $\alpha_1 = \alpha_2 = \alpha_3 = 0$ hat. Ist dies der Fall, ist die Menge der Vektoren linear unabhängig. Finden wir eine weitere Lösung, so sind sie linear abhängig. Wir werden in Kapitel 7 ein allgemeines Verfahren kennenlernen, wie man große Gleichungssysteme dieser Art schnell und einfach lösen kann. Im obigen Fall kann man dieses Gleichungssytem leicht lösen, indem man die erste und dritte Gleichung von der zweiten Gleichung subtrahiert. Man erhält $\alpha_1 = 0$. Damit folgt aus der dritten Gleichung $\alpha_3 = 0$. Aufgrund der ersten Gleichung muss dann auch $\alpha_2 = 0$ sein. Somit ist die einzige Lösung $\alpha_1 = \alpha_2 = \alpha_3 = 0$. Die drei Vektoren sind somit linear unabhängig. ■

Wir illustrieren in folgendem Beispiel den geometrischen Zusammenhang zwischen linearer Abhängigkeit und einer Ebene im $\mathbb{R}^3$:

■ Beispiel 6.3.5 — Geraden und Ebenen im $\mathbb{R}^3$.
Sei $\mathbf{v}^1 = (0,2,1)^T$ und $\mathbf{v}^2 = (2,2,0)^T$. Die Menge aller Linearkombinationen von $\mathbf{v}^1$, also aller Vielfachen von $\mathbf{v}^1$, entspricht der Geraden $\left\{\alpha_1\mathbf{v}^1 \,\middle|\, \alpha_1 \in \mathbb{R}\right\}$. Die Menge aller Linearkombinationen von $\mathbf{v}^2$, also aller Vielfachen von $\mathbf{v}^2$, entspricht der Geraden $\left\{\alpha_2\mathbf{v}^2 \,\middle|\, \alpha_2 \in \mathbb{R}\right\}$.

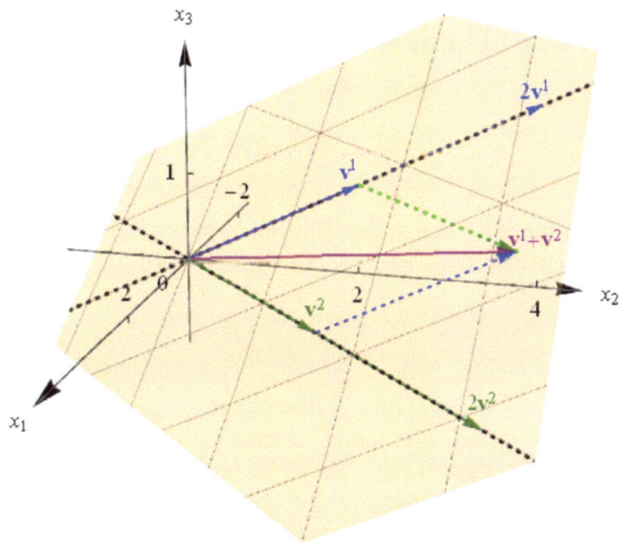

Abbildung 6.11: Geraden und Ebenen im $\mathbb{R}^3$

Addiert man ein Vielfaches von $\mathbf{v}^1$ zu einem Vielfachen von $\mathbf{v}^2$, kann jeder Punkt auf einer Ebene erreicht werden, welche durch den Ursprung und die beiden Punkte $\mathbf{v}^1, \mathbf{v}^2$ verläuft, bzw. durch die zwei Geraden aufgespannt wird, vgl. Abbildung 6.11. Die Menge

$$\left\{\alpha_1\mathbf{v}^1 + \alpha_2\mathbf{v}^2 \,\middle|\, \alpha_1,\alpha_2 \in \mathbb{R}\right\} = \left\{\alpha_1\begin{pmatrix}0\\2\\1\end{pmatrix} + \alpha_2\begin{pmatrix}2\\2\\0\end{pmatrix} \,\middle|\, \alpha_1,\alpha_2 \in \mathbb{R}\right\}$$

aller Linearkombinationen dieser beiden Vektoren beschreibt also eine Ebene durch den Ursprung. Je nach Wahl von α_1 und α_2 ergibt sich ein anderer Punkt auf der Ebene. Entscheidend für diese Eigenschaft ist die lineare Unabhängigkeit von $\mathbf{v}^1$ und $\mathbf{v}^2$, wie folgende Überlegung suggeriert. Zunächst halten wir fest, dass die Darstellung einer Geraden nicht eindeutig ist. Beispielsweise beschreibt die Menge

$$\left\{\alpha_2\begin{pmatrix}0\\4\\2\end{pmatrix} \,\middle|\, \alpha_2 \in \mathbb{R}\right\}$$

die gleiche Gerade wie

$$\left\{\alpha_1 \mathbf{v}^1 \,\middle|\, \alpha_1 \in \mathbb{R}\right\} = \left\{\alpha_1 \begin{pmatrix} 0 \\ 2 \\ 1 \end{pmatrix} \,\middle|\, \alpha_1 \in \mathbb{R}\right\} = \left\{\frac{\alpha_1}{2} \begin{pmatrix} 0 \\ 4 \\ 2 \end{pmatrix} \,\middle|\, \alpha_1 \in \mathbb{R}\right\} = \left\{\alpha_2 \begin{pmatrix} 0 \\ 4 \\ 2 \end{pmatrix} \,\middle|\, \alpha_2 \in \mathbb{R}\right\},$$

wobei wir α_2 als $\frac{\alpha_1}{2}$ definiert haben. Die beiden Vektoren $(0,4,2)^T$ und $(0,2,1)^T$ sind demnach linear abhängig. Es gilt

$$\left\{\alpha_1 \begin{pmatrix} 0 \\ 2 \\ 1 \end{pmatrix} + \alpha_2 \begin{pmatrix} 0 \\ 4 \\ 2 \end{pmatrix} \,\middle|\, \alpha_1, \alpha_2 \in \mathbb{R}\right\} = \left\{\begin{pmatrix} 0 \\ 2\alpha_1 + 4\alpha_2 \\ \alpha_1 + 2\alpha_2 \end{pmatrix} \,\middle|\, \alpha_1, \alpha_2 \in \mathbb{R}\right\}$$

$$= \left\{(\alpha_1 + 2\alpha_2) \begin{pmatrix} 0 \\ 2 \\ 1 \end{pmatrix} \,\middle|\, \alpha_1, \alpha_2 \in \mathbb{R}\right\}.$$

Wir sehen also, dass für gegebenes α_1 der Wert von α_2 stets so gewählt werden kann, dass ein beliebiger Punkt auf der Geraden

$$\left\{\alpha \begin{pmatrix} 0 \\ 2 \\ 1 \end{pmatrix} \,\middle|\, \alpha \in \mathbb{R}\right\}$$

erreicht wird, nämlich $\alpha_2 = 0{,}5(\alpha - \alpha_1)$. Es kann jedoch kein Punkt im $\mathbb{R}^3$ erreicht werden, der nicht auf der Geraden liegt. Die Menge beschreibt also keine Ebene, sondern eine Gerade.

Sind also $\mathbf{v}^1$ und $\mathbf{v}^2$ linear abhängig, so ergibt die Menge der Linearkombinationen von $\mathbf{v}^1$ und $\mathbf{v}^2$ eine Gerade und keine Ebene. ∎

Im obigen Beispiel haben wir verdeutlicht, dass die Menge aller Linearkombinationen zweier Vektoren $\mathbf{v}^1, \mathbf{v}^2 \in \mathbb{R}^3$, die keine Vielfache voneinander (und somit linear unabhängig) sind, eine Ebene beschreibt. Sind zwei Vektoren Vielfache voneinander (und somit linear abhängig), so beschreibt die Menge aller möglichen Linearkombinationen der beiden Vektoren eine Gerade. Mit drei linear unabhängigen Vektoren kann man im $\mathbb{R}^3$ jeden beliebigen Punkt über Linearkombinationen erreichen, wie wir in folgendem Beispiel sehen. Mit drei linear abhängigen Vektoren ist dies nicht möglich.

■ Beispiel 6.3.6 — Linearkombinationen von drei Vektoren im $\mathbb{R}^3$.

Betrachten wir erneut die linear unabhängigen Vektoren

$$\mathbf{w}^1 = \begin{pmatrix} 0 \\ 2 \\ 1 \end{pmatrix}, \quad \mathbf{w}^2 = \begin{pmatrix} 2 \\ 2 \\ 0 \end{pmatrix} \quad \text{und} \quad \mathbf{w}^3 = \begin{pmatrix} 3 \\ 4 \\ 1 \end{pmatrix}.$$

Durch Linearkombinationen von $\mathbf{w}^1$ und $\mathbf{w}^2$ kann man jeden Punkt auf der in Abbildung 6.12 gezeichneten Ebene erreichen. Auch der Punkt $\mathbf{v}^3 = (2,0,-1)^T$ liegt auf dieser Ebene.

Der Vektor $\mathbf{w}^3$ liegt jedoch nicht auf dieser Ebene. Bildet man Linearkombinationen der Vektoren $\mathbf{w}^1, \mathbf{w}^2$ und $\mathbf{w}^3$, kann man auch Punkte außerhalb der Ebene erreichen. In der

Tat kann man jeden beliebigen Punkt $\mathbf{u} = (u_1, u_2, u_3)^T$ erreichen. In anderen Worten gibt es zu jedem beliebigen Vektor $\mathbf{u}$ eine Linearkombination der Vektoren $\mathbf{w}^1, \mathbf{w}^2, \mathbf{w}^3$, so dass

$$\alpha_1 \begin{pmatrix} 0 \\ 2 \\ 1 \end{pmatrix} + \alpha_2 \begin{pmatrix} 2 \\ 2 \\ 0 \end{pmatrix} + \alpha_3 \begin{pmatrix} 3 \\ 4 \\ 1 \end{pmatrix} = \begin{pmatrix} u_1 \\ u_2 \\ u_3 \end{pmatrix}.$$

Zeile für Zeile gelesen ergibt sich

$$2\alpha_2 + 3\alpha_3 = u_1$$
$$2\alpha_1 + 2\alpha_2 + 4\alpha_3 = u_2$$
$$\alpha_1 + \alpha_3 = u_3.$$

Für $\mathbf{u} = (2, 8, 3)^T$ erhält man beispielsweise $\alpha_1 = 3$, $\alpha_2 = 1$ und $\alpha_3 = 0$. Allgemein lauten die Lösungen $\alpha_1 = -u_1 + u_2 - u_3$, $\alpha_2 = -u_1 + \frac{3}{2}u_2 - 3u_3$ und $\alpha_3 = u_1 - u_2 + 2u_3$. Dieses Gleichungssystem mit Variablen $\alpha_1, \alpha_2, \alpha_3$ lässt sich also für jede beliebige Wahl von u_1, u_2, u_3 lösen. Die Menge aller Punkte, die über Linearkombinationen der drei Vektoren erreichbar sind, ist also $\mathbb{R}^3$. ■

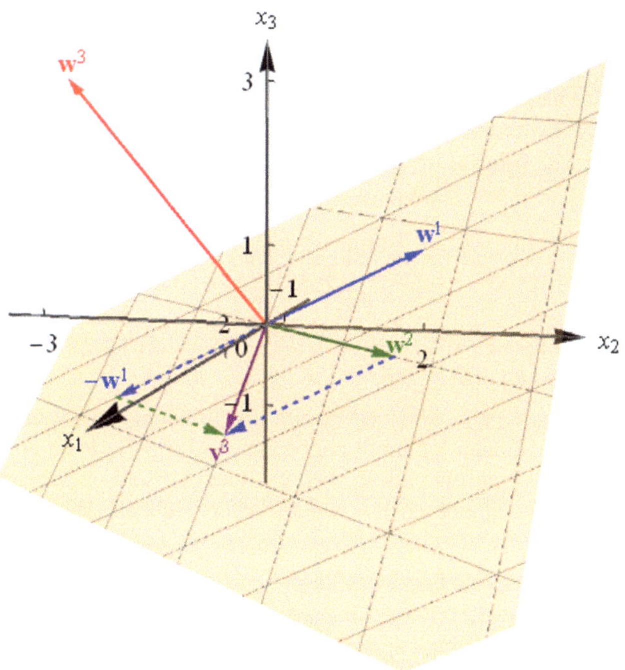

Abbildung 6.12: Punkte in der Ebene und im Raum

Ist in einer Menge von Vektoren (mindestens) ein Vektor der Nullvektor, so sind die Vektoren stets linear abhängig.

> **Satz 6.3.4 — Der Nullvektor und lineare Abhängigkeit.**
> Ist (mindestens) einer der Vektoren $\mathbf{v}^1, \mathbf{v}^2, \ldots, \mathbf{v}^n \in \mathbb{R}^m$ der Nullvektor, so sind die n Vektoren stets linear abhängig.

(Z) Eine Menge von zwei Vektoren ist genau dann linear abhängig, wenn einer ein Vielfaches des anderen Vektors ist oder wenn einer von ihnen der Nullvektor ist.

Sind zwei Vektoren orthogonal und ungleich dem Nullvektor, dann ist die Menge dieser Vektoren linear unabhängig.

Ist $\alpha_1 = \alpha_2 = \cdots = \alpha_n = 0$ die einzige Lösung des Gleichungssystems $\alpha_1 \mathbf{v}^1 + \alpha_2 \mathbf{v}^2 + \cdots + \alpha_n \mathbf{v}^n = \mathbf{0}$, dann sind die Vektoren $\mathbf{v}^1, \mathbf{v}^2, \ldots, \mathbf{v}^n \in \mathbb{R}^m$ linear unabhängig, sonst linear abhängig.

6.4 Lineare Hülle, linearer Raum und Dimension

Wir nutzen das bisherige Wissen nun, um die Menge aller möglichen Linearkombinationen von Vektoren zu charakterisieren.

6.4.1 Die lineare Hülle

Ziele dieses Unterkapitels

- Was ist die lineare Hülle einer Menge von Vektoren?

Die Menge aller möglichen Linearkombinationen von n Vektoren nennt man auch die lineare Hülle der Vektoren.

Definition 6.4.1 — Lineare Hülle.
Seien $\mathbf{v}^1, \mathbf{v}^2, \ldots, \mathbf{v}^n \in \mathbb{R}^m$. Die Menge aller Linearkombinationen

$$\mathrm{lin}\{\mathbf{v}^1, \mathbf{v}^2, \ldots, \mathbf{v}^n\} = \left\{ \sum_{i=1}^{n} \alpha_i \mathbf{v}^i \,\middle|\, \alpha_1, \ldots, \alpha_n \in \mathbb{R} \right\} \subseteq \mathbb{R}^m$$

heißt **lineare Hülle** von $\{\mathbf{v}^1, \ldots, \mathbf{v}^n\}$. Die lineare Hülle der leeren Menge $\{\} \subseteq \mathbb{R}^m$ ist der Nullvektor, $\mathrm{lin}\{\} = \{\mathbf{0}\} \subseteq \mathbb{R}^m$.

Die lineare Hülle von $\{\mathbf{v}^1, \ldots, \mathbf{v}^n\}$ beschreibt die Teilmenge des Raumes $\mathbb{R}^m$, welche durch Linearkombinationen $\sum_{i=1}^{n} \alpha_i \mathbf{v}^i$ abgedeckt wird. Im $\mathbb{R}^3$ kann eine lineare Hülle beispielsweise eine Gerade, eine Ebene oder den Raum $\mathbb{R}^3$ selbst beschreiben. Die lineare Hülle $\mathrm{lin}\{\mathbf{0}\} = \{\mathbf{0}\}$ beschreibt (ebenso wie die lineare Hülle der leeren Menge) lediglich den Nullvektor.

■ **Beispiel 6.4.1 — Beispiele linearer Hüllen.**
Um die Verwendung des Begriffs der linearen Hülle zu illustrieren, wiederholen wir die Ergebnisse von Beispiel 6.3.5 mit dem neuen Begriff: Die lineare Hülle von $\mathbf{v}^1 = (0, 2, 1)^T$ und $\mathbf{v}^2 = (2, 2, 0)^T$ ist

$$\mathrm{lin}\{\mathbf{v}^1, \mathbf{v}^2\} = \left\{ \alpha_1 \begin{pmatrix} 0 \\ 2 \\ 1 \end{pmatrix} + \alpha_2 \begin{pmatrix} 2 \\ 2 \\ 0 \end{pmatrix} \,\middle|\, \alpha_1, \alpha_2 \in \mathbb{R} \right\}$$

und beschreibt die in Abbildung 6.11 eingezeichnete Ebene im $\mathbb{R}^3$.

Die lineare Hülle von $\mathbf{v}^1$ beschreibt alle möglichen skalaren Multiplikationen (Linearkombinationen mit $n = 1$),

$$\mathrm{lin}\{\mathbf{v}^1\} = \left\{ \alpha_1 \begin{pmatrix} 0 \\ 2 \\ 1 \end{pmatrix} \;\middle|\; \alpha_1 \in \mathbb{R} \right\}.$$

Die obige Menge beschreibt eine Gerade im $\mathbb{R}^3$.

Die lineare Hülle von $\mathbf{v}^1$ und $2\mathbf{v}^1$ ist

$$\mathrm{lin}\{\mathbf{v}^1, 2\mathbf{v}^1\} = \left\{ \alpha_1 \begin{pmatrix} 0 \\ 2 \\ 1 \end{pmatrix} + \alpha_2 \begin{pmatrix} 0 \\ 4 \\ 2 \end{pmatrix} \;\middle|\; \alpha_1, \alpha_2 \in \mathbb{R} \right\} = \left\{ (\alpha_1 + 2\alpha_2) \begin{pmatrix} 0 \\ 2 \\ 1 \end{pmatrix} \;\middle|\; \alpha_1, \alpha_2 \in \mathbb{R} \right\} = \mathrm{lin}\{\mathbf{v}^1\}$$

und beschreibt ebenfalls eine Gerade im $\mathbb{R}^3$. Die lineare Hülle von $\mathbf{v}^1, \mathbf{v}^2$ und $\mathbf{v}^3 = (2, 0, -1)^T = \mathbf{v}^2 - \mathbf{v}^1$ ist

$$\mathrm{lin}\{\mathbf{v}^1, \mathbf{v}^2, \mathbf{v}^3\} = \mathrm{lin}\{\mathbf{v}^1, \mathbf{v}^2\}.$$

Sie stellt eine Ebene im $\mathbb{R}^3$ dar. Laut Beispiel 6.3.6 ist die lineare Hülle von $\mathbf{w}^1 = (0, 2, 1)^T$, $\mathbf{w}^2 = (2, 2, 0)^T$ und $\mathbf{w}^3 = (3, 4, 1)^T$

$$\mathrm{lin}\{\mathbf{w}^1, \mathbf{w}^2, \mathbf{w}^3\} = \mathbb{R}^3,$$

da jeder Punkt im $\mathbb{R}^3$ erreicht werden kann, vgl. Beispiel 6.3.6. ■

Die lineare Hülle zweier Vektoren $\mathbf{v}^1, \mathbf{v}^2$ des $\mathbb{R}^3$ kann also nur den Nullvektor bzw. Nullpunkt, eine Gerade oder eine Ebene beschreiben. Ist die Menge der beiden Vektoren linear abhängig, ist die lineare Hülle der Nullpunkt oder eine Gerade. Ist die Menge der beiden Vektoren linear unabhängig, bildet sie eine Ebene.

Die lineare Hülle dreier Vektoren $\mathbf{v}^1, \mathbf{v}^2, \mathbf{v}^3$ des $\mathbb{R}^3$ kann nur den Nullvektor bzw. Nullpunkt, eine Gerade, eine Ebene, oder den ganzen euklidischen Raum $\mathbb{R}^3$ beschreiben. Im Beispiel der obigen drei linear unabhängigen Vektoren ist die lineare Hülle $\mathbb{R}^3$.

(Z) Die lineare Hülle einer Menge von Vektoren entspricht der Menge aller Linearkombinationen, welche aus diesen Vektoren gebildet werden können.

6.4.2 Der lineare Raum

Ziele dieses Unterkapitels

- Was ist ein linearer Raum? Gibt es einen linearen Raum $V \subseteq \mathbb{R}^m$ mit $\mathbf{0} \notin V$?
- Was versteht man unter einem Erzeugendensystem eines linearen Raums?
- Was ist ein Erzeugendensystem des $\mathbb{R}^m$, das nur aus kanonischen Einheitsvektoren besteht?

Ist $V = \mathrm{lin}\{\mathbf{v}^1, \dots, \mathbf{v}^n\} \subseteq \mathbb{R}^m$ die Menge aller Linearkombinationen der Vektoren $\mathbf{v}^1, \dots, \mathbf{v}^n$, so ist mit $\mathbf{v} \in V$ auch stets jedes Vielfache von $\mathbf{v}$ ein Element von V. Sind zwei Vektoren $\mathbf{v}, \mathbf{w} \in V$, so ist auch deren Summe ein Element aus V. Diese Eigenschaften erinnern an die Definition 2.2.4 des euklidischen Raums.[10] Wir bezeichnen die Menge V daher auch als einen Vektorraum oder einen linearen Raum.

---

[10]   Sie sind in der Mathematik auch als Abgeschlossenheit bezüglich Addition bzw. Multiplikation bekannt.

> **Definition 6.4.2 — Linearer Raum.**
> Eine nichtleere Menge $V \subseteq \mathbb{R}^m$ heißt **linearer Raum** oder **Vektorraum**, wenn für alle $\mathbf{v}, \mathbf{w} \in V$ und $\alpha \in \mathbb{R}$ gilt:
> - $\mathbf{v} + \mathbf{w} \in V$ und
> - $\alpha \mathbf{v} \in V$.

Aus der Definition des linearen Raums folgt im Fall $V \subseteq \mathbb{R}^m$ für $\alpha = 0$ sofort:

> **Satz 6.4.1 — Der Nullvektor und Vektorräume.**
> Ist $V \subseteq \mathbb{R}^m$ ein linearer Raum, dann gilt $\mathbf{0} \in V$.

Das Konzept des linearen Raums beschränkt sich eigentlich nicht auf Teilmengen $V \subseteq \mathbb{R}^m$. In diesem Buch betrachten wir aber nur diesen Fall. Dann gilt, dass jede lineare Hülle ein linearer Raum ist:[11]

> **Satz 6.4.2 — Die lineare Hülle als linearer Raum.**
> Für $\mathbf{v}^1, \ldots, \mathbf{v}^n \in \mathbb{R}^m$ ist die lineare Hülle $\mathrm{lin}\{\mathbf{v}^1, \ldots, \mathbf{v}^n\}$ ein linearer Raum.

Man nennt die Vektoren, deren lineare Hülle die Menge V ergibt, auch Erzeugendensystem von V.

> **Definition 6.4.3 — Erzeugendensystem.**
> Die Menge $\{\mathbf{v}^1, \mathbf{v}^2, \ldots, \mathbf{v}^n\}$ von Vektoren $\mathbf{v}^1, \mathbf{v}^2, \ldots, \mathbf{v}^n \in \mathbb{R}^m$ heißt **Erzeugendensystem** des linearen Raums $V \subseteq \mathbb{R}^m$, wenn $\mathrm{lin}\{\mathbf{v}^1, \mathbf{v}^2, \ldots, \mathbf{v}^n\} = V$.

■ **Beispiel 6.4.2 — Fortsetzung von Beispiel 6.3.5.**

In Beispiel 6.3.5 bildet die Menge $\left\{ \begin{pmatrix} 0 \\ 2 \\ 1 \end{pmatrix}, \begin{pmatrix} 2 \\ 2 \\ 0 \end{pmatrix} \right\}$ ein Erzeugendensystem des linearen

Raums $\mathrm{lin}\left\{ \begin{pmatrix} 0 \\ 2 \\ 1 \end{pmatrix}, \begin{pmatrix} 2 \\ 2 \\ 0 \end{pmatrix} \right\}$, welcher eine Ebene im $\mathbb{R}^3$ beschreibt. Die Menge $\left\{ \begin{pmatrix} 0 \\ 2 \\ 1 \end{pmatrix} \right\}$

ist ein Erzeugendensystem des linearen Raums $\mathrm{lin}\left\{ \begin{pmatrix} 0 \\ 2 \\ 1 \end{pmatrix} \right\}$, welcher eine Gerade im $\mathbb{R}^3$

beschreibt. Die Menge $\left\{ \begin{pmatrix} 0 \\ 2 \\ 1 \end{pmatrix}, \begin{pmatrix} 2 \\ 2 \\ 0 \end{pmatrix}, \begin{pmatrix} 3 \\ 4 \\ 1 \end{pmatrix} \right\}$ ist ein Erzeugendensystem des euklidi-

schen Raums $\mathbb{R}^3$. ■

Da sich jeder Vektor des $\mathbb{R}^m$ als Linearkombination der m kanonischen Einheitsvektoren darstellen lässt, vgl. Satz 6.2.1, gilt:

> **Satz 6.4.3 — Einheitsvektoren als Erzeugendensystem.**
> Die m kanonischen Einheitsvektoren des $\mathbb{R}^m$ sind ein Erzeugendensystem des $\mathbb{R}^m$.

Aus Satz 6.4.1 wissen wir, dass jeder lineare Raum den Nullvektor enthält. Eine Menge, welche nur den Nullvektor enthält, stellt ebenfalls einen linearen Raum dar.

---

[11]   Zudem lässt sich jeder lineare Raum als lineare Hülle darstellen. Dies zu beweisen geht jedoch deutlich über den hier behandelten Stoff hinaus.

■ Beispiel 6.4.3 — Der Nullraum.

Wir betrachten den sogenannten Nullraum $\lin\{\} = \lin\{\mathbf{0}\} = \{\mathbf{0}\}$. Da $\mathbf{0} + \mathbf{0} = \mathbf{0} \in \{\mathbf{0}\}$ und $\alpha\mathbf{0} = \mathbf{0} \in \{\mathbf{0}\}$ für alle $\alpha \in \mathbb{R}$ gilt, ist dieser Raum ein linearer Raum. Erzeugendensysteme dieses linearen Raums sind die leere Menge $\{\}$ und $\{\mathbf{0}\}$. ■

Eine lineare Hülle einer Menge von Vektoren bildet stets einen linearen Raum. Zur Vollständigkeit beenden wir diesen Abschnitt mit einem Beispiel, welches unsere Definition des linearen Raums auf Mengen erweitert, welche keine Teilmenge des $\mathbb{R}^m$ und damit auch nicht zwingend eine lineare Hülle von endlich vielen Vektoren sind.

■ Beispiel 6.4.4 — Der lineare Raum stetiger Funktionen (#).

Sei V die Menge aller stetigen reellen Funktionen $f : \mathbb{R} \to \mathbb{R}$. In Satz 5.2.15 hatten wir gezeigt, dass für zwei stetige reelle Funktionen $f_1 \in V$ und $f_2 \in V$ stets auch deren Summe stetig ist, also $f_1 + f_2 \in V$. Zudem ist jedes Vielfache αf einer stetigen Funktion $f \in V$ stetig, und somit $\alpha f \in V$. Aufgrund dieser Analogie definiert man den Begriff des linearen Raums in der Mathematik normalerweise allgemeiner und bezeichnet auch diese Menge aller stetigen Funktionen als linearen Raum. ■

(Z) Betrachte eine Teilmenge $V \subseteq \mathbb{R}^m$. Befinden sich 1) jedes Vielfache eines Elements von V und 2) jede Summe zweier Elemente von V wieder in V, dann bezeichnet man V als linearen Raum oder Vektorraum. Jede lineare Hülle einer Menge von Vektoren beschreibt einen linearen Raum. Für jeden linearen Raum $V \subseteq \mathbb{R}^m$ gilt $\mathbf{0} \in V$.
Gilt $\lin\{\mathbf{v}^1, \dots, \mathbf{v}^k\} = V$, so ist $\{\mathbf{v}^1, \dots, \mathbf{v}^k\}$ ein Erzeugendensystem von V.
Die m kanonischen Einheitsvektoren sind ein Erzeugendensystem des $\mathbb{R}^m$.

6.4.3 Basis und Dimension eines linearen Raums

Ziele dieses Unterkapitels

- Was ist eine Basis?
- Was ist die Dimension eines linearen Raums? Wie nennt man lineare Räume $V \subseteq \mathbb{R}^m$ der Dimension 0, 1, 2 oder $m-1$?
- Was versteht man unter einer kanonischen Basis des $\mathbb{R}^m$?
- Ist die Basis eines linearen Raums eindeutig bestimmt? Was haben verschiedene Basen gemeinsam?

■ Beispiel 6.4.5 — Erzeugendensysteme des $\mathbb{R}^3$.

In Beispiel 6.4.1 hatten wir bereits gezeigt, dass man den $\mathbb{R}^3$ mit Hilfe dreier linear unabhängiger Vektoren $\mathbf{w}^1, \mathbf{w}^2$ und $\mathbf{w}^3$ erzeugen kann. Zudem kann man auch jeden Vektor des $\mathbb{R}^3$ als Linearkombination der drei kanonischen Einheitsvektoren darstellen. Die Mengen $M_1 = \{\mathbf{w}^1, \mathbf{w}^2, \mathbf{w}^3\}$ sowie $M_2 = \{\mathbf{e}^1, \mathbf{e}^2, \mathbf{e}^3\}$ sind Erzeugendensysteme des $\mathbb{R}^3$.

Ebenso ist beispielsweise $M_3 = \{\mathbf{e}^1, \mathbf{e}^2, \mathbf{e}^3, \mathbf{w}^1, \mathbf{w}^2\}$ ein Erzeugendensystem des $\mathbb{R}^3$. Während die ersten beiden Erzeugendensysteme Mengen linear unabhängiger Vektoren sind und jeweils 3 Elemente enthalten, ist das dritte Erzeugendensystem eine Menge linear abhängiger Vektoren mit 5 Elementen. Da beispielsweise $\mathbf{w}^1$ und $\mathbf{w}^2$ als Linearkombinationen der kanonischen Einheitsvektoren dargestellt werden können, sind 2 dieser 5 Elemente in gewisser Weise überflüssig, $\lin\{\mathbf{e}^1, \mathbf{e}^2, \mathbf{e}^3, \mathbf{w}^1, \mathbf{w}^2\} = \lin\{\mathbf{e}^1, \mathbf{e}^2, \mathbf{e}^3\}$. Wir bezeichnen im Folgenden ein Erzeugendensystem, welches keine solch „überflüssigen" Elemente enthält, als Basis. ■

Zu einem linearen Raum gibt es also in der Regel mehr als ein Erzeugendensystem[12] und Erzeugendensysteme mit unterschiedlich vielen Vektoren, welche linear abhängig oder auch unabhängig sein können. Sind die Vektoren eines Erzeugendensystems linear unabhängig, so nennt man das Erzeugendensystem auch eine Basis. Wir werden in Satz 6.4.6 zeigen, dass alle Basen eines linearen Raums V gleich viele Elemente haben, diese Anzahl nennt man Dimension von V.

> **Definition 6.4.4 — Basis und Dimension.**
> Eine Menge $B = \{\mathbf{b}^1, \dots, \mathbf{b}^n\}$ linear unabhängiger Vektoren $\mathbf{b}^1, \dots, \mathbf{b}^n \in V$ eines linearen Raums $V \subseteq \mathbb{R}^m$ heißt **Basis** von V, wenn $\text{lin}\{\mathbf{b}^1, \dots, \mathbf{b}^n\} = V$. Die Vektoren $\mathbf{b}^1, \mathbf{b}^2, \dots, \mathbf{b}^n$ heißen **Basisvektoren**. Man nennt n die **Dimension** von V und schreibt auch $\dim(V) = n$. Für $V = \{\mathbf{0}\}$ definiert man die leere Menge als Basis mit $\dim(\{\mathbf{0}\}) = 0$.

■ Beispiel 6.4.6 — Erzeugendensysteme des $\mathbb{R}^2$.
Die Vektoren $\mathbf{v}^1 = (3,4)^T$, $\mathbf{v}^2 = (-2, 1.5)^T$ und $\mathbf{v}^3 = (1,2)^T$ bilden ein Erzeugendensystem $\{\mathbf{v}^1, \mathbf{v}^2, \mathbf{v}^3\}$ des $\mathbb{R}^2$. Denn für einen beliebigen Vektor

$$\mathbf{v} = \begin{pmatrix} v_1 \\ v_2 \end{pmatrix}, \quad v_1, v_2 \in \mathbb{R},$$

findet man $\alpha_1, \alpha_2, \alpha_3 \in \mathbb{R}$, so dass

$$\begin{pmatrix} v_1 \\ v_2 \end{pmatrix} = \alpha_1 \mathbf{v}^1 + \alpha_2 \mathbf{v}^2 + \alpha_3 \mathbf{v}^3 = \alpha_1 \begin{pmatrix} 3 \\ 4 \end{pmatrix} + \alpha_2 \begin{pmatrix} -2 \\ 1.5 \end{pmatrix} + \alpha_3 \begin{pmatrix} 1 \\ 2 \end{pmatrix}$$
$$= \begin{pmatrix} 3\alpha_1 - 2\alpha_2 + \alpha_3 \\ 4\alpha_1 + 1.5\alpha_2 + 2\alpha_3 \end{pmatrix}.$$

Wählt man z.B. $\alpha_2 = 0$, so ergibt sich für gegebenes $\mathbf{v} = (v_1, v_2)^T$ durch Auflösen nach α_1 und α_3, dass

$$\alpha_1 = v_1 - \frac{1}{2} v_2, \quad \alpha_3 = -2 v_1 + \frac{3}{2} v_2.$$

In der Tat kann man hier im Beispiel ein Gewicht der Linearkombination, z.B. α_2, beliebig wählen und

$$\alpha_1 = v_1 - \frac{1}{2} v_2 + \frac{11}{4} \alpha_2, \quad \alpha_3 = -2 v_1 + \frac{3}{2} v_2 - \frac{25}{4} \alpha_2$$

setzen, um den Vektor $\mathbf{v}$ zu erhalten.

Beispielsweise ergibt sich der Vektor $\mathbf{v} = (0,4)^T$ mit $\alpha_2 = 1$ als Linearkombination

$$\begin{pmatrix} 0 \\ 4 \end{pmatrix} = \frac{3}{4} \mathbf{v}^1 + 1 \mathbf{v}^2 - \frac{1}{4} \mathbf{v}^3,$$

da $\alpha_1 = 0 - \frac{1}{2} \cdot 4 + \frac{11}{4} \cdot 1 = \frac{3}{4}$ und $\alpha_3 = -2 \cdot 0 + \frac{3}{2} \cdot 4 - \frac{25}{4} \cdot 1 = -\frac{1}{4}$. Mit $\alpha_2 = 0$ ergibt sich $\mathbf{v}$ als Linearkombination

$$\begin{pmatrix} 0 \\ 4 \end{pmatrix} = -2 \mathbf{v}^1 + 0 \mathbf{v}^2 + 6 \mathbf{v}^3,$$

da $\alpha_1 = 0 - \frac{1}{2} \cdot 4 + \frac{11}{4} \cdot 0 = -2$ und $\alpha_3 = -2 \cdot 0 + \frac{3}{2} \cdot 4 - \frac{25}{4} \cdot 0 = 6$, vgl. Abbildung 6.13.

---

[12]   In der Tat gibt es für alle außer dem Raum $\{\mathbf{0}\}$ unendlich viele Erzeugendensysteme.

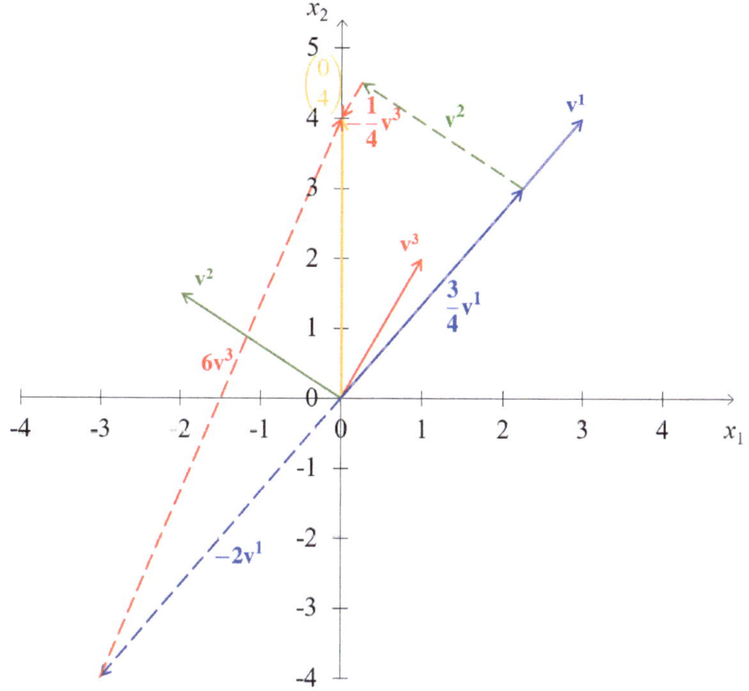

Abbildung 6.13: Verschiedene Linearkombinationen

Wählt man beispielsweise $\alpha_2 = 0$, kann man also jeden Vektor in $\mathbb{R}^2$ als Linearkombination erhalten. Der Vektor $\mathbf{v}^2$ wird also nicht zwingend benötigt, um alle Vektoren in $\mathbb{R}^2$ als Linearkombination zu erhalten. Auch $\{\mathbf{v}^1, \mathbf{v}^3\}$ ist ein Erzeugendensystem, da für beliebige $v_1, v_2 \in \mathbb{R}$

$$\binom{v_1}{v_2} = \alpha_1 \mathbf{v}^1 + \alpha_3 \mathbf{v}^3 = \alpha_1 \binom{3}{4} + \alpha_3 \binom{1}{2},$$

mit

$$\alpha_1 = v_1 - \frac{1}{2}v_2, \quad \alpha_3 = -2v_1 + \frac{3}{2}v_2.$$

Das Erzeugendensystem $\{\mathbf{v}^1, \mathbf{v}^3\}$ besteht aus linear unabhängigen Vektoren. Die Faktoren α_1 und α_3 sind für jeden Vektor im $\mathbb{R}^2$ eindeutig bestimmt.

Das Erzeugendensystem $\{\mathbf{v}^1, \mathbf{v}^2, \mathbf{v}^3\}$ besteht nicht aus linear unabhängigen Vektoren, da

$$\mathbf{v}^2 = -2.75\mathbf{v}^1 + 6.25\mathbf{v}^3 = \binom{-2.75 \cdot 3 + 6.25 \cdot 1}{-2.75 \cdot 4 + 6.25 \cdot 2} = \binom{-2}{1.5}.$$

Wie wir gesehen haben, sind die Faktoren α_1, α_2 und α_3, die zur Darstellung eines Vektors im $\mathbb{R}^2$ als Linearkombination der drei Vektoren genutzt werden können, nicht eindeutig bestimmt. ∎

Wie im obigen Beispiel angedeutet, gilt folgender Satz:

> **Satz 6.4.4 — Eindeutigkeit der Linearkombination.**
> Sei $\{\mathbf{v}^1, \mathbf{v}^2, \ldots, \mathbf{v}^k\}$ eine Teilmenge des linearen Raums $V \subseteq \mathbb{R}^m$, $V \neq \{\mathbf{0}\}$. Die Menge $\{\mathbf{v}^1, \mathbf{v}^2, \ldots, \mathbf{v}^k\}$ ist genau dann eine Basis von V, wenn jeder Vektor $\mathbf{x} \in V$ eindeutig als Linearkombination der Vektoren $\mathbf{v}^1, \mathbf{v}^2, \ldots, \mathbf{v}^k \in \mathbb{R}^m$ dargestellt werden kann.

■ Beispiel 6.4.7 — Fortsetzung von Beispiel 6.3.5.

Per Definition ist $\left\{ \begin{pmatrix} 0 \\ 2 \\ 1 \end{pmatrix}, \begin{pmatrix} 2 \\ 2 \\ 0 \end{pmatrix} \right\}$ ein Erzeugendensystem des linearen Raums $\operatorname{lin} \left\{ \begin{pmatrix} 0 \\ 2 \\ 1 \end{pmatrix}, \begin{pmatrix} 2 \\ 2 \\ 0 \end{pmatrix} \right\}$, siehe auch Beispiel 6.3.5. Da die Menge der beiden Vektoren linear unabhängig ist, sagt man auch, die Vektoren bilden eine Basis eines linearen Raums der Dimension 2. In Abbildung 6.12 erkennt man, dass der lineare Raum graphisch eine Ebene darstellt.

Die Menge $\left\{ \begin{pmatrix} 0 \\ 2 \\ 1 \end{pmatrix} \right\}$ ist eine Basis des linearen Raums $\operatorname{lin} \left\{ \begin{pmatrix} 0 \\ 2 \\ 1 \end{pmatrix} \right\}$ der Dimension 1.

Graphisch stellt dieser lineare Raum eine Gerade dar. Die Menge $\left\{ \begin{pmatrix} 0 \\ 2 \\ 1 \end{pmatrix}, \begin{pmatrix} 2 \\ 2 \\ 0 \end{pmatrix}, \begin{pmatrix} 3 \\ 4 \\ 1 \end{pmatrix} \right\}$ ist eine Basis eines linearen Raums mit Dimension 3, da die Menge dieser 3 Vektoren linear unabhängig ist.[13]   ■

■ Beispiel 6.4.8 — Basis des Nullraums (∗).

Die Menge $\{\mathbf{0}\}$ ist keine Menge linear unabhängiger Vektoren. Denn das Gleichungssystem $\alpha \mathbf{0} = \mathbf{0}$ hat keine eindeutige Lösung, vgl. Satz 6.3.3. Die Menge $\{\mathbf{0}\}$ ist daher ein Erzeugendensystem der Menge $\{\mathbf{0}\}$, aber keine Basis. Da auch $\operatorname{lin}\{\} = \{\mathbf{0}\}$ gilt, definiert man die leere Menge als Basis des Nullraums $\{\mathbf{0}\}$. Die Menge, welche nur den Nullvektor enthält, hat somit die Dimension 0.   ■

Analog zur graphischen Interpretation im $\mathbb{R}^2$ und $\mathbb{R}^3$ bezeichnet man den linearen Raum, welcher nur aus dem Nullvektor besteht, als Punkt. Lineare Räume der Dimension 1 nennt man Geraden und lineare Räume der Dimension 2 Ebenen. Allgemein bezeichnet man einen linearen Raum $V \subseteq \mathbb{R}^m$ mit Dimension $m - 1$ als Hyperebene. Im $\mathbb{R}^3$ ist jede Hyperebene auch eine Ebene. Im $\mathbb{R}^{100}$ hat eine Hyperebene die Dimension 99.

> **Definition 6.4.5 — Geraden, Ebenen und Hyperebenen.**
> Einen linearen Raum $V \subseteq \mathbb{R}^m$ der Dimension
> - 0 nennt man **Punkt**,
> - 1 nennt man **Gerade**,
> - 2 nennt man **Ebene**,
> - $m - 1$ nennt man **Hyperebene**.

Ist eine Basis des linearen Raums gegeben, so ergeben sich laut Satz 6.4.4 für jedes $\mathbf{v} \in V$ eindeutige Gewichte $\alpha_1, \ldots, \alpha_n$, mit Hilfe derer man $\mathbf{v}$ als Linearkombination der Basisvektoren schreiben kann. Zu einem linearen Raum gibt es aber mehr als nur eine Basis.

■ Beispiel 6.4.9 — Zwei Basen des $\mathbb{R}^2$.

Wie wir in Beispiel 6.4.6 gesehen hatten, bilden die Vektoren $\mathbf{v}^1 = (3,4)^T$ und $\mathbf{v}^3 = (1,2)^T$

---

[13]   Wie wir in Satz 6.4.7 sehen werden, ist der einzige lineare Raum der Dimension 3 im $\mathbb{R}^3$ der $\mathbb{R}^3$ selbst.

eine Basis $B_1 = \left\{\mathbf{v}^1, \mathbf{v}^3\right\}$ des $\mathbb{R}^2$. Ebenso stellen die beiden Einheitsvektoren eine Basis des $\mathbb{R}^2$ dar, $B_2 = \left\{\mathbf{e}^1, \mathbf{e}^2\right\}$.

Betrachtet man einen beliebigen Vektor des $\mathbb{R}^2$, z.B. $\mathbf{v} = (5,8)^T$, so kann dieser eindeutig als Linearkombination der Vektoren aus B_1 dargestellt werden:

$$\mathbf{v} = 1\mathbf{v}^1 + 2\mathbf{v}^3.$$

Er kann aber auch eindeutig als Linearkombination der Vektoren aus B_2 dargestellt werden:

$$\mathbf{v} = 5\mathbf{e}^1 + 8\mathbf{e}^2.$$

$\blacksquare$

Da die m Einheitsvektoren gemäß Satz 6.4.3 stets ein Erzeugendensystem des $\mathbb{R}^m$ darstellen und linear unabhängig sind, stellen sie eine Basis des $\mathbb{R}^m$ dar. Man nennt diese Basis auch kanonische (also Standard) Basis.

Definition 6.4.6 — Kanonische Basis.
Die Basis $\{\mathbf{e}^1, \ldots, \mathbf{e}^m\}$ des $\mathbb{R}^m$ mit Einheitsvektoren $\mathbf{e}^1, \ldots, \mathbf{e}^m$ heißt **kanonische Basis** oder **Standardbasis** des $\mathbb{R}^m$.

Ausgehend von einer Basis kann man über einen Basistausch eine andere Basis erhalten:

Satz 6.4.5 — Basistausch.
Sei $B = \{\mathbf{v}^1, \ldots, \mathbf{v}^{i-1}, \mathbf{v}^i, \mathbf{v}^{i+1}, \ldots, \mathbf{v}^n\}$ eine Basis von $V \subseteq \mathbb{R}^m$ der Dimension n, $i \in \{1, \ldots, n\}$ ein Index, und der Vektor

$$\mathbf{u}^i = \alpha_1 \mathbf{v}^1 + \cdots + \alpha_i \mathbf{v}^i + \ldots + \alpha_n \mathbf{v}^n \in \mathbb{R}^m$$

eine Linearkombination mit $\alpha_1, \ldots, \alpha_n \in \mathbb{R}$ und $\alpha_i \neq 0$. Dann ist auch $\tilde{B} = \{\mathbf{v}^1, \mathbf{v}^2, \ldots, \mathbf{v}^{i-1}, \mathbf{u}^i, \mathbf{v}^{i+1}, \ldots, \mathbf{v}^n\}$ eine Basis von V.

$\blacksquare$ Beispiel 6.4.10 — Zweifacher Basistausch im $\mathbb{R}^2$.
Beginnend mit $\mathbf{v}^1 = (3,4)^T$ und $\mathbf{v}^3 = (1,2)^T$ als Basis $B = \left\{\mathbf{v}^1, \mathbf{v}^3\right\}$ des $\mathbb{R}^2$, kann man laut Satz 6.4.5 beispielsweise mit $\alpha_1 = 1$ und $\alpha_3 = -3$ den Vektor $\mathbf{v}^1$ durch

$$\mathbf{u}^1 = \begin{pmatrix} 0 \\ -2 \end{pmatrix} = \mathbf{v}^1 - 3\mathbf{v}^3$$

ersetzen, da $\alpha_1 = 1 \neq 0$ (vgl. Abbildung 6.14). Somit ist auch $\tilde{B} = \left\{\mathbf{u}^1, \mathbf{v}^3\right\}$ eine Basis des $\mathbb{R}^2$.

Zudem kann man ausgehend von $\tilde{B} = \left\{\mathbf{u}^1, \mathbf{v}^3\right\}$ mit $\alpha_1 = -\frac{1}{2}$ und $\alpha_3 = 0$ den Vektor

$$\mathbf{e}^2 = -\frac{1}{2}\mathbf{u}^1 + 0\mathbf{v}^3 = \begin{pmatrix} 0 \\ 1 \end{pmatrix}$$

als Linearkombination der Basisvektoren darstellen. Bei einem Tausch darf man in der Basis $\tilde{B} = \{\mathbf{u}^1, \mathbf{v}^3\}$ den Vektor $\mathbf{u}^1$ durch $\mathbf{e}^2$ ersetzen. Die Menge $\{\mathbf{e}^2, \mathbf{v}^3\}$ stellt also auch eine Basis des $\mathbb{R}^2$ dar. Da $\alpha_3 = 0$ gilt, darf man in der Basis $\tilde{B} = \{\mathbf{u}^1, \mathbf{v}^3\}$ nicht $\mathbf{v}^3$ durch $\mathbf{e}^2$ ersetzen. Die Menge $\{\mathbf{u}^1, \mathbf{e}^2\}$ ist keine Basis des $\mathbb{R}^2$. Die beiden Vektoren sind linear abhängig. Linearkombinationen von $\{\mathbf{u}^1, \mathbf{e}^2\}$ ergeben nur eine echte Teilmenge des $\mathbb{R}^2$, nämlich eine Gerade.

$\blacksquare$

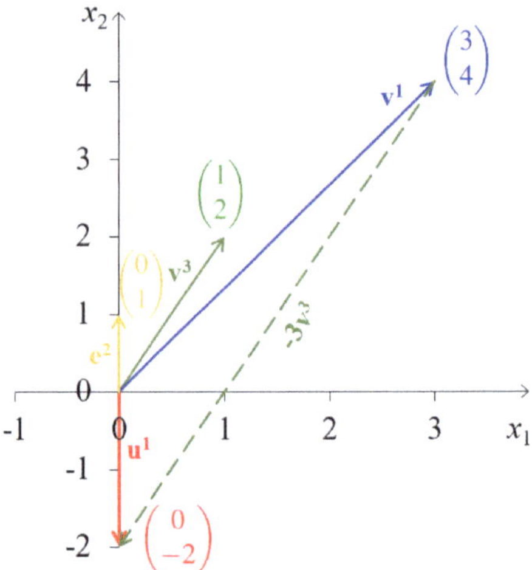

Abbildung 6.14: Visualisierung des Basistauschs im $\mathbb{R}^2$

Durch eine mehrfache Anwendung des Basistauschsatzes ergibt sich direkt, dass jede Basis eines linearen Raums die gleiche Anzahl an Vektoren haben muss.

Satz 6.4.6 — Anzahl Elemente einer Basis.
Seien B und $\tilde{B}$ zwei Basen eines linearen Raums $V \subseteq \mathbb{R}^n$. Dann haben B und $\tilde{B}$ gleich viele Elemente.

Über m Wiederholungen eines Basistauschs kann man die Basis der kanonischen Einheitsvektoren in jede beliebige Basis aus m linear unabhängigen Vektoren überführen. Es gilt allgemein:

Satz 6.4.7 — Basis des $\mathbb{R}^n$.
Sind $\mathbf{v}^1,\dots,\mathbf{v}^n \in \mathbb{R}^n$ linear unabhängig, dann ist $\{\mathbf{v}^1,\dots,\mathbf{v}^n\}$ eine Basis des $\mathbb{R}^n$.

Da man also mit Hilfe von n linear unabhängigen Vektoren im $\mathbb{R}^n$ stets alle anderen Vektoren als Linearkombination darstellen kann, folgt unmittelbar:

Satz 6.4.8 — Maximale Anzahl linear unabhängiger Vektoren.
Für $k > n$ sind die Vektoren $\mathbf{v}^1, \mathbf{v}^2, \dots, \mathbf{v}^k \in \mathbb{R}^n$ stets linear abhängig.

■ **Beispiel 6.4.11 — Fortsetzung von Beispiel 6.4.6.**
Mit Satz 6.4.7 folgt, dass die Vektoren $\mathbf{v}^1 = (3,4)^T$ und $\mathbf{v}^2 = (-2,1.5)^T$ eine Basis des $\mathbb{R}^2$ bilden, da sie linear unabhängig sind. Aus Satz 6.4.8 folgt, dass $\mathbf{v}^1$, $\mathbf{v}^2$ und $\mathbf{v}^3 = (1,2)^T$ sicher nicht linear unabhängig sind. ■

■ **Beispiel 6.4.12 — Fortsetzung von Beispiel 6.4.7 .**

Nach Satz 6.4.7 bilden die drei Vektoren $\begin{pmatrix}0\\2\\1\end{pmatrix}, \begin{pmatrix}2\\2\\0\end{pmatrix}, \begin{pmatrix}3\\4\\1\end{pmatrix}$ eine Basis des $\mathbb{R}^3$, da sie linear unabhängig sind. Die lineare Hülle dieser drei Vektoren ist also $\mathbb{R}^3$. ∎

Die lineare Hülle verändert sich nicht, wenn man eine Linearkombination von Vektoren, die sich bereits in der linearen Hülle befinden, hinzufügt. Zudem folgt aus Satz 6.4.5 , dass sich die lineare Hülle (und damit auch ihre Dimension) nicht verändert, wenn man einen Vektor mit einer Konstanten ungleich 0 multipliziert oder zu einem der Vektoren eine Linearkombination der anderen Vektoren addiert.

> **Satz 6.4.9 — Verschiedene Erzeugendensysteme linearer Hüllen.**
> Sei $V = \lin\{\mathbf{v}^1,\ldots,\mathbf{v}^n\}$ ein linearer Raum, $i \in \{1,\ldots,n\}$ ein Index, und der Vektor
>
> $$\mathbf{u} = \alpha_1 \mathbf{v}^1 + \cdots + \alpha_i \mathbf{v}^i + \ldots + \alpha_n \mathbf{v}^n \in \mathbb{R}^m$$
>
> eine Linearkombination mit $\alpha_1,\ldots,\alpha_n \in \mathbb{R}$. Es gilt stets
>
> $$V = \lin\{\mathbf{v}^1,\ldots,\mathbf{v}^{i-1},\mathbf{v}^i,\mathbf{v}^{i+1},\ldots,\mathbf{v}^n,\mathbf{u}\}.$$
>
> Im Fall $\alpha_i \neq 0$ gilt zudem:
>
> $$V = \lin\{\mathbf{v}^1,\ldots,\mathbf{v}^{i-1},\mathbf{u},\mathbf{v}^{i+1},\ldots,\mathbf{v}^n\}.$$

∎ **Beispiel 6.4.13 — Weitere Fortsetzung von Beispiel 6.3.5.**
In Beispiel 6.3.5 betrachteten wir den linearen Raum

$$V = \lin\left\{ \begin{pmatrix} 0 \\ 2 \\ 1 \end{pmatrix}, \begin{pmatrix} 2 \\ 2 \\ 0 \end{pmatrix} \right\}.$$

Laut Satz 6.4.9 gilt u.a.

$$V = \lin\left\{ \begin{pmatrix} 0 \\ 2 \\ 1 \end{pmatrix}, \begin{pmatrix} 2 \\ 2 \\ 0 \end{pmatrix} \right\} = \lin\left\{ \begin{pmatrix} 0 \\ 2 \\ 1 \end{pmatrix}, \begin{pmatrix} 5 \\ 1 \\ -2 \end{pmatrix} \right\},$$

da mit $\alpha_1 = -2$ und $\alpha_2 = 2{,}5$

$$\begin{pmatrix} 5 \\ 1 \\ -2 \end{pmatrix} = (-2) \begin{pmatrix} 0 \\ 2 \\ 1 \end{pmatrix} + 2{,}5 \begin{pmatrix} 2 \\ 2 \\ 0 \end{pmatrix}.$$

Sowohl $\left\{ \begin{pmatrix} 0 \\ 2 \\ 1 \end{pmatrix}, \begin{pmatrix} 2 \\ 2 \\ 0 \end{pmatrix} \right\}$ als auch $\left\{ \begin{pmatrix} 0 \\ 2 \\ 1 \end{pmatrix}, \begin{pmatrix} 5 \\ 1 \\ -2 \end{pmatrix} \right\}$ bilden laut Satz 6.4.5 eine Basis von V. Die lineare Hülle V hat eine Dimension von 2.

Satz 6.4.9 beschränkt sich jedoch nicht auf Basen eines linearen Raums, sondern gilt für alle Erzeugendensysteme. Betrachten wir beispielsweise den linearen Raum

$$U = \lin\left\{ \begin{pmatrix} 0 \\ 2 \\ 1 \end{pmatrix}, \begin{pmatrix} 2 \\ 2 \\ 0 \end{pmatrix}, \begin{pmatrix} 2 \\ 4 \\ 1 \end{pmatrix} \right\},$$

so stellen die drei Vektoren keine Basis eines linearen Raums dar, da der dritte Vektor der Summe der ersten beiden entspricht. Der lineare Raum U hat die Dimension 2. Addiert man zum ersten Vektor eine Linearkombination der beiden anderen, verändert sich auch hier laut Satz 6.4.9 der lineare Raum nicht und es gilt somit z.B. mit $\alpha_1 = \alpha_2 = \alpha_3 = 1$

$$U = \mathrm{lin}\left\{\begin{pmatrix} 0+2+2 \\ 2+2+4 \\ 1+0+1 \end{pmatrix}, \begin{pmatrix} 2 \\ 2 \\ 0 \end{pmatrix}, \begin{pmatrix} 2 \\ 4 \\ 1 \end{pmatrix}\right\} = \mathrm{lin}\left\{\begin{pmatrix} 4 \\ 8 \\ 2 \end{pmatrix}, \begin{pmatrix} 2 \\ 2 \\ 0 \end{pmatrix}, \begin{pmatrix} 2 \\ 4 \\ 1 \end{pmatrix}\right\}. \qquad \blacksquare$$

(Z) Eine Basis eines linearen Raums ist ein Erzeugendensystem des linearen Raums, in welchem die Menge der Vektoren linear unabhängig ist.

Die Anzahl der Vektoren einer Basis des linearen Raums bezeichnet man als Dimension. Ein linearer Raum $V \subseteq \mathbb{R}^m$ der Dimension 0 heisst Punkt, der Dimension 1 Gerade, der Dimension 2 Ebene und der Dimension $m-1$ Hyperebene.

Die kanonische Basis des $\mathbb{R}^m$ besteht aus den m kanonischen Einheitsvektoren.

Mit Hilfe eines wiederholten Basistauschs kann man ausgehend von einer Basis jede andere Basis erzeugen. Ein linearer Raum mit Dimension $n \geq 1$ hat somit unendlich viele Basen. Jede Basis eines linearen Raums der Dimension n enthält aber genau n linear unabhängige Vektoren.

6.5 Matrizen und Rechnen mit Matrizen

Nach einigen grundlegenden Definitionen werden wir Besonderheiten der Zeilenstufenform sowie das Vorgehen bei der Multiplikation einer Matrix mit einem Vektor und der Multiplikation zweier Matrizen erklären.

6.5.1 Die Matrix

Ziele dieses Unterkapitels

- Was ist eine Matrix?
- Wann heißen zwei Matrizen gleich?
- Was versteht man unter dem i-ten Zeilenvektor $\mathbf{a}_i$ einer Matrix? Was versteht man unter dem j-ten Spaltenvektor $\mathbf{a}^j$ einer Matrix?
- Was ist eine transponierte Matrix?

Eine Matrix kann man als eine Tabelle aus $m \cdot n$ Zahlen verstehen, die in m Zeilen und n Spalten angeordnet sind.

Definition 6.5.1 — Die Matrix.

Seien $m, n \in \mathbb{N}$, und $a_{11}, \ldots, a_{1n}, a_{21}, \ldots, a_{2n}, \ldots, a_{m1}, \ldots, a_{mn} \in \mathbb{R}$.

$$A = \begin{pmatrix} a_{11} & a_{12} & \ldots & a_{1n} \\ a_{21} & a_{22} & \ldots & a_{2n} \\ \vdots & \vdots & \ddots & \vdots \\ a_{m1} & a_{m2} & \ldots & a_{mn} \end{pmatrix} = \left(a_{ij}\right)_{i=1,\ldots,m,\ j=1,\ldots,n}$$

heißt **Matrix** vom Typ $m \times n$ (mit reellen Elementen), d.h. A ist eine Matrix mit m Zeilen und n Spalten. Man sagt auch statt Typ Ordnung und schreibt den Typ $m \times n$ auch als (m, n), oder kurz $m \times n$-Matrix oder $A \in \mathbb{R}^{m \times n}$. Wenn der Typ aus dem Zusammenhang klar ist, wird oft auch nur $A = (a_{ij})$ geschrieben.

So wie wir zwei Vektoren gleich nennen, wenn sie Elemente des gleichen euklidischen Raums $\mathbb{R}^n$ sind und die Komponenten die jeweils gleichen Werte haben, definieren wir Gleichheit zweier Matrizen wie folgt:

Definition 6.5.2 — Gleichheit zweier Matrizen.
Zwei Matrizen $A = (a_{ij}), B = (b_{ij})$ heißen **gleich**, wenn sie vom gleichen Typ $m \times n$ sind und wenn $a_{ij} = b_{ij}$ für alle $i = 1, \ldots, m$ und $j = 1, \ldots, n$ gilt.

■ **Beispiel 6.5.1 — Beispiele von Matrizen.**
Ein Schokoladenhersteller benötigt zur Herstellung von drei Pralinensorten P_1, P_2 und P_3 jeweils verschiedene Mengen an Milchschokolade, Bitterschokolade und weißer Schokolade, kurz S_1, S_2 und S_3. Folgende Tabelle fasst die zur Herstellung einer Einheit von Pralinensorte P_j benötigten Mengenangaben von Schokoladensorte S_i (in Gramm) zusammen:

	P_1	P_2	P_3
S_1	0	10	4
S_2	5	10	14
S_3	15	0	2

Die Zutatenmatrix $Z = (z_{ij})_{i=1,2,3,\ j=1,2,3}$ fasst in Matrixschreibweise die gleichen Informationen wie die Tabelle zusammen:

$$Z = \begin{pmatrix} 0 & 10 & 4 \\ 5 & 10 & 14 \\ 15 & 0 & 2 \end{pmatrix}.$$

In obiger Matrix wird der Eintrag in Zeile i und Spalte j als z_{ij} bezeichnet. Zur Herstellung einer Praline der Sorte P_1 werden also $z_{21} = 5$ Gramm Schokolade S_2 und $z_{31} = 15$ Gramm Schokolade S_3 benötigt. Eine Praline der Sorte P_2 hingegen benötigt $z_{12} = 10$ Gramm Schokolade S_1 und $z_{22} = 10$ Gramm Schokolade S_2 zu ihrer Herstellung. Die Herstellung einer Praline der Sorte P_3 verbraucht $z_{13} = 4$ Gramm Schokolade S_1, $z_{23} = 14$ Gramm S_2 und $z_{33} = 2$ Gramm S_3. Die Matrix Z ist eine 3×3-Matrix.

Zur Produktion der Schokoladensorten S_1, S_2, S_3 werden zwei Rohstoffe K_1 und K_2 (Kakaobutter und Kakaomasse) benötigt. Zur Herstellung von einem Gramm S_j werden r_{ij} Gramm von Rohstoff K_i benötigt. Folgende Rohstoffmatrix $R = (r_{ij})_{i=1,2\ j=1,2,3}$ fasst die Bedarfe zusammen:

$$R = \begin{pmatrix} 0.04 & 0.18 & 0.28 \\ 0.48 & 0.12 & 0.00 \end{pmatrix}.$$

Für Sorte S_1 werden demnach $r_{11} = 0.04$ Gramm von Rohstoff K_1 und $r_{21} = 0.48$ Gramm von Rohstoff K_2 benötigt. Sorte S_2 setzt sich zusammen aus $r_{12} = 0.18$ Gramm K_1 und $r_{22} = 0.12$ Gramm K_2. Die letzte Sorte, S_3, benötigt hingegen nur $r_{13} = 0.28$ Gramm von Rohstoff K_1. Die Matrix R ist eine 2×3-Matrix.

Die erste Spalte von R ist ein Spaltenvektor, welcher die Rohstoffe zur Herstellung von Sorte S_1 angibt, die zweite ist ein Spaltenvektor, welcher die Rohstoffe zur Herstellung von Sorte S_2 angibt, u.s.w. Umgekehrt kann man die Matrix auch zeilenweise lesen: Der erste Zeilenvektor gibt an, wie viel von Rohstoff K_1 für die verschiedenen Sorten benötigt wird. Der zweite beschreibt diese Mengen von Rohstoff K_2.   ■

Schreibt man n Spaltenvektoren, $\mathbf{a}^1, \ldots, \mathbf{a}^n \in \mathbb{R}^m$, nebeneinander, erhält man eine $m \times n$ Matrix. Zeilenweise gelesen besteht sie aus m Zeilenvektoren.

> **Definition 6.5.3 — Zeilen- und Spaltenvektoren einer Matrix.**
>
> $$\text{Für } \mathbf{a}^j = \begin{pmatrix} a_{1j} \\ a_{2j} \\ \vdots \\ a_{mj} \end{pmatrix} \in \mathbb{R}^m, j = 1, \ldots, n, \text{ ist } A = [\mathbf{a}^1, \mathbf{a}^2, \ldots, \mathbf{a}^n] = \begin{pmatrix} a_{11} & a_{12} & \ldots & a_{1n} \\ a_{21} & a_{22} & \ldots & a_{2n} \\ \vdots & \vdots & \ddots & \vdots \\ a_{m1} & a_{m2} & \ldots & a_{mn} \end{pmatrix}$$
>
> eine Matrix vom Typ $m \times n$. Den i-ten **Zeilenvektor** der Matrix bezeichnen wir als $\mathbf{a}_i = (a_{i1}, a_{i2}, \ldots, a_{in})$.

Wir notieren also den Index i des i-ten Zeilenvektors einer Matrix unten rechts, den Index j des j-ten Spaltenvektors oben rechts. Eckige Klammern fassen die Spaltenvektoren zu einer Matrix zusammen.

■ **Beispiel 6.5.2 — Eine Matrix aus Spaltenvektoren.**
Betrachten wir erneut die drei Spaltenvektoren

$$\mathbf{v}^1 = \begin{pmatrix} 0 \\ 2 \\ 1 \end{pmatrix}, \quad \mathbf{v}^2 = \begin{pmatrix} 2 \\ 2 \\ 0 \end{pmatrix} \quad \text{und} \quad \mathbf{v}^3 = \begin{pmatrix} 2 \\ 0 \\ -1 \end{pmatrix},$$

so ist die Matrix

$$V = [\mathbf{v}^1, \mathbf{v}^2, \mathbf{v}^3] = \begin{pmatrix} 0 & 2 & 2 \\ 2 & 2 & 0 \\ 1 & 0 & -1 \end{pmatrix}.$$

Die erste Zeile dieser Matrix ist $\mathbf{v}_1 = (0, 2, 2)$, die zweite $\mathbf{v}_2 = (2, 2, 0)$ und die dritte $\mathbf{v}_3 = (1, 0, -1)$. ■

Spaltenvektoren im $\mathbb{R}^m$ kann man als Matrizen vom Typ $m \times 1$ verstehen, Zeilenvektoren im $\mathbb{R}^n$ als Matrizen vom Typ $1 \times n$. Obwohl Matrizen vom Typ $1 \times n$ in der Regel ohne Kommas zwischen den Komponenten dargestellt werden und Zeilenvektoren mit Kommas, verwenden wir beide Darstellungsformen gleichbedeutend.

■ **Beispiel 6.5.3 — Ein Spaltenvektor als Matrix.**
Produziert ein Unternehmen 3 verschiedene Produkte, so kann die produzierte Menge innerhalb einer Produktionsperiode beispielsweise durch folgende 3×1-Matrix beschrieben werden:

$$Q = \begin{pmatrix} 2 \\ 3 \\ 5 \end{pmatrix}.$$

Eine 3×1-Matrix entspricht einem Spaltenvektor mit 3 Komponenten. Analog kann man diesen Spaltenvektor auch als $\mathbf{q} = (2, 3, 5)^T$ schreiben. So wie ein Spaltenvektor transponiert zu einem Zeilenvektor wird, wird eine 3×1-Matrix transponiert zu einer 1×3-Matrix:

$$Q^T = \begin{pmatrix} 2 & 3 & 5 \end{pmatrix}.$$

■

Wie bei Vektoren nutzen wir das hochgestellte Symbol T (für transponiert), wenn wir eine Matrix so „kippen", dass aus Spaltenvektoren Zeilenvektoren oder aus Zeilenvektoren Spaltenvektoren werden.

Definition 6.5.4 — Die transponierte Matrix.

Gegeben sei $A = (a_{ij})$, eine $m \times n$-Matrix. Vertauscht man Zeilen und Spalten dieser Matrix, so transponiert man die Matrix. Es entsteht die zu A **transponierte Matrix** vom Typ $n \times m$:

$$A^T = \begin{pmatrix} a_{11} & a_{21} & \dots & a_{m1} \\ a_{12} & a_{22} & \dots & a_{m2} \\ \vdots & \vdots & \ddots & \vdots \\ a_{1n} & a_{2n} & \dots & a_{mn} \end{pmatrix}.$$

■ **Beispiel 6.5.4 — Beispiele von transponierten Matrizen.**

Die transponierte Zutatenmatrix Z^T fasst die benötigten Mengenangaben zusammen, wobei nun z.B. die Zutaten für Praline P_1 in der ersten Zeile (statt Spalte) und die Mengen von Schokoladensorte S_1 in der ersten Spalte (statt Zeile) zu finden sind:

$$Z^T = \begin{pmatrix} 0 & 5 & 15 \\ 10 & 10 & 0 \\ 4 & 14 & 2 \end{pmatrix}.$$

Ebenso wie Z ist auch Z^T eine Matrix der Ordnung 3×3. Es gilt also Z, $Z^T \in \mathbb{R}^{3 \times 3}$. Transponiert man die 2×3-Matrix R, so erhält man eine Matrix mit drei Zeilen und zwei Spalten, also die 3×2-Matrix

$$R^T = \begin{pmatrix} 0.04 & 0.48 \\ 0.18 & 0.12 \\ 0.28 & 0.00 \end{pmatrix}.$$

■

(z) Eine Matrix $A = (a_{ij})_{i=1,\dots,m, j=1,\dots,n} \in \mathbb{R}^{m \times n}$ vom Typ $m \times n$ besteht aus $m \cdot n$ reellen Elementen $a_{ij} \in \mathbb{R}$, welche in m Zeilen und n Spalten angeordnet sind.
Zwei Matrizen heißen gleich, wenn sie vom gleichen Typ und elementweise gleich sind.
Der i-te Zeilenvektor von $A = (a_{ij})_{i=1,\dots,m, j=1,\dots,n}$ ist $\mathbf{a}_i = (a_{i1}, \dots, a_{in})$. Der j-te Spaltenvektor von $A = (a_{ij})_{i=1,\dots,m, j=1,\dots,n}$ ist $\mathbf{a}^j = (a_{1j}, \dots, a_{mj})^T$.
Die transponierte Matrix von $A = (a_{ij})_{i=1,\dots,m, j=1,\dots,n}$ ist $A^T = (a_{ji})_{j=1,\dots,n, i=1,\dots,m}$.

6.5.2 Besondere Matrizen

Ziele dieses Unterkapitels

- Was ist eine Nullmatrix? Was ist eine Nullzeile? Was ist eine Nullspalte?
- Was ist eine quadratische Matrix? Was ist die Hauptdiagonale einer quadratischen Matrix?
- Wann nennt man eine quadratische Matrix symmetrisch?
- Was ist eine Diagonalmatrix? Was ist eine Einheitsmatrix?

Definition 6.5.5 — Nullmatrix, Nullzeilen und Nullspalten.

Man spricht von einer **Nullzeile** in Matrix A, wenn alle Elemente der betreffenden Zeile gleich 0 sind. Man spricht von einer **Nullspalte** in Matrix A, wenn alle Elemente der betreffenden Spalte gleich 0 sind. Die $m \times n$-Matrix, welche nur aus Nullzeilen (bzw. Nullspalten) besteht, heißt **Nullmatrix** vom Typ $m \times n$.

- **Beispiel 6.5.5 — Nullzeilen und Nullspalten.**

Die Matrix

$$A = \begin{pmatrix} 1 & 2 & 3 & 4 & 0 & 5 \\ 0 & 9 & 8 & 0 & 0 & 0 \\ 0 & 0 & 0 & 0 & 0 & 0 \\ 0 & 6 & 7 & 8 & 0 & 9 \\ 0 & 0 & 0 & 0 & 0 & 7 \end{pmatrix}$$

hat eine Nullzeile in Zeile 3 und eine Nullspalte in Spalte 5. ∎

Entspricht die Anzahl der Zeilen der Anzahl der Spalten, so nennt man eine Matrix auch quadratisch. Die Elemente auf der Diagonalen von links oben nach rechts unten nennt man die Elemente der Hauptdiagonalen.

Definition 6.5.6 — Quadratische Matrix, Hauptdiagonale.

Eine Matrix vom Typ $n \times n$ heißt **quadratische Matrix** (der Ordnung n). Die Elemente $a_{ii}, i = 1, \ldots, n$, einer quadratischen Matrix nennt man Elemente der **Hauptdiagonalen**.

- **Beispiel 6.5.6 — Eine quadratische Matrix.**

Die 3×3-Matrix

$$Z = \begin{pmatrix} 0 & 10 & 4 \\ 5 & 10 & 14 \\ 15 & 0 & 2 \end{pmatrix}$$

ist eine quadratische Matrix der Ordnung 3. Die Hauptdiagonale hat die Elemente $0, 10$ und 2. ∎

- **Beispiel 6.5.7 — Eine Distanzmatrix.**

Sind die Standorte eines Unternehmens O_1, O_2, O_3, und O_4 durch ein Straßennetz verbunden, kann man in einer Matrix z.B. die Entfernungen zwischen je zwei Orten angeben. Eine mögliche Distanzmatrix ist

$$D = \begin{pmatrix} 0 & 5 & 8 & 12 \\ 5 & 0 & 6 & 10 \\ 8 & 6 & 0 & 7 \\ 12 & 10 & 7 & 0 \end{pmatrix}.$$

Die Matrix hat 4 Zeilen und 4 Spalten, sie ist also eine quadratische Matrix der Ordnung 4. Die Elemente der Hauptdiagonalen sind hier 0, da die Entfernung von Ort O_1 zu Ort O_1, und auch allgemein von Ort O_i zu Ort O_i, gleich 0 ist. Die Distanz von O_1 zu O_3 (d_{13}) beträgt hier 8, genau wie die Distanz von O_3 zurück zu O_1 (d_{31}), $d_{13} = d_{31} = 8$.

In der 4×4-Distanzmatrix D entspricht für $i = 1, \ldots, 4$ jeweils die i-te Zeile genau der i-ten Spalte. Es gilt daher $D^T = D$. ∎

Betrachtet man in obiger Distanzmatrix D die Hauptdiagonale als Spiegelachse, so sind die Elemente oberhalb der Hauptdiagonalen Spiegelbilder der Elemente unterhalb der Hauptdiagonalen. Matrizen mit dieser Eigenschaft nennt man daher auch symmetrische Matrizen.

Definition 6.5.7 — Symmetrische Matrix.
Eine quadratische Matrix der Ordnung n heißt **symmetrisch**, wenn $a_{ij} = a_{ji}$ für alle $i, j = 1, \ldots, n$.

Wie im Beispiel ist die transponierte Matrix einer symmetrischen Matrix gleich der urspünglichen Matrix:

Satz 6.5.1 — Transponierte symmetrische Matrizen.
Eine quadratische Matrix A ist genau dann symmetrisch, wenn $A^T = A$.

Im Allgemeinen müssen die Elemente der Hauptdiagonalen bei einer symmetrischen Matrix nicht 0 sein, sondern können beliebige Werte haben.

■ Beispiel 6.5.8 — Eine symmetrische Matrix.
Auch folgende 4×4-Matrix ist symmetrisch, da $a_{12} = a_{21}, a_{13} = a_{31}, a_{14} = a_{41}, a_{23} = a_{32}$, $a_{24} = a_{42}$ und $a_{34} = a_{43}$ gilt:

$$\begin{pmatrix} 7 & 5 & 8 & 12 \\ 5 & 12 & 6 & 10 \\ 8 & 6 & -8 & 7 \\ 12 & 10 & 7 & -\sqrt{2} \end{pmatrix}.$$

■

Eine besondere Art einer symmetrischen Matrix ist eine Matrix, deren Elemente oberhalb und unterhalb der Hauptdiagonalen gleich 0 sind. Man nennt eine solche Matrix Diagonalmatrix. Sind alle Elemente einer Diagonalmatrix auf der Hauptdiagonalen gleich 1, spricht man von einer Einheitsmatrix.

Definition 6.5.8 — Diagonalmatrix und Einheitsmatrix.
Eine **Diagonalmatrix** ist eine quadratische Matrix mit $a_{ij} = 0$ für alle $j \neq i$, $i, j = 1, \ldots, n$. Eine Diagonalmatrix der Ordnung n mit $a_{ii} = 1$ für alle i heißt **Einheitsmatrix** der Ordnung n und wird mit I_n bezeichnet. Ist aus dem Zusammenhang die Ordnung n erkennbar, so schreiben wir einfach I.

■ Beispiel 6.5.9 — Diagonalmatrizen.
Die Matrix

$$C = \begin{pmatrix} 8 & 0 & 0 \\ 0 & -4 & 0 \\ 0 & 0 & 17 \end{pmatrix}$$

ist eine Diagonalmatrix der Ordnung 3. Die Einheitsmatrix der Ordnung 3 ist

$$I = I_3 = \begin{pmatrix} 1 & 0 & 0 \\ 0 & 1 & 0 \\ 0 & 0 & 1 \end{pmatrix}.$$

■

Die j-te Spalte einer Einheitsmatrix entspricht dem j-ten (kanonischen) Einheitsvektor. Die i-te Zeile einer Einheitsmatrix entspricht dem transponierten i-ten (kanonischen) Einheitsvektor.

⊙ Sei $A \in \mathbb{R}^{m \times n}$. Sind alle Elemente der i-ten Zeile gleich 0, ist die i-te Zeile eine Nullzeile. Sind alle Elemente der j-ten Spalte gleich 0, ist die j-te Spalte eine Nullspalte. Eine Nullmatrix besteht aus lauter Nullzeilen bzw. Nullspalten.

Ist $m = n$ spricht man von einer quadratischen Matrix. Die Elemente $a_{11}, a_{22}, \ldots, a_{nn}$ bilden die Hauptdiagonale.

Gilt für eine quadratische Matrix $a_{ij} = a_{ji}$ für alle $i, j = 1, \ldots, n$, bzw. $A^T = A$, so ist A symmetrisch.

Sind alle Elemente einer quadratischen Matrix, welche nicht auf der Hauptdiagonalen sind, gleich 0, so spricht man von einer Diagonalmatrix. Sind alle Elemente der Hauptdiagonalen einer Diagonalmatrix gleich 1, so heißt die Matrix auch Einheitsmatrix.

6.5.3 Matrizenmultiplikation

Ziele dieses Unterkapitels

- Wie berechnet man das Produkt einer Matrix und eines Spaltenvektors?
- Wie berechnet man das Produkt zweier Matrizen?
- Welche Rechenregeln gelten für die Matrizenmultiplikation?
- Was versteht man unter der k-ten Potenz einer quadratischen Matrix?

Berechnet man die Linearkombination von n Spaltenvektoren $\mathbf{a}^1, \ldots, \mathbf{a}^n \in \mathbb{R}^m$ mit Faktoren $\alpha_1, \ldots, \alpha_n \in \mathbb{R}$, also $\sum_{i=1}^{n} \alpha_i \mathbf{a}^i = \alpha_1 \mathbf{a}^1 + \alpha_2 \mathbf{a}^2 + \cdots + \alpha_n \mathbf{a}^n$, so möchten wir dies als Produkt zwischen Matrix und Vektor folgendermaßen schreiben:

$$\sum_{i=1}^{n} \alpha_i \mathbf{a}^i = \alpha_1 \mathbf{a}^1 + \alpha_2 \mathbf{a}^2 + \cdots + \alpha_n \mathbf{a}^n = [\mathbf{a}^1, \mathbf{a}^2, \ldots, \mathbf{a}^n] \begin{pmatrix} \alpha_1 \\ \vdots \\ \alpha_n \end{pmatrix} = A \cdot \begin{pmatrix} \alpha_1 \\ \vdots \\ \alpha_n \end{pmatrix}.$$

Wir betrachten ein Beispiel:

■ Beispiel 6.5.10 — Linearkombinationen und Matrizenmultiplikation.
Multipliziert man die Matrix Z aus Beispiel 6.5.1 mit $\mathbf{q} = (2, 3, 5)^T$ aus Beispiel 6.5.3,

$$Z \cdot \mathbf{q} = \begin{pmatrix} 0 & 10 & 4 \\ 5 & 10 & 14 \\ 15 & 0 & 2 \end{pmatrix} \cdot \begin{pmatrix} 2 \\ 3 \\ 5 \end{pmatrix},$$

so entspricht dies einer Linearkombination der Vektoren

$$\mathbf{z}^1 = \begin{pmatrix} 0 \\ 5 \\ 15 \end{pmatrix}, \quad \mathbf{z}^2 = \begin{pmatrix} 10 \\ 10 \\ 0 \end{pmatrix} \quad \text{und} \quad \mathbf{z}^3 = \begin{pmatrix} 4 \\ 14 \\ 2 \end{pmatrix}$$

mit Gewichten $q_1 = 2$, $q_2 = 3$ und $q_3 = 5$. Der Vektor $\mathbf{z}^j$ gibt hierbei die benötigten Mengen der Zutaten S_1, S_2 und S_3 für eine Praline P_j an. Die Gewichte q_1, q_2, q_3 repräsentieren die produzierte Menge der Pralinen P_1, P_2, P_3. Die Linearkombination berechnet also, wie viel der Zutaten benötigt wird, wenn $q_1 = 2$ Pralinen P_1, $q_2 = 3$ Pralinen P_2 und $q_3 = 5$ Pralinen P_3 hergestellt werden. Man erhält

$$Z \cdot \mathbf{q} = \begin{pmatrix} 0 & 10 & 4 \\ 5 & 10 & 14 \\ 15 & 0 & 2 \end{pmatrix} \cdot \begin{pmatrix} 2 \\ 3 \\ 5 \end{pmatrix} = \begin{pmatrix} 0 \cdot 2 + 10 \cdot 3 + 4 \cdot 5 \\ 5 \cdot 2 + 10 \cdot 3 + 14 \cdot 5 \\ 15 \cdot 2 + 0 \cdot 3 + 2 \cdot 5 \end{pmatrix} = \begin{pmatrix} 50 \\ 110 \\ 40 \end{pmatrix}.$$

Zur Herstellung der Mengen $\mathbf{q}$ an Pralinen werden also 50 Gramm S_1, 110 Gramm S_2 und 40 Gramm S_3 benötigt.   ■

Wir definieren allgemein das Produkt einer $m \times n$-Matrix A mit einem Spaltenvektor $\mathbf{x} \in \mathbb{R}^n$ als die Linearkombination der Spaltenvektoren $\mathbf{a}^1, \dots, \mathbf{a}^n \in \mathbb{R}^m$ der Matrix A mit Gewichten $x_1, \dots, x_n$.

Definition 6.5.9 — Matrix-Vektor-Multiplikation.

Sei A eine $m \times n$-Matrix und $\mathbf{x} \in \mathbb{R}^n$ ein Vektor. Das **Produkt** $A \cdot \mathbf{x}$ ist definiert als

$$\begin{pmatrix} a_{11} & \cdots & a_{1n} \\ \vdots & \ddots & \vdots \\ a_{m1} & \cdots & a_{mn} \end{pmatrix} \cdot \begin{pmatrix} x_1 \\ \vdots \\ x_n \end{pmatrix} = \begin{pmatrix} a_{11} \\ \vdots \\ a_{m1} \end{pmatrix} x_1 + \dots + \begin{pmatrix} a_{1n} \\ \vdots \\ a_{mn} \end{pmatrix} x_n = \begin{pmatrix} \sum_{k=1}^n a_{1k}x_k \\ \vdots \\ \sum_{k=1}^n a_{mk}x_k \end{pmatrix}.$$

Die Elemente des resultierenden Vektors $\mathbf{y} = A \cdot \mathbf{x}$ sind gegeben als

$$y_i = \sum_{k=1}^n a_{ik}x_k = a_{i1}x_1 + a_{i2}x_2 + \cdots + a_{in}x_n, \quad i = 1, \dots, m.$$

Die Multiplikation $A \cdot \mathbf{x}$ einer Matrix A mit einem Vektor $\mathbf{x}$ kann also als Linearkombination der Spalten von A mit Gewichten $\mathbf{x}$ interpretiert werden. Das Ergebnis ist ein Spaltenvektor mit m Elementen. Die i-te Komponente des Vektors entspricht dem Skalarprodukt der i-ten (transponierten) Zeile von A und $\mathbf{x}$, symbolisch $\mathbf{a}_i^T \mathbf{x}$.

Damit eine solche Matrix-Vektor-Multiplikation möglich ist, muss die Anzahl der Spalten der Matrix identisch mit der Anzahl der Elemente im Vektor sein.

Hat die Matrix A nur eine Zeile $\mathbf{a}_i$, so ergibt die Multiplikation mit $\mathbf{x}$ genau $\mathbf{a}_i^T \mathbf{x}$. Das Skalarprodukt von $\mathbf{a}_i^T$ und $\mathbf{b}$ entspricht also dem Produkt von $\mathbf{a}_i$ und $\mathbf{b}$.

■ **Beispiel 6.5.11 — Matrizenmultiplikation in der Produktion.**

Der j-te Spaltenvektor der Matrix R aus Beispiel 6.5.1 entspricht den Mengen an benötigten Rohstoffen K_1 und K_2 für ein Gramm der Schokoladensorte S_j. Eine Linearkombination der Vektoren $(0.04, 0.48)^T$, $(0.18, 0.12)^T$ und $(0.28, 0.00)^T$ mit Gewichten von 0. 5 und 15 entspricht also den Mengen an benötigten Rohstoffen für 5 Gramm der Schokoladensorte S_2 und 15 Gramm der Schokoladensorte S_3. Stellt man diese Linearkombination als Multiplikation der Matrix R mit einem Vektor $\mathbf{x}$ der Gewichte dar, ergibt sich:

$$R \cdot \mathbf{x} = \begin{pmatrix} 0.04 & 0.18 & 0.28 \\ 0.48 & 0.12 & 0.00 \end{pmatrix} \cdot \begin{pmatrix} 0 \\ 5 \\ 15 \end{pmatrix}$$

$$= \begin{pmatrix} 0.04 \\ 0.48 \end{pmatrix} \cdot 0 + \begin{pmatrix} 0.18 \\ 0.12 \end{pmatrix} \cdot 5 + \begin{pmatrix} 0.28 \\ 0.00 \end{pmatrix} \cdot 15$$

$$= \begin{pmatrix} 0.04 \cdot 0 + 0.18 \cdot 5 + 0.28 \cdot 15 \\ 0.48 \cdot 0 + 0.12 \cdot 5 + 0 \cdot 15 \end{pmatrix} = \begin{pmatrix} 5.1 \\ 0.6 \end{pmatrix}$$

Es werden demnach 5.1 Gramm K_1 und 0.6 Gramm K_2 benötigt, um 5 Gramm S_2 und 15 Gramm S_3 zu produzieren. ■

Beschreiben wir das vorherige Beispiel allgemeiner: Die $m \times n$-Bedarfsmatrix $A = (a_{ij})$ gibt an, wie viel von Rohstoff i zur Herstellung von Produkt j benötigt wird. Die Elemente der Zeile i der Matrix $A = (a_{ij})$ geben wieder, welche Mengen des Rohstoffs i in verschiedenen Produkten benötigt werden. Die Elemente der Spalte j der Matrix A geben wieder, welche Mengen der verschiedenen Rohstoffe zur Produktion von Produkt j benötigt werden. Bezeichnet $\mathbf{x} \in \mathbb{R}^n$ einen Vektor, dessen j-te Komponente die zu produzierende Menge von Produkt j angibt, dann ist $\mathbf{y} = A \cdot \mathbf{x}$ ein Vektor, dessen i-te Komponente angibt, wie viel von Rohstoff i insgesamt benötigt wird.

Auch in der Analyse von Verkehrs- oder Datenströmen findet die Matrizenmultiplikation Anwendung. Folgendes Beispiel fasst das Verkehrsaufkommen auf den Kanten eines Netzwerks mit k Knoten und m Kanten zusammen, durch das n verschiedene Verkehrsströme fließen. In dem Beispiel sind Knoten des Netzwerks Flughäfen, Kanten sind Flüge und Verkehrsströme sind Passagiere, die ggf. durch Umsteigen an ihr Ziel gelangen. Ebenso kann man sich hier aber auch Server als Knoten, Leitungen als Kanten und Daten- als Verkehrsströme vorstellen.

■ **Beispiel 6.5.12 — Matrizenmultiplikation zur Analyse von Verkehrsströmen.**
Wir betrachten exemplarisch ein Flugnetzwerk mit $k = 4$ Flughäfen, A, B, C und D und $m = 4$ Flügen. Flug 1 geht von Flughafen A nach B, Flug 2 von A nach D, Flug 3 von B nach C und Flug 4 von D nach C. Das Netzwerk ist in Abbildung 6.15 dargestellt. Es gibt $n = 6$ verschiedene Passagiertypen (Ströme). Passagiertyp 1 fliegt von Flughafen A nach B und steigt dort um, um zu Flughafen C zu gelangen. Passagiertyp 2 fliegt von Flughafen A über Flughafen D zu Flughafen C. Passagiertyp 3 fliegt von Flughafen B zu Flughafen C, Passagiertyp 4 fliegt von Flughafen D zu Flughafen C, Passagiertyp 5 fliegt von Flughafen A zu Flughafen B und Passagiertyp 6 fliegt von Flughafen A zu Flughafen D.

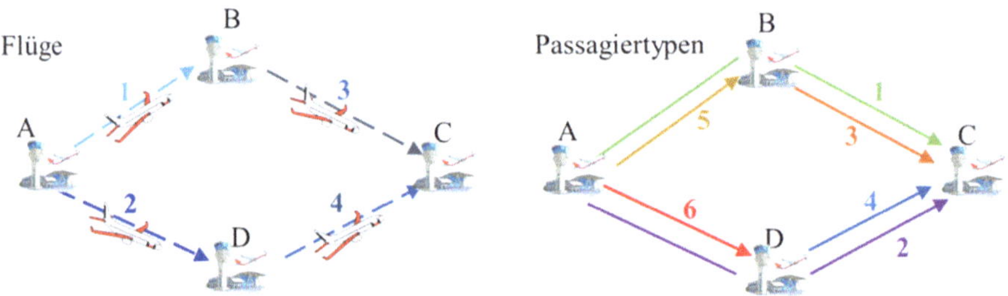

Abbildung 6.15: Ein beispielhaftes Flugnetzwerk

Folgende Tabelle fasst zusammen, welche Flüge F_i die Passagiertypen P_j für ihre Route nutzen.

	P_1	P_2	P_3	P_4	P_5	P_6
F_1	1	0	0	0	1	0
F_2	0	1	0	0	0	1
F_3	1	0	1	0	0	0
F_4	0	1	0	1	0	0

Die $m \times n$-Matrix A mit

$$a_{ij} = \begin{cases} 1 & \text{wenn Passagiertyp } j \text{ Flug } i \text{ nutzt,} \\ 0 & \text{sonst} \end{cases}$$

fasst in Matrixschreibweise die Routen der Passagiere zusammen. In diesem Beispiel gilt somit

$$A = \begin{pmatrix} 1 & 0 & 0 & 0 & 1 & 0 \\ 0 & 1 & 0 & 0 & 0 & 1 \\ 1 & 0 & 1 & 0 & 0 & 0 \\ 0 & 1 & 0 & 1 & 0 & 0 \end{pmatrix}.$$

Hierbei kann man an der Summe der Elemente der Spalte j die Anzahl der benötigten Flüge von Passagiertyp j ablesen. Die Summe der Elemente der Zeile i zeigt, von wie vielen Passagiertypen Flug i genutzt wird. Fliegen in diesem Netzwerk nun 100 Passagiere vom Typ 1, 150 vom Typ 2, 50 vom Typ 3, 75 vom Typ 4, und jeweils 25 vom Typ 5 und 6, kann man das Verkehrsaufkommen auf den Flügen (Kanten) als

$$A \cdot \begin{pmatrix} 100 \\ 150 \\ 50 \\ 75 \\ 25 \\ 25 \end{pmatrix} = \begin{pmatrix} 1 & 0 & 0 & 0 & 1 & 0 \\ 0 & 1 & 0 & 0 & 0 & 1 \\ 1 & 0 & 1 & 0 & 0 & 0 \\ 0 & 1 & 0 & 1 & 0 & 0 \end{pmatrix} \cdot \begin{pmatrix} 100 \\ 150 \\ 50 \\ 75 \\ 25 \\ 25 \end{pmatrix} = \begin{pmatrix} 100+25 \\ 150+25 \\ 100+50 \\ 150+75 \end{pmatrix} = \begin{pmatrix} 125 \\ 175 \\ 150 \\ 225 \end{pmatrix}$$

berechnen. Einige Passagiere reisen mit Gepäck. Nehmen wir an, dass die Passagiere vom Typ 1 insgesamt 80, die vom Typ 2 100, die vom Typ 3 30, die vom Typ 4 50, die vom Typ 5 20 und die vom Typ 6 10 Gepäckstücke mit sich führen. Dann ist das Verkehrsaufkommen durch Gepäck auf den Flügen

$$A \cdot \begin{pmatrix} 80 \\ 100 \\ 30 \\ 50 \\ 20 \\ 10 \end{pmatrix} = \begin{pmatrix} 1 & 0 & 0 & 0 & 1 & 0 \\ 0 & 1 & 0 & 0 & 0 & 1 \\ 1 & 0 & 1 & 0 & 0 & 0 \\ 0 & 1 & 0 & 1 & 0 & 0 \end{pmatrix} \cdot \begin{pmatrix} 80 \\ 100 \\ 30 \\ 50 \\ 20 \\ 10 \end{pmatrix} = \begin{pmatrix} 80+20 \\ 100+10 \\ 80+30 \\ 100+50 \end{pmatrix} = \begin{pmatrix} 100 \\ 110 \\ 110 \\ 150 \end{pmatrix}.$$

Zusammenfassend möchte man dies als Produkt zwischen Matrizen schreiben,

$$\begin{pmatrix} 125 & 100 \\ 175 & 110 \\ 150 & 110 \\ 225 & 150 \end{pmatrix} = A \cdot \begin{pmatrix} 100 & 80 \\ 150 & 100 \\ 50 & 30 \\ 75 & 50 \\ 25 & 20 \\ 25 & 10 \end{pmatrix} = \begin{pmatrix} 1 & 0 & 0 & 0 & 1 & 0 \\ 0 & 1 & 0 & 0 & 0 & 1 \\ 1 & 0 & 1 & 0 & 0 & 0 \\ 0 & 1 & 0 & 1 & 0 & 0 \end{pmatrix} \cdot \begin{pmatrix} 100 & 80 \\ 150 & 100 \\ 50 & 30 \\ 75 & 50 \\ 25 & 20 \\ 25 & 10 \end{pmatrix},$$

wobei nun die jeweils erste Spalte die Passagiere und die jeweils zweite Spalte die Gepäckstücke beschreibt. ∎

Wir definieren für $m, n, p \in \mathbb{N}$ das Ergebnis $C = [\mathbf{c}^1, \cdots, \mathbf{c}^p]$ der Multiplikation einer $m \times n$-Matrix A mit einer $n \times p$-Matrix B als die Spalten, die sich aus der Multiplikation von A und der jeweiligen Spalte von B ergeben, $\mathbf{c}^j = A \cdot \mathbf{b}^j$.

Definition 6.5.10 — Matrizenmultiplikation.
Das **Produkt** der $m \times n$-Matrix A und der $n \times p$-Matrix B ist definiert als

$$\begin{pmatrix} a_{11} & \cdots & a_{1n} \\ \vdots & \ddots & \vdots \\ a_{m1} & \cdots & a_{mn} \end{pmatrix} \cdot \begin{pmatrix} b_{11} & \cdots & b_{1p} \\ \vdots & \ddots & \vdots \\ b_{n1} & \cdots & b_{np} \end{pmatrix} = \begin{pmatrix} \sum_{k=1}^{n} a_{1k}b_{k1} & \cdots & \sum_{k=1}^{n} a_{1k}b_{kp} \\ \vdots & \ddots & \vdots \\ \sum_{k=1}^{n} a_{mk}b_{k1} & \cdots & \sum_{k=1}^{n} a_{mk}b_{kp} \end{pmatrix}.$$

Die Elemente der resultierenden $m \times p$-Matrix $C = A \cdot B$ sind gegeben als

$$c_{ij} = (AB)_{ij} = \sum_{k=1}^{n} a_{ik}b_{kj}.$$

Damit eine Matrix A mit einer anderen Matrix B multipliziert werden kann, muss die Anzahl der Spalten von A gleich der Anzahl der Zeilen von B sein.[14]
Wir demonstrieren die Multiplikation von Matrizen in folgenden Beispielen:

■ Beispiel 6.5.13 — Matrizenmultiplikation im Produktionsbeispiel.
In Beispiel 6.5.11 wurde die Rohstoffmatrix R mit den Bedarfen von P_1, also der ersten Spalte von Matrix Z aus Beispiel 6.5.1, multipliziert, um festzustellen, wie viele Rohstoffe zur Herstellung einer Einheit von P_1 benötigt werden. Multipliziert man R mit Z, erhält man

$$R \cdot Z = \begin{pmatrix} 0.04 & 0.18 & 0.28 \\ 0.48 & 0.12 & 0 \end{pmatrix} \cdot \begin{pmatrix} 0 & 10 & 4 \\ 5 & 10 & 14 \\ 15 & 0 & 2 \end{pmatrix} = \begin{pmatrix} 5.10 & 2.20 & 3.24 \\ 0.60 & 6.00 & 3.60 \end{pmatrix}.$$

Die erste Spalte entspricht dem Ergebnis von Beispiel 6.5.11. Die zweite Spalte gibt an, dass man zur Herstellung einer Einheit des Produkts P_2 2.2 Gramm von Rohstoff K_1 und 6 Gramm von Rohstoff K_2 benötigt. Die dritte Spalte gibt an, dass man zur Herstellung einer Einheit des Produkts P_3 3.24 Gramm von Rohstoff K_1 und 3.6 Gramm von Rohstoff K_2 benötigt. ■

Zur Berechnung der j-ten Spalte der Matrix $C = A \cdot B$ wird also die Matrix A mit der j-ten Spalte von B multipliziert. Der j-te Eintrag der i-ten Zeile der Matrix C berechnet sich gemäß obiger Definition als

$$c_{ij} = a_{i1}b_{1j} + a_{i2}b_{2j} + \cdots + a_{in}b_{nj} = \sum_{k=1}^{n} a_{ik}b_{kj} = \mathbf{a}_i^T, \mathbf{b}^j.$$

Um diese Rechenvorschrift zu visualisieren, wird bei Berechnungen von Hand oft das Falk-Schema angewandt. Abbildung 6.16 veranschaulicht dieses Schema. Hierbei wird die Matrix A unten links notiert und die Matrix B rechts oben. Das Ergebnis $C = A \cdot B$ hat die gleiche Anzahl von Zeilen wie A und die gleiche Anzahl von Spalten wie B. Die Vektoren, deren Produkt den Eintrag in Zeile i und Spalte j von C ergibt, kann man so einfach ablesen.

Der Eintrag der i-ten Zeile und j-ten Spalte von $A \cdot B$ entspricht also dem Skalarprodukt aus dem i-ten (transponierten) Zeilenvektor von A und dem j-ten Spaltenvektor von B,

---

[14] Das Produkt zwischen Matrix und Vektor in Definition 6.5.9 ist ein Spezialfall dieser Definition.

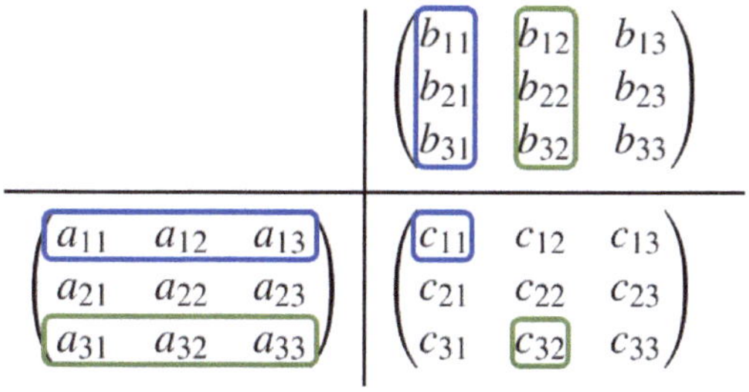

$$\begin{array}{c|cc}
 & \begin{pmatrix} b_{11} & b_{12} & b_{13} \\ b_{21} & b_{22} & b_{23} \\ b_{31} & b_{32} & b_{33} \end{pmatrix} \\
\hline
\begin{pmatrix} a_{11} & a_{12} & a_{13} \\ a_{21} & a_{22} & a_{23} \\ a_{31} & a_{32} & a_{33} \end{pmatrix} & \begin{pmatrix} c_{11} & c_{12} & c_{13} \\ c_{21} & c_{22} & c_{23} \\ c_{31} & c_{32} & c_{33} \end{pmatrix}
\end{array}$$

Abbildung 6.16: Das Falk-Schema

$\mathbf{a}_i^T \mathbf{b}^j$. Sind die Zeilenvektoren von A orthogonal zu den Spaltenvektoren von B, ergibt $A \cdot B$ also eine Matrix, deren Einträge alle 0 sind.

■ **Beispiel 6.5.14 — Matrizenmultiplikation und Orthogonalität.**
Betrachten wir die Matrizen

$$A = \begin{pmatrix} 3 & 4 \\ 1.5 & 2 \end{pmatrix} \quad \text{und} \quad R = \begin{pmatrix} -2 & 4 \\ 1.5 & -3 \end{pmatrix},$$

so ist

$$A \cdot B = \begin{pmatrix} 3 & 4 \\ 1.5 & 2 \end{pmatrix} \cdot \begin{pmatrix} -2 & 4 \\ 1.5 & -3 \end{pmatrix} = \begin{pmatrix} 0 & 0 \\ 0 & 0 \end{pmatrix}.$$

■

In obigem Beispiel ergibt die Multiplikation zweier Matrizen eine Nullmatrix vom Typ 2×2. Das Produkt zweier Matrizen kann also auch dann eine Nullmatrix ergeben, wenn keine der beiden Matrizen der Nullmatrix entspricht.

Das Produkt des i-ten Zeilenvektors von A und des j-ten Spaltenvektors von B entspricht in der Regel nicht dem Produkt aus dem i-ten Zeilenvektor von B und dem j-ten Spaltenvektor von A, $\mathbf{a}_i^T \mathbf{b}^j \neq \mathbf{b}_i^T, \mathbf{a}^j$. Somit ist im Allgemeinen $A \cdot B \neq B \cdot A$, d.h. die Matrizenmultiplikation ist nicht kommutativ.

■ **Beispiel 6.5.15 — Nicht-Kommutativität der Matrizenmultiplikation.**
In Beispiel 6.5.13 haben wir die 2×3-Matrix R mit der 3×3-Matrix Z multipliziert. Umgekehrt kann man die Matrix Z jedoch nicht mit der Matrix R multiplizieren, da die Anzahl der Zeilen von R nicht der Anzahl an Spalten der Matrix Z entspricht.

Betrachten wir die Matrizen

$$A = \begin{pmatrix} 0 & 1 \\ 2 & 3 \end{pmatrix} \quad \text{und} \quad B = \begin{pmatrix} 4 & 5 \\ 6 & 7 \end{pmatrix},$$

so ist

$$A \cdot B = \begin{pmatrix} 0 & 1 \\ 2 & 3 \end{pmatrix} \cdot \begin{pmatrix} 4 & 5 \\ 6 & 7 \end{pmatrix} = \begin{pmatrix} 0+6 & 0+7 \\ 8+18 & 10+21 \end{pmatrix} = \begin{pmatrix} 6 & 7 \\ 26 & 31 \end{pmatrix}$$

und

$$B \cdot A = \begin{pmatrix} 4 & 5 \\ 6 & 7 \end{pmatrix} \cdot \begin{pmatrix} 0 & 1 \\ 2 & 3 \end{pmatrix} = \begin{pmatrix} 0+10 & 4+15 \\ 0+14 & 6+21 \end{pmatrix} = \begin{pmatrix} 10 & 19 \\ 14 & 27 \end{pmatrix}.$$

■

Für zwei reelle Zahlen $\alpha_1, \alpha_2 \in \mathbb{R}$ gilt stets $\alpha_1 \cdot \alpha_2 = \alpha_2 \cdot \alpha_1$. Rechnet man mit Matrizen, so ist die Reihenfolge der Multiplikation wichtig. In Beispiel 6.5.15 haben wir gesehen, dass im Allgemeinen $A \cdot B \neq B \cdot A$ gilt.

Man kann auch eine Matrix mit einer Konstanten multiplizieren. Dies ist analog zum Produkt einer Konstante mit einem Vektor aus Definition 2.2.4 definiert:

Definition 6.5.11 — Produkt einer Konstante mit einer Matrix.
Das **Produkt** einer Konstante $\alpha \in \mathbb{R}$ und einer $m \times n$-Matrix A ist

$$\alpha \cdot \begin{pmatrix} a_{11} & \cdots & a_{1n} \\ \vdots & \ddots & \vdots \\ a_{m1} & \cdots & a_{mn} \end{pmatrix} = \begin{pmatrix} \alpha a_{11} & \cdots & \alpha a_{1n} \\ \vdots & \ddots & \vdots \\ \alpha a_{m1} & \cdots & \alpha a_{mn} \end{pmatrix}.$$

Häufig wird der Punkt zwischen Konstante und Matrix auch weggelassen, d.h. man schreibt nur noch αA anstelle von $\alpha \cdot A$.

▪ Beispiel 6.5.16 — Multiplikation mit Konstanten.
Betrachten wir erneut die Matrizen

$$A = \begin{pmatrix} 0 & 1 \\ 2 & 3 \end{pmatrix} \quad \text{und} \quad B = \begin{pmatrix} 4 & 5 \\ 6 & 7 \end{pmatrix}$$

aus Beispiel 6.5.15 mit $\alpha = 2$. Dann erwarten wir intuitiv die Gleichungen $(2A) \cdot B = A \cdot (2B) = 2(A \cdot B)$. Nachrechnen ergibt beispielsweise für das zweite Gleichheitszeichen

$$2(A \cdot B) = 2 \begin{pmatrix} 0 & 1 \\ 2 & 3 \end{pmatrix} \cdot \begin{pmatrix} 4 & 5 \\ 6 & 7 \end{pmatrix} = 2 \begin{pmatrix} 0+6 & 0+7 \\ 8+18 & 10+21 \end{pmatrix} = 2 \begin{pmatrix} 6 & 7 \\ 26 & 31 \end{pmatrix} = \begin{pmatrix} 12 & 14 \\ 52 & 62 \end{pmatrix}$$

und

$$A \cdot (2B) = \begin{pmatrix} 0 & 1 \\ 2 & 3 \end{pmatrix} \cdot 2 \begin{pmatrix} 4 & 5 \\ 6 & 7 \end{pmatrix} = \begin{pmatrix} 0 & 1 \\ 2 & 3 \end{pmatrix} \cdot \begin{pmatrix} 8 & 10 \\ 12 & 14 \end{pmatrix} = \begin{pmatrix} 0+12 & 0+14 \\ 16+36 & 20+42 \end{pmatrix} = \begin{pmatrix} 12 & 14 \\ 52 & 62 \end{pmatrix}.$$

Das Setzen der Klammern ändert also nichts, und allgemein ist $\alpha \cdot A \cdot B = A \cdot \alpha \cdot B$. ▪

Obwohl die Matrizenmultiplikation also im Allgemeinen nicht kommutativ ist, gelten folgende Rechenregeln:

Satz 6.5.2 — Regeln der Matrizenmultiplikation.
Sei A eine $m \times n$-Matrix, B eine $n \times p$-Matrix, C eine $p \times q$ Matrix und $\alpha \in \mathbb{R}$. Dann gilt:
- $(A \cdot B)^T = B^T \cdot A^T$;
- $A \cdot (B \cdot C) = (A \cdot B) \cdot C$;
- $A \cdot \alpha \cdot B = \alpha \cdot A \cdot B$;
- Ist I die Einheitsmatrix der Ordnung n, so gilt $A \cdot I = A$, ist I die Einheitsmatrix der Ordnung m, so gilt $I \cdot A = A$. Ist $n = m$, so gilt $A \cdot I = I \cdot A = A$.

Obige Resultate gelten natürlich auch, wenn $m = 1$ oder $p = 1$ gilt, also wenn A ein Zeilenvektor oder B ein Spaltenvektor ist. Wir demonstrieren die Ergebnisse in einigen Beispielen:

■ Beispiel 6.5.17 — Multiplikation mit der Einheitsmatrix.

Bezeichnen wir die Einheitsmatrix der Ordnung 2 als I und betrachten die 2×2-Matrix

$$B = \begin{pmatrix} 4 & 5 \\ 6 & 7 \end{pmatrix},$$

so ist

$$B \cdot I = \begin{pmatrix} 4 & 5 \\ 6 & 7 \end{pmatrix} \cdot \begin{pmatrix} 1 & 0 \\ 0 & 1 \end{pmatrix} = \begin{pmatrix} 4 & 5 \\ 6 & 7 \end{pmatrix}.$$

Die erste Spalte entspricht der Linearkombination aus 1-mal der ersten Spalte von B plus 0-mal der zweiten, also

$$1 \begin{pmatrix} 4 \\ 6 \end{pmatrix} + 0 \begin{pmatrix} 5 \\ 7 \end{pmatrix} = \begin{pmatrix} 4 \\ 6 \end{pmatrix}.$$

Die zweite Spalte entspricht der Linearkombination aus 0-mal der ersten Spalte von B und 1-mal der zweiten, also

$$0 \begin{pmatrix} 4 \\ 6 \end{pmatrix} + 1 \begin{pmatrix} 5 \\ 7 \end{pmatrix} = \begin{pmatrix} 5 \\ 7 \end{pmatrix}.$$

Die Multiplikation von B und I ergibt also wieder B. Umgekehrt gilt

$$I \cdot B = \begin{pmatrix} 1 & 0 \\ 0 & 1 \end{pmatrix} \cdot \begin{pmatrix} 4 & 5 \\ 6 & 7 \end{pmatrix} = \begin{pmatrix} 4 & 5 \\ 6 & 7 \end{pmatrix},$$

denn die erste Spalte entspricht der Linearkombination aus $b_{11} = 4$-mal dem ersten Einheitsvektor und $b_{21} = 6$-mal dem zweiten Einheitsvektor,

$$b_{11} \begin{pmatrix} 1 \\ 0 \end{pmatrix} + b_{21} \begin{pmatrix} 0 \\ 1 \end{pmatrix} = \begin{pmatrix} b_{11} \\ b_{21} \end{pmatrix}.$$

Die zweite Spalte entspricht der Linearkombination aus $b_{12} = 5$-mal dem ersten Einheitsvektor und $b_{22} = 7$-mal dem zweiten Einheitsvektor,

$$b_{12} \begin{pmatrix} 1 \\ 0 \end{pmatrix} + b_{22} \begin{pmatrix} 0 \\ 1 \end{pmatrix} = \begin{pmatrix} b_{12} \\ b_{22} \end{pmatrix}.$$

Damit ist $B \cdot I = I \cdot B = B$. ■

■ Beispiel 6.5.18 — Matrizenmultiplikation im Produktionsbeispiel - fortgesetzt.

In Beispiel 6.5.13 wurde die 2×3-Matrix R mit der 3×3-Matrix Z multipliziert. Transponiert man das Ergebnis von $R \cdot Z$, erhält man

$$(R \cdot Z)^T = \begin{pmatrix} 5.10 & 2.20 & 3.24 \\ 0.60 & 6.00 & 3.60 \end{pmatrix}^T = \begin{pmatrix} 5.10 & 0.60 \\ 2.20 & 6.00 \\ 3.24 & 3.60 \end{pmatrix}.$$

Umgekehrt kann man die Matrizen Z und R nicht miteinander multiplizieren, da die Anzahl der Zeilen von R nicht der Anzahl an Spalten von Z entspricht. Man kann jedoch Z^T mit R^T multiplizieren. Man erhält

$$Z^T \cdot R^T = \begin{pmatrix} 0 & 5 & 15 \\ 10 & 10 & 0 \\ 4 & 14 & 2 \end{pmatrix} \cdot \begin{pmatrix} 0.04 & 0.48 \\ 0.18 & 0.12 \\ 0.28 & 0 \end{pmatrix} = \begin{pmatrix} 5.10 & 0.60 \\ 2.20 & 6.00 \\ 3.24 & 3.60 \end{pmatrix}$$

$$= \begin{pmatrix} 5.10 & 2.20 & 3.24 \\ 0.60 & 6.00 & 3.60 \end{pmatrix}^T = (R \cdot Z)^T.$$

■

■ Beispiel 6.5.19 — Einführungsbeispiel 0.1.4.

Im Einführungsbeispiel 0.1.4 betrachteten wir einen vereinfachten, wachsenden Markt mit zwei konkurrierenden Produkten P_1 und P_2.

Kaufen $x_1 = 1000$ Kunden in einer Zeitspanne Produkt P_1, dann kaufen $0.5x_1 = 500$ von ihnen auch in der kommenden Zeitspanne P_1. Die anderen $0.5x_1 = 500$ Kunden kaufen in der kommenden Zeitspanne Produkt P_2. Kaufen $x_2 = 1000$ Kunden in einer Zeitspanne Produkt P_2, kaufen $0.3x_2 = 300$ von ihnen in der kommenden Zeitspanne P_1. Die anderen $0.7x_2 = 700$ Kunden kaufen in der kommenden Zeitspanne P_2. Zusätzlich generieren die $x_2 = 1000$ Kunden von P_2 in der Folgeperiode $0.15x_2 = 150$ Neukunden für P_2.

Gilt in einer Zeitspanne also $x_1 = 1000$ und $x_2 = 0$, so ist die Anzahl der Kunden von P_1 in der Folgeperiode durch

$$y_1 = 0.5x_1 + 0.3x_2 = 500$$

und die Anzahl der Kunden von P_2 in der Folgeperiode durch

$$y_2 = 0.5x_1 + 0.7x_2 + 0.15x_2 = 500$$

gegeben. Gilt in einer Zeitspanne $x_1 = 0$ und $x_2 = 1000$, so ist die Anzahl der Kunden von P_1 in der Folgeperiode durch

$$y_1 = 0.5x_1 + 0.3x_2 = 300$$

und die Anzahl der Kunden von P_2 in der Folgeperiode durch

$$y_2 = 0.5x_1 + 0.7x_2 + 0.15x_2 = 850$$

gegeben. Ist $\mathbf{x} = (x_1, x_2)^T$, ergibt sich die Anzahl der Kunden von Produkten 1 und 2 in der Folgeperiode als

$$M = \begin{pmatrix} 0.50 & 0.30 \\ 0.50 & 0.85 \end{pmatrix} \cdot \mathbf{x}$$

und es gilt

$$\begin{pmatrix} 0.50 & 0.30 \\ 0.50 & 0.85 \end{pmatrix} \cdot \begin{pmatrix} 1000 \\ 0 \end{pmatrix} = \begin{pmatrix} 500 \\ 500 \end{pmatrix}$$

sowie

$$\begin{pmatrix} 0.50 & 0.30 \\ 0.50 & 0.85 \end{pmatrix} \cdot \begin{pmatrix} 0 \\ 1000 \end{pmatrix} = \begin{pmatrix} 300 \\ 850 \end{pmatrix}.$$

Startet man mit $x_1 = 1000$ und $x_2 = 0$ und interessiert sich für die Marktaufteilung nach 2 Zeiteinheiten, kann man in einem ersten Schritt

$$\begin{pmatrix} 0.50 & 0.30 \\ 0.50 & 0.85 \end{pmatrix} \cdot \begin{pmatrix} 1000 \\ 0 \end{pmatrix} = \begin{pmatrix} 500 \\ 500 \end{pmatrix}$$

und in einem zweiten Schritt

$$\begin{pmatrix} 0.50 & 0.30 \\ 0.50 & 0.85 \end{pmatrix} \cdot \begin{pmatrix} 500 \\ 500 \end{pmatrix} = \begin{pmatrix} 400 \\ 675 \end{pmatrix}$$

berechnen. Nach einer Zeiteinheit kaufen jeweils 500 Kunden Produkte 1 und 2, nach zwei Zeiteinheiten kaufen 400 Kunden Produkt 1 und 675 Kunden Produkt 2.

Diese sequentielle Berechnung entspricht

$$M \cdot (M \cdot \mathbf{x}).$$

Laut Satz 6.5.2 ist die Matrizenmultiplikation assoziativ, d.h. es gilt

$$M \cdot (M \cdot \mathbf{x}) = (M \cdot M) \cdot \mathbf{x}.$$

Berechnet man also zunächst

$$M \cdot M = \begin{pmatrix} 0.50 & 0.30 \\ 0.50 & 0.85 \end{pmatrix} \cdot \begin{pmatrix} 0.50 & 0.30 \\ 0.50 & 0.85 \end{pmatrix} = \begin{pmatrix} 0.4000 & 0.4050 \\ 0.6750 & 0.8725 \end{pmatrix},$$

erhält man durch Multiplikation mit $\mathbf{x}$ das gleiche Resultat:

$$\begin{pmatrix} 0.4000 & 0.4050 \\ 0.6750 & 0.8725 \end{pmatrix} \cdot \begin{pmatrix} 1000 \\ 0 \end{pmatrix} = \begin{pmatrix} 400 \\ 675 \end{pmatrix}.$$

Statt $M \cdot M$ schreibt man auch M^2. Wir halten dies in folgender Definition fest.

Definition 6.5.12 — Potenzen von Matrizen.
Ist A eine quadratische Matrix der Ordnung n und I die Einheitsmatrix der Ordnung n, so definiert man $A^0 = I$ und $A^k = \underbrace{A \cdot \ldots \cdot A}_{k\text{-mal}}, k \in \mathbb{N}$.

(Z) Das Produkt einer Matrix $A \in \mathbb{R}^{m \times n}$ mit einem Spaltenvektor $\mathbf{x} \in \mathbb{R}^n$ entspricht der Linearkombination der Spalten von A mit Gewichten x_i.
Zwei Matrizen A und B können nur multipliziert werden, wenn die Anzahl der Spalten der ersten Matrix der Anzahl der Zeilen der zweiten Matrix entspricht. Bei der Multiplikation kann man spaltenweise vorgehen. Die erste Spalte der Ergebnismatrix ergibt sich als Multiplikation von A mit der ersten Spalte von B, die zweite Spalte der Ergebnismatrix ergibt sich als Multiplikation von A mit der zweiten Spalte von B u.s.w.
Die Matrizenmultiplikation ist nicht kommutativ. Es gilt aber für geeignete Matrizen A, B und C sowie $\alpha \in \mathbb{R}$: $(A \cdot B)^T = B^T \cdot A^T$, $A \cdot (B \cdot C) = (A \cdot B) \cdot C$, $A \cdot \alpha \cdot B = \alpha \cdot A \cdot B$. Ist $A \in \mathbb{R}^{m \times n}$ und I die Einheitsmatrix der Ordnung n, so gilt $A \cdot I = A$, ist I die Einheitsmatrix der Ordnung m, so gilt $I \cdot A = A$.
Die k-te Potenz einer quadratischen Matrix A ist $A^k = \underbrace{A \cdot \ldots \cdot A}_{k\text{-mal}}$.

6.5.4 Matrizenaddition und -subtraktion
Ziele dieses Unterkapitels
- Wie berechnet man die Summe und die Differenz zweier Matrizen?
- Welche Rechenregeln gelten für die Matrizenaddition?

Natürlich kann man Matrizen (sofern sie vom gleichen Typ sind) auch addieren oder subtrahieren. Dabei definieren wir die Addition und die Subtraktion komponentenweise:

Definition 6.5.13 — Matrizenaddition und -subtraktion.
Sind $A = (a_{ij})$ und $B = (b_{ij})$ $m \times n$-Matrizen, dann gilt

$$A + B = \begin{pmatrix} a_{11} & \cdots & a_{1n} \\ \vdots & \ddots & \vdots \\ a_{m1} & \cdots & a_{mn} \end{pmatrix} + \begin{pmatrix} b_{11} & \cdots & b_{1n} \\ \vdots & \ddots & \vdots \\ b_{m1} & \cdots & b_{mn} \end{pmatrix} = \begin{pmatrix} a_{11}+b_{11} & \cdots & a_{1n}+b_{1n} \\ \vdots & \ddots & \vdots \\ a_{m1}+b_{m1} & \cdots & a_{mn}+b_{mn} \end{pmatrix}$$

$$A - B = \begin{pmatrix} a_{11} & \cdots & a_{1n} \\ \vdots & \ddots & \vdots \\ a_{m1} & \cdots & a_{mn} \end{pmatrix} - \begin{pmatrix} b_{11} & \cdots & b_{1n} \\ \vdots & \ddots & \vdots \\ b_{m1} & \cdots & b_{mn} \end{pmatrix} = \begin{pmatrix} a_{11}-b_{11} & \cdots & a_{1n}-b_{1n} \\ \vdots & \ddots & \vdots \\ a_{m1}-b_{m1} & \cdots & a_{mn}-b_{mn} \end{pmatrix}.$$

Da die Addition zweier Matrizen komponentenweise erfolgt, ist sie sowohl kommutativ als auch assoziativ. Gemeinsam mit der Multiplikation ist sie zudem distributiv. Es gelten folgende Rechenregeln:

Satz 6.5.3 — Rechenregeln der Matrizenaddition.
Seien $m, n, p \in \mathbb{N}$, A, B und C $m \times n$-Matrizen, D eine $n \times p$-Matrix und E eine $p \times m$-Matrix. Dann gilt:
- $A + B = B + A$;
- $(A + B) + C = A + (B + C)$;
- $(A + B) \cdot D = (A \cdot D) + (B \cdot D)$;
- $E \cdot (B + C) = (E \cdot B) + (E \cdot C)$.

Da in obigem Satz die Werte von m, n und p auch gleich 1 sein dürfen, gelten obige Rechenregeln natürlich auch für Vektoren. Wir demonstrieren einige der Aussagen in folgendem Beispiel.

■ **Beispiel 6.5.20 — Matrizenaddition und -multiplikation in der Planung.**
Eine Fabrik stellt zwei Produkte P_1 und P_2 her und liefert diese an die Unternehmen U_1, U_2 und U_3. Die Mengen, welche die Fabrik in den vier Quartalen des letzten Jahres an diese Unternehmen gesendet hat, werden durch vier 2×3-Matrizen

$$Q_1 = \begin{pmatrix} 80 & 50 & 30 \\ 30 & 50 & 40 \end{pmatrix}, \qquad Q_2 = \begin{pmatrix} 60 & 60 & 30 \\ 40 & 30 & 50 \end{pmatrix},$$

$$Q_3 = \begin{pmatrix} 90 & 100 & 20 \\ 60 & 40 & 30 \end{pmatrix} \qquad \text{und } Q_4 = \begin{pmatrix} 110 & 90 & 50 \\ 40 & 50 & 30 \end{pmatrix}$$

beschrieben, wobei der Eintrag von 40 in der zweiten Zeile der dritten Spalte von Q_1 beispielsweise besagt, dass im ersten Quartal 40 Mengeneinheiten von Produkt P_2 an Unternehmen U_3 gesendet wurden. Es wird prognostiziert, dass die Nachfrage der Unternehmen U_1, U_2 und U_3 im kommenden Jahr um 20 %, 30 % bzw. 10 % zunehmen wird. Wir fassen diese Veränderungen im Vektor $\mathbf{p} = (1.2, 1.3, 1.1)^T$ zusammen. Will man nun bestimmen, wie viele Einheiten der verschiedenen Produkte laut der Prognose im kommenden Jahr (ingesamt) verschickt werden sollen, kann man laut Satz 6.5.3 auf verschiedene Arten vorgehen. Man kann entweder die prognostizierten Mengen je Quartal berechnen und addieren, d.h.

$$Q_1\mathbf{p} + Q_2\mathbf{p} + Q_3\mathbf{p} + Q_4\mathbf{p} = \begin{pmatrix} 194 \\ 145 \end{pmatrix} + \begin{pmatrix} 183 \\ 142 \end{pmatrix} + \begin{pmatrix} 260 \\ 157 \end{pmatrix} + \begin{pmatrix} 304 \\ 146 \end{pmatrix}$$

$$= \begin{pmatrix} 194 + 183 + 260 + 304 \\ 145 + 142 + 157 + 146 \end{pmatrix} = \begin{pmatrix} 941 \\ 590 \end{pmatrix},$$

oder man kann zunächst die Gesamtmenge im vergangenen Jahr als Summe der Quartalsmengen berechnen und dann aufgrund dieser Menge die prognostizierte Zahl bestimmen,

$$(Q_1 + Q_2 + Q_3 + Q_4)\mathbf{p} = \begin{pmatrix} 80+60+90+110 & 50+60+100+90 & 30+30+20+50 \\ 30+40+60+40 & 50+30+40+50 & 40+50+30+30 \end{pmatrix}\mathbf{p}$$

$$= \begin{pmatrix} 340 & 300 & 130 \\ 170 & 170 & 150 \end{pmatrix} \begin{pmatrix} 1.2 \\ 1.3 \\ 1.1 \end{pmatrix} = \begin{pmatrix} 941 \\ 590 \end{pmatrix}.$$

Selbstverständlich führen beide Wege zum gleichen Ergebnis. Dabei ist es auch unerheblich, in welcher Reihenfolge Vektoren bzw. Matrizen addiert werden. ∎

(Z) Die Summe und die Differenz zweier Matrizen wird komponentenweise berechnet. Die Addition zweier Matrizen ist kommutativ, assoziativ und (zusammen mit der Multiplikation) distributiv.

6.5.5 Matrizen in Zeilenstufenform

Ziele dieses Unterkapitels

- Was versteht man unter einem führenden Element einer Zeile?
- Wann ist eine Matrix in Zeilenstufenform?
- Wie kann man bei einer Matrix in Zeilenstufenform leicht linear unabhängige Zeilen- und Spaltenvektoren identifizieren?

In diesem letzten Abschnitt dieses Kapitels werden wir die Zeilenvektoren einer Matrix näher betrachten. Hierbei ist zu beachten, dass alle in diesem Kapitel diskutierten Operationen und Eigenschaften von Spaltenvektoren wie beispielsweise Orthogonalität und lineare Abhängigkeit auch für Zeilenvektoren definiert werden können, indem man die dort beschriebenen Ideen auf die transponierten Vektoren anwendet. So ist beispielsweise für $\mathbf{w} = (w_1, \ldots, w_n)$ die skalare Multiplikation als $\alpha\mathbf{w} = (\alpha w_1, \ldots, \alpha w_n)$ definiert, zwei Zeilenvektoren $\mathbf{w}_1$ und $\mathbf{w}_2$ heißen linear abhängig, wenn die Spaltenvektoren $(\mathbf{w}_1)^T$ und $(\mathbf{w}_2)^T$ linear abhängig sind, u.s.w.

$$\begin{pmatrix} 5 & 2 & 3 & 4 & 6 & 2 & 5 \\ 0 & 0 & 6 & 4 & 8 & 7 & 3 \\ 0 & 0 & 0 & 9 & 0 & 2 & 1 \\ 0 & 0 & 0 & 0 & 0 & 0 & 0 \end{pmatrix}$$

Abbildung 6.17: Die Zeilenstufenform schematisch

Eine Matrix ist in Zeilenstufenform, wenn die von Null verschiedenen Einträge der Matrix eine Stufenform haben, vgl. Abbildung 6.17. Zur Definition der Zeilenstufenform benötigen wir die Idee eines führenden Elements. Das führende Element einer Zeile i, welche keine Nullzeile ist, ist dabei das erste von Null verschiedene Element. (Nullzeilen haben kein führendes Element.)[15]

■ Beispiel 6.5.21 — Führendes Element.

Wir betrachten erneut die Matrix

$$A = \begin{pmatrix} 1 & 2 & 3 & 4 & 0 & 5 \\ 0 & 9 & 8 & 0 & 0 & 0 \\ 0 & 0 & 0 & 0 & 0 & 0 \\ 0 & 6 & 7 & 8 & 0 & 9 \\ 0 & 0 & 0 & 0 & 0 & 7 \end{pmatrix}.$$

Das führende Element der Zeile 1 ist 1. Das führende Element der Zeile 2 ist 9. Zeile 3 hat kein führendes Element, da es sich um eine Nullzeile handelt. Das führende Element der Zeile 4 ist 6. Das führende Element der Zeile 5 ist 7. ■

Definition 6.5.14 — Matrix in Zeilenstufenform.

Sei A eine $m \times n$-Matrix. Das erste von Null verschiedene Element einer Zeile i, die keine Nullzeile ist, also das Element a_{ik} mit $a_{ik} \neq 0$ und $a_{ij} = 0$ für alle $j < k$, nennt man **führendes Element** der Zeile i.

Die Matrix A liegt in **Zeilenstufenform** vor, wenn

- Nullzeilen von A unterhalb aller Zeilen stehen, die keine Nullzeilen sind und
- in jedem Paar von zwei Zeilen mit jeweils einem führenden Element das führende Element der oberen Zeile links von dem führenden Element der unteren Zeile steht.

Jede Spalte einer Matrix in Zeilenstufenform, die ein führendes Element enthält, besitzt unterhalb des führenden Elements keine weiteren von 0 verschiedenen Einträge.

■ Beispiel 6.5.22 — Zeilenstufenform.

Die Matrix

$$A = \begin{pmatrix} 1 & 2 & 3 & 4 & 0 & 5 \\ 0 & 9 & 8 & 0 & 0 & 0 \\ 0 & 0 & 0 & 0 & 0 & 0 \\ 0 & 6 & 7 & 8 & 0 & 9 \\ 0 & 0 & 0 & 0 & 0 & 7 \end{pmatrix}$$

liegt nicht in Zeilenstufenform vor. Die Nullzeile ist nicht unter den Zeilen, die keine Nullzeilen sind, die führenden Elemente sind nicht stufenförmig angeordnet, etc. Die Matrix

$$B = \begin{pmatrix} 1 & 2 & 3 & 4 & 0 & 5 \\ 0 & 9 & 8 & 0 & 0 & 0 \\ 0 & 0 & 7 & 8 & 0 & 9 \\ 0 & 0 & 0 & 6 & 0 & 7 \\ 0 & 0 & 0 & 0 & 0 & 0 \end{pmatrix}$$

hingegen liegt in Zeilenstufenform vor: Nullzeilen von B stehen unter Zeilen, die keine

---

[15] Bezeichnet man die Spalte des führenden Elements von Zeile i_1 als k_1 und die von Zeile i_2 als k_2, wobei Zeilen i_1 und i_2 keine Nullzeilen sind, muss für eine Matrix in Zeilenstufenform also gelten: $i_1 < i_2 \Rightarrow k_1 < k_2$. In der Definition umschreiben wir dies einfach dadurch, dass das führende Element der oberen Zeile links von dem führenden Element der unteren Zeile steht.

Nullzeilen sind. Die führenden Elemente sind stufenförmig angeordnet, d.h. in jedem Paar von zwei Zeilen mit jeweils einem führenden Element steht das führende Element der oberen Zeile links von dem führenden Element der unteren Zeile. Zudem befinden sich unter jedem führenden Element nur Werte, die gleich 0 sind. ∎

Matrizen in Zeilenstufenform sind vor allem wegen folgender Eigenschaft interessant: alle Zeilenvektoren einer Matrix in Zeilenstufenform, die keine Nullvektoren $\mathbf{0}^T$ sind, sind linear unabhängig.

> **Satz 6.5.4 — Linear unabhängige Zeilenvektoren der Zeilenstufenform.**
> Sei A eine $m \times n$-Matrix in Zeilenstufenform mit $k \leq m$ Zeilen, welche keine Nullzeilen sind. Dann sind die Zeilenvektoren $\mathbf{a}_1, \ldots, \mathbf{a}_k$ linear unabhängig. Zudem sind alle Spaltenvektoren, welche führende Elemente enthalten, linear unabhängig.

Wir demonstrieren dies an einem Beispiel.

∎ Beispiel 6.5.23 — Linear unabhängige Zeilenvektoren.
Da die Matrix

$$B = \begin{pmatrix} 1 & 2 & 3 & 4 & 0 & 5 \\ 0 & 9 & 8 & 0 & 0 & 0 \\ 0 & 0 & 7 & 8 & 0 & 9 \\ 0 & 0 & 0 & 6 & 0 & 7 \\ 0 & 0 & 0 & 0 & 0 & 0 \end{pmatrix}$$

in Zeilenstufenform vorliegt, sind die Zeilenvektoren $\mathbf{b}_1, \mathbf{b}_2, \mathbf{b}_3, \mathbf{b}_4$ linear unabhängig. Die Gleichung

$$\alpha_1 \underbrace{\begin{pmatrix} 1 \\ 2 \\ 3 \\ 4 \\ 0 \\ 5 \end{pmatrix}}_{\mathbf{b}_1^T} + \alpha_2 \underbrace{\begin{pmatrix} 0 \\ 9 \\ 8 \\ 0 \\ 0 \\ 0 \end{pmatrix}}_{\mathbf{b}_2^T} + \alpha_3 \underbrace{\begin{pmatrix} 0 \\ 0 \\ 7 \\ 8 \\ 0 \\ 9 \end{pmatrix}}_{\mathbf{b}_3^T} + \alpha_4 \underbrace{\begin{pmatrix} 0 \\ 0 \\ 0 \\ 6 \\ 0 \\ 7 \end{pmatrix}}_{\mathbf{b}_4^T} = \begin{pmatrix} 0 \\ 0 \\ 0 \\ 0 \\ 0 \\ 0 \end{pmatrix},$$

ist nur erfüllt, wenn

$$\alpha_1 = 0$$
$$2\alpha_1 + 9\alpha_2 = 0$$
$$3\alpha_1 + 8\alpha_2 + 7\alpha_3 = 0$$
$$4\alpha_1 + 0\alpha_2 + 8\alpha_3 + 6\alpha_4 = 0$$
$$0\alpha_1 + 0\alpha_2 + 0\alpha_3 + 0\alpha_4 = 0$$
$$5\alpha_1 + 0\alpha_2 + 9\alpha_3 + 7\alpha_4 = 0.$$

Einsetzen von $\alpha_1 = 0$ in die zweite Gleichung ergibt $\alpha_2 = 0$. Einsetzen dieser Werte in die dritte Gleichung ergibt $\alpha_3 = 0$. Damit ergibt sich $\alpha_4 = 0$. Die einzige Lösung von

$$\alpha_1 \mathbf{b}_1^T + \alpha_2 \mathbf{b}_2^T + \alpha_3 \mathbf{b}_3^T + \alpha_4 \mathbf{b}_4^T = \mathbf{0}$$

ist also $\alpha_1 = \alpha_2 = \alpha_3 = \alpha_4 = 0$. Die vier Zeilenvektoren sind somit linear unabhängig.

Ebenso kann man zeigen, dass die Spaltenvektoren $\mathbf{b}^1, \mathbf{b}^2, \mathbf{b}^3, \mathbf{b}^4$ linear unabhängig sind. ∎

(Z) Das erste von Null verschiedene Element einer Zeile, die keine Nullzeile ist, nennt man führendes Element der Zeile.

Die Matrix A liegt in Zeilenstufenform vor, wenn 1) Nullzeilen von A unterhalb aller Zeilen stehen, die keine Nullzeilen sind und 2) in jedem Paar von zwei Zeilen mit jeweils einem führenden Element das führende Element der oberen Zeile links von dem führenden Element der unteren Zeile steht.

Liegt eine Matrix in Zeilenstufenform vor, so ist 1) die Menge aller Zeilenvektoren, welche keine Nullzeilen sind, linear unabhängig und 2) die Menge aller Spaltenvektoren, welche führende Elemente enthalten, linear unabhängig.

6.6 Rückblick und weitere Literatur

Im ersten Teil des Kapitels wurden Vektoren und ihre Linearkombinationen diskutiert. Ist eine Menge von Vektoren linear unabhängig, stellen sie eine Basis der durch sie aufgespannten linearen Hülle dar. Eine lineare Hülle ist stets ein linearer Raum. Die Dimension des linearen Raums ist dabei durch die Anzahl der Vektoren gegeben, welche eine Basis des linearen Raumes darstellen. Dabei ist der Nullvektor der einizige Vektor, der keine Richtung hat und der einzige Vektor, der auch für sich alleine genommen bereits nicht linear unabhängig ist, vgl. Abbildung 6.18.

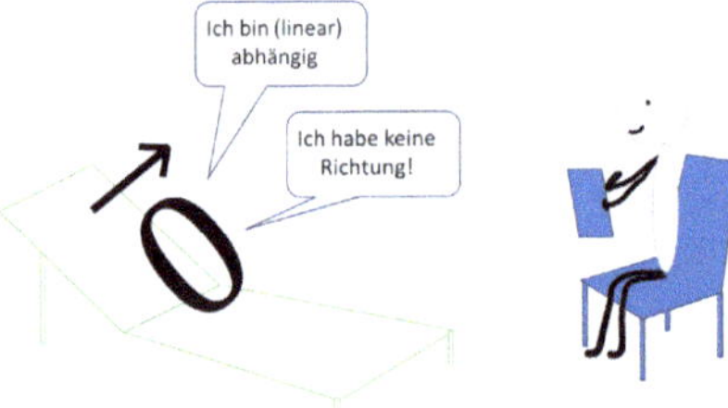

Abbildung 6.18: Warum ist der Nullvektor ständig beim Psychiater?

Im zweiten Teil des Kapitels wurden Matrizen eingeführt. Dabei stand die Multiplikation einer Matrix mit einem Vektor sowie die allgemeinere Matrizenmultiplikation und deren Zusammenhang zur Bildung von Linearkombinationen im Vordergrund.

Matrizen werden in Dietz (2012, Kapitel 15) besprochen. Viele Anwendungen der Matrizenrechnung finden sich in Dietz (2012, Kapitel 16). Zudem werden in Dietz (2012, Kapitel 17 und 18.1-18.6) lineare Unabhängigkeit von Vektoren, die lineare Hülle, lineare Räume, Basis sowie die Dimension eingeführt. In Merz und Wüthrich (2013) werden die hier besprochenen Konzepte in Kapitel 7.1 bis 7.10 eingeführt. In Opitz et al. (2017) finden sie sich in den Kapiteln 14 und 16.1 sowie 16.2.

Das Buch von Strang (2003, Kapitel 1-3) ist als Einführung in die lineare Algebra uneingeschränkt empfehlenswert. Dieses Buch ist nicht speziell an Wirtschaftswissenschaftler gerichtet. Obwohl die Inhalte etwas über den besprochenen Stoff hinausgehen, ist es sehr einführend geschrieben.

6.7 **Beweise**

Beweis von Satz 6.1.1: Gilt $\mathbf{x} = \mathbf{0}$ oder $\mathbf{y} = \mathbf{0}$, so gilt die Behauptung offensichtlich. Für $\mathbf{x}, \mathbf{y} \neq \mathbf{0}$ führen wir im Folgenden einen geometrischen Beweis für φ kleiner als 90 Grad.

Wie schon zuvor bezeichnen wir die senkrechte Projektion von $\mathbf{y}$ auf $\mathbf{x}$ als $\tilde{\mathbf{y}}$. Da sich der Kosinus von φ aus dem Quotienten von Ankathete $||\tilde{\mathbf{y}}||$ und Hypotenuse $||\mathbf{y}||$ ergibt, gilt

$$\cos(\varphi) = \frac{||\tilde{\mathbf{y}}||}{||\mathbf{y}||} \quad \text{bzw. } ||\tilde{\mathbf{y}}|| = ||\mathbf{y}|| \cdot \cos(\varphi).$$

Die in Abbildung 6.19 dargestellte Höhe h der Dreiecke kann mit Hilfe des Satzes von Pythagoras sowohl über das linke als auch über das rechte rechtwinklige Dreieck bestimmt werden. Es gilt also:

$$||\mathbf{y}||^2 = h^2 + ||\tilde{\mathbf{y}}||^2$$
$$||\mathbf{x} - \mathbf{y}||^2 = h^2 + ||\mathbf{x} - \tilde{\mathbf{y}}||^2.$$

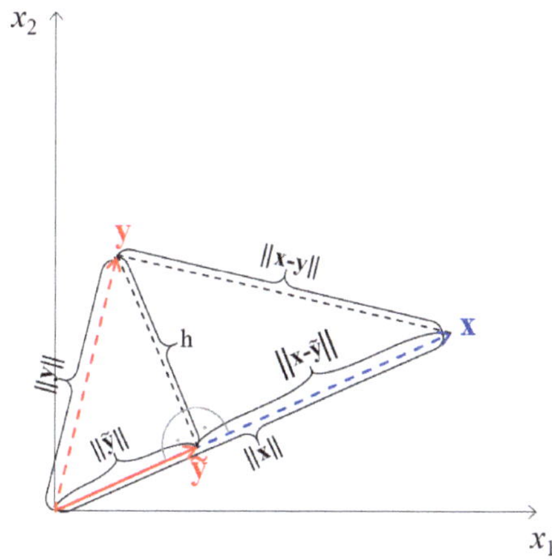

Abbildung 6.19: Das Dreieck gebildet aus $h, \mathbf{y}$ und der Projektion $\tilde{\mathbf{y}}$ auf $\mathbf{x}$

In Abbildung 6.19 erkennt man zudem, dass die Vektoren $\mathbf{x}$ und $\tilde{\mathbf{y}}$ in die gleiche Richtung zeigen und damit im Fall $||\mathbf{x}|| > ||\tilde{\mathbf{y}}||$ die Gleichung $||\mathbf{x} - \tilde{\mathbf{y}}|| = ||\mathbf{x}|| - ||\tilde{\mathbf{y}}||$ gilt. Im Fall $||\mathbf{x}|| \leq ||\tilde{\mathbf{y}}||$ gilt analog $||\mathbf{x} - \tilde{\mathbf{y}}|| = ||\tilde{\mathbf{y}}|| - ||\mathbf{x}||$. Setzt man dies in die zweite Gleichung ein, ergibt sich

$$||\mathbf{y}||^2 = h^2 + ||\tilde{\mathbf{y}}||^2$$
$$||\mathbf{x} - \mathbf{y}||^2 = h^2 + ||\mathbf{x} - \tilde{\mathbf{y}}||^2 = h^2 + (||\mathbf{x}|| - ||\tilde{\mathbf{y}}||)^2 = h^2 + ||\mathbf{x}||^2 + ||\tilde{\mathbf{y}}||^2 - 2 \cdot ||\mathbf{x}|| \cdot ||\tilde{\mathbf{y}}||.$$

Löst man die erste Gleichung nach h^2 auf, erhält man $h^2 = ||\mathbf{y}||^2 - ||\tilde{\mathbf{y}}||^2$. Setzt man dies zusammen mit dem zu Beginn des Beweises gezeigten $||\tilde{\mathbf{y}}|| = ||\mathbf{y}|| \cdot \cos(\varphi)$ in die zweite Gleichung ein, ergibt sich

$$||\mathbf{x} - \mathbf{y}||^2 = ||\mathbf{y}||^2 - ||\tilde{\mathbf{y}}||^2 + ||\mathbf{x}||^2 + ||\tilde{\mathbf{y}}||^2 - 2||\mathbf{x}|| \cdot ||\tilde{\mathbf{y}}||$$
$$= ||\mathbf{x}||^2 + ||\mathbf{y}||^2 - 2||\mathbf{x}|| \cdot ||\mathbf{y}|| \cdot \cos(\varphi).$$

Obwohl wir diese Gleichung hier nur im Fall $\varphi < 90$ Grad gezeigt haben, kann sie analog auch in den anderen Fällen gezeigt werden, vgl. z.B. Satz 5.4 und dessen Beweis in Merz und Wüthrich (2013). Diese Gleichung ist unter dem Namen Kosinusgleichung oder Kosinussatz bekannt.

Neben obiger Kosinusgleichung gilt

$$||\mathbf{x}-\mathbf{y}||^2 = \left(\sqrt{\sum_{i=1}^{n}(x_i-y_i)^2}\right)^2 = \sum_{i=1}^{n}(x_i-y_i)^2 = \sum_{i=1}^{n}x_i^2 + \sum_{i=1}^{n}y_i^2 - 2\sum_{i=1}^{n}x_iy_i$$
$$= ||\mathbf{x}||^2 + ||\mathbf{y}||^2 - 2\cdot\mathbf{x}^T\mathbf{y}.$$

Gleichsetzen dieser beiden Ausdrücke für $||\mathbf{x}-\mathbf{y}||^2$ ergibt dann die Behauptung

$$\mathbf{x}^T\mathbf{y} = ||\mathbf{x}||\cdot||\mathbf{y}||\cdot\cos(\varphi). \qquad\blacksquare$$

Beweis von Satz 6.1.2: Das Resultat folgt für alle $n \in \mathbb{N}$ direkt aus Satz 6.1.1. Wir beweisen hier unabhängig davon den Spezialfall $n = 2$ geometrisch.

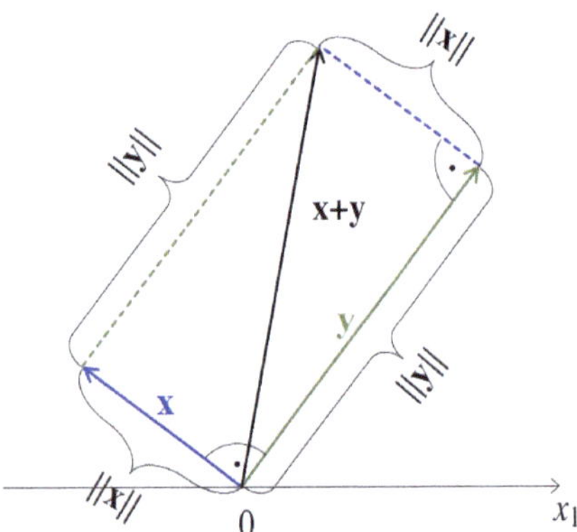

Abbildung 6.20: Orthogonale Vektoren und der Satz des Pythagoras

Zwei zueinander senkrecht stehende Vektoren $\mathbf{x}, \mathbf{y} \in \mathbb{R}^2$ stellen für $\mathbf{x}, \mathbf{y} \neq \mathbf{0}$ die Seiten eines rechtwinkligen Dreiecks dar. Die Länge der dritten Seite entspricht der Länge von $(\mathbf{x}+\mathbf{y}) \in \mathbb{R}^2$, vgl. Abbildung 6.20. Nach dem Satz von Pythagoras gilt

$$||\mathbf{x}||^2 + ||\mathbf{y}||^2 = ||\mathbf{x}+\mathbf{y}||^2.$$

Mit $n = 2$ entspricht diese Gleichung dann

$$\left(x_1^2+x_2^2\right) + \left(y_1^2+y_2^2\right) = (x_1+y_1)^2 + (x_2+y_2)^2$$
$$x_1^2+x_2^2+y_1^2+y_2^2 = x_1^2+2x_1y_1+y_1^2+x_2^2+2x_2y_2+y_2^2$$
$$0 = 2x_1y_1+2x_2y_2$$
$$x_1y_1+x_2y_2 = 0.$$

Die letzte Zeile entspricht genau der Formel des Skalarprodukts der Vektoren $\mathbf{x}$ und $\mathbf{y}$. Stehen zwei Vektoren $\mathbf{x}, \mathbf{y}$ senkrecht zueinander, so gilt also

$$\mathbf{x}^T\mathbf{y} = x_1y_1+x_2y_2 = 0.$$

Da der Satz von Pythagoras genau dann gilt, wenn ein Dreieck rechtwinklig ist, folgt zudem aus $\mathbf{x}^T\mathbf{y} = 0$ mit $\mathbf{x}, \mathbf{y} \neq \mathbf{0}$, dass die beiden Vektoren senkrecht zueinander sind. ∎

Beweis von Satz 6.2.1: Das Ergebnis ergibt sich durch Nachrechnen:

$$v_1\mathbf{e}^1 + v_2\mathbf{e}^2 + \ldots + v_m\mathbf{e}^m = v_1 \begin{pmatrix} 1 \\ 0 \\ \vdots \\ 0 \end{pmatrix} + v_2 \begin{pmatrix} 0 \\ 1 \\ \vdots \\ 0 \end{pmatrix} + \ldots + v_m \begin{pmatrix} 0 \\ 0 \\ \vdots \\ 1 \end{pmatrix} = \begin{pmatrix} v_1 \\ v_2 \\ \vdots \\ v_m \end{pmatrix} = \mathbf{v}.$$

∎

Beweis von Satz 6.3.1: Es sei also $\mathbf{v}^1, \mathbf{v}^2 \neq \mathbf{0}$. Laut Definition 6.3.1 sind $\mathbf{v}^1$ und $\mathbf{v}^2$ linear abhängig, wenn $\mathbf{v}^1 = \alpha_2\mathbf{v}^2$ oder $\mathbf{v}^2 = \alpha_1\mathbf{v}^1$. Trifft das erstere zu, so muss $\alpha_2 \neq 0$ gelten und es folgt:

$$\mathbf{v}^1 - \underbrace{\alpha_2}_{\neq 0}\mathbf{v}^2 \Leftrightarrow \mathbf{v}^2 = \underbrace{\frac{1}{\alpha_2}}_{=\alpha_1}\mathbf{v}^1.$$

Trifft das letztere zu, so muss $\alpha_1 \neq 0$ gelten und es folgt analog

$$\mathbf{v}^2 = \alpha_1\mathbf{v}^1 \Leftrightarrow \mathbf{v}^1 = \frac{1}{\alpha_1}\mathbf{v}^2.$$

Es muss im Fall von zwei Vektoren ungleich dem Nullvektor also nur eine der beiden Gleichungen überprüft werden. ∎

Beweis von Satz 6.3.2 ($*$): Die Behauptung kann man durch einen indirekten Beweis zeigen. Wir zeigen also, dass wenn zwei Vektoren, die nicht dem Nullvektor entsprechen, linear abhängig sind, ihr Skalarprodukt nicht 0 sein kann.

Sind zwei Vektoren $\mathbf{v}^1$ und $\mathbf{v}^2$ linear abhängig, dann gibt es ein $\alpha \in \mathbb{R}$, so dass $\mathbf{v}^2 = \alpha\mathbf{v}^1$. Da $\mathbf{v}^1, \mathbf{v}^2 \neq 0$ angenommen wurde, muss $\alpha \neq 0$ gelten. Es gilt also

$$\mathbf{v}^2 = \begin{pmatrix} v_1^2 \\ v_2^2 \end{pmatrix} = \alpha \begin{pmatrix} v_1^1 \\ v_2^1 \end{pmatrix} = \begin{pmatrix} \alpha v_1^1 \\ \alpha v_2^1 \end{pmatrix}.$$

Aus der Definition der Norm 2.2.5 und des Skalarprodukts 6.1.4 kann man dann schließen, dass

$$\mathbf{v}^{1^T}\mathbf{v}^2 = v_1^1 v_1^2 + v_2^1 v_2^2 = \alpha(v_1^1)^2 + \alpha(v_2^1)^2 = \underbrace{\alpha}_{\neq 0}\underbrace{((v_1^1)^2 + (v_2^1)^2)}_{=\|\mathbf{v}^1\|^2 > 0}$$

Da beide Faktoren des Produkts ungleich 0 sind, kann das Produkt nicht 0 sein. Das Skalarprodukt der Vektoren ist damit nicht 0, somit sind die Vektoren nicht orthogonal. ∎

Beweis von Satz 6.3.3 ($*$): Wir zeigen zunächst die Kontraposition der ersten Implikation: Wenn die Gleichung eine andere Lösung hat als $\alpha_1 = \alpha_2 = \cdots = \alpha_n = 0$, dann sind die Vektoren linear abhängig.

Sei also $\alpha_1, \ldots, \alpha_n$ eine Lösung der Gleichung

$$\alpha_1\mathbf{v}^1 + \alpha_2\mathbf{v}^2 + \cdots + \alpha_k\mathbf{v}^k + \cdots + \alpha_n\mathbf{v}^n = \mathbf{0},$$

wobei $\alpha_k \neq 0$ für ein $k \in \{1,\ldots,n\}$. Dann gilt also auch

$$-\alpha_k \mathbf{v}^k = \alpha_1 \mathbf{v}^1 + \alpha_2 \mathbf{v}^2 + \cdots + \alpha_{k-1}\mathbf{v}^{k-1} + \alpha_{k+1}\mathbf{v}^{k+1} + \cdots + \alpha_n \mathbf{v}^n$$

$$\text{bzw. } \mathbf{v}^k = -\frac{\alpha_1}{\alpha_k}\mathbf{v}^1 - \frac{\alpha_2}{\alpha_k}\mathbf{v}^2 - \cdots - \frac{\alpha_{k-1}}{\alpha_k}\mathbf{v}^{k-1} - \frac{\alpha_{k+1}}{\alpha_k}\mathbf{v}^{k+1} - \ldots - \frac{\alpha_n}{\alpha_k}\mathbf{v}^n.$$

Es gibt also einen Vektor $\mathbf{v}^k$, welcher sich als Linearkombination der anderen Vektoren darstellen lässt. Die Menge der Vektoren ist somit linear abhängig.

Nun zeigen wir die Kontraposition der Umkehrung: Wenn die Vektoren linear abhängig sind, dann hat die Gleichung eine andere Lösung als $\alpha_1 = \alpha_2 = \cdots = \alpha_n = 0$.

Sind die Vektoren linear abhängig, so kann man mindestens einen Vektor $\mathbf{v}^k$, $k \in \{1,\ldots,n\}$ als Linearkombination der anderen Vektoren beschreiben. Sei also

$$\mathbf{v}^k = \beta_1 \mathbf{v}^1 + \beta_2 \mathbf{v}^2 + \cdots + \beta_{k-1}\mathbf{v}^{k-1} + \beta_{k+1}\mathbf{v}^{k+1} + \cdots + \beta_n \mathbf{v}^n.$$

bzw.

$$\mathbf{0} = \beta_1 \mathbf{v}^1 + \beta_2 \mathbf{v}^2 + \cdots - \mathbf{v}^k + \cdots + \beta_n \mathbf{v}^n.$$

Dann ist die Gleichung

$$\alpha_1 \mathbf{v}^1 + \alpha_2 \mathbf{v}^2 + \cdots + \alpha_k \mathbf{v}^k + \cdots + \alpha_n \mathbf{v}^n = \mathbf{0}$$

für $\alpha_i = \beta_i$ für alle $i \neq k$ und $\alpha_k = -1 \neq 0$ erfüllt.

Zusammenfassend haben wir also die Äquivalenz gezeigt.   ∎

Beweis von Satz 6.3.4: Gilt $\mathbf{v}^k = \mathbf{0}$ für ein $k \in \{1,\ldots,n\}$, so ist die Gleichung

$$\alpha_1 \mathbf{v}^1 + \alpha_2 \mathbf{v}^2 + \cdots + \alpha_k \mathbf{v}^k + \cdots + \alpha_n \mathbf{v}^n = \mathbf{0}$$

unter anderem stets für $\alpha_k = 1$ und $\alpha_i = 0$ für alle $i \neq k$ erfüllt. Die Aussage folgt damit aus Satz 6.3.3.   ∎

Beweis von Satz 6.4.1: Gemäß Definition 6.4.2 ist V nicht leer und somit gibt es einen Vektor $\mathbf{v}$ aus V. Weiterhin folgt aus derselben Definition, dass $0 \cdot \mathbf{v} = \mathbf{0}$ ebenfalls in V liegt.   ∎

Beweis von Satz 6.4.2: Seien $\mathbf{v}, \mathbf{w} \in \lin\{\mathbf{v}^1,\ldots,\mathbf{v}^n\}$, d.h. es existieren Skalare $\beta_i^1, \beta_i^2 \in \mathbb{R}$, $i = 1,\ldots,n$, so dass $\mathbf{v} = \sum_{i=1}^n \beta_i^1 \mathbf{v}^i$ und $\mathbf{w} = \sum_{i=1}^n \beta_i^2 \mathbf{v}^i$. Da $\mathbf{v} + \mathbf{w} = \sum_{i=1}^n (\beta_i^1 + \beta_i^2)\mathbf{v}^i$ und $\beta_i^1 + \beta_i^2 \in \mathbb{R}$, gilt dann auch $\mathbf{v} + \mathbf{w} \in \lin\{\mathbf{v}^1,\ldots,\mathbf{v}^n\}$. Da zudem $\alpha\mathbf{v} = \sum_{i=1}^n \alpha\beta_i^1 \mathbf{v}^i$ und $\alpha\beta_i^1 \in \mathbb{R}$, gilt ebenso $\alpha\mathbf{v} \in \lin\{\mathbf{v}^1,\ldots,\mathbf{v}^n\}$. Somit ist $\lin\{\mathbf{v}^1,\ldots,\mathbf{v}^n\}$ ein linearer Raum.   ∎

Beweis von Satz 6.4.3: Gemäß Satz 6.2.1 ist jeder Vektor des $\mathbb{R}^m$ eine Linearkombination der kanonischen Einheitsvektoren, das heißt $\lin\{\mathbf{e}^1,\ldots,\mathbf{e}^m\} = \mathbb{R}^m$.   ∎

Beweis von Satz 6.4.4: Einen Beweis dieses Satzes findet man z.B. in Kall (1984, Satz 1.10).   ∎

Beweis von Satz 6.4.5: Einen Beweis findet man in Kall (1984, Satz 1.13).   ∎

Beweis von Satz 6.4.6: Einen Beweis findet man in Kall (1984, Satz 1.14).   ∎

Beweis von Satz 6.4.7: Einen Beweis einer etwas allgemeineren Version des Satzes findet man in Kall (1984, Korollar 1.15). ∎

Beweis von Satz 6.4.8: Einen Beweis einer etwas allgemeineren Version des Satzes findet man in Kall (1984, Korollar 1.16). ∎

Beweis von Satz 6.4.9: Einen Beweis findet man in Kall (1984, Korollar 1.5). ∎

Beweis von Satz 6.5.1: Sei $A = (a_{ij})$ eine quadratische Matrix, dann ist die Transponierte von A gegeben durch $A^T = (a_{ji})$. Somit gilt $A^T = A$ genau dann wenn A symmetrisch ist. ∎

Beweis von Satz 6.5.2: Einen Beweis findet man in Kall (1984, Satz 2.13). ∎

Beweis von Satz 6.5.3: Einen Beweis findet man in Kall (1984, Satz 2.13). ∎

Beweis von Satz 6.5.4: Wir führen den Beweis für die Zeilenvektoren. Der Fall der Spaltenvektoren funktioniert analog. Dazu betrachten wir folgende Linearkombination der Zeilenvektoren $\mathbf{a}_1, \ldots, \mathbf{a}_k$ und setzen diese gleich $\mathbf{0}$:

$$\sum_{i=1}^{k} \alpha_i \mathbf{a}_i = \mathbf{0}.$$

Gemäß der Definition der Zeilenstufenform wird in einer dieser Gleichungen α_1 mit dem führenden Element der ersten Zeile $\mathbf{a}_1$ multipliziert. In dieser Gleichung sind alle anderen Werte der Gewichte $\alpha_i, i \geq 2$, gleich 0 (vgl. Bsp. unten). Daraus folgt, dass $\alpha_1 = 0$ ist. Nun betrachtet man die Gleichung, in der α_2 mit dem führenden Element der zweiten Zeile $\mathbf{a}_2$ multipliziert wird. Da α_1 gleich 0 ist und alle anderen $\alpha_i, i \geq 3$, gleich 0 sind, folgt $\alpha_2 = 0$. Wiederholt man dieses Argument, findet man, dass alle $\alpha_i, i = 1, \ldots, k$ gleich 0 sein müssen. Die Zeilenvektoren $\mathbf{a}_1, \ldots, \mathbf{a}_k$ sind also linear unabhängig. ∎

6.8 Literaturverzeichnis

Dietz, H. M., *Mathematik für Wirtschaftswissenschaftler*, Springer Berlin Heidelberg, 5. Auflage, 2012

Kall, P., *Lineare Algebra für Ökonomen*, Teubner Studienbücher Mathematik, Stuttgart, 1. Auflage, 1984

Merz, M. und Wüthrich, M.V., *Mathematik für Wirtschaftswissenschaftler: Die Einführung mit vielen ökonomischen Beispielen*, Vahlen, 1. Auflage, 2013

Opitz, O., Etschberger, S., Burkart, W., und Klein, R., *Mathematik - Lehrbuch: für das Studium der Wirtschaftswissenschaften*, De Gruyter Studium, 12. Auflage, 2017

Strang, G., *Lineare Algebra*, Springer Berlin Heidelberg, 1. Auflage, 2003

Open Access Dieses Kapitel wird unter der Creative Commons Namensnennung 4.0 International Lizenz (http://creativecommons.org/licenses/by/4.0/deed.de) veröffentlicht, welche die Nutzung, Vervielfältigung, Bearbeitung, Verbreitung und Wiedergabe in jeglichem Medium und Format erlaubt, sofern Sie den/die ursprünglichen Autor(en) und die Quelle ordnungsgemäß nennen, einen Link zur Creative Commons Lizenz beifügen und angeben, ob Änderungen vorgenommen wurden.

Die in diesem Kapitel enthaltenen Bilder und sonstiges Drittmaterial unterliegen ebenfalls der genannten Creative Commons Lizenz, sofern sich aus der Abbildungslegende nichts anderes ergibt. Sofern das betreffende Material nicht unter der genannten Creative Commons Lizenz steht und die betreffende Handlung nicht nach gesetzlichen Vorschriften erlaubt ist, ist für die oben aufgeführten Weiterverwendungen des Materials die Einwilligung des jeweiligen Rechteinhabers einzuholen.

7. Lineare Gleichungssysteme

In diesem Kapitel definieren wir, was ein lineares Gleichungssystem ist, und stellen ein Rechenschema vor, mithilfe dessen alle Lösungen eines linearen Gleichungssystems bestimmt werden können. Nach der Einführung des Rechenschemas werden wir geometrische Interpretationen linearer Gleichungssysteme vorstellen und die Lösungsmengen mithilfe des sogenannten Rangs einer Matrix charakterisieren.

7.1 Gleichungssysteme

Unter einer Gleichung versteht man eine Aussage über die Gleichheit zweier Terme, die mithilfe des Gleichheitszeichens („="") symbolisiert wird. Formal hat eine Gleichung die Gestalt:

$$\underbrace{\text{Term } 1}_{\text{linke Seite}} = \underbrace{\text{Term } 2}_{\text{rechte Seite}} \,.$$

Gleichungen sind entweder wahr bzw. erfüllt oder falsch bzw. nicht erfüllt. Die Gleichung $0 = 0$ ist beispielsweise stets wahr, die Gleichung $1 = 0$ ist stets falsch. Wenn Term 1 oder Term 2 von einer oder mehreren Variablen abhängig ist, hängt es von den konkret eingesetzten Werten der Variablen ab, ob die Gleichung wahr oder falsch ist. Beispielsweise ist die Gleichung $x^2 = 4$ wahr, wenn x den Wert 2 oder den Wert -2 hat, sonst falsch. Die Werte der Variablen, für die eine Gleichung erfüllt ist, heißen Lösungen der Gleichung.

7.1.1 Die Lösungsmenge eines Gleichungssystems

Ziele dieses Unterkapitels
- Was ist ein Gleichungssystem?
- Was ist die Lösungsmenge eines Gleichungssystems?
- Wann heißen zwei Gleichungssysteme äquivalent?

© Der/die Autor(en) 2026
C. Barz, *Mathematik für Wirtschaftswissenschaftler*,
https://doi.org/10.1007/978-3-658-50521-9_8

Allgemein bezeichnet man eine Menge von Gleichungen mit Variablen als ein Gleichungssystem.

> **Definition 7.1.1 — Gleichungssystem.**
> Eine Menge von m Gleichungen mit n Variablen (Unbekannten) $x_1, \ldots, x_n \in \mathbb{R}$ heißt
> **Gleichungssystem**. Ein Vektor $\mathbf{x} = (x_1, \ldots, x_n)^T \in \mathbb{R}^n$ heißt **Lösung** des Gleichungssy-
> stems, wenn alle m Gleichungen für diese Werte $x_1, \ldots, x_n$ erfüllt sind.

Eine Lösung eines Gleichungssystems erfüllt alle Gleichungen simultan. Gleichungssysteme müssen keine Lösung haben, sie können aber auch mehr als eine Lösung haben. Die Menge aller Lösungen eines Gleichungssystems nennt man die Lösungsmenge $\mathbb{L}$.

> **Definition 7.1.2 — Lösungsmenge.**
> Die Menge $\mathbb{L} \subseteq \mathbb{R}^n$ aller Lösungen eines Gleichungssystems heißt **Lösungsmenge**
> oder **Lösungsraum** des Gleichungssystems. Ist $\mathbb{L} \neq \{\}$, so heißt das Gleichungssystem
> **konsistent** bzw. **lösbar**, andernfalls **inkonsistent** bzw. **unlösbar**.

Im folgenden Beispiel stellen wir verschiedene Gleichungssysteme vor, die sehr unterschiedliche Lösungsmengen haben.

■ **Beispiel 7.1.1 — Gleichungssysteme.**
Das Gleichungssystem

$$(x_1)^2 = 4$$
$$(x_2)^2 = 9$$
$$x_1 x_2 = 0$$

hat keine Lösung. Denn ein Vektor $\mathbf{x} = (x_1, x_2)^T$ ist nur dann eine Lösung der ersten Gleichung, wenn $x_1 = -2$ oder $x_1 = 2$. Ein Vektor $\mathbf{x} = (x_1, x_2)^T$ ist nur dann eine Lösung der zweiten Gleichung, wenn $x_2 = -3$ oder $x_2 = 3$. Ein Vektor $\mathbf{x}$ ist eine Lösung der dritten Gleichung $x_1 x_2 = 0$, wenn $x_1 = 0$ oder $x_2 = 0$. Im Fall $x_1 = 0$ kann der Vektor keine Lösung zur ersten Gleichung sein. Im Fall $x_2 = 0$ kann der Vektor keine Lösung zur zweiten Gleichung sein. Da es keinen Vektor gibt, der eine Lösung zu allen Gleichungen darstellt, ist die Lösungsmenge $\mathbb{L}$ leer: man schreibt $\mathbb{L} = \{\}$. Das Gleichungssystem ist somit unlösbar.

Das Gleichungssystem

$$(x_1)^2 = 4$$
$$(x_2)^2 = 9$$
$$x_1 x_2 = 6$$

ist lösbar. Es hat zwei Lösungen: $x_1 = 2, x_2 = 3$, bzw. $\mathbf{x} = (2,3)^T$, und $x_1 = -2, x_2 = -3$, bzw. $\mathbf{x} = (-2, -3)^T$,

$$\mathbb{L} = \left\{ \begin{pmatrix} 2 \\ 3 \end{pmatrix}, \begin{pmatrix} -2 \\ -3 \end{pmatrix} \right\}.$$

Das Gleichungssystem

$$(x_1)^2 = 4$$
$$(x_2)^2 = 9$$
$$(x_1)^2 (x_2)^2 = 36$$

ist ebenfalls lösbar. Es hat vier Lösungen,

$$\mathbb{L} = \left\{ \begin{pmatrix} 2 \\ 3 \end{pmatrix}, \begin{pmatrix} -2 \\ 3 \end{pmatrix}, \begin{pmatrix} 2 \\ -3 \end{pmatrix}, \begin{pmatrix} -2 \\ -3 \end{pmatrix} \right\}.$$

Das Gleichungssystem

$$(x_1)^2 = 4$$
$$(x_2)^2 = 9$$
$$x_1 + x_2 = 5$$

ist lösbar und hat eine Lösung,

$$\mathbb{L} = \left\{ \begin{pmatrix} 2 \\ 3 \end{pmatrix} \right\}.$$

Betrachten wir das Gleichungssystem

$$x_1 + x_2 = 5$$
$$-2x_1 - 2x_2 = -10$$
$$0.5x_1 + 0.5x_2 = 2.5,$$

so ist jeder Vektor mit $x_2 = 5 - x_1$, also jeder Vektor der Form

$$\begin{pmatrix} x_1 \\ 5 - x_1 \end{pmatrix} = \begin{pmatrix} 0 + x_1 \\ 5 - x_1 \end{pmatrix} = \begin{pmatrix} 0 \\ 5 \end{pmatrix} + x_1 \begin{pmatrix} 1 \\ -1 \end{pmatrix} \text{ mit } x_1 \in \mathbb{R}, \text{ eine Lösung.}$$

Dieses Gleichungssystem hat unendlich viele Lösungen. Schreibt man die Lösungsmenge mit Parameter t anstelle von x_1, ergibt sich

$$\mathbb{L} = \left\{ \begin{pmatrix} 0 \\ 5 \end{pmatrix} + t \begin{pmatrix} 1 \\ -1 \end{pmatrix} \middle| t \in \mathbb{R} \right\}. \qquad \blacksquare$$

Haben zwei Gleichungssysteme die gleiche Lösungsmenge, spricht man von äquivalenten Gleichungssystemen.

> **Definition 7.1.3 — Äquivalente Gleichungssysteme.**
> Zwei Gleichungssysteme heißen **äquivalent**, wenn ihre Lösungsmengen gleich sind.

■ **Beispiel 7.1.2 — Äquivalente Gleichungssysteme.**
Das Gleichungssystem

$$(x_1)^2 = 4$$
$$(x_2)^2 = 9$$

hat vier Lösungen,

$$\mathbb{L} = \left\{ \begin{pmatrix} 2 \\ 3 \end{pmatrix}, \begin{pmatrix} -2 \\ 3 \end{pmatrix}, \begin{pmatrix} 2 \\ -3 \end{pmatrix}, \begin{pmatrix} -2 \\ -3 \end{pmatrix} \right\}.$$

Das Gleichungssystem

$$(x_1)^2 = 4$$
$$(x_2)^2 = 9$$
$$(x_1)^2 (x_2)^2 = 36$$

hat die gleiche Lösungsmenge wie das im vorherigen Beispiel. Damit sind die beiden Gleichungssysteme äquivalent. Auch das Gleichungssytem

$$(x_1)^2 = 4$$
$$(x_2)^2 = 9$$
$$(x_1)^2(x_2)^2 = 36$$
$$(x_1)^2 + (x_2)^2 = 13$$
$$(x_2)^2 - (x_1)^2 = 5$$
$$0 = 0$$

ist äquivalent zu diesen Gleichungssystemen, d.h. es hat die Lösungsmenge

$$\mathbb{L} = \left\{ \begin{pmatrix} 2 \\ 3 \end{pmatrix}, \begin{pmatrix} -2 \\ 3 \end{pmatrix}, \begin{pmatrix} 2 \\ -3 \end{pmatrix}, \begin{pmatrix} -2 \\ -3 \end{pmatrix} \right\}.$$

∎

Gleichungssysteme sind in der Regel nur schwer lösbar. So kann es auch vorkommen, dass ein Gleichungssystem eine Lösung besitzt, welche man nicht exakt, sondern nur approximativ bestimmen kann.

∎ **Beispiel 7.1.3 — Fortsetzung von Beispiel 5.2.35.**
Betrachten wir die Gleichung (bzw. das Gleichungssystem mit $m = 1$ Gleichungen und $n = 1$ Variablen)

$$x + e^x = 0.$$

In Beispiel 5.2.35 nutzten wir den Nullstellensatz, um zu schließen, dass die Funktion mit Abbildungsvorschrift $y = x + e^x$ (mindestens) eine Nullstelle hat. Also hat obige Gleichung (mindestens) eine Lösung. Wir kamen in Beispiel 5.2.35 zu dem Ergebnis, dass die Lösung im Intervall $[-0.59375; -0.5625]$ liegt, konnten die genaue Lösung aber nicht bestimmen. Die Lösungsmenge kann man daher hier als

$$\mathbb{L} = \{ x \in \mathbb{R} \mid x + e^x = 0 \} \neq \{\}$$

beschreiben. Den in dieser Menge enthaltenen Wert von x kann man aber nicht einfach (in geschlossener Form) angeben.   ∎

Aufgrund dieser Schwierigkeit stellen wir kein allgemeines Lösungsschema für Gleichungssysteme vor. Stattdessen werden wir uns im Folgenden auf lineare Gleichungssysteme beschränken. Lineare Gleichungssysteme sind besondere Gleichungssysteme, die viele Anwendungen haben und relativ einfach schematisch lösbar sind.

(Z) Eine Menge von m Gleichungen mit n Variablen $x_1, \ldots, x_n$ bezeichnet man als Gleichungssystem.
Ein Vektor $\mathbf{x} = (x_1, \ldots, x_n)^T \in \mathbb{R}^n$ heißt Lösung des Gleichungssystems, wenn alle m Gleichungen des Gleichungssystems für dieses $\mathbf{x}$ erfüllt sind. Die Menge aller Lösungen eines Gleichungssystems bezeichnet man als Lösungsmenge des Gleichungssystems.
Haben zwei Gleichungssysteme die gleiche Lösungsmenge, nennt man sie äquivalent.

7.1.2 Definition eines linearen Gleichungssystems

Ziele dieses Unterkapitels

- Wann nennt man ein Gleichungssystem auch lineares Gleichungssystem?
- Wann nennt man ein lineares Gleichungssystem homogen?
- Was versteht man unter der Koeffizientenmatrix, der rechten Seite und der erweiterten Koeffizientenmatrix eines linearen Gleichungssystems?

Man nennt eine Gleichung mit n Variablen $x_1, \ldots, x_n$ linear, wenn man die Gleichung in der Form

$$a_{11}x_1 + a_{12}x_2 + \ldots + a_{1n}x_n = b_1$$

mit $a_{11}, a_{12}, \ldots, a_{1n}, b_1 \in \mathbb{R}$ schreiben kann. Die Konstanten $a_{11}, a_{12}, \ldots, a_{1n}$ auf der linken Seite obiger Gleichung, die mit den entsprechenden Variablen multipliziert werden, nennt man Koeffizienten. Die Konstante b_1 auf der rechten Seite obiger Gleichung, die nicht mit einer Variable multipliziert wird, nennt man rechte Seite.

Die linke Seite einer linearen Gleichung kann man also als Linearkombination der Variablen $x_1, \ldots, x_n$ mit Gewichten $a_{11}, a_{12}, \ldots, a_{1n}$ verstehen. Variablen treten in einer linearen Gleichung also unter anderem nie in quadratischer, logarithmischer oder exponentieller Form auf. Unterschiedliche Variablen werden zudem nie miteinander multipliziert.

Lineare Gleichungssysteme sind Gleichungssysteme, die nur aus linearen Gleichungen bestehen.

> **Definition 7.1.4 — Lineares Gleichungssystem.**
> Sei $A = (a_{ij}) \in \mathbb{R}^{m \times n}$ eine Matrix vom Typ $m \times n$, $\mathbf{x} \in \mathbb{R}^n$ und $\mathbf{b} \in \mathbb{R}^m$. Ein Gleichungssystem der Form $A\mathbf{x} = \mathbf{b}$, bzw.
>
> $$\begin{array}{ccccccccc} a_{11}x_1 & + & a_{12}x_2 & + & \ldots & + & a_{1n}x_n & = & b_1 \\ a_{21}x_1 & + & a_{22}x_2 & + & \ldots & + & a_{2n}x_n & = & b_2 \\ \vdots & & \vdots & & & & \vdots & & \vdots \\ a_{m1}x_1 & + & a_{m2}x_2 & + & \ldots & + & a_{mn}x_n & = & b_m \end{array}$$
>
> heißt **lineares Gleichungssystem (LGS)** mit m Gleichungen und n Variablen oder LGS in den Variablen $x_1, x_2, \ldots, x_n$. Man nennt A die **Koeffizientenmatrix** und $\mathbf{b}$ die **rechte Seite**. Ist $\mathbf{b} = \mathbf{0}$, so heißt das lineare Gleichungssystem **homogen**, andernfalls **inhomogen**.

Ein homogenes lineares Gleichungssystem wird also durch die Koeffizientenmatrix vollständig beschrieben. Bei einem inhomogenen linearen Gleichungssystem ist die rechte Seite ebenfalls notwendig, um das lineare Gleichungssystem zu beschreiben. Die erweiterte Koeffizientenmatrix fasst beide Informationen zusammen. Um die Trennung der Elemente der erweiterten Koeffizientenmatrix sinngemäß wiederzugeben, setzt man einen vertikalen Strich zwischen A und $\mathbf{b}$.

Definition 7.1.5 — Die erweiterte Koeffizientenmatrix.
Sei A eine $m \times n$-Matrix und $\mathbf{b} \in \mathbb{R}^m$. Dann heißt die $m \times (n+1)$-Matrix

$$(A|\mathbf{b}) = \left(\begin{array}{cccc|c} a_{11} & a_{12} & \dots & a_{1n} & b_1 \\ a_{21} & a_{22} & \dots & a_{2n} & b_2 \\ \vdots & \vdots & & \vdots & \vdots \\ a_{m1} & a_{m2} & \dots & a_{mn} & b_m \end{array}\right) = \begin{pmatrix} a_{11} & a_{12} & \dots & a_{1n} & b_1 \\ a_{21} & a_{22} & \dots & a_{2n} & b_2 \\ \vdots & \vdots & & \vdots & \vdots \\ a_{m1} & a_{m2} & \dots & a_{mn} & b_m \end{pmatrix}$$

erweiterte Koeffizientenmatrix.

Im Folgenden überprüfen wir, welche der Gleichungssysteme aus Beispiel 7.1.1 lineare Gleichungssysteme darstellen.

■ **Beispiel 7.1.4 — Fortsetzung von Beispiel 7.1.1 .**
Die ersten vier Gleichungssysteme in Beispiel 7.1.1 sind alle nicht linear. In den ersten drei Gleichungssystemen ist keine der $m = 3$ Gleichungen linear. Beispielsweise ist in der ersten Gleichung x_1 und in der zweiten x_2 in quadratischer Form enthalten. In der dritten Gleichung werden zwei Variablen miteinander multipliziert. Das vierte Gleichungssystem besteht aus zwei nichtlinearen Gleichungen und einer linearen Gleichung. Da in einem linearen Gleichungssystem alle Gleichungen in linearer Form vorliegen müssen, ist auch das vierte Gleichungssystem nicht linear.

Das fünfte Gleichungssystem in Beispiel 7.1.1 ist ein lineares Gleichungssystem mit $n = 2$ Variablen und $m = 3$ Gleichungen. Die Koeffizientenmatrix ist

$$A = \begin{pmatrix} 1 & 1 \\ -2 & -2 \\ 0.5 & 0.5 \end{pmatrix} \quad \text{und} \quad \mathbf{b} = \begin{pmatrix} 5 \\ -10 \\ 2.5 \end{pmatrix}$$

ist die rechte Seite. Damit ist die erweiterte Koeffizientenmatrix

$$(A|\mathbf{b}) = \left(\begin{array}{cc|c} 1 & 1 & 5 \\ -2 & -2 & -10 \\ 0.5 & 0.5 & 2.5 \end{array}\right).$$
■

■ **Beispiel 7.1.5 — Ein weiteres Beispiel.**
Das Gleichungssystem

$$5^2 x_1 - \exp(5)x_2 = \cos(1)$$
$$-\sin(7)x_1 + \ln(8)x_2 = \pi$$

ist ebenfalls ein lineares Gleichungssystem mit $n = 2$ Variablen und $m = 2$ Gleichungen. Die Koeffizientenmatrix ist

$$A = \begin{pmatrix} 5^2 & -\exp(5) \\ -\sin(7) & \ln(8) \end{pmatrix} \quad \text{und} \quad \mathbf{b} = \begin{pmatrix} \cos(1) \\ \pi \end{pmatrix}$$

ist die rechte Scite. Damit ist die erweiterte Koeffizientenmatrix

$$(A|\mathbf{b}) = \left(\begin{array}{cc|c} 5^2 & -\exp(5) & \cos(1) \\ -\sin(7) & \ln(8) & \pi \end{array}\right).$$

Auch hier werden die Variablen x_1 und x_2 jeweils mit reellen Koeffizienten multipliziert und dann addiert.[1]

In den folgenden Beispielen stellen wir zwei lineare Gleichungssysteme vor, anhand derer wir später Lösungsverfahren sowie die Geometrie linearer Gleichungssysteme genauer erläutern werden.

■ **Beispiel 7.1.6 — Ein Beispiel mit zwei Variablen.**
Das Gleichungssystem

$$\begin{aligned} x_1 - 2x_2 &= 1 \\ 3x_1 + 2x_2 &= 11 \end{aligned}$$

ist ein lineares Gleichungssystem mit $n = 2$ Variablen und $m = 2$ Gleichungen. Die Koeffizientenmatrix ist

$$A = \begin{pmatrix} 1 & -2 \\ 3 & 2 \end{pmatrix} \quad \text{und} \quad \mathbf{b} = \begin{pmatrix} 1 \\ 11 \end{pmatrix}$$

ist die rechte Seite. Damit ist die erweiterte Koeffizientenmatrix

$$(A|\mathbf{b}) = \left(\begin{array}{cc|c} 1 & -2 & 1 \\ 3 & 2 & 11 \end{array} \right).$$

Wir werden später Methoden kennenlernen, mithilfe derer wir die Lösungsmenge dieses Gleichungssystems bestimmen können.

■ **Beispiel 7.1.7 — Ein Beispiel mit drei Variablen.**
Das Gleichungssystem

$$\begin{aligned} x_1 + 2x_2 + 3x_3 &= 6 \\ 2x_1 + 5x_2 + 2x_3 &= 4 \\ 6x_1 - 3x_2 + x_3 &= 2 \end{aligned}$$

ist ein lineares Gleichungssystem mit $n = 3$ Variablen und $m = 3$ Gleichungen. Hier sind die Koeffizientenmatrix, die rechte Seite und die erweiterte Koeffizientenmatrix:

$$A = \begin{pmatrix} 1 & 2 & 3 \\ 2 & 5 & 2 \\ 6 & -3 & 1 \end{pmatrix}, \quad \mathbf{b} = \begin{pmatrix} 6 \\ 4 \\ 2 \end{pmatrix} \quad \text{und} \quad (A|\mathbf{b}) = \left(\begin{array}{ccc|c} 1 & 2 & 3 & 6 \\ 2 & 5 & 2 & 4 \\ 6 & -3 & 1 & 2 \end{array} \right).$$

Ⓩ Ein lineares Gleichungssystem mit Variablen $\mathbf{x} = (x_1, \ldots, x_n)^T \in \mathbb{R}^n$ hat die Form $A\mathbf{x} = \mathbf{b}$, wobei $A \in \mathbb{R}^{m \times n}$ und $\mathbf{b} \in \mathbb{R}^m$.

Ist $\mathbf{b} = \mathbf{0}$, so spricht man auch von einem homogenen linearen Gleichungssystem, sonst von einem inhomogenen linearen Gleichungssystem.

Man nennt A die Koeffizientenmatrix, $\mathbf{b}$ die rechte Seite und $(A|\mathbf{b})$ die erweiterte Koeffizientenmatrix.

---

[1] Würde das Gleichungssystem hingegen die Gleichung $5^2 x_1 - \exp(x_2) = \cos(1)$ enthalten, wäre es kein lineares Gleichungssystem.

7.1.3 Lineare Gleichungssysteme in expliziter Form

Ziele dieses Unterkapitels

- Was versteht man unter einem LGS in expliziter Form?
- Wie kann man erkennen, ob ein LGS in expliziter Form lösbar ist?

In manchen Fällen ist es einfach, die Lösung eines linearen Gleichungssystems zu finden.

■ Beispiel 7.1.8 — Einfach zu bestimmende Lösungsmengen.

Es ist klar, dass das lineare Gleichungssystem

$$x_1 = 2$$
$$x_2 = 4$$

mit

$$(A|\mathbf{b}) = \begin{pmatrix} 1 & 0 & | & 2 \\ 0 & 1 & | & 4 \end{pmatrix}$$

die (einzige) Lösung $\mathbf{x} = \mathbf{b} = (2,4)^T$ hat, $\mathbb{L} = \{(2,4)^T\} = \{\mathbf{b}\}$.

Das lineare Gleichungssystem

$$x_1 = 2$$
$$x_2 = 4$$
$$0 = 0$$

mit

$$(A|\mathbf{b}) = \begin{pmatrix} 1 & 0 & | & 2 \\ 0 & 1 & | & 4 \\ 0 & 0 & | & 0 \end{pmatrix}$$

hat die gleiche Lösungsmenge.

Das lineare Gleichungssystem

$$x_1 = 2$$
$$x_2 = 4$$
$$0 = 7$$

mit

$$(A|\mathbf{b}) = \begin{pmatrix} 1 & 0 & | & 2 \\ 0 & 1 & | & 4 \\ 0 & 0 & | & 7 \end{pmatrix}$$

ist unlösbar, d.h. die Lösungsmenge ist leer, $\mathbb{L} = \{\}$.

Das lineare Gleichungssystem

$$x_1 + x_3 = 2$$
$$x_2 + 2x_3 = 6$$

mit

$$(A|\mathbf{b}) = \begin{pmatrix} 1 & 0 & 1 & | & 2 \\ 0 & 1 & 2 & | & 6 \end{pmatrix}$$

entspricht

$$x_1 = 2 - x_3$$
$$x_2 = 6 - 2x_3.$$

Für $x_3 = 0$ ergibt sich direkt die Lösung $x_1 = 2$ und $x_2 = 6$, also $\mathbf{x} = (2,6,0)^T$. Für beliebiges x_3 hat eine Lösung stets die Form

$$\begin{pmatrix} 2 - x_3 \\ 6 - 2x_3 \\ x_3 \end{pmatrix} = \begin{pmatrix} 2 \\ 6 \\ 0 \end{pmatrix} + x_3 \begin{pmatrix} -1 \\ -2 \\ 1 \end{pmatrix} \quad , \quad x_3 \in \mathbb{R}.$$

Die Lösungsmenge ist

$$\mathbb{L} = \left\{ \begin{pmatrix} 2 \\ 6 \\ 0 \end{pmatrix} + x_3 \begin{pmatrix} -1 \\ -2 \\ 1 \end{pmatrix} \,\middle|\, x_3 \in \mathbb{R} \right\} = \left\{ \begin{pmatrix} 2 \\ 6 \\ 0 \end{pmatrix} + t \begin{pmatrix} -1 \\ -2 \\ 1 \end{pmatrix} \,\middle|\, t \in \mathbb{R} \right\}.$$

Dabei verwendet man in der Regel den Parameter t statt x_3, um Verwechslungen mit der Variablen x_3 zu vermeiden und zu betonen, dass dieser Wert frei gewählt werden kann. $\blacksquare$

Folgende Definition beschreibt, wann die Koeffizientenmatrix in einer besonderen Zeilenstufenform, der expliziten Form, vorliegt. In diesem Fall kann die Lösung des linearen Gleichungssystems, wie in den Beispielen angedeutet, einfach bestimmt werden.

> **Definition 7.1.6 — Eine Matrix in expliziter Form.**
> Eine $m \times n$-Matrix A liegt in **expliziter Form** vor, wenn
> - sie in Zeilenstufenform vorliegt;
> - jedes führende Element eine 1 ist;
> - jede Spalte von A, die ein führendes Element enthält, keine weiteren von 0 verschiedenen Einträge besitzt.
>
> Jedes führende Element einer Matrix in expliziter Form nennt man auch **führende Eins**.

Ist die Koeffizientenmatrix eines LGS in expliziter Form, spricht man auch von einem LGS in expliziter Form.

> **Definition 7.1.7 — Ein LGS in expliziter Form.**
> Sei $\mathbf{b} \in \mathbb{R}^m$ und $A \in \mathbb{R}^{m \times n}$. Liegt die Matrix A in expliziter Form vor, sagt man auch, das lineare Gleichungssystem $A\mathbf{x} = \mathbf{b}$, mit Variablen $\mathbf{x} \in \mathbb{R}^n$ liegt in **expliziter Form** vor. Variablen, die zu Spalten mit führenden Elementen gehören, nennt man **führende Variablen**. Variablen, die nicht zu Spalten mit führenden Elementen gehören, heißen **freie Variablen**.

Eine Matrix in expliziter Form ist also eine Matrix in Zeilenstufenform, bei der 1) jedes führende Element eine 1 ist und 2) oberhalb (und unterhalb) führender Elemente keine von Null verschiedenen Einträge auftreten. Abbildung 7.1 stellt schematisch eine Matrix in expliziter Form dar.

$$A = \begin{pmatrix} 1 & 3 & 0 & 0 & 0 & 2 & 5 \\ 0 & 0 & 1 & 0 & 0 & 3 & 8 \\ 0 & 0 & 0 & 1 & 0 & 2 & 0 \\ 0 & 0 & 0 & 0 & 0 & 0 & 0 \end{pmatrix}$$

Abbildung 7.1: Eine Matrix in expliziter Form

Hat ein lineares Gleichungssystem mit $n \geq 1$ Variablen eine Lösung und liegt die Matrix A in expliziter Form vor, erhält man die allgemeine Lösung, indem man die führenden Variablen ggf. durch freie Variablen ausdrückt. Die freien Variablen können frei gewählt werden. Wir demonstrieren dies an drei Beispielen.

■ **Beispiel 7.1.9 — Einfache lineare Gleichungssysteme ohne freie Variablen.**
Wir betrachten erneut das lineare Gleichungssystem mit

$$(A|\mathbf{b}) = \begin{pmatrix} 1 & 0 & 2 \\ 0 & 1 & 4 \end{pmatrix}$$

Die Matrix A, und somit auch das lineare Gleichungssystem, liegt in expliziter Form vor. Die führende Eins der ersten Zeile ist in Spalte 1, die führende Eins der zweiten Zeile ist in Spalte 2. Damit sind die Variablen x_1 und x_2 führende Variablen. Es gibt keine freie Variable.

Die einzige Lösung des linearen Gleichungssystems ist offensichtlich $\mathbf{x} = (2,4)^T = \mathbf{b}$. Die Lösungsmenge ist $\mathbb{L} = \left\{ (2,4)^T \right\} = \left\{ (b_1, b_2)^T \right\}$.

Fügt man die Gleichung $0 = 0$ hinzu, entspricht dies einer zusätzlichen Nullzeile der erweiterten Koeffizentenmatrix. So ergibt sich

$$(A|\mathbf{b}) = \begin{pmatrix} 1 & 0 & 2 \\ 0 & 1 & 4 \\ 0 & 0 & 0 \end{pmatrix}.$$

Auch hier liegt A, und somit auch das lineare Gleichungssystem, in expliziter Form vor. Die Lösungsmenge ist auch in diesem Fall gleich $\mathbb{L} = \left\{ (2,4)^T \right\} = \left\{ (b_1, b_2)^T \right\}$, wobei nun aber $\mathbf{b} = (2,4,0)^T \notin \mathbb{L}$ gilt. Fügt man stattdessen die Gleichung $0 = 1$ hinzu, ergibt sich wieder ein lineares Gleichungssystem in expliziter Form, diesmal mit

$$(A|\mathbf{b}) = \begin{pmatrix} 1 & 0 & 2 \\ 0 & 1 & 4 \\ 0 & 0 & 1 \end{pmatrix}.$$

Die Lösungsmenge ist leer, da $0 = 1$ für keinen Wert von $\mathbf{x}$ erfüllt werden kann, $\mathbb{L} = \{\}$. ■

Nicht jedes lineare Gleichungssystem in expliziter Form hat eine Lösung. Ist die linke Seite der i-ten Gleichung gleich 0, d.h. hat A eine Nullzeile in Zeile i, aber die rechte Seite, b_i, ungleich 0, so hat die i-te Gleichung keine Lösung. Ein lineares Gleichungssystem, das eine solche Gleichung enthält, hat somit keine Lösung. Ein lineares Gleichungssystem in expliziter Form hat genau dann eine Lösung, wenn jede zu einer Nullzeile von A gehörige Komponente der rechten Seite $\mathbf{b}$ gleich 0 ist.

> **Satz 7.1.1 — Lösbarkeit eines LGS in expliziter Form.**
> Sei A eine Koeffizientenmatrix eines linearen Gleichungssystems in expliziter Form mit n Variablen und m Gleichungen und rechter Seite $\mathbf{b} \in \mathbb{R}^m$. Zudem seien alle Zeilen $i > r$, mit r aus $\mathbb{N}_0$, von A Nullzeilen, d.h. die ersten r Zeilen von A keine Nullzeilen. Das lineare Gleichungssystem ist genau dann lösbar, wenn $b_i = 0$ für alle $i > r$.

Ein lineares Gleichungssystem in expliziter Form kann auch mehr als eine Lösung haben. Auch dann ist die Lösung aber relativ einfach abzulesen:

■ Beispiel 7.1.10 — Ein LGS in expliziter Form mit einer freien Variablen.
Das lineare Gleichungssystem

$$
\begin{aligned}
x_1 + x_3 &= 2 \\
x_2 + 2x_3 &= 6
\end{aligned}
$$

mit erweiterter Koeffizientenmatrix

$$
(A|\mathbf{b}) = \left(\begin{array}{ccc|c} 1 & 0 & 1 & 2 \\ 0 & 1 & 2 & 6 \end{array}\right)
$$

liegt ebenfalls in expliziter Form vor. Die führende Eins der ersten Zeile ist in Spalte 1, die führende Eins der zweiten Zeile ist in Spalte 2. Damit sind die Variablen x_1 und x_2 führende Variablen und x_3 eine freie Variable. Die Matrix A hat keine Nullzeile. Damit ist das LGS lösbar.

Lösungen ergeben sich, indem wir x_1 und x_2 durch die freie Variable x_3 ausdrücken:

$$
\begin{aligned}
x_1 &= 2 - x_3 = b_1 - a_{13}x_3 \\
x_2 &= 6 - 2x_3 = b_2 - a_{23}x_3.
\end{aligned}
$$

Damit ist für jeden Wert $x_3 \in \mathbb{R}$ der Vektor

$$
\begin{pmatrix} 2 - x_3 \\ 6 - 2x_3 \\ x_3 \end{pmatrix} = \begin{pmatrix} b_1 - a_{13}x_3 \\ b_2 - a_{23}x_3 \\ x_3 \end{pmatrix}
$$

eine Lösung. Nennt man den Parameter x_3 nun t, ist die Lösungsmenge

$$
\mathbb{L} = \left\{ \begin{pmatrix} 2 \\ 6 \\ 0 \end{pmatrix} + t \begin{pmatrix} -1 \\ -2 \\ 1 \end{pmatrix} \middle| t \in \mathbb{R} \right\} = \left\{ \begin{pmatrix} b_1 \\ b_2 \\ 0 \end{pmatrix} + t \begin{pmatrix} -a_{13} \\ -a_{23} \\ 1 \end{pmatrix} \middle| t \in \mathbb{R} \right\}.
$$

■

■ Beispiel 7.1.11 — Ein weiteres LGS in expliziter Form mit einer freien Variablen.
Das LGS

$$
\begin{aligned}
x_1 + 2x_2 &= 0 \\
x_3 &= 2,
\end{aligned}
$$

mit

$$
(A|\mathbf{b}) = \left(\begin{array}{ccc|c} 1 & 2 & 0 & 0 \\ 0 & 0 & 1 & 2 \end{array}\right),
$$

liegt ebenfalls in expliziter Form vor. Die führende Eins der ersten Zeile ist in Spalte 1, die führende Eins der zweiten Zeile ist in Spalte 3. Damit sind die Variablen x_1 und x_3 führende Variablen und x_2 eine freie Variable. Die Matrix A hat keine Nullzeile. Damit ist das LGS lösbar.

Lösungen ergeben sich, indem wir x_1 und x_3 durch die freie Variable x_2 ausdrücken:

$$
\begin{aligned}
x_1 &= -2x_2 = b_1 - a_{12}x_2 \\
x_3 &= 2 = b_2 - a_{22}x_2.
\end{aligned}
$$

Damit ist für jeden Wert $x_2 \in \mathbb{R}$ der Vektor

$$\begin{pmatrix} -2x_2 \\ x_2 \\ 2 \end{pmatrix} = \begin{pmatrix} b_1 - a_{12}x_2 \\ x_2 \\ b_2 - a_{22}x_2 \end{pmatrix}$$

eine Lösung. Schreibt man erneut t statt x_2, ist die Lösungsmenge

$$\mathbb{L} = \left\{ \begin{pmatrix} 0 \\ 0 \\ 2 \end{pmatrix} + t \begin{pmatrix} -2 \\ 1 \\ 0 \end{pmatrix} \middle| t \in \mathbb{R} \right\} = \left\{ \begin{pmatrix} b_1 \\ 0 \\ b_2 \end{pmatrix} + t \begin{pmatrix} -a_{12} \\ 1 \\ -a_{22} \end{pmatrix} \middle| t \in \mathbb{R} \right\}. \qquad \blacksquare$$

(Z) Ein LGS liegt in expliziter Form vor, wenn 1) die Koeffizientenmatrix in Zeilenstufenform vorliegt und 2) jedes führende Element eine 1 ist und 3) in Spalten mit führenden Elementen alle anderen Einträge gleich 0 sind.
Ein LGS in expliziter Form ist genau dann unlösbar, wenn es eine Nullzeile $\mathbf{a}_i$ von A gibt mit $b_i \neq 0$.

7.2 Ein Eliminationsverfahren

Liegt ein lösbares lineares Gleichungssystem in expliziter Form vor, kann die Lösung einfach durch Auflösen nach den führenden Variablen erhalten werden. Für allgemeine lineare Gleichungssysteme kann man die Lösung jedoch nicht immer so einfach bestimmen. Wir stellen in diesem Kapitel zu diesem Zweck ein Eliminationsverfahren vor. Die Grundidee des Eliminationsverfahrens ist es, das lineare Gleichungssystem so umzuformen, dass ein lineares Gleichungssystem in expliziter Form entsteht.

7.2.1 Elementare Zeilenumformungen

Ziele dieses Unterkapitels
- Welche Zeilenumformungen der erweiterten Koeffizientenmatrix führen zu äquivalenten linearen Gleichungssystemen?

Wir demonstrieren das Vorgehen des Eliminationsverfahrens anhand des linearen Gleichungssystems aus Beispiel 7.1.6.

■ **Beispiel 7.2.1 — Das Beispiel mit zwei Variablen.**
Das Verfahren wird Eliminationsverfahren genannt, da es zum Ziel hat, Variablen aus Gleichungen zu eliminieren. Beginnt man mit dem Gleichungssystem

$$\begin{array}{rl} x_1 - 2x_2 &= 1 \\ 3x_1 + 2x_2 &= 11 \end{array} \quad \text{bzw. } (A|\mathbf{b}) = \begin{pmatrix} 1 & -2 & \Big| & 1 \\ 3 & 2 & \Big| & 11 \end{pmatrix}$$

aus Beispiel 7.1.6 und versucht x_1 aus der zweiten Gleichung zu eliminieren, so kann man die erste Gleichung drei mal von der zweiten abziehen. Man erhält

$$\begin{array}{rl} x_1 - 2x_2 &= 1 \\ 8x_2 &= 8 \end{array} \quad \text{bzw. } (\tilde{A}|\tilde{\mathbf{b}}) = \begin{pmatrix} 1 & -2 & \Big| & 1 \\ 0 & 8 & \Big| & 8 \end{pmatrix}.$$

Aus der Gleichung $8x_2 = 8$ ergibt sich nach Division durch 8 unmittelbar, dass $x_2 = 1$. Setzt man dies in $x_1 - 2x_2 = 1$ ein, erhält man $x_1 - 2 = 1$ und damit

$$x_1 = 3$$
$$x_2 = 1.$$

Die Lösung ist also $\mathbf{x} = (3,1)^T$, $\mathbb{L} = \{(3,1)^T\}$.

Die Operationen, die hier angewendet wurden, sind in diesem Kapitel sehr zentral:

1. Um eine Variable zu eliminieren, wurde ein Vielfaches einer Gleichung von einer anderen Gleichung abgezogen. Im Beispiel wurde das Dreifache der Gleichung 1 von Gleichung 2 abgezogen.
2. Die rechte und linke Seite einer Gleichung wurde durch eine Konstante geteilt. Im Beispiel wurde die neu erhaltene Gleichung $8x_2 = 8$ durch 8 geteilt. ∎

In obigem Beispiel wurde ein Gleichungssystem zu einem anderen umgeformt. Die beiden Gleichungssysteme haben unterschiedliche rechte Seiten und unterschiedliche Koeffizientenmatrizen. Sie haben aber die gleiche Lösungsmenge und sind daher äquivalent.

Folgender Satz besagt, dass man aus einem linearen Gleichungssystem ein äquivalentes lineares Gleichungssystem erhält, wenn man eine Zeile der erweiterten Koeffizientenmatrix, d.h. alle Koeffizienten und die rechte Seite einer Zeile, mit einer Konstanten $\alpha \in \mathbb{R} \setminus \{0\}$ multipliziert. Zudem entsteht ein äquivalentes lineares Gleichungssystem, wenn man ein Vielfaches einer Zeile zu einer anderen Zeile addiert. Verändert man die Reihenfolge, in der die Gleichungen aufgezählt werden, so verändert sich die Lösungsmenge ebenfalls nicht.

Man nennt derartige Umformungen von Zeilen eines linearen Gleichungssystems, die zu einem äquivalenten linearen Gleichungssystem führen, elementare Zeilenumformungen.

Satz 7.2.1 — Elementare Zeilenumformungen.

Sei $A = (a_{ij}) \in \mathbb{R}^{m \times n}$, $\mathbf{b} \in \mathbb{R}^m$, $\alpha \in \mathbb{R}$ und das lineare Gleichungssystem $A\mathbf{x} = \mathbf{b}$ mit $\mathbf{x} \in \mathbb{R}^n$ gegeben.

- Multipliziert man Zeile $i_1 \in \{1, \ldots, m\}$ der erweiterten Koeffizientenmatrix $(A|\mathbf{b})$ mit $\alpha \neq 0$, erhält man eine neue erweiterte Koeffizientenmatrix $(\tilde{A}|\tilde{\mathbf{b}})$ mit

$$\tilde{a}_{ij} = \begin{cases} a_{ij}, & i \neq i_1 \\ \alpha a_{i_1 j}, & i = i_1 \end{cases} \qquad \tilde{b}_i = \begin{cases} b_i, & i \neq i_1 \\ \alpha b_{i_1}, & i = i_1 \end{cases} .$$

Das so entstandene lineare Gleichungssystem $\tilde{A}\mathbf{x} = \tilde{\mathbf{b}}$ ist äquivalent zu $A\mathbf{x} = \mathbf{b}$.

- Addiert man das α-fache einer Zeile $i_1 \in \{1, \ldots, m\}$ der erweiterten Koeffizientenmatrix $(A|\mathbf{b})$ zu Zeile $i_2 \neq i_1$, erhält man eine neue erweiterte Koeffizientenmatrix $(\tilde{A}|\tilde{\mathbf{b}})$ mit

$$\tilde{a}_{ij} = \begin{cases} a_{ij}, & i \neq i_2 \\ a_{i_2 j} + \alpha a_{i_1 j}, & i = i_2 \end{cases} \qquad \tilde{b}_i = \begin{cases} b_i, & i \neq i_2 \\ b_{i_2} + \alpha b_{i_1}, & i = i_2 \end{cases} .$$

Das so entstandene lineare Gleichungssystem $\tilde{A}\mathbf{x} = \tilde{\mathbf{b}}$ ist äquivalent zu $A\mathbf{x} = \mathbf{b}$.

- Vertauscht man zwei Zeilen i_1 und i_2, $1 \leq i_1 < i_2 \leq m$, der erweiterten Koeffizientenmatrix $(A|\mathbf{b})$, erhält man eine neue erweiterte Koeffizientenmatrix $(\tilde{A}|\tilde{\mathbf{b}})$ mit

$$\tilde{a}_{ij} = \begin{cases} a_{ij}, & i \notin \{i_1, i_2\} \\ a_{i_2 j}, & i = i_1 \\ a_{i_1 j}, & i = i_2 \end{cases} \qquad \tilde{b}_i = \begin{cases} b_i, & i \notin \{i_1, i_2\} \\ b_{i_2}, & i = i_1 \\ b_{i_1}, & i = i_2 \end{cases} .$$

Das so entstandene lineare Gleichungssystem $\tilde{A}\mathbf{x} = \tilde{\mathbf{b}}$ ist äquivalent zu $A\mathbf{x} = \mathbf{b}$.

(Z) Das LGS mit erweiterter Koeffizientenmatrix $(A|\mathbf{b})$ ist äquivalent zu einem LGS mit einer erweiterten Koeffizientenmatrix, die entstanden ist, indem
1. eine Zeile von $(A|\mathbf{b})$ mit $\alpha \in \mathbb{R}, \alpha \neq 0$ multipliziert wurde;
2. das α-fache einer Zeile von $(A|\mathbf{b})$ zu einer anderen Zeile addiert wurde;
3. zwei Zeilen von $(A|\mathbf{b})$ vertauscht wurden.
Diese Zeilenumformungen nennt man elementare Zeilenumformungen.

7.2.2 Die Grundidee des Eliminationsverfahrens

Ziele dieses Unterkapitels

- Was wird im i-ten Schritt unseres Eliminationsverfahrens erzielt?

Die Grundidee des Eliminationsverfahrens ist es, in einem ersten Schritt x_1 aus allen Gleichungen außer der ersten Gleichung zu entfernen, in einem zweiten Schritt x_2 aus allen Gleichungen außer der zweiten Gleichung zu entfernen, in einem dritten Schritt x_3 aus allen Gleichungen außer der dritten Gleichung zu entfernen, und so weiter. Zum Entfernen einer Variablen werden Vielfache der einen Zeile von den anderen Zeilen abgezogen oder zu den anderen Zeilen addiert. Da diese Grundidee bei einigen linearen Gleichungssystemen so nicht umsetzbar ist, werden wir sie im Folgenden erweitern. Wir demonstrieren aber zunächst die Grundidee an Beispiel 7.1.7:

■ Beispiel 7.2.2 — Grundidee des Eliminationsverfahrens.
Ausgehend vom linearen Gleichungssystem

$$\begin{array}{ll} ① & x_1 + 2x_2 + 3x_3 = 6 \\ ② & 2x_1 + 5x_2 + 2x_3 = 4 \\ ③ & 6x_1 - 3x_2 + x_3 = 2 \end{array} \quad \text{bzw.} \quad \left(\begin{array}{ccc|c} 1 & 2 & 3 & 6 \\ 2 & 5 & 2 & 4 \\ 6 & -3 & 1 & 2 \end{array} \right)$$

versuchen wir in einem ersten Schritt, x_1 aus den Gleichungen 2 und 3 zu entfernen. Hierfür ziehen wir Gleichung 1 zweimal von Gleichung 2 und sechsmal von Gleichung 3 ab. Wir erhalten:

$$x_1 + 2x_2 + 3x_3 = 6$$
$$(2 - 2 \cdot 1)x_1 + (5 - 2 \cdot 2)x_2 + (2 - 2 \cdot 3)x_3 = 4 - 2 \cdot 6$$
$$(6 - 6 \cdot 1)x_1 + (-3 - 6 \cdot 2)x_2 + (1 - 6 \cdot 3)x_3 = 2 - 6 \cdot 6,$$

also

$$\begin{array}{ll} x_1 + 2x_2 + 3x_3 = 6 \\ x_2 - 4x_3 = -8 \\ -15x_2 - 17x_3 = -34. \end{array} \quad \text{bzw.} \quad \left(\begin{array}{ccc|c} 1 & 2 & 3 & 6 \\ 0 & 1 & -4 & -8 \\ 0 & -15 & -17 & -34 \end{array} \right) .$$

In einem zweiten Schritt versuchen wir, x_2 aus der ersten und dritten Gleichung des neu erhaltenen linearen Gleichungssystems zu entfernen. Hierfür ziehen wir die zweite Gleichung zweimal von der ersten Gleichung ab und addieren sie 15-mal zur dritten. Wir erhalten

$$x_1 + (2 - 2 \cdot 1)x_2 + (3 - 2 \cdot (-4))x_3 = 6 - 2 \cdot (-8)$$
$$x_2 - 4x_3 = -8$$
$$(-15 + 15 \cdot 1)x_2 + (-17 + 15 \cdot (-4))x_3 = -34 + 15 \cdot (-8),$$

und damit

$$\begin{array}{rl} x_1 \quad + 11x_3 &= 22 \\ x_2 - 4x_3 &= -8 \\ -77x_3 &= -154. \end{array} \quad \text{bzw.} \quad \left(\begin{array}{ccc|c} 1 & 0 & 11 & 22 \\ 0 & 1 & -4 & -8 \\ 0 & 0 & -77 & -154 \end{array} \right).$$

Im dritten Schritt eliminieren wir x_3 aus den ersten beiden Gleichungen des neu erhaltenen Gleichungssystems. Wir addieren $\frac{11}{77}$-mal die dritte Gleichung zur ersten und ziehen $\frac{4}{77}$-mal die dritte von der zweiten Gleichung ab. Es ergibt sich

$$x_1 \quad + \left(11 + \frac{11}{77}(-77) \right) x_3 = 22 + \frac{11}{77}(-154)$$
$$x_2 + \left(-4 - \frac{4}{77}(-77) \right) x_3 = -8 - \frac{4}{77}(-154)$$
$$-77x_3 = -154,$$

und so

$$\begin{array}{rl} x_1 &= 0 \\ x_2 &= 0 \\ -77x_3 &= -154. \end{array} \quad \text{bzw.} \quad \left(\begin{array}{ccc|c} 1 & 0 & 0 & 0 \\ 0 & 1 & 0 & 0 \\ 0 & 0 & -77 & -154 \end{array} \right).$$

Noch einfacher erkennt man die Lösung, wenn man die letzte Gleichung durch -77 teilt und somit

$$\begin{array}{rl} x_1 &= 0 \\ x_2 &= 0 \\ x_3 &= 2 \end{array} \quad \text{bzw.} \quad \left(\begin{array}{ccc|c} 1 & 0 & 0 & 0 \\ 0 & 1 & 0 & 0 \\ 0 & 0 & 1 & 2 \end{array} \right)$$

erhält. Die Lösung zum obigen linearen Gleichungssystem lautet also $\mathbf{x} = (0,0,2)^T$, $\mathbb{L} = \{(0,0,2)^T\}$.

Um sich lästige Schreibarbeit zu sparen, notiert man in der Regel nur die erweiterte Koeffizientenmatrix in einem Tableau und notiert die Rechenschritte in einer zusätzlichen Spalte. Die obigen Berechnungen entsprechen dann:

	x_1	x_2	x_3	$\mathbf{b}$	
①	1	2	3	6	
②	2	5	2	4	
③	6	-3	1	2	
④	1	2	3	6	①
⑤	0	1	-4	-8	② $-2\cdot$①
⑥	0	-15	-17	-34	③ $-6\cdot$①
⑦	1	0	11	22	④ $-2\cdot$⑤
⑧	0	1	-4	-8	⑤
⑨	0	0	-77	-154	⑥ $+15\cdot$⑤
⑩	1	0	0	0	⑦ $+\frac{11}{77}\cdot$⑨
⑪	0	1	0	0	⑧ $-\frac{4}{77}\cdot$⑨
⑫	0	0	-77	-154	⑨
⑬	1	0	0	0	⑩
⑭	0	1	0	0	⑪
⑮	0	0	1	2	$-\frac{1}{77}\cdot$⑫

Wir besprechen Tableaus dieser Art im Folgenden.   ∎

Das Tableau

Schreibt man Gleichungen der Form

$$
\begin{aligned}
a_{11}x_1 &+ a_{12}x_2 &+ \ldots + a_{1n}x_n &= b_1 \\
a_{21}x_1 &+ a_{22}x_2 &+ \ldots + a_{2n}x_n &= b_2 \\
&\;\;\vdots & & \\
a_{m1}x_1 &+ a_{m2}x_2 &+ \ldots + a_{mn}x_n &= b_m
\end{aligned}
$$

als Tableau, so beschriftet man die j-te Spalte mit x_j und schreibt die Koeffizienten a_{ij} in Zeile i der entsprechenden Spalte. Die der jeweiligen Zeile entsprechende rechte Seite notiert man in einer weiteren Spalte. Oft fügt man links noch eine Spalte hinzu, in der man die einzelnen entstehenden Gleichungen nummeriert. Das den obigen Gleichungen mit erweiterter Koeffizientenmatrix $(A|\mathbf{b})$ entsprechende Tableau ist also

	x_1	x_2	$\ldots$	x_n	$\mathbf{b}$
①	a_{11}	a_{12}	$\ldots$	a_{1n}	b_1
②	a_{21}	a_{22}	$\ldots$	a_{2n}	b_2
$\vdots$	$\vdots$	$\vdots$	$\ldots$	$\vdots$	$\vdots$
ⓜ	a_{m1}	a_{m2}	$\ldots$	a_{mn}	b_m

Führt man Umformungen durch, so wird das neu entstandene lineare Gleichungssystem unter dem vorherigen ergänzt. Zur besseren Übersicht trennt man die so entstehenden äquivalenten linearen Gleichungssysteme durch horizontale Linien und notiert in einer weiteren Spalte, wie die neuen Gleichungen aus dem vorherigen linearen Gleichungssystem entstanden sind.

■ Beispiel 7.2.3 — Fortsetzung von Beispiel 7.1.6.

Das Tableau

	x_1	x_2	$\mathbf{b}$	
①	1	-2	1	
②	3	2	11	
③	1	-2	1	①
④	0	8	8	② - 3·①
⑤	1	0	3	③ + $\frac{1}{4}$·④
⑥	0	8	8	④
⑦	1	0	3	⑤
⑧	0	1	1	$\frac{1}{8}$·⑥

zeigt also in den Zeilen ① und ② das lineare Gleichungssystem

$$x_1 - 2x_2 = 1$$
$$3x_1 + 2x_2 = 11.$$

In einer ersten Umformung entsteht daraus das lineare Gleichungssystem

$$x_1 - 2x_2 = 1$$
$$8x_2 = 8,$$

welches man in Zeilen ③ und ④ ablesen kann. Die letzte Spalte in Zeile ③ zeigt an, dass die erste Gleichung im Vergleich zum vorherigen linearen Gleichungssystem unverändert, also gleich ①, ist. Die letzte Spalte in Zeile ④ zeigt, dass man das Dreifache der Gleichung ① von Gleichung ② abzieht, um die neue zweite Gleichung, Gleichung ④, zu erhalten. In einer zweiten Umformung entstehen die Zeilen ⑤ und ⑥, das lineare Gleichungssystem

$$x_1 = 3$$
$$8x_2 = 8.$$

In der rechten Spalte dieser Zeilen kann man ablesen, wie diese Gleichungen aus dem vorherigen linearen Gleichungssystem, den Gleichungen ③ und ④, entstanden sind. In Zeilen ⑦ und ⑧ kann dann die Lösung als $\mathbf{x} = (3, 1)^T$ abgelesen werden. ■

Schritt i der Grundidee

Die Grundidee des Eliminationsverfahrens ist es, bei einem linearen Gleichungssystem $A\mathbf{x} = \mathbf{b}$ mit n Variablen und m Gleichungen folgende Schritte auszuführen:
- Schritt 0: Beginne mit $i = 1$. Betrachte die erweiterte Koeffizientenmatrix $(A|\mathbf{b})$.
- Schritt i: Wenn $a_{ii} \neq 0$,[2]
  a) eliminiere Variable x_i in allen Zeilen $i_2 \neq i$, d.h. erziele Koeffizient $a_{i_2 i} = 0$ in Spalte i für alle Zeilen i_2 außer Zeile i, indem das passende Vielfache[3] der Zeile i zu Zeile i_2 addiert[4] wird;

---

[2]   Ist $a_{ii} = 0$, muss eine der Erweiterungen des folgenden Abschnitts 7.2.3 genutzt werden.

[3]   Dieses passende Vielfache ist $\frac{-a_{i_2 i}}{a_{ii}}$.

[4]   Hierbei kann auch eine negative Zahl addiert werden.

b) teile Zeile i durch $a_{ii} \neq 0$;

c) nenne die Koeffizientenmatrix des neu entstandenen linearen Gleichungssystems wieder A. Falls es ein Element $a_{(i+1)(i+1)}$ dieser Matrix gibt, also A mindestens $i+1$ Zeilen und $i+1$ Spalten hat, erhöhe i um 1 und wiederhole Schritt i.

Die i-te Wiederholung dieser Schritte kreiert eine Koeffizientenmatrix mit i-ter Spalte $\mathbf{a}^i = \mathbf{e}^i$. Die i-te Spalte wird zum i-ten Einheitsvektor. Dass dieses Eliminationsverfahren zu äquivalenten Gleichungssystemen führt, ergibt sich aus Satz 7.2.1.

Dieses Schema wurde in beiden Beispielen dieses Unterkapitels angewandt. Wir führen dies für Beispiel 7.2.2 genauer aus.

■ Beispiel 7.2.4 — Die Schritte im Beispiel 7.2.2.

Im Gleichungssystem in Beispiel 7.2.2 ist $a_{11} \neq 0$, daher wird in Schritt 1, Teilschritt a) Variable x_1 aus Gleichungen ② und ③ entfernt, vgl. Gleichungen ④ bis ⑥. Da $a_{11} = 1$ gilt, kann auf Teilschritt b) verzichtet werden.

In Schritt 2 wird $a_{22} \neq 0$ geprüft, vgl. die Spalte x_2 in Gleichung ⑤. Da $a_{22} = 1$ gilt, wird nun Variable x_2 aus Gleichungen ④ und ⑥ entfernt. Da $a_{22} = 1$ gilt und die Division durch 1 keine Zahl verändert, kann wieder auf Teilschritt b) verzichtet werden.

In Schritt 3 wird $a_{33} \neq 0$ geprüft, vgl. die Spalte x_3 in Gleichung ⑨. Da $a_{33} = -77$ gilt, wird nun Variable x_3 aus Gleichungen ⑦ und ⑧ entfernt. So ergeben sich Gleichungen ⑩ bis ⑫. Anschließend wird Gleichung ⑫ durch $a_{33} = -77$ geteilt. Da weder 4 Zeilen noch 4 Spalten existieren, endet dieses Verfahren hier.

In den bisherigen Tableaus wurde für jeden Teilschritt das lineare Gleichungssystem erneut aufgeschrieben. Abkürzend kann man stets alle Teilschritte a) bis c) eines Schritts der Grundidee gemeinsam ausführen. Man kann also auch bereits zur Generierung von Gleichung ⑫ die entsprechende Zeile durch a_{33} teilen. So spart man sich drei Zeilen und erhält

	x_1	x_2	x_3	$\mathbf{b}$	
①	1	2	3	6	
②	2	5	2	4	
③	6	-3	1	2	
⋮	⋮	⋮	⋮	⋮	⋮
⑩	1	0	0	0	$⑦ + \frac{11}{77} \cdot ⑨$
⑪	0	1	0	0	$⑧ - \frac{4}{77} \cdot ⑨$
⑫	0	0	1	2	$-\frac{1}{77} \cdot ⑨$

Erhält man bei der Durchführung obiger Schritte ein Element $a_{ii} = 0$, so stößt dieses einfache Schema an seine Grenzen. Wir stellen daher im Folgenden drei Mechanismen vor, wie man in diesen Fällen verfahren kann.

Ⓩ Ziel des i-ten Schritts ist es, Variable x_i aus allen Gleichungen außer der i-ten Gleichung zu entfernen und $a_{ii} = 1$ zu erhalten. Somit wird der i-te Einheitsvektor in Spalte i der erweiterten Koeffizientenmatrix erzeugt.

7.2.3 Erweiterungen

Ziele dieses Unterkapitels

• Wie kann man das Eliminationsverfahren in Schritt i fortführen, wenn $a_{ii} = 0$ gilt?

Erhält man nach $i - 1$ Schritten ein Element $a_{ii} = 0$, kann man den i-ten Schritt des Eliminationsverfahrens nicht ausführen, da man Zeile i nicht nutzen kann, um Variable x_i aus den anderen Zeilen zu eliminieren. Wir demonstrieren drei Möglichkeiten, wie man in diesem Fall das Eliminationsverfahren gegebenenfalls fortführen kann:

Erweiterung 1: Nullzeilen von A

Enthält die erweiterte Koeffizientenmatrix $(A|\mathbf{b})$ eine Nullzeile, so kann diese stets gestrichen werden. Folgendes Beispiel illustriert dieses Vorgehen:

■ Beispiel 7.2.5 — Nullzeilen der erweiterten Koeffizientenmatrix.
Will man das lineare Gleichungssystem

$$x_1 - 2x_2 = 1$$
$$2x_1 - 4x_2 = 2$$
$$3x_1 + 2x_2 = 11$$

lösen, erhält man das Tableau

	x_1	x_2	$\mathbf{b}$	
①	1	-2	1	
②	2	-4	2	
③	3	2	11	
④	1	-2	1	①
⑤	0	0	0	② - 2·①
⑥	0	8	8	③ - 3·①

Nach Schritt 1 kommt man an dieser Stelle nicht zu Schritt 2 der obigen Grundidee, da $a_{22} = 0$ gilt. Zeilen ④ bis ⑥ entsprechen dem Gleichungssystem

$$x_1 - 2x_2 = 1$$
$$0x_1 + 0x_2 = 0$$
$$8x_2 = 8.$$

Da die mittlere Gleichung stets erfüllt ist, ist jede Lösung dieses linearen Gleichungssystems offensichtlich eine Lösung von

$$x_1 - 2x_2 = 1$$
$$8x_2 = 8$$

und umgekehrt. Die mittlere Gleichung ⑤ kann daher einfach weggelassen werden. Mit dem so entstandenen Tableau ergibt sich ein Element $a_{22} = 8 \neq 0$ und man kann wie folgt weiterrechnen:

	x_1	x_2	$\mathbf{b}$	
⑦	1	-2	1	④
⑧	0	8	8	⑥
⑨	1	0	3	⑦ $+ \frac{1}{4} \cdot$ ⑧
⑩	0	1	1	$\frac{1}{8} \cdot$ ⑧

Die Lösung $\mathbf{x} = (3,1)^T$ bzw. $\mathbb{L} = \{(3,1)^T\}$ kann aus ⑨ und ⑩ abgelesen werden. ∎

Nullzeilen verändern ein lineares Gleichungssystem also nicht. Wir fassen dies in einem Satz zusammen:

Satz 7.2.2 — Streichen von Nullzeilen.
Lässt man in einem linearen Gleichungssystem der Form $A\mathbf{x} = \mathbf{b}, A \in \mathbb{R}^{m \times n}, \mathbf{x} \in \mathbb{R}^n, \mathbf{b} \in \mathbb{R}^m$, eine Gleichung der Form

$$0 \cdot x_1 + 0 \cdot x_2 + \cdots + 0 \cdot x_n = 0,$$

also eine Zeile i_1 mit $a_{i_1 j} = 0$ für alle $j = 1, \ldots, n$ und $b_{i_1} = 0$, weg oder fügt sie hinzu, so entsteht ein lineares Gleichungssystem, das zu dem ursprünglichen linearen Gleichungssystem äquivalent ist.

Trifft man bei der Ausführung der Grundidee auf eine Nullzeile, so kann diese also einfach gestrichen werden. Hat A in Zeile i eine Nullzeile, aber $b_i \neq 0$, kann man die Zeile nicht einfach streichen, wie folgendes Beispiel zeigt:

■ Beispiel 7.2.6 — Nullzeilen der Koeffizientenmatrix.
Will man das lineare Gleichungssystem

$$\begin{aligned} x_1 - 2x_2 &= 1 \\ 2x_1 - 4x_2 &= 3 \\ 3x_1 + 2x_2 &= 11 \end{aligned}$$

lösen, erhält man das Tableau

	x_1	x_2	$\mathbf{b}$	
①	1	-2	1	
②	2	-4	3	
③	3	2	11	
④	1	-2	1	①
⑤	0	0	1	② - 2·①
⑥	0	8	8	③ - 3·①

Auch hier kann man Schritt 2 obiger Grundidee nicht ausführen, da $a_{22} = 0$ gilt. Zeilen ④ bis ⑥ entsprechen dem Gleichungssystem

$$\begin{aligned} x_1 - 2x_2 &= 1 \\ 0x_1 + 0x_2 &= 1 \\ 8x_2 &= 8. \end{aligned}$$

Da die mittlere Gleichung nie erfüllt sein kann, hat das lineare Gleichungssystem keine Lösung, $\mathbb{L} = \{\}$. Das Verfahren kann an dieser Stelle also abgebrochen werden. ∎

Hat A in Zeile i eine Nullzeile und gilt $b_i = 0$, hat also die erweiterte Koeffizientenmatrix eine Nullzeile, so kann Zeile i einfach gestrichen und Schritt i des Grundschemas wiederholt werden. Hat A in Zeile i eine Nullzeile und gilt $b_i \neq 0$, so kann das Verfahren abgebrochen werden, da dann das lineare Gleichungssystem unlösbar ist und $\mathbb{L} = \{\}$ gelten muss.

Erweiterung 2: Zeilentausch

Ergibt sich ein Element $a_{ii} = 0$ in einer Zeile von A, die keine Nullzeile ist, und gibt es eine andere Zeile $i_2 > i$ mit $a_{i_2 i} \neq 0$, so kann ein Zeilentausch mit dieser Zeile vorgenommen werden.

■ Beispiel 7.2.7 — Zeilentausch.

Will man das lineare Gleichungssystem

$$-2x_2 = -2$$
$$2x_1 + 4x_2 = 10$$

ausgehend vom Tableau

	x_1	x_2	$\mathbf{b}$
①	0	-2	-2
②	2	4	10

lösen, so kann man die erste Gleichung nicht nutzen, um x_1 aus den anderen Gleichungen zu eliminieren, da $a_{11} = 0$. Erweiterung 1 hilft nicht weiter, da die Matrix A in Zeile 1 keine Nullzeile hat. Schreibt man die Gleichungen jedoch in anderer Reihenfolge, also

$$2x_1 + 4x_2 = 10$$
$$-2x_2 = -2,$$

kann man wie gewohnt rechnen:

	x_1	x_2	$\mathbf{b}$	
③	2	4	10	②
④	0	-2	-2	①
⑤	1	2	5	$\frac{1}{2}\cdot$③
⑥	0	-2	-2	④
⑦	1	0	3	⑤ + ⑥
⑧	0	1	1	$-\frac{1}{2}\cdot$⑥

Man erhält die Lösung $\mathbf{x} = (3,1)^T$ bzw. $\mathbb{L} = \{(3,1)^T\}$.							■

Kommt man bei der Durchführung des Eliminationsverfahrens also zu einem Punkt, an dem $a_{ii} = 0$ ist, aber A keine Nullzeile hat, so kann man versuchen, durch einen geeigneten Zeilentausch das Tableau auf eine Form zu bringen, in der man fortfahren kann. Da ein Zeilentausch einer einfachen Veränderung der Reihenfolge der Gleichungen entspricht, ergibt sich durch Vertauschung zweier Zeilen i_1 und i_2 aus einem linearen Gleichungssystem stets ein äquivalentes lineares Gleichungssystem, vgl. Satz 7.2.1. Da man mithilfe des Eliminationsverfahrens in den ersten Schritten die ersten Spalten bereits auf eine Form gebracht hat, in der die führenden Einsen der ersten Zeilen richtig geordnet sind, tauscht man Zeile $i_1 = i$ in der Regel nur mit Zeilen $i_2 > i$, also unterhalb von i.

Erweiterung 3: Überspringen von Variablen

Nicht jedes lineare Gleichungssystem hat in expliziter Form in jeder Spalte eine führende Eins. Dann kann es vorkommen, dass man eine Spalte überspringen muss, wie folgendes Beispiel zeigt.

■ **Beispiel 7.2.8 — Überspringen von Variablen.**

Um das lineare Gleichungssystem

$$x_1 + 2x_2 + 3x_3 = 6$$
$$x_1 + 2x_2 + 2x_3 = 4$$

zu lösen, betrachten wir das Tableau

	x_1	x_2	x_3	$\mathbf{b}$	
①	1	2	3	6	
②	1	2	2	4	
③	1	2	3	6	①
④	0	0	-1	-2	② - ①

In Schritt 1 wurde mittels der ersten Zeile x_1 aus der zweiten Zeile eliminiert. Nun kann man aber nicht mit Hilfe der zweiten Zeile die zweite Variable eliminieren, da $a_{22} = 0$ gilt. Zeile 2 dieses linearen Gleichungssystems ist keine Nullzeile von A. Daher kann Erweiterung 1 nicht angewandt werden. Zudem gibt es keine Zeile $i_2 > 2$, mit der man eine Vertauschung vornehmen könnte.

Das lineare Gleichungssystem aus Zeilen ③ und ④ lautet

$$x_1 + 2x_2 + 3x_3 = 6$$
$$-x_3 = -2.$$

Statt x_2 kann man nun x_3 mithilfe der zweiten Gleichung aus der ersten entfernen und eine führende Eins in der dritten Spalte erzeugen. Man erhält

	x_1	x_2	x_3	$\mathbf{b}$	
⑤	1	2	0	0	③ + 3·④
⑥	0	0	1	2	-1·④

Da es keine dritte Zeile gibt, sind die Berechnungen beendet. Man erhält

$$x_1 + 2x_2 = 0$$
$$x_3 = 2.$$

Jeder Vektor $\mathbf{x} = (x_1, x_2, x_3)^T$ mit belieber zweiter Komponente $x_2 \in \mathbb{R}$, erster Komponente $x_1 = -2x_2$ und dritter Komponente $x_3 = 2$ ist eine Lösung des obigen Gleichungssystems. Lösungen kann man also in der Form

$$\mathbf{x} = \begin{pmatrix} -2x_2 \\ x_2 \\ 2 \end{pmatrix} \quad, \quad x_2 \in \mathbb{R}$$

darstellen. Schreibt man statt x_2 den Parameter t, ist die Lösungsmenge

$$\mathbb{L} = \left\{ \begin{pmatrix} -2t \\ t \\ 2 \end{pmatrix} \middle| t \in \mathbb{R} \right\} = \left\{ \begin{pmatrix} 0 \\ 0 \\ 2 \end{pmatrix} + t \begin{pmatrix} -2 \\ 1 \\ 0 \end{pmatrix} \middle| t \in \mathbb{R} \right\}.$$

■

Dass diese Erweiterung zu äquivalenten linearen Gleichungssystemen führt, ergibt sich wieder direkt aus Satz 7.2.1.

Hat A in Zeile i eine Nullzeile und gilt $b_i = 0$, dann kann Zeile i gestrichen und Schritt i des Grundschemas wiederholt werden. Hat A in Zeile i eine Nullzeile und gilt $b_i \neq 0$, so kann das Verfahren abgebrochen werden und es gilt $\mathbb{L} = \{\}$.

Gilt $a_{ii} = 0$ in einer Zeile i von A, die keine Nullzeile ist, und gibt es eine andere Zeile $i_2 > i$ mit $a_{i_2 i} \neq 0$, so kann ein Zeilentausch mit dieser Zeile vorgenommen und danach Schritt i durchgeführt werden.

Gilt $a_{ii} = 0$ in einer Zeile i von A, die keine Nullzeile ist, und gibt es keine andere Zeile $i_2 > i$ mit $a_{i_2 i} \neq 0$, so kann die Spalte i übersprungen werden und im Fall $a_{i,i+1} \neq 0$ die Variable x_{i+1} aus allen Zeilen außer Zeile i eliminiert werden.

7.2.4 Das Eliminationsverfahren

Ziele dieses Unterkapitels

- Wie kann man ein beliebiges lineares Gleichungssystem in eine explizite Form überführen oder entscheiden, dass es keine Lösung hat?

Zusammenfassend gehen wir also wie folgt mit Zeile $i = 1$ und Variable $j = 1$ beginnend vor, vgl. auch Abbildung 7.2:

Eliminationsverfahren:
Initialisierung: Setze $i = j = 1$.
Schritt (i, j):
- Nenne die aktuelle erweiterte Koeffizientenmatrix $(A|\mathbf{b})$.
- Ist $a_{ij} \neq 0$, dann überspringe den Erweiterungsschritt und führe den Eliminationsschritt aus.

Erweiterungsschritt: Erweiterungen im Fall $a_{ij} = 0$:
- Falls Zeile i eine Nullzeile von A ist:
  * Gilt $b_i = 0$, streiche die gesamte Zeile i und gehe zu Schritt (i, j), falls es ein Element a_{ij} gibt, also falls $(A|\mathbf{b})$ nach dem Streichen der Zeile mindestens noch i Zeilen besitzt. Gibt es kein solches Element, so endet das Eliminationsverfahren mit einem linearen Gleichungssystem in expliziter Form.
  * Gilt $b_i \neq 0$, hat das lineare Gleichungssystem keine Lösung, $\mathbb{L} = \{\}$.
- Falls Zeile i keine Nullzeile von A ist:
  * Existiert eine Zeile $i_2 > i$ mit $a_{i_2 j} \neq 0$, so tausche in der erweiterten Koeffizientenmatrix $(A|\mathbf{b})$ Zeile i mit dieser Zeile i_2 und gehe zu Schritt (i, j).
  * Existiert keine Zeile $i_2 > i$ mit $a_{i_2 j} \neq 0$, so betrachte die nächste Spalte, d.h. erhöhe j um 1, und gehe zu Schritt (i, j), falls es ein Element a_{ij} gibt, also falls $(A|\mathbf{b})$ nach dem Erhöhen von j mindestens j Spalten besitzt. Gibt es kein solches Element, so endet das Eliminationsverfahren mit einem linearen Gleichungssystem in expliziter Form.

Eliminationsschritt:
- Eliminiere Variable x_j in allen Zeilen $i_2 \neq i$, indem jeweils das $\frac{-a_{i_2 j}}{a_{ij}}$-fache der Zeile i zu Zeile i_2 in der Matrix $(A|\mathbf{b})$ addiert wird.
- Teile Zeile i der erweiterten Koeffizientenmatrix $(A|\mathbf{b})$ durch a_{ij}.
- Erhöhe i und j um 1 und gehe zu Schritt (i, j), falls es ein Element a_{ij} gibt, also

falls $(A|\mathbf{b})$ nach dem Erhöhen von i und j mindestens i Zeilen und j Spalten besitzt. Gibt es kein solches Element, so endet das Eliminationsverfahren mit einem linearen Gleichungssystem in expliziter Form.

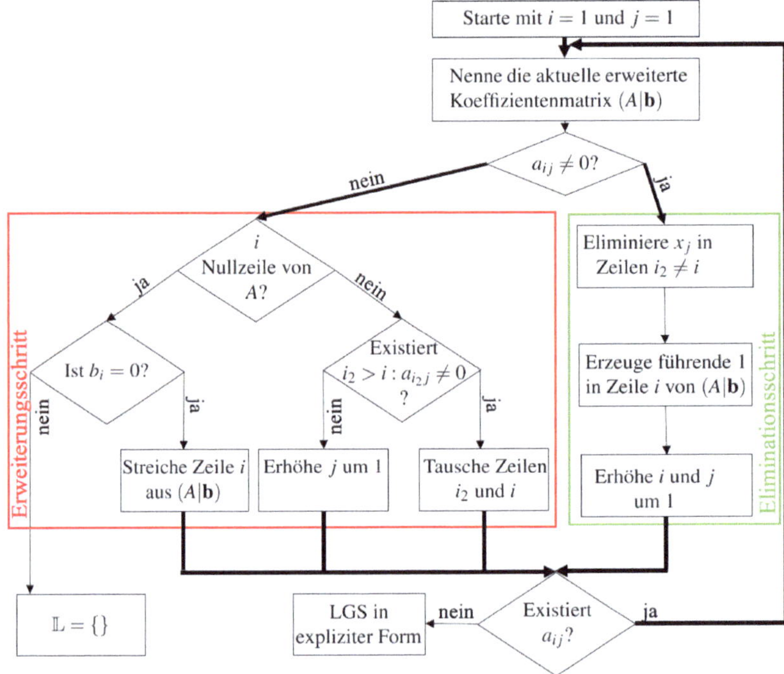

Abbildung 7.2: Illustration des Eliminationsverfahrens

Obiges Eliminationsverfahren endet entweder mit der Aussage, dass die Lösungsmenge leer ist, oder mit einem äquivalenten linearen Gleichungssystem in expliziter Form, aus dem die Lösungen einfach abzulesen sind.

> **Satz 7.2.3 — Lösung eines LGS durch das Eliminationsverfahren.**
> Für ein beliebiges lineares Gleichungssystem liefert obiges Eliminationsverfahren entweder ein äquivalentes lineares Gleichungssystem in expliziter Form oder die Entscheidung, dass das lineare Gleichungssystem unlösbar ist.

Wir demonstrieren das Eliminationsverfahren an einigen Beispielen.

■ **Beispiel 7.2.9 — Ausführung des Eliminationsverfahrens.**
Wir lösen das lineare Gleichungssystem

$$x_1 + 2x_2 + 3x_3 + 4x_4 + 5x_5 = 1$$
$$x_1 + 2x_2 + 4x_3 + 5x_4 + 6x_5 = 2$$
$$2x_1 + 9x_2 + 9x_3 + 9x_4 + 9x_5 = 3$$

$$2x_1 + 9x_2 + 9x_3 + 9x_4 + 9x_5 = 3$$
$$2x_1 + 9x_2 + 9x_3 + 9x_4 + 8x_5 = 4$$

in Tableau-Form, wobei wir in diesem Beispiel alle Schritte des Eliminationsverfahrens, siehe Abbildung 7.2, ausführlich kennzeichnen:

	x_1	x_2	x_3	x_4	x_5	b		
①	1	2	3	4	5	1		
②	1	2	4	5	6	2		
③	2	9	9	9	9	3		$a_{11}=1\neq 0$
④	2	9	9	9	9	3		$\rightarrow$ Elimination mit $i=1$ und $j=1$
⑤	2	9	9	9	8	4		
⑥	1	2	3	4	5	1	① $\cdot \frac{1}{1}$	
⑦	0	0	1	1	1	1	② $-$ ①	
⑧	0	5	3	1	-1	1	③ $-$ 2·①	$a_{22}=0$
⑨	0	5	3	1	-1	1	④ $-$ 2·①	$\rightarrow$ Erweiterung mit $i=2$ und $j=2$
⑩	0	5	3	1	-2	2	⑤ $-$ 2·①	(Zeilentausch)
⑪	1	2	3	4	5	1	⑥	
⑫	0	5	3	1	-1	1	⑧	
⑬	0	0	1	1	1	1	⑦	$a_{22}=5\neq 0$
⑭	0	5	3	1	-1	1	⑨	$\rightarrow$ Elimination mit $i=2$ und $j=2$
⑮	0	5	3	1	-2	2	⑩	
⑯	1	0	$\frac{9}{5}$	$\frac{18}{5}$	$\frac{27}{5}$	$\frac{3}{5}$	⑪ $- \frac{2}{5}\cdot$⑫	
⑰	0	1	$\frac{3}{5}$	$\frac{1}{5}$	$-\frac{1}{5}$	$\frac{1}{5}$	⑫ $\cdot \frac{1}{5}$	
⑱	0	0	1	1	1	1	⑬	$a_{33}=1\neq 0$
⑲	0	0	0	0	0	0	⑭ $-$ ⑫	$\rightarrow$ Elimination mit $i=3$ und $j=3$
⑳	0	0	0	0	-1	1	⑮ $-$ ⑫	
㉑	1	0	0	$\frac{9}{5}$	$\frac{18}{5}$	$-\frac{6}{5}$	⑯ $- \frac{9}{5}\cdot$⑱	
㉒	0	1	0	$-\frac{2}{5}$	$-\frac{4}{5}$	$-\frac{2}{5}$	⑰ $- \frac{3}{5}\cdot$⑱	
㉓	0	0	1	1	1	1	⑱	$a_{44}=0$
㉔	0	0	0	0	0	0	⑲	$\rightarrow$ Erweiterung mit $i=4$ und $j=4$
㉕	0	0	0	0	-1	1	⑳	(Streichen der Nullzeile)
㉖	1	0	0	$\frac{9}{5}$	$\frac{18}{5}$	$-\frac{6}{5}$	㉑	
㉗	0	1	0	$-\frac{2}{5}$	$-\frac{4}{5}$	$-\frac{2}{5}$	㉒	$a_{44}=0$
㉘	0	0	1	1	1	1	㉓	$\rightarrow$ Erweiterung mit $i=4$ und $j=4$
㉙	0	0	0	0	-1	1	㉕	(Spalte überspringen)
㉚	1	0	0	$\frac{9}{5}$	$\frac{18}{5}$	$-\frac{6}{5}$	㉖	
㉛	0	1	0	$-\frac{2}{5}$	$-\frac{4}{5}$	$-\frac{2}{5}$	㉗	$a_{45}=-1$
㉜	0	0	1	1	1	1	㉘	$\rightarrow$ Elimination mit $i=4$ und $j=5$
㉝	0	0	0	0	-1	1	㉙	
㉞	1	0	0	$\frac{9}{5}$	0	$\frac{12}{5}$	㉚ $+ \frac{18}{5}\cdot$㉝	
㉟	0	1	0	$-\frac{2}{5}$	0	$-\frac{6}{5}$	㉛ $- \frac{4}{5}\cdot$㉝	Es existiert kein a_{56}
㊱	0	0	1	1	0	2	㉜ $+$ ㉝	$\rightarrow$ Eliminationsverfahren endet
㊲	0	0	0	0	1	-1	㉝ $\cdot \frac{1}{-1}$	

Das lineare Gleichungssystem ㉞ bis ㊲ liegt in expliziter Form vor und lautet:

$$x_1 + \frac{9}{5}x_4 = \frac{12}{5} \qquad\qquad \Leftrightarrow x_1 = \frac{12}{5} - \frac{9}{5}x_4$$

$$x_2 - \frac{2}{5}x_4 = -\frac{6}{5} \qquad\qquad \Leftrightarrow x_2 = -\frac{6}{5} + \frac{2}{5}x_4$$

$$x_3 + x_4 = 2 \qquad\qquad \Leftrightarrow x_3 = 2 - x_4$$

$$x_5 = -1.$$

Eine Lösung hat mit $x_4 \in \mathbb{R}$ also die folgende Form:

$$\begin{pmatrix} \frac{12}{5} - \frac{9}{5}x_4 \\ -\frac{6}{5} + \frac{2}{5}x_4 \\ 2 - x_4 \\ x_4 \\ -1 \end{pmatrix} = \begin{pmatrix} \frac{12}{5} \\ -\frac{6}{5} \\ 2 \\ 0 \\ -1 \end{pmatrix} + x_4 \begin{pmatrix} -\frac{9}{5} \\ \frac{2}{5} \\ -1 \\ 1 \\ 0 \end{pmatrix}.$$

Die Lösungsmenge ist

$$\mathbb{L} = \left\{ \begin{pmatrix} \frac{12}{5} \\ -\frac{6}{5} \\ 2 \\ 0 \\ -1 \end{pmatrix} + t \begin{pmatrix} -\frac{9}{5} \\ \frac{2}{5} \\ -1 \\ 1 \\ 0 \end{pmatrix} \middle| t \in \mathbb{R} \right\}.$$

Üblicherweise werden weder die Schritte des Eliminationsverfahrens erwähnt noch das Element a_{ij} gekennzeichnet.[5] In den folgenden Beispielen wird daher wieder die übliche Notation verwendet, ohne explizit auf das Eliminationsverfahren aus Abbildung 7.2 Bezug zu nehmen.

■ Beispiel 7.2.10 — Ausführung des Eliminationsverfahrens.

Wir lösen das lineare Gleichungssystem

$$-4x_2 - x_3 = 1$$
$$x_1 + x_2 - x_3 = 1$$
$$x_1 + 5x_2 = 0$$

in Tableauform:

---

[5] Zudem werden der Erweiterungs- und der Eliminationsschritt häufig in nur einem Schritt durchgeführt. Wir werden diese Stufen zur besseren Übersichtlichkeit jedoch meist separat aufführen.

	x_1	x_2	x_3	$\mathbf{b}$	
①	0	-4	-1	1	
②	1	1	-1	1	
③	1	5	0	0	
④	1	1	-1	1	②
⑤	0	-4	-1	1	①
⑥	1	5	0	0	③
⑦	1	1	-1	1	④
⑧	0	-4	-1	1	⑤
⑨	0	4	1	-1	⑥ − ④
⑩	1	0	$-\frac{5}{4}$	$\frac{5}{4}$	⑦ $+\frac{1}{4}\cdot$⑧
⑪	0	1	$\frac{1}{4}$	$-\frac{1}{4}$	$-\frac{1}{4}\cdot$⑧
⑫	0	0	0	0	⑨ + ⑧
⑬	1	0	$-\frac{5}{4}$	$\frac{5}{4}$	⑩
⑭	0	1	$\frac{1}{4}$	$-\frac{1}{4}$	⑪

Ausgehend vom Starttableau ① bis ③ wird wegen $a_{11} = 0$ erst ein Zeilentausch im Erweiterungsschritt vorgenommen. Dann wird in Zeile ④ das Element $a_{11} = 1$ genutzt, um den Eintrag $a_{31} = 1$ in Zeile ⑥ zu eliminieren. Das resultierende lineare Gleichungssystem ist in ⑦ bis ⑨ zusammengefasst. Die erste Spalte dieses linearen Gleichungssystems entspricht nun dem ersten Einheitsvektor. Ausgehend von ⑦ bis ⑨ wird dann das Element $a_{22} = -4$ genutzt, um in einem weiteren Eliminationsschritt den Eintrag $a_{32} = 4$ in der dritten Zeile und den Eintrag $a_{12} = 1$ in der ersten Zeile zu eliminieren. Zusätzlich wird Zeile ⑧ durch -4 geteilt um eine 1 im Eintrag a_{22} zu erzeugen. Die zweite Spalte des neu entstandenen linearen Gleichungssystems entspricht nun dem zweiten Einheitsvektor. Das Eliminationsverfahren überprüft dann $a_{33} = 0$. In Zeile ⑫ hat das neu entstandene lineare Gleichungssystem eine Nullzeile. Es wird daher Zeile ⑫ gelöscht. Daraufhin gibt es kein Element a_{33} mehr. Das Verfahren endet. Das lineare Gleichungssystem ⑬ bis ⑭ liegt in expliziter Form vor und lautet:

$$x_1 - \frac{5}{4}x_3 = \frac{5}{4} \qquad\qquad \Leftrightarrow x_1 = \frac{5}{4} + \frac{5}{4}x_3$$
$$x_2 + \frac{1}{4}x_3 = -\frac{1}{4} \qquad\qquad \Leftrightarrow x_2 = -\frac{1}{4} - \frac{1}{4}x_3.$$

Eine Lösung hat mit $x_3 \in \mathbb{R}$ also die folgende Form:

$$\begin{pmatrix} \frac{5}{4} + \frac{5}{4}x_3 \\ -\frac{1}{4} - \frac{1}{4}x_3 \\ x_3 \end{pmatrix} = \begin{pmatrix} \frac{5}{4} \\ -\frac{1}{4} \\ 0 \end{pmatrix} + x_3 \begin{pmatrix} \frac{5}{4} \\ -\frac{1}{4} \\ 1 \end{pmatrix}.$$

Die Lösungsmenge ist

$$\mathbb{L} = \left\{ \begin{pmatrix} \frac{5}{4} \\ -\frac{1}{4} \\ 0 \end{pmatrix} + t \begin{pmatrix} \frac{5}{4} \\ -\frac{1}{4} \\ 1 \end{pmatrix} \middle| \, t \in \mathbb{R} \right\}.$$

∎

■ Beispiel 7.2.11 — Weiteres Beispiel zur Ausführung des Eliminationsverfahrens.
Suchen wir nach einer Lösung des linearen Gleichungssystems

$$x_1 + 2x_2 + 3x_3 = 6$$
$$2x_1 + 5x_2 + 2x_3 = 4$$
$$6x_1 - 3x_2 + x_3 = 2$$
$$2x_1 + 4x_2 + 6x_3 = 13,$$

führen wir folgende Schritte durch:

	x_1	x_2	x_3	b	
①	1	2	3	6	
②	2	5	2	4	
③	6	-3	1	2	
④	2	4	6	13	
⑤	1	2	3	6	①
⑥	0	1	-4	-8	② - 2·①
⑦	0	-15	-17	-34	③ - 6·①
⑧	0	0	0	1	④ - 2·①
⑨	1	0	11	22	⑤ - 2·⑥
⑩	0	1	-4	-8	⑥
⑪	0	0	-77	-154	⑦ + 15·⑥
⑫	0	0	0	1	⑧
⑬	1	0	0	0	⑨ + $\frac{11}{77}$·⑪
⑭	0	1	0	0	⑩ - $\frac{4}{77}$·⑪
⑮	0	0	1	2	-$\frac{1}{77}$·⑪
⑯	0	0	0	1	⑫

Die Lösungsmenge ist leer, $\mathbb{L} = \{\}$, da Gleichung ⑯ keine Lösung hat.

Im obigen Beispiel folgten wir strikt dem vorgegebenen Eliminationsverfahren. Man hätte jedoch schon in Zeile ⑧ erkennen können, dass dieses lineare Gleichungssystem keine Lösung hat und dort abbrechen können.   ■

Das oben vorgestellte Eliminationsverfahren liefert zwar stets ein Ergebnis, es existieren jedoch deutlich effizientere Alternativen.

(Z)   Das in Abbildung 7.2 dargestellte Eliminationsverfahren führt zu einem äquivalenten LGS in expliziter Form oder entscheidet, dass die Lösungsmenge leer ist.

7.2.5 Variationen des Eliminationsverfahrens

Ziele dieses Unterkapitels

- Warum kann man im Fall einer Nullzeile in Zeile i von A und rechter Seite $b_i \neq 0$ das Eliminationsverfahren vorzeitig abbrechen?
- Wie kommt man einfach zu einer Lösung des LGS, wenn man das Eliminationsverfahren schon nach Erreichen der Zeilenstufenform von A abbricht?

- Wie können verschiedene lineare Gleichungssysteme mit gleicher Koeffizientenmatrix A aber unterschiedlichen rechten Seiten effizient gelöst werden?

Es existieren verschiedene Variationen des Eliminationsverfahrens. Einige davon sind effizienter als obiges Eliminationsverfahren, die Grundideen sind jedoch die gleichen.

Vorzeitiges Abbrechen der Umformungen

Um unnötige Berechnungen zu vermeiden, fragen einige Variationen des Eliminationsverfahrens häufiger ab, ob eine Gleichung der Form $0x_1 + \cdots 0x_n = b_i$ mit $b_i \neq 0$ auftritt. In diesem Fall werden die Berechnungen direkt abgebrochen und die leere Menge als Lösungsmenge angegeben, vgl. Beispiel 7.2.11. Einige der Variationen beenden die Umformungen bevor sie eine explizite Form der Koeffizientenmatrix erhalten. Sie zielen lediglich auf eine Zeilenstufenform ab. Denn liegt eine Matrix in Zeilenstufenform vor, kann man durch rückwärts Einsetzen die Lösung erhalten, falls eine solche existiert.

■ Beispiel 7.2.12 — Ablesen einer Lösung aus der Zeilenstufenform.

Statt das lineare Gleichungssystem aus Beispiel 7.2.2 in eine explizite Form zu überführen, hätte man auch wie folgt rechnen können:

	x_1	x_2	x_3	$\mathbf{b}$	
①	1	2	3	6	
②	2	5	2	4	
③	6	-3	1	2	
④	1	2	3	6	①
⑤	0	1	-4	-8	② - 2·①
⑥	0	-15	-17	-34	③ - 6·①
⑦	1	2	3	6	④
⑧	0	1	-4	-8	⑤
⑨	0	0	-77	-154	⑥ + 15·⑤

Die Koeffizientenmatrix des linearen Gleichungssystems ⑦ bis ⑨ liegt in Zeilenstufenform vor. Aus ⑨ folgt $-77x_3 = -154$ und damit $x_3 = 2$. Aus ⑧ folgt $x_2 - 4x_3 = -8$. Wegen $x_3 = 2$ gilt somit $x_2 - 4 \cdot 2 = -8$ und damit $x_2 = 0$. Aus ⑦ folgt mit $x_2 = 0$ und $x_3 = 2$, dass $x_1 = 0$ ist. ■

Vermeidung von wiederholten Berechnungen

Eine andere Art der Effizienzsteigerung befasst sich mit der Vermeidung wiederholter Berechnungen. Müssen lineare Gleichungssysteme der Form $A\mathbf{x} = \mathbf{b}^1$ und $A\mathbf{x} = \mathbf{b}^2$ gelöst werden, können beide Gleichungssysteme in einem Tableau der Form

	x_1	x_2	$\ldots$	x_n	$\mathbf{b}^1$	$\mathbf{b}^2$
①	a_{11}	a_{12}	$\ldots$	a_{1n}	b_1^1	b_1^2
②	a_{21}	a_{22}	$\ldots$	a_{2n}	b_2^1	b_2^2
$\vdots$	$\vdots$	$\vdots$	$\ldots$	$\vdots$	$\vdots$	$\vdots$
ⓜ	a_{m1}	a_{m2}	$\ldots$	a_{mn}	b_m^1	b_m^2

simultan gelöst werden.

■ Beispiel 7.2.13 — Simultanes Lösen linearer Gleichungssysteme.
Wir lösen das lineare Gleichungssystem

$$-4x_2 - x_3 = 1$$
$$x_1 + x_2 - x_3 = 1$$
$$x_1 + 5x_2 = 0$$

aus Beispiel 7.2.10 und das lineare Gleichungssystem

$$-4x_2 - x_3 = 0$$
$$x_1 + x_2 - x_3 = 1$$
$$x_1 + 5x_2 = 0$$

simultan in Tableauform:

	x_1	x_2	x_3	$\mathbf{b}^1$	$\mathbf{b}^2$	
①	0	-4	-1	1	0	
②	1	1	-1	1	1	
③	1	5	0	0	0	
④	1	1	-1	1	1	②
⑤	0	-4	-1	1	0	①
⑥	1	5	0	0	0	③
⑦	1	1	-1	1	1	④
⑧	0	-4	-1	1	0	⑤
⑨	0	4	1	-1	-1	⑥ - ④
⑩	1	0	$-\frac{5}{4}$	$\frac{5}{4}$	1	⑦ $+ \frac{1}{4}\cdot$⑧
⑪	0	1	$\frac{1}{4}$	$-\frac{1}{4}$	0	$-\frac{1}{4}\cdot$⑧
⑫	0	0	0	0	-1	⑨ + ⑧

Betrachtet man nur die Spalten von x_1, x_2, x_3 und $\mathbf{b}^1$ sieht man, dass Zeile ⑫ die Gleichung $0 = 0$ liefert, welche für alle $x_1, x_2, x_3 \in \mathbb{R}$ wahr ist. Zeilen ⑩ und ⑪ können nach x_1 und x_2 aufgelöst werden, wobei x_3 frei gewählt werden kann. Das lineare Gleichungssystem $A\mathbf{x} = \mathbf{b}^1$ ist also lösbar.

Betrachtet man nur die Spalten von x_1, x_2, x_3 und $\mathbf{b}^2$, liefert Zeile ⑫ die Gleichung $0 = -1$. Diese Gleichung ist stets unwahr. Daher hat das lineare Gleichungssystem $A\mathbf{x} = \mathbf{b}^2$ keine Lösung, d.h. das lineare Gleichungssystem $A\mathbf{x} = \mathbf{b}^2$ ist unlösbar.　　■

Eine andere Art, eine Wiederholung des Eliminationsverfahrens des linearen Gleichungssystems für verschiedene rechte Seiten zu vermeiden, ist es, das lineare Gleichungssystem einmalig mit einer allgemeinen rechten Seite $\mathbf{b} = (b_1, \ldots, b_m)^T$ zu lösen. Diesen Ansatz nennt man auch die parametrische Lösung des linearen Gleichungssystems. Wir demonstrieren das Vorgehen am Beispiel.

■ Beispiel 7.2.14 — Parametrische Lösung linearer Gleichungssysteme.
Wir lösen das lineare Gleichungssystem

$$-4x_2 - x_3 = b_1$$
$$x_1 + x_2 - x_3 = b_2$$
$$x_1 + 5x_2 = b_3$$

in Tableauform:

	x_1	x_2	x_3	$\mathbf{b}$	
①	0	-4	-1	b_1	
②	1	1	-1	b_2	
③	1	5	0	b_3	
④	1	1	-1	b_2	②
⑤	0	-4	-1	b_1	①
⑥	1	5	0	b_3	③
⑦	1	1	-1	b_2	④
⑧	0	-4	-1	b_1	⑤
⑨	0	4	1	$b_3 - b_2$	⑥ - ④
⑩	1	0	$-\frac{5}{4}$	$b_2 + \frac{1}{4}b_1$	⑦ $+ \frac{1}{4}\cdot$⑧
⑪	0	1	$\frac{1}{4}$	$-\frac{1}{4}b_1$	$-\frac{1}{4}\cdot$⑧
⑫	0	0	0	$b_3 - b_2 + b_1$	⑨ + ⑧

Dieses lineare Gleichungssystem hat genau dann eine Lösung, wenn $b_3 - b_2 + b_1 = 0$. Das lineare Gleichungssystem in expliziter Form lautet

$$x_1 - \frac{5}{4}x_3 = b_2 + \frac{1}{4}b_1$$
$$x_2 + \frac{1}{4}x_3 = -\frac{1}{4}b_1$$
$$0 = b_3 - b_2 + b_1.$$

Damit ist im Fall $0 = b_3 - b_2 + b_1$ jeder Vektor der Form

$$\begin{pmatrix} b_2 + \frac{1}{4}b_1 + \frac{5}{4}x_3 \\ -\frac{1}{4}b_1 - \frac{1}{4}x_3 \\ x_3 \end{pmatrix}$$

mit beliebigem $x_3 \in \mathbb{R}$ eine Lösung. Die Lösungsmenge ist im Fall $0 = b_3 - b_2 + b_1$

$$\mathbb{L} = \left\{ \begin{pmatrix} b_2 + \frac{1}{4}b_1 \\ -\frac{1}{4}b_1 \\ 0 \end{pmatrix} + t \begin{pmatrix} \frac{5}{4} \\ -\frac{1}{4} \\ 1 \end{pmatrix} \,\middle|\, t \in \mathbb{R} \right\}.$$

Für $b_1 = 1, b_2 = 1$ und $b_3 = 0$ ist $b_3 - b_2 + b_1 = 0$. Also ist die Lösungsmenge nicht leer und es ergibt sich wie in Beispiel 7.2.10

$$\mathbb{L} = \left\{ \begin{pmatrix} \frac{5}{4} \\ -\frac{1}{4} \\ 0 \end{pmatrix} + t \begin{pmatrix} \frac{5}{4} \\ -\frac{1}{4} \\ 1 \end{pmatrix} \,\middle|\, t \in \mathbb{R} \right\}.$$

Für $b_1 = 0, b_2 = 1, b_3 = 0$ ist $b_3 - b_2 + b_1 = -1 \neq 0$. Daher ist die Lösungsmenge in diesem Fall leer, $\mathbb{L} = \{\}$, wie wir in Beispiel 7.2.13 bereits gesehen haben. ∎

Ⓩ Gilt $b_i \neq 0$ und ist Zeile i eine Nullzeile von A, gilt $\mathbb{L} = \{\}$. Das Eliminationsverfahren kann daher sofort abgebrochen werden.

Ausgehend von einem lösbaren LGS mit Variablen $x_1,\ldots,x_n$, bei welchem die Koeffizientenmatrix $A \in \mathbb{R}^{m \times n}$ in Zeilenstufenform ohne Nullzeilen vorliegt, kann eine erste Variable aus Gleichung m (ggf. in Abhängigkeit von freien Variablen) bestimmt werden. Durch Einsetzen dieser $k = 1$ Variablen in Gleichung $m - k$ kann dann gegebenenfalls eine weitere Variable bestimmt werden. Durch Wiederholung dieses Schrittes für $k = 2,\ldots,m-1$ werden so alle Lösungen gefunden.

Sucht man Lösungen verschiedener linearer Gleichungssysteme mit gleicher Koeffizientenmatrix aber unterschiedlichen rechten Seiten, so kann das Eliminationsverfahren entweder für mehrere rechte Seiten parallel oder mit einer parametrischen (allgemeinen) rechten Seite durchgeführt werden.

7.3 Geometrie linearer Gleichungssysteme

Um eine Intuition für lineare Gleichungssysteme zu entwickeln, beschäftigen wir uns zunächst mit nur einer linearen Gleichung ($m = 1$) mit n Variablen.

7.3.1 Lineare Gleichungen und affine Räume

Ziele dieses Unterkapitels

- Was ist ein affiner Raum? Was ist die Dimension eines affinen Raums?
- Unter welchen Bedingungen beschreibt die Lösungsmenge einer Gleichung einen affinen Raum? Unter welchen Bedingungen beschreibt die Lösungsmenge einer Gleichung einen linearen Raum?
- Wie kann man überprüfen, ob zwei affine Räume gleich sind?

Lineare Gleichungen, also Gleichungen der Form

$$a_{11}x_1 + a_{12}x_2 + \cdots + a_{1n}x_n = b_1$$

mit $a_{11}, a_{12},\ldots, a_{1n}, b_1 \in \mathbb{R}$, können Geraden, Ebenen und andere Punktmengen beschreiben. In diesem Abschnitt werden wir homogene Gleichungen, d.h. mit einer rechten Seite $b_1 = 0$, sowie inhomogene lineare Gleichungen, d.h. mit $b_1 \neq 0$, geometrisch veranschaulichen und eine Brücke zwischen deren Darstellungsform als Gleichung und der Vektorenschreibweise schlagen.

■ **Beispiel 7.3.1 — Darstellungsformen einer Geraden im $\mathbb{R}^2$.**
Die Menge aller Vektoren $\mathbf{x} \in \mathbb{R}^2$, welche die Gleichung $x_1 - 2x_2 = 0$ bzw.

$$x_2 = \frac{1}{2}x_1$$

lösen, beschreibt eine Gerade durch den Ursprung mit Steigung $\frac{1}{2}$. Für gegebenes x_1 findet man einen Punkt auf dieser Geraden, indem man $x_2 = \frac{1}{2}x_1$ wählt. Die Menge aller Punkte dieser Geraden ist also

$$G = \left\{ \begin{pmatrix} x_1 \\ \frac{1}{2}x_1 \end{pmatrix} \middle| x_1 \in \mathbb{R} \right\} = \left\{ x_1 \begin{pmatrix} 1 \\ \frac{1}{2} \end{pmatrix} \middle| x_1 \in \mathbb{R} \right\} = \left\{ t \begin{pmatrix} 1 \\ \frac{1}{2} \end{pmatrix} \middle| t \in \mathbb{R} \right\} = \lin\left\{ \begin{pmatrix} 1 \\ \frac{1}{2} \end{pmatrix} \right\}.$$

Diese nicht-leere Menge G ist eine lineare Hülle und damit ein linearer Raum, vgl. Satz 6.4.2. Da die Lösungsmenge G ein linearer Raum ist, wissen wir, dass $\mathbf{x} = \mathbf{0}$ eine Lösung ist. Zudem muss ausgehend von einer Lösung, wie z.B. $\mathbf{x}^1 = (2,1)^T$ oder $\mathbf{x}^2 = (4,2)^T$, auch jedes Vielfache von $\mathbf{x}^1$ oder $\mathbf{x}^2$ und jede Linearkombination der beiden Vektoren in der Lösungsmenge G sein.

Die Menge aller Vektoren $\mathbf{x} \in \mathbb{R}^2$ welche die Gleichung $x_1 - 2x_2 = 1$ bzw.

$$x_2 = -\frac{1}{2} + \frac{1}{2}x_1$$

lösen, beschreibt eine Gerade mit x_2-Achsenabschnitt $-\frac{1}{2}$ und Steigung $\frac{1}{2}$. Für gegebenes x_1 findet man einen Punkt auf dieser Geraden, indem man $x_2 = -\frac{1}{2} + \frac{1}{2}x_1$ wählt. Die Menge aller Punkte dieser Geraden ist

$$A = \left\{ \begin{pmatrix} x_1 \\ -\frac{1}{2} + \frac{1}{2}x_1 \end{pmatrix} \middle| x_1 \in \mathbb{R} \right\} = \left\{ \begin{pmatrix} 0 \\ -\frac{1}{2} \end{pmatrix} + x_1 \begin{pmatrix} 1 \\ \frac{1}{2} \end{pmatrix} \middle| x_1 \in \mathbb{R} \right\} = \left\{ \begin{pmatrix} 0 \\ -\frac{1}{2} \end{pmatrix} + t \begin{pmatrix} 1 \\ \frac{1}{2} \end{pmatrix} \middle| t \in \mathbb{R} \right\}.$$

Elemente dieser Menge erhält man also durch Addition des Vektors $(0, -\frac{1}{2})^T$ mit einem beliebigen Vielfachen des Vektors $(1, \frac{1}{2})^T$, also einem Element aus dessen linearer Hülle, vgl. Abbildung 7.3. Diese nicht-leere Menge A ist kein linearer Raum, da $\mathbf{0} \notin A$, vgl. Satz 6.1.1. Hat man zwei beliebige Lösungen der Lösungsmenge A gefunden, z.B. $\mathbf{x}^1 = (1,0)^T \in A$ und $\mathbf{x}^2 = (3,1)^T \in A$, so ist nicht jedes Vielfache dieser Vektoren oder gar jede Linearkombination in der Lösungsmenge A. Beispielsweise ist $2\mathbf{x}^1 = (2,0)^T \notin A$ und $\mathbf{x}^1 + \mathbf{x}^2 = (4,1)^T \notin A$. ∎

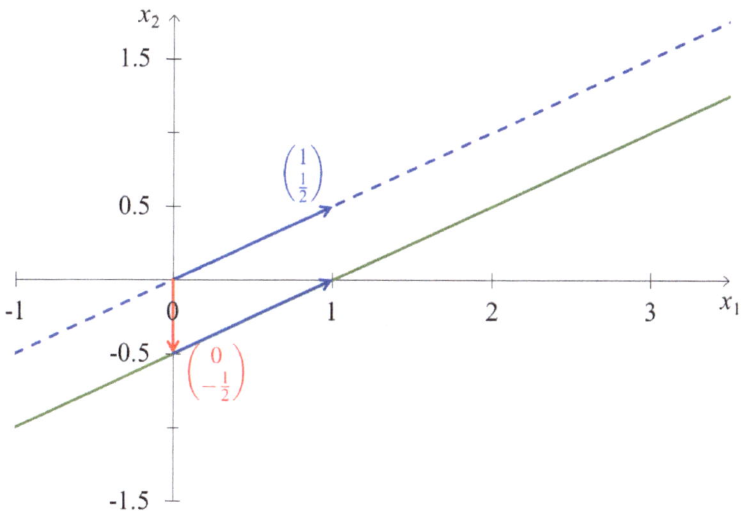

Abbildung 7.3: Die Geraden $x_2 = \frac{1}{2}x_1$ und $x_2 = -\frac{1}{2} + \frac{1}{2}x_1$

Eine lineare Gleichung mit n Variablen der Form $a_{11}x_1 + \cdots + a_{1n}x_n = b_1$ und $a_{1n} \neq 0$ kann stets als

$$x_n = \frac{b_1 - a_{11}x_1 - \cdots - a_{1n-1}x_{n-1}}{a_{1n}}$$

nach x_n aufgelöst werden. Für beliebige $x_1, \ldots, x_{n-1}$ stellt der Vektor $(x_1, \ldots, x_{n-1},$ $\frac{b_1 - a_{11}x_1 - \cdots - a_{1n-1}x_{n-1}}{a_{1n}})^T$ stets eine Lösung dar. Fasst man alle von $x_1, \ldots, x_n$ abhängigen Terme in separaten Spaltenvektoren zusammen, ergibt sich eine Lösungsmenge der Form

$$\mathbb{L} = \left\{ \begin{pmatrix} 0 \\ 0 \\ \vdots \\ 0 \\ \frac{b_1}{a_{1n}} \end{pmatrix} + t_1 \begin{pmatrix} 1 \\ 0 \\ \vdots \\ 0 \\ -\frac{a_{11}}{a_{1n}} \end{pmatrix} + t_2 \begin{pmatrix} 0 \\ 1 \\ \vdots \\ 0 \\ -\frac{a_{12}}{a_{1n}} \end{pmatrix} + \cdots + t_{n-1} \begin{pmatrix} 0 \\ 0 \\ \vdots \\ 1 \\ -\frac{a_{1n-1}}{a_{1n}} \end{pmatrix} \middle| t_1, t_2, \ldots, t_{n-1} \in \mathbb{R} \right\}.$$

Ist die rechte Seite einer linearen Gleichung $b_1 = 0$, so ist $\mathbf{x} = \mathbf{0}$ immer eine Lösung der Gleichung. In diesem Fall entspricht der erste Vektor in obiger Lösungsmenge dem Nullvektor. Die Lösungsmenge ist dann also die Menge aller Linearkombinationen der $n-1$ folgenden Vektoren und es gilt

$$\mathbb{L} = \operatorname{lin} \left\{ \begin{pmatrix} 1 \\ 0 \\ \vdots \\ 0 \\ -\frac{a_{11}}{a_{1n}} \end{pmatrix}, \begin{pmatrix} 0 \\ 1 \\ \vdots \\ 0 \\ -\frac{a_{12}}{a_{1n}} \end{pmatrix}, \ldots, \begin{pmatrix} 0 \\ 0 \\ \vdots \\ 1 \\ -\frac{a_{1n-1}}{a_{1n}} \end{pmatrix} \right\}.$$

Die Lösungsmenge einer linearen Gleichung mit n Variablen und rechter Seite $b_1 = 0$ ist also eine lineare Hülle von $n-1$ linear unabhängigen Vektoren und damit ein linearer Raum der Dimension $n-1$. Die lineare Unabhängigkeit der $n-1$ Vektoren folgt aus Satz 6.3.3, indem man sich davon überzeugt, dass $\alpha_1 = \alpha_2 = \cdots = \alpha_{n-1} = 0$ gelten muss, falls

$$\alpha_1 \begin{pmatrix} 1 \\ 0 \\ \vdots \\ 0 \\ -\frac{a_{11}}{a_{1n}} \end{pmatrix} + \alpha_2 \begin{pmatrix} 0 \\ 1 \\ \vdots \\ 0 \\ -\frac{a_{12}}{a_{1n}} \end{pmatrix} + \cdots + \alpha_{n-1} \begin{pmatrix} 0 \\ 0 \\ \vdots \\ 1 \\ -\frac{a_{1n-1}}{a_{1n}} \end{pmatrix} = \begin{pmatrix} 0 \\ 0 \\ \vdots \\ 0 \\ 0 \end{pmatrix}$$

gilt.[6] Wie in Definition 6.4.2 erwähnt, nennt man lineare Räume auch Vektorräume. Ist die rechte Seite einer linearen Gleichung mit n Variablen nicht gleich Null, $b_1 \neq 0$, so ist $\mathbf{x} = \mathbf{0}$ keine Lösung. Laut Satz 6.4.1 ist die Lösungsmenge dann kein linearer Raum, bzw. Vektorraum. Im $\mathbb{R}^2$ entspricht die Lösungsmenge dem Graphen einer affin-linearen Funktion. Eine Punktmenge dieser Form nennt man auch einen affinen Raum.

> **Definition 7.3.1 — Affiner Raum.**
> Seien $\mathbf{v}^0, \mathbf{v}^1, \ldots, \mathbf{v}^m \in \mathbb{R}^n$. Die Menge aller Punkte, die sich aus einer Addition des Vektors $\mathbf{v}^0$ und allen möglichen Linearkombinationen von $\mathbf{v}^1, \ldots, \mathbf{v}^m$ ergeben, also
>
> $$A = \left\{ \mathbf{v}^0 + \sum_{i=1}^{m} \alpha_i \mathbf{v}^i \middle| \alpha_1, \ldots, \alpha_m \in \mathbb{R} \right\} \subseteq \mathbb{R}^n,$$

---

[6]   Eine andere Art, die lineare Unabhängigkeit einfach zu sehen, ist folgende: Würde man die Vektoren zu Zeilenvektoren transponieren und untereinanderschreiben, ergäbe sich eine Matrix in Zeilenstufenform. Somit sind die Zeilenvektoren linear unabhängig.

heißt **affiner Raum**. Die **Dimension** des affinen Raums A, kurz $\dim(A)$, ist definiert als die Dimension des linearen Raums $\lin\{\mathbf{v}^1, \ldots, \mathbf{v}^m\}$.

Ein linearer Raum ist stets ein affiner Raum mit $\mathbf{v}^0 = \mathbf{0}$. Jedoch ist ein affiner Raum mit $\mathbf{v}^0 \notin \lin\{\mathbf{v}^1, \ldots, \mathbf{v}^m\}$ kein linearer Raum, vgl. Abbildung 7.4.

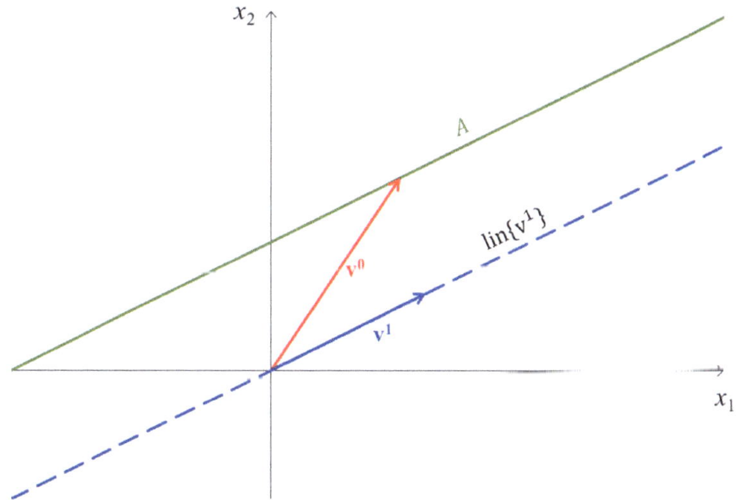

Abbildung 7.4: Ein affiner Raum A im $\mathbb{R}^2$

Analog zur graphischen Interpretation im $\mathbb{R}^2$ und $\mathbb{R}^3$ bezeichnet man affine Räume $A \subseteq \mathbb{R}^n$ der Dimension 1 als Geraden. Affine Räume der Dimension 2 bezeichnet man als Ebenen. Allgemein bezeichnet man einen affinen Raum $A \subseteq \mathbb{R}^n$ mit Dimension $n - 1$ als Hyperebene im $\mathbb{R}^n$. Da eine Ebene stets die Dimension 2 hat, ist im $\mathbb{R}^3$ jede Ebene auch eine Hyperebene. Im $\mathbb{R}^{100}$ hat eine Hyperebene die Dimension 99 und ist damit keine Ebene. Ein affiner Raum der Dimension 0 entspricht der Addition des Vektors $\mathbf{v}^0$ mit dem Nullvektor, ist also gleich dem Punkt $\mathbf{v}^0$. Ein affiner Raum der Dimension 0 beschreibt daher einen Punkt.

Definition 7.3.2 — Punkte, Geraden, Ebenen und Hyperebenen.
Ein affiner Raum $A \subseteq \mathbb{R}^n$ der Dimension
- 0 heißt **Punkt**,
- 1 heißt **Gerade**,
- 2 heißt **Ebene**,
- $n - 1$ heißt **Hyperebene**.

Eine lineare Gleichung mit $n \geq 1$ Variablen, (und mindestens einem von 0 verschiedenen Koeffizienten) beschreibt stets eine Hyperebene des $\mathbb{R}^n$, da ihre Lösungsmenge ein affiner Raum mit Dimension $n - 1$ ist, siehe oben. Im $\mathbb{R}^3$ ist dies eine Ebene. Im $\mathbb{R}^2$ beschreibt eine Gleichung eine Gerade, also einen affinen Raum der Dimension $n - 1$, wobei $n = 2$, vgl. Beispiel 7.3.1.

Es gilt also zusammenfassend:

> **Satz 7.3.1 — Struktur der Lösung einer Gleichung.**
> Seien $a_{11}, a_{12}, \ldots, a_{1n}, b_1 \in \mathbb{R}$ und $a_{1j} \neq 0$ für ein $j \in \{1, \ldots, n\}$. Die Lösungsmenge $\mathbb{L}$ der Gleichung $a_{11}x_1 + a_{12}x_2 + \cdots + a_{1n}x_n = b_1$ ist ein affiner Raum und beschreibt eine Hyperebene des $\mathbb{R}^n$. Die Lösungsmenge $\mathbb{L}$ ist ein linearer Raum genau dann, wenn $b_1 = 0$.

■ **Beispiel 7.3.2 — Eine Ebene im $\mathbb{R}^3$.**
Eine Lösung der Gleichung $x_1 + 2x_2 + 3x_3 = 0$ kann man für gegebene x_1 und x_2 mit $x_3 = -\frac{1}{3}x_1 - \frac{2}{3}x_2$ als

$$\begin{pmatrix} x_1 \\ x_2 \\ -\frac{1}{3}x_1 - \frac{2}{3}x_2 \end{pmatrix} = x_1 \begin{pmatrix} 1 \\ 0 \\ -\frac{1}{3} \end{pmatrix} + x_2 \begin{pmatrix} 0 \\ 1 \\ -\frac{2}{3} \end{pmatrix} \quad , \quad x_1, x_2 \in \mathbb{R}$$

beschreiben. Die Menge

$$\mathbb{L} = \left\{ t_1 \begin{pmatrix} 1 \\ 0 \\ -\frac{1}{3} \end{pmatrix} + t_2 \begin{pmatrix} 0 \\ 1 \\ -\frac{2}{3} \end{pmatrix} \middle| t_1, t_2 \in \mathbb{R} \right\} = \lin \left\{ \begin{pmatrix} 1 \\ 0 \\ -\frac{1}{3} \end{pmatrix}, \begin{pmatrix} 0 \\ 1 \\ -\frac{2}{3} \end{pmatrix} \right\}$$

aller Lösungen dieser Gleichung beschreibt einen linearen Raum der Dimension 2, eine Ebene durch den Ursprung.

Eine Lösung der Gleichung $x_1 + 2x_2 + 3x_3 = 6$ kann man für gegebene x_1 und x_2 mit $x_3 = 2 - \frac{1}{3}x_1 - \frac{2}{3}x_2$ als

$$\begin{pmatrix} x_1 \\ x_2 \\ 2 - \frac{1}{3}x_1 - \frac{2}{3}x_2 \end{pmatrix} = \begin{pmatrix} 0 \\ 0 \\ 2 \end{pmatrix} + x_1 \begin{pmatrix} 1 \\ 0 \\ -\frac{1}{3} \end{pmatrix} + x_2 \begin{pmatrix} 0 \\ 1 \\ -\frac{2}{3} \end{pmatrix} \quad , \quad x_1, x_2 \in \mathbb{R}$$

beschreiben. Die Menge

$$\mathbb{L} = \left\{ \begin{pmatrix} 0 \\ 0 \\ 2 \end{pmatrix} + t_1 \begin{pmatrix} 1 \\ 0 \\ -\frac{1}{3} \end{pmatrix} + t_2 \begin{pmatrix} 0 \\ 1 \\ -\frac{2}{3} \end{pmatrix} \middle| t_1, t_2 \in \mathbb{R} \right\}$$

ist ein affiner Raum der Dimension 2, also eine Ebene, vgl. Abbildung 7.5. Die rechte Seite $b_1 = 6$ führt zu einer Verschiebung der Ebene um den Vektor $(0, 0, 2)^T$. ■

So wie ein linearer Raum auf verschiedene Weisen beschrieben werden kann, kann auch ein affiner Raum sehr unterschiedlich dargestellt werden. Wir illustrieren dies am Beispiel:

■ **Beispiel 7.3.3 — Fortsetzung von Beispiel 7.3.1.**
Die Menge aller Vektoren $\mathbf{x} \in \mathbb{R}^2$, welche die Gleichung $x_1 - 2x_2 = 1$ lösen, kann man auch als jene Punkte bestimmen, für welche $x_1 = 1 + 2x_2$ gilt, also

$$B = \left\{ \begin{pmatrix} 1 + 2x_2 \\ x_2 \end{pmatrix} \middle| x_2 \in \mathbb{R} \right\} = \left\{ \begin{pmatrix} 1 \\ 0 \end{pmatrix} + s \begin{pmatrix} 2 \\ 1 \end{pmatrix} \middle| s \in \mathbb{R} \right\}.$$

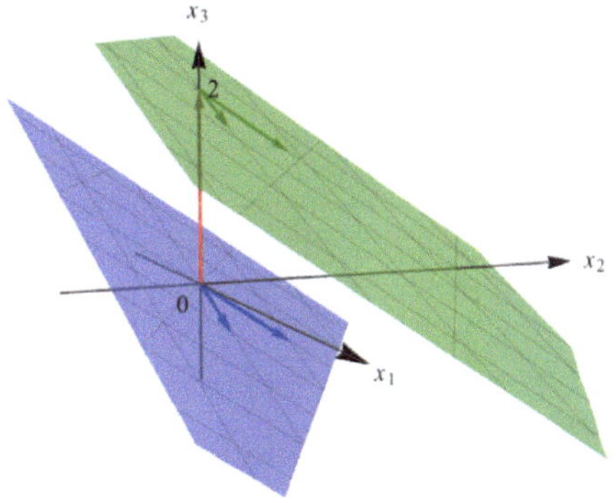

Abbildung 7.5: Die Ebenen $x_1 + 2x_2 + 3x_3 = 0$ und $x_1 + 2x_2 + 3x_3 = 6$

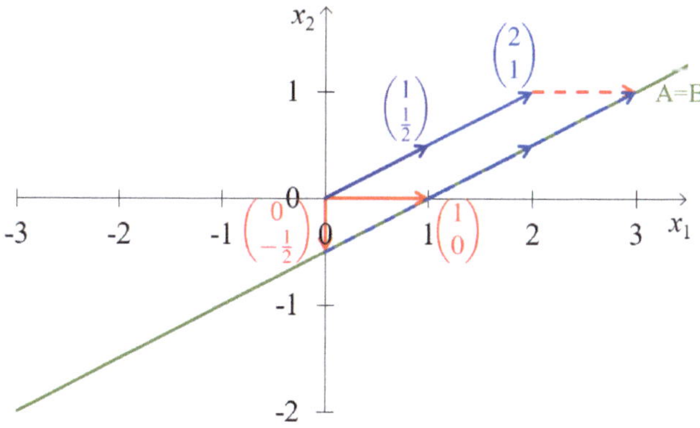

Abbildung 7.6: Die Gerade $x_2 = -\frac{1}{2} + \frac{x_1}{2}$

Ausgehend vom Ursprung $(0,0)^T$ erhält man Punkte in B durch Addition des Vektors $(1,0)^T$ und einem Vielfachen von $(2,1)^T$. Obwohl es aus Abbildung 7.6 klar ist, kann man anhand der formalen Darstellung nur schwer erkennen, dass dies der Menge

$$A = \left\{ \begin{pmatrix} 0 \\ -\frac{1}{2} \end{pmatrix} + t \begin{pmatrix} 1 \\ \frac{1}{2} \end{pmatrix} \middle| t \in \mathbb{R} \right\}$$

aus Beispiel 7.3.1 entspricht.

Man erkennt aber relativ einfach, dass die Menge aller Vielfachen von $(2,1)^T$ der Menge aller Vielfachen von $(1, \frac{1}{2})^T$ entspricht. Wegen

$$2 \begin{pmatrix} 1 \\ \frac{1}{2} \end{pmatrix} = \begin{pmatrix} 2 \\ 1 \end{pmatrix}$$

gilt

$$\lim \left\{ \begin{pmatrix} 1 \\ \frac{1}{2} \end{pmatrix} \right\} = \lim \left\{ \begin{pmatrix} 2 \\ 1 \end{pmatrix} \right\}.$$

Zudem ist der Punkt $(1,0)^T + (-\frac{1}{2}) \cdot (2,1)^T = (0,-\frac{1}{2})^T \in A$ für $s = -\frac{1}{2}$. Die Menge A entspricht also der Menge B, denn

$$
A = \left\{ \begin{pmatrix} 0 \\ -\frac{1}{2} \end{pmatrix} + t \begin{pmatrix} 1 \\ \frac{1}{2} \end{pmatrix} \middle| t \in \mathbb{R} \right\} = \left\{ \begin{pmatrix} 1 \\ 0 \end{pmatrix} + (-\frac{1}{2}) \begin{pmatrix} 2 \\ 1 \end{pmatrix} + t\frac{1}{2} \begin{pmatrix} 2 \\ 1 \end{pmatrix} \middle| t \in \mathbb{R} \right\}
$$

$$
= \left\{ \begin{pmatrix} 1 \\ 0 \end{pmatrix} + s \begin{pmatrix} 2 \\ 1 \end{pmatrix} \middle| s = \frac{1}{2}t - \frac{1}{2}, t \in \mathbb{R} \right\}
$$

$$
= \left\{ \begin{pmatrix} 1 \\ 0 \end{pmatrix} + s \begin{pmatrix} 2 \\ 1 \end{pmatrix} \middle| s \in \mathbb{R} \right\} = B.
$$
∎

Allgemein kann man die Gleichheit zweier affiner Räume mit Hilfe des folgenden Satzes überprüfen:

Satz 7.3.2 — Gleichheit zweier (affiner) Räume.
Seien $m,n,k \in \mathbb{N}$, die Vektoren $\mathbf{v}^0, \mathbf{v}^1, \ldots, \mathbf{v}^m, \mathbf{w}^0, \mathbf{w}^1, \ldots, \mathbf{w}^k \in \mathbb{R}^n$ und die affinen Räume

$$
A = \left\{ \mathbf{v}^0 + \sum_{i=1}^m \alpha_i \mathbf{v}^i \middle| \alpha_1, \ldots, \alpha_m \in \mathbb{R} \right\} \quad \text{und} \quad B = \left\{ \mathbf{w}^0 + \sum_{i=1}^k \beta_i \mathbf{w}^i \middle| \beta_1, \ldots, \beta_k \in \mathbb{R} \right\}
$$

gegeben. Es gilt $A = B$ genau dann, wenn $\mathbf{v}^0 \in B$ und

$$
\text{lin}\{\mathbf{v}^1, \ldots, \mathbf{v}^m\} = \text{lin}\{\mathbf{w}^1, \ldots, \mathbf{w}^k\}.
$$

Sind die linearen Hüllen $\text{lin}\{\mathbf{v}^1, \ldots, \mathbf{v}^m\}$ und $\text{lin}\{\mathbf{w}^1, \ldots, \mathbf{w}^k\}$ gleich, muss eigentlich nur gezeigt werden, dass die beiden Mengen einen gemeinsamen Punkt haben. Beispielsweise kann also auch $\mathbf{w}^0 \in A$ überprüft werden, anstatt $\mathbf{v}^0 \in B$, um zu zeigen, dass die (affinen) Punktemengen gleich sind.

Wir illustrieren dies in einem weiteren Beispiel:

■ Beispiel 7.3.4 — Fortsetzung von Beispiel 7.3.2.
Für gegebene Werte von x_2 und x_3 kann man eine Lösung der Gleichung $x_1 + 2x_2 + 3x_3 = 6$ mit $x_1 = 6 - 2x_2 - 3x_3$ auch als

$$
\begin{pmatrix} 6 - 2x_2 - 3x_3 \\ x_2 \\ x_3 \end{pmatrix} = \begin{pmatrix} 6 \\ 0 \\ 0 \end{pmatrix} + x_2 \begin{pmatrix} -2 \\ 1 \\ 0 \end{pmatrix} + x_3 \begin{pmatrix} -3 \\ 0 \\ 1 \end{pmatrix} \quad , \quad x_2, x_3 \in \mathbb{R}
$$

beschreiben. Die Menge aller Punkte auf dieser Ebene

$$
A = \left\{ \begin{pmatrix} 6 \\ 0 \\ 0 \end{pmatrix} + t_1 \begin{pmatrix} -2 \\ 1 \\ 0 \end{pmatrix} + t_2 \begin{pmatrix} -3 \\ 0 \\ 1 \end{pmatrix} \middle| t_1, t_2 \in \mathbb{R} \right\}
$$

ist ein affiner Raum der Dimension 2. Jeder Punkt dieser Menge kann als Summe aus dem Vektor $\mathbf{v}^0 = (6,0,0)^T$ und einem Vektor

$$
\mathbf{v} \in \text{lin} \left\{ \begin{pmatrix} -2 \\ 1 \\ 0 \end{pmatrix}, \begin{pmatrix} -3 \\ 0 \\ 1 \end{pmatrix} \right\}
$$

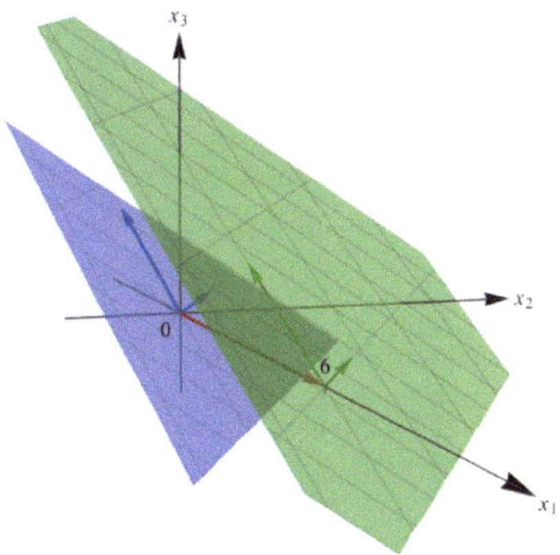

Abbildung 7.7: Die Ebene $x_1 + 2x_2 + 3x_3 = 6$

dargestellt werden, vgl. auch Abbildung 7.7.

In Beispiel 7.3.2 hatten wir die Lösungemenge der Gleichung $x_1 + 2x_2 + 3x_3 = 6$ als

$$\mathbb{L} = \left\{ \begin{pmatrix} 0 \\ 0 \\ 2 \end{pmatrix} + t_1 \begin{pmatrix} 1 \\ 0 \\ -\frac{1}{3} \end{pmatrix} + t_2 \begin{pmatrix} 0 \\ 1 \\ -\frac{2}{3} \end{pmatrix} \, \middle| \, t_1, t_2 \in \mathbb{R} \right\}$$

beschrieben. Um die Gleichheit dieser Menge und der Menge A zu beweisen, muss gezeigt werden, dass $\mathbf{v}^0 = (6,0,0)^T \in \mathbb{L}$ und

$$\mathrm{lin}\left\{ \begin{pmatrix} -2 \\ 1 \\ 0 \end{pmatrix}, \begin{pmatrix} -3 \\ 0 \\ 1 \end{pmatrix} \right\} = \mathrm{lin}\left\{ \begin{pmatrix} 1 \\ 0 \\ -\frac{1}{3} \end{pmatrix}, \begin{pmatrix} 0 \\ 1 \\ -\frac{2}{3} \end{pmatrix} \right\}.$$

Dass $(6,0,0)^T \in \mathbb{L}$ ist, erkennt man durch Einsetzen von $t_1 = 6, t_2 = 0$ in der Definition von $\mathbb{L}$. Die Gleichheit der linearen Hüllen kann man durch wiederholten Basistausch zeigen (vgl. Satz 6.4.5): Ersetzt man den Vektor $(-3,0,1)^T$ durch $0 \cdot (-2,1,0)^T - \frac{1}{3}(-3,0,1)^T = (1,0,-\frac{1}{3})^T$, ergibt sich in einem ersten Schritt

$$\mathrm{lin}\left\{ \begin{pmatrix} -2 \\ 1 \\ 0 \end{pmatrix}, \begin{pmatrix} -3 \\ 0 \\ 1 \end{pmatrix} \right\} = \mathrm{lin}\left\{ \begin{pmatrix} -2 \\ 1 \\ 0 \end{pmatrix}, \begin{pmatrix} 1 \\ 0 \\ -\frac{1}{3} \end{pmatrix} \right\}.$$

Ersetzt man nun $(-2,1,0)^T$ durch $1 \cdot (-2,1,0)^T + 2 \cdot (1,0,-\frac{1}{3})^T = (0,1,-\frac{2}{3})^T$, bekommt man

$$\mathrm{lin}\left\{ \begin{pmatrix} -2 \\ 1 \\ 0 \end{pmatrix}, \begin{pmatrix} -3 \\ 0 \\ 1 \end{pmatrix} \right\} = \mathrm{lin}\left\{ \begin{pmatrix} -2 \\ 1 \\ 0 \end{pmatrix}, \begin{pmatrix} 1 \\ 0 \\ -\frac{1}{3} \end{pmatrix} \right\} = \mathrm{lin}\left\{ \begin{pmatrix} 0 \\ 1 \\ -\frac{2}{3} \end{pmatrix}, \begin{pmatrix} 1 \\ 0 \\ -\frac{1}{3} \end{pmatrix} \right\}.$$

Damit ist die Gleichheit der beiden affinen Räume gezeigt. ∎

 Die Menge aller Punkte, die sich aus Additionen eines Vektors $\mathbf{v}^0 \in \mathbb{R}^n$ und allen möglichen Linearkombinationen von $\mathbf{v}^1, \ldots, \mathbf{v}^m \in \mathbb{R}^n$ ergeben, heißt affiner Raum. Die Dimension des affinen Raums ist definiert als $\dim(\operatorname{lin}\{\mathbf{v}^1, \ldots, \mathbf{v}^m\})$.

Die Lösungsmenge einer linearen Gleichung mit n Variablen beschreibt einen affinen Raum der Dimension $n-1$. Ist die rechte Seite der linearen Gleichung gleich 0, ist die Lösungsmenge ein linearer Raum.

Zwei affine Räume

$$A = \left\{ \mathbf{v}^0 + \sum_{i=1}^m \alpha_i \mathbf{v}^i \,\Big|\, \alpha_1, \ldots, \alpha_m \in \mathbb{R} \right\} \quad \text{und} \quad B = \left\{ \mathbf{w}^0 + \sum_{i=1}^k \beta_i \mathbf{w}^i \,\Big|\, \beta_1, \ldots, \beta_k \in \mathbb{R} \right\}$$

sind genau dann gleich, wenn sie (mindestens) ein gemeinsames Element haben und $\operatorname{lin}\{\mathbf{v}^1, \ldots, \mathbf{v}^m\} = \operatorname{lin}\{\mathbf{w}^1, \ldots, \mathbf{w}^k\}$ gilt.

7.3.2 Geometrie linearer Gleichungssysteme

Ziele dieses Unterkapitels
- Was versteht man unter dem Zeilenbild eines linearen Gleichungssystems?
- Was versteht man unter dem Spaltenbild eines linearen Gleichungssystems?

Nun betrachten wir Systeme mit $m > 1$ linearen Gleichungen. Wir illustrieren Darstellungsformen linearer Gleichungssysteme an zwei Beispielen:

▪ Beispiel 7.3.5 — Ein Beispiel mit zwei Variablen und zwei Gleichungen.
Wir betrachten das folgende lineare Gleichungssystem

$$x_1 - 2x_2 = 1$$
$$3x_1 + 2x_2 = 11,$$

bzw. $A\mathbf{x} = \mathbf{b}$ mit erweiterter Koeffizientenmatrix

$$(A|\mathbf{b}) = \begin{pmatrix} 1 & -2 & \Big| & 1 \\ 3 & 2 & \Big| & 11 \end{pmatrix}.$$

Eine Möglichkeit, diese Gleichungen geometrisch darzustellen, besteht darin, Zeile für Zeile vorzugehen. Die erste Zeile ist $x_1 - 2x_2 = 1$. Diese Gleichung hatten wir bereits im zweiten Teil von Beispiel 7.3.1 betrachtet. Sie entspricht einer Geraden im euklidischen Raum $\mathbb{R}^2$. In der Form

$$\frac{1}{2}x_1 - \frac{1}{2} = x_2$$

erkennt man, dass u.a. die Punkte $(0, -\frac{1}{2})^T$ und $(1,0)^T$ auf dieser Geraden liegen. Es handelt sich um eine Gerade mit x_2-Achsenabschnitt $-\frac{1}{2}$ und Steigung $\frac{1}{2}$. Die zweite Zeile $3x_1 + 2x_2 = 11$ entspricht ebenfalls einer Geraden im euklidischen Raum $\mathbb{R}^2$. In der Form

$$\frac{11}{2} - \frac{3}{2}x_1 = x_2$$

erkennt man, dass u.a. die Punkte $(0, \frac{11}{2})^T$ und $(1,4)^T$ auf der Geraden liegen. Die Gerade hat einen x_2-Achsenabschnitt von $\frac{11}{2}$ und eine Steigung von $-\frac{3}{2}$.

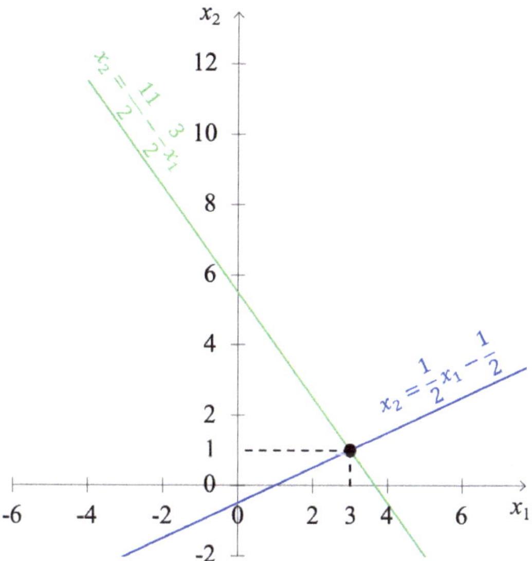

Abbildung 7.8: Das Zeilenbild eines LGS

Abbildung 7.8 zeigt die beiden Geraden. Man sieht sofort, dass sich die beiden Geraden in einem Punkt schneiden. Der Punkt $(3,1)^T$ liegt auf beiden Geraden. Er löst beide Gleichungen und ist damit die Lösung des linearen Gleichungssystems,

$$\mathbb{L} = \left\{ \begin{pmatrix} 3 \\ 1 \end{pmatrix} \right\}.$$

Da man das lineare Gleichungssystem zeilenweise gelesen hat, um auf Abbildung 7.8 zu kommen, nennt man Abbildung 7.8 auch das Zeilenbild des linearen Gleichungssystems.

Man kann sich ein lineares Gleichungssystem auch als Spaltenbild vorstellen. Hierfür nutzen wir zunächst, dass man obiges lineares Gleichungssystem auch als

$$\begin{pmatrix} 1 \\ 3 \end{pmatrix} x_1 + \begin{pmatrix} -2 \\ 2 \end{pmatrix} x_2 = \begin{pmatrix} 1 \\ 11 \end{pmatrix}$$

schreiben kann.

In dieser Darstellungsform des linearen Gleichungssystems stehen also zwei Spaltenvektoren auf der linken Seite und einer auf der rechten. In dieser Form sind x_1 und x_2 die Gewichte, mithilfe derer der Vektor der rechten Seite als Linearkombination der zwei Vektoren der linken Seite dargestellt werden soll. Die richtige Wahl von x_1 und x_2, nämlich $x_1 = 3$ und $x_2 = 1$, führt zu einem Vektor mit den Komponenten 1 und 11. Man sucht also diejenige Linearkombination der Spaltenvektoren der Koeffizientenmatrix, die den Vektor **b** auf der rechten Seite ergibt.

Abbildung 7.9 zeigt das sogenannte Spaltenbild der beiden Gleichungen mit zwei Unbekannten. Auf der linken Abbildung sind die beiden einzelnen Spaltenvektoren $(1,3)^T$ und $(-2,2)^T$ dargestellt. Die rechte Seite illustriert, dass die Linearkombination der beiden

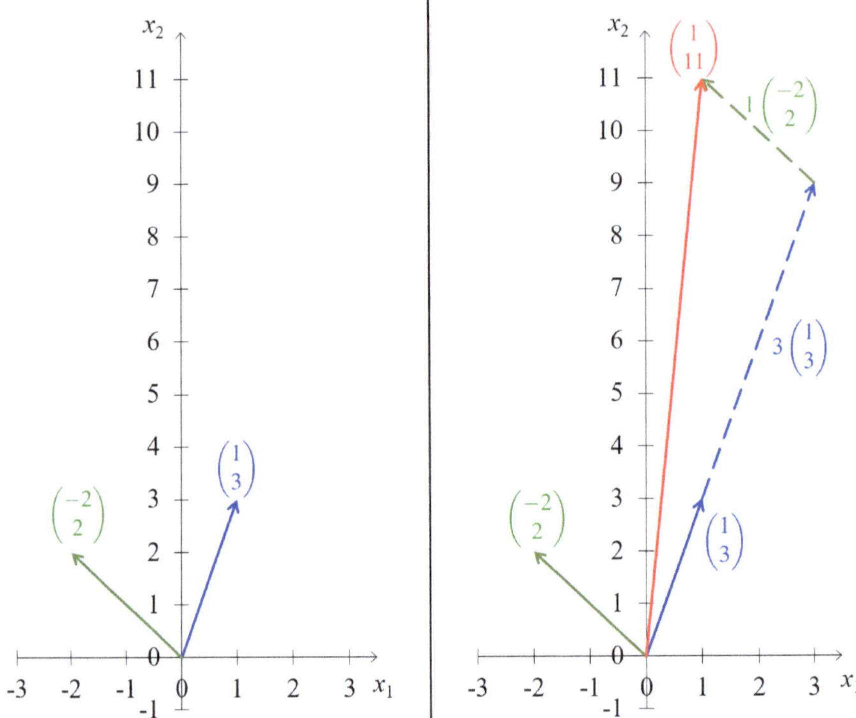

Abbildung 7.9: Das Spaltenbild eines LGS

Vektoren mit Gewichten 3 und 1 die rechte Seite ergibt,

$$3\begin{pmatrix} 1 \\ 3 \end{pmatrix} + 1\begin{pmatrix} -2 \\ 2 \end{pmatrix} = \begin{pmatrix} 1 \\ 11 \end{pmatrix}.$$

Im Zeilenbild betrachten wir die zwei Zeilen der erweiterten Koeffizientenmatrix, im Spaltenbild die zwei Spalten (und die rechte Seite). ■

Beide im vorherigen Beispiel dargestellten Arten, sich lineare Gleichungssysteme vorzustellen, sind gleichwertig. Je nach Kontext kann die eine oder die andere Art hilfreicher sein. Auch wenn die zeilenweise Interpretation zunächst vertrauter erscheint, ergeben sich aus der spaltenweisen Interpretation und der Verbindung zu Linearkombinationen direkt Verallgemeinerungen. Bevor wir diese besprechen, demonstrieren wir die spalten- und zeilenweise Betrachtungsweise eines linearen Gleichungssystems in weiteren Beispielen.

■ Beispiel 7.3.6 — Fortsetzung von Beispiel 7.3.5.

Wir ersetzen in Beispiel 7.3.5 die zweite Gleichung und betrachten das lineare Gleichungssystem

$$\begin{aligned} x_1 - 2x_2 &= 1 \\ -2x_1 + 4x_2 &= -2, \end{aligned}$$

bzw. $A\mathbf{x} = \mathbf{b}$ mit erweiterter Koeffizientenmatrix

$$(A|\mathbf{b}) = \begin{pmatrix} 1 & -2 & | & 1 \\ -2 & 4 & | & -2 \end{pmatrix}.$$

Zeilenweise gelesen gilt für alle Lösungen der ersten Gleichung wieder

$$\frac{1}{2}x_1 - \frac{1}{2} = x_2.$$

Die Menge aller Lösungen beschreibt also eine Gerade im $\mathbb{R}^2$.

Auflösen der zweiten Gleichung nach x_2 zeigt, dass auch für alle Lösungen der zweiten Gleichung

$$\frac{1}{2}x_1 - \frac{1}{2} = x_2$$

gilt. Die zweite Gleichung beschreibt also die gleiche Gerade im $\mathbb{R}^2$, vgl. Abbildung 7.10. Der Schnitt dieser beiden Geraden ergibt also wieder die Gerade selbst. Das lineare Gleichungssystem hat eine Lösungsmenge, welche dieser Geraden entspricht:

$$\mathbb{L} = \left\{ \begin{pmatrix} x_1 \\ \frac{1}{2}x_1 - \frac{1}{2} \end{pmatrix} \mid x_1 \in \mathbb{R} \right\} = \left\{ \begin{pmatrix} 0 \\ -\frac{1}{2} \end{pmatrix} + t \begin{pmatrix} 1 \\ \frac{1}{2} \end{pmatrix} \mid t \in \mathbb{R} \right\}.$$

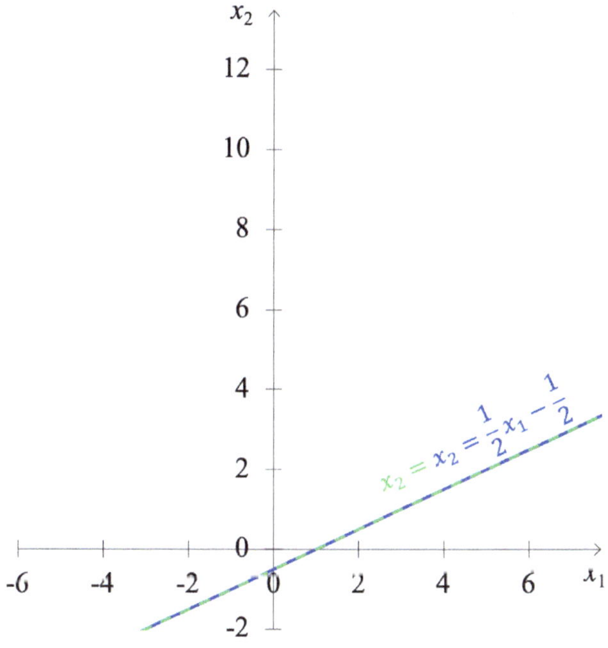

Abbildung 7.10: Das Zeilenbild eines LGS mit unendlich vielen Lösungen

Spaltenweise betrachtet werden hier Gewichte zu den Spaltenvektoren $\mathbf{a}^1 = (1, -2)^T$ und $\mathbf{a}^2 = (-2, 4)^T$ gesucht, so dass deren Linearkombination $(1, -2)^T$ ergibt. Da $\mathbf{a}^2 = -2\mathbf{a}^1$

gilt, gibt es nicht nur eine solche Kombination an Gewichten, sondern unendlich viele. Eine Lösung ist $\mathbf{x} = (1,0)^T$. Aber da das 1-fache der zweiten Spalte gleich dem (-2)-fachen der ersten Spalte ist, ergeben sich als andere Lösungen u.a. $\mathbf{x} = (0, -\frac{1}{2})^T$ oder $\mathbf{x} = (3,1)^T$, vgl. Abbildung 7.11. Jeder Vektor $\mathbf{x}$ mit $x_1 + (-2)x_2 = 1$ ist eine Lösung. ∎

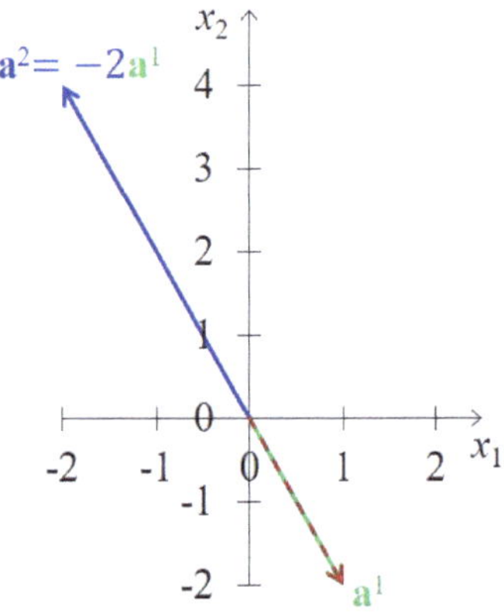

Abbildung 7.11: Das Spaltenbild eines LGS mit unendlich vielen Lösungen

∎ Beispiel 7.3.7 — Ein weiteres lineares Gleichungssystem.

Wir fügen dem linearen Gleichungssystem aus Beispiel 7.3.5 eine weitere Gleichung hinzu und betrachten das so entstandene lineare Gleichungssystem

$$\begin{aligned}
x_1 - 2x_2 &= 1 \\
3x_1 + 2x_2 &= 11 \\
x_1 + x_2 &= 4.
\end{aligned}$$

Zeilenweise ergeben sich aus den ersten beiden Zeilen die gleichen Geraden wie in Beispiel 7.3.5. Die Lösungen der dritten Gleichung erfüllen alle $x_2 = 4 - x_1$. Die entsprechende Gerade ist in Abbildung 7.12 dargestellt. Da diese Gerade die anderen beiden Geraden genau in deren Schnittpunkt schneidet, ist die Lösung des Gleichungssystems durch Hinzunahme der dritten Gleichung unverändert,

$$\mathbb{L} = \left\{ \begin{pmatrix} 3 \\ 1 \end{pmatrix} \right\}.$$

Spaltenweise gelesen kann man den Vektor $\mathbf{b} = (1,11,4)^T$ nur als Linearkombination der Vektoren $\mathbf{a}^1 = (1,3,1)^T$ und $\mathbf{a}^2 = (-2,2,1)^T$ erhalten, wenn man die Gewichte 3 und 1 wählt, vgl. Abbildung 7.13. ∎

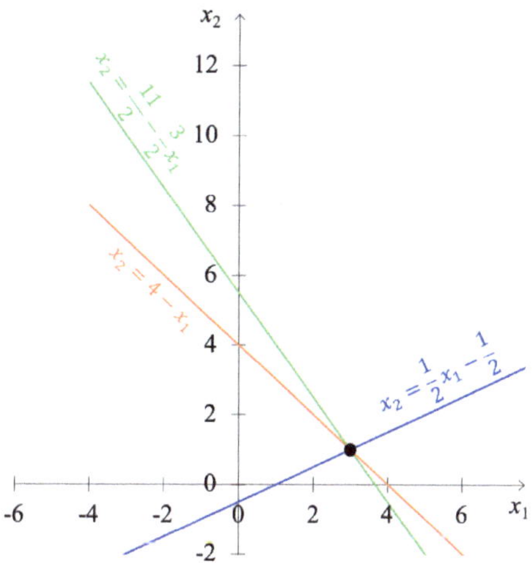

Abbildung 7.12: Das Zeilenbild eines linearen Gleichungssystems mit einer Lösung

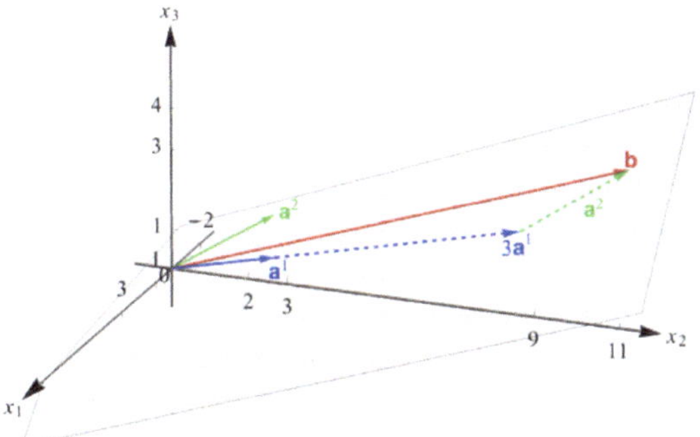

Abbildung 7.13: Das Spaltenbild eines LGS mit genau einer Lösung

■ Beispiel 7.3.8 — Ein unlösbares lineares Gleichungssystem.

Als weiteres lineares Gleichungssystem betrachten wir

$$x_1 - 2x_2 = 1$$
$$3x_1 + 2x_2 = 11$$
$$x_1 + x_2 = 7.$$

Zeilenweise ergeben sich aus den ersten beiden Zeilen wieder die gleichen Geraden wie in Beispiel 7.3.5. Alle Lösungen der dritten Gleichung erfüllen $x_2 = 7 - x_1$. Die entsprechende Gerade ist in Abbildung 7.14 eingezeichnet. Anhand der Abbildung erkennen wir, dass sich jeweils zwei Geraden in verschiedenen Punkten schneiden. Aber kein Punkt ist auf allen drei Geraden und damit gibt es keinen Punkt, der eine Lösung des Gleichungssystems ist. Die Lösungsmenge ist also leer,

$$\mathbb{L} = \{\}.$$

Spaltenweise gelesen ist der Vektor $\mathbf{b} = (1, 11, 7)^T$ also nicht als Linearkombination der Vektoren $\mathbf{a}^1 = (1, 3, 1)^T$ und $\mathbf{a}^2 = (-2, 2, 1)^T$ darstellbar, vgl. Abbildung 7.15. ∎

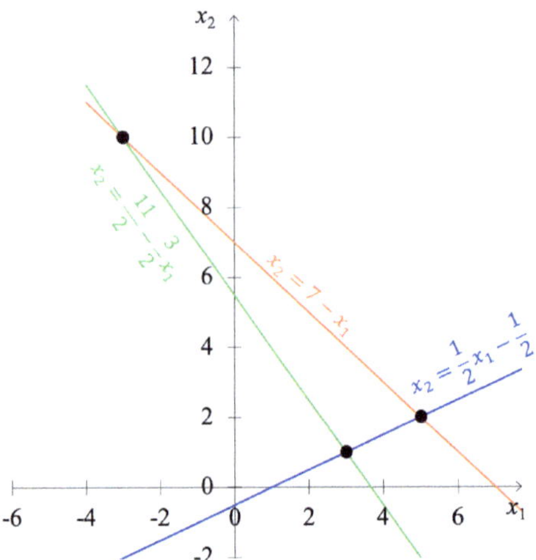

Abbildung 7.14: Das Zeilenbild eines LGS ohne Lösung

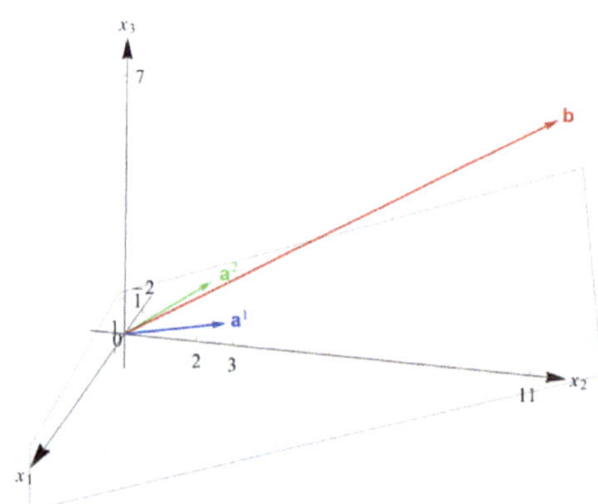

Abbildung 7.15: Das Spaltenbild eines LGS ohne Lösung

Alle bisherigen Beispiele behandelten lineare Gleichungssysteme mit zwei Variablen. In folgendem Beispiel wird ein lineares Gleichungssystem mit drei Variablen geometrisch veranschaulicht.

■ Beispiel 7.3.9 — Ein Beispiel mit drei Variablen.
Wir betrachten das folgende lineare Gleichungssystem:

$$x_1 + 2x_2 + 3x_3 = 6$$
$$2x_1 + 5x_2 + 2x_3 = 4$$
$$6x_1 - 3x_2 + x_3 = 2.$$

Man kann jede einzelne Zeile als eine Ebene im dreidimensionalen Raum interpretieren:
Setzen wir in der ersten Gleichung

$$x_1 + 2x_2 + 3x_3 = 6$$

$x_2 = x_3 = 0$, so ergibt sich $x_1 = 6$. Die Ebene schneidet die x_1-Achse im Punkt $(6,0,0)^T$.
Setzt man $x_1 = x_3 = 0$, ergibt sich $x_2 = 3$. Die Ebene schneidet die x_2-Achse im Punkt
$(0,3,0)^T$. Entsprechend schneidet sie die x_3-Achse im Punkt $(0,0,2)^T$. Die zweite Glei-
chung
$$2x_1 + 5x_2 + 2x_3 = 4$$

definiert eine zweite Ebene. Sie schneidet die erste Ebene in einer Geraden, vgl. Abbildung
7.16. Alle Punkte auf dieser Geraden lösen die beiden ersten Gleichungen simultan.

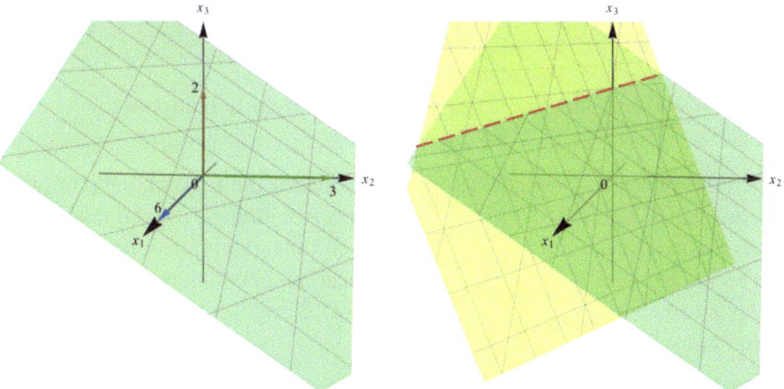

Abbildung 7.16: Die ersten zwei Gleichungen als Ebenen

Die dritte Gleichung
$$6x_1 - 3x_2 + x_3 = 2$$

definiert eine dritte Ebene. Die Gerade, die durch den Schnitt der beiden ersten Ebenen
definiert ist, schneidet diese Ebene in einem Punkt, vgl. Abbildung 7.17. Die drei Ebenen schneiden sich also in einem Punkt. Der Schnittpunkt ist die Lösung des linearen
Gleichungssystems.

Um das Spaltenbild zu erhalten, betrachten wir die spaltenweise Schreibweise für die
drei Gleichungen:

$$\begin{pmatrix} 1 \\ 2 \\ 6 \end{pmatrix} x_1 + \begin{pmatrix} 2 \\ 5 \\ -3 \end{pmatrix} x_2 + \begin{pmatrix} 3 \\ 2 \\ 1 \end{pmatrix} x_3 = \begin{pmatrix} 6 \\ 4 \\ 2 \end{pmatrix}.$$

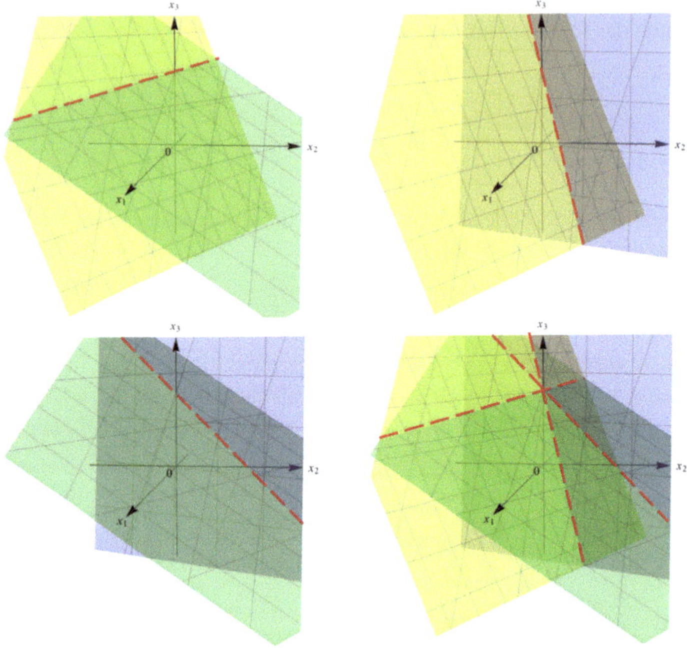

Abbildung 7.17: Die drei Ebenen und ihr Schnittpunkt

Wir suchen die richtigen Gewichte x_1, x_2 und x_3, damit die Linearkombination der drei Vektoren auf der linken Seite $\mathbf{b} = (6, 4, 2)^T$ ergibt. Abbildung 7.18 zeigt das Spaltenbild. Da die drei Spalten linear unabhängig sind, können Linearkombinationen dieser Vektoren beliebige rechte Seiten $\mathbf{b} \in \mathbb{R}^3$ erzeugen. Die Linearkombination, die $\mathbf{b} = (6, 4, 2)^T$ ergibt, ist hier das zweifache des dritten Vektors. Anders gesagt: $x_1 = x_2 = 0$ und $x_3 = 2$. Die Lösung ist demnach $(0, 0, 2)^T$, denn

$$\begin{pmatrix} 1 \\ 2 \\ 6 \end{pmatrix} 0 + \begin{pmatrix} 2 \\ 5 \\ -3 \end{pmatrix} 0 + \begin{pmatrix} 3 \\ 2 \\ 1 \end{pmatrix} 2 = \begin{pmatrix} 6 \\ 4 \\ 2 \end{pmatrix}.$$

Im Zeilenbild betrachten wir hier drei Zeilen, im Spaltenbild drei Spalten (und eine rechte Seite). ∎

∎ Beispiel 7.3.10 — Fortsetzung von Beispiel 7.2.10.

Abbildung 7.19 zeigt erneut das Zeilenbild des linearen Gleichungssystems aus Beispiel 7.2.10. Im Gegensatz zum oben genannten Beispiel ist die Lösungsmenge ein eindimensionaler affiner Raum, also eine Gerade. ∎

In den obigen Beispielen nutzen wir zwei verschiedene Arten, sich lineare Gleichungssysteme vorzustellen: einmal interpretieren wir die Zeilen als Geraden im $\mathbb{R}^2$ oder Ebenen im $\mathbb{R}^3$ und suchen den Schnittpunkt bzw. die Schnittmenge, einmal interpretieren wir die Spalten als Vektoren und suchen die Gewichte, so dass die Linearkombination der

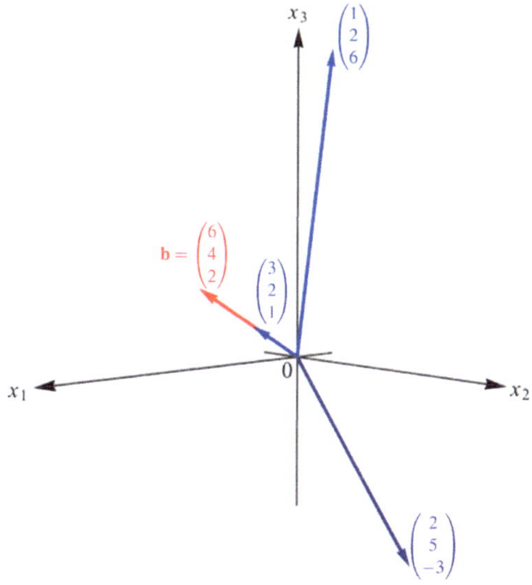

Abbildung 7.18: Das Spaltenbild des LGS

Spaltenvektoren dem Vektor **b** entspricht.

(Z) Zeilenbild: Jede Zeile $i = 1,\dots,m$ eines linearen Gleichungssystems mit n Variablen, in welcher mindestens ein $a_{ij} \neq 0$ ist, repräsentiert eine Hyperebene des $\mathbb{R}^n$. Die Lösungsmenge entspricht dem Schnitt aller Hyperebenen.
Spaltenbild: Liest man die linke Seite eines linearen Gleichungssystems $A\mathbf{x}$ als Linearkombination der Spaltenvektoren $\mathbf{a}^1,\dots,\mathbf{a}^n$ der Koeffizientenmatrix A mit Gewichten $x_1,\dots,x_n$, so ist $\mathbf{x}$ genau dann eine Lösung von $A\mathbf{x} = \mathbf{b}$, wenn diese Linearkombination dem Vektor **b** entspricht.

7.4 Der Rang einer Matrix

Auch wenn die zeilenweise Interpretation zunächst vertrauter erscheint, ergeben sich aus der spaltenweisen Interpretation und der Verbindung zu Linearkombinationen direkt Verallgemeinerungen: Ist die rechte Seite **b** keine Linearkombination der Spaltenvektoren der Koeffizientenmatrix A, so hat das lineare Gleichungssystem keine Lösung. Ist die rechte Seite **b** eine Linearkombination der Spaltenvektoren $\mathbf{a}^1,\dots,\mathbf{a}^n$ der Koeffizientenmatrix A, so hat das lineare Gleichungssystem mindestens eine Lösung.[7] Gilt also

$$\mathrm{lin}\left\{\mathbf{a}^1,\dots,\mathbf{a}^n\right\} = \mathrm{lin}\left\{\mathbf{a}^1,\dots,\mathbf{a}^n,\mathbf{b}\right\},$$

so ist das lineare Gleichungssystem lösbar, sonst nicht. Sind die linearen Hüllen gleich, ist auch die Dimension des durch die Spaltenvektoren von A aufgespannten linearen Raums gleich der Dimension des durch die Spaltenvektoren von $(A|\mathbf{b})$ aufgespannten linearen Raums. Ist **b** keine Linearkombination der Vektoren $\mathbf{a}^1,\dots,\mathbf{a}^n$, so ist die Dimension des

---

[7] Eine Lösung entspricht den Gewichten dieser Linearkombination.

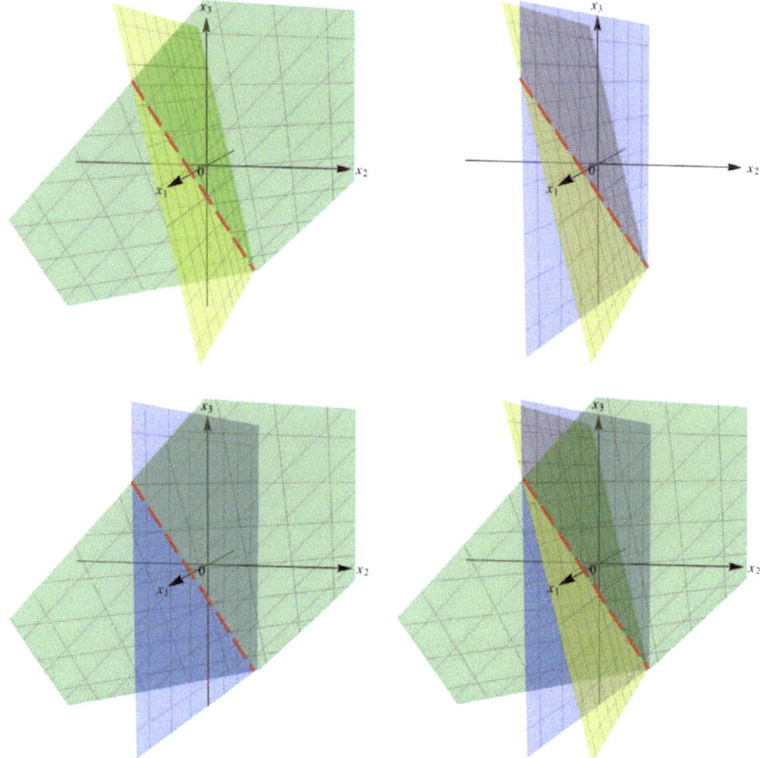

Abbildung 7.19: Die drei Ebenen und ihre Schnittgerade

durch die Spaltenvektoren von $(A\,|\,\mathbf{b})$ aufgespannten linearen Raums (um 1) größer als die
Dimension des durch die Spaltenvektoren von A aufgespannten linearen Raums.

Im Folgenden bezeichnen wir die maximale Anzahl linear unabhängiger Spaltenvektoren einer Matrix als Rang und diskutieren dessen Eigenschaften sowie dessen Berechnung.

7.4.1 Definition des Rangs

Ziele dieses Unterkapitels

- Was sagt der Rang einer Matrix über die Anzahl linear unabhängiger Spaltenvektoren einer Matrix aus? Was sagt er über die Anzahl linear unabhängiger Zeilenvektoren einer Matrix aus?
- Was kann man aus dem Rang einer Matrix A über den Rang von A^T schließen?
- Wann spricht man von einer Matrix von vollem Rang?
- Welche Bedingung muss für den Rang der Koeffizientenmatrix und den Rang der erweiterten Koeffizientenmatrix gelten, damit ein lineares Gleichungssystem lösbar ist?

Ist A eine Matrix vom Typ $m \times n$ mit Spaltenvektoren $\mathbf{a}^j$, $j = 1, \ldots n$, so nennt man die maximale Anzahl linear unabhängiger Spaltenvektoren, also die Dimension der linearen

Hülle $\mathrm{lin}\{\mathbf{a}^1,\dots,\mathbf{a}^n\}$, den Rang der Matrix A.

> **Definition 7.4.1 — Der Rang einer Matrix.**
> Ist A eine $m \times n$-Matrix, dann nennt man die maximale Anzahl linear unabhängiger Spaltenvektoren **Rang** der Matrix A bzw. $\mathrm{rang}(A)$.

Ergeben sich durch die Notation $\mathrm{rang}(A)$ doppelte Klammern, so verzichtet man in der Regel auf die zusätzlichen Klammern. Beispielsweise bezeichnet $\mathrm{rang}((A|\mathbf{b})) = \mathrm{rang}(A|\mathbf{b})$ den Rang der Matrix $(A|\mathbf{b})$.

Mithilfe dieses Begriffs können wir die Beobachtung, dass das lineare Gleichungssystem $A\mathbf{x} = \mathbf{b}$ genau dann lösbar ist, wenn $\mathbf{b}$ eine Linearkombination der Spalten von A ist, neu beschreiben: Das lineare Gleichungssystem ist genau dann lösbar, wenn der Rang der Koeffizientenmatrix des linearen Gleichungssystems gleich dem Rang der erweiterten Koeffizientenmatrix ist.

> **Satz 7.4.1 — Lösbarkeit eines LGS.**
> Sei A eine $m \times n$-Matrix, $\mathbf{x} \in \mathbb{R}^n$, $\mathbf{b} \in \mathbb{R}^m$, dann gilt
> $$A\mathbf{x} = \mathbf{b} \text{ lösbar} \quad \Leftrightarrow \quad \mathrm{rang}(A) = \mathrm{rang}(A|\mathbf{b}).$$

■ **Beispiel 7.4.1 — Der Rang der Koeffizientenmatrix aus Beispiel 7.1.7.**
Wir betrachten erneut die Koeffizientenmatrix aus Beispiel 7.1.7,

$$A = \begin{pmatrix} 1 & 2 & 3 \\ 2 & 5 & 2 \\ 6 & -3 & 1 \end{pmatrix} \quad \text{und} \quad (A|\mathbf{b}) = \begin{pmatrix} 1 & 2 & 3 & | & 6 \\ 2 & 5 & 2 & | & 4 \\ 6 & -3 & 1 & | & 2 \end{pmatrix}.$$

Der Rang der Koeffizientenmatrix A ist 3, $\mathrm{rang}(A) = 3$, da die drei Spaltenvektoren linear unabhängig sind und ihre lineare Hülle, $\mathrm{lin}\{\mathbf{a}^1,\mathbf{a}^2,\mathbf{a}^3\}$, damit die Dimension 3 hat.

Eine Möglichkeit, dies zu verifizieren, ist mittels Satz 6.3.3: Die drei Spaltenvektoren von A sind linear unabhängig genau dann, wenn die einzige Lösung von

$$x_1\mathbf{a}^1 + x_2\mathbf{a}^2 + x_3\mathbf{a}^3 = A \begin{pmatrix} x_1 \\ x_2 \\ x_3 \end{pmatrix} = \mathbf{0}$$

gleich $x_1 = x_2 = x_3 = 0$ ist. In anderen Worten: die 3×3-Matrix A hat den Rang 3 genau dann, wenn das lineare Gleichungssystem $A\mathbf{x} = \mathbf{0}$ mit Variablen $\mathbf{x} = (x_1,x_2,x_3)^T$ die Lösungsmenge $\mathbb{L} = \{\mathbf{0}\}$ hat. Bestimmen wir die Lösungsmenge mithilfe des Eliminationsverfahrens, ergibt sich analog zu Beispiel 7.2.4:

	x_1	x_2	x_3	$\mathbf{0}$	
①	1	2	3	0	
②	2	5	2	0	
③	6	-3	1	0	
⋮	⋮	⋮	⋮	⋮	⋮
⑩	1	0	0	0	⑦ $+ \frac{11}{77} \cdot$ ⑨
⑪	0	1	0	0	⑧ $- \frac{4}{77} \cdot$ ⑨
⑫	0	0	1	0	$-\frac{1}{77} \cdot$ ⑨

Damit ist die einzige Lösung $\mathbf{x} = \mathbf{0}$. Es gilt $\mathbb{L} = \{\mathbf{0}\}$. Bei einem homogenen linearen Gleichungssystem wird dabei in Tableauform oft auf die Spalte verzichtet, welche die rechte Seite $\mathbf{0}$ repräsentiert. Denn diese verändert sich durch elementare Zeilenumformungen nicht. Verkürzt schreibt man

	x_1	x_2	x_3	
①	1	2	3	
②	2	5	2	
③	6	-3	1	
⋮	⋮	⋮	⋮	⋮
⑩	1	0	0	⑦ $+ \frac{11}{77}\cdot$ ⑨
⑪	0	1	0	⑧ $- \frac{4}{77}\cdot$ ⑨
⑫	0	0	1	$-\frac{1}{77}\cdot$ ⑨

Zusammenfassend sind die drei Spaltenvektoren also linear unabhängig. Der Rang der Matrix A ist 3. Da im $\mathbb{R}^3$ nicht mehr als drei linear unabhängige Spaltenvektoren existieren und $\mathbf{a}^1, \mathbf{a}^2$ und $\mathbf{a}^3$ linear unabhängig sind, ist also auch die maximale Anzahl linear unabhängiger Spaltenvektoren von $(A|\mathbf{b})$ gleich 3. Es gilt somit $\mathrm{rang}(A) = \mathrm{rang}(A|\mathbf{b}) = 3$. Das lineare Gleichungssystem $A\mathbf{x} = \mathbf{b}$ ist lösbar.   ■

Offensichtlich ist also der Rang einer $m \times n$-Matrix genau dann gleich der Anzahl der Spalten, d.h. $\mathrm{rang}(A) = n$, wenn alle Spalten linear unabhängig sind. Ist die Menge aller n Spaltenvektoren nicht linear unabhängig, ist der Rang kleiner als n.

■ Beispiel 7.4.2 — Der Rang der Koeffizientenmatrix aus Beispiel 7.2.11.
Wir betrachten erneut das lineare Gleichungssystem $A\mathbf{x} = \mathbf{b}$ aus Beispiel 7.2.11 mit

$$(A|\mathbf{b}) = \begin{pmatrix} 1 & 2 & 3 & 6 \\ 2 & 5 & 2 & 4 \\ 6 & -3 & 1 & 2 \\ 2 & 4 & 6 & 13 \end{pmatrix}.$$

Die Koeffizientenmatrix hat 3 Spalten, ihr Rang ist somit maximal 3. Will man zeigen, dass der Rang von A wirklich gleich 3 ist, kann man wie im vorherigen Beispiel zeigen, dass die einzige Lösung von $A\mathbf{x} = \mathbf{0}$ der Nullvektor ist:

	x_1	x_2	x_3	
①	1	2	3	
②	2	5	2	
③	6	-3	1	
④	2	4	6	
⑤	1	2	3	①
⑥	0	1	-4	② - 2·①
⑦	0	-15	-17	③ - 6·①
⑧	0	0	0	④ - 2·①
⑨	1	0	11	⑤ - 2·⑥
⑩	0	1	-4	⑥
⑪	0	0	-77	⑦ + 15·⑥
⑫	0	0	0	⑧
⑬	1	0	0	⑨ + $\frac{11}{77}$· ⑪
⑭	0	1	0	⑩ - $\frac{4}{77}$·⑪
⑮	0	0	1	$-\frac{1}{77}$·⑪
⑯	0	0	0	⑫

Es gilt also: $\mathrm{rang}(A) = 3$. Analog kann man zeigen, dass die 4 Vektoren $\mathbf{a}^1, \mathbf{a}^2, \mathbf{a}^3, \mathbf{b}$ linear unabhängig sind, indem man zeigt, dass die einzige Lösung von $[\mathbf{a}^1, \mathbf{a}^2, \mathbf{a}^3, \mathbf{b}]\mathbf{x} = (A|\mathbf{b})\mathbf{x} = \mathbf{0}$ der Nullvektor ist:

	x_1	x_2	x_3	$\mathbf{b}$	
①	1	2	3	6	
②	2	5	2	4	
③	6	-3	1	2	
④	2	4	6	13	
⑤	1	2	3	6	①
⑥	0	1	-4	-8	② - 2·①
⑦	0	-15	-17	-34	③ - 6·①
⑧	0	0	0	1	④ - 2·①
⑨	1	0	11	22	⑤ - 2·⑥
⑩	0	1	-4	-8	⑥
⑪	0	0	-77	-154	⑦ + 15·⑥
⑫	0	0	0	1	⑧
⑬	1	0	0	0	⑨ + $\frac{11}{77}$· ⑪
⑭	0	1	0	0	⑩ - $\frac{4}{77}$·⑪
⑮	0	0	1	2	$-\frac{1}{77}$·⑪
⑯	0	0	0	1	⑫

Es gilt also[8] $\mathrm{rang}(A|\mathbf{b}) = 4 \neq 3 = \mathrm{rang}(A)$. Der Vektor $\mathbf{b}$ ist also keine Linearkombination der Spaltenvektoren von A. Das lineare Gleichungssystem $A\mathbf{x} = \mathbf{b}$ hat keine Lösung, wie wir bereits in Beispiel 7.2.11 gesehen hatten. ■

■ Beispiel 7.4.3 — Der Rang der Koeffizientenmatrix aus Beispiel 7.2.10.

Natürlich besteht nicht jede Matrix aus linear unabhängigen Spalten. Betrachten wir die

---

[8] Für die Berechnung des Ranges genügt es, das LGS in Zeilenstufenform zu überführen, deshalb wurde hier nicht bis zur expliziten Form gerechnet.

Koeffizientenmatrix

$$A = \begin{pmatrix} 0 & -4 & -1 \\ 1 & 1 & -1 \\ 1 & 5 & 0 \end{pmatrix}$$

aus Beispiel 7.2.10, so gilt z.B.

$$5\mathbf{a}^1 + 4\mathbf{a}^3 = \mathbf{a}^2.$$

Die drei Spaltenvektoren sind also nicht linear unabhängig. Der Rang ist nicht 3. Da man aber einfach erkennen kann, dass beispielsweise $\mathbf{a}^1$ kein Vielfaches von $\mathbf{a}^3$ und beide ungleich dem Nullvektor sind, wissen wir, dass $\mathbf{a}^1$ und $\mathbf{a}^3$ linear unabhängig sind. Die maximale Anzahl linear unabhängiger Spaltenvektoren ist also 2. Es gilt $\mathrm{rang}(A) = 2$.

Die erweiterte Koeffizientenmatrix

$$(A|\mathbf{b}) = \left(\begin{array}{ccc|c} 0 & -4 & -1 & 1 \\ 1 & 1 & -1 & 1 \\ 1 & 5 & 0 & 0 \end{array} \right)$$

aus Beispiel 7.2.10 hat ebenfalls den Rang 2, da

$$5\mathbf{a}^1 + 4\mathbf{a}^3 = \mathbf{a}^2 \text{ und } -\mathbf{a}^3 = \mathbf{b}$$

und $\mathbf{a}^1$ und $\mathbf{a}^3$ linear unabhängig sind. Die maximale Anzahl linear unabhängiger Vektoren aus $\{\mathbf{a}^1, \mathbf{a}^2, \mathbf{a}^3, \mathbf{b}\}$ ist also 2, d.h. $\mathrm{rang}(A|\mathbf{b}) = 2$.

Es gilt $\mathrm{rang}(A) = \mathrm{rang}(A|\mathbf{b})$. Das lineare Gleichungssystem ist also gemäß Satz 7.4.1 lösbar. ∎

In den bisherigen Beispielen haben wir den Rang einer Matrix durch Raten und anschließende Verifikation bestimmt. Was uns fehlt, ist ein verlässliches Rechenschema zur Bestimmung des Rangs.

Zur Motivation eines solchen Rechenschemas ist folgende Eigenschaft von Matrizen hilfreich: Die maximale Anzahl linear unabhängiger Zeilenvektoren von A entspricht der maximalen Anzahl linear unabhängiger Spaltenvektoren, also dem Rang von A.

> **Satz 7.4.2 — Der Rang.**
> Sei $A = (a_{ij})$ eine $m \times n$-Matrix. Die maximale Anzahl linear unabhängiger Zeilenvektoren von A entspricht dem Rang von A.

Eine Matrix mit m Zeilen kann also maximal einen Rang von m haben. Sind die Zeilenvektoren linear unabhängig, ist der Rang gleich m. Ist die Menge aller m Zeilenvektoren nicht linear unabhängig, ist der Rang kleiner als m.

Zusammen mit der Definition des Rangs als maximale Anzahl linear unabhängiger Spaltenvektoren ergibt sich daraus direkt folgender Satz:

> **Satz 7.4.3 — Eigenschaften des Rangs.**
> Sei A eine $m \times n$-Matrix. Dann gilt
> - $\mathrm{rang}(A) = \mathrm{rang}(A^T) \leq \min\{m, n\}$;
> - $\mathrm{rang}(A) = n$ genau dann, wenn alle Spalten von A linear unabhängig sind;
> - $\mathrm{rang}(A) = m$ genau dann, wenn alle Zeilen von A linear unabhängig sind.

Aufgrund der Eigenschaft, dass der Rang einer Matrix stets maximal gleich der Anzahl ihrer Spalten bzw. Zeilen ist, spricht man von einer Matrix $A \in \mathbb{R}^{m \times n}$ mit vollem Rang, wenn dieser maximale Wert erreicht wird, d.h. wenn $\mathrm{rang}(A) = \min\{m, n\}$ gilt.

Definition 7.4.2 — Voller Rang.
Man sagt, eine Matrix $A \in \mathbb{R}^{m \times n}$ hat **vollen Rang**, wenn $\mathrm{rang}(A) = \min\{m, n\}$.

(Z) Der Rang einer Matrix $A \in \mathbb{R}^{m \times n}$ entspricht der maximalen Anzahl linear unabhängiger Spaltenvektoren einer Matrix. Es gilt also $\mathrm{rang}(A) \leq n$. Er entspricht zudem der maximalen Anzahl linear unabhängiger Zeilenvektoren einer Matrix. Es gilt also $\mathrm{rang}(A) \leq m$.
Zudem gilt $\mathrm{rang}(A) = \mathrm{rang}(A^T)$.
Gilt $\mathrm{rang}(A) = \min\{m, n\}$, dann sagt man, A hat vollen Rang.
Das lineare Gleichungssystem $A\mathbf{x} = \mathbf{b}$ ist genau dann lösbar, wenn $\mathrm{rang}(A) = \mathrm{rang}(A|\mathbf{b})$ gilt.

7.4.2 Berechnung des Rangs mithilfe des Eliminationsverfahrens

Ziele dieses Unterkapitels
- Wie kann man aus dem Endtableau des Eliminationsverfahrens den Rang der Koeffizentenmatrix und der erweiterten Koeffizientenmatrix ablesen?

Im Eliminationsverfahren wird ein Zeilenvektor der Koeffizientenmatrix genau dann zu einer Nullzeile, wenn er eine Linearkombination der anderen Zeilenvektoren darstellt. Die Anzahl an Zeilen, welche sich nicht zu Nullzeilen umformen lassen, entspricht somit der maximalen Anzahl linear unabhängiger Zeilenvektoren und somit dem Rang der Koeffizientenmatrix. Da das letzte Tableau, das sogenannte Endtableau, stets in Zeilenstufenform vorliegt, ist diese Anzahl direkt aus dem Endtableau ablesbar.

■ **Beispiel 7.4.4 — Wiederholung der Beispiele.**
In Beispielen 7.4.1 und 7.4.2 zeigen wir, dass die betrachteten Matrizen den vollen Rang $\min\{n, m\}$ haben, indem wir durch das Eliminationsverfahren im Endtableau $\min\{n, m\}$ von Nullzeilen verschiedene Zeilen erhalten. ■

■ **Beispiel 7.4.5 — Alternative Berechnung von Beispiel 7.4.3.**
Wir betrachten erneut die Koeffizientenmatrix aus Beispiel 7.4.3,

$$A = \begin{pmatrix} 0 & -4 & -1 \\ 1 & 1 & -1 \\ 1 & 5 & 0 \end{pmatrix}.$$

Für die Bestimmung des Rangs von A ist die rechte Seite unerheblich, daher wählt man in der Regel die rechte Seite $\mathbf{0}$ und lässt die entsprechende Spalte weg. Es ergibt sich

	x_1	x_2	x_3	
①	0	-4	-1	
②	1	1	-1	
③	1	5	0	
④	1	1	-1	②
⑤	0	-4	-1	①
⑥	1	5	0	③
⑦	1	1	-1	④
⑧	0	-4	-1	⑤
⑨	0	4	1	⑥ - ④
⑩	1	0	$-\frac{5}{4}$	⑦ $+ \frac{1}{4}\cdot$ ⑧
⑪	0	1	$\frac{1}{4}$	$-\frac{1}{4}\cdot$ ⑧
⑫	0	0	0	⑨ $+$ ⑧
⑬	1	0	$-\frac{5}{4}$	⑩
⑭	0	1	$\frac{1}{4}$	⑪

Damit ergibt sich ein lineares Gleichungssystem mit $r = 2$ von Nullzeilen verschiedenen Zeilen. Der Rang der Matrix A ist 2. Man schreibt $\mathrm{rang}(A) = 2$. Die Matrix hat also zwei linear unabhängige Spaltenvektoren und zwei linear unabhängige Zeilenvektoren. Es gilt zum Beispiel $\mathbf{a}^3 = -\frac{5}{4}\mathbf{a}^1 + \frac{1}{4}\mathbf{a}^2$ für die Spaltenvektoren und $\mathbf{a}_3 = -\mathbf{a}_1 + \mathbf{a}_2$ für die Zeilenvektoren.   ■

Folgender Satz fasst die Idee der Berechnung des Rangs mittels des Eliminationsverfahrens zusammen:

> **Satz 7.4.4 — Berechnung des Rangs der erweiterten Koeffizientenmatrix.**
> Erhält man ausgehend von $A\mathbf{x} = \mathbf{b}$ mithilfe des Eliminationsverfahrens ein lineares Gleichungssystem $\tilde{A}\mathbf{x} = \tilde{\mathbf{b}}$ mit erweiterter Koeffizientenmatrix $(\tilde{A}|\tilde{\mathbf{b}})$ in Zeilenstufenform, wobei $\tilde{A}$ genau r Zeilen hat, die keine Nullzeilen sind, so gilt:
> - $\mathrm{rang}(A) = r$;
> - Ist jede Nullzeile von $\tilde{A}$ auch eine Nullzeile der erweiterten Koeffizientenmatrix $(\tilde{A}|\tilde{\mathbf{b}})$, also $\tilde{b}_i = 0$ für alle $i > r$, so gilt $\mathrm{rang}(A|\mathbf{b}) = r$, sonst $\mathrm{rang}(A|\mathbf{b}) = r+1$.

■ **Beispiel 7.4.6 — Alternative Berechnung von Beispiel 7.4.3.**
Wir betrachten erneut die erweiterte Koeffizientenmatrix aus Beispiel 7.2.10 mit rechter Seite $\mathbf{b} = (1, 1, 0)^T$,

$$(A|\mathbf{b}) = \left(\begin{array}{ccc|c} 0 & -4 & -1 & 1 \\ 1 & 1 & -1 & 1 \\ 1 & 5 & 0 & 0 \end{array}\right).$$

Die Ausführung des Eliminationsverfahrens ergibt

	x_1	x_2	x_3	$\mathbf{b}$	
①	0	-4	-1	1	
②	1	1	-1	1	
③	1	5	0	0	
④	1	1	-1	1	②
⑤	0	-4	-1	1	①
⑥	1	5	0	0	③
⑦	1	1	-1	1	④
⑧	0	-4	-1	1	⑤
⑨	0	4	1	-1	⑥ - ④
⑩	1	0	$-\frac{5}{4}$	$\frac{5}{4}$	⑦ $+ \frac{1}{4}\cdot$ ⑧
⑪	0	1	$\frac{1}{4}$	$-\frac{1}{4}$	$-\frac{1}{4}\cdot$ ⑧
⑫	0	0	0	0	⑨ + ⑧
⑬	1	0	$-\frac{5}{4}$	$\frac{5}{4}$	⑩
⑭	0	1	$\frac{1}{4}$	$-\frac{1}{4}$	⑪

Die Anzahl der verbleibenden, von Nullzeilen verschiedenen Zeilen der Koeffizientenmatrix ist $r = 2$. Diese Zahl ist gleich der Anzahl der verbleibenden, von Nullzeilen verschiedenen Zeilen der erweiterten Koeffizientenmatrix. Damit gilt $\text{rang}(A) = r = 2 = \text{rang}(A|\mathbf{b})$. Das lineare Gleichungssystem ist lösbar. ∎

Ⓩ Bezeichnet man die erweiterte Koeffizientenmatrix im Endtableau des Eliminationsverfahrens als $(A|\mathbf{b})$ und ist das LGS $A\mathbf{x} = \mathbf{b}$ lösbar, dann entspricht die Anzahl der von Nullzeilen verschiedenen Zeilen dem
* Rang der Koeffizientenmatrix A des Endtableaus, $\text{rang}(A)$;
* Rang der erweiterten Koeffizientenmatrix $(A|\mathbf{b})$ des Endtableaus, $\text{rang}(A|\mathbf{b})$.

7.4.3 Eigenschaften der Lösungsmenge

Ziele dieses Unterkapitels
* Was kann man aus dem Rang der Koeffizientenmatrix eines linearen Gleichungssystems bezüglich der Dimension des Lösungsraums schließen? Was gilt hier speziell für homogene lineare Gleichungssysteme?

Erhält man in einem linearen Gleichungssystem mit n Variablen nach Ausführung des Eliminationsverfahrens r von Nullzeilen verschiedene Zeilen der Koeffizientenmatrix A, dann ist das lineare Gleichungssystem entweder unlösbar oder es hat r führende und $n - r$ freie Variablen. Da r dem Rang der Matrix A entspricht und die Anzahl der freien Variablen die Dimension der Lösungsmenge bestimmt, gilt:

> **Satz 7.4.5 — Die Lösungsmenge eines LGS.**
> Sei A eine $m \times n$-Matrix, $\mathbf{x} \in \mathbb{R}^n$ und $\mathbf{b} \in \mathbb{R}^m$. Wenn das lineare Gleichungssystem $A\mathbf{x} = \mathbf{b}$ lösbar ist, dann ist die Lösungsmenge ein affiner Raum der Dimension $n - \text{rang}(A)$.

Das lineare Gleichungssystem ist nur dann unlösbar, wenn die Koeffizientenmatrix in Zeilenstufenform in einer Zeile i eine Nullzeile hat und $b_i \neq 0$ gilt. Ist $\mathbf{b} = \mathbf{0}$, so kann dieser Fall nicht auftreten. Ein homogenes lineares Gleichungssystem hat stets die Lösung $\mathbf{x} = \mathbf{0}$.

> **Satz 7.4.6 — Die Lösungsmenge eines homogenen LGS.**
> Sei A eine $m \times n$-Matrix und $\mathbf{x} \in \mathbb{R}^n$. Das homogene lineare Gleichungssystem $A\mathbf{x} = \mathbf{0}$ ist stets lösbar. Die Lösungsmenge ist ein linearer Raum der Dimension $n - \operatorname{rang}(A)$.

Die Ergebnisse aus Sätzen 7.4.1, 7.4.5 und 7.4.6 sind in Abbildung 7.20 zusammengefasst. Insbesondere erkennt man, dass ein lineares Gleichungssystem $A\mathbf{x} = \mathbf{b}$ (mit $A \in \mathbb{R}^{m \times n}$) im Fall $\operatorname{rang}(A) = \operatorname{rang}(A|\mathbf{b}) = n$ immer, also für alle $\mathbf{b}$, genau eine Lösung hat.

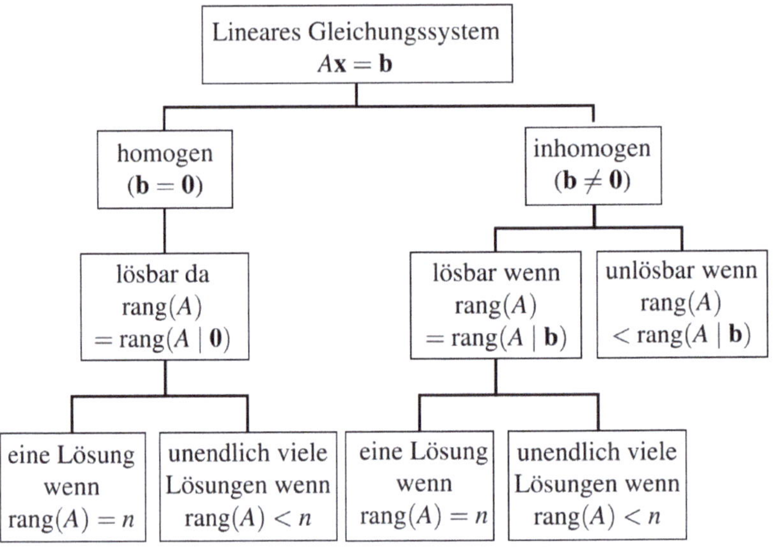

Abbildung 7.20: Übersicht: Lösbarkeit eines LGS

■ Beispiel 7.4.7 — Aussagen zur Lösungsmenge in Beispiel 7.2.10.
Wir betrachten erneut die Koeffizientenmatrix aus Beispiel 7.2.10,

$$A = \begin{pmatrix} 0 & -4 & -1 \\ 1 & 1 & -1 \\ 1 & 5 & 0 \end{pmatrix}$$

mit $\operatorname{rang}(A) = 2$. Ohne das homogene lineare Gleichungssystem $A\mathbf{x} = \mathbf{0}$ mit $n = 3$ Variablen zu lösen, kann man allein aus der rechten Seite $\mathbf{b} = \mathbf{0}$ schließen, dass dieses homogene lineare Gleichungssystem mindestens eine Lösung hat, nämlich $\mathbf{x} = \mathbf{0}$. Zudem weiß man wegen $n = 3$ und $\operatorname{rang}(A) = 2$, dass das homogene lineare Gleichungssystem unendlich viele Lösungen hat. Die Lösungsmenge ist ein linearer Raum der Dimension $n - \operatorname{rang}(A) = 3 - 2 = 1$, eine Gerade, vgl. Abbildung 7.21. Mit rechter Seite $\mathbf{b} = (1, 1, 0)^T$ ergibt sich ein inhomogenes lineares Gleichungssystem $A\mathbf{x} = \mathbf{b}$. Wir wissen aus Beispiel 7.4.3, dass $\operatorname{rang}(A|\mathbf{b}) = 2$. Ohne dieses lineare Gleichungssystem zu lösen, können wir aus $\operatorname{rang}(A|\mathbf{b}) = 2 = \operatorname{rang}(A)$ schließen, dass dieses inhomogene lineare Gleichungssystem eine Lösung hat. Zudem wissen wir wegen $n - \operatorname{rang}(A|\mathbf{b}) = 3 - 2 = 1$, dass es mehr als eine Lösung gibt. Die Lösungsmenge ist ein affiner Raum der Dimension $n - \operatorname{rang}(A|\mathbf{b}) = 3 - 2 = 1$, eine Gerade, vgl. Abbildung 7.21.   ■

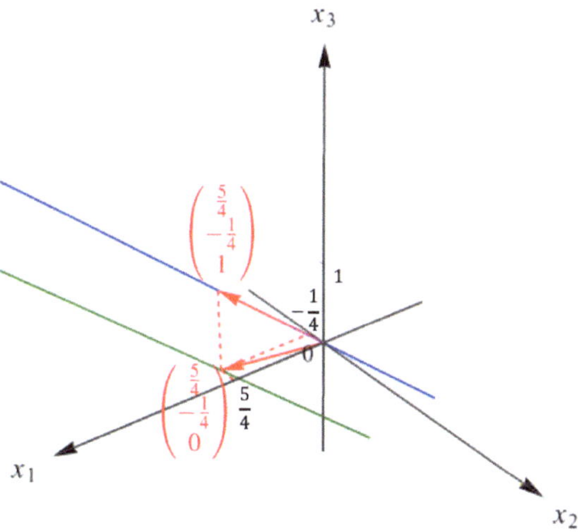

Abbildung 7.21: Lösungsmengen von Beispiel 7.4.7

■ Beispiel 7.4.8 — Der Rang und die Lösungsmenge.

Wir wenden nun das Eliminationsverfahren auf das lineare Gleichungssystem

$$
\begin{aligned}
x_1 + 2x_2 + x_3 + 8x_4 &= 8 \\
-x_1 - x_2 + 3x_3 + 6x_4 &= 2 \\
4x_1 + x_2 + 2x_3 + 12x_4 &= 14 \\
-2x_1 + 3x_3 + 7x_4 &= 4 \\
x_1 + x_2 + x_3 + 6x_4 &= 6
\end{aligned}
$$

mit erweiterter Koeffizientenmatrix

$$
(A|\mathbf{b}) =
\left(
\begin{array}{cccc|c}
1 & 2 & 1 & 8 & 8 \\
-1 & -1 & 3 & 6 & 2 \\
4 & 1 & 2 & 12 & 14 \\
-2 & 0 & 3 & 7 & 4 \\
1 & 1 & 1 & 6 & 6
\end{array}
\right)
$$

an. Stoppen wir erst, wenn A in expliziter Form[9] vorliegt, ergibt sich:

---

[9] Eigentlich würde die Zeilenstufenform für Aussagen zum Rang und zur Lösbarkeit ausreichen.

	x_1	x_2	x_3	x_4	$\mathbf{b}$	
①	1	2	1	8	8	
②	-1	-1	3	6	2	
③	4	1	2	12	14	
④	-2	0	3	7	4	
⑤	1	1	1	6	6	
⑥	1	2	1	8	8	①
⑦	0	1	4	14	10	② + ①
⑧	0	-7	-2	-20	-18	③ - 4·①
⑨	0	4	5	23	20	④ + 2·①
⑩	0	-1	0	-2	-2	⑤ - ①
⑪	1	0	-7	-20	-12	⑥ - 2·⑦
⑫	0	1	4	14	10	⑦
⑬	0	0	26	78	52	⑧ + 7·⑦
⑭	0	0	-11	-33	-20	⑨ - 4·⑦
⑮	0	0	4	12	8	⑩ + ⑦
⑯	1	0	0	1	2	⑪ + $\frac{7}{26}$·⑬
⑰	0	1	0	2	2	⑫ - $\frac{4}{26}$·⑬
⑱	0	0	1	3	2	$\frac{1}{26}$·⑬
⑲	0	0	0	0	2	⑭ + $\frac{11}{26}$·⑬
⑳	0	0	0	0	0	⑮ - $\frac{4}{26}$·⑬

Die Koeffizientenmatrix $\tilde{A}$ im Endtableau in expliziter Form hat also $r = 3$ Zeilen, die keine Nullzeilen sind. Es gilt rang$(A) = 3$. Die erweiterte Koeffizientenmatrix hat rang$(A|\mathbf{b}) = 4 \neq$ rang(A). Das lineare Gleichungssystem ist nicht lösbar, was man leicht anhand von Gleichung ⑲, $0 = 2$, überprüfen kann.

Verändern wir die rechte Seite der vierten Gleichung von 4 zu 2 und betrachten das lineare Gleichungssystem mit erweiterter Koeffizientenmatrix

$$(A|\mathbf{b}) = \left(\begin{array}{cccc|c} 1 & 2 & 1 & 8 & 8 \\ -1 & -1 & 3 & 6 & 2 \\ 4 & 1 & 2 & 12 & 14 \\ -2 & 0 & 3 & 7 & 2 \\ 1 & 1 & 1 & 6 & 6 \end{array} \right),$$

so erhält man stattdessen das folgende Endtableau:

	x_1	x_2	x_3	x_4	$\mathbf{b}$	
㉑	1	0	0	1	2	⑯
㉒	0	1	0	2	2	⑰
㉓	0	0	1	3	2	⑱

Die Koeffizientenmatrix $\tilde{A}$ im Endtableau in expliziter Form hat also $r = 3$ Zeilen, die keine Nullzeilen sind. Es gilt rang$(A) = 3$. Die erweiterte Koeffizientenmatrix hat rang$(A|\mathbf{b}) = 3 =$ rang(A). Das lineare Gleichungssystem ist lösbar. Ohne die Lösungsmenge dieses linearen Gleichungssystems in $n = 4$ Variablen zu bestimmen, können wir anhand des Rangs bereits sagen, dass die Lösungsmenge eine Dimension von $n - \text{rang}(A) = 4 - 3 = 1$ hat. In der Tat kann man hier leicht nachprüfen, dass die Lösungsmenge folgende Gerade beschreibt:

$$\mathbb{L} = \left\{ \begin{pmatrix} 2 \\ 2 \\ 2 \\ 0 \end{pmatrix} + t \begin{pmatrix} -1 \\ -2 \\ -3 \\ 1 \end{pmatrix} \middle| \; t \in \mathbb{R} \right\}.$$

$\boxed{\text{Z}}$ Ist das lineare Gleichungssystem $A\mathbf{x} = \mathbf{b}$ mit $A \in \mathbb{R}^{m \times n}$ lösbar, dann ist die Lösungsmenge ein affiner Raum der Dimension $n - \text{rang}(A)$. Homogene lineare Gleichungssysteme $A\mathbf{x} = \mathbf{0}$ sind stets lösbar. Die Lösungsmenge ist ein linearer Raum der Dimension $n - \text{rang}(A)$.

7.5 Rückblick und weitere Literatur

Lineare Gleichungssysteme sind in den Wirtschaftswissenschaften sowie in der Informatik weitverbreitet, da sie (im Gegensatz zu allgemeinen Gleichungssystemen) sehr einfach gelöst werden können. Das genaue Lösungsverfahren wird in verschiedenen Quellen in der Regel ähnlich aber im Detail doch fast immer verschieden dargestellt. Im Allgemeinen ist es nicht wichtig, dass Sie stets genau dem dargestellten Schema folgen. Es ist aber wichtig, dass Sie stets wissen, wie man ein gegebenes lineares Gleichungssystem lösen kann und welche Umformungen zu äquivalenten linearen Gleichungssystemen führen und welche nicht.

Dass lineare Gleichungssysteme zeilenweise und spaltenweise gelesen werden können, wurde geometrisch illustriert. Dabei wurde auch demonstriert, dass Lösungsmengen entweder leer sind oder einen affinen Raum darstellen, vgl. auch Abbildung 7.22. Die Dimension dieses affinen Raums entspricht $n - \text{rang}(A)$, wobei der Rang einer Matrix die maximale Anzahl unabhängiger Zeilen- oder Spaltenvektoren darstellt. Handelt es sich um ein homogenes lineares Gleichungssystem, d.h. ist die rechte Seite der Nullvektor, ist die Lösungsmenge ein linearer Raum. In diesem Fall ist also jede Linearkombination zweier Lösungen wieder eine Lösung.

Abbildung 7.22: Gleichungen beim Dating

Verschiedene Lösungsverfahren werden beispielsweise in Dietz (2012, Kapitel 19.7), Opitz et al. (2017, Kapitel 17), Merz und Wüthrich (2013, Kapitel 9) und Strang (2003, Kapitel 2.1-2.4) vorgestellt. Das hier vorgestellte Verfahren ist dem in Dietz (2012, Kapitel 19.8) sehr ähnlich.

Die Geometrie linearer Gleichungssysteme wird ausführlich in Strang (2003, Kapitel 2 und 3) und auch in Dietz (2012, Kapitel 19.2) diskutiert. Der Rang wird in Dietz (2012, Ende von Kapitel 18.7 und Kapitel 19), Strang (2003, Kapitel 3.3), Merz und Wüthrich (2013, Kapitel 8.6) und Opitz et al. (2017, Kapitel 16.3) besprochen.

7.6 Beweise

Beweis von Satz 7.1.1: Falls $b_i \neq 0$ für ein $i > r$, dann ist das lineare Gleichungssystem unlösbar, da die i-te Gleichung $\mathbf{a}_i\mathbf{x} = 0 = b_i \neq 0$ lautet.

Falls $b_i = 0$ für alle $i > r$, dann ist der Vektor $\mathbf{x}$ mit $x_i = b_i$ für $i \leq r$ und $x_i = 0$ für $i > r$ eine Lösung des linearen Gleichungssystems. ∎

Beweis von Satz 7.2.1: Einen Beweis findet man in Kall (1984, Satz 2.23). ∎

Beweis von Satz 7.2.2: Eine Gleichung der Form

$$0 \cdot x_1 + 0 \cdot x_2 + \cdots + 0 \cdot x_n = 0$$

ist offensichtlich für alle $\mathbf{x} \in \mathbb{R}^n$ erfüllt. Die Lösungsmenge eines linearen Gleichungssystems wird durch Hinzufügen oder Streichen dieser Gleichung deshalb nicht verändert. ∎

Beweis von Satz 7.2.3: Einen Beweis findet man in Kall (1984) auf den Seiten 103 und 104. ∎

Beweis von Satz 7.3.1: Im Fall $j = n$ folgt die Behauptung direkt aus der Darstellung der Lösungsmenge $\mathbb{L}$ oben, d.h.

$$\mathbb{L} = \left\{ \left. \begin{pmatrix} 0 \\ 0 \\ \vdots \\ 0 \\ \frac{b_1}{a_{1n}} \end{pmatrix} + t_1 \begin{pmatrix} 1 \\ 0 \\ \vdots \\ 0 \\ -\frac{a_{11}}{a_{1n}} \end{pmatrix} + t_2 \begin{pmatrix} 0 \\ 1 \\ \vdots \\ 0 \\ -\frac{a_{12}}{a_{1n}} \end{pmatrix} + \cdots + t_{n-1} \begin{pmatrix} 0 \\ 0 \\ \vdots \\ 1 \\ -\frac{a_{1n-1}}{a_{1n}} \end{pmatrix} \right| t_1, t_2, \ldots, t_{n-1} \in \mathbb{R} \right\}.$$

Für $j = 1, \ldots n - 1$ kann man die Lösungsmenge analog darstellen. ∎

Beweis von 7.3.2: Sei zuerst $A = B$. Wegen $\mathbf{v}^0 \in A$ gilt auch $\mathbf{v}^0 \in B$. Insbesondere existiert also ein $\mathbf{w} \in \mathrm{lin}\{\mathbf{w}^1, \ldots, \mathbf{w}^k\}$ so dass $\mathbf{v}^0 = \mathbf{w}^0 + \mathbf{w}$. Somit gilt auch $\mathbf{w} = \mathbf{v}^0 - \mathbf{w}^0$, d.h. $\mathbf{v}^0 - \mathbf{w}^0$ liegt in $\mathrm{lin}\{\mathbf{w}^1, \ldots, \mathbf{w}^k\}$.

Nun wählt man $\mathbf{v}$ beliebig aus $\mathrm{lin}\{\mathbf{v}^1, \ldots, \mathbf{v}^m\}$. Da $A = B$ gilt, muss $\mathbf{v}^0 + \mathbf{v} = \mathbf{w}^0 + \mathbf{z}$ für ein $\mathbf{z}$ aus $\mathrm{lin}\{\mathbf{w}^1, \ldots, \mathbf{w}^k\}$ sein. Daraus folgt, dass $\mathbf{v} = \mathbf{w}^0 - \mathbf{v}^0 + \mathbf{z}$ ist. $\mathbf{v}$ ist also die Summe aus Elementen von $\mathrm{lin}\{\mathbf{w}^1, \ldots, \mathbf{w}^k\}$ und liegt deshalb in diesem linearen Raum. Da $\mathbf{v}$ beliebig war, schließen wir

$$\mathrm{lin}\{\mathbf{v}^1, \ldots, \mathbf{v}^m\} \subseteq \mathrm{lin}\{\mathbf{w}^1, \ldots, \mathbf{w}^k\}.$$

Analog kann man zeigen, dass auch

$$\mathrm{lin}\{\mathbf{v}^1, \ldots, \mathbf{v}^m\} \supseteq \mathrm{lin}\{\mathbf{w}^1, \ldots, \mathbf{w}^k\}$$

gilt. Damit sind die beiden linearen Hüllen gleich.

Setzen wir nun voraus, dass $\mathbf{v}^0 \in B$ und

$$\mathrm{lin}\{\mathbf{v}^1, \ldots, \mathbf{v}^m\} = \mathrm{lin}\{\mathbf{w}^1, \ldots, \mathbf{w}^k\}$$

gilt, dann kann man mit denselben Argumenten wie oben die Gleichheit von A und B folgern. ∎

Beweis von Satz 7.4.1: Einen Beweis findet man in Kall (1984, Satz 2.21). ■

Beweis von Satz 7.4.2: Einen Beweis findet man in Kall (1984, Satz 2.16). ■

Beweis von Satz 7.4.3: Die Spaltenvektoren bzw. die Zeilenvektoren von A liegen im $\mathbb{R}^m$ bzw. $\mathbb{R}^n$. Die maximale Anzahl linear unabhängiger Spaltenvektoren bzw. Zeilenvektoren ist daher kleiner als m resp. n. Der Rang von A ist also nicht größer als $\min\{m,n\}$.

Die anderen beiden Aussagen folgen daraus, dass A genau n Spaltenvektoren und m Zeilenvektoren besitzt. ■

Beweis von Satz 7.4.4: Einen Beweis findet man in Kall (1984) auf Seite 104. ■

Beweis von Satz 7.4.5: Einen Beweis findet man in Kall (1984, Satz 2.21). ■

Beweis von Satz 7.4.6: Der Beweis folgt direkt aus Satz 7.4.5 und der Tatsache, dass die Lösungsmenge eines linearen, homogenen Gleichungssystems ein linearer Raum ist. ■

7.7 Literaturverzeichnis

Dietz, H. M., *Mathematik für Wirtschaftswissenschaftler*, Springer Berlin Heidelberg, 5. Auflage, 2012

Kall, P., *Lineare Algebra für Ökonomen*, Teubner Studienbücher Mathematik, Stuttgart, 1. Auflage, 1984

Merz, M. und Wüthrich, M.V., *Mathematik für Wirtschaftswissenschaftler: Die Einführung mit vielen ökonomischen Beispielen*, Vahlen, 1. Auflage, 2013

Opitz, O., Etschberger, S., Burkart, W., und Klein, R., *Mathematik - Lehrbuch: für das Studium der Wirtschaftswissenschaften*, De Gruyter Studium, 12. Auflage, 2017

Strang, G., *Lineare Algebra*, Springer Berlin Heidelberg, 1. Auflage, 2003

Open Access Dieses Kapitel wird unter der Creative Commons Namensnennung 4.0 International Lizenz (http://creativecommons.org/licenses/by/4.0/deed.de) veröffentlicht, welche die Nutzung, Vervielfältigung, Bearbeitung, Verbreitung und Wiedergabe in jeglichem Medium und Format erlaubt, sofern Sie den/die ursprünglichen Autor(en) und die Quelle ordnungsgemäß nennen, einen Link zur Creative Commons Lizenz beifügen und angeben, ob Änderungen vorgenommen wurden.

Die in diesem Kapitel enthaltenen Bilder und sonstiges Drittmaterial unterliegen ebenfalls der genannten Creative Commons Lizenz, sofern sich aus der Abbildungslegende nichts anderes ergibt. Sofern das betreffende Material nicht unter der genannten Creative Commons Lizenz steht und die betreffende Handlung nicht nach gesetzlichen Vorschriften erlaubt ist, ist für die oben aufgeführten Weiterverwendungen des Materials die Einwilligung des jeweiligen Rechteinhabers einzuholen.

8. Lineare Abbildungen

Betrachtet man für eine gegebene $m \times n$-Matrix A die Gleichung $A\mathbf{x} = \mathbf{y}$ bzw. $\mathbf{y} = A\mathbf{x}$ als eine Abbildungsvorschrift, die jedem $\mathbf{x} \in \mathbb{R}^n$ ein Element $\mathbf{y} \in \mathbb{R}^m$ zuordnet, erhält man eine Funktion, vgl. Kapitel 3. In diesem Kapitel diskutieren wir derartige Funktionen, welche auch als lineare Abbildungen bezeichnet werden.

8.1 Definition und Eigenschaften

Wir beginnen mit einer formalen Definition der linearen Abbildung, Verknüpfungen linearer Abbildungen und einer Charakterisierung des Bildes der linearen Abbildung.

8.1.1 Definition der linearen Abbildung

Ziele dieses Unterkapitels
- Was versteht man unter einer linearen Abbildung?
- Was für eine Funktion wird durch eine lineare Abbildung mit der Einheitsmatrix beschrieben?

Definition 8.1.1 — Die lineare Abbildung.
Eine Funktion $f : \mathbb{R}^n \to \mathbb{R}^m$, die jedem Urbild $\mathbf{x} \in \mathbb{R}^n$ ein Bild $\mathbf{y} = f(\mathbf{x}) \in \mathbb{R}^m$ zuordnet, heißt **lineare Abbildung**, wenn eine Matrix $A = (a_{ij}) \in \mathbb{R}^{m \times n}$ existiert mit $\mathbf{y} = f(\mathbf{x}) = A\mathbf{x}$ bzw.

$$\begin{pmatrix} y_1 \\ \vdots \\ y_m \end{pmatrix} = \begin{pmatrix} a_{11} & \cdots & a_{1n} \\ \vdots & \vdots & \vdots \\ a_{m1} & \cdots & a_{mn} \end{pmatrix} \begin{pmatrix} x_1 \\ \vdots \\ x_n \end{pmatrix}.$$

Die Matrix $A \in \mathbb{R}^{m \times n}$ enthält hierbei alle wichtigen Informationen über diese Abbildung. Ihr Typ bestimmt den natürlichen Definitionsbereich sowie die Zielmenge. Die Anzahl der

© Der/die Autor(en) 2026
C. Barz, *Mathematik für Wirtschaftswissenschaftler*,
https://doi.org/10.1007/978-3-658-50521-9_9

Spalten n entspricht der Dimension des natürlichen Definitionsbereichs $\mathbb{R}^n$, die Anzahl der Zeilen m der Dimension der Zielmenge $\mathbb{R}^m$. Die Einträge a_{ij} bestimmen die Abbildungsvorschrift. Spricht man also von einer linearen Abbildung mit Abbildungsmatrix A, sind alle wichtigen Informationen über die Funktion durch A gegeben.

■ Beispiel 8.1.1 — Beispiele linearer Abbildungen.

Die Funktion

$$f_1 : \mathbb{R}^2 \to \mathbb{R}^2 \quad \text{mit} \quad f_1(\mathbf{x}) = \begin{pmatrix} 0 & 2 \\ 2 & 0 \end{pmatrix} \begin{pmatrix} x_1 \\ x_2 \end{pmatrix} = \begin{pmatrix} 2x_2 \\ 2x_1 \end{pmatrix}$$

ist eine lineare Abbildung, siehe Abbildung 8.1. Es gilt z.B.

$$f_1\left(\begin{pmatrix} 1 \\ 0 \end{pmatrix}\right) = \begin{pmatrix} 0 & 2 \\ 2 & 0 \end{pmatrix} \begin{pmatrix} 1 \\ 0 \end{pmatrix} = \begin{pmatrix} 2 \cdot 0 \\ 2 \cdot 1 \end{pmatrix} = \begin{pmatrix} 0 \\ 2 \end{pmatrix},$$

$$f_1\left(\begin{pmatrix} 0 \\ 1 \end{pmatrix}\right) = \begin{pmatrix} 0 & 2 \\ 2 & 0 \end{pmatrix} \begin{pmatrix} 0 \\ 1 \end{pmatrix} = \begin{pmatrix} 2 \cdot 1 \\ 2 \cdot 0 \end{pmatrix} = \begin{pmatrix} 2 \\ 0 \end{pmatrix},$$

$$f_1\left(\begin{pmatrix} 1 \\ 2 \end{pmatrix}\right) = \begin{pmatrix} 0 & 2 \\ 2 & 0 \end{pmatrix} \begin{pmatrix} 1 \\ 2 \end{pmatrix} = \begin{pmatrix} 2 \cdot 2 \\ 2 \cdot 1 \end{pmatrix} = \begin{pmatrix} 4 \\ 2 \end{pmatrix}.$$

Die lineare Abbildung f_1 verdoppelt und vertauscht die Komponenten eines Vektors aus $\mathbb{R}^2$.

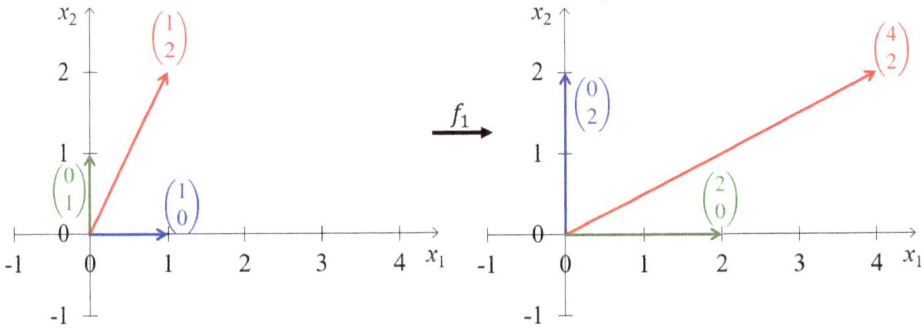

Abbildung 8.1: Darstellung der linearen Abbildung f_1

Die Funktion

$$f_2 : \mathbb{R}^2 \to \mathbb{R}^2 \quad \text{mit} \quad f_2(\mathbf{x}) = \begin{pmatrix} 0 & 1 \\ 0 & 2 \end{pmatrix} \begin{pmatrix} x_1 \\ x_2 \end{pmatrix} = \begin{pmatrix} x_2 \\ 2x_2 \end{pmatrix}$$

ist eine lineare Abbildung, siehe Abbildung 8.2. Es gilt z.B.

$$f_2\left(\begin{pmatrix} 1 \\ 0 \end{pmatrix}\right) = \begin{pmatrix} 0 & 1 \\ 0 & 2 \end{pmatrix} \begin{pmatrix} 1 \\ 0 \end{pmatrix} = \begin{pmatrix} 1 \cdot 0 \\ 2 \cdot 0 \end{pmatrix} = \begin{pmatrix} 0 \\ 0 \end{pmatrix},$$

$$f_2\left(\begin{pmatrix} 0 \\ 1 \end{pmatrix}\right) = \begin{pmatrix} 0 & 1 \\ 0 & 2 \end{pmatrix} \begin{pmatrix} 0 \\ 1 \end{pmatrix} = \begin{pmatrix} 1 \cdot 1 \\ 2 \cdot 1 \end{pmatrix} = \begin{pmatrix} 1 \\ 2 \end{pmatrix},$$

$$f_2\left(\begin{pmatrix} 1 \\ 2 \end{pmatrix}\right) = \begin{pmatrix} 0 & 1 \\ 0 & 2 \end{pmatrix} \begin{pmatrix} 1 \\ 2 \end{pmatrix} = \begin{pmatrix} 1 \cdot 2 \\ 2 \cdot 2 \end{pmatrix} = \begin{pmatrix} 2 \\ 4 \end{pmatrix}.$$

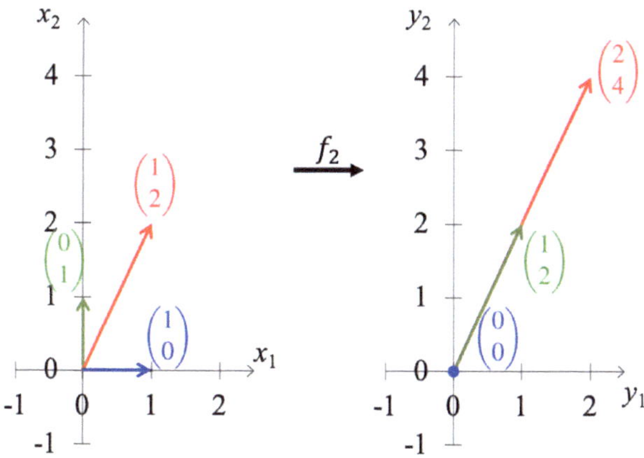

Abbildung 8.2: Darstellung der linearen Abbildung f_2

Die lineare Abbildung f_2 bildet einen Vektor $(x_1, x_2)^T$ auf das x_2-fache des Vektors $(1,2)^T$ ab.

Die Funktion

$$f_3 : \mathbb{R}^3 \to \mathbb{R} \quad \text{mit} \quad f_3(\mathbf{x}) = \begin{pmatrix} 7 & 9 & 8 \end{pmatrix} \begin{pmatrix} x_1 \\ x_2 \\ x_3 \end{pmatrix} = 7x_1 + 9x_2 + 8x_3$$

ist eine lineare Abbildung, siehe Abbildung 8.3. Es gilt z.B.

$$f_3 \left(\begin{pmatrix} 2 \\ 4 \\ 4 \end{pmatrix} \right) = \begin{pmatrix} 7 & 9 & 8 \end{pmatrix} \begin{pmatrix} 2 \\ 4 \\ 4 \end{pmatrix} = 7 \cdot 2 + 9 \cdot 4 + 8 \cdot 4 = 82,$$

$$f_3 \left(\begin{pmatrix} 6 \\ 5 \\ 3 \end{pmatrix} \right) = \begin{pmatrix} 7 & 9 & 8 \end{pmatrix} \begin{pmatrix} 6 \\ 5 \\ 3 \end{pmatrix} = 7 \cdot 6 + 9 \cdot 5 + 8 \cdot 3 = 111.$$

Die lineare Abbildung f_3 bildet jeden Vektor aus dem $\mathbb{R}^3$ auf sein Skalarprodukt mit dem Vektor $(7,9,8)^T$ ab.

Die Funktion

$$f_4 : \mathbb{R} \to \mathbb{R}^3 \quad \text{mit} \quad f_4(\mathbf{x}) = f_4(x_1) = \begin{pmatrix} 1 \\ 2 \\ 3 \end{pmatrix} (x_1) = \begin{pmatrix} 1 \\ 2 \\ 3 \end{pmatrix} x_1 = \begin{pmatrix} x_1 \\ 2x_1 \\ 3x_1 \end{pmatrix}$$

ist eine lineare Abbildung, siehe Abbildung 8.4. Es gilt z.B.

$$f_4(1) = \begin{pmatrix} 1 \cdot 1 \\ 2 \cdot 1 \\ 3 \cdot 1 \end{pmatrix} = \begin{pmatrix} 1 \\ 2 \\ 3 \end{pmatrix},$$

$$f_4(5) = \begin{pmatrix} 1 \cdot 5 \\ 2 \cdot 5 \\ 3 \cdot 5 \end{pmatrix} = \begin{pmatrix} 5 \\ 10 \\ 15 \end{pmatrix}.$$

Die lineare Abbildung f_4 bildet jeden Vektor aus $\mathbb{R}$, also jede reelle Zahl, auf das entsprechende Vielfache von $(1,2,3)^T$ ab.   ■

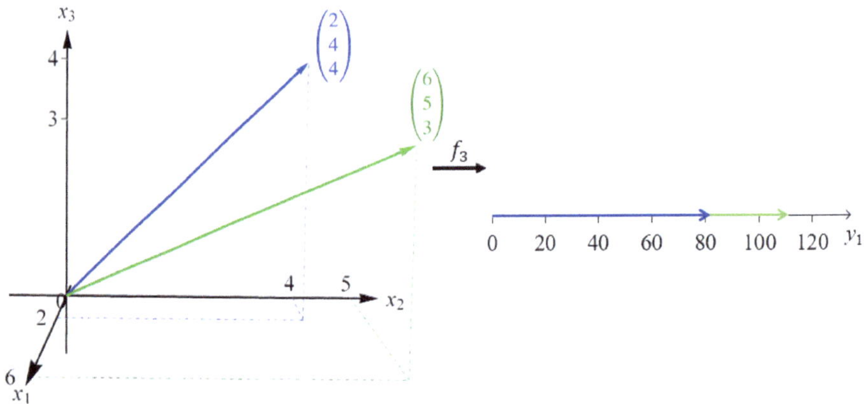

Abbildung 8.3: Darstellung der linearen Abbildung f_3

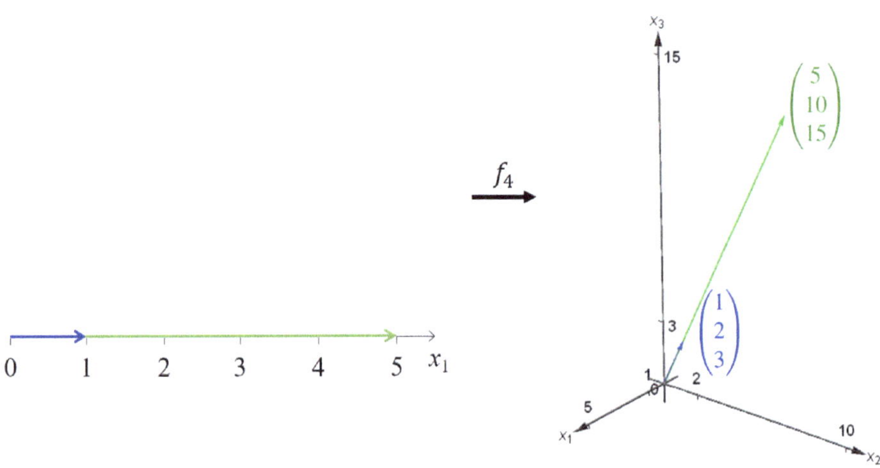

Abbildung 8.4: Darstellung der linearen Abbildung f_4

In obigem Beispiel ergaben sich beim Einsetzen eines konkreten Vektors $\mathbf{x}$ in die Abbildungsvorschrift $f(\mathbf{x})$ oft doppelte Klammern. Häufig wird stattdessen nur ein Klammerpaar geschrieben. Man schreibt also beispielsweise

$$f\begin{pmatrix} x_1 \\ x_2 \end{pmatrix} \text{ statt } f\left(\begin{pmatrix} x_1 \\ x_2 \end{pmatrix} \right).$$

■ Beispiel 8.1.2 — Beispiele linearer Abbildungen in der Produktion.

Betrachten wir erneut die Matrizen Z und R aus den Beispielen 6.5.1, 6.5.10 und 6.5.11. Die lineare Abbildung

$$f_Z : \mathbb{R}^3 \to \mathbb{R}^3 \quad \text{mit} \quad f_Z(\mathbf{x}) = Z\mathbf{x}$$

bildet einen Vektor $\mathbf{x}$, der Mengen verschiedener Pralinensorten (P_1, P_2 und P_3) angibt, auf die dafür benötigten Mengen an Schokolade (S_1, S_2 und S_3) ab. Beispielsweise ergibt sich mit $\mathbf{x} = (2,3,5)^T$ ein Funktionswert von $f_Z(\mathbf{x}) = (50,110,40)^T$, vgl. Beispiel 6.5.10. Zur Herstellung der Mengen $\mathbf{x} = (2,3,5)^T$ an Pralinen werden also die Schokoladenmengen $f_Z(\mathbf{x}) = (50,110,40)^T$ benötigt.

Die lineare Abbildung

$$f_R : \mathbb{R}^3 \to \mathbb{R}^2 \quad \text{mit} \quad f_R(\mathbf{x}) = R\mathbf{x}$$

bildet einen Vektor $\mathbf{x}$ auf $\mathbf{y} = R\mathbf{x}$ ab. Entspricht der Vektor $\mathbf{x}$ Mengen an Schokolade (S_1, S_2 und S_3), so ist die erste Komponente von $\mathbf{y}$ jene Menge an Rohstoff K_1, die zur Herstellung dieser Mengen $\mathbf{x}$ benötigt wird. Die zweite Komponente von $\mathbf{y}$ entspricht der benötigten Menge an Rohstoff K_2. Beispielsweise ergibt sich mit $\mathbf{x} = (0,5,15)^T$ ein Funktionswert von $f_R(\mathbf{x}) = (5.1,0.6)^T$, vgl. Beispiel 6.5.11. Zur Herstellung der Mengen $\mathbf{x} = (0,5,15)^T$ an Schokolade werden die Mengen $f_R(\mathbf{x}) = (5.1,0.6)^T$ an K_1 und K_2 benötigt. ∎

∎ Beispiel 8.1.3 — Eine lineare Abbildung in Beispiel 6.5.19 .
Betrachten wir erneut die Matrix M aus Beispiel 6.5.19. Die lineare Abbildung

$$f_M : \mathbb{R}^2 \to \mathbb{R}^2 \quad \text{mit} \quad f_M(\mathbf{x}) = M\mathbf{x}$$

bildet einen Vektor $\mathbf{x}$ an Konsumenten der verschiedenen Produkte zur Zeit 1 auf die (erwartete) Anzahl an Konsumenten zur Zeit 2 ab. Es gilt u.a.

$$f_M \begin{pmatrix} 100 \\ 0 \end{pmatrix} = \begin{pmatrix} 0.5 & 0.3 \\ 0.5 & 0.85 \end{pmatrix} \begin{pmatrix} 100 \\ 0 \end{pmatrix} = \begin{pmatrix} 50 \\ 50 \end{pmatrix},$$

$$f_M \begin{pmatrix} 200 \\ 0 \end{pmatrix} = \begin{pmatrix} 0.5 & 0.3 \\ 0.5 & 0.85 \end{pmatrix} \begin{pmatrix} 200 \\ 0 \end{pmatrix} = \begin{pmatrix} 100 \\ 100 \end{pmatrix},$$

$$f_M \begin{pmatrix} 0 \\ 100 \end{pmatrix} = \begin{pmatrix} 0.5 & 0.3 \\ 0.5 & 0.85 \end{pmatrix} \begin{pmatrix} 0 \\ 100 \end{pmatrix} = \begin{pmatrix} 30 \\ 85 \end{pmatrix},$$

$$f_M \begin{pmatrix} 200 \\ 100 \end{pmatrix} = \begin{pmatrix} 0.5 & 0.3 \\ 0.5 & 0.85 \end{pmatrix} \begin{pmatrix} 200 \\ 100 \end{pmatrix} = \begin{pmatrix} 130 \\ 185 \end{pmatrix}.$$
∎

Eine lineare Abbildung bildet also einen Vektor $\mathbf{x}$ auf das Ergebnis der Multiplikation $A\mathbf{x}$ ab. Ein Vektor $\mathbf{x}$ wird somit auf eine Linearkombination der Spaltenvektoren von A mit Gewichten $\mathbf{x}$ abgebildet. Verdoppelt man alle Gewichte, verdoppelt sich auch das Ergebnis. Verdreifacht man die Gewichte, verdreifacht sich auch das Ergebnis. Allgemein ergibt sich aus der Definition der Matrix-Vektor-Multiplikation 6.5.9 und Satz 6.5.2, dass

$$f(\alpha_1 \mathbf{x}^1 + \alpha_2 \mathbf{x}^2) = A(\alpha_1 \mathbf{x}^1 + \alpha_2 \mathbf{x}^2) = \alpha_1 A\mathbf{x}^1 + \alpha_2 A\mathbf{x}^2 = \alpha_1 f(\mathbf{x}^1) + \alpha_2 f(\mathbf{x}^2).$$

Umgekehrt kann man auch zeigen, dass jede Funktion mit der Eigenschaft

$$f(\alpha_1 \mathbf{x}^1 + \alpha_2 \mathbf{x}^2) = \alpha_1 f(\mathbf{x}^1) + \alpha_2 f(\mathbf{x}^2)$$

eine lineare Abbildung ist. Man nennt diese Eigenschaft auch „Linearität".

> **Satz 8.1.1 — Charakterisierung linearer Abbildungen.**
> Eine Funktion $f : \mathbb{R}^n \to \mathbb{R}^m$ ist genau dann eine lineare Abbildung, wenn für alle Urbilder $\mathbf{x}^1, \mathbf{x}^2 \in \mathbb{R}^n$ und $\alpha_1, \alpha_2 \in \mathbb{R}$ gilt:
>
> $$f(\alpha_1 \mathbf{x}^1 + \alpha_2 \mathbf{x}^2) = \alpha_1 f(\mathbf{x}^1) + \alpha_2 f(\mathbf{x}^2).$$

Die Identität, also eine Funktion, die $\mathbf{x}$ wieder auf $\mathbf{x}$ abbildet, ist eine lineare Abbildung mit $A = I$, vgl. Satz 6.5.2.

> **Satz 8.1.2 — Die Identität.**
> Ist I die Einheitsmatrix der Ordnung n, dann ist die lineare Abbildung $f : \mathbb{R}^n \to \mathbb{R}^n$ mit $f(\mathbf{x}) = I\mathbf{x} = \mathbf{x}$ die Identität.

(Z) Ist $A \in \mathbb{R}^{m \times n}$, so ist eine lineare Abbildung eine Funktion, welche einem Element $\mathbf{x} \in \mathbb{R}^n$ das Element $\mathbf{y} = A\mathbf{x} \in \mathbb{R}^m$ zuordnet. Eine Funktion f ist genau dann eine lineare Abbildung, wenn für alle $\mathbf{x}^1, \mathbf{x}^2 \in \mathbb{R}^n$ und $\alpha_1, \alpha_2 \in \mathbb{R}$ gilt: $f(\alpha_1 \mathbf{x}^1 + \alpha_2 \mathbf{x}^2) = \alpha_1 f(\mathbf{x}^1) + \alpha_2 f(\mathbf{x}^2)$ (Linearitätseigenschaft).

Ist die Abbildungsmatrix die Einheitsmatrix, definiert eine lineare Abbildung die Identität $\mathbf{y} = I\mathbf{x} = \mathbf{x}$.

8.1.2 Verknüpfungen linearer Abbildungen

Ziele dieses Unterkapitels

- Wie berechnet man die Summe, Differenz und Komposition zweier linearer Abbildungen?

Die Summe zweier linearer Abbildungen $f(\mathbf{x}) = A\mathbf{x}$ und $g(\mathbf{x}) = B\mathbf{x}$ kann genau dann gebildet werden, wenn die Matrizen vom gleichen Typ sind, da dann jeweils die Definitionsmenge $\mathbb{R}^n$ und die Zielmenge $\mathbb{R}^m$ identisch sind. Um zwei lineare Abbildungen $g(\mathbf{x}) = B\mathbf{x}$ und $h(\mathbf{x}) = C\mathbf{x}$ in der Form $h \circ g$ zusammenzusetzen, muss das Bild des $\mathbb{R}^n$ unter g, die Menge aller $B\mathbf{x}$, eine Teilmenge der Definitionsmenge von h sein. Die Zielmenge von g muss also der Definitionsmenge von h entsprechen.

> **Satz 8.1.3 — Verknüpfungen linearer Abbildungen.**
> Gegeben sind die linearen Abbildungen
> - $f : \mathbb{R}^n \to \mathbb{R}^m$ mit $(m \times n)$-Matrix A und $f(\mathbf{x}) = A\mathbf{x}$,
> - $g : \mathbb{R}^n \to \mathbb{R}^m$ mit $(m \times n)$-Matrix B und $g(\mathbf{x}) = B\mathbf{x}$,
> - $h : \mathbb{R}^m \to \mathbb{R}^q$ mit $(q \times m)$-Matrix C und $h(\mathbf{x}) = C\mathbf{x}$,
>
> dann gilt
> - $f = g \Leftrightarrow A = B$,
> - $f + g : \mathbb{R}^n \to \mathbb{R}^m$ ist eine lineare Abbildung mit $(f + g)(\mathbf{x}) = (A + B)\mathbf{x}$,
> - $f - g : \mathbb{R}^n \to \mathbb{R}^m$ ist eine lineare Abbildung mit $(f - g)(\mathbf{x}) = (A - B)\mathbf{x}$, und
> - $h \circ g : \mathbb{R}^n \to \mathbb{R}^q$ ist eine lineare Abbildung mit $(h \circ g)(\mathbf{x}) = h(B\mathbf{x}) = CB\mathbf{x}$.

■ **Beispiel 8.1.4 — Fortsetzung von Beispiel 8.1.1.**
Betrachten wir erneut die Funktionen f_1 und f_2 aus Beispiel 8.1.1. Berechnet man die

Summe von $f_1(\mathbf{x})$ und $f_2(\mathbf{x})$ z.B. mit $\mathbf{x} = (2,5)^T$, erhält man

$$f_1\begin{pmatrix}2\\5\end{pmatrix} = \begin{pmatrix}0 & 2\\2 & 0\end{pmatrix}\begin{pmatrix}2\\5\end{pmatrix} = \begin{pmatrix}10\\4\end{pmatrix},$$

$$f_2\begin{pmatrix}2\\5\end{pmatrix} = \begin{pmatrix}0 & 1\\0 & 2\end{pmatrix}\begin{pmatrix}2\\5\end{pmatrix} = \begin{pmatrix}5\\10\end{pmatrix},$$

$$(f_1 + f_2)\begin{pmatrix}2\\5\end{pmatrix} = f_1\begin{pmatrix}2\\5\end{pmatrix} + f_2\begin{pmatrix}2\\5\end{pmatrix} = \begin{pmatrix}15\\14\end{pmatrix},$$

$$(f_1 - f_2)\begin{pmatrix}2\\5\end{pmatrix} = f_1\begin{pmatrix}2\\5\end{pmatrix} - f_2\begin{pmatrix}2\\5\end{pmatrix} = \begin{pmatrix}5\\-6\end{pmatrix},$$

siehe Abbildungen 8.5 und 8.6 sowie für beliebige $\mathbf{x} \in \mathbb{R}^2$

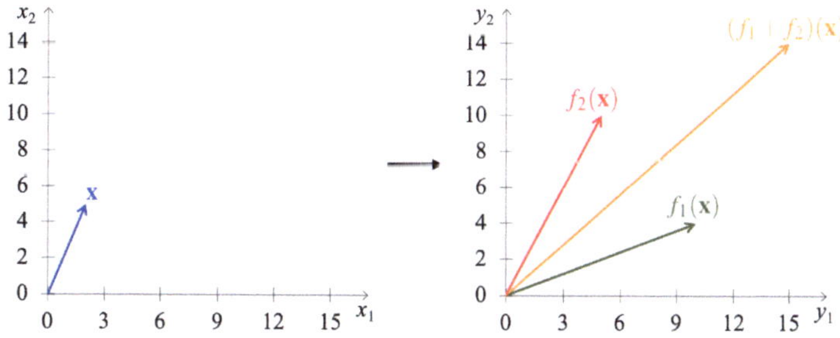

Abbildung 8.5: Darstellung der linearen Abbildung $f_1 + f_2$

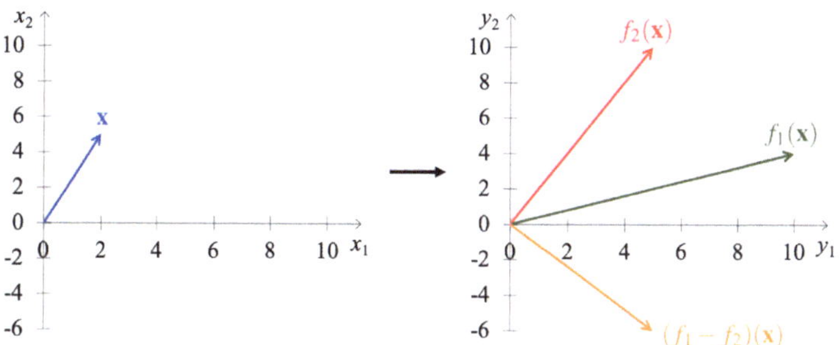

Abbildung 8.6: Darstellung der linearen Abbildung $f_1 - f_2$

$$(f_1 + f_2)(\mathbf{x}) = \left(\begin{pmatrix}0 & 2\\2 & 0\end{pmatrix} + \begin{pmatrix}0 & 1\\0 & 2\end{pmatrix}\right)\mathbf{x} = \begin{pmatrix}0 & 3\\2 & 2\end{pmatrix}\mathbf{x},$$

$$(f_1 - f_2)(\mathbf{x}) = \left(\begin{pmatrix}0 & 2\\2 & 0\end{pmatrix} - \begin{pmatrix}0 & 1\\0 & 2\end{pmatrix}\right)\mathbf{x} = \begin{pmatrix}0 & 1\\2 & -2\end{pmatrix}\mathbf{x}.$$

Die Komposition $f_2 \circ f_1$ entspricht der linearen Abbildung

$$f_2 \circ f_1 : \mathbb{R}^2 \to \mathbb{R}^2 \quad \text{mit} \quad f_2(f_1(\mathbf{x})) = \begin{pmatrix}0 & 1\\0 & 2\end{pmatrix} \cdot \begin{pmatrix}0 & 2\\2 & 0\end{pmatrix} \cdot \mathbf{x} = \begin{pmatrix}2 & 0\\4 & 0\end{pmatrix} \cdot \mathbf{x},$$

siehe Abbildung 8.7. Die Komposition führt erst f_1 aus, d.h. die beiden Komponenten werden vertauscht und verdoppelt. Dann wird f_2 ausgeführt, d.h. die zweite Komponente wird mit dem Vektor $(1,2)^T$ multipliziert und das Ergebnis ausgegeben. Man erhält so laut obiger Matrizenmultiplikation das gleiche Ergebnis, wie wenn man die erste Komponente des Vektors $\mathbf{x}$ mit dem Doppelten des Vektors $(1,2)^T$, also $(2,4)^T$, multipliziert. ∎

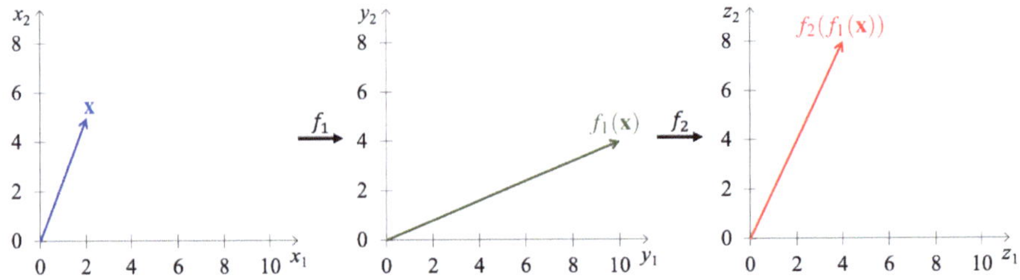

Abbildung 8.7: Darstellung der linearen Abbildung $f_2 \circ f_1$

Eine Komposition linearer Abbildungen entspricht also einer Matrizenmultiplikation und umgekehrt. Wir veranschaulichen diese Idee an einem weiteren Beispiel.

■ **Beispiel 8.1.5 — Fortsetzung von Beispiel 8.1.2.**
Verketten wir die Funktionen f_R und f_Z zu $f_R \circ f_Z$, entspricht dies einer linearen Abbildung von

$$f_R \circ f_Z : \mathbb{R}^3 \to \mathbb{R}^2 \quad \text{mit} \quad f_R(f_Z(\mathbf{x})) = R \cdot Z \cdot \mathbf{x}.$$

Ein Vektor $\mathbf{x} \in \mathbb{R}^3$ an Pralinenmengen wird durch f_Z auf einen Vektor $Z \cdot \mathbf{x}$ an benötigten Schokoladenmengen abgebildet, der dann durch f_R auf die benötigten Rohstoffmengen $R \cdot (Z \cdot \mathbf{x})$ abgebildet wird. Die Matrizenmultiplikation $R \cdot Z$ kombiniert eine Matrix, die aus Schokoladenmengen Rohstoffmengen berechnet, und eine Matrix, die aus Pralinenmengen Schokoladenmengen berechnet, zu einer Matrix, die aus Pralinenmengen direkt die Rohstoffmengen berechnet. ∎

(Z) Die Summe zweier linearer Abbildungen mit Abbildungsmatrizen $A, B \in \mathbb{R}^{m \times n}$ entspricht der linearen Abbildung $\mathbf{y} = (A + B)\mathbf{x}$. Die Differenz zweier linearer Abbildungen mit Abbildungsmatrizen $A, B \in \mathbb{R}^{m \times n}$ entspricht der linearen Abbildung $\mathbf{y} = (A - B)\mathbf{x}$. Die Komposition $f_C \circ f_B$ zweier linearer Abbildungen f_C und f_B mit Abbildungsmatrizen $B \in \mathbb{R}^{m \times n}$ und $C \in \mathbb{R}^{q \times m}$ entspricht der linearen Abbildung $\mathbf{y} = (C \cdot B)\mathbf{x}$.

8.1.3 Das Bild einer linearen Abbildung

Ziele dieses Unterkapitels
- Wie ergibt sich der Wertebereich bzw. das Bild einer linearen Abbildung und dessen Dimension aus der Abbildungsmatrix?
- Wie kann man anhand des Rangs der Abbildungsmatrix entscheiden, ob eine lineare Abbildung surjektiv, injektiv oder bijektiv ist?

In Kapitel 3 hatten wir das Bild einer Funktion definiert. Wir wiederholen diese Definition für den Spezialfall einer linearen Abbildung:

Definition 8.1.2 — Das Bild einer linearen Abbildung.
Sei $f : \mathbb{R}^n \to \mathbb{R}^m$ eine lineare Abbildung und $M \subseteq \mathbb{R}^n$. Die Menge

$$f(M) = \{\mathbf{y} \in \mathbb{R}^m \mid \text{es existiert ein } \mathbf{x} \in M \text{ mit } f(\mathbf{x}) = \mathbf{y}\}$$

heißt **Bild von** M unter f. Man nennt $f(\mathbb{R}^n)$ auch **Bild** oder **Wertebereich** von f.

■ **Beispiel 8.1.6 — Das Bild von f_1.**
Betrachten wir erneut die lineare Abbildung

$$f_1 : \mathbb{R}^2 \to \mathbb{R}^2 \quad \text{mit} \quad f_1(\mathbf{x}) = \begin{pmatrix} 0 & 2 \\ 2 & 0 \end{pmatrix} \begin{pmatrix} x_1 \\ x_2 \end{pmatrix} = \begin{pmatrix} 2x_2 \\ 2x_1 \end{pmatrix},$$

dann ist das Bild von f_1 die Menge

$$\begin{aligned}
f_1(\mathbb{R}^2) &= \left\{ \mathbf{y} \in \mathbb{R}^2 \,\middle|\, \text{es existiert ein } \mathbf{x} \in \mathbb{R}^2 \text{ mit } f_1(\mathbf{x}) = \begin{pmatrix} 2x_2 \\ 2x_1 \end{pmatrix} = \mathbf{y} \right\} \\
&= \left\{ \begin{pmatrix} 2x_2 \\ 2x_1 \end{pmatrix} \in \mathbb{R}^2 \,\middle|\, x_1, x_2 \in \mathbb{R} \right\} \\
&= \left\{ x_1 \begin{pmatrix} 0 \\ 2 \end{pmatrix} + x_2 \begin{pmatrix} 2 \\ 0 \end{pmatrix} \in \mathbb{R}^2 \,\middle|\, x_1, x_2 \in \mathbb{R} \right\} \\
&= \left\{ \alpha_1 \begin{pmatrix} 0 \\ 2 \end{pmatrix} + \alpha_2 \begin{pmatrix} 2 \\ 0 \end{pmatrix} \in \mathbb{R}^2 \,\middle|\, \alpha_1, \alpha_2 \in \mathbb{R} \right\} = \lin\left\{ \begin{pmatrix} 0 \\ 2 \end{pmatrix}, \begin{pmatrix} 2 \\ 0 \end{pmatrix} \right\}.
\end{aligned}$$

Das Bild entspricht also der linearen Hülle der Vektoren $(0,2)^T$ und $(2,0)^T$. Diese zwei Vektoren sind linear unabhängig. Da zwei linear unabhängige Vektoren im $\mathbb{R}^2$ eine Basis des $\mathbb{R}^2$ darstellen, ist das Bild also der ganze $\mathbb{R}^2$.

Interessieren wir uns nur für das Bild einer Teilmenge des Definitionsbereichs, z.B.

$$M = \left\{ \mathbf{x} = \begin{pmatrix} x_1 \\ x_2 \end{pmatrix} \in \mathbb{R}^2 \,\middle|\, 0 \le x_1 \le 1,\ 0 \le x_2 \le 1 \right\},$$

ergibt sich

$$\begin{aligned}
f_1(M) &= \left\{ \mathbf{y} \in \mathbb{R}^2 \,\middle|\, \text{es existiert ein } \mathbf{x} \in M \text{ mit } f_1(\mathbf{x}) = \begin{pmatrix} 2x_2 \\ 2x_1 \end{pmatrix} = \mathbf{y} \right\} \\
&= \left\{ \begin{pmatrix} 2x_2 \\ 2x_1 \end{pmatrix} \in \mathbb{R}^2 \,\middle|\, 0 \le x_1 \le 1,\ 0 \le x_2 \le 1 \right\} \\
&= \left\{ x_1 \begin{pmatrix} 0 \\ 2 \end{pmatrix} + x_2 \begin{pmatrix} 2 \\ 0 \end{pmatrix} \in \mathbb{R}^2 \,\middle|\, 0 \le x_1 \le 1,\ 0 \le x_2 \le 1 \right\} \\
&= \left\{ \begin{pmatrix} y_1 \\ y_2 \end{pmatrix} \in \mathbb{R}^2 \,\middle|\, 0 \le y_1 \le 2,\ 0 \le y_2 \le 2 \right\},
\end{aligned}$$

vgl. auch Abbildung 8.8. ■

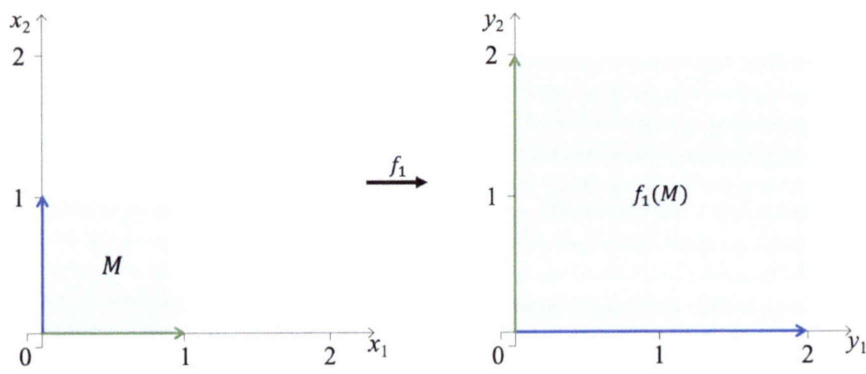

Abbildung 8.8: Das Bild von M unter f_1

■ Beispiel 8.1.7 — Das Bild von f_2.

Betrachten wir erneut die lineare Abbildung

$$f_2 : \mathbb{R}^2 \to \mathbb{R}^2 \quad \text{mit} \quad f_2(\mathbf{x}) = \begin{pmatrix} 0 & 1 \\ 0 & 2 \end{pmatrix} \begin{pmatrix} x_1 \\ x_2 \end{pmatrix} = \begin{pmatrix} x_2 \\ 2x_2 \end{pmatrix},$$

dann ist das Bild von f_2 die Menge

$$f_2(\mathbb{R}^2) = \left\{ \mathbf{y} \in \mathbb{R}^2 \;\middle|\; \text{es existiert ein } \mathbf{x} \in \mathbb{R}^2 \text{ mit } f_2(\mathbf{x}) = \begin{pmatrix} x_2 \\ 2x_2 \end{pmatrix} = \mathbf{y} \right\}$$

$$= \left\{ \begin{pmatrix} x_2 \\ 2x_2 \end{pmatrix} \in \mathbb{R}^2 \;\middle|\; x_2 \in \mathbb{R} \right\}$$

$$= \left\{ x_2 \begin{pmatrix} 1 \\ 2 \end{pmatrix} \in \mathbb{R}^2 \;\middle|\; x_2 \in \mathbb{R} \right\} = \mathrm{lin} \left\{ \begin{pmatrix} 1 \\ 2 \end{pmatrix} \right\}.$$

Das Bild entspricht also der linearen Hülle des Vektors $(1,2)^T$. Das Bild ist ein linearer Raum der Dimension 1, also eine Gerade, im $\mathbb{R}^2$. Interessieren wir uns nur für das Bild von

$$M = \left\{ \mathbf{x} = \begin{pmatrix} x_1 \\ x_2 \end{pmatrix} \in \mathbb{R}^2 \;\middle|\; 0 \le x_1 \le 1,\, 0 \le x_2 \le 1 \right\},$$

ergibt sich hier

$$f_2(M) = \left\{ \mathbf{y} \in \mathbb{R}^2 \;\middle|\; \text{es existiert ein } \mathbf{x} \in M \text{ mit } f_2(\mathbf{x}) = \begin{pmatrix} x_2 \\ 2x_2 \end{pmatrix} = \mathbf{y} \right\}$$

$$= \left\{ x_2 \begin{pmatrix} 1 \\ 2 \end{pmatrix} \in \mathbb{R}^2 \;\middle|\; 0 \le x_2 \le 1 \right\}. \hspace{3cm} ■$$

Da eine lineare Abbildung mit $f(\mathbf{x}) = A\mathbf{x}$ einen Vektor $\mathbf{x}$ auf eine Linearkombination der Spaltenvektoren von A mit Gewichten $\mathbf{x}$ abbildet, entspricht das Bild von f der linearen Hülle der Spaltenvektoren von A. Demzufolge gilt:

> **Satz 8.1.4 — Charakterisierung des Bildes.**
> Sei A eine $m \times n$-Matrix mit Spaltenvektoren $\mathbf{a}^1, \ldots, \mathbf{a}^n \in \mathbb{R}^m$ und $f : \mathbb{R}^n \to \mathbb{R}^m$ mit $\mathbf{y} = f(\mathbf{x}) = A\mathbf{x}$ eine lineare Abbildung. Es gilt:
> - $f(\mathbb{R}^n) = \mathrm{lin}\left\{\mathbf{a}^1, \ldots, \mathbf{a}^n\right\}$;
> - Die Dimension von $f(\mathbb{R}^n)$ ist $\mathrm{rang}(A)$.

Die Matrix $A \in \mathbb{R}^{m \times n}$ kann laut Satz 6.4.8 höchstens n linear unabhängige Spaltenvektoren, bzw. m linear unabhängige Zeilenvektoren haben. Hat die Matrix A also $m \leq n$ linear unabhängige Spaltenvektoren, d.h. ist $\mathrm{rang}(A) = m$, so erzeugen diese Spaltenvektoren den gesamten $\mathbb{R}^m$. Jeder Punkt im $\mathbb{R}^m$ kann somit erreicht werden. Diese Eigenschaft bezeichnet man als Surjektivität, vgl. Kapitel 3. Umgekehrt kann man auch zeigen, dass es zu jedem Vektor $\mathbf{y} \in f(\mathbb{R}^n)$ genau einen Vektor $\mathbf{x} \in \mathbb{R}^n$ mit $\mathbf{y} = f(\mathbf{x})$ gibt, wenn $\mathrm{rang}(A) = n \leq m$ gilt. Dies folgt daraus, dass die Spaltenvektoren von A in diesem Fall eine Basis von $f(\mathbb{R}^n)$ bilden. Wir nennen eine Funktion dann injektiv. Wir fassen dies in folgendem Satz zusammen:

> **Satz 8.1.5 — Eigenschaften linearer Abbildungen.**
> Sei $f : \mathbb{R}^n \to \mathbb{R}^m$ mit $\mathbf{y} = f(\mathbf{x}) = A\mathbf{x}$ eine lineare Abbildung. Die lineare Abbildung f ist
> - surjektiv genau dann, wenn $\mathrm{rang}(A) = m$;
> - injektiv genau dann, wenn $\mathrm{rang}(A) = n$;
> - bijektiv genau dann, wenn $\mathrm{rang}(A) = m = n$. Die Umkehrabbildung von f ist in diesem Fall eine lineare Abbildung.

■ **Beispiel 8.1.8 — Eigenschaften der Abbildungen aus Beispiel 8.1.1.**
Die Funktion

$$f_1 : \mathbb{R}^2 \to \mathbb{R}^2 \quad \text{mit} \quad f_1(\mathbf{x}) = \begin{pmatrix} 0 & 2 \\ 2 & 0 \end{pmatrix} \begin{pmatrix} x_1 \\ x_2 \end{pmatrix} = \begin{pmatrix} 2x_2 \\ 2x_1 \end{pmatrix}$$

mit $m = n = 2$ hat eine Abbildungsmatrix

$$\begin{pmatrix} 0 & 2 \\ 2 & 0 \end{pmatrix}$$

mit zwei linear unabhängigen Spaltenvektoren, also mit Rang 2. Diese lineare Abbildung ist damit bijektiv.

Die Funktion

$$f_2 : \mathbb{R}^2 \to \mathbb{R}^2 \quad \text{mit} \quad f_2(\mathbf{x}) = \begin{pmatrix} 0 & 1 \\ 0 & 2 \end{pmatrix} \begin{pmatrix} x_1 \\ x_2 \end{pmatrix} = \begin{pmatrix} x_2 \\ 2x_2 \end{pmatrix}$$

mit $m = n = 2$ hat eine Abbildungsmatrix

$$\begin{pmatrix} 0 & 1 \\ 0 & 2 \end{pmatrix}$$

mit Rang 1. Da $1 < m = 2$ ist diese lineare Abbildung nicht surjektiv, d.h. nicht alle Punkte der Zielmenge $\mathbb{R}^2$ können erreicht werden. Beispielsweise gibt es kein $\mathbf{x}$, so dass

$f_2(\mathbf{x}) = (1,1)^T$. Da $1 < n = 2$ ist diese lineare Abbildung nicht injektiv, d.h. es gibt Punkte im Bild von f_2, die das Bild von mehr als einem $\mathbf{x}$ sind. Beispielsweise gilt

$$f_2\begin{pmatrix}0\\1\end{pmatrix} = f_2\begin{pmatrix}1\\1\end{pmatrix} = \begin{pmatrix}1\\2\end{pmatrix}.$$

Die Funktion

$$f_3 : \mathbb{R}^3 \to \mathbb{R} \quad \text{mit} \quad f_3(\mathbf{x}) = \begin{pmatrix}7 & 9 & 8\end{pmatrix}\begin{pmatrix}x_1\\x_2\\x_3\end{pmatrix} = 7x_1 + 9x_2 + 8x_3$$

ist eine lineare Abbildung mit $m = 1$ und $n = 3$. Sie hat die Abbildungsmatrix

$$\begin{pmatrix}7 & 9 & 8\end{pmatrix}$$

mit Rang 1. Da $1 = m$ ist diese lineare Abbildung surjektiv, d.h. alle Punkte der Zielmenge $\mathbb{R}$ können erreicht werden. Da $1 < n = 3$ ist diese lineare Abbildung nicht injektiv, d.h. es gibt Punkte im Bild von f_3, die das Bild von mehr als einem $\mathbf{x}$ sind. Beispielsweise gilt

$$f_3\begin{pmatrix}8\\0\\0\end{pmatrix} = f_3\begin{pmatrix}0\\0\\7\end{pmatrix} = \begin{pmatrix}56\end{pmatrix} = 56.$$

Die Funktion

$$f_4 : \mathbb{R} \to \mathbb{R}^3 \quad \text{mit} \quad f_4(\mathbf{x}) = \begin{pmatrix}1\\2\\3\end{pmatrix}(x_1) = \begin{pmatrix}x_1\\2x_1\\3x_1\end{pmatrix}$$

ist eine lineare Abbildung mit $m = 3$ und $n = 1$. Sie hat die Abbildungsmatrix

$$\begin{pmatrix}1\\2\\3\end{pmatrix}$$

mit Rang 1. Da $1 < 3 = m$ ist diese lineare Abbildung nicht surjektiv, d.h. nicht alle Punkte der Zielmenge $\mathbb{R}^3$, u.a. $\mathbf{e}^1$, können erreicht werden. Da $1 = n$ ist diese lineare Abbildung aber injektiv, d.h. es gibt zu jedem Punkt $\mathbf{y} \in f_4(\mathbb{R})$ genau ein $\mathbf{x} = x_1 \in \mathbb{R}$ mit $f_4(\mathbf{x}) = \mathbf{y}$. $\blacksquare$

(Z) Das Bild $f(\mathbb{R}^n)$ einer linearen Abbildung mit Abbildungsmatrix $A \in \mathbb{R}^{m \times n}$ ist die lineare Hülle der Spaltenvektoren von A. Es gilt $\dim(f(\mathbb{R}^n)) = \text{rang}(A)$.

Die lineare Abbildung ist surjektiv, wenn $\text{rang}(A) = m$, injektiv, wenn $\text{rang}(A) = n$, und bijektiv, wenn $\text{rang}(A) = m = n$ gilt.

8.2 Die Umkehrabbildung und die Inverse

In diesem Kapitel diskutieren wir ausführlich die Umkehrabbildung einer linearen Abbildung und deren Zusammenhang zur Inversen einer Matrix.

8.2.1 Definition und Berechnung der Inversen einer Matrix

Ziele dieses Unterkapitels
- Was ist eine reguläre Matrix?
- Was ist die Inverse einer Matrix? Wie kann man die Inverse einer Matrix berechnen?
- Wie ergibt sich aus der Inversen von A die Umkehrabbildung der linearen Abbildung mit Abbildungsmatrix A?

Es folgt direkt aus Satz 8.1.5, dass eine lineare Abbildung nur dann eine Umkehrabbildung haben kann, wenn $m = n$ ist, also wenn sie quadratisch ist. Diese Eigenschaft alleine reicht jedoch nicht aus. Sie muss zudem den maximalen, also vollen, Rang haben. Matrizen mit dieser Eigenschaft nennt man regulär.

Definition 8.2.1 — Reguläre Matrizen.
Eine quadratische Matrix A der Ordnung n heißt **regulär**, wenn $\mathrm{rang}(A) = n$, andernfalls heißt A **singulär**.

Satz 8.1.5 besagt also, dass eine lineare Abbildung $f : \mathbb{R}^n \to \mathbb{R}^n$ mit $f(\mathbf{x}) = A\mathbf{x}$ genau dann eine (lineare) Umkehrabbildung bzw. Umkehrfunktion hat, wenn A regulär ist. Wir nennen die $n \times n$-Matrix dieser Umkehrabbildung f^{-1} die Inverse von A, symbolisch A^{-1}. Da für die Umkehrabbildung

$$f^{-1} : \mathbb{R}^n \to \mathbb{R}^n \quad \text{mit} \quad f^{-1}(\mathbf{x}) = A^{-1}\mathbf{x}$$

laut Satz 3.2.2 unter anderem $f \circ f^{-1}(\mathbf{y}) = \mathbf{y}$ bzw. $AA^{-1}\mathbf{y} = I\mathbf{y}$ für alle $\mathbf{y} \in \mathbb{R}^n$ gilt, muss für die Inverse

$$A \cdot A^{-1} = I$$

gelten.

Definition 8.2.2 — Die Inverse einer Matrix.
Sei A eine quadratische Matrix und I die Einheitsmatrix der Ordnung n. Falls eine quadratische Matrix A^{-1} der Ordnung n existiert, so dass

$$A \cdot A^{-1} = I$$

gilt, dann heißt A^{-1} **Inverse** von A. Die Matrix A heißt in diesem Fall **invertierbar**.

Zu beachten ist dabei, dass A^{-1} die Inverse der Matrix A bezeichnet mit $A \cdot A^{-1} = I$. Ist a eine reelle Zahl, gilt einfach $a^{-1} = \frac{1}{a}$ mit $a \cdot a^{-1} = 1$.

■ **Beispiel 8.2.1 — Bestimmung der Inversen durch Probieren.**
Die Matrix

$$A = \begin{pmatrix} 0.6 & 0.8 \\ -0.8 & 0.6 \end{pmatrix}$$

hat die Transponierte

$$A^T = \begin{pmatrix} 0.6 & -0.8 \\ 0.8 & 0.6 \end{pmatrix}.$$

Zudem gilt

$$AA^T = \begin{pmatrix} 0.6 & 0.8 \\ -0.8 & 0.6 \end{pmatrix} \begin{pmatrix} 0.6 & -0.8 \\ 0.8 & 0.6 \end{pmatrix}$$

$$= \begin{pmatrix} 0.6 \cdot 0.6 + 0.8 \cdot 0.8 & 0.6 \cdot (-0.8) + 0.8 \cdot 0.6 \\ (-0.8) \cdot 0.6 + 0.6 \cdot 0.8 & (-0.8) \cdot (-0.8) + 0.6 \cdot 0.6 \end{pmatrix}$$

$$= \begin{pmatrix} 1 & 0 \\ 0 & 1 \end{pmatrix} = I.$$

Für die Matrix A gilt also $A \cdot A^T = I$ und damit $A^{-1} = A^T$. Für die Matrix

$$C = \begin{pmatrix} 0 & 1 \\ -1 & 0 \end{pmatrix}$$

gilt sogar $C \cdot C = I$. Die Inverse von C ist also C selbst.

In der Regel ist die Inverse einer Matrix weder gleich der Matrix noch der Transponierten. Beispielsweise ist die Transponierte von

$$B = \begin{pmatrix} 8 & 0 & 6 \\ 0 & 10 & 0 \\ -6 & 0 & 8 \end{pmatrix}$$

gleich

$$B^T = \begin{pmatrix} 8 & 0 & -6 \\ 0 & 10 & 0 \\ 6 & 0 & 8 \end{pmatrix}$$

und es gilt

$$B \cdot B = \begin{pmatrix} 28 & 0 & 96 \\ 0 & 100 & 0 \\ -96 & 0 & 28 \end{pmatrix} \neq I$$

und

$$B \cdot B^T = \begin{pmatrix} 100 & 0 & 0 \\ 0 & 100 & 0 \\ 0 & 0 & 100 \end{pmatrix} \neq I.$$

Es gilt also $B^{-1} \neq B$ und $B^{-1} \neq B^T$. ∎

In der Regel entspricht die Inverse einer Matrix weder der Matrix selbst noch ihrer Transponierten. Wir benötigen daher ein allgemeines Verfahren, um die Inverse zu bestimmen.

Multipliziert man $A \in \mathbb{R}^{n \times n}$ mit der Inversen A^{-1}, ergibt sich die Einheitsmatrix $I = [\mathbf{e}^1, \mathbf{e}^2, \ldots, \mathbf{e}^n]$. Bezeichnen wir die j-te Spalte von A^{-1} als $\bar{\mathbf{a}}^j$, gilt also für alle $j = 1, \ldots, n$, dass

$$A \cdot \bar{\mathbf{a}}^j = \mathbf{e}^j.$$

Jede Spalte j der Inversen kann also durch Lösen eines LGS mit rechter Seite $\mathbf{b} = \mathbf{e}^j$ berechnet werden. Die gesamte Inverse kann durch simultanes Lösen des LGS für rechte Seiten $\mathbf{e}^1, \ldots, \mathbf{e}^n$ berechnet werden. Wir demonstrieren die Berechnung an einem Beispiel.

■ **Beispiel 8.2.2 — Berechnung der Inversen durch simultanes Lösen.**

Sei erneut $B = \begin{pmatrix} 8 & 0 & 6 \\ 0 & 10 & 0 \\ -6 & 0 & 8 \end{pmatrix}$. B ist eine quadratische Matrix der Ordnung 3. Die Inverse B^{-1} kann durch simultanes Lösen des LGS $B\mathbf{x} = \mathbf{b}$ mit $\mathbf{b} = \mathbf{e}^j$, $j = 1, 2, 3$ gefunden werden.

	x_1	x_2	x_3	$\mathbf{e}^1$	$\mathbf{e}^2$	$\mathbf{e}^3$	
①	8	0	6	1	0	0	
②	0	10	0	0	1	0	
③	-6	0	8	0	0	1	
④	1	0	$\frac{6}{8}$	$\frac{1}{8}$	0	0	$\frac{1}{8} \cdot$ ①
⑤	0	10	0	0	1	0	②
⑥	0	0	$\frac{100}{8}$	$\frac{6}{8}$	0	1	③ $+ \frac{6}{8} \cdot$ ①
⑦	1	0	$\frac{6}{8}$	$\frac{1}{8}$	0	0	④
⑧	0	1	0	0	$\frac{1}{10}$	0	$\frac{1}{10} \cdot$ ⑤
⑨	0	0	$\frac{100}{8}$	$\frac{6}{8}$	0	1	⑥
⑩	1	0	0	$\frac{8}{100}$	0	$-\frac{6}{100}$	⑦ $- \frac{6}{100} \cdot$ ⑨
⑪	0	1	0	0	$\frac{1}{10}$	0	⑧
⑫	0	0	1	$\frac{6}{100}$	0	$\frac{8}{100}$	$\frac{8}{100} \cdot$ ⑨

Es gilt also

$$B \begin{pmatrix} \frac{8}{100} \\ 0 \\ \frac{6}{100} \end{pmatrix} = \mathbf{e}^1, \quad B \begin{pmatrix} 0 \\ \frac{1}{10} \\ 0 \end{pmatrix} = \mathbf{e}^2 \quad \text{und} \quad B \begin{pmatrix} -\frac{6}{100} \\ 0 \\ \frac{8}{100} \end{pmatrix} = \mathbf{e}^3.$$

Die Inverse lautet somit

$$B^{-1} = \begin{pmatrix} \frac{8}{100} & 0 & -\frac{6}{100} \\ 0 & \frac{1}{10} & 0 \\ \frac{6}{100} & 0 & \frac{8}{100} \end{pmatrix}.$$

Man kann die Inverse also einfach auf der rechten Seite der Gleichungen ⑩–⑫ ablesen. ■

Ebenso kann man die Inverse auch durch eine parametrische Lösung des LGS und Einsetzen der Einheitsvektoren erhalten. Wir demonstrieren dies am gleichen Beispiel.

■ **Beispiel 8.2.3 — Berechnung der Inversen durch parametrische Lösung.**

Sei $B = \begin{pmatrix} 8 & 0 & 6 \\ 0 & 10 & 0 \\ -6 & 0 & 8 \end{pmatrix}$. B ist eine quadratische Matrix der Ordnung 3. Die Inverse B^{-1} kann auch durch die parametrische Lösung des LGS $B\mathbf{x} = \mathbf{b}$ gefunden werden.

	x_1	x_2	x_3	$\mathbf{b}$	
①	8	0	6	b_1	
②	0	10	0	b_2	
③	-6	0	8	b_3	
④	1	0	$\frac{6}{8}$	$\frac{1}{8}b_1$	$\frac{1}{8}\cdot$ ①
⑤	0	10	0	b_2	②
⑥	0	0	$\frac{100}{8}$	$\frac{6}{8}b_1 + b_3$	③ $+\ \frac{6}{8}\cdot$ ①
⑦	1	0	$\frac{6}{8}$	$\frac{1}{8}b_1$	④
⑧	0	1	0	$\frac{1}{10}b_2$	$\frac{1}{10}\cdot$ ⑤
⑨	0	0	$\frac{100}{8}$	$\frac{6}{8}b_1 + b_3$	⑥
⑩	1	0	0	$\frac{8}{100}b_1 - \frac{6}{100}b_3$	⑦ $-\ \frac{6}{100}\cdot$ ⑨
⑪	0	1	0	$\frac{1}{10}b_2$	⑧
⑫	0	0	1	$\frac{6}{100}b_1 + \frac{8}{100}b_3$	$\frac{8}{100}\cdot$ ⑨

Für allgemeines $\mathbf{b} \in \mathbb{R}^3$ ergibt sich also die Lösung

$$\mathbf{x} = \begin{pmatrix} \frac{8}{100}b_1 - \frac{6}{100}b_3 \\ \frac{1}{10}b_2 \\ \frac{6}{100}b_1 + \frac{8}{100}b_3 \end{pmatrix} = \begin{pmatrix} \frac{8}{100} \\ 0 \\ \frac{6}{100} \end{pmatrix} b_1 + \begin{pmatrix} 0 \\ \frac{1}{10} \\ 0 \end{pmatrix} b_2 + \begin{pmatrix} -\frac{6}{100} \\ 0 \\ \frac{8}{100} \end{pmatrix} b_3 = \underbrace{\begin{pmatrix} \frac{8}{100} & 0 & -\frac{6}{100} \\ 0 & \frac{1}{10} & 0 \\ \frac{6}{100} & 0 & \frac{8}{100} \end{pmatrix}}_{=B^{-1}} \mathbf{b}.$$

Die Spalten der Matrix B^{-1} hätte man ebenso auch durch Einsetzen der Einheitsvektoren für $\mathbf{b}$ erhalten können, vgl. Beispiel 8.2.2. Daher erhält man auch durch dieses Vorgehen die Inverse von B. ∎

Erhält man bei obigem Vorgehen auf der linken Seite eine Nullzeile und eine parametrische rechte Seite, so hat das LGS nur für manche, aber nicht alle Werte von $\mathbf{b}$ eine Lösung. In diesem Fall ist die Matrix also nicht invertierbar.

> **Satz 8.2.1 — Berechnung der Inversen durch ein parametrisches LGS.**
> Eine quadratische Matrix A der Ordnung n ist genau dann invertierbar, wenn das parametrische LGS $A\mathbf{x} = \mathbf{b}$ für beliebiges $\mathbf{b} \in \mathbb{R}^n$ eindeutig lösbar ist.

In der Regel ist es jedoch einfacher, die Invertierbarkeit einer Matrix mit Hilfe des Rangs zu überprüfen, denn eine Inverse existiert genau dann, wenn die lineare Abbildung $f(\mathbf{x}) = A\mathbf{x}$ bijektiv ist. Es gilt folgender Satz:

> **Satz 8.2.2 — Die Inverse und die Umkehrabbildung.**
> Sei A eine quadratische Matrix der Ordnung n. Die Inverse A^{-1} existiert genau dann, wenn $\mathrm{rang}(A) = n$, bzw. wenn A regulär ist. In diesem Fall ist die Umkehrabbildung f^{-1} der linearen Abbildung $f : \mathbb{R}^n \to \mathbb{R}^n$ mit $\mathbf{y} = f(\mathbf{x}) = A\mathbf{x}$ gegeben als
>
> $$f^{-1} : \mathbb{R}^n \to \mathbb{R}^n \quad \text{mit} \quad f^{-1}(\mathbf{x}) = A^{-1}\mathbf{x}.$$

■ **Beispiel 8.2.4 — Die Umkehrabbildung von f_1.**
Wir betrachten erneut die lineare Abbildung

$$f_1 : \mathbb{R}^2 \to \mathbb{R}^2 \quad \text{mit} \quad f_1(\mathbf{x}) = \begin{pmatrix} 0 & 2 \\ 2 & 0 \end{pmatrix} \begin{pmatrix} x_1 \\ x_2 \end{pmatrix} = \begin{pmatrix} 2x_2 \\ 2x_1 \end{pmatrix},$$

welche die Komponenten x_1 und x_2 verdoppelt und vertauscht. Es gilt

$$\text{rang} \begin{pmatrix} 0 & 2 \\ 2 & 0 \end{pmatrix} = 2.$$

Die Matrix ist also regulär. Demnach hat f_1 eine Umkehrabbildung.

Die Umkehrabbildung sollte die Komponenten erneut vertauschen und die Einträge halbieren. Man vermutet also, dass die Umkehrabbildung eine lineare Abbildung ist mit Matrix

$$A^{-1} = \begin{pmatrix} 0 & \frac{1}{2} \\ \frac{1}{2} & 0 \end{pmatrix}.$$

Wir überprüfen diese Vermutung, indem wir die Bedingung $A \cdot A^{-1} = I$ überprüfen. Und in der Tat ergibt sich

$$A \cdot \begin{pmatrix} 0 & \frac{1}{2} \\ \frac{1}{2} & 0 \end{pmatrix} = \begin{pmatrix} 0 & 2 \\ 2 & 0 \end{pmatrix} \begin{pmatrix} 0 & \frac{1}{2} \\ \frac{1}{2} & 0 \end{pmatrix} = \begin{pmatrix} 1 & 0 \\ 0 & 1 \end{pmatrix} = I.$$

Also ist die Umkehrabbildung $f_1^{-1} : \mathbb{R}^2 \to \mathbb{R}^2$ mit $f_1^{-1}(\mathbf{x}) = A^{-1}\mathbf{x}$ und

$$A^{-1} = \begin{pmatrix} 0 & \frac{1}{2} \\ \frac{1}{2} & 0 \end{pmatrix}.$$

∎

■ Beispiel 8.2.5 — Die Umkehrabbildung von f_2.
Wir betrachten erneut die lineare Abbildung

$$f_2 : \mathbb{R}^2 \to \mathbb{R}^2 \quad \text{mit} \quad f_2(\mathbf{x}) = \begin{pmatrix} 0 & 1 \\ 0 & 2 \end{pmatrix} \begin{pmatrix} x_1 \\ x_2 \end{pmatrix} = \begin{pmatrix} x_2 \\ 2x_2 \end{pmatrix},$$

welche den Vektor $\mathbf{x}$ auf das x_2-fache des Vektors $(1,2)^T$ abbildet. Es gilt

$$\text{rang} \begin{pmatrix} 0 & 1 \\ 0 & 2 \end{pmatrix} = 1 < n = 2.$$

Die Matrix ist also singulär. Demnach hat f_2 keine Umkehrabbildung.

Wir überprüfen dieses Ergebnis anschaulich: Da bei dieser Abbildung die Komponente x_1 gar keine Rolle spielt, werden u.a. die Vektoren $(0,1)^T$ und $(2,1)^T$ in der Definitionsmenge beide auf den gleichen Vektor der Zielmenge, nämlich $(1,2)^T$, abgebildet. Die Umkehrrelation bildet also $(1,2)^T$ sowohl auf $(0,1)^T$ als auch auf $(2,1)^T$ ab. Damit ist die Umkehrrelation keine Funktion.

∎

Eine reguläre Matrix ist eine $n \times n$-Matrix A mit vollem Rang, also $\text{rang}(A) = n$.
A^{-1} ist die Inverse von $A \in \mathbb{R}^{n \times n}$, wenn $AA^{-1} = I$. Man kann sie durch simultanes Lösen von $A\mathbf{x} = \mathbf{e}^k, k = 1,\ldots,n$ oder über eine parametrische Lösung des Gleichungssystems $A\mathbf{x} = \mathbf{b}$ mit allgemeiner rechter Seite bestimmen.
Ist A^{-1} die Inverse von A, dann ist $\mathbf{x} = A^{-1}\mathbf{y}$ die Umkehrabbildung der linearen Abbildung $\mathbf{y} = A\mathbf{x}$.

8.2.2   Die Inverse zur Lösung von Gleichungssystemen

Ziele dieses Unterkapitels

- Wie kann man mit Hilfe von A^{-1} eine Lösung des linearen Gleichungssystems $A\mathbf{x} = \mathbf{b}$ bestimmen?

In den Beispielen 8.2.2 und 8.2.3 zeigten wir, wie man mit Hilfe des Eliminationsverfahrens die Inverse einer Matrix bestimmen kann. Ist die Inverse einer Matrix bekannt, kann diese auch umgekehrt genutzt werden, um ein entsprechendes Gleichungssystem mit beliebiger rechter Seite zu lösen, denn

$$\mathbf{x} = A^{-1}\mathbf{b}$$

ist eine Lösung des LGS $A\mathbf{x} = \mathbf{b}$:

$$A\mathbf{x} = AA^{-1}\mathbf{b} = I\mathbf{b} = \mathbf{b}.$$

> **Satz 8.2.3 — Lösung eines LGS mithilfe der Inversen.**
> Sei A eine invertierbare quadratische Matrix der Ordnung n und $\mathbf{x}, \mathbf{b} \in \mathbb{R}^n$ mit $A\mathbf{x} = \mathbf{b}$. Dann gilt
> $$A^{-1}\mathbf{b} = \mathbf{x}.$$

■ **Beispiel 8.2.6 — Die Lösung eines LGS mit Hilfe der Inversen.**
In Beispiel 8.2.1 zeigten wir, dass die Matrix

$$A = \begin{pmatrix} 0.6 & 0.8 \\ -0.8 & 0.6 \end{pmatrix}$$

die Inverse

$$A^{-1} = A^T = \begin{pmatrix} 0.6 & -0.8 \\ 0.8 & 0.6 \end{pmatrix}$$

hat. Das LGS

$$\begin{aligned} 0.6x_1 + 0.8x_2 &= 10 \\ -0.8x_1 + 0.6x_2 &= 20 \end{aligned}$$

mit Koeffizientenmatrix A und rechter Seite $\mathbf{b} = (10, 20)^T$ lässt sich also einfach lösen, indem man

$$A^{-1}\mathbf{b} = \begin{pmatrix} 0.6 & -0.8 \\ 0.8 & 0.6 \end{pmatrix} \begin{pmatrix} 10 \\ 20 \end{pmatrix} = \begin{pmatrix} 10 \cdot (0.6) + 20 \cdot (-0.8) \\ 10 \cdot (0.8) + 20 \cdot (0.6) \end{pmatrix} = \begin{pmatrix} -10 \\ 20 \end{pmatrix}$$

berechnet. Somit ist $(x_1, x_2)^T = (-10, 20)^T$ und $\mathbb{L} = \{(-10, 20)^T\}$.   ■

Zu beachten ist, dass A aber nur invertierbar ist, wenn A eine reguläre Matrix, also eine quadratische Matrix mit vollem Rang ist, und somit das Gleichungssystem eine eindeutige Lösung hat. Nur in diesem Fall kann diese eindeutige Lösung durch die Multiplikation der Inversen mit der rechten Seite bestimmt werden.

(Z) Existiert die Inverse A^{-1} der Koeffizientenmatrix A, so hat das lineare Gleichungssystem $A\mathbf{x} = \mathbf{b}$ die eindeutige Lösung $\mathbf{x} = A^{-1}\mathbf{b}$.

8.2.3 Rechenregeln für invertierbare Matrizen

Ziele dieses Unterkapitels

- Welche Rechenregeln gelten für invertierbare Matrizen?

Da die Berechnung der Inversen im Allgemeinen aufwändig ist, sind Rechenregeln, aus denen man eine Inverse bestimmen kann, besonders wertvoll. Folgender Satz fasst einige Rechenregeln für reguläre, also invertierbare, Matrizen zusammen.[1]

Satz 8.2.4 — Rechenregeln invertierbarer Matrizen.

Seien A und B reguläre Matrizen der Ordnung n. Dann gilt:

i. $A^{-1}A = AA^{-1} = I$;

ii. $(A^{-1})^{-1} = A$;

iii. A^T ist ebenfalls regulär mit $(A^T)^{-1} = (A^{-1})^T$;

iv. $(\alpha A)^{-1} = \frac{1}{\alpha}A^{-1}$, falls $\alpha \in \mathbb{R} \setminus \{0\}$;

v. $(AB)^{-1} = B^{-1}A^{-1}$.

■ **Beispiel 8.2.7 — Fortsetzung der Beispiele 8.2.1 und 8.1.6.**

Betrachten wir die Matrizen

$$A = \begin{pmatrix} 0.6 & 0.8 \\ -0.8 & 0.6 \end{pmatrix}, \quad B = \begin{pmatrix} 6 & 8 \\ -8 & 6 \end{pmatrix} \quad \text{und} \quad C = \begin{pmatrix} 0 & 1 \\ 1 & 0 \end{pmatrix},$$

so kennen wir aus Beispiel 8.2.1 die Inversen von A und C:

$$A^{-1} = \begin{pmatrix} 0.6 & -0.8 \\ 0.8 & 0.6 \end{pmatrix} \quad \text{und} \quad C^{-1} = \begin{pmatrix} 0 & 1 \\ 1 & 0 \end{pmatrix},$$

Betrachten wir die Abbildungsmatrix der linearen Abbildung f_1 aus Beispiel 8.1.6, so ist diese

$$\begin{pmatrix} 0 & 2 \\ 2 & 0 \end{pmatrix} = 2C.$$

Damit ist die Abbildungsmatrix der Umkehrabbildung von f_1

$$\begin{pmatrix} 0 & 2 \\ 2 & 0 \end{pmatrix}^{-1} = (2C)^{-1} = \frac{1}{2}C^{-1} = \frac{1}{2}\begin{pmatrix} 0 & 1 \\ 1 & 0 \end{pmatrix} = \begin{pmatrix} 0 & \frac{1}{2} \\ \frac{1}{2} & 0 \end{pmatrix}.$$

Offensichtlich gilt auch $B = 10A$. Damit ist die Inverse von B gleich

$$B^{-1} = (10A)^{-1} = \frac{1}{10}A^{-1} = \frac{1}{10}\begin{pmatrix} 0.6 & -0.8 \\ 0.8 & 0.6 \end{pmatrix} = \begin{pmatrix} 0.06 & -0.08 \\ 0.08 & 0.06 \end{pmatrix}.$$

Multiplizieren wir A und die Abbildungsmatrix von f_1, erhalten wir

$$\begin{pmatrix} 0.6 & 0.8 \\ -0.8 & 0.6 \end{pmatrix}\begin{pmatrix} 0 & 2 \\ 2 & 0 \end{pmatrix} = \begin{pmatrix} 1.6 & 1.2 \\ 1.2 & -1.6 \end{pmatrix}.$$

---

[1] Man führt Matrixoperationen, die sich auf eine Matrix beziehen (z.B. Invertieren und Transponieren), immer vor Operationen aus, die sich auf zwei Matrizen beziehen (z.B. Multiplikation und Addition). Beispielsweise ist im Allgemeinen $AA^{-1} \neq (AA)^{-1}$.

Suchen wir die Inverse obiger Matrix, ergibt sich:

$$\begin{pmatrix} 1.6 & 1.2 \\ 1.2 & -1.6 \end{pmatrix}^{-1} = \left(\begin{pmatrix} 0.6 & 0.8 \\ -0.8 & 0.6 \end{pmatrix} \begin{pmatrix} 0 & 2 \\ 2 & 0 \end{pmatrix} \right)^{-1}$$

$$= \begin{pmatrix} 0 & 2 \\ 2 & 0 \end{pmatrix}^{-1} \begin{pmatrix} 0.6 & 0.8 \\ -0.8 & 0.6 \end{pmatrix}^{-1}$$

$$= \begin{pmatrix} 0 & \frac{1}{2} \\ \frac{1}{2} & 0 \end{pmatrix} \begin{pmatrix} 0.6 & -0.8 \\ 0.8 & 0.6 \end{pmatrix} = \begin{pmatrix} 0.4 & 0.3 \\ 0.3 & -0.4 \end{pmatrix}.$$

In der Tat gilt

$$\begin{pmatrix} 1.6 & 1.2 \\ 1.2 & -1.6 \end{pmatrix} \begin{pmatrix} 0.4 & 0.3 \\ 0.3 & -0.4 \end{pmatrix} = \begin{pmatrix} 1 & 0 \\ 0 & 1 \end{pmatrix} = I.$$

■

■ Beispiel 8.2.8 — Fortsetzung von Beispiel 8.2.2.
Wir betrachten erneut die Matrix

$$B = \begin{pmatrix} 8 & 0 & 6 \\ 0 & 10 & 0 \\ -6 & 0 & 8 \end{pmatrix} \quad \text{sowie} \quad D = \begin{pmatrix} 0.8 & 0 & 0.6 \\ 0 & 1 & 0 \\ -0.6 & 0 & 0.8 \end{pmatrix}.$$

Offensichtlich gilt: $D = \frac{1}{10}B$. Aus Beispiel 8.2.2 wissen wir zudem, dass

$$B^{-1} = \begin{pmatrix} 0.08 & 0 & -0.06 \\ 0 & 0.1 & 0 \\ 0.06 & 0 & 0.08 \end{pmatrix}.$$

Anwendung obiger Rechenregeln ergibt:

$$D^{-1} = \left(\frac{1}{10}B \right)^{-1} = 10B^{-1}$$

$$= 10 \begin{pmatrix} 0.08 & 0 & -0.06 \\ 0 & 0.1 & 0 \\ 0.06 & 0 & 0.08 \end{pmatrix} = \begin{pmatrix} 0.8 & 0 & -0.6 \\ 0 & 1 & 0 \\ 0.6 & 0 & 0.8 \end{pmatrix}.$$

Natürlich könnte man die Inverse von D analog zu Beispiel 8.2.2 auch deutlich aufwändiger mithilfe des simultanen Lösens der linearen Gleichungssysteme $D\mathbf{x} = \mathbf{e}^1$, $D\mathbf{x} = \mathbf{e}^2$ und $D\mathbf{x} = \mathbf{e}^3$ bestimmen.

Wir können auch direkt aus diesem Ergebnis schließen, dass die Inverse von B^{-1} wieder B und die Inverse von D^{-1} wieder D ist, also

$$\begin{pmatrix} 0.08 & 0 & -0.06 \\ 0 & 0.1 & 0 \\ 0.06 & 0 & 0.08 \end{pmatrix}^{-1} = \begin{pmatrix} 8 & 0 & 6 \\ 0 & 10 & 0 \\ -6 & 0 & 8 \end{pmatrix} \quad \text{und} \quad \begin{pmatrix} 0.8 & 0 & -0.6 \\ 0 & 1 & 0 \\ 0.6 & 0 & 0.8 \end{pmatrix}^{-1} = \begin{pmatrix} 0.8 & 0 & 0.6 \\ 0 & 1 & 0 \\ -0.6 & 0 & 0.8 \end{pmatrix}$$

gelten muss. ■

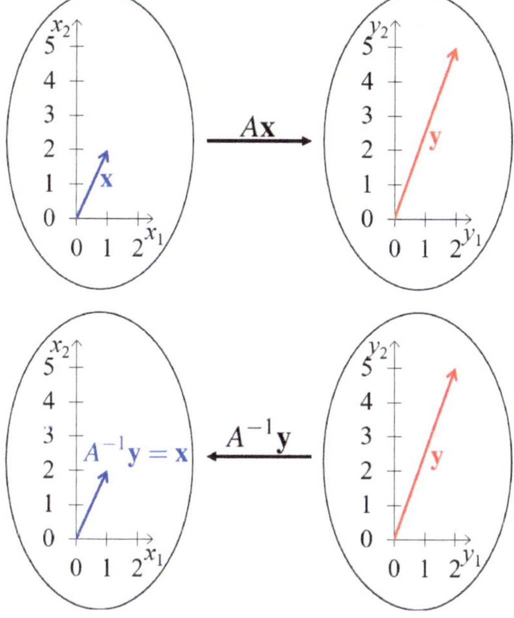

Abbildung 8.9: Allgemeine Darstellung inverser Matrizen

Abbildung 8.9 veranschaulicht den Zusammenhang zwischen einer Matrix A und ihrer Inversen. Aus der Symmetrie der Abbildung 8.9 ergibt sich, dass die Inverse der Inversen wieder die Matrix selbst ist.

Will man nun einen komplizierten Ausdruck, welcher Matrizen beinhaltet, berechnen, ist es oft einfacher, den Ausdruck mithilfe der Rechenregeln vor dem Einsetzen der bekannten Werte zu vereinfachen. Wir demonstrieren dies in folgendem Beispiel:

■ **Beispiel 8.2.9 — Rechnen mit Matrizen.**
Von den regulären 3×3 Matrizen X, Y und B sei bekannt, dass

$$BX = 2I$$
$$YB = X.$$

Zudem sei wieder

$$B = \begin{pmatrix} 8 & 0 & 6 \\ 0 & 10 & 0 \\ -6 & 0 & 8 \end{pmatrix}.$$

Wollen wir einen Ausdruck wie

$$B5X + 2X^{-1}B^{-1} + 2B^{-1}X + 2IX^{-1}B^{-1} + B^{-1}Y^{-1}4X + X^{-1}Y2B$$

berechnen, könnte man zunächst die erste Gleichung nutzen, um X zu bestimmen, dann das Ergebnis in der zweiten Gleichung einsetzen, um Y zu bestimmen, die jeweiligen Inversen bilden und alles einsetzen. Kürzer und damit weniger fehleranfällig ist es, in einem ersten

Schritt folgende Vereinfachung vorzunehmen:

$$B5X + 2X^{-1}B^{-1} + 2B^{-1}X + 2IX^{-1}B^{-1} + B^{-1}Y^{-1}4X + X^{-1}Y2B$$
$$= 5BX + 2(BX)^{-1} + 2B^{-1}X + 2I(BX)^{-1} + 4(YB)^{-1}X + 2X^{-1}YB$$
$$\overset{BX=2I}{=} 5(2I) + 2(2I)^{-1} + 2B^{-1}(B^{-1}2I) + 2I(2I)^{-1} + 4(YB)^{-1}X + 2X^{-1}YB$$
$$= 10I + 2(\tfrac{1}{2}I) + 4B^{-1}B^{-1} + I + 4(YB)^{-1}X + 2X^{-1}YB$$
$$= 10I + I + 4(B^{-1})^2 + I + 4(YB)^{-1}X + 2X^{-1}YB$$
$$\overset{YB=X}{=} 10I + I + 4(B^{-1})^2 + I + 4X^{-1}X + 2X^{-1}X$$
$$= 10I + I + 4(B^{-1})^2 + I + 4I + 2I$$
$$= 18I + 4(B^{-1})^2.$$

Dabei haben wir in der ersten Umformung alle reellen Zahlen als ersten Faktor in den Produkten geschrieben und die Rechenregel $(AB)^{-1} = B^{-1}A^{-1}$ genutzt. Im nächsten Schritt haben wir

$$BX = 2I \Leftrightarrow X = B^{-1}2I$$

genutzt. In folgendem Schritt haben wir genutzt, dass das Produkt der Matrix B^{-1} mit der Einheitsmatrix I wieder der Matrix B^{-1} entspricht. Zudem ergibt das Produkt einer Matrix mit ihrer Inversen die Einheitsmatrix und es gilt

$$(2I)^{-1} = \frac{1}{2}I^{-1} = \frac{1}{2}I.$$

Nach weiteren Vereinfachungen ersetzten wir

$$YB = X,$$

um auf das Ergebnis zu kommen. Mit

$$B^{-1} = \begin{pmatrix} 0.08 & 0 & -0.06 \\ 0 & 0.1 & 0 \\ 0.06 & 0 & 0.08 \end{pmatrix}$$

aus dem vorherigen Beispiel ergibt sich dann

$$(B^{-1})^2 = \begin{pmatrix} 0.0028 & 0 & -0.0096 \\ 0 & 0.01 & 0 \\ 0.0096 & 0 & 0.0028 \end{pmatrix}$$

und somit

$$B5X + 2X^{-1}B^{-1} + 2B^{-1}X + 2IX^{-1}B^{-1} + B^{-1}Y^{-1}4X + X^{-1}Y2B$$
$$= 18I + 4(B^{-1})^2 = \begin{pmatrix} 18.0112 & 0 & -0.0384 \\ 0 & 18.04 & 0 \\ 0.0384 & 0 & 18.0112 \end{pmatrix}. \qquad \blacksquare$$

(Z) Das Produkt einer Matrix A mit ihrer Inversen ergibt die Einheitsmatrix: $AA^{-1} = A^{-1}A = I$;

Die Inverse der Inversen ist wieder A: $(A^{-1})^{-1} = A$;

Die Inverse der Transponierten entspricht der Transponierten der Inversen: $(A^T)^{-1} = (A^{-1})^T$;

Die Inverse des α-fachen von A entspricht der Inversen von A geteilt durch α: $(\alpha A)^{-1} = \frac{1}{\alpha}A^{-1}$, falls $\alpha \in \mathbb{R} \setminus \{0\}$;

Die Inverse eines Produkts entspricht dem Produkt der Inversen in umgekehrter Reihenfolge: $(AB)^{-1} = B^{-1}A^{-1}$.

8.2.4 Orthogonale Matrizen (#)

Ziele dieses Unterkapitels

- Was ist eine orthogonale Matrix?
- Welcher Zusammenhang besteht zwischen der Inversen und der Transponierten einer orthogonalen Matrix? Ist die Transponierte ebenfalls orthogonal?
- Welche Aussagen lassen sich über Zeilen- und Spaltenvektoren orthogonaler Matrizen treffen?

Im Allgemeinen ist es aufwändig, die Inverse einer Matrix A zu bestimmen, also die Matrix A^{-1} zu finden, für die $AA^{-1} = I$ gilt. Eine Ausnahme bilden sogenannte orthogonale Matrizen:

Definition 8.2.3 — Orthogonale Matrix.
Eine quadratische Matrix A der Ordnung n heißt **orthogonal**, wenn $AA^T = I$.

Multipliziert man eine orthogonale Matrix A mit ihrer Transponierten A^T, so ergibt sich also definitionsgemäß die Einheitsmatrix I. Für eine orthogonale Matrix entspricht die Transponierte also der Inversen. Es gilt $A^{-1} = A^T$.

■ **Beispiel 8.2.10 — Orthogonale Matrizen.**
Für die Matrix

$$A = \begin{pmatrix} 0.6 & 0.8 \\ -0.8 & 0.6 \end{pmatrix}$$

hatten wir in Beispiel 8.2.1 gezeigt, dass $AA^T = I$. Die Matrix A ist also orthogonal und somit ist $A^{-1} = A^T$.

Für

$$B = \begin{pmatrix} 6 & 8 \\ -8 & 6 \end{pmatrix}$$

gilt jedoch beispielsweise

$$BB^T = \begin{pmatrix} 100 & 0 \\ 0 & 100 \end{pmatrix} \neq I.$$

Die Matrix B ist also nicht orthogonal.

Die Matrix

$$C = \begin{pmatrix} 0 & 1 \\ 1 & 0 \end{pmatrix}$$

entspricht ihrer Transponierten

$$C^T = \begin{pmatrix} 0 & 1 \\ 1 & 0 \end{pmatrix} = C.$$

Da $C \cdot C = CC^T = I.$ ist die Matrix C also orthogonal und somit ist $C^{-1} = C^T = C$. Abbildung 8.10 visualisiert die Spaltenvektoren der Matrizen A, B und C. ∎

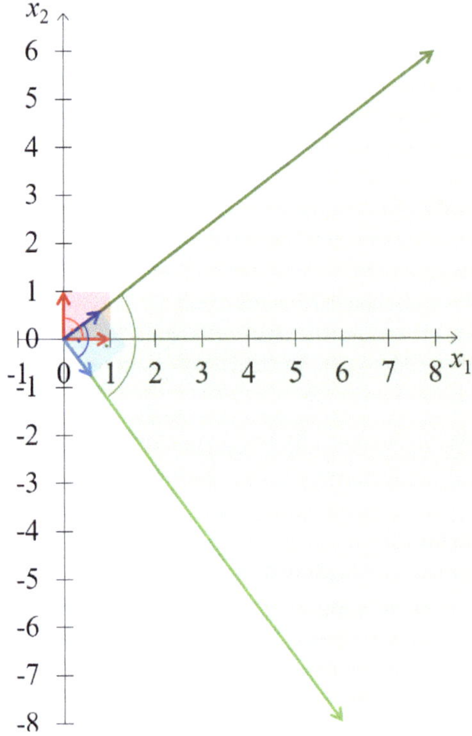

Abbildung 8.10: Spaltenvektoren der Matrizen A (blau), B (grün) und C (rot)

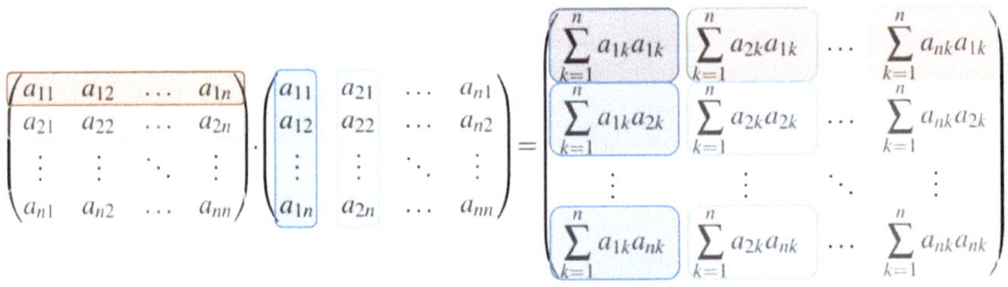

$$
\begin{pmatrix} a_{11} & a_{12} & \cdots & a_{1n} \\ a_{21} & a_{22} & \cdots & a_{2n} \\ \vdots & \vdots & \ddots & \vdots \\ a_{n1} & a_{n2} & \cdots & a_{nn} \end{pmatrix}
\cdot
\begin{pmatrix} a_{11} & a_{21} & \cdots & a_{n1} \\ a_{12} & a_{22} & \cdots & a_{n2} \\ \vdots & \vdots & \ddots & \vdots \\ a_{1n} & a_{2n} & \cdots & a_{nn} \end{pmatrix}
=
\begin{pmatrix} \sum_{k=1}^{n} a_{1k}a_{1k} & \sum_{k=1}^{n} a_{2k}a_{1k} & \cdots & \sum_{k=1}^{n} a_{nk}a_{1k} \\ \sum_{k=1}^{n} a_{1k}a_{2k} & \sum_{k=1}^{n} a_{2k}a_{2k} & \cdots & \sum_{k=1}^{n} a_{nk}a_{2k} \\ \vdots & \vdots & \ddots & \vdots \\ \sum_{k=1}^{n} a_{1k}a_{nk} & \sum_{k=1}^{n} a_{2k}a_{nk} & \cdots & \sum_{k=1}^{n} a_{nk}a_{nk} \end{pmatrix}
$$

Abbildung 8.11: Darstellung des Matrixprodukts AA^T

Ihren Namen verdankt die orthogonale Matrix den Eigenschaften ihrer Spalten- und Zeilenvektoren. Ergibt das Produkt der Matrix A mit ihrer Transponierten A^T die Einheitsmatrix, dann muss das Produkt von A mit der j-ten Spalte von A^T den j-ten Einheitsvektor ergeben.

Da die j-te Spalte von A^T dem transponierten j-ten Zeilenvektor von A, also $(\mathbf{a}_j)^T$, entspricht, vgl. Abbildung 8.11, ergibt sich

$$A(\mathbf{a}_j)^T = \mathbf{e}^j$$

bzw. zeilenweise gelesen

$$\mathbf{a}_i(\mathbf{a}_j)^T = \langle \mathbf{a}_i^T, \mathbf{a}_j^T \rangle = \sum_{k=1}^{n} a_{ik} a_{jk} = \begin{cases} 0 & \text{wenn } i \neq j \\ 1 & \text{wenn } i = j. \end{cases}$$

Das Skalarprodukt aus dem (transponierten) i-ten Zeilenvektor von A mit dem j-ten Spaltenvektor von A^T ist also 0, wenn $i \neq j$. Je zwei verschiedene Zeilenvektoren $\mathbf{a}_i$ und $\mathbf{a}_j$ sind somit orthogonal. Dass die Zeilenvektoren paarweise orthogonal sind, reicht jedoch nicht aus, damit eine Matrix orthogonal ist, auch wenn die Bezeichnung „orthogonale Matrix" so verstanden werden könnte. Das Skalarprodukt des i-ten (transponierten) Zeilenvektors mit sich selbst muss 1 sein. Die Norm jedes Zeilenvektors ist somit 1. Alle Zeilenvektoren müssen demnach zusätzlich normiert sein, also die Länge 1 aufweisen.[2] Folgender Satz fasst obige Ergebnisse zusammen und ergänzt, dass bei einer orthogonalen Matrix nicht nur alle Zeilen- sondern auch alle Spaltenvektoren paarweise orthogonal sind und Norm 1 haben:

Satz 8.2.5 — Eigenschaften orthogonaler Matrizen.

A ist orthogonal.

$\Leftrightarrow$ Die Inverse von A existiert und $A^{-1} = A^T$.

$\Leftrightarrow$ Alle Zeilenvektoren von A sind paarweise orthogonal und haben Norm 1.

$\Leftrightarrow$ A^T ist orthogonal, also $A^T A = I = AA^T$.

$\Leftrightarrow$ Alle Spaltenvektoren von A sind paarweise orthogonal und haben Norm 1.

■ **Beispiel 8.2.11 — Eine orthogonale 3×3-Matrix.**

Die Matrix

$$D = \begin{pmatrix} 0.8 & 0 & 0.6 \\ 0 & 1 & 0 \\ -0.6 & 0 & 0.8 \end{pmatrix}$$

ist eine orthogonale Matrix, vgl. Abbildung 8.12. In Beispiel 8.2.8 bestimmten wir die Inverse, wobei man einfach sieht, dass $D^{-1} = D^T$ gilt. Auch Nachrechnen ergibt

$$DD^T = \begin{pmatrix} 0.8 & 0 & 0.6 \\ 0 & 1 & 0 \\ -0.6 & 0 & 0.8 \end{pmatrix} \begin{pmatrix} 0.8 & 0 & -0.6 \\ 0 & 1 & 0 \\ 0.6 & 0 & 0.8 \end{pmatrix} = \begin{pmatrix} 1 & 0 & 0 \\ 0 & 1 & 0 \\ 0 & 0 & 1 \end{pmatrix}.$$

Außerdem gilt

$$D^T D = \begin{pmatrix} 0.8 & 0 & -0.6 \\ 0 & 1 & 0 \\ 0.6 & 0 & 0.8 \end{pmatrix} \begin{pmatrix} 0.8 & 0 & 0.6 \\ 0 & 1 & 0 \\ -0.6 & 0 & 0.8 \end{pmatrix} = \begin{pmatrix} 1 & 0 & 0 \\ 0 & 1 & 0 \\ 0 & 0 & 1 \end{pmatrix}.$$

Bildet man das Skalarprodukt der ersten und zweiten Zeile, ergibt sich

$$\mathbf{d}_1(\mathbf{d}_2)^T = 0.8 \cdot 0 + 0 \cdot 1 + 0.6 \cdot 0 = 0.$$

Das Skalarprodukt der zweiten und dritten Zeile ist

$$\mathbf{d}_2(\mathbf{d}_3)^T = 0 \cdot (-0.6) + 1 \cdot 0 + 0 \cdot 0.8 = 0.$$

---

[2] Einige Autoren bezeichnen orthogonale Matrizen daher auch als orthonormal.

Das Skalarprodukt der ersten und dritten Zeile ist

$$\mathbf{d}_1(\mathbf{d}_3)^T = 0.8 \cdot (-0.6) + 0 \cdot 0 + 0.6 \cdot 0.8 = 0.$$

Ebenso ergeben alle Skalarprodukte verschiedener Spalten 0. Die Norm des ersten Spaltenvektors ist

$$\|\mathbf{d}^1\| = \sqrt{0.8^2 + (-0.6)^2} = 1.$$

Ebenso gilt $\|\mathbf{d}^2\| = \|\mathbf{d}^3\| = 1$. Auch jeder Zeilenvektor hat eine Norm von 1.   ■

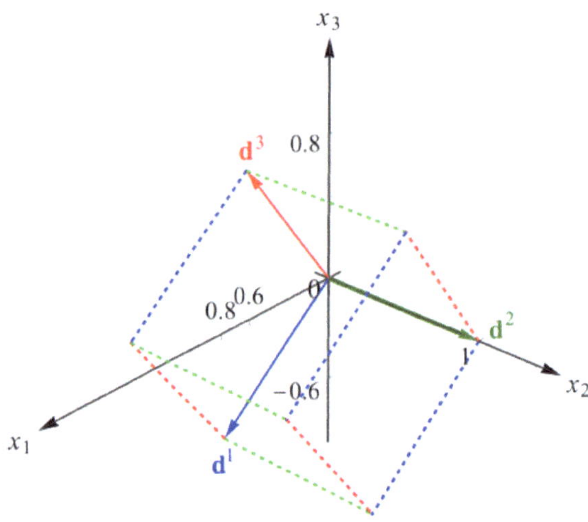

Abbildung 8.12: Spalten von D

(Z) $A \in \mathbb{R}^{n \times n}$ heißt orthogonal, wenn $AA^T = I$.
Ist A orthogonal, so gilt $A^{-1} = A^T$. Zudem ist $A^{-1} = A^T$ ebenfalls orthogonal.
Alle Zeilen- und Spaltenvektoren einer orthogonalen Matrix haben die Länge 1. Je zwei verschiedene Zeilenvektoren einer orthogonalen Matrix sind orthogonal. Je zwei verschiedene Spaltenvektoren einer orthogonalen Matrix sind orthogonal.

8.3 Determinanten

Neben dem Rang ist die Determinante eine weitere wichtige Kennzahl einer Matrix. Wir werden sie in folgenden Kapiteln zur Bestimmung von sogenannten Eigenwerten und zur Diskussion von Funktionen in mehreren Variablen benötigen.

8.3.1 Die Determinante einer 2×2-Matrix

Ziele dieses Unterkapitels

- Wie berechnet man die Determinante einer 2×2-Matrix allgemein?
- Wie kann man den Betrag der Determinante einer 2×2-Matrix geometrisch interpretieren?
- Wie verändert sich der Wert der Determinante einer 2×2-Matrix, wenn man

- die zwei Spalten der Matrix vertauscht?
- eine Spalte der Matrix mit einer Konstanten $\alpha \in \mathbb{R}$ multipliziert?
- die ganze Matrix, also alle Spalten, mit einer Konstanten $\alpha \in \mathbb{R}$ multipliziert?
- Welchen Wert hat die Determinante einer singulären 2×2-Matrix?
- Wie kann man die Determinante einer 2×2-Matrix einfach berechnen, wenn alle Elemente unterhalb der Hauptdiagonalen gleich 0 sind?

Die Determinante einer 2×2-Matrix A entspricht betragsmäßig der Fläche des Parallelogramms

$$P = \left\{ \mathbf{x} \mid \mathbf{x} = \alpha_1 \mathbf{a}^1 + \alpha_2 \mathbf{a}^2,\, 0 \le \alpha_i \le 1,\, i = 1,2 \right\},$$

das durch die Spaltenvektoren $\mathbf{a}^1$, $\mathbf{a}^2$ bestimmt ist, vgl. Abbildung 8.13.

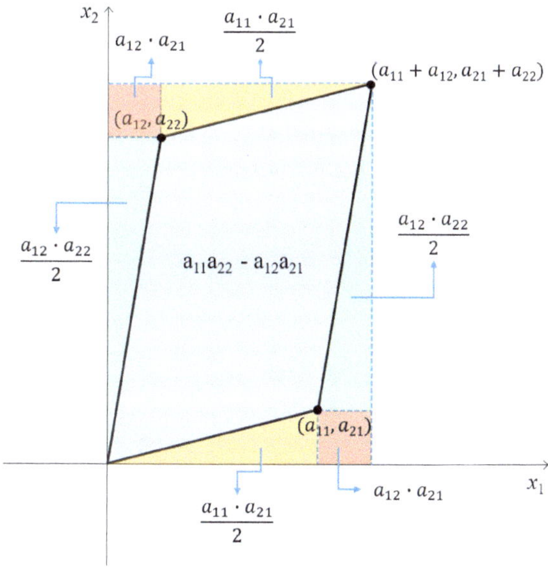

Abbildung 8.13: Berechnung der Fläche eines Parallelogramms

Kommt man wie in Abbildung 8.13 durch eine Drehung des ersten Spaltenvektors um weniger als $180°$ gegen den Uhrzeigersinn zum zweiten Spaltenvektor, ergibt sich die Fläche als

$$\underbrace{(a_{11} + a_{12})(a_{22} + a_{21})}_{\substack{\text{Fläche des} \\ \text{großen Rechtecks}}} - \underbrace{2(a_{12}a_{21})}_{\substack{\text{2 Flächen der} \\ \text{roten Rechtecke}}} - \underbrace{2\tfrac{1}{2}(a_{12}a_{22})}_{\substack{\text{2 Flächen der} \\ \text{grünen Dreiecke}}} - \underbrace{2\tfrac{1}{2}(a_{21}a_{11})}_{\substack{\text{2 Flächen der} \\ \text{gelben Dreiecke}}}$$

$$= a_{11}a_{22} + a_{11}a_{21} + a_{12}a_{22} + a_{12}a_{21} - 2a_{12}a_{21} - a_{12}a_{22} - a_{11}a_{21}$$

$$= a_{11}a_{22} - a_{12}a_{21}.$$

Definition 8.3.1 — Die Determinante einer 2×2-Matrix.
Die **Determinante** einer 2×2-Matrix A ist

$$\det A = \det(A) = |A| = \begin{vmatrix} a_{11} & a_{12} \\ a_{21} & a_{22} \end{vmatrix} = a_{11}a_{22} - a_{12}a_{21}.$$

Die Notation $|A|$ ist eine alternative Schreibweise für det A. Die beiden senkrechten Striche symbolisieren also sowohl den Betrag (einer reellen Zahl) als auch die Determinante (einer Matrix).

■ Beispiel 8.3.1 — Berechnung einer Determinante.
Die Matrix

$$A = \begin{pmatrix} 14 & 4 \\ 3 & 8 \end{pmatrix}$$

hat die Determinante

$$\det \begin{pmatrix} 14 & 4 \\ 3 & 8 \end{pmatrix} = 14 \cdot 8 - 4 \cdot 3 = 100.$$

Das in Abbildung 8.14 dargestellte Parallelogramm hat einen Flächeninhalt von 100.   ■

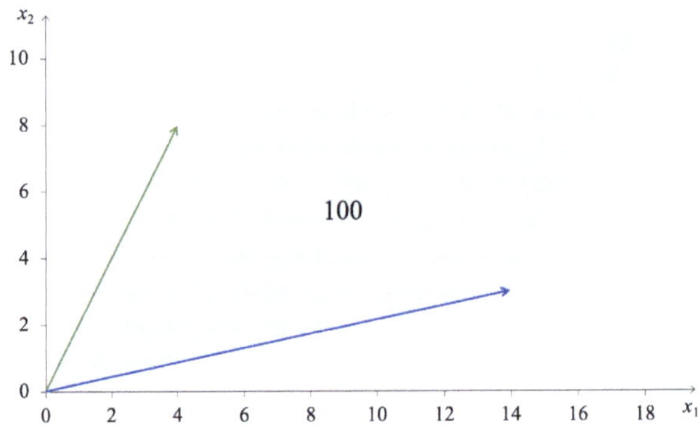

Abbildung 8.14: Ein Parallelogramm mit Flächeninhalt 100

■ Beispiel 8.3.2 — Determinanten mit einem Betrag von 1.
Die Spaltenvektoren der Einheitsmatrix spannen ein Quadrat mit Seitenlängen von 1 auf. Die Determinante der Einheitsmatrix ist daher 1, vgl. Abbildung 8.15:

$$\det(I) = \det \begin{pmatrix} 1 & 0 \\ 0 & 1 \end{pmatrix} = 1 \cdot 1 - 0 \cdot 0 = 1.$$

Geometrisch ist es nicht überraschend, dass die Determinante jeder Matrix, deren Spaltenvektoren orthogonal zueinander mit Norm 1 sind, einen Betrag von 1 hat.[3] So hat z.B. auch die Matrix $A = \begin{pmatrix} 0.6 & 0.8 \\ -0.8 & 0.6 \end{pmatrix}$ aus Beispiel 8.2.1 zwei Spaltenvektoren mit einer Norm

---

[3] Nutzt man die im #-Kapitel über orthogonale Matrizen eingeführten Begriffe, kann man auch folgenden Satz beweisen: Eine orthogonale Matrix hat eine Determinante mit einem Betrag von 1.

von jeweils 1 und einem Skalarprodukt von $(\mathbf{a}^1)^T \mathbf{a}^2 = 0$. Die Matrix spannt ebenfalls ein Quadrat mit Seitenlänge 1 auf und es gilt

$$\det \begin{pmatrix} 0.6 & 0.8 \\ -0.8 & 0.6 \end{pmatrix} = 0.6 \cdot 0.6 - (0.8)(-0.8) = 1. \qquad \blacksquare$$

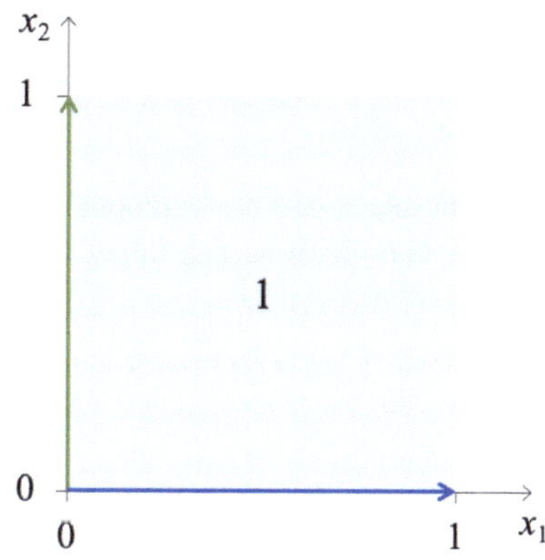

Abbildung 8.15: Ein Quadrat mit Seitenlänge 1

Die Determinante einer 2×2-Matrix hat einige interessante Eigenschaften, die im folgenden Satz zusammengefasst werden:

Satz 8.3.1 — Eigenschaften der Determinante einer 2×2-Matrix.

Sei $A = \begin{pmatrix} a_{11} & a_{12} \\ a_{21} & a_{22} \end{pmatrix}$ eine Matrix mit Spalten $\mathbf{a}^1$, $\mathbf{a}^2$ und Zeilen $\mathbf{a}_1$, $\mathbf{a}_2$. Dann gilt:

i. Vertauscht man zwei Spalten, so ändert die Determinante das Vorzeichen, bleibt aber betragsmäßig gleich, d.h. $\det([\mathbf{a}^2, \mathbf{a}^1]) = -\det([\mathbf{a}^1, \mathbf{a}^2]) = -\det(A)$.

ii. Multipliziert man eine Spalte von A mit $\alpha \in \mathbb{R}$, so hat die sich so ergebende Matrix eine Determinante von $\alpha \det(A)$, d.h. $\det([\alpha\mathbf{a}^1, \mathbf{a}^2]) = \det([\mathbf{a}^1, \alpha\mathbf{a}^2]) = \alpha \det(A)$.

iii. Sind alle Elemente unter der Hauptdiagonalen von A gleich 0, also $a_{21} = 0$, so entspricht die Determinante dem Produkt der Elemente auf der Hauptdiagonalen, d.h. es gilt $\det(A) = a_{11}a_{22}$.

iv. $\det(A) = 0$ genau dann, wenn $\operatorname{rang}(A) < 2$. Die beiden Spalten- oder Zeilenvektoren von A sind also genau dann linear abhängig, wenn die Determinante von A gleich 0 ist.

Alle in obigem Satz beschriebenen Eigenschaften werden in dessen Beweis durch Nachrechnen gezeigt. Wir demonstrieren die Eigenschaften an einem Beispiel.

■ Beispiel 8.3.3 — Eigenschaften der Determinante.
Wir betrachten erneut die Matrix

$$A = \begin{pmatrix} 14 & 4 \\ 3 & 8 \end{pmatrix}$$

mit

$$\det \begin{pmatrix} 14 & 4 \\ 3 & 8 \end{pmatrix} = 14 \cdot 8 - 4 \cdot 3 = 100.$$

Vertauscht man die beiden Spalten von A, ergibt sich die Determinante

$$\det \begin{pmatrix} 4 & 14 \\ 8 & 3 \end{pmatrix} = 4 \cdot 3 - 14 \cdot 8 = -100 = -\det(A),$$

wie in Satz 8.3.1 i. gezeigt. Verdoppelt man dagegen die erste Spalte von A, verdoppelt sich laut Satz 8.3.1 ii. die Determinante,

$$\det \begin{pmatrix} 28 & 4 \\ 6 & 8 \end{pmatrix} = 28 \cdot 8 - 4 \cdot 6 = 200.$$

Auch geometrisch kann man leicht sehen, dass die Verdopplung der ersten Spalte die Länge einer Seite des Parallelogramms und damit dessen Inhalt verdoppelt. Damit verdoppelt sich auch die Determinante, vgl. Abbildung 8.16.

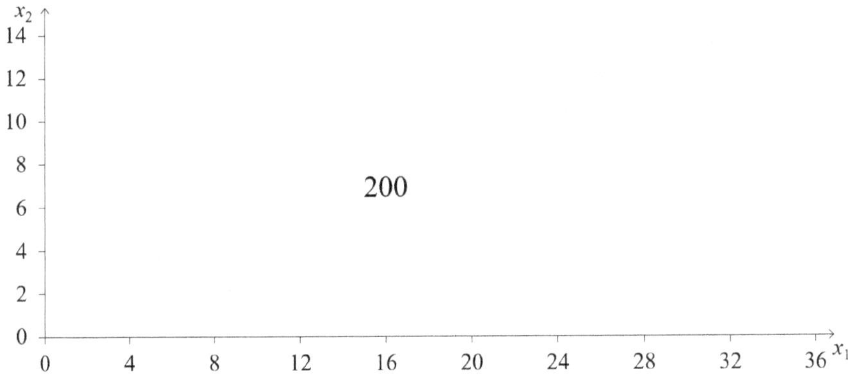

Abbildung 8.16: Ein Parallelogramm mit Flächeninhalt 200

Da die Determinante einer Matrix mit zwei linear abhängigen Spaltenvektoren immer 0 ist, gilt

$$\det \begin{pmatrix} 14 & 28 \\ 3 & 6 \end{pmatrix} = 14 \cdot 6 - 28 \cdot 3 = 0,$$

vgl. auch Satz 8.3.1 iv. Zwei linear abhängige Spaltenvektoren spannen kein Parallelogramm auf. Die Fläche ist 0, vgl. Abbildung 8.17.

Die Determinante der Matrix

$$A = \begin{pmatrix} 14 & 4 \\ 0 & 8 \end{pmatrix}$$

ist $14 \cdot 8 = 112$. Geometrisch erkennt man, dass es sich um ein Parallelogramm mit Grundseite 14 und Höhe 8 handelt, vgl. Abbildung 8.18 und Satz 8.3.1 iii.   ■

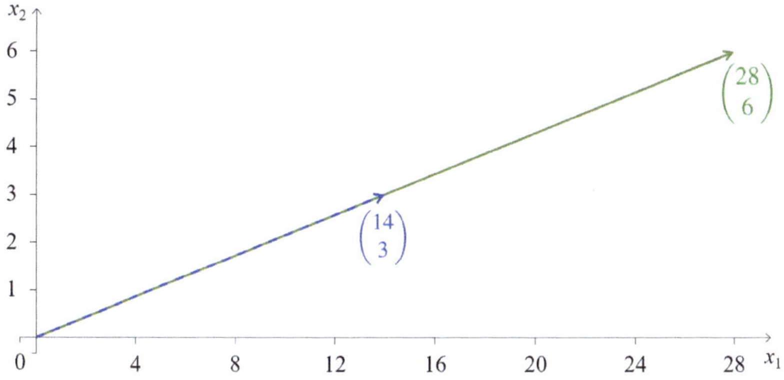

Abbildung 8.17: Zwei linear abhängige Vektoren spannen keine Fläche auf

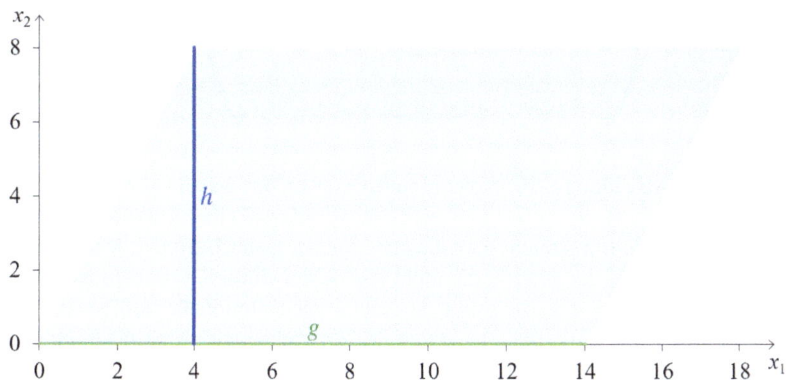

Abbildung 8.18: Ein Parallelogramm mit Grundseite g und Höhe h

(Z) Ist $A = (a_{ij}) \in \mathbb{R}^{2 \times 2}$, dann gilt $\det(A) = a_{11}a_{22} - a_{12}a_{21}$.
Der Betrag der Determinante entspricht dem Flächeninhalt eines Parallelograms, welches durch die Spaltenvektoren von A aufgespannt wird.
Tauscht man die Spalten von A, bleibt der Betrag der Determinante gleich, aber das Vorzeichen verändert sich. Multipliziert man eine Spalte von A mit α, ver-α-facht sich die Determinante. Folglich gilt für $A \in \mathbb{R}^{2 \times 2}$ die Gleichung $\det(\alpha A) = \alpha^2 \det(A)$.
A ist genau dann singulär, wenn $\det(A) = 0$ gilt.
Ist $A = (a_{ij}) \in \mathbb{R}^{2 \times 2}$ und $a_{21} = 0$, dann gilt $\det(A) = a_{11}a_{22}$.

8.3.2   Die Determinante einer 3×3-Matrix

Ziele dieses Unterkapitels

- Wie kann man die Determinante einer 3×3-Matrix einfach berechnen?
- Wie kann man die Determinante einer 3×3-Matrix geometrisch interpretieren?

Allgemein kann man Determinanten für jede quadratische Matrix der Ordnung n berechnen. Hierbei wird eine große Matrix stets auf eine bzw. mehrere 2×2-Matrizen zurückgeführt. Bei einer 3×3-Matrix

$$\begin{pmatrix} a_{11} & a_{12} & a_{13} \\ a_{21} & a_{22} & a_{23} \\ a_{31} & a_{32} & a_{33} \end{pmatrix}$$

legen wir zunächst eine Art Schachbrettmuster, bestehend aus Plus- und Minuszeichen, über die 3×3-Matrix, vgl. Abbildung 8.19.

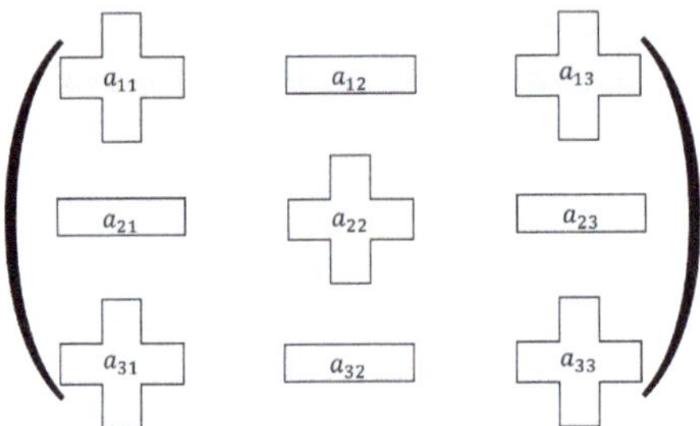

Abbildung 8.19: Schachbrettmuster im 3×3-Fall

In einem weiteren Schritt streicht man die erste Spalte. Danach streicht man zuerst die erste Zeile. Jene Elemente der Matrix, die nicht gestrichen wurden, sammeln wir in einer 2×2-Matrix. Die 2×2-Matrix, die durch Streichen der ersten Zeile und ersten Spalte entsteht, bezeichnen wir als A_{11}. Statt der ersten Zeile streichen wir als nächstes die zweite Zeile und sammeln wieder die Elemente, die nicht gestrichen wurden, in der 2×2-Matrix A_{21}. Statt der zweiten Zeile streichen wir dann die dritte Zeile. Die Elemente, die nicht gestrichen wurden, bilden die 2×2-Matrix A_{31}, vgl. Abbildung 8.20.

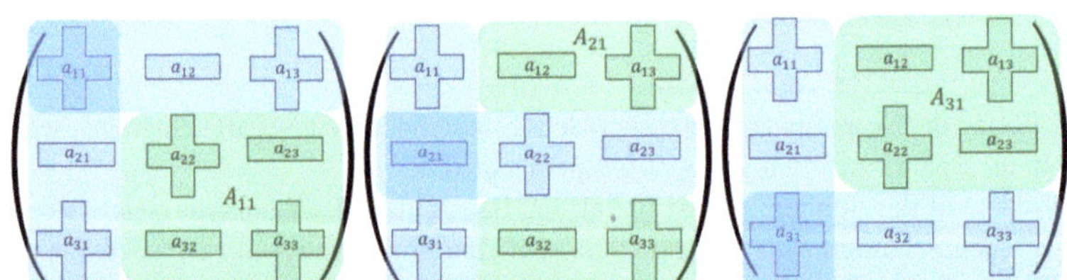

Abbildung 8.20: Bestimmung von A_{11}, A_{21} und A_{31}

Zusammenfassend sind folgende Matrizen A_{i1} durch Streichen der jeweils i-ten Zeile und ersten Spalte entstanden:

$$A_{11} = \begin{pmatrix} a_{22} & a_{23} \\ a_{32} & a_{33} \end{pmatrix}, \quad A_{21} = \begin{pmatrix} a_{12} & a_{13} \\ a_{32} & a_{33} \end{pmatrix} \quad \text{und} \quad A_{31} = \begin{pmatrix} a_{12} & a_{13} \\ a_{22} & a_{23} \end{pmatrix}.$$

Nun berechnet man die Determinante der 3×3-Matrix A als Summe der gewichteten Determinanten dieser 2×2-Matrizen wie folgt:

$$\det(A) = a_{11}\det(A_{11}) - a_{21}\det(A_{21}) + a_{31}\det(A_{31}),$$

wobei die Gewichte a_{11}, a_{21} und a_{31} und deren Vorzeichen sich in Abbildung 8.20 in den Schnittpunkten der ersten Spalte und jeweils gestrichenen Zeile ablesen lassen. Dieses Vorgehen wird auch als Entwicklung nach der ersten Spalte bezeichnet. Die so entstandene Formel

$$
\begin{aligned}
\det(A) &= a_{11}\det(A_{11}) - a_{21}\det(A_{21}) + a_{31}\det(A_{31}) \\
&= a_{11}(a_{22}a_{33} - a_{23}a_{32}) - a_{21}(a_{12}a_{33} - a_{13}a_{32}) + a_{31}(a_{12}a_{23} - a_{13}a_{22}) \\
&= a_{11}a_{22}a_{33} - a_{11}a_{23}a_{32} - a_{21}a_{12}a_{33} + a_{21}a_{13}a_{32} + a_{31}a_{12}a_{23} - a_{31}a_{13}a_{22} \\
&= a_{11}a_{22}a_{33} + a_{12}a_{23}a_{31} + a_{13}a_{21}a_{32} - a_{31}a_{22}a_{13} - a_{32}a_{23}a_{11} - a_{33}a_{21}a_{12}
\end{aligned}
$$

kann man auch visuell darstellen, vgl. Abbildung 8.21. Die Formel

$$\det(A) = a_{11}a_{22}a_{33} + a_{12}a_{23}a_{31} + a_{13}a_{21}a_{32} - a_{31}a_{22}a_{13} - a_{32}a_{23}a_{11} - a_{33}a_{21}a_{12}$$

nennt man auch die Regel von Sarrus. Der Betrag der Determinante entspricht der Volumenberechnung eines dreidimensionalen Parallelotops.[4]

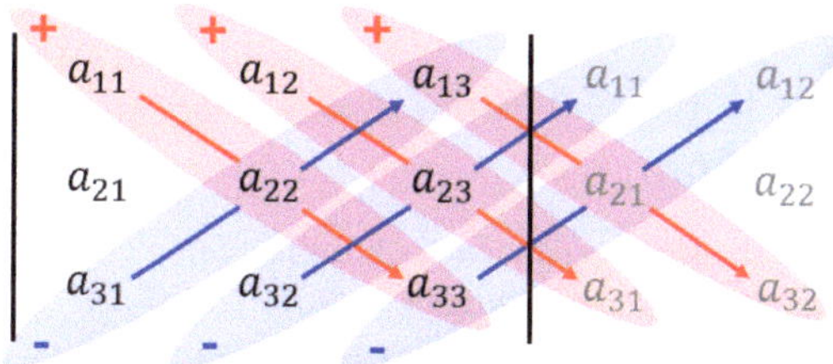

Abbildung 8.21: Regel von Sarrus

■ **Beispiel 8.3.4 — Determinante der 3×3-Matrix.**
Die Determinante der Matrix

$$D = \begin{pmatrix} 0.8 & 0 & 0.6 \\ 0 & 1 & 0 \\ -0.6 & 0 & 0.8 \end{pmatrix}$$

lässt sich als

$$\det\begin{pmatrix} 0.8 & 0 & 0.6 \\ 0 & 1 & 0 \\ -0.6 & 0 & 0.8 \end{pmatrix} = 0.8 \cdot 1 \cdot 0.8 + 0 + 0 - (-0.6) \cdot 1 \cdot 0.6 - 0 - 0 = 1$$

---

[4] Ein Parallelotop kann man sich als eine mehrdimensionale Erweiterung eines Parallelogramms vorstellen. Ein dreidimensionales Parallelotop wird auch Spat genannt.

berechnen. Die Spaltenvektoren sind paarweise orthogonal und haben jeweils die Länge 1.[5] Sie spannen einen Würfel mit Volumen 1 auf. Die Determinante von D ist 1, vgl. Abbildung 8.22.

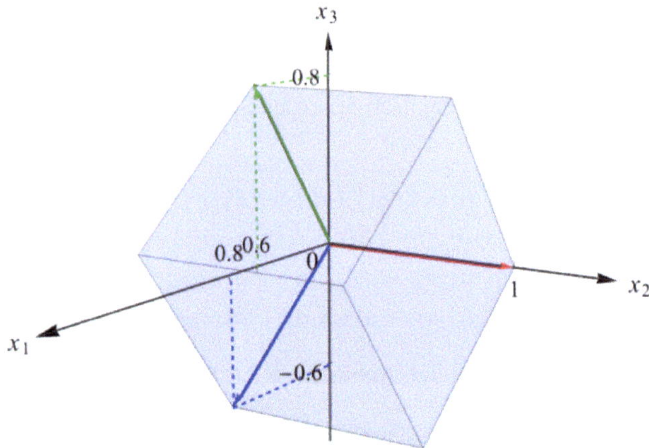

Abbildung 8.22: Ein Würfel mit Seitenlänge 1 im $\mathbb{R}^3$

Vertauscht man die erste und die zweite Spalte der Matrix, ergibt sich

$$\det \begin{pmatrix} 0 & 0.8 & 0.6 \\ 1 & 0 & 0 \\ 0 & -0.6 & 0.8 \end{pmatrix} = 0 + 0 + 0.6 \cdot 1 \cdot (-0.6) - 0 - 0 - 0.8 \cdot 1 \cdot 0.8 = -1.$$

Die Spaltenvektoren dieser Matrix spannen noch immer den gleichen Würfel mit Volumen 1 auf. Der Betrag der Determinante ist wieder 1.

Sind die Spaltenvektoren linear abhängig, wie z.B. bei

$$\begin{pmatrix} -1 & 1 & 3 \\ 1 & 0 & -1 \\ 0 & 1 & 2 \end{pmatrix},$$

so spannen die Spaltenvektoren kein Volumen auf, vgl. Abbildung 8.23. Die Determinante ist

$$\det \begin{pmatrix} -1 & 1 & 3 \\ 1 & 0 & -1 \\ 0 & 1 & 2 \end{pmatrix} = 0.$$

Wir vermuten also, dass sich Satz 8.3.1 auch auf 3×3-Matrizen bzw. allgemein auf $n \times n$-Matrizen übertragen lässt. ∎

---

[5]   Nutzt man das #-Kapitel zu orthogonalen Matrizen, erkennt man durch Berechnung von $DD^T = I$ leicht, dass die Matrix orthogonal ist. Will man dies nicht nutzen, muss man alle Skalarprodukte der Spaltenvektoren berechnen, um die Orthogonalität der Spaltenvektoren zu verifizieren und die Normen der Spaltenvektoren separat bestimmen.

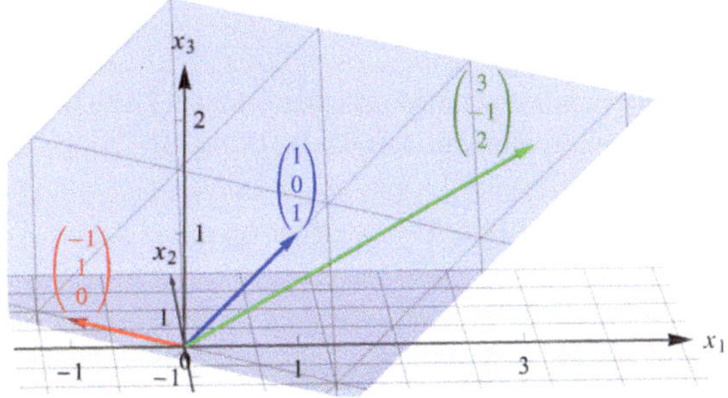

Abbildung 8.23: Drei linear abhängige Vektoren spannen kein Volumen auf

(Z) Ist $A = (a_{ij}) \in \mathbb{R}^{3\times3}$, kann man die Determinante mit der sogenannten Regel von Sarrus, vgl. Abbildung 8.21, berechnen:

$$\det(A) = a_{11}a_{22}a_{33} + a_{12}a_{23}a_{31} + a_{13}a_{21}a_{32} - a_{31}a_{22}a_{13} - a_{32}a_{23}a_{11} - a_{33}a_{21}a_{12}.$$

Betragsmäßig entspricht die Determinante einer 3×3-Matrix A dem Volumen eines durch die Spaltenvektoren von A aufgespannten Parallelotops.

8.3.3 Die Determinante einer n × n-Matrix

Ziele dieses Unterkapitels

- Wie kann man die Determinante einer $n \times n$-Matrix allgemein berechnen?
- Wie verändert sich der Wert der Determinante, wenn man
  - zwei Spalten der Matrix vertauscht?
  - eine Spalte der Matrix mit einer Konstanten $\alpha \in \mathbb{R}$ multipliziert?
- Welchen Wert hat die Determinante einer singulären Matrix?
- Wie kann man die Determinante einfach berechnen, wenn alle Elemente unterhalb der Hauptdiagonalen gleich 0 sind?

Für eine allgemeine $n \times n$-Matrix existiert keine so einfache Berechnungsvorschrift für die Determinante wie im Fall $n = 2$ oder $n = 3$. Hat man $n > 3$ Zeilen und Spalten, so kann man mit dem gleichen Schema wie im 3×3-Fall die Determinante nach der ersten Spalte entwickeln. Die Berechnung der Determinante wird dabei zuerst auf n Determinanten von Matrizen der Ordnung $n - 1$ zurückgeführt, die dann jeweils mithilfe von $n - 1$ Determinanten von Matrizen der Ordnung $n - 2$ berechnet werden u.s.w. Folgende Definition fasst das Vorgehen zusammen, das für Determinanten allgemein funktioniert:[6]

Definition 8.3.2 — Die Determinante einer $n \times n$-Matrix.
Die **Determinante** einer quadratischen Matrix $A = (a_{ij})$ der Ordnung n, $\det A$, $\det(A)$,

$|A|$, oder $\begin{vmatrix} a_{11} & \cdots & a_{1n} \\ \vdots & \ddots & \vdots \\ a_{n1} & \cdots & a_{nn} \end{vmatrix}$ ist induktiv wie folgt definiert:

---

[6] Hierbei könnte man den Fall $n = 2$ auch wie im Fall $n > 2$ berechnen. Wir erwähnen ihn aber separat, da man die Determinante von 2×2-Matrizen in der Regel direkt über die gegebene Formel berechnet und nicht entwickelt.

- Für $n = 1$ gilt $\det(a_{11}) = a_{11}$.
- Für $n = 2$ gilt $\det(A) = a_{11}a_{22} - a_{12}a_{21}$.
- Für $n > 2$: Sei A_{i1} die quadratische Matrix der Ordnung $n-1$, die durch Streichen der i-ten Zeile und ersten Spalte von A entsteht. Dann gilt

$$\det(A) = \sum_{i=1}^{n} a_{i1}(-1)^{i+1}\det(A_{i1}).$$

Die in der Definition erklärte Berechnung nennt man Entwicklung der Determinante nach der ersten Spalte.[7] Wir demonstrieren an Beispielen, wie man Determinanten nach der ersten Spalte entwickelt.

■ Beispiel 8.3.5 — Berechnung der Determinante mit Hilfe der Definition.
Entwickelt man die Determinante der Matrix

$$\begin{pmatrix} 6 & -5 & 3 & 2 \\ 0 & 0 & 1 & 1 \\ 36 & 2 & 0 & 0 \\ 0 & 0 & 2 & 1 \end{pmatrix}$$

nach der ersten Spalte, ergibt sich

$$\det\begin{pmatrix} 6 & -5 & 3 & 2 \\ 0 & 0 & 1 & 1 \\ 36 & 2 & 0 & 0 \\ 0 & 0 & 2 & 1 \end{pmatrix} = a_{11}\det(A_{11}) - a_{21}\det(A_{21}) + a_{31}\det(A_{31}) - a_{41}\det(A_{41})$$

$$= 6\cdot\det\begin{pmatrix} 0 & 1 & 1 \\ 2 & 0 & 0 \\ 0 & 2 & 1 \end{pmatrix} - 0\cdot\det\begin{pmatrix} -5 & 3 & 2 \\ 2 & 0 & 0 \\ 0 & 2 & 1 \end{pmatrix} + 36\cdot\det\begin{pmatrix} -5 & 3 & 2 \\ 0 & 1 & 1 \\ 0 & 2 & 1 \end{pmatrix} - 0\cdot\det\begin{pmatrix} -5 & 3 & 2 \\ 0 & 1 & 1 \\ 2 & 0 & 0 \end{pmatrix}$$

$$= 6\left(0\cdot\det\begin{pmatrix} 0 & 0 \\ 2 & 1 \end{pmatrix} - 2\cdot\det\begin{pmatrix} 1 & 1 \\ 2 & 1 \end{pmatrix} + 0\cdot\det\begin{pmatrix} 1 & 1 \\ 0 & 0 \end{pmatrix}\right)$$

$$\qquad + 36\left(-5\cdot\det\begin{pmatrix} 1 & 1 \\ 2 & 1 \end{pmatrix} - 0\cdot\det\begin{pmatrix} 3 & 2 \\ 2 & 1 \end{pmatrix} + 0\cdot\det\begin{pmatrix} 3 & 2 \\ 1 & 1 \end{pmatrix}\right)$$

$$= 6(-2)(1\cdot 1 - 2\cdot 1) + 36(-5)(1\cdot 1 - 2\cdot 1) = 12 + 180 = 192. \qquad ■$$

Im obigen Beispiel haben wir die Determinante nach der ersten Spalte entwickelt. Allgemein kann man eine Determinante nach einer beliebigen Spalte j oder Zeile i entwickeln, wobei man dann aber auf die Vorzeichen der Summanden achten muss. Die Vorzeichen ergeben sich dabei mithilfe des Faktors $(-1)^{i+j}$, welcher in Abbildung 8.19 im 3×3-Fall visualisiert ist.

Satz 8.3.2 — Entwicklungssatz von Laplace.
Die Determinante kann nach einer beliebigen Spalte j oder nach einer beliebigen Zeile i

---

[7] Man bezeichnet $a_{ij}^* = (-1)^{i+j}\det(A_{ij})$ auch als Kofaktor von a_{ij}. Dabei ist A_{ij} die Matrix, die durch Streichen der i-ten Zeile und j-ten Spalte von A entsteht.

entwickelt werden. Es gilt also

$$\det(A) = \sum_{i=1}^{n} a_{ij}(-1)^{i+j}\det(A_{ij}), \qquad j = 1,\ldots,n$$

bzw.

$$\det(A) = \sum_{j=1}^{n} a_{ij}(-1)^{i+j}\det(A_{ij}), \qquad i = 1,\ldots,n.$$

■ **Beispiel 8.3.6 — Entwicklung der Determinante nach der ersten Zeile.**
Die Determinante der Matrix

$$\begin{pmatrix} 0 & 1 & 0 \\ -3 & 6 & 3 \\ 2 & 1 & 4 \end{pmatrix}$$

kann man also auch berechnen, indem man sie nach der ersten Zeile entwickelt. Dann ergibt sich die einfachere Berechnung

$$\det\begin{pmatrix} 0 & 1 & 0 \\ -3 & 6 & 3 \\ 2 & 1 & 4 \end{pmatrix} = a_{11}\det(A_{11}) - a_{12}\det(A_{12}) + a_{13}\det(A_{13})$$

$$= 0 - 1\cdot\det\begin{pmatrix} -3 & 3 \\ 2 & 4 \end{pmatrix} + 0$$

$$= -((-3)\cdot 4 - 3\cdot 2) = -(-12 - 6) = 18. \qquad ■$$

Entwickelt man eine Determinante stets nach der ersten Spalte, erhält man immer das richtige Ergebnis. Oft bietet es sich jedoch an, nach anderen Spalten oder Zeilen zu entwickeln, da die Determinanten von A_{ij} nicht berechnet werden müssen, wenn $a_{ij} = 0$ gilt. Die Berechnung über die erste Spalte kann im Vergleich zu einer geschickten Wahl der Spalte oder Zeile, nach welcher man entwickelt, daher deutlich aufwändiger sein. Wir demonstrieren solch einen geschickten Weg in folgendem Beispiel.

■ **Beispiel 8.3.7 — Entwicklung der Determinante nach der zweiten Spalte.**
Die Determinante der Matrix

$$\begin{pmatrix} 2 & 1 & 3 & 4 \\ 6 & 0 & 3 & 7 \\ 0 & 0 & 0 & 8 \\ 9 & 0 & 5 & 3 \end{pmatrix}$$

kann man nach der zweiten Spalte entwickeln. Es ergibt sich mit $j = 2$

$$\det\begin{pmatrix} 2 & 1 & 3 & 4 \\ 6 & 0 & 3 & 7 \\ 0 & 0 & 0 & 8 \\ 9 & 0 & 5 & 3 \end{pmatrix} = 1(-1)^{1+2}\det\begin{pmatrix} 6 & 3 & 7 \\ 0 & 0 & 8 \\ 9 & 5 & 3 \end{pmatrix}.$$

Entwickelt man diese Determinante nun nach der zweiten Zeile, $i = 2$, kann man dies vereinfachen zu

$$\det \begin{pmatrix} 2 & 1 & 3 & 4 \\ 6 & 0 & 3 & 7 \\ 0 & 0 & 0 & 8 \\ 9 & 0 & 5 & 3 \end{pmatrix} = -\det \begin{pmatrix} 6 & 3 & 7 \\ 0 & 0 & 8 \\ 9 & 5 & 3 \end{pmatrix} = -(-1)^{2+3} \cdot 8 \cdot \det \begin{pmatrix} 6 & 3 \\ 9 & 5 \end{pmatrix}$$
$$= 8(6 \cdot 5 - 9 \cdot 3) = 24.$$
∎

Auch in höheren Dimensionen kann die Determinante als ein verallgemeinerter Volumenbegriff angesehen werden. Daher gelten alle Eigenschaften, die im Fall einer 2×2-Matrix in Satz 8.3.1 erläutert wurden, auch allgemein. Wir fassen diese in folgendem Satz zusammen:

Satz 8.3.3 — Eigenschaften der Determinante .

Sei A eine quadratische Matrix der Ordnung n. Dann gilt:

i. Vertauscht man zwei Spalten, so ändert die Determinante das Vorzeichen, bleibt aber betragsmäßig gleich.

ii. Multipliziert man eine Spalte von A mit $\alpha \in \mathbb{R}$, so ver-α-facht sich die Determinante.

iii. Sind alle Elemente unter der Hauptdiagonalen von A gleich 0, also $a_{ij} = 0$ für alle $i > j$, so gilt $\det(A) = a_{11}a_{22}\cdots a_{nn}$.

iv. $\det(A) \neq 0$ gilt genau dann, wenn $\mathrm{rang}(A) = n$, also wenn A regulär ist.

∎ **Beispiel 8.3.8 — Fortsetzung von Beispiel 8.3.7.**

Interessiert man sich für die Determinante der Matrix

$$\begin{pmatrix} 2 & 1 & 4 & 3 \\ 6 & 0 & 7 & 3 \\ 0 & 0 & 8 & 0 \\ 9 & 0 & 3 & 5 \end{pmatrix},$$

kann man diese wie schon in Beispiel 8.3.7 nach der zweiten Spalte entwickeln. Weiß man jedoch schon, dass

$$\det \begin{pmatrix} 2 & 1 & 3 & 4 \\ 6 & 0 & 3 & 7 \\ 0 & 0 & 0 & 8 \\ 9 & 0 & 5 & 3 \end{pmatrix} = 24$$

gilt, kann man direkt schließen, dass

$$\det \begin{pmatrix} 2 & 1 & 4 & 3 \\ 6 & 0 & 7 & 3 \\ 0 & 0 & 8 & 0 \\ 9 & 0 & 3 & 5 \end{pmatrix} = -24$$

gelten muss, da sich die beiden Matrizen nur dadurch unterscheiden, dass Spalten 3 und 4 vertauscht wurden. Analog kann man direkt schließen, dass

$$\det \begin{pmatrix} 1 & 2 & 4 & 3 \\ 0 & 6 & 7 & 3 \\ 0 & 0 & 8 & 0 \\ 0 & 9 & 3 & 5 \end{pmatrix} = 24$$

gilt, da hier im Vergleich zur ursprünglichen Matrix zweimal Spalten vertauscht wurden und somit zweimal das Vorzeichen der Determinante wechselt.

Wie im Fall der 2×2-Matrix verdoppelt sich die Determinante, wenn eine Spalte verdoppelt wird. Es gilt also beispielsweise

$$\det \begin{pmatrix} 2 & 1 & 6 & 4 \\ 6 & 0 & 6 & 7 \\ 0 & 0 & 0 & 8 \\ 9 & 0 & 10 & 3 \end{pmatrix} = \det \begin{pmatrix} 2 & 1 & 2 \cdot 3 & 4 \\ 6 & 0 & 2 \cdot 3 & 7 \\ 0 & 0 & 2 \cdot 0 & 8 \\ 9 & 0 & 2 \cdot 5 & 3 \end{pmatrix} = 2 \cdot \det \begin{pmatrix} 2 & 1 & 3 & 4 \\ 6 & 0 & 3 & 7 \\ 0 & 0 & 0 & 8 \\ 9 & 0 & 5 & 3 \end{pmatrix} = 2 \cdot 24 = 48.$$

Folgendes Beispiel illustriert, dass wie in Satz 8.3.3 Teil iv behauptet, die Determinante einer singulären Matrix den Wert 0 hat.

■ Beispiel 8.3.9 — Die Determinante einer singulären Matrix.

Will man die Determinante der Matrix

$$\begin{pmatrix} 2 & 1 & 3 & 6 \\ 6 & 0 & 3 & 6 \\ 0 & 0 & 1 & 2 \\ 9 & 0 & 5 & 10 \end{pmatrix}$$

bestimmen, kann man auch diese Determinante nach der zweiten Spalte entwickeln. Erkennt man, dass die vierte Spalte ein Vielfaches der dritten Spalte ist, kann man direkt schließen, dass

$$\det \begin{pmatrix} 2 & 1 & 3 & 6 \\ 6 & 0 & 3 & 6 \\ 0 & 0 & 1 & 2 \\ 9 & 0 & 5 & 10 \end{pmatrix} = 0$$

gilt.

Die Determinante einer Matrix, welche unterhalb der Hauptdiagonalen ausschließlich Elemente von 0 hat, kann man ebenfalls einfach berechnen.

■ Beispiel 8.3.10 — Die Determinante einer Dreiecksmatrix.

Die Determinante der Matrix

$$\begin{pmatrix} 2 & 1 & 3 & 6 \\ 0 & 6 & 3 & 6 \\ 0 & 0 & 5 & 9 \\ 0 & 0 & 0 & 10 \end{pmatrix}$$

könnte man nach der ersten Spalte entwickeln und die entstehenden Determinanten $\det(A_{ij})$ wiederum nach der ersten Spalte. Da aber alle Elemente unterhalb der Hauptdiagonalen 0 sind, ergibt sich die Determinante als Produkt der Elemente der Hauptdiagonalen:

$$\det \begin{pmatrix} 2 & 1 & 3 & 6 \\ 0 & 6 & 3 & 6 \\ 0 & 0 & 5 & 9 \\ 0 & 0 & 0 & 10 \end{pmatrix} = 2 \cdot 6 \cdot 5 \cdot 10 = 600.$$

Aus Satz 8.3.3, Teil ii. folgt zudem direkt:

> **Satz 8.3.4 — Folgerung aus Satz 8.3.3.**
> Für jede quadratische Matrix A der Ordnung n und $\alpha \in \mathbb{R}$ gilt $\det(\alpha A) = \alpha^n \det(A)$.

■ **Beispiel 8.3.11 — Die Determinante der Matrix** $2A$.

Aus Beispiel 8.3.7 wissen wir, dass

$$
\det \begin{pmatrix} 2 & 1 & 3 & 4 \\ 6 & 0 & 3 & 7 \\ 0 & 0 & 0 & 8 \\ 9 & 0 & 5 & 3 \end{pmatrix} = 24.
$$

Die Determinante der 4×4-Matrix $2A$ ist

$$
\det \begin{pmatrix} 4 & 2 & 6 & 8 \\ 12 & 0 & 6 & 14 \\ 0 & 0 & 0 & 16 \\ 18 & 0 & 10 & 6 \end{pmatrix} = \det \begin{pmatrix} 2\cdot 2 & 2\cdot 1 & 2\cdot 3 & 2\cdot 4 \\ 2\cdot 6 & 2\cdot 0 & 2\cdot 3 & 2\cdot 7 \\ 2\cdot 0 & 2\cdot 0 & 2\cdot 0 & 2\cdot 8 \\ 2\cdot 9 & 2\cdot 0 & 2\cdot 5 & 2\cdot 3 \end{pmatrix}
$$

$$
= 2^4 \cdot \det \begin{pmatrix} 2 & 1 & 3 & 4 \\ 6 & 0 & 3 & 7 \\ 0 & 0 & 0 & 8 \\ 9 & 0 & 5 & 3 \end{pmatrix} = 2^4 \cdot 24 = 384,
$$

wie man auch beispielsweise über eine Entwicklung nach der zweiten Spalte einfach überprüfen kann.   ■

Z Ist $A = (a_{ij}) \in \mathbb{R}^{n \times n}$, dann kann man die Determinante nach einer beliebigen Zeile i oder Spalte j entwickeln. Es gilt für alle $i, j = 1, \ldots, n$:

$$
\det(A) = \sum_{i=1}^{n} a_{ij}(-1)^{i+j} \det(A_{ij}) = \sum_{j=1}^{n} a_{ij}(-1)^{i+j} \det(A_{ij}).
$$

Tauscht man zwei Spalten von A bleibt der Betrag der Determinante gleich, aber das Vorzeichen verändert sich. Multipliziert man eine Spalte von A mit α, ver-α-facht sich die Determinante. Zudem gilt $\det(\alpha A) = \alpha^n \det(A)$.
A ist genau dann singulär, wenn $\det(A) = 0$ gilt.
Sind alle Elemente unter der Hauptdiagonalen gleich 0, ergibt sich die Determinante als Produkt der Elemente auf der Hauptdiagonalen.

8.3.4 Bestimmung der Lösbarkeit eines LGS

Ziele dieses Unterkapitels

- Wie kann man bei einer quadratischen Koeffizientenmatrix A mit Hilfe der Determinante $\det(A)$ bestimmen, ob das lineare Gleichungssystem $A\mathbf{x} = \mathbf{b}$ genau eine Lösung hat oder nicht?

Satz 8.3.3 besagt, dass eine quadratische Matrix A der Ordnung n genau dann regulär ist, wenn $\det(A) \neq 0$. Sie ist also genau dann invertierbar, wenn $\det(A) \neq 0$.

■ Beispiel 8.3.12 — Der Zusammenhang zwischen Determinante und Rang.
Das lineare Gleichungssystem

$$-4x_2 - x_3 = b_1$$
$$x_1 + x_2 - x_3 = b_2$$
$$x_1 + 5x_2 + x_3 = b_3$$

hat eine Koeffizientenmatrix mit

$$\det \begin{pmatrix} 0 & -4 & -1 \\ 1 & 1 & -1 \\ 1 & 5 & 1 \end{pmatrix} = 4 - 5 + 1 + 4 = 4 \neq 0,$$

also mit Rang 3. Hätte die Koeffizientenmatrix nicht den vollen Rang, wäre die Determinante gleich 0. Da die erweiterte Koeffizientenmatrix nur drei Zeilen hat, kann auch diese maximal den Rang von 3 haben. Das lineare Gleichungssystem ist somit lösbar, der Lösungsraum hat die Dimension $n - \text{rang}(A) = 3 - 3 = 0$. Der Lösungsraum besteht somit für jede rechte Seite $\mathbf{b}$ aus genau einem Vektor. Somit ist das lineare Gleichungssystem für jede rechte Seite eindeutig lösbar. ■

Ist die Determinante ungleich 0, hat eine quadratische Matrix stets den vollen Rang. Es gilt somit:

> **Satz 8.3.5 — Die Determinante zur Bestimmung der Lösbarkeit eines LGS.**
> Ist A eine quadratische Matrix der Ordnung n und $\mathbf{x}, \mathbf{b} \in \mathbb{R}^n$, dann ist das LGS $A\mathbf{x} = \mathbf{b}$ genau dann eindeutig lösbar, wenn $\det(A) \neq 0$.

■ Beispiel 8.3.13 — Lösbarkeit eines LGS.
In Beispiel 7.2.14 hatten wir gesehen, dass das lineare Gleichungssystem

$$-4x_2 - x_3 = b_1$$
$$x_1 + x_2 - x_3 = b_2$$
$$x_1 + 5x_2 = b_3$$

nur dann eine Lösung hat, wenn $0 = b_3 - b_2 + b_1$. Die Determinante der Koeffizientenmatrix ist hier

$$\det \begin{pmatrix} 0 & -4 & -1 \\ 1 & 1 & -1 \\ 1 & 5 & 0 \end{pmatrix} = 4 - 5 + 1 = 0,$$

vgl. Regel von Sarrus. ■

Ein lineares Gleichungssystem mit einer quadratischen Koeffizientenmatrix, welche eine Determinante von 0 hat, kann keine oder unendlich viele Lösungen besitzen. Ist die Determinante der quadratischen Koeffizientenmatrix von 0 verschieden, hat das lineare Gleichungssystem genau eine Lösung.

(z) Ist A quadratisch, so hat das lineare Gleichungssystem $A\mathbf{x} = \mathbf{b}$ eine eindeutige Lösung, nämlich $\mathbf{x} = A^{-1}\mathbf{b}$, genau dann wenn $\det(A) \neq 0$ gilt.

8.3.5 Flächenveränderung bei linearen Abbildungen

Ziele dieses Unterkapitels

- Wie groß ist der Flächeninhalt einer Menge $M \subseteq \mathbb{R}^2$ bzw. das Volumen einer Menge $M \subseteq \mathbb{R}^3$ im Vergleich zum Flächeninhalt bzw. zum Volumen der Menge $f(M)$, wenn f eine lineare Abbildung mit Abbildungsmatrix $A \in \mathbb{R}^{n \times n}$, $n = 2$ oder $n = 3$, ist?
- Wie kann man für $A, B \in \mathbb{R}^{n \times n}$ aus bekannten Werten $\det(A)$, $\det(B)$ die Werte $\det(A \cdot B)$ und $\det(A^{-1})$ bestimmen?

Eine lineare Abbildung mit quadratischer Abbildungsmatrix A der Ordnung n bildet die Einheitsvektoren des $\mathbb{R}^n$ auf die Spaltenvektoren von A ab. Das durch die Einheitsvektoren im $\mathbb{R}^2$ aufgespannte Quadrat hat einen Flächeninhalt von 1 und wird im Fall $n = 2$ auf ein Parallelogramm mit einem Flächeninhalt von $|\det(A)|$ abgebildet. Der durch die Einheitsvektoren des $\mathbb{R}^3$ aufgespannte Würfel hat ein Volumen von 1. Er wird im Fall $n = 3$ auf ein Parallelotop mit Volumen von $|\det(A)|$ abgebildet.[8] Es gilt:

> **Satz 8.3.6 — Die Determinante als Flächen- bzw. Volumenveränderung.**
> Sei $n = 2$ oder $n = 3$, $f : \mathbb{R}^n \to \mathbb{R}^n$ mit $f(\mathbf{x}) = A\mathbf{x}$, A eine $n \times n$-Matrix, und $M \subseteq \mathbb{R}^n$ mit Flächeninhalt bzw. Volumen $\mathrm{Vol}(M)$. Dann gilt
>
> $$\mathrm{Vol}(f(M)) = |\det(A)| \cdot \mathrm{Vol}(M).$$

Bildet eine Abbildung mit $f(\mathbf{x}) = A\mathbf{x} = \mathbf{y}$ die Einheitsvektoren auf die Spaltenvektoren von A ab und ist f bijektiv, also A invertierbar, so werden durch $f^{-1}(\mathbf{y}) = A^{-1}\mathbf{y} = \mathbf{x}$ die Spaltenvektoren von A wieder auf die Einheitsvektoren abgebildet. Wurde das Volumen von M durch f um $|\det(A)|$ gestreckt, wird es durch f^{-1} um $\frac{1}{|\det(A)|}$ gestreckt, vgl. Abbildung 8.24.

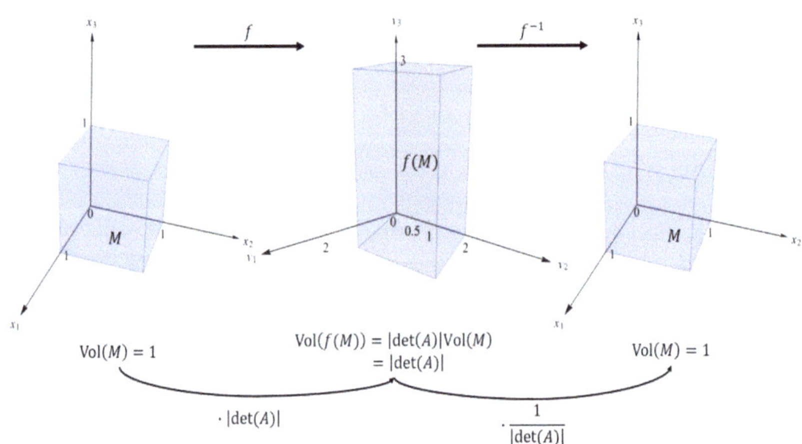

Abbildung 8.24: Volumenveränderung

---

[8]   Im Allgemeinen kann es schwer sein, den Flächeninhalt einer Punktmenge $M \subseteq \mathbb{R}^2$ oder das Volumen von $M \subseteq \mathbb{R}^3$ zu bestimmen. Wir setzen hier lediglich voraus, dass die Flächenberechnung von Parallelogrammen, Rechtecken (jeweils als Grundseite mal Höhe) und Dreicken (als $\frac{1}{2}$ mal Grundseite mal Höhe) bzw. die Volumenberechnung von Quadern (als Grundfläche mal Höhe) bekannt ist.

Verkettet man zwei Abbildungen mit Abbildungsmatrizen A und B, wobei die erste Abbildung das Volumen um den Faktor $|\det(A)|$ und die zweite um den Faktor $|\det(B)|$ streckt, so hat diese Komposition die Abbildungsmatrix $B \cdot A$ und streckt das Volumen um den Faktor $|\det(BA)| = |\det(A)| \cdot |\det(B)|$. Folgender Satz fasst diese Eigenschaften von Determinanten zusammen:

> **Satz 8.3.7 — Weitere Eigenschaften von Determinanten.**
> Seien A und B quadratische Matrizen der Ordnung n. Dann gilt:
> - $\det(AB) = \det(A)\det(B)$.
> - Ist $\det(A) \neq 0$, dann ist A invertierbar und es gilt $\det(A^{-1}) = \frac{1}{\det(A)}$.

Wie demonstrieren diese Eigenschaften in einem Beispiel:

■ **Beispiel 8.3.14 — Fortsetzung von Beispiel 8.1.1.**
Wir betrachten erneut die lineare Abbildung f_1 aus Beispiel 8.1.1 mit

$$A = \begin{pmatrix} 0 & 2 \\ 2 & 0 \end{pmatrix}, \quad \det(A) = 0 - 4 = -4.$$

Diese lineare Abbildung bildet das Quadrat

$$M = \left\{ \mathbf{x} \in \mathbb{R}^2 \mid 0 \leq x_1 \leq 1,\ 0 \leq x_2 \leq 1 \right\}$$

mit Flächeninhalt 1 auf das Quadrat

$$f_1(M) = \left\{ \mathbf{x} \in \mathbb{R}^2 \mid 0 \leq x_1 \leq 2,\ 0 \leq x_2 \leq 2 \right\}$$

mit Flächeninhalt $|\det(A)| = 4$ ab. Die zu f_1 gehörige Umkehrabbildung mit Matrix A^{-1} muss also eine Determinante haben, die einen Betrag von $1/4$ hat. Laut obigem Satz ist die Determinante von A^{-1} gleich $1/\det(A) = -1/4$. Man überprüft dies leicht mit

$$A^{-1} = \begin{pmatrix} 0 & \frac{1}{2} \\ \frac{1}{2} & 0 \end{pmatrix}, \quad \det(A^{-1}) = 0 - \frac{1}{2}\cdot\frac{1}{2} = -\frac{1}{4}.$$

Führt man Abbildung f_1 zweimal hintereinander aus, berechnet man also z.B. $f_1(f_1(M))$, so bildet die erste Abbildung das Quadrat mit Flächeninhalt 1 auf ein Quadrat mit Flächeninhalt 4 ab. Die zweite Abbildung vervierfacht dann den Flächeninhalt des entstandenen Quadrats. Das Ergebnis ist ein Quadrat mit Flächeninhalt 16. In der Tat gilt

$$f_1(f_1(\mathbf{x})) = A^2 \mathbf{x} = \begin{pmatrix} 4 & 0 \\ 0 & 4 \end{pmatrix} \mathbf{x}, \qquad \det(A^2) = 16 - 0 = 16 = \det(A)\det(A).$$

Die lineare Abbildung f_2 mit Abbildungsmatrix

$$B = \begin{pmatrix} 0 & 1 \\ 0 & 2 \end{pmatrix}, \qquad \det(B) = 0$$

bildet die Menge M auf die Strecke zwischen $(0,0)^T$ und $(1,2)^T$ ab, vgl. Abbildung 8.25.

Diese Strecke spannt keine Fläche auf. Der Flächeninhalt ist somit 0. Verkettet man die beiden linearen Abbildungen und berechnet $f_2(f_1(M))$, wird das Quadrat mit Flächeninhalt 1 erst auf ein Quadrat mit Flächeninhalt 4 abgebildet, das dann auf eine Strecke abgebildet wird. Der resultierende Flächeninhalt von $f_2(f_1(M))$ ist also 0. Es gilt

$$\det(B \cdot A) = \det(A)\det(B) = -4 \cdot 0 = 0.$$

■

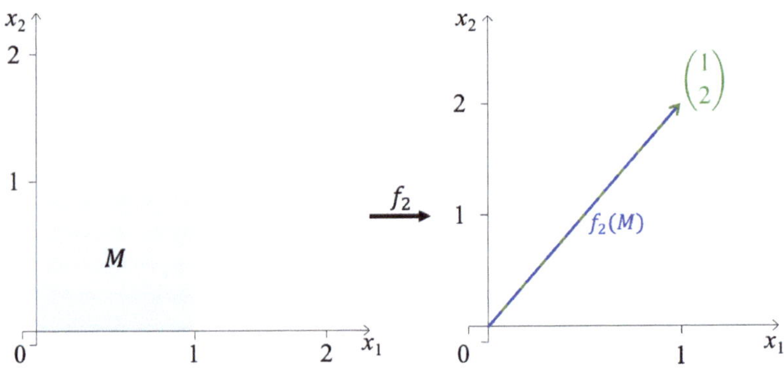

Abbildung 8.25: Das Bild von M unter f_2

Addiert man die beiden Matrizen, d.h. berechnet man die Summe der beiden linearen Abbildungen, so addieren sich die Determinanten jedoch nicht.

■ Beispiel 8.3.15 — Weitere Fortsetzung von Beispiel 8.1.1.
Für

$$A = \begin{pmatrix} 0 & 2 \\ 2 & 0 \end{pmatrix} \quad \text{mit } \det(A) = 0 - 4 = -4$$

und

$$B = \begin{pmatrix} 0 & 1 \\ 0 & 2 \end{pmatrix} \quad \text{mit } \det(B) = 0$$

gilt

$$\det(A + B) = \det \begin{pmatrix} 0 & 3 \\ 2 & 2 \end{pmatrix} = -6 \neq \det(A) + \det(B) = -4 + 0 = -4. \qquad ■$$

(Z) Für $M \subseteq \mathbb{R}^2$ oder $M \subseteq \mathbb{R}^3$ ist der Flächeninhalt bzw. das Volumen des Bildes $f(M)$ einer linearen Abbildung mit Abbildungsmatrix $A \in \mathbb{R}^{n \times n}$ das $|\det(A)|$-fache des Flächeninhalts bzw. des Volumens von M.

Für $A, B \in \mathbb{R}^{n \times n}$ gilt: $\det(A \cdot B) = \det(A) \cdot \det(B)$ und im Fall $\det(A) \neq 0$ zudem $\det(A^{-1}) = \frac{1}{\det(A)}$.

8.3.6 Berechnung mit Hilfe von Zeilenumformungen (#)

Ziele dieses Unterkapitels
- Wie verändert sich der Wert der Determinante, wenn man
  - die Matrix transponiert?
  - zwei Zeilen der Matrix vertauscht?
  - zu einem Zeilenvektor der Matrix
    * einen beliebigen Zeilenvektor
    * einen anderen Zeilenvektor der Matrix
    addiert?
  - zu einem Spaltenvektor der Matrix
    * einen beliebigen Spaltenvektor

    ∗ einen anderen Spaltenvektor der Matrix
    addiert?

• Wie kann man mittels des Eliminationsverfahrens die Determinante berechnen?

Bisher haben wir die Determinante als (auf n Dimensionen) verallgemeinerten Flächeninhalt oder verallgemeinerten Inhalt des durch die Spaltenvektoren aufgespannten Parallelotops betrachtet und durch Entwicklung nach Spalten oder Zeilen berechnet. In diesem Abschnitt werden wir weitere Eigenschaften von Determinanten diskutieren, welche uns erlauben werden, Determinanten in einer Art Eliminationsverfahren gegebenenfalls effizienter zu berechnen.[9]

Satz 8.3.8 — Weitere Eigenschaften der Determinante .

Sei A eine quadratische Matrix der Ordnung n, $\mathbf{b} \in \mathbb{R}^n$ und $\alpha_1, \alpha_2 \in \mathbb{R}$. Dann gilt:

i. $\det(A^T) = \det(A)$.

ii. Vertauscht man zwei Zeilen, so ändert die Determinante das Vorzeichen, bleibt aber betragsmäßig gleich.

iii. Die Determinante ist linear bezüglich jeder Zeile, d.h. es gilt für alle $i = 1, \ldots, n$:

$$\det \begin{pmatrix} a_{11} & \cdots & a_{1n} \\ \vdots & \vdots & \vdots \\ \alpha_1 a_{i1} + \alpha_2 b_1 & \cdots & \alpha_1 a_{in} + \alpha_2 b_n \\ \vdots & \vdots & \vdots \\ a_{n1} & \cdots & a_{nn} \end{pmatrix}$$

$$= \alpha_1 \det \begin{pmatrix} a_{11} & \cdots & a_{1n} \\ \vdots & \vdots & \vdots \\ a_{i1} & \cdots & a_{in} \\ \vdots & \vdots & \vdots \\ a_{n1} & \cdots & a_{nn} \end{pmatrix} + \alpha_2 \det \begin{pmatrix} a_{11} & \cdots & a_{1n} \\ \vdots & \vdots & \vdots \\ b_1 & \cdots & b_n \\ \vdots & \vdots & \vdots \\ a_{n1} & \cdots & a_{nn} \end{pmatrix}.$$

iv. Für $\alpha \in \mathbb{R}$, $i_2 \in \{1, \ldots, n\}$, $i_2 \neq i$ gilt:

$$\det \begin{pmatrix} a_{11} & \cdots & a_{1n} \\ \vdots & \vdots & \vdots \\ a_{i1} + \alpha a_{i_2 1} & \cdots & a_{in} + \alpha a_{i_2 n} \\ \vdots & \vdots & \vdots \\ a_{n1} & \cdots & a_{nn} \end{pmatrix} = \det \begin{pmatrix} a_{11} & \cdots & a_{1n} \\ \vdots & \vdots & \vdots \\ a_{i1} & \cdots & a_{in} \\ \vdots & \vdots & \vdots \\ a_{n1} & \cdots & a_{nn} \end{pmatrix}.$$

---

[9] Da Sie in fortgeschrittenen Kursen die Determinante meist mithilfe von Software berechnen werden, genügt uns im Allgemeinen die Entwicklung über Spalten oder Zeilen bzw. die bereits besprochenen Vereinfachungen.

v. Die Determinante ist linear bezüglich jeder Spalte, d.h. es gilt für alle $j = 1, \ldots, n$:

$$\det \begin{pmatrix} a_{11} & \ldots & \alpha_1 a_{1j} + \alpha_2 b_1 & \ldots & a_{1n} \\ \vdots & \vdots & \vdots & & \vdots \\ a_{n1} & \ldots & \alpha_1 a_{nj} + \alpha_2 b_n & \ldots & a_{nn} \end{pmatrix}$$

$$= \alpha_1 \det \begin{pmatrix} a_{11} & \ldots & a_{1j} & \ldots & a_{1n} \\ \vdots & \vdots & \vdots & \vdots & \vdots \\ a_{n1} & \ldots & a_{nj} & \ldots & a_{nn} \end{pmatrix} + \alpha_2 \det \begin{pmatrix} a_{11} & \ldots & b_1 & \ldots & a_{1n} \\ \vdots & \vdots & \vdots & \vdots & \vdots \\ a_{n1} & \ldots & b_n & \ldots & a_{nn} \end{pmatrix}.$$

vi. Für $\alpha \in \mathbb{R}$, $j_2 \in \{1, \ldots, n\}$, $j_2 \neq j$ gilt:

$$\det \begin{pmatrix} a_{11} & \ldots & a_{1j} + \alpha a_{1j_2} & \ldots & a_{1n} \\ \vdots & \vdots & \vdots & \vdots & \vdots \\ a_{n1} & \ldots & a_{nj} + \alpha a_{nj_2} & \ldots & a_{nn} \end{pmatrix} = \det \begin{pmatrix} a_{11} & \ldots & a_{1j} & \ldots & a_{1n} \\ \vdots & \vdots & \vdots & \vdots & \vdots \\ a_{n1} & \ldots & a_{nj} & \ldots & a_{nn} \end{pmatrix}.$$

Wir formulieren kurz die zusätzlichen Eigenschaften aus Satz 8.3.4: Für eine quadratische Matrix A gilt:

i. Die Determinante der Transponierten A^T entspricht der Determinante von A.

ii. Vertauscht man zwei Zeilen von A, verändert sich das Vorzeichen der Determinante von A, betragsmäßig bleibt sie aber gleich.

iii. Multipliziert man eine Zeile mit einem Skalar α_1, so wird die Determinante mit α_1 multipliziert. Addiert man einen Zeilenvektor $\mathbf{b}^T$ zu einer Zeile, so entspricht die Determinante der neuen Matrix der Summe der Determinanten von A und der Determinante einer Matrix, bei der diese Zeile durch $\mathbf{b}^T$ ersetzt wird.

iv. Addiert man zu einer Zeile i von A ein Vielfaches einer anderen Zeile, so bleibt die Determinante gleich.

v. Multipliziert man eine Spalte mit einem Skalar α_1, so wird die Determinante mit α_1 multipliziert. Addiert man einen Vektor $\mathbf{b}$ zu einer Spalte, so entspricht die Determinante der neuen Matrix der Summe der Determinanten von A und der Determinante einer Matrix, bei der diese Spalte durch $\mathbf{b}$ ersetzt wurde.

vi. Addiert man zu einer Spalte j von A ein Vielfaches einer anderen Spalte, so bleibt die Determinante gleich.

Wir demonstrieren diese Eigenschaften an einem Beispiel.

■ Beispiel 8.3.16 — Eigenschaften der Determinante.
Wir betrachten erneut die Matrix

$$A = \begin{pmatrix} 14 & 4 \\ 3 & 8 \end{pmatrix}$$

mit

$$\det \begin{pmatrix} 14 & 4 \\ 3 & 8 \end{pmatrix} = 14 \cdot 8 - 4 \cdot 3 = 100.$$

Die Determinante der Transponierten

$$A^T = \begin{pmatrix} 14 & 3 \\ 4 & 8 \end{pmatrix}$$

berechnet sich als

$$\det(A^T) = \det \begin{pmatrix} 14 & 3 \\ 4 & 8 \end{pmatrix} = 14 \cdot 8 - 3 \cdot 4 = 100 = \det(A).$$

Es gilt somit $\det(A^T) = \det(A)$, vgl. Satz 8.3.4 i. Vertauscht man die beiden Zeilen von A^T ergibt sich die Determinante

$$\det \begin{pmatrix} 4 & 8 \\ 14 & 3 \end{pmatrix} = 4 \cdot 3 - 8 \cdot 14 = -100 = -\det(A^T) = -\det(A),$$

vgl. Satz 8.3.4 ii.

Addiert man einen Zeilenvektor $\mathbf{b}^T$ zu einer Zeile, so entspricht die Determinante der neuen Matrix laut Satz 8.3.4 iii. der Summe der Determinanten von A und der Determinante einer Matrix, bei der diese Zeile durch $\mathbf{b}^T$ ersetzt wurde. Mit $\mathbf{b} = (6, 11)^T$ gilt beispielsweise:

$$\det \begin{pmatrix} 14+6 & 4+11 \\ 3 & 8 \end{pmatrix} = 115 = \det \begin{pmatrix} 14 & 4 \\ 3 & 8 \end{pmatrix} + \det \begin{pmatrix} 6 & 11 \\ 3 & 8 \end{pmatrix}.$$

Addiert man jedoch beispielsweise die zweite Spalte zur ersten, verändert sich die Determinante nicht:

$$\det \begin{pmatrix} 14+4 & 4 \\ 3+8 & 8 \end{pmatrix} = \det \begin{pmatrix} 14 & 4 \\ 3 & 8 \end{pmatrix} + \det \begin{pmatrix} 4 & 4 \\ 8 & 8 \end{pmatrix} = 100.$$

Durch diese Addition verändert sich weder die Grundseite noch die Höhe des Parallelogramms. Der Flächeninhalt bleibt daher gleich, vgl. Abbildung 8.26.
In der Abbildung wird das rote Parallelogramm durch $\mathbf{a}^1$ und $\mathbf{a}^2$ aufgespannt. Sein Flächeninhalt ist bestimmt durch eine Grundseite $g_{alt} = \|\mathbf{a}^2\|$ und die dazugehörige Höhe h_{alt}, welche den Abstand der Grundseite zu ihrer Parallelen beschreibt. Ersetzt man die eine Seite, $\mathbf{a}^1$, mit der Linearkombination $\mathbf{a}^1 + \mathbf{a}^2$, erhält man ein neues Parallelogramm, welches in grün dargestellt ist. Die beiden Parallelogramme teilen sich dieselbe Grundseite, $g_{neu} = g_{alt}$. Man sieht, dass sich auch die Höhe hierdurch nicht verändert, $h_{neu} = h_{alt}$. Somit verändert sich der Flächeninhalt nicht. ∎

Die Addition des Vielfachen einer anderen Zeile verändert die Determinante nicht, vgl. Satz 8.3.4. Ein Zeilentausch verändert das Vorzeichen, vgl. Satz 8.3.4. Diese beiden Eigenschaften können verwendet werden, um Determinanten geschickter zu berechnen: Wir nutzen die Idee des Eliminationsverfahrens, um die Matrix in eine Zeilenstufenform zu überführen. Das heißt, anstatt die Matrix in eine explizite Form umzuformen, deren führende Elemente alle gleich 1 sind und alle Einträg oberhalb führender Elemente 0 sind, eliminieren wir jeweils nur die Einträge unterhalb führender Elemente und normieren diese nicht auf 1.

Ergibt sich bei diesem Vorgehen eine Nullzeile, so hat die Matrix nicht den vollen Rang. Also ist die Determinante 0, vgl. Satz 8.3.3. Auch wenn sich keine Nullzeile ergibt, ist die resultierende Matrix A in Zeilenstufenform. In diesem Fall gilt stets $a_{ij} = 0$ für alle $i > j$ und damit $\det(A) = a_{11} a_{22} \cdots a_{nn}$, vgl. Satz 8.3.3. Erreicht man eine Form mit $a_{ij} = 0$ für alle $i > j$ noch bevor das Eliminationsverfahren endet, kann man auch vorzeitig abbrechen. Wir demonstrieren das Vorgehen an Beispielen:

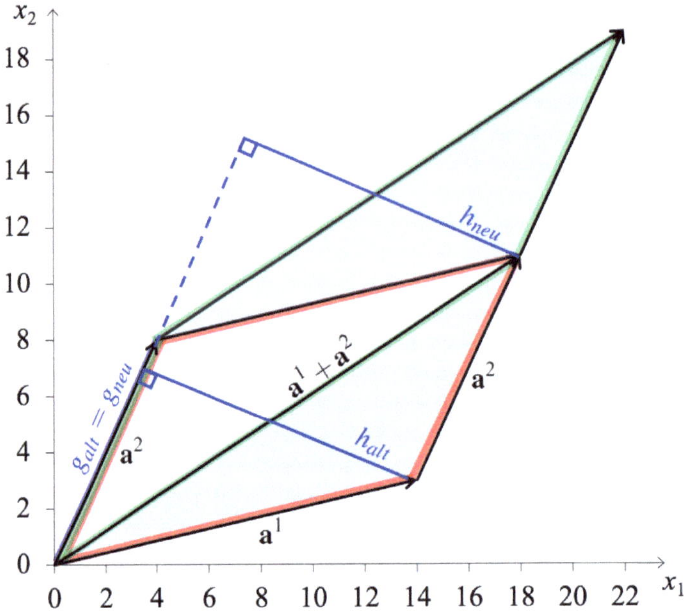

Abbildung 8.26: Zwei Parallelogramme mit gleichem Flächeninhalt

■ Beispiel 8.3.17 — Zeilenumformungen zur Berechnung von Determinanten.
Nutzt man Zeilenumformungen zur Berechnung von Determinanten, bietet sich die Schreibweise $|A|$ statt $\det(A)$ an, um an die Tableauform des Eliminationsverfahrens zu erinnern. Analog zu dieser Schreibweise, referenzieren wir in folgenden Beispielen jeweils die i-te Zeile der Matrix als (i) statt $\mathbf{a}_i$:

$$\det \begin{pmatrix} 6 & -5 & 3 & 2 \\ 0 & 0 & 1 & 1 \\ 36 & 2 & 0 & 0 \\ 0 & 0 & 2 & 1 \end{pmatrix} = \begin{vmatrix} 6 & -5 & 3 & 2 \\ 0 & 0 & 1 & 1 \\ 36 & 2 & 0 & 0 \\ 0 & 0 & 2 & 1 \end{vmatrix} \overset{③-6·①}{=} \begin{vmatrix} 6 & -5 & 3 & 2 \\ 0 & 0 & 1 & 1 \\ 0 & 32 & -18 & -12 \\ 0 & 0 & 2 & 1 \end{vmatrix}$$

$$\overset{②↔③}{=} - \begin{vmatrix} 6 & -5 & 3 & 2 \\ 0 & 32 & -18 & -12 \\ 0 & 0 & 1 & 1 \\ 0 & 0 & 2 & 1 \end{vmatrix}$$

$$\overset{④-2·③}{=} - \begin{vmatrix} 6 & -5 & 3 & 2 \\ 0 & 32 & -18 & -12 \\ 0 & 0 & 1 & 1 \\ 0 & 0 & 0 & -1 \end{vmatrix}$$

$$= -(6 \cdot 32 \cdot 1 \cdot (-1)) = 192.$$

In obigem Beispiel haben wir in einem ersten Schritt von Zeile 3 das Sechsfache der ersten Zeile subtrahiert. Dieser Schritt wurde verkürzt als ③ − 6 · ① über dem Gleichheitszeichen festgehalten. Die Addition von Vielfachen einer Zeile zu einer anderen verändert die

Determinante nicht. In einem zweiten Schritt werden Zeilen 2 und 3 vertauscht, $\textcircled{2} \leftrightarrow \textcircled{3}$. Diese Vertauschung verändert zwar nicht den Betrag aber das Vorzeichen der Determinante. In einem dritten Schritt wird das Doppelte von Zeile 3 von Zeile 4 abgezogen. Dieser Schritt verändert die Determinante nicht. Es ergibt sich eine Matrix mit Werten von 0 unterhalb der Hauptdiagonalen. Die Determinante dieser Matrix entspricht dem Produkt der Elemente auf der Hauptdiagonalen. Natürlich entspricht dieser Wert genau dem Wert, welchen wir schon mithilfe einer Entwicklung bestimmt hatten. ∎

▪ Beispiel 8.3.18 — Weitere Zeilenumformungen zur Berechnung der Determinante.
Mithilfe von Zeilenumformungen lassen sich natürlich auch Determinanten von 3×3-Matrizen berechnen:

$$\det \begin{pmatrix} 0 & 1 & 0 \\ -3 & 6 & 3 \\ 2 & 1 & 4 \end{pmatrix} = \begin{vmatrix} 0 & 1 & 0 \\ -3 & 6 & 3 \\ 2 & 1 & 4 \end{vmatrix} \overset{\textcircled{1} \leftrightarrow \textcircled{2}}{=} - \begin{vmatrix} -3 & 6 & 3 \\ 0 & 1 & 0 \\ 2 & 1 & 4 \end{vmatrix} \overset{\textcircled{3} + \frac{2}{3} \cdot \textcircled{1}}{=} - \begin{vmatrix} -3 & 6 & 3 \\ 0 & 1 & 0 \\ 0 & 5 & 6 \end{vmatrix}$$

$$\overset{\textcircled{3} - 5 \cdot \textcircled{2}}{=} - \begin{vmatrix} -3 & 6 & 3 \\ 0 & 1 & 0 \\ 0 & 0 & 6 \end{vmatrix} = -(-3) \cdot 1 \cdot 6 = 18.$$

Auch hier hatten wir natürlich den gleichen Wert schon mithilfe der Regel von Sarrus erhalten. ∎

Wir betrachten ein weiteres Beispiel:

▪ Beispiel 8.3.19 — Zeilenumformungen im Fall einer singulären Matrix.

$$\det \begin{pmatrix} 1 & -1 & 0 & -1 \\ 0 & 1 & 1 & 1 \\ 0 & 1 & 1 & 0 \\ 0 & 0 & 0 & 1 \end{pmatrix} = \begin{vmatrix} 1 & -1 & 0 & -1 \\ 0 & 1 & 1 & 1 \\ 0 & 1 & 1 & 0 \\ 0 & 0 & 0 & 1 \end{vmatrix} \overset{\textcircled{3} - \textcircled{2}}{=} \begin{vmatrix} 1 & -1 & 0 & -1 \\ 0 & 1 & 1 & 1 \\ 0 & 0 & 0 & -1 \\ 0 & 0 & 0 & 1 \end{vmatrix} = 0.$$

Hier könnte man in einem weiteren Schritt eine Nullzeile in Zeile 3 oder 4 generieren, um zu zeigen, dass die Matrix keinen vollen Rang und damit eine Determinante von 0 hat. Da aber schon in obiger Form alle Elemente unter der Hauptdiagonalen gleich 0 sind, kann man darauf verzichten und die Determinante als Produkt der Elemente der Hauptdiagonalen berechnen. ∎

Ⓩ Es gilt $\det(A^T) = \det(A)$.
Vertauscht man zwei Zeilen einer Matrix, bleibt die Determinante betragsmäßig gleich, verändert aber das Vorzeichen.
Addiert man zu einem Zeilenvektor $\mathbf{a}_i$ der Matrix A einen Zeilenvektor $\mathbf{b}^T$, so entspricht die Determinante der neuen Matrix der Summe der Determinante von A und der Determinante einer Matrix, welche statt $\mathbf{a}_i$ den Zeilenvektor $\mathbf{b}^T$ in Zeile i hat. Ist $\mathbf{b}^T$ ein Vielfaches einer anderen Zeile von A, ist die Determinante der neuen Matrix gleich $\det(A)$.
Addiert man zu einem Spaltenvektor $\mathbf{a}^j$ der Matrix A einen Spaltenvektor $\mathbf{b}$, so entspricht die Determinante der neuen Matrix der Summe der Determinante von A und der Determinante einer Matrix, welche statt $\mathbf{a}^j$ den Spaltenvektor $\mathbf{b}$ in Spalte j hat. Ist $\mathbf{b}$ ein Vielfaches einer anderen Spalte von A, ist die Determinante der neuen Matrix gleich $\det(A)$.
Führt man Eliminationsschritte durch ohne das führende Element a_{ij} auf 1 zu normieren, d.h. ohne im Fall $a_{ij} \neq 0$ Zeile i durch a_{ij} zu teilen, verändert dies die Determinante

nicht. Tauscht man in einem Erweiterungsschritt zwei Zeilen, bleibt die Determinante betragsmäßig gleich und verändert ihr Vorzeichen. Ergibt sich eine Nullzeile, ist die Determinante 0. Führt man so eine Matrix auf eine Zeilenstufenform zurück, kann man eine Determinante (oft) einfach berechnen.

8.4 Eigenwerte und Eigenvektoren

In der Regel zeigen ein Vektor $\mathbf{x} \neq \mathbf{0}$ und dessen Bild $f(\mathbf{x}) = A\mathbf{x}$ unter einer linearen Abbildung mit Abbildungsmatrix A in verschiedene Richtungen. So liegt $f(\mathbf{x})$ meist nicht auf der durch die Vielfachen von $\mathbf{x}$ aufgespannten Gerade $\mathrm{lin}\,\{\mathbf{x}\}$. Wir verdeutlichen dies an Beispielen:

■ **Beispiel 8.4.1 — Fortsetzung von Beispiel 8.1.6.**
In Beispiel 8.1.6 betrachteten wir die lineare Abbildung

$$f_1 : \mathbb{R}^2 \to \mathbb{R}^2 \quad \text{mit} \quad f_1(\mathbf{x}) = \begin{pmatrix} 0 & 2 \\ 2 & 0 \end{pmatrix} \begin{pmatrix} x_1 \\ x_2 \end{pmatrix} = \begin{pmatrix} 2x_2 \\ 2x_1 \end{pmatrix}.$$

Es gilt u.a.

$$f_1\left(\begin{pmatrix} 1 \\ 0 \end{pmatrix}\right) = \begin{pmatrix} 2 \cdot 0 \\ 2 \cdot 1 \end{pmatrix} = \begin{pmatrix} 0 \\ 2 \end{pmatrix},$$

$$f_1\left(\begin{pmatrix} 0 \\ 1 \end{pmatrix}\right) = \begin{pmatrix} 2 \cdot 1 \\ 2 \cdot 0 \end{pmatrix} = \begin{pmatrix} 2 \\ 0 \end{pmatrix},$$

$$f_1\left(\begin{pmatrix} 1 \\ 2 \end{pmatrix}\right) = \begin{pmatrix} 2 \cdot 2 \\ 2 \cdot 1 \end{pmatrix} = \begin{pmatrix} 4 \\ 2 \end{pmatrix},$$

$$f_1\left(\begin{pmatrix} 1 \\ 1 \end{pmatrix}\right) = \begin{pmatrix} 2 \cdot 1 \\ 2 \cdot 1 \end{pmatrix} = \begin{pmatrix} 2 \\ 2 \end{pmatrix}.$$

Der erste Einheitsvektor wird durch die lineare Abbildung also um 90 Grad gegen den Uhrzeigersinn gedreht. Zudem wird seine Länge verdoppelt. Ebenso wird die Länge des zweiten Einheitsvektor verdoppelt. Er wird um 90 Grad im Uhrzeigersinn gedreht. Auch der Vektor $(1,2)^T$ verändert durch die lineare Abbildung seine Richtung und verdoppelt seine Länge. Der Vektor $\mathbf{v} = (1,1)^T$ hingegen verändert seine Richtung nicht, vgl. Abbildung 8.27. Sein Bild liegt innerhalb seiner linearen Hülle. Es gilt $f_1(\mathbf{v}) = 2\mathbf{v}$. ■

■ **Beispiel 8.4.2 — Fortsetzung von Beispiel 8.1.3.**
Die Matrix M aus Beispiel 8.1.3 bildet als Funktion

$$f_M : \mathbb{R}^2 \to \mathbb{R}^2 \quad \text{mit} \quad f_M(\mathbf{x}) = M\mathbf{x} = \begin{pmatrix} 0.5 & 0.3 \\ 0.5 & 0.85 \end{pmatrix} \mathbf{x}$$

einen Vektor $\mathbf{x}$ an Konsumenten der verschiedenen Produkte zur Zeit 1 auf die (erwartete) Anzahl an Konsumenten zur Zeit 2 ab, wobei z.B.

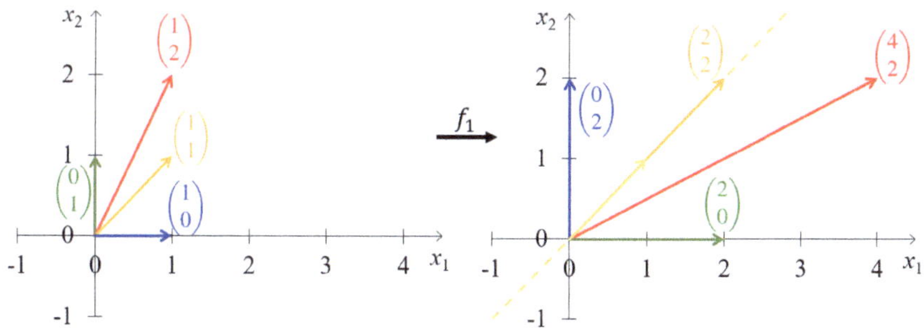

Abbildung 8.27: Das Bild von verschiedenen Vektoren unter f_1

$$f_M \begin{pmatrix} 100 \\ 0 \end{pmatrix} = \begin{pmatrix} 0.5 & 0.3 \\ 0.5 & 0.85 \end{pmatrix} \begin{pmatrix} 100 \\ 0 \end{pmatrix} = \begin{pmatrix} 50 \\ 50 \end{pmatrix},$$

$$f_M \begin{pmatrix} 200 \\ 100 \end{pmatrix} = \begin{pmatrix} 0.5 & 0.3 \\ 0.5 & 0.85 \end{pmatrix} \begin{pmatrix} 200 \\ 100 \end{pmatrix} = \begin{pmatrix} 130 \\ 185 \end{pmatrix},$$

$$f_M \begin{pmatrix} 100 \\ 200 \end{pmatrix} = \begin{pmatrix} 0.5 & 0.3 \\ 0.5 & 0.85 \end{pmatrix} \begin{pmatrix} 100 \\ 200 \end{pmatrix} = \begin{pmatrix} 110 \\ 220 \end{pmatrix}.$$

Der Vektor $(100,0)^T$ wird durch diese lineare Abbildung also um 45 Grad gedreht und gestaucht, der Vektor $(200,100)^T$ verändert ebenfalls seine Richtung. Der Vektor $\mathbf{v} = (100,200)^T$ hingegen verändert seine Richtung nicht, wird aber etwas länger. Sein Bild liegt in seiner linearen Hülle. Es gilt $f_M(\mathbf{v}) = 1,1\mathbf{v}$. ∎

8.4.1 Definition von Eigenwerten und Eigenvektoren

Ziele dieses Unterkapitels
- Was ist ein Eigenvektor? Was ist ein Eigenwert?
- Ist ein Eigenvektor zu einem gegebenen Eigenwert eindeutig bestimmt?

Vektoren, deren Bild in die gleiche oder in die genau entgegengesetzte Richtung zeigt, nennt man Eigenvektoren der Abbildungsmatrix. Ihr Bild liegt in ihrer linearen Hülle. Der Faktor, mit dem der Vektor multipliziert werden muss, um das Bild zu erhalten, heißt Eigenwert.

Definition 8.4.1 — Eigenwerte und Eigenvektoren.
Sei A eine $n \times n$-Matrix. Gibt es für eine Zahl $\lambda \in \mathbb{R}$ einen Vektor $\mathbf{v} \in \mathbb{R}^n$, $\mathbf{v} \neq \mathbf{0}$, sodass

$$A\mathbf{v} = \lambda\mathbf{v},$$

so heißt λ **(reeller) Eigenwert** und $\mathbf{v}$ **Eigenvektor** zum Eigenwert λ der Matrix A.

■ **Beispiel 8.4.3 — Fortsetzung von Beispiel 8.1.6.**
Durch Ausprobieren haben wir bereits einen Eigenvektor und einen Eigenwert von f_1 : $\mathbb{R}^2 \to \mathbb{R}^2$ mit $f_1(\mathbf{x}) = \begin{pmatrix} 0 & 2 \\ 2 & 0 \end{pmatrix} \begin{pmatrix} x_1 \\ x_2 \end{pmatrix} = \begin{pmatrix} 2x_2 \\ 2x_1 \end{pmatrix}$ gefunden. Mit $\mathbf{v} = (1,1)^T$ gilt $f_1(\mathbf{v}) = 2\mathbf{v}$.
Also ist $\mathbf{v} = (1,1)^T$ ein Eigenvektor zum Eigenwert 2 dieser Matrix. ∎

■ Beispiel 8.4.4 — Eine ökonomische Interpretation.
Die Abbildung f_M aus Beispiel 8.1.3 verändert die Richtung des Vektors $\mathbf{v} = (100, 200)^T$
nicht. Der Vektor wird aber etwas länger. Es gilt $f_M(\mathbf{v}) = 1,1\mathbf{v}$. Der Vektor $\mathbf{v} = (100, 200)^T$
ist also ein Eigenvektor zum Eigenwert 1,1 dieser Abbildungsmatrix . In anderen Worten:
Kaufen in einer Zeiteinheit 100 Kunden Produkt 1 und 200 Kunden Produkt 2, dann werden
in der folgenden Zeiteinheit $1,1(100) = 110$ Kunden Produkt 1 und $1,1(200) = 220$
Kunden Produkt 2 kaufen. Der Marktanteil von Produkt 1 bleibt bei $1/3$, der von Produkt 2
bei $2/3$. Startet dieser Prozess mit Kunden $\mathbf{v}$, so bleibt das Verhältnis über die Zeit konstant.
Der Eigenwert ist 1,1. Wir können daraus ablesen, dass der Markt pro Zeiteinheit um 10 %
wächst.

Bleiben die Marktanteile nur konstant, wenn die Kundenaufteilung $\mathbf{v} = (100, 200)^T$
entspricht oder gibt es noch andere Kundenvektoren, die diese Eigenschaft haben? Ist
$\mathbf{v} = (100, 200)^T$ der einzige Eigenvektor?

Überlegt man sich, was passieren würde, wenn der Markt doppelt so groß wäre, ist
es klar, dass dann auch doppelt so viele Kunden in der Folgeperiode vorhanden wären.
Der Vektor $2\mathbf{v}$ wird auf $f_M(2\mathbf{v}) = 2f_M(\mathbf{v})$ abgebildet (dies folgt aus der Linearität der
Abbildung). Mit $f_M(\mathbf{v}) = 1.1\mathbf{v}$ gilt $f_M(2\mathbf{v}) = 2 \cdot 1.1 \cdot \mathbf{v}$. Auch Nachrechnen ergibt

$$f_M \begin{pmatrix} 200 \\ 400 \end{pmatrix} = \begin{pmatrix} 220 \\ 440 \end{pmatrix} = 1.1 \begin{pmatrix} 200 \\ 400 \end{pmatrix}.$$

Der Vektor $2\mathbf{v}$ ist also ebenfalls ein Eigenvektor zum Eigenwert 1.1 dieser Abbildungsmatrix.   ■

Wie wir schon aus dem vorherigen Beispiel erahnen, gilt folgender Satz:

> **Satz 8.4.1 — Eigenschaften von Eigenvektoren.**
> Sei A eine quadratische Matrix der Ordnung n. Für jeden Eigenvektor $\mathbf{v}$ zum Eigenwert
> λ von A ist auch $\alpha\mathbf{v}$ mit $\alpha \in \mathbb{R}, \alpha \neq 0$ ein Eigenvektor zum Eigenwert λ von A.

(Z) $\mathbf{v} \neq \mathbf{0}$ ist ein Eigenvektor der Matrix $A \in \mathbb{R}^{n \times n}$, wenn $A\mathbf{v}$ ein Vielfaches von $\mathbf{v}$ ist, also
wenn es ein $\lambda \in \mathbb{R}$ gibt, so dass $A\mathbf{v} = \lambda\mathbf{v}$. Den Wert λ nennt man auch einen Eigenwert
von A und $\mathbf{v}$ einen Eigenvektor zu diesem Eigenwert λ.
Ist $\mathbf{v}$ ein Eigenvektor von $A \in \mathbb{R}^{n \times n}$ zum Eigenwert λ und $\alpha \in \mathbb{R}, \alpha \neq 0$, dann ist auch
$\alpha\mathbf{v}$ ein Eigenvektor von A zum Eigenwert λ . Eigenvektoren zu einem Eigenwert λ sind
also nicht eindeutig bestimmt.

8.4.2 Berechnung von Eigenwerten und Eigenvektoren

Ziele dieses Unterkapitels
- Wie kann man Eigenwerte und Eigenvektoren einer Matrix bestimmen? Was versteht
  man dabei unter dem charakteristischen Polynom?
- Wie viele reelle, linear unabhängige Eigenvektoren hat eine symmetrische
  $n \times n$-Matrix?
- Was versteht man unter einem mehrfachen Eigenwert?

In obigen Beispielen sind wir zufällig auf Eigenvektoren der Matrizen gestoßen. Wie kann
man aber Eigenwerte und Eigenvektoren systematisch bestimmen? Wir demonstrieren das
Vorgehen zunächst an einem Beispiel:

■ Beispiel 8.4.5 — Bestimmung von Eigenwerten und Eigenvektoren.
Wollen wir die Eigenwerte und Eigenvektoren der Matrix

$$A = \begin{pmatrix} 0 & 2 \\ 2 & 0 \end{pmatrix}$$

bestimmen, fragen wir uns also, für welche Werte von λ und welche Vektoren $\mathbf{v}$

$$A\mathbf{v} = \lambda\mathbf{v} \quad \text{bzw.} \quad \begin{pmatrix} 0 & 2 \\ 2 & 0 \end{pmatrix} \mathbf{v} = \lambda\mathbf{v}$$

gilt.

Anders formuliert suchen wir λ und $\mathbf{v}$, so dass

$$2v_2 = \lambda v_1$$
$$2v_1 = \lambda v_2,$$

bzw.

$$-\lambda v_1 + 2v_2 = 0$$
$$2v_1 - \lambda v_2 = 0,$$

oder

$$\begin{pmatrix} -\lambda & 2 \\ 2 & -\lambda \end{pmatrix} \mathbf{v} = \mathbf{0}.$$

Diese Fragestellung können wir nicht einfach durch Anwendung des Eliminationsverfahrens lösen, da hier neben $\mathbf{v}$ auch λ unbekannt ist.

Der Wert $\lambda = 1$ ist beispielsweise kein Eigenwert, da das lineare Gleichungssystem

$$\begin{pmatrix} -1 & 2 \\ 2 & -1 \end{pmatrix} \mathbf{v} = \mathbf{0}$$

nur die Lösung $\mathbf{v} = \mathbf{0}$ hat und der Nullvektor definitionsgemäß kein Eigenvektor ist.

Das lineare Gleichungssystem

$$\begin{pmatrix} -\lambda & 2 \\ 2 & -\lambda \end{pmatrix} \mathbf{v} = \mathbf{0}$$

hat genau dann weitere Lösungen (neben $\mathbf{v} = \mathbf{0}$), wenn die Koeffizientenmatrix singulär ist, also wenn sie eine Determinante von 0 hat. Um die Werte von λ zu bestimmen, für die es Eigenvektoren gibt, lösen wir also

$$\det \begin{pmatrix} -\lambda & 2 \\ 2 & -\lambda \end{pmatrix} = \lambda^2 - 4 = 0$$

und erhalten $\lambda_1 = 2$ und $\lambda_2 = -2$. Beide Werte sind Eigenwerte von A. Die zugehörigen Eigenvektoren erhalten wir, indem wir das LGS

$$\begin{pmatrix} -\lambda & 2 \\ 2 & -\lambda \end{pmatrix} \mathbf{v} = \mathbf{0}$$

für $\lambda_1 = 2$ und $\lambda_2 = -2$ lösen.

Für $\lambda = 2$ erhält man

$$-2v_1 + 2v_2 = 0$$
$$2v_1 - 2v_2 = 0,$$

bzw.

$$v_1 = v_2 \quad \text{mit} \quad \mathbb{L} = \text{lin}\left\{ \begin{pmatrix} 1 \\ 1 \end{pmatrix} \right\}.$$

Jedes $\mathbf{v} \in \mathbb{L} \setminus \{\mathbf{0}\}$, wie z.B. $\mathbf{v} = (1.1)^T$, ist ein Eigenvektor von A zum Eigenwert 2.

Für $\lambda = -2$ erhält man

$$2v_1 + 2v_2 = 0$$
$$2v_1 + 2v_2 = 0,$$

bzw.

$$v_1 = -v_2 \quad \text{mit } \mathbb{L} = \text{lin}\left\{ \begin{pmatrix} 1 \\ -1 \end{pmatrix} \right\}.$$

Jedes $\mathbf{v} \in \mathbb{L} \setminus \{\mathbf{0}\}$, wie z.B. $\mathbf{v} = (1, -1)^T$, ist ein Eigenvektor von A zum Eigenwert -2. ∎

Für gegebenen Eigenwert λ der Matrix A lassen sich Eigenvektoren als Lösungen des homogenen LGS

$$(A - \lambda I)\mathbf{v} = \mathbf{0}$$

bestimmen. Dieses homogene LGS hat stets mindestens eine Lösung $\mathbf{v} = \mathbf{0}$. Dies ist genau dann die einzige Lösung, wenn $(A - \lambda I)$ regulär ist, d.h. wenn $\det(A - \lambda I) \neq 0$.

Satz 8.4.2 — Bestimmung von Eigenwerten.
Sei A eine quadratische Matrix der Ordnung n. Der Wert $\lambda \in \mathbb{R}$ ist genau dann ein (reeller) Eigenwert von A, wenn $\det(A - \lambda I) = 0$.

Es ergibt sich folgende Vorgehensweise zur Bestimmung von Eigenwerten und Eigenvektoren einer quadratischen Matrix A der Ordnung n:

1. Berechne die Determinante $\det(A - \lambda I)$ als Polynom n-ten Grades mit Variable λ.
2. Bestimme alle Nullstellen des Polynoms, also alle Lösungen von $\det(A - \lambda I) = 0$. Die Nullstellen entsprechen den Eigenwerten.
3. Bestimme zu jedem Eigenwert λ die Lösungsmenge $\mathbb{L}$ von $(A - \lambda I)\mathbf{v} = \mathbf{0}$. Jeder Vektor $\mathbf{v} \in \mathbb{L} \setminus \{\mathbf{0}\}$ ist ein Eigenvektor zum Eigenwert λ.

Da die Gleichung $\det(A - \lambda I) = 0$ in dieser Berechnung zentral ist, nennt man sie auch die charakteristische Gleichung von A. Die linke Seite dieser Gleichung nennt man das charakteristische Polynom von A.

Definition 8.4.2 — Charakteristisches Polynom.
Sei A eine quadratische Matrix. Die Gleichung $\det(A - \lambda I) = 0$ mit der Variablen λ heißt **charakteristische Gleichung** von A. Die linke Seite der Gleichung nennt man **charakteristisches Polynom** von A.

Wir demonstrieren das Vorgehen an zwei weiteren Beispielen:

■ Beispiel 8.4.6 — Bestimmung der Eigenwerte und Eigenvektoren.
Wir bestimmen die Eigenwerte und Eigenvektoren der Abbildungsmatrix M von

$$f_M : \mathbb{R}^2 \to \mathbb{R}^2 \quad \text{mit} \quad \mathbf{y} = f_M(\mathbf{x}) = \begin{pmatrix} 0.50 & 0.30 \\ 0.50 & 0.85 \end{pmatrix} \mathbf{x}$$

mithilfe obiger Schritte.

Schritt 1: Berechne die Determinante $\det(M - \lambda I)$

$$\det \begin{pmatrix} 0.50 - \lambda & 0.30 \\ 0.50 & 0.85 - \lambda \end{pmatrix} = (0.50 - \lambda)(0.85 - \lambda) - 0.15 = \lambda^2 - 1.35\lambda + 0.275$$

Schritt 2: Bestimme alle Nullstellen des charakteristischen Polynoms

$$\lambda^2 - 1.35\lambda + 0.275 = 0$$

Lösungen dieser quadratischen Gleichung ergeben sich mithilfe der Mitternachtsformel
als
$$\lambda_{1,2} = \frac{1.35 \pm \sqrt{1.35^2 - 4 \cdot (0.275)}}{2} = \frac{1.35 \pm 0.85}{2}.$$
Also gilt $\lambda_1 = 0.25$ oder $\lambda_2 = 1.1$.

Schritt 3: Bestimmung der Eigenvektoren als Lösung von $(M - \lambda I)\mathbf{v} = \mathbf{0}, \mathbf{v} \neq \mathbf{0}$
- Für $\lambda_1 = 0.25$ ergibt sich
$$\begin{pmatrix} 0.25 & 0.30 \\ 0.50 & 0.60 \end{pmatrix} \mathbf{v}^1 = \mathbf{0}$$

mit $\mathbb{L} = \left\{ t \begin{pmatrix} 6 \\ -5 \end{pmatrix} \middle| t \in \mathbb{R} \right\}$. Also ist z.B. für $t = 20$ der Vektor $\begin{pmatrix} 120 \\ -100 \end{pmatrix}$ ein Eigenvektor
zum Eigenwert $\lambda_1 = 0.25$ von M.
- Für $\lambda_2 = 1.1$ ergibt sich
$$\begin{pmatrix} -0.60 & 0.30 \\ 0.50 & -0.25 \end{pmatrix} \mathbf{v}^2 = \mathbf{0}$$

mit $\mathbb{L} = \left\{ t \begin{pmatrix} 1 \\ 2 \end{pmatrix} \middle| t \in \mathbb{R} \right\}$. Also ist z.B. für $t = 100$ der Vektor $\begin{pmatrix} 100 \\ 200 \end{pmatrix}$ ein Eigenvektor
zum Eigenwert $\lambda_2 = 1.1$ von M, was wir auch zuvor schon durch Ausprobieren gefunden
hatten. ■

■ Beispiel 8.4.7 — Bestimmung der Eigenwerte und Eigenvektoren.
Wir suchen die Eigenwerte und Eigenvektoren von

$$B = \begin{pmatrix} 6 & 2 & 3 \\ 0 & 4 & 1 \\ 0 & 0 & 3 \end{pmatrix}.$$

Schritt 1: Berechne die Determinante $\det(B - \lambda I)$

$$\det \begin{pmatrix} 6-\lambda & 2 & 3 \\ 0 & 4-\lambda & 1 \\ 0 & 0 & 3-\lambda \end{pmatrix} = (6-\lambda)(4-\lambda)(3-\lambda)$$

Schritt 2: Bestimme alle Nullstellen des charakteristischen Polynoms

Obiges Polynom $(6-\lambda)(4-\lambda)(3-\lambda)$ hat drei Nullstellen: $\lambda_1 = 6, \lambda_2 = 4$ und $\lambda_3 = 3$.

Schritt 3: Bestimmung der Eigenvektoren als Lösung von $(B - \lambda I)\mathbf{v} = \mathbf{0}, \mathbf{v} \neq \mathbf{0}$
Wir betrachten das LGS

$$\begin{pmatrix} 6-\lambda & 2 & 3 \\ 0 & 4-\lambda & 1 \\ 0 & 0 & 3-\lambda \end{pmatrix} \mathbf{v} = \mathbf{0}.$$

- Für $\lambda_1 = 6$ ist die Lösungsmenge $\mathbb{L} = \lin\left\{ \begin{pmatrix} 1 \\ 0 \\ 0 \end{pmatrix} \right\}$. Also ist z.B. $\mathbf{v}^1 = \begin{pmatrix} 1 \\ 0 \\ 0 \end{pmatrix}$ ein Eigenvektor zum Eigenwert 6 der Matrix B.

- Für $\lambda_2 = 4$ ist die Lösungsmenge $\mathbb{L} = \lin\left\{ \begin{pmatrix} 1 \\ -1 \\ 0 \end{pmatrix} \right\}$. Also ist z.B. $\mathbf{v}^2 = \begin{pmatrix} 1 \\ -1 \\ 0 \end{pmatrix}$ ein Eigenvektor zum Eigenwert 4 der Matrix B.

- Für $\lambda_3 = 3$ ist die Lösungsmenge $\mathbb{L} = \lin\left\{ \begin{pmatrix} 1 \\ 3 \\ -3 \end{pmatrix} \right\}$. Also ist z.B. $\mathbf{v}^3 = \begin{pmatrix} 1 \\ 3 \\ -3 \end{pmatrix}$ ein Eigenvektor zum Eigenwert 3 der Matrix B. ∎

Das charakteristische Polynom einer $n \times n$-Matrix A hat bei dieser Bestimmung als $\det(A - \lambda I)$ höchstens die Ordnung n. Die Matrix hat damit maximal n verschiedene Eigenwerte und n linear unabhängige Eigenvektoren. In diesem Buch beschränken wir uns auf reelle Eigenwerte, also $\lambda \in \mathbb{R}$. Allgemein kann eine Matrix jedoch auch nicht-reelle Eigenwerte haben.

■ Beispiel 8.4.8 — Eine Matrix ohne reelle Eigenwerte.

Suchen wir die Eigenwerte und Eigenvektoren der Matrix $C = \begin{pmatrix} 1 & -2 \\ 1 & -1 \end{pmatrix}$, so erhalten wir in Schritt 1

$$\det \begin{pmatrix} 1-\lambda & -2 \\ 1 & -1-\lambda \end{pmatrix} = \lambda^2 + 1.$$

Dieses Polynom hat keine reellen Nullstellen.[10] Damit existieren keine reellen Eigenwerte und keine zugehörigen Eigenvektoren der Matrix C. ∎

Beschränkt man sich auf die Betrachtung symmetrischer Matrizen, so sind alle Eigenwerte reell. Zudem existieren bei einer symmetrischen Matrix der Ordnung n stets n linear unabhängige Eigenvektoren.

---

[10] Es hat aber komplexe Nullstellen, $\lambda_1 = i$ und $\lambda_2 = -i$, wobei i^2 als -1 definiert ist. Komplexe Zahlen und komplexe Nullstellen werden im Rahmen dieses Buches jedoch nicht behandelt.

> **Satz 8.4.3 — Existenz reeller Eigenwerte.**
> Eine (reelle) symmetrische $n \times n$-Matrix A hat n reelle, linear unabhängige Eigenvektoren $\mathbf{v}^1, \ldots, \mathbf{v}^n \in \mathbb{R}^n$ zu Eigenwerten $\lambda_1, \ldots, \lambda_n \in \mathbb{R}$.

Die in obigem Satz genannten Eigenwerte sind nicht notwendigerweise verschieden. Einen Eigenwert, zu dem zwei oder mehr linear unabhängige Eigenvektoren bestimmt werden können, nennen wir einen zweifachen oder mehrfachen Eigenwert.[11]

> **Definition 8.4.3 — Mehrfacher Eigenwert.**
> Sei A eine quadratische Matrix der Ordnung n mit n linear unabhängigen Eigenvektoren. Einen Eigenwert λ von A, zu dem es $\ell \leq n$ linear unabhängige Eigenvektoren gibt, nennt man ℓ-**fachen Eigenwert** von A. Im Fall $\ell \geq 2$ spricht man auch von **mehrfachen Eigenwerten** von A.

Wir demonstrieren dies in einem Beispiel:

■ **Beispiel 8.4.9 — Mehrfache Eigenwerte.**
Wir suchen die Eigenwerte und Eigenvektoren von

$$D = \begin{pmatrix} 0 & 1 & 1 \\ 1 & 0 & 1 \\ 1 & 1 & 0 \end{pmatrix}.$$

Die 3×3-Matrix D ist symmetrisch. Daher wissen wir noch vor der Berechnung, dass diese Matrix drei linear unabhängige Eigenvektoren hat.

Schritt 1: Berechne die Determinante $\det(D - \lambda I)$

$$\det \begin{pmatrix} -\lambda & 1 & 1 \\ 1 & -\lambda & 1 \\ 1 & 1 & -\lambda \end{pmatrix} = -\lambda^3 + 3\lambda + 2 = -(\lambda - 2)(\lambda + 1)^2$$

Hierbei haben wir das Polynom bereits faktorisiert, um im folgenden Schritt die Nullstellen einfacher bestimmen zu können.[12]

Schritt 2: Bestimme alle Nullstellen des charakteristischen Polynoms
Obiges Polynom $-(\lambda - 2)(\lambda + 1)^2$ hat zwei Nullstellen: $\lambda_1 = 2$ und $\lambda_2 = -1$.

Schritt 3: Bestimmung der Eigenvektoren als Lösung von $(D - \lambda I)\mathbf{v} = \mathbf{0}, \mathbf{v} \neq \mathbf{0}$
Wir betrachten das LGS

$$\begin{pmatrix} -\lambda & 1 & 1 \\ 1 & -\lambda & 1 \\ 1 & 1 & -\lambda \end{pmatrix} \mathbf{v} = \mathbf{0}.$$

---

[11] Man unterscheidet genau genommen zwischen einer sogenannten geometrischen und einer algebraischen Vielfachheit. Da wir uns in diesem Buch auf Matrizen mit n linear unabhängigen Eigenvektoren beschränken, für die beide Werte stets gleich sind, machen wir diese Unterscheidung hier nicht.

[12] Eine solche Faktorisierung ist bei Polynomen vom Grad $n > 2$ nicht immer einfach und manchmal unmöglich, wenn man sich nur auf reelle Eigenwerte beschränkt. Man kann hierfür beispielsweise eine Nullstelle λ_0 durch Zeichnen des Graphen oder Ausprobieren finden und dann entsprechend den Faktor $(\lambda - \lambda_0)$ ausklammern.

- Für $\lambda_1 = 2$ ist die Lösungsmenge $\mathbb{L} = \lin\left\{\begin{pmatrix} -1 \\ -1 \\ -1 \end{pmatrix}\right\}$. Also ist z.B. $\mathbf{v}^1 = \begin{pmatrix} -1 \\ -1 \\ -1 \end{pmatrix}$ ein

  Eigenvektor zum Eigenwert 2 der Matrix D.

- Für $\lambda_2 = -1$ ist die Lösungsmenge $\mathbb{L} = \lin\left\{\begin{pmatrix} 1 \\ -1 \\ 0 \end{pmatrix}, \begin{pmatrix} 1 \\ 0 \\ -1 \end{pmatrix}\right\}$. Man sagt auch, -1 ist

  zweifacher Eigenwert der Matrix D mit linear unabhängigen Eigenvektoren $\mathbf{v}^2 = \begin{pmatrix} 1 \\ -1 \\ 0 \end{pmatrix}$

  und $\mathbf{v}^3 = \begin{pmatrix} 1 \\ 0 \\ -1 \end{pmatrix}$.

Die Matrix D hat also drei linear unabhängige Eigenvektoren: den Eigenvektor $\begin{pmatrix} -1 \\ -1 \\ -1 \end{pmatrix}$ zum

Eigenwert $\lambda_1 = 2$, den Eigenvektor $\begin{pmatrix} 1 \\ -1 \\ 0 \end{pmatrix}$ zum Eigenwert $\lambda_2 = -1$ und den Eigenvektor

$\begin{pmatrix} 1 \\ 0 \\ -1 \end{pmatrix}$ zum Eigenwert $\lambda_3 = -1$.

Da $\lin\left\{\begin{pmatrix} 1 \\ -1 \\ 0 \end{pmatrix}, \begin{pmatrix} 1 \\ 0 \\ -1 \end{pmatrix}\right\} = \lin\left\{\begin{pmatrix} 1 \\ -1 \\ 0 \end{pmatrix}, \begin{pmatrix} 2 \\ -1 \\ -1 \end{pmatrix}\right\}$ sind nicht nur $\mathbf{v}^2 = \begin{pmatrix} 1 \\ -1 \\ 0 \end{pmatrix}$ und

$\mathbf{v}^3 = \begin{pmatrix} 1 \\ 0 \\ -1 \end{pmatrix}$ und Vielfache dieser beiden Vektoren Eigenvektoren zum Eigenwert -1,

sondern auch z.B. $\tilde{\mathbf{v}}^3 = \begin{pmatrix} 2 \\ -1 \\ -1 \end{pmatrix}$. ∎

Eigenwerte und Eigenvektoren spielen eine große Rolle beim Verständnis dynamischer Probleme, welche über die Zeit hinweg wachsen, sinken oder oszillieren, vgl. Beispiel 8.1.3.

(Z) Zur Bestimmung von Eigenwerten und Eigenvektoren einer Matrix A geht man in drei Schritten vor:

1. Bestimmung der Determinante $\det(A - \lambda I)$. Diesen Ausdruck nennt man auch charakteristisches Polynom.
2. Auflösung der Gleichung $\det(A - \lambda I) = 0$ nach λ. Die (reellen) Lösungen entsprechen den (reellen) Eigenwerten der Matrix A.
3. Zu jedem Eigenwert λ können dann Eigenvektoren $\mathbf{v}$ als Lösung von $(A - \lambda I)\mathbf{v} = \mathbf{0}$ mit $\mathbf{v} \neq \mathbf{0}$ bestimmt werden.

Eine symmetrische $n \times n$-Matrix hat n reelle, linear unabhängige Eigenvektoren. Mehrere linear unabhängige Eigenvektoren können den gleichen Eigenwert haben. In diesem Fall spricht man von einem mehrfachen Eigenwert.

8.4.3 Potenzbildung von Matrizen (#)

Ziele dieses Unterkapitels

- Sei A eine Matrix mit Eigenwerten $\lambda_1, \ldots, \lambda_n$. Wie lauten die Eigenwerte von A^k?
- Sei $A \in \mathbb{R}^{n \times n}$ mit n linear unabhängigen Eigenvektoren $\mathbf{v}^1, \ldots, \mathbf{v}^n \in \mathbb{R}^n$ und zugehörigen Eigenwerten $\lambda_1, \ldots, \lambda_n$.
  - Wie kann man A mithilfe dieser Eigenvektoren und Eigenwerte bestimmen?
  - Wie kann man A^k mithilfe dieser Eigenvektoren und Eigenwerte bestimmen?

In Beispiel 6.5.19 hatten wir Potenzen von Matrizen über die Dynamik in Beispiel 0.1.4 motiviert. Verkettet man eine lineare Abbildung $f(\mathbf{x}) = A\mathbf{x}$ mit sich selbst, entspricht diese Komposition der Abbildungsvorschrift $f(f(\mathbf{x})) = A^2\mathbf{x}$. Ist $\mathbf{x} = \mathbf{v}$ ein Eigenvektor von A, dann gibt es also ein λ mit $A\mathbf{v} = \lambda\mathbf{v}$. Aus Satz 8.4.1 folgt, dass $\lambda\mathbf{v}$ auch ein Eigenvektor zum Eigenwert λ von A ist. Damit gilt also

$$A^2\mathbf{v} = A(A\mathbf{v}) = A(\lambda\mathbf{v}) = \lambda(\lambda\mathbf{v}) = \lambda^2\mathbf{v}.$$

Ist $\mathbf{v}$ ein Eigenvektor von A zum Eigenwert λ, so ist er auch ein Eigenvektor von A^2 zum Eigenwert λ^2. Allgemein gilt:

> **Satz 8.4.4 — Potenzen einer Matrix.**
> Hat $A \in \mathbb{R}^{n \times n}$ einen Eigenvektor $\mathbf{v}$ und zugehörigen Eigenwert λ, dann hat die Matrix A^k mit $k \in \mathbb{N}$ ebenfalls den Eigenvektor $\mathbf{v}$ zum Eigenwert λ^k.

■ **Beispiel 8.4.10 — Fortsetzung von Beispiel 8.1.3.**
Die Matrix M aus Beispiel 8.1.3 verändert die Richtung des Vektors $\mathbf{v} = (100, 200)^T$ nicht, da er ein Eigenvektor mit positivem Eigenwert ist. Der Vektor wird aber etwas länger, da er durch die Abbildung mit dem Eigenwert 1.1 multipliziert wird. Es gilt $M\mathbf{v} = 1.1\mathbf{v}$.

Kauften also zur Zeit 1 $v_1 = 100$ Kunden Produkt 1 und $v_2 = 200$ Kunden Produkt 2, dann kaufen zur Zeit 2 eine Anzahl von 110 Kunden Produkt 1 und 220 Kunden Produkt 2. Aus $\mathbf{v}$ wird $M\mathbf{v} = 1.1\mathbf{v}$. Zur Zeit 3 kaufen dann $M(1.1\mathbf{v}) = 1.1(M\mathbf{v}) = 1.1(1.1\mathbf{v}) = 1.1^2\mathbf{v}$ Kunden Produkte 1 und 2. Aus dem Vektor $\mathbf{v}$ wird über zwei Zeiteinheiten

$$M^2\mathbf{v} = 1.1^2\mathbf{v}.$$

Der Vektor $\mathbf{v}$ ist also Eigenvektor der Matrix M^2 zum Eigenwert 1.1^2.

Auch Nachrechnen ergibt

$$f_M\left(f_M\begin{pmatrix} 100 \\ 200 \end{pmatrix}\right) = f_M\begin{pmatrix} 110 \\ 220 \end{pmatrix} = \begin{pmatrix} 121 \\ 242 \end{pmatrix} = 1.1\begin{pmatrix} 110 \\ 220 \end{pmatrix} = 1.1^2\begin{pmatrix} 100 \\ 200 \end{pmatrix}.$$

Wir können daraus ablesen, dass der Markt nach zwei Zeiteinheiten $1.1^2 = 1.21$-mal so groß ist wie zuvor, also um 21 % gewachsen ist. ■

Interessiert man sich in obigem Beispiel dafür, wie viele Kunden nach 10 Zeiteinheiten Produkt 1 und wie viele Produkt 2 kaufen, also für das Ergebnis von $M^{10}\mathbf{v}$, so ist der direkte Ansatz, die Matrix M wiederholt mit sich selbst zu multiplizieren und danach das Ergebnis mit $\mathbf{v}$ zu multiplizieren. Da dies aufwendig ist, suchen wir nach einer effizienteren Methode zur Potenzbildung einer Matrix A:

Für eine Matrix A mit n linear unabhängigen Eigenvektoren $\mathbf{v}^1, \ldots, \mathbf{v}^n \in \mathbb{R}^n$ und zugehörigen Eigenwerten $\lambda_1, \ldots, \lambda_n \in \mathbb{R}$ gilt für alle $j = 1, \ldots, n$

$$A\mathbf{v}^j = \lambda_j \mathbf{v}^j$$

und damit

$$A\underbrace{[\mathbf{v}^1, \ldots, \mathbf{v}^n]}_{=V} = [\lambda_1 \mathbf{v}^1, \ldots, \lambda_n \mathbf{v}^n] = \underbrace{[\mathbf{v}^1, \ldots, \mathbf{v}^n]}_{=V} \underbrace{\begin{pmatrix} \lambda_1 & 0 & \ldots & 0 \\ 0 & \lambda_2 & \ldots & 0 \\ \vdots & \ddots & \ddots & 0 \\ 0 & \ldots & \ldots & \lambda_n \end{pmatrix}}_{=L}.$$

Zusammenfassend gilt

$$AV = VL.$$

Daraus ergibt sich mithilfe der Rechenregeln für die Inverse, Satz 8.2.4, folgender Satz:

Satz 8.4.5 — Darstellung von A mithilfe von Eigenwerten und Eigenvektoren.
Sei $A \in \mathbb{R}^{n \times n}$ mit n linear unabhängigen Eigenvektoren $\mathbf{v}^1, \ldots, \mathbf{v}^n \in \mathbb{R}^n$ und zugehörigen Eigenwerten $\lambda_1, \ldots, \lambda_n \in \mathbb{R}$. Bezeichnet man die Matrix der Eigenvektoren als $V = [\mathbf{v}^1, \ldots, \mathbf{v}^n]$ und die Diagonalmatrix der Eigenwerte als

$$L = \begin{pmatrix} \lambda_1 & 0 & \ldots & 0 \\ 0 & \lambda_2 & \ldots & 0 \\ \vdots & \ddots & \ddots & 0 \\ 0 & \ldots & \ldots & \lambda_n \end{pmatrix},$$

dann gilt

$$A = VLV^{-1}.$$

■ Beispiel 8.4.11 — Fortsetzung von Beispiel 8.4.5.
In Beispiel 8.4.5 bestimmten wir die Eigenwerte und Eigenvektoren der Matrix

$$A = \begin{pmatrix} 0 & 2 \\ 2 & 0 \end{pmatrix}$$

als $\lambda_1 = 2$, $\lambda_2 = -2$ und $\mathbf{v}^1 = (1,1)^T$ und $\mathbf{v}^2 = (1,-1)^T$. Mit

$$L = \begin{pmatrix} \lambda_1 & 0 \\ 0 & \lambda_2 \end{pmatrix} = \begin{pmatrix} 2 & 0 \\ 0 & -2 \end{pmatrix}$$

und

$$V = [\mathbf{v}^1, \mathbf{v}^2] = \begin{pmatrix} 1 & 1 \\ 1 & -1 \end{pmatrix}$$

gilt $AV = VL$. Berechnet man V^{-1} z.B. durch Anwendung des simultanen Eliminationsverfahrens als

$$V^{-1} = \begin{pmatrix} \frac{1}{2} & \frac{1}{2} \\ \frac{1}{2} & -\frac{1}{2} \end{pmatrix}$$

kann man

$$A = VLV^{-1} = \begin{pmatrix} 1 & 1 \\ 1 & -1 \end{pmatrix} \begin{pmatrix} \lambda_1 & 0 \\ 0 & \lambda_2 \end{pmatrix} \begin{pmatrix} \frac{1}{2} & \frac{1}{2} \\ \frac{1}{2} & -\frac{1}{2} \end{pmatrix} = \begin{pmatrix} 1 & 1 \\ 1 & -1 \end{pmatrix} \begin{pmatrix} 2 & 0 \\ 0 & -2 \end{pmatrix} \begin{pmatrix} \frac{1}{2} & \frac{1}{2} \\ \frac{1}{2} & -\frac{1}{2} \end{pmatrix}$$

leicht durch Nachrechnen überprüfen. ∎

■ **Beispiel 8.4.12 — Fortsetzung von Beispiel 8.4.6.**

In Beispiel 8.4.6 bestimmten wir die Eigenwerte und Eigenvektoren der Matrix

$$M = \begin{pmatrix} 0.5 & 0.3 \\ 0.5 & 0.85 \end{pmatrix}$$

als $\lambda_1 = 0.25$, $\lambda_2 = 1.1$ und $\mathbf{v}^1 = (120, -100)^T$ und $\mathbf{v}^2 = (100, 200)^T$. Mit

$$L = \begin{pmatrix} 0.25 & 0 \\ 0 & 1.1 \end{pmatrix}$$

und

$$V = [\mathbf{v}^1, \mathbf{v}^2] = \begin{pmatrix} 120 & 100 \\ -100 & 200 \end{pmatrix}$$

gilt $MV = VL$. Berechnet man V^{-1} z.B. durch Anwendung des simultanen Eliminationsverfahrens als

$$V^{-1} = \begin{pmatrix} \frac{20}{3400} & -\frac{10}{3400} \\ \frac{10}{3400} & \frac{12}{3400} \end{pmatrix}$$

kann man $M = VLV^{-1}$ leicht durch Nachrechnen überprüfen. ∎

Der Nutzen des obigen Resultats steckt in der Berechnung von A^k. Kennt man Eigenwerte $\lambda_1, \dots, \lambda_n \in \mathbb{R}$ und linear unabhängige Eigenvektoren $\mathbf{v}^1, \dots, \mathbf{v}^n \in \mathbb{R}^n$ von A, dann kennt man mit Satz 8.4.4 Eigenwerte und Eigenvektoren für die k-te Potenz von A. Es gilt:

Satz 8.4.6 — Berechnung von Potenzen.

Hat $A \in \mathbb{R}^{n \times n}$ genau n linear unabhängige Eigenvektoren $\mathbf{v}^1, \dots, \mathbf{v}^n \in \mathbb{R}^n$ mit zugehörigen Eigenwerten $\lambda_1, \dots, \lambda_n \in \mathbb{R}$, dann gilt mit $V = [\mathbf{v}^1, \mathbf{v}^2, \dots, \mathbf{v}^n]$ für alle $k \in \mathbb{N}$:

$$A^k = V \begin{pmatrix} \lambda_1^k & 0 & \dots & 0 \\ 0 & \lambda_2^k & \dots & 0 \\ \vdots & \ddots & \ddots & 0 \\ 0 & \dots & \dots & \lambda_n^k \end{pmatrix} V^{-1}.$$

Diese Berechnung kann für große k effizienter sein als die mehrfache Matrizenmultiplikation. Wir demonstrieren dies am Beispiel.

■ **Beispiel 8.4.13 — Nachfrage in 10 Zeiteinheiten.**

In Beispiel 8.4.12 zeigten wir, dass

$$M = \begin{pmatrix} 0.5 & 0.3 \\ 0.5 & 0.85 \end{pmatrix} = \begin{pmatrix} 120 & 100 \\ -100 & 200 \end{pmatrix} \begin{pmatrix} 0.25 & 0 \\ 0 & 1.1 \end{pmatrix} \begin{pmatrix} \frac{20}{3400} & -\frac{10}{3400} \\ \frac{10}{3400} & \frac{12}{3400} \end{pmatrix}.$$

Wir nutzen dies nun zur Berechnung von

$$M^k = \begin{pmatrix} 0.5 & 0.3 \\ 0.5 & 0.85 \end{pmatrix}^k = \begin{pmatrix} 120 & 100 \\ -100 & 200 \end{pmatrix} \begin{pmatrix} 0.25^k & 0 \\ 0 & 1.1^k \end{pmatrix} \begin{pmatrix} \frac{20}{3400} & -\frac{10}{3400} \\ \frac{10}{3400} & \frac{12}{3400} \end{pmatrix}.$$

Unabhängig von k erhält man hier das Ergebnis nach nur zwei Matrizenmultiplikationen. Für $k = 10$ ergibt sich z.B.

$$M^{10} \approx \begin{pmatrix} 0.763 & 0.915 \\ 1.526 & 1.831 \end{pmatrix}.$$

Kaufen also auf dem Markt zur Zeit 1 1000 Kunden Produkt 1 und 1000 Kunden Produkt 2, kann man die Anzahl an Kunden, welche die Produkte 10 Zeiteinheiten später kaufen, wie folgt berechnen:

$$M^{10} \cdot \begin{pmatrix} 1000 \\ 1000 \end{pmatrix} \approx \begin{pmatrix} 0.763 \cdot 1000 + 0.915 \cdot 1000 \\ 1.526 \cdot 1000 + 1.831 \cdot 1000 \end{pmatrix} = \begin{pmatrix} 1678 \\ 3357 \end{pmatrix}.$$

Nach 10 Zeiteinheiten kaufen also 1678 Kunden Produkt 1 und 3357 Kunden Produkt 2. ∎

(Z) Ist A eine Matrix mit Eigenwerten $\lambda_1, \ldots, \lambda_n$, dann sind $\lambda_1^k, \ldots, \lambda_n^k$ Eigenwerte von A^k. Sei $A \in \mathbb{R}^{n \times n}$ mit n linear unabhängigen Eigenvektoren $\mathbf{v}^1, \ldots, \mathbf{v}^n \in \mathbb{R}^n$ und zugehörigen Eigenwerten $\lambda_1, \ldots, \lambda_n$, $V = [\mathbf{v}^1, \ldots, \mathbf{v}^n]$ die Matrix der Eigenvektoren, L die Diagonalmatrix mit Eigenwert λ_i in Spalte i von Zeile i und L^k die Diagonalmatrix mit λ_i^k in Spalte i von Zeile i. Dann gilt: $A = VLV^{-1}$ und $A^k = VL^kV^{-1}$.

8.4.4 Besonderheiten symmetrischer Matrizen (#)

Ziele dieses Unterkapitels

- Kann die Matrix der Eigenvektoren V stets so gewählt werden, dass V eine orthogonale Matrix ist?
- Welcher Zusammenhang besteht zwischen der Determinante und den Eigenwerten einer symmetrischen Matrix?

Symmetrische Matrizen der Ordnung n haben laut Satz 8.4.3 stets n linear unabhängige Eigenvektoren $\mathbf{v}^1, \ldots, \mathbf{v}^n \in \mathbb{R}^n$ zu Eigenwerten $\lambda_1, \ldots, \lambda_n \in \mathbb{R}$. Zudem haben sie eine besondere, leider jedoch wenig intuitive Eigenschaft: Eigenvektoren symmetrischer Matrizen können stets so gewählt werden, dass sie paarweise orthogonal sind. Normiert man diese Eigenvektoren, so ist $V = [\mathbf{v}^1, \mathbf{v}^2, \ldots, \mathbf{v}^n]$ orthogonal.

Satz 8.4.7 — Existenz orthogonaler Eigenvektoren.
Die n Eigenvektoren $\mathbf{v}^1, \ldots, \mathbf{v}^n \in \mathbb{R}^n$ einer (reellen) symmetrischen $n \times n$-Matrix A können so gewählt werden, dass die $n \times n$-Matrix V, die durch die Spaltenvektoren $\mathbf{v}^1, \ldots, \mathbf{v}^n \in \mathbb{R}^n$ gebildet wird, eine orthogonale Matrix ist.

■ **Beispiel 8.4.14 — Orthogonalität von Eigenvektoren.**
Die Eigenvektoren der symmetrischen Matrix

$$A = \begin{pmatrix} 0 & 2 \\ 2 & 0 \end{pmatrix},$$

$\mathbf{v}^1 = (1,1)^T$ und $\mathbf{v}^2 = (1,-1)^T$, sind orthogonal. Die Matrix

$$[\mathbf{v}^1, \mathbf{v}^2] = \begin{pmatrix} 1 & 1 \\ 1 & -1 \end{pmatrix}$$

ist jedoch nicht orthogonal, da die Länge der Eigenvektoren nicht 1 ist. Da mit $\mathbf{v}^1 = (1,1)^T$ jedoch auch $\frac{1}{\sqrt{2}}\mathbf{v}^1$ und mit $\mathbf{v}^2 = (1,-1)^T$ auch $\frac{1}{\sqrt{2}}\mathbf{v}^2$ Eigenvektoren sind, kann man V als

$$V = \frac{1}{\sqrt{2}}[\mathbf{v}^1, \mathbf{v}^2] = \begin{pmatrix} \frac{1}{\sqrt{2}} & \frac{1}{\sqrt{2}} \\ \frac{1}{\sqrt{2}} & -\frac{1}{\sqrt{2}} \end{pmatrix}$$

wählen und es gilt $AV = VL$. Da laut Satz 8.2.5 für die orthogonale Matrix V gilt, dass $V^{-1} = V^T$, ergibt sich

$$\begin{aligned} A = VLV^{-1} = VLV^T &= \begin{pmatrix} \frac{1}{\sqrt{2}} & \frac{1}{\sqrt{2}} \\ \frac{1}{\sqrt{2}} & -\frac{1}{\sqrt{2}} \end{pmatrix} \begin{pmatrix} 2 & 0 \\ 0 & -2 \end{pmatrix} \begin{pmatrix} \frac{1}{\sqrt{2}} & \frac{1}{\sqrt{2}} \\ \frac{1}{\sqrt{2}} & -\frac{1}{\sqrt{2}} \end{pmatrix} \\ &= \frac{1}{2} \begin{pmatrix} 1 & 1 \\ 1 & -1 \end{pmatrix} \begin{pmatrix} 2 & 0 \\ 0 & -2 \end{pmatrix} \begin{pmatrix} 1 & 1 \\ 1 & -1 \end{pmatrix}. \end{aligned}$$

$\blacksquare$

Auch im Falle der symmetrischen 3×3-Matrix D aus Beispiel 8.4.9 kann man V entsprechend wählen.

■ **Beispiel 8.4.15 — Eigenvektoren aus Beispiel 8.4.9.**
Für die symmetrische Matrix D aus Beispiel 8.4.9 hatte man mit dem Eigenwert 2 die Menge $\operatorname{lin}\left\{ \begin{pmatrix} -1 \\ -1 \\ -1 \end{pmatrix} \right\} \setminus \{\mathbf{0}\}$ an Eigenvektoren erhalten. Ein normierter Eigenvektor (der Länge 1) ist somit $\mathbf{v}^1 = \frac{1}{\sqrt{3}} \begin{pmatrix} 1 \\ 1 \\ 1 \end{pmatrix}$.

Zum Eigenwert -1 hatten wir die Menge $\operatorname{lin}\left\{ \begin{pmatrix} 1 \\ -1 \\ 0 \end{pmatrix}, \begin{pmatrix} 1 \\ 0 \\ -1 \end{pmatrix} \right\} \setminus \{\mathbf{0}\}$ an Eigenvektoren erhalten. Da

$$\frac{1}{\sqrt{3}} \begin{pmatrix} 1 \\ 1 \\ 1 \end{pmatrix}^T \begin{pmatrix} 1 \\ -1 \\ 0 \end{pmatrix} = \frac{1}{\sqrt{3}} - \frac{1}{\sqrt{3}} = 0,$$

sind die Vektoren $\mathbf{v}^1$ und $\begin{pmatrix} 1 \\ -1 \\ 0 \end{pmatrix}$ orthogonal. Normieren wir den zweiten Vektor auf die Länge 1, ergibt sich ein Eigenvektor $\mathbf{v}^2 = \frac{1}{\sqrt{2}} \begin{pmatrix} 1 \\ -1 \\ 0 \end{pmatrix}$ zum Eigenwert -1. Der Vektor $\begin{pmatrix} 1 \\ 0 \\ -1 \end{pmatrix}$ ist zwar orthogonal zu $\mathbf{v}^1$, aber nicht zu $\mathbf{v}^2$.

Laut Satz 8.4.7 muss jedoch ein Vektor $\mathbf{v}^3 \in \text{lin}\left\{\begin{pmatrix} 1 \\ -1 \\ 0 \end{pmatrix}, \begin{pmatrix} 1 \\ 0 \\ -1 \end{pmatrix}\right\} \setminus \{\mathbf{0}\}$, also eine

Linearkombination

$$\mathbf{v}^3 = \alpha_1 \begin{pmatrix} 1 \\ -1 \\ 0 \end{pmatrix} + \alpha_2 \begin{pmatrix} 1 \\ 0 \\ -1 \end{pmatrix}$$

existieren, so dass $(\mathbf{v}^3)^T \mathbf{v}^1 = (\mathbf{v}^3)^T \mathbf{v}^2 = 0$ und $\|\mathbf{v}^3\| = 1$. In der Tat ergibt sich mit $\alpha_1 =$

$-\frac{1}{\sqrt{6}}$ und $\alpha_2 = \frac{2}{\sqrt{6}}$ ein solcher Eigenvektor $\mathbf{v}^3 = \frac{1}{\sqrt{6}} \begin{pmatrix} 1 \\ 1 \\ -2 \end{pmatrix}$ zum Eigenwert -1.

Mit

$$V = \begin{pmatrix} \frac{1}{\sqrt{3}} & \frac{1}{\sqrt{2}} & \frac{1}{\sqrt{6}} \\ \frac{1}{\sqrt{3}} & -\frac{1}{\sqrt{2}} & \frac{1}{\sqrt{6}} \\ \frac{1}{\sqrt{3}} & 0 & -\frac{2}{\sqrt{6}} \end{pmatrix} \quad \text{und} \quad L = \begin{pmatrix} 2 & 0 & 0 \\ 0 & -1 & 0 \\ 0 & 0 & -1 \end{pmatrix}$$

gilt wieder $D = VLV^{-1} = VLV^T$, da V orthogonal ist.   ∎

Verdeutlicht man sich die geometrische Interpretation dieser Aussage, gibt es also bei einer symmetrischen Matrix stets n Eigenvektoren zu Eigenwerten $\lambda_1, \ldots, \lambda_n$, die senkrecht zueinander stehen und die Länge 1 haben. Im Fall $n = 2$ spannen die Spaltenvektoren von V ein Quadrat mit Flächeninhalt 1 auf, im Fall $n = 3$ einen Würfel mit Volumen 1. Die orthogonale Matrix V hat stets eine Determinante von 1 oder -1. Da das Bild von Eigenvektoren stets in ihrer eigenen linearen Hülle liegt, sind die Bilder orthogonaler Eigenvektoren ebenfalls wieder orthogonal. Im Fall $n = 2$ wird ein Quadrat also auf ein Rechteck abgebildet, vgl. Abbildung 8.28, im Fall $n = 3$ ein Würfel auf einen Quader, u.s.w. Der Inhalt bzw. das Volumen von 1 wird zu einem Volumen von $|\lambda_1 \lambda_2|$ bzw. $|\lambda_1 \lambda_2 \lambda_3|$.

> **Satz 8.4.8 — Zusammenhang zwischen Determinante und Eigenwerten.**
> Sei A eine symmetrische $n \times n$-Matrix mit Eigenwerten $\lambda_1, \ldots, \lambda_n \in \mathbb{R}$. Dann gilt:
>
> $$\det(A) = \lambda_1 \cdot \ldots \cdot \lambda_n = \prod_{i=1}^{n} \lambda_i.$$

Beispielsweise ist die Determinante der Matrix A mit Eigenwerten 2 und -2 gleich $\det(A) = 2 \cdot (-2) = -4$. Die Determinante der Matrix D mit Eigenwerten 2, -1 und -1 ist $\det(D) = 2 \cdot (-1) \cdot (-1) = 2$. Nicht-symmetrische Matrizen haben in der Regel keine orthogonalen Eigenvektoren.

■ **Beispiel 8.4.16 — Orthogonalität von Eigenvektoren.**
Die Matrix

$$B = \begin{pmatrix} 6 & 2 & 3 \\ 0 & 4 & 1 \\ 0 & 0 & 3 \end{pmatrix}$$

hat Eigenwerte 6, 4 und 3 und laut Satz 8.3.3 als Matrix in Zeilenstufenform eine Determinante von $\det(B) = 6 \cdot 4 \cdot 3 = 72$. Die Determinante entspricht hier also dem Produkt der Eigenwerte, obwohl die Matrix nicht symmetrisch ist.[13] Die Eigenvektoren der nicht-

---

[13]   In der Tat gilt Satz 8.4.8 ganz allgemein für alle $n \times n$-Matrizen mit n unabhängigen Eigenvektoren.

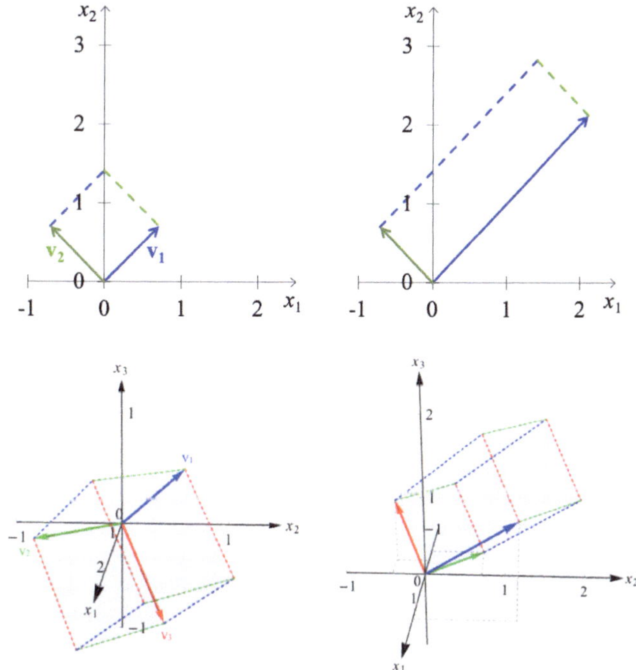

Abbildung 8.28: Orthogonale Eigenvektoren von symmetrischen Matrizen und deren Bilder

symmetrischen Matrix B können jedoch nicht so gewählt werden, dass sie orthogonal sind:

Alle Eigenvektoren zum Eigenwert 6 haben die Form $\mathbf{v}^1 = \alpha_1 \begin{pmatrix} 1 \\ 0 \\ 0 \end{pmatrix}$ mit $\alpha_1 \in \mathbb{R}, \; \alpha_1 \neq 0$,

alle Eigenvektoren zum Eigenwert 4 haben die Form $\mathbf{v}^2 = \alpha_2 \begin{pmatrix} 1 \\ -1 \\ 0 \end{pmatrix}$ mit $\alpha_2 \in \mathbb{R}, \; \alpha_2 \neq 0$.

Das Skalarprodukt ist also stets

$$\left(\mathbf{v}^1\right)^T \mathbf{v}^2 = \alpha_1 \alpha_2 \neq 0.$$ ∎

Ist A eine symmetrische $n \times n$-Matrix mit Eigenvektoren $\mathbf{v}^1, \ldots, \mathbf{v}^n$ und zugehörigen Eigenwerten $\lambda_1, \ldots, \lambda_n$, dann

- kann die Matrix der Eigenvektoren V von A stets so gewählt werden, dass V eine orthogonale Matrix ist. (Nicht-symmetrische Matrizen haben in der Regel keine orthogonalen Eigenvektoren.)
- gilt $\det(A) = \lambda_1 \cdot \lambda_2 \cdots \lambda_n$.

8.5 Rückblick und weitere Literatur

Eine Funktion, welche den Vektor $\mathbf{x}$ auf das Ergebnis der Matrixmultiplikation $A\mathbf{x}$ abbildet, nennt man lineare Abbildung. Die Funktion ist somit durch ihre Abbildungsmatrix A eindeutig beschrieben. Hat die Abbildungsmatrix vollen Rang, so ist die lineare Abbildung umkehrbar. Die Umkehrfunktion hat die Abbildungsmatrix A^{-1}.

Ob eine quadratische Matrix vollen Rang hat und damit umkehrbar ist, kann unter anderem mit Hilfe der Determinante der Matrix entschieden werden. Denn diese ist genau dann ungleich 0, wenn die Matrix vollen Rang hat. Determinanten können im Fall einer 2×2 Matrix, vgl. Abbildung 8.29, oder einer 3×3 Matrix einfach mit Hilfe einer Formel berechnet werden. Determinanten größerer Matrizen müssen in der Regel schrittweise berechnet werden.

Abbildung 8.29: Determinanten von Matrizen mit ausschließlich positiven Elementen können negativ sein

In der Regel werden Vektoren durch eine lineare Abbildung auf Vektoren abgebildet, welche in andere Richtungen zeigen als ihr Urbild. Vektoren, deren Bild in die betragsmäßig gleiche Richtung zeigt, nennt man Eigenvektoren. Für diese Eigenvektoren $\mathbf{v}$ gibt es also ein $\lambda \in \mathbb{R}$, so dass $A\mathbf{v} = \lambda \mathbf{v}$ gilt. Den Wert λ nennt man den Eigenwert von $\mathbf{v}$. Eigenwerte sind Nullstellen von $\det(A - \lambda I)$. Hat man die Eigenwerte einer Matrix gefunden, kann man dann die zugehörigen Eigenvektoren als Lösungen des homogenen linearen Gleichungssystems $(A - \lambda I)\mathbf{v} = \mathbf{0}$ bestimmen, wobei die Lösung $\mathbf{0}$ definitionsgemäß kein Eigenvektor ist.

Lineare Abbildungen werden in Opitz et al. (2017, Kapitel 18) und Merz und Wüthrich (2013, Kapitel 8.1) eingeführt. Merz und Wüthrich (2013, Kapitel 8.4) diskutieren den Zusammenhang zwischen linearen Abbildungen, Matrizen und linearen Gleichungssystemen ausführlich. In Strang (2003, Kapitel 7.1-7.2) werden lineare Abbildungen erst nach der Behandlung von Determinanten und Eigenwerten besprochen.

Determinanten werden ausführlich in (Dietz , 2012, Kapitel 20.1-20.4) eingeführt und ihre Berechnung veranschaulicht. In (Dietz , 2012, Kapitel 20.6) werden einige Eigenschaften diskutiert. Auch in Opitz et al. (2017, Kapitel 19) finden sich diese Informationen. Obwohl der Inhalt von Strang (2003, Kapitel 5) deutlich über den hier besprochenen Stoff hinausgeht, ist dieses Kapitel uneingeschränkt empfehlenswert.

Eigenwerte und Eigenvektoren werden in (Dietz , 2012, Kapitel 20.9-20.10) und Opitz et al. (2017, Kapitel 20) diskutiert. Auch in Merz und Wüthrich (2013, Kapitel 10.1) wird in das Thema eingeführt. Am ausführlichsten wird auch dieses Thema in Strang (2003, Kapitel 8.1) dargestellt.

8.6 Beweise

Beweis von Satz 8.1.1: Einen Beweis für die Implikation findet man in Kall (1984, Satz 2.13) und für die Umkehrung in Kall (1984, Seiten 79-80). ∎

Beweis von Satz 8.1.2: Die Identität ist gemäß Definition 8.1.1 eine lineare Abbildung. Die Gleichung $I\mathbf{x} = \mathbf{x}$ folgt aus Satz 6.5.2. ∎

Beweis von Satz 8.1.3: Einen Beweis dieser Aussagen findet man in Kall (1984, Seiten 79-80), Kall (1984, Satz 2.11) und Kall (1984, Satz 2.12). ∎

Beweis von Satz 8.1.4 $(*)$: Jedes Element $\mathbf{y} \in f(\mathbb{R}^n)$ kann per Definition als $\mathbf{y} = A\mathbf{x} = \sum_{j=1}^n x_j \mathbf{a}^j \in \lin\{\mathbf{a}^1,\ldots,\mathbf{a}^n\}$ geschrieben werden. Also gilt $f(\mathbb{R}^n) \subseteq \lin\{\mathbf{a}^1,\ldots,\mathbf{a}^n\}$. Umgekehrt ist jedes Element $\mathbf{y} \in \lin\{\mathbf{a}^1,\ldots,\mathbf{a}^n\}$ eine Linearkombination $\mathbf{y} = \sum_{j=1}^n \alpha_j \mathbf{a}^j = A \cdot (\alpha_1,\ldots,\alpha_n)^T$ und damit das Resultat einer Matrix-Vektor-Multiplikation $A \cdot \mathbf{x}$ mit $\mathbf{x} = (\alpha_1,\ldots,\alpha_n)^T$, also ist $\mathbf{y}$ ein Element von $f(\mathbb{R}^n)$. Damit gilt $\lin\{\mathbf{a}^1,\ldots,\mathbf{a}^n\} \subseteq f(\mathbb{R}^n)$. Zusammenfassend gilt somit $f(\mathbb{R}^n) = \lin\{\mathbf{a}^1,\ldots,\mathbf{a}^n\}$.

Da $f(\mathbb{R}^n) = \lin\{\mathbf{a}^1,\ldots,\mathbf{a}^n\}$ gilt, ist $\dim(f(\mathbb{R}^n)) = \dim(\lin\{\mathbf{a}^1,\ldots,\mathbf{a}^n\})$. Da die maximale Anzahl unabhängiger Spaltenvektoren aus der Menge $\{\mathbf{a}^1,\ldots,\mathbf{a}^n\}$ gleich dem Rang von A ist, folgt zudem $\dim(f(\mathbb{R}^n)) = \rang(A)$. ∎

Beweis von Satz 8.1.5 $(*)$: Die Aussagen über die Surjektivität, Injektivität und Bijektivität folgen direkt aus den Ausführungen oben. Die Bijektivität garantiert die Existenz einer Umkehrfunktion $f^{-1} : \mathbb{R}^m \to \mathbb{R}^n$. Es bleibt zu begründen, warum diese Umkehrfunktion f^{-1} eine lineare Abbildung ist. Gemäß Satz 8.1.1 genügt es, die Eigenschaft $f^{-1}(\alpha_1 \mathbf{y}^1 + \alpha_2 \mathbf{y}^2) = \alpha_1 f^{-1}(\mathbf{y}^1) + \alpha_2 f^{-1}(\mathbf{y}^2)$ für alle $\alpha_1, \alpha_2 \in \mathbb{R}$ und $\mathbf{y}^1, \mathbf{y}^2 \in \mathbb{R}^m$ zu überprüfen. Es seien $\mathbf{x}^1, \mathbf{x}^2 \in \mathbb{R}^n$ so dass $f(\mathbf{x}^1) = \mathbf{y}^1$ und $f(\mathbf{x}^2) = \mathbf{y}^2$. Da f bijektiv mit Umkehrfunktion f^{-1} ist, gilt somit $\mathbf{x}^1 = f^{-1}(\mathbf{y}^1)$ und $\mathbf{x}^2 = f^{-1}(\mathbf{y}^2)$.

Aus der Linearität von f folgt $f(\alpha_1 \mathbf{x}^1 + \alpha_2 \mathbf{x}^2) = \alpha_1 f(\mathbf{x}^1) + \alpha_2 f(\mathbf{x}^2) = \alpha_1 \mathbf{y}^1 + \alpha_2 \mathbf{y}^2$. Wendet man die Umkehrfunktion auf beiden Seiten dieser Gleichung an, ergibt sich $\alpha_1 \mathbf{x}^1 + \alpha_2 \mathbf{x}^2 = f^{-1}(\alpha_1 \mathbf{y}^1 + \alpha_2 \mathbf{y}^2)$. Setzt man $\mathbf{x}^1 = f^{-1}(\mathbf{y}^1)$ und $\mathbf{x}^2 = f^{-1}(\mathbf{y}^2)$ ein, erhält man $f^{-1}(\alpha_1 \mathbf{y}^1 + \alpha_2 \mathbf{y}^2) = \alpha_1 \mathbf{x}^1 + \alpha_2 \mathbf{x}^2 = \alpha_1 f^{-1}(\mathbf{y}^1) + \alpha_2 f^{-1}(\mathbf{y}^2)$. Also ist f^{-1} linear. ∎

Beweis von Satz 8.2.1: Wir zeigen zunächst, dass für gegebene, invertierbare Matrix A das lineare Gleichungssystem eine Lösungsmenge mit nur einem Element hat und damit eindeutig lösbar ist: Ist A invertierbar, d.h. existiert eine Matrix A^{-1} mit $A \cdot A^{-1} = I$, dann ist für jedes $\mathbf{b}$ eine Lösung des LGS gleich $\mathbf{x} = A^{-1}\mathbf{b}$. Denn es gilt:

$$A\mathbf{x} = A \cdot A^{-1}\mathbf{b} = I\mathbf{b} = \mathbf{b}.$$

Gemäß folgendem Satz 8.2.2 gilt $\rang(A) = n$. Aus Satz 7.4.5 folgt, dass die Lösungsmenge die Dimension $n - n = 0$ hat. Also ist die Lösungsmenge ein Punkt, d.h. sie hat nur ein Element.

Wir zeigen nun die Umkehrung: Wenn das parametrische LGS $A\mathbf{x} = \mathbf{b}$ für beliebige $\mathbf{b}$ eindeutig lösbar ist, die Lösungsmenge also für jedes $\mathbf{b}$ die Dimension 0 hat, dann muss gemäß Satz 7.4.5 die Matrix vollen Rang haben, $\text{rang}(A) = n$. Mit folgendem Satz 8.2.2 folgt die Invertierbarkeit von A. ∎

Beweis von Satz 8.2.2: Einen Beweis findet man in Kall (1984, Satz 2.18) und Kall (1984, Lemma 2.17). ∎

Beweis von Satz 8.2.3: Der Satz folgt direkt aus den Überlegungen oben und Satz 8.2.1. ∎

Beweis von Satz 8.2.4: Punkt i. folgt direkt aus $f(f^{-1}(\mathbf{x})) = f^{-1}(f(\mathbf{x})) = \mathbf{x}$, vgl. Satz 3.2.2. Punkt ii. ergibt sich aus der Definition der Inversen von A^{-1}, also $(A^{-1})^{-1}$, und den Rechenregeln der Multiplikation von Matrizen, Satz 6.5.2:

$$A^{-1}(A^{-1})^{-1} = I$$
$$AA^{-1}(A^{-1})^{-1} = A\,I$$
$$\underbrace{(AA^{-1})}_{I}(A^{-1})^{-1} = A$$
$$(A^{-1})^{-1} = A.$$

Punkt iii. ergibt sich ebenfalls aus den Rechenregeln der Multiplikation von Matrizen, Satz 6.5.2, und der Definition der Inversen von A^T. Multipliziert man A^T mit $(A^{-1})^T$, ergibt sich unter Anwendung von Satz 6.5.2.

$$A^T(A^{-1})^T = (A^{-1}A)^T = I.$$

Damit muss laut Definition $(A^{-1})^T$ die Inverse von A^T sein, also

$$(A^T)^{-1} = (A^{-1})^T.$$

Punkt iv. zeigt man ebenso mithilfe der Rechenregeln der Multiplikation:

$$(\alpha A)(\tfrac{1}{\alpha}A^{-1}) = \alpha\tfrac{1}{\alpha}AA^{-1} = AA^{-1} = I.$$

Also ist laut Definition $\tfrac{1}{\alpha}A^{-1}$ die Inverse von αA.
Punkt v. kann man ebenfalls mithilfe der Rechenregeln zeigen. Es gilt

$$(AB)(B^{-1}A^{-1}) = A(BB^{-1})A^{-1} = AIA^{-1} = AA^{-1} = I.$$

Damit ist $B^{-1}A^{-1}$ die Inverse von AB, also

$$(AB)^{-1} = B^{-1}A^{-1}.$$ ∎

Beweis von Satz 8.2.5: Die erste Äquivalenz folgt direkt aus Definition 8.2.3 einer orthogonalen Matrix. Die zweite Äquivalenz wurde im Text gezeigt. Die dritte Äquivalenz ergibt sich aus Satz 8.2.4. Aus ihm folgt $AA^{-1} = A^{-1}A$. Mit der ersten Äquivalenz $A^T = A^{-1}$ entspricht dies $AA^T = A^TA$. Mit A ist also auch A^T orthogonal und umgekehrt. Die vierte Äquivalenz ergibt sich aus der zweiten und der dritten Äquivalenz und der Tatsache, dass die Spaltenvektoren von A genau die Zeilenvektoren von A^T sind. ∎

Beweis von Satz 8.3.1:
Teil i:

$$\det \begin{pmatrix} a_{12} & a_{11} \\ a_{22} & a_{21} \end{pmatrix} = a_{21}a_{12} - a_{11}a_{22} = -\det(A).$$

Teil ii: Es gilt

$$\det \begin{pmatrix} \alpha a_{11} & a_{12} \\ \alpha a_{21} & a_{22} \end{pmatrix} = \alpha a_{11}a_{22} - \alpha a_{12}a_{21} = \alpha \det(A)$$

und

$$\det \begin{pmatrix} a_{11} & \alpha a_{12} \\ a_{21} & \alpha a_{22} \end{pmatrix} = \alpha a_{11}a_{22} - \alpha a_{12}a_{21} = \alpha \det(A).$$

Teil iii. ergibt sich direkt aus

$$\det \begin{pmatrix} a_{11} & a_{12} \\ 0 & a_{22} \end{pmatrix} = a_{22}a_{11} - a_{12}\cdot 0 = a_{22}a_{11}.$$

Teil iv: Der Rang von A ist kleiner als 2, wenn es ein $\alpha \in \mathbb{R}$ gibt, so dass $\mathbf{a}^2 = \alpha \mathbf{a}^1$ oder $\mathbf{a}^1 = \mathbf{0}$. Im ersten Fall ergibt sich

$$\det \begin{pmatrix} a_{11} & \alpha a_{11} \\ a_{21} & \alpha a_{21} \end{pmatrix} = a_{11}\alpha a_{21} - \alpha a_{11}a_{21} = 0.$$

Im zweiten Fall ergibt sich

$$\det \begin{pmatrix} 0 & a_{12} \\ 0 & a_{22} \end{pmatrix} = 0\cdot a_{22} - a_{12}\cdot 0 = 0.$$

Ist umgekehrt die Determinante gleich 0, so muss $a_{11}a_{22} = a_{12}a_{21}$ gelten. Falls eine dieser vier Werte gleich 0 ist, muss auf der anderen Seite der Gleichung auch mindestens ein Wert gleich 0 sein. In diesem Fall hat die Matrix dann eine Nullzeile oder Nullspalte. Sind alle vier Zahlen ungleich 0, kann die Gleichung zu $\frac{a_{22}}{a_{21}} = \frac{a_{12}}{a_{11}}$ umgeformt werden. In diesem Fall ist $\mathbf{a}^2$ also ein Vielfaches von $\mathbf{a}^1$. ∎

Beweis von Satz 8.3.2: Einen Beweis findet man in Kall (1984, Satz 3.16). ∎

Beweis von Satz 8.3.3: Einen Beweis findet man in Kall (1984, Satz 3.14, Satz 3.15). ∎

Beweis von Satz 8.3.4: Die Aussage folgt sofort aus Satz 8.3.3, Teil ii, indem man α aus jeder Spalte ausklammert. ∎

Beweis von Satz 8.3.5: Die Kombination von Sätzen 8.2.1, 8.2.2 und 8.3.3 iv. ergibt folgende Äquivalenzen: $A\mathbf{x} = \mathbf{b}$ ist für alle $\mathbf{b}$ eindeutig lösbar
$\Leftrightarrow A$ ist invertierbar $\Leftrightarrow A$ ist regulär, also rang$(A) = n \Leftrightarrow \det(A) \neq 0$. ∎

Beweis von Satz 8.3.6: Einen Beweis findet man in Forster (1984b, Satz 4, Kapitel 4). ∎

Beweis von Satz 8.3.7: Einen Beweis findet man in Kall (1984, Satz 3.15). ∎

Beweis von Satz 8.3.8: Einen Beweis findet man in Kall (1984, Satz 3.14, Satz 3.15). ∎

Beweis von Satz 8.4.1: Ist $\mathbf{v}$ ein Eigenvektor zum Eigenwert λ, gilt definitionsgemäß $A\mathbf{v} = \lambda\mathbf{v}$. Nach Satz 6.5.2 gilt $A(\alpha\mathbf{v}) = \alpha A\mathbf{v}$ und damit $A(\alpha\mathbf{v}) = \alpha\lambda\mathbf{v} = \lambda\alpha\mathbf{v}$. Somit ist $\alpha\mathbf{v}$ ebenfalls Eigenvektor zum Eigenwert λ. ∎

Beweis von Satz 8.4.2: Laut Definition 8.4.1 ist $\mathbf{v}$ ein Eigenvektor zum Eigenwert λ, wenn

$$A\mathbf{v} = \lambda\mathbf{v} \quad \text{und} \quad \mathbf{v} \neq \mathbf{0}.$$

Auf der linken Seite dieser Gleichung wird eine Matrix mit einem Vektor multipliziert, auf der rechten Seite wird der Vektor $\mathbf{v}$ um den Faktor λ gestreckt bzw. gestaucht, also eine skalare Multiplikation ausgeführt. Es folgt

$$A\mathbf{v} = \lambda\mathbf{v} = \lambda I\mathbf{v} \quad \Leftrightarrow \quad A\mathbf{v} - \lambda I\mathbf{v} = \mathbf{0} \quad \Leftrightarrow \quad (A - \lambda I)\mathbf{v} = \mathbf{0}.$$

Ist die Matrix $(A - \lambda I)$ regulär, so hat dieses homogene LGS mit Variablen $\mathbf{v}$ genau eine Lösung, nämlich $\mathbf{0}$. Diese Lösung stellt jedoch definitionsgemäß keinen Eigenvektor dar. Das homogene LGS hat genau dann von $\mathbf{0}$ verschiedene Lösungen, wenn die Matrix $(A - \lambda I)$ singulär ist, also wenn $\det(A - \lambda I) = 0$, vgl. Satz 8.3.5. Für festes λ hat das homogene LGS $(A - \lambda I)\mathbf{v} = \mathbf{0}$ also genau dann eine Lösung $\mathbf{v} \neq \mathbf{0}$, wenn $\det(A - \lambda I) = 0$. $\lambda \in \mathbb{R}$ ist also genau dann ein (reeller) Eigenwert von A, wenn $\det(A - \lambda I) = 0$. ∎

Beweis von Satz 8.4.3: Einen Beweis findet man in Kall (1984, Satz 3.24). ∎

Beweis von Satz 8.4.4: Die Behauptung folgt direkt, indem man A k-mal auf den Eigenvektor $\mathbf{v}$ anwendet,

$$A^k\mathbf{v} = A^{k-1}(A\mathbf{v}) = A^{k-1}(\lambda\mathbf{v}) = \lambda A^{k-1}\mathbf{v} = \cdots = \lambda^k\mathbf{v}.$$ ∎

Beweis von Satz 8.4.5: Da die Eigenvektoren unabhängig sind, hat V vollen Rang und ist damit invertierbar. Obige Überlegungen beweisen die Gleichung $AV = VL$. Multipliziert man diese Gleichung von rechts mit V^{-1}, folgt $A = VLV^{-1}$. ∎

Beweis von Satz 8.4.6: Mit $A = VLV^{-1}$ ergibt sich

$$\begin{aligned}
A^k &= \underbrace{A \cdot A \cdot A \cdots \cdot A}_{k\ \text{mal}} \\
&= VL\underbrace{V^{-1} \cdot V}_{=I}L\underbrace{V^{-1} \cdot V}_{=I}LV^{-1} \cdots \cdot VLV^{-1} \\
&= VL \cdot L \cdot L \cdots LV^{-1} = VL^k V^{-1}.
\end{aligned}$$

Da L nur Elemente auf der Hauptdiagonalen hat, ergibt L^k eine Matrix, die ebenfalls nur Elemente auf der Hauptdiagonalen hat. Durch Nachrechnen kann man zeigen, dass das i-te Element der Hauptdiagonalen von L^k dem Wert λ_i^k entspricht. ∎

Beweis von Satz 8.4.7: Einen Beweis findet man in Kall (1984, Korollar 3.25). ∎

Beweis von Satz 8.4.8: Ein Beweis folgt aus Kall (1984, Korollar 3.25) und den Rechenregeln für Determinanten in Kall (1984, Satz 3.15). ∎

8.7 **Literaturverzeichnis**

Dietz, H. M., *Mathematik für Wirtschaftswissenschaftler*, Springer Berlin Heidelberg, 5. Auflage, 2012

Forster, O., *Analysis 3, Integralrechnung im $\mathbb{R}^n$ mit Anwendungen*, Friedrich Vieweg Sohn, Braunschweig, 3. Auflage, 1984

Kall, P., *Lineare Algebra für Ökonomen*, Teubner Studienbücher Mathematik, Stuttgart, 1. Auflage, 1984

Merz, M. und Wüthrich, M.V., *Mathematik für Wirtschaftswissenschaftler: Die Einführung mit vielen ökonomischen Beispielen*, Vahlen, 1. Auflage, 2013

Opitz, O., Etschberger, S., Burkart, W., und Klein, R., *Mathematik - Lehrbuch: für das Studium der Wirtschaftswissenschaften*, De Gruyter Studium, 12. Auflage, 2017

Strang, G., *Lineare Algebra*, Springer Berlin Heidelberg, 1. Auflage, 2003

Open Access Dieses Kapitel wird unter der Creative Commons Namensnennung 4.0 International Lizenz (http://creativecommons.org/licenses/by/4.0/deed.de) veröffentlicht, welche die Nutzung, Vervielfältigung, Bearbeitung, Verbreitung und Wiedergabe in jeglichem Medium und Format erlaubt, sofern Sie den/die ursprünglichen Autor(en) und die Quelle ordnungsgemäß nennen, einen Link zur Creative Commons Lizenz beifügen und angeben, ob Änderungen vorgenommen wurden.

Die in diesem Kapitel enthaltenen Bilder und sonstiges Drittmaterial unterliegen ebenfalls der genannten Creative Commons Lizenz, sofern sich aus der Abbildungslegende nichts anderes ergibt. Sofern das betreffende Material nicht unter der genannten Creative Commons Lizenz steht und die betreffende Handlung nicht nach gesetzlichen Vorschriften erlaubt ist, ist für die oben aufgeführten Weiterverwendungen des Materials die Einwilligung des jeweiligen Rechteinhabers einzuholen.

9. Reelle Funktionen in mehreren Variabler

Kapitel 3 führte Funktionen allgemein ein. Kapitel 5 diskutierte dann reelle Funktionen, die eine reelle Zahl auf eine andere reelle Zahl abbilden. Kapitel 8 behandelte lineare Funktionen, die einen Vektor auf sein Produkt mit einer Matrix, also einen anderen Vektor, abbilden. In diesem Kapitel werden wir nun Funktionen betrachten, die einen Vektor auf eine reelle Zahl abbilden.

9.1 Grundlagen

In den Wirtschaftswissenschaften gibt es nur wenige Größen, welche nur von einer Einflussgröße abhängen. Wenn C den Konsum einer ganzen Volkswirtschaft darstellt, hängt dieser unter anderem von den Preisen verschiedener Konsumgüter und den Einkommen der verschiedenen Haushalte ab. Die Nachfrage nach einem Produkt hängt in der Regel unter anderem vom Preis des Produkts, dem Preisindex (gemittelt über alle Waren) und der Qualität des Produkts ab.

Funktionen, die einen Vektor auf eine reelle Zahl abbilden, werden reellwertige oder reelle Funktionen in n Variablen genannt. Im Fließtext werden wir diese Funktionen manchmal auch als reelle Funktionen in mehreren Variablen bezeichnen. Die meisten Definitionen und Ergebnisse in diesem Abschnitt stellen Erweiterungen der in Kapitel 5 diskutierten Konzepte dar.

9.1.1 Definition

Ziele dieses Unterkapitels
- Was ist eine reelle Funktion in **n** Variablen?
- Was versteht man unter einer affin-linearen, einer quadratischen, einer Cobb-Douglas und einer Leontief Funktion in n Variablen?

© Der/die Autor(en) 2026
C. Barz, *Mathematik für Wirtschaftswissenschaftler*,
https://doi.org/10.1007/978-3-658-50521-9_10

> **Definition 9.1.1 — Reelle Funktion in n Variablen.**
> Seien $D \subseteq \mathbb{R}^n$, $Z \subseteq \mathbb{R}$. Dann heißt eine Funktion
>
> $$f : D \to Z \quad \text{mit} \quad \mathbf{x} \mapsto f(\mathbf{x})$$
>
> **reellwertige Funktion in n (unabhängigen reellen) Variablen** oder kurz **reelle Funktion in n Variablen**.

$f(D)$ heißt auch im Fall einer reellen Funktion in n Variablen Bild von D unter f oder Wertebereich von f.

Setzt man in die Abbildungsvorschrift einer reellen Funktion in n Variablen einen Spaltenvektor $\mathbf{x}$ ein, ergeben sich wie schon bei den linearen Abbildungen doppelte Klammern. Beispielsweise ergibt Einsetzen von $\mathbf{x} = \begin{pmatrix} 1 \\ 3 \end{pmatrix}$ in die Funktion f den Ausdruck $f(\begin{pmatrix} 1 \\ 3 \end{pmatrix})$. Um dies zu vermeiden, schreibt man auch $f\begin{pmatrix} 1 \\ 3 \end{pmatrix}$ oder $f(1,3)$.[1]

Wie schon im Fall einer reellen Funktion in einer Variablen kann man reelle Funktionen in n Variablen nur durch ihre Abbildungsvorschrift charakterisieren. Werden der Definitionsbereich und die Zielmenge nicht spezifiziert, ist hier stets der natürliche Definitionsbereich, d.h. die Menge aller $\mathbf{x} \in \mathbb{R}^n$, für welche die Abbildungsvorschrift definiert ist, und der zugehörige Wertebereich als Zielmenge anzunehmen.[2] Um klarzustellen, wie viele Komponenten das Argument hat, ist es jedoch oft hilfreich, den Definitionsbereich explizit anzugeben.

■ **Beispiel 9.1.1 — Reelle Funktionen in n Variablen.**
Modelliert man einen Konsumenten, der zwei Produkte P1 und P2 als Komplemente ansieht, wobei jeweils eine Mengeneinheit von P1 gemeinsam mit zwei Mengeneinheiten von P2 konsumiert wird, kann man den Nutzen aus x_1 Einheiten von P1 und x_2 Einheiten von P2 als Funktion $f : \mathbb{R}^2 \to \mathbb{R}$ mit

$$f(\mathbf{x}) = \min\left\{ x_1, \frac{1}{2}x_2 \right\}$$

modellieren. Ebenso kann diese Funktion die maximale Produktionsmenge wiedergeben, wenn für die Produktion einer Einheit jeweils eine Mengeneinheit von P1 und zwei Mengeneinheiten von P2 benötigt werden und x_1 Einheiten von P1 und x_2 Einheiten von P2 zur Verfügung stehen. Funktionen dieses Typs, bei denen das Minimum von Vielfachen mehrerer Variablen gebildet wird, nennt man auch Leontief-Funktionen.

Auch die Funktion $f : (0, +\infty)^2 \to \mathbb{R}$ mit

$$f(\mathbf{x}) = \max\{x_1 x_2 - 1, 0\}$$

ist eine reelle Funktion in 2 Variablen, aber keine Leontief-Funktion.

Aus der Volkswirtschaftslehre kennen Sie sicher auch Cobb-Douglas-Nutzenfunktionen wie z.B. $f : (0, +\infty)^2 \to \mathbb{R}$ mit

$$f(\mathbf{x}) = x_1^{0.8} x_2^{0.2}.$$

Damit handelt es sich ebenfalls um eine reelle Funktion in 2 Variablen.   ■

---

[1]   Derartige Schreibweisen werden auch oft im Kontext linearer Abbildungen verwendet. Wir haben in Kapitel 8 bewusst auf diese Schreibweise verzichtet, um zu verdeutlichen, dass die Argumente $\mathbf{x}$ Spaltenvektoren darstellen.

[2]   Der Definitionsbereich ist dabei stets als eine Teilmenge des $\mathbb{R}^n$ zu wählen, wobei n der Anzahl der verwendeten Variablen entspricht.

■ Beispiel 9.1.2 — Lineare und quadratische Funktionen in n Variablen.
In Kapitel 8 behandelten wir lineare Abbildungen, welche Vektoren aus dem $\mathbb{R}^n$ auf Vektoren des $\mathbb{R}^m$ abbilden. Im Fall $m = 1$ ist eine lineare Abbildung eine reelle Funktion in n Variablen. Zum Beispiel beschreiben die Abbildungsvorschriften

$$f(\mathbf{x}) = (-8,3)\mathbf{x} = -8x_1 + 3x_2$$

oder

$$f(\mathbf{x}) = (7,9,8)\mathbf{x} = 7x_1 + 9x_2 + 8x_3$$

reelle Funktionen in 2 bzw. 3 Variablen.

Der Graph der Funktion $f : \mathbb{R}^2 \to \mathbb{R}$ mit

$$f(\mathbf{x}) = -8x_1 + 3x_2 + 10$$

entsteht durch eine Verschiebung des Graphen einer linearen Abbildung mit Abbildungsmatrix $(-8,3)$ um 10 nach oben. Da der Graph von f einen affinen Raum im $\mathbb{R}^3$ beschreibt, nennt man eine solche Funktion auch affin-lineare Funktion in 2 Variablen.

Die Funktion $f : \mathbb{R}^2 \to \mathbb{R}$ mit

$$f(\mathbf{x}) = x_1^2 + x_2^2 - 3x_1x_2$$

hingegen ist keine affin-lineare Funktion, weil sie quadratische und gemischte Terme enthält. Man nennt eine solche Funktion auch eine quadratische Funktion (oder ein Polynom vom Grad 2) in 2 Variablen. Ebenso sind die Funktionen $f : \mathbb{R}^2 \to \mathbb{R}$ mit

$$f(\mathbf{x}) = x_1x_2$$

oder

$$f(\mathbf{x}) = x_1^2 + 4(x_2 - 1)^2 + 3 = x_1^2 + 4x_2^2 - 8x_2 + 7$$

quadratische Funktionen in 2 Variablen.

Die Funktion $f : \mathbb{R}^2 \to \mathbb{R}$

$$f(\mathbf{x}) = x_1x_2^2 + 2x_2 - 5$$

hingegen ist keine quadratische Funktion in 2 Variablen. ■

Ebenso wie im Fall einer Funktion in einer Variablen benennt man besonders wichtige reelle Funktionen in mehreren Variablen. Wir beschränken uns hier auf die Definition von vier Funktionstypen: affin-lineare und quadratische Funktionen, also (auf n Variablen verallgemeinerte) Polynome vom Grad 1 und 2, sowie die Cobb-Douglas und die Leontief Funktion.

Definition 9.1.2 — Besondere Funktionen in n Variablen.
Sei $n \in \mathbb{N}$. Eine reelle Funktion f in n Variablen mit Abbildungsvorschrift
- $f(\mathbf{x}) = \mathbf{b}^T\mathbf{x} + c = \sum_{i=1}^n b_ix_i + c = b_1x_1 + b_2x_2 + \cdots + b_nx_n + c$ für $\mathbf{b} \in \mathbb{R}^n, c \in \mathbb{R}$ heißt **affin-lineare Funktion in n Variablen;**
- $f(\mathbf{x}) = \mathbf{x}^T A\mathbf{x} + \mathbf{b}^T\mathbf{x} + c = \sum_{i=1}^n \sum_{j=1}^n a_{ij}x_ix_j + \sum_{i=1}^n b_ix_i + c$ für $\mathbf{b} \in \mathbb{R}^n, c \in \mathbb{R}$ und quadratische Matrix A der Ordnung n, welche nicht der Nullmatrix entspricht, heißt **quadratische Funktion in n Variablen;**
- $f(\mathbf{x}) = \prod_{i=1}^n x_i^{b_i} = x_1^{b_1} \cdot \cdots \cdot x_n^{b_n}$ mit $\mathbf{x} \in (0, +\infty)^n$ und $\mathbf{b} \in \mathbb{R}^n$, mit $b_1 + \cdots + b_n = 1$ und $b_i \geq 0$ für $i = 1, \ldots, n$, heißt **Cobb-Douglas Funktion in n Variablen;**

- $f(\mathbf{x}) = b_0 \min\limits_{i=1,\dots,n} \{b_i x_i\} = b_0 \min\{b_1 x_1, \dots, b_n x_n\}$ für $b_0 \in \mathbb{R}, \mathbf{b} \in \mathbb{R}^n$ heißt **Leontief Funktion in n Variablen**.

■ Beispiel 9.1.3 — Fortsetzung von Beispiel 9.1.2.

Die Funktion $f : \mathbb{R}^2 \to \mathbb{R}$ mit Abbildungsvorschrift $f(\mathbf{x}) = (-8,3)\mathbf{x} = -8x_1 + 3x_2$ ist eine affin-lineare Funktion in 2 Variablen mit $\mathbf{b} = (-8,3)^T$ und $c = 0$. Ebenso ist die Funktion $f : \mathbb{R}^2 \to \mathbb{R}$ mit

$$f(\mathbf{x}) = -8x_1 + 3x_2 + 10$$

eine affin-lineare Funktion in 2 Variablen mit $\mathbf{b} = (-8,3)^T$ und $c = 10$.

Die Funktion $f : \mathbb{R}^3 \to \mathbb{R}$ mit $f(\mathbf{x}) = (7,9,8)\mathbf{x} = 7x_1 + 9x_2 + 8x_3$ ist eine affin-lineare Funktion in 3 Variablen mit $\mathbf{b} = (7,9,8)^T$ und $c = 0$.

Für $A = \begin{pmatrix} 1 & -\frac{3}{2} \\ -\frac{3}{2} & 1 \end{pmatrix}$, $\mathbf{b} = \mathbf{0}$ und $c = 0$ ist $f : \mathbb{R}^2 \to \mathbb{R}$ mit

$$f(\mathbf{x}) = \mathbf{x}^T \begin{pmatrix} 1 & -\frac{3}{2} \\ -\frac{3}{2} & 1 \end{pmatrix} \mathbf{x} = \mathbf{x}^T \begin{pmatrix} x_1 - \frac{3}{2}x_2 \\ -\frac{3}{2}x_1 + x_2 \end{pmatrix} = x_1^2 + x_2^2 - 3x_1 x_2$$

eine quadratische Funktion in 2 Variablen. Die Funktion $f : \mathbb{R}^2 \to \mathbb{R}$ mit

$$f(\mathbf{x}) = x_1 x_2$$

ist eine quadratische Funktion in 2 Variablen mit $A = \begin{pmatrix} 0 & \frac{1}{2} \\ \frac{1}{2} & 0 \end{pmatrix}$, $\mathbf{b} = \mathbf{0}$ und $c = 0$.

Die Funktion $f : \mathbb{R}^2 \to \mathbb{R}$ mit

$$f(\mathbf{x}) = x_1^2 + 4(x_2 - 1)^2 + 3 = x_1^2 + 4x_2^2 - 8x_2 + 7$$

ist eine quadratische Funktion in 2 Variablen mit $A = \begin{pmatrix} 1 & 0 \\ 0 & 4 \end{pmatrix}$, $\mathbf{b} = (0,-8)^T$ und $c = 7$. ■

(Z) Eine reelle Funktion in n Variablen bildet reelle Vektoren $\mathbf{x} \in D \subseteq \mathbb{R}^n$ auf reelle Zahlen $f(\mathbf{x}) \in Z \subseteq \mathbb{R}$ ab.

Sei A eine quadratische Matrix der Ordnung n, $\mathbf{b} \in \mathbb{R}^n$, $c \in \mathbb{R}$. Dann hat eine affin-lineare reelle Funktion in n Variablen eine Abbildungsvorschrift der Form $f(\mathbf{x}) = \mathbf{b}^T \mathbf{x} + c$; eine quadratische Funktion in n Variablen eine Abbildungsvorschrift der Form $f(\mathbf{x}) = \mathbf{x}^T A \mathbf{x} + \mathbf{b}^T \mathbf{x} + c$; eine Cobb-Douglas Funktion in n Variablen eine Abbildungsvorschrift der Form $f(\mathbf{x}) = \prod_{i=1}^n x_i^{b_i}$ mit $\mathbf{b} \in \mathbb{R}^n$, $b_1 + \cdots + b_n = 1$ und $b_i \geq 0$ für $i = 1, \dots, n$, und eine Leontief Funktion in n Variablen eine Abbildungsvorschrift der Form $f(\mathbf{x}) = \min_{i=1,\dots,n} \{b_i x_i\}$.

9.1.2   Geometrische Darstellung

Ziele dieses Unterkapitels

- Was versteht man unter der Höhenlinie einer reellen Funktion f in n Variablen zum Niveau y?
- Was ist ein Vertikalschnitt von f durch $\mathbf{x}^0 \in \mathbb{R}^n$ in Richtung $\mathbf{r} \in \mathbb{R}^n$?

Der Graph einer reellen Funktion f in n Variablen ist die Menge aller Tupel $(\mathbf{x}, f(\mathbf{x}))$ mit $\mathbf{x} \in D \subseteq \mathbb{R}^n$. Bei reellen Funktionen in einer Variablen entspricht der Vektor $\mathbf{x}$ der Zahl x_1. Ein solcher Graph wird in der Regel in einem Koordinatensystem visualisiert, in dem die Variable x_1 horizontal und der Wert $y = f(\mathbf{x})$ vertikal abgetragen ist. Bei einer reellen Funktion in $n \geq 2$ Variablen ist eine visuelle Darstellung schwieriger. Im Fall $n = 2$ Variablen kann man den Graphen der Funktion als ein Gebirge in einem 3-dimensionalen Koordinatensystem darstellen.

■ Beispiel 9.1.4 — Darstellung reeller Funktionen in einem Koordinatensystem.
Abbildungen 9.1, 9.2, 9.3, 9.4, 9.5 und 9.6 stellen Graphen der Funktionen in zwei Variablen aus den Beispielen 9.1.1 und 9.1.2 dar.

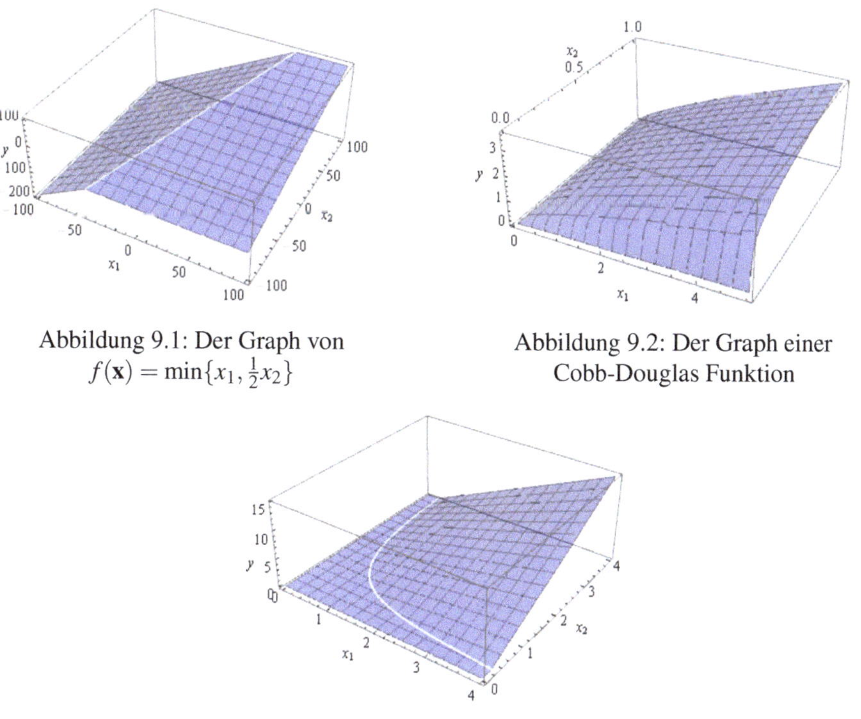

Abbildung 9.1: Der Graph von $f(\mathbf{x}) = \min\{x_1, \frac{1}{2}x_2\}$

Abbildung 9.2: Der Graph einer Cobb-Douglas Funktion

Abbildung 9.3: Der Graph von $f(\mathbf{x}) = \max\{x_1 x_2 - 1, 0\}$

Die Funktion $f(\mathbf{x}) = 7x_1 + 9x_2 + 8x_3$ aus Beispiel 9.1.2 ist eine reelle Funktion in drei Variablen. Ihr Graph besteht daher aus 4-Tupeln $(x_1, x_2, x_3, f(\mathbf{x}))$, die man nicht einfach als Gebirge visualisieren kann. ■

Je nach Form des Graphen und der dargestellten Perspektive können Darstellungen in einem dreidimensionalen Koordinatensystem mehr oder weniger aussagekräftig sein. Höhenlinien sind eine andere Art, die Informationen des dreidimensionalen Graphen in nur zwei Dimensionen darzustellen. Hierzu wird die y-Achse, welche die Funktionswerte repräsentiert, nicht gezeichnet. Eine Höhenlinie verbindet alle Punkte des Definitionsbereiches, welche auf den gleichen Funktionswert $y = f(\mathbf{x})$ abgebildet werden.[3]

---

[3] Derartige Höhenlinien von Gebirgen werden u.a. auch auf Wanderkarten verwendet.

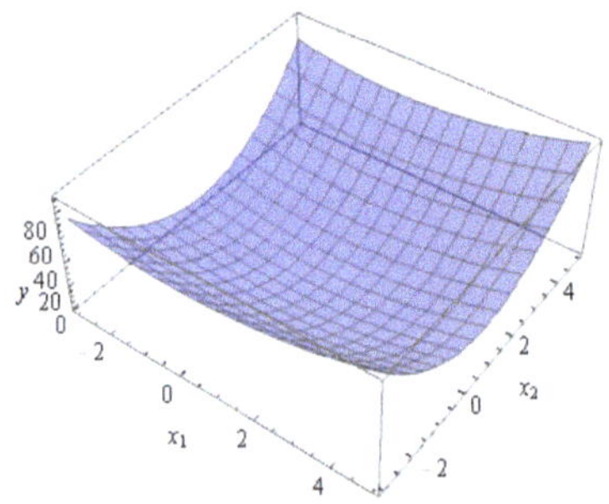

Abbildung 9.4: Der Graph von $f(\mathbf{x}) = x_1^2 + 4(x_2 - 1)^2 + 3$

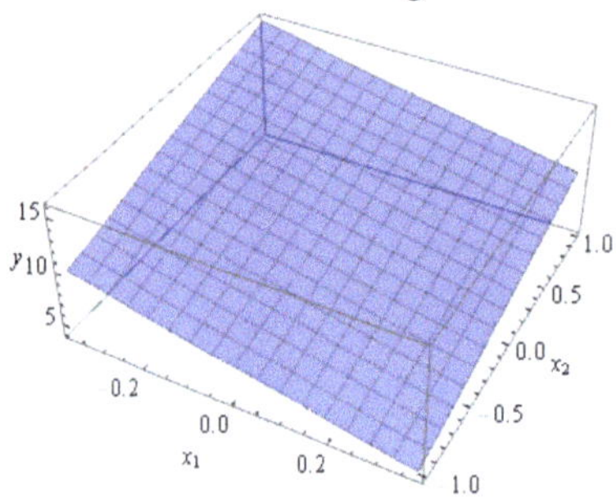

Abbildung 9.5: Der Graph der
affin-linearen Funktion
$f(\mathbf{x}) = -8x_1 + 3x_2 + 10$

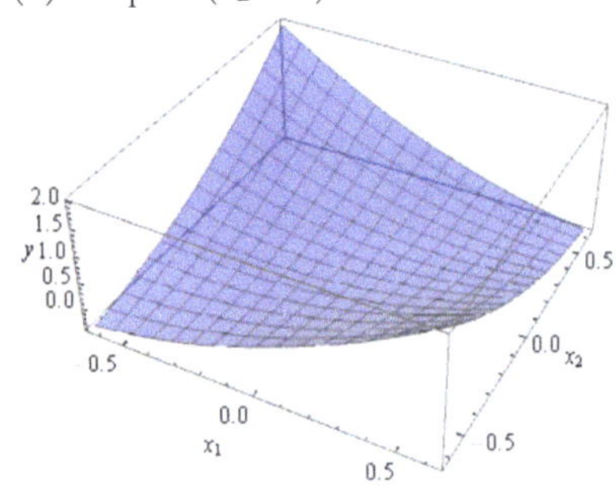

Abbildung 9.6: Der Graph der
quadratischen Funktion
$f(\mathbf{x}) = x_1^2 + x_2^2 - 3x_1 x_2$

Definition 9.1.3 — Höhenlinien.

Für eine reelle Funktion in n Variablen $f : D \to Z$ mit $D \subseteq \mathbb{R}^n$, und Funktionswert $y \in Z \subseteq \mathbb{R}$ heißt die Menge

$$N_y = \{\mathbf{x} \in D \mid f(\mathbf{x}) = y\}$$

Höhenlinie, Niveaumenge, Niveaulinie oder Isoquante zur Höhe bzw. zum Niveau y.

Dabei kann die Bezeichnung als Linie irreführend sein, da N_y nicht unbedingt eine Linie sein muss, sondern mehrere Linien oder ganze Flächen umfassen kann. Einige Graphikprogramme nutzen unterschiedliche Farben, um unterschiedliche Niveaus zu kennzeichnen (z.B. blau für kleine und gelb für große Werte).

■ Beispiel 9.1.5 — Höhenlinien reeller Funktionen in 2 Variablen.
Abbildungen 9.7, 9.8, 9.9, 9.10, 9.11 und 9.12 zeigen verschiedene Höhenlinien der Funktionen aus den Beispielen 9.1.1 und 9.1.2.   ■

Die Höhenlinie zur Höhe y kann man sich als horizontalen Schnitt durch den Graphen von f auf der Höhe y vorstellen. Schneidet man durch den Punkt $(\mathbf{x}^0, f(\mathbf{x}^0))$ vertikal durch den Graphen von f, so entstehen sogenannte Vertikalschnitte. Der Einheitsvektor $\mathbf{r}$ mit $\|\mathbf{r}\| = 1$ gibt dabei an, in welche Richtung der Schnitt durch den Punkt $(\mathbf{x}^0, f(\mathbf{x}^0))$ verläuft. Man bezeichnet den Einheitsvektor $\mathbf{r}$ in diesem Kontext daher als Richtung.

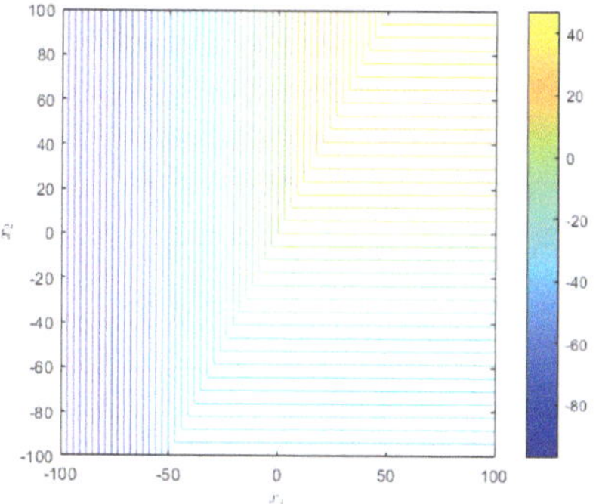

Abbildung 9.7: Höhenlinien der Funktion $f(\mathbf{x}) = \min\{x_1, \frac{1}{2}x_2\}$

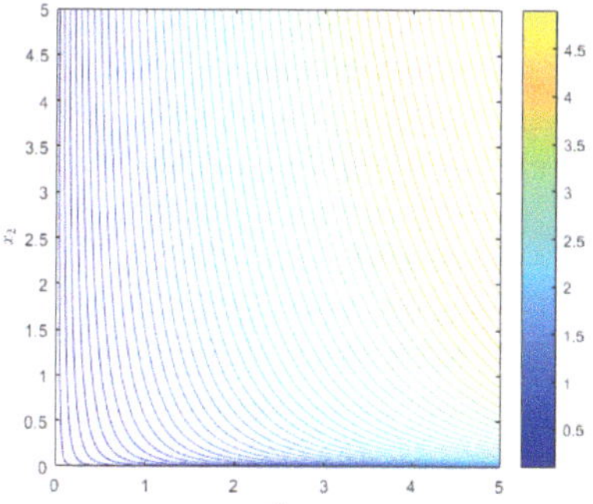

Abbildung 9.8: Höhenlinien der Cobb-Douglas Funktion

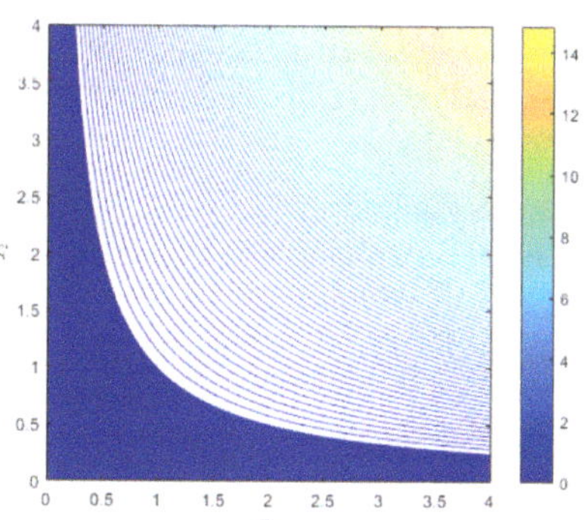

Abbildung 9.9: Höhenlinien der Funktion $f(\mathbf{x}) = \max\{x_1 x_2 - 1, 0\}$

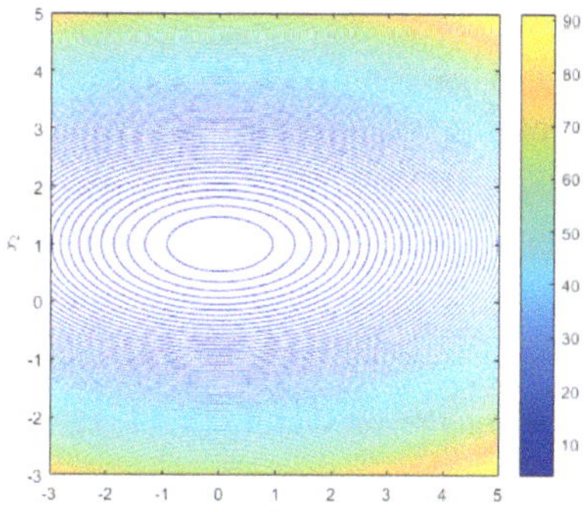

Abbildung 9.10: Höhenlinien der Funktion $f(\mathbf{x}) = x_1^2 + 4(x_2 - 1)^2 + 3$

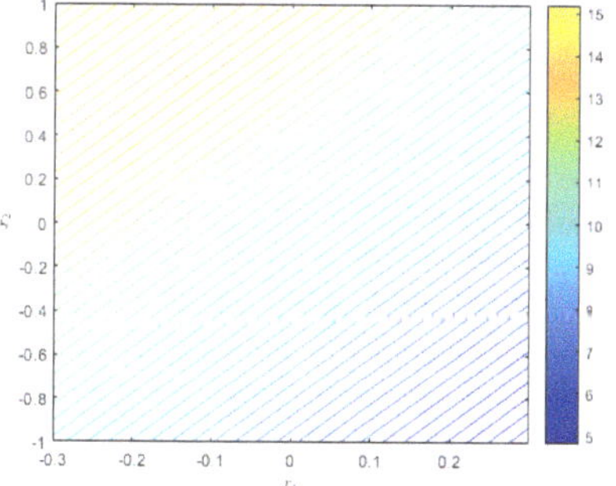

Abbildung 9.11: Höhenlinien der Funktion $f(\mathbf{x}) = -8x_1 + 3x_2 + 10$

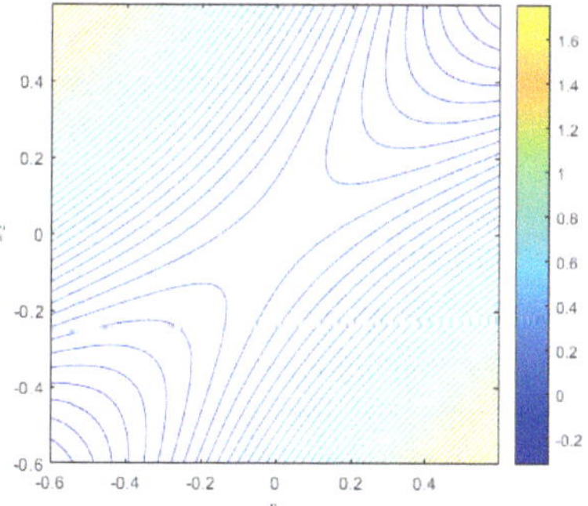

Abbildung 9.12: Höhenlinien der Funktion $f(\mathbf{x}) = x_1^2 + x_2^2 - 3x_1 x_2$

Definition 9.1.4 — Vertikalschnitte.
Sei $f : D \to Z$ eine reelle Funktion in n Variablen. Für einen Punkt $\mathbf{x}^0 \in \mathbb{R}^n$ und eine Richtung $\mathbf{r} \in \mathbb{R}^n$ heißt die Funktion

$$f_{\mathbf{x}^0,\mathbf{r}} : \{t \in \mathbb{R} \mid \mathbf{x}^0 + t\mathbf{r} \in D\} \to \mathbb{R} \text{ mit } f_{\mathbf{x}^0,\mathbf{r}}(t) = f(\mathbf{x}^0 + t\mathbf{r})$$

Vertikalschnitt von f durch bzw. ausgehend von $\mathbf{x}^0$ in Richtung $\mathbf{r}$. Die Variable des Vertikalschnitts t nennt man **Schrittweite**. Ist $\mathbf{r} = \mathbf{e}^i$, für $i = 1,\ldots,n$, spricht man auch von **senkrechten Vertikalschnitten**.

Der senkrechte Vertikalschnitt einer reellen Funktion in zwei Variablen in Richtung $\mathbf{r} = \mathbf{e}^1$ ausgehend von $\mathbf{x}^0 = (x_1^0, x_2^0)^T$ entspricht also der Funktion

$$f_{\mathbf{x}^0,\mathbf{e}^1}(t) = f(\mathbf{x}^0 + t\mathbf{e}^1) = f(x_1^0 + t \cdot 1, x_2^0 + t \cdot 0) = f(x_1^0 + t, x_2^0).$$

Man hält den Wert der zweiten Variablen x_2^0 fest und betrachtet die Funktion für verschiedene x_1-Werte in Abhängigkeit von t. Analog entspricht der senkrechte Vertikalschnitt in Richtung $\mathbf{e}^2$ einer Fixierung der ersten Variable auf den Wert x_1^0 mit verschiedenen Werten von $x_2 = x_2^0 + t$. Wir visualisieren Vertikalschnitte im Folgenden entweder als Teilmenge des Graphen von f oder als Graph der Funktion $f_{\mathbf{x}^0,\mathbf{r}}$. Im Fall $D = \mathbb{R}^n$ ist der Vertikalschnitt für alle $t \in \mathbb{R}$ definiert.

■ Beispiel 9.1.6 — Vertikalschnitte der Cobb-Douglas Funktion.
Abbildung 9.13 zeigt den Vertikalschnitt der Cobb-Douglas Funktion in 2 Variablen

$$f : (0, +\infty)^2 \to \mathbb{R} \text{ mit } f(x_1, x_2) = x_1^{0.8} x_2^{0.2}$$

in Richtung $\mathbf{r} = \mathbf{e}^1$ durch $\mathbf{x}^0 = (1,1)^T$. Die durch den Vertikalschnitt beschriebene Funktion entspricht hier

$$f_{\mathbf{x}^0,\mathbf{e}^1}(t) = f(\mathbf{x}^0 + t\mathbf{e}^1) = f(1 + t \cdot 1, 1 + t \cdot 0) = (1+t)^{0.8}(1)^{0.2} = (1+t)^{0.8},$$

wobei $t \in (-1, +\infty)$ gelten muss, damit $(1 + t \cdot 1, 1)^T \in (0, +\infty)^2$.

Abbildung 9.14 zeigt den Vertikalschnitt der gleichen Cobb-Douglas Funktion in Richtung $\mathbf{r} = \mathbf{e}^2$ durch $\mathbf{x}^0 = (1,1)^T$. Der senkrechte Vertikalschnitt entspricht

$$f_{\mathbf{x}^0,\mathbf{e}^2}(t) = f(\mathbf{x}^0 + t\mathbf{e}^2) = f(1 + t \cdot 0, 1 + t \cdot 1) = (1)^{0.8}(1+t)^{0.2} = (1+t)^{0.2},$$

wobei wieder $t \in (-1, +\infty)$ gelten muss, damit $(1, 1 + t \cdot 1)^T \in (0, +\infty)^2$.

Obige senkrechte Vertikalschnitte verändern jeweils nur eine Komponente und halten die andere konstant. Ein diagonaler Vertikalschnitt mit $\mathbf{r} = \left(\frac{1}{\sqrt{2}}, \frac{1}{\sqrt{2}}\right)^T$ verändert beide Komponenten gleichzeitig und in gleichen Anteilen. Der Diagonalschnitt ist in Abbildung 9.15 visualisiert und berechnet sich als

$$f_{\mathbf{x}^0,\mathbf{r}}(t) = f(\mathbf{x}^0 + t\mathbf{r}) = f(1 + t \cdot \frac{1}{\sqrt{2}}, 1 + t \cdot \frac{1}{\sqrt{2}}) = (1 + t\frac{1}{\sqrt{2}})^{0.8}(1 + t\frac{1}{\sqrt{2}})^{0.2} = 1 + t\frac{1}{\sqrt{2}},$$

wobei nun $t \in (-\sqrt{2}, +\infty)$ gelten muss, damit $(1 + t\frac{1}{\sqrt{2}}, 1 + t\frac{1}{\sqrt{2}})^T \in (0, +\infty)^2$. ■

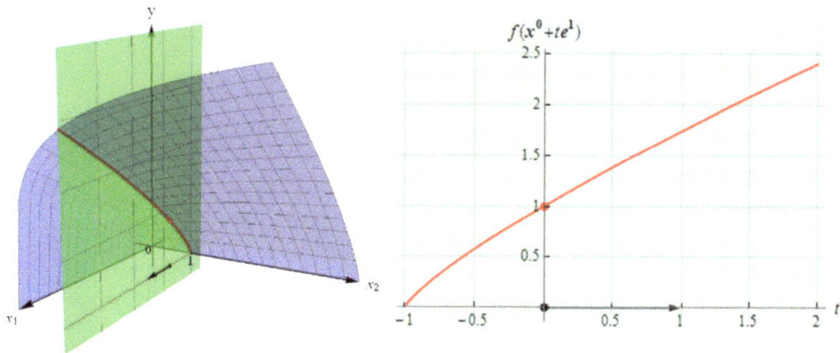

Abbildung 9.13: Vertikalschnitt der Cobb-Douglas Funktion in Richtung $\mathbf{e}^1$ durch $\mathbf{x}^0 = (1,1)^T$

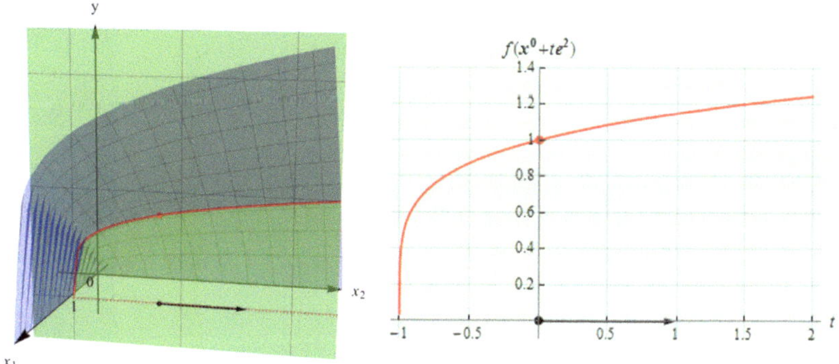

Abbildung 9.14: Vertikalschnitt der Cobb-Douglas Funktion in Richtung $\mathbf{e}^2$ durch $\mathbf{x}^0 = (1,1)^T$

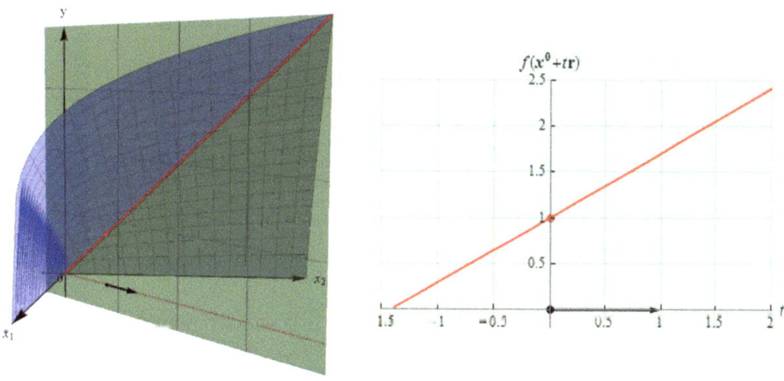

Abbildung 9.15: Vertikalschnitt der Cobb-Douglas Funktion in Richtung $\mathbf{r} = \left(\frac{1}{\sqrt{2}}, \frac{1}{\sqrt{2}}\right)^T$ durch $\mathbf{x}^0 = (1,1)^T$

■ Beispiel 9.1.7 — Vertikalschnitte quadratischer Funktionen.
Die Funktion

$$f : \mathbb{R}^2 \to \mathbb{R} \text{ mit } f(x_1, x_2) = x_1^2 + 4(x_2 - 1)^2 + 3$$

ist eine quadratische Funktion in 2 Variablen. Die entsprechenden Vertikalschnitte durch $\mathbf{x}^0 = \mathbf{0}$ mit Richtungen $\mathbf{e}^1, \mathbf{e}^2$ und $\mathbf{r} = \left(\frac{1}{\sqrt{2}}, \frac{1}{\sqrt{2}} \right)^T$ sind hier

$$f_{\mathbf{0},\mathbf{e}^1}(t) = f(\mathbf{0} + t\mathbf{e}^1) = f(0 + t \cdot 1, 0 + t \cdot 0) = t^2 + 7,$$

$$f_{\mathbf{0},\mathbf{e}^2}(t) = f(\mathbf{0} + t\mathbf{e}^2) = f(0 + t \cdot 0, 0 + t \cdot 1) = 4(t - 1)^2 + 3 \text{ und}$$

$$f_{\mathbf{0},\mathbf{r}}(t) = f(\mathbf{0} + t\mathbf{r}) = f\left(0 + t \cdot \frac{1}{\sqrt{2}}, 0 + t \cdot \frac{1}{\sqrt{2}} \right) = \frac{1}{2}t^2 + 4\left(\frac{1}{\sqrt{2}}t - 1 \right)^2 + 3$$

und in Abbildungen 9.16, 9.17 und 9.18 dargestellt. Abbildungen 9.19, 9.20 und 9.21 zeigen Vertikalschnitte der quadratischen Funktion

$$f : \mathbb{R}^2 \to \mathbb{R} \text{ mit } f(x_1, x_2) = x_1^2 + x_2^2 - 3x_1 x_2$$

aus Beispiel 9.1.2 durch $\mathbf{x}^0 = (1,0)^T$ in Richtungen $\mathbf{e}^1, \mathbf{e}^2$ und $\mathbf{r} = \left(\frac{1}{\sqrt{2}}, \frac{1}{\sqrt{2}} \right)^T$. Sie berechnen sich als

$$f_{\mathbf{x}^0,\mathbf{e}^1}(t) = f(\mathbf{x}^0 + t\mathbf{e}^1) = f(1 + t \cdot 1, 0 + t \cdot 0) = (1 + t)^2$$

$$f_{\mathbf{x}^0,\mathbf{e}^2}(t) = f(\mathbf{x}^0 + t\mathbf{e}^2) = f(1 + t \cdot 0, 0 + t \cdot 1) = 1 + t^2 - 3t \text{ und}$$

$$f_{\mathbf{x}^0,\mathbf{r}}(t) = f(\mathbf{x}^0 + t\mathbf{r}) = f\left(1 + t \cdot \frac{1}{\sqrt{2}}, 0 + t \cdot \frac{1}{\sqrt{2}} \right)$$

$$= \left(1 + t\frac{1}{\sqrt{2}} \right)^2 + \left(t\frac{1}{\sqrt{2}} \right)^2 - 3\left(1 + t\frac{1}{\sqrt{2}} \right) t\frac{1}{\sqrt{2}} = 1 - \frac{1}{2}t^2 - t\frac{1}{\sqrt{2}}. \qquad ■$$

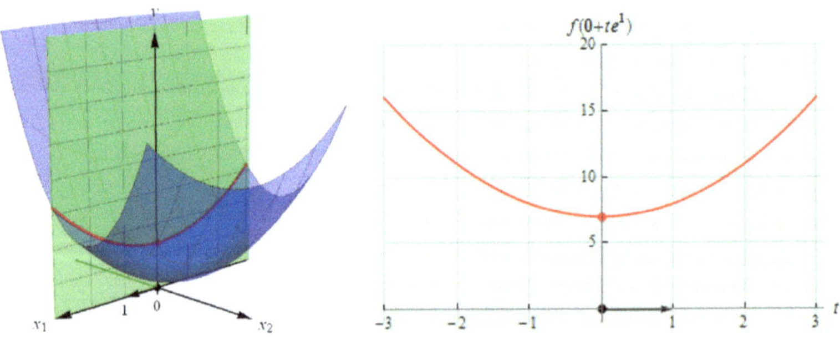

Abbildung 9.16: Vertikalschnitt der Funktion $f(\mathbf{x}) = x_1^2 + 4(x_2 - 1)^2 + 3$ in Richtung $\mathbf{e}^1$ durch $\mathbf{0}$

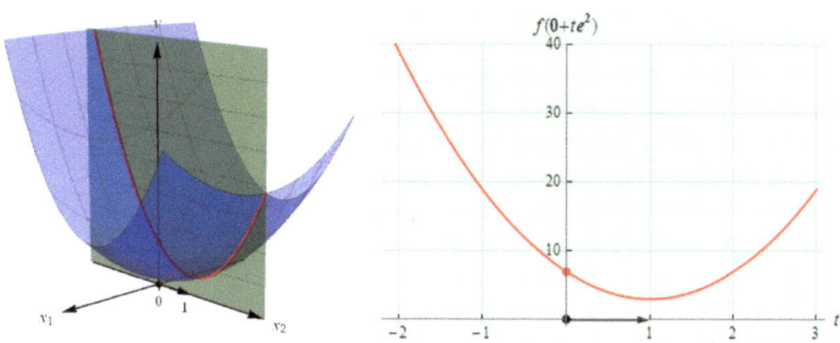

Abbildung 9.17: Vertikalschnitt der Funktion $f(\mathbf{x}) = x_1^2 + 4(x_2 - 1)^2 + 3$ in Richtung $\mathbf{e}^2$ durch $\mathbf{0}$

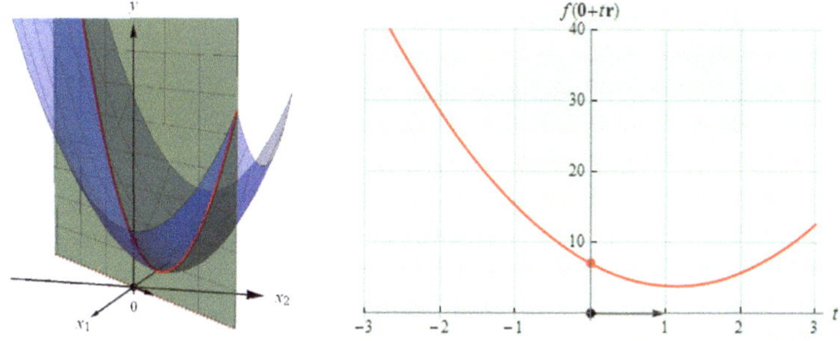

Abbildung 9.18: Vertikalschnitt der Funktion $f(\mathbf{x}) = x_1^2 + 4(x_2 - 1)^2 + 3$ in Richtung $\mathbf{r} = \left(\frac{1}{\sqrt{2}}, \frac{1}{\sqrt{2}}\right)^T$ durch $\mathbf{0}$

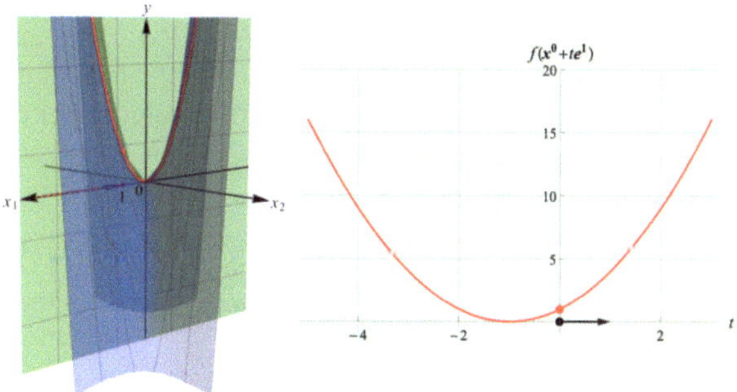

Abbildung 9.19: Vertikalschnitt der Funktion $f(\mathbf{x}) = x_1^2 + x_2^2 - 3x_1x_2$ in Richtung $\mathbf{r} = \mathbf{e}^1$ durch $\mathbf{x}^0 = (1,0)^T$

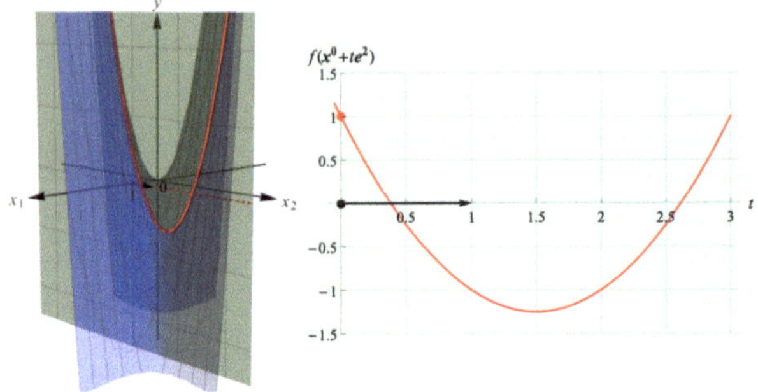

Abbildung 9.20: Vertikalschnitt der Funktion $f(\mathbf{x}) = x_1^2 + x_2^2 - 3x_1x_2$ in Richtung $\mathbf{r} = \mathbf{e}^2$ durch $\mathbf{x}^0 = (1,0)^T$

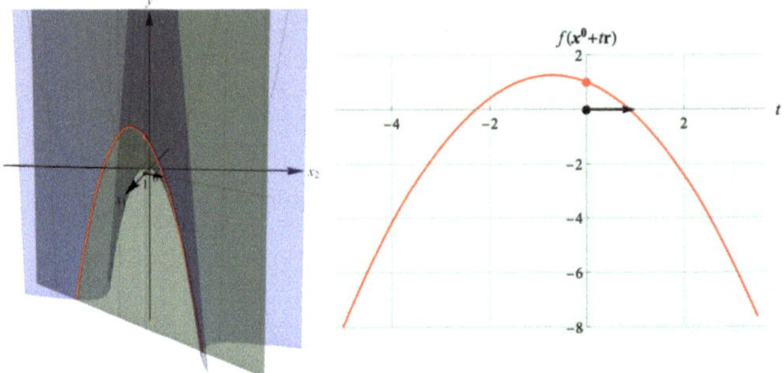

Abbildung 9.21: Vertikalschnitt der Funktion $f(\mathbf{x}) = x_1^2 + x_2^2 - 3x_1x_2$ in Richtung $\mathbf{r} = \left(\frac{1}{\sqrt{2}}, \frac{1}{\sqrt{2}}\right)^T$ durch $\mathbf{x}^0 = (1,0)^T$

Im Fall von $n > 2$ Variablen ist die Darstellung des Graphen einer Funktion deutlich schwieriger. Vertikalschnitte in Richtung $\mathbf{r}$ kann man aber auch hier von einem beliebigen Punkt $\mathbf{x}^0 \in D$ aus darstellen. Aus einem solchen Graphen kann man ablesen, wie sich die Funktion f vom Punkt $\mathbf{x}^0$ ausgehend entlang der Richtung $\mathbf{r}$ verhält.

■ Beispiel 9.1.8 — Vertikalschnitte einer reellen Funktion in 3 Variablen.

Für die Funktion mit Abbildungsvorschrift $f(\mathbf{x}) = 7x_1 + 9x_2 + 8x_3$ aus Beispiel 9.1.2 zeigt Abbildung 9.22 senkrechte Vertikalschnitte, also Vertikalschnitte in Richtung der Einheitsvektoren, ausgehend von $\mathbf{x}^0 = \mathbf{0}$. Das linke Bild zeigt dabei den Graphen des Vertikalschnitts $f_{\mathbf{0},\mathbf{e}^1}(t) = f(t\mathbf{e}^1) = 7t$, das mittlere den Graphen von $f_{\mathbf{0},\mathbf{e}^2}(t) = f(t\mathbf{e}^2) = 9t$ und das rechte den Graphen von $f_{\mathbf{0},\mathbf{e}^3}(t) = f(t\mathbf{e}^3) = 8t$.   ■

Die Höhenlinie der reellen Funktion f in n Variablen zum Niveau $y \in Z \subseteq \mathbb{R}$ ist die Menge aller Argumente, welche auf diesen Funktionswert abgebildet werden, $N_y = \{\mathbf{x} \in D \mid f(\mathbf{x}) = y\}$.

Ist f eine reelle Funktion in n Variablen, dann heißt

$$f_{\mathbf{x}^0,\mathbf{r}} : \{t \in \mathbb{R} \mid \mathbf{x}^0 + t\mathbf{r} \in D\} \to \mathbb{R} \text{ mit } f_{\mathbf{x}^0,\mathbf{r}}(t) = f(\mathbf{x}^0 + t\mathbf{r})$$

Vertikalschnitt durch $\mathbf{x}^0 \in \mathbb{R}^n$ in Richtung $\mathbf{r} \in \mathbb{R}^n$.

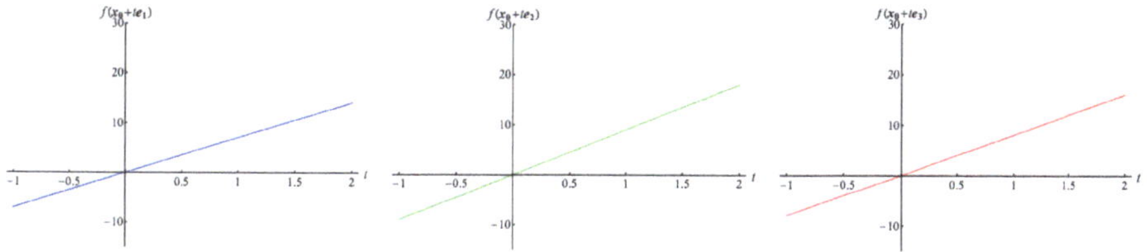

Abbildung 9.22: Senkrechte Vertikalschnitte der Funktion $f(\mathbf{x}) = 7x_1 + 9x_2 + 8x_3$

9.2 Grenzwerte und Stetigkeit

Analog zu Kapitel 5 erweitern wir den Begriff des Grenzwerts an einer Stelle und den Begriff der Stetigkeit. Im Wesentlichen bleiben die Definitionen dabei unverändert, wenn man statt der Intervalle $(x^0 - \delta, x^0 + \delta)$ und $(a - \varepsilon, a + \varepsilon)$ die Notation $U(x^0, \delta)$ bzw. $U(a, \varepsilon)$ verwendet.

9.2.1 Grenzwert der Funktion an einer Stelle

Ziele dieses Unterkapitels

- Wie definiert man den Grenzwert einer reellen Funktion in mehreren Variablen an einer Stelle?

Wir definieren den Grenzwert einer reellen Funktion in mehreren Variablen an einer Stelle $\mathbf{x}^0$ als den Funktionswert, dem man sich nähert, wenn sich der Vektor der Variablen $\mathbf{x}$ der Stelle $\mathbf{x}^0$ beliebig nähert, also $f(\mathbf{x})$ für $\mathbf{x} \to \mathbf{x}^0$.

Im Sinne der Definition 5.2.4 des Grenzwerts für Funktionen in einer Variablen ist der Grenzwert gleich $a \in \mathbb{R}$, symbolisch $\lim_{\mathbf{x} \to \mathbf{x}^0} f(\mathbf{x}) = a$, wenn es zu jeder maximalen Abweichung ε von a eine δ-Umgebung um $\mathbf{x}^0$ gibt, so dass alle Funktionswerte in dieser Umgebung weniger als die vorgegebene Abweichung ε von a entfernt sind. Die Definition der δ-Umgebung $U(\mathbf{x}^0, \delta)$ von $\mathbf{x}^0$ findet man in Definition 2.2.6. Bei einer Funktion in einer Variablen ist die δ-Umgebung von $x^0 \in \mathbb{R}$ einfach durch das Intervall $(x^0 - \delta, x^0 + \delta)$ gegeben. In diesem Intervall befinden sich alle Werte, die weniger als δ von x^0 entfernt sind. Auch im $\mathbb{R}^n$ beschreibt die δ-Umgebung von $\mathbf{x}^0$ alle Punkte, die weniger als δ von $\mathbf{x}^0$ entfernt sind. Im $\mathbb{R}^2$ entspricht diese Menge einem Kreisinneren und im $\mathbb{R}^3$ einem Kugelinneren, wobei der zugrundeliegende Kreis bzw. die Kugel einen Radius δ haben.

> **Definition 9.2.1 — Der Grenzwert einer reellen Funktion in n Variablen.**
> Es sei $f : D \to Z$ mit $D \subseteq \mathbb{R}^n$ und $Z \subseteq \mathbb{R}$ eine reelle Funktion in n Variablen und $\mathbf{x}^0 \in \mathbb{R}^n$, wobei für jede δ-Umgebung von $\mathbf{x}^0$ gilt, dass $U(\mathbf{x}^0, \delta) \cap D \neq \{\}$. Die Funktion f hat an der Stelle $\mathbf{x}^0$ den **Grenzwert** $a \in \mathbb{R}$,
>
> $$\lim_{\mathbf{x} \to \mathbf{x}^0} f(\mathbf{x}) = a,$$
>
> wenn es zu jeder beliebig kleinen Zahl $\varepsilon > 0$ eine Zahl $\delta > 0$ gibt, so dass für alle $\mathbf{x} \in (U(\mathbf{x}^0, \delta) \cap D) \setminus \{\mathbf{x}^0\}$ gilt:
>
> $$|f(\mathbf{x}) - a| < \varepsilon.$$

Damit $a \in \mathbb{R}$ der Grenzwert von f für $\mathbf{x} \to \mathbf{x}^0$ ist, muss es also zu jeder Abweichung ε ein δ geben, so dass alle Funktionswerte von Punkten innerhalb der δ-Umgebung von $\mathbf{x}^0$

weniger als ε von a entfernt sind.

■ Beispiel 9.2.1 — Grenzwert einer quadratischen Funktion.

Betrachten wir die reelle Funktion $f : \mathbb{R}^2 \to \mathbb{R}$ mit

$$f(\mathbf{x}) = x_1^2 + 4(x_2 - 1)^2 + 3$$

an der Stelle $\mathbf{x}^0 = (0,1)^T$. Aufgrund der Rechenregeln für Grenzwerte von reellen Funktionen in einer Variablen vermuten wir, dass

$$\lim_{\mathbf{x} \to \mathbf{x}^0} f(\mathbf{x}) = 0^2 + 4(1-1)^2 + 3 = 3.$$

Will man dies mithilfe von Definition 9.2.1 nachweisen, muss man zeigen, dass es zu jeder (maximalen) Abweichung ε eine δ-Umgebung von $\mathbf{x}^0$ gibt, in der alle Funktionswerte weniger als ε von 3 entfernt sind. In anderen Worten muss man zu jedem ε ein δ so bestimmen können, dass

$$|f(\mathbf{x}) - 3| < \varepsilon \qquad \text{für alle } \mathbf{x} \in U(\mathbf{x}^0, \delta).$$

Die Entfernung des Funktionswerts von der Zahl 3 kann man mithilfe der Dreiecksungleichung, Satz 2.2.1, wie folgt nach oben abschätzen:

$$|f(\mathbf{x}) - 3| = |x_1^2 + 4(x_2 - 1)^2| \leq |x_1^2| + 4|(x_2 - 1)^2|.$$

Wir wollen nun diese Entfernung für alle Elemente einer δ-Umgebung weiter abschätzen. Hierfür betrachten wir erneut Definition 2.2.6 einer δ-Umgebung. Demnach gilt

$$\mathbf{x} \in U(\mathbf{x}^0, \delta) \Leftrightarrow \sqrt{x_1^2 + (x_2 - 1)^2} < \delta,$$

alle Stellen $\mathbf{x}$ in der δ-Umgebung von $\mathbf{x}^0$ sind weniger als δ von $\mathbf{x}^0$ entfernt. Für Stellen innerhalb der δ-Umgebung von $\mathbf{x}^0$ gilt also unter anderem $|x_1| < \delta$ und $|x_2 - 1| < \delta$. Wir erhalten also

$$|f(\mathbf{x}) - 3| \leq |x_1^2| + 4|(x_2 - 1)^2| = \underbrace{|x_1|^2}_{<\delta^2} + 4\underbrace{|x_2 - 1|^2}_{<\delta^2} < 5\delta^2.$$

Will man beispielsweise eine Umgebung um $\mathbf{x}_0$ angeben, in welcher alle Funktionswerte weniger als $\varepsilon = 0{,}5$ von 3 entfernt sind, könnte man obige Schätzung nutzen, um aus

$$5\delta^2 \leq 0.5 \Leftrightarrow \delta \leq \sqrt{0.1}$$

zu schliessen, dass alle Funktionswerte in einer $\sqrt{0,1}$-Umgebung von $\mathbf{x}^0$ Funktionswerte zwischen 2,5 und 3,5 haben müssen, vgl. Abbildung 9.23.

Wählt man also für gegebenes $\varepsilon > 0$ den Wert $\delta = \sqrt{\frac{\varepsilon}{5}}$, so gilt für alle $\mathbf{x} \in U(\mathbf{x}^0, \delta)$

$$|f(\mathbf{x}) - 3| = |x_1^2 + 4(x_2 - 1)^2| < 5\delta^2 = \varepsilon.$$

Für jedes ε sind also alle Funktionswerte von Punkten in einer $\delta = \sqrt{\frac{\varepsilon}{5}}$-Umgebung weniger als ε von 3 entfernt. Es gilt somit

$$|f(\mathbf{x}) - 3| < \varepsilon \quad \text{für alle } x \in U(\mathbf{x}^0, \delta) \text{ bzw. } \lim_{\mathbf{x} \to \mathbf{x}^0} f(\mathbf{x}) = 3 = f(\mathbf{x}^0).$$

Der Grenzwert der reellen Funktion für $\mathbf{x} \to \mathbf{x}^0$ ist gleich dem Funktionswert $f(\mathbf{x}^0) = 3$, vgl. Abbildung 9.23. ■

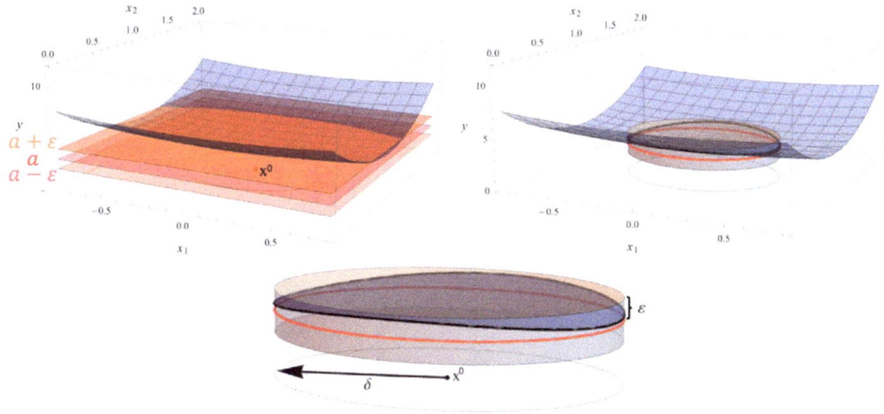

Abbildung 9.23: Der Grenzwert von $f(\mathbf{x}) = x_1^2 + 4(x_2 - 1)^2 + 3$ an der Stelle $\mathbf{x}^0 = (0,1)^T$

Wie schon im Fall einer reellen Funktion in nur einer Variablen muss die Funktion an einer Stelle $\mathbf{x}^0$ nicht definiert sein.

■ **Beispiel 9.2.2 — Grenzwert der Cobb-Douglas Funktion für** $\mathbf{x} \to \mathbf{0}$.
Für die Cobb-Douglas Nutzenfunktion $f : (0, +\infty)^2 \to \mathbb{R}$ mit $f(\mathbf{x}) = x_1^{0.8} x_2^{0.2}$ gilt beispielsweise

$$\lim_{\mathbf{x} \to \mathbf{0}} f(\mathbf{x}) = 0.$$

Denn für $\delta = \varepsilon$ ist der Funktionswert an jeder Stelle einer δ-Umgebung von $\mathbf{0}$, welche im Definitionsbereich liegt, kleiner als $\varepsilon > 0$:

$$|f(\mathbf{x}) - 0| = x_1^{0.8} x_2^{0.2} < \delta^{0.8} \delta^{0.2} = \delta = \varepsilon \text{ für alle } \mathbf{x} \in (U(\mathbf{0}, \delta) \cap (0, +\infty)^2).$$

Der Funktionswert an der Stelle $\mathbf{0}$ ist jedoch nicht definiert, da $\mathbf{0}$ nicht im Definitionsbereich liegt. ■

Bei reellen Funktionen in einer Variablen haben wir die Existenz eines Grenzwerts an einer Stelle x^0 auf die Existenz des links- und rechtsseitigen Grenzwerts zurückführen können, vgl. Satz 5.2.3. Bei reellen Funktionen in mehreren Variablen kann man es sich leider nicht so einfach machen, da man sich innerhalb der δ-Umgebung um $\mathbf{x}^0$ nun $\mathbf{x}^0$ aus verschiedenen Richtungen annähern kann.

■ **Beispiel 9.2.3 — Grenzwert einer anderen Funktion für** $\mathbf{x} \to \mathbf{0}$.
In diesem Beispiel versuchen wir den Grenzwert

$$\lim_{\mathbf{x} \to \mathbf{0}} h(\mathbf{x})$$

der Funktion $h : \mathbb{R}^2 \setminus \{\mathbf{0}\} \to \mathbb{R}$ mit

$$h(\mathbf{x}) = \frac{x_1 x_2}{x_1^2 + x_2^2}$$

zu berechnen, oder zu entscheiden, dass dieser nicht existiert. Abbildung 9.24 zeigt Höhenlinien dieser Funktion.

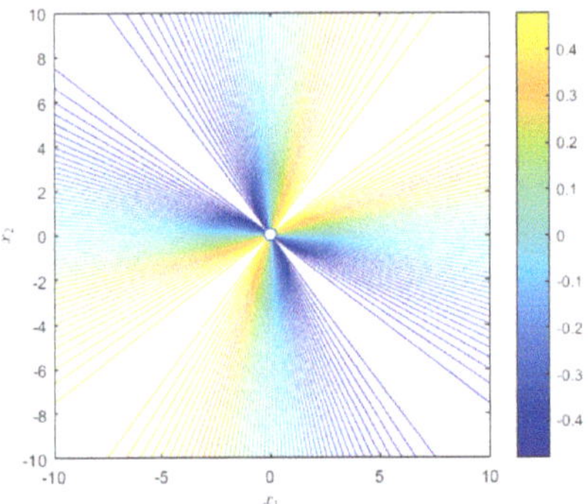

Abbildung 9.24: Höhenlinien der Funktion h

Der Grenzwert an der Stelle $\mathbf{0}$ hat den Wert a, wenn es zu jedem ε eine δ-Umgebung um $\mathbf{0}$ gibt, in welcher alle Punkte des Definitionsbereichs Funktionswerte haben, welche nicht weiter als ε von a entfernt sind. Betrachten wir hierfür eine beliebige δ-Umgebung um $\mathbf{0}$. Für jedes $\delta > 0$ liegen in der δ-Umgebung sowohl die Punkte $(\frac{\delta}{2},0)^T$ als auch $(\frac{\delta}{2},\frac{\delta}{2})^T$ mit

$$h\left(\frac{\delta}{2},0\right) = \frac{0}{(\frac{\delta}{2})^2} = 0 \text{ und } h\left(\frac{\delta}{2},\frac{\delta}{2}\right) = \frac{\frac{\delta}{2}\cdot\frac{\delta}{2}}{(\frac{\delta}{2})^2+(\frac{\delta}{2})^2} = \frac{1}{2}.$$

Für kleine Werte von ε, wie z.B. $\varepsilon = 0.1$, kann es also keinen Wert $a \in \mathbb{R}$ geben, so dass beide Werte weniger als ε von a entfernt sind. Die Funktion hat keinen Grenzwert an der Stelle $\mathbf{0}$, siehe Abbildung 9.25.

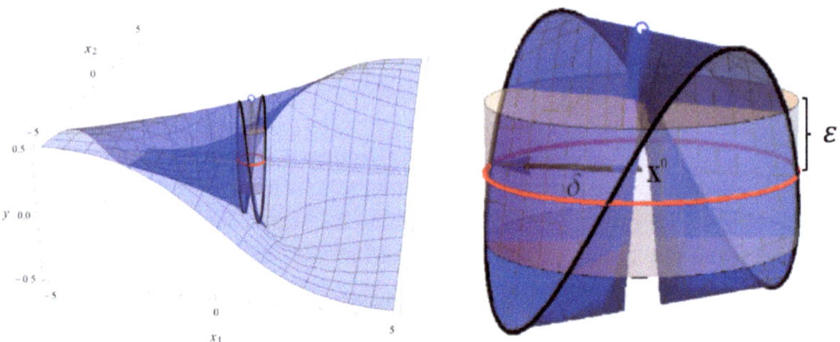

Abbildung 9.25: Das Verhalten von h nahe $\mathbf{x} = (0,0)^T$

Das Problem bei dieser vermeintlichen Grenzwertbildung kann man hier im Beispiel auch mithilfe von Vertikalschnitten veranschaulichen, siehe Abbildung 9.26: Für ein festes $x_2 = 0$ ist die Funktion h stets gleich 0. Betrachten wir h ausgehend von $\mathbf{0}$ in Richtung $\mathbf{e}^1$ ergibt sich die Funktion $h_{\mathbf{0},\mathbf{e}^1}(t) = 0$. Auch h ausgehend von $\mathbf{0}$ in Richtung $\mathbf{e}^2$ ist stets gleich 0. Betrachtet man die Funktion h ausgehend von $\mathbf{0}$ in Richtung $\mathbf{r} = \left(\frac{1}{\sqrt{2}},\frac{1}{\sqrt{2}}\right)^T$, ergibt sich jedoch

$$h_{\mathbf{0},\mathbf{r}}(t) = h(\mathbf{0}+t\mathbf{r}) = \frac{1}{2} \text{ für } t \neq 0. \qquad \blacksquare$$

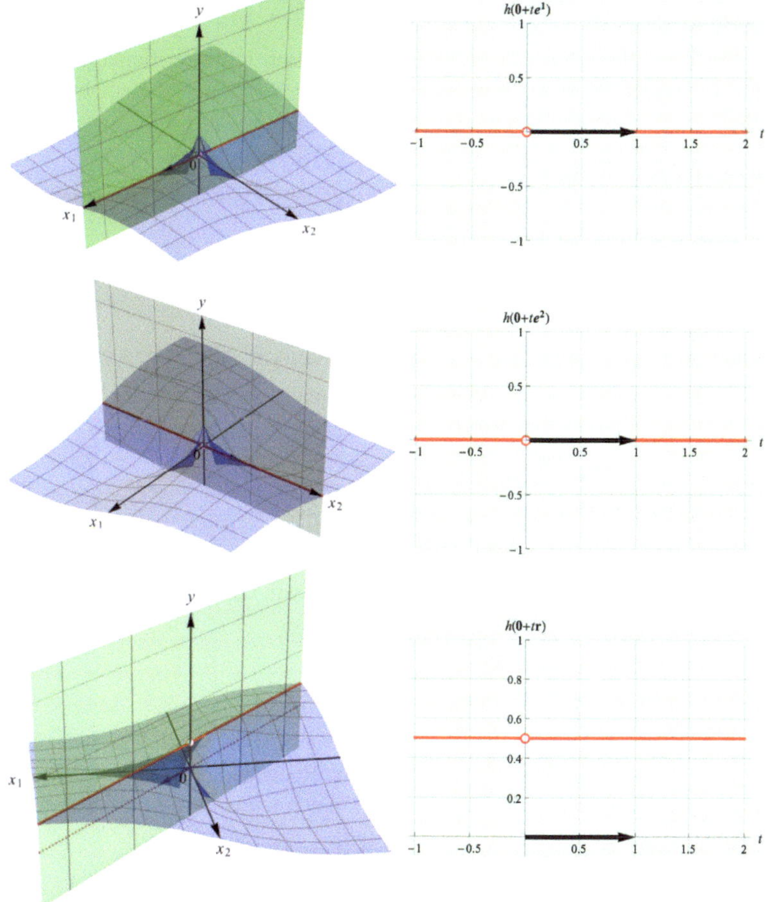

Abbildung 9.26: Vertikalschnitte von h an der Stelle $\mathbf{x} = \mathbf{0}$

Analog zu Funktionen in einer Variable kann man auch uneigentliche Grenzwerte an einer Stelle definieren. Wir verzichten hier jedoch auf eine formale Definition und Beispiele, da wir diese Konzepte im Folgenden nicht verwenden.

(Z) $f : D \to Z$ mit $\mathbf{x}^0 \in D \subseteq \mathbb{R}^n$ und $Z \subseteq \mathbb{R}$ hat an der Stelle $\mathbf{x}^0$ den Grenzwert $a \in \mathbb{R}$, $\lim_{\mathbf{x} \to \mathbf{x}^0} f(\mathbf{x}) = a$, wenn es zu jedem $\varepsilon > 0$ ein $\delta > 0$ gibt, so dass $|f(\mathbf{x}) - a| < \varepsilon$ für alle $\mathbf{x} \in (U(\mathbf{x}^0, \delta) \cap D) \setminus \{\mathbf{x}^0\}$.

9.2.2 Stetigkeit

Ziele dieses Unterkapitels

- Wann heißt eine reelle Funktion in mehreren Variablen stetig an einer Stelle? Wann heißt sie stetig?

- Wie kann man Stetigkeit einer reellen Funktion in mehreren Variablen einfach überprüfen?

Wie im Fall einer Funktion in einer Variablen nennen wir eine Funktion f stetig an der Stelle $\mathbf{x}^0$, wenn der Grenzwert an dieser Stelle existiert und dem Funktionswert entspricht.

Definition 9.2.2 — Stetigkeit einer Funktion.
Es sei $f : D \to Z$ mit $D \subseteq \mathbb{R}^n$ und $Z \subseteq \mathbb{R}$ eine reelle Funktion in n Variablen und $\mathbf{x}^0 \in D$. Man sagt, f ist an der Stelle $\mathbf{x}^0$ **stetig**, wenn

$$\lim_{\mathbf{x} \to \mathbf{x}^0} f(\mathbf{x}) = f(\mathbf{x}^0).$$

Die Funktion f heißt **stetig**, falls f stetig an der Stelle $\mathbf{x}^0$ ist für alle $\mathbf{x}^0 \in D$.

Stetigkeit bedeutet auch hier, dass kleine Änderungen in den Werten der Variablen nur zu kleinen Änderungen des Funktionswertes führen.

■ Beispiel 9.2.4 — Überprüfung der Stetigkeit.
Betrachten wir die Funktion $f : \mathbb{R}^2 \to \mathbb{R}$ mit

$$f(\mathbf{x}) = x_1^2 + 4(x_2 - 1)^2 + 3$$

an der Stelle $\mathbf{x}^0 = (0,1)^T$. Aus Beispiel 9.2.1 wissen wir, dass

$$\lim_{\mathbf{x} \to \mathbf{x}^0} f(\mathbf{x}) = 3 = f(\mathbf{x}^0).$$

Die Funktion ist an der Stelle $\mathbf{x}^0$ stetig.   ■

Wie im Fall von reellen Funktionen in einer Variablen verifiziert man die Stetigkeit einer reellen Funktion in mehreren Variablen in der Regel dadurch, dass man die Funktion auf eine einfache Funktion zurückführt. Dabei können wir analog zum Fall $n = 1$ nutzen, dass folgende Verknüpfungen Stetigkeit erhalten:

Satz 9.2.1 — Verknüpfungen stetiger Funktionen.
Sind die beiden reellen Funktionen $f : D \to Z_1$ und $g : D \to Z_2$ in n Variablen mit $D \subseteq \mathbb{R}^n$ und $Z_1, Z_2 \subseteq \mathbb{R}$ stetig, so gilt
- $f + g$, $f - g$, $f \cdot g$, $\max\{f,g\}$ und $\min\{f,g\}$ sind stetig auf D,
- $\left(\frac{f}{g}\right)$ ist stetig auf $\{\mathbf{x} \in D \mid g(\mathbf{x}) \neq 0\}$.

Ist h eine stetige reelle Funktion in einer Variablen mit einem Definitionsbereich $g(D)$, so ist die Komposition $h \circ g$ ebenfalls eine reelle Funktion in n Variablen und stetig.

Zudem sind viele uns bekannte Funktionen wie beispielsweise affin-lineare, quadratische, Cobb-Douglas und Leontief-Funktionen stetig.

Satz 9.2.2 — Stetigkeit einiger Funktionen.
Die affin-lineare, die quadratische, die Cobb-Douglas und die Leontief Funktion in n-Variablen gemäß Definition 9.1.2 sind stetige Funktionen in ihrem natürlichen Definitionsbereich.

Im obigen Beispiel 9.2.4 hätte man also auch einfach darauf verweisen können, dass eine quadratische Funktion überall stetig ist.

■ Beispiel 9.2.5 — Eine Funktion mit Unstetigkeitsstelle.
Wir betrachten die Funktion $h : \mathbb{R}^2 \to \mathbb{R}$ mit

$$h(\mathbf{x}) = \begin{cases} \dfrac{x_1 x_2}{x_1^2 + x_2^2} & \text{für } \mathbf{x} \in \mathbb{R}^2 \setminus \{\mathbf{0}\} \\[2mm] 0 & \text{für } \mathbf{x} = \mathbf{0}. \end{cases}$$

Die Funktionen f und g mit Abbildungsvorschriften $f(\mathbf{x}) = x_1 x_2$ und $g(\mathbf{x}) = x_1^2 + x_2^2$ sind quadratische Funktionen in 2 Variablen und damit stetig. Somit ist laut Satz 9.2.1 ihr Quotient stetig für alle $\mathbf{x}$ mit $g(\mathbf{x}) = x_1^2 + x_2^2 \neq 0$. Da $x_1^2 + x_2^2$ genau dann 0 ist, wenn $\mathbf{x} = \mathbf{0}$, ist sichergestellt, dass die Funktion stetig ist für alle $\mathbf{x} \neq \mathbf{0}$.

Aus Beispiel 9.2.3 wissen wir, dass der Grenzwert $\lim_{\mathbf{x} \to \mathbf{0}} h(\mathbf{x})$ nicht existiert. An der Stelle $\mathbf{x} = \mathbf{0}$ ist die Funktion h also auch nicht stetig. ■

Im Fall von reellen Funktionen in zwei Variablen können wir uns Stetigkeit ähnlich vorstellen wie im Fall reeller Funktionen in einer Variablen: Hat der Graph der Funktion keine Sprünge, so ist die Funktion stetig.

(Z) Gilt $\lim_{\mathbf{x} \to \mathbf{x}^0} f(\mathbf{x}) = f(\mathbf{x}^0)$, so ist die reelle Funktion f in mehreren Variablen an der Stelle $\mathbf{x}^0$ stetig. Ist f stetig an jeder Stelle $\mathbf{x}^0$ des Definitionsbereichs, so heißt f stetig. Affin-lineare, quadratische, Cobb-Douglas und Leontief Funktionen in mehreren Variablen sind stetig. Zudem sind Summen, Differenzen, Produkte, das Maximum, das Minimum sowie die Komposition stetiger Funktionen in mehreren Variablen stetig. Außerdem ist der Quotient stetiger Funktionen in mehreren Variablen an allen Stellen stetig, an welchen der Nenner ungleich 0 ist.

9.3 Differenzierbarkeit

Für reelle Funktionen in einer Variable beschreibt die Ableitung die Rate, mit welcher sich die Funktion verändert, wenn sich das Argument ändert. Wir definierten sie als den Grenzwert des Differenzenquotienten, also des Quotienten aus der Veränderung des Funktionswerts $f(x + \Delta x) - f(x)$ und der Veränderung von x, also Δx, für $\Delta x \to 0$.

Um den Begriff der Ableitung und den hiermit verbundenen Begriff der Differenzierbarkeit auf reelle Funktionen in mehreren Variablen zu übertragen, müssen wir klarstellen, welche Arten der Veränderung von $\mathbf{x}$, einer Variable mit mehreren Komponenten, wir betrachten. Hierbei beginnen wir mit dem einfachsten Fall, dem Fall, dass sich nur eine Komponente verändert.

9.3.1 Partielle Ableitungen und der Gradient

Ziele dieses Unterkapitels
- Was versteht man unter der partiellen Ableitung einer reellen Funktion in mehreren Variablen nach x_i?
- Was versteht man unter dem Gradienten einer reellen Funktion in mehreren Variablen?
- Wie kann man eine Tangentialhyperebene einer partiell differenzierbaren reellen Funktion in mehreren Variablen an einer Stelle berechnen?

Wir motivieren den Begriff der partiellen Ableitung mit einem Beispiel.

■ Beispiel 9.3.1 — Veränderungen der Cobb-Douglas Funktion.
Wir betrachten erneut die Cobb-Douglas Funktion $f : (0, +\infty)^2 \to \mathbb{R}$ mit $f(\mathbf{x}) = x_1^{0.8} x_2^{0.2}$.
Tabelle 9.1 zeigt eine Liste von Funktionswerten einiger Stellen, Abbildung 9.27 zeigt den
Graphen der Funktion mit den aufgelisteten Funktionswerten.

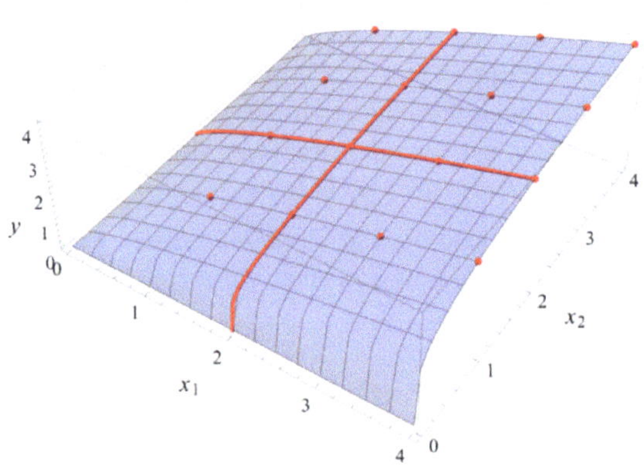

Abbildung 9.27: Graph der Cobb-Douglas Funktion

$f(\mathbf{x})$	$x_1 = 1$	$x_1 = 2$	$x_1 = 3$	$x_1 = 4$
$x_2 = 1$	1.0	$2^{0.8} \approx 1.7$	$3^{0.8} \approx 2.4$	$4^{0.8} \approx 3.0$
$x_2 = 2$	$2^{0.2} \approx 1.1$	2.0	$3^{0.8}2^{0.2} \approx 2.8$	$4^{0.8}2^{0.2} \approx 3.5$
$x_2 = 3$	$3^{0.2} \approx 1.2$	$2^{0.8}3^{0.2} \approx 2.2$	3.0	$4^{0.8}3^{0.2} \approx 3.8$
$x_2 = 4$	$4^{0.2} \approx 1.3$	$2^{0.8}4^{0.2} \approx 2.3$	$3^{0.8}4^{0.2} \approx 3.2$	4.0

Tabelle 9.1: Funktionswerte der Cobb-Douglas Funktion

Ausgehend von $x_1 = 1$ entspricht für festes $x_2 = 2$ der Nutzen einer zusätzlichen Einheit
von x_1 dem Differenzenquotient $\frac{f(2,2)-f(1,2)}{1} \approx 0.9$. Der zusätzliche Nutzen einer weiteren
Einheit von x_1 ist nur noch $\frac{f(3,2)-f(2,2)}{1} \approx 0.8$. Erhöht man x_1 erneut um eine Mengeneinheit, ist der zusätzliche Nutzen ungefähr 0.7. Betrachten wir die Funktion f für festes
$x_2 = 2$ als Funktion in der Variablen x_1, ergibt sich der Graph in Abbildung 9.28 (links
oben).[4] Aus dem Graphen erahnt man, dass die Funktion f für festes $x_2 = 2$ monoton
steigt, der Betrag der Steigung aber fällt. Um diese Intuition zu präzisieren, betrachten wir
die Funktion für festes x_2 und leiten die so entstandene Funktion in einer Variablen nach
x_1 ab. Für festes $x_2 = 2$ ergibt sich diese Ableitung als $0.8x_1^{0.8-1}2^{0.2} > 0$. Da man hier nur
Veränderungen in einer Variablen, nämlich x_1, betrachtet und die anderen Variablen der
Funktion fixiert, bezeichnet man diese Ableitung auch als die partielle Ableitung von f
nach x_1. Die partielle Ableitung von f nach x_1 an der Stelle $(1, 2)^T$ ist also beispielsweise
$0.8 \cdot 1^{0.8-1}2^{0.2} = 0.8 \cdot 2^{0.2}$.

---

[4]   Diese Betrachtungsweise entspricht einem Vertikalschnitt in Richtung $\mathbf{e}^1$ ausgehend von $\mathbf{x}^0 = (0, 2)$,
    siehe Abbildung 9.27.

Ebenso scheint der Grenznutzen von x_2 für festes $x_1 = 2$, also die Ableitung der Funktion f für festes x_1, stets positiv aber fallend, vgl. Abbildung 9.28 (rechts). Wir bestimmen die partielle Ableitung von f nach x_2 in Beispiel 9.3.2. ∎

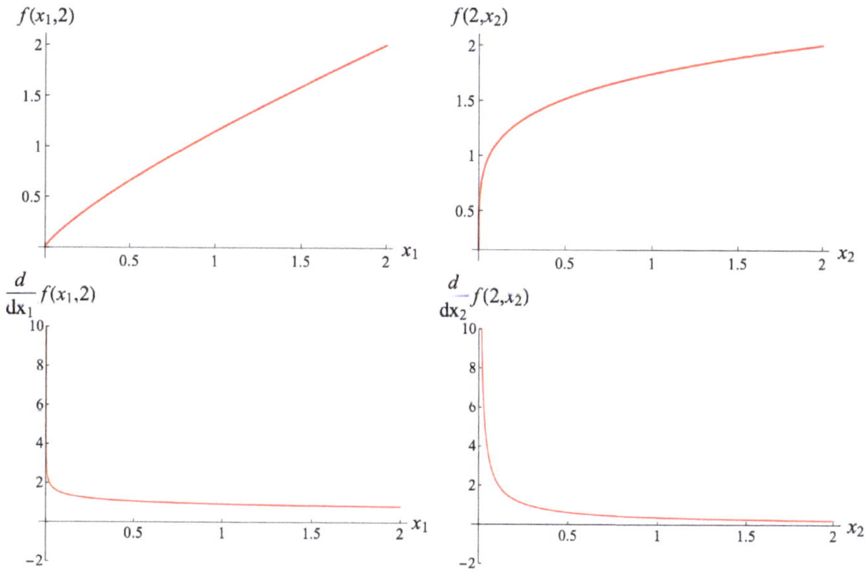

Abbildung 9.28: Grenznutzen der Cobb-Douglas Funktion

Betrachtet man alle Variablen der Funktion f außer x_i als Parameter, und leitet dann nach x_i ab, spricht man von der partiellen Ableitung von f nach x_i.

Definition 9.3.1 — Partielle Ableitung.

Sei $D \subseteq \mathbb{R}^n$ offen. Eine reelle Funktion $f : D \to Z$ in n Variablen heißt an der Stelle $\mathbf{x}^0 \in D$ partiell nach x_i, $i = 1, \ldots, n$ differenzierbar, wenn der Grenzwert

$$\lim_{\Delta x \to 0} \frac{f(\mathbf{x}^0 + \Delta x \cdot \mathbf{e}^i) - f(\mathbf{x}^0)}{\Delta x}$$

existiert. Im Falle der Existenz nennt man den Grenzwert die **partielle Ableitung**, symbolisch $\frac{\partial f(\mathbf{x}^0)}{\partial x_i}$. Die Funktion f heißt **partiell differenzierbar** nach x_i, $i \in \{1, \ldots, n\}$, wenn sie an jeder Stelle $\mathbf{x}^0 \in D$ partiell nach x_i differenzierbar ist. Die Funktion mit Abbildungsvorschrift

$$f_{x_i}(\mathbf{x}) = \frac{\partial f(\mathbf{x})}{\partial x_i}$$

nennt man die **partielle Ableitung** von f nach x_i. Ist eine Funktion f nach allen Variablen x_i, $i = 1, \ldots, n$ differenzierbar, so nennt man f auch partiell differenzierbar.

Abbildung 9.29 visualisiert den Differenzenquotient, dessen Grenzwert die partielle Ableitung nach x_1 darstellt, am Beispiel der Cobb-Douglas Funktion. Wir demonstrieren die Bildung partieller Ableitungen in einigen Beispielen.

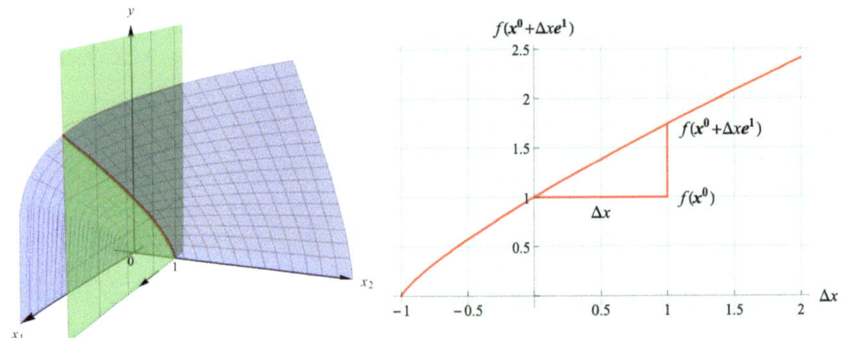

Abbildung 9.29: Visualisierung der partiellen Ableitung

■ Beispiel 9.3.2 — Partielle Ableitung der Cobb-Douglas Funktion.

Berechnet man in Beispiel 9.3.1 die partielle Ableitung der Cobb-Douglas Funktion $f : (0, +\infty)^2 \to \mathbb{R}$ mit $f(\mathbf{x}) = x_1^{0.8} x_2^{0.2}$ nach x_1, so behandelt man x_2 wie eine Konstante und leitet nach x_1 ab. Die partielle Ableitung nach x_1 ist dann gleich

$$f_{x_1}(\mathbf{x}) = \frac{\partial f(\mathbf{x})}{\partial x_1} = \frac{\partial(x_1^{0.8} x_2^{0.2})}{\partial x_1} = 0.8 x_1^{0.8-1} x_2^{0.2} = 0.8 x_1^{-0.2} x_2^{0.2} = 0.8 \frac{x_2^{0.2}}{x_1^{0.2}} = 0.8 \left(\frac{x_2}{x_1}\right)^{0.2}.$$

Um die partielle Ableitung der Funktion nach x_2 zu berechnen, behandelt man x_1 wie eine Konstante und leitet nach x_2 ab. Die partielle Ableitung nach x_2 ergibt dann

$$f_{x_2}(\mathbf{x}) = \frac{\partial f(\mathbf{x})}{\partial x_2} = \frac{\partial(x_1^{0.8} x_2^{0.2})}{\partial x_2} = 0.2 x_1^{0.8} x_2^{0.2-1} = 0.2 x_1^{0.8} x_2^{-0.8} = 0.2 \frac{x_1^{0.8}}{x_2^{0.8}} = 0.2 \left(\frac{x_1}{x_2}\right)^{0.8}. \quad \blacksquare$$

■ Beispiel 9.3.3 — Partielle Ableitung einer quadratischen Funktion.

Wir berechnen nun die partiellen Ableitungen der quadratischen Funktion $f : \mathbb{R}^2 \to \mathbb{R}$ mit $f(\mathbf{x}) = x_1^2 + 4(x_2 - 1)^2 + 3$. Der Term $4(x_2 - 1)^2 + 3$ verändert sich nicht, wenn nur x_1 verändert wird. Somit ist die partielle Ableitung dieses Terms nach x_1 gleich 0. Der Term x_1^2 abgeleitet nach x_1 ist $2x_1$. Wir erhalten somit

$$f_{x_1}(\mathbf{x}) = \frac{\partial f(\mathbf{x})}{\partial x_1} = \frac{\partial(x_1^2 + 4(x_2-1)^2 + 3)}{\partial x_1} = 2x_1.$$

Bei der partiellen Ableitung der Funktion nach x_2 wird x_1 als Konstante betrachtet und nach x_2 abgeleitet. Somit entspricht die partielle Ableitung

$$f_{x_2}(\mathbf{x}) = \frac{\partial f(\mathbf{x})}{\partial x_2} = \frac{\partial(x_1^2 + 4(x_2 - 1)^2 + 3)}{\partial x_2} = 8(x_2 - 1). \quad \blacksquare$$

■ Beispiel 9.3.4 — Partielle Ableitung einer affin-linearen Funktion.

Wie im Fall reeller Funktionen in einer Variablen sind die partiellen Ableitungen einer affin-linearen Funktion in mehreren Variablen konstant. Beispielsweise ist die partielle Ableitung der affin-linearen Funktion mit Abbildungsvorschrift $f(\mathbf{x}) = -8x_1 + 3x_2 + 10$ nach x_1 gleich

$$f_{x_1}(\mathbf{x}) = \frac{\partial f(\mathbf{x})}{\partial x_1} = \frac{\partial(-8x_1 + 3x_2 + 10)}{\partial x_1} = -8.$$

Die partielle Ableitung nach x_2 ist

$$f_{x_2}(\mathbf{x}) = \frac{\partial f(\mathbf{x})}{\partial x_2} = \frac{\partial(-8x_1 + 3x_2 + 10)}{\partial x_2} = 3.$$

∎

■ Beispiel 9.3.5 — Eine nicht partiell differenzierbare Funktion.
Die Leontief Funktion aus Beispiel 9.1.1 mit Abbildungsvorschrift $f(\mathbf{x}) = \min\{x_1, \frac{1}{2}x_2\}$
ist nicht überall partiell differenzierbar. Beispielsweise gilt an der Stelle $\mathbf{x}^0 = (1,2)^T$

$$\frac{f(\mathbf{x}^0 + \Delta x \mathbf{e}^1) - f(\mathbf{x}^0)}{\Delta x} = \frac{\min\{1 + \Delta x, 1\} - 1}{\Delta x} = \begin{cases} 0 & \text{für } \Delta x > 0 \\ 1 & \text{für } \Delta x < 0 \end{cases}.$$

Somit existiert $\lim_{\Delta x \to 0} \frac{f(\mathbf{x}^0 + \Delta x \mathbf{e}^1) - f(\mathbf{x}^0)}{\Delta x}$ für $\mathbf{x}^0 = (1,2)^T$ nicht. Die partielle Ableitung nach
x_1 existiert also an dieser Stelle nicht. Am Graphen der Funktion ist an dieser Stelle ein
Knick erkennbar, vgl. Abbildung 9.1.

∎

Fasst man die partiellen Ableitungen nach allen Variablen an einer Stelle zusammen,
ergibt sich ein Vektor, den man als Gradienten von f bezeichnet.

Definition 9.3.2 — Der Gradient.
Sei $D \subseteq \mathbb{R}^n$ offen, und $f : D \to Z$ eine reelle und an der Stelle $\mathbf{x}^0$ partiell differenzierbare
Funktion in n Variablen. Der Vektor

$$\operatorname{grad} f(\mathbf{x}^0) = \nabla f(\mathbf{x}^0) = \begin{pmatrix} \frac{\partial f(\mathbf{x}^0)}{\partial x_1} \\ \vdots \\ \frac{\partial f(\mathbf{x}^0)}{\partial x_n} \end{pmatrix}$$

heißt **Gradient** von f an der Stelle $\mathbf{x}^0$.

■ Beispiel 9.3.6 — Gradient einer affin-linearen Funktion.
Die partiellen Ableitungen einer affin-linearen Funktion sind stets konstant. Der Gradient
der Funktion mit $f(\mathbf{x}) = -8x_1 + 3x_2 + 10$ ist für alle $\mathbf{x}^0$ gleich

$$\operatorname{grad} f(\mathbf{x}^0) = \nabla f(\mathbf{x}^0) = \begin{pmatrix} -8 \\ 3 \end{pmatrix}.$$

Damit gilt unter anderem

$$\nabla f(1,1) = \nabla f(1,32) = \begin{pmatrix} -8 \\ 3 \end{pmatrix}.$$

∎

■ Beispiel 9.3.7 — Gradient der Cobb-Douglas Funktion.
Die partiellen Ableitungen der Cobb-Douglas Funktion $f : (0, +\infty)^2 \to \mathbb{R}$ mit $f(\mathbf{x}) = x_1^{0.8} x_2^{0.2}$ haben wir als

$$f_{x_1}(\mathbf{x}) = 0.8 \left(\frac{x_2}{x_1}\right)^{0.2} \quad \text{und} \quad f_{x_2}(\mathbf{x}) = 0.2 \left(\frac{x_1}{x_2}\right)^{0.8}$$

bestimmt. Allgemein berechnet sich der Gradient dieser Funktion an einer Stelle $\mathbf{x}^0$ also als

$$\operatorname{grad} f(\mathbf{x}^0) = \nabla f(\mathbf{x}^0) = \begin{pmatrix} 0.8 \left(\frac{x_2^0}{x_1^0} \right)^{0.2} \\ 0.2 \left(\frac{x_1^0}{x_2^0} \right)^{0.8} \end{pmatrix}.$$

An der Stelle $\mathbf{x}^0 = (1,1)^T$ ist der Gradient damit

$$\operatorname{grad} f(1,1) = \nabla f(1,1) = \begin{pmatrix} 0.8 \left(\frac{1}{1} \right)^{0.2} \\ 0.2 \left(\frac{1}{1} \right)^{0.8} \end{pmatrix} = \begin{pmatrix} 0.8 \\ 0.2 \end{pmatrix}.$$

Auch an der Stelle $\mathbf{x}^0 = (32,32)^T$ ist der Gradient

$$\operatorname{grad} f(32,32) = \nabla f(32,32) = \begin{pmatrix} 0.8 \left(\frac{32}{32} \right)^{0.2} \\ 0.2 \left(\frac{32}{32} \right)^{0.8} \end{pmatrix} = \begin{pmatrix} 0.8 \\ 0.2 \end{pmatrix}.$$

An der Stelle $\mathbf{x}^0 = (1,32)^T$ ist der Gradient

$$\operatorname{grad} f(1,32) = \nabla f(1,32) = \begin{pmatrix} 0.8 \left(\frac{32}{1} \right)^{0.2} \\ 0.2 \left(\frac{1}{32} \right)^{0.8} \end{pmatrix} = \begin{pmatrix} \frac{8}{5} \\ \frac{1}{80} \end{pmatrix}.$$

Will man an der Stelle $\mathbf{x}^0 = (1,32)^T$ eine Tangente an den Vertikalschnitt in Richtung der x_1-Achse, also in Richtung $\mathbf{e}^1$ ausgehend von $\mathbf{x}^0$, legen, hat diese Tangente eine Steigung, die der partiellen Ableitung nach x_1 an dieser Stelle entspricht. Die Steigung der Tangente ist somit $f_{x_1}(\mathbf{x}^0) = \frac{8}{5}$. Ihre Geradengleichung ist

$$y = f(\mathbf{x}^0) + \frac{8}{5}(x_1 - 1) = 2 + \frac{8}{5}(x_1 - 1).$$

Will man an der Stelle $\mathbf{x}^0 = (1,32)^T$ eine Tangente an den Vertikalschnitt in Richtung $\mathbf{e}^2$ ausgehend von $\mathbf{x}^0$ legen, hat diese Tangente eine Steigung, die der partiellen Ableitung nach x_2 an dieser Stelle entspricht. Diese Steigung ist $f_{x_2}(\mathbf{x}^0) = \frac{1}{80}$. Die Geradengleichung der Tangente ist damit

$$y = f(\mathbf{x}^0) + \frac{1}{80}(x_2 - 32) = 2 + \frac{1}{80}(x_2 - 32).$$

Die beiden Tangenten zusammen spannen die sogenannte Tangentialebene von f an der Stelle $\mathbf{x}^0 = (1,32)^T$ auf,

$$t_{1,\mathbf{x}^0}(\mathbf{x}) = f(\mathbf{x}^0) + \sum_{i=1}^{n} f_{x_i}(\mathbf{x}^0)(x_i - x_i^0) = 2 + \frac{8}{5}(x_1 - 1) + \frac{1}{80}(x_2 - 32),$$

vgl. Abbildung 9.30. Die Funktion $t_{1,\mathbf{x}^0}$ entspricht also der Verallgemeinerung einer Tangente für (partiell) differenzierbare Funktionen in $n = 2$ Variablen. Mithilfe obiger Formel ergibt sich die Tangentialebene von f an der Stelle $\mathbf{x}^0 = (1,1)^T$ als

$$\begin{aligned} t_{1,\mathbf{x}^0}(\mathbf{x}) &= 1 + 0.8(x_1 - 1) + 0.2(x_2 - 1) \\ &= 1 - 0.8 - 0.2 + 0.8x_1 + 0.2x_2 = 0.8x_1 + 0.2x_2, \end{aligned}$$

vgl. Abbildung 9.31. Der Graph von $t_{1,\mathbf{x}^0}$ entspricht auch geometrisch einer Ebene im $\mathbb{R}^3$, da die Menge aller Punkte (x_1, x_2, y) mit $y = t_{1,\mathbf{x}^0}(x_1, x_2)$ der Lösungsmenge der linearen Gleichung $0 = 0.8x_1 + 0.2x_2 - y$ entspricht, vgl. Satz 7.3.1.   ∎

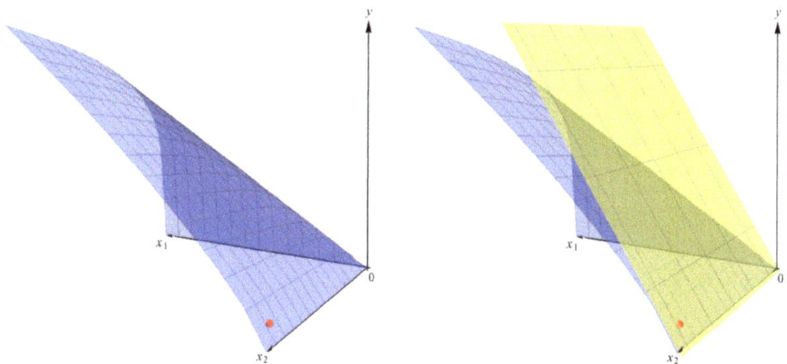

Abbildung 9.30: Tangentialebene der Cobb-Douglas Funktion an der Stelle $\mathbf{x}^0 = (1,32)^T$

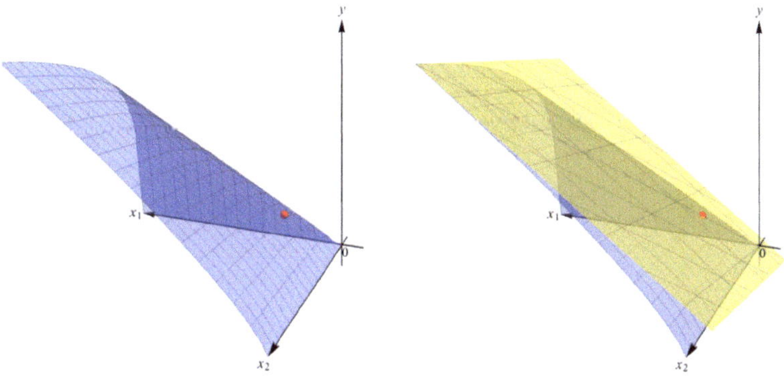

Abbildung 9.31: Tangentialebene der Cobb-Douglas Funktion an der Stelle $\mathbf{x}^0 = (1,1)^T$

So wie man mithilfe der Ableitung eine Tangente an den Graphen einer reellen Funktion in einer Variablen legen kann, kann man mithilfe der partiellen Ableitungen bzw. des Gradienten eine Tangentialebene an den Graphen einer reellen Funktion in zwei Variablen legen. Bei Funktionen in $n \geq 3$ Variablen spricht man von Tangentialhyperebenen.

> **Definition 9.3.3 — Tangentialebene und Tangentialhyperebene .**
> Sei $D \subseteq \mathbb{R}^n$ offen, $f : D \to Z$ eine partiell differenzierbare reelle Funktion in n Variablen und $\mathbf{x}^0 \in D$. Die Funktion
>
> $$t_{1,\mathbf{x}^0}(\mathbf{x}) = f(\mathbf{x}^0) + \sum_{i=1}^{n} f_{x_i}(\mathbf{x}^0)(x_i - x_i^0) = f(\mathbf{x}^0) + \nabla f(\mathbf{x}^0)^T(\mathbf{x} - \mathbf{x}^0)$$
>
> beschreibt im Fall $n = 1$ eine **Tangente**, im Fall $n = 2$ eine **Tangentialebene**, und allgemein eine **Tangentialhyperebene** (an den Graphen) von f an der Stelle $\mathbf{x}^0$.

Abbildung 9.32 visualisiert schematisch eine Tangential(hyper)ebene im $\mathbb{R}^3$. Ihre Elemente sind Summen des Punkts $(x_1^0, x_2^0, f(x_1^0, x_2^0))^T$ und Elementen der linearen Hülle der Vektoren $(1, 0, f_{x_1}(x_1^0, x_2^0))^T$ und $(0, 1, f_{x_2}(x_1^0, x_2^0))^T$. Dabei beschreibt der Vektor $(1, 0, f_{x_1}(x_1^0, x_2^0))^T$ den Anstieg um $f_{x_1}(x_1^0, x_2^0)$, wenn sich x_1 um 1 vergrößert und $(0, 1, f_{x_2}(x_1^0, x_2^0))^T$ den Anstieg um $f_{x_2}(x_1^0, x_2^0)$, wenn sich x_2 um 1 vergrößert.

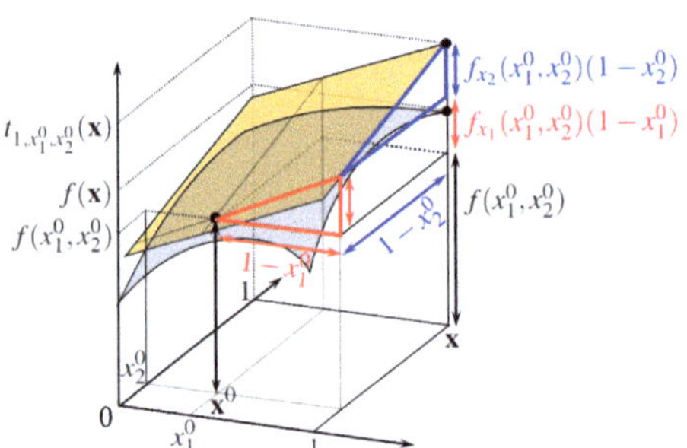

Abbildung 9.32: Die Tangentialebene

■ Beispiel 9.3.8 — Konstruktion einer Tangentialebene.

Will man die Tangentialebene von

$$f : \mathbb{R}^2 \to \mathbb{R} \text{ mit } f(\mathbf{x}) = x_1^2 + 4(x_2 - 1)^2 + 3$$

an der Stelle $\mathbf{x}^0 = (1,2)^T$ als Funktion beschreiben, ergibt sich mit

$$\nabla f(\mathbf{x}^0) = \begin{pmatrix} f_{x_1}(x_1^0, x_2^0) \\ f_{x_2}(x_1^0, x_2^0) \end{pmatrix} = \begin{pmatrix} 2x_1^0 \\ 8(x_2^0 - 1) \end{pmatrix}$$

die Funktion

$$\begin{aligned}
t_{1,\mathbf{x}^0}(x_1, x_2) &= f(x_1^0, x_2^0) + f_{x_1}(x_1^0, x_2^0)(x_1 - x_1^0) + f_{x_2}(x_1^0, x_2^0)(x_2 - x_2^0) \\
&= f(1,2) + f_{x_1}(1,2)(x_1 - 1) + f_{x_2}(1,2)(x_2 - 2) \\
&= 8 + 2(x_1 - 1) + 8(x_2 - 2) = 2x_1 + 8x_2 - 10.
\end{aligned}$$

Diese Tangentialebene ist in Abbildung 9.33 dargestellt.   ■

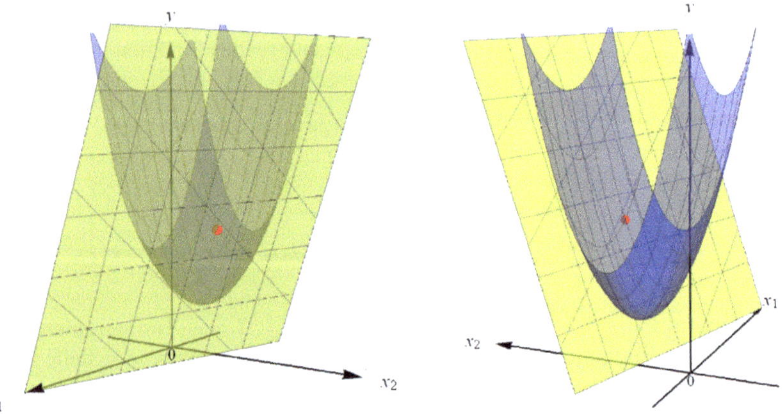

Abbildung 9.33: Die Tangentialebene der quadratischen Funktion an der Stelle
$\mathbf{x}^0 = (1,2)^T$

Ist f eine reelle Funktion in n Variablen, dann ist im Falle der Existenz die partielle Ableitung nach x_i die Funktion

$$f_{x_i}(\mathbf{x}) = \frac{\partial f(\mathbf{x})}{\partial x_i} = \lim_{\Delta x \to 0} \frac{f(\mathbf{x} + \Delta x \cdot \mathbf{e}^i) - f(\mathbf{x})}{\Delta x}.$$

Der Gradient an der Stelle $\mathbf{x}^0$ ist der Spaltenvektor

$$\operatorname{grad} f(\mathbf{x}^0) = \nabla f(\mathbf{x}^0) = \left(\frac{\partial f(\mathbf{x}^0)}{\partial x_1}, \ldots, \frac{\partial f(\mathbf{x}^0)}{\partial x_n} \right)^T \in \mathbb{R}^n.$$

Sei f eine partiell differenzierbare reelle Funktion in n Variablen und $\mathbf{x}^0$ im Definitionsbereich von f. Die Funktion

$$t_{1,\mathbf{x}^0}(\mathbf{x}) = f(\mathbf{x}^0) + \sum_{i=1}^{n} f_{x_i}(\mathbf{x}^0)(x_i - x_i^0) = f(\mathbf{x}^0) + \nabla f(\mathbf{x}^0)^T (\mathbf{x} - \mathbf{x}^0)$$

beschreibt eine Tangentialhyperebene (an den Graphen) von f an der Stelle $\mathbf{x}^0$.

9.3.2 Stetig (partiell) differenzierbare Funktionen

Ziele dieses Unterkapitels

- Was ist eine stetig partiell differenzierbare reelle Funktion in mehreren Variablen?
- Ist jede partiell differenzierbare reelle Funktion in mehreren Variablen auch stetig? Ist jede stetig partiell differenzierbare reelle Funktion in mehreren Variablen auch stetig?

Ist eine reelle Funktion in einer Variablen an einer Stelle unstetig, so ist sie dort auch nicht differenzierbar. Folgendes Beispiel illustriert, dass eine reelle Funktion in mehreren Variablen an einer Stelle unstetig und dennoch (auch an dieser Stelle) nach allen Variablen partiell differenzierbar sein kann:

■ Beispiel 9.3.9 — Partielle Ableitungen einer unstetigen Funktion.
Wir betrachten erneut die Funktion

$$h(\mathbf{x}) = \begin{cases} \dfrac{x_1 x_2}{x_1^2 + x_2^2} & \text{für } \mathbf{x} \in \mathbb{R}^2 \setminus \{\mathbf{0}\} \\ 0 & \text{für } \mathbf{x} = \mathbf{0} \end{cases}$$

aus Beispiel 9.2.5. Für $x_2 \neq 0$ gilt $\mathbf{x} \neq \mathbf{0}$. Mithilfe der Quotientenregel erhalten wir damit die partielle Ableitung nach x_1 für festes $x_2 \neq 0$ als

$$h_{x_1}(\mathbf{x}) = \frac{\partial h(\mathbf{x})}{\partial x_1} = \frac{\partial \frac{x_1 x_2}{x_1^2 + x_2^2}}{\partial x_1} = \frac{\partial \left(x_2 \cdot \frac{x_1}{x_1^2 + x_2^2} \right)}{\partial x_1}$$

$$= x_2 \left[\frac{1(x_1^2 + x_2^2) - x_1(2x_1 + 0)}{(x_1^2 + x_2^2)^2} \right] = x_2 \left[\frac{-x_1^2 + x_2^2}{(x_1^2 + x_2^2)^2} \right] = \frac{x_2(x_2^2 - x_1^2)}{(x_1^2 + x_2^2)^2}.$$

Für $\mathbf{x} = \mathbf{0}$ folgt aus der Definition der partiellen Ableitung, dass

$$h_{x_1}(\mathbf{0}) = \lim_{\Delta x \to 0} \frac{h(\mathbf{0} + \Delta x \cdot \mathbf{e}^1) - h(\mathbf{0})}{\Delta x} = \lim_{\Delta x \to 0} \frac{h(\Delta x \cdot \mathbf{e}^1) - h(\mathbf{0})}{\Delta x} = \lim_{\Delta x \to 0} \frac{0 - 0}{\Delta x} = 0.$$

Zusammenfassend ist also für alle $\mathbf{x} \in \mathbb{R}^2$

$$h_{x_1}(\mathbf{x}) = \begin{cases} \dfrac{x_2(x_2^2 - x_1^2)}{(x_1^2 + x_2^2)^2} & \text{für } \mathbf{x} \neq \mathbf{0} \\ 0 & \text{für } \mathbf{x} = \mathbf{0}. \end{cases}$$

Analog ergibt sich die partielle Ableitung der Funktion h nach der Variable x_2 als

$$h_{x_2}(\mathbf{x}) = \begin{cases} \frac{x_1(x_1^2 - x_2^2)}{(x_1^2 + x_2^2)^2} & \text{für } \mathbf{x} \neq \mathbf{0} \\ 0 & \text{für } \mathbf{x} = \mathbf{0}. \end{cases}$$

Die Funktion ist also an allen Stellen ihres Definitionsbereichs sowohl nach x_1 als auch nach x_2 partiell differenzierbar. Es handelt sich also um eine partiell differenzierbare Funktion.

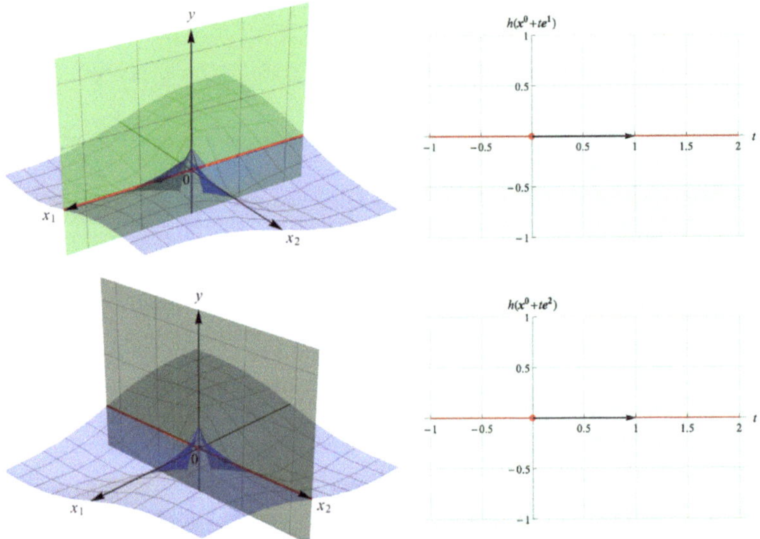

Abbildung 9.34: Senkrechte Vertikalschnitte von h durch $\mathbf{0}$

In Beispiel 9.2.5 hatten wir gezeigt, dass h an der Stelle $\mathbf{0}$ nicht stetig ist. Dennoch ist die Funktion auch an dieser Stelle sowohl nach x_1 als auch nach x_2 partiell differenzierbar.

Dass dies kein Widerspruch ist, kann man sich wie folgt überlegen: Für festes $x_2 = 0$ ist h eine Funktion in x_1, die alle x_1 auf 0 abbildet, und damit insbesondere stetig. Ebenso ist die Funktion für festes $x_1 = 0$ eine Funktion in x_2, die alle x_2 auf 0 abbildet, und damit ebenfalls stetig, siehe Abbildung 9.34. Die Unstetigkeit an der Stelle $\mathbf{0}$ haben wir im Beispiel 9.2.5 gezeigt, indem man sich durch gleichzeitige Veränderung von x_1 und x_2 der Stelle $\mathbf{0}$ nähert. Partielle Ableitungen betrachten die Funktion nur für festes x_1 oder festes x_2. Somit kann die Funktion an der Stelle $\mathbf{0}$ partiell differenzierbar aber unstetig sein.

Somit kann man sogar an Unstetigkeitsstellen Tangentialebenen von h bilden. An der Stelle $\mathbf{0}$ ergibt sich hier beispielsweise

$$t_{1,\mathbf{0}}(x_1, x_2) = h(0,0) + h_{x_1}(0,0)(x_1 - 0) + h_{x_2}(0,0)(x_2 - 0) = 0.$$

Die Tangentialebene ist in Abbildung 9.35 visualisiert.   ■

Wie im vorherigen Beispiel gesehen, ist nicht jede partiell differenzierbare Funktion auch stetig. Fordert man neben der Existenz der partiellen Ableitungen zusätzlich die Stetigkeit dieser partiellen Ableitungen, erhält man allerdings hinreichende Kriterien für die Stetigkeit. Folgende Definition und folgender Satz formalisieren dies:

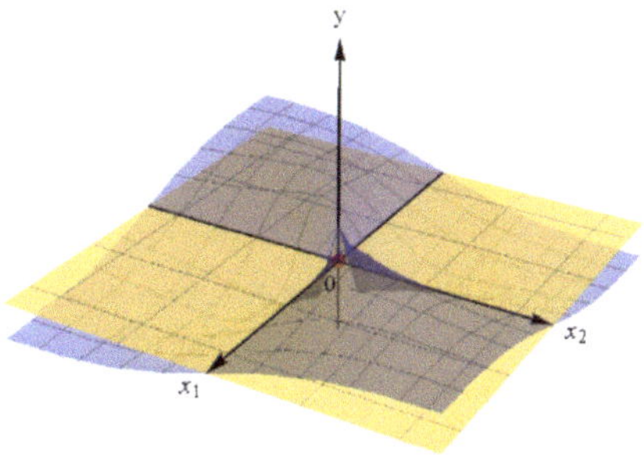

Abbildung 9.35: Die Tangentialebene von h durch $\mathbf{0}$

> **Definition 9.3.4 — Stetige partielle Differenzierbarkeit.**
> Sei $D \subseteq \mathbb{R}^n$ offen und $f : D \to Z$ eine reelle Funktion in n Variablen. Sind die partiellen Ableitungen f_{x_i} für alle $i = 1, \ldots, n$ stetig an der Stelle $\mathbf{x}^0$, so heißt f **stetig partiell differenzierbar** oder einfach **stetig differenzierbar** in $\mathbf{x}^0$.
>
> Sind die partiellen Ableitungen f_{x_i} für alle $i = 1, \ldots, n$ auf dem gesamten Definitionsbereich $D \subseteq \mathbb{R}^n$ stetig, so heißt f **stetig partiell differenzierbar** oder einfach **stetig differenzierbar**.

> **Satz 9.3.1 — Stetigkeit stetig partiell differenzierbarer Funktionen.**
> Eine stetig partiell differenzierbare reelle Funktion in n Variablen ist stetig.

Liest man obigen Satz als „f ist stetig partiell differenzierbar $\Rightarrow$ f ist stetig", ist die Kontraposition offensichtlich „f ist nicht stetig $\Rightarrow$ f ist nicht stetig partiell differenzierbar". Die Funktion aus Beispiel 9.3.9 ist nicht stetig und kann daher nicht stetig partiell differenzierbar sein. Wir zeigen dies in folgender Fortsetzung des Beispiels.

■ **Beispiel 9.3.10 — Fortsetzung von Beispiel 9.3.9 (∗).**
Wir betrachten erneut die Funktion

$$h(\mathbf{x}) = \begin{cases} \dfrac{x_1 x_2}{x_1^2 + x_2^2} & \text{für } \mathbf{x} \in \mathbb{R}^2 \setminus \{\mathbf{0}\} \\ 0 & \text{für } \mathbf{x} = \mathbf{0}. \end{cases}$$

Wir zeigen, dass h_{x_1} an der Stelle $\mathbf{0}$ unstetig ist. Wäre h_{x_1} an der Stelle $\mathbf{0}$ stetig, würde es zu jedem $\varepsilon > 0$ ein $\delta > 0$ geben, so dass

$$|h_{x_1}(\mathbf{x}) - h_{x_1}(\mathbf{0})| = |h_{x_1}(\mathbf{x}) - 0| < \varepsilon \text{ für alle } \mathbf{x} \in U(\mathbf{0}, \delta).$$

Wir zeigen, dass es unter anderem für $\varepsilon = 1$ kein solches $\delta > 0$ gibt, indem wir erst zeigen, dass es kein $\delta \leq 1$ gibt und dann erklären, warum es auch kein $\delta > 1$ geben kann.

Für jedes $\delta \leq 1$ ist die Stelle $\mathbf{x} = (0, \frac{\delta}{2})^T$ nur $\frac{\delta}{2}$ von $\mathbf{0}$ entfernt. Die Stelle liegt also in der δ-Umgebung von $\mathbf{0}$ und es gilt $h_{x_1}(\mathbf{x}) = \frac{2}{\delta} \geq 2 > 1 = \varepsilon$. Für $\delta \leq 1$ kann man also in jeder solchen δ-Umgebung von $\mathbf{0}$ eine Stelle finden, für welche obige Ungleichung, welche man für Stetigkeit zeigen müsste, nicht erfüllt ist.

Da eine Umgebung $U(\mathbf{0}, \delta)$ für $\delta > 1$ als Teilmenge u.a. die Umgebung $U(\mathbf{0}, 1)$ enthält und wir oben gezeigt haben, dass in jeder solchen Umgebung die Ungleichung an mindestens einer Stelle nicht erfüllt ist, kann es auch keine Umgebung $U(\mathbf{0}, \delta)$ mit $\delta > 1$ geben, so dass die Ungleichung an allen Stellen der Umgebung erfüllt ist.

Es gibt also für $\varepsilon = 1$ keine δ-Umgebung mit $|h_{x_1}(\mathbf{x}) - 0| < 1 = \varepsilon$ für alle $\mathbf{x} \in U(\mathbf{0}, \delta)$. Die partielle Ableitung ist nicht stetig.   ■

(Z) Sind die partiellen Ableitungen einer partiell differenzierbaren reellen Funktion f in n Variablen für alle x_i, $i = 1, \ldots, n$, auf dem Definitionsbereich stetig, nennt man f auch stetig partiell differenzierbar.

Stetig partiell differenzierbare reelle Funktionen in mehreren Variablen sind auch stets stetig; partiell differenzierbare reelle Funktionen in mehreren Variablen sind nicht zwingend auch stetig.

9.3.3   Partielle Ableitungen höherer Ordnung und die Hesse-Matrix

Ziele dieses Unterkapitels
- Was versteht man unter partiellen Ableitungen zweiter Ordnung? Was ist die Hesse-Matrix?
- Was ist eine zweimal stetig partiell differenzierbare reelle Funktion in mehreren Variablen?
- Ist die Hesse-Matrix immer symmetrisch?

Ebenso wie man für reelle Funktionen in einer Variablen Ableitungen höherer Ordnung bilden kann, können partielle Ableitungen höherer Ordnung für reelle Funktionen in mehreren Variablen gebildet werden. Leitet man die partielle Ableitung nach x_i erneut nach x_i ab, so entsteht die zweite partielle Ableitung nach x_i. Leitet man die partielle Ableitung nach x_i nach einer anderen Variable x_j mit $j \neq i$ ab, so entsteht eine sogenannte gemischte Ableitung oder Kreuzableitung.

Definition 9.3.5 — Partielle Ableitung zweiter Ordnung und Hesse-Matrix.
Sei f eine partiell differenzierbare reelle Funktion in n Variablen. Ist die partielle Ableitung nach x_i, $f_{x_i}(\mathbf{x}) = \frac{\partial f(\mathbf{x})}{\partial x_i}$, partiell differenzierbar nach x_j, so entstehen **partielle Ableitungen zweiter Ordnung**

$$f_{x_i x_j}(\mathbf{x}) = \frac{\partial f_{x_i}(\mathbf{x})}{\partial x_j} = \frac{\partial^2 f(\mathbf{x})}{\partial x_j \partial x_i}.$$

Die Matrix, die alle partiellen Ableitungen zweiter Ordnung der Funktion an einer Stelle $\mathbf{x}^0$ enthält,

$$\nabla^2 f(\mathbf{x}^0) = H_f(\mathbf{x}^0) = \left(f_{x_i x_j}(\mathbf{x}^0)\right)_{ij} = \begin{pmatrix} f_{x_1 x_1}(\mathbf{x}^0) & f_{x_1 x_2}(\mathbf{x}^0) & \cdots & f_{x_1 x_n}(\mathbf{x}^0) \\ f_{x_2 x_1}(\mathbf{x}^0) & f_{x_2 x_2}(\mathbf{x}^0) & \cdots & f_{x_2 x_n}(\mathbf{x}^0) \\ \vdots & \vdots & \ddots & \vdots \\ f_{x_n x_1}(\mathbf{x}^0) & f_{x_n x_2}(\mathbf{x}^0) & \cdots & f_{x_n x_n}(\mathbf{x}^0) \end{pmatrix},$$

nennt man **Hesse-Matrix** der Funktion f an der Stelle $\mathbf{x}^0$.

Analog kann man auch partielle Ableitungen höherer Ordnung definieren. Wir berechnen die Hesse-Matrix einiger Funktionen an verschiedenen Stellen.

■ **Beispiel 9.3.11 — Die Hesse-Matrix einer affin-linearen Funktion.**
Für die affin-lineare Funktion $f : \mathbb{R}^2 \to \mathbb{R}$ mit $f(\mathbf{x}) = -8x_1 + 3x_2 + 10$ wurden die ersten partiellen Ableitungen nach x_1 und x_2 in Beispiel 9.3.4 berechnet. Es gilt

$$f_{x_1}(\mathbf{x}) = \frac{\partial f(\mathbf{x})}{\partial x_1} = -8 \quad \text{und} \quad f_{x_2}(\mathbf{x}) = \frac{\partial f(\mathbf{x})}{\partial x_2} = 3.$$

Die zweiten partiellen Ableitungen von $f(\mathbf{x})$ erhält man nun durch Ableiten der partiellen Ableitungen $f_{x_1}(\mathbf{x}) = \frac{\partial f(\mathbf{x})}{\partial x_1}$ und $f_{x_2}(\mathbf{x}) = \frac{\partial f(\mathbf{x})}{\partial x_2}$. Partielles Ableiten nach x_1 ergibt

$$f_{x_1 x_1}(\mathbf{x}) = \frac{\partial f_{x_1}(\mathbf{x})}{\partial x_1} = \frac{\partial(-8)}{\partial x_1} = 0 \quad \text{und} \quad f_{x_2 x_1}(\mathbf{x}) = \frac{\partial f_{x_2}(\mathbf{x})}{\partial x_1} = \frac{\partial(3)}{\partial x_1} = 0.$$

Leitet man $f_{x_1}(\mathbf{x})$ und $f_{x_2}(\mathbf{x})$ nach x_2 ab, ergibt sich

$$f_{x_1 x_2}(\mathbf{x}) = \frac{\partial f_{x_1}(\mathbf{x})}{\partial x_2} = \frac{\partial(-8)}{\partial x_2} = 0 \quad \text{und} \quad f_{x_2 x_2}(\mathbf{x}) = \frac{\partial f_{x_2}(\mathbf{x})}{\partial x_2} = \frac{\partial(3)}{\partial x_2} = 0.$$

Alle zweiten partiellen Ableitungen dieser affin-linearen Funktion sind 0, unabhängig von der betrachteten Stelle. Die Hesse-Matrix der Funktion fasst diese zweiten partiellen Ableitungen zusammen. Sie entspricht also an allen Stellen $\mathbf{x}$ der Nullmatrix:

$$H_f(\mathbf{x}) = \begin{pmatrix} f_{x_1 x_1}(\mathbf{x}) & f_{x_1 x_2}(\mathbf{x}) \\ f_{x_2 x_1}(\mathbf{x}) & f_{x_2 x_2}(\mathbf{x}) \end{pmatrix} = \begin{pmatrix} 0 & 0 \\ 0 & 0 \end{pmatrix}. \qquad \blacksquare$$

Bei allen affin-linearen Funktionen ist die Hesse-Matrix die Nullmatrix. Wir betrachten daher nun andere Typen von Funktionen:

■ **Beispiel 9.3.12 — Die Hesse-Matrix einer quadratischen Funktion.**
Als nächstes betrachten wir die quadratische Funktion $f : \mathbb{R}^2 \to \mathbb{R}$ mit $f(\mathbf{x}) = x_1^2 + 4(x_2 - 1)^2 + 3$ aus Beispiel 9.3.3. Auch in diesem Fall kennen wir bereits die ersten partiellen Ableitungen nach x_1 und x_2,

$$f_{x_1}(\mathbf{x}) = \frac{\partial f(\mathbf{x})}{\partial x_1} = 2x_1 \quad \text{und} \quad f_{x_2}(\mathbf{x}) = \frac{\partial f(\mathbf{x})}{\partial x_2} = 8(x_2 - 1).$$

Daraus können wir wiederum die partiellen Ableitungen zweiter Ordnung berechnen. Zuerst leiten wir $f_{x_1}(\mathbf{x})$ und $f_{x_2}(\mathbf{x})$ partiell nach x_1 ab und erhalten

$$f_{x_1 x_1}(\mathbf{x}) = \frac{\partial f_{x_1}(\mathbf{x})}{\partial x_1} = \frac{\partial(2x_1)}{\partial x_1} = 2 \quad \text{und} \quad f_{x_2 x_1}(\mathbf{x}) = \frac{\partial f_{x_2}(\mathbf{x})}{\partial x_1} = \frac{\partial(8(x_2 - 1))}{\partial x_1} = 0.$$

Partielles Ableiten von $f_{x_1}(\mathbf{x})$ und $f_{x_2}(\mathbf{x})$ nach x_2 führt zu

$$f_{x_1 x_2}(\mathbf{x}) = \frac{\partial f_{x_1}(\mathbf{x})}{\partial x_2} = \frac{\partial(2x_1)}{\partial x_2} = 0 \quad \text{und} \quad f_{x_2 x_2}(\mathbf{x}) = \frac{\partial f_{x_2}(\mathbf{x})}{\partial x_2} = \frac{\partial(8(x_2 - 1))}{\partial x_2} = 8.$$

Auch hier ergeben sich zweite partielle Ableitungen, deren Werte unabhängig von der betrachteten Stelle sind. Die partiellen Ableitungen zweiter Ordnung der Funktion f an einer beliebigen Stelle $\mathbf{x} \in \mathbb{R}^2$ können wir in der Hesse-Matrix zusammenfassen:

$$H_f(\mathbf{x}) = \begin{pmatrix} f_{x_1 x_1}(\mathbf{x}) & f_{x_1 x_2}(\mathbf{x}) \\ f_{x_2 x_1}(\mathbf{x}) & f_{x_2 x_2}(\mathbf{x}) \end{pmatrix} = \begin{pmatrix} 2 & 0 \\ 0 & 8 \end{pmatrix}.$$

Die Hesse-Matrix dieser quadratischen Funktion ist eine Diagonalmatrix für alle $\mathbf{x} \in \mathbb{R}^2$. ■

Auch bei einer quadratischen Funktion ist die Hesse-Matrix an jeder Stelle des Definitionsbereichs gleich. Im Allgemeinen ist dies jedoch nicht der Fall:

■ Beispiel 9.3.13 — Die Hesse-Matrix der Cobb-Douglas Funktion.

Aus Beispiel 9.3.2 wissen wir, dass die ersten partiellen Ableitungen der Cobb-Douglas Funktion $f(\mathbf{x}) = x_1^{0.8} x_2^{0.2}$ als

$$f_{x_1}(\mathbf{x}) = \frac{\partial f(\mathbf{x})}{\partial x_1} = 0.8 \frac{x_2^{0.2}}{x_1^{0.2}} \quad \text{und} \quad f_{x_2}(\mathbf{x}) = \frac{\partial f(\mathbf{x})}{\partial x_2} = 0.2 \frac{x_1^{0.8}}{x_2^{0.8}}$$

gegeben sind. Berechnen wir hieraus die zweiten partiellen Ableitungen, erhalten wir durch partielles Ableiten von $f_{x_1}(\mathbf{x})$ und $f_{x_2}(\mathbf{x})$ nach x_1

$$f_{x_1 x_1}(\mathbf{x}) = \frac{\partial f_{x_1}(\mathbf{x})}{\partial x_1} = \frac{\partial \left(0.8 \frac{x_2^{0.2}}{x_1^{0.2}} \right)}{\partial x_1} = 0.8 \cdot (-0.2) \frac{x_2^{0.2}}{x_1^{1.2}} = -0.16 \frac{x_2^{0.2}}{x_1^{1.2}}$$

sowie

$$f_{x_2 x_1}(\mathbf{x}) = \frac{\partial f_{x_2}(\mathbf{x})}{\partial x_1} = \frac{\partial \left(0.2 \frac{x_1^{0.8}}{x_2^{0.8}} \right)}{\partial x_1} = \frac{0.16}{x_1^{0.2} x_2^{0.8}}.$$

Partielles Ableiten von $f_{x_1}(\mathbf{x})$ und $f_{x_2}(\mathbf{x})$ nach x_2 führt zu

$$f_{x_1 x_2}(\mathbf{x}) = \frac{\partial f_{x_1}(\mathbf{x})}{\partial x_2} = \frac{\partial \left(0.8 \frac{x_2^{0.2}}{x_1^{0.2}} \right)}{\partial x_2} = \frac{0.16}{x_1^{0.2} x_2^{0.8}}$$

und

$$f_{x_2 x_2}(\mathbf{x}) = \frac{\partial f_{x_2}(\mathbf{x})}{\partial x_2} = \frac{\partial \left(0.2 \frac{x_1^{0.8}}{x_2^{0.8}} \right)}{\partial x_2} = -0.16 \frac{x_1^{0.8}}{x_2^{1.8}}.$$

Somit lautet die Hesse-Matrix an der Stelle $\mathbf{x}^0 = (1, 1)^T$ beispielsweise

$$H_f(1, 1) = \begin{pmatrix} f_{x_1 x_1}(1, 1) & f_{x_1 x_2}(1, 1) \\ f_{x_2 x_1}(1, 1) & f_{x_2 x_2}(1, 1) \end{pmatrix} = \begin{pmatrix} -0.16 & 0.16 \\ 0.16 & -0.16 \end{pmatrix}.$$

An der Stelle $\mathbf{x}^0 = (32, 32)^T$ ist die Hesse-Matrix

$$H_f(32, 32) = \begin{pmatrix} f_{x_1 x_1}(32, 32) & f_{x_1 x_2}(32, 32) \\ f_{x_2 x_1}(32, 32) & f_{x_2 x_2}(32, 32) \end{pmatrix} = \begin{pmatrix} -0.005 & 0.005 \\ 0.005 & -0.005 \end{pmatrix}.$$

An der Stelle $\mathbf{x}^0 = (1, 32)^T$ ist die Hesse-Matrix

$$H_f(1, 32) = \begin{pmatrix} f_{x_1 x_1}(1, 32) & f_{x_1 x_2}(1, 32) \\ f_{x_2 x_1}(1, 32) & f_{x_2 x_2}(1, 32) \end{pmatrix} \approx \begin{pmatrix} -0.32 & 0.01 \\ 0.01 & -0.0003 \end{pmatrix}.$$

Berechnet man die Hesse-Matrix an verschiedenen Stellen $\mathbf{x}^0$, ergeben sich also verschiedene Matrizen.   ■

Obwohl auch reelle Funktionen in mehreren Variablen unstetig oder nicht differenzierbar sein können, beschränken wir uns bei der Diskussion von Eigenschaften reeller Funktionen in n Variablen und ihrer Optimierung auf Funktionen mit stetigen ersten und zweiten partiellen Ableitungen. Wie im Fall von reellen Funktionen in einer Variable, nennt man derartige Funktionen auch zweimal stetig differenzierbar.

> **Definition 9.3.6 — Zweimal stetig differenzierbare Funktionen.**
> Sei $D \subseteq \mathbb{R}^n$ offen und sei $f : D \to Z$ eine stetig partiell differenzierbare reelle Funktion in n Variablen. Sind die zweiten partiellen Ableitungen von f für alle $i,j = 1,\ldots,n$ stetig, so heißt f **zweimal stetig (partiell) differenzierbar**.

Für zweimal stetig partiell differenzierbare reelle Funktionen in n Variablen ist die Reihenfolge, in der die Funktion zweimal partiell differenziert wird, unerheblich. In diesem Fall ist die Hesse-Matrix wie in obigen Beispielen symmetrisch.

> **Satz 9.3.2 — Symmetrie der Hesse-Matrix (Satz von Schwarz).**
> Sei $D \subseteq \mathbb{R}^n$ offen. Ist die reelle Funktion $f : D \to Z$ in n Variablen zweimal stetig differenzierbar, dann ist die Hesse-Matrix $H_f(\mathbf{x}^0)$ von f an jeder Stelle $\mathbf{x}^0 \in D$ symmetrisch.

Die Hesse-Matrizen aus obigen Beispielen sind alle symmetrisch, da alle Funktionen zweimal stetig partiell differenzierbar sind. Sind die zweiten partiellen Ableitungen einer Funktion nicht stetig, muss die Hesse-Matrix nicht symmetrisch sein. Wir demonstrieren zur Vollständigkeit ein solches Beispiel.

▪ Beispiel 9.3.14 — Ein pathologisches Beispiel (∗).
Ein oft zitiertes und von Hermann Amandus Schwarz selbst erwähntes Beispiel ist die Funktion $h : \mathbb{R}^2 \to \mathbb{R}$ mit

$$h(\mathbf{x}) = \begin{cases} \dfrac{x_1 x_2 (x_1^2 - x_2^2)}{x_1^2 + x_2^2} & \text{für } \mathbf{x} \in \mathbb{R}^2 \setminus \{\mathbf{0}\} \\ 0 & \text{für } \mathbf{x} = \mathbf{0}. \end{cases}$$

Für festes $x_2 \neq 0$ ist die partielle Ableitung nach x_1 mithilfe der Quotientenregel ermittelbar. Für festes $x_2 = 0$ ist die Funktion für alle x_1 gleich 0, somit ist die partielle Ableitung nach x_1 für $x_2 = 0$ gleich 0. Zusammenfassend ergibt sich

$$h_{x_1}(\mathbf{x}) = \begin{cases} \dfrac{x_2 (x_1^4 + 4x_1^2 x_2^2 - x_2^4)}{(x_1^2 + x_2^2)^2} & \text{für } \mathbf{x} \in \mathbb{R}^2 \setminus \{\mathbf{0}\} \\ 0 & \text{für } \mathbf{x} = \mathbf{0}. \end{cases}$$

Betrachten wir diese partielle Ableitung für festes x_1 und leiten partiell nach x_2 ab, so erhalten wir mithilfe der Quotientenregel

$$h_{x_1 x_2}(\mathbf{x}) = \frac{\partial^2 h(\mathbf{x})}{\partial x_2 \partial x_1} = \frac{x_1^6 - x_2^6 - 9x_1^2 x_2^4 + 9x_1^4 x_2^2}{\left(x_1^2 + x_2^2\right)^3} \qquad \text{für } x_1 \neq 0.$$

Anschaulich beschreibt dieser Ausdruck, wie sich die Veränderung in x_1, also die partielle Ableitung nach x_1, verändert, wenn sich nur x_2 verändert.

Für $x_1 = 0$ gilt

$$h_{x_1}(0, x_2) = \left. \begin{cases} \dfrac{x_2(-x_2^4)}{(x_2^2)^2} = -x_2 & \text{für } x_2 \in \mathbb{R} \setminus \{0\} \\ 0 & \text{für } x_2 = 0. \end{cases} \right\} = -x_2.$$

Damit ist die partielle Ableitung von $h_{x_1}(\mathbf{x})$ für $x_1 = 0$ nach x_2 stets -1. Zusammenfassend gilt

$$h_{x_1 x_2}(\mathbf{x}) = \begin{cases} \dfrac{x_1^6 - x_2^6 - 9x_1^2 x_2^4 + 9x_1^4 x_2^2}{\left(x_1^2 + x_2^2\right)^3} & \text{für } \mathbf{x} \in \mathbb{R}^2 \setminus \{\mathbf{0}\} \\ -1 & \text{für } \mathbf{x} = \mathbf{0}. \end{cases}$$

Betrachten wir nun die Funktion h für festes x_1, um die partiellen Ableitungen nach x_2 zu bilden. Im Fall $x_1 = 0$ gilt stets $h(0, x_2) = 0$. Für $x_1 \neq 0$ ist die partielle Ableitung nach x_2 mithilfe der Quotientenregel ermittelbar. Es ergibt sich

$$h_{x_2}(\mathbf{x}) = \begin{cases} \dfrac{-x_1(x_2^4 + 4x_1^2 x_2^2 - x_1^4)}{(x_1^2 + x_2^2)^2} & \text{für } \mathbf{x} \in \mathbb{R}^2 \setminus \{\mathbf{0}\} \\ 0 & \text{für } \mathbf{x} = \mathbf{0}. \end{cases}$$

Für $x_2 = 0$ gilt

$$h_{x_2}(x_1, 0) = \left\{ \begin{array}{ll} \dfrac{-x_1(-x_1^4)}{(x_1^2)^2} = x_1 & \text{für } x_1 \in \mathbb{R} \setminus \{0\} \\ 0 & \text{für } x_1 = 0. \end{array} \right\} = x_1.$$

Damit ist die partielle Ableitung von $h_{x_2}(\mathbf{x})$ für $x_2 = 0$ nach x_1 stets 1 und

$$h_{x_2 x_1}(\mathbf{x}) = \begin{cases} \dfrac{x_1^6 - x_2^6 - 9x_1^2 x_2^4 + 9x_1^4 x_2^2}{\left(x_1^2 + x_2^2\right)^3} & \text{für } \mathbf{x} \in \mathbb{R}^2 \setminus \{\mathbf{0}\} \\ 1 & \text{für } \mathbf{x} = \mathbf{0}. \end{cases}$$

An der Stelle $\mathbf{x}^0 = \mathbf{0}$ gilt also, dass

$$-1 = \frac{\partial^2 h(\mathbf{0})}{\partial x_2 \partial x_1} \neq \frac{\partial^2 h(\mathbf{0})}{\partial x_1 \partial x_2} = 1.$$

Die Hesse-Matrix

$$H_h(\mathbf{0}) = \begin{pmatrix} 0 & -1 \\ 1 & 0 \end{pmatrix}$$

ist nicht symmetrisch. Dies ist möglich, da h nicht zweimal stetig partiell differenzierbar ist. ∎

(Z) Bildet man die partielle Ableitung von f_{x_i} nach x_j ergibt sich die partielle Ableitung zweiter Ordnung $f_{x_i x_j}$. Die so entstehende Matrix aller partiellen Ableitungen zweiter Ordnung $H_f(\mathbf{x}^0) = (f_{x_i x_j}(\mathbf{x}^0))_{ij}$ nennt man die Hesse-Matrix der Funktion f.
Sind die zweiten partiellen Ableitungen einer reellen Funktion f in mehreren Variablen stetig, heißt f zweimal stetig partiell differenzierbar.
Die Hesse-Matrix einer zweimal stetig partiell differenzierbaren Funktion ist an allen Stellen $\mathbf{x}^0$ des Definitionsbereichs symmetrisch. Für allgemeine Funktionen ist die Hesse-Matrix aber nicht immer symmetrisch.

9.3.4 Das totale Differential
Ziele dieses Unterkapitels

• Was versteht man unter dem totalen Differential einer reellen Funktion f in $\mathbf{x}^0$?

Analog zur Bezeichnung des Differentials für differenzierbare Funktionen in einer Variablen nutzt man die Bezeichnung totales Differential für stetig partiell differenzierbare reelle Funktionen, um die Veränderung des Funktionswertes anzugeben, welcher sich auf die ersten partiellen Ableitungen zurückführen lässt.

■ **Beispiel 9.3.15 — Das totale Differential einer Cobb-Douglas Funktion.**

Betrachten wir erneut die Cobb-Douglas Funktion $f(\mathbf{x}) = x_1^{0.8} x_2^{0.2}$. An der Stelle $\mathbf{x}^0 = (32, 32)^T$ ist die partielle Ableitung nach x_1 gleich 0.8. Diese erste partielle Ableitung nach x_1 lässt vermuten, dass sich aufgrund einer Vergrößerung von x_1 um 1 der Funktionswert um $\frac{\partial f(\mathbf{x}^0)}{\partial x_1} \Delta x_1 = 0.8 \cdot 1 = 0.8$ vergrößert. Die partielle Ableitung nach x_2 an der Stelle $\mathbf{x}^0 = (32, 32)^T$ hat den Wert 0.2. Die durch diese Ableitung erklärte Differenz der Funktionswerte aufgrund der Veränderung von x_2 um Δx_2 ist $\frac{\partial f(\mathbf{x}^0)}{\partial x_2} \Delta x_2 = 0.2$.

Wenn man sowohl x_1 als auch x_2 um 1 erhöht, liegt es nahe, die Veränderung des Funktionswerts von f als

$$\nabla f(\mathbf{x}^0)^T \Delta \mathbf{x} = (0.8, 0.2) \begin{pmatrix} 1 \\ 1 \end{pmatrix} = 0.8 \cdot 1 + 0.2 \cdot 1 = 1$$

zu schätzen. Diesen Ausdruck bezeichnet man als das totale Differential von f in $\mathbf{x}^0$ für $\Delta \mathbf{x} - (1, 1)^T$. Mit $\mathbf{x}^0 = (32, 32)^T$ und $\Delta \mathbf{x} = (1, 1)^T$ entspricht das totale Differential sogar exakt der Differenz

$$\Delta f(\mathbf{x}) = f(\mathbf{x}^0 + \Delta \mathbf{x}) - f(\mathbf{x}^0) = 33^{0.2} 33^{0.8} - 32^{0.2} 32^{0.8} = 1.$$

In der Regel beschreibt das totale Differential aber nur näherungsweise die Funktionswertveränderung (für kleine Veränderungen $\Delta \mathbf{x}$). Beispielsweise ist

$$\nabla f(1, 32) = \begin{pmatrix} 0.8 \frac{32^{0.2}}{1^{0.2}} \\ 0.2 \frac{1^{0.8}}{32^{0.8}} \end{pmatrix} = \begin{pmatrix} \frac{8}{5} \\ \frac{1}{80} \end{pmatrix}.$$

Verändert man ausgehend von $\mathbf{x}^0 = (1, 32)^T$ den Wert von x_1 um 1 und lässt x_2 konstant, so ist $\Delta \mathbf{x} = (1, 0)^T$ und

$$\nabla f(1, 32)^T \Delta \mathbf{x} = \left(\frac{8}{5}, \frac{1}{80} \right) \begin{pmatrix} 1 \\ 0 \end{pmatrix} = \frac{8}{5} = 1.6.$$

Die Veränderung des Funktionswerts ist jedoch

$$f(2, 32) - f(1, 32) = 2^{0.8} 32^{0.2} - 1^{0.8} 32^{0.2} = 2^{0.8} 2 - 2 \approx 1.48 \neq 1.6.$$

■

> **Definition 9.3.7 — Totales Differential.**
> Eine stetig partiell differenzierbare reelle Funktion f in n Variablen nennt man auch total differenzierbar. Für $\Delta \mathbf{x} \in \mathbb{R}^n$ heißt dann der Ausdruck $\nabla f(\mathbf{x}^0)^T \Delta \mathbf{x}$ auch **totales Differential** von f in $\mathbf{x}^0$.

■ **Beispiel 9.3.16 — Eine nicht total differenzierbare Funktion.**

Da die Funktion h aus Beispiel 9.2.5 an der Stelle $\mathbf{0}$ nicht stetig ist, kann sie auch beliebig nahe der Stelle $\mathbf{0}$ vom Funktionswert $h(\mathbf{0}) = 0$ sehr verschiedene Werte annehmen. Es erscheint daher trotz eines Gradienten von

$$\nabla h(\mathbf{0}) = \mathbf{0}$$

wenig sinnvoll, Funktionswerte von Stellen nahe der Stelle $\mathbf{0}$ mithilfe von $\nabla h(\mathbf{0})^T \Delta \mathbf{x} = 0$ zu approximieren. Aus diesem Grund spricht man in diesem Fall auch nicht von einem totalen Differential. Die Funktion ist nicht total differenzierbar.

■

 Ist f eine stetig partiell differenzierbare reelle Funktion, bezeichnet man $\nabla f(\mathbf{x}_0)^T \Delta\mathbf{x}$ auch als totales Differential von f in $\mathbf{x}^0$.

9.3.5   Totale Differenzierbarkeit und die Kettenregel (#)

Ziele dieses Unterkapitels

- Was bedeutet die Eigenschaft der totalen Differenzierbarkeit für den Zusammenhang zwischen dem totalen Differential und der Veränderung des Funktionswerts?
- Was besagt die verallgemeinerte Kettenregel?

Eigentlich ist der Begriff der totalen Differenzierbarkeit deutlich allgemeiner als in Definition 9.3.7 angedeutet. Er umfasst alle Funktionen, welche die im folgenden Satz beschriebene Eigenschaft besitzen. Diese Eigenschaft bezeichnet man als totale Differenzierbarkeit und trifft insbesondere auf stetig partiell differenzierbare reelle Funktionen zu:

Satz 9.3.3 — Totale Differenzierbarkeit stetig partiell differenzierbarer Funktionen.
Sei $D \subseteq \mathbb{R}^n$ offen und $\mathbf{x}^0 \in D$. Ist $f : D \to Z$ eine stetig partiell differenzierbare reelle Funktion in n Variablen, dann gibt es eine reellwertige Funktion r und ein $\delta > 0$, so dass

$$f(\mathbf{x}^0 + \Delta\mathbf{x}) - f(\mathbf{x}^0) = \nabla f(\mathbf{x}^0)^T \Delta\mathbf{x} + r(\Delta\mathbf{x}) \text{ für alle } \mathbf{x} \in U(\mathbf{x}^0, \delta)$$

$$\text{mit } \lim_{\Delta\mathbf{x} \to \mathbf{0}} \frac{r(\Delta\mathbf{x})}{||\Delta\mathbf{x}||} = 0.$$

In einer genügend kleinen Umgebung einer Stelle $\mathbf{x}^0$ ist die Veränderung des Funktionswerts einer stetig partiell differenzierbaren reellen Funktion also für kleine $\Delta\mathbf{x}$ näherungsweise gleich dem totalen Differential.

Für unsere Belange ist jedoch die Gleichsetzung von stetig partiell differenzierbaren und total differenzierbaren Funktionen völlig ausreichend.

Eine wichtige Rechenregel für partiell differenzierbare reelle Funktionen ist die sogenannte verallgemeinerte Kettenregel, welche wir im Folgenden motivieren wollen. Es handelt sich wie schon bei der bekannten Kettenregel der Differentialrechnung in einer Variablen um eine Rechenregel zur Bildung der Ableitung einer Komposition zweier Funktionen f und g. Im Gegensatz zur bekannten Rechenregel ist g nun allerdings eine Funktion, welche eine reelle Zahl auf einen Vektor mit n Komponenten abbildet, und f eine reelle Funktion in n Variablen. So wird durch die Komposition $f \circ g$ also eine reelle Zahl $t \in \mathbb{R}$ zunächst auf einen Vektor $g(t) \in \mathbb{R}^n$ abgebildet und dieser dann durch f wieder auf eine reelle Zahl $f(g(t)) \in \mathbb{R}$, vgl. Abbildung 9.36.

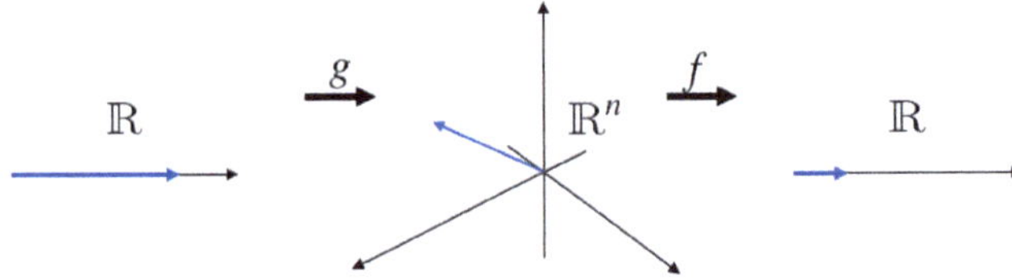

Abbildung 9.36: Darstellung der Verknüpfung von f und g

■ Beispiel 9.3.17 — Die Ableitung verketteter Funktionen.
Prognosen für einen kleinen Flughafen, der nur von zwei Fluggesellschaften angeflogen wird, zeigen, dass das Verkehrsaufkommen der einen Fluggesellschaft quadratisch, das der anderen linear über die kommenden Jahre steigen wird. Die Funktion, welche die Zeit auf die Nachfrage abbildet, sei $g : \mathbb{R} \to \mathbb{R}^2$ mit $g(t) = (g_1(t), g_2(t)) = (t^2, 3t)$. Bei gegebener Nachfrage $\mathbf{x}$ entstehen Kosten von $f(\mathbf{x}) = x_1^2 + 4(x_2 - 1)^2 + 3$.

Die Kosten zur Zeit t sind also mit $x_1 = g_1(t) = t^2$ und $x_2 = g_2(t) = 3t$

$$h(t) = (f \circ g)(t) = (g_1(t))^2 + 4(g_2(t) - 1)^2 + 3 = (t^2)^2 + 4(3t - 1)^2 + 3 = t^4 + 36t^2 - 24t + 7.$$

Die Ableitung der Kosten nach der Zeit t ist damit

$$h'(t) = 4t^3 + 72t - 24.$$

Wir versuchen nun dieses Ergebnis zu erhalten ohne die Funktion $h(t) = t^4 + 36t^2 - 24t + 7$ bestimmen zu müssen. Hierfür nutzen wir, dass die partiellen Ableitungen von f nach x_1 und x_2 bereits bekannt sind. Es gilt

$$f_{x_1}(\mathbf{x}) = 2x_1 \text{ und } f_{x_2}(\mathbf{x}) = 8(x_2 - 1).$$

Mit $x_1 = g_1(t) = t^2$ und $x_2 = g_2(t) = 3t$ erkennt man, dass eine kleine Änderung von t die Werte von x_1 und x_2 unterschiedlich stark verändert: x_1 verändert sich mit Rate $g_1'(t) = 2t$ und x_2 mit Rate $g_2'(t) = 3$. Gewichtet man die partiellen Ableitungen entsprechend und beschreibt diese in Abhängigkeit von t, also als

$$f_{x_1}(g(t)) = 2t^2 \text{ und } f_{x_2}(g(t)) = 8(3t - 1),$$

ergibt sich das gleiche Ergebnis wie oben:

$$h'(t) = f_{x_1}(g(t)) \cdot \underbrace{g_1'(t)}_{\substack{\text{Veränderung von } x_1 \\ \text{in Abhängigkeit von } t}} + f_{x_2}(g(t)) \cdot \underbrace{g_2'(t)}_{\substack{\text{Veränderung von } x_2 \\ \text{in Abhängigkeit von } t}} = 2t^2 \cdot 2t + 8(3t - 1) \cdot 3 = 4t^3 + 72t - 24. \quad ■$$

Sind die Ableitungen der Funktionen f und g bekannt, kann man die Ableitung der Komposition $h = f \circ g$ also auch direkt berechnen, ohne die Komposition zu bestimmen. Hierfür gewichtet man die partiellen Ableitungen von f an der Stelle $g(t)$ mit den entsprechenden Ableitungen von g. Es gilt:

Satz 9.3.4 — Verallgemeinerte Kettenregel.
Es seien $D \subseteq \mathbb{R}$ ein offenes Intervall, $Z_i \subseteq \mathbb{R}$ für $i = 1, \ldots, n$, $g : D \to Z_1 \times \cdots \times Z_n \subseteq \mathbb{R}^n$ eine Funktion mit Abbildungsvorschrift

$$g(t) = \begin{pmatrix} g_1(t) \\ \vdots \\ g_n(t) \end{pmatrix},$$

wobei die Funktionen $g_i : D \to Z_i$ an der Stelle $t_0 \in D$ differenzierbare Funktionen sind, und $f : g(D) \to Z \subseteq \mathbb{R}$ eine total differenzierbare Funktion. Dann ist die Komposition $h = f \circ g : D \to Z$ an der Stelle t_0 differenzierbar und hat die erste Ableitung

$$h'(t_0) = (f \circ g)'(t_0) = \nabla f(g(t_0))^T \begin{pmatrix} g_1'(t_0) \\ \vdots \\ g_n'(t_0) \end{pmatrix} = \sum_{i=1}^{n} f_{x_i}(g(t_0)) \cdot g_i'(t_0)$$

$$= f_{x_1}(g(t_0)) \cdot g_1'(t_0) + \cdots + f_{x_n}(g(t_0)) \cdot g_n'(t_0).$$

Diese Regel nennt man auch verallgemeinerte Kettenregel, da sich die bekannte Kettenregel $f(g(x))' = f'(g(x))g'(x)$ im Fall $n = 1$ ergibt.

■ Beispiel 9.3.18 — Veranschaulichung der Verkettung.

In obigem Beispiel erhält man durch g zu jedem t ein Tupel $x_1 = g_1(t) = t^2$ und $x_2 = g_2(t) = 3t$ im $\mathbb{R}^2$. Für $t \in \mathbb{R}$ ergibt sich so ein Weg im $\mathbb{R}^2$. Durch die Komposition mit f werden nur Funktionswerte $f(g(t))$ dieser Tupel ausgewertet. Die Komposition beschreibt also die Funktionswerte von f entlang des durch g vorgegebenen Weges, vgl. Abbildung 9.37. ■

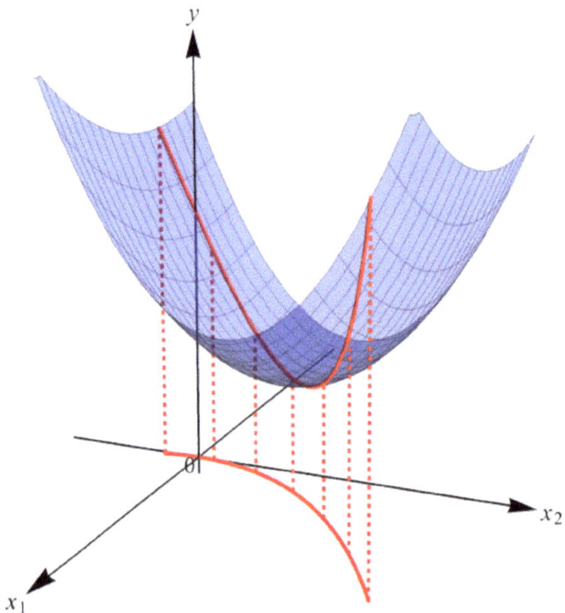

Abbildung 9.37: Die Funktion $f(\mathbf{x}) = x_1^2 + 4(x_2 - 1)^2 + 3$ entlang des Weges $(t^2, 3t)$

Folgendes Beispiel verdeutlicht, dass der Vertikalschnitt einer Funktion f ausgehend von $\mathbf{x}^0$ in Richtung $\mathbf{r}$ auch immer als eine Verkettung der Funktion f mit einer Funktion g mit $g_i(t) = \mathbf{x}_i^0 + r_i t$ betrachtet werden kann.

■ Beispiel 9.3.19 — Vertikalschnitte und Verkettungen.

Verkettet man die Funktion $f(\mathbf{x}) = x_1^2 + x_2^2 - 3x_1x_2$ mit $g_1(t) = 1 \cdot t$ und $g_2(t) = 0 \cdot t = 0$ ergibt sich die Funktion $f(g(t)) = t^2$. Die Ableitung dieser Funktion ist $2t$. Das gleiche

Ergebnis erhält man mit

$$f_{x_1}(\mathbf{x}) = 2x_1 - 3x_2 \text{ und } f_{x_2}(\mathbf{x}) = 2x_2 - 3x_1$$

aus

$$\nabla f(g(t))^T \begin{pmatrix} g_1'(t) \\ g_2'(t) \end{pmatrix} = f_{x_1}(g(t)) \cdot g_1'(t) + f_{x_2}(g(t)) \cdot g_2'(t)$$

$$= (2t - 3 \cdot 0) \cdot 1 + (2 \cdot 0 - 3t) \cdot 0 = 2t.$$

Diese Funktion $f(g(t)) = t^2$ entspricht dem Vertikalschnitt der Funktion f ausgehend von $\mathbf{0}$ in Richtung $\mathbf{e}^1$. Betrachtet man den Vertikalschnitt von f ausgehend von $\mathbf{0}$ in Richtung $\mathbf{r} = \left(\frac{1}{\sqrt{2}}, \frac{1}{\sqrt{2}} \right)^T$, also $g_1(t) = \frac{1}{\sqrt{2}}t$ und $g_2(t) = \frac{1}{\sqrt{2}}t$, ergibt sich eine Funktion mit Ableitung

$$\nabla f(g(t))^T \begin{pmatrix} g_1'(t) \\ g_2'(t) \end{pmatrix} = f_{x_1}(g(t)) \cdot g_1'(t) + f_{x_2}(g(t)) \cdot g_2'(t)$$

$$= \left(2\frac{1}{\sqrt{2}}t - 3\frac{1}{\sqrt{2}}t \right) \frac{1}{\sqrt{2}} + \left(2\frac{1}{\sqrt{2}}t - 3\frac{1}{\sqrt{2}}t \right) \frac{1}{\sqrt{2}} = -t.$$

Beide Vertikalschnitte sind in Abbildung 9.38 dargestellt. ∎

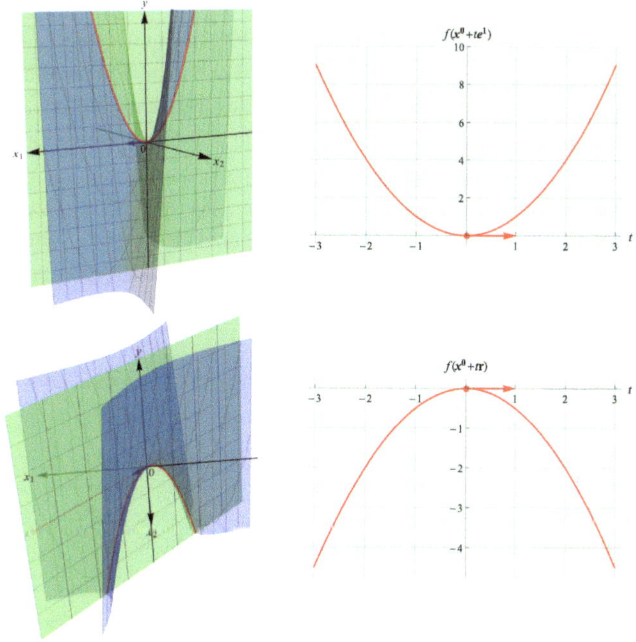

Abbildung 9.38: Vertikalschnitte von f durch $\mathbf{x}^0 = \mathbf{0}$

 Für eine total differenzierbare Funktion $f : D \to Z$ gibt es eine reellwertige Funktion r mit $\lim_{\Delta \mathbf{x} \to 0} r(\Delta \mathbf{x}) / \|\Delta \mathbf{x}\| = 0$ und ein $\delta > 0$, so dass

$$f(\mathbf{x}^0 + \Delta \mathbf{x}) - f(\mathbf{x}^0) = \nabla f(\mathbf{x}^0)^T \Delta \mathbf{x} + r(\Delta \mathbf{x}) \text{ für alle } \mathbf{x} \in U(\mathbf{x}^0, \delta).$$

Die verallgemeinerte Kettenregel besagt für differenzierbare reelle Funktionen g_i in einer Variablen, $i = 1, \ldots, n$ mit offenem Definitionsbereich $D \subseteq \mathbb{R}$, welche eine reelle Funktion $g : D \to \mathbb{R}^n$ mit $g(t) = (g_1(t), \ldots, g_n(t))^T$ bilden, und eine total differenzierbare reelle Funktion in n Variablen $f : g(D) \to Z \subseteq \mathbb{R}$:

$$(f \circ g)'(t_0) = \sum_{i=1}^{n} f_{x_i}(g(t_0)) \cdot g_i'(t_0).$$

9.3.6 Die (erste) Richtungsableitung

Ziele dieses Unterkapitels
- Was versteht man unter einer Richtungsableitung einer Funktion f in Richtung $\mathbf{r}$ an der Stelle $\mathbf{x}^0$? Wie kann man die Richtungsableitung einer Funktion in Richtung $\mathbf{r}$ an der Stelle $\mathbf{x}^0$ mit Hilfe der partiellen Ableitungen bestimmen?
- Ausgehend von $\mathbf{x}^0$, wie findet man die Richtung $\mathbf{r}$ mit der größten Richtungsableitung?

Die partielle Ableitung einer Funktion nach x_1 gibt die Ableitung der Funktion an, wenn alle anderen Variablen einem festen Wert zugeordnet werden und nur x_1 verändert wird. Bei einer reellen Funktion in zwei Variablen kann man sich die partielle Ableitung nach x_1 als Ableitung in Richtung der x_1-Achse für festes x_2 vorstellen. Wandert man also in einem durch die Funktion f aufgespannten Gebirge, so entspricht $f_{x_1}(\mathbf{x}^0) = \frac{\partial f(\mathbf{x}^0)}{\partial x_1}$ der Steigung der Tangentialebene an der Stelle $\mathbf{x}^0$, wenn man sich parallel zur x_1-Achse bewegt. Sie entspricht der Steigung der Tangente des Vertikalschnitts $f_{\mathbf{x}^0, \mathbf{e}^1}(t)$ in Richtung $\mathbf{e}^1$ bei $t = 0$. Analog kann man sich die partielle Ableitung nach x_2 als Ableitung in Richtung der x_2-Achse für festes x_1 vorstellen. Die partielle Ableitung $f_{x_2}(\mathbf{x}^0) = \frac{\partial f(\mathbf{x}^0)}{\partial x_2}$ entspricht der Steigung der Tangentialebene, wenn man sich parallel zur x_2-Achse bewegt. Damit entspricht sie der Steigung einer Tangente des Vertikalschnitts $f_{\mathbf{x}^0, \mathbf{e}^2}(t)$ in Richtung $\mathbf{e}^2$ bei $t = 0$. Richtungsableitungen verallgemeinern diese Idee nun für beliebige Richtungen.

Definition 9.3.8 — Die Richtungsableitung.
Es sei $\mathbf{x}^0 \in D \subseteq \mathbb{R}^n$, D offen, $\mathbf{r} \in \mathbb{R}^n$ eine Richtung und $f : D \to Z$ eine stetig partiell differenzierbare Funktion. Dann heißt

$$f_{\mathbf{r}}'(\mathbf{x}^0) = f_{\mathbf{x}^0, \mathbf{r}}'(0) = \frac{d f_{\mathbf{x}^0, \mathbf{r}}}{dt}(0)$$

(erste) Richtungsableitung von f in Richtung $\mathbf{r}$ an der Stelle $\mathbf{x}^0$.

In folgendem Beispiel illustrieren wir den Begriff.

■ Beispiel 9.3.20 — Richtungsableitung der Cobb-Douglas Funktion.
Der Gradient der Cobb-Douglas Funktion $f(x_1, x_2) = x_1^{0.8} x_2^{0.2}$ an der Stelle $\mathbf{x}^0 = (1, 1)^T$ ist

$$\nabla f(\mathbf{x}^0) = \begin{pmatrix} f_{x_1}(\mathbf{x}^0) \\ f_{x_2}(\mathbf{x}^0) \end{pmatrix} = \begin{pmatrix} 0.8 \\ 0.2 \end{pmatrix}.$$

Der Vertikalschnitt durch f in Richtung $\mathbf{e}^1$ durch $\mathbf{x}^0 = (1,1)^T$ ist

$$f_{\mathbf{x}^0,\mathbf{e}^1}(t) = (1+t)^{0.8}.$$

Die Ableitung dieses senkrechten Vertikalschnitts ist

$$f'_{\mathbf{x}^0,\mathbf{e}^1}(t) = 0.8(1+t)^{-0.2}.$$

Für $t = 0$ gilt also

$$f'_{\mathbf{e}^1}(\mathbf{x}^0) = f'_{\mathbf{x}^0,\mathbf{e}^1}(0) = 0.8 = f_{x_1}(\mathbf{x}^0).$$

Dies ist nicht überraschend: Die partielle Ableitung nach x_i beschreibt die Veränderungsrate des Funktionswerts, wenn nur x_i verändert wird und alle anderen Komponenten fixiert werden. Der senkrechte Vertikalschnitt in Richtung $\mathbf{e}^i$ fixiert ebenfalls alle Komponenten außer x_i. Die Ableitung des Vertikalschnitts in Richtung $\mathbf{e}^i$ gibt somit ebenfalls die Veränderungsrate des Funktionswerts an, wenn nur x_i verändert wird und alle anderen Komponenten fixiert werden. So gilt hier z.B. auch

$$f_{\mathbf{x}^0,\mathbf{e}^2}(t) = (1+t)^{0.2} \text{ und } f'_{\mathbf{x}^0,\mathbf{e}^2}(t) = 0.2(1+t)^{-0.8} \text{ bzw. } f'_{\mathbf{e}^2}(\mathbf{x}^0) = f'_{\mathbf{x}^0,\mathbf{e}^2}(0) = 0.2 = f_{x_2}(\mathbf{x}^0).$$

Man sagt auch: Die Richtungsableitung von f in Richtung $\mathbf{e}^1$ an der Stelle $\mathbf{x}^0$ entspricht der partiellen Ableitung $f_{x_1}(\mathbf{x}^0)$. Die Richtungsableitung von f in Richtung $\mathbf{e}^2$ an der Stelle $\mathbf{x}^0$ entspricht der partiellen Ableitung $f_{x_2}(\mathbf{x}^0)$.

Der Vertikalschnitt in Richtung $\mathbf{r} = \left(\frac{1}{\sqrt{2}}, \frac{1}{\sqrt{2}}\right)^T$ durch $\mathbf{x}^0$ ist

$$f_{\mathbf{x}^0,\mathbf{r}}(t) = 1 + \frac{1}{\sqrt{2}}t \text{ mit } f'_{\mathbf{x}^0,\mathbf{r}}(t) = \frac{1}{\sqrt{2}}.$$

Die Richtungsableitung ist also

$$f'_{\mathbf{r}}(\mathbf{x}^0) = f'_{\mathbf{x}^0,\mathbf{r}}(0) = \frac{1}{\sqrt{2}} = 0.8 \cdot \frac{1}{\sqrt{2}} + 0.2 \cdot \frac{1}{\sqrt{2}},$$

siehe Abbildung 9.39. ∎

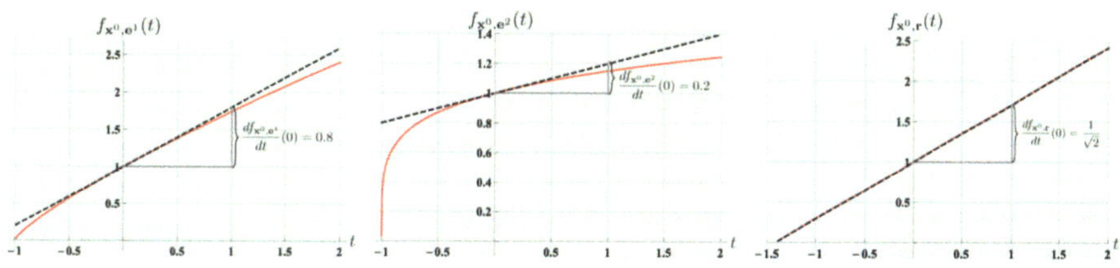

Abbildung 9.39: Vertikalschnitt von f durch $\mathbf{x}^0 = (1,1)^T$ in Richtung $\mathbf{e}^1$, $\mathbf{e}^2$ und $\mathbf{r}$

In allen Berechnungen des vorherigen Beispiels zur Berechnung der Richtungsableitung einer reellen Funktion in zwei Variablen in Richtung $\mathbf{r} = (r_1, r_2)^T$ gilt

$$f'_{\mathbf{r}}(\mathbf{x}^0) = f'_{\mathbf{x}^0,\mathbf{r}}(0) = r_1 f_{x_1}(\mathbf{x}^0) + r_2 f_{x_2}(\mathbf{x}^0).$$

Folgender Satz besagt, dass diese Berechnungsvorschrift auch allgemein gilt:

> **Satz 9.3.5 — Berechnung der Richtungsableitung.**
> Sei $D \subseteq \mathbb{R}^n$ offen. Ist $f : D \to Z$ eine stetig partiell differenzierbare reelle Funktion in n Variablen, $\mathbf{x}^0 \in D$ und $\mathbf{r} \in \mathbb{R}^n$ eine Richtung, dann gilt
>
> $$f_{\mathbf{r}}'(\mathbf{x}^0) = f_{\mathbf{x}^0,\mathbf{r}}'(0) = \nabla f(\mathbf{x}^0)^T \mathbf{r} = \sum_{i=1}^{n} f_{x_i}(\mathbf{x}^0) r_i.$$

Wir demonstrieren Richtungsableitungen an einigen Beispielen:

■ **Beispiel 9.3.21 — Richtungsableitungen einer quadratischen Funktion.**
Für die quadratische Funktion $f : \mathbb{R}^2 \to \mathbb{R}$ mit $f(\mathbf{x}) = x_1^2 + 4(x_2 - 1)^2 + 3$ ist der Gradient an der Stelle $\mathbf{x}^0 = (1,0)^T$ als

$$\nabla f(\mathbf{x}^0) = \begin{pmatrix} 2 \\ -8 \end{pmatrix}$$

gegeben. Die Richtungsableitung in Richtung $\mathbf{e}^1$ ist also gleich

$$f_{\mathbf{e}^1}'(\mathbf{x}^0) = f_{\mathbf{x}^0,\mathbf{e}^1}'(0) = f_{x_1}(\mathbf{x}^0) = 2.$$

Der Vertikalschnitt von f ausgehend von $\mathbf{x}^0$ in Richtung $\mathbf{e}^1$ ist

$$f_{\mathbf{x}^0,\mathbf{e}^1}(t) = (1+t)^2 + 4(0-1)^2 + 3 = (1+t)^2 + 7.$$

Leitet man diesen Vertikalschnitt nach t ab, ergibt sich

$$f_{\mathbf{x}^0,\mathbf{e}^1}'(t) = 2(1+t) \text{ und } f_{\mathbf{x}^0,\mathbf{e}^1}'(0) = 2 = f_{\mathbf{e}^1}'(\mathbf{x}^0).$$

Die Richtungsableitung von f in Richtung $\mathbf{e}^1$ an der Stelle $\mathbf{x}^0$ entspricht $f_{\mathbf{x}^0,\mathbf{e}^1}'(t)$ an der Stelle $t = 0$.

Die Richtungsableitung von f in Richtung $\mathbf{e}^2$ an der Stelle $\mathbf{x}^0$ kann man ebenfalls über die Ableitung des Vertikalschnitts

$$f_{\mathbf{x}^0,\mathbf{e}^2}(t) = (1)^2 + 4(t-1)^2 + 3 = 4(t-1)^2 + 4$$

an der Stelle $t = 0$ oder direkt aus f als $f_{x_2}(\mathbf{x}^0) = -8$ bestimmen.

Die Richtungsableitung von f an der Stelle $\mathbf{x}^0$ in Richtung $\mathbf{r} = \left(\frac{1}{\sqrt{2}}, \frac{1}{\sqrt{2}} \right)^T$ ist laut Satz 9.3.5

$$f_{\mathbf{r}}'(\mathbf{x}^0) = \frac{1}{\sqrt{2}} \cdot f_{x_1}(\mathbf{x}^0) + \frac{1}{\sqrt{2}} \cdot f_{x_2}(\mathbf{x}^0) = \frac{1}{\sqrt{2}}(2) + \frac{1}{\sqrt{2}}(-8) = -\frac{6}{\sqrt{2}}.$$

Auch dies kann man einfach mithilfe der Ableitung des Vertikalschnitts

$$f_{\mathbf{x}^0,\mathbf{r}}(t) = \left(1 + \frac{1}{\sqrt{2}}t \right)^2 + 4\left(\frac{1}{\sqrt{2}}t - 1 \right)^2 + 3$$

an der Stelle $t = 0$ überprüfen.

Bewegt man sich in entgegengesetzter Richtung, verändert die Ableitung ihr Vorzeichen. Die Richtungsableitung von f an der Stelle $\mathbf{x}^0$ in Richtung $\mathbf{r} = \left(\frac{-1}{\sqrt{2}}, \frac{-1}{\sqrt{2}} \right)^T$ ist

$$f_{\mathbf{r}}'(\mathbf{x}^0) = -\frac{1}{\sqrt{2}} \cdot f_{x_1}(\mathbf{x}^0) - \frac{1}{\sqrt{2}} \cdot f_{x_2}(\mathbf{x}^0) = \frac{6}{\sqrt{2}}.$$

Der Vertikalschnitt in diese Richtung hat die Form

$$f_{\mathbf{x}^0,\mathbf{r}}(t) = \left(1 - \frac{1}{\sqrt{2}}t\right)^2 + 4\left(-\frac{1}{\sqrt{2}}t - 1\right)^2 + 3 \text{ mit } f'_{\mathbf{x}^0,\mathbf{r}}(0) = \frac{6}{\sqrt{2}}.$$

Die Richtungsableitungen sind in Abbildung 9.40 graphisch dargestellt. ∎

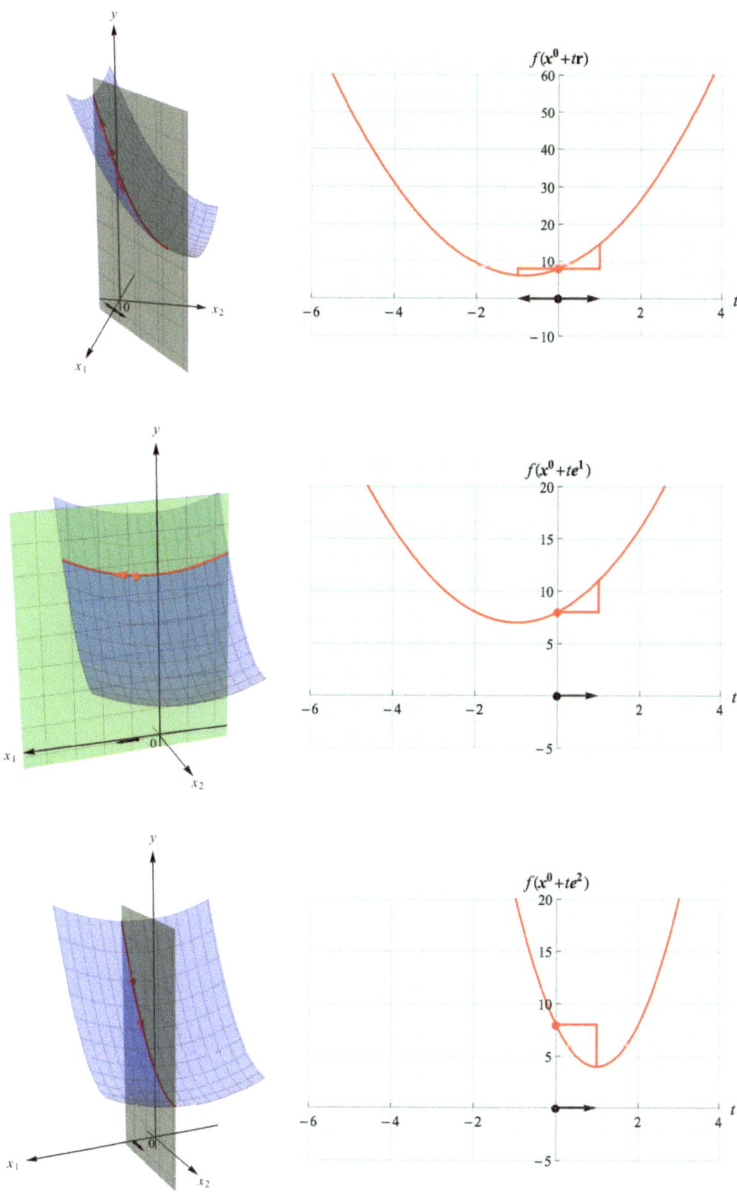

Abbildung 9.40: Richtungsableitungen von $f(\mathbf{x}) = x_1^2 + 4(x_2 - 1)^2 + 3$

■ Beispiel 9.3.22 — Richtungsableitungen einer affin-linearen Funktion.
Die Richtungsableitung der Funktion $f : \mathbb{R}^2 \to \mathbb{R}$ mit $f(\mathbf{x}) = -8x_1 + 3x_2 + 10$ in Richtung
$\mathbf{r}$ an einer Stelle $\mathbf{x}^0$ ist

$$f'_{\mathbf{r}}(\mathbf{x}^0) = r_1 f_{x_1}(\mathbf{x}^0) + r_2 f_{x_2}(\mathbf{x}^0) = r_1 \cdot (-8) + r_2 \cdot (3).$$

Bei obiger affin-linearen Funktion sind die Richtungsableitungen also an jeder Stelle gleich.
Sie unterscheiden sich aber natürlich je nach Richtung $\mathbf{r}$: Mit $\mathbf{r} = \mathbf{e}^1$ ist $f'_{\mathbf{e}^1}(\mathbf{x}^0) = f_{x_1}(\mathbf{x}^0) =$
-8 und mit $\mathbf{r} = \mathbf{e}^2$ ist $f'_{\mathbf{e}^2}(\mathbf{x}^0) = f_{x_2}(\mathbf{x}^0) = 3$ für alle $\mathbf{x}^0 \in \mathbb{R}^2$. In Richtung $\mathbf{r} = \left(\frac{1}{\sqrt{2}}, \frac{1}{\sqrt{2}}\right)^T$
gilt

$$f'_{\mathbf{r}}(\mathbf{x}^0) = \frac{1}{\sqrt{2}} \cdot (-8) + \frac{1}{\sqrt{2}} \cdot 3 = \frac{-5}{\sqrt{2}}.$$

Geht man in Richtung des Gradienten von f, das heißt $\mathbf{r} = \left(\frac{-8}{\sqrt{73}}, \frac{3}{\sqrt{73}}\right)^T$, ergibt sich

$$f'_{\mathbf{r}}(\mathbf{x}) = \frac{-8}{\sqrt{73}} \cdot (-8) + \frac{3}{\sqrt{73}} \cdot 3 = \frac{73}{\sqrt{73}} = \sqrt{73}.$$

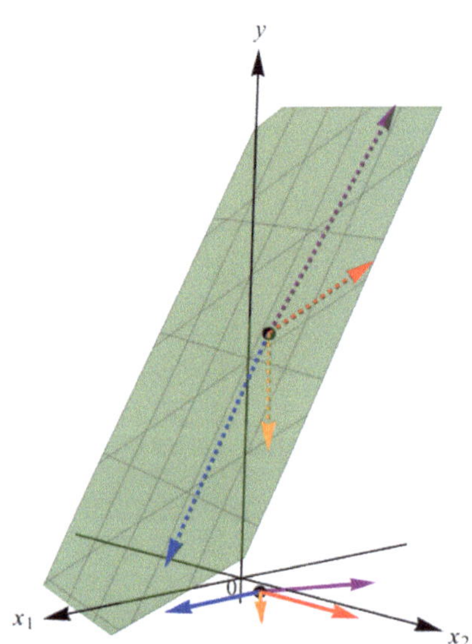

Abbildung 9.41: Darstellung der Steigungen in verschiedene Richtungen

In Abbildung 9.41 stellen Pfeile in verschiedenen Farben die verschiedenen Richtungen $\mathbf{r}$
ausgehend von $\mathbf{x}^0$ innerhalb der x_1-x_2-Ebene dar. Der blaue Pfeil repräsentiert $\mathbf{e}^1$, der rote
Pfeil $\mathbf{e}^2$, der orangene Pfeil die Diagonale $\left(\frac{1}{\sqrt{2}}, \frac{1}{\sqrt{2}}\right)^T$ und der lila Pfeil die Richtung des
Gradienten $\left(\frac{-8}{\sqrt{73}}, \frac{3}{\sqrt{73}}\right)^T$. All diese Pfeile haben eine Länge von 1. Um besser erkennen zu
können, wie steil die Funktion in diese verschiedenen Richtungen ansteigt, sind zusätzlich

die Bilder der Pfeile gestrichelt auf dem Graphen der Funktion eingezeichnet. Man erkennt, dass die Funktion in Richtung des Gradienten am steilsten ansteigt. ∎

In obigem Beispiel der affin-linearen Funktion sieht man, dass der Wert der Richtungsableitung stark variieren kann. Der größte Wert ergibt sich, wenn man die Funktion in Richtung des Gradienten betrachtet. Dieser Zusammenhang gilt allgemein und wird in der Optimierung häufig genutzt: der Gradient zeigt stets in die Richtung des steilsten Anstiegs.

Satz 9.3.6 — Gradient als Richtung des steilsten Anstiegs.
Sei $D \subseteq \mathbb{R}^n$ offen, $f : D \to Z$ eine stetig partiell differenzierbare reelle Funktion in n Variablen und $\mathbf{x}^0 \in D$. Für alle Richtungen $\mathbf{r} \in \mathbb{R}^n$ gilt mit $\tilde{\mathbf{r}} = \frac{\nabla f(\mathbf{x}^0)}{\|\nabla f(\mathbf{x}^0)\|}$, dass

$$f'_{\tilde{\mathbf{r}}}(\mathbf{x}^0) \geq f'_{\mathbf{r}}(\mathbf{x}^0).$$

Ist eine reelle Funktion nicht stetig partiell differenzierbar, so müssen nicht alle Richtungsableitungen existieren.

∎ Beispiel 9.3.23 — Eine nicht stetig partiell differenzierbare Funktion.
Wir betrachten erneut die Funktion

$$h(\mathbf{x}) = \begin{cases} \dfrac{x_1 x_2}{x_1^2 + x_2^2} & \text{für } \mathbf{x} \in \mathbb{R}^2 \setminus \{\mathbf{0}\} \\ 0 & \text{für } \mathbf{x} = \mathbf{0} \end{cases}$$

aus Beispiel 9.3.9. Diese Funktion ist partiell, aber nicht stetig partiell differenzierbar.

Der Vertikalschnitt $h_{\mathbf{0},\mathbf{e}^1}(t)$ durch $\mathbf{0}$ in Richtung $\mathbf{e}^1$ ist $h(\mathbf{0} + t\mathbf{e}^1) = 0$ für alle t. Der Vertikalschnitt in Richtung $\mathbf{e}^1$ durch $\mathbf{0}$ ist also differenzierbar mit Ableitung $h'_{\mathbf{0},\mathbf{e}^1}(t) = 0$.

Der Vertikalschnitt $h_{\mathbf{0},\mathbf{r}}(t)$ durch $\mathbf{0}$ in Richtung der Diagonalen $\mathbf{r} = \left(\frac{1}{\sqrt{2}}, \frac{1}{\sqrt{2}}\right)^T$ ist $h(\mathbf{0} + t\mathbf{r}) = \frac{1}{2}$ für alle $t \neq 0$ und $h(\mathbf{0} + 0 \cdot \mathbf{r}) = 0$. Der Vertikalschnitt in Richtung $\mathbf{r}$ durch $\mathbf{0}$ ist also nicht differenzierbar. Es existiert keine Richtungsableitung in Richtung $\mathbf{r}$.

Da nur für stetig partiell differenzierbare reelle Funktionen sichergestellt ist, dass der Vertikalschnitt der Funktion durch jede Stelle im Definitionsbereich in jede Richtung differenzierbar ist, werden Richtungsableitungen nur für diese Funktionen definiert. ∎

(Z) Die Richtungsableitung einer stetig partiell differenzierbaren reellen Funktion f in Richtung $\mathbf{r}$ an der Stelle $\mathbf{x}^0$, $f'_{\mathbf{r}}(\mathbf{x}^0)$, entspricht der Ableitung des Vertikalschnitts der Funktion in Richtung $\mathbf{r}$ durch $\mathbf{x}^0$ für $t = 0$, $f'_{\mathbf{x}^0,\mathbf{r}}(0)$. Es gilt

$$f'_{\mathbf{r}}(\mathbf{x}^0) = \sum_{i=1}^{n} f_{x_i}(\mathbf{x}^0) r_i.$$

Der Gradient zeigt stets in die Richtung des größten Anstiegs, also ist $\mathbf{r} = \nabla f(\mathbf{x}^0)/\|\nabla f(\mathbf{x}^0)\|$ die Richtung des größten Anstiegs.

9.3.7 Die zweite Richtungsableitung

Ziele dieses Unterkapitels

- Was versteht man unter der zweiten Richtungsableitung einer reellen Funktion f in Richtung $\mathbf{r}$ an der Stelle $\mathbf{x}^0$? Wie kann man die zweite Richtungsableitung einer reellen Funktion in Richtung $\mathbf{r}$ an der Stelle $\mathbf{x}^0$ mithilfe der Hesse-Matrix der Funktion an dieser Stelle bestimmen?

Schneidet man den Graphen von f an einer Stelle $\mathbf{x}^0$ in Richtung $\mathbf{r}$ durch, entsteht ein Vertikalschnitt. An der Stelle $\mathbf{x}^0 + t\mathbf{r}$, also t Längeneinheiten von $\mathbf{x}^0$ in Richtung $\mathbf{r}$ entfernt, ist der Funktionswert $f_{\mathbf{x}^0,\mathbf{r}}(t) = f(\mathbf{x}^0 + t\mathbf{r})$. Die erste Ableitung der Funktion $f_{\mathbf{x}^0,\mathbf{r}}(t)$ entspricht der Summe der mit r_i gewichteten partiellen Ableitungen an der Stelle $\mathbf{x}^0 + t\mathbf{r}$,

$$f'_{\mathbf{x}^0,\mathbf{r}}(t) = \nabla f(\mathbf{x}^0 + t\mathbf{r})^T \begin{pmatrix} r_1 \\ \vdots \\ r_n \end{pmatrix} = \sum_{i=1}^n f_{x_i}(\mathbf{x}^0 + t\mathbf{r})r_i,$$

vgl. Satz 9.3.5. Betrachtet man die partielle Ableitung f_{x_i} als Funktion, ist die erste Richtungsableitung der partiellen Ableitung f_{x_i} folglich

$$(f_{x_i})'_{\mathbf{r}}(\mathbf{x}^0) = \nabla f_{x_i}(\mathbf{x}^0 + t\mathbf{r})^T \begin{pmatrix} r_1 \\ \vdots \\ r_n \end{pmatrix} = \sum_{j=1}^n f_{x_i x_j}(\mathbf{x}^0 + t\mathbf{r})r_j.$$

So ergibt sich die Ableitung der ersten Richtungsableitung als

$$f''_{\mathbf{x}^0,\mathbf{r}}(t) = \left(f'_{\mathbf{x}^0,\mathbf{r}}(t) \right)' = \left(\sum_{i=1}^n f_{x_i}(\mathbf{x}^0 + t\mathbf{r})r_i \right)' = \sum_{i=1}^n (f_{x_i}(\mathbf{x}^0 + t\mathbf{r}))'r_i$$

$$= \sum_{i=1}^n \left(\sum_{j=1}^n f_{x_i x_j}(\mathbf{x}^0 + t\mathbf{r})r_j \right) r_i = \sum_{i=1}^n \sum_{j=1}^n f_{x_i x_j}(\mathbf{x}^0 + t\mathbf{r})r_j r_i$$

$$= \mathbf{r}^T H_f(\mathbf{x}^0 + t\mathbf{r})\mathbf{r},$$

wobei $H_f(\mathbf{x}^0 + t\mathbf{r})$ die Hesse-Matrix der Funktion f an der Stelle $\mathbf{x}^0 + t\mathbf{r}$ beschreibt.

■ Beispiel 9.3.24 — Zweite Richtungsableitung der Cobb-Douglas Funktion.

Die Hesse-Matrix der Cobb-Douglas Funktion $f(x_1, x_2) = x_1^{0.8} x_2^{0.2}$ an der Stelle $\mathbf{x}^0 = (1,1)^T$ ist

$$H_f(\mathbf{x}^0) = \begin{pmatrix} f_{x_1 x_1}(\mathbf{x}^0) & f_{x_1 x_2}(\mathbf{x}^0) \\ f_{x_2 x_1}(\mathbf{x}^0) & f_{x_2 x_2}(\mathbf{x}^0) \end{pmatrix} = \begin{pmatrix} -0.16 & 0.16 \\ 0.16 & -0.16 \end{pmatrix}.$$

Der Vertikalschnitt durch f in Richtung $\mathbf{e}^1$ durch $\mathbf{x}^0 = (1,1)^T$ ist

$$f_{\mathbf{x}^0,\mathbf{e}^1}(t) = (1+t)^{0.8} \text{ mit } f'_{\mathbf{x}^0,\mathbf{e}^1}(t) = 0.8(1+t)^{-0.2}, f''_{\mathbf{x}^0,\mathbf{e}^1}(t) = -0.16(1+t)^{-1.2}.$$

Für $t = 0$ gilt also

$$f''_{\mathbf{x}^0,\mathbf{e}^1}(0) = -0.16 = f_{x_1 x_1}(\mathbf{x}^0).$$

Dies ist nicht überraschend: Die zweite partielle Ableitung nach x_i entspricht der zweiten Ableitung einer Funktion, welche x_2 fixiert und x_1 variabel lässt. Der senkrechte Vertikalschnitt in Richtung $\mathbf{e}^1$ fixiert ebenfalls alle Komponenten außer x_1. Die zweite Ableitung des Vertikalschnitts in Richtung $\mathbf{e}^1$ enspricht daher der zweiten partiellen Ableitung $f_{x_1 x_1}$. Analog gilt

$$f_{\mathbf{x}^0,\mathbf{e}^2}(t) = (1+t)^{0.2} \text{ mit } f'_{\mathbf{x}^0,\mathbf{e}^2}(t) = 0.2(1+t)^{-0.8}, f''_{\mathbf{x}^0,\mathbf{e}^2}(t) = -0.16(1+t)^{-1.8}.$$

Der Vertikalschnitt in Richtung der Diagonalen $\mathbf{r} = \left(\frac{1}{\sqrt{2}}, \frac{1}{\sqrt{2}}\right)^T$ durch $\mathbf{x}^0$ ist

$$f_{\mathbf{x}^0,\mathbf{r}}(t) = 1 + \frac{1}{\sqrt{2}}t \text{ mit } f'_{\mathbf{x}^0,\mathbf{r}}(t) = \frac{1}{\sqrt{2}}, f''_{\mathbf{x}^0,\mathbf{r}}(t) = 0.$$

In diese Richtung ist die zweite Ableitung des Vertikalschnitts gleich 0, vgl. auch Abbildung 9.39. Gewichtet man die Einträge der Hesse-Matrix entsprechend obiger Formel, ergibt sich ebenfalls:

$$\left(\frac{1}{\sqrt{2}}, \frac{1}{\sqrt{2}}\right) \begin{pmatrix} -0.16 & 0.16 \\ 0.16 & -0.16 \end{pmatrix} \begin{pmatrix} \frac{1}{\sqrt{2}} \\ \frac{1}{\sqrt{2}} \end{pmatrix} = \left(\frac{1}{\sqrt{2}}, \frac{1}{\sqrt{2}}\right) \begin{pmatrix} -0.16\frac{1}{\sqrt{2}} + 0.16\frac{1}{\sqrt{2}} \\ 0.16\frac{1}{\sqrt{2}} - 0.16\frac{1}{\sqrt{2}} \end{pmatrix} = 0. \quad \blacksquare$$

Zusammenfassend kann also die zweite partielle Ableitung des Vertikalschnitts $f_{\mathbf{x}^0,\mathbf{r}}(t)$ mithilfe der Hesse-Matrix von f bestimmt werden. Analog zur ersten Richtungsableitung nennen wir diese zweite Ableitung die zweite Richtungsableitung von f in Richtung $\mathbf{r}$ an der Stelle $\mathbf{x}^0$:

Definition 9.3.9 — Die zweite Richtungsableitung.
Es sei $\mathbf{x}^0 \in D \subseteq \mathbb{R}^n$, D offen, $\mathbf{r} \in \mathbb{R}^n$ eine Richtung und $f : D \to \mathbb{R}$ eine zweimal stetig partiell differenzierbare Funktion. Dann heißt

$$f''_{\mathbf{r}}(\mathbf{x}^0) = f''_{\mathbf{x}^0,\mathbf{r}}(0) = \frac{d^2 f_{\mathbf{x}^0,\mathbf{r}}}{dt^2}(0)$$

zweite Richtungsableitung von f (an der Stelle $\mathbf{x}^0$) in Richtung $\mathbf{r} \in \mathbb{R}^n$.

Satz 9.3.7 — Berechnung der zweiten Richtungsableitung.
Sei $D \subseteq \mathbb{R}^n$ offen. Ist $f : D \to Z$ eine zweimal stetig partiell differenzierbare reelle Funktion in n Variablen, $\mathbf{x}^0 \in D$ und $\mathbf{r} \in \mathbb{R}^n$ eine Richtung, dann gilt

$$f''_{\mathbf{r}}(\mathbf{x}^0) = f''_{\mathbf{x}^0,\mathbf{r}}(0) = \frac{d^2 f_{\mathbf{x}^0,\mathbf{r}}}{dt^2}(0) = \mathbf{r}^T H_f(\mathbf{x}^0)\mathbf{r}.$$

■ Beispiel 9.3.25 — Fortsetzung von Beispiel 9.3.21.
Für die quadratische Funktion $f : \mathbb{R}^2 \to \mathbb{R}$ mit $f(\mathbf{x}) = x_1^2 + 4(x_2 - 1)^2 + 3$ gilt für alle Stellen $\mathbf{x}^0$:

$$H_f(\mathbf{x}^0) = \begin{pmatrix} 2 & 0 \\ 0 & 8 \end{pmatrix}.$$

In Beispiel 9.3.21 hatten wir bereits erste Richtungsableitungen dieser Funktion in Richtungen der kanonischen Einheitsvektoren und der Diagonalen an einer Stelle $\mathbf{x}^0$ bestimmt. Die entsprechenden Vertikalschnitte sind in Abbildung 9.40 dargestellt. In den Graphen scheinen die Vertikalschnitte konvex zu sein. Wir vermuten daher positive zweite Ableitungen der Vertikalschnitte, also auch positive zweite Richtungsableitungen.

Die zweite Richtungsableitung an der Stelle $\mathbf{x}^0$ in Richtung $\mathbf{r} = \mathbf{e}^1$ berechnet sich laut Satz 9.3.7 also als

$$f''_{\mathbf{e}^1}(\mathbf{x}^0) = (1,0)H_f(\mathbf{x}^0)\begin{pmatrix} 1 \\ 0 \end{pmatrix} = 2.$$

Die zweite Richtungsableitung an der Stelle $\mathbf{x}^0$ in Richtung $\mathbf{e}^1$ entspricht der zweiten partiellen Ableitung $f_{x_1 x_1}(\mathbf{x}^0)$. Statt mithilfe der Hesse-Matrix kann man diese zweite

Richtungsableitung auch erhalten, indem man den Vertikalschnitt von f ausgehend von der Stelle $\mathbf{x}^0$ in Richtung $\mathbf{e}^1 = (1,0)^T$ explizit als

$$f_{\mathbf{x}^0,\mathbf{e}^1}(t) = (x_1^0 + t)^2 + 4(x_2^0 - 1)^2 + 3$$

bestimmt und nach t ableitet,

$$((x_1^0 + t)^2 + 4(x_2^0 - 1)^2 + 3)' = 2(x_1^0 + t)$$
$$((x_1^0 + t)^2 + 4(x_2^0 - 1)^2 + 3)'' = \left(2(x_1^0 + t)\right)' = 2.$$

Die zweite Richtungsableitung in Richtung $\mathbf{e}^1$ an der Stelle $\mathbf{x}^0$ entspricht dieser zweiten Ableitung an der Stelle $t = 0$.

Die zweite Richtungsableitung an einer Stelle $\mathbf{x}^0$ in Richtung $\mathbf{e}^2$ berechnet sich als

$$f''_{\mathbf{e}^2}(\mathbf{x}^0) = (0,1)H_f(\mathbf{x}^0)\begin{pmatrix} 0 \\ 1 \end{pmatrix} = 8.$$

Die zweite Ableitung des entsprechenden Vertikalschnitts

$$f_{\mathbf{x}^0,\mathbf{e}^2}(t) = (x_1^0)^2 + 4(x_2^0 + t - 1)^2 + 3$$

nach t hat für alle t und damit auch für $t = 0$ ebenfalls den Wert 8.

Die zweite Richtungsableitung an einer Stelle $\mathbf{x}^0$ in Richtung der Diagonalen $\mathbf{r} = \left(\frac{1}{\sqrt{2}}, \frac{1}{\sqrt{2}}\right)^T$ berechnet sich laut Satz 9.3.7 als

$$f''_{\mathbf{r}}(\mathbf{x}^0) = \left(\frac{1}{\sqrt{2}}, \frac{1}{\sqrt{2}}\right) H_f(\mathbf{x}^0) \begin{pmatrix} \frac{1}{\sqrt{2}} \\ \frac{1}{\sqrt{2}} \end{pmatrix} = \left(\frac{1}{\sqrt{2}}, \frac{1}{\sqrt{2}}\right) \begin{pmatrix} 2 & 0 \\ 0 & 8 \end{pmatrix} \begin{pmatrix} \frac{1}{\sqrt{2}} \\ \frac{1}{\sqrt{2}} \end{pmatrix}$$
$$= 2 \cdot \frac{1}{2} + 8 \cdot \frac{1}{2} = 1 + 4 = 5.$$

Dieser Wert entspricht der zweiten Ableitung des Vertikalschnitts durch $\mathbf{x}^0$ in Richtung der Diagonalen. ∎

■ Beispiel 9.3.26 — Zweite Richtungsableitungen einer affin-linearen Funktion.
Da die Hesse-Matrix der Funktion $f : \mathbb{R}^2 \to \mathbb{R}$ mit $f(\mathbf{x}) = -8x_1 + 3x_2 + 10$ der Nullmatrix entspricht, vgl. Beispiel 9.3.11, sind die zweiten Richtungsableitungen an allen Stellen des Definitionsbereichs in alle Richtungen gleich 0. ∎

(Z) Die zweite Richtungsableitung einer reellen Funktion f in Richtung $\mathbf{r}$ an der Stelle $\mathbf{x}^0$, $f''_{\mathbf{r}}(\mathbf{x}^0)$, entspricht der zweiten Ableitung des Vertikalschnitts der Funktion in Richtung $\mathbf{r}$ durch $\mathbf{x}^0$ für $t = 0$. Ist f zweimal stetig partiell differenzierbar, gilt

$$f''_{\mathbf{r}}(\mathbf{x}^0) = \sum_{i=1}^{n} \sum_{j=1}^{n} f_{x_i x_j}(\mathbf{x}^0) r_i r_j = \mathbf{r}^T H_f(\mathbf{x}^0)\mathbf{r}.$$

9.4 Eigenschaften

Wir versuchen nun bekannte Werkzeuge für reelle Funktionen in einer Variablen zu nutzen, um das Verhalten einer reellen Funktion in n Variablen zu beschreiben.

9.4.1 Monotonie

Ziele dieses Unterkapitels
- Wann nennt man eine reelle Funktion in n Variablen monoton steigend bzw. fallend in Richtung $\mathbf{r}$?
- Wie kann man die Monotonie einer stetig partiell differenzierbaren reellen Funktion in Richtung $\mathbf{r}$ überprüfen?

Der Vertikalschnitt $f_{\mathbf{x}^0,\mathbf{e}^i}(t) = f(\mathbf{x}^0 + t\mathbf{e}^i)$ beschreibt die Funktion f in n Variablen ausgehend von einer Stelle $\mathbf{x}^0$ in eine Richtung $\mathbf{e}^i$. Dabei ist $f_{\mathbf{x}^0,\mathbf{e}^i}(t)$ eine Funktion in einer Variablen, welche alle Komponenten ausser x_i fixiert. Diese Funktion kann wie jede andere reelle Funktion in einer Variablen auf Monotonie und andere Eigenschaften untersucht werden. Ist $f_{\mathbf{x}^0,\mathbf{e}^i}(t)$ für jede Stelle $\mathbf{x}^0$ im Definitionsbereich monoton steigend, so heißt f monoton steigend in der Variable x_i.

Definition 9.4.1 — Monotonie.
Eine reelle Funktion $f : D \to Z$ in n Variablen heißt **(streng) monoton steigend** in Richtung $\mathbf{r} \in \mathbb{R}^n$, wenn der Vertikalschnitt $f_{\mathbf{x}^0,\mathbf{r}}(t)$ von f durch $\mathbf{x}^0$ in Richtung $\mathbf{r}$ für alle $\mathbf{x}^0 \in D \subseteq \mathbb{R}^n$ (streng) monoton steigend ist. Die Funktion f heißt **(streng) monoton fallend** in Richtung $\mathbf{r}$, wenn $f_{\mathbf{x}^0,\mathbf{r}}(t)$ für alle $\mathbf{x}^0 \in D \subseteq \mathbb{R}^n$ (streng) monoton fallend ist.

Ist f monoton steigend bzw. fallend in Richtung $\mathbf{e}^i$, sagt man auch, dass f in der Variable x_i steigt bzw. fällt.

Die Richtungsableitungen beschreiben die Ableitungen der Vertikalschnitte. Daher gilt:

Satz 9.4.1 — Monotoniekriterium.
Sei $D \subseteq \mathbb{R}^n$ offen und konvex. Ist die reelle Funktion $f : D \to Z$ in n Variablen stetig partiell differenzierbar und $\mathbf{r} \in \mathbb{R}^n$ eine Richtung, dann gilt:
- $f'_{\mathbf{r}}(\mathbf{x}^0) \geq 0$ für alle $\mathbf{x}^0 \in D \Leftrightarrow f$ ist monoton steigend in Richtung $\mathbf{r}$.
- $f'_{\mathbf{r}}(\mathbf{x}^0) > 0$ für alle $\mathbf{x}^0 \in D \Rightarrow f$ ist streng monoton steigend in Richtung $\mathbf{r}$.
- $f'_{\mathbf{r}}(\mathbf{x}^0) \leq 0$ für alle $\mathbf{x}^0 \in D \Leftrightarrow f$ ist monoton fallend in Richtung $\mathbf{r}$.
- $f'_{\mathbf{r}}(\mathbf{x}^0) < 0$ für alle $\mathbf{x}^0 \in D \Rightarrow f$ ist streng monoton fallend in Richtung $\mathbf{r}$.

Ist f stetig partiell differenzierbar, kann $f_{\mathbf{x}^0,\mathbf{r}}(t)$ mithilfe der ersten Richtungsableitung untersucht werden. Wir demonstrieren dies in einem Beispiel.

■ **Beispiel 9.4.1 — Beispiel einer monotonen Funktion.**
Für die Cobb-Douglas Funktion $f : (0,+\infty)^2 \to \mathbb{R}$ mit $f(x_1,x_2) = x_1^{0.8} x_2^{0.2}$ gilt an der Stelle $\mathbf{x}^0 \in D = (0,+\infty)^2$

$$\nabla f(\mathbf{x}^0) = \begin{pmatrix} 0.8 \left(\frac{x_2^0}{x_1^0} \right)^{0.2} \\ 0.2 \left(\frac{x_1^0}{x_2^0} \right)^{0.8} \end{pmatrix}.$$

Für $\mathbf{r} = \mathbf{e}^1$ gilt

$$f'_{\mathbf{e}^1}(\mathbf{x}^0) = \nabla f(\mathbf{x}^0)^T \mathbf{e}^1 = \left(0.8 \left(\frac{x_2^0}{x_1^0} \right)^{0.2} , 0.2 \left(\frac{x_1^0}{x_2^0} \right)^{0.8} \right) \begin{pmatrix} 1 \\ 0 \end{pmatrix} = 0.8 \left(\frac{x_2^0}{x_1^0} \right)^{0.2} > 0.$$

Also ist $f'_{\mathbf{e}^1}(\mathbf{x}^0) > 0$ für alle $\mathbf{x}^0 \in D$. Die Cobb-Douglas Funktion ist in Richtung $\mathbf{e}^1$ streng monoton steigend.

Für eine allgemeine Richtung $\mathbf{r} \in \mathbb{R}^2$ gilt

$$f'_{\mathbf{r}}(\mathbf{x}^0) = \nabla f(\mathbf{x}^0)^T \mathbf{r} = \left(0.8\left(\frac{x_2^0}{x_1^0}\right)^{0.2}, 0.2\left(\frac{x_1^0}{x_2^0}\right)^{0.8}\right)\begin{pmatrix} r_1 \\ r_2 \end{pmatrix} = 0.8 r_1\left(\frac{x_2^0}{x_1^0}\right)^{0.2} + 0.2 r_2\left(\frac{x_1^0}{x_2^0}\right)^{0.8}.$$

Da für alle $\mathbf{x}^0 \in D$ der Quotient $\frac{x_2^0}{x_1^0} > 0$ und damit auch $\frac{x_1^0}{x_2^0} > 0$ ist, gilt für alle Richtungen mit $r_1 \geq 0, r_2 \geq 0$:

$$f'_{\mathbf{r}}(\mathbf{x}^0) \geq 0.$$

Die Funktion f ist also in alle Richtungen $\mathbf{r}$ mit $r_1, r_2 \geq 0$ monoton steigend. In Richtungen $\mathbf{r}$ mit $r_1, r_2 > 0$ gilt sogar

$$f'_{\mathbf{r}}(\mathbf{x}^0) > 0.$$

Die Funktion f ist also streng monoton steigend in diesen Richtungen. ∎

(Z) Sei $D \subseteq \mathbb{R}^n$ offen. Die reelle Funktion $f : D \to Z$ in n Variablen heißt (streng) monoton steigend bzw. fallend in Richtung $\mathbf{r}$, wenn $f_{\mathbf{x}^0, \mathbf{r}}(t)$ für alle $\mathbf{x}^0 \in D \subseteq \mathbb{R}^n$ (streng) monoton steigend bzw. fallend ist.

Ist f stetig partiell differenzierbar, kann die Monotonie mithilfe der ersten Richtungsableitung $f'_{\mathbf{r}}(\mathbf{x}^0)$ überprüft werden.

9.4.2 Konvexität

Ziele dieses Unterkapitels

- Wann heißt eine reelle Funktion in n Variablen konvex, streng konvex, konkav bzw. streng konkav?
- Wie kann man die Konvexität einer stetig partiell differenzierbaren reellen Funktion mithilfe der Richtungsableitungen überprüfen?

In diesem Abschnitt beschränken wir uns auf Funktionen mit konvexem Definitionsbereich D. Für zwei Stellen $\mathbf{x}^1 \in D$ und $\mathbf{x}^2 \in D$ gilt also auch $\alpha\mathbf{x}^1 + (1-\alpha)\mathbf{x}^2 \in D$ für alle $\alpha \in [0,1]$, vgl. Abbildung 9.42 und Kapitel 2.2.

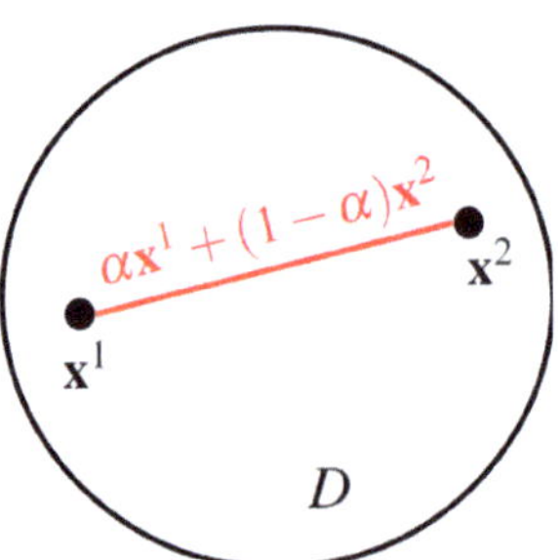

Abbildung 9.42: Darstellung einer konvexen Menge D mit $\alpha \in [0,1]$

Analog zu der Charakterisierung reeller Funktionen in einer Variablen in Kapitel 5 nennt man eine reelle Funktion in n Variablen konvex, wenn ihr Epigraph, also die Menge aller Punkte oberhalb des Graphen, konvex ist. Anders ausgedrückt heißt eine reelle Funktion mit konvexem Definitionsbereich D in n Variablen konvex, wenn jede Verbindungslinie zweier Punkte auf oder oberhalb des Graphen wieder auf oder oberhalb des Graphen liegt, siehe Abbildung 9.43.

Bei einer konvexen Funktion liegen alle Verbindungslinien zweier Punkte des Graphen oberhalb des Graphen oder auf ihm. Liegen alle Verbindungslinien oberhalb des Graphen, spricht man von einer streng konvexen Funktion. Bei einer konkaven Funktion liegen alle Verbindungslinien zweier Punkte des Graphen unterhalb des Graphen oder auf ihm. Liegen alle Verbindungslinien unterhalb des Graphen, nennt man die Funktion streng konkav.

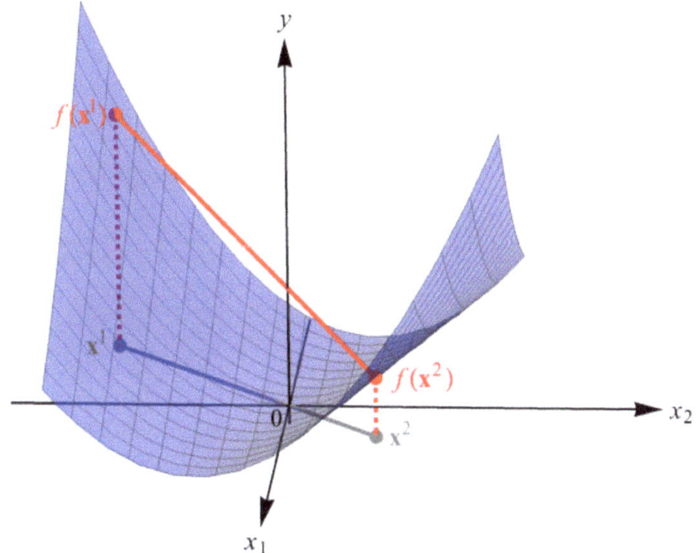

Abbildung 9.43: Konvexe Funktion

> **Definition 9.4.2 — Konvexität einer reellen Funktion in n Variablen.**
> Sei f eine reelle Funktion in n Variablen $f : D \to Z$ mit konvexem Definitionsbereich $D \subseteq \mathbb{R}^n$. Gilt für alle $\mathbf{x}^1, \mathbf{x}^2 \in D$ mit $\mathbf{x}^1 \neq \mathbf{x}^2$ und alle $\alpha \in (0,1)$,
> - $f(\alpha \mathbf{x}^1 + (1-\alpha)\mathbf{x}^2) \leq \alpha f(\mathbf{x}^1) + (1-\alpha)f(\mathbf{x}^2)$, dann heißt f **konvex**;
> - $f(\alpha \mathbf{x}^1 + (1-\alpha)\mathbf{x}^2) < \alpha f(\mathbf{x}^1) + (1-\alpha)f(\mathbf{x}^2)$, dann heißt f **streng konvex**;
> - $f(\alpha \mathbf{x}^1 + (1-\alpha)\mathbf{x}^2) \geq \alpha f(\mathbf{x}^1) + (1-\alpha)f(\mathbf{x}^2)$, dann heißt f **konkav**;
> - $f(\alpha \mathbf{x}^1 + (1-\alpha)\mathbf{x}^2) > \alpha f(\mathbf{x}^1) + (1-\alpha)f(\mathbf{x}^2)$, dann heißt f **streng konkav**.

Dabei ergibt sich wie im Fall $n = 1$ direkt aus der Definition der Konkavität, dass eine Funktion f genau dann (streng) konkav ist, wenn $-f$ (streng) konvex ist.

Abbildung 9.44 zeigt links oben eine streng konvexe Funktion, oben in der Mitte eine streng konkave Funktion und rechts oben eine Funktion in 2 Variablen, die weder konvex noch konkav ist. Links unten zeigt sie eine konvexe Funktion, welche nicht streng konvex ist, und rechts unten eine konkave Funktion, welche nicht streng konkav ist.

Ist eine Funktion konvex, so verläuft sie stets oberhalb jeder Tangentialhyperebene; ist sie konkav, verläuft sie stets unterhalb jeder Tangentialhyperebene.

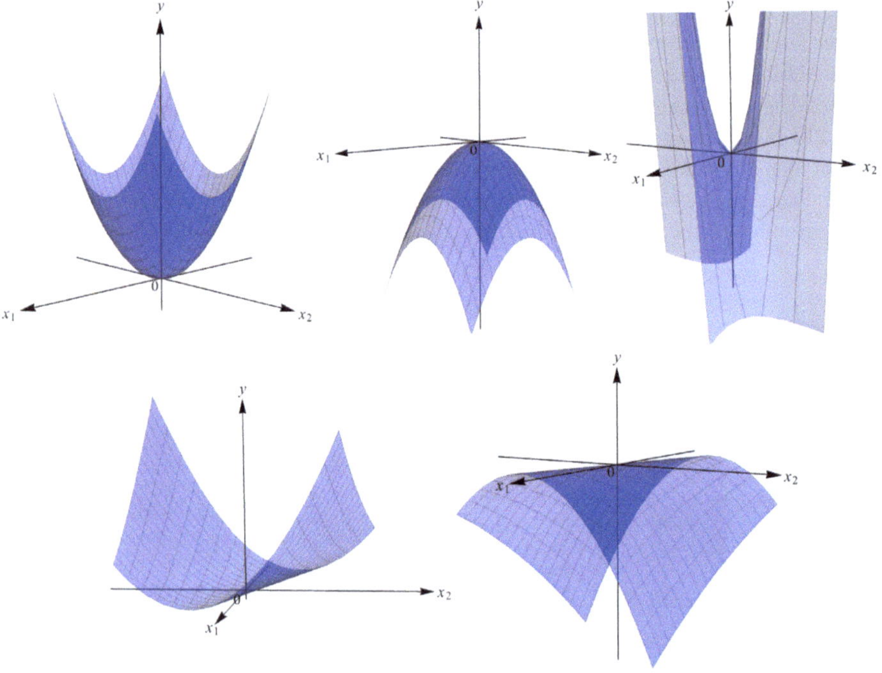

Abbildung 9.44: Darstellung verschiedener Funktionen in 2 Variablen

---

Satz 9.4.2 — Tangentialebenen konvexer Funktionen.

Sei $D \subseteq \mathbb{R}^n$ eine offene, konvexe Menge. Die stetig partiell differenzierbare Funktion $f : D \to Z$ ist genau dann konvex, wenn für alle $\mathbf{x}^0 \in D$ gilt:

$$f(\mathbf{x}) \geq f(\mathbf{x}^0) + \nabla f(\mathbf{x}^0)^T (\mathbf{x} - \mathbf{x}^0) \text{ für alle } \mathbf{x} \in D.$$

f ist genau dann konkav, wenn für alle $\mathbf{x}^0 \in D$ gilt:

$$f(\mathbf{x}) \leq f(\mathbf{x}^0) + \nabla f(\mathbf{x}^0)^T (\mathbf{x} - \mathbf{x}^0) \text{ für alle } \mathbf{x} \in D.$$

Wie zuvor versuchen wir die Eigenschaft der Konvexität über den Vertikalschnitt, also die Funktion $f_{\mathbf{x}^0,\mathbf{r}}(t) = f(\mathbf{x}^0 + t\mathbf{r})$ in einer Variablen, zu überprüfen.

Satz 9.4.3 — Konvexität einer Funktion und ihrer Vertikalschnitte.

Sei f eine reelle Funktion in n Variablen $f : D \to Z$ mit konvexem Definitionsbereich $D \subseteq \mathbb{R}^n$. Dann gilt:

- f ist (streng) konvex $\Leftrightarrow f_{\mathbf{x}^0,\mathbf{r}}$ ist (streng) konvex für alle $\mathbf{x}^0 \in D$ und Richtungen $\mathbf{r} \in \mathbb{R}^n$;
- f ist (streng) konkav $\Leftrightarrow f_{\mathbf{x}^0,\mathbf{r}}$ ist (streng) konkav für alle $\mathbf{x}^0 \in D$ und Richtungen $\mathbf{r} \in \mathbb{R}^n$.

Die Funktion f ist daher (streng) konvex, wenn die Vertikalschnitte in Richtung $\mathbf{r}$ ausgehend von der Stelle $\mathbf{x}^0$, $f_{\mathbf{x}^0,\mathbf{r}}(t) = f(\mathbf{x}^0 + t\mathbf{r})$, für alle Richtungen und alle Stellen (streng) konvex ist. Auch umgekehrt sind alle Vertikalschnitte $f_{\mathbf{x}^0,\mathbf{r}}$ (streng) konvex, wenn f (streng) konvex ist.

Wir demonstrieren dies zunächst am Beispiel bevor wir das Vorgehen der Überprüfung in einem Satz zusammenfassen.

■ Beispiel 9.4.2 — Konvexität einer quadratischen Funktion.

In Beispiel 9.5.1 betrachteten wir eine quadratische Funktion mit Abbildungsvorschrift $f(\mathbf{x}) = x_1^2 + 4(x_2 - 1)^2 + 3$. An der Stelle $\mathbf{x}^0 = (x_1^0, x_2^0)^T \in \mathbb{R}^2$ ist der Gradient

$$\nabla f(\mathbf{x}^0) = \begin{pmatrix} 2x_1^0 \\ 8(x_2^0 - 1) \end{pmatrix}$$

und die Hesse-Matrix

$$H_f(\mathbf{x}^0) = \begin{pmatrix} 2 & 0 \\ 0 & 8 \end{pmatrix}.$$

In Beispiel 9.3.21 untersuchten wir $f_{\mathbf{x}^0,\mathbf{r}}$, die Vertikalschnitte von f ausgehend von einer Stelle $\mathbf{x}^0$ in verschiedene Richtungen $\mathbf{r}$. Die Ableitung dieser Funktion ergibt die erste Richtungsableitung in Richtung $\mathbf{r}$

$$f'_{\mathbf{r}}(\mathbf{x}^0) = \nabla f(\mathbf{x}^0)^T \mathbf{r} = 2x_1^0 r_1 + 8(x_2^0 - 1)r_2.$$

Die zweite Richtungsableitung in Richtung $\mathbf{r}$ ist

$$f''_{\mathbf{r}}(\mathbf{x}^0) = \mathbf{r}^T H_f(\mathbf{x}^0)\mathbf{r} = 2r_1^2 + 8r_2^2.$$

An der Stelle $\mathbf{x}^0$ ist die zweite Richtungsableitung für jede beliebige Richtung $\mathbf{r}$ größer als 0, weil

$$\mathbf{r}^T H_f(\mathbf{x}^0)\mathbf{r} = 2r_1^2 + 8r_2^2 > 0 \text{ für alle Richtungen } \mathbf{r}, \text{ da } \mathbf{r} \neq \mathbf{0}.$$

Damit ist die Funktion $f_{\mathbf{x}^0,\mathbf{r}}$ für alle $\mathbf{x}^0$ und Richtungen $\mathbf{r}$ streng konvex. Aus obigem Satz folgt somit, dass f streng konvex ist und für alle $\mathbf{x}^1, \mathbf{x}^2 \in D$ gilt:

$$f(\alpha \mathbf{x}^1 + (1 - \alpha)\mathbf{x}^2) < \alpha f(\mathbf{x}^1) + (1 - \alpha)f(\mathbf{x}^2). \qquad ■$$

Aus Kapitel 5 wissen wir, dass der Vertikalschnitt $f_{\mathbf{x}^0,\mathbf{r}}$ genau dann konvex ist, wenn die zweiten Ableitungen von $f_{\mathbf{x}^0,\mathbf{r}}$ größer oder gleich 0 sind. Sind die zweiten Ableitungen echt größer als 0, ist $f_{\mathbf{x}^0,\mathbf{r}}$ streng konvex. Umgekehrt kann eine streng konvexe Funktion jedoch an einigen Punkten auch eine zweite Ableitung von 0 haben. Der Vertikalschnitt ist genau dann konkav, wenn seine zweiten Ableitungen kleiner oder gleich 0 sind. Sind die zweiten Ableitungen kleiner als 0, ist $f_{\mathbf{x}^0,\mathbf{r}}$ streng konkav. Ist f zweimal stetig partiell differenzierbar, ist die zweite Ableitung des Vertikalschnitts an der Stelle $\mathbf{x}^0$ in Richtung $\mathbf{r}$ gleich

$$f''_{\mathbf{r}}(\mathbf{x}^0) = \mathbf{r}^T H_f(\mathbf{x}^0)\mathbf{r} \quad \text{für alle } \mathbf{r},$$

vgl. Definition 9.3.9. Folgender Satz nutzt den Zusammenhang zwischen zweiten Ableitungen und Konvexität sowie die Tatsache, dass eine Funktion f genau dann (streng) konvex bzw. konkav ist, wenn alle Vertikalschnitte an allen Stellen (streng) konvex bzw. konkav sind.

> **Satz 9.4.4 — Konvexitätskriterium.**
> Sei D eine offene konvexe Menge, $f : D \to Z$ eine zweimal stetig differenzierbare reelle Funktion in n Variablen und $H_f(\mathbf{x}^0)$ die Hesse-Matrix von f an der Stelle $\mathbf{x}^0 \in D$. Dann gilt:
> - $\mathbf{r}^T H_f(\mathbf{x}^0)\mathbf{r} \geq 0$ für alle $\mathbf{x}^0 \in D$, $\mathbf{r} \in \mathbb{R}^n \setminus \{\mathbf{0}\} \Leftrightarrow f$ ist konvex in D;
> - $\mathbf{r}^T H_f(\mathbf{x}^0)\mathbf{r} > 0$ für alle $\mathbf{x}^0 \in D$, $\mathbf{r} \in \mathbb{R}^n \setminus \{\mathbf{0}\} \Rightarrow f$ ist streng konvex in D;
> - $\mathbf{r}^T H_f(\mathbf{x}^0)\mathbf{r} \leq 0$ für alle $\mathbf{x}^0 \in D$, $\mathbf{r} \in \mathbb{R}^n \setminus \{\mathbf{0}\} \Leftrightarrow f$ ist konkav in D;
> - $\mathbf{r}^T H_f(\mathbf{x}^0)\mathbf{r} < 0$ für alle $\mathbf{x}^0 \in D$, $\mathbf{r} \in \mathbb{R}^n \setminus \{\mathbf{0}\} \Rightarrow f$ ist streng konkav in D.

Aus der Konvexität einer Funktion in alle Richtungen $\mathbf{r}$ kann man also schließen, dass die Funktion f selbst konvex sein muss.[5] Hierbei ist es wichtig, dass wirklich alle Richtungen $\mathbf{r}$ betrachtet werden. Dies illustrieren wir in folgendem Beispiel.

■ Beispiel 9.4.3 — Wichtigkeit, alle Richtungen zu prüfen.

Wir betrachten erneut die Funktion mit Abbildungsvorschrift $f(\mathbf{x}) = x_1^2 - 3x_1 x_2 + x_2^2$. Ausgehend von $\mathbf{x}^0 = \mathbf{0}$ in Richtung $\mathbf{r} = \mathbf{e}^1$ ist $f_{\mathbf{0},\mathbf{e}^1}(t) = t^2$. Auch in Richtung $\mathbf{r} = \mathbf{e}^2$ gilt $f_{\mathbf{0},\mathbf{e}^2}(t) = t^2$. In Richtungen $\mathbf{r} = \mathbf{e}^1$ und $\mathbf{r} = \mathbf{e}^2$ ist die Funktion also ausgehend von $\mathbf{x}^0 = \mathbf{0}$ konvex, vgl. Abbildung 9.45.

Betrachtet man jedoch einen diagonalen Vertikalschnitt in Richtung $\mathbf{r} = \left(\frac{1}{\sqrt{2}}, \frac{1}{\sqrt{2}}\right)^T$, ergibt sich eine konkave Funktion, vgl. Abbildung 9.46. Dies kann man auch wie folgt mithilfe der Hesse-Matrix nachprüfen: Der Gradient von f an der Stelle $\mathbf{x}^0 = (x_1^0, x_2^0)^T$ ist gegeben durch

$$\nabla f(\mathbf{x}^0) = \begin{pmatrix} 2x_1^0 - 3x_2^0 \\ 2x_2^0 - 3x_1^0 \end{pmatrix}.$$

Hieraus ergibt sich die Hesse-Matrix von f als

$$H_f(\mathbf{x}^0) = \begin{pmatrix} 2 & -3 \\ -3 & 2 \end{pmatrix}.$$

Für $\mathbf{r} = \mathbf{e}^1$ gilt nun

$$(\mathbf{e}^1)^T H_f(\mathbf{x}^0)\mathbf{e}^1 = (1,0) \begin{pmatrix} 2 & -3 \\ -3 & 2 \end{pmatrix} \begin{pmatrix} 1 \\ 0 \end{pmatrix} = 2 > 0$$

und für $\mathbf{r} = \mathbf{e}^2$

$$(\mathbf{e}^2)^T H_f(\mathbf{x}^0)\mathbf{e}^2 = (0,1) \begin{pmatrix} 2 & -3 \\ -3 & 2 \end{pmatrix} \begin{pmatrix} 0 \\ 1 \end{pmatrix} = 2 > 0.$$

Dennoch ist die Funktion f nicht konvex, da man zum Beispiel für $\mathbf{r} = \left(\frac{1}{\sqrt{2}}, \frac{1}{\sqrt{2}}\right)^T$

$$\mathbf{r}^T H_f(\mathbf{x}^0)\mathbf{r} = \left(\frac{1}{\sqrt{2}}, \frac{1}{\sqrt{2}}\right) \begin{pmatrix} 2 & -3 \\ -3 & 2 \end{pmatrix} \begin{pmatrix} \frac{1}{\sqrt{2}} \\ \frac{1}{\sqrt{2}} \end{pmatrix} = -1 < 0$$

erhält. Man sieht also, dass die geforderte Ungleichung zwar für die kanonischen Einheitsvektoren $\mathbf{e}^1$ und $\mathbf{e}^2$, also in Richtung der Koordinatenachsen gilt, aber nicht in Richtung des Vektors $\mathbf{r} = \left(\frac{1}{\sqrt{2}}, \frac{1}{\sqrt{2}}\right)^T$. Die Funktion ist also weder konvex noch konkav. ■

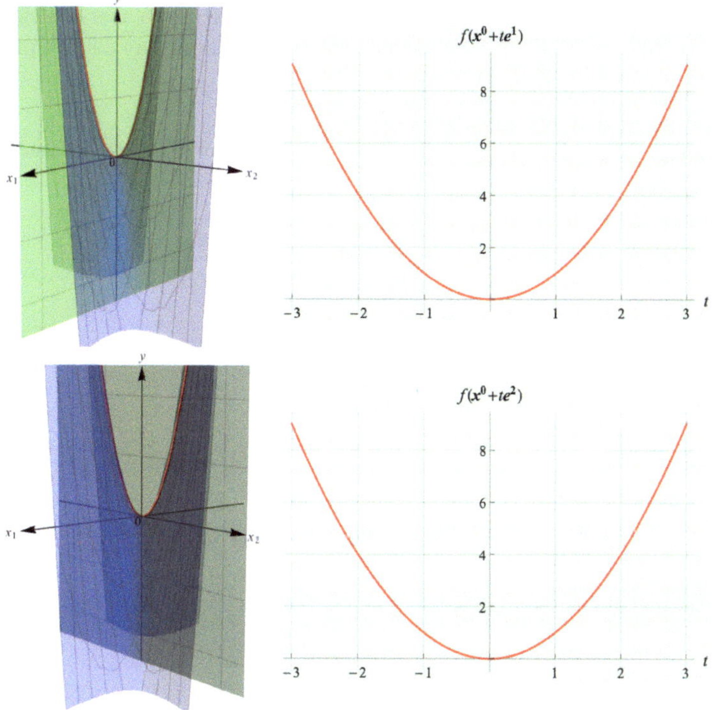

Abbildung 9.45: Senkrechte Vertikalschnitte der Funktion $f(\mathbf{x}) = x_1^2 - 3x_1x_2 + x_2^2$ durch $\mathbf{x}^0 = \mathbf{0}$

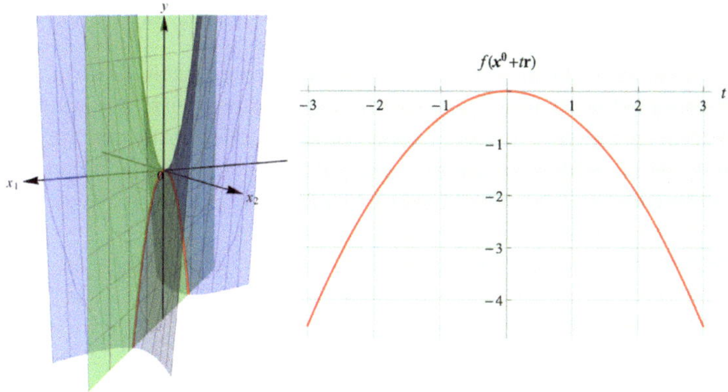

Abbildung 9.46: Diagonaler Vertikalschnitt der Funktion $f(\mathbf{x}) = x_1^2 - 3x_1x_2 + x_2^2$ durch $\mathbf{x}^0 = \mathbf{0}$

Laut Satz 9.4.4 kann man also aus der Tatsache, dass die zweite Richtungsableitung von f in alle Richtungen größer oder gleich 0 ist, schließen, dass f konvex ist und umgekehrt. Ist die zweite Richtungsableitung in alle Richtungen größer als 0, so ist auch f streng konvex.

---

5   Aus dem Beweis von Satz 9.4.4 ergibt sich, dass es unerheblich ist, ob man alle Vektoren $\mathbf{r} \neq \mathbf{0}$ oder alle Richtungen (also Vektoren mit Norm 1) prüft.

Wie schon im Fall einer Funktion in nur einer Variablen kann man aber umgekehrt nicht schließen, dass die zweite Richtungsableitung einer streng konvexen Funktion größer als 0 ist. Wir zeigen dies in folgendem Beispiel.

■ **Beispiel 9.4.4 — Eine streng konvexe Funktion.**
Die Funktion $f : \mathbb{R}^2 \to \mathbb{R}$ mit $f(\mathbf{x}) = (x_1)^4 + (x_2)^4$ ist in Abbildung 9.47 dargestellt.

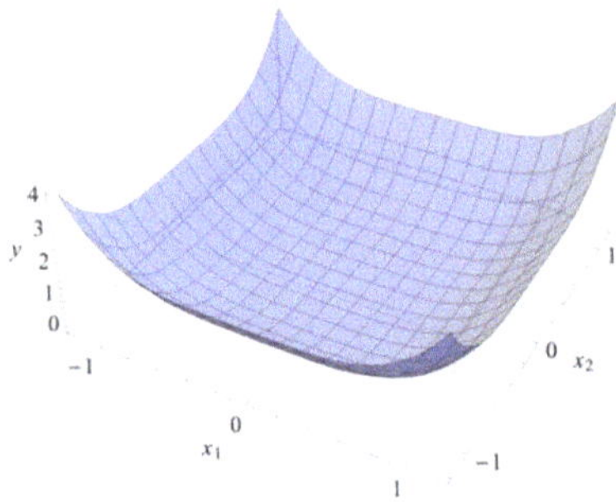

Abbildung 9.47: Graph der Funktion $f(\mathbf{x}) = (x_1)^4 + (x_2)^4$

Der Gradient und die Hesse-Matrix von f an der Stelle $\mathbf{x}^0 = (x_1^0, x_2^0)$ sind[6]

$$\nabla f(\mathbf{x}^0) = \begin{pmatrix} 4(x_1^0)^3 \\ 4(x_2^0)^3 \end{pmatrix} \text{ und } H_f(\mathbf{x}^0) = \begin{pmatrix} 12(x_1^0)^2 & 0 \\ 0 & 12(x_2^0)^2 \end{pmatrix}.$$

Die zweite Richtungsableitung in Richtung $\mathbf{r}$ berechnet sich an der Stelle $\mathbf{x}^0$ als

$$\mathbf{r}^T H_f(\mathbf{x}^0)\mathbf{r} = 12(r_1)^2(x_1^0)^2 + 12(r_2)^2(x_2^0)^2 \geq 0 \text{ für alle } \mathbf{r} \neq \mathbf{0}.$$

Allerdings ist an der Stelle $\mathbf{x}^0 = (0,0)^T$ die zweite Richtungsableitung für alle $\mathbf{r}$ gleich 0. Wir können aus Satz 9.4.4 also schließen, dass f konvex ist. Wir können aus Satz 9.4.4 jedoch nicht schließen, dass f streng konvex ist. Überprüft man für $\mathbf{x}^1 \neq \mathbf{x}^2$ die Ungleichung der Definition 9.4.2 direkt und nutzt, dass die Funktion von $\mathbb{R} \to \mathbb{R}$ mit Abbildungsvorschrift $y = x^4$ streng konvex ist, ergibt sich

$$\begin{aligned} f(\alpha\mathbf{x}^1 + (1-\alpha)\mathbf{x}^2) &= (\alpha x_1^1 + (1-\alpha)x_1^2)^4 + (\alpha x_2^1 + (1-\alpha)x_2^2)^4 \\ &< \alpha(x_1^1)^4 + (1-\alpha)(x_1^2)^4 + \alpha(x_2^1)^4 + (1-\alpha)(x_2^2)^4 \\ &= \alpha((x_1^1)^4 + (x_2^1)^4) + (1-\alpha)((x_1^2)^4 + (x_2^2)^4) \\ &= \alpha f(\mathbf{x}^1) + (1-\alpha)f(\mathbf{x}^2). \end{aligned}$$

Die Funktion f ist also streng konvex.   ■

So wie im Fall reeller Funktionen in $n = 1$ Variable eine affin-lineare Funktion sowohl konvex als auch konkav ist, bezeichnet man eine affin-lineare Funktion auch in mehreren Variablen allgemein sowohl als konvex als auch als konkav.

---

[6] Um Verwechslungen mit dem hochgestellten Index 0 an der Stelle $\mathbf{x}^0$ zu vermeiden, nutzen wir Klammern um Potenzen zu bilden. So ist beispielsweise $(x_2^0)^2$ das Quadrat von x_2^0 und x_2^2 die zweite Komponente von $\mathbf{x}^2$.

■ Beispiel 9.4.5 — Konvexität einer affin-linearen Funktion.

In Beispiel 9.3.11 hatten wir gezeigt, dass die affin-lineare Funktion $f : \mathbb{R}^2 \to \mathbb{R}$ mit $f(\mathbf{x}) = -8x_1 + 3x_2 + 10$ die Hesse-Matrix

$$H_f(\mathbf{x}^0) = \begin{pmatrix} 0 & 0 \\ 0 & 0 \end{pmatrix}$$

hat. Es gilt also für alle $\mathbf{r} \in \mathbb{R}^n$ an jeder Stelle $\mathbf{x}^0 \in D$:

$$\mathbf{r}^T H_f(\mathbf{x}^0)\mathbf{r} = 0.$$

Damit gilt $\mathbf{r}^T H_f(\mathbf{x}^0)\mathbf{r} \geq 0$ für alle Richtungen $\mathbf{r} \in \mathbb{R}^n$ und Stellen $\mathbf{x}^0 \in D$. Die Funktion ist also konvex. Zudem gilt $\mathbf{r}^T H_f(\mathbf{x}^0)\mathbf{r} \leq 0$ für alle Richtungen $\mathbf{r} \in \mathbb{R}^n$ und Stellen $\mathbf{x}^0 \in D$. Die Funktion ist also auch konkav. ■

(Z) Eine reelle Funktion in n Variablen heißt

$$\left.\begin{array}{l} \text{konvex} \\ \text{streng konvex} \\ \text{konkav} \\ \text{streng konkav} \end{array}\right\}, \text{ wenn } f(\alpha\mathbf{x}^1 + (1-\alpha)\mathbf{x}^2) \left\{\begin{array}{l} \leq \\ < \\ \geq \\ > \end{array}\right\} \alpha f(\mathbf{x}^1) + (1-\alpha)f(\mathbf{x}^2).$$

Sei $D \subseteq \mathbb{R}^n$ offen und konvex. Für eine zweimal stetig partiell differenzierbare reelle Funktion f in n Variablen mit $f : D \to Z$ gilt:

$$f_{\mathbf{r}}''(\mathbf{x}^0) = \mathbf{r}^T H_f(\mathbf{x}^0)\mathbf{r} \left\{\begin{array}{l} \geq \\ \leq \end{array}\right\} 0 \text{ für alle } \mathbf{x}^0 \in D, \mathbf{r} \in \mathbb{R}^n \backslash \{\mathbf{0}\} \Leftrightarrow f \text{ ist } \left\{\begin{array}{l} \text{konvex} \\ \text{konkav} \end{array}\right. .$$

$$f_{\mathbf{r}}''(\mathbf{x}^0) = \mathbf{r}^T H_f(\mathbf{x}^0)\mathbf{r} \left\{\begin{array}{l} > \\ < \end{array}\right\} 0 \text{ für alle } \mathbf{x}^0 \in D, \mathbf{r} \in \mathbb{R}^n \backslash \{\mathbf{0}\} \Rightarrow f \text{ ist } \left\{\begin{array}{l} \text{streng konvex} \\ \text{streng konkav} \end{array}\right. .$$

9.4.3 Definitheit von Matrizen zur Prüfung von Konvexität

Ziele dieses Unterkapitels

- Wann nennt man eine symmetrische Matrix positiv definit, positiv semidefinit, negativ definit, negativ semidefinit und wann indefinit?
- Welcher Zusammenhang besteht zwischen den Eigenwerten einer symmetrischen Matrix und der Klassifikation der Matrix als positiv definit, positiv semidefinit, negativ definit, negativ semidefinit oder indefinit?
- Was versteht man unter Hauptunterdeterminanten einer symmetrischen Matrix?
- Welcher Zusammenhang besteht zwischen den Hauptunterdeterminanten einer symmetrischen Matrix und der Klassifikation der Matrix als positiv definit, positiv semidefinit, negativ definit, negativ semidefinit oder indefinit?

Dem Ausdruck $\mathbf{r}^T H_f(\mathbf{x}^0)\mathbf{r} > 0$ für alle $\mathbf{r} \neq \mathbf{0}$ kommt bei reellen Funktionen in n Variablen also eine Rolle zu, die vergleichbar ist mit der Rolle einer positiven zweiten Ableitung. Man sagt auch die Hesse-Matrix $H_f(\mathbf{x}^0)$ ist positiv definit, wenn $\mathbf{r}^T H_f(\mathbf{x}^0)\mathbf{r} > 0$ für alle $\mathbf{r} \neq \mathbf{0}$, sie ist positiv semidefinit, wenn $\mathbf{r}^T H_f(\mathbf{x}^0)\mathbf{r} \geq 0$ für alle $\mathbf{r} \neq \mathbf{0}$. Analog definiert man negativ (semi-)definite Hesse-Matrizen.

Um die Verbindungen zu den Kapiteln 6-8 zu verdeutlichen, nennen wir die betrachtete Matrix in folgenden Definitionen und Sätzen A. All diese Definitionen und Sätze gelten allgemein für quadratische Matrizen. Im Kontext der Diskussion von reellen Funktionen in n Variablen ist hier aber stets die Hesse-Matrix gemeint.

> **Definition 9.4.3 — Definitheit von Matrizen.**
> Sei A eine symmetrische $n \times n$-Matrix. A heißt
> - **positiv semidefinit**, $A \succcurlyeq 0$, wenn $\mathbf{r}^T A \mathbf{r} \geq 0$ für alle $\mathbf{r} \neq \mathbf{0}$;
> - **positiv definit**, $A \succ 0$, wenn $\mathbf{r}^T A \mathbf{r} > 0$ für alle $\mathbf{r} \neq \mathbf{0}$;
> - **negativ semidefinit**, $A \preccurlyeq 0$, wenn $\mathbf{r}^T A \mathbf{r} \leq 0$ für alle $\mathbf{r} \neq \mathbf{0}$;
> - **negativ definit**, $A \prec 0$, wenn $\mathbf{r}^T A \mathbf{r} < 0$ für alle $\mathbf{r} \neq \mathbf{0}$;
> - **indefinit**, wenn A weder positiv definit, positiv semidefinit, negativ definit, noch negativ semidefinit ist.

Jede positiv definite Matrix ist also auch positiv semidefinit, jede negativ definite Matrix ist auch negativ semidefinit, aber nicht umgekehrt, vgl. Abbildung 9.48. Die einzige Matrix, welche sowohl positiv als auch negativ semidefinit ist, ist die Nullmatrix.

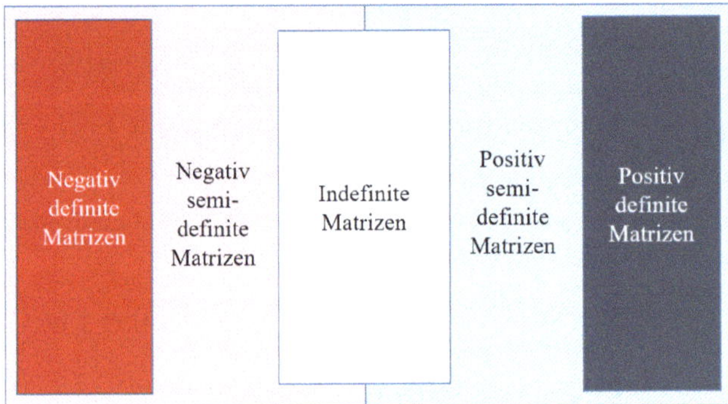

Abbildung 9.48: Definitheit symmetrischer Matrizen

Eigenwerte zur Prüfung der Definitheit

Das Vorzeichen von $\mathbf{r}^T A \mathbf{r}$ für alle $\mathbf{r} \neq \mathbf{0}$ nachzuprüfen, ist für große Matrizen aufwendig. Oft kann man an den Vorzeichen der Eigenwerte einfacher ablesen, ob eine Matrix positiv definit ist.

> **Satz 9.4.5 — Eigenwerte und Definitheit.**
> Sei A eine symmetrische $n \times n$-Matrix mit Eigenwerten $\lambda_1, \dots, \lambda_n \in \mathbb{R}$. Dann ist A
> - positiv semidefinit genau dann, wenn $\lambda_1, \lambda_2, \dots, \lambda_n \geq 0$;
> - positiv definit genau dann, wenn $\lambda_1, \lambda_2, \dots, \lambda_n > 0$;
> - negativ semidefinit genau dann, wenn $\lambda_1, \lambda_2, \dots, \lambda_n \leq 0$;
> - negativ definit genau dann, wenn $\lambda_1, \lambda_2, \dots, \lambda_n < 0$;
> - indefinit genau dann, wenn mindestens ein Eigenwert positiv und einer negativ ist.

Wir demonstrieren die Anwendung der Kriterien aus Satz 9.4.5 anhand von Beispielen.

■ Beispiel 9.4.6 — Überprüfung der Definitheit mittels Eigenwerten.

Betrachten wir erneut die Hesse-Matrix der quadratischen Funktion aus Beispiel 9.4.2 an einer beliebigen Stelle $\mathbf{x}^0$,

$$H_f(\mathbf{x}^0) = \begin{pmatrix} 2 & 0 \\ 0 & 8 \end{pmatrix}.$$

Wir zeigten dort, dass

$$\mathbf{r}^T H_f(\mathbf{x}^0)\mathbf{r} = 2r_1^2 + 8r_2^2 > 0$$

für alle $\mathbf{r} \neq \mathbf{0}$ gilt. Die Matrix ist also positiv definit. Um das Kriterium aus Satz 9.4.5 anzuwenden, benötigen wir zunächst die Eigenwerte dieser Matrix. Diese ergeben sich aus den Nullstellen des charakteristischen Polynoms

$$\det(A - \lambda I) = \begin{vmatrix} 2-\lambda & 0 \\ 0 & 8-\lambda \end{vmatrix} = (2-\lambda)(8-\lambda).$$

Die Nullstellen des Polynoms $(2-\lambda)(8-\lambda)$ sind 2 und 8. Damit sind die Eigenwerte $\lambda_1 = 2$ und $\lambda_2 = 8$. Wegen $\lambda_1, \lambda_2 > 0$ kann man also auch anhand von Satz 9.4.5 schließen, dass die Hesse-Matrix positiv definit ist.

Multipliziert man alle Einträge der Matrix $H_f(\mathbf{x}^0)$ mit (-1) ergibt sich die Matrix

$$\begin{pmatrix} -2 & 0 \\ 0 & -8 \end{pmatrix}$$

mit Eigenwerten $\lambda_1 = -2$ und $\lambda_2 = -8$. Wegen $\lambda_1, \lambda_2 < 0$ kann man schließen, dass diese Matrix negativ definit sein muss. Es gilt also

$$\mathbf{r}^T \begin{pmatrix} -2 & 0 \\ 0 & -8 \end{pmatrix} \mathbf{r} < 0$$

für alle $\mathbf{r} \neq \mathbf{0}$. $\blacksquare$

■ Beispiel 9.4.7 — Die Hesse-Matrix aus Beispiel 9.4.3.

Wir untersuchen die Hesse-Matrix der Funktion aus Beispiel 9.4.3 an einer beliebigen Stelle $\mathbf{x}^0$,

$$\begin{pmatrix} 2 & -3 \\ -3 & 2 \end{pmatrix}.$$

Auch hier können wir die Eigenwerte mithilfe der charakteristischen Gleichung $\det(A - \lambda I) = 0$ mit

$$\det(A - \lambda I) = \begin{vmatrix} 2-\lambda & -3 \\ -3 & 2-\lambda \end{vmatrix} = (2-\lambda)(2-\lambda) - 9 = 4 - 4\lambda + \lambda^2 - 9 = \lambda^2 - 4\lambda - 5$$

berechnen. Mit der Mitternachtsformel ist $\lambda^2 - 4\lambda - 5 = 0$ für $\lambda_1 = 5 > 0$ und $\lambda_2 = -1 < 0$. Die Matrix ist nach Satz 9.4.5 also indefinit. Es gibt demnach mindestens einen Vektor $\mathbf{r} \neq \mathbf{0}$ mit

$$\mathbf{r}^T \begin{pmatrix} 2 & -3 \\ -3 & 2 \end{pmatrix} \mathbf{r} < 0$$

und mindestens einen weiteren Vektor $\mathbf{r} \neq \mathbf{0}$ mit

$$\mathbf{r}^T \begin{pmatrix} 2 & -3 \\ -3 & 2 \end{pmatrix} \mathbf{r} > 0. \qquad \blacksquare$$

■ Beispiel 9.4.8 — Die Hesse-Matrix der Cobb-Douglas Funktion.
Für die Hesse-Matrix der Cobb-Douglas Funktion aus Beispiel 9.3.13 an der Stelle $(1,1)^T$,

$$\begin{pmatrix} -0.16 & 0.16 \\ 0.16 & -0.16 \end{pmatrix},$$

berechnen wir analog

$$\begin{vmatrix} -0.16-\lambda & 0.16 \\ 0.16 & -0.16-\lambda \end{vmatrix} = (-0.16-\lambda)^2 - 0.0256$$

$$= 0.0256 + 0.32\lambda + \lambda^2 - 0.0256 = \lambda^2 + 0.32\lambda$$

$$= \lambda(\lambda + 0.32).$$

Die Nullstellen sind $\lambda_1 = 0$ und $\lambda_2 = -0.32 < 0$. Die Matrix ist also negativ semidefinit. ■

■ Beispiel 9.4.9 — Die Matrix aus Beispiel 8.4.9.
In Beispiel 8.4.9 berechneten wir die Eigenwerte der Matrix

$$\begin{pmatrix} 0 & 1 & 1 \\ 1 & 0 & 1 \\ 1 & 1 & 0 \end{pmatrix}$$

als $\lambda_1 = 2 > 0$ und $\lambda_2 = \lambda_3 = -1 < 0$. Diese Matrix ist also indefinit.   ■

■ Beispiel 9.4.10 — Zwei weitere Matrizen.
Die Eigenwerte der Matrix

$$\begin{pmatrix} 1 & 0 & 0 \\ 0 & 0 & 0 \\ 0 & 0 & -1 \end{pmatrix}$$

sind $\lambda_1 = 1$, $\lambda_2 = 0$ und $\lambda_3 = -1$. Da auch diese Matrix sowohl negative als auch positive Eigenwerte hat, ist sie indefinit.
Die Eigenwerte der Matrix

$$\begin{pmatrix} 1 & 0 & 0 \\ 0 & 0 & 0 \\ 0 & 0 & 1 \end{pmatrix}$$

hingegen sind $\lambda_1 = 1$, $\lambda_2 = 0$ und $\lambda_3 = 1$. Diese Matrix ist positiv semidefinit.   ■

Hauptunterdeterminanten zur Prüfung der Definitheit
Auch Eigenwerte sind nicht immer einfach zu berechnen. Determinanten stellen einfacher zu berechnende Kenngrößen von Matrizen dar. Besondere Determinanten, die Hauptunterdeterminanten, stellen eine weitere Art dar, Matrizen auf ihre Definitheitseigenschaften zu untersuchen. Hierbei definiert man die n Hauptunterdeterminanten einer symmetrischen $n \times n$-Matrix wie folgt:

Definition 9.4.4 — Hauptunterdeterminanten.
Sei $A = (a_{ij})$ eine symmetrische $n \times n$-Matrix. Dann heißt $\det(U_1) = a_{11}$ **erste Hauptunterdeterminante** und für $i = 2, \ldots, n$

$$\det(U_i) = \det \begin{pmatrix} a_{11} & \dots & a_{1i} \\ \vdots & & \vdots \\ a_{i1} & \dots & a_{ii} \end{pmatrix}$$

die i-te **Hauptunterdeterminante** von A.

Somit ist also beispielsweise die zweite Hauptunterdeterminante der $n \times n$-Matrix A $\det(U_2) = a_{11}a_{22} - a_{12}a_{21}$. Ein hilfreicher, aber relativ schwer zu beweisender Satz ist folgender:

Satz 9.4.6 — Hauptunterdeterminantenkriterium.
Sei A eine symmetrische $n \times n$-Matrix. Dann gilt:
- A ist positiv semidefinit $\Rightarrow \det(U_i) \geq 0$ für alle $i = 1, \dots, n$;
- A ist positiv definit $\Leftrightarrow \det(U_i) > 0$ für alle $i = 1, \dots, n$;
- A ist negativ semidefinit $\Rightarrow \det(U_i) \geq 0$ für alle geraden $i = 2, 4, \dots$ und $\det(U_i) \leq 0$ für alle ungeraden $i = 1, 3, \dots$, also $\det(U_i)(-1)^i \geq 0$;
- A ist negativ definit $\Leftrightarrow \det(U_i) > 0$ für alle geraden $i = 2, 4, \dots$ und $\det(U_i) < 0$ für alle ungeraden $i = 1, 3, \dots$, also $(-1)^i \det(U_i) > 0$ für alle $i = 1, \dots, n$.

Die Tabelle in Abbildung 9.49 illustriert obigen Satz.

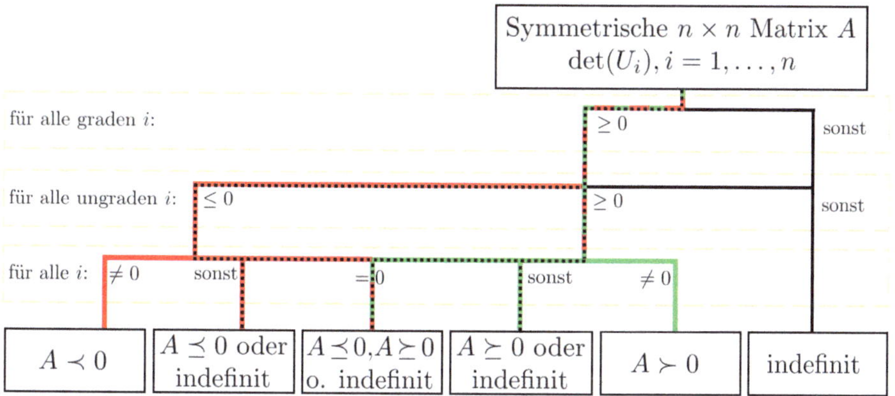

Abbildung 9.49: Hauptunterdeterminanten zur Prüfung der Definitheit

Wir demonstrieren diesen Satz an Beispielen:

■ Beispiel 9.4.11 — Überprüfung der Definitheit mittels Hauptunterdeterminanten.
Wir betrachten erneut die (positiv definite) Hesse-Matrix der quadratischen Funktion aus Beispiel 9.4.6,

$$\begin{pmatrix} 2 & 0 \\ 0 & 8 \end{pmatrix}.$$

Um das Kriterium aus Satz 9.4.6 anzuwenden, berechnen wir die Hauptunterdeterminanten:

$$\det(U_1) = 2, \quad \det(U_2) = 2 \cdot 8 - 0 \cdot 0 = 16.$$

Da $\det(U_1) > 0$ und $\det(U_2) > 0$ können wir mit Satz 9.4.6 daraus schließen, dass die Matrix A positiv definit ist. Dies stimmt natürlich mit dem Ergebnis aus Beispiel 9.4.6 überein.

■ Beispiel 9.4.12 — Die Hesse-Matrix der Cobb-Douglas Funktion.
Wir wissen bereits aus Beispiel 9.4.8, dass die Matrix

$$\begin{pmatrix} -0.16 & 0.16 \\ 0.16 & -0.16 \end{pmatrix}$$

negativ semidefinit ist. Für die Hauptunterdeterminanten muss $\det(U_1) \leq 0$ und $\det(U_2) \geq 0$ gelten. Dies bestätigt sich durch Nachrechnen, da

$$\det(U_1) = -0.16, \ \det(U_2) = (-0.16) \cdot (-0.16) - 0.16 \cdot 0.16 = 0.$$

Eine negativ semidefinite Matrix hat stets für gerade i Hauptunterdeterminanten $\det(U_i)$, die positiv oder gleich 0 sind, und für ungerade i Hauptunterdeterminanten $\det(U_i)$, die negativ oder 0 sind. Allerdings kann man aus diesen Eigenschaften der Hauptunterdeterminanten im Allgemeinen nicht umgekehrt schließen, dass eine Matrix positiv oder negativ semidefinit sein muss, wie man in folgendem Beispiel erkennen kann:

■ Beispiel 9.4.13 — Die Matrizen aus Beispiel 9.4.10.
Die Matrix

$$\begin{pmatrix} 1 & 0 & 0 \\ 0 & 0 & 0 \\ 0 & 0 & 1 \end{pmatrix}$$

hat Hauptunterdeterminanten

$$\det(U_1) = 1, \ \det(U_2) = 0 \text{ und } \det(U_3) = 0.$$

Wir wissen aus Beispiel 9.4.10, dass diese Matrix positiv semidefinit ist.
Die Matrix

$$\begin{pmatrix} 1 & 0 & 0 \\ 0 & 0 & 0 \\ 0 & 0 & -1 \end{pmatrix}$$

ist laut Beispiel 9.4.10 indefinit. Sie hat jedoch genau die gleichen Hauptunterdeterminanten wie obige positiv semidefinite Matrix:

$$\det(U_1) = 1, \ \det(U_2) = 0 \text{ und } \det(U_3) = 0.$$

Es ist also $\det(U_i) \geq 0$ für $i = 1, 2, 3$, aber die Matrix ist nicht positiv semidefinit. ■

Mithilfe der Hauptunterdeterminanten kann man also indefinite Matrizen nicht immer von positiv oder negativ semidefiniten Matrizen unterscheiden. Ist jedoch eine Hauptunterdeterminante $\det(U_i)$ für gerades i negativ, so kann die Matrix laut Satz 9.4.6 weder positiv noch negativ (semi-)definit sein. Daher kann man in diesem Fall eindeutig schließen, dass es sich um eine indefinite Matrix handelt.

■ Beispiel 9.4.14 — Fortsetzung von Beispiel 9.4.7.
Untersuchen wir die Hesse-Matrix der Funktion aus Beispiel 9.4.3,

$$\begin{pmatrix} 2 & -3 \\ -3 & 2 \end{pmatrix},$$

mithilfe der Hauptunterdeterminanten, ergibt sich

$$\det(U_1) = 2, \ \det(U_2) = 2 \cdot 2 - (-3) \cdot (-3) = -5.$$

Da $\det(U_2) < 0$ ist, kann die Matrix laut Satz 9.4.6 weder positiv semidefinit noch negativ semidefinit sein. Folglich ist die Matrix auch nicht positiv oder negativ definit. Die Matrix ist somit indefinit, wie wir auch in Beispiel 9.4.7 gezeigt haben. ■

■ Beispiel 9.4.15 — Die Matrix aus Beispiel 9.4.9.
Die Matrix

$$\begin{pmatrix} 0 & 1 & 1 \\ 1 & 0 & 1 \\ 1 & 1 & 0 \end{pmatrix}$$

hat Hauptunterdeterminanten

$$\det(U_1) = 0, \ \det(U_2) = -1, \ \det(U_3) = 2.$$

Auch hier ist also eine Hauptunterdeterminante $\det(U_i)$ für einen geraden Index i negativ. Somit kann man direkt schließen, dass die Matrix indefinit ist. ■

Wendet man obige Kriterien auf die Hesse-Matrix an, kann man feststellen, ob die Funktion konvex oder konkav ist. Denn zusammenfassend gilt:

> **Satz 9.4.7 — Definitheit und Konvexität.**
> Sei $D \subseteq \mathbb{R}^n$ eine offene, konvexe Menge, $f : D \to Z$ eine zweimal stetig differenzierbare Funktion in n Variablen und $H_f(\mathbf{x}^0)$ die Hesse-Matrix von f an der Stelle $\mathbf{x}^0 \in D$. Dann gilt:
> - $H_f(\mathbf{x}^0)$ ist positiv semidefinit für alle $\mathbf{x}^0 \in D \Leftrightarrow f$ ist konvex;
> - $H_f(\mathbf{x}^0)$ ist positiv definit für alle $\mathbf{x}^0 \in D \Rightarrow f$ ist streng konvex;
> - $H_f(\mathbf{x}^0)$ ist negativ semidefinit für alle $\mathbf{x}^0 \in D \Leftrightarrow f$ ist konkav;
> - $H_f(\mathbf{x}^0)$ ist negativ definit für alle $\mathbf{x}^0 \in D \Rightarrow f$ ist streng konkav.

(Z) Ist $A \in \mathbb{R}^{n \times n}$ eine symmetrische Matrix, dann:

$$A \text{ heißt } \begin{cases} \text{positiv semidefinit} \\ \text{positiv definit} \\ \text{negativ semidefinit} \\ \text{negativ definit} \end{cases}, \text{ wenn für alle } \mathbf{r} \in \mathbb{R}^n, \mathbf{r} \neq \mathbf{0} \text{ gilt: } \mathbf{r}^T A \mathbf{r} = \begin{cases} \geq 0 \\ > 0 \\ \leq 0 \\ < 0. \end{cases}$$

Ist A weder positiv definit, positiv semidefinit, negativ definit noch negativ semidefinit, heißt A indefinit.

$$\text{Alle Eigenwerte von } A \text{ sind } \begin{cases} \geq 0 \\ > 0 \\ \leq 0 \\ < 0 \end{cases} \Leftrightarrow A \text{ ist } \begin{cases} \text{positiv semidefinit} \\ \text{positiv definit} \\ \text{negativ semidefinit} \\ \text{negativ definit.} \end{cases}$$

A hat mindestens einen Eigenwert > 0 und mindestens einen Eigenwert $< 0 \Leftrightarrow A$ ist indefinit.

Die i-te Hauptunterdeterminante einer symmetrischen Matrix ist die Determinante der Matrix, welche durch Streichen aller Zeilen und Spalten mit Indizes größer als i entsteht.

$$\left. \begin{array}{l} A \text{ positiv definit} \\ A \text{ negativ definit} \end{array} \right\} \Leftrightarrow \text{für alle } i \text{ ist } \left\{ \begin{array}{l} i\text{-te Hauptdeterminante} \\ i\text{-te Hauptdeterminante} \cdot (-1)^i \end{array} \right\} > 0.$$

$$\left. \begin{array}{l} A \text{ positiv semidefinit} \\ A \text{ negativ semidefinit} \end{array} \right\} \Rightarrow \text{für alle } i \text{ ist } \left\{ \begin{array}{l} i\text{-te Hauptdeterminante} \\ i\text{-te Hauptdeterminante} \cdot (-1)^i \end{array} \right\} \geq 0.$$

9.5 Taylorpolynome

Im Gegensatz zu Kapitel 5 besprechen wir hier nur Taylorpolynome ersten und zweiten Grades.

9.5.1 Taylorpolynome ersten Grades

Ziele dieses Unterkapitels

- Welche Gleichung beschreibt das Taylorpolynom ersten Grades von f an der Stelle $\mathbf{x}^0$?

Die Tangentialhyperebene von f an der Stelle $\mathbf{x}^0$ wird laut Definition 9.3.3 von einer affin-linearen Funktion in mehreren Variablen beschrieben, welche die gleichen (ersten) partiellen Ableitungen wie die Funktion f an der Stelle $\mathbf{x}^0$ hat. Diese Funktion bezeichnet man auch als Taylorpolynom erster Ordnung.

Definition 9.5.1 — Taylorpolynom ersten Grades.
Sei $D \subseteq \mathbb{R}^n$ offen und sei $f : D \to Z$ eine reelle Funktion in n Variablen, die an der Stelle $\mathbf{x}^0 \in D$ partiell differenzierbar ist. Die Funktion

$$t_{1,\mathbf{x}^0}(\mathbf{x}) = f(\mathbf{x}^0) + \nabla f(\mathbf{x}^0)^T (\mathbf{x} - \mathbf{x}^0)$$

heißt **Taylorpolynom ersten Grades** von f an der Stelle $\mathbf{x}^0$.

Taylorpolynome ersten Grades an der Stelle $\mathbf{x}^0$ sind dabei so definiert, dass an der Stelle $\mathbf{x}^0$

$$f(\mathbf{x}^0) = t_{1,\mathbf{x}^0}(\mathbf{x}^0) \text{ und } \nabla f(\mathbf{x}^0) = \nabla t_{1,\mathbf{x}^0}(\mathbf{x}^0)$$

gelten. Das Taylorpolynom ersten Grades hat also den gleichen Funktionswert und gleiche erste partielle Ableitungen wie f an der Stelle $\mathbf{x}^0$.

(Z) Existieren die ersten partiellen Ableitungen von f an der Stelle $\mathbf{x}^0$, dann heißt

$$t_{1,\mathbf{x}^0}(\mathbf{x}) = f(\mathbf{x}^0) + \nabla f(\mathbf{x}^0)^T (\mathbf{x} - \mathbf{x}^0)$$

Taylorpolynom ersten Grades von f an der Stelle $\mathbf{x}^0$.

9.5.2 Taylorpolynome zweiten Grades

Ziele dieses Unterkapitels

- Welche Gleichung beschreibt das Taylorpolynom zweiten Grades von f an der Stelle $\mathbf{x}^0$?

Ebenso wie wir für reelle Funktionen in einer Variablen das Taylorpolynom ersten Grades mithilfe der zweiten Ableitung zum Taylorpolynom zweiten Grades verallgemeinert haben, kann man auch für reelle Funktionen in mehreren Variablen mithilfe der zweiten partiellen Ableitungen Taylorpolynome zweiten Grades definieren. Das Taylorpolynom zweiten Grades von f an der Stelle $\mathbf{x}^0$ hat dabei die gleichen ersten und zweiten partiellen Ableitungen wie die Funktion f an dieser Stelle.

Definition 9.5.2 — Taylorpolynom zweiten Grades.

Sei $D \subseteq \mathbb{R}^n$ offen und sei $f : D \to Z$ eine reelle Funktion in n Variablen, die an der Stelle $\mathbf{x}^0 \in D$ zweimal partiell differenzierbar ist. Die Funktion

$$t_{2,\mathbf{x}^0}(\mathbf{x}) = f(\mathbf{x}^0) + \nabla f(\mathbf{x}^0)^T (\mathbf{x} - \mathbf{x}^0) + \frac{1}{2}(\mathbf{x} - \mathbf{x}^0)^T H_f(\mathbf{x}^0)(\mathbf{x} - \mathbf{x}^0)$$

heißt **Taylorpolynom zweiten Grades** von f an der Stelle $\mathbf{x}^0$.

Taylorpolynome zweiten Grades an der Stelle $\mathbf{x}^0$ sind dabei also so definiert, dass an der Stelle $\mathbf{x}^0$

$$f(\mathbf{x}^0) = t_{2,\mathbf{x}^0}(\mathbf{x}^0), \qquad \nabla f(\mathbf{x}^0) = \nabla t_{2,\mathbf{x}^0}(\mathbf{x}^0) \qquad \text{und} \qquad H_f(\mathbf{x}^0) = H_{t_{2,\mathbf{x}^0}}(\mathbf{x}^0)$$

gelten. Wie das Taylorpolynom ersten Grades hat das Taylorpolynom zweiten Grades also den gleichen Funktionswert und gleiche erste partielle Ableitungen wie f an der Stelle $\mathbf{x}^0$. Das Taylorpolynom zweiten Grades hat zusätzlich gleiche zweite partielle Ableitungen an der Stelle $\mathbf{x}^0$.

Ebenso wie im Fall reeller Funktionen in einer Variablen kann man auch in diesem allgemeineren Fall Abschätzungen bezüglich des sogenannten Restglieds $f(\mathbf{x}) - t_{1,\mathbf{x}^0}(\mathbf{x})$ bzw. $f(\mathbf{x}) - t_{2,\mathbf{x}^0}(\mathbf{x})$ machen. Wir verzichten an dieser Stelle jedoch darauf, dies zu spezifizieren.

■ **Beispiel 9.5.1 — Taylorpolynome ersten und zweiten Grades.**
Betrachten wir die Funktion $f(\mathbf{x}) = x_1^2 + 4(x_2 - 1)^2 + 3$ an der Stelle $\mathbf{x}^0 = (1,2)^T$, so gilt dort

$$f(\mathbf{x}^0) = 8 \text{ und } \nabla f(\mathbf{x}^0) = \begin{pmatrix} 2x_1^0 \\ 8(x_2^0 - 1) \end{pmatrix} = \begin{pmatrix} 2 \\ 8 \end{pmatrix}.$$

Das Taylorpolynom ersten Grades von f an der Stelle $\mathbf{x}^0 = (1,2)^T$ lautet demnach

$$\begin{aligned}
t_{1,\mathbf{x}^0}(\mathbf{x}) &= f(\mathbf{x}^0) + \nabla f(\mathbf{x}^0)^T (\mathbf{x} - \mathbf{x}^0) \\
&= 8 + (2,8) \begin{pmatrix} x_1 - 1 \\ x_2 - 2 \end{pmatrix} \\
&= 8 + 2(x_1 - 1) + 8(x_2 - 2) = 2x_1 + 8x_2 - 10.
\end{aligned}$$

Dieses Taylorpolynom ersten Grades hat den gleichen Funktionswert und die gleichen ersten partiellen Ableitungen wie die Funktion f an der Stelle $\mathbf{x}^0 = (1,2)^T$. Das Taylorpolynom ersten Grades von f an der Stelle $\mathbf{x}^0 = (0,1)^T$ ist hingegen

$$t_{1,\mathbf{x}^0}(\mathbf{x}) = f(\mathbf{x}^0) + \nabla f(\mathbf{x}^0)^T(\mathbf{x} - \mathbf{x}^0)$$
$$= 3 + (0,0)\begin{pmatrix} x_1 - 0 \\ x_2 - 1 \end{pmatrix} = 3.$$

Abbildung 9.50 zeigt die beiden durch die Taylorpolynome ersten Grades beschriebenen Tangentialebenen an den Graphen von f. Aufgrund seiner konvexen Form verlaufen beide Tangentialebenen unterhalb des Graphen von f.

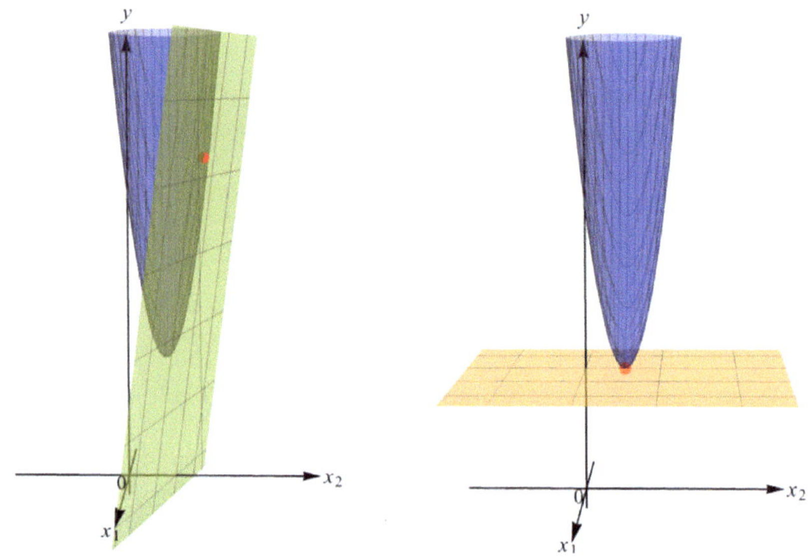

Abbildung 9.50: Tangentialebene der quadratischen Funktion $f(\mathbf{x}) = x_1^2 + 4(x_2 - 1)^2 + 3$ an den Stellen $\mathbf{x}^0 = (1,2)^T$ und $\mathbf{x}^0 = (0,1)^T$

Bildet man das Taylorpolynom zweiten Grades an der Stelle $\mathbf{x}^0 = (1,2)^T$, so addiert man den Term $\frac{1}{2}(\mathbf{x} - \mathbf{x}^0)^T H_f(\mathbf{x}^0)(\mathbf{x} - \mathbf{x}^0)$ zum Taylorpolynom ersten Grades an der Stelle $\mathbf{x}^0 = (1,2)^T$. Es gilt damit

$$t_{2,\mathbf{x}^0}(\mathbf{x}) = f(\mathbf{x}^0) + \nabla f(\mathbf{x}^0)^T(\mathbf{x} - \mathbf{x}^0) + \frac{1}{2}(\mathbf{x} - \mathbf{x}^0)^T H_f(\mathbf{x}^0)(\mathbf{x} - \mathbf{x}^0)$$
$$= 8 + (2,8)\begin{pmatrix} x_1 - 1 \\ x_2 - 2 \end{pmatrix} + \frac{1}{2}(x_1 - 1, x_2 - 2)\begin{pmatrix} 2 & 0 \\ 0 & 8 \end{pmatrix}\begin{pmatrix} x_1 - 1 \\ x_2 - 2 \end{pmatrix}$$
$$= 8 + 2(x_1 - 1) + 8(x_2 - 2) + \frac{1}{2}2(x_1 - 1)^2 + \frac{1}{2}8(x_2 - 2)^2$$
$$= 8 + 2x_1 - 2 + 8x_2 - 16 + x_1^2 - 2x_1 + 1 + 4x_2^2 - 16x_2 + 16$$
$$= x_1^2 + 4x_2^2 - 8x_2 + 7 = x_1^2 + 4(x_2^2 - 2x_2) + 7$$
$$= x_1^2 + 4(x_2^2 - 2x_2 + 1) - 4 + 7 = x_1^2 + 4(x_2^2 - 2x_2 + 1) + 3$$
$$= x_1^2 + 4(x_2 - 1)^2 + 3.$$

Das Taylorpolynom zweiten Grades entspricht also f. Dies ist nicht überraschend, da f selbst ein Polynom zweiten Grades ist. $\blacksquare$

Quadratische Funktionen sind Polynome zweiten Grades. Taylorpolynome zweiten Grades einer quadratischen Funktion entsprechen stets der Funktion selbst. Ebenso entsprechen Taylorpolynome ersten Grades einer affin-linearen Funktion stets der Funktion selbst. Im Allgemeinen entsprechen Taylorpolynome zweiten Gerades aber nicht der zugrundeliegenden Funktion. Wir illustrieren dies an folgendem Beispiel.

■ Beispiel 9.5.2 — Taylorpolynome der Cobb-Douglas Funktion.
Wir betrachten erneut die Cobb-Douglas Funktion mit $f(\mathbf{x}) = x_1^{0.8} x_2^{0.2}$ aus Beispiel 9.3.13. Für diese Funktion haben wir sowohl den Gradienten als auch die Hesse-Matrix bereits bestimmt. An der Stelle $\mathbf{x}^0 = (1,1)^T$ gilt

$$\nabla f(\mathbf{x}^0) = \begin{pmatrix} 0.8 \\ 0.2 \end{pmatrix} \text{ und } H_f(\mathbf{x}^0) = \begin{pmatrix} -0.16 & 0.16 \\ 0.16 & -0.16 \end{pmatrix}.$$

Das Taylorpolynom ersten Grades an der Stelle $\mathbf{x}^0 = (1,1)^T$ ist damit gegeben durch

$$t_{1,\mathbf{x}^0}(\mathbf{x}) = f(\mathbf{x}^0) + \nabla f(\mathbf{x}^0)^T (\mathbf{x} - \mathbf{x}^0) = 1 + (0.8, 0.2) \begin{pmatrix} x_1 - 1 \\ x_2 - 1 \end{pmatrix} = 0.8x_1 + 0.2x_2$$

und beschreibt die Tangentialebene an dieser Stelle. Das Taylorpolynom zweiten Grades an der Stelle $\mathbf{x}^0 = (1,1)^T$ ist gegeben durch

$$t_{2,\mathbf{x}^0}(\mathbf{x}) = f(\mathbf{x}^0) + \nabla f(\mathbf{x}^0)^T (\mathbf{x} - \mathbf{x}^0) + \frac{1}{2}(\mathbf{x} - \mathbf{x}^0)^T H_f(\mathbf{x}^0)(\mathbf{x} - \mathbf{x}^0)$$

$$= 1 + (0.8, 0.2) \begin{pmatrix} x_1 - 1 \\ x_2 - 1 \end{pmatrix} + \frac{1}{2}(x_1 - 1, x_2 - 1) \begin{pmatrix} -0.16 & 0.16 \\ 0.16 & -0.16 \end{pmatrix} \begin{pmatrix} x_1 - 1 \\ x_2 - 1 \end{pmatrix}$$

$$= 0.8x_1 + 0.2x_2 - 0.08x_1^2 - 0.08x_2^2 + 0.16x_1x_2.$$

Das Taylorpolynom zweiten Grades hat an der Stelle $\mathbf{x}^0 = (1,1)^T$ denselben Funktionswert wie f. Zudem stimmen an dieser Stelle die partiellen Ableitungen erster und zweiter Ordnung mit jenen der Funktion f überein. Es gilt

$$f(\mathbf{x}^0) = 1 = t_{1,\mathbf{x}^0}(\mathbf{x}^0) = t_{2,\mathbf{x}^0}(\mathbf{x}^0)$$

$$\nabla f(\mathbf{x}^0) = \begin{pmatrix} 0.8 \\ 0.2 \end{pmatrix} = \nabla t_{1,\mathbf{x}^0}(\mathbf{x}^0) = \nabla t_{2,\mathbf{x}^0}(\mathbf{x}^0)$$

$$H_f(\mathbf{x}^0) = \begin{pmatrix} -0.16 & 0.16 \\ 0.16 & -0.16 \end{pmatrix} = H_{t_{2,\mathbf{x}^0}}(\mathbf{x}^0).$$

Das Taylorpolynom zweiten Grades entspricht aber nicht der zugrundeliegenden Funktion f. $\blacksquare$

$\mathbf{(Z)}$ Existieren die ersten und zweiten partiellen Ableitungen von f an der Stelle $\mathbf{x}^0$, dann heißt

$$t_{2,\mathbf{x}^0}(\mathbf{x}) = f(\mathbf{x}^0) + \nabla f(\mathbf{x}^0)^T (\mathbf{x} - \mathbf{x}^0) + \frac{1}{2}(\mathbf{x} - \mathbf{x}^0)^T H_f(\mathbf{x}^0)(\mathbf{x} - \mathbf{x}^0)$$

Taylorpolynom zweiten Grades von f an der Stelle $\mathbf{x}^0$.

9.6 Extremwertbestimmung

In diesem Abschnitt befassen wir uns mit der Bestimmung von lokalen und globalen Extrema von zweimal stetig partiell differenzierbaren Funktionen in n Variablen.

9.6.1 Definition globaler und lokaler Extrema

Ziele dieses Unterkapitels

- Was versteht man unter dem Infimum und dem Supremum einer reellen Funktion in n Variablen?
- Was ist das globale Maximum und was ist das globale Minimum einer reellen Funktion in n Variablen?
- Was ist ein lokales Maximum und was ist ein lokales Minimum einer reellen Funktion in n Variablen?

Hierfür definieren wir zunächst, was globale Extrema sind. Die Terminologie ist durchgehend eine Erweiterung der Definitionen aus Kapitel 5 über reelle Funktionen in einer Variable.

Definition 9.6.1 — Supremum, Infimum und globale Extrema.
Sei $f : D \to Z$ eine reelle Funktion in n Variablen. Ist der Wertebereich $f(D) \subseteq Z$ nach oben beschränkt, so nennt man die kleinste obere Schranke

$$\sup f(D) = \sup_{\mathbf{x} \in D} f(\mathbf{x})$$

das **Supremum** von f. Gibt es ein $\mathbf{x}^{\max} \in D$ mit $f(\mathbf{x}^{\max}) = \sup_{\mathbf{x} \in D} f(\mathbf{x})$, so heißt

$$\max f(D) = \max_{\mathbf{x} \in D} f(\mathbf{x}) = f(\mathbf{x}^{\max})$$

globales Maximum von f und $\mathbf{x}^{\max}$ **globale Maximalstelle**. Die Menge aller globalen Maximalstellen wird durch $\arg\max_{\mathbf{x} \in D} f(\mathbf{x})$ symbolisiert. Ist $f(D)$ nicht nach oben beschränkt, schreibt man $\sup_{\mathbf{x} \in D} f(\mathbf{x}) = +\infty$.

    Ist der Wertebereich $f(D)$ nach unten beschränkt, so nennt man die größte untere Schranke

$$\inf f(D) = \inf_{\mathbf{x} \in D} f(\mathbf{x})$$

das **Infimum** von f. Gibt es ein $\mathbf{x}^{\min} \in D$ mit $f(\mathbf{x}^{\min}) = \inf_{\mathbf{x} \in D} f(x)$, so heißt

$$\min f(D) = \min_{\mathbf{x} \in D} f(\mathbf{x}) = f(\mathbf{x}^{\min})$$

globales Minimum von f und $\mathbf{x}^{\min}$ **globale Minimalstelle**. Die Menge aller globalen Minimalstellen wird durch $\arg\min_{\mathbf{x} \in D} f(\mathbf{x})$ symbolisiert. Ist $f(D)$ nicht nach unten beschränkt, schreibt man $\inf_{\mathbf{x} \in D} f(\mathbf{x}) = -\infty$.

    Ein globales Maximum oder globales Minimum wird auch als **globales Extremum** oder **Extremwert** bezeichnet, analog ist eine **(globale) Extremalstelle** eine (globale) Minimal- oder (globale) Maximalstelle.

An einer globalen Extremalstelle hat die Funktion einen Wert, der größer oder kleiner ist als (bzw. zumindest gleich ist wie) die Funktionswerte aller anderen Stellen im Definitionsbereich. Im Gegensatz zu globalen Extremalstellen ergeben sich an lokalen Extremalstellen

Funktionswerte, die größer oder kleiner sind als (bzw. zumindest gleich sind wie) an allen Stellen einer Umgebung innerhalb des Definitionsbereichs, vgl. Abbildung 9.51.

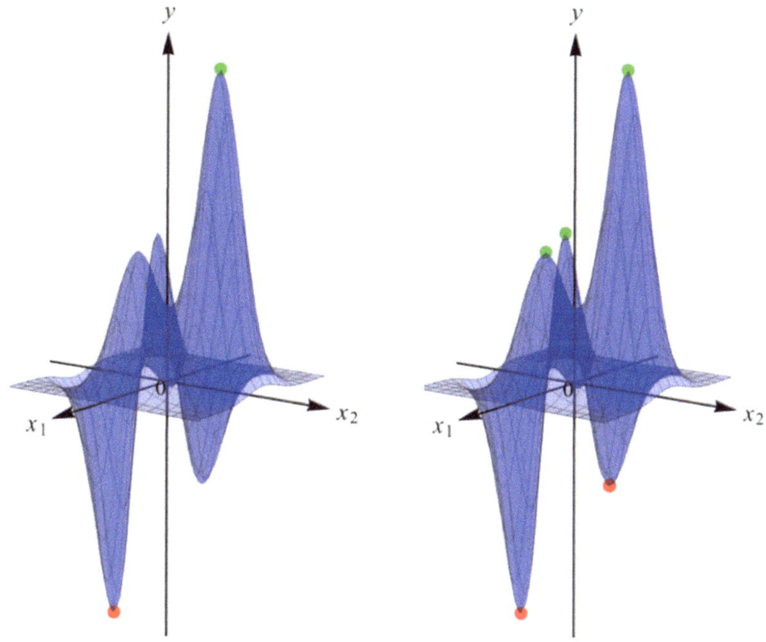

Abbildung 9.51: Globale (links) und lokale (rechts) Minima (rot) und Maxima (grün) einer Funktion

Dabei nutzen wir erneut die in Kapitel 2.2 definierte ε-Umgebung einer Stelle $\mathbf{x}^0$, d.h. die Menge aller Stellen, welche weniger als ε von $\mathbf{x}^0$ entfernt sind. Auch bei reellen Funktionen in n Variablen sind lokale Extrema einfacher zu bestimmen als globale.

> **Definition 9.6.2 — Lokale Extrema und Extremalstellen.**
> Es sei $f : D \to Z$ eine reelle Funktion in n Variablen, $\mathbf{x}^0 \in D$ und $U(\mathbf{x}^0, \varepsilon)$ eine ε-Umgebung der Stelle $\mathbf{x}^0$.
> Die Funktion f hat in $\mathbf{x}^0$ ein **lokales Maximum** $f(\mathbf{x}^0)$, falls ein $\varepsilon > 0$ existiert, so dass
>
> $$f(\mathbf{x}^0) \geq f(\mathbf{x}) \text{ für alle } \mathbf{x} \in U(\mathbf{x}^0, \varepsilon) \cap D.$$
>
> In diesem Fall nennt man $\mathbf{x}^0$ **lokale Maximalstelle** von f.
> Die Funktion f hat in $\mathbf{x}^0$ ein **lokales Minimum** $f(\mathbf{x}^0)$, falls ein $\varepsilon > 0$ existiert, so dass
>
> $$f(\mathbf{x}^0) \leq f(\mathbf{x}) \text{ für alle } \mathbf{x} \in U(\mathbf{x}^0, \varepsilon) \cap D.$$
>
> In diesem Fall nennt man $\mathbf{x}^0$ **lokale Minimalstelle** von f. **Lokales Extremum** ist der Sammelbegriff für ein lokales Maximum oder Minimum. Eine **lokale Extremalstelle** ist eine lokale Minimal- oder Maximalstelle.

Ein lokales Extremum ist also der größte oder kleinste Funktionswert in einer Umgebung einer Stelle $\mathbf{x}^0$, ein globales Extremum ist der größte oder kleinste Funktionswert im

Definitionsbereich. Wie im Fall einer reellen Funktion in einer Variable ist daher jedes globale Extremum ein lokales Extremum, aber nicht jedes lokale ein globales.

Z Das Supremum der reellen Funktion $f : D \to Z$ in n Variablen ist $\sup_{\mathbf{x} \in D} f(\mathbf{x}) = \sup f(D)$, das Infimum $\inf_{\mathbf{x} \in D} f(\mathbf{x}) = \inf f(D)$.

Gibt es eine Stelle $\mathbf{x}^{\max} \in D$ mit $f(\mathbf{x}^{\max}) = \sup_{\mathbf{x} \in D} f(\mathbf{x})$, so heißt $f(\mathbf{x}^{\max})$ auch globales Maximum von f und $\mathbf{x}^{\max}$ globale Maximalstelle. Gibt es eine Stelle $\mathbf{x}^{\min} \in D$ mit $f(\mathbf{x}^{\min}) = \inf_{\mathbf{x} \in D} f(\mathbf{x})$, so heißt $f(\mathbf{x}^{\min})$ auch globales Minimum von f und $\mathbf{x}^{\min}$ globale Minimalstelle.

Gibt es innerhalb einer ε-Umgebung um eine Stelle $\mathbf{x}^0$ keine Stelle mit einem größeren (kleineren) Funktionswert, heißt $\mathbf{x}^0$ auch lokale Maximalstelle (Minimalstelle) und $f(\mathbf{x}^0)$ lokales Maximum (Minimum).

9.6.2 Identifikation möglicher lokaler Extrema

Ziele dieses Unterkapitels

- Was besagt das Kriterium von Fermat für stetig partiell differenzierbare Funktionen in n Variablen? Was versteht man unter stationären Stellen einer reellen Funktion in n Variablen?
- Was ist ein Sattelpunkt?

Aus der Definition lokaler Extrema folgt unmittelbar, dass eine reelle Funktion in n Variablen an einer Stelle $\mathbf{x}^0$ nur dann ein lokales Extremum haben kann, wenn der Vertikalschnitt durch $\mathbf{x}^0$ in jeder Richtung für $t = 0$ ein lokales Extremum hat, vgl. Abbildung 9.52.

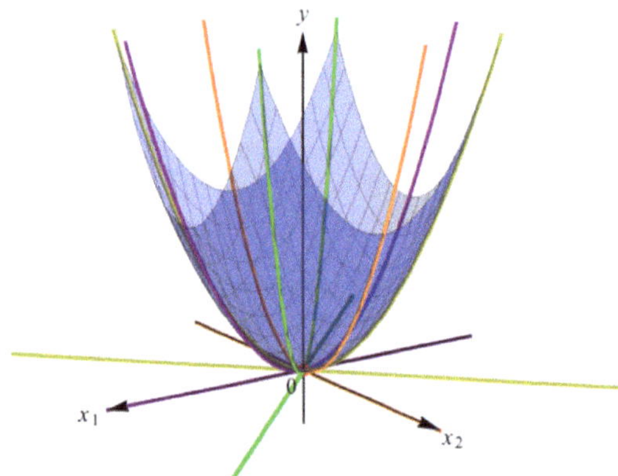

Abbildung 9.52: Lokales Minimum einer Funktion

In anderen Worten: Eine reelle Funktion in n Variablen kann an einer Stelle $\mathbf{x}^0$ nur dann ein lokales Extremum haben, wenn $f_{\mathbf{x}^0, \mathbf{r}}(t)$ für alle Richtungen $\mathbf{r}$ an der Stelle $t = 0$ ein Extremum hat. Aus dem Kriterium von Fermat, Satz 5.6.4, folgt somit für stetig partiell differenzierbare Funktionen, dass die Richtungsableitung $f'_{\mathbf{r}}(\mathbf{x}^0) = \nabla f(\mathbf{x}^0)^T \mathbf{r}$ an dieser Stelle für alle Richtungen $\mathbf{r}$ gleich 0 sein muss. Dies gilt nur, wenn der Gradient dem Nullvektor entspricht, also wenn $\nabla f(\mathbf{x}^0) = \mathbf{0}$ gilt. Es folgt:

> **Satz 9.6.1 — Notwendiges Kriterium erster Ordnung (Kriterium von Fermat).**
> Sei f eine stetig partiell differenzierbare Funktion in n Variablen mit offenem Definitionsbereich $D \subseteq \mathbb{R}^n$. Ist $\mathbf{x}^0 \in D$ eine lokale Extremalstelle, dann gilt $\nabla f(\mathbf{x}^0) = \mathbf{0}$.

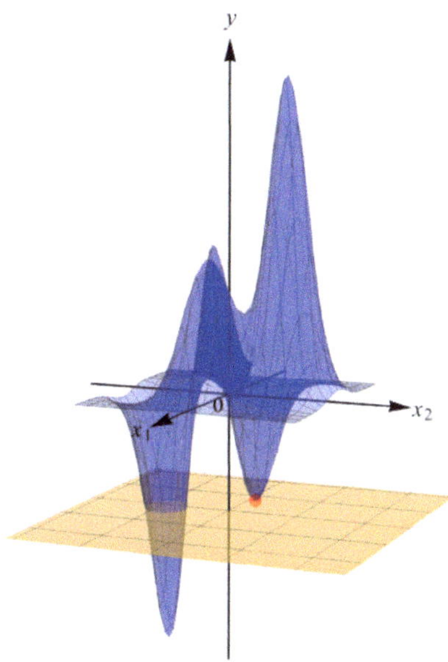

Abbildung 9.53: Visualisierung stationäre Stelle

Wir nennen diese Stellen mit einem Gradienten, der gleich dem Nullvektor ist, auch stationäre Stellen, siehe Abbildung 9.53.

Definition 9.6.3 — Stationäre Stelle.
Sei f eine reelle Funktion in n Variablen. Gilt $\nabla f(\mathbf{x}^0) = \mathbf{0}$, so nennt man $\mathbf{x}^0$ eine **stationäre Stelle**.

■ **Beispiel 9.6.1 — Bestimmung der stationären Stellen.**
Möchte man die stationären Stellen der Funktion $f : \mathbb{R}^2 \to \mathbb{R}$ mit

$$f(\mathbf{x}) = x_1^3 + x_2^3 - 3x_1 x_2$$

bestimmen, so berechnet man zuerst den Gradienten. Die partiellen Ableitungen sind gegeben durch

$$f_{x_1}(\mathbf{x}) = 3x_1^2 - 3x_2, \; f_{x_2}(\mathbf{x}) = 3x_2^2 - 3x_1.$$

Zur Bestimmung der stationären Stellen müssen wir also das Gleichungssystem

$$\nabla f(\mathbf{x}^0) = \begin{pmatrix} 3(x_1^0)^2 - 3(x_2^0) \\ 3(x_2^0)^2 - 3(x_1^0) \end{pmatrix} = \begin{pmatrix} 0 \\ 0 \end{pmatrix}$$

lösen. Dieses Gleichungssystem ist durch die auftretenden quadratischen Terme nicht linear. Man erkennt aber aus der zweiten Gleichung, dass

$$
\begin{aligned}
3(x_2^0)^2 - 3(x_1^0) &= 0 &\Leftrightarrow \\
3(x_2^0)^2 &= 3(x_1^0) &\Leftrightarrow \\
(x_2^0)^2 &= (x_1^0).
\end{aligned}
$$

Durch Einsetzen von $(x_1^0) = (x_2^0)^2$ in die erste Gleichung erhält man

$$
\begin{aligned}
3(x_2^0)^4 - 3(x_2^0) &= 0 &\Leftrightarrow \\
3(x_2^0)^4 &= 3(x_2^0) &\Leftrightarrow \\
(x_2^0)^4 &= (x_2^0).
\end{aligned}
$$

Daraus ergeben sich die Lösungen $x_2^0 = 0$ und $x_2^0 = 1$. Für $x_2^0 = 0$ folgt $x_1^0 = (x_2^0)^2 = 0^2 = 0$, für $x_2^0 = 1$ folgt $x_1^0 = (x_2^0)^2 = 1^2 = 1$. Die stationären Stellen von f sind also $(0,0)^T$ und $(1,1)^T$. ∎

■ Beispiel 9.6.2 — Die stationären Stellen der Funktion aus Beispiel 9.5.1.

Um die stationären Stellen der Funktion $f : \mathbb{R}^2 \to \mathbb{R}$ mit $f(\mathbf{x}) = x_1^2 + 4(x_2 - 1)^2 + 3$ zu bestimmen, berechnet man die partiellen Ableitungen,

$$
f_{x_1}(\mathbf{x}) = 2x_1, \quad f_{x_2}(\mathbf{x}) = 8x_2 - 8.
$$

Die stationären Stellen sind also durch das Gleichungssystem

$$
\nabla f(\mathbf{x}^0) = \begin{pmatrix} 2(x_1^0) \\ 8(x_2^0) - 8 \end{pmatrix} = \begin{pmatrix} 0 \\ 0 \end{pmatrix},
$$

bzw.

$$
\begin{aligned}
2(x_1^0) &= 0 \\
8(x_2^0) - 8 &= 0
\end{aligned}
$$

mit Lösung $x_1^0 = 0$ und $x_2^0 = 1$ gegeben. Die einzige stationäre Stelle von f ist also $(0,1)^T$. ∎

Wie im Fall reeller Funktionen in einer Variablen beschreibt das Kriterium von Fermat nur eine notwendige, keine hinreichende Bedingung für lokale Extremalstellen. An stationären Stellen können, müssen aber keine lokalen Extrema vorliegen.

Zweimal stetig partiell differenzierbare Funktionen können an stationären Stellen lokale Extrema oder Sattelpunkte haben. Wir definieren hierbei Sattelpunkte als Punkte, an denen eine stationäre Stelle aber keine lokale Extremalstelle vorliegt. An einer Stelle mit einem Sattelpunkt gibt es also in jeder Umgebung Stellen mit größeren Funktionswerten und Stellen mit kleineren Funktionswerten als der Funktionswert an dieser Stelle.

Definition 9.6.4 — Sattelpunkt.

Sei $\mathbf{x}^0$ eine stationäre Stelle von f. Liegt an der Stelle $\mathbf{x}^0$ kein lokales Extremum vor, spricht man von einem **Sattelpunkt** an der Stelle $\mathbf{x}^0$.

Ⓩ Ist $\mathbf{x}^0$ eine lokale Extremalstelle einer stetig partiell differenzierbaren Funktion in n Variablen mit offenem Definitionsbereich D und ist $\mathbf{x}^0 \in D$ eine lokale Extremalstelle, dann ist laut dem Kriterium von Fermat $\mathbf{x}^0$ eine stationäre Stelle, d.h. $\nabla f(\mathbf{x}^0) = \mathbf{0}$.
Liegt an einer stationären Stelle $\mathbf{x}^0$ keine lokale Extremalstelle vor, hat f einen Sattelpunkt an der Stelle $\mathbf{x}^0$.

9.6.3 Bestimmung lokaler Extrema

Ziele dieses Unterkapitels

- Wie kann man anhand der Hesse-Matrix einer zweimal stetig partiell differenzierbaren Funktion schließen, ob eine stationäre Stelle eine lokale Maximal- oder Minimalstelle ist?
- Welcher Zusammenhang besteht zwischen lokalen Extrema einer Funktion f und der Funktion $-f$?

Bei reellen Funktionen in einer Variablen sind Informationen der ersten und zweiten Ableitungen in vielen Fällen ausreichend, um lokale Maxima oder Minima zu finden, vgl. Satz 5.6.7. Mithilfe des Gradienten und der Hesse-Matrix kann man analog für Funktionen in mehreren Variablen folgende Aussagen treffen:

Satz 9.6.2 — Hinreichende Kriterien lokaler Extrema.

Sei $D \subseteq \mathbb{R}^n$ offen, $f : D \rightarrow Z$ eine zweimal stetig differenzierbare Funktion in n Variablen und $\mathbf{x}^0 \in D$ eine stationäre Stelle mit $\nabla f(\mathbf{x}^0) = \mathbf{0}$ und Hesse-Matrix $H_f(\mathbf{x}^0)$. Dann gilt:

- $H_f(\mathbf{x}^0)$ positiv definit $\Rightarrow$ f hat in $\mathbf{x}^0$ ein lokales Minimum;
- $H_f(\mathbf{x}^0)$ negativ definit $\Rightarrow$ f hat in $\mathbf{x}^0$ ein lokales Maximum;
- $H_f(\mathbf{x}^0)$ ist indefinit $\Rightarrow$ f hat in $\mathbf{x}^0$ einen Sattelpunkt.

Ist eine Hesse-Matrix positiv semidefinit aber nicht positiv definit oder negativ semidefinit aber nicht negativ definit, ist anhand der ersten und zweiten Ableitungen alleine keine Aussage über $\mathbf{x}^0$ möglich. Wir demonstrieren die aus dem Satz folgenden Schlüsse an Beispielen:

■ **Beispiel 9.6.3 — Lokale Extrema einer quadratischen Funktion.**
Wir betrachten die Funktion $f : \mathbb{R}^2 \to \mathbb{R}$ mit $f(\mathbf{x}) = x_1^2 + 4(x_2 - 1)^2 + 3$. Der Gradient von f ist an der Stelle $\mathbf{x}^0$ gegeben durch

$$\nabla f(\mathbf{x}^0) = \begin{pmatrix} 2(x_1^0) \\ 8(x_2^0) - 8 \end{pmatrix}.$$

In Beispiel 9.6.2 zeigten wir, dass die einzige stationäre Stelle $(0, 1)^T$ ist. Die Hesse-Matrix von f an der Stelle $(0, 1)^T$ ist gegeben durch

$$H_f(0, 1) = \begin{pmatrix} 2 & 0 \\ 0 & 8 \end{pmatrix}.$$

In Beispiel 9.4.6 wurden die Eigenwerte als 2 und 8 bestimmt und so geschlossen, dass diese Matrix positiv definit ist. Die Funktion f hat an der Stelle $(0, 1)^T$ also ein lokales Minimum. ■

■ **Beispiel 9.6.4 — Lokale Extrema einer anderen quadratischen Funktion.**
Betrachten wir erneut die quadratische Funktion f aus Beispiel 9.6.3. Der Gradient der Funktion $g = -f$, also $g : \mathbb{R}^2 \to \mathbb{R}$ mit $g(\mathbf{x}) = -x_1^2 - 4(x_2 - 1)^2 - 3$ ist an der Stelle $\mathbf{x}^0$ gegeben durch

$$\nabla g(\mathbf{x}^0) = \begin{pmatrix} -2(x_1^0) \\ -8(x_2^0) + 8 \end{pmatrix}.$$

Die einzige stationäre Stelle von g ist $(0,1)^T$. An dieser Stelle ist die Hesse-Matrix von g gegeben durch

$$H_g(0,1) = \begin{pmatrix} -2 & 0 \\ 0 & -8 \end{pmatrix}.$$

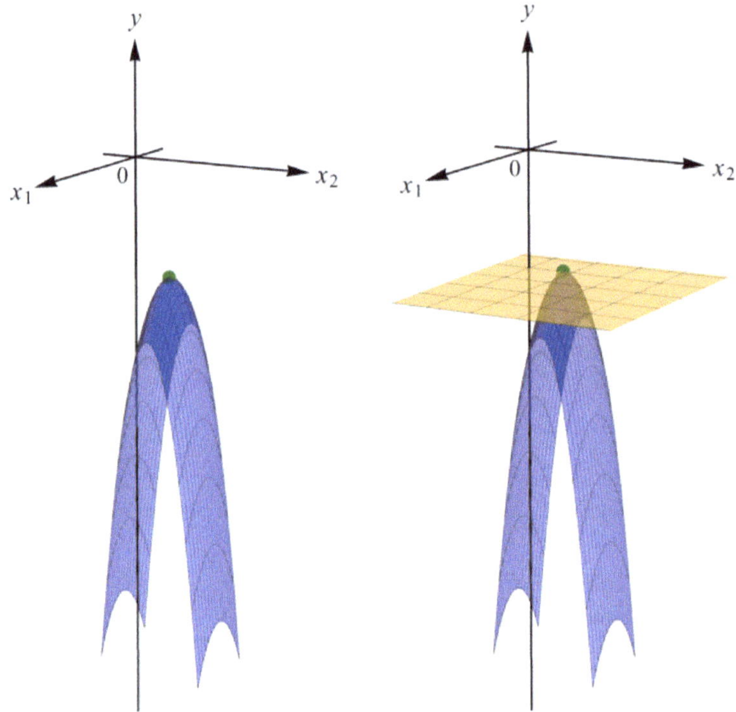

Abbildung 9.54: Lokales Maximum der Funktion $g(\mathbf{x}) = -x_1^2 - 4(x_2 - 1)^2 - 3$

Diese Matrix ist negativ definit. Die Funktion g hat an der Stelle $(0,1)^T$ also ein lokales Maximum, siehe Abbildung 9.54. ∎

Was wir im Beispiel gesehen haben, gilt auch allgemein für reelle Funktionen in n Variablen: Hat die Funktion f ein lokales Maximum an der Stelle $\mathbf{x}^0$, so hat die Funktion $-f$ an der Stelle $\mathbf{x}^0$ ein lokales Minimum, und umgekehrt.

> **Satz 9.6.3 — Min-Max Dualität.**
> Die reelle Funktion $f : D \to Z$ in n Variablen mit $D \subseteq \mathbb{R}^n$ hat genau dann ein lokales Maximum an der Stelle $\mathbf{x}^0 \in D$, wenn die reelle Funktion $-f$ an der Stelle $\mathbf{x}^0$ ein lokales Minimum hat. Die reelle Funktion $f : D \to Z$ in n Variablen hat genau dann ein lokales Minimum an der Stelle $\mathbf{x}^0 \in D$, wenn $-f$ an der Stelle $\mathbf{x}^0$ ein lokales Maximum hat.
> Hat f ein globales Maximum, gilt $\min_{\mathbf{x} \in D}(-f(\mathbf{x})) = -\max_{\mathbf{x} \in D} f(\mathbf{x})$. Hat f ein globales Minimum, gilt $\max_{\mathbf{x} \in D}(-f(\mathbf{x})) = -\min_{\mathbf{x} \in D} f(\mathbf{x})$.

Wir illustrieren Satz 9.6.2 über hinreichende Bedingungen in einem dritten Beispiel:

■ Beispiel 9.6.5 — Eine Funktion mit einem Sattelpunkt.

Betrachten wir die Funktion $f : \mathbb{R}^2 \to \mathbb{R}$ mit $f(\mathbf{x}) = x_1 x_2$. Der Gradient von f an der Stelle $\mathbf{x}^0$ ist

$$\nabla f(\mathbf{x}^0) = \begin{pmatrix} x_2^0 \\ x_1^0 \end{pmatrix}.$$

Die einzige stationäre Stelle ist $\mathbf{0}$. Die Hesse-Matrix von f ist dort

$$H_f(\mathbf{0}) = \begin{pmatrix} 0 & 1 \\ 1 & 0 \end{pmatrix}.$$

Diese Matrix ist indefinit, da die zweite Hauptunterdeterminante $\det(U_2) = 0 \cdot 0 - 1 \cdot 1 = -1$ negativ ist. An der Stelle $\mathbf{0}$ liegt demnach ein Sattelpunkt vor, siehe Abbildung 9.55. ■

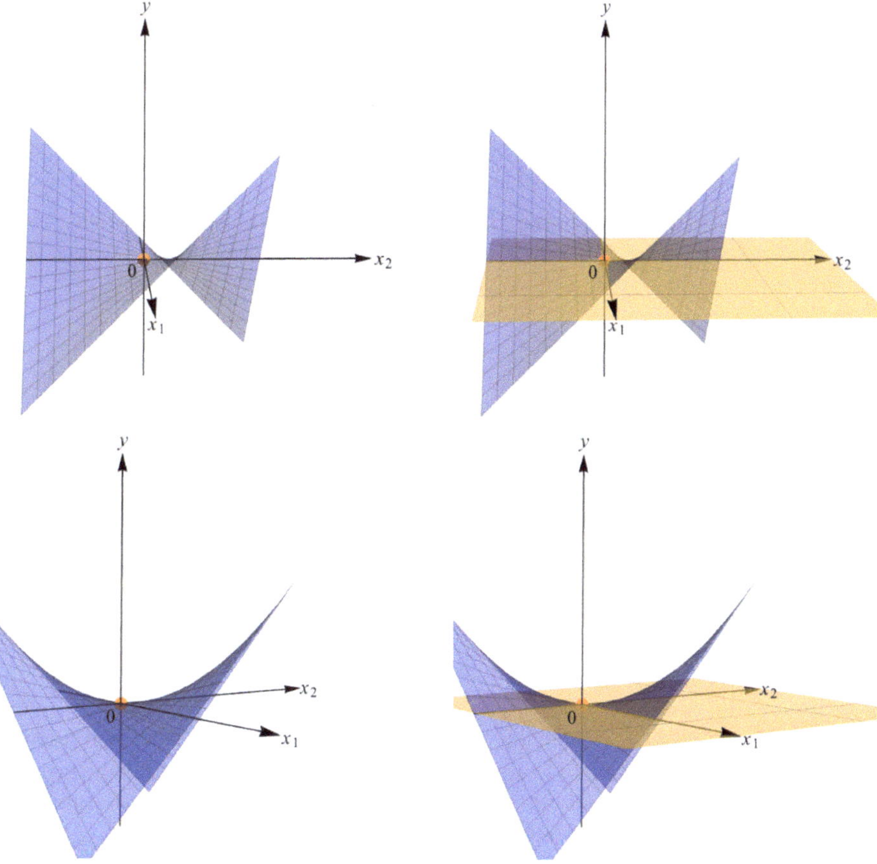

Abbildung 9.55: Sattelpunkt der Funktion $f(\mathbf{x}) = x_1 x_2$

Wie in obigem Beispiel ist die Berechnung der Hauptunterdeterminanten zur Klassifikation der Hesse-Matrix bei reellen Funktionen in zwei Variablen besonders einfach. Denn hier muss nur die Determinante $\det(H_f(\mathbf{x}^0))$ berechnet werden. In diesem Fall reduziert sich Satz 9.6.2 auf folgende Aussage:

> **Satz 9.6.4 — Hinreichende Kriterien lokaler Extrema im Fall $n = 2$.**
> Sei $D \subseteq \mathbb{R}^2$ eine offene Menge, $f : D \to Z$ eine zweimal stetig differenzierbare Funktion in 2 Variablen und $\mathbf{x}^0 \in D$ eine stationäre Stelle mit $\nabla f(\mathbf{x}^0) = \mathbf{0}$ und Hesse-Matrix $H_f(\mathbf{x}^0)$. Dann gilt:
> - Falls $\det(H_f(\mathbf{x}^0)) > 0$, hat f an der Stelle $\mathbf{x}^0$ ein lokales Extremum. Gilt außerdem
>   - $f_{x_1 x_1}(\mathbf{x}^0) > 0$, so ist es ein lokales Minimum,
>   - $f_{x_1 x_1}(\mathbf{x}^0) < 0$, so ist es ein lokales Maximum.
> - Gilt $\det(H_f(\mathbf{x}^0)) < 0$, dann hat f an der Stelle $\mathbf{x}^0$ kein lokales Extremum sondern einen Sattelpunkt.
> - Gilt $\det(H_f(\mathbf{x}^0)) = 0$, dann kann anhand der ersten und zweiten partiellen Ableitungen im Punkt $\mathbf{x}^0$ nicht entschieden werden, ob an der Stelle $\mathbf{x}^0$ ein Extremum oder ein Sattelpunkt vorliegt.

Unabhängig davon, ob man sich auf Satz 9.6.2 oder Satz 9.6.4 beruft, kann jedoch im Falle einer positiv oder negativ semidefiniten Matrix keine Aussage bezüglich des Vorhandenseins eines lokalen Extremums oder Sattelpunktes getroffen werden. Wir zeigen im Folgenden zwei sehr unterschiedliche Beispiele, die aber beide an einer stationären Stelle $\mathbf{x}^0$ eine positiv semidefinite Hesse-Matrix haben.

■ **Beispiel 9.6.6 — Lokales Minimum bei positiv semidefiniter Hesse-Matrix.**
Wir betrachten die reelle Funktion $f(\mathbf{x}) = x_1^2 + 4(x_2 - 1)^4 + 3$ in zwei Variablen. Der Gradient von f an einer Stelle $\mathbf{x}^0$ ist gegeben durch

$$\nabla f(\mathbf{x}^0) = \begin{pmatrix} 2(x_1^0) \\ 16((x_2^0) - 1)^3 \end{pmatrix}.$$

Der Gradient ist genau dann $\mathbf{0}$, wenn $x_1^0 = 0$ und $x_2^0 = 1$ gilt. Die einzige stationäre Stelle ist also $(0, 1)^T$. Die Hesse-Matrix von f ist

$$H_f(\mathbf{x}^0) = \begin{pmatrix} 2 & 0 \\ 0 & 48((x_2^0) - 1)^2 \end{pmatrix}.$$

Ausgewertet an der Stelle $(0, 1)^T$ ergibt sich

$$H_f(0, 1) = \begin{pmatrix} 2 & 0 \\ 0 & 0 \end{pmatrix}.$$

Da $\det(H_f(0, 1)) = 2 \cdot 0 - 0 \cdot 0 = 0$ gilt, können wir mithilfe von Satz 9.6.4 keine Aussage treffen, ob sich an der Stelle $(0, 1)^T$ ein lokales Maximum, ein lokales Minimum oder ein Sattelpunkt befindet. Die Eigenwerte sind 0 und 2. Somit ist die Matrix positiv semidefinit. Auch Satz 9.6.2 hilft in diesem Fall nicht weiter.

Betrachtet man die Abbildungsvorschrift $f(\mathbf{x}) = x_1^2 + 4(x_2 - 1)^4 + 3$ genauer, erkennt man leicht, dass die beiden ersten Summanden stets positiv oder 0 sind. Es gilt also $f(\mathbf{x}) \geq 3$ für alle $\mathbf{x} \in \mathbb{R}^2$. Da $f(0, 1) = 3$, gilt also $f(\mathbf{x}) \geq 3 = f(0, 1)$ für alle $\mathbf{x} \in \mathbb{R}^2$. An der Stelle $(0, 1)^T$ liegt somit ein globales, und damit auch ein lokales Minimum vor, vgl. auch Abbildung 9.56.   ■

■ **Beispiel 9.6.7 — Sattelpunkt bei positiv-semidefiniter Hesse-Matrix.**
Betrachten wir die reelle Funktion $f(\mathbf{x}) = x_1^2 + 4(x_2 - 1)^3 + 3$ in zwei Variablen. Der

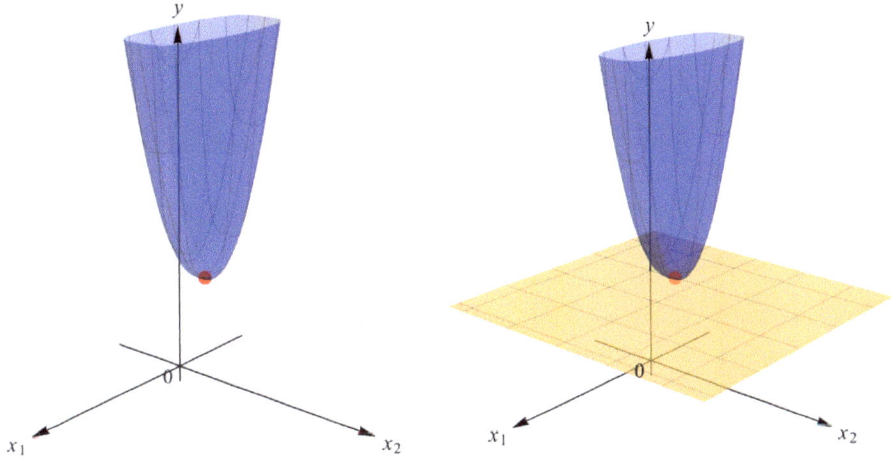

Abbildung 9.56: Minimum der Funktion $f(\mathbf{x}) = x_1^2 + 4(x_2 - 1)^4 + 3$

Gradient von f an einer Stelle $\mathbf{x}^0$ ist

$$\nabla f(\mathbf{x}^0) = \begin{pmatrix} 2(x_1^0) \\ 12((x_2^0) - 1)^2 \end{pmatrix}.$$

Der einzige stationäre Punkt ist erneut $(0, 1)^T$. Die Hesse-Matrix von f ist

$$H_f(\mathbf{x}^0) = \begin{pmatrix} 2 & 0 \\ 0 & 24((x_2^0) - 1) \end{pmatrix}.$$

An der Stelle $(0, 1)^T$ ergibt sich

$$H_f(0, 1) = \begin{pmatrix} 2 & 0 \\ 0 & 0 \end{pmatrix}.$$

Wie im vorherigen Beispiel ist die Hesse-Matrix mit Eigenwerten 0 und 2 positiv semi-definit. Da $\det(H_f(0, 1)) = 2 \cdot 0 - 0 \cdot 0 = 0$ gilt, können wir auch hier mithilfe von Satz 9.6.4 keine Aussage treffen, ob es sich um ein lokales Maximum, ein lokales Minimum oder einen Sattelpunkt handelt. In Abbildung 9.57 erahnt man, dass es sich um einen Sattelpunkt handelt.

Formal kann man wie folgt argumentieren, dass es sich um einen Sattelpunkt handeln muss: In einer ε-Umgebung der Stelle $(0, 1)^T$ findet man für beliebig kleine $\varepsilon > 0$ stets eine Stelle $(0, 1 + \frac{\varepsilon}{2})^T \in U((0, 1)^T, \varepsilon)$ und eine andere Stelle $(0, 1 - \frac{\varepsilon}{2})^T \in U((0, 1)^T, \varepsilon)$. Wertet man die Funktion an der Stelle $(0, 1 + \frac{\varepsilon}{2})^T$ aus, ergibt sich ein größerer Funktionswert als an der stationären Stelle,

$$f\left(0, 1 + \frac{\varepsilon}{2}\right) = 3 + \frac{\varepsilon^3}{2} > 3 = f(0, 1).$$

An der Stelle $(0, 1)^T$ kann also kein lokales Maximum vorliegen. Wertet man die Funktion an der Stelle $(0, 1 - \frac{\varepsilon}{2})^T$ aus, ergibt sich ein kleinerer Funktionswert als an der stationären

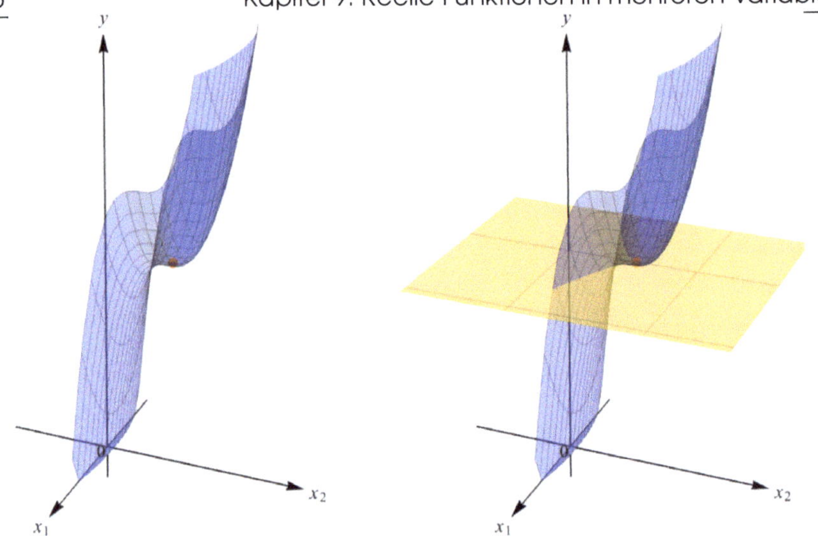

Abbildung 9.57: Sattelpunkt der Funktion $f(\mathbf{x}) = x_1^2 + 4(x_2 - 1)^3 + 3$

Stelle,

$$f\left(0, 1 - \frac{\varepsilon}{2}\right) = 3 - \frac{\varepsilon^3}{2} < 3 = f(0, 1).$$

An der stationären Stelle $(0,1)^T$ kann also kein lokales Minimum vorliegen. In jeder ε-Umgebung dieser stationären Stelle findet man sowohl eine Stelle mit einem größeren Funktionswert als auch eine Stelle mit einem kleineren Funktionswert. An der Stelle $(0,1)^T$ liegt somit ein Sattelpunkt vor.   ∎

Die Funktion im ersten Beispiel hat an einer globalen Minimalstelle eine positiv semidefinite Hesse-Matrix, die Funktion im zweiten Beispiel hat an einer Stelle mit einem Sattelpunkt ebenfalls eine positiv semidefinite Hesse-Matrix (Die Hesse-Matrizen sind sogar gleich). Das Entscheidungskriterium der Hesse-Matrix hilft in dieser Situation nicht weiter. Um zu zeigen, dass die Funktion im zweiten Beispiel an der stationären Stelle einen Sattelpunkt hat, haben wir gezeigt, dass in jeder Umgebung der stationären Stelle sowohl Stellen mit größeren als auch Stellen mit kleineren Funktionswerten existieren. Diese Stellen befanden sich auf dem Vertikalschnitt von f ausgehend von der stationären Stelle in Richtung $\mathbf{e}^2$.

Wir demonstrieren die Bestimmung lokaler Extrema in einem weiteren Beispiel:

■ Beispiel 9.6.8 — Bestimmung aller lokalen Extrema.

Betrachten wir erneut die Funktion $f : \mathbb{R}^2 \to \mathbb{R}$ mit

$$f(\mathbf{x}) = x_1^3 + x_2^3 - 3x_1 x_2$$

mit stationären Stellen $\mathbf{0}$ und $(1,1)^T$, vgl. Beispiel 9.6.1.

Die Hesse-Matrix der Funktion an einer beliebigen Stelle $\mathbf{x}^0$ ist

$$H_f(\mathbf{x}^0) = \begin{pmatrix} 6(x_1^0) & -3 \\ -3 & 6(x_2^0) \end{pmatrix}.$$

An der Stelle $\mathbf{0}$ ist die Hesse-Matrix also

$$H_f(\mathbf{0}) = \begin{pmatrix} 0 & -3 \\ -3 & 0 \end{pmatrix}.$$

Die zweite Hauptunterdeterminante dieser Matrix ist $\det(H_f(\mathbf{0})) = 0 \cdot 0 - (-3) \cdot (-3) = -9 < 0$. Damit ist die Matrix indefinit. An der Stelle $\mathbf{0}$ befindet sich ein Sattelpunkt. An der Stelle $(1,1)^T$ ist die Hesse-Matrix

$$H_f(1,1) = \begin{pmatrix} 6 & -3 \\ -3 & 6 \end{pmatrix}.$$

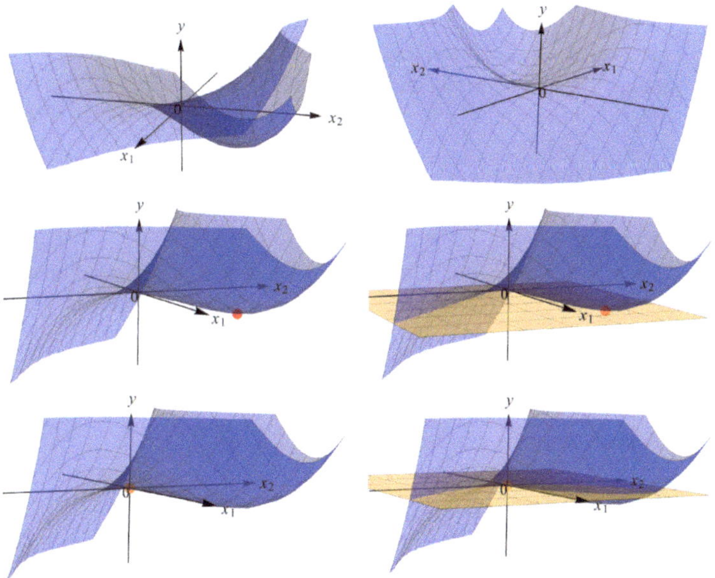

Abbildung 9.58: Sattelpunkt und lokales Minimum der Funktion $f(\mathbf{x}) = x_1^3 + x_2^3 - 3x_1 x_2$

Die zweite Hauptunterdeterminante dieser Matrix ist $\det(H_f(1,1)) = 6 \cdot 6 - (-3) \cdot (-3) = 27 > 0$. Zudem ist die erste Hauptunterdeterminante gleich $6 > 0$. Damit ist die Matrix positiv definit. An der Stelle $(1,1)^T$ befindet sich somit ein lokales Minimum, siehe Abbildung 9.58. ∎

Ist f eine zweimal stetig partiell differenzierbare Funktion mit stationärer Stelle $\mathbf{x}^0$, so kann man schließen:

$$H_f(\mathbf{x}^0) \left\{ \begin{array}{l} \text{positiv definit} \\ \text{negativ definit} \\ \text{indefinit} \end{array} \right\} \Rightarrow \mathbf{x}^0 \text{ ist eine} \left\{ \begin{array}{l} \text{lokale Minimalstelle} \\ \text{lokale Maximalstelle} \\ \text{Stelle mit Sattelpunkt.} \end{array} \right.$$

Die Funktion f hat an der Stelle $\mathbf{x}^0$ genau dann ein lokales Minimum (Maximum), wenn die Funktion $-f$ an dieser Stelle ein lokales Maximum (Minimum) hat.

9.6.4 Lokale Extrema von Vertikalschnitten

Ziele dieses Unterkapitels

- Was kann man über die Definitheit der Hesse-Matrix einer zweimal stetig partiell differenzierbaren Funktion an einer lokalen Maximalstelle bzw. Minimalstelle aussagen?
- Kann man aus der Tatsache, dass jeder Vertikalschnitt von f durch $\mathbf{x}^0$ an der Stelle $t = 0$ ein lokales Extremum hat, schließen, dass f an der Stelle $\mathbf{x}^0$ ein lokales Extremum hat?

Aus der Definition lokaler Extrema folgt, dass an einer lokalen Maximalstelle (Minimalstelle) $\mathbf{x}^0$ der Vertikalschnitt durch $\mathbf{x}^0$ in jede Richtung betrachtet auch ein lokales Maximum (Minimum) haben muss. Zusammen mit Definition 9.3.9 und Satz 9.3.7 zur zweiten Richtungsableitung gilt zudem:

> **Satz 9.6.5 — Notwendige Kriterien lokaler Extrema zweiter Ordnung.**
> Sei $D \subseteq \mathbb{R}^n$ offen, $f : D \to Z$ eine zweimal stetig differenzierbare Funktion in n Variablen und $\mathbf{x}^0 \in D$ eine stationäre Stelle, d.h. mit $\nabla f(\mathbf{x}^0) = \mathbf{0}$ und Hesse-Matrix $H_f(\mathbf{x}^0)$. Dann gilt:
> - f hat in $\mathbf{x}^0$ ein lokales Minimum $\Rightarrow H_f(\mathbf{x}^0)$ ist positiv semidefinit;
> - f hat in $\mathbf{x}^0$ ein lokales Maximum $\Rightarrow H_f(\mathbf{x}^0)$ ist negativ semidefinit.

Umgekehrt kann man jedoch nicht alleine durch Betrachtung der verschiedenen Richtungsableitungen auf das Vorliegen lokaler Minima oder Maxima schließen, wie folgendes Beispiel zeigt:

■ Beispiel 9.6.9 — Eine weitere positiv-semidefinite Hesse-Matrix (∗).
Wir betrachten die Funktion mit Abbildungsvorschrift $f(\mathbf{x}) = x_1^4 - 3x_1^2 x_2 + x_2^2$. Der Gradient und die Hesse-Matrix von f an der Stelle $\mathbf{x}^0 = (x_1^0, x_2^0)^T$ sind

$$\nabla f(\mathbf{x}^0) = \begin{pmatrix} 4(x_1^0)^3 - 6(x_1^0)(x_2^0) \\ 2(x_2^0) - 3(x_1^0)^2 \end{pmatrix} \quad \text{und} \quad H_f(\mathbf{x}^0) = \begin{pmatrix} 12(x_1^0)^2 - 6(x_2^0) & -6(x_1^0) \\ -6(x_1^0) & 2 \end{pmatrix}.$$

Stationäre Stellen sind damit Lösungen des Gleichungssystems

$$4(x_1^0)^3 - 6(x_1^0)(x_2^0) = 0$$
$$2(x_2^0) - 3(x_1^0)^2 = 0.$$

Aus der zweiten Gleichung folgt $x_2^0 = \frac{3}{2}(x_1^0)^2$. Setzt man dies in die erste Gleichung ein, erhält man die Gleichung

$$4(x_1^0)^3 - 6(x_1^0)(\frac{3}{2}(x_1^0)^2) = 4(x_1^0)^3 - 9(x_1^0)^3 = -5(x_1^0)^3 = 0,$$

also $x_1^0 = 0$. Erneutes Einsetzen in $x_2^0 = \frac{3}{2}(x_1^0)^2$ liefert dann ebenfalls $x_2^0 = 0$. Die einzige stationäre Stelle ist also $\mathbf{0}$.

Die Hesse-Matrix von f an dieser stationären Stelle ist

$$H_f(\mathbf{0}) = \begin{pmatrix} 0 & 0 \\ 0 & 2 \end{pmatrix}.$$

Da $\det(H_f(\mathbf{0})) = 0 \cdot 2 - 0 \cdot 0 = 0$ gilt, können wir mithilfe von Satz 9.6.4 keine Aussage treffen, ob es sich um ein lokales Maximum, ein lokales Minimum oder einen Sattelpunkt handelt. Die Abbildungsvorschrift eines Vertikalschnitts der Funktion ausgehend von $\mathbf{0}$ in eine beliebige Richtung $\mathbf{r}$ ist

$$f_{\mathbf{0},\mathbf{r}}(t) = r_1^4 t^4 - 3r_1^2 r_2 t^3 + r_2^2 t^2$$

mit

$$f'_{\mathbf{0},\mathbf{r}}(t) = 4r_1^4 t^3 - 9r_1^2 r_2 t^2 + 2r_2^2 t \quad \text{und} \quad f''_{\mathbf{0},\mathbf{r}}(t) = 12r_1^4 t^2 - 18r_1^2 r_2 t + 2r_2^2.$$

Da $f'_{\mathbf{0},\mathbf{r}}(0) = 0$ gilt, hat jeder Vertikalschnitt durch $\mathbf{0}$ an der Stelle $t = 0$ eine stationäre Stelle. Zudem ist die zweite Ableitung für $r_2 \neq 0$ gleich $f''_{\mathbf{0},\mathbf{r}}(0) > 0$. Aus dem hinreichenden Kriterium zweiter Ordnung für reelle Funktionen in einer Variable, Satz 5.6.7, kann man also schließen, dass an der Stelle $t = 0$ ein lokales Minimum des Vertikalschnitts durch $\mathbf{0}$ in Richtung $\mathbf{r}$ vorliegt. Für $r_2 = 0$ gilt $f'_{\mathbf{0},\mathbf{r}}(t) = f''_{\mathbf{0},\mathbf{r}}(t) = 0$. Anhand der ersten beiden Ableitungen kann also keine Aussage über die stationäre Stelle getroffen werden. Die dritte und vierte Ableitung berechnet sich als

$$f_{\mathbf{0},\mathbf{r}}^{(3)}(t) = 24r_1^4 t - 18r_1^2 r_2 \qquad \text{und damit } f_{\mathbf{0},\mathbf{r}}^{(3)}(0) = 0$$

$$f_{\mathbf{0},\mathbf{r}}^{(4)}(t) = 24r_1^4 \qquad \text{und damit } f_{\mathbf{0},\mathbf{r}}^{(4)}(0) = 24r_1^4 > 0 \text{ für } r_1 \neq 0.$$

Für $r_1 \neq 0$ kann man also aus dem hinreichenden Kriterium n-ter Ordnung für reelle Funktionen in einer Variable, Satz 5.6.8, schließen, dass an der Stelle $t = 0$ ein lokales Minimum des Vertikalschnitts durch $\mathbf{0}$ in Richtung $\mathbf{r}$ vorliegt, wenn $r_1 \neq 0$ ist.

Ist $\mathbf{r} \in \mathbb{R}^2$ eine Richtung, so ist $\mathbf{r} \neq \mathbf{0}$. Zusammenfassend hat der Vertikalschnitt von f durch $\mathbf{0}$ also in jeder Richtung ein lokales Minimum an der Stelle $t = 0$ mit Wert $f(\mathbf{0}) = 0$. Beispielsweise ist der Vertikalschnitt durch $\mathbf{0}$ in Richtung $\mathbf{r} = \mathbf{e}^2$ gleich $f_{\mathbf{x}^0,\mathbf{r}}(t) = f(0,t) = t^2 > 0$ für alle $t \neq 0$. Somit ist $\mathbf{0}$ ein globales Minimum des Vertikalschnitts in Richtung $\mathbf{e}^2$.

Überraschenderweise liegt an dieser Stelle $\mathbf{x}^0 = \mathbf{0}$ jedoch kein lokales Minimum der Funktion f vor. Um sich davon zu überzeugen, kann man in einem ersten Schritt einige Funktionswerte an Stellen $\mathbf{x}$ nahe $\mathbf{0}$ berechnen. So ergibt sich beispielsweise $f(1, 1.5) = -\frac{5}{4} < 0$, $f(\frac{1}{2}, \frac{3}{8}) = -\frac{5}{64} < 0$ oder $f(\frac{1}{20}, \frac{3}{800}) = -\frac{5}{640000} < 0$. Diese Werte wecken eine gewisse Skepsis gegenüber der Behauptung, dass sich an der Stelle $\mathbf{0}$ ein lokales Minimum mit $f(\mathbf{0}) = 0$ befinden soll. Um zu zeigen, dass an der Stelle $\mathbf{0}$ kein lokales Minimum ist, muss man aber zeigen, dass in jeder noch so kleinen ε-Umgebung von $\mathbf{0}$ eine Stelle mit einem Funktionswert kleiner als $f(\mathbf{0}) = 0$ existiert. Um diese Stelle zu finden, formen wir die Abbildungsvorschrift von f um:

$$f(\mathbf{x}) = x_1^4 - 3x_1^2 x_2 + x_2^2 = 2x_1^4 - 3x_1^2 x_2 + x_2^2 - x_1^4 = (x_1^2 - x_2)(2x_1^2 - x_2) - x_1^4.$$

An dieser Form erkennt man, dass die Funktion negative Werte annimmt, wenn einer der Faktoren des Produkts im letzten Ausdruck positiv und der andere negativ ist, also wenn man x_2 so wählt, dass

$$x_1^2 < x_2 < 2x_1^2$$

gilt. Wählt man also $x_2 = 1.5x_1^2$, so gilt stets

$$f(x_1, 1.5x_1^2) = x_1^4 - 3x_1^2(1.5x_1^2) + (1.5x_1^2)^2 = -1.25x_1^4 < 0.$$

Da es in jeder ε-Umgebung eine Stelle mit $x_2 = 1.5x_1^2$ gibt,[7] existiert also in jeder ε-

---

[7]   Beispielsweise die Stelle $(0.5\varepsilon, 0.375\varepsilon^2)^T \in U(\mathbf{0}, \varepsilon)$ (für $\varepsilon < 1$) mit $f(0.5\varepsilon, 0.375\varepsilon^2) = (0.5\varepsilon)^4 - 3(0.5\varepsilon)^2 0.375\varepsilon^2 + (0.375\varepsilon^2)^2 = -\frac{5}{64}\varepsilon^4 < 0$.

Umgebung von $\mathbf{0}$ eine Stelle, welche einen kleineren Funktionswert hat als $f(\mathbf{0}) = 0$. Die Stelle $\mathbf{0}$ ist somit kein lokales Minimum von f.[8] Zudem findet man beispielsweise auf dem Vertikalschnitt durch $\mathbf{0}$ in Richtung $\mathbf{e}^2$ Stellen in jeder ε-Umgbung um $\mathbf{0}$, welche größere Funktionswerte als $f(\mathbf{0}) = 0$ haben. Die Stelle $\mathbf{0}$ ist somit kein lokales Maximum von f.

Zusammenfassend liegt an der Stelle $\mathbf{0}$ kein lokales Extremum sondern ein Sattelpunkt der Funktion vor. ∎

(Z) Die Hesse-Matrix einer zweimal stetig partiell differenzierbaren Funktion an einer lokalen Minimalstelle ist stets positiv semidefinit. Umgekehrt liegt nicht an jeder stationären Stelle mit positiv semidefiniter Hesse-Matrix ein lokales Minimum vor. Die Hesse-Matrix einer zweimal stetig partiell differenzierbaren Funktion an einer lokalen Maximalstelle ist stets negativ semidefinit. Umgekehrt liegt nicht an jeder stationären Stelle mit negativ semidefiniter Hesse-Matrix ein lokales Maximum vor.

Aus den Extrema der Vertikalschnitte von f durch $\mathbf{x}^0$ kann man nicht direkt auf ein lokales Extremum von f schließen.

9.6.5 Bestimmung globaler Extrema

Ziele dieses Unterkapitels

- Welche Stellen sind im Allgemeinen Kandidaten für lokale und globale Extrema einer reellen Funktion in n Variablen?
- Was kann man über stationäre Stellen konvexer oder konkaver reeller Funktionen in n Variablen aussagen?

Wie schon bei reellen Funktionen in einer Variable trifft das Kriterium von Fermat nur eine Aussage für offene Definitionsbereiche und stetig partiell differenzierbare Funktionen. Es trifft keine Aussage über Stellen, die auf dem Rand des Definitionsbereichs liegen. Es trifft allgemein auch keine Aussage über Stellen, an denen die Funktion nicht differenzierbar ist. Auf der Suche nach lokalen und globalen Extremalstellen müssen also prinzipiell auch hier drei Arten von Stellen untersucht werden:

1. Stationäre Stellen (mit $\nabla f(\mathbf{x}^0) = \mathbf{0}$);
2. Innere Stellen, an denen f nicht stetig partiell differenzierbar ist;
3. Randstellen des Definitionsbereichs (sofern sie zum Definitionsbereich gehören).

Wir hatten dies bereits bei der Diskussion reeller Funktionen in einer Variable kennengelernt. Die Untersuchung unstetiger oder nicht differenzierbarer Funktionen ist in der Regel sehr aufwändig. Um die Unterschiede zu Funktionen in einer reellen Variable ohne unnötige Komplikationen zu betrachten, beschränken wir uns in diesem Kapitel auf Funktionen mit stetigen zweiten partiellen Ableitungen und offenen Definitionsbereichen.

Einfacher gestaltet sich die Überprüfung einer konvexen bzw. einer konkaven Funktion: Eine konvexe Funktion hat an einer stationären Stelle stets ein globales (und damit auch lokales) Minimum. Eine konkave Funktion hat an einer stationären Stelle stets ein globales (und damit auch lokales) Maximum.

---

[8] Anhand der Ungleichung $x_1^2 < x_2 < 2x_1^2$ erkennt man, dass man sich der Stelle $\mathbf{0}$ auf einem „krummen Weg" nähern muss, um durchgehend negative Funktionswerte zu finden, wogegen ein Vertikalschnitt sich immer auf einem „geraden Weg" nähert.

> **Satz 9.6.6 — Globale Extrema konvexer und konkaver Funktionen.**
> Seien $D \subseteq \mathbb{R}^n$ eine offene, konvexe Menge und $f : D \to Z$ eine stetig partiell differenzierbare Funktion in n Variablen.
> - Ist f konvex, dann besitzt f in $\mathbf{x}^0 \in D$ ein globales Minimum genau dann, wenn $\nabla f(\mathbf{x}^0) = \mathbf{0}$ gilt.
> - Ist f konkav, dann besitzt f in $\mathbf{x}^0 \in D$ ein globales Maximum genau dann, wenn $\nabla f(\mathbf{x}^0) = \mathbf{0}$ gilt.

Ist die Hesse-Matrix also an allen Stellen des Definitionsbereichs positiv semidefinit, so befindet sich an jeder stationären Stelle ein globales Minimum; ist sie an allen Stellen des Definitionsbereichs negativ semidefinit, befindet sich dort ein Maximum.

▪ Beispiel 9.6.10 — Fortsetzung von Beispiel 9.6.6.
In Beispiel 9.6.6 haben wir die Funktion $f(\mathbf{x}) = x_1^2 + 4(x_2 - 1)^4 + 3$ analysiert. Die Hesse-Matrix von f ist für alle $\mathbf{x}^0 \in D$

$$H_f(\mathbf{x}^0) = \begin{pmatrix} 2 & 0 \\ 0 & 48(x_2^0 - 1)^2 \end{pmatrix}.$$

Diese Hesse-Matrix hat die Eigenwerte $2 \geq 0$ und $48(x_2^0 - 1)^2 \geq 0$. Damit ist die Hesse-Matrix für alle $\mathbf{x}^0$ positiv semidefinit und die Funktion f eine konvexe Funktion. Die Funktion f hat eine stationäre Stelle bei $(0, 1)^T$. An dieser Stelle muss somit ein globales und damit auch ein lokales Minimum vorliegen. ▪

> (Z) Kandidaten für lokale und globale Extrema einer reellen Funktion in n Variablen sind im Allgemeinen stationäre Stellen, Stellen, an welchen die Funktion nicht stetig partiell differenzierbar ist und Randstellen des Definitionsbereichs, wenn sie Elemente des Definitionsbereichs darstellen.
> Stationäre Stellen einer konvexen Funktion stellen stets globale Minima dar. Stationäre Stellen einer konkaven Funktion stellen stets globale Maxima dar.

9.7 Mehrfachintegrale

Ebenso wie wir in Kapitel 5 Integrale von Funktionen in einer Variable gebildet haben, können Integrale von Funktionen in mehreren Variablen gebildet werden. Bei der Bildung des Integrals über x_i werden (analog zu partiellen Ableitungen) alle Variablen außer x_i konstant gehalten. Da das Integral von f über x_i dann von den Werten der anderen Variablen abhängt, spricht man von Parameterintegralen.[9] In folgenden Definitionen und Sätzen beschränken wir uns auf Integrale von Funktionen in $n = 2$ Variablen. Die Definitionen und Sätze lassen sich jedoch einfach für $n > 2$ erweitern.

---

[9] Ein logischer Name an dieser Stelle wäre „partielles Integral" in Anlehnung an die partielle Ableitung. Da partielle Integration jedoch schon für die Umkehrung der Produktregel genutzt wird, wäre diese Benennung irreführend.

9.7.1 Parameterintegrale

Ziele dieses Unterkapitels

- Was versteht man unter dem (Parameter-)Integral einer stetigen reellen Funktion (in zwei Variablen) f über x_i?

Definition 9.7.1 — Parameterintegral.

Für eine stetige reelle Funktion (in zwei Variablen) $f : [a_1, b_1] \times [a_2, b_2] \to \mathbb{R}$ ist

$$F_1(x_2) = \int_{a_1}^{b_1} f(\mathbf{x})\, dx_1$$

das **(Parameter-)Integral** der Funktion f über x_1 (für festes x_2) und

$$F_2(x_1) = \int_{a_2}^{b_2} f(\mathbf{x})\, dx_2$$

das **(Parameter-)Integral** der Funktion f über x_2 (für festes x_1).

■ Beispiel 9.7.1 — Berechnung von Parameterintegralen.

Die Funktion $f : [0,3] \times [0,2] \to \mathbb{R}$ mit $f(\mathbf{x}) = -2x_1^2 + e^{x_2}$ ist für alle $x_1 \in [0,3]$ und $x_2 \in [0,2]$ definiert. Das (Parameter-)Integral von f über x_1 ist

$$F_1(x_2) = \int_0^3 -2x_1^2 + e^{x_2}\, dx_1 = \left[\frac{-2}{3}x_1^3 + x_1 e^{x_2}\right]_0^3$$
$$= -18 + 3e^{x_2} + 0 - 0 = 3e^{x_2} - 18.$$

Das (Parameter-)Integral von f über x_2 ist

$$F_2(x_1) = \int_0^2 -2x_1^2 + e^{x_2}\, dx_2 = \left[-2x_1^2 x_2 + e^{x_2}\right]_0^2$$
$$= -2x_1^2 \cdot 2 + e^2 + 0 - 1 = -4x_1^2 + e^2 - 1.$$

Beide (Parameter-)Integrale werden in den Abbildungen 9.59 und 9.60 dargestellt.   ■

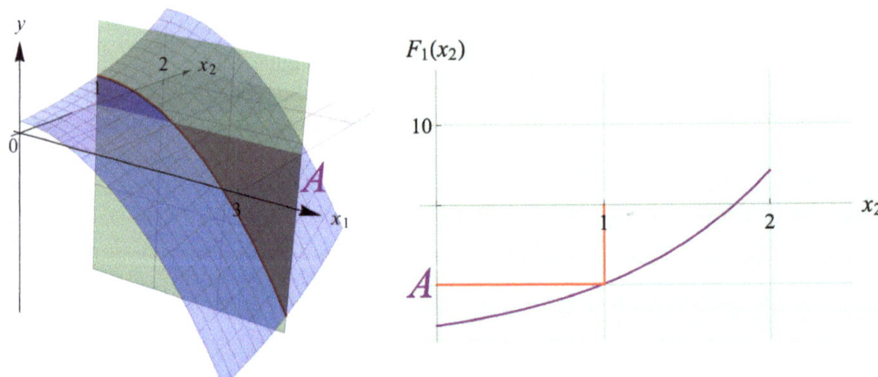

Abbildung 9.59: Darstellung des (Parameter-)Integrals von f über x_1

(Z) Für eine stetige reelle Funktion (in zwei Variablen) $f : [a_1, b_1] \times [a_2, b_2] \to \mathbb{R}$ ist $\int_{a_i}^{b_i} f(\mathbf{x})\, dx_i$ das (Parameter-)Integral der Funktion f über x_i.

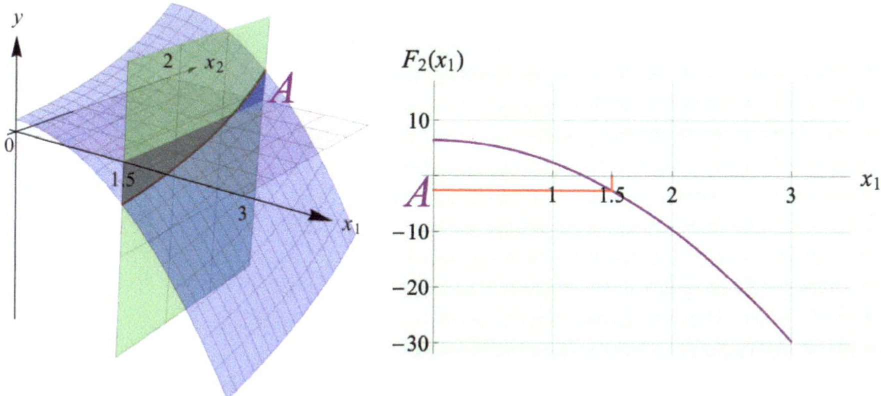

Abbildung 9.60: Darstellung des (Parameter-)Integrals von f über x_2

9.7.2 Doppelintegrale

Ziele dieses Unterkapitels
- Was versteht man unter einem Doppelintegral einer stetigen reellen Funktion in zwei Variablen über einer Fläche $[a_1, b_1] \times [a_2, b_2]$?
- Ist das Integral des Produkts (der Summe, der Differenz oder des Quotienten) zweier Funktionen in je einer Variablen gleich dem Produkt (der Summe, der Differenz oder dem Quotienten) der Integrale der Funktionen in je einer Variablen?

Da das Integral einer stetigen Funktion selbst wieder stetig und damit integrierbar ist, kann man sowohl die Funktion $F_1(x_2)$ nach x_2 als auch die Funktion $F_2(x_1)$ nach x_1 integrieren. Diese Integrale nennt man auch Doppelintegrale.

Definition 9.7.2 — Doppelintegral.
Für eine stetige reelle Funktion (in zwei Variablen) $f : [a_1, b_1] \times [a_2, b_2] \to \mathbb{R}$ mit Parameterintegralen $F_1(x_2)$ und $F_2(x_1)$ nennt man

$$\int_{a_2}^{b_2} F_1(x_2)\, dx_2 = \int_{a_2}^{b_2} \left(\int_{a_1}^{b_1} f(\mathbf{x})\, dx_1 \right) dx_2 \text{ bzw.}$$

$$\int_{a_1}^{b_1} F_2(x_1)\, dx_1 = \int_{a_1}^{b_1} \left(\int_{a_2}^{b_2} f(\mathbf{x})\, dx_2 \right) dx_1$$

das **Doppelintegral** der Funktion f über $[a_1, b_1] \times [a_2, b_2]$.

Oft werden die Klammern hierbei auch weggelassen, da mehrfache Integrale immer von innen nach außen gelesen werden, so wie auch obige Klammern nahelegen.

■ **Beispiel 9.7.2 — Berechnung von Doppelintegralen.**
Berechnen wir die Doppelintegrale der Funktion f aus Beispiel 9.7.1, erhalten wir als

Integral über x_2 des Parameterintegrals $F_1(x_2)$ über x_1

$$\int_0^2 \underbrace{\int_0^3 (-2x_1^2 + e^{x_2})\, dx_1}_{F_1(x_2)}\, dx_2 = \int_0^2 (3e^{x_2} - 18)\, dx_2 = \left[3e^{x_2} - 18x_2\right]_0^2$$

$$= 3e^2 - 18\cdot 2 - 3e^0 + 0$$
$$= 3e^2 - 39.$$

Das Integral über x_1 des Parameterintegrals $F_2(x_1)$ über x_2 ist

$$\int_0^3 \underbrace{\int_0^2 (-2x_1^2 + e^{x_2})\, dx_2}_{F_2(x_1)}\, dx_1 = \int_0^3 (-4x_1^2 + e^2 - 1)\, dx_1$$

$$= \left[-4\frac{x_1^3}{3} + e^2 x_1 - x_1\right]_0^3$$
$$= -4\frac{3^3}{3} + e^2 3 - 3 + 4\frac{0^3}{3} - e^2 0 + 0$$
$$= 3e^2 - 39.$$

Das Doppelintegral, bei dem man zuerst bezüglich x_1 und dann bezüglich x_2 integriert, entspricht also dem Doppelintegral, bei dem man zuerst bezüglich x_2 und dann bezüglich x_1 integriert. Allerdings muss man hierbei stets vorsichtig sein und jeweils über die zu x_1 bzw. x_2 gehörigen Intervalle integrieren.   ∎

Bei stetigen Funktionen ist die Reihenfolge der Integration dabei stets egal. Es gilt:

Satz 9.7.1 — Doppelintegrale (Satz von Fubini).
Für eine stetige reelle Funktion (in zwei Variablen) $f : [a_1, b_1] \times [a_2, b_2] \to \mathbb{R}$ sind die (Parameter-)Integrale $F_1(x_2) = \int_{a_1}^{b_1} f(\mathbf{x})\, dx_1$ und $F_2(x_1) = \int_{a_2}^{b_2} f(\mathbf{x})\, dx_2$ stetig und es gilt

$$\int_{a_2}^{b_2} F_1(x_2)\, dx_2 = \int_{a_2}^{b_2} \int_{a_1}^{b_1} f(\mathbf{x})\, dx_1\, dx_2 = \int_{a_1}^{b_1} F_2(x_1)\, dx_1 = \int_{a_1}^{b_1} \int_{a_2}^{b_2} f(\mathbf{x})\, dx_2\, dx_1.$$

Wir demonstrieren diese Aussage nochmals an dem Beispiel einer Funktion mit Abbildungsvorschrift $f(\mathbf{x}) = \sqrt{x_1 x_2}$.

■ Beispiel 9.7.3 — Ein weiteres Doppelintegral.
Wir betrachten die Funktion $f : [0,4] \times [0,6] \to \mathbb{R}$ mit $f(\mathbf{x}) = \sqrt{x_1 x_2}$. Die Funktion ist in Abbildung 9.61 dargestellt, sie ist für $x_1 \in [0,4]$ und $x_2 \in [0,6]$ definiert.
Das Doppelintegral kann man hier wie folgt berechnen:

$$\int_0^6 \int_0^4 \sqrt{x_1 x_2}\, dx_1\, dx_2 = \int_0^6 \left[\frac{2}{3} x_1^{\frac{3}{2}} \sqrt{x_2}\right]_0^4\, dx_2$$

$$= \int_0^6 \frac{16}{3} \sqrt{x_2}\, dx_2 = \left[\frac{16}{3}\frac{2}{3} x_2^{\frac{3}{2}}\right]_0^6 = \frac{192\sqrt{6}}{9} = \frac{64\sqrt{6}}{3}.$$

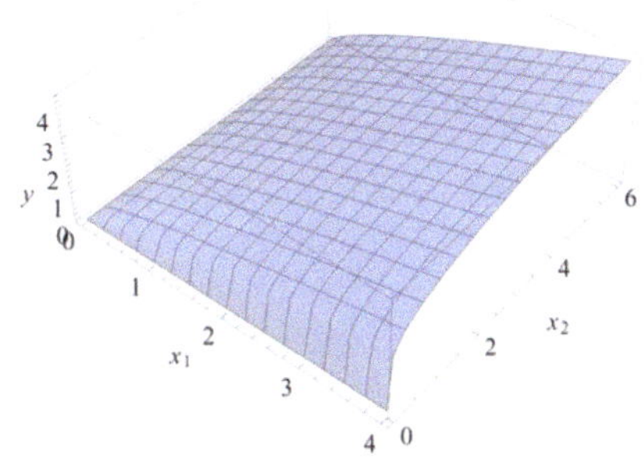

Abbildung 9.61: Die Funktion $f(\mathbf{x}) = \sqrt{x_1 x_2}$

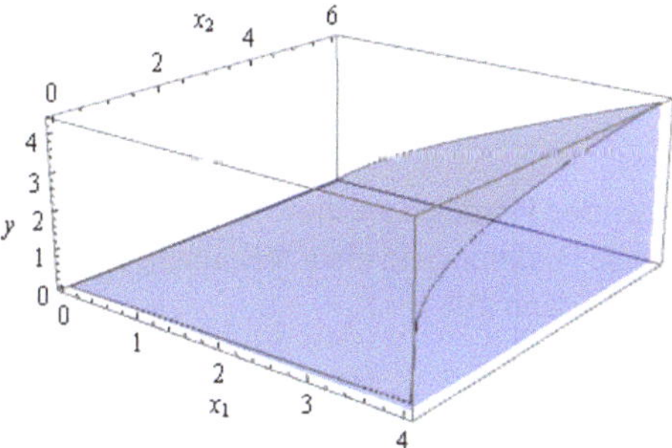

Abbildung 9.62: Volumen unterhalb des Graphen von f im Rechteck $[0,4] \times [0,6]$

Analog zum Fall von nur einer Variablen entspricht das Ergebnis hier dem Volumen unterhalb des Graphen im Rechteck $[0,4] \times [0,6]$, siehe Abbildung 9.62. ■

Integrale reeller Funktionen in zwei Variablen mit Definitionsbereich $[a_1,b_1] \times [a_2,b_2]$ und einem Wertebereich innerhalb von $[0,+\infty)$, lassen sich als das Volumen interpretieren, das oben vom Graphen der Funktion und unten vom Rechteck $[a_1,b_1] \times [a_2,b_2]$ begrenzt wird. Werden nur negative Werte angenommen, entspricht das Integral auch hier betragsmäßig dem Volumen, jedoch mit negativem Vorzeichen.

Eine Besonderheit des vorherigen Beispiels spielt in der Statistik unter dem Schlagwort „unabhängige Zufallsvariablen" eine wichtige Rolle: Hat $f(\mathbf{x})$ die Form $g_1(x_1)g_2(x_2)$, so kann das Doppelintegral dieser Funktion einfach als Produkt der Integrale von g_1 und g_2 berechnet werden. Wir verdeutlichen zunächst die Idee erneut im Beispiel, bevor wir sie formal festhalten.

■ Beispiel 9.7.4 — Fortsetzung von Beispiel 9.7.3.

Betrachten wir die Funktion $f : [0,4] \times [0,6] \to \mathbb{R}$ mit $f(\mathbf{x}) = \sqrt{x_1 x_2} = \sqrt{x_1}\sqrt{x_2}$ aus Beispiel 9.7.3, so gilt $f(\mathbf{x}) = g_1(x_1)g_2(x_2)$ mit $g_1 : [0,4] \to \mathbb{R}$, $g_1(x_1) = \sqrt{x_1}$ und $g_2 : [0,6] \to \mathbb{R}$, $g_2(x_2) = \sqrt{x_2}$. Das Integral von g_1 ist dabei

$$\int_0^4 \sqrt{x_1}\, dx_1 = \left[\frac{2}{3}x_1^{\frac{3}{2}}\right]_0^4 = \frac{16}{3},$$

das Integral von g_2 ist

$$\int_0^6 \sqrt{x_2}\, dx_2 = \left[\frac{2}{3}x_2^{\frac{3}{2}}\right]_0^6 = \frac{12\sqrt{6}}{3}.$$

Als Produkt dieser Werte ergibt sich

$$\int_0^4 \sqrt{x_1}\, dx_1 \cdot \int_0^6 \sqrt{x_2}\, dx_2 = \frac{16}{3}\cdot\frac{12\sqrt{6}}{3} = \frac{192\sqrt{6}}{9} = \frac{64\sqrt{6}}{3},$$

was dem Wert von

$$\int_0^6 \int_0^4 \sqrt{x_1 x_2}\, dx_1\, dx_2 = \frac{192\sqrt{6}}{9} = \frac{64\sqrt{6}}{3}$$

entspricht.   ∎

Satz 9.7.2 — Integration des Produkts zweier Funktionen.
Sind g_1 und g_2 stetige reelle Funktionen in einer Variablen, wobei g_1 stetig ist auf $[a_1, b_1]$ und g_2 stetig ist auf $[a_2, b_2]$, dann gilt

$$\int_{a_2}^{b_2} \int_{a_1}^{b_1} g_1(x_1)\cdot g_2(x_2)\, dx_1\, dx_2$$
$$= \left(\int_{a_1}^{b_1} g_1(x_1)\, dx_1\right) \cdot \left(\int_{a_2}^{b_2} g_2(x_2)\, dx_2\right).$$

Das Doppelintegral eines Produkts zweier stetiger Funktionen die jeweils nur von x_1 bzw. x_2 abhängen ist also gleich dem Produkt zweier Integrale, wovon eines nur über x_1 und das andere nur über x_2 integriert.

■ Beispiel 9.7.5 — Das Integral des Produkts.
Definieren wir die Funktionen $g_1 : [0,3] \to \mathbb{R}, g_1(x_1) = -2x_1^2$ mit

$$\int_0^3 (-2x_1^2)\, dx_1 = -18$$

und $g_2 : [0,2] \to \mathbb{R}, g_2(x_2) = e^{x_2}$ mit

$$\int_0^2 e^{x_2}\, dx_2 = e^2 - 1,$$

so ist das Doppelintegral der Funktion $h : [0,3] \times [0,2] \to \mathbb{R}$ mit

$$h(x_1, x_2) = g_1(x_1)g_2(x_2) = -2x_1^2 e^{x_2}$$

gleich

$$\int_0^3 \int_0^2 (-2x_1^2 e^{x_2})\, dx_2\, dx_1 = \int_0^3 \left[(-2x_1^2 e^{x_2})\right]_0^2 dx_1$$

$$= \int_0^3 (-2x_1^2(e^2 - 1))\, dx_1$$

$$= \left[-\frac{2}{3}x_1^3(e^2 - 1)\right]_0^3$$

$$= -\frac{2}{3}3^3(e^2 - 1) + \frac{2}{3}0^3(e^2 - 1)$$

$$= -18(e^2 - 1) = \left(\int_0^3 (-2x_1^2)\, dx_1\right)\left(\int_0^2 e^{x_2}\, dx_2\right).$$

Das Integral des Produkts entspricht also dem Produkt der Integrale.   ■

■ Beispiel 9.7.6 — Das Integral der Summe.

Betrachten wir die Summe der Funktionen $g_1 : [0,3] \to \mathbb{R}, g_1(x_1) = -2x_1^2$ mit

$$\int_0^3 (-2x_1^2)\, dx_1 = -18$$

und $g_2 : [0,2] \to \mathbb{R}, g_2(x_2) = e^{x_2}$ mit

$$\int_0^2 e^{x_2}\, dx_2 = e^2 - 1,$$

so haben wir das Doppelintegral der Funktion $f : [0,3] \times [0,2] \to \mathbb{R}$ mit $f(\mathbf{x}) = g_1(x_1) + g_2(x_2) = -2x_1^2 + e^{x_2}$ als

$$\int_0^3 \underbrace{\int_0^2 (-2x_1^2 + e^{x_2})\, dx_2}_{F_2(x_1)}\, dx_1 = 3e^2 - 39$$

berechnet. Die Summe der Integrale über jeweils nur eine Variable entspricht hier (natürlich) nicht dem Integral von f. Es gilt aber:

$$\int_0^3 \int_0^2 (-2x_1^2 + e^{x_2})\, dx_2\, dx_1 = \int_0^3 \underbrace{\int_0^2 (-2x_1^2)\, dx_2}_{=-4x_1^2}\, dx_1 + \int_0^3 \underbrace{\int_0^2 e^{x_2}\, dx_2}_{=e^2-1}\, dx_1$$

$$= \int_0^3 (-4x_1^2)\, dx_1 + \int_0^3 (e^2 - 1)\, dx_2 = -36 + 3(e^2 - 1)$$

$$= 3e^2 - 39.$$ ■

Es ist also zu beachten, dass Satz 9.7.2 nur für Produkte, nicht für Summen, Differenzen oder Quotienten gilt. So gilt allgemein zwar für Summen

$$\int_{a_2}^{b_2} \int_{a_1}^{b_1} (g_1(x_1) + g_2(x_2))\, dx_1\, dx_2 = \int_{a_2}^{b_2} \int_{a_1}^{b_1} g_1(x_1)\, dx_1\, dx_2 + \int_{a_2}^{b_2} \int_{a_1}^{b_1} g_2(x_2)\, dx_1\, dx_2,$$

aber

$$\int_{a_2}^{b_2} \int_{a_1}^{b_1} g_1(x_1) + g_2(x_2)\, dx_1\, dx_2 \neq \int_{a_1}^{b_1} g_1(x_1)\, dx_1 + \int_{a_2}^{b_2} g_2(x_2)\, dx_2.$$

(Z) Für eine stetige reelle Funktion $f : [a_1,b_1] \times [a_2,b_2] \to \mathbb{R}$ mit (Parameter-)Integralen $F_1(x_2)$ und $F_2(x_1)$ nennt man

$$\int_{a_2}^{b_2} F_1(x_2)\, dx_2 = \int_{a_2}^{b_2} \left(\int_{a_1}^{b_1} f(\mathbf{x})\, dx_1 \right) dx_2 = \int_{a_1}^{b_1} F_2(x_1)\, dx_1 = \int_{a_1}^{b_1} \left(\int_{a_2}^{b_2} f(\mathbf{x})\, dx_2 \right) dx_1$$

Doppelintegral der Funktion f.

Sind f und g stetige reelle Funktionen in jeweils einer Variablen, wobei f stetig ist auf $[a_1,b_1]$ und g stetig ist auf $[a_2,b_2]$, dann gilt $\int_{a_1}^{b_1} \int_{a_2}^{b_2} f(x_1)g(x_2)\, dx_2 dx_1 = \int_{a_1}^{b_1} f(x_1)\, dx_1 \cdot \int_{a_2}^{b_2} g(x_2)\, dx_2$. Diese Vereinfachung kann nicht auf Summen, Differenzen oder Quotienten übertragen werden.

9.8   Implizite Funktionen

Nicht immer sind Funktionen explizit durch ihre Abbildungsvorschrift $y = f(\mathbf{x})$ gegeben. Beschreibt die Lösungsmenge einer Gleichung den Graphen einer Funktion, so sagt man auch, dass durch die Gleichung implizit eine Funktion gegeben ist. Eine durch die Gleichung implizit definierte Funktion wird auch kurz implizite Funktion genannt.

■ **Beispiel 9.8.1 — Die implizite Funktion als Höhenlinie.**
Die Lösungsmenge der Gleichung $x_2 - x_1^2 = 0$ können wir uns mit den Mitteln dieses Kapitels als Höhenlinie der Funktion $g(x_1,x_2) = x_2 - x_1^2$ zum Niveau 0 vorstellen, vgl. Abbildung 9.63.

Die Lösungsmenge der Gleichung $x_2 - x_1^2 = 0$ kann man aber auch als Graphen einer reellen Funktion $f : \mathbb{R} \to \mathbb{R}$ interpretieren, welche x_1 auf x_2 abbildet, vgl. Abbildung 9.64. Denn zu jedem $x_1 \in \mathbb{R}$ gibt es genau ein $x_2 = f(x_1) = x_1^2 \in \mathbb{R}$ mit $x_2 - x_1^2 = 0$.

Die Gleichung $g(x_1,x_2) = 0$ definiert also implizit die Funktion f mit $f(x_1) = x_1^2$.   ■

9.8.1   Definition der impliziten Funktion für $n = 2$

Ziele dieses Unterkapitels

- Was versteht man unter einer durch die Gleichung $g(\mathbf{x}) = 0$ in einer Umgebung von $\mathbf{x}^0$ implizit definierten Funktion?

Wir betrachten ein weiteres Beispiel:

■ **Beispiel 9.8.2 — Die Höhenlinie der Cobb-Douglas Funktion.**
Die Höhenlinie der Nutzenfunktion mit $y = x_1^{0.8}x_2^{0.2}$ zum Niveau $y = 1$ stellt den Graphen einer reellen Funktion $f : (0,+\infty) \to (0,+\infty)$ dar, da es zu jedem $x_1 \in (0,+\infty)$ genau einen Wert $x_2 \in (0,+\infty)$ gibt, welcher sich auf der Höhenlinie befindet, vgl. Abbildung 9.65. Löst man die Gleichung $x_1^{0.8}x_2^{0.2} = 1$ bzw.

$$g(x_1,x_2) = x_1^{0.8}x_2^{0.2} - 1 = 0$$

nach x_2 auf, ergibt sich

$$x_2 = f(x_1) = \frac{1}{x_1^4}.$$

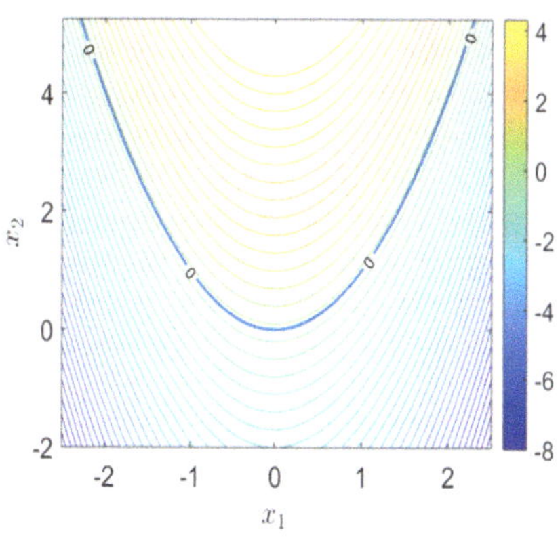

Abbildung 9.63: Höhenlinien der
Funktion $g(x_1, x_2) = x_2 - x_1^2$

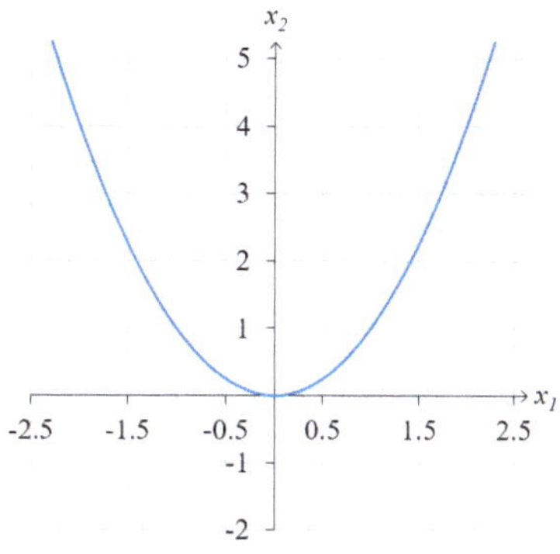

Abbildung 9.64: Die Lösungsmenge
von $x_2 - x_1^2 = 0$

Die Höhenlinie zum Niveau $y = 1$ in Abbildung 9.66 definiert also implizit eine Funktion $f : (0, +\infty) \to (0, +\infty)$ mit dieser Abbildungsvorschrift $f(x_1)$. ∎

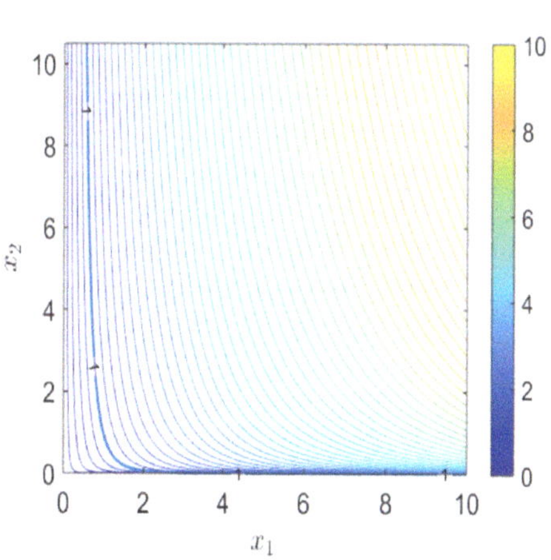

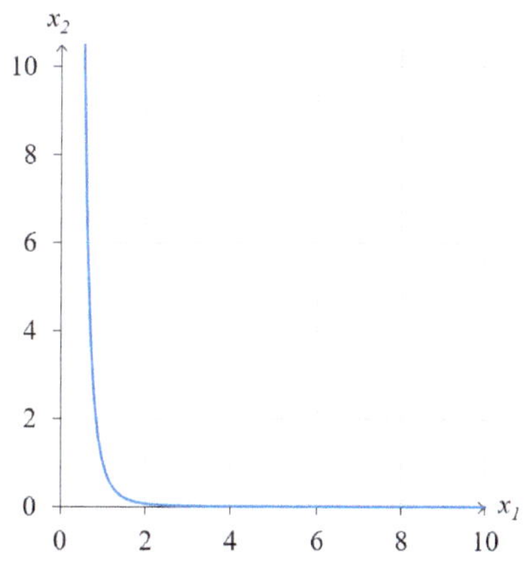

Abbildung 9.65: Höhenlinien der
Funktion $g(x_1, x_2) = x_1^{0.8} x_2^{0.2}$

Abbildung 9.66: Die Lösungsmenge von
$x_1^{0.8} x_2^{0.2} - 1 = 0$

Würde man sich auf eine solch einfache Definition beschränken, könnte man in folgendem Beispiel keine implizite Funktion bestimmen:

■ **Beispiel 9.8.3 — Die Höhenlinie einer quadratischen Funktion.**
Abbildung 9.67 zeigt die Höhenlinie der Zielfunktion aus Beispiel 9.6.3 zum Niveau 4. Die Höhenline $N_4 = \left\{ \mathbf{x} \in \mathbb{R}^2 \,\middle|\, x_1^2 + 4(x_2 - 1)^2 + 3 = 4 \right\}$ entspricht der Lösungsmenge von

$$g(x_1, x_2) = x_1^2 + 4(x_2 - 1)^2 - 1 = 0.$$

Diese Menge beschreibt keinen Graphen einer Funktion $f : [-1,1] \to \mathbb{R}$, da es beispielsweise für $x_1 = 0 \in [-1,1]$ zwei reelle x_2-Werte gibt, so dass $\mathbf{x} \in N_4$ gilt. Diese Werte sind $x_2 = 0.5$ und $x_2 = 1.5$. Betrachtet man aber nur Punkte der Menge N_4, welche sich „in der Nähe" des Punktes $\mathbf{x}^0 = (0, 0.5)^T$ befinden, existiert wieder eine eindeutige Zuordnung von x_1-Werten zu x_2-Werten.

Mit „in der Nähe" meinen wir hier Punkte, deren x_1-Werte in einer (kleinen) δ-Umgebung von 0 und x_2-Werte in einer (kleinen) ε-Umgebung von 0.5 sind. Mit $\delta = 0.5$ und $\varepsilon = 0.25$ sind dies beispielsweise Punkte $\mathbf{x} \in U(0, \delta) \times U(0.5, \varepsilon) = (-0.5, 0.5) \times (0.25, 0.75)$. Betrachtet man den Graphen nur für solche $\mathbf{x} \in U(0, \delta) \times U(0.5, \varepsilon) = (-0.5, 0.5) \times (0.25, 0.75)$, dann gibt es zu jedem x_1 genau ein $x_2 = -\sqrt{\frac{1}{4}(1 - x_1^2)} + 1$. Abbildung 9.68 zeigt die Menge N_4 innerhalb dieser Umgebungen. Diese Teilmenge von N_4 beschreibt den Graphen einer Funktion $f : (-0.5, 0.5) \to (0.25, 0.75)$ mit Abbildungsvorschrift

$$f(x_1) = -\sqrt{\frac{1}{4}(1 - x_1^2)} + 1.$$

Für alle Punkte $(x_1, f(x_1))^T$ mit $x_1 \in (-0.5, 0.5)$ gilt also $g(x_1, x_2) = x_1^2 + 4(x_2 - 1)^2 - 1 = 0$. ∎

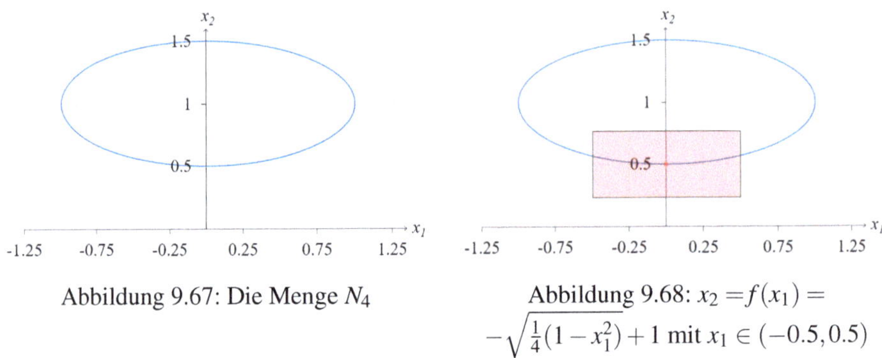

Abbildung 9.67: Die Menge N_4 Abbildung 9.68: $x_2 = f(x_1) = -\sqrt{\frac{1}{4}(1 - x_1^2)} + 1$ mit $x_1 \in (-0.5, 0.5)$

Gibt es innerhalb einer Teilmenge $U(x_1^0, \delta) \times U(x_2^0, \varepsilon) \subseteq D \subseteq \mathbb{R}^2$ mit $\mathbf{x}^0 \in D$ zu jedem Wert x_1 genau ein x_2, so dass die Gleichung $g(\mathbf{x}) = 0$ erfüllt ist, sagt man, dass für eine reelle Funktion $g : D \to Z$ in 2 Variablen die Gleichung $g(\mathbf{x}) = 0$ in einer Umgebung von $\mathbf{x}^0$ implizit eine Funktion $f : U(x_1^0, \delta) \to U(x_2^0, \varepsilon)$ mit $x_2 = f(x_1)$ definiert. Ist $f : U(x_1^0, \delta) \to U(x_2^0, \varepsilon)$ eine durch $g(\mathbf{x}) = 0$ implizit definierte Funktion, so lässt sich für gegebenes x_1 eindeutig ein Wert x_2 bestimmen, so dass $g(\mathbf{x}) = 0$ gilt, wenn man nur $\mathbf{x} \in U(x_1^0, \delta) \times U(x_2^0, \varepsilon)$ zulässt. Setzt man $(x_1, f(x_1))^T$ in die Funktion g ein, erhält man den Wert 0 für alle $x_1 \in U(x_1^0, \delta)$.

> **Definition 9.8.1 — Implizite Funktion im Fall n = 2.**
> Sei $g : D \to Z$ eine reelle Funktion in 2 Variablen und $\mathbf{x}^0 = (x_1^0, x_2^0)^T \in D$. Falls $\varepsilon, \delta > 0$ existieren mit $(x_1^0 - \delta, x_1^0 + \delta) \times (x_2^0 - \varepsilon, x_2^0 + \varepsilon) = U(x_1^0, \delta) \times U(x_2^0, \varepsilon) \subseteq D$ und eine Funktion $f : U(x_1^0, \delta) \to U(x_2^0, \varepsilon)$ mit $x_2 = f(x_1)$ existiert, so dass für alle $\mathbf{x} \in U(x_1^0, \delta) \times U(x_2^0, \varepsilon)$
>
> $$g(\mathbf{x}) = 0 \Leftrightarrow x_2 = f(x_1)$$

gilt, sagt man, die Funktion $f(x_1)$ ist implizit durch die Gleichung $g(\mathbf{x}) = 0$ in einer Umgebung von $\mathbf{x}^0$ gegeben oder definiert. Die Funktion $f(x_1)$ nennt man auch **implizite Funktion**.

Ist $f(x_1)$ implizit durch die Gleichung $g(\mathbf{x}) = 0$ in einer Umgebung von $\mathbf{x}^0$ gegeben, dann gibt es also Werte $\delta, \varepsilon > 0$ so dass für alle $x_1 \in U(x_1^0, \delta)$ genau ein $x_2 = f(x_1) \in U(x_2^0, \varepsilon)$ mit $g(x_1, f(x_1)) = 0$ existiert.[10]

■ **Beispiel 9.8.4 — Fortsetzung von Beispiel 9.8.3.**

In Beispiel 9.8.3 haben wir gesehen, dass $g(\mathbf{x}) = x_1^2 + 4(x_2 - 1)^2 - 1 = 0$ in einer Umgebung von $\mathbf{x}^0 = (0, 0.5)^T$ die Funktion $x_2 = f(x_1) = -\sqrt{\frac{1}{4}(1 - x_1^2)} + 1$ implizit definiert. Allerdings gibt es keine Umgebungen um $\mathbf{x}^0 = (1, 1)^T$, so dass g implizit eine Funktion $f(x_1)$ definiert. Egal wie klein δ gewählt wird, gibt es für $x_1 \in (1 - \delta, 1) \subseteq U(1, \delta)$ zwei Werte von x_2 mit $g(\mathbf{x}) = 0$ und für $x_1 \in (1, 1 + \delta) \subseteq U(1, \delta)$ keinen Wert von x_2 mit $g(\mathbf{x}) = 0$, vgl. Abbildung 9.69.[11]   ■

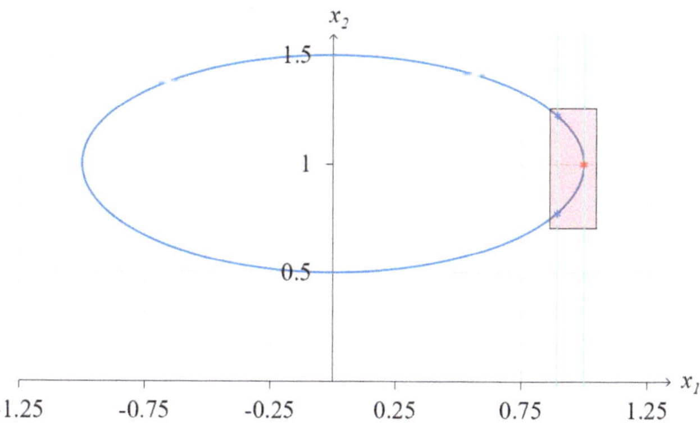

Abbildung 9.69: Eine Umgebung, in der keine Funktion $f(x_1)$ implizit definiert ist

■ **Beispiel 9.8.5 — Eine schwierige Gleichung.**

Abbildung 9.70 visualisiert die Lösungsmenge der Gleichung

$$g(\mathbf{x}) = x_2 + x_1 x_2^2 - e^{x_1 x_2} = 0.$$

Je nach Wahl von $\mathbf{x}^0$ kann es sein, dass durch die Gleichung $g(\mathbf{x}) = 0$ in einer Umgebung von $\mathbf{x}^0$ implizit eine Funktion $f(x_1)$ definiert wird oder nicht.

An der Stelle $\mathbf{x}^0 = (0, 1)^T$ beispielsweise kann man ε- und δ-Umgebungen finden, so dass der Graph innerhalb $U(x_1^0, \delta) \times U(x_2^0, \varepsilon)$ eine Funktion beschreibt.

An der in der Abbildung ebenfalls eingezeichneten Stelle $\tilde{\mathbf{x}}^0 \approx (0.840, 1.926)^T$ scheinen keine solche Umgebungen zu existieren, da es zu jedem $0.5 < x_1 < \tilde{x}_1^0 \approx 0.840$ zwei x_2-Werte nahe $\tilde{x}_2^0$ gibt, für welche die Gleichung erfüllt ist.[12]   ■

---

[10] Vertauscht man die Rollen von x_1 und x_2 kann man auch die implizit durch die Gleichung $g(\mathbf{x}) - 0$ in einer Umgebung von $\mathbf{x}^0$ gegebene Funktion $f(x_2)$ definieren.

[11] Würde man die Rollen von x_1 und x_2 vertauschen, wäre es hier jedoch möglich eine implizite Funktion $f(x_2)$ in einer Umgebung von $(1, 1)^T$ zu definieren.

[12] Insgesamt gibt es sogar 3, nämlich auch ein $x_2 < 0$.

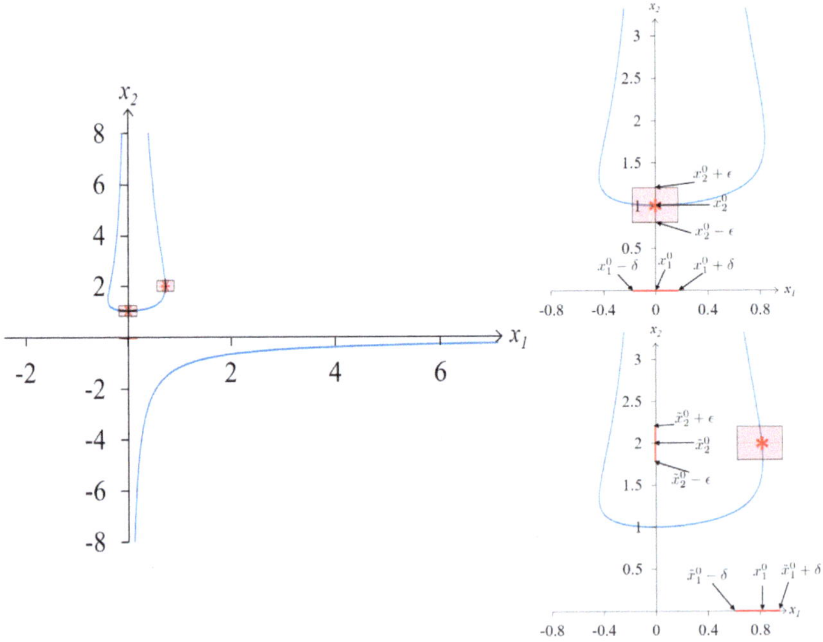

Abbildung 9.70: Ein Ausschnitt der Lösungsmenge der Gleichung $x_2 + x_1 x_2^2 - e^{x_1 x_2} = 0$

■ Beispiel 9.8.6 — Eine Budgetbeschränkung als implizit definierte Funktion.

In der Volkswirtschaftslehre werden oft Budgetrestriktionen von Konsumenten betrachtet. Wir betrachten hier ein Beispiel mit zwei Gütern. Gut 1 kostet 2 CHF pro Einheit und Gut 2 kostet 3 CHF pro Einheit. Kauft ein Konsument x_1 Einheiten von Gut 1 und x_2 Einheiten von Gut 2, kostet ihn dies also $2x_1 + 3x_2$. Bei einem Budget von 600 CHF für diese beiden Güter, muss also $2x_1 + 3x_2 = 600$ bzw.

$$g(\mathbf{x}) = 2x_1 + 3x_2 - 600 = 0$$

gelten. Die Menge aller Güterkombinationen $\mathbf{x} \in D$, welche diese Budgetrestriktion einhalten, also mit $g(\mathbf{x}) = 0$, entspricht der blauen Linie in Abbildung 9.71. An den Achsen kann man ablesen, dass diese Gerade eine Steigung von $-\frac{200}{300} = -\frac{2}{3}$ haben muss. Die Budgetbeschränkung $g(\mathbf{x}) = 0$ definiert in jeder Umgebung von Punkten $(x_1, 600 - \frac{2}{3}x_1)^T$ implizit eine Funktion mit $x_2 = 600 - \frac{2}{3}x_1$.   ■

(Z) Sei g eine reelle Funktion in 2 Variablen und $\mathbf{x}_0 \in D$. Falls für $\varepsilon, \delta > 0$ Umgebungen $(x_1^0 - \delta, x_1^0 + \delta)$ und $(x_2^0 - \varepsilon, x_2^0 + \varepsilon)$ existieren, so dass eine Funktion $f : (x_1^0 - \delta, x_1^0 + \delta) \to (x_2^0 - \varepsilon, x_2^0 + \varepsilon)$ mit $x_2 = f(x_1)$ und

$$g(x_1, x_2) = 0 \Leftrightarrow x_2 = f(x_1)$$

für alle $\mathbf{x} \in (x_1^0 - \delta, x_1^0 + \delta) \times (x_2^0 - \varepsilon, x_2^0 + \varepsilon)$ existiert, heißt die Funktion f implizit durch die Gleichung $g(x_1, x_2) = 0$ in einer Umgebung von $\mathbf{x}^0$ gegeben.

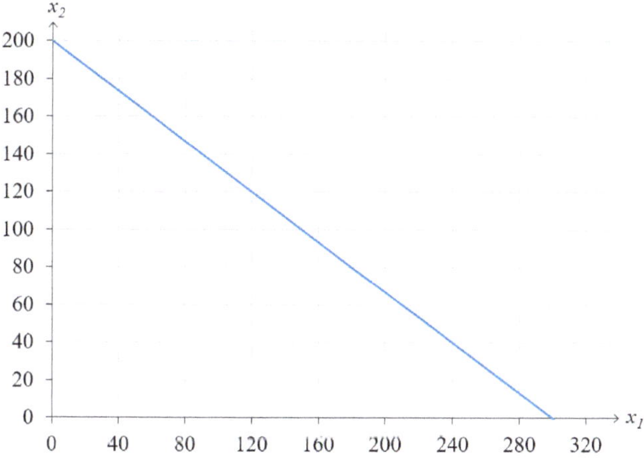

Abbildung 9.71: Die Lösungsmenge von $2x_1 + 3x_2 - 600 = 0$

9.8.2 Existenz und Differenzierbarkeit der impliziten Funktion für n = 2

Ziele dieses Unterkapitels

- Was sind hinreichende Bedingungen für die Existenz einer durch die Gleichung $g(\mathbf{x}) = 0$ in einer Umgebung von $\mathbf{x}^0$ implizit definierten Funktion? Wie berechnet man in diesem Fall die Ableitung einer solchen implizit definierten Funktion?

Die Existenz einer impliziten Funktion in der Umgebung einer Stelle $\mathbf{x}^0$ ist für uns wichtig, um unsere bekannte Definition der Ableitung einfach auf diese implizite Funktion übertragen zu können. Schließlich haben wir den Begriff der Ableitung nur für Funktionen und nicht für Lösungsmengen von Gleichungen definiert. Ist aber in einer Umgebung einer Stelle $\mathbf{x}^0$ durch die Gleichung $g(\mathbf{x}) = 0$ implizit eine Funktion definiert, wäre es schön, wenn man aus Wissen über die Funktion g direkt auf die Ableitung der implizit definierten Funktion schließen könnte. Wir demonstrieren die Idee am Beispiel der durch die Budgetrestriktion implizit gegebenen Funktion:

■ **Beispiel 9.8.7 — Fortsetzung von Beispiel 9.8.6.**
Ein Konsument mit Budgetrestriktion

$$g(\mathbf{x}) = 2x_1 + 3x_2 - 600 = 0$$

muss für jede zusätzliche Einheit von Gut 1 mit einem fixen Budget von 600 auf $\frac{2}{3}$ Einheiten von Gut 2 verzichten. Dies kann man anhand der Steigung in Abbildung 9.71 oder aus der Abbildungsvorschrift von f in Beispiel 9.8.6 schließen. Die Ableitung der durch die Budgetrestriktion gegebenen Funktion kann man alternativ aber auch mithilfe der partiellen Ableitungen von $g(\mathbf{x})$ bestimmen.

Der Gradient von $g(\mathbf{x})$ ist

$$\nabla g(\mathbf{x}) = \begin{pmatrix} 2 \\ 3 \end{pmatrix}$$

für alle $\mathbf{x}$. Schließlich vergrößert ein Zuwachs von x_1 um Δx_1 das benötigte Budget um $2\Delta x_1$ und ein Zuwachs von x_2 um Δx_2 das Budget um $3\Delta x_2$.

Steigt $x_1 < 300 - \Delta x_1$ ausgehend von einem Wert mit $g(\mathbf{x}) = 0$ um Δx_1, steigt der Funktionswert von g also um $2\Delta x_1$. Die Budgetrestriktion ist dann nicht mehr erfüllt. Es gilt $g(x_1 + \Delta x_1, x_2) \neq 0$. Verringert man im Gegenzug x_2 um $\Delta x_2 = \frac{2}{3}\Delta x_1$, fällt der Funktionswert wieder um $\frac{2}{3}\Delta x_1 \cdot 3 = 2\Delta x_1$ und es gilt erneut $g(x_1 + \Delta x_1, x_2 - \frac{2}{3}\Delta x_1) = 0$.

Verändert sich x_1 um Δx_1, so muss x_2 also um das

$$-\frac{2}{3} = -\frac{(g)_{x_1}(\mathbf{x})}{(g)_{x_2}(\mathbf{x})}$$

fache steigen, bzw. um $\frac{2}{3}\Delta x_1$ fallen, um die Budgetrestriktion einzuhalten. Wie zu Beginn bereits formuliert muss der Konsument für jede zusätzliche Einheit von x_1 auf $\frac{2}{3}$ Einheiten von x_2 verzichten, um die Budgetrestriktion einzuhalten. $\blacksquare$

Auch wenn sich obige Motivation für die Ableitung der implizit definierten Funktion als das (-1)-fache des Quotienten der partiellen Ableitungen auf den Fall einer linearen Gleichung beschränkt, lässt sie sich für kleine Veränderungen von x_1 bzw. x_2 auf allgemeinere Fälle übertragen, solange der Nenner ungleich 0 ist.

Folgender Satz von der impliziten Funktion besagt, dass im Fall einer stetig partiell differenzierbaren Funktion $g : D \to Z$ in 2 Variablen, D offen, in einer Umgebung von $\mathbf{x}^0 \in D$ eine differenzierbare implizite Funktion $f(x_1)$ definiert wird, wenn

- die Stelle $\mathbf{x}^0$ eine Lösung der Gleichung $g(\mathbf{x}) = 0$ ist und
- der Quotient $-\frac{g_{x_1}(\mathbf{x}^0)}{g_{x_2}(\mathbf{x}^0)}$ definiert ist, d.h. $g_{x_2}(\mathbf{x}^0) \neq 0$ gilt.

Die Ableitung dieser Funktion entspricht an der Stelle $\mathbf{x}^0$ dann eben genau diesem Quotienten.

Satz 9.8.1 — Satz von der impliziten Funktion für n = 2.
Sei $D \subseteq \mathbb{R}^2$ eine offene Menge. Ist eine reelle Funktion $g : D \to Z$ in 2 Variablen stetig partiell differenzierbar und gilt für $\mathbf{x}^0 \in D$

$$g(\mathbf{x}^0) = 0 \qquad \text{und} \qquad g_{x_2}(\mathbf{x}^0) \neq 0,$$

dann
- gibt es $\varepsilon, \delta > 0$, so dass zu jedem $x_1 \in U(x_1^0, \delta)$ genau ein $x_2 = f(x_1) \in U(x_2^0, \varepsilon)$ existiert mit $g(\mathbf{x}) = 0$, d.h. durch $g(\mathbf{x}) = 0$ ist in einer Umgebung von $\mathbf{x}^0$ implizit die Funktion $f : U(x_1^0, \delta) \to U(x_2^0, \varepsilon)$ mit $x_2 = f(x_1)$ gegeben;
- ist die durch $g(\mathbf{x}) = 0$ implizit gegebene Funktion f stetig differenzierbar auf $U(x_1^0, \delta)$ mit

$$f'(x_1^0) = -\frac{g_{x_1}(x_1^0, f(x_1^0))}{g_{x_2}(x_1^0, f(x_1^0))} = -\frac{g_{x_1}(x_1^0, x_2^0)}{g_{x_2}(x_1^0, x_2^0)}.$$

Interessiert man sich für die Ableitung der implizit definierten Funktion f an der Stelle x_1^0, ist es also nicht notwendig, zunächst die implizit definierte Funktion zu bestimmen und dann abzuleiten. Die Ableitung an der Stelle x_1^0 entspricht dem Quotienten der partiellen Ableitungen von g, mit umgekehrtem Vorzeichen.

Wir demonstrieren die Überprüfung der Existenz sowie die Berechnung der Ableitung von implizit gegebenen Funktionen in einigen Beispielen:

■ Beispiel 9.8.8 — Anwendung des Satzes in Beispiel 9.8.2.
In Beispiel 9.8.2 hatten wir die durch die Gleichung

$$g(\mathbf{x}) = x_1^{0.8} x_2^{0.2} - 1 = 0$$

implizit definierte Funktion, $f(x_1) = \frac{1}{x_1^4}$, bestimmt. Die Ableitung dieser Funktion ist

$$f'(x_1) = -\frac{4}{x_1^5}.$$

An der Stelle $x_1 = 1$ mit $x_2 = f(1) = 1$ ist die Ableitung beispielsweise

$$f'(1) = -\frac{4}{1} = -4.$$

Wir demonstrieren die Anwendung von Satz 9.8.1, um diese Ableitung zu bestimmen.
• Zunächst muss man hierfür zeigen, dass $g(1,1) = 0$ gilt:

$$g(1,1) = 1^{0.8} 1^{0.2} - 1 = 0.$$

• Die Funktion g ist zudem stetig partiell differenzierbar mit partiellen Ableitungen

$$g_{x_1}(\mathbf{x}) = 0.8 x_1^{-0.2} x_2^{0.2} \quad \text{und} \quad g_{x_2}(\mathbf{x}) = 0.2 x_1^{0.8} x_2^{-0.8}.$$

Es gilt somit

$$g_{x_2}(1,1) = 0.2 \cdot 1^{0.8} \cdot 1^{-0.8} > 0.$$

Damit ergibt sich an der Stelle $(1,1)^T$ die Ableitung

$$-\frac{g_{x_1}(1,1)}{g_{x_2}(1,1)} = -\frac{0.8 \cdot 1^{-0.2} 1^{0.2}}{0.2 \cdot 1^{0.8} 1^{-0.8}} = -\frac{0.8}{0.2} = -4.$$

Natürlich konnten wir diese Ableitung auch direkt aus f bestimmen. Durch Anwendung des Satzes konnten wir die Ableitung der impliziten Funktion f jedoch bestimmen ohne die implizite Funktion selbst zu kennen. ■

■ Beispiel 9.8.9 — Anwendung des Satzes in Beispiel 9.8.3.
Wir betrachten erneut Lösungen der Gleichung $g(\mathbf{x}) = x_1^2 + 4(x_2 - 1)^2 - 1 = 0$. Die partiellen Ableitungen von g nach x_1 und x_2 sind

$$g_{x_1}(\mathbf{x}) = 2x_1, \quad g_{x_2}(\mathbf{x}) = 8(x_2 - 1).$$

Die partiellen Ableitungen sind stetig. An der Stelle $\mathbf{x}^0 = \left(0, \frac{1}{2}\right)^T$ gilt:
• $g(\mathbf{x}^0) = 0^2 + 4\left(\frac{1}{2} - 1\right)^2 - 1 = 0$
• $g_{x_2}(\mathbf{x}^0) = 8\left(\frac{1}{2} - 1\right) = -\frac{8}{2} = -4 \neq 0$.

Die Stelle liegt also auf der Höhenlinie zum Niveau 4 und die partielle Ableitung nach x_2 ist ungleich 0. Aus Satz 9.8.1 folgt damit, dass durch die Höhenlinie in einer Umgebung von $\mathbf{x}^0$ implizit eine Funktion definiert wird. Es gibt somit $\varepsilon, \delta > 0$, so dass $f : U(0,\delta) \to U(\frac{1}{2}, \varepsilon)$ mit $x_2 = f(x_1)$ und $g(x_1, f(x_1)) = 0$ eine Funktion ist. Über diese Funktion wissen wir aus Satz 9.8.1 zudem, dass

$$f'(0) = -\frac{g_{x_1}(\mathbf{x}^0)}{g_{x_2}(\mathbf{x}^0)} = -\frac{2 \cdot 0}{-4} = 0.$$

Um zu überprüfen, ob die Höhenlinie in einer Umgebung von $\mathbf{x}^0 = (1,1)^T$ implizit eine Funktion definiert, überprüfen wir die Bedingungen von Satz 9.8.1 an der Stelle $\mathbf{x}^0 = (1,1)^T$:

- $g(\mathbf{x}^0) = 1^2 + 4(1-1)^2 - 1 = 1 + 0 - 1 = 0$
- $g_{x_2}(\mathbf{x}^0) = 8(1-1) = 0$.

Die Stelle liegt also auf der Höhenlinie zum Niveau 4. Die partielle Ableitung nach x_2 ist jedoch gleich 0. Somit können wir mithilfe von Satz 9.8.1 nicht schließen, dass $g(\mathbf{x}) = 0$ in einer Umgebung von $(1,1)^T$ eine implizite Funktion definiert. In der Tat hatten wir in Beispiel 9.8.4 gesehen, dass durch $g(\mathbf{x}) = 0$ in einer Umgebung von $(1,1)^T$ keine Funktion in x_1 implizit definiert wird.   ∎

Satz 9.8.1 gibt hinreichende, nicht notwendige Kriterien für die Existenz einer impliziten Funktion. Folgendes Beispiel demonstriert dies:

■ Beispiel 9.8.10 — Grenzen des Satzes von der impliziten Funktion.

Betrachten wir die Gleichung $(x_1 - x_2)^2 = 0$ mit $g(x_1, x_2) = (x_1 - x_2)^2$. Die partiellen Ableitungen von g nach x_1 und x_2 sind durch

$$g_{x_1}(\mathbf{x}) = 2(x_1 - x_2) \quad \text{und} \quad g_{x_2}(\mathbf{x}) = -2(x_1 - x_2)$$

gegeben. Beide Ableitungen sind stetig. An jeder Stelle $\mathbf{x}^0$ mit $g(\mathbf{x}^0) = (x_1^0 - x_2^0)^2 = 0$ gilt jedoch $x_1^0 = x_2^0$ und damit auch

$$(g)_{x_2}(\mathbf{x}^0) = -2(x_1^0 - x_2^0) = 0.$$

Da die partielle Ableitung nach x_2 für alle $\mathbf{x}$ mit $g(\mathbf{x}) = 0$ den Wert 0 hat, liefert Satz 9.8.1 von der impliziten Funktion hier keine Aussage darüber, ob in einer Umgebung von $\mathbf{x}^0$ implizit eine Funktion definiert wird. Allerdings definiert die Gleichung offensichtlich in jeder Umgebung von jeder Stelle $\mathbf{x}^0 = (x_1^0, x_2^0)^T$ mit $x_1^0 = x_2^0$ implizit die Funktion $f(x_1) = x_1$, vgl. Abbildung 9.72.   ∎

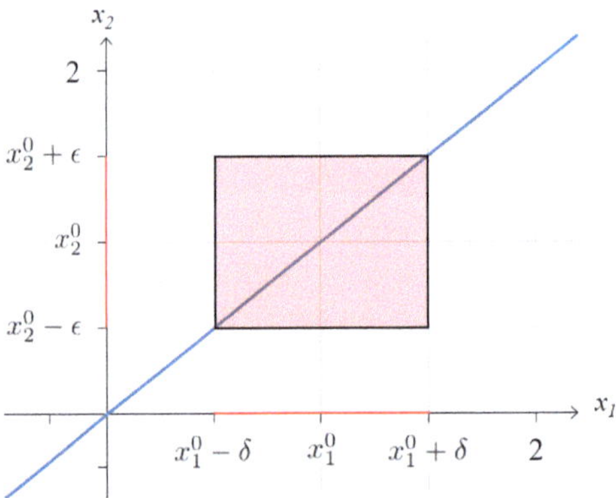

Abbildung 9.72: Die durch $(x_1 - x_2)^2 = 0$ implizit definierte Funktion

Von besonderem Nutzen ist Satz 9.8.1, wenn die Gleichung nicht analytisch nach x_2 auflösbar ist, also die implizit definierte Funktion selbst nicht explizit bestimmbar ist. Wir demonstrieren dies in folgendem Beispiel:

■ Beispiel 9.8.11 — Anwendung des Satzes von der impliziten Funktion.

Wir betrachten die Gleichung $g(\mathbf{x}) = x_2 + x_1 x_2^2 - e^{x_1 x_2} = 0$. Die partiellen Ableitungen von g nach x_1 und x_2 lauten

$$g_{x_1}(\mathbf{x}) = x_2^2 - x_2 e^{x_1 x_2} \quad \text{und} \quad g_{x_2}(\mathbf{x}) = 1 + 2x_1 x_2 - x_1 e^{x_1 x_2}.$$

Beide partiellen Ableitungen sind stetig. An der Stelle $\mathbf{x}^0 = (0,1)^T$ gilt

- $g(\mathbf{x}^0) = 1 + 0 \cdot 1^2 - e^0 = 1 - 1 = 0$
- $g_{x_2}(\mathbf{x}^0) = 1 + 2 \cdot 0 \cdot 1 - 0 \cdot e^0 = 1 \neq 0$.

Gemäß Satz 9.8.1 definiert also $g(\mathbf{x}) = 0$ in einer Umgebung von $\mathbf{x}^0 = (0,1)^T$ implizit eine Funktion und es existieren $\delta, \varepsilon > 0$ und eine Funktion $f : U(x_1^0, \delta) \to U(x_2^0, \varepsilon)$, für welche $g(x_1, f(x_1)) = 0$ für alle $x_1 \in U(x_1^0, \delta)$ gilt, und deren Ableitung an der Stelle $\mathbf{x}^0 = (0,1)^T$ wie folgt ist:

$$f'(x_1^0) = -\frac{g_{x_1}(\mathbf{x}^0)}{g_{x_2}(\mathbf{x}^0)} = -\frac{(x_2^0)^2 - x_2^0 e^{x_1^0 x_2^0}}{1 + 2x_1^0 x_2^0 - x_1^0 e^{x_1^0 x_2^0}} = -\frac{1 - 1 \cdot e^0}{1 + 2 \cdot 0 - 0} = 0. \qquad ■$$

(Z) Sei g eine stetig differenzierbare reelle Funktion in 2 Variablen mit offenem Definitionsbereich D und sei $\mathbf{x}^0 \in D$. Falls $g(\mathbf{x}^0) = 0$ und $g_{x_2}(\mathbf{x}^0) \neq 0$, ist in einer geeigneten Umgebung $U(x_1^0, \delta) \times U(x_2^0, \varepsilon)$ von $\mathbf{x}^0$ durch $g(\mathbf{x}) = 0$ implizit eine Funktion $f(x_1)$ definiert, und es gilt $f'(x_1^0) = -\frac{g_{x_1}(x_1^0, x_2^0)}{g_{x_2}(x_1^0, x_2^0)}$. Sei g eine reelle Funktion in n Variablen und $\mathbf{x}_0 \in D$. Falls für $\varepsilon, \delta > 0$ Umgebungen $(x_1^0 - \delta, x_1^0 + \delta)$ und $(x_2^0 - \varepsilon, x_2^0 + \varepsilon)$ existieren, so dass eine Funktion $f : (x_1^0 - \delta, x_1^0 + \delta) \to (x_2^0 - \varepsilon, x_2^0 + \varepsilon)$ mit $x_2 = f(x_1)$ und $g(x_1, x_2) = 0 \Leftrightarrow x_2 = f(x_1)$ für alle $\mathbf{x} \in (x_1^0 - \delta, x_1^0 + \delta) \times (x_2^0 - \varepsilon, x_2^0 + \varepsilon)$ existiert, heißt die Funktion f implizit durch die Gleichung $g(x_1, x_2) = 0$ in einer Umgebung von $\mathbf{x}^0$ gegeben.

9.8.3 Verallgemeinerung auf mehrere Variablen

Ziele dieses Unterkapitels

- Wie kann die Definition einer durch die Gleichung $g(\mathbf{x}) = 0$ in einer Umgebung von $\mathbf{x}^0$ implizit definierten Funktion auf mehr als zwei Variablen erweitert werden?
- Wie kann der Satz von der impliziten Funktion auf mehr als zwei Variablen erweitert werden?

Natürlich kann man implizite Funktionen nicht nur für Gleichungen mit 2 Variablen sondern allgemein für Gleichungen mit n Variablen definieren. Die Gleichung $g(\mathbf{x}) = 0$ definiert dann implizit eine (reelle) Funktion in einer Umgebung von $\mathbf{x}^0 \in D$, wenn man aus $g(x_1, \ldots, x_{n-1}, x_n) = 0$ für alle $(x_1, \ldots, x_{n-1})^T \in U((x_1^0, \ldots, x_{n-1}^0)^T, \delta)$ eindeutig ein $x_n \in U(x_n^0, \varepsilon)$ mit $g(x_1, \ldots, x_{n-1}, x_n) = 0$ bestimmen kann.

Definition 9.8.2 — Implizite Funktion (allgemein).

Sei $g : D \to Z$ eine reelle Funktion in n Variablen und $\mathbf{x}^0 \in D$. Falls $\varepsilon, \delta > 0$ existieren mit $U((x_1^0, \ldots, x_{n-1}^0)^T, \delta) \times U(x_n^0, \varepsilon) \subseteq D$ und eine Funktion $f : U((x_1^0, \ldots, x_{n-1}^0)^T, \delta) \to U(x_n^0, \varepsilon)$ mit $x_n = f(x_1, \ldots, x_{n-1})$ existiert, so dass für alle $\mathbf{x} \in U((x_1^0, \ldots, x_{n-1}^0)^T, \delta) \times U(x_n^0, \varepsilon)$

$$g(\mathbf{x}) = 0 \Leftrightarrow x_n = f(x_1, \ldots, x_{n-1})$$

gilt, heißt die Funktion f implizit durch die Gleichung $g(\mathbf{x}) = 0$ in einer Umgebung von $\mathbf{x}^0$ gegeben oder vereinfachend **implizite Funktion**.

Auch hier gilt:

Satz 9.8.2 — Satz von der impliziten Funktion (allgemein).

Sei $D \subseteq \mathbb{R}^n$ eine offene Menge. Ist eine reelle Funktion $g : D \to Z$ in n Variablen stetig partiell differenzierbar und gilt für $\mathbf{x}^0 \in D$

$$g(\mathbf{x}^0) = 0 \qquad \text{und} \qquad g_{x_n}(\mathbf{x}^0) \neq 0,$$

dann

- gibt es $\varepsilon, \delta > 0$, so dass zu jedem $(x_1, \ldots, x_{n-1})^T \in U((x_1^0, \ldots, x_{n-1}^0)^T, \delta)$ genau ein $x_n = f(x_1, \ldots, x_{n-1}) \in U(x_n^0, \varepsilon)$ existiert mit $g(\mathbf{x}) = 0$, d.h. durch $g(\mathbf{x}) = 0$ ist in einer Umgebung von $\mathbf{x}^0$ implizit die Funktion $f : U((x_1^0, \ldots, x_{n-1}^0)^T, \delta) \to U(x_n^0, \varepsilon)$ mit $x_n = f(x_1, \ldots, x_{n-1})$ gegeben;
- ist die implizit gegebene Funktion f stetig differenzierbar auf $U((x_1^0, \ldots, x_{n-1}^0)^T, \delta)$ mit

$$\frac{\partial f(x_1^0, \ldots, x_{n-1}^0)}{\partial x_i} = -\frac{g_{x_i}(x_1^0, \ldots, x_{n-1}^0, f(x_1^0, \ldots, x_{n-1}^0))}{g_{x_n}(x_1^0, \ldots, x_{n-1}^0, f(x_1^0, \ldots, x_{n-1}^0))} =$$

$$-\frac{g_{x_i}(\mathbf{x}^0)}{g_{x_n}(\mathbf{x}^0)} \text{ für } i = 1, \ldots, n-1.$$

■ **Beispiel 9.8.12 — Eine implizit definierte Funktion im Fall n = 3.**
Wir betrachten nun die Gleichung $g(\mathbf{x}) = 4x_1 - 1.5x_2 + 0.5x_3 - 5 = 0$. Offensichtlich sind die partiellen Ableitungen nach x_1, x_2 und x_3 konstant. Damit ist g stetig partiell differenzierbar.

Sei $\mathbf{x}^0$ eine Stelle mit $g(\mathbf{x}^0) = 0$. Für die Funktion $g(\mathbf{x}) = 4x_1 - 1.5x_2 + 0.5x_3 - 5$ gilt

$$g_{x_3}(\mathbf{x}) = 0.5 \neq 0$$

für alle $\mathbf{x} \in \mathbb{R}^3$ und damit auch für alle $\mathbf{x}^0$, welche die Bedingung $g(\mathbf{x}^0) = 0$ erfüllen. Somit definiert $g(\mathbf{x}) = 0$ in einer Umgebung von $\mathbf{x}^0$ implizit eine Funktion $f : U((x_1^0, x_2^0)^T, \delta) \to U(x_3^0, \varepsilon)$ mit $x_3 = f(x_1, x_2)$. Diese implizit gegebene Funktion f ist stetig differenzierbar und es gilt

$$\frac{\partial f(\mathbf{x}^0)}{\partial x_1} = -\frac{g_{x_1}(\mathbf{x}^0)}{g_{x_3}(\mathbf{x}^0)} = -\frac{4}{0.5} = -8,$$

$$\frac{\partial f(\mathbf{x}^0)}{\partial x_2} = -\frac{g_{x_2}(\mathbf{x}^0)}{g_{x_3}(\mathbf{x}^0)} = -\frac{-1.5}{0.5} = 3.$$

Der Gradient von f an einer Stelle $\mathbf{x}^0$ mit $g(\mathbf{x}^0) = 0$ ist somit

$$\nabla f(x_1^0, x_2^0) = \begin{pmatrix} -8 \\ 3 \end{pmatrix}.$$

Natürlich kann man $f(x_1^0, x_2^0)$ hier auch explizit als $f(x_1^0, x_2^0) = 10 - 8x_1 + 3x_2$ bestimmen und so direkt den Gradienten berechnen.[13]   ∎

> **(Z)** Sei g eine reelle Funktion in n Variablen mit $\mathbf{x}_0 \in D$. Falls für $\varepsilon, \delta > 0$ Umgebungen $U((x_1^0, \ldots, x_{n-1}^0)^T, \delta) \times U(x_n^0, \varepsilon) \subseteq D$ existieren, so dass eine Funktion $f : U((x_1^0, \ldots, x_{n-1}^0)^T, \delta) \to U(x_n^0, \varepsilon)$ mit $x_n = f(x_1, \ldots, x_{n-1})$ und
>
> $$g(\mathbf{x}) = 0 \Leftrightarrow x_n = f(x_1, \ldots, x_{n-1})$$
>
> für alle $\mathbf{x} \in U((x_1^0, \ldots, x_{n-1}^0)^T, \delta) \times U(x_n^0, \varepsilon)$ existiert, heißt die Funktion f implizit durch die Gleichung $g(\mathbf{x}) = 0$ in einer Umgebung von $\mathbf{x}^0$ gegeben.
>
> Ist g stetig partiell differenzierbar mit offenem Definitionsbereich D und gilt $g(\mathbf{x}^0) = 0$ sowie $g_{x_n}(\mathbf{x}) \neq 0$, dann ist in einer Umgebung $U((x_1^0, \ldots, x_{n-1}^0)^T, \delta) \times U(x_n^0, \varepsilon)$ von $\mathbf{x}^0$ durch $g(\mathbf{x}) = 0$ implizit eine Funktion $f(x_1, \ldots, x_{n-1})$ gegeben und $\dfrac{\partial f(x_1^0, \ldots, x_{n-1}^0)}{\partial x_i} = -\dfrac{g_{x_i}(\mathbf{x}^0)}{g_{x_n}(\mathbf{x}^0)}$.

9.9   Rückblick und weitere Literatur

In diesem Kapitel wurden die wichtigsten Konzepte aus Kapitel 5 auf reelle Funktionen mit mehreren Variablen übertragen. Nach einer kurzen Erklärung des verallgemeinerten Begriffs des Grenzwerts und der Stetigkeit, konzentrierte sich die Präsentation auf Differenzierbarkeit reeller Funktionen in mehreren Variablen. Hierbei fasst der Gradient alle partiellen Ableitungen an einer Stelle in Form eines Vektors zusammen. Die zweiten partiellen Ableitungen werden in der Hessematrix zusammengefasst. Taylorpolynome ersten Grades nutzen nur den Funktionswert und den Gradienten an der entsprechenden Stelle. Zur Bildung eines Taylorpolynoms zweiten Grades wird die Hessematrix benötigt. Eine zweifach stetig differenzierbare reelle Funktion mit mehreren Variablen kann mit Hilfe dieser Hessematrix auf Konvexität bzw. Konkavität geprüft werden. Dabei können die wesentlichen Sätze für reelle Funktionen in einer Variablen auf Funktionen mit mehreren Variablen übertragen werden, wenn man die zweite Ableitung durch die Hessematrix und die Vorzeichenprüfung durch die Prüfung Definitheit ersetzt. Auch die Prüfung lokaler Extremalstellen funktioniert ähnlich wie für reelle Funktionen in einer Variablen. Hier wird für das Kriterium von Fermat die erste Ableitung durch den Gradienten und für hinreichende Kriterien zweiter Ordnung erneut die zweite Ableitung durch die Hessematrix und die Vorzeichenprüfung durch die Prüfung der Definitheit ersetzt. Auch die Integralrechnung lässt sich auf Funktionen in mehreren Variablen erweitern.

Eine implizit definierte Funktion (kurz implizite Funktion) ist nicht durch eine explizite Zuordnungsvorschrift gegeben, sondern durch eine Gleichung, vgl. Abbildung 9.73. Der Satz von der impliziten Funktion beinhaltet ausgehend von der Gleichung hinreichende Bedingungen für die Existenz einer solchen impliziten Funktion und gibt eine Vorschrift an, mit Hilfe derer die Ableitung der implizit definierten Funktion aus der Gleichung bestimmt werden kann.

Eine kurze Darstellung der wichtigsten Konzepte über relle Funktionen in mehreren Variablen mit Ausnahme impliziter Funktionen findet sich in Opitz et al. (2017, Kapitel 21-23). Ausführlicher, aber auch mathematisch etwas anspruchsvoller sind die Inhalte in Merz und Wüthrich (2013, Kapitel 21-23) dargestellt.

---

[13]   Auf diesem Weg erkennt man, dass es sich bei der implizit definierten Funktion um die affin-lineare Abbildung aus Abbildung 9.5 handelt.

Implizite Funktion:

$$x^2 + y^2 - 2xy = 1$$

Explizite Funktion:

$$f(x) = \boxed{\text{PARENTAL ADVISORY EXPLICIT CONTENT}}$$

Abbildung 9.73: Implizite Funktionen

9.10 Beweise

Beweis von Satz 9.2.1: Einen Beweis findet man in Kall (1982, Satz 5.2, Satz 5.3). ∎

Beweis von Satz 9.2.2: Den Beweis mithilfe von Satz 9.2.1 findet man in Kall (1982, Seiten 148-149). ∎

Beweis von Satz 9.3.1: Einen Beweis findet man in Forster (1984a, Kapitel 6, Satz 1). ∎

Beweis von Satz 9.3.2: Einen Beweis findet man in Kall (1982, Satz 5.7). ∎

Beweis von Satz 9.3.3: Einen Beweis findet man in Forster (1984a, Kapitel 6, Satz 2). ∎

Beweis von Satz 9.3.4: Einen Beweis findet man in Kall (1982, Satz 5.5). ∎

Beweis von Satz 9.3.5(#): Die Aussage ist ein Spezialfall der verallgemeinerten Kettenregel mit $g(t) = \mathbf{x}^0 + t\mathbf{r}$. ∎

Beweis von Satz 9.3.6 (#): Da der Nullvektor keine Richtung hat, beschränken wir uns in diesem Beweis auf den Fall $\nabla f(\mathbf{x}^0) \neq \mathbf{0}$ mit $||\nabla f(\mathbf{x}^0)|| \neq 0$.

Dabei betrachten wir zuerst den Fall $n \in \{2,3\}$. Die Richtungsableitung an der Stelle $\mathbf{x}^0$ in Richtung $\mathbf{r}$ ist

$$f'_{\mathbf{r}}(\mathbf{x}^0) = \left(\nabla f(\mathbf{x}^0)\right)^T \mathbf{r} = ||\nabla f(\mathbf{x}^0)|| \cdot ||\mathbf{r}|| \cdot \cos(\phi),$$

wobei ϕ den Winkel zwischen der Richtung $\mathbf{r}$ und dem Gradienten beschreibt, vgl. Satz 6.1.1. Da für jede Richtung $||\mathbf{r}|| = 1$ gilt, kann man dies zu

$$f'_{\mathbf{r}}(\mathbf{x}^0) = \left(\nabla f(\mathbf{x}^0)\right)^T \mathbf{r} = ||\nabla f(\mathbf{x}^0)|| \cdot \cos(\phi)$$

vereinfachen. Somit ist die Richtungsableitung in Richtung $\mathbf{r}$ gleich der Länge des Gradienten multipliziert mit dem Kosinus des Winkels, welcher die Richtung mit dem Gradienten einschließt. Die Länge des Gradienten wird von der Richtung nicht beeinflusst. Die größtmögliche Richtungsableitung ergibt sich also durch den Winkel, der einen Kosinus von 1 erzielt. Dies ist der Winkel 0. Die maximale Richtungsableitung wird also in der Richtung erzielt, welche der Richtung des Gradienten entspricht. Alle anderen Richtungen haben eine kleinere Richtungsableitung.

Für allgemeines n kann man wie folgt vorgehen:[14] Da die Norm eines Vektors stets positiv oder gleich 0 ist, und die Norm einer Richtung $\mathbf{r}$ gleich 1 ist, gilt für die Norm des Vektors $||\nabla f(\mathbf{x}^0)||\mathbf{r} - \nabla f(\mathbf{x}^0)$:

$$
\begin{aligned}
0 \leq\ & ||(||\nabla f(\mathbf{x}^0)||\mathbf{r} - \nabla f(\mathbf{x}^0))||^2 \\
=\ & \sum_{i=1}^{n} (||\nabla f(\mathbf{x}^0)||r_i - f_{x_i}(\mathbf{x}^0))^2 \\
=\ & \sum_{i=1}^{n} \left(||\nabla f(\mathbf{x}^0)||^2 (r_i)^2 - 2||\nabla f(\mathbf{x}^0)|| \cdot r_i \cdot f_{x_i}(\mathbf{x}^0) + f_{x_i}(\mathbf{x}^0)^2 \right) \\
=\ & ||\nabla f(\mathbf{x}^0)||^2 \sum_{i=1}^{n} (r_i)^2 - 2||\nabla f(\mathbf{x}^0)|| \cdot \sum_{i=1}^{n} (r_i \cdot f_{x_i}(\mathbf{x}^0)) + \sum_{i=1}^{n} f_{x_i}(\mathbf{x}^0)^2 \\
=\ & ||\nabla f(\mathbf{x}^0)||^2 - 2||\nabla f(\mathbf{x}^0)||\nabla f(\mathbf{x}^0)^T \mathbf{r} + ||\nabla f(\mathbf{x}^0)||^2 \\
=\ & 2||\nabla f(\mathbf{x}^0)||^2 - 2||\nabla f(\mathbf{x}^0)||\nabla f(\mathbf{x}^0)^T \mathbf{r}.
\end{aligned}
$$

Ist $||\nabla f(\mathbf{x}^0)|| \neq 0$ ergibt sich aus obiger Ungleichung

$$
f'_{\mathbf{r}}(\mathbf{x}^0) = \nabla f(\mathbf{x}^0)^T \mathbf{r} \leq ||\nabla f(\mathbf{x}^0)|| = \nabla f(\mathbf{x}^0)^T \frac{\nabla f(\mathbf{x}^0)}{||\nabla f(\mathbf{x}^0)||} = f'_{\tilde{\mathbf{r}}}(\mathbf{x}^0). \qquad \blacksquare
$$

Beweis von Satz 9.3.7 (#)*:* Die Aussage ist erneut ein Spezialfall der verallgemeinerten Kettenregel (angewandt auf die erste Richtungsableitung) mit $g(t) = \mathbf{x}^0 + t\mathbf{r}$. $\qquad \blacksquare$

Beweis von Satz 9.4.1: Die Aussage folgt direkt aus Satz 5.4.1 über die Monotonie von reellen Funktionen. $\qquad \blacksquare$

Beweis von Satz 9.4.2: Einen Beweis findet man in Kall (1982, Satz 5.10). $\qquad \blacksquare$

Beweis von Satz 9.4.3: Wir beweisen den Fall f konvex $\Leftrightarrow f_{\mathbf{x}^0,\mathbf{r}}$ konvex für alle $\mathbf{x}^0 \in D$ und Richtungen $\mathbf{r} \in \mathbb{R}^n$. Die anderen Fälle können analog gezeigt werden.

Wir zeigen zunächst, dass aus der Konvexität der Vertikalschnitte die Konvexität der Funktion folgt. Ist $f_{\mathbf{x}^0,\mathbf{r}}$ für alle $\mathbf{x}^0 \in D$ und Richtungen $\mathbf{r}$ konvex, so gilt laut Definition 9.4.2

$$
f_{\mathbf{x}^0,\mathbf{r}}(\alpha t_1 + (1-\alpha)t_2) \leq \alpha f_{\mathbf{x}^0,\mathbf{r}}(t_1) + (1-\alpha)f_{\mathbf{x}^0,\mathbf{r}}(t_2) \text{ bzw.}
$$

$$
\begin{aligned}
f(\mathbf{x}^0 + (\alpha t_1 + (1-\alpha)t_2)\mathbf{r}) &= f(\alpha(\mathbf{x}^0 + t_1\mathbf{r}) + (1-\alpha)(\mathbf{x}^0 + t_2\mathbf{r})) \\
&\leq \alpha f(\mathbf{x}^0 + t_1\mathbf{r}) + (1-\alpha)f(\mathbf{x}^0 + t_2\mathbf{r})
\end{aligned}
$$

für alle $\mathbf{x}^0 + t_1\mathbf{r}, \mathbf{x}^0 + t_2\mathbf{r} \in D$. Alle Punkte $\mathbf{x}^1, \mathbf{x}^2$ aus dem Definitionsbereich lassen sich für ein geeignetes $\mathbf{x}^0$ darstellen als $\mathbf{x}^1 = \mathbf{x}^0 + t_1\mathbf{r}$ und $\mathbf{x}^2 = \mathbf{x}^0 + t_2\mathbf{r}$. Es gilt also auch

$$
f(\alpha\mathbf{x}^1 + (1-\alpha)\mathbf{x}^2) \leq \alpha f(\mathbf{x}^1) + (1-\alpha)f(\mathbf{x}^2).
$$

Die Funktion f ist in diesem Fall also konvex.

---

[14] Wir beweisen hier einen Spezialfall der sogenannten Cauchy-Schwarzschen Ungleichung, aus welcher die Behauptung dann direkt folgt.

Umgekehrt folgt aus

$$f(\alpha \mathbf{x}^1 + (1-\alpha)\mathbf{x}^2) \leq \alpha f(\mathbf{x}^1) + (1-\alpha)f(\mathbf{x}^2)$$

für alle $\mathbf{x}^1, \mathbf{x}^2 \in D$ mit $\mathbf{x}^1 = \mathbf{x}^0 + t_1\mathbf{r}$ und $\mathbf{x}^2 = \mathbf{x}^0 + t_2\mathbf{r}$ direkt

$$f_{\mathbf{x}^0,\mathbf{r}}(\alpha t_1 + (1-\alpha)t_2) \leq \alpha f_{\mathbf{x}^0,\mathbf{r}}(t_1) + (1-\alpha)f_{\mathbf{x}^0,\mathbf{r}}(t_2). \qquad \blacksquare$$

Beweis von Satz 9.4.4: Für Vektoren $\mathbf{r} \in \mathbb{R}^n$ mit Norm 1 folgen die Bedingungen für die zweite Richtungsableitung $\mathbf{r}^T H_f(\mathbf{x}^0)\mathbf{r}$ direkt aus Definition 9.3.9 und Satz 9.3.7 sowie dem Konvexitätskriterium für zweimal differenzierbare Funktionen in einer Variablen, Satz 5.4.12.

Da zudem für jeden Vektor $\mathbf{r} \in \mathbb{R}^n, \mathbf{r} \neq \mathbf{0}$ und $\mathbf{x}^0 \in D$ gilt, dass

$$\mathbf{r}^T H_f(\mathbf{x}^0)\mathbf{r} > 0 \Leftrightarrow \underbrace{\frac{1}{||\mathbf{r}||}\mathbf{r}^T}_{\tilde{\mathbf{r}}^T} H_f(\mathbf{x}^0) \underbrace{\frac{1}{||\mathbf{r}||}\mathbf{r}}_{\tilde{\mathbf{r}}^T} > 0,$$

ist es unerheblich, ob nur Richtungen, also Vektoren mit Norm 1, oder beliebige Vektoren mit Ausnahme des Nullvektors geprüft werden. $\qquad \blacksquare$

Beweis von Satz 9.4.5 (#): Wir nutzen hier die im Zusatzkapitel 8.4.4 vorgestellte Theorie: Wir bezeichnen die orthogonale Matrix der Eigenvektoren als V und die Diagonalmatrix der zugehörigen Eigenwerte als L. Definieren wir $\mathbf{r} = V\mathbf{x}$ für $\mathbf{x} \neq \mathbf{0}$, dann gilt

$$\mathbf{r}^T A\mathbf{r} > 0 \text{ für alle } \mathbf{r} \neq \mathbf{0}$$

$$\Leftrightarrow (V\mathbf{x})^T A(V\mathbf{x}) = \mathbf{x}^T V^T AV\mathbf{x} = \mathbf{x}^T L\mathbf{x} = \sum_{i=1}^{n} \lambda_i x_i^2 > 0 \text{ für alle } \mathbf{x} \neq \mathbf{0}$$

$$\Leftrightarrow \lambda_1, \ldots, \lambda_n > 0.$$

Die letzte Äquivalenz, $\sum_{i=1}^{n} \lambda_i x_i^2 > 0$ für alle $\mathbf{x} \neq \mathbf{0} \Leftrightarrow \lambda_1, \ldots, \lambda_n > 0$, erklärt sich wie folgt: Wenn $\sum_{i=1}^{n} \lambda_i x_i^2 > 0$ für alle $\mathbf{x} \neq \mathbf{0}$ gilt, dann gilt dies insbesondere für $\mathbf{x} = \mathbf{e}^i$ mit $i \in \{1, \ldots, n\}$. Setzt man also $\mathbf{x} = \mathbf{e}^i$ so sieht man, dass $\lambda_i > 0$ gelten muss. Damit gilt die Implikation $\sum_{i=1}^{n} \lambda_i x_i^2 > 0$ für alle $\mathbf{x} \neq \mathbf{0} \Rightarrow \lambda_1, \ldots, \lambda_n > 0$. Dass die umgekehrte Implikation $\lambda_1, \ldots, \lambda_n > 0 \Rightarrow \sum_{i=1}^{n} \lambda_i x_i^2 > 0$ für alle $\mathbf{x} \neq \mathbf{0}$ gilt, zeigt man in zwei Schritten: Offensichtlich gilt für $\lambda_1, \ldots, \lambda_n > 0$, dass $\lambda_i x_i^2 \geq 0$ für alle $i \in \{1, \ldots, n\}$. Da $\mathbf{x} \neq \mathbf{0}$, ist mindestens eine Komponente von $\mathbf{x}$ nicht 0. Damit gibt es ein $i \in \{1, \ldots, n\}$ mit $\lambda_i x_i^2 > 0$ und somit $\sum_{i=1}^{n} \lambda_i x_i^2 > 0$ für alle $\mathbf{x} \neq \mathbf{0}$.

Damit ist A genau dann positiv definit, wenn alle Eigenwerte echt größer als null sind. Die anderen Fälle kann man analog zeigen. $\qquad \blacksquare$

Beweis von Satz 9.4.6: Einen Beweis findet man in Fischer (1995, Seiten 328-329). $\quad \blacksquare$

Beweis von Satz 9.4.7: Der Satz folgt direkt aus Definition 9.4.3 und Satz 9.4.4. $\quad \blacksquare$

Beweis von Satz 9.6.1: Einen Beweis findet man in Kall (1982, Satz 5.8). $\quad \blacksquare$

Beweis von Satz 9.6.2: Einen Beweis findet man in Kall (1982, Satz 5.9). $\quad \blacksquare$

Beweis von Satz 9.6.3: Der Beweis folgt direkt aus Definition 9.6.1. ∎

Beweis von Satz 9.6.4: Da f zweimal stetig differenzierbar ist, ist die Hesse-Matrix symmetrisch und es gilt

$$\det(H_f(\mathbf{x}^0)) = f_{x_1x_1}(\mathbf{x}^0) f_{x_2x_2}(\mathbf{x}^0) - (f_{x_1x_2}(\mathbf{x}^0))^2.$$

Ist $f_{x_1x_1}(\mathbf{x}^0) = 0$, so gilt also $\det(H_f(\mathbf{x}^0)) = -(f_{x_1x_2}(\mathbf{x}^0))^2 \leq 0$. Ist $\det(H_f(\mathbf{x}^0)) > 0$, muss also $f_{x_1x_1}(\mathbf{x}^0) \neq 0$ gelten. Die anderen Aussagen ergeben sich hiermit direkt aus Satz 9.4.6 und 9.6.2. ∎

Beweis von Satz 9.6.5: Einen Beweis findet man Geiger und Kanzow (1999, Satz 2.2). ∎

Beweis von Satz 9.6.6: Einen Beweis findet man in Kall (1982, Satz 5.11, Satz 5.13). ∎

Beweis von Satz 9.7.1: Einen Beweis findet man in Forster (1984a, Kapitel 9, Satz 3). ∎

Beweis von Satz 9.7.2: Mithilfe der Integrationsregel $\int_a^b \alpha f(x)\, dx = \alpha \int_a^b f(x)\, dx$ aus Kapitel 5 ergibt sich

$$
\begin{aligned}
&\int_{a_2}^{b_2} \int_{a_1}^{b_1} g_1(x_1) \cdot g_2(x_2)\, dx_1\, dx_2 \\
&= \int_{a_2}^{b_2} g_2(x_2) \cdot \left(\int_{a_1}^{b_1} g_1(x_1)\, dx_1 \right) dx_2 \\
&= \left(\int_{a_1}^{b_1} g_1(x_1)\, dx_1 \right) \cdot \left(\int_{a_2}^{b_2} g_2(x_2)\, dx_2 \right)
\end{aligned}
$$
∎

Beweis von Satz 9.8.1 (#): Für einen Beweis der Existenz der impliziten Funktion verweisen wir auf Kall (1982, Satz 5.14). Hier beweisen wir darauf aufbauend den zweiten Teil des Satzes:

Aus der Existenz der impliziten Funktion folgt, dass es für alle x_1 in einer Umgebung von x_1^0 eine Funktion f gibt mit $g(x_1, f(x_1)) = 0$. Wendet man die verallgemeinerte Kettenregel auf $g(x_1, f(x_1))$ an, ergibt sich

$$0 = \frac{dg(x_1, f(x_1))}{dx_1} = g_{x_1}(x_1, f(x_1)) \cdot 1 + g_{x_2}(x_1, f(x_1)) \cdot f'(x_1).$$

Da $g_{x_2}(\mathbf{x}^0) \neq 0$, darf obige Gleichung für $\mathbf{x} = \mathbf{x}^0$ also durch $g_{x_2}(\mathbf{x})$ geteilt werden. Es ergibt sich die Aussage

$$f'(x_1^0) = -\frac{g_{x_1}(x_1^0, f(x_1^0))}{g_{x_2}(x_1^0, f(x_1^0))}.$$
∎

Beweis von Satz 9.8.2: Einen Beweis findet man in Kall (1982, Satz 5.14). ∎

9.11 Literaturverzeichnis

Fischer, G., *Lineare Algebra*, Friedrich Vieweg Sohn, Braunschweig, 15. Auflage, 2005

Forster, O., *Analysis 2, Differentialrechnung im $\mathbb{R}^n$, Gewöhnliche Differentialgleichungen*, Friedrich Vieweg Sohn, Braunschweig, 5. Auflage, 1984

Forster, O., *Analysis 3, Integralrechnung im $\mathbb{R}^n$ mit Anwendungen*, Friedrich Vieweg Sohn, Braunschweig, 3. Auflage, 1984

Geiger, C., Kanzow, C., *Numerische Verfahren zur Lösung unrestringierter Optimierungsaufgaben*, Springer, 1. Auflage, 1999

Kall, P., *Analysis für Ökonomen*, Teubner Studienbücher Mathematik, Stuttgart, 1. Auflage, 1982

Merz, M. und Wüthrich, M.V., *Mathematik für Wirtschaftswissenschaftler: Die Einführung mit vielen ökonomischen Beispielen*, Vahlen, 1. Auflage, 2013

Opitz, O., Etschberger, S., Burkart, W., und Klein, R., *Mathematik - Lehrbuch: für das Studium der Wirtschaftswissenschaften*, De Gruyter Studium, 12. Auflage, 2017

Open Access Dieses Kapitel wird unter der Creative Commons Namensnennung 4.0 International Lizenz (http://creativecommons.org/licenses/by/4.0/deed.de) veröffentlicht, welche die Nutzung, Vervielfältigung, Bearbeitung, Verbreitung und Wiedergabe in jeglichem Medium und Format erlaubt, sofern Sie den/die ursprünglichen Autor(en) und die Quelle ordnungsgemäß nennen, einen Link zur Creative Commons Lizenz beifügen und angeben, ob Änderungen vorgenommen wurden.

Die in diesem Kapitel enthaltenen Bilder und sonstiges Drittmaterial unterliegen ebenfalls der genannten Creative Commons Lizenz, sofern sich aus der Abbildungslegende nichts anderes ergibt. Sofern das betreffende Material nicht unter der genannten Creative Commons Lizenz steht und die betreffende Handlung nicht nach gesetzlichen Vorschriften erlaubt ist, ist für die oben aufgeführten Weiterverwendungen des Materials die Einwilligung des jeweiligen Rechteinhabers einzuholen.

10. Einführung in die Optimierung

Viele ökonomische Probleme befassen sich mit der Minimierung von Kosten oder der Maximierung von Erlösen und Gewinnen. Hierbei unterliegt man jedoch oft Einschränkungen bei der Wahl der Variablen. Ohne eine Budgetbeschränkung würde ein Konsument mit Cobb Douglas Nutzenfunktion immer unendlich viel von allen Gütern kaufen. Ohne eine Kapazitätsbeschränkung der Maschinen könnte eine sehr kleine Fabrik beliebig hohe Nachfragen bedienen. In diesem Kapitel beschäftigen wir uns daher mit Optimierungsproblemen unter der Berücksichtigung von Nebenbedingungen.

Ein in der Finanzwirtschaft häufig betrachtetes Problem ist die Bestimmung eines risikominimalen Portfolios:

■ Beispiel 10.0.1 — Bestimmung des risikominimalen Portfolios.
Ein Anleger steht vor der Frage, wie großer die Anteile x_1, x_2 und x_3 von drei zur Auswahl stehenden Wertpapieren bei der Bildung seines Portfolios wählen soll. Dabei ist bekannt, dass die erwarteten Renditen der drei Wertpapiere $\frac{1}{5}$, $\frac{1}{10}$ bzw. $\frac{3}{10}$ betragen. Der Anleger will eine Gesamtrendite von $\frac{7}{30}$ erzielen. Existieren mehrere Portfolios, die diese Gesamtrendite erzielen, so will er sein Geld so anlegen, dass das Investitionsrisiko des Portfolios minimiert wird. Dabei nimmt er an, dass das Risiko des Portfolios mit Anteilen $\mathbf{x} = (x_1, x_2, x_3)^T$ durch die Funktion

$$f(\mathbf{x}) = \frac{1}{20}x_1^2 + \frac{1}{20}x_2^2 + \frac{1}{20}x_3^2$$

beschrieben werden kann. Wie sollte der Anleger die Anteile x_1, x_2 und x_3 wählen, um sein Ziel zu erreichen? ■

Aus der Mikroökonomie kennen Sie sicher bereits Fragestellungen der folgenden Art:

■ Beispiel 10.0.2 — Ein Konsument mit Budgetbeschränkung.
Ein Konsument hat 600 CHF, die er für zwei Güter ausgeben kann. Gut 1 kostet 2 CHF pro Einheit und Gut 2 kostet 3 CHF pro Einheit. Der Nutzen des Konsumenten ist gegeben

© Der/die Autor(en) 2026
C. Barz, *Mathematik für Wirtschaftswissenschaftler*,
https://doi.org/10.1007/978-3-658-50521-9_11

durch die Cobb-Douglas Nutzenfunktion

$$f(\mathbf{x}) = x_1^{0.8} x_2^{0.2},$$

wobei x_1 die Anzahl an Einheiten von Gut 1 und x_2 die Anzahl an Einheiten von Gut 2 repräsentiert. Wie viele Einheiten sollte der Konsument von beiden Gütern kaufen, um seinen Nutzen zu maximieren? ∎

In einem Produktionsunternehmen treten in der Regel Probleme der Deckungsbeitragsmaximierung bei gegebenen Ressourcen wie in Einführungsbeispiel 0.1.6 beschrieben auf. Auch folgendes Problem stellt ein solches Produktionsplanungsproblem dar:

■ **Beispiel 10.0.3 — Pralinenproduktion.**
Die Pralinenproduktion aus Beispiel 6.5.1 hat für den aktuellen Produktionslauf 6796,74 Kilogramm K_1 (Kakaobutter) und 5277 Kilogramm K_2 (Kakaomasse) zur Verfügung. Jede Praline erbringt einen Deckungsbeitrag von 2 CHF. Es erscheint daher naheliegend, von jeder Sorte gleich viele Pralinen herzustellen. Ist diese Vermutung korrekt? ∎

Auch Mischungsprobleme werden häufig unter dem Stichwort Produktionsprogrammplanung adressiert:

■ **Beispiel 10.0.4 — Ein Mischungsproblem.**
Drei Gase mit jeweils bekanntem Preis, Schwefelgehalt und Heizwert sollen so gemischt werden, dass ein Mischgas mit einem Schwefelgehalt von höchstens 2 $[g/m^3]$ und einem Heizwert von mindestens 2000 $[kcal/m^3]$ entsteht. Preise, Schwefelgehalte und Heizwerte der Gase sind in folgender Tabelle aufgelistet:

Gas	1	2	3
Preis (CHF/m^3)	0.1	0.3	0.2
Schwefelgehalt (g/m^3)	2	1	3
Heizwert ($kcal/m^3$)	1000	2000	4000

In welchen Anteilen sind die Gase zu mischen, wenn man eine kostenminimale Mischung (je m^3) erzielen will, die die obigen Bedingungen erfüllt? ∎

10.1 Optimierung mit Nebenbedingungen

Wir definieren zunächst, was wir genau unter einem Optimierungsproblem mit Nebenbedingungen verstehen, bevor wir die Ideen an einigen Beispielen illustrieren und im Anschluss zwei Sonderfälle ausführlicher besprechen.

10.1.1 Definition eines Optimierungsproblems unter Nebenbedingungen

Ziele dieses Unterkapitels
- Was versteht man unter einem Minimierungsproblem bzw. einem Maximierungsproblem unter Nebenbedingungen?
- Was versteht man unter zulässigen Lösungen?

Ein Optimierungsproblem unter Nebenbedingungen formuliert die Suche nach einem Vektor $\mathbf{x} \in \mathbb{R}^n$ im Definitionsbereich, der den maximalen bzw. minimalen Funktionswert $f(\mathbf{x})$ unter allen Vektoren liefert, welche eine gegebene Menge an Gleichheits- und Ungleichheitsnebenbedingungen erfüllen. Dabei nennen wir f die Zielfunktion.

Vor der Auflistung aller Nebenbedigungen schreiben wir dabei kurz „u.d.N." für „unter den Nebenbedingungen", in englisch-sprachiger Literatur ist auch die Abkürzung „s.t." für „subject to" gebräuchlich. Vektoren, welche im Definitionsbereich von f liegen und die Nebenbedingungen erfüllen, heißen zulässige Vektoren. Die Menge aller zulässigen Vektoren nennt man zulässigen Bereich B.

Ein Vektor heißt optimale Lösung des Optimierungsproblems unter Nebenbedingungen, wenn er unter allen Vektoren des zulässigen Bereichs den größten (oder kleinsten) Funktionswert von f erzielt. Als Standardproblem bezeichnen wir dabei folgendes Problem:[1]

Definition 10.1.1 — Optimierungsproblem unter Nebenbedingungen.
Seien $f, g_1, \ldots, g_m$ reelle Funktionen in n Variablen mit Definitionsbereich D und

$$B = \{\mathbf{x} \in D \mid g_i(\mathbf{x}) \le 0, i = 1, \ldots, k, g_i(\mathbf{x}) = 0, i = k+1, \ldots, m\} \subseteq \mathbb{R}^n.$$

Das Problem $\min_{\mathbf{x} \in B} f(\mathbf{x})$ schreibt man auch als

$$\text{(P-min)} \qquad \min_{\mathbf{x} \in D} f(\mathbf{x})$$

$$\text{u.d.N. } g_i(\mathbf{x}) \le 0, \qquad\qquad i = 1, \ldots, k,$$
$$g_i(\mathbf{x}) = 0, \qquad\qquad i = k+1, \ldots, m,$$

wobei $k \le m, k \in \mathbb{N}_0$. (P-min) heißt **Minimierungsproblem** oder **Optimierungsproblem unter (oder mit) Nebenbedingungen**.

Das Problem $\max_{\mathbf{x} \in B} f(\mathbf{x})$ schreibt man auch als

$$\text{(P-max)} \qquad \max_{\mathbf{x} \in D} f(\mathbf{x})$$

$$\text{u.d.N. } g_i(\mathbf{x}) \le 0, \qquad\qquad i = 1, \ldots, k,$$
$$g_i(\mathbf{x}) = 0, \qquad\qquad i = k+1, \ldots, m,$$

wobei $k \le m, k \in \mathbb{N}_0$. (P-max) heißt **Maximierungsproblem** oder **Optimierungsproblem unter (oder mit) Nebenbedingungen**.

Die Funktion f nennt man **Zielfunktion**, die Menge B **zulässigen Bereich**, Elemente aus B nennt man auch **zulässige Lösungen**. Ist $B \neq \{\}$, dann heißen (P-min) und (P-max) **zulässig**.

Entspricht der Definitonsbereich D dem natürlichen Definitionsbereich, lässt man die Beschreibung $\mathbf{x} \in D$ unter dem max- bzw. min-Symbol oft weg. Wir versuchen im Folgenden die Optimierungsprobleme unter Nebenbedingungen der oben erwähnten Beispiele zu formulieren.

■ **Beispiel 10.1.1 — Bestimmung des risikominimalen Portfolios - Fortsetzung.**
Wie in Beispiel 10.0.1 erläutert, stehen dem Anleger drei Wertpapiere zur Bildung des Portfolios zur Auswahl. Bezeichnen wir die Anteile der Wertpapiere mit x_1, x_2 und x_3, ist das Ziel des Anlegers, das Risiko

$$f : [0, +\infty)^3 \to \mathbb{R} \quad \text{mit} \quad f(\mathbf{x}) = \frac{1}{20}x_1^2 + \frac{1}{20}x_2^2 + \frac{1}{20}x_3^2$$

---

[1] In folgender Definition entfallen Nebenbedingungen der Form $g_i(\mathbf{x}) \le 0$ im Fall $k = 0$ und Nebenbedingungen der Form $g_i(\mathbf{x}) = 0$ im Fall $k = m$.

des Portfolios zu minimieren.[2] Ohne Nebenbedingungen hat diese Zielfunktion ihr globales Minimum an der Stelle $x_1 = x_2 = x_3 = 0$. Natürlich ist dies aber keine zulässige Lösung, da (unter anderem) die Summe der Anteile bei dieser Lösung nicht 1 ergibt und diese Werte daher keine Portfolioanteile darstellen.

Wir formulieren daher nun die Nebenbedingungen des Anlegers: Um sicherzustellen, dass die Summe der Anteile 1 ergibt, fordern wir

$$g_1(\mathbf{x}) = x_1 + x_2 + x_3 - 1 = 0.$$

Zudem soll die Gesamtrendite genau $\frac{7}{30}$ betragen, wobei die erwarteten Renditen der drei Wertpapiere $\frac{1}{5}$, $\frac{1}{10}$ bzw. $\frac{3}{10}$ betragen. Die Nebenbedingung, dass die Gesamtrendite, also das gewichtete Mittel dieser drei Renditen, $\frac{7}{30}$ betragen soll, lautet damit

$$\frac{1}{5}x_1 + \frac{1}{10}x_2 + \frac{3}{10}x_3 = \frac{7}{30}$$

bzw.

$$g_2(\mathbf{x}) = \frac{1}{5}x_1 + \frac{1}{10}x_2 + \frac{3}{10}x_3 - \frac{7}{30} = 0.$$

Damit gelangen wir zu folgendem Optimierungsproblem unter Nebenbedingungen:

$$\min_{\mathbf{x}\in[0,+\infty)^3} \frac{1}{20}x_1^2 + \frac{1}{20}x_2^2 + \frac{1}{20}x_3^2$$

$$\text{u.d.N.} \quad x_1 + x_2 + x_3 - 1 = 0$$

$$\frac{1}{5}x_1 + \frac{1}{10}x_2 + \frac{3}{10}x_3 - \frac{7}{30} = 0.$$

Die Zielfunktion ist hier f. Es gibt keine Ungleichheitsnebenbedingungen und zwei Gleichheitsnebenbedingungen. ∎

Auch das Mischungsproblem hat zum Ziel, einen minimalen Funktionswert zu finden:

∎ Beispiel 10.1.2 — Ein Mischungsproblem - Fortsetzung.

Das Mischungsproblem hat zum Ziel, die kostengünstigste Mischung dreier Gase zu finden, welche einen vorgegebenen Heizwert erreicht ohne einen vorgegebenen Schwefelgehalt zu übertreffen.

Gas 1 kostet 0.1, Gas 2 kostet 0.3 und Gas 3 kostet 0.2 CHF pro Kubikmeter. Das kostengünstigste der drei betrachteten Gase ist somit Gas 1. Dieses Gas hat jedoch nicht den vorgegebenen Heizwert. Eine Mischung von drei Gasen mit Anteilen x_1, x_2 und x_3 verursacht Kosten in Höhe von $0.1x_1 + 0.3x_2 + 0.2x_3$ CHF pro m^3. Die zu minimierende Zielfunktion ist also

$$f : \mathbb{R}^3 \to \mathbb{R} \text{ mit } f(\mathbf{x}) = 0.1x_1 + 0.3x_2 + 0.2x_3.$$

Der Schwefelgehalt der Mischung ist $2x_1 + 1x_2 + 3x_3$ Gramm je Kubikmeter. Dieser Wert darf höchstens 2 sein. Die Nebenbedingung ist somit

$$2x_1 + 1x_2 + 3x_3 \leq 2 \text{ bzw. } g_1(\mathbf{x}) = 2x_1 + 1x_2 + 3x_3 - 2 \leq 0.$$

---

[2]   Hierbei handelt es sich um einen Spezialfall des Markowitz-Modells mit unkorrelierten und gleich riskanten Wertpapieren.

Der Heizwert der Mischung ist $1000x_1 + 2000x_2 + 4000x_3$ kcal je Kubikmeter. Dieser Wert muss mindestens 2000 sein. Die Nebenbedingung ist somit

$$1000x_1 + 2000x_2 + 4000x_3 \geq 2000 \text{ bzw. } g_2(\mathbf{x}) = 2000 - 1000x_1 - 2000x_2 - 4000x_3 \leq 0.$$

Da die Summe der Anteile gleich 1 sein muss und Anteile der Mischung nicht negativ sein können, muss zudem

$$x_1 \geq 0, x_2 \geq 0, x_3 \geq 0 \text{ bzw. } g_3(\mathbf{x}) = -x_1 \leq 0, g_4(\mathbf{x}) = -x_2 \leq 0, g_5(\mathbf{x}) = -x_3 \leq 0$$

und

$$x_1 + x_2 + x_3 = 1 \text{ bzw. } g_6(\mathbf{x}) = x_1 + x_2 + x_3 - 1 = 0$$

gefordert werden.

Zusammenfassend ergibt sich das folgende Optimierungsproblem unter Nebenbedingungen

$$
\begin{aligned}
\min \quad & 0.1x_1 + 0.3x_2 + 0.2x_3 \\
\text{u.d.N.} \quad & 2x_1 + 1x_2 + 3x_3 - 2 \leq 0 \\
& 2000 - 1000x_1 - 2000x_2 - 4000x_3 \leq 0 \\
& -x_1 \leq 0 \\
& -x_2 \leq 0 \\
& -x_3 \leq 0 \\
& x_1 + x_2 + x_3 - 1 = 0.
\end{aligned}
$$

∎

Im letzten Beispiel nutzten wir bereits, dass man Nebenbedingungen der Form $h(\mathbf{x}) \geq 0$ durch Subtraktion von $h(\mathbf{x})$ bzw. durch Multiplikation mit (-1) stets in Nebenbedingungen der Form $-h(\mathbf{x}) = g_i(\mathbf{x}) \leq 0$ umformen kann. Dass in Definition 10.1.1 nur Gleichheitsnebenbedingungen und Ungleichheitsnebenbedingungen der Form $g_i(\mathbf{x}) \leq 0$ vorkommen, stellt also keine Einschränkung dar.

∎ Beispiel 10.1.3 — Produktionsplanung - Fortsetzung.

Im Einführungsbeispiel 0.1.6 soll der Deckungsbeitrag maximiert werden. Der Deckungsbeitrag von Produkt P_1 ist 4 CHF pro Mengeneinheit, der von P_2 ist 5 CHF pro Mengeneinheit. Wenn x_1 Einheiten von Produkt P_1 und x_2 Einheiten von P_2 produziert werden, ist der Gesamtdeckungsbeitrag

$$f : \mathbb{R}^2 \to \mathbb{R} \text{ mit } f(\mathbf{x}) = 4x_1 + 5x_2$$

zu maximieren.

In einem Problem ohne Nebenbedingungen würde man unendlich viel von x_1 und x_2 produzieren wollen. Durch die begrenzten Ressourcen von F_1 und F_2 sowie die Kapazität der Presse ergeben sich jedoch Nebenbedingungen: Da die Herstellungsdauer der beiden Produkte jeweils 1 Minute ist, ergibt sich eine Gesamtherstellungsdauer von $x_1 + x_2$ Minuten. Insgesamt stehen 700 Minuten zur Verfügung. Somit muss

$$x_1 + x_2 \leq 700 \text{ bzw. } g_1(\mathbf{x}) = x_1 + x_2 - 700 \leq 0$$

gelten.

Für eine Einheit von P_1 wird eine Einheit von F_1 und für eine Einheit von P_2 werden drei Einheiten von F_1 benötigt . Insgesamt werden also $x_1 + 3x_2$ Einheiten von F_1 verbraucht. Da 1500 Einheiten von F_1 zur Verfügung stehen, ergibt sich

$$x_1 + 3x_2 \leq 1500 \text{ bzw. } g_2(\mathbf{x}) = x_1 + 3x_2 - 1500 \leq 0.$$

Für eine Einheit von P_1 werden zwei Einheiten von F_2 und für eine Einheit von P_2 wird eine Einheit von F_2 benötigt. Insgesamt werden also $2x_1 + x_2$ Einheiten von F_2 verbraucht. Da 1200 Einheiten von F_2 zur Verfügung stehen, ergibt sich

$$2x_1 + x_2 \leq 1200 \text{ bzw. } g_3(\mathbf{x}) = 2x_1 + x_2 - 1200 \leq 0.$$

Fordert man zudem, dass die Anzahl der Mengeneinheiten nicht-negativ sind, also $g_4(\mathbf{x}) = -x_1 \leq 0$ und $g_5(\mathbf{x}) = -x_2 \leq 0$, ergibt sich das folgende Optimierungsproblem unter Nebenbedingungen:

$$
\begin{aligned}
\max \ & 4x_1 + 5x_2 \\
\text{u.d.N.} \quad & x_1 + x_2 - 700 \leq 0 \\
& x_1 + 3x_2 - 1500 \leq 0 \\
& 2x_1 + x_2 - 1200 \leq 0 \\
& -x_1 \leq 0 \\
& -x_2 \leq 0.
\end{aligned}
$$

Um die Nebenbedingungen einfacher interpretieren zu können, schreibt man die Konstanten häufig auf der rechten Seite. So liest man hier zum Beispiel links den Verbrauch bei der Herstellung von Mengen x_1 und x_2 und rechts die Kapazitäten ab. Nichtnegativitätsbedingungen belässt man zur Übersichtlichkeit oft in der Schreibweise $x_i \geq 0$. Wir schreiben also z.B. auch:

$$
\begin{aligned}
\max \ & 4x_1 + 5x_2 \\
\text{u.d.N.} \quad & x_1 + x_2 \leq 700 \\
& x_1 + 3x_2 \leq 1500 \\
& 2x_1 + x_2 \leq 1200 \\
& x_1 \geq 0 \\
& x_2 \geq 0.
\end{aligned}
$$
$\blacksquare$

■ Beispiel 10.1.4 — Konsument mit Budgetbeschränkung - Fortsetzung.

Bezeichnet man die Anzahl der Einheiten von Gut 1 als x_1 und die von Gut 2 als x_2, kann man die Budgetbeschränkung des Konsumenten aus Beispiel 10.0.2 als

$$2x_1 + 3x_2 \leq 600 \text{ bzw. } 2x_1 + 3x_2 - 600 \leq 0$$

ausdrücken. Will der Konsument die gesamten 600 CHF des Budgets vollständig nutzen, kann man auch

$$g_1(\mathbf{x}) = 2x_1 + 3x_2 - 600 = 0$$

schreiben. Da der Konsument seinen Nutzen, $f : (0, +\infty)^2 \to \mathbb{R}$ mit $f(\mathbf{x}) = x_1^{0.8} x_2^{0.2}$, unter dieser Budgetrestriktion maximieren will, ergibt sich folgende Formulierung:

$$\max_{\mathbf{x} \in (0,+\infty)^2} x_1^{0.8} x_2^{0.2}$$

$$\text{u.d.N.} \qquad 2x_1 + 3x_2 - 600 = 0.$$

Gleichbedeutend hätte man auch

$$\max_{\mathbf{x} \in B} x_1^{0.8} x_2^{0.2}$$

mit

$$B = \left\{ \mathbf{x} \in (0, +\infty)^2 \,\middle|\, 2x_1 + 3x_2 - 600 = 0 \right\}$$

schreiben können. ∎

(Z) Für reelle Funktionen $f, g_1, \ldots, g_m$ mit Definitionsbereich $D \subseteq \mathbb{R}^n$, $k \leq m$, $k \in \mathbb{N}_0$, und $B = \{\mathbf{x} \in D \mid g_i(\mathbf{x}) \leq 0, i = 1, \ldots, k, g_i(\mathbf{x}) = 0, i = k+1, \ldots, m\}$ nennt man das Problem $\min_{\mathbf{x} \in B} f(\mathbf{x})$ bzw. $\max_{\mathbf{x} \in B} f(\mathbf{x})$ Minimierungsproblem bzw. Maximierungsproblem unter Nebenbedingungen (P-min) bzw. (P-max).
Vektoren $\mathbf{x} \in B$ heißen zulässige Lösungen.

10.1.2 Optimale Lösungen

Ziele dieses Unterkapitels

- Was versteht man unter der optimalen Lösung eines Minimierungsproblems bzw. Maximierungsproblems unter Nebenbedingungen?
- Was sind globale und lokale Extrema einer Funktion unter Nebenbedingungen?

Eine zulässige Lösung, welche den minimalen Zielfunktionswert erzielt, heißt auch optimale Lösung des Minimierungsproblems unter Nebenbedingungen. Entsprechend heißt eine zulässige Lösung, welche den maximalen Zielfunktionswert erzielt, auch optimale Lösung des Maximierungsproblems unter Nebenbedingungen. Zudem definieren wir globale Extrema von Optimierungsproblemen unter Nebenbedingungen analog zu Kapitel 9.

Definition 10.1.2 — Globale Extrema und optimale Lösungen.
Sei $f : D \to Z$ eine reelle Funktion in n Variablen und $B \subseteq D$ ein zulässiger Bereich. Existiert ein Vektor $\mathbf{x}^* \in B$ mit

$$f(\mathbf{x}^*) \leq f(\mathbf{x}) \text{ für alle } \mathbf{x} \in B,$$

so heißt $\mathbf{x}^*$ **globale Minimalstelle** von f auf B und **optimale Lösung** von (P-min) bzw. $\min_{\mathbf{x} \in B} f(\mathbf{x})$. Den Wert $f(\mathbf{x}^*)$ nennt man auch **globales Minimum** oder **optimalen Zielfunktionswert** von (P-min) bzw. $\min_{\mathbf{x} \in B} f(\mathbf{x})$.

Analog nennt man $\mathbf{x}^*$ eine **globale Maximalstelle** von f auf B und **optimale Lösung** von (P-max) bzw. $\max_{\mathbf{x} \in B} f(\mathbf{x})$, wenn

$$f(\mathbf{x}^*) \geq f(\mathbf{x}) \text{ für alle } \mathbf{x} \in B.$$

Den Wert $f(\mathbf{x}^*)$ nennt man dann auch **globales Maximum** oder **optimalen Zielfunkti-onswert** von (P-max) bzw. $\max_{\mathbf{x} \in B} f(\mathbf{x})$.

Globale Minimal- und Maximalstellen heißen auch **globale Extremalstellen** von f auf B.

In der Regel ist es nicht einfach, die optimale Lösung eines Optimierungsproblems unter Nebenbedingungen zu finden. Ist der zulässige Bereich B leer, hat das Optimierungspro-blem unter Nebenbedingungen keine zulässige und damit auch keine optimale Lösung. Enthält B endlich viele Elemente, kann man versuchen, all diese Elemente aufzuzählen.[3] Das Element, das den minimalen Zielfunktionswert ergibt, ist die optimale Lösung von $\min_{\mathbf{x} \in B} f(\mathbf{x})$. Das Element, das den maximalen Zielfunktionswert ergibt, ist die optimale Lösung von $\max_{\mathbf{x} \in B} f(\mathbf{x})$.

■ **Beispiel 10.1.5 — Ein zulässiger Bereich mit endlich vielen Elementen.**
Wir betrachten das Optimierungsproblem unter Nebenbedingungen

$$\min\ x_1^2 + 4(x_2 - 1)^2 + 3$$
$$\text{u.d.N. } x_1^2 = 4$$
$$x_2^2 = 9$$
$$x_1 x_2 = 6.$$

Hier gilt $B = \{(2,3)^T, (-2,-3)^T\}$. Die Zielfunktionswerte zulässiger Lösungen sind $f(2,3) = 23$ und $f(-2,-3) = 71$. Das Minimierungsproblem unter Nebenbedingungen $\min_{\mathbf{x} \in B} f(\mathbf{x})$ hat also die optimale Lösung $\mathbf{x}^* = (2,3)^T$ und einen optimalen Zielfunktions-wert von $f(\mathbf{x}^*) = 23$. ■

Wir beschäftigen uns im Folgenden überwiegend mit Problemen, deren zulässiger Be-reich B unendlich viele Elemente enthält. Da es wie für Probleme ohne Nebenbedingungen in der Regel einfacher ist, zunächst lokale und dann globale Extrema zu bestimmen, defi-nieren wir lokale Extrema für Optimierungsprobleme unter Nebenbedingungen:

Definition 10.1.3 — Lokale Extrema.
Sei $f : D \to Z$ eine reelle Funktion in n Variablen, $B \subseteq D$ ein zulässiger Bereich und $\mathbf{x}^0 \in B$. Existiert ein $\varepsilon > 0$ mit

$$f(\mathbf{x}^0) \leq f(\mathbf{x}) \quad \text{für alle } \mathbf{x} \in B \cap U(\mathbf{x}^0, \varepsilon),$$

dann heißt $\mathbf{x}^0$ **lokale Minimalstelle** und $f(\mathbf{x}^0)$ **lokales Minimum** von f auf B. Existiert ein $\varepsilon > 0$ mit

$$f(\mathbf{x}^0) \geq f(\mathbf{x}) \quad \text{für alle } \mathbf{x} \in B \cap U(\mathbf{x}^0, \varepsilon),$$

dann heißt $\mathbf{x}^0$ **lokale Maximalstelle** und $f(\mathbf{x}^0)$ **lokales Maximum** von f auf B.

Lokale Minimal- und Maximalstellen von f auf B heißen auch **lokale Extremal-stellen** von f auf B.

---

[3]   Enthält B sehr viele, aber endlich viele Elemente, ist eine Lösung durch Aufzählen aller Elemente (Enumeration) in der Regel (zu) aufwändig. Um den Aufwand dann zu reduzieren, werden Sie in weiterführenden Büchern verschiedene Verfahren kennenlernen.

■ Beispiel 10.1.6 — Ein Beispiel mit nur einer Variablen.
Versucht man, den maximalen Wert der Zielfunktion $f : \mathbb{R} \to \mathbb{R}$ mit $f(x) = -2 + (x+1)^2$ innerhalb des zulässigen Bereichs $B = [-3, 2]$ zu bestimmen, kann man dies als folgendes Maximierungsproblem beschreiben:

$$\begin{aligned} \max \quad &-2 + (x+1)^2 \\ \text{u.d.N.} \quad &-x \le 3 \\ &x \le 2. \end{aligned}$$

Abbildung 10.1 zeigt die Funktion f und den zulässigen Bereich. Wir nennen analog zu den Ausführungen in Kapitel 9 die Stelle $x = -1$ lokale und globale Minimalstelle von f über B. Die Stellen $x = -3$ und $x = 2$ nennen wir lokale Maximalstellen. Das globale Maximum befindet sich an der Stelle $x^* = 2$. Diese Stelle ist die Lösung des obigen Maximierungsproblems unter Nebenbedingungen. Der optimale Zielfunktionswert dieses Problems ist 7. ■

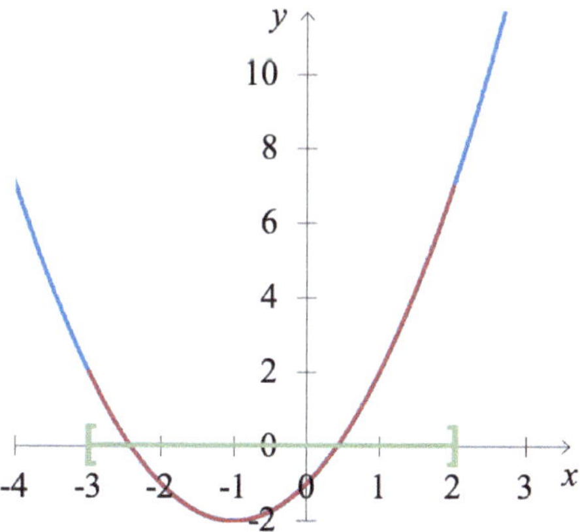

Abbildung 10.1: Die Funktion f und der zulässige Bereich B

10.1.3 Äquivalente Optimierungsprobleme unter Nebenbedingungen

Ziele dieses Unterkapitels

- Wann nennen wir zwei Optimierungsprobleme unter Nebenbedingungen äquivalent?
- Wie kann man ein Maximierungsproblem unter Nebenbedingungen als ein äquivalentes Minimierungsproblem unter Nebenbedingungen formulieren?

Aus Satz 9.6.3 wissen wir, dass jede globale Maximalstelle einer reellen Funktion in n Variablen eine globale Minimalstelle von $-f$ ist und

$$\max_{\mathbf{x} \in D} f(\mathbf{x}) = -\min_{\mathbf{x} \in D} -f(\mathbf{x})$$

gilt. Analog gilt auch für Optimierungsprobleme unter Nebenbedingungen:

> **Satz 10.1.1 — Max-Min-Dualität für Optimierungsprobleme.**
> Sei f eine reelle Funktion in n Variablen und $B \subseteq \mathbb{R}^n$. Der Vektor $\mathbf{x}^* \in B$ ist eine optimale Lösung von $\max_{\mathbf{x} \in B} f(\mathbf{x})$ genau dann, wenn $\mathbf{x}^*$ eine optimale Lösung von $\min_{\mathbf{x} \in B} -f(\mathbf{x})$ ist.

Wir nutzen dies zur Formulierung von Minimierungsproblemen unter Nebenbedingungen in den Beispielen, welche wir zuvor als Maximierungsprobleme unter Nebenbedingungen formulierten:

■ **Beispiel 10.1.7 — Konsument mit Budgetbeschränkung - Fortsetzung.**
Das Maximierungsproblem des Konsumenten mit Budgetbeschränkung ist

$$\text{(P-max)} \quad \max_{\mathbf{x} \in B} \; x_1^{0.8} x_2^{0.2}$$

mit

$$B = \left\{ \mathbf{x} \in (0, +\infty)^2 \,\middle|\, 2x_1 + 3x_2 - 600 = 0 \right\}.$$

Aus Satz 10.1.1 kann man schließen, dass

$$\text{(P-min)} \quad \min_{\mathbf{x} \in B} \; -x_1^{0.8} x_2^{0.2}$$

oder, anders formuliert

$$\min_{\mathbf{x} \in (0, +\infty)^2} \; -x_1^{0.8} x_2^{0.2}$$
$$\text{u.d.N.} \qquad 2x_1 + 3x_2 - 600 = 0$$

die gleichen optimalen Lösungen hat. Der Zielfunktionswert, welcher sich aus der Lösung von (P-min) ergibt, ist jedoch das (-1)-fache des gesuchten Nutzen. ■

Formuliert man wie in obigem Beispiel ein Maximierungsproblem unter Nebenbedingungen (P-max) als ein Minimierungsproblem unter Nebenbedingungen, ergibt sich ein Problem (P-min), dessen optimaler Zielfunktionswert in der Regel nicht dem optimalen Zielfunktionswert von (P-max) entspricht. Das Problem (P-min) hat aber die gleichen optimalen Lösungen wie (P-max). Man spricht in diesem Zusammenhang auch von äquivalenten Optimierungsproblemen.

> **Definition 10.1.4 — Äquivalente Optimierungsprobleme.**
> Zwei Optimierungsprobleme unter Nebenbedingungen heißen **äquivalent**, wenn jede optimale Lösung des einen auch eine optimale Lösung des anderen ist und umgekehrt.

In weiterführender Literatur wird der Begriff der Äquivalenz für Optimierungsprobleme oft auch deutlich breiter definiert: in der Regel muss man aus einer optimalen Lösung des einen Optimierungsproblems nur eine optimale Lösung des anderen generieren können und umgekehrt, vgl. z.B. Boyd und Vandenberghe (2009, S. 130). Eine solch alllgemeine Definition ist formal aber sehr kompliziert, und für unsere kurze Einführung ist obige Definition ausreichend.

Wir formulieren das äquivalente Minimierungsproblem unter Nebenbedingungen des (Deckungsbeitrag-maximierenden) Maximierungsproblems unter Nebenbedingungen aus Beispiel 10.1.3.

■ Beispiel 10.1.8 — Produktionsplanung - Fortsetzung.

Das im Produktionsbeispiel zu lösende Optimierungsproblem lautet

$$
\begin{aligned}
\text{(P-max)} \qquad \max \quad & 4x_1 + 5x_2 \\
\text{u.d.N.} \qquad & x_1 + x_2 \le 700 \\
& x_1 + 3x_2 \le 1500 \\
& 2x_1 + x_2 \le 1200 \\
& x_1 \ge 0 \\
& x_2 \ge 0.
\end{aligned}
$$

Die zu minimierende Zielfunktion ist damit

$$
f : \mathbb{R}^2 \to \mathbb{R} \text{ mit } f(\mathbf{x}) = -y = -4x_1 - 5x_2.
$$

(P-max) ist also äquivalent zu folgendem Minimierungsproblem unter Nebenbedingungen:

$$
\begin{aligned}
\text{(P-min)} \qquad \min \quad & -4x_1 - 5x_2 \\
\text{u.d.N.} \qquad & x_1 + x_2 - 700 \le 0 \\
& x_1 + 3x_2 - 1500 \le 0 \\
& 2x_1 + x_2 - 1200 \le 0 \\
& -x_1 \le 0 \\
& -x_2 \le 0.
\end{aligned}
$$

Dabei ist zu beachten, dass die Lösung $\mathbf{x}^*$ des Minimierungsproblems zwar der Vektor ist, der unter allen Vektoren im zulässigen Bereich den maximalen Deckungsbeitrag erzielt, aber $f(\mathbf{x}^*)$ natürlich nicht den maximalen Deckungsbeitrag beschreibt. In der Tat gilt

$$
f(\mathbf{x}^*) = -(4x_1^* + 5x_2^*).
$$

Das Problem (P-min) ist also äquivalent zu (P-max), die optimalen Zielfunktionswerte unterscheiden sich jedoch (um das Vorzeichen). ■

Maximierungsprobleme unter Nebenbedingungen können also mithilfe von Satz 10.1.1 auch als Minimierungsprobleme unter Nebenbedingungen formuliert werden und umgekehrt.

Ⓩ Zwei Optimierungsprobelme unter Nebenbedingungen heißen äquivalent, wenn sie die gleichen optimalen Lösungen haben.

Die Probleme $\min_{\mathbf{x} \in B}(-f(\mathbf{x}))$ und $\max_{\mathbf{x} \in B} f(\mathbf{x})$ sind äquivalent.

10.1.4 Globale Extremalstellen und optimale Lösungen

Ziele dieses Unterkapitels

- Was kann man aus dem globalen Minimum von f (im Fall der Existenz) über die optimale Lösung von (P-min) schließen?

In Kapitel 9 bestimmten wir globale und lokale Extremalstellen einer reellen Funktion $f : D \to Z$ in n Variablen (ohne Nebenbedingungen). Eine globale Minimalstelle von f ist dabei eine Stelle $\mathbf{x}^{\min}$, für welche $f(\mathbf{x}^{\min}) \leq f(\mathbf{x})$ für alle Stellen des Definitionsbereichs D von f gilt. Hat f ein globales Minimum und liegt die globale Minimalstelle $\mathbf{x}^{\min}$ der Zielfunktion im zulässigen Bereich $B \neq \{\}, B \subseteq D$, dann gilt offensichtlich auch $f(\mathbf{x}^{\min}) \leq f(\mathbf{x})$ für alle Stellen des zulässigen Bereichs B. In anderen Worten: Gilt $\mathbf{x}^{\min} \in B$, dann ist die globale Minimalstelle auch die optimale Lösung von $\min_{\mathbf{x} \in B} f(\mathbf{x})$. Im Allgemeinen liegt die globale Minimalstelle der Zielfunktion jedoch nicht im zulässigen Bereich. Dann muss die Menge B bei der Suche nach einer optimalen Lösung $\mathbf{x}^*$ berücksichtigt werden. Wir demonstrieren diese Idee in folgendem Beispiel:

■ **Beispiel 10.1.9 — Globale Extremalstellen und optimale Lösungen.**
Suchen wir die Lösung von

$$\min\ x_1^2 + 4(x_2 - 1)^2 + 3$$
$$\text{u.d.N. } x_1 \leq 2$$
$$-x_1 \leq 2$$
$$x_2 \leq 2$$
$$-x_2 \leq 2,$$

so wissen wir aus Beispiel 9.6.3, dass das globale Minimum der Zielfunktion $f(\mathbf{x}) = x_1^2 + 4(x_2 - 1)^2 + 3$ an der Stelle $\mathbf{x}^{\min} = (0,1)^T$ liegt. Es gilt also

$$f(\mathbf{x}^{\min}) = 3 \leq f(\mathbf{x}) \text{ für alle } \mathbf{x} \in \mathbb{R}^2$$

und damit auch

$$f(\mathbf{x}^{\min}) = 3 \leq f(\mathbf{x}) \text{ für alle } \mathbf{x} \in B \subseteq \mathbb{R}^2,$$

wobei

$$B = \left\{ \mathbf{x} \in \mathbb{R}^2 \mid -2 \leq x_1 \leq 2, -2 \leq x_2 \leq 2 \right\}.$$

Da für die Stelle $\mathbf{x}^{\min}$ alle Nebenbedingungen erfüllt sind, d.h. $\mathbf{x}^{\min} \in B$, ist $\mathbf{x}^* = \mathbf{x}^{\min} = (0,1)^T$ eine optimale Lösung des obigen Optimierungsproblems unter Nebenbedingungen. Der optimale Zielfunktionswert ist $f(\mathbf{x}^{\min}) = f(\mathbf{x}^*) = 3$. Auch durch Hinzunahme der Gleichheitsnebenbedingung $x_1^2 + 2(x_2 - 1) = 0$ bleibt $\mathbf{x}^{\min} = (0,1)^T$ im zulässigen Bereich B. Somit ist $\mathbf{x}^{\min} = (0,1)^T$ auch die optimale Lösung von

$$\min\ x_1^2 + 4(x_2 - 1)^2 + 3$$
$$\text{u.d.N. } x_1 \leq 2$$
$$-x_1 \leq 2$$
$$x_2 \leq 2$$
$$-x_2 \geq 2$$
$$x_1^2 + 2(x_2 - 1) = 0.$$

Suchen wir hingegen beispielsweise die optimale Lösung von

$$\min\ x_1^2 + 4(x_2 - 1)^2 + 3$$
$$\text{u.d.N.}\ x_1^2 + 2(x_2 - 1) - 2 = 0,$$

so erfüllt $\mathbf{x} = (0,1)^T$ die Nebenbedingung nicht. Der Vektor $(0,1)^T$ ist damit keine zulässige und somit auch keine optimale Lösung.

Da die Ungleichung $f(\mathbf{x}^{\min}) = 3 \le f(\mathbf{x})$ für alle $\mathbf{x} \in \mathbb{R}^2$ gilt, muss sie auch für alle zulässigen Lösungen gelten. Aus der Tatsache, dass eine optimale Lösung auch zulässig ist, folgt damit, dass der optimale Zielfunktionswert $f(\mathbf{x}^*)$ des obigen Minimierungsproblems mit einer Gleichheitsnebenbedingung auch mindestens 3 ist. Welchen Wert $f(\mathbf{x}^*)$ dieses Minimierungsproblem hat, werden wir in Beispiel 10.2.10 herausfinden. ∎

Zusammenfassend gilt:

Satz 10.1.2 — Eine Schranke für den optimalen Zielfunktionswert.
Sei $f : D \to Z$ eine reelle Funktion in n Variablen und $B \subseteq D$. Hat f ein globales Minimum $f(\mathbf{x}^{\min})$ und $\min_{\mathbf{x} \in B} f(\mathbf{x})$ eine optimale Lösung $\mathbf{x}^*$, so gilt $f(\mathbf{x}^*) \ge f(\mathbf{x}^{\min})$. Hat f ein globales Maximum $f(\mathbf{x}^{\max})$ und $\max_{\mathbf{x} \in B} f(\mathbf{x})$ eine optimale Lösung $\mathbf{x}^*$, so gilt $f(\mathbf{x}^*) \le f(\mathbf{x}^{\max})$.

(Z) Ist $f : D \to Z$ eine reelle Funkton in n Variablen mit globaler Minimalstelle $\mathbf{x}^{\min}$, globaler Maximalstelle $\mathbf{x}^{\max}$ und $B \subseteq D$, dann gilt für die optimale Lösung $\mathbf{x}^*$ von $\min_{\mathbf{x} \in B} f(\mathbf{x})$:
$f(\mathbf{x}^*) \ge f(\mathbf{x}^{\min})$ und für die optimale Lösung $\mathbf{x}^*$ von $\max_{\mathbf{x} \in B} f(\mathbf{x})$: $f(\mathbf{x}^*) \le f(\mathbf{x}^{\max})$.

10.1.5 Graphische Darstellung

Ziele dieses Unterkapitels

- Wie kann man ein Optimierungsproblem unter Nebenbedingungen und Definitionsbereich $D \subseteq \mathbb{R}$ graphisch darstellen?
- Wie kann man ein Optimierungsproblem unter Nebenbedingungen und Definitionsbereich $D \subseteq \mathbb{R}^2$ graphisch darstellen?

Wir demonstrieren im Folgenden, wie man sich Optimierungsprobleme mit Nebenbedingungen in n Variablen für kleine n graphisch veranschaulichen kann. Dabei konzentrieren wir uns wieder auf den Fall, dass B unendlich viele Elemente enthält.

Reelle Funktionen in einer Variablen kann man in einem Koordinatensystem mit einer x- und einer y-Achse darstellen. Bei einem Optimierungsproblem unter Nebenbedingungen in einer Variablen kann man hierbei den zulässigen Bereich auf der x-Achse einzeichnen. Gesucht ist dann der kleinste oder grösste Funktionswert in diesem zulässigen Bereich.

Da die Lösung von Optimierungsproblemen unter Nebenbedingungen in einer Variablen, also im Fall $D \subseteq \mathbb{R}$, sowohl analytisch als auch graphisch in der Regel relativ einfach zu bestimmen ist, betrachten wir als erste Beispiele Optimierungsprobleme unter Nebenbedingungen in einer Variablen ($n = 1$):

■ Beispiel 10.1.10 — Fortsetzung von Beispiel 10.1.6.
Schon in Beispiel 10.1.6 illustrierten wir in Abbildung 10.1 das Maximierungsproblem

$$\max \; -2+(x+1)^2$$
$$\text{u.d.N. } x \geq -3$$
$$x \leq 2,$$

indem die Zielfunktion in einem Koordinatensystem dargestellt und der zulässige Bereich $B = [-3,2]$ markiert wurde. Ein äquivalentes Minimierungsproblem ist

$$\min \; 2-(x+1)^2$$
$$\text{u.d.N. } x \geq -3$$
$$x \leq 2.$$

Dieses ist in Abbildung 10.2 illustriert. Man erkennt leicht, dass auch die optimale Lösung des Minimierungsproblems $x^* = 2$ ist. Diese Lösung findet man auch mithilfe des in Kapitel 5.6 vorgestellten Schemas, wenn man das globale Minimum von $-f(x) = 2-(x+1)^2$ auf dem (durch die Nebenbedingungen eingeschränkten) Definitionsbereich $B = [-3,2]$ sucht.
■

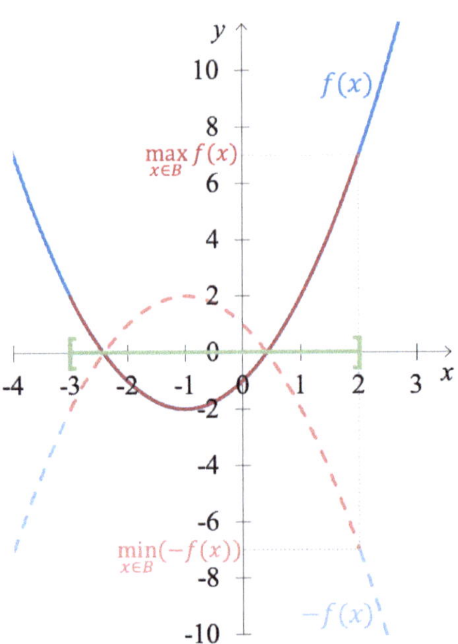

Abbildung 10.2: $f(x) = -2+(x+1)^2$ und $-f(x)$ über B

■ Beispiel 10.1.11 — Eine lineare Zielfunktion.

Wir betrachten das Optimierungsproblem unter Nebenbedingungen

$$\max\ \alpha x_1$$
$$\text{u.d.N. } x_1 \leq 5$$
$$x_1 \geq 0.$$

Ist die Zielfunktion $f(x_1) = 3x_1$, also $\alpha = 3$, so ist graphisch klar, dass sich das Maximum an der Stelle $x_1 = 5$ befindet, vgl. Abbildung 10.3.

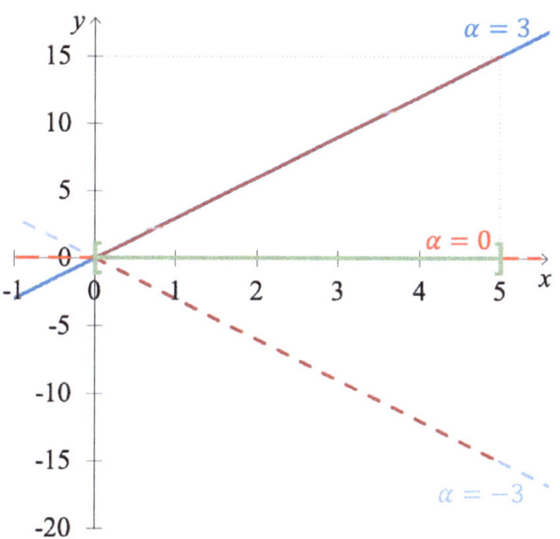

Abbildung 10.3: Die Funktion $f(x) = \alpha x$ und der zulässige Bereich $B = [0,5]$

Analytisch kann man dies auch zeigen, indem man feststellt, dass f in x_1 monoton steigt. Somit ist der größte zulässige Wert von x_1 eine optimale Lösung des Problems, $x_1^* = 5$. Dies gilt für alle $\alpha > 0$. Wäre die Zielfunktion $f(x_1) = -3x_1$, also $\alpha = -3$, so ist graphisch klar, dass sich das Maximum an der Stelle $x_1 = 0$ befindet. Analytisch kann man dies auch zeigen, indem man feststellt, dass f in x_1 monoton fällt. Somit ist der kleinste zulässige Wert von x_1 eine optimale Lösung des Problems, $x_1^* = 0$. Dies gilt für alle $\alpha < 0$. Im Fall $\alpha = 0$ ist der Zielfunktionswert für alle x_1 gleich 0. Jede zulässige Lösung ist damit eine optimale Lösung, $x_1^* \in [0,5]$. ■

Hat ein Optimierungsproblem mit affin-linearer Zielfunktion und affin-linearen Ungleichheitsnebenbedingungen genau eine optimale Lösung, findet man diese also am Rand des zulässigen Bereichs. Wie wir im Abschnitt über lineare Optimierung sehen werden, gilt dies nicht nur im Fall $n = 1$, sondern allgemein für Optimierungsprobleme mit affin-linearer Zielfunktion und affin-linearen Ungleichheitsnebenbedingungen in n Variablen.

Ein Optimierungsproblem unter Nebenbedingungen und $D \subseteq \mathbb{R}^2$, also in zwei Variablen, kann man sich graphisch veranschaulichen, indem man den zulässigen Bereich in einem 3-dimensionalen Koordinatensystem auf der x_1-x_2-Ebene und die Zielfunktion als

Gebirge einzeichnet. Gesucht ist dann der minimale oder maximale Zielfunktionswert, der an einer Stelle innerhalb des zulässigen Bereichs angenommen wird. Statt die Zielfunktion als Gebirge mit einer dritten Achse einzuzeichnen, kann f auch in Form von Höhenlinien repräsentiert werden. Wir demonstrieren dies im Beispiel:

■ **Beispiel 10.1.12 — Produktionsplanung - Fortsetzung.**
Wir betrachten erneut Beispiel 0.1.6,

$$\max \ 4x_1 + 5x_2$$
$$\text{u.d.N.} \quad x_1 + x_2 \leq 700$$
$$x_1 + 3x_2 \leq 1500$$
$$2x_1 + x_2 \leq 1200$$
$$x_1 \geq 0$$
$$x_2 \geq 0.$$

Um den zulässigen Bereich B graphisch zu kennzeichnen, überlegen wir uns zunächst, welche Punkte die jeweiligen Nebenbedingungen erfüllen, vgl. auch Beispiel 2.2.3. Hierbei gehen wir schrittweise vor. Um die durch $x_1 + x_2 \leq 700$ beschriebene Menge einzuzeichnen, zeichnen wir zunächst alle Punkte auf der Geraden $x_1 + x_2 = 700$ ein. Alle Punkte, die unterhalb dieser Geraden sind, befinden sich in der durch $x_1 + x_2 \leq 700$ beschriebenen Menge. Um die durch $x_1 + 3x_2 \leq 1500$ beschriebene Menge einzuzeichnen, zeichnen wir zunächst alle Punkte auf der Geraden $x_1 + 3x_2 = 1500$ ein. Alle Punkte, die unterhalb dieser Geraden sind, befinden sich in der durch $x_1 + 3x_2 \leq 1500$ beschriebenen Menge. Ebenso gehen wir für die dritte Ungleichung vor. Wegen $x_1, x_2 \geq 0$ liegen alle zulässigen Lösungen im ersten Quadranten des Koordinatensystems, vgl. Abbildung 10.4, welche in grün erneut die Menge P aus Beispiel 2.2.3 und Abbildung 2.18 darstellt.

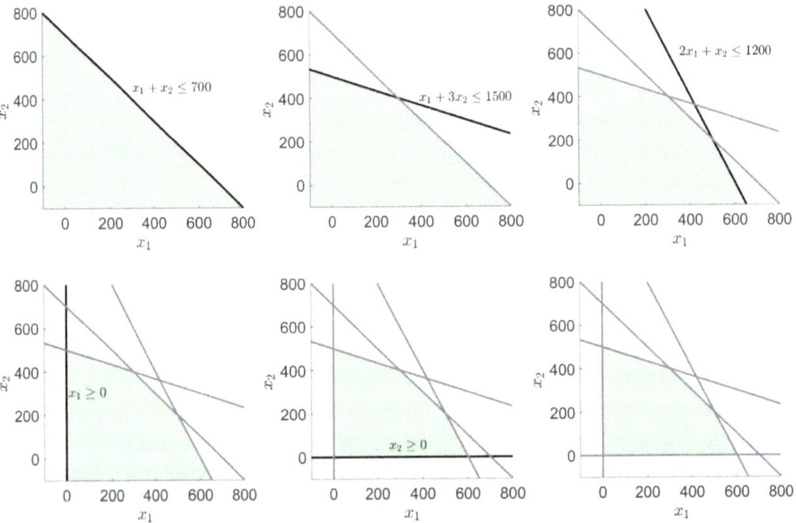

Abbildung 10.4: Darstellung des zulässigen Bereichs B

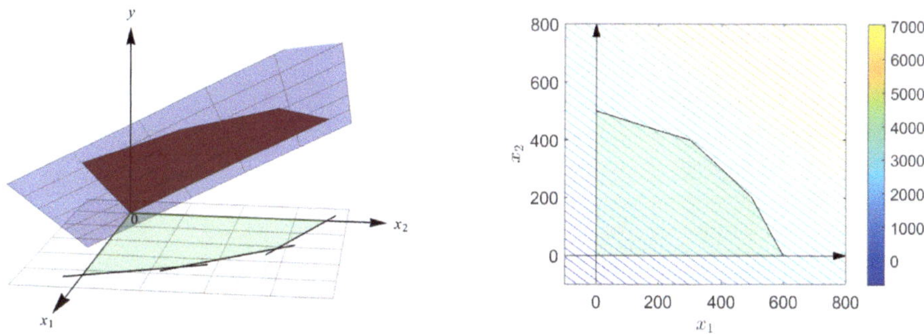

Abbildung 10.5: Die Zielfunktion $f(\mathbf{x}) = 4x_1 + 5x_2$ und Höhenlinien über dem durch die Nebenbedingungen definierten zulässigen Bereich

Abbildung 10.5 (links) visualisiert nun die affin-lineare Zielfunktion $4x_1 + 5x_2$ als Gebirge über dem zulässigen Bereich B. Abbildung 10.5 (rechts) zeigt entsprechend Höhenlinien der Zielfunktion sowie den zulässigen Bereich. Man erahnt, dass sich auch hier die optimale Lösung, also der Vektor mit maximalem Zielfunktionswert, am Rand des zulässigen Bereiches befindet, $\mathbf{x}^* = (300, 400)^T$. Wir bestimmen diese optimale Lösung im Abschnitt über lineare Optimierung auch analytisch. ∎

Ist die Zielfunktion keine affin-lineare Funktion, liegt die optimale Lösung nicht zwingend am Rand des zulässigen Bereichs. Wir demonstrieren dies in folgendem Beispiel:

■ Beispiel 10.1.13 — Globale Extremalstellen und optimale Lösungen von Optimierungsproblemen unter Nebenbedingungen.
Wir betrachten erneut das Optimierungsproblem unter Nebenbedingungen

$$\min x_1^2 + 4(x_2 - 1)^2 + 3$$
$$\text{u.d.N. } x_1 \leq 2$$
$$x_2 \leq 2.$$

Abbildung 10.6 (links) visualisiert die Zielfunktion $x_1^2 + 4(x_2 - 1)^2 + 3$ als Gebirge über dem zulässigen Bereich.

Abbildung 10.6 (rechts) zeigt entsprechend Höhenlinien der Zielfunktion sowie den zulässigen Bereich. Da das globale Minimum der Zielfunktion $f(\mathbf{x}) = x_1^2 + 4(x_2 - 1)^2 + 3$ an der Stelle $\mathbf{x}^{\min} = (0, 1)^T$ liegt, und $\mathbf{x}^{\min}$ im zulässigen Bereich B ist, $\mathbf{x}^{\min} \in B$, ist $\mathbf{x}^{\min}$ auch die optimale Lösung des Optimierungsproblems unter Nebenbedingungen. In diesem Fall liegt die optimale Lösung nicht am Rand. In Abbildung 10.6 ist sie durch einen roten Punkt gekennzeichnet. Die Bestimmung der Lösung von

$$\min x_1^2 + 4(x_2 - 1)^2 + 3$$
$$\text{u.d.N. } x_1 \leq 2$$
$$x_2 \leq 0$$

ist schwieriger. Das globale Minimum liegt nun nicht mehr im zulässigen Bereich. Abbildung 10.7 visualisiert dieses Optimierungsproblem unter Nebenbedingungen.

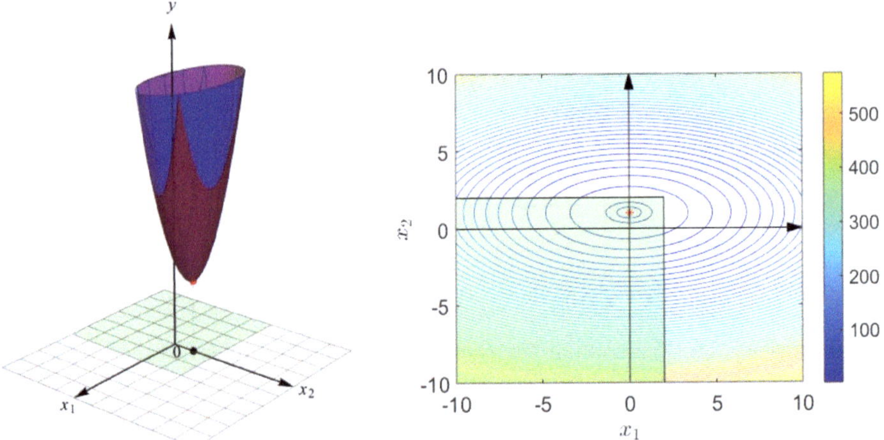

Abbildung 10.6: Die Funktion $f(\mathbf{x}) = x_1^2 + 4(x_2 - 1)^2 + 3$ und Höhenlinien über dem zulässigen Bereich $x_1 \leq 2$, $x_2 \leq 2$

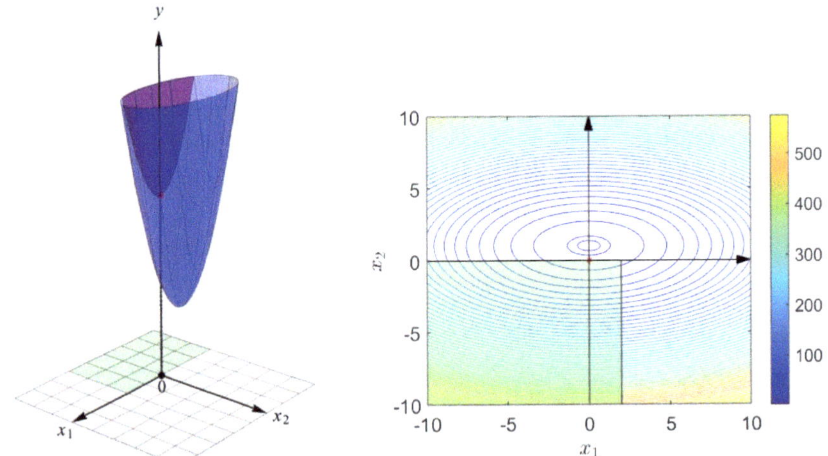

Abbildung 10.7: Die Funktion $f(\mathbf{x}) = x_1^2 + 4(x_2 - 1)^2 + 3$ und Höhenlinien über dem neuen Gebiet $x_1 \leq 2$, $x_2 \leq 0$

Die Lösung scheint nun erneut am Rand von B zu liegen. Im Gegensatz zu den Beispielen 10.1.12 und 10.1.15 befindet sie sich jedoch nicht an einer Ecke.

Das Optimierungsproblem unter Nebenbedingung

$$\min \ x_1^2 + 4(x_2 - 1)^2 + 3$$
$$\text{u.d.N. } x_1^2 + 2(x_2 - 1) - 2 = 0$$

ist in Abbildung 10.8 dargestellt. Unter allen Stellen $\mathbf{x}$, welche auf der durch die Nebenbedingung beschriebenen Parabel liegen, werden diejenigen gesucht, welche $x_1^2 + 4(x_2 - 1)^2 + 3$ minimieren.

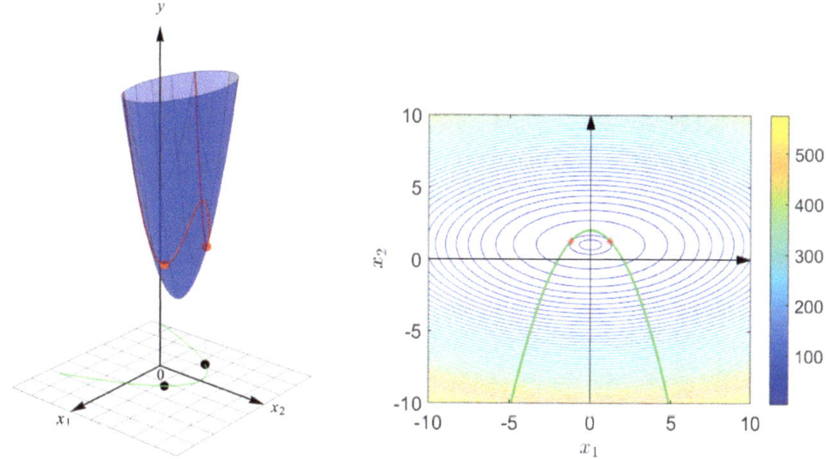

Abbildung 10.8: Die Funktion $f(\mathbf{x}) = x_1^2 + 4(x_2 - 1)^2 + 3$ und Höhenlinien mit der Nebenbedingung $x_1^2 + 2(x_2 - 1) - 2 = 0$

Sucht man in Abbildung 10.8 (rechts) die Höhenlinie zum kleinsten Niveau, welche die Parabel berührt, findet man hier die optimalen Lösungen. Wir werden diese später analytisch bestimmen. ∎

■ Beispiel 10.1.14 — Konsument mit Budgetbeschränkung - Fortsetzung.
Wir betrachten das Problem aus Beispiel 10.1.4,

$$\max_{\mathbf{x} \in (0, +\infty)^2} x_1^{0.8} x_2^{0.2}$$

u.d.N. $2x_1 + 3x_2 = 600$.

Der zulässige Bereich entspricht also einer Geraden, welche durch die Gleichung $2x_1 + 3x_2 = 600$ beschrieben wird. Abbildung 10.9 (links) visualisiert die Zielfunktion $x_1^{0.8} x_2^{0.2}$ als Gebirge über dem zulässigen Bereich. Abbildung 10.9 (rechts) zeigt entsprechend Höhenlinien der Zielfunktion sowie den zulässigen Bereich. Gesucht ist die Stelle auf der Geraden, welche die Höhenlinie mit dem höchsten Niveau berührt. Wir werden auch diese Stelle später analytisch bestimmen. ∎

Optimierungsprobleme in drei oder mehr Variablen kann man im Allgemeinen nur schwer graphisch darstellen.[4] In folgendem Beispiel zeigen wir, wie man Gleichheitsnebenbedingungen ggf. nutzen kann, um eine Variable zu ersetzen. Diese Idee werden wir im kommenden Abschnitt dann auch zur analytischen Optimierung nutzen.

---

[4] Denkbar wäre es bei einem Optimierungsproblem in drei Variablen, den zulässigen Bereich in einem dreidimensionalen Koordinatensystem einzuzeichnen. Die Zielfunktion könnte man hier in Form von Mengen mit gleichem Zielfunktionswert (also eine Verallgemeinerung unserer Definition von Höhenlinien auf mehrere Dimensionen) ebenfalls in diesem Koordinatensystem visualisieren. Im Allgemeinen erkennt man in einer derartigen Abbildung aber nicht viel.

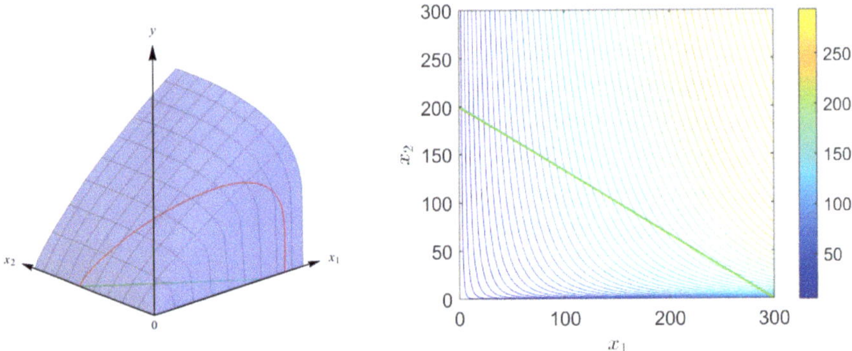

Abbildung 10.9: Die Cobb-Douglas Funktion und Höhenlinien mit der Nebenbedingung
$2x_1 + 3x_2 = 600$

■ Beispiel 10.1.15 — Mischungsproblem - Fortsetzung.

Das Mischungsproblem

$$\begin{aligned}
\min\ & 0.1x_1 + 0.3x_2 + 0.2x_3 \\
\text{u.d.N.}\quad & 2x_1 + 1x_2 + 3x_3 \leq 2 \\
& 1000x_1 + 2000x_2 + 4000x_3 \geq 2000 \\
& x_1 + x_2 + x_3 = 1 \\
& x_1 \geq 0 \\
& x_2 \geq 0 \\
& x_3 \geq 0
\end{aligned}$$

aus Beispiel 10.1.2 ist ein Optimierungsproblem in drei Variablen. Da laut der dritten
Nebenbedingung $x_3 = 1 - x_1 - x_2$ gelten muss, kann man das Mischungsproblem auch wie
folgt formulieren:

$$\begin{aligned}
\min\ & 0.1x_1 + 0.3x_2 + 0.2(1 - x_1 - x_2) \\
\text{u.d.N.}\quad & 2x_1 + 1x_2 + 3(1 - x_1 - x_2) \leq 2 \\
& 1000x_1 + 2000x_2 + 4000(1 - x_1 - x_2) \geq 2000 \\
& x_1 + x_2 \leq 1 \\
& x_1 \geq 0 \\
& x_2 \geq 0.
\end{aligned}$$

Die dritte Ungleicheitsnebenbedingung folgt dabei aus der Nebenbedingung $x_3 \geq 0$ durch
$0 \leq x_3 = 1 - x_1 - x_2 = 1 - (x_1 + x_2) \Leftrightarrow x_1 + x_2 \leq 1$. Diese Umformulierung ergibt ein
Optimierungsproblem unter Nebenbedingungen in nur zwei Variablen und kann analog
zum Produktionsplanungsproblem graphisch dargestellt werden. Die erste Nebenbedingung
vereinfacht sich durch Ausmultiplizieren und Abziehen von 3 zu

$$-x_1 - 2x_2 \leq -1.$$

Die zweite Nebenbedingung ergibt

$$-3000x_1 - 2000x_2 \geq -2000.$$

Multiplikation von (-1) ergibt

$$3000x_1 + 2000x_2 \leq 2000.$$

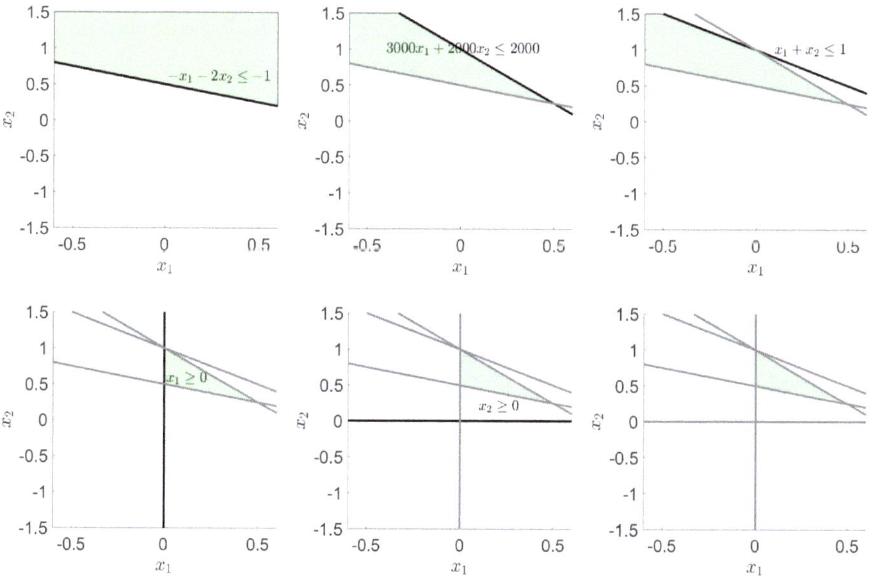

Abbildung 10.10: Darstellung des zulässigen Bereichs B

Vereinfacht man zudem die Zielfunktion, erhält man

$$\begin{aligned}
\min \quad & -0.1x_1 + 0.1x_2 + 0.2 \\
\text{u.d.N.} \quad & -x_1 - 2x_2 \leq -1 \\
& 3000x_1 + 2000x_2 \leq 2000 \\
& x_1 + x_2 \leq 1 \\
& x_1 \geq 0 \\
& x_2 \geq 0.
\end{aligned}$$

Abbildung 10.10 zeigt den zulässigen Bereich B, Abbildung 10.11 (links) visualisiert die affin-lineare Zielfunktion $-0.1x_1 + 0.1x_2 + 0.2$ als Gebirge über dem zulässigen Bereich B und Abbildung 10.11 (rechts) zeigt entsprechend Höhenlinien der Zielfunktion sowie den zulässigen Bereich. Man erahnt, dass erneut die optimale Lösung am Rand des zulässigen Bereichs B zu finden ist. Wir bestimmen auch diese Lösung später analytisch. ∎

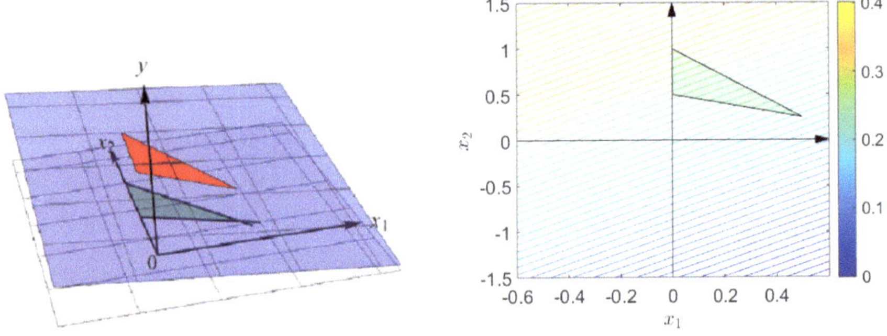

Abbildung 10.11: Die affin-lineare Funktion $f(\mathbf{x}) = -0.1x_1 + 0.1x_2 + 0.2$ und Höhenlinien über dem zulässigen Bereich B

(Z) Ein Optimierungsproblem unter Nebenbedingungen und Definitionsbereich $D \subseteq \mathbb{R}$ kann man graphisch darstellen, indem man den Graphen der Zielfunktion in einem Koordinatensystem zeichnet und den zulässigen Bereich auf der x-Achse markiert.
Ein Optimierungsproblem unter Nebenbedingungen und Definitionsbereich $D \subseteq \mathbb{R}^2$ kann man graphisch darstellen, indem man den Graphen der Zielfunktion als Gebirge in einem Koordinatensystem mit drei Achsen x_1, x_2, y zeichnet und den zulässigen Bereich auf der x_1-x_2-Ebene (mit $y = 0$) markiert. Eine andere verbreitete Art der Darstellung markiert den zulässigen Bereich in einem Korrdinatensystem zusammen mit den Höhenlinien der Zielfunktion.

10.2   Gleichheitsnebenbedingungen

Optimierungsprobleme unter Nebenbedingungen sind im Allgemeinen schwer zu lösen. Wir beschränken uns daher zunächst auf einen wichtigen Spezialfall: Optimierungsprobleme, deren Nebenbedingungen Gleichungen entsprechen. Optimierungsprobleme unter Gleichheitsnebenbedingungen haben die Form

(P-max) $\displaystyle\max_{\mathbf{x}\in D} f(\mathbf{x})$ oder   (P-min) $\displaystyle\min_{\mathbf{x}\in D} f(\mathbf{x})$

u.d.N. $g_i(\mathbf{x}) = 0, \; i = 1, \ldots, m$ u.d.N. $g_i(\mathbf{x}) = 0, \; i = 1, \ldots, m.$

In Beispielen 10.1.13 und 10.1.14 betrachteten wir bereits derartige Optimierungsprobleme in $n = 2$ Variablen und mit $m = 1$ Nebenbedingung(en) graphisch. Der zulässige Bereich B entspricht hier der Lösungsmenge eines Gleichungssystems,

$$B = \{\mathbf{x}\in D \,|\, g_i(\mathbf{x}) = 0, i = 1, \ldots, m\}.$$

Ist B leer, hat das Optimierungsproblem unter Nebenbedingungen keine zulässige und damit auch keine optimale Lösung. Nun stellen wir zwei Verfahren mit unterschiedlichen Vor- und Nachteilen vor:
1. Das Verfahren der Substitution und
2. das Verfahren von Lagrange.

Wir demonstrieren diese beiden Verfahren anhand von fünf Beispielen: Dem Problem eines Konsumenten mit Budgetbeschränkung aus Beispiel 10.1.4, dem Portfolioproblem aus Beispiel 10.1.1, dem Optimierungsproblem unter der Gleichheitsnebenbedingung aus Beispiel 10.1.9, sowie folgenden zwei Optimierungsproblemen unter Nebenbedingungen:

■ **Beispiel 10.2.1 — Eine einfache Nebenbedingung.**
Wir betrachten das Problem

$$(\text{P-min}) \qquad \min x_1^2 + x_2$$

$$\text{u.d.N. } (x_1 - x_2)^2 = 0$$

mit Zielfunktion $f(\mathbf{x}) = x_1^2 + x_2$ und $g_1(\mathbf{x}) = (x_1 - x_2)^2$. Der zulässige Bereich B ist gegeben durch

$$B = \left\{ \mathbf{x} \in \mathbb{R}^2 \,\middle|\, (x_1 - x_2)^2 = 0 \right\} = \left\{ \mathbf{x} \in \mathbb{R}^2 \,\middle|\, x_1 = x_2 \right\},$$

die Menge aller Vielfachen von $(1,1)^T$. Abbildung 10.12 visualisiert (P-min) sowohl als Gebirge auf $\mathbb{R}^2$ als auch mithilfe von Höhenlinien. Graphisch vermutet man eine optimale Lösung in der Nähe des Nullpunkts $(0,0)^T$. ■

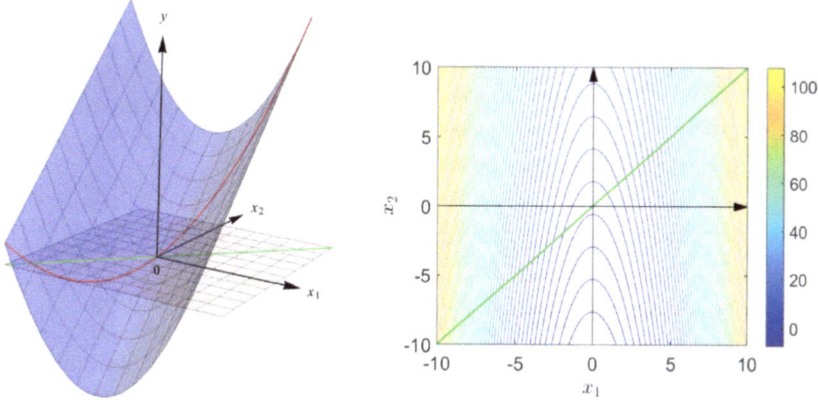

Abbildung 10.12: Die Funktion $f(\mathbf{x}) = x_1^2 + x_2$, deren Höhenlinien sowie die Nebenbedingung $(x_1 - x_2)^2 = 0$

■ **Beispiel 10.2.2 — Eine schwierigere Nebenbedingung.**
Der zulässige Bereich von

$$(\text{P-min}) \qquad \min x_1^2 + x_2^2$$

$$\text{u.d.N. } x_2 + x_1 x_2^2 - e^{x_1 x_2} = 0$$

ist gegeben durch

$$B = \left\{ \mathbf{x} \in \mathbb{R}^2 \,\middle|\, x_2 + x_1 x_2^2 - e^{x_1 x_2} = 0 \right\}.$$

Da die Gleichung $g_1(\mathbf{x}) = x_2 + x_1 x_2^2 - e^{x_1 x_2} = 0$ nicht analytisch nach x_1 oder x_2 aufgelöst werden kann, ist es hier schwer, Elemente im zulässigen Bereich B zu finden. Abbildung 10.13 visualisiert (P-min) sowohl als Gebirge über $\mathbb{R}^2$ als auch mithilfe von Höhenlinien. Graphisch vermutet man die optimale Lösung bei $(0,1)^T$. ■

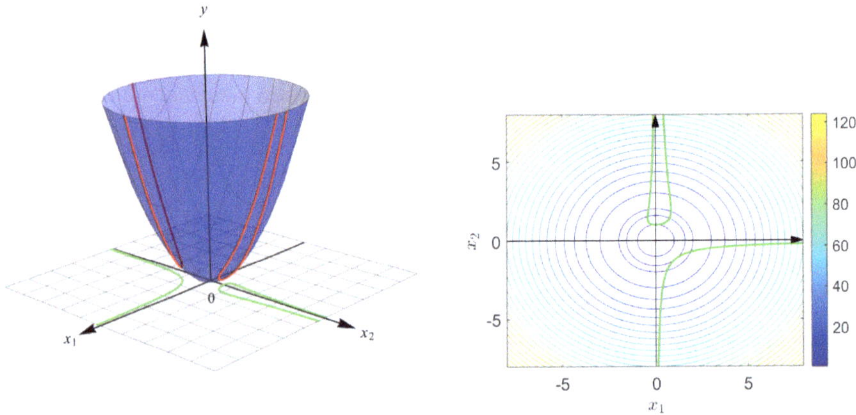

Abbildung 10.13: Die Funktion $f(\mathbf{x}) = x_1^2 + x_2^2$, deren Höhenlinien sowie die
Nebenbedingung $x_2 + x_1 x_2^2 - e^{x_1 x_2} = 0$

10.2.1 Das Verfahren der Substitution

Ziele dieses Unterkapitels

- Wie geht man beim Verfahren der Substitution zur Lösung eines Optimierungsproblems in n Variablen mit $m < n$ Gleichheitsnebenbedingungen (und ohne Ungleichheitsnebenbedingungen) vor?

Wir beginnen diesen Abschnitt, indem wir eine einfache Herangehensweise zur Nutzenmaximierung des Konsumenten mit Budgetbeschränkung präsentieren:

■ Beispiel 10.2.3 — Konsument mit Budgetbeschränkung - Fortsetzung.
Wir betrachten $\max_{\mathbf{x} \in B} x_1^{0.8} x_2^{0.2}$ mit $B = \{\mathbf{x} \in (0, +\infty)^2 \mid 2x_1 + 3x_2 - 600 = 0\}$. Offensichtlich gilt für alle Stellen im zulässigen Bereich, dass $x_1 = 300 - \frac{3}{2}x_2$. Substituiert man in
der Zielfunktion $f(\mathbf{x}) = x_1^{0.8} x_2^{0.2}$ die Variable x_1 durch $300 - \frac{3}{2}x_2$, ergibt sich die Funktion
f^{sub} mit Abbildungsvorschrift

$$f^{\text{sub}}(x_2) = f\left(300 - \frac{3}{2}x_2, x_2\right) = \left(300 - \frac{3}{2}x_2\right)^{0.8} x_2^{0.2}$$

und Definitionsbereich

$$D^{\text{sub}} = \left\{x_2 \in \mathbb{R} \;\middle|\; \left(300 - \frac{3}{2}x_2, x_2\right)^T \in (0, +\infty)^2\right\} = (0, 200).$$

Das Maximum der Funktion f^{sub} kann man mithilfe der in Kapitel 5.6 vorgestellten
Methoden bestimmen: Da f^{sub} auf D^{sub} beliebig oft stetig differenzierbar ist, bestimmen
wir zunächst die stationären Stellen, indem wir die erste Ableitung gleich 0 setzen. Im
Anschluss überprüfen wir das Vorzeichen der zweiten (und ggf. höherer) Ableitung(en),

um lokale Maxima zu identifizieren. Dabei gilt für $x_2 \in D^{\text{sub}} = (0, 200)$:

$$\left(f^{\text{sub}}\right)'(x_2) = 0.8 \cdot \left(-\frac{3}{2}\right) \cdot \left(300 - \frac{3}{2}x_2\right)^{-0.2} x_2^{0.2} + 0.2 \cdot \left(300 - \frac{3}{2}x_2\right)^{0.8} x_2^{-0.8}$$

$$= \left(300 - \frac{3}{2}x_2\right)^{-0.2} x_2^{-0.8} (60 - 1.5x_2).$$

Nullsetzen ergibt

$$\left(f^{\text{sub}}\right)'(x_2) = \left(300 - \frac{3}{2}x_2\right)^{-0.2} x_2^{-0.8} (60 - 1.5x_2) = 0$$

$$\Leftrightarrow x_2 = 40.$$

Die zweite Ableitung ist

$$\left(f^{\text{sub}}\right)''(x_2) = -14400 \cdot \left(300 - \frac{3}{2}x_2\right)^{-1.2} x_2^{-1.8}$$

$$\leq 0 \quad \forall x_2 \in D^{\text{sub}}.$$

Die Funktion $f^{\text{sub}} : D^{\text{sub}} \to \mathbb{R}$ mit $f^{\text{sub}}(x_2) = f(300 - \frac{3}{2}x_2, x_2) = \left(300 - \frac{3}{2}x_2\right)^{0.8} x_2^{0.2}$ ist also konkav. Sie hat an der stationären Stelle $x_2 = 40$ somit ein globales Maximum. Das nutzenmaximierende Konsumbündel ist damit $x_2 = 40$ und $x_1 = 300 - \frac{3}{2} \cdot 40 = 240$. Das Problem der Nutzenmaximierung mit Budgetbeschränkung, $\max_{\mathbf{x} \in B} x_1^{0.8} x_2^{0.2}$, hat die optimale Lösung $\mathbf{x}^* = (240, 40)^T$. ∎

Im Beispiel konnten wir die Gleichheitsnebenbedingung nach einer Variablen eindeutig auflösen und erhielten so ein Optimierungsproblem ohne Gleichheitsnebenbedingungen. Dieses Verfahren nennt man Lösen durch Substitution oder Reduktionsmethode. Um die Idee des Verfahrens besser zu verdeutlichen, formulieren wir die Vorgehensweise und das zentrale Ergebnis zunächst für den Fall $n = 2$ und $m = 1$:

1. Will man ein Optimierungsproblem in 2 Variablen mit einer Gleichheitsnebenbedingung durch Substitution lösen, muss man die Gleichheitsnebenbedingung explizit nach einer Variablen in Abhängigkeit der verbleibenden Variablen auflösen (können).

2. In einem zweiten Schritt setzt man die in Schritt 1 erhaltene Gleichung in die Zielfunktion ein.

3. Die Extrema der so resultierenden Funktion in einer Variablen ohne Nebenbedingungen können dann mithilfe der in Kapitel 5.6 diskutierten Methoden in einem dritten Schritt bestimmt werden.

4. Aus den globalen Extremalstellen des reduzierten Problems mit einer Variablen ergibt sich in einem letzten Schritt die optimale Lösung des Optimierungsproblems mit Gleichheitsnebenbedingung.

Folgender Satz rechtfertigt das Vorgehen:

Satz 10.2.1 — Das Verfahren der Substitution für $n = 2$ und $m = 1$.

Seien $f, g_1 : D \to Z$ reelle Funktionen in 2 Variablen und $B = \{\mathbf{x} \in D \,|\, g_1(\mathbf{x}) = 0\}$. Zudem sei das Gleichungssystem $g_1(\mathbf{x}) = 0$ (mit einer Gleichung) äquivalent zu $x_1 = \tilde{g}_1(x_2)$ mit bekannter, reeller Funktion $\tilde{g}_1(x_2)$. Dann ist $\mathbf{x}^* = (\tilde{g}_1(x_2^*), x_2^*)^T$ eine optimale Lösung von

$$\text{(P-max)} \qquad \max_{\mathbf{x} \in B} f(\mathbf{x}) \qquad\qquad \text{bzw.} \qquad \text{(P-min)} \qquad \min_{\mathbf{x} \in B} f(\mathbf{x})$$

genau dann, wenn x_2^* eine globale Maximalstelle bzw. Minimalstelle der Funktion

$$f^{\text{sub}} : D^{\text{sub}} \to Z \text{ mit } f^{\text{sub}}(x_2) = f(\tilde{g}_1(x_2), x_2) \text{ und } D^{\text{sub}} = \left\{ x_2 \in \mathbb{R} \,\middle|\, (\tilde{g}_1(x_2), x_2)^T \in D \right\}$$

ist.

Wir demonstrieren das Verfahren an weiteren Beispielen:

■ Beispiel 10.2.4 — Lösung von Beispiel 10.2.1 durch Substitution.
Wir betrachten

$$\text{(P-min)} \qquad \min\ x_1^2 + x_2$$
$$\text{u.d.N. } (x_1 - x_2)^2 = 0$$

mit Zielfunktion $f(\mathbf{x}) = x_1^2 + x_2$ und $g_1(\mathbf{x}) = (x_1 - x_2)^2$.
1. Auflösen von $g_1(\mathbf{x}) = 0$ nach x_1 ergibt

$$x_1 = \tilde{g}_1(x_2) = x_2.$$

2. Einsetzen in f ergibt

$$f^{\text{sub}}(x_2) = f(\tilde{g}_1(x_2), x_2) = (\tilde{g}_1(x_2))^2 + x_2 = x_2^2 + x_2.$$

3. Durch Ableiten und Nullsetzen bestimmt man die stationäre Stelle:

$$\left(f^{\text{sub}} \right)'(x_2) = 2x_2 + 1 = 0 \quad \Leftrightarrow \quad x_2 = -\frac{1}{2}.$$

Da für die zweite Ableitung

$$\left(f^{\text{sub}} \right)''(x_2) = 2 > 0 \quad \forall x_2 \in \mathbb{R}$$

gilt, ist f^{sub} (streng) konvex. Damit ist die stationäre Stelle eine globale Minimalstelle. Somit ist $x_2^* = -\frac{1}{2}$ eine globale Minimalstelle der Funktion $f^{\text{sub}}(x_2)$.
4. Folglich ist $(\tilde{g}_1(x_2^*), x_2^*)^T = \left(-\frac{1}{2}, -\frac{1}{2} \right)^T$ die optimale Lösung von (P-min).   ■

Laut Satz 10.2.1 wird die Gleichung $g_1(\mathbf{x}) = 0$ nach der Variable x_1 aufgelöst und in f substituiert. Natürlich kann man aber die Variablen auch umbenennen bzw. vertauschen und nach x_2 auflösen. Wir demonstrieren dies in folgendem Beispiel.

■ Beispiel 10.2.5 — Lösung von Beispiel 10.1.9 durch Substitution.
Wir lösen folgendes Problem mithilfe der Substitution:

$$\text{(P-min)} \qquad \min\ x_1^2 + 4(x_2 - 1)^2 + 3$$
$$\text{u.d.N. } x_1^2 + 2(x_2 - 1) - 2 = 0.$$

1. Auflösen der Nebenbedingung $g_1(\mathbf{x}) = x_1^2 + 2(x_2 - 1) - 2 = 0$ nach x_2 ergibt

$$x_2 = \tilde{g}_1(x_1) = 1 + \frac{2 - x_1^2}{2}.$$

2. Substituiert man x_2 durch $\tilde{g}_1(x_1)$ in $f(\mathbf{x}) = x_1^2 + 4(x_2 - 1)^2 + 3$, erhält man

$$\begin{aligned}
f^{\text{sub}}(x_1) = f(x_1, \tilde{g}_1(x_1)) &= x_1^2 + 4(\tilde{g}_1(x_1) - 1)^2 + 3 \\
&= x_1^2 + 4\left(\frac{2 - x_1^2}{2}\right)^2 + 3 \\
&= x_1^2 + \left(2 - x_1^2\right)^2 + 3 \\
&= x_1^4 - 3x_1^2 + 7.
\end{aligned}$$

3. Die Funktion f^{sub} ist beliebig oft stetig differenzierbar. Existiert ein globales Extremum, findet man dieses also an einer stationären Stelle. Diese bestimmen sich als

$$\left(f^{\text{sub}}\right)'(x_1) = 4x_1^3 - 6x_1 = 0 \quad \Leftrightarrow \quad \begin{cases} x_1 = 0 \\ x_1 = \sqrt{\frac{3}{2}} \\ x_1 = -\sqrt{\frac{3}{2}}. \end{cases}$$

Da $\left(f^{\text{sub}}\right)''(x_1) = 12x_1^2 - 6$, gilt

$$\left(f^{\text{sub}}\right)''(0) = -6 < 0,$$

$$\left(f^{\text{sub}}\right)''\left(\sqrt{\frac{3}{2}}\right) = 12 > 0 \text{ und}$$

$$\left(f^{\text{sub}}\right)''\left(-\sqrt{\frac{3}{2}}\right) = 12 > 0.$$

Die Funktion f^{sub} hat damit lokale Minimalstellen $-\sqrt{\frac{3}{2}}$ und $\sqrt{\frac{3}{2}}$. Da $f^{\text{sub}}\left(-\sqrt{\frac{3}{2}}\right) = f^{\text{sub}}\left(\sqrt{\frac{3}{2}}\right) = \frac{19}{4} = 4.75$ und $f^{\text{sub}}(x_1)$ für $x_1 \to +\infty$ und $x_1 \to -\infty$ über alle Grenzen wächst, kann man schließen, dass es sich bei den Stellen um globale Minimalstellen handelt.

4. (P-min) besitzt somit an den Stellen $\left(\sqrt{\frac{3}{2}}, \tilde{g}_1\left(\sqrt{\frac{3}{2}}\right)\right)^T = \left(\sqrt{\frac{3}{2}}, \frac{5}{4}\right)^T$ und $\left(-\sqrt{\frac{3}{2}}, \tilde{g}_1\left(-\sqrt{\frac{3}{2}}\right)\right)^T = \left(-\sqrt{\frac{3}{2}}, \frac{5}{4}\right)^T$ optimale Lösungen. $\blacksquare$

■ **Beispiel 10.2.6 — Lösung von Beispiel 10.2.2 durch Substitution.**
Im Problem

$$\begin{aligned}
&\text{(P-min)} &&\min x_1^2 + x_2^2 \\
&&&\text{u.d.N. } g_1(\mathbf{x}) = x_2 + x_1 x_2^2 - e^{x_1 x_2} = 0
\end{aligned}$$

kann man die Nebenbedingung $g_1(\mathbf{x}) = x_2 + x_1 x_2^2 - e^{x_1 x_2} = 0$ explizit weder nach x_1 noch nach x_2 auflösen. In diesem Beispiel kann das Verfahren der Substitution also nicht angewandt werden. ∎

Allgemein benötigt man für das Lösen durch Substitution ein Optimierungsproblem in n Variablen mit $m < n$ Gleichheitsnebenbedingungen, die man explizit nach m Variablen in Abhängigkeit der verbleibenden $n - m$ Variablen auflösen kann. Zur leichteren Darstellung nehmen wir an, diese Variablen sind $x_1, \ldots, x_m$. Ist dies der Fall, geht man analog zum Fall $n = 2$ und $m = 1$ in vier Schritten vor:

1. Unter den obigen Voraussetzungen gibt es ausgehend vom Gleichungssystem

$$g_1(\mathbf{x}) = 0$$
$$\cdots$$
$$g_m(\mathbf{x}) = 0$$

   ein äquivalentes Gleichungssystem

$$x_1 = \tilde{g}_1(x_{m+1}, \ldots, x_n)$$
$$\cdots$$
$$x_m = \tilde{g}_m(x_{m+1}, \ldots, x_n)$$

   mit bekannten reellen Funktionen $\tilde{g}_i$, $i = 1, \ldots, m$, in $n - m$ Variablen.

2. Dann kann man in der Zielfunktion die ersten m Variablen durch $\tilde{g}_i(x_{m+1}, \ldots, x_n)$, $i = 1, \ldots, m$, ersetzen.

3. Die globalen Extrema der so resultierenden Funktion in $n - m$ Variablen ohne Nebenbedingungen können dann im Fall $n - m = 1$ mithilfe der in Kapitel 5.6 und im Fall $n - m > 1$ mithilfe der in Kapitel 9 diskutierten Methoden bestimmt werden.

4. Aus der entsprechenden globalen Extremalstelle des reduzierten Problems in $n - m$ Variablen können dann die verbleibenden m Variablen des ursprünglichen Problems mithilfe des Gleichungssystems wieder bestimmt werden. Der so erhaltene Vektor mit n Komponenten ist die optimale Lösung des ursprünglichen Problems.

Es gilt:

Satz 10.2.2 — Satz zum Verfahren der Substitution.
Seien $f, g_i : D \to Z$ reelle Funktionen in n Variablen, $i = 1, \ldots, m$, $m < n$, und $B = \{\mathbf{x} \in D \mid g_i(\mathbf{x}) = 0, i = 1, \ldots, m\}$. Das Gleichungssystem $g_i(\mathbf{x}) = 0$, $i = 1, \ldots, m$, sei äquivalent zum Gleichungssystem $x_i = \tilde{g}_i(x_{m+1}, \ldots, x_n)$, $i = 1, \ldots, m$, mit bekannten, reellen Funktionen $\tilde{g}_i(x_{m+1}, \ldots, x_n)$. So ist

$$\mathbf{x}^* = \left(\tilde{g}_1(x_{m+1}^*, \ldots, x_n^*), \ldots, \tilde{g}_m(x_{m+1}^*, \ldots, x_n^*), x_{m+1}^*, \ldots, x_n^*\right)^T$$

eine optimale Lösung von

$$\text{(P-max)} \qquad \max_{\mathbf{x} \in B} f(\mathbf{x}) \qquad\qquad \text{bzw.} \qquad \text{(P-min)} \qquad \min_{\mathbf{x} \in B} f(\mathbf{x})$$

genau dann, wenn $(x_{m+1}^*, \ldots, x_n^*)^T$ eine globale Maximalstelle bzw. Minimalstelle der Funktion

$$f^{\mathrm{sub}} : D^{\mathrm{sub}} \to Z \text{ mit}$$

$$f^{\mathrm{sub}}(\mathbf{x}) = f \begin{pmatrix} \tilde{g}_1(x_{m+1},\ldots,x_n) \\ \vdots \\ \tilde{g}_m(x_{m+1},\ldots,x_n) \\ x_{m+1} \\ \vdots \\ x_n \end{pmatrix} \text{ und } D^{\mathrm{sub}} = \left\{ \mathbf{x} \in \mathbb{R}^{n-m} \,\middle|\, \begin{pmatrix} \tilde{g}_1(x_{m+1},\ldots,x_n) \\ \vdots \\ \tilde{g}_m(x_{m+1},\ldots,x_n) \\ x_{m+1} \\ \vdots \\ x_n \end{pmatrix} \in D \right\}$$

ist.

■ Beispiel 10.2.7 — Lösung von Beispiel 10.1.1 durch Substitution.
Wir lösen nun das in Beispiel 10.1.1 formulierte Optimierungsproblem unter Nebenbedingungen durch Substitution. Dazu müssen wir zuerst die Nebenbedingungen $g_1(\mathbf{x}) = 0$ und $g_2(\mathbf{x}) = 0$ nach x_1 und x_2 auflösen.

1. Die Nebenbedingungen lassen sich als lineares Gleichungssystem schreiben

$$x_1 + x_2 + x_3 - 1 = 0$$
$$\frac{1}{5}x_1 + \frac{1}{10}x_2 + \frac{3}{10}x_3 - \frac{7}{30} = 0,$$

welches mit den Methoden aus Kapitel 7 gelöst werden kann. Wir erhalten die Lösungsmenge

$$\mathbb{L} = \left\{ \begin{pmatrix} \frac{4}{3} - 2x_3 \\ x_3 - \frac{1}{3} \\ x_3 \end{pmatrix} \,\middle|\, x_3 \in \mathbb{R} \right\}$$

bzw.

$$x_1 = \tilde{g}_1(x_3) = \frac{4}{3} - 2x_3 \quad \text{und} \quad x_2 = \tilde{g}_2(x_3) = x_3 - \frac{1}{3}.$$

2. Nun können wir die Funktion $f^{\mathrm{sub}}(x_3)$ als

$$f^{\mathrm{sub}}(x_3) = f(\tilde{g}_1(x_3), \tilde{g}_2(x_3), x_3) = \frac{1}{20}\left((\tilde{g}_1(x_3))^2 + (\tilde{g}_2(x_3))^2 + x_3^2 \right)$$
$$= \frac{1}{20}\left(\left(\frac{4}{3} - 2x_3\right)^2 + \left(x_3 - \frac{1}{3}\right)^2 + x_3^2 \right)$$

mit Definitionsbereich

$$D^{\mathrm{sub}} = \left\{ x_3 \in \mathbb{R} \,\middle|\, \frac{4}{3} - 2x_3 \geq 0,\ x_3 - \frac{1}{3} > 0,\ x_3 \geq 0 \right\} = \left[\frac{1}{3}; \frac{2}{3}\right]$$

definieren.

3. Durch Ableiten nach x_3 können wir die stationäre Stelle der Funktion f^{sub} bestimmen:

$$\left(f^{\mathrm{sub}}\right)'(x_3) = \frac{2}{20} \cdot (-2) \cdot \left(\frac{4}{3} - 2x_3\right) + \frac{2}{20}\left(x_3 - \frac{1}{3}\right) + \frac{2}{20}x_3 = \frac{3}{10}(2x_3 - 1) = 0$$
$$\Leftrightarrow x_3 = \frac{1}{2}.$$

Für die zweite Ableitung von f^{sub} gilt

$$\left(f^{\text{sub}}\right)''(x_3) = \frac{3}{5} > 0 \quad \forall x_3 \in D^{\text{sub}}.$$

Somit ist f^{sub} (streng) konvex. Da zudem $\frac{1}{2} \in D^{\text{sub}}$ gilt, ist die stationäre Stelle bei $x_3 = \frac{1}{2}$ ein globales Minimum von f^{sub}.

4. Die Portfolioanteile x_1 und x_2 lassen sich nun einfach bestimmen: $x_1 = \tilde{g}_1(\frac{1}{2}) = \frac{1}{3}$ und $x_2 = \tilde{g}_2(\frac{1}{2}) = \frac{1}{6}$. Somit können wir die Frage des Anlegers beantworten: Wählt er die Anteile $x_1 = \frac{1}{3}$, $x_2 = \frac{1}{6}$ und $x_3 = \frac{1}{2}$, beträgt die erwartete Gesamtrendite $\frac{7}{30}$ bei minimalem Risiko.   ∎

(Z) Will man ein Optimierungsproblems in n Variablen unter m Gleichheitsnebenbedingungen mit reeller Zielfunktion $f : D \to Z$ in n Variablen mithilfe des Verfahrens der Substitution lösen, so geht man wie folgt vor:

1. Auflösen aller m Gleichheitsnebenbedingungen nach m verschiedenen Variablen, so dass auf der rechten Seite nur noch die verbleibenden $n - m$ Variablen auftreten.
2. Substitution dieser m Variablen in der Zielfunktion f durch die im vorherigen Schritt erhaltenen rechten Seiten.
3. Bestimmung der entsprechenden globalen Extremalstellen der so erhaltenen Funktion in $n - m$ Variablen.
4. Rücksubstitution der Variablen, um die optimale Lösung des ursprünglichen Systems zu erhalten.

10.2.2 Das Verfahren von Lagrange

Ziele dieses Unterkapitels
- Was ist die Lagrange-Funktion eines Optimierungsproblems $\min f(\mathbf{x})$ unter der Gleichheitsnebenbedingung $g(\mathbf{x}) = 0$?
- Was ist eine notwendige Bedingung für eine lokale Extremalstelle eines Optimierungsproblems mit Zielfunktion f unter der Gleichheitsnebenbedingung $g(\mathbf{x}) = 0$, wenn f und g stetig partiell differenzierbar sind?

Sind die Nebenbedingungen nicht eindeutig in obiger Form auflösbar, kann das Verfahren der Substitution in der Regel nicht eingesetzt werden. In diesem Fall nutzen wir einen Ansatz, der durch die graphische Darstellung mithilfe der Höhenlinien und des zulässigen Bereichs motiviert werden kann, aber auch auf Optimierungsprobleme in mehr als 2 Variablen angewendet werden kann.

■ **Beispiel 10.2.8 — Konsument mit Budgetbeschränkung - Fortsetzung.**
Wir lösen erneut das Problem

$$\max_{\mathbf{x} \in B} x_1^{0.8} x_2^{0.2} \text{ mit } B = \{\mathbf{x} \in (0, +\infty)^2 \mid \underbrace{2x_1 + 3x_2 - 600}_{=g_1(\mathbf{x})} = 0\}.$$

Die Höhenlinien der Zielfunktion und der zulässige Bereich sind in Abbildung 10.9 dargestellt. Die Menge aller zulässigen Lösungen B, also die Menge aller $\mathbf{x} \in D$ mit $g_1(\mathbf{x}) = 0$, ist hellgrün dargestellt.

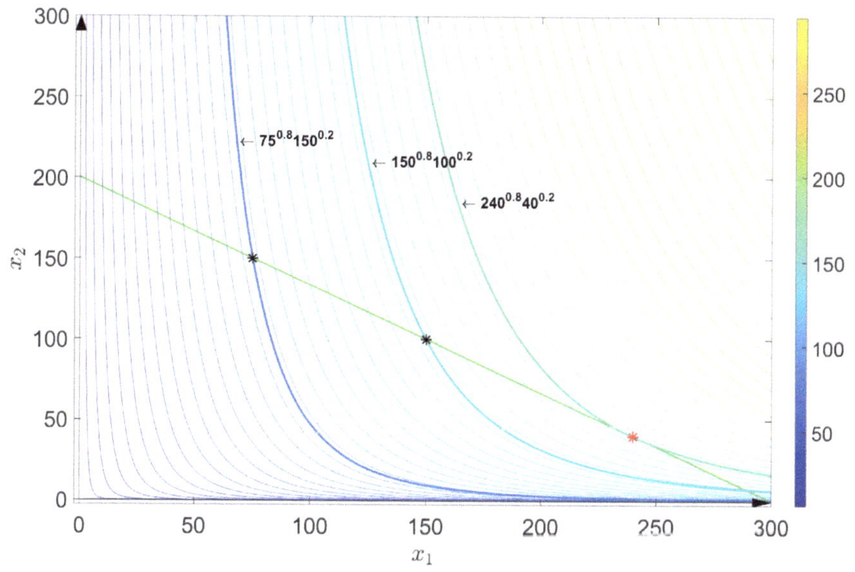

Abbildung 10.14: Budgetbeschränkung und Höhenlinien der Cobb-Douglas Funktion

Wir betrachten die zulässige Lösung $\mathbf{x} = (75, 150)^T$ mit $f(75, 150) = 75^{0.8}150^{0.2}$. In Abbildung 10.14 erkennen wir, dass die dunkelblaue Höhenlinie zum Niveau $y = 75^{0.8}150^{0.2}$ den zulässigen Bereich an dieser Stelle $(75, 150)^T$ schneidet. An den Höhenlinien erkennt man, dass rechts oben von $(75, 150)^T$ Stellen mit höherem Funktionswert liegen, links unten mit kleinerem. Bewegt man sich auf der hellgrünen Linie zulässiger Lösungen weiter nach rechts, z.B. zu $\mathbf{x} = (150, 100)^T$ mit $f(150, 100) = 150^{0.8}100^{0.2}$, schneidet hier die hellblaue Höhenlinie zum Niveau $y = 150^{0.8}100^{0.2} > 75^{0.8}150^{0.2}$ den zulässigen Bereich. Wieder liegen rechts oberhalb von $(150, 100)^T$ andere Stellen mit höherem Funktionswert, links unten mit kleinerem. Bewegt man sich auf der hellgrünen Linie weiter nach rechts, erreicht man irgendwann eine Stelle $\mathbf{x}^0$, an welcher die hellgrüne Linie die Höhenlinie zum Niveau $y = f(\mathbf{x}^0)$ nur berührt, aber nicht schneidet. In diesem Fall haben alle Stellen im zulässigen Bereich einen Funktionswert, der kleiner als $f(\mathbf{x}^0)$ oder gleich ist. Diese Stelle ist also die optimale Lösung.

An der optimalen Lösung $\mathbf{x}^0$ berührt die hellgrüne Linie also die Höhenlinie zum Niveau $f(\mathbf{x}^0)$ ohne sie zu schneiden. Die Steigung der hellgrünen Linie entspricht an dieser Stelle der Ableitung der Höhenlinie. Anders ausgedrückt: Die Ableitung der durch die Budgetrestriktion $g_1(\mathbf{x}) = 2x_1 + 3x_2 - 600 = 0$ implizit definierten Funktion $\tilde{g}_1$ (grüne Linie) entspricht an der optimalen Lösung der Ableitung der durch die Höhenlinie $f(\mathbf{x}) = x_1^{0.8}x_2^{0.2} = y$ impliziert definierten Funktion $\tilde{f}_y$.

Wir beginnen mit der Ableitung von $\tilde{g}_1$, der durch die Budgetrestriktion implizit definierten Funktion. Diese ergibt sich wahlweise entweder durch Auflösen von $g_1(\mathbf{x}) = 0$ nach x_2 und anschließendem Ableiten oder als Quotient der partiellen Ableitungen von g_1 als

$$\tilde{g}_1'(x_1) = -\frac{(g_1)_{x_1}(x_1, x_2)}{(g_1)_{x_2}(x_1, x_2)} = -\frac{2}{3},$$

vgl. Beispiel 9.8.7. Alle Punkte auf der Höhenlinie von f zum Niveau y erfüllen die Gleichung $x_1^{0.8} x_2^{0.2} - y = 0$. Da diese Gleichung implizit eine Funktion beschreibt, kann auch hier die Ableitung der durch die Gleichung implizit definierten Funktion an einer Stelle $\mathbf{x}$ in Abhängigkeit von y wahlweise durch Auflösen der Gleichung nach x_2 und anschließendem Ableiten oder mithilfe der partiellen Ableitungen von f bestimmt werden. Analog zu Beispiel 9.8.8 ergibt sich implizit eine Funktion mit Abbildungsvorschrift $\tilde{f}_y(x_1) = \frac{y^5}{x_1^4}$ und Ableitung

$$\tilde{f}_y'(x_1) = -4 \frac{y^5}{x_1^5}.$$

Sucht man also die Stelle $\mathbf{x}^0$, welche im zulässigen Bereich ist und deren Höhenlinie zum Niveau $f(\mathbf{x}^0)$ die gleiche Ableitung hat wie die hellgrüne Linie, fordert man:
(i) $\mathbf{x}^0 = (x_1^0, x_2^0)^T \in B$, also

$$x_2^0 = \tilde{g}_1(x_1^0) = 200 - \frac{2}{3} x_1^0.$$

(ii) Die Ableitung der Höhenlinie zum Niveau $y = f(\mathbf{x}^0) = (x_1^0)^{0.8}(x_2^0)^{0.2}$, d.h.

$$\tilde{f}_y'(x_1^0) = -4 \frac{y^5}{(x_1^0)^5} = -4 \frac{((x_1^0)^{0.8}(x_2^0)^{0.2})^5}{(x_1^0)^5} = -4 \frac{x_2^0}{x_1^0},$$

entspricht der Steigung von $\tilde{g}_1$, also

$$\tilde{f}_y'(x_1^0) = -4 \frac{x_2^0}{x_1^0} = -\frac{2}{3} = \tilde{g}_1'(x_1^0).$$

Die einzige Stelle $\mathbf{x}^0$, welche diese beiden Bedingungen erfüllt, ist $\mathbf{x}^0 = (240, 40)^T$. Dass $\mathbf{x}^0$ beide Bedingungen erfüllt, kann man durch Einsetzen leicht überprüfen.

Da der zulässige Bereich an allen anderen Stellen Höhenlinien kleinerer Niveaus schneidet, ist diese Stelle die zulässige Lösung mit dem größten Zielfunktionswert aller zulässigen Lösungen und damit die optimale Lösung.

Die optimale Lösung ist somit $\mathbf{x}^* = (240, 40)^T$ mit einem maximalen Nutzen von $f(\mathbf{x}^*) = 240^{0.8} 40^{0.2}$. ∎

Im obigen Beispiel mit $n = 2$ Variablen und $m = 1$ Gleichheitsnebenbedingungen beobachteten wir folgendes: Schneidet eine Höhenlinie der Funktion f die Lösungsmenge der Gleichung $g_1(\mathbf{x}) = 0$, so gibt es stets eine Höhenlinie mit größerem oder kleinerem Funktionswert, welche ebenfalls die Lösungsmenge von $g_1(\mathbf{x}) = 0$ schneidet. An einer optimalen Lösung berührt eine Höhenlinie von f die Lösungsmenge von $g_1(\mathbf{x}) = 0$, ohne diese zu schneiden. Im Beispiel definierten die Höhenlinien $f(\mathbf{x}) - y = 0$ mit festem y und die Lösungsmenge von $g_1(\mathbf{x}) = 0$ implizit Funktionen, welche x_1 auf x_2 abbildeten. Wir konnten die Ableitung dieser Funktionen berechnen und gleichsetzen, um Stellen zu bestimmen, an denen sich die Funktionen berühren.

Die Idee des Verfahrens von Lagrange am Beispiel von zwei Variablen und einer Gleichung

Im Folgenden erläutern wir das Verfahren von Lagrange anhand eines Optimierungsproblems mit Zielfunktion f und einer Gleichheitsnebenbedingung $g_1(\mathbf{x}) = 0$, wobei f und g_1 reelle Funktionen in zwei Variablen sind.

Zu Beginn des Abschnittes hielten wir fest, dass die optimale Lösung $\mathbf{x}^*$ für ein derartiges Problem an einer Stelle zu sein scheint, welche die Nebenbedingung erfüllt und zudem die Eigenschaft hat, dass die Ableitung der durch die Höhenlinie $f(\mathbf{x}^*) = y$ implizit gegebenen Funktion gleich der Ableitung der durch $g_1(\mathbf{x}) = 0$ implizit gegebenen Funktion ist. Sind f und g_1 stetig partiell differenzierbar mit $f_{x_2}(\mathbf{x}^*) \neq 0$ und $(g_1)_{x_2}(\mathbf{x}^*) \neq 0$, dann kann man die Steigung der implizit durch die Höhenlinie von f und Nebenbedingung $g_1(\mathbf{x}) = 0$ gegebenen Funktionen mithilfe von Satz 9.8.1 berechnen. Es ergibt sich die Bedingung

$$-\frac{f_{x_1}(\mathbf{x}^*)}{f_{x_2}(\mathbf{x}^*)} = -\frac{(g_1)_{x_1}(\mathbf{x}^*)}{(g_1)_{x_2}(\mathbf{x}^*)}.$$

Führt man nun eine zusätzliche Variable, den Lagrange-Multiplikator, als

$$\lambda^* - \frac{f_{x_2}(\mathbf{x}^*)}{(g_1)_{x_2}(\mathbf{x}^*)}$$

ein, so ist obige Gleichung bzgl. der Ableitungen äquivalent zu

$$(i) \qquad f_{x_1}(\mathbf{x}^*) - \lambda^*(g_1)_{x_1}(\mathbf{x}^*) = 0$$

Die Definition von λ^* lautet umgeformt

$$(ii) \qquad f_{x_2}(\mathbf{x}^*) - \lambda^*(g_1)_{x_2}(\mathbf{x}^*) = 0.$$

Außerdem muss eine optimale Lösung $\mathbf{x}^*$ im zulässigen Bereich sein. Also muss

$$(iii) \qquad g_1(\mathbf{x}^*) = 0$$

gelten.

Wir definieren nun die sogenannte Lagrange-Funktion wie folgt:

Definition 10.2.1 — Die Lagrange-Funktion mit $n = 2, m = 1$**.**
Seien $f, g_1 : D \to Z$ reelle Funktionen in 2 Variablen. Die Funktion $L : D \times \mathbb{R} \to \mathbb{R}$ mit Abbildungsvorschrift

$$L(x_1, x_2, \lambda) = f(x_1, x_2) - \lambda g_1(x_1, x_2)$$

heißt **Lagrange-Funktion** eines Optimierungsproblems mit Zielfunktion f und Nebenbedingung $g_1(\mathbf{x}) = 0$.

Mithilfe der oben definierten Lagrange-Funktion kann man die Gleichungen (i)-(iii) auch als

$$(i) \qquad \frac{\partial L(x_1^*, x_2^*, \lambda^*)}{\partial x_1} = f_{x_1}(\mathbf{x}^*) - \lambda^*(g_1)_{x_1}(\mathbf{x}^*) = 0$$

$$(ii) \qquad \frac{\partial L(x_1^*, x_2^*, \lambda^*)}{\partial x_2} = f_{x_2}(\mathbf{x}^*) - \lambda^*(g_1)_{x_2}(\mathbf{x}^*) = 0$$

$$(iii) \qquad \frac{\partial L(x_1^*, x_2^*, \lambda^*)}{\partial \lambda} = -g_1(\mathbf{x}^*) = 0,$$

bzw. $\nabla L(x_1^*, x_2^*, \lambda^*) = \mathbf{0}$ formulieren.[5]

Da es sich bei λ um den Quotienten zweier partieller Ableitungen handelt, existiert dieser Wert nur, wenn der Nenner ungleich null ist. Oben haben wir den Fall $(g_1)_{x_2}(\mathbf{x}^*) \neq 0$ demonstriert. Ist dies nicht erfüllt aber gilt $(g_1)_{x_1}(\mathbf{x}^*) \neq 0$, kann man die Rollen von x_1 und x_2 vertauschen.

Zusammenfassend existiert ein λ^* so dass L an der Stelle $(\mathbf{x}^*, \lambda^*)$ eine stationäre Stelle hat, wenn $\nabla g_1(\mathbf{x}^*) \neq \mathbf{0}$ gilt. Folgender Satz fasst diese Idee zusammen und erweitert sie für alle lokalen Extremalstellen von f auf B.

Satz 10.2.3 — Der Satz von Lagrange mit n = 2.

Seien $f, g_1 : D \to Z$ reelle stetig partiell differenzierbare Funktionen in 2 Variablen, $D \subseteq \mathbb{R}^2$ offen, $B = \{\mathbf{x} \in D \,|\, g_1(\mathbf{x}) = 0\}$ und $\mathbf{x}^* \in B$ mit $\nabla g_1(\mathbf{x}^*) \neq \mathbf{0}$. Zudem sei L die Lagrange-Funktion

$$L(x_1, x_2, \lambda) = f(x_1, x_2) - \lambda g_1(x_1, x_2).$$

Ist $\mathbf{x}^* = (x_1^*, x_2^*)^T$ eine optimale Lösung von

$$\text{(P-max)} \qquad \max_{\mathbf{x} \in B} f(\mathbf{x}) \qquad\qquad \text{oder} \qquad \text{(P-min)} \qquad \min_{\mathbf{x} \in B} f(\mathbf{x}),$$

dann existiert ein $\lambda^* \in \mathbb{R}$ mit $\nabla L(x_1^*, x_2^*, \lambda^*) = \mathbf{0}$. Zudem gilt $L(x_1^*, x_2^*, \lambda^*) = f(x_1^*, x_2^*)$. Ist $\mathbf{x}^0 = (x_1^0, x_2^0)^T$ eine lokale Extremalstelle von f auf B, dann existiert ein $\lambda^0 \in \mathbb{R}$, so dass $\nabla L(x_1^0, x_2^0, \lambda^0) = \mathbf{0}$ gilt. Zudem gilt $L(x_1^0, x_2^0, \lambda^0) = f(x_1^0, x_2^0)$.

Unter den Voraussetzungen des Satzes 10.2.3 sind Stellen $(x_1, x_2, \lambda)^T$ mit $\nabla L(x_1, x_2, \lambda) = \mathbf{0}$ also die einzigen Kandidaten für optimale Lösungen von Optimierungsproblemen mit einer Gleichheitsnebenbedingung. Analog zu Definition 9.6.3 aus Kapitel 9 nennen wir derartige Stellen stationäre Stellen der Lagrange-Funktion. Sind f und g_1 stetig partiell differenzierbar mit $\nabla g_1(x_1^*, x_2^*) \neq \mathbf{0}$, so stellt $\nabla L(x_1^*, x_2^*, \lambda^*) = \mathbf{0}$ also eine notwendige Bedingung für lokale Extremalstellen von f unter der Bedingung $g_1(\mathbf{x}) = 0$ dar. Wir demonstrieren die Anwendung des Satzes in Beispielen:

■ Beispiel 10.2.9 — Nutzenmaximierung unter Budgetrestriktion.
Formulieren wir die Lagrange-Funktion zum Nutzenmaximierungsproblem des Konsumenten aus Beispiel 10.1.4, ergibt sich:

$$L(x_1, x_2, \lambda) = x_1^{0.8} x_2^{0.2} - \lambda(2x_1 + 3x_2 - 600).$$

Der Gradient dieser Funktion ist

$$\nabla L(x_1, x_2, \lambda) = \begin{pmatrix} 0.8 x_1^{-0.2} x_2^{0.2} - 2\lambda \\ 0.2 x_1^{0.8} x_2^{-0.8} - 3\lambda \\ 600 - 2x_1 - 3x_2 \end{pmatrix}.$$

---

[5]   Man kann analog $\lambda^* = -\dfrac{f_{x_2}(x_1^*, x_2^*)}{(g_1)_{x_2}(x_1^*, x_2^*)}$ definieren und bekommt so

$$f_{x_1}(\mathbf{x}^*) + \lambda^*(g_1)_{x_1}(\mathbf{x}^*) = 0$$
$$f_{x_2}(\mathbf{x}^*) + \lambda^*(g_1)_{x_2}(\mathbf{x}^*) = 0.$$

In diesem Fall erhält man mit der Lagrange-Funktion $L(x_1, x_2, \lambda) = f(x_1, x_2) + \lambda g_1(x_1, x_2)$ die gleichen Ergebnisse.

Stationäre Stellen der Lagrange-Funktion sind Stellen mit

$$\begin{pmatrix} 0.8x_1^{-0.2}x_2^{0.2} - 2\lambda \\ 0.2x_1^{0.8}x_2^{-0.8} - 3\lambda \\ 600 - 2x_1 - 3x_2 \end{pmatrix} = \mathbf{0},$$

bzw.

$$(i) \quad 0.8x_2^{0.2} = 2\lambda x_1^{0.2} \qquad \Leftrightarrow \quad \lambda = 0.4\left(\frac{x_2}{x_1}\right)^{0.2}$$

$$(ii) \quad 0.2x_1^{0.8} = 3\lambda x_2^{0.8} \qquad \Leftrightarrow \quad \lambda = \frac{1}{15}\left(\frac{x_1}{x_2}\right)^{0.8}$$

$$(iii) \quad 2x_1 + 3x_2 = 600.$$

Gleichsetzen der umgeformten Bedingungen (i) und (ii) ergibt $0.4(\frac{x_2}{x_1})^{0.2} = \frac{1}{15}(\frac{x_1}{x_2})^{0.8}$ bzw.

$$4\left(\frac{x_2}{x_1}\right) = \frac{2}{3},$$

siehe Bedingung (ii) aus Beispiel 10.2.8. Zusammen mit (iii) ergibt sich die stationäre Stelle $(x_1^*, x_2^*, \lambda^*)^T = (240, 40, 0.4(\frac{1}{6})^{0.2})^T$ der Lagrange-Funktion. Die Lösung $\mathbf{x}^* = (240, 40)^T$ entspricht der optimalen Lösung, welche wir in Beispiel 10.2.3 gefunden hatten. ∎

■ Beispiel 10.2.10 — Lösen von Beispiel 10.1.9 mit der Lagrange-Funktion.
Die Lagrange-Funktion von

$$(P\text{-min}) \qquad \min x_1^2 + 4(x_2 - 1)^2 + 3$$
$$\text{u.d.N. } x_1^2 + 2(x_2 - 1) - 2 = 0$$

ist

$$L(x_1, x_2, \lambda) = x_1^2 + 4(x_2 - 1)^2 + 3 - \lambda\left(x_1^2 + 2(x_2 - 1) - 2\right).$$

Bildet man den Gradienten von L und setzt diesen gleich dem Nullvektor, ergibt sich

$$(i) \quad L_{x_1}(x_1, x_2, \lambda) = 2x_1 - \lambda \cdot 2x_1 = 2x_1(1 - \lambda) \qquad\qquad = 0$$
$$(ii) \quad L_{x_2}(x_1, x_2, \lambda) = 8(x_2 - 1) - 2\lambda \qquad\qquad\qquad = 0$$
$$(iii) \quad L_\lambda(x_1, x_2, \lambda) = -\left(x_1^2 + 2(x_2 - 1) - 2\right) = -x_1^2 - 2x_2 + 4 \qquad = 0.$$

Aus (i) folgt direkt $x_1 = 0$ oder $\lambda = 1$. Im Fall $x_1 = 0$ folgt aus (iii) $x_2 = 2$ und aus (ii) $\lambda = 4$. Im Fall $\lambda = 1$ folgt aus (ii) $x_2 = \frac{5}{4}$ und aus (iii) $x_1 = \pm\sqrt{\frac{3}{2}}$. Die Lagrange-Funktion hat somit die stationären Stellen $(0, 2, 4)^T$, $(-\sqrt{\frac{3}{2}}, \frac{5}{4}, 1)^T$, und $(\sqrt{\frac{3}{2}}, \frac{5}{4}, 1)^T$. Satz 10.2.3 entscheidet dabei nicht, ob das Optimierungsproblem unter Nebenbedingungen eine optimale Lösung hat oder an welcher dieser stationären Stellen diese Lösung vorliegt. Setzt man die Stellen in f ein, ergibt sich $f(0, 2) = 7$, $f(-\sqrt{\frac{3}{2}}, \frac{5}{4}) = \frac{19}{4}$ und $f(\sqrt{\frac{3}{2}}, \frac{5}{4}) = \frac{19}{4}$. An den Stellen $(-\sqrt{\frac{3}{2}}, \frac{5}{4})^T$ und $(\sqrt{\frac{3}{2}}, \frac{5}{4})^T$ liegen Kandidaten für lokale Minimalstellen von f auf B vor. In Beispiel 10.2.5 hatten wir gezeigt, dass es sich an diesen Stellen um optimale Lösungen von (P-min) handelt. Um dies an dieser Stelle jedoch mithilfe der Lagrange-Funktion analytisch zu zeigen, benötigt man Sätze, die über den hier behandelten Stoff hinausgehen. ∎

Im Gegensatz zum Verfahren der Substitution muss die Nebenbedingung zur Anwendung dieses Verfahrens nicht nach einer der Variablen explizit aufgelöst werden.

■ Beispiel 10.2.11 — Beispiel mit einer schwierigen Nebenbedingung.

Die Lagrange-Funktion von

$$\text{(P-min)} \qquad \min x_1^2 + x_2^2$$
$$\text{u.d.N. } x_2 + x_1 x_2^2 - e^{x_1 x_2} = 0$$

ist

$$L(x_1, x_2, \lambda) = x_1^2 + x_2^2 - \lambda \left(x_2 + x_1 x_2^2 - e^{x_1 x_2} \right).$$

Bildet man den Gradienten von L und setzt diesen gleich dem Nullvektor, ergibt sich

$$\begin{aligned}
(i) \quad & L_{x_1}(x_1, x_2, \lambda) = 2x_1 - \lambda \left(x_2^2 - x_2 e^{x_1 x_2} \right) && = 0 \\
(ii) \quad & L_{x_2}(x_1, x_2, \lambda) = 2x_2 - \lambda \left(1 + 2x_1 x_2 - x_1 e^{x_1 x_2} \right) && = 0 \\
(iii) \quad & L_{\lambda}(x_1, x_2, \lambda) = - \left(x_2 + x_1 x_2^2 - e^{x_1 x_2} \right) && = 0.
\end{aligned}$$

Gleichung (iii) hat eine Lösung $x_1 = 0$ und $x_2 = 1$. Gleichungen (i) und (ii) sind dann erfüllt, wenn $\lambda = 2$. Eine zweite Lösung kann numerisch als $x_1 = 1.07654$, $x_2 = -1.15904$ und $\lambda = 1.28452$ bestimmt werden.[6] Somit sind $(0, 1, 2)^T$ und $(1.07654, -1.15904, 1.28452)^T$ stationäre Stellen der Lagrange-Funktion. Setzt man die x_1- und x_2-Komponenten dieser Stellen in $f(\mathbf{x}) = x_1^2 + x_2^2$ ein, ergibt sich $f(0, 1) = 1$ und $f(1.07654, -1.15904) \approx 2.5$. Graphisch erkennt man aus Abbildung 10.13, dass es sich bei $(0, 1)^T$ um die optimale Lösung von (P-min) handelt. Um analytisch zu zeigen, dass $(0, 1)^T$ die optimale Lösung ist, benötigt man auch hier Sätze, die über den hier behandelten Stoff hinausgehen. ■

Zu beachten ist, dass Satz 10.2.3 nur anwendbar ist, wenn $\nabla g(\mathbf{x}^*) \neq \mathbf{0}$.

■ Beispiel 10.2.12 — Beispiel mit einfacher Nebenbedingung.

Das Problem aus Beispiel 10.2.1,

$$\text{(P-min)} \qquad \min x_1^2 + x_2$$
$$\text{u.d.N. } (x_1 - x_2)^2 = 0,$$

hat die Lagrange-Funktion

$$L(x_1, x_2, \lambda) = x_1^2 + x_2 - \lambda (x_1 - x_2)^2.$$

Die stationären Stellen dieser Funktion lassen sich durch

$$\begin{aligned}
(i) \quad & L_{x_1}(x_1, x_2, \lambda) = 2x_1 - \lambda \cdot 2(x_1 - x_2) && = 0 \\
(ii) \quad & L_{x_2}(x_1, x_2, \lambda) = 1 + \lambda \cdot 2(x_1 - x_2) && = 0 \\
(iii) \quad & L_{\lambda}(x_1, x_2, \lambda) = -(x_1 - x_2)^2 && = 0
\end{aligned}$$

bestimmen. Aus (iii) folgt $x_1 = x_2$. Einsetzen in (ii) ergibt $1 = 0$. Ein Gleichungssystem mit einer Gleichung $1 = 0$ hat keine Lösung. Die Lagrange-Funktion hat somit auch

---

[6]　Z.B. unter Zuhilfenahme der Stetigkeit von $g_1(\mathbf{x}) = x_2 + x_1 x_2^2 - e^{x_1 x_2}$ und einer Erweiterung des Nullstellensatzes aus Kapitel 5.

keine stationären Stellen. Wir haben jedoch eine Lösung des Problems durch Substitution gefunden. Wie kann das sein?

Satz 10.2.3 besagt, dass wenn für die optimale Lösung des Optimierungsproblems unter Nebenbedingungen $\nabla g_1(\mathbf{x}^*) \neq \mathbf{0}$ gilt, es ein $\lambda^* \in \mathbb{R}$ gibt, so dass die Stelle $(x_1^*, x_2^*, \lambda^*)^T$ eine stationäre Stelle der Lagrange-Funktion ist. Hier im Beispiel gilt aber für jede zulässige Lösung $x_1 = x_2$ und somit $(g_1)_{x_1}(x_1, x_2) = (g_1)_{x_2}(x_1, x_2) = 0$. Die Voraussetzungen des Satzes von Lagrange sind hier also nicht erfüllt. $\blacksquare$

Das Verfahren (allgemein)

Auch für den allgemeinen Fall eines Optimierungsproblems in n Variablen und mit $m \leq n$ Gleichheitsnebenbedingungen kann eine entsprechende Lagrange-Funktion mit m Lagrange-Multiplikatoren definiert werden.

> **Definition 10.2.2 — Die Lagrange-Funktion (allgemein).**
> Seien $f, g_i : D \to Z$, $i = 1, \ldots, m$ reelle Funktionen in n Variablen. Die Funktion $L : D \times \mathbb{R}^m \to \mathbb{R}$ mit Abbildungsvorschrift
>
> $$L(x_1, x_2, \ldots, x_n, \lambda_1, \ldots, \lambda_m) = f(x_1, x_2, \ldots, x_n) - \sum_{i=1}^{m} \lambda_i g_i(x_1, x_2, \ldots, x_n)$$
>
> heißt **Lagrange-Funktion** eines Optimierungsproblems mit Zielfunktion f und Nebenbedingungen $g_i(\mathbf{x}) = 0$, $i = 1, \ldots, m$.

Auch hier ergibt sich ein notwendiges Kriterium für Lösungen des Optimierungsproblems unter Nebenbedingungen:

> **Satz 10.2.4 — Der Satz von Lagrange (allgemein).**
> Seien $f, g_i : D \to Z$, $i = 1, \ldots, m$ reelle stetig partiell differenzierbare Funktionen in n Variablen, $D \subseteq \mathbb{R}^n$ offen, $B = \{\mathbf{x} \in D \mid g_i(\mathbf{x}) = 0, i = 1, \ldots, m\}$, $\mathbf{x}^* \in B$ und die Gradienten $\nabla g_1(\mathbf{x}^*), \ldots, \nabla g_m(\mathbf{x}^*)$ linear unabhängig. Zudem sei $L : D \times \mathbb{R}^m \to \mathbb{R}$ die Lagrange-Funktion in $n + m$ Variablen mit Abbildungsvorschrift
>
> $$L(x_1, x_2, \ldots, x_n, \lambda_1, \ldots, \lambda_m) = f(x_1, x_2, \ldots, x_n) - \sum_{i=1}^{m} \lambda_i g_i(x_1, x_2, \ldots, x_n).$$
>
> Ist $\mathbf{x}^* \in D$ eine optimale Lösung von
>
> $$\text{(P-max)} \qquad \max_{\mathbf{x} \in B} f(\mathbf{x}) \qquad\qquad \text{oder} \qquad \text{(P-min)} \qquad \min_{\mathbf{x} \in B} f(\mathbf{x}),$$
>
> dann existieren $\lambda_1^*, \ldots, \lambda_m^* \in \mathbb{R}$ mit $\nabla L(x_1^*, x_2^*, \ldots, x_n^*, \lambda_1^*, \ldots, \lambda_m^*) = \mathbf{0}$. Zudem gilt $L(x_1^*, x_2^*, \ldots, x_n^*, \lambda_1^*, \ldots, \lambda_m^*) = f(\mathbf{x}^*)$.
> Ist $\mathbf{x}^0$ eine lokale Extremalstelle von f auf B, dann existieren $\lambda_1^0, \ldots, \lambda_m^0 \in \mathbb{R}$, so dass $\nabla L(x_1^0, x_2^0, \ldots, x_n^0, \lambda_1^0, \ldots, \lambda_m^0) = \mathbf{0}$ gilt. Zudem gilt $L(x_1^0, x_2^0, \ldots, x_n^0, \lambda_1^0, \ldots, \lambda_m^0) = f(\mathbf{x}^0)$.

Dass alle Gradienten der Nebenbedingungen an der Stelle $\mathbf{x}^*$ linear unabhängig sein müssen, ist dabei eine Verallgemeinerung von $\nabla g(\mathbf{x}^*) \neq \mathbf{0}$. Satz 10.2.3 ergibt sich also als Spezialfall für $m = 1 < 2 = n$. Wir demonstrieren die Anwendung dieses allgemeineren Satzes in folgendem Beispiel:

■ Beispiel 10.2.13 — Risikominimales Portfolio - Fortsetzung.
Die Lagrange-Funktion des Problems aus Beispiel 10.1.1, in dem ein Anleger ein risikominimales Portfolio mit einer Rendite von $\frac{7}{30}$ sucht, ist

$$L(x_1,x_2,x_3,\lambda_1,\lambda_2) = \frac{1}{20}x_1^2 + \frac{1}{20}x_2^2 + \frac{1}{20}x_3^2 - \lambda_1(x_1 + x_2 + x_3 - 1)$$
$$- \lambda_2\left(\frac{1}{5}x_1 + \frac{1}{10}x_2 + \frac{3}{10}x_3 - \frac{7}{30}\right).$$

Nullsetzen der partiellen Ableitungen ergibt das zu lösende Gleichungssystem

$$\frac{\partial L(x_1,x_2,x_3,\lambda_1,\lambda_2)}{\partial x_1} = \frac{1}{10}x_1 - \lambda_1 - \frac{1}{5}\lambda_2 = 0$$
$$\frac{\partial L(x_1,x_2,x_3,\lambda_1,\lambda_2)}{\partial x_2} = \frac{1}{10}x_2 - \lambda_1 - \frac{1}{10}\lambda_2 = 0$$
$$\frac{\partial L(x_1,x_2,x_3,\lambda_1,\lambda_2)}{\partial x_3} = \frac{1}{10}x_3 - \lambda_1 - \frac{3}{10}\lambda_2 = 0$$
$$\frac{\partial L(x_1,x_2,x_3,\lambda_1,\lambda_2)}{\partial \lambda_1} = -(x_1 + x_2 + x_3 - 1) = 0$$
$$\frac{\partial L(x_1,x_2,x_3,\lambda_1,\lambda_2)}{\partial \lambda_2} = -\left(\frac{1}{5}x_1 + \frac{1}{10}x_2 + \frac{3}{10}x_3 - \frac{7}{30}\right) = 0$$

mit 5 Gleichungen. Dieses LGS hat eine eindeutige Lösung. Die einzige stationäre Stelle
von L ist somit $(\frac{1}{3},\frac{1}{6},\frac{1}{2},0,\frac{1}{6})^T$. Wenn es also ein risikominimales Portfolio mit dieser
Rendite gibt, dann ist es das Portfolio mit Anteilen von $x_1 = \frac{1}{3}$, $x_2 = \frac{1}{6}$ und $x_3 = \frac{1}{2}$.[7] Mit
diesem Portfolio ergibt sich ein Risiko von

$$f\left(\frac{1}{3},\frac{1}{6},\frac{1}{2}\right) = \frac{7}{360}. \qquad\qquad ■$$

Ökonomische Interpretation des Lagrangemultiplikators
Wir erläutern im Folgenden eine Interpretation des sogenannten Lagrangemultiplikators λ
im Fall $m = 1 < n = 2$. Sie gilt aber für alle $m \leq n$.

   In den Wirtschaftswissenschaften sucht man häufig das Maximum oder das Minimum
einer Funktion $f(x_1,x_2)$ unter der Nebenbedingung

$$h(\mathbf{x}) = b,$$

wobei h zum Beispiel für das benötigte Budget zum Kauf des Güterbündels $\mathbf{x} = (x_1,x_2)^T$
steht oder den Verbrauch einer Ressource zur Produktion von $(x_1,x_2)^T$ beschreibt und b das
zur Verfügung stehende Budget bzw. die zur Verfügung stehende Menge einer Ressource
repräsentiert. Mit $g(\mathbf{x}) = h(\mathbf{x}) - b = 0$ kann dann das Verfahren von Lagrange angewandt
werden. Wir bezeichnen die Lagrange-Funktion in Abhängigkeit vom gegebenen Budget b
als

$$L^b(x_1,x_2,\lambda,b) = f(\mathbf{x}) - \lambda(h(\mathbf{x}) - b).$$

---

[7]   In diesem Beispiel kann man sogar schließen, dass obiges Portfolio die optimale Lösung des Minimierungsproblems darstellt. Diese Rechtfertigung geht aber über den hier behandelten Stoff hinaus. Man
findet sie beispielsweise in Merz und Wüthrich (2013, Beispiel 24.40).

Da f und g stetig partiell differenzierbare Funktionen sind, gilt für ein gegebenes Budget b und zugehöriger optimaler Lösung $(x_1^*, x_2^*, \lambda^*)$

$$\nabla L^b(x_1^*, x_2^*, \lambda^*, b) = \begin{pmatrix} 0 \\ 0 \\ 0 \\ \lambda \end{pmatrix}.$$

Verändert man also das Budgets um eine kleine Menge Δb, verändert sich die optimale Lösung zu $(x_1^* + \Delta x_1^*, x_2^* + \Delta x_2^*, \lambda^* + \Delta \lambda^*)$ und ergibt einen veränderten Zielfunktionswert. Für jedes $\mathbf{x}$, welches die Nebenbedingung $h(\mathbf{x}) = b$ erfüllt, gilt

$$L^b(x_1, x_2, \lambda, b) = f(\mathbf{x}) - \lambda(h(\mathbf{x}) - b) = f(\mathbf{x}),$$

d.h. der Wert der Lagrange-Funktion entspricht dem Zielfunktionwert. Daher entspricht die Veränderung des Zielfunktionswerts bei einer Veränderung des Budgets um Δb der Veränderung der Lagrangefunktion, also etwa

$$\nabla L^b(x_1^*, x_2^*, \lambda^*, b)^T \begin{pmatrix} \Delta x_1^* \\ \Delta x_2^* \\ \Delta \lambda^* \\ \Delta b \end{pmatrix} = \lambda \Delta b.$$

Der Wert λ ist demnach unter gewissen Voraussetzungen ein Maß der Sensitivität des Zielfunktionswertes bezüglich einer Veränderung von b, also des zur Verfügung stehenden Budgets oder der Menge der zur Verfügung stehenden Ressource. Neben der Bezeichnung Lagrangemultiplikator wird in den Wirtschaftswissenschaften für λ daher auch oft der Begriff des Schattenpreises oder der Opportunitätskosten verwendet.

Wir illustrieren dies am Beispiel:

▪ Beispiel 10.2.14 — Interpretation von λ bei der Nutzenmaximierung.

Wir betrachten erneut das Problem des nutzenmaximierenden Konsumenten aus Beispiel 10.1.4 mit Zielfunktion $f(\mathbf{x}) = x_1^{0.8} x_2^{0.2}$ und Nebenbedingung $2x_1 + 3x_2 = 600$. Wir haben bereits berechnet, dass $(240, 40)^T$ die optimale Lösung des Problems ist mit $f(240, 40) = 240^{0.8} 40^{0.2} \approx 167.72$ und $\lambda = 0.4(\frac{1}{6})^{0.2} \approx 0.28$. Wie würde sich aber der (optimale) Nutzen des Konsumenten verändern, wenn sich sein Budget um 1.5 Geldeinheiten vergrößert? Oben wurde behauptet, dass dieser Wert ungefähr 1.5λ entspricht. Mit einem Budget von 601.5 sollte sich also ein Nutzen von etwa $167.72 + 1.5 \cdot 0.28 = 168.14$ ergeben.

Berechnen wir die Lösung von $\max_{\mathbf{x} \in B} f(\mathbf{x})$ mit $B = \{\mathbf{x} \in (0, +\infty)^2 | 2x_1 + 3x_2 = 601.5\}$ analog zu Beispiel 10.2.9, ergibt sich $x_1 = 240.6$, $x_2 = 40.1$ mit $f(240.6, 40.1) \approx 168.14$. In diesem Fall ist die Schätzung also bis auf zwei Nachkommastellen genau. ▪

Obige Interpretation kann auf den Fall von beliebig vielen Gleichheitsnebenbedingungen und Variablen übertragen werden solange $m \leq n$ gilt.

▪ Beispiel 10.2.15 — Risikominimales Portfolio.

Wir betrachten erneut das Problem des risikominimalen Portfolios zu gegebener Rendite, siehe Beispiel 10.2.13. Hier hat der Parameter λ_2 folgende Bedeutung: Erhöht man die zu erreichende Rendite um (ein kleines) Δr, so erhöht sich das Risiko in etwa um $\lambda_2 \Delta r = \frac{\Delta r}{6}$.

Da sich Anteile stets auf 1 addieren sollten, ist eine analoge ökonomische Interpretation von λ_1 wenig hilfreich. ∎

> **(Z)** Die sogenannte Lagrange-Funktion eines Optimierungsproblems $\min f(\mathbf{x})$ unter der Gleichheitsnebenbedingung $g(\mathbf{x}) = 0$ ist $L(x_1, \ldots, x_n, \lambda) = f(\mathbf{x}) - \lambda g(\mathbf{x})$.
> Sind f und g stetig partiell differenzierbare Funktionen in n Variablen mit offenem Definitionsbereich und ist $\mathbf{x}^0$ eine lokale Extremalstelle des Optimierungsproblems $\min f(\mathbf{x})$ unter der Gleichheitsnebenbedingung $g(\mathbf{x}) = 0$ und gilt $\nabla g(\mathbf{x}^0) \neq \mathbf{0}$, dann gibt es ein $\lambda^0 \in \mathbb{R}$ mit $\nabla L(x_1^0, \ldots, x_n^0, \lambda^0) = \mathbf{0}$.

10.3 Lineare Optimierung

Die lineare Optimierung erlaubt das Auftreten von Ungleichheitsnebenbedingungen, beschränkt sich dafür aber auf Zielfunktionen und Nebenbedingungen, welche durch affinlineare Funktionen $f, g_i : \mathbb{R}^n \to \mathbb{R}, i = 1, \ldots, m$ beschrieben sind.

10.3.1 Die Standardform der linearen Optimierung

Ziele dieses Unterkapitels
- Was versteht man unter einem linearen Optimierungsproblem?
- Was versteht man unter einem linearen Optimierungsproblem in Standardform? Kann jedes lineare Optimierungsproblem als ein lineares Optimierungsproblem in Standardform formuliert werden?

Definition 10.3.1 — Lineares Optimierungsproblem in Standardform.
(P-max) und (P-min) heißen **lineares Optimierungsproblem** oder **lineares Programm (LP)**, wenn $f, g_1, \ldots, g_m$ affin-lineare Funktionen mit Definitionsbereich $D = \mathbb{R}^n$ und Zielmenge $Z = \mathbb{R}$ sind.
Ein lineares Optimierungsproblem liegt in **Standardform** vor, wenn es für $A = (a_{ij}) \in \mathbb{R}^{m \times n}, \mathbf{b} \in \mathbb{R}^m$ und $\mathbf{c}, \mathbf{x} \in \mathbb{R}^n$ in der Form

$$\text{(P-max)} \qquad \max \mathbf{c}^T \mathbf{x}$$
$$\text{u.d.N. } A\mathbf{x} \leq \mathbf{b}$$
$$\mathbf{x} \geq \mathbf{0}$$

beschrieben ist.
    Dabei bezeichnet man die Matrix A als Koeffizientenmatrix und $\mathbf{b}$ als rechte Seite des linearen Ungleichungssystems. Den Vektor $\mathbf{c}$ nennt man den Vektor der Zielfunktionskoeffizienten und $\mathbf{x}$ den Vektor der Entscheidungsvariablen. Die Bedingung $\mathbf{x} \geq \mathbf{0}$ heißt Nichtnegativitätsbedingung.

Bei einem linearen Optimierungsproblem in Standardform handelt es sich also stets um ein Maximierungsproblem mit einer Zielfunktion, welche eine lineare Abbildung ist, und einem zulässigen Bereich $B = \{\mathbf{x} \in [0, +\infty)^n | A\mathbf{x} \leq \mathbf{b}\}$.
    Die Definition eines linearen Optimierungsproblems umfasst alle Optimierungsprobleme mit affin-linearer Zielfunktion und Nebenbedingungen, welche nur mithilfe affinlinearer Funktionen beschrieben werden. Damit umfasst sie unter anderem auch Minimierungsprobleme, Optimierungsprobleme mit Gleichheitsnebenbedingungen, Opti-

mierungsprobleme mit Zielfunktionen der Form $f(\mathbf{x}) = \mathbf{c}^T\mathbf{x} + d, \mathbf{c}, \mathbf{x} \in \mathbb{R}^n, d \in \mathbb{R}$, oder Optimierungsprobleme mit Entscheidungsvariablen, welche negative Werte annehmen dürfen. Zu jedem linearen Optimierungsproblem kann durch geeignete Umformulierung jedoch entweder

- ein äquivalentes lineares Optimierungsproblem in Standardform gefunden werden oder
- eines, aus dem man die Lösung des ursprünglichen Problems wieder rekonstruieren kann.

Wir demonstrieren dies in Beispielen:

■ Beispiel 10.3.1 — Das Produktionsplanungsproblem in Standardform.
Wir betrachten erneut das Optimierungsproblem unter Nebenbedingungen aus Beispiel 0.1.6, welches wir in Beispiel10.1.3 formulierten:

$$
\begin{aligned}
\max \quad & 4x_1 + 5x_2 \\
\text{u.d.N.} \quad & x_1 + x_2 < 700 \\
& x_1 + 3x_2 \leq 1500 \\
& 2x_1 + x_2 \leq 1200 \\
& x_1 \geq 0 \\
& x_2 \geq 0.
\end{aligned}
$$

Dieses Problem liegt bereits als lineares Optimierungsproblem in Standardform vor mit

$$
\mathbf{c} = \begin{pmatrix} 4 \\ 5 \end{pmatrix}, \quad A = \begin{pmatrix} 1 & 1 \\ 1 & 3 \\ 2 & 1 \end{pmatrix} \quad \text{und} \quad \mathbf{b} = \begin{pmatrix} 700 \\ 1500 \\ 1200 \end{pmatrix}.
$$

Die Zielfunktion ergibt sich als

$$
\mathbf{c}^T\mathbf{x} = (4,5) \begin{pmatrix} x_1 \\ x_2 \end{pmatrix} = 4x_1 + 5x_2
$$

und die Nebenbedingungen als

$$
A\mathbf{x} = \begin{pmatrix} 1 & 1 \\ 1 & 3 \\ 2 & 1 \end{pmatrix} \begin{pmatrix} x_1 \\ x_2 \end{pmatrix} = \begin{pmatrix} x_1 + x_2 \\ x_1 + 3x_2 \\ 2x_1 + x_2 \end{pmatrix} \leq \begin{pmatrix} 700 \\ 1500 \\ 1200 \end{pmatrix} = \mathbf{b}
$$

sowie

$$
\mathbf{x} = \begin{pmatrix} x_1 \\ x_2 \end{pmatrix} \geq \begin{pmatrix} 0 \\ 0 \end{pmatrix} = \mathbf{0}. \qquad ■
$$

■ Beispiel 10.3.2 — Das Mischungsproblem in Standardform.
Wir betrachten erneut das Mischungsproblem aus Beispiel 10.1.2.

$$
\begin{aligned}
\min \quad & 0.1x_1 + 0.3x_2 + 0.2x_3 \\
\text{u.d.N.} \quad & 2x_1 + 1x_2 + 3x_3 \leq 2 \\
& 1000x_1 + 2000x_2 + 4000x_3 \geq 2000 \\
& x_1 + x_2 + x_3 = 1 \\
& x_1 \geq 0 \\
& x_2 \geq 0 \\
& x_3 \geq 0.
\end{aligned}
$$

Dieses lineare Optimierungsproblem liegt nicht in Standardform vor, da die zweite Nebenbedingung eine $\geq$-Bedingung und die dritte eine Gleichheitsbedingung ist.

Da $x_1 + x_2 + x_3 = 1$ genau dann gilt, wenn $x_1 + x_2 + x_3 \leq 1$ und $x_1 + x_2 + x_3 \geq 1$, ergibt sich folgendes lineares Optimierungsproblem mit gleicher Zielfunktion und gleichem zulässigen Bereich:

$$\begin{aligned}
\min\ & 0.1x_1 + 0.3x_2 + 0.2x_3 \\
\text{u.d.N.}\quad & 2x_1 + 1x_2 + 3x_3 \leq 2 \\
& 1000x_1 + 2000x_2 + 4000x_3 \geq 2000 \\
& x_1 + x_2 + x_3 \leq 1 \\
& x_1 + x_2 + x_3 \geq 1 \\
& x_1 \geq 0 \\
& x_2 \geq 0 \\
& x_3 \geq 0.
\end{aligned}$$

Multipliziert man die zweite und vierte Ungleichung mit (-1), ergibt sich nun

$$\begin{aligned}
\min\ & 0.1x_1 + 0.3x_2 + 0.2x_3 \\
\text{u.d.N.}\quad & 2x_1 + 1x_2 + 3x_3 \leq 2 \\
& -1000x_1 - 2000x_2 - 4000x_3 \leq -2000 \\
& x_1 + x_2 + x_3 \leq 1 \\
& -x_1 - x_2 - x_3 \leq -1 \\
& x_1 \geq 0 \\
& x_2 \geq 0 \\
& x_3 \geq 0.
\end{aligned}$$

Mit $\min_{\mathbf{x} \in B} f(\mathbf{x}) = -\max_{\mathbf{x} \in B} -f(\mathbf{x})$ aus Satz 10.1.1 ergibt sich

$$\begin{aligned}
\max\ & -0.1x_1 - 0.3x_2 - 0.2x_3 \\
\text{u.d.N.}\quad & 2x_1 + 1x_2 + 3x_3 \leq 2 \\
& -1000x_1 - 2000x_2 - 4000x_3 \leq -2000 \\
& x_1 + x_2 + x_3 \leq 1 \\
& -x_1 - x_2 - x_3 \leq -1 \\
& x_1 \geq 0 \\
& x_2 \geq 0 \\
& x_3 \geq 0.
\end{aligned}$$

Dieses lineare Optimierungsproblem ist ein lineares Optimierungsproblem in Standardform mit

$$\mathbf{c} = \begin{pmatrix} -0.1 \\ -0.3 \\ -0.2 \end{pmatrix}, \quad A = \begin{pmatrix} 2 & 1 & 3 \\ -1000 & -2000 & -4000 \\ 1 & 1 & 1 \\ -1 & -1 & -1 \end{pmatrix} \quad \text{und}\quad \mathbf{b} = \begin{pmatrix} 2 \\ -2000 \\ 1 \\ -1 \end{pmatrix}. \quad \blacksquare$$

▪ Beispiel 10.3.3 — Das Mischungsproblem mit 2 Variablen in Standardform.
Nach der Vereinfachung des Mischungsproblems in Beispiel 10.1.15 zu einem Optimierungsproblem in 2 Variablen ergab sich folgendes Minimierungsproblem:

$$\min\ -0.1x_1 + 0.1x_2 + 0.2$$
$$\text{u.d.N.} \qquad -x_1 - 2x_2 \leq -1$$
$$3000x_1 + 2000x_2 \leq 2000$$
$$x_1 + x_2 \leq 1$$
$$x_1 \geq 0$$
$$x_2 \geq 0.$$

Dieses Optimierungsproblem ist laut Satz 10.1.1 äquivalent zu dem Optimierungsproblem

$$\max\ 0.1x_1 - 0.1x_2 - 0.2$$
$$\text{u.d.N.} \qquad -x_1 - 2x_2 \leq -1$$
$$3000x_1 + 2000x_2 \leq 2000$$
$$x_1 + x_2 \leq 1$$
$$x_1 \geq 0$$
$$x_2 \geq 0.$$

Dieses Problem liegt jedoch immer noch nicht in Standardform vor, da die Zielfunktion nicht in der Form $\mathbf{c}^T\mathbf{x}$ geschrieben werden kann, sondern noch einen zusätzlichen Summanden $-0,2$ enthält. Dieser zusätzliche Summand verändert allerdings lediglich den Zielfunktionswert, nicht die (optimale) Lösung eines linearen Optimierungsproblems. Definieren wir

$$A = \begin{pmatrix} -1 & -2 \\ 3000 & 2000 \\ 1 & 1 \end{pmatrix} \quad \text{und} \quad \mathbf{b} = \begin{pmatrix} -1 \\ 2000 \\ 1 \end{pmatrix}$$

und $B = \left\{ \mathbf{x} \in [0, +\infty)^2 \mid A\mathbf{x} \leq \mathbf{b} \right\}$, dann ist $\mathbf{x}^*$ eine optimale Lösung des obigen Maximierungsproblems $\max_{\mathbf{x} \in B} 0.1x_1 - 0.1x_2 - 0.2$ genau dann, wenn $\mathbf{x}^* \in B$ und

$$0.1x_1^* - 0.1x_2^* - 0.2 \geq 0.1x_1 - 0.1x_2 - 0.2 \text{ für alle } \mathbf{x} \in B.$$

Addiert man auf beiden Seiten 0.2, erkennt man, dass diese Ungleichung genau dann gilt, wenn

$$0.1x_1^* - 0.1x_2^* \geq 0.1x_1 - 0.1x_2 \text{ für alle } \mathbf{x} \in B,$$

also wenn $\mathbf{x}^*$ eine optimale Lösung von $\max_{\mathbf{x} \in B} \mathbf{c}^T\mathbf{x}$ mit $\mathbf{c} = (0.1, -0.1)^T$ ist. Das lineare Optimierungsproblem, welches die Funktion $0.1x_1 - 0.1x_2 - 0.2$ über B maximiert, ist also äquivalent zu folgendem linearen Optimierungsproblem in Standardform:

$$\max\ \mathbf{c}^T\mathbf{x}$$
$$\text{u.d.N.} \qquad A\mathbf{x} \leq \mathbf{b}$$
$$\mathbf{x} \geq \mathbf{0}.$$

▪

■ Beispiel 10.3.4 — Ein lineares Optimierungsproblem mit möglichen negativen Lösungen.

Suchen wir die optimale Lösung des Optimierungsproblems

$$\begin{aligned}
\max\ & x_1 - 3x_2 \\
\text{u.d.N.}\quad & x_1 \leq 4 \\
& x_1 + x_2 \leq 5 \\
& -x_2 \leq 1 \\
& x_1 \geq 0,
\end{aligned}$$

so liegt das lineare Optimierungsproblem nicht in Standardform vor, da $x_2 \geq 0$ nicht gelten muss. In der Tat ist x_2 hier eine beliebige reelle Zahl, für welche aus der zweiten und dritten Ungleichung hervorgeht, dass sie mindestens den Wert -1 und für gegebenes x_1 höchstens den Wert $5 - x_1$ hat. Eine Standard-Vorgehensweise besteht darin, in solchen Fällen Variablen $\tilde{x}_2 \geq 0$ und $\tilde{x}_3 \geq 0$ zu definieren mit $x_2 = \tilde{x}_2 - \tilde{x}_3$. Schreibt man zudem $\tilde{x}_1$ statt x_1, ergibt sich dann

$$\begin{aligned}
\max\ & \tilde{x}_1 - 3(\tilde{x}_2 - \tilde{x}_3) \\
\text{u.d.N.}\quad & \tilde{x}_1 \leq 4 \\
& \tilde{x}_1 + (\tilde{x}_2 - \tilde{x}_3) \leq 5 \\
& -(\tilde{x}_2 - \tilde{x}_3) \leq 1 \\
& \tilde{x}_1 \geq 0 \\
& \tilde{x}_2 \geq 0 \\
& \tilde{x}_3 \geq 0
\end{aligned}$$

bzw.

$$\begin{aligned}
\max\ & \mathbf{c}^T \tilde{\mathbf{x}} \\
\text{u.d.N.}\quad & A\tilde{\mathbf{x}} \leq \mathbf{b} \\
& \tilde{\mathbf{x}} \geq \mathbf{0}
\end{aligned}$$

mit

$$A = \begin{pmatrix} 1 & 0 & 0 \\ 1 & 1 & -1 \\ 0 & -1 & 1 \end{pmatrix}, \mathbf{b} = \begin{pmatrix} 4 \\ 5 \\ 1 \end{pmatrix} \text{ und } \mathbf{c} = \begin{pmatrix} 1 \\ -3 \\ 3 \end{pmatrix}.$$

Ein Vektor $\tilde{\mathbf{x}}^*$ ist genau dann eine optimale Lösung zu diesem linearen Optimierungsproblem in Standardform, wenn $(\tilde{x}_1^*, \tilde{x}_2^* - \tilde{x}_3^*)^T$ eine optimale Lösung des urspünglichen Problems ist. Erhält man also für das lineare Optimierungsproblem in Standardform die optimale Lösung $(4, 0, 1)^T$, dann ist die optimale Lösung des urspünglichen linearen Optimierungsproblems $(4, 0 - 1)^T = (4, -1)^T$. ■

(Z) Ein Optimierungsproblem unter Nebenbedingungen, in welchem alle Funktionen affinlinear sind, heißt lineares Optimierungsproblem.

Ein lineares Optimierungsproblem liegt in Standardform vor, wenn es für $A = (a_{ij}) \in \mathbb{R}^{m \times n}, \mathbf{b} \in \mathbb{R}^m$ und $\mathbf{c}, \mathbf{x} \in \mathbb{R}^n$ als $\max_{\mathbf{x} \in B} \mathbf{c}^T \mathbf{x}$ mit $B = \{\mathbf{x} \in [0, +\infty)^n \,|\, A\mathbf{x} \leq \mathbf{b}\}$ beschrieben ist. Jedes lineare Optimierungsproblem kann als ein lineares Optimierungsproblem in Standardform formuliert werden, welches äquivalent zum ursprünglichen Problem ist oder aus welchem man die Lösung des ursprünglichen Problems einfach ablesen kann.

10.3.2 Graphische Lösung

Ziele dieses Unterkapitels

• Wie kann man ein lineares Optimierungsproblem mit zwei Variablen graphisch lösen?

Für lineare Optimierungsprobleme in nur zwei Variablen ist es besonders einfach, eine Lösung graphisch zu bestimmen. Wir demonstrieren das Vorgehen an Beispielen:

■ **Beispiel 10.3.5 — Das Produktionsproblem in Standardform.**

Betrachten wir erneut das Produktionsproblem aus Beispiel 10.1.3, welches in Abbildung 10.15 (links) visualisiert ist, so lässt sich der zulässige Bereich einfach als Schnitt der Mengen $\{\mathbf{x} \in \mathbb{R}^2 \mid x_1 + x_2 \leq 700\}$, $\{\mathbf{x} \in \mathbb{R}^2 \mid x_1 + 3x_2 \leq 1500\}$, $\{\mathbf{x} \in \mathbb{R}^2 \mid 2x_1 + x_2 \leq 1200\}$, $\{\mathbf{x} \in \mathbb{R}^2 \mid x_1 \geq 0\}$ und $\{\mathbf{x} \in \mathbb{R}^2 \mid x_2 \geq 0\}$ ermitteln. Die Höhenlinie zum Niveau $y = 4x_1 + 5x_2$ kann man explizit als $x_2 = \frac{y}{5} - \frac{4}{5}x_1$ bestimmen. Alle Höhenlinien haben also die gleiche Steigung von $-\frac{4}{5}$. Ausgehend von einer Höhenlinie zum Niveau y, erhält man eine Höhenlinie mit höherem Niveau durch eine Parallelverschiebung der Höhenlinie nach oben. So lange man die Höhenlinie weiter nach oben schieben kann, kann man eine Höhenlinie mit höherem Niveau erreichen und den Zielfunktionswert verbessern.

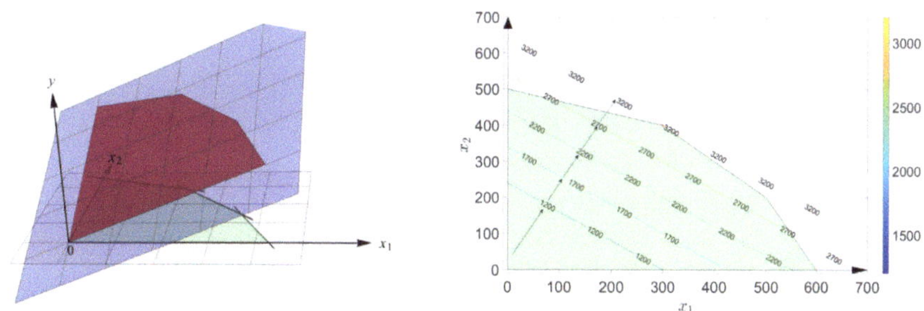

Abbildung 10.15: Die Funktion $4x_1 + 5x_2$ und Höhenlinien über dem zulässigen Bereich

Hier im Beispiel erkennt man in Abbildung 10.15 (rechts), dass das größte erzielbare Niveau an der Ecke $(300, 400)^T$ des zulässigen Bereichs angenommen wird. Man kann kein höheres Niveau erzielen, da man durch eine weitere Parallelverschiebung nach oben den zulässigen Bereich verlässt. ■

■ **Beispiel 10.3.6 — Das Mischungsproblem in zwei Variablen.**

Wir betrachten erneut das Mischungsproblem in Standardform aus Beispiel 10.3.3, welches in Abbildung 10.16 dargestellt ist. Der zulässige Bereich entspricht dem Schnitt der Mengen $\{\mathbf{x} \in \mathbb{R}^2 \mid -x_1 - 2x_2 \leq -1\}$, $\{\mathbf{x} \in \mathbb{R}^2 \mid 3000x_1 + 2000x_2 \leq 2000\}$, $\{\mathbf{x} \in \mathbb{R}^2 \mid x_1 + x_2 \leq 1\}$, $\{\mathbf{x} \in \mathbb{R}^2 \mid x_1 \geq 0\}$ und $\{\mathbf{x} \in \mathbb{R}^2 \mid x_2 \geq 0\}$. Die Höhenlinie zum Niveau $y = 0.1x_1 - 0.1x_2$ kann man auch hier explizit bestimmen. Sie hat die Form $x_2 = x_1 - 10y$. Alle Höhenlinien haben also eine Steigung von 1. Ausgehend von einer Höhenlinie zum Niveau y, erhält man eine Höhenlinie mit höherem Niveau durch eine Parallelverschiebung der Höhenlinie nach unten. So lange man die Höhenlinie weiter nach unten schieben kann, kann man den Zielfunktionswert verbessern. Hier im Beispiel scheint das größte erzielbare Niveau an der Ecke $(0.5, 0.25)^T$ des zulässigen Bereichs angenommen zu werden. Ausgehend von diesem Niveau gibt es keine Höhenlinie zu einem höheren Niveau, welche Punkte im zulässigen Bereich enthält. ■

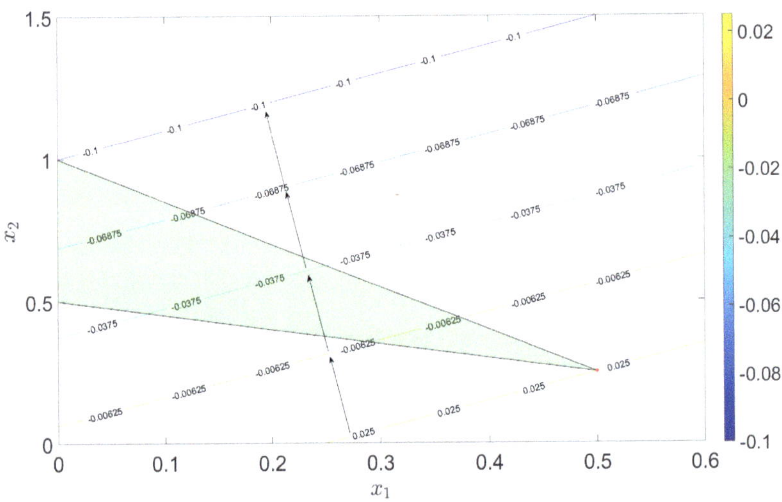

Abbildung 10.16: Höhenlinien der Funktion $0.1x_1 - 0.1x_2$ und der zulässige Bereich

■ **Beispiel 10.3.7 — Ein Beispiel ohne zulässige Lösung.**
Betrachten wir das Problem

$$\begin{aligned}
\max \; & x_1 + x_2 \\
\text{u.d.N.} \quad & -x_2 \leq -2 \\
& x_1 + x_2 \leq 1 \\
& x_1 \geq 0 \\
& x_2 \geq 0,
\end{aligned}$$

so ist der Schnitt der Mengen $\{\mathbf{x} \in \mathbb{R}^2 \mid -x_2 \leq -2\}$, $\{\mathbf{x} \in \mathbb{R}^2 \mid x_1 + x_2 \leq 1\}$, $\{\mathbf{x} \in \mathbb{R}^2 \mid x_1 \geq 0\}$ und $\{\mathbf{x} \in \mathbb{R}^2 \mid x_2 \geq 0\}$, also der zulässige Bereich, leer, vgl. Abbildung 10.17. Somit hat das lineare Optimierungsproblem keine zulässige und auch keine optimale Lösung. ■

■ **Beispiel 10.3.8 — Ein Beispiel mit vielen Lösungen.**
Der zulässige Bereich des Problems

$$\begin{aligned}
\max \; & x_1 + x_2 \\
\text{u.d.N.} \quad & x_2 \leq 2 \\
& x_1 + x_2 \leq 1 \\
& x_1 \geq 0 \\
& x_2 \geq 0
\end{aligned}$$

entspricht dem Schnitt der Mengen $\{\mathbf{x} \in \mathbb{R}^2 \mid x_2 \leq 2\}$, $\{\mathbf{x} \in \mathbb{R}^2 \mid x_1 + x_2 \leq 1\}$, $\{\mathbf{x} \in \mathbb{R}^2 \mid x_1 \geq 0\}$ und $\{\mathbf{x} \in \mathbb{R}^2 \mid x_2 \geq 0\}$ und ist nicht leer, vgl. Abbildung 10.18. Ausgehend von der Höhenlinie $x_2 = -x_1$ zum Niveau 0 kann man Höhenlinien mit höheren Niveaus finden, indem man die Höhenlinie parallel nach oben verschiebt.

Abbildung 10.19 zeigt die Höhenlinie $x_2 = 1 - x_1$ zum Niveau 1. Eine weitere Parallelverschiebung hätte zur Folge, dass kein Element der Höhenlinie im zulässigen Bereich ist.

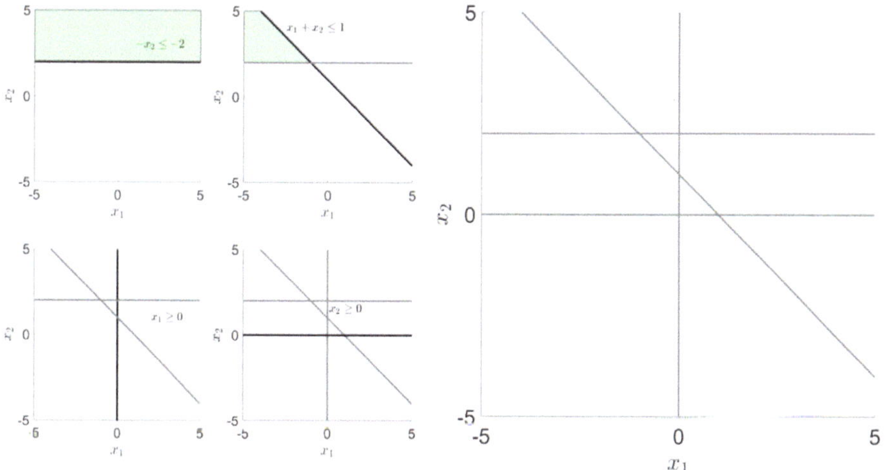

Abbildung 10.17: Ein leerer zulässiger Bereich

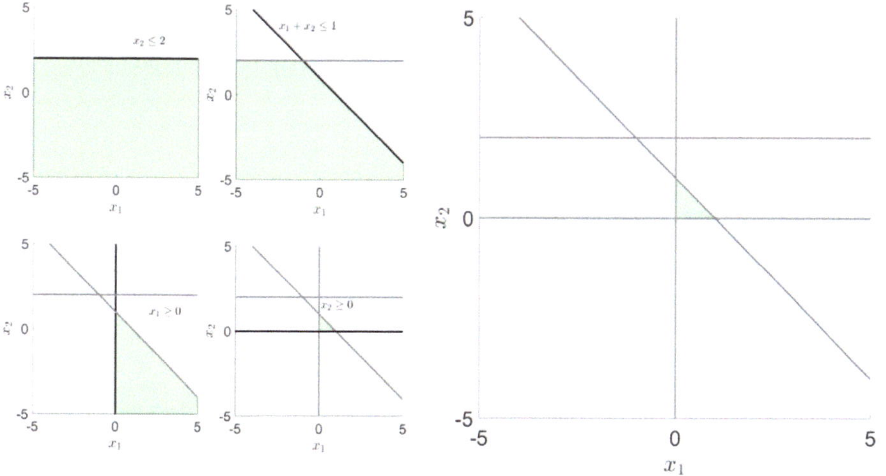

Abbildung 10.18: Der zulässige Bereich aus Beispiel 10.3.8

Innerhalb des zulässigen Bereichs gibt es jedoch unendlich viele Stellen mit Zielfunktionswert 1, u.a. $(0,1)^T$ und $(1,0)^T$. Sowohl $(0,1)^T$ als auch $(1,0)^T$ sind optimale Lösungen des linearen Optimierungsproblems. Auch alle Stellen auf der Verbindungslinie dieser zwei Stellen haben den Zielfunktionswert 1 und stellen somit optimale Lösungen dar. Dieses Problem hat unendlich viele optimale Lösungen. Die Menge aller optimalen Lösungen $\{\mathbf{x} \in \mathbb{R}^2 \mid \alpha(0,1)^T + (1-\alpha)(1,0)^T, \alpha \in [0,1]\}$ ist in Abbildung 10.19 rot markiert. ∎

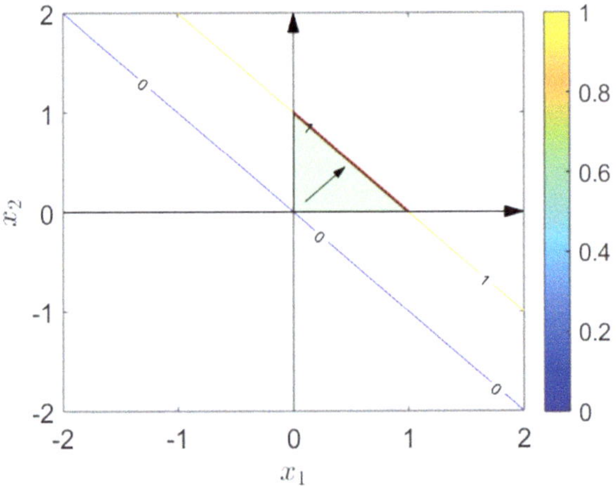

Abbildung 10.19: Ein lineares Optimierungsproblem mit unendlich vielen optimalen
Lösungen

■ Beispiel 10.3.9 — Ein Beispiel ohne optimale Lösung.
Abbildung 10.20 zeigt den zulässigen Bereich des linearen Optimierungsproblems

$$\begin{aligned}
\max\ & x_1 + x_2 \\
\text{u.d.N.}\quad & x_2 \le 2 \\
& -x_1 + x_2 \le 1 \\
& x_1 \ge 0 \\
& x_2 \ge 0.
\end{aligned}$$

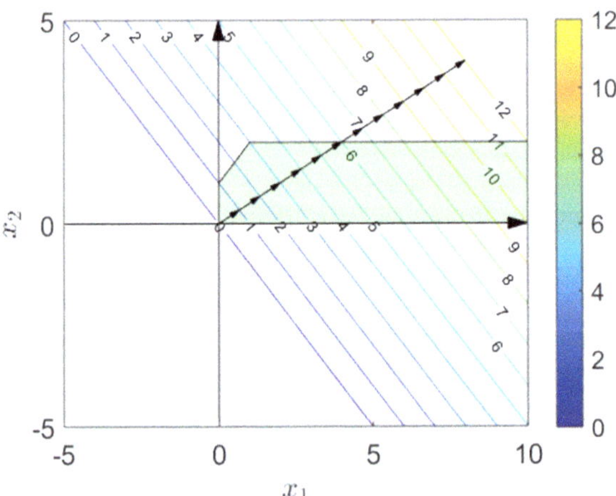

Abbildung 10.20: Ein lineares Optimierungsproblem mit unbeschränkter Zielfunktion

Verschiebt man die Höhenlinie $x_2 = -x_1$ zum Niveau $y = 0$ nach oben, um höhere Niveaus zu erreichen, stellt man schnell fest, dass Höhenlinien beliebig hoher Niveaus den zulässigen Bereich schneiden. Da der zulässige Bereich unbeschränkt ist, kann man die Höhenlinie beliebig weit parallel nach oben verschieben, ohne den zulässigen Bereich zu verlassen. Die Zielfunktion f ist im zulässigen Bereich also nach oben unbeschränkt. Es gilt also $\sup_{\mathbf{x} \in B} f(\mathbf{x}) = +\infty$. Damit hat das lineare Optimierungsproblem zwar zulässige Lösungen aber keine optimale Lösung. ∎

Will man ein lineares Optimierungsproblem mit zwei Variablen in Standardform graphisch lösen, geht man also wie folgt vor:

1. Bestimmung des zulässigen Bereichs: Man zeichnet den zulässigen Bereich als Schnitt der Mengen, die durch die einzelnen Ungleichheitsnebenbedingungen (inklusive Nicht-negativitätsbedingungen) gegeben sind. Ist der zulässige Bereich leer, existiert keine optimale Lösung. Ist er nicht leer, geht man zu Schritt 2.

2. Bestimmung einer Höhenlinie und der Richtung, in welcher sich der Zielfunktionswert vergrößert: Ist der zulässige Bereich leer, so hat das lineare Optimierungsproblem keine optimale Lösung. Ist der zulässige Bereich nicht-leer, zeichnet man eine Höhenlinie durch eine beliebige Stelle $\mathbf{x}^0 \in B$ mit Niveau $f(\mathbf{x}^0) = y$ und bestimmt die Richtung, in der eine Parallelverschiebung der Höhenlinie zu einer Vergrößerung von y führt.[8]

3. Bestimmung der optimalen Lösung: Kann die Höhenlinie in diese Richtung beliebig weit verschoben werden, ohne den zulässigen Bereich B vollständig zu verlassen, hat das lineare Optimierungsproblem keine optimale Lösung. Die Zielfunktion wächst innerhalb des zulässigen Bereichs über alle Schranken. Kann die Höhenlinie in diese Richtung nicht beliebig verschoben werden ohne den zulässigen Bereich B zu verlassen, bestimmt man die (eindeutige) Höhenlinie von f mit maximalem Zielfunktionswert, welche die zulässige Menge in mindestens einem Punkt schneidet. Man bestimmt also das Niveau y^*, für das es ein $\mathbf{x}^* \in B$ mit $f(\mathbf{x}^*) = y^*$ und $f(\mathbf{x}) \leq y^*$ für alle $\mathbf{x} \in B$ gibt. Jede Stelle $\mathbf{x} \in B$ mit $f(\mathbf{x}) = y^*$ ist dann eine optimale Lösung des linearen Optimierungsproblems.

(Z) Nachdem man in einem zweidimensionalen Koordinatensystem den zulässigen Bereich markiert hat, zeichnet man eine Höhenlinie (zu einem beliebigen Niveau) ein. Verschiebt man diese Höhenlinie parallel, erreicht man andere Zielfunktionswerte. Verschiebt man die Höhenlinie im Fall eines Maximierungsproblems (Minimierungsproblems) in Richtung ansteigender (abfallender) Zielfunktionswerte so weit, bis der zulässige Bereich von ihr nicht mehr geschnitten sondern nur berührt wird, sind die Stellen, an welchen diese Höhenlinie den zulässigen Bereich berührt, die optimalen Lösungen des linearen Optimierungsproblems.

10.3.3 Eckpunkte des zulässigen Bereichs

Ziele dieses Unterkapitels

- Ist der zulässige Bereich eines linearen Optimierungsproblems stets konvex? Ist er stets beschränkt?
- Was versteht man unter einem Eckpunkt des zulässigen Bereichs? Hat der zulässige Bereich eines linearen Optimierungsproblems stets endlich viele Eckpunkte?
- Welcher Zusammenhang besteht zwischen Eckpunkten des zulässigen Bereichs und

---

[8] Diese Richtung entspricht auch der Richtung des Gradienten der Zielfunktion.

der optimalen Lösung eines linearen Optimierungsproblems?

In allen bisher betrachteten Beispielen bildete der zulässige Bereich eine konvexe Menge.[9] Wenn das betrachtete lineare Optimierungsproblem eine Lösung hatte, befand sich in den Beispielen stets mindestens eine dieser Lösungen an einer Ecke des zulässigen Bereichs. In diesem Abschnitt halten wir diese Beobachtung fest und verallgemeinern sie.[10]

> **Satz 10.3.1 — Konvexität von B.**
> Der zulässige Bereich B eines linearen Optimierungsproblems in Standardform ist eine konvexe Menge.

Abbildung 10.21 zeigt exemplarisch verschiedene zulässige Bereiche und deren Ecken, welche wir auch Eckpunkte nennen. Um das im $\mathbb{R}^2$ geometrisch intuitive Konzept eines Eckpunktes auch im $\mathbb{R}^n$ mit $n > 2$ verwenden zu können, benötigen wir eine allgemeine Definition eines Eckpunktes. Hierbei ist zu beachten, dass die meisten Elemente aus B als eine Konvexkombination zweier anderer Punkte aus B dargestellt werden können, d.h. für die meisten Elemente $\mathbf{x} \in B$ gilt

$$\mathbf{x} = \alpha \mathbf{x}^1 + (1 - \alpha)\mathbf{x}^2, \quad \alpha \in [0,1], \quad \mathbf{x}^1, \mathbf{x}^2 \in B, \mathbf{x}^1, \mathbf{x}^2 \neq \mathbf{x},$$

vgl. Abbildung 10.22.

An Eckpunkten ist dies jedoch nicht möglich. Ist $\mathbf{x}$ ein Eckpunkt, gibt es keine $\mathbf{x}^1, \mathbf{x}^2 \in B$, $\mathbf{x}^1, \mathbf{x}^2 \neq \mathbf{x}$, so dass $\mathbf{x} = \alpha \mathbf{x}^1 + (1 - \alpha)\mathbf{x}^2$ für ein $\alpha \in [0,1]$.

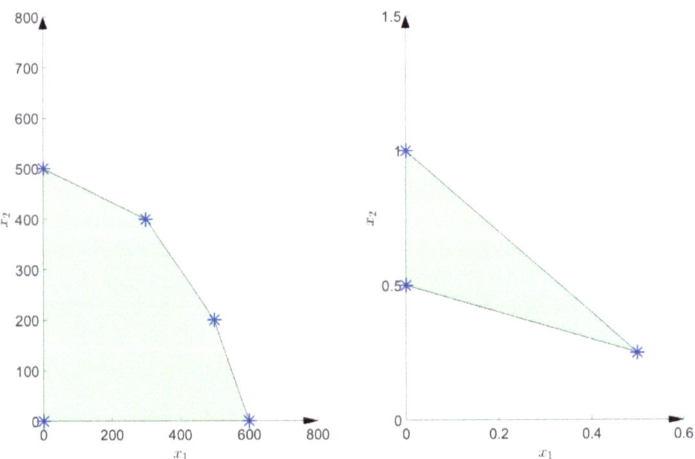

Abbildung 10.21: Zulässige Bereiche mit markierten Eckpunkten

---

[9]   Die leere Menge ist ja ebenfalls eine konvexe Menge, vgl. Definition 2.2.8 in Kapitel 2.2.

[10]   Obwohl folgender Satz wie alle Sätze dieses Abschnitts nur für lineare Optimierungsproblems in Standardform formuliert ist, trifft die Aussage für alle linearen Optimierungsprobleme zu.

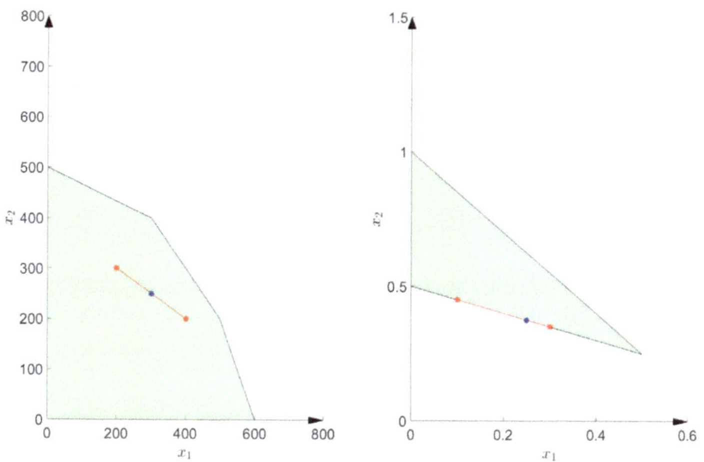

Abbildung 10.22. Konvexität des zulässigen Bereichs

Definition 10.3.2 — Eckpunkt.
Sei B ein nichtleerer zulässiger Bereich eines linearen Optimierungsproblems. Das Element $\mathbf{x} \in B$ heißt **Eckpunkt (oder Ecke)**, wenn es keine $\mathbf{x}^1, \mathbf{x}^2 \in B$, $\mathbf{x}^1, \mathbf{x}^2 \neq \mathbf{x}$ gibt, so dass $\mathbf{x} = \alpha \mathbf{x}^1 + (1 - \alpha)\mathbf{x}^2$ für ein $\alpha \in [0, 1]$.

Wir betrachten ein Beispiel.

■ Beispiel 10.3.10 — Eckpunkte des zulässigen Bereichs im Produktionsproblem.
Der zulässige Bereich von Beispiel 10.3.5 ist

$$B = \left\{ \mathbf{x} \in \mathbb{R}^2 \mid x_1 + 3x_2 \leq 1500, 2x_1 + x_2 \leq 1200, x_1 + x_2 \leq 700, x_1 \geq 0, x_2 \geq 0 \right\}$$

und ist in Abbildung 10.21 (links) erneut dargestellt.

Jeder innere Punkt von B kann als eine Konvexkombination zweier Randpunkte aus B dargestellt werden, d.h. der Punkt liegt auf der Verbindungslinie zweier Randpunkte von B. Beispielsweise überprüft man leicht, dass $(200, 300)^T \in B$ ein innerer Punkt von B ist. Zudem gilt $(0, 500)^T, (500, 0)^T \in B$ und $(200, 300)^T = 0,4(500, 0)^T + (1 - 0,4)(0, 500)^T$. Der innere Punkt ist also eine Konvexkombination der Randpunkte $(0, 500)^T, (500, 0)^T \in B$. Auch der Punkt $(500, 0)^T$ kann als Konvexkombination zweier anderer Randpunkte dargestellt werden. Wählt man zum Beispiel $\mathbf{0}, (600, 0)^T \in B$, so gilt $(500, 0)^T = \frac{1}{6}\mathbf{0} + (1 - \frac{1}{6})(600, 0)^T$. Weder $(600, 0)^T$ noch $(0, 500)^T$ oder $\mathbf{0}$ lassen sich jedoch als Konvexkombination zweier anderer Punkte in B darstellen. $(600, 0)^T, (0, 500)^T$ und $\mathbf{0}$ sind demnach Eckpunkte von B.

In Abbildung 10.21 (links) scheint es klar zu sein, dass Eckpunkte im Beispiel durch die Punkte $(600, 0)^T, (0, 500)^T, \mathbf{0}, (300, 400)^T$ und $(500, 200)^T$ gegeben sind. Dabei entspricht $(600, 0)^T$ dem Punkt, an welchem die Nebenbedingungen $2x_1 + x_2 \leq 1200$ und $x_2 \geq 0$ mit Gleichheit erfüllt sind. Der Eckpunkt liegt am Schnittpunkt der Geraden, welche die Begrenzungen der den Nebenbedingungen entsprechenden Mengen darstellen. Am Punkt $(0, 500)^T$ sind die Nebenbedingungen $x_1 + 3x_2 \leq 1500$ und $x_1 \geq 0$ mit Gleichheit erfüllt.

Am Ursprung $\mathbf{0}$ sind die beiden Nichtnegativitätsbedingungen mit Gleichheit erfüllt. Am Punkt $(300,400)^T$ sind die Nebenbedingungen $x_1 + 3x_2 \leq 1500$ und $x_1 + x_2 \leq 700$ mit Gleichheit erfüllt. Die Nebenbedingungen $2x_1 + x_2 \leq 1200$ und $x_1 + x_2 \leq 700$ sind am Punkt $(500,200)^T$ mit Gleichheit erfüllt.

Nicht immer liegt am Schnittpunkt der Geraden, welche die Begrenzungen der den Nebenbedingungen entsprechenden Mengen darstellen, ein Eckpunkt von B. Beispielsweise ergibt sich der Schnittpunkt der zu den Nebenbedingungen $x_1 \geq 0$ und $x_1 + x_2 \leq 700$ gehörenden Geraden als $(0,700)^T$. Dieser Punkt ist nicht in B und damit auch kein Eckpunkt von B.   ∎

Anschaulich ist klar, dass der zulässige Bereich B eines linearen Optimierungsproblems mit endlich vielen Variablen und Nebenbedingungen keine oder endlich viele Eckpunkte besitzt.[11]

> **Satz 10.3.2 — Endlich viele Eckpunkte.**
> Der zulässige Bereich eines linearen Optimierungsproblems hat höchstens endlich viele Eckpunkte.

In allen betrachteten Beispielen gab es entweder keine zulässige Lösung, der maximale Zielfunktionswert war unbeschränkt, oder es gab eine optimale Lösung an einem Eckpunkt von B. Diese Eigenschaft, dass im Falle der Existenz einer optimalen Lösung stets eine optimale Lösung an einem Eckpunkt zu finden ist, macht lineare Optimierungsprobleme relativ einfach lösbar. Da es nur endlich viele Eckpunkte geben kann, kann man sie zur Not alle aufzählen und ihre Funktionswerte bestimmen. Wir halten diese Aussage in folgendem Satz fest:

> **Satz 10.3.3 — Hauptsatz der linearen Optimierung.**
> Für ein lineares Optimierungsproblem in Standardform mit Zielfunktion f und zulässigem Bereich B gilt:
> - Ist $B = \{\}$, so hat das lineare Optimierungsproblem keine optimale Lösung.
> - Ist $B \neq \{\}$, dann ist entweder mindestens einer der Eckpunkte von B eine optimale Lösung $\mathbf{x}^*$ des linearen Optimierungsproblems oder das lineare Optimierungsproblem hat keine optimale Lösung.
> - Existieren optimale Lösungen an Eckpunkten $\mathbf{x}^{*1}, \ldots \mathbf{x}^{*s}$, so ist auch jede Konvexkombination dieser Eckpunkte
>
> $$\sum_{i=1}^{s} \alpha_i \mathbf{x}^{*i}, \alpha_i \geq 0, i = 1, \ldots, s, \sum_{i=1}^{s} \alpha_i = 1$$
>
> optimal.

Laut Satz 10.3.3 gibt es bei der Lösung eines linearen Optimierungsproblems vier zu unterscheidende Fälle. Abbildung 10.23 fasst diese zusammen. Abbildung 10.24 visualisiert die vier Fälle anhand von Beispielen.

---

[11] Selbst wenn alle Geraden, welche die Begrenzungen der den Nebenbedingungen entsprechenden Mengen darstellen, sich paarweise schneiden würden und die Schnittpunkte in B lägen, könnte es höchstens $\binom{n+m}{2} < +\infty$ Eckpunkte geben.

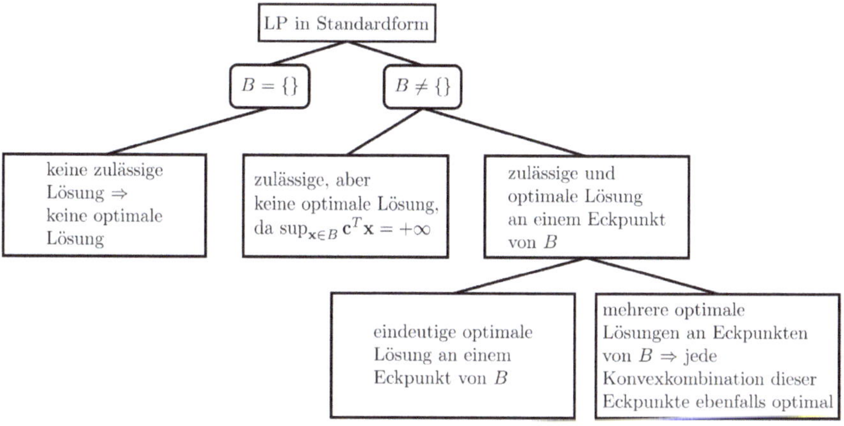

Abbildung 10.23: Schematische Darstellung des Hauptsatzes der linearen Optimierung

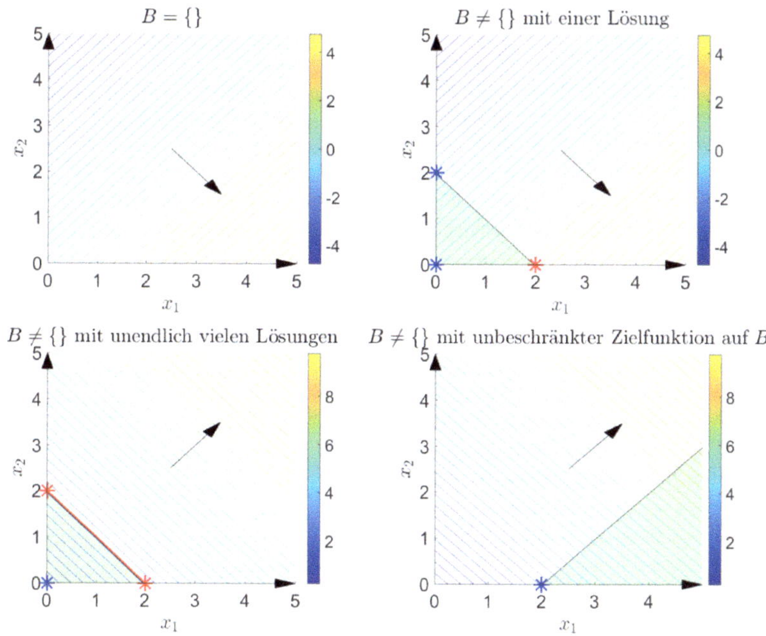

Abbildung 10.24: Visualisierung der 4 Fälle im Hauptsatz der linearen Optimierung

Hat ein lineares Optimierungsproblem keine Lösung, so gibt es zwei mögliche Gründe: Entweder ist die zulässige Menge leer oder sie ist unbeschränkt mit $\sup_{\mathbf{x}\in B} f(\mathbf{x}) = +\infty$. Denn ist die zulässige Menge nicht leer und beschränkt, so existiert stets mindestens eine Lösung.

> **Satz 10.3.4 — Existenz einer optimalen Lösung.**
> Ein lineares Optimierungsproblem in Standardform mit beschränktem zulässigen Bereich $B \neq \{\}$ hat mindestens eine optimale Lösung (an einem der Eckpunkte von B).

Hat ein lineares Optimierungsproblem eine optimale Lösung, so findet man eine optimale Lösung an einem Eckpunkt. Zählt man alle Eckpunkte von B auf und bestimmt ihre Funktionswerte, kann man die optimale Lösung bestimmen (falls diese existiert). Wir demonstrieren dieses Vorgehen im Beispiel.

■ **Beispiel 10.3.11 — Lösung des Produktionsproblems durch Bestimmung der Funktionswerte aller Eckpunkte.**
Wir betrachten erneut das Produktionsproblem

$$
\begin{aligned}
\max\ & 4x_1 + 5x_2 \\
\text{u.d.N.}\quad & x_1 + x_2 \leq 700 \\
& x_1 + 3x_2 \leq 1500 \\
& 2x_1 + x_2 \leq 1200 \\
& x_1 \geq 0 \\
& x_2 \geq 0
\end{aligned}
$$

aus Beispiel 10.1.3. In Beispiel 10.3.10 hatten wir bereits gesehen, dass der zulässige Bereich eine nichtleere Menge ist. Zudem gilt für alle $\mathbf{x} \in B$ aufgrund der ersten Nebenbedingung, dass $0 \leq x_1 \leq 700$ und $0 \leq x_2 \leq 700$. Der zulässige Bereich hat also die untere Schranke $\mathbf{0}$ und obere Schranke $(700, 700)^T$. Aus Satz 10.3.4 können wir demnach schließen, dass das lineare Optimierungsproblem (mindestens) eine optimale Lösung an einem Eckpunkt hat. Wir berechnen nun die Zielfunktionswerte aller Eckpunkte $(600, 0)^T$, $(0, 500)^T$, $\mathbf{0}$, $(300, 400)^T$ und $(500, 200)^T$ des zulässigen Bereichs.

$$
\begin{array}{lll}
f(600, 0) = 2400 & f(0, 500) = 2500 & f(0, 0) = 0 \\
f(300, 400) = 3200 & f(500, 200) = 3000.
\end{array}
$$

Die Lösung des linearen Optimierungsproblems ist also $(300, 400)^T$ mit Zielfunktionswert $y^* = 3200$. ■

Ⓩ Der zulässige Bereich eines linearen Optimierungsproblems ist stets konvex, er muss aber nicht beschränkt sein.
Ein Eckpunkt einer nichtleeren konvexen Menge ist ein Punkt, der sich nicht als Konvexkombination zweier anderer Punkte der Menge darstellen lässt. Der zulässige Bereich eines linearen Optimierungsproblems hat keinen oder endlich viele Eckpunkte.
Ein lineares Optimierungsproblem in Standardform hat keine Lösung, wenn der zulässige Bereich leer ist. Ist der zulässige Bereich nicht leer, so hat das lineare Optimierungsproblem entweder (mindestens) eine Lösung an einem Eckpunkt oder der Zielfunktionswert ist auf B nach oben unbeschränkt. Ist der zulässige Bereich zudem beschränkt, existiert mindestens eine optimale Lösung.

10.3.4 Der zulässige Bereich als lineares Gleichungssystem (#)

Ziele dieses Unterkapitels

- Wie kann man Elemente des zulässigen Bereichs B eines linearen Optimierungsproblems in Standardform mit Hilfe eines lineares Gleichungssystems identifizieren?

Wir werden später sehen, dass man mithilfe spezieller Lösungen eines linearen Gleichungssystems systematisch alle Eckpunkte von B bestimmen kann. Um den Zusammenhang zwischen linearen Gleichungssystemen und den Ungleichungen zu erkennen, die den zulässigen Bereich B definieren, führen wir zusätzliche Variablen, sogenannte Schlupfvariablen, $\mathbf{y} \in \mathbb{R}^m$ ein. Mithilfe dieser Variablen verwandeln wir das Ungleichungssystem $A\mathbf{x} \le \mathbf{b}$ in das Gleichungssystem $A\mathbf{x} + \mathbf{y} = \mathbf{b}$. Statt

$$
\begin{aligned}
a_{11}x_1 + a_{12}x_2 + \cdots + a_{1n}x_n &\le b_1 \\
a_{21}x_1 + a_{22}x_2 + \cdots + a_{2n}x_n &\le b_2 \\
&\vdots \\
a_{m1}x_1 + a_{m2}x_2 + \cdots + a_{mn}x_n &\le b_m
\end{aligned}
\qquad \text{bzw. } A\mathbf{x} \le \mathbf{b}
$$

schreiben wir also

$$
\begin{aligned}
a_{11}x_1 + a_{12}x_2 + \cdots + a_{1n}x_n + y_1 &= b_1 \\
a_{21}x_1 + a_{22}x_2 + \cdots + a_{2n}x_n + y_2 &= b_2 \\
&\vdots \\
a_{m1}x_1 + a_{m2}x_2 + \cdots + a_{mn}x_n + y_m &= b_m
\end{aligned}
\qquad \text{bzw. } A\mathbf{x} + \mathbf{y} = \mathbf{b}.
$$

Offensichtlich löst $\mathbf{x}$ das Ungleichungssystem $A\mathbf{x} \le \mathbf{b}$, wenn $\mathbf{x}, \mathbf{y}$ das lineare Gleichungssystem $A\mathbf{x} + \mathbf{y} = \mathbf{b}$ löst und $\mathbf{y} \ge \mathbf{0}$ gilt.

> **Satz 10.3.5 — Alternative Darstellung des zulässigen Bereichs.**
> Es gilt $B = \{\mathbf{x} \in \mathbb{R}^n \mid A\mathbf{x} \le \mathbf{b}, \mathbf{x} \ge \mathbf{0}\} = \{\mathbf{x} \in \mathbb{R}^n \mid A\mathbf{x} + \mathbf{y} = \mathbf{b}, \mathbf{x}, \mathbf{y} \ge \mathbf{0}\}$.

Das so entstandene lineare Gleichungssystem $A\mathbf{x} + \mathbf{y} = \mathbf{b}$ hat stets eine Koeffizientenmatrix mit Rang m, da die letzten m Spalten den m Einheitsvektoren des $\mathbb{R}^m$ entsprechen. Wir beschäftigen uns zunächst mit der Lösung von $A\mathbf{x} + \mathbf{y} = \mathbf{b}$.

■ Beispiel 10.3.12 — Spezielle Lösungen des LGS im Produktionsproblem.
Im Produktionsproblem aus Beispiel 10.3.1 ist

$$
A = \begin{pmatrix} 1 & 1 \\ 1 & 3 \\ 2 & 1 \end{pmatrix} \quad \text{und} \quad \mathbf{b} = \begin{pmatrix} 700 \\ 1500 \\ 1200 \end{pmatrix}.
$$

Wir befassen uns nun also statt mit der zulässigen Menge B, den Stellen mit $A\mathbf{x} \le \mathbf{b}$ und $\mathbf{x} \ge \mathbf{0}$, mit dem LGS $A\mathbf{x} + \mathbf{y} = \mathbf{b}$, also

$$
\begin{aligned}
x_1 + x_2 + y_1 &= 700 \\
x_1 + 3x_2 + y_2 &= 1500 \\
2x_1 + x_2 + y_3 &= 1200.
\end{aligned}
$$

Lösungen dieses LGS können wir mithilfe des Eliminationsverfahrens bestimmen:

	x_1	x_2	y_1	y_2	y_3	$\mathbf{b}$	
①	1	1	1	0	0	700	
②	1	3	0	1	0	1500	
③	2	1	0	0	1	1200	
④	1	1	1	0	0	700	①
⑤	0	2	-1	1	0	800	② $-$ ①
⑥	0	-1	-2	0	1	-200	③ -2 ①
⑦	1	0	$\frac{3}{2}$	$-\frac{1}{2}$	0	300	④ $-\frac{1}{2}$ ⑤
⑧	0	1	$-\frac{1}{2}$	$\frac{1}{2}$	0	400	$\frac{1}{2}$ ⑤
⑨	0	0	$-\frac{5}{2}$	$\frac{1}{2}$	1	200	⑥ $+\frac{1}{2}$ ⑤
⑩	1	0	0	$-\frac{1}{5}$	$\frac{3}{5}$	420	⑦ $+\frac{3/2}{5/2}$ ⑨
⑪	0	1	0	$\frac{2}{5}$	$-\frac{1}{5}$	360	⑧ $-\frac{1/2}{5/2}$ ⑨
⑫	0	0	1	$-\frac{1}{5}$	$-\frac{2}{5}$	-80	$-\frac{2}{5}$ ⑨

Die Lösungsmenge dieses linearen Gleichungssystems ist also

$$\mathbb{L} = \left\{ \begin{pmatrix} 420 + \frac{1}{5}y_2 - \frac{3}{5}y_3 \\ 360 - \frac{2}{5}y_2 + \frac{1}{5}y_3 \\ -80 + \frac{1}{5}y_2 + \frac{2}{5}y_3 \\ y_2 \\ y_3 \end{pmatrix} \;\middle|\; y_2, y_3 \in \mathbb{R} \right\}$$

$$= \left\{ \begin{pmatrix} 420 \\ 360 \\ -80 \\ 0 \\ 0 \end{pmatrix} + t_1 \begin{pmatrix} \frac{1}{5} \\ -\frac{2}{5} \\ \frac{1}{5} \\ 1 \\ 0 \end{pmatrix} + t_2 \begin{pmatrix} -\frac{3}{5} \\ \frac{1}{5} \\ \frac{2}{5} \\ 0 \\ 1 \end{pmatrix} \;\middle|\; t_1, t_2 \in \mathbb{R} \right\}.$$

Im Endtableau ⑩$-$⑫ befindet sich eine Koeffizientematrix mit $r = \text{rang}(A) = 3$ verschiedenen Einheitsvektoren in den ersten drei Spalten. Weist man den ersten drei Variablen die entsprechende rechte Seite zu, also $x_1 = 420, x_2 = 360, y_1 = -80$, und setzt die anderen Variablen gleich 0, also $y_2 = y_3 = 0$, dann erhält man die Lösung $(420, 360, -80, 0, 0)^T$. Diese Lösung ergibt sich auch, indem man in der Lösungsmenge $t_1 = 0$ und $t_2 = 0$ wählt. Die $\mathbf{x}$-Werte dieser Lösung des LGS $A\mathbf{x} + \mathbf{y} = \mathbf{b}$, d.h. $(420, 360)^T$, bilden kein Element des zulässigen Bereichs, da $y_1 = -80 < 0$ und damit

$$\begin{aligned} x_1 + x_2 &= 780 \nleq 700 \\ x_1 + 3x_2 &= 1500 \leq 1500 \\ 2x_1 + x_2 &= 1200 \leq 1200 \end{aligned}$$

gilt. Auch in Abbildung 10.25 sehen wir, dass $\mathbf{x} = (420, 360)^T \notin B$.

Für $t_1 = 200$ und $t_2 = 200$ ergibt sich die Lösung $x_1 = 340, x_2 = 320, y_1 = 40, y_2 = 200, y_3 = 200$. Für diese Lösung gilt $\mathbf{y} \geq \mathbf{0}$. Damit ist $x_1 = 340, x_2 = 320$ auch eine Lösung der Ungleichungen:

$$\begin{aligned} x_1 + x_2 &= 660 \leq 700 \\ x_1 + 3x_2 &= 1300 \leq 1500 \\ 2x_1 + x_2 &= 1000 \leq 1200. \end{aligned}$$

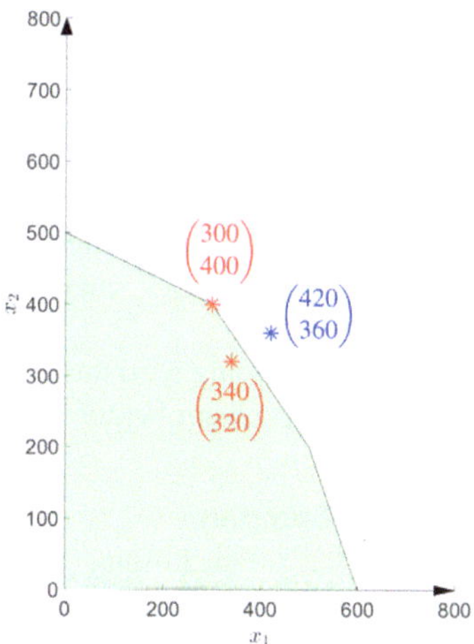

Abbildung 10.25: Der zulässige Bereich B

In Abbildung 10.25 erkennen wir, dass diese Lösung im Inneren des zulässigen Bereichs liegt.

Für $t_1 = 0$ und $t_2 = 200$ ergibt sich erneut eine Lösung, bei der zwei Variablen gleich 0 sind, nämlich $x_1 = 300, x_2 = 400, y_1 = 0, y_2 = 0, y_3 = 200$. Diese Lösung hätte man auch direkt aus Zeilen ⑦-⑨ ablesen können. Für diese Lösung gilt $\mathbf{y} \geq \mathbf{0}$. Damit ist $x_1 = 300, x_2 = 400$ auch eine Lösung der Ungleichungen:

$$x_1 + x_2 = 700 \leq 700$$
$$x_1 + 3x_2 = 1500 \leq 1500$$
$$2x_1 + x_2 = 1000 \leq 1200.$$

In Abbildung 10.25 erkennen wir, dass diese Lösung einem Eckpunkt des zulässigen Bereichs entspricht. ∎

Im vorherigen Beispiel haben wir demonstriert, dass Lösungen des linearen Gleichungssystems $A\mathbf{x} + \mathbf{y} = \mathbf{b}$ mit $\mathbf{x}, \mathbf{y} \geq \mathbf{0}$ Elementen des zulässigen Bereichs B entsprechen. Im folgenden Abschnitt diskutieren wir, wie wir nun ausgehend von $A\mathbf{x} + \mathbf{y} = \mathbf{b}$ Eckpunkte von B identifizieren können.

⓿ Ein Vektor $\mathbf{x}$ ist genau dann ein Element aus $B = \{\mathbf{x} \in \mathbb{R}^n \mid A\mathbf{x} \leq \mathbf{b}, \mathbf{x} \geq \mathbf{0}\}$, wenn es Vektoren $\mathbf{y}$ gibt mit $A\mathbf{x} + \mathbf{y} = \mathbf{b}$ und zusätzlich $\mathbf{x}, \mathbf{y} \geq \mathbf{0}$ gilt.

10.3.5 Zulässige Basislösungen (#)

Ziele dieses Unterkapitels

- Was versteht man unter einer zulässigen Basislösung eines linearen Gleichungssystems?

- Welcher Zusammenhang besteht zwischen zulässigen Basislösungen und Eckpunkten des zulässigen Bereichs?

In Beispiel 10.3.12 haben wir gesehen, dass verschiedene Lösungen $(x_1, \ldots, x_n, y_1, \ldots, y_m)^T$ des linearen Gleichungssystems $A\mathbf{x} + \mathbf{y} = \mathbf{b}$ verschiedenen Vektoren $\mathbf{x}$ außerhalb, innerhalb bzw. an Eckpunkten des zulässigen Bereichs $B = \{\mathbf{x} \in \mathbb{R}^n \mid A\mathbf{x} \leq \mathbf{b}, \mathbf{x} \geq \mathbf{0}\}$ entsprechen. Um diese Verbindung einer Lösung des linearen Gleichungssystems zu einem Vektor $\mathbf{x}$ zu verdeutlichen, werden wir statt $(x_1, \ldots, x_n, y_1, \ldots, y_m)^T$ auch gleichbedeutend die Notation $(\mathbf{x}, \mathbf{y})$ nutzen.

Folgender Begriff der zulässigen Basislösung wird uns dabei behilflich sein, für eine Lösung $(\mathbf{x}, \mathbf{y})$ entscheiden zu können, ob sie einem Vektor $\mathbf{x}$ außerhalb, innerhalb bzw. an einem Eckpunkt von B entspricht.

Definition 10.3.3 — Zulässige Basislösungen.

Es sei $A = [\mathbf{a}^1, \ldots, \mathbf{a}^n] \in \mathbb{R}^{m \times n}$ und $\mathbf{b} \in \mathbb{R}^m$. Eine Lösung $(\mathbf{x}, \mathbf{y}) = (x_1, \ldots, x_n, y_1, \ldots, y_m)^T$ des linearen Gleichungssystems $A\mathbf{x} + \mathbf{y} = \mathbf{b}$ heißt zulässige Basislösung, wenn
- die Menge aller Spalten $\mathbf{a}^j$ von A mit $x_j \neq 0$ und aller Spalten $\mathbf{e}^j$ der Einheitsmatrix I mit $y_j \neq 0$, also $\{\mathbf{a}^j \mid x_j \neq 0\} \cup \{\mathbf{e}^j \mid y_j \neq 0\}$, linear unabhängig ist und
- $\mathbf{x} \geq \mathbf{0}, \mathbf{y} \geq \mathbf{0}$

gilt.

Da der Rang der Matrix $([\mathbf{a}^1, \ldots, \mathbf{a}^n, \mathbf{e}^1, \ldots, \mathbf{e}^m])$ der maximalen Anzahl linear unabhängiger Spaltenvektoren $[\mathbf{a}^1, \ldots, \mathbf{a}^n, \mathbf{e}^1, \ldots, \mathbf{e}^m]$ entspricht, kann eine zulässige Basislösung $(\mathbf{x}, \mathbf{y})$ nie mehr als $\mathrm{rang}([\mathbf{a}^1, \ldots, \mathbf{a}^n, \mathbf{e}^1, \ldots, \mathbf{e}^m])$ von 0 verschiedene Komponenten haben.

Satz 10.3.6 — Zulässige Basislösungen und der Rang.

Die Anzahl der von 0 verschiedenen Komponenten einer zulässigen Basislösung $(\mathbf{x}, \mathbf{y})$ des linearen Gleichungssystems $A\mathbf{x} + \mathbf{y} = \mathbf{b}$ ist stets kleiner oder gleich

$$\mathrm{rang}([\mathbf{a}^1, \ldots, \mathbf{a}^n, \mathbf{e}^1, \ldots, \mathbf{e}^m]).$$

Ein lineares Gleichungssystem hat dabei in der Regel mehr als nur eine zulässige Basislösung.

Beispiel 10.3.13 — Ein einfaches Beispiel.

Betrachten wir die zulässige Menge $B = \{\mathbf{x} \in \mathbb{R}^n \mid A\mathbf{x} \leq \mathbf{b}, \mathbf{x} \geq \mathbf{0}\}$ mit $A = (1, 2)^T$ und $\mathbf{b} = (2, 6)^T$, also das Intervall

$$B = \{\mathbf{x} \in \mathbb{R}^n \mid x_1 \leq 2, 2x_1 \leq 6, x_1 \geq 0\} = [0, 2],$$

ergibt sich das entsprechende lineare Gleichungssystem

$$x_1 + y_1 = 2$$
$$2x_1 + y_2 = 6.$$

Hier ist also $\mathbf{a}^1 = \begin{pmatrix} 1 \\ 2 \end{pmatrix}$, $\mathbf{e}^1 = \begin{pmatrix} 1 \\ 0 \end{pmatrix}$ und $\mathbf{e}^2 = \begin{pmatrix} 0 \\ 1 \end{pmatrix}$, bzw. $\mathrm{rang}([\mathbf{a}^1, \mathbf{e}^1, \mathbf{e}^2]) = 2$. Mit

$$y_1 = 2 - x_1$$
$$y_2 = 6 - 2x_1$$

ergibt sich die Lösungsmenge als

$$\mathbb{L} = \left\{ \begin{pmatrix} x_1 \\ 2-x_1 \\ 6-2x_1 \end{pmatrix} \middle| x_1 \in \mathbb{R} \right\} = \left\{ \begin{pmatrix} 0 \\ 2 \\ 6 \end{pmatrix} + t \begin{pmatrix} 1 \\ -1 \\ -2 \end{pmatrix} \middle| t \in \mathbb{R} \right\}.$$

Aufgrund von Satz 10.3.6 wissen wir, dass Lösungen mit mehr als $\operatorname{rang}([\mathbf{a}^1, \mathbf{e}^1, \mathbf{e}^2]) = 2$ von 0 verschiedenen Komponenten keine zulässigen Basislösungen sein können. Der Vektor $(0,2,6)^T$ hat nur $\operatorname{rang}([\mathbf{a}^1, \mathbf{e}^1, \mathbf{e}^2]) = 2$ von 0 verschiedene Komponenten, nämlich $y_1 = 2$ und $y_2 = 6$. Da die zu y_1 und y_2 gehörenden Spalten $\mathbf{e}^1$ und $\mathbf{e}^2$ linear unabhängig sind und $x_1 = 0 \geq 0, y_1 = 2 \geq 0$ und $y_2 = 6 \geq 0$ gilt, handelt es sich bei $(0,2,6)^T$ um eine zulässige Basislösung.

Sucht man eine weitere Lösung mit nur $\operatorname{rang}([\mathbf{a}^1, \mathbf{e}^1, \mathbf{e}^2]) = 2$ von 0 verschiedenen Komponenten, erhält man beispielsweise mit $y_2 = 0$ bzw. $t = 3$ die Lösung $(3,-1,0)^T$. Auch die Menge der zu x_1 und y_1 gehörenden Spalten $\mathbf{a}^1$ und $\mathbf{c}^1$ ist linear unabhängig. Da aber $y_1 < 0$ gilt, handelt es sich bei $(3,-1,0)^T$ nicht um eine zulässige Basislösung.

Sucht man eine dritte Lösung mit nur $\operatorname{rang}([\mathbf{a}^1, \mathbf{e}^1, \mathbf{e}^2]) = 2$ von 0 verschiedenen Komponenten erhält man mit $y_1 = 0$ bzw. $t = 2$ die Lösung $(2,0,2)^T$. Da die Menge der zu x_1 und y_2 gehörenden Spalten $\mathbf{a}^1$ und $\mathbf{e}^2$ linear unabhängig ist und $x_1 = 2 \geq 0, y_1 = 0 \geq 0$ und $y_2 = 2 \geq 0$ gilt, ist $(2,0,2)^T$ eine zweite zulässige Basislösung. Wir werden später noch sehen, dass es kein Zufall ist, dass die x-Werte der beiden zulässigen Basislösungen, 0 und 2, genau den Eckpunkten von $B = [0,2]$ entspricht. ∎

■ Beispiel 10.3.14 — Zulässige Basislösungen im Produktionsproblem.
Betrachten wir erneut das Produktionsproblem aus Beispiel 10.3.12. Da die Koeffzienten-matrix des linearen Gleichungssystems $A\mathbf{x} + \mathbf{y} = \mathbf{b}$,

$$[\mathbf{a}^1, \mathbf{a}^2, \mathbf{e}^1, \mathbf{e}^2, \mathbf{e}^3] = \begin{pmatrix} 1 & 1 & 1 & 0 & 0 \\ 1 & 3 & 0 & 1 & 0 \\ 2 & 1 & 0 & 0 & 1 \end{pmatrix},$$

den Rang 3 hat, kann laut Satz 10.3.6 eine zulässige Basislösung nie mehr als 3 von 0 ver-schiedenen Komponenten besitzen. Untersuchen wir, ob die drei in Beispiel 10.3.12 disku-tierten Lösungen $(340, 320, 40, 200, 200)^T$, $(420, 360, -80, 0, 0)^T$ und $(300, 400, 0, 0, 200)^T$ zulässige Basislösungen darstellen, erkennen wir, dass

- $(x_1, x_2, y_1, y_2, y_3)^T = (340, 320, 40, 200, 200)^T$ laut Satz 10.3.6 keine zulässige Basislö-sung sein kann. Da alle Komponenten größer oder gleich null sind, wissen wir aber dennoch, dass

$$A\mathbf{x} + \underbrace{\mathbf{y}}_{\geq 0} = \mathbf{b} \text{ und damit } A\mathbf{x} \leq \mathbf{b}$$

und $\mathbf{x} \geq 0$ gilt. Somt ist $(340, 320)^T \in B$. Anschaulich handelt es sich um einen inneren Punkt von B, vgl. Abbildung 10.25.

- $(x_1, x_2, y_1, y_2, y_3)^T = (420, 360, -80, 0, 0)^T$ zwar nur drei von null verschiedene Kompo-nenten hat und die zugehörigen Spaltenvektoren $\mathbf{a}^1, \mathbf{a}^2, \mathbf{e}^1$ linear unabhängig sind, aber $y_1 = -80 < 0$ gilt. Es gilt also

$$a_{11}x_1 + a_{12}x_2 - 80 = b_1 \text{ bzw. } a_{11}x_1 + a_{12}x_2 > b_1 \text{ und damit } A\mathbf{x} \nleq \mathbf{b}.$$

Der Punkt $(420, 360)^T$ ist damit kein Element des zulässigen Bereichs B. Anschaulich handelte es sich um einen äußeren Punkt von B, vgl. Abbildung 10.25.

- $(x_1, x_2, y_1, y_2, y_3)^T = (300, 400, 0, 0, 200)^T$ drei von null verschiedene Komponenten hat, die zugehörigen Spaltenvektoren $\mathbf{a}^1, \mathbf{a}^2, \mathbf{e}^3$ linear unabhängig sind, und $y_1, y_2, y_3 \geq 0$ gilt. $(300, 400)^T$ ist also eine zulässige Basislösung und ein Element des zulässigen Bereichs. In Abbildung 10.25 erkennen wir, dass es sich um einen Eckpunkt von B handelt.

Auch allgemein stellen zulässige Basislösungen Eckpunkte des zulässigen Bereichs dar.

> **Satz 10.3.7 — Eckpunkte und zulässige Basislösungen.**
> Sei A eine $m \times n$-Matrix, $\mathbf{b}, \mathbf{y} \in \mathbb{R}^m, \mathbf{x} \in \mathbb{R}^n$ und $B = \{\mathbf{x} \in \mathbb{R}^n \mid A\mathbf{x} \leq \mathbf{b}, \mathbf{x} \geq \mathbf{0}\}$. Die Stelle $\mathbf{x}$ ist genau dann ein Eckpunkt von B, wenn $(x_1, \ldots, x_n, y_1, \ldots, y_m)^T$ eine zulässige Basislösung des LGS $A\mathbf{x} + \mathbf{y} = \mathbf{b}$ ist.

Obiger Satz führt zu der Idee, dass man durch Aufzählen aller zulässigen Basislösungen die Eckpunkte von B systematisch aufzählen kann. Dies ist die zugrundeliegende Idee des wohl wichtigsten Algorithmus in der linearen Optimierung: dem Simplexalgorithmus. Wir demonstrieren zunächst, wie man mithilfe des Eliminationsverfahrens alle Eckpunkte aufzählen kann, bevor wir uns eine geschickte Reihenfolge der Aufzählung überlegen.

(Z) Eine Lösung $(x_1, \ldots, x_n, y_1, \ldots, y_m)^T$ von $A\mathbf{x} + \mathbf{y} = \mathbf{b}$ heißt zulässige Basislösung, wenn
- alle Spaltenvektoren $\mathbf{a}^j$ bzw. $\mathbf{e}^j$ der Koeffizientenmatrix von $A\mathbf{x} + \mathbf{y} = \mathbf{b}$ mit $x_j \neq 0$ bzw. $y_j \neq 0$ linear unabhängig sind und
- $x_1, \ldots, x_n, y_1 \ldots, y_m \geq 0$ gilt.
Der Vektor $\mathbf{x} = (x_1, \ldots, x_n)^T$ beschreibt genau dann einen Eckpunkt von $B = \{\mathbf{x} \in \mathbb{R}^n \mid A\mathbf{x} \leq \mathbf{b}, \mathbf{x} \geq \mathbf{0}\}$, wenn $(x_1, \ldots, x_n, y_1, \ldots, y_m)^T$ eine zulässige Basislösung ist.

10.3.6 Bestimmung von Eckpunkten mithilfe von zulässigen Basislösungen (#)

Ziele dieses Unterkapitels
- Wie können mit Hilfe des Eliminationsverfahrens alle Eckpunkte des zulässigen Bereichs gefunden werden?

Hat ein lineares Optimierungsproblem eine optimale Lösung, so befindet sich mindestens eine optimale Lösung laut dem Hauptsatz der linearen Optimierung an einem Eckpunkt des zulässigen Bereichs. Im vorherigen Abschnitt haben wir zudem festgestellt, dass Eckpunkte $\mathbf{x} \in B$ den x-Komponenten zulässiger Basislösungen des linearen Gleichungssystems $A\mathbf{x} + \mathbf{y} = \mathbf{b}$ entsprechen. In diesem Abschnitt werden wir nun diskutieren, wie man zulässige Basislösungen von $A\mathbf{x} + \mathbf{y} = \mathbf{b}$ bestimmen kann. Wie bereits erwähnt, werden zulässige Basislösungen zur Lösung linearer Optimierungsprobleme eingesetzt. Das in diesem Bereich am meisten verbreitete Lösungsinstrument zählt dabei zulässige Basislösungen in einer geschickten Reihenfolge auf. Auch für eine solche Aufzählung kann das Eliminationsverfahren genutzt werden.

■ **Beispiel 10.3.15 — Zulässige Basislösungen des LGS im Produktionsproblem.**
Im Produktionsproblem aus Beispiel 10.3.12 konnte der zulässige Bereich mit Hilfe des

linearen Gleichungssystems

$$x_1 + x_2 + y_1 = 700$$
$$x_1 + 3x_2 + y_2 = 1500$$
$$2x_1 + x_2 + y_3 = 1200.$$

mit einer Koeffizientenmatrix vom Rang 3 dargestellt werden. Lösungen dieses LGS wurden mithilfe des Eliminationsverfahrens bestimmt:

	x_1	x_2	y_1	y_2	y_3	$\mathbf{b}$	
①	1	1	1	0	0	700	
②	1	3	0	1	0	1500	
③	2	1	0	0	1	1200	
④	1	1	1	0	0	700	①
⑤	0	2	1	1	0	800	②$-$①
⑥	0	-1	-2	0	1	-200	③$-2$①
⑦	1	0	$\frac{3}{2}$	$-\frac{1}{2}$	0	300	④$-\frac{1}{2}$⑤
⑧	0	1	$-\frac{1}{2}$	$\frac{1}{2}$	0	400	$\frac{1}{2}$⑤
⑨	0	0	$-\frac{5}{2}$	$\frac{1}{2}$	1	200	⑥$+\frac{1}{2}$⑤
⑩	1	0	0	$-\frac{1}{5}$	$\frac{3}{5}$	420	⑦$+\frac{3/2}{5/2}$⑨
⑪	0	1	0	$\frac{2}{5}$	$-\frac{1}{5}$	360	⑧$-\frac{1/2}{5/2}$⑨
⑫	0	0	1	$-\frac{1}{5}$	$-\frac{2}{5}$	-80	$-\frac{2}{5}$⑨

In Beispiel 10.3.12 hatten wir aus dem Endtableau ⑩$-$⑫, welches drei kanonische Einheitsvektoren in den zu x_1, x_2 und y_1 gehörenden Spalten besitzt, bereits die Lösung $(420, 360, -80, 0, 0)^T$ abgelesen. Die x_1, x_2 und y_1 Komponenten dieser Lösung sind von 0 verschieden. Die zugehörigen drei Spaltenvektoren der Koeffizientenmatrix sind hier auch linear unabhängig. Da eine Komponente jedoch negativ ist, handelt es sich nicht um eine zulässige Basislösung.

Betrachten wir statt des Endtableaus das vorletzte Tableau ⑦$-$⑨, erkennen wir ebenfalls drei kanonische Einheitsvektoren, diesmal in den zu den Variablen x_1, x_2 und y_3 gehörenden Spalten. Setzen wir hier analog alle anderen Variablen gleich 0 und weisen die Werte der rechten Seite den Variablen x_1, x_2 und y_3 zu, erhalten wir die Lösung $(300, 400, 0, 0, 200)^T$. Die drei Spaltenvektoren der Koeffizientenmatrix, die zu diesen von 0 verschiedenen Komponenten gehören, sind hier auch linear unabhängig. Zudem sind alle Komponenten größer oder gleich 0. Es handelt sich also um eine zulässige Basislösung.

Betrachten wir das Tableau der Zeilen ④$-$⑥, erkennen wir drei kanonische Einheitsvektoren in den zu den Variablen x_1, y_2 und y_3 gehörenden Spalten. Setzen wir hier wiederum alle anderen Variablen gleich 0 und weisen die Werte der rechten Seite den Variablen x_1, y_2 und y_3 zu, erhalten wir die Lösung $(700, 0, 0, 800, -200)^T$. Die drei Spaltenvektoren der Koeffizientenmatrix, die zu diesen von 0 verschiedenen Komponenten gehören, sind hier auch linear unabhängig. Da aber $y_3 = -200 < 0$ ist, handelt es sich um keine zulässige Basislösung.

Aus dem Starttableau ① ③, können wir analog die zulässige Basislösung $(0, 0, 700, 1500, 1200)^T$ ablesen.

In Abbildung 10.25 erkennen wir, dass die beiden so gefundenen zulässigen Basislösungen Eckpunkten des zulässigen Bereichs entsprechen. Bevor wir weitere zulässige

Basislösungen für dieses Beispiel suchen, halten wir fest, wie wir zulässige Basislösungen aus den Tableaus des Eliminationsverfahrens ablesen können. ∎

Das im Beispiel demonstrierte Vorgehen lässt sich auch allgemein anwenden: Erhält man bei der Lösung des LGS $A\mathbf{x} + \mathbf{y} = \mathbf{b}$ mit Hilfe des Eliminationsverfahrens

- ein Tableau mit $\mathrm{rang}[\mathbf{a}^1, \ldots, \mathbf{a}^n, \mathbf{e}^1, \ldots, \mathbf{e}^m]$ verschiedenen kanonischen Einheitsvektoren und
- sind alle Werte der rechten Seite des Tableaus größer oder gleich 0,

dann ergibt sich eine zulässige Basislösung, indem man jeweils einer Variablen, in deren Spalte der j-te Einheitsvektor steht, die j-te rechte Seite zuweist und die anderen Variablen gleich 0 setzt.

Da beim Eliminationsverfahren stets nur Zeilen addiert und/oder multipliziert werden, ist der Rang der Matrix mit Spaltenvektoren $\{\mathbf{a}^j | x_j \neq 0\} \cup \{\mathbf{e}^j | y_j \neq 0\}$ bei diesem Vorgehen stets gleich der Anzahl der verschiedenen kanonischen Einheitsvektoren. Die zu den von 0 verschiedenen Komponenten gehörigen Spaltenvektoren sind damit stets linear unabhängig. Zusammenfassend erfüllen die durch dieses Verfahren generierten Lösungen immer die Eigenschaft der linearen Unabhängigkeit der Spaltenvektoren, die zu Komponenten ungleich 0 gehören. Da zudem alle Komponenten der Lösung entweder gleich 0 sind oder den Werten der rechten Seite entsprechen, ergibt sich so eine zulässige Basislösung, wenn die rechte Seite keinen negativen Wert enthält.

Weitere zulässige Basislösungen können ggf. generiert werden, indem man bewusst kanonische Einheitsvektoren in anderen Spalten der Koeffizientenmatrix erzeugt.

∎ Beispiel 10.3.16 — Weitere zulässige Basislösungen im Produktionsproblem.

Ausgehend von den Tableaus aus Beispiel 10.3.15 mit Variablen x_1, x_2, y_1, y_2 und y_3 haben wir bereits Tableaus gefunden, welche Einheitsvektoren in den zu

- y_1, y_2 und y_3 gehörenden Spalten haben, die zugehörige Lösung ist $(0, 0, 700, 1500, 1200)^T$,
- x_1, y_2 und y_3 gehörenden Spalten haben, die zugehörige Lösung ist $(700, 0, 0, 800, -200)^T$,
- x_1, x_2 und y_3 gehörenden Spalten haben, die zugehörige Lösung ist $(300, 400, 0, 0, 200)^T$, und
- x_1, x_2 und y_1 gehörenden Spalten haben, die zugehörige Lösung ist $(420, 360, -80, 0, 0)^T$.

Nur zwei dieser so gefundenen Lösungen enthalten dabei keine negativen Werte. Diese beiden Lösungen sind zulässige Basislösungen. Wir bestimmen nun systematisch alle anderen Kombinationen mithilfe weiterer Eliminationsschritte. Um ein Tableau zu erhalten, welches Einheitsvektoren in den zu

- x_1, x_2 und y_2 gehörenden Spalten hat: Ein Eliminationsschritt mit Zeile $i = 3$ und Spalte $j = 4$ ausgehend vom Endtableau in Beispiel 10.3.15 ergibt

	x_1	x_2	y_1	y_2	y_3	$\mathbf{b}$	
⑩	1	0	0	$-\frac{1}{5}$	$\frac{3}{5}$	420	
⑪	0	1	0	$\frac{2}{5}$	$-\frac{1}{5}$	360	
⑫	0	0	1	$-\frac{1}{5}$	$-\frac{2}{5}$	-80	
⑬	1	0	-1	0	1	500	⑩ $-$ ⑫
⑭	0	1	2	0	-1	200	⑪ $+2$ ⑫
⑮	0	0	-5	1	2	400	(-5)⑫

und damit die zulässige Basislösung $(500, 200, 0, 400, 0)^T$.

- x_1, y_1 und y_2 gehörenden Spalten hat: Ein weiterer Eliminationsschritt mit $i = 2$ und

$j = 3$ ergibt

	x_1	x_2	y_1	y_2	y_3	$\mathbf{b}$	
⑯	1	$\frac{1}{2}$	0	0	$\frac{1}{2}$	600	⑬$+\frac{1}{2}$⑭
⑰	0	$\frac{1}{2}$	1	0	$-\frac{1}{2}$	100	$\frac{1}{2}$⑭
⑱	0	$\frac{5}{2}$	0	1	$-\frac{1}{2}$	900	⑮$+\frac{5}{2}$⑭

und damit die zulässige Basislösung $(600, 0, 100, 900, 0)^T$.

- x_1, y_1 und y_3 gehörenden Spalten hat: Ein weiterer Eliminationsschritt mit $i = 3$ und $j = 5$ ergibt

	x_1	x_2	y_1	y_2	y_3	$\mathbf{b}$	
⑲	1	3	0	1	0	1500	⑯$+$⑱
⑳	0	-2	1	-1	0	-800	⑰$-$⑱
㉑	0	-5	0	-2	1	-1800	(-2)⑱.

Da hier auf der rechten Seite negative Werte auftreten, erhalten wir hier keine zulässige Basislösung.

- x_2, y_1 und y_3 gehörenden Spalten hat: Ein weiterer Eliminationsschritt mit $i = 1$ und $j = 2$ ergibt

	x_1	x_2	y_1	y_2	y_3	$\mathbf{b}$	
㉒	$\frac{1}{3}$	1	0	$\frac{1}{3}$	0	500	$\frac{1}{3}$⑲
㉓	$\frac{2}{3}$	0	1	$-\frac{1}{3}$	0	200	⑳$+\frac{2}{3}$⑲
㉔	$\frac{5}{3}$	0	0	$-\frac{1}{3}$	1	700	㉑$+\frac{5}{3}$⑲

und damit die zulässige Basislösung $(0, 500, 200, 0, 700)^T$.

- x_2, y_1 und y_2 gehörenden Spalten hat: Ein weiterer Eliminationsschritt mit $i = 3$ und $j = 4$ ergibt

	x_1	x_2	y_1	y_2	y_3	$\mathbf{b}$	
㉕	2	1	0	0	1	1200	㉒$+$㉔
㉖	-1	0	1	0	-1	-500	㉓$-$㉔
㉗	-5	0	0	1	-3	-2100	(-3)㉔

Da hier erneut auf der rechten Seite negative Werte auftreten, erhalten wir keine zulässige Basislösung.

- x_2, y_2 und y_3 gehörenden Spalten hat: Ein weiterer Eliminationsschritt mit $i = 2$ und $j = 5$ ergibt

	x_1	x_2	y_1	y_2	y_3	$\mathbf{b}$	
㉘	1	1	1	0	0	700	㉕$+$㉖
㉙	1	0	-1	0	1	500	(-1)㉖
㉚	-2	0	-3	1	0	-600	㉗-3㉖

Erneut erhalten wir keine zulässige Basislösung.
Wurde durch ein Tableau mit drei verschiedenen kanonischen Einheitsvektoren eine zulässige Basislösung gefunden, bilden die x-Komponenten einen Eckpunkt des zulässigen Bereichs, vgl. auch Abbildung 10.26. Zusammenfassend ergibt sich folgende Tabelle:

Gefundene Lösung $(x_1, x_2, y_1, y_2, y_3)^T$	Eckpunkt $(x_1, x_2)^T$	Zielfunktionswert $4x_1 + 5x_2$
$(0, 0, 700, 1500, 1200)^T$	$(0, 0)^T$	0
$(700, 0, 0, 800, -200)^T$	$-$	$-$
$(1500, 0, -800, 0, -1800)^T$	$-$	$-$
$(600, 0, 100, 900, 0)^T$	$(600, 0)^T$	2400
$(0, 700, 0, -600, 500)^T$	$-$	$-$
$(0, 500, 200, 0, 700)^T$	$(0, 500)^T$	2500
$(0, 1200, -500, -2100, 0)^T$	$-$	$-$
$(420, 360, -80, 0, 0)^T$	$-$	$-$
$(500, 200, 0, 400, 0)^T$	$(500, 200)^T$	3000
$(300, 400, 0, 0, 200)^T$	$(300, 400)^T$	3200

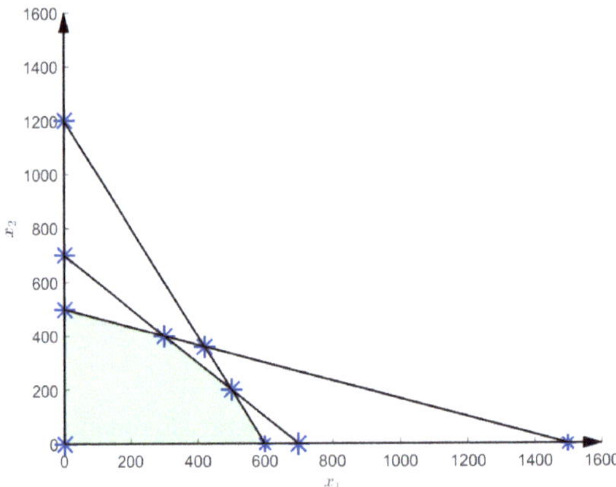

Abbildung 10.26: Alle durch die Tableaus gefundenen Lösungen aus Beispiel 10.3.16

Der Eckpunkt mit dem größten Zielfunktionswert ist $(300, 400)^T$ mit Zielfunktionswert 3200. Laut dem Hauptsatz der linearen Optimierung, Satz 10.3.3, ist $x_1 = 300, x_2 = 400$ die optimale Lösung, wenn eine Lösung existiert. Ob eine optimale Lösung existiert, kann durch eine solch naive Aufzählung aller zulässigen Basislösungen nicht aus dem Hauptsatz geschlossen werden. Der Hauptsatz besagt aber, dass es nur drei Arten von linearen Optimierungsproblemen in Standardform gibt: 1) Probleme mit optimaler Lösung 2) Probleme ohne zulässige Lösung 3) Probleme mit zulässigen Lösungen, welche beliebig hohe Zielfunktionswerte erzielen können.

Offensichtlich haben wir eine zulässige Basislösung gefunden. Es gibt hier also Lösungen. Damit können wir Fall 2) ausschließen. Um Fall 3) auszuschließen, kann man den Zielfunktionswert mithilfe der Nebenbedingungen z.B. wie folgt abschätzen: Es gilt $x_1 \geq 0$ und $x_2 \geq 0$. Damit nun $x_1 + x_2 \leq 700$ gelten kann, muss $x_1 \leq 700$ und $x_2 \leq 700$ sein. Somit gilt

$$4x_1 + 5x_2 < 4(700) + 5(700) = 6300.$$

Der Zielfunktionswert kann also nicht über alle Schranken steigen.

Damit muss es eine optimale Lösung an einem Eckpunkt geben. Diese ist $(300, 400)^T$ mit Zielfunktionswert 3200. ∎

Verändert sich die Zielfunktion eines linearen Optimierungsproblem, so hat dies keinen Einfluss auf den zulässigen Bereich und dessen Eckpunkte. Wir nutzen dies in folgendem Beispiel:

■ Beispiel 10.3.17 — Lösung des Produktionsproblems mit veränderten Deckungsbeiträgen.
Wir betrachten erneut das Produktionsproblem aus Beispiel 10.3.16, aber mit veränderten Deckungsbeiträgen. Statt einem Deckungsbeitrag von 5 hat Produkt 2 nun nur noch einen Deckungsbeitrag von 4. Das zu lösende lineare Optimierungsproblem in Standardform ist also nun

$$\begin{aligned} \max \ & 4x_1 + 4x_2 \\ \text{u.d.N.} \quad & x_1 + x_2 \leq 700 \\ & x_1 + 3x_2 \leq 1500 \\ & 2x_1 + x_2 \leq 1200 \\ & x_1 \geq 0 \\ & x_2 \geq 0. \end{aligned}$$

Da der zulässige Bereich unverändert ist, müssen wir zur Lösung nur die Eckpunkte von B aus der Tabelle aus Beispiel 10.3.16 erneut durch die Zielfunktion bewerten.

Eckpunkt $(x_1, x_2)^T$	Zielfunktionswert $4x_1 + 5x_2$
$(0,0)^T$	0
$(600,0)^T$	2400
$(0,500)^T$	2000
$(500,200)^T$	2800
$(300,400)^T$	2800

Nun haben die Eckpunkte $(500,200)^T \in B$ und $(300,400)^T \in B$ den gleichen maximalen Zielfunktionswert. Aus dem Hauptsatz kann man schließen, dass diese Lösungen optimale Lösungen sind, da der zulässige Bereich offensichtlich nicht leer ist und die Abschätzung

$$4x_1 + 4x_2 \leq 4x_1 + 5x_2 \leq 6300$$

zeigt, dass der Zielfunktionswert innerhalb des zulässigen Bereichs nicht über alle Schranken wächst. Die Menge aller optimalen Lösungen beinhaltet somit jedes Element auf der Verbindungslinie dieser beiden Eckpunkte. Eine optimale Lösung entspricht damit einer Konvexkombination dieser Eckpunkte. In anderen Worten ist jedes Element der Menge

$$\left\{ \alpha \begin{pmatrix} 500 \\ 200 \end{pmatrix} + (1-\alpha) \begin{pmatrix} 300 \\ 400 \end{pmatrix} \mid \alpha \in [0,1] \right\}$$

eine optimale Lösung. ■

Nicht immer kann man für jede Kombination von $\mathrm{rang}[\mathbf{a}^1, \ldots, \mathbf{a}^n, \mathbf{e}^1, \ldots, \mathbf{e}^m]$ Spalten des Tableaus verschiedene Einheitsvektoren erzeugen. Erneut wandeln wir das Produktionsbeispiel ab, um dies zu illustrieren:

■ Beispiel 10.3.18 — Lösung des Produktionsproblems mit veränderten Bedarfen.
Wir betrachten erneut das Produktionsproblem mit Deckungsbeiträgen von 4 und 5, diesmal aber mit veränderten Bedarfen zur Produktion von Spanplatten des Typs P_2. Spanplatten des Typs P_2 benötigen statt 3 nur noch 2 Blätter von F_1. Dafür werden 4 Blätter von F_2 und zwei Minuten auf der Presse benötigt. Das zu lösende lineare Optimierungsproblem lautet demnach:

$$\begin{aligned}
\max\ & 4x_1 + 5x_2 \\
\text{u.d.N.}\quad & x_1 + 2x_2 \le 700 \\
& x_1 + 2x_2 \le 1500 \\
& 2x_1 + 4x_2 \le 1200 \\
& x_1 \ge 0 \\
& x_2 \ge 0.
\end{aligned}$$

Auch hier versuchen wir alle Eckpunkte aufzuzählen, indem wir alle zulässigen Basislösungen bestimmen. Als ersten Schritt lösen wir das lineare Gleichungssystem $A\mathbf{x} + \mathbf{y} = \mathbf{b}$ mithilfe des Eliminationsverfahrens:

	x_1	x_2	y_1	y_2	y_3	$\mathbf{b}$	
①	1	2	1	0	0	700	
②	1	2	0	1	0	1500	
③	2	4	0	0	1	1200	
④	1	2	1	0	0	700	①
⑤	0	0	−1	1	0	800	② − ①
⑥	0	0	−2	0	1	-200	③ − 2 ①
⑦	1	2	0	1	0	1500	④ + ⑤
⑧	0	0	1	−1	0	−800	(−1) ⑤
⑨	0	0	0	−2	1	−1800	⑥ − 2 ⑤
⑩	1	2	0	0	$\frac{1}{2}$	600	⑦ + $\frac{1}{2}$ ⑨
⑪	0	0	1	0	$-\frac{1}{2}$	100	⑧ − $\frac{1}{2}$ ⑨
⑫	0	0	0	1	$-\frac{1}{2}$	900	$-\frac{1}{2}$ ⑨

Mit dem oben beschriebenen Verfahren zur Generierung von zulässigen Basislösungen findet man gleich wie in den vorherigen Beispielen:

- Aus Zeilen ① bis ③ ergibt sich die erste zulässige Basislösung als $(0, 0, 700, 1500, 1200)^T$.
- Aus ④ bis ⑥ ergibt sich die Lösung $(700, 0, 0, 800, -200)^T$, die aber keine zulässige Basislösung ist.
- Aus ⑦ bis ⑨ ergibt sich die Lösung: $(1500, 0, -800, 0, -1800)^T$, die aber keine zulässige Basislösung ist.
- Aus ⑩ bis ⑫ ergibt sich die zweite zulässige Basislösung: $(600, 0, 100, 900, 0)^T$.

Versucht man Einheitsvektoren in der zu x_2 gehörenden Spalte zu erzeugen, kann man jeweils die Zeilen ④, ⑦ oder ⑩ durch zwei teilen, um

- aus $\frac{1}{2}$④, ⑤, ⑥ die Lösung $(0, 350, 0, 800, -200)^T$ zu erhalten, die aber keine zulässige Basislösung ist.
- aus $\frac{1}{2}$⑦, ⑧, ⑨ die Lösung $(0, 750, -800, 0, -1800)^T$ zu erhalten, die aber keine zulässige Basislösung ist.
- aus $\frac{1}{2}$⑩, ⑪, ⑫ die dritte zulässige Basislösung zu $(0, 300, 100, 900, 0)^T$ erhalten.

Es ist hier aufgrund der linearen Abhängigkeit der Spaltenvektoren unter x_1 und x_2 jedoch nicht möglich, verschiedene kanonische Einheitsvektoren in den zu x_1 und x_2 gehörenden Spalten zu erhalten. Würde man (auf anderem Weg) eine Lösung finden, in der sowohl x_1 als auch x_2 von 0 verschieden sind, dann würde die entsprechende Menge $\{\mathbf{a}^j | x_j \neq 0\} \cup \{\mathbf{e}^j | y_j \neq 0\}$ die ersten beiden Spalten der Koeffizientenmatrix enthalten. Da aber gilt $2\mathbf{a}_1 = \mathbf{a}_2$, wäre diese Menge nicht linear unabhängig. Die Lösung kann also keine zulässige Basislösung sein.

Auch in Abbildung 10.27 erkennt man, dass es keinen Eckpunkt von B gibt, bei dem x_1 und x_2 ungleich 0 sind.

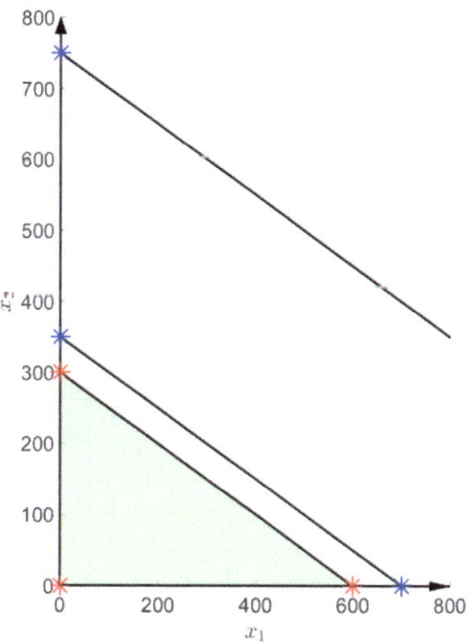

Abbildung 10.27: Der zulässige Bereich B

Man erhält folgende Übersicht gefundener Lösungen. Eckpunkte ergeben sich dabei wieder nur für zulässige Basislösungen, d.h. wenn alle Komponenten zusätzlich größer oder gleich 0 sind:

Gefundene Lösung $(x_1, x_2, y_1, y_2, y_3)^T$	Eckpunkt $(x_1, x_2)^T$	Zielfunktionswert $4x_1 + 5x_2$
$(0, 0, 700, 1500, 1200)^T$	$(0, 0)^T$	0
$(700, 0, 0, 800, -200)^T$	–	–
$(1500, 0, -800, 0, -1800)^T$	–	–
$(600, 0, 100, 900, 0)^T$	$(600, 0)^T$	2400
$(0, 350, 0, 800, -200)^T$	–	–
$(0, 750, -800, 0, -1800)^T$	–	–
$(0, 300, 100, 900, 0)^T$	$(0, 300)^T$	1500

Erneut kann man mit Hilfe der Nebenbedingung $x_1 + 2x_2 \leq 700$ abschätzen, dass $x_1 \leq 700$ und $x_2 \leq 350$ gelten muss. Damit gilt für die Zielfunktion $4x_1 + 5x_2 \leq 4(700) + 5(350) =$

4550. Die Zielfunktion ist also nicht unbeschränkt. Aus obiger Aufzählung der Eckpunkte können wir also schließen, dass das lineare Optimierungsproblem die optimale Lösung $(600,0)^T$ mit Zielfunktionswert 2400 hat.   ■

■ **Beispiel 10.3.19 — Lösung des Mischungsproblems.**
Löst man das Mischungsproblem aus Beispiel 10.3.3,

$$\max\ 0,1x_1 - 0,1x_2$$
$$\text{u.d.N.}\quad -x_1 - 2x_2 \le -1$$
$$3000x_1 + 2000x_2 \le 2000$$
$$x_1 + x_2 \le 1$$
$$x_1 \ge 0$$
$$x_2 \ge 0,$$

zunächst, indem man das Gleichungssystem $A\mathbf{x} + \mathbf{y} = \mathbf{b}$ mithilfe des Eliminationsverfahrens löst, erhält man:

	x_1	x_2	y_1	y_2	y_3	$\mathbf{b}$	
①	-1	-2	1	0	0	-1	
②	3000	2000	0	1	0	2000	
③	1	1	0	0	1	1	
④	1	2	-1	0	0	1	(-1)①
⑤	0	-4000	3000	1	0	-1000	②$+3000$①
⑥	0	-1	1	0	1	0	③$+$①
⑦	1	0	$\frac{1}{2}$	$\frac{1}{2000}$	0	$\frac{1}{2}$	④$+\frac{1}{2000}$⑤
⑧	0	1	$-\frac{3}{4}$	$-\frac{1}{4000}$	0	$\frac{1}{4}$	$-\frac{1}{4000}$⑤
⑨	0	0	$\frac{1}{4}$	$-\frac{1}{4000}$	1	$\frac{1}{4}$	⑥$-\frac{1}{4000}$⑤
⑩	1	0	0	$\frac{1}{1000}$	-2	0	⑦$-2$⑨
⑪	0	1	0	$-\frac{1}{1000}$	3	1	⑧$+3$⑨
⑫	0	0	1	$-\frac{1}{1000}$	4	1	$4$⑨

Mit dem oben beschriebenen Verfahren zur Generierung von zulässigen Basislösungen finden wir::
- aus ① – ③ die Lösung $(0,0,-1,2000,1)^T$, die keine zulässige Basislösung ist;
- aus ④ – ⑥ die Lösung $(1,0,0,-1000,0)^T$, die keine zulässige Basislösung ist;
- aus ⑦ – ⑨ die zulässige Basislösung $(\frac{1}{2},\frac{1}{4},0,0,\frac{1}{4})^T$ mit Zielfunktionswert $\frac{1}{40}$;
- aus ⑩ – ⑬ die zulässige Basislösung $(0,1,1,0,0)^T$ mit Zielfunktionswert $-\frac{1}{10}$.

Dabei wurde $(0,0,-1,2000,1)^T$ gefunden, indem man im Gleichungssystem $x_1 = x_2 = 0$ setzt bzw. indem die Einheitsvektoren in den Spalten unter y_1, y_2 und y_3 stehen. Die Lösung $(1,0,0,-1000,0)^T$ ergibt sich durch $x_2 = y_1 = 0$ bzw. mithilfe der Einheitsvektoren in den Spalten unter x_1, y_2 und y_3. Da hier aber auch $y_3 = 0$ gilt, würde man durch Nullsetzen von $x_2 = y_3 = 0$ oder $y_1 = y_3 = 0$ die gleiche Lösung erhalten. Die zulässige Basislösung $(\frac{1}{2},\frac{1}{4},0,0,\frac{1}{4})^T$ ergibt sich durch Nullsetzen von $y_1 = y_2 = 0$. Die zulässige Basislösung $(0,1,1,0,0)^T$ ergibt sich aus $y_2 = y_3 = 0$. Da hier auch $x_1 = 0$ gilt, ergibt sich die gleiche zulässige Basislösung, wenn man $x_1 = y_3 = 0$ oder $y_2 = x_1 = 0$ fordert. Es verbleiben nur die Kombinationen $x_1 = y_1 = 0$ und $x_2 = y_2 = 0$ zu berechnen.

Um den Fall $x_2 = y_2 = 0$ zu bestimmen, also Einheitsvektoren in den Spalten von x_1, y_1 und y_3 zu erzeugen, führen wir einen Eliminationsschritt mit $i = 2$ und $j = 5$ durch,

	x_1	x_2	y_1	y_2	y_3	$\mathbf{b}$	
⑬	1	$\frac{2}{3}$	0	$\frac{1}{3000}$	0	$\frac{2}{3}$	⑩$+\frac{2}{3}$⑪
⑭	0	$\frac{1}{3}$	0	$-\frac{1}{3000}$	1	$\frac{1}{3}$	$\frac{1}{3}$⑪
⑮	0	$-\frac{4}{3}$	1	$\frac{1}{3000}$	0	$-\frac{1}{3}$	⑫$-\frac{4}{3}$⑪

und erhalten die Lösung $(\frac{2}{3}, 0, -\frac{1}{3}, 0, \frac{1}{3})^T$, die keine zulässige Basislösung ist. Um den Fall $x_1 = y_1 = 0$ zu erhalten, kann man ausgehend vom ersten Tableau in Zeilen ① bis ③ einen Eliminationsschritt mit $i = 1$ und $j = 2$ durchführen.[12] So erhält man

	x_1	x_2	y_1	y_2	y_3	$\mathbf{b}$	
④'	$\frac{1}{2}$	1	$-\frac{1}{2}$	0	0	$\frac{1}{2}$	$-\frac{1}{2}$①
⑤'	2000	0	1000	1	0	1000	②$+1000$①
⑥'	$\frac{1}{2}$	0	$\frac{1}{2}$	0	1	$\frac{1}{2}$	③$+\frac{1}{2}$①

mit zulässiger Basislösung $(0, \frac{1}{2}, 0, 1000, \frac{1}{2})^T$. Zusammenfassend ergibt sich folgende Tabelle, wobei sich Eckpunkte wieder nur für zulässige Basislösungen ergeben:

Gefundene Lösung $(x_1, x_2, y_1, y_2, y_3)^T$	Eckpunkt $(x_1, x_2)^T$	Zielfunktionswert $0.1x_1 - 0.1x_2$
$(0, 0, -1, 2000, 1)^T$	—	—
$(1, 0, 0, -1000, 0)^T$	—	—
$(\frac{1}{2}, \frac{1}{4}, 0, 0, \frac{1}{4})^T$	$(\frac{1}{2}, \frac{1}{4})^T$	0.025
$(0, 1, 1, 0, 0)^T$	$(0, 1)^T$	-0.1
$(\frac{2}{3}, 0, -\frac{1}{3}, 0, \frac{1}{3})^T$	—	—
$(0, \frac{1}{2}, 0, 1000, \frac{1}{2})^T$	$(0, \frac{1}{2})^T$	-0.05

In diesem Beispiel fällt auf, dass sich die gleiche zulässige Basislösung $(0, 1, 1, 0, 0)^T$ auf drei verschiedene Arten ergibt: einmal, wenn die kanonischen Einheitsvektoren in Spalten x_1, x_2 und y_1 sind und $y_2 = y_3 = 0$ gilt, einmal, wenn die kanonischen Einheitsvektoren in Spalten x_2, y_1 und y_2 sind und $x_1 = y_3 = 0$ gilt, und einmal, wenn die kanonischen Einheitsvektoren in Spalten x_2, y_1 und y_3 sind und $x_1 = y_2 = 0$ gilt. Dies entspricht in Abbildung 10.28 der Tatsache, dass sich an der Stelle $(0, 1)^T$ die begrenzenden Geraden dreier Mengen schneiden. Insgesamt gibt es daher nur drei zulässige Basislösungen. Diese entsprechen den in Abbildung 10.28 rot gekennzeichneten Eckpunkten.

Aus den Zielfunktionswerten obiger Tabelle können wir schließen, dass das lineare Optimierungsproblem entweder keine optimale Lösung hat oder der Eckpunkt $(\frac{1}{2}, \frac{1}{4})^T$ die optimale Lösung ist. Um sicherzustellen, dass es sich um eine optimale Lösung handelt, muss man wieder festhalten, dass B unter anderem das Element $(\frac{1}{2}, \frac{1}{4})^T$ enthält und damit nicht leer ist. Zudem gilt für alle $(x_1, x_2)^T \in B$, dass $0 \le x_1 \le 1$ und $0 \le x_2 \le 1$. Damit gilt

$$0{,}1x_1 - 0{,}1x_2 \le 0{,}1.$$

Die Zielfunktionswerte können also auf B nicht beliebig groß werden.

Aus Satz 10.3.3 können wir damit schließen, dass das lineare Optimierungsproblem eine optimale Lösung hat. Zudem wissen wir, dass eine optimale Lösung an einem Eckpunkt von B liegen wird. In obiger Tabelle haben wir alle Eckpunkte von B und deren

---

[12] Ebenso kann man den Fall $x_1 = y_1 = 0$ erhalten, indem man ausgehend vom letzten Tableau einen Eliminationsschritt mit $i = 1$ und $j = 2$ und dann einen weiteren mit $i = 3$ und $j = 4$ macht.

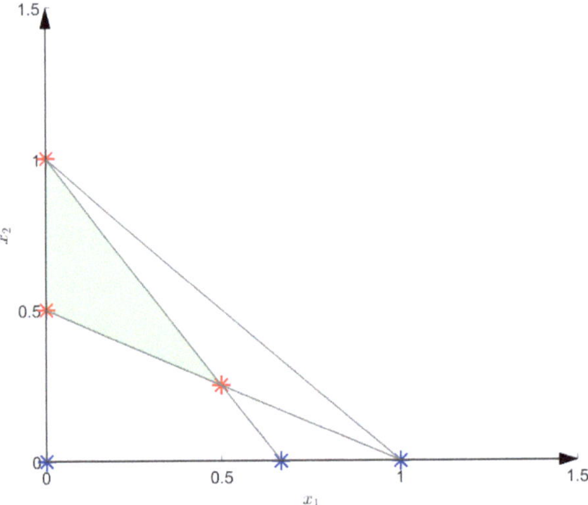

Abbildung 10.28: Zulässige Basislösungen

Zielfunktionswerte bestimmt. Die optimale Lösung ist also $(\frac{1}{2}, \frac{1}{4})^T \in B$. Es sollte also $\frac{1}{2}$ von Gas 1, $\frac{1}{4}$ von Gas 2 und $1 - \frac{1}{2} - \frac{1}{4} = \frac{1}{4}$ von Gas 3 verwendet werden. ∎

Zwar stellt die Aufzählung aller zulässiger Basislösungen und damit aller Eckpunkte des zulässigen Bereichs sicher, dass im Falle der Existenz einer optimalen Lösung diese auch gefunden wird. Existiert keine optimale Lösung, ist es mit diesem Ansatz jedoch schwer, herauszufinden, dass der gefundene beste Eckpunkt gar nicht die optimale Lösung darstellt:

∎ Beispiel 10.3.20 — Ein unbeschränktes Problem.

Wir betrachten erneut das Optimierungsproblem

$$
\begin{aligned}
\max \quad & x_1 + x_2 \\
\text{u.d.N.} \quad & x_2 \leq 2 \\
& -x_1 + x_2 \leq 1 \\
& x_1 \geq 0 \\
& x_2 \geq 0
\end{aligned}
$$

aus Beispiel 10.3.9 . Wenden wir hier unser Verfahren zur Generierung von zulässigen Basislösungen an, erhalten wir zunächst durch Anwendung des Eliminationsverfahrens

	x_1	x_2	y_1	y_2	$\mathbf{b}$	
①	0	1	1	0	2	
②	−1	1	0	1	1	
③	−1	1	0	1	1	②
④	0	1	1	0	2	①
⑤	1	−1	0	−1	−1	(−1)③
⑥	0	1	1	0	2	④
⑦	1	0	1	−1	1	⑤+⑥
⑧	0	1	1	0	2	④

- aus ① – ② die zulässige Basislösung $(0,0,2,1)^T$ mit Zielfunktionswert 0,
- aus ⑤ – ⑥ die Lösung $(-1,0,2,0)^T$, die keine zulässige Basislösung ist, und
- aus ⑦ – ⑧ die zulässige Basislösung $(1,2,0,0)^T$ mit Zielfunktionswert 3.

Durch Anwendung eines Eliminationsschritts mit $i = 1$ und $j = 4$ ergibt sich

	x_1	x_2	y_1	y_2	$\mathbf{b}$	
⑨	-1	0	-1	1	-1	(-1)⑦
⑩	0	1	1	0	2	⑧

mit Lösung $(0,2,0,-1)^T$, die aber keine zulässige Basislösung ist. Ein weiterer Eliminationsschritt mit $i = 1$ und $j = 3$ ergibt

	x_1	x_2	y_1	y_2	$\mathbf{b}$	
⑪	1	0	1	-1	1	(-1)⑨
⑫	-1	1	0	1	1	⑨+⑩

mit zulässiger Basislösung $(0,1,1,0)^T$ und Zielfunktionswert 1. Auch hier können wieder nicht beliebige Kombinationen von Variablen gleich 0 gesetzt werden, da nicht jede Kombination von zwei Spaltenvektoren linear unabhängig ist. Die x_1- und die x_2-Komponente der gefundenen zulässigen Basislösungen sind in Abbildung 10.29 rot visualisiert. Die entsprechenden Komponenten der anderen gefunden Lösungen sind blau.

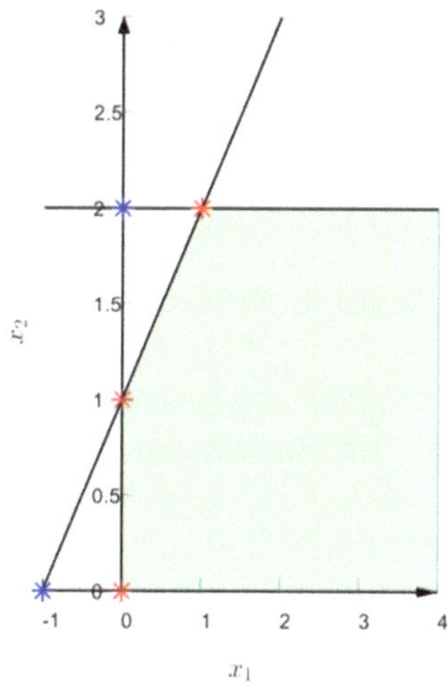

Abbildung 10.29: Eckpunkte des zulässigen Bereichs B

Ohne die Abbildung könnte man hier nach der Aufzählung der Eckpunkte leicht zu dem Schluss kommen, dass $(1,2)^T$ mit Zielfunktionswert 3 die optimale Lösung des Optimierungsproblems sei,[13] obwohl beispielsweise die zulässige Lösung $x_1 = 5, x_2 = 2$ den höheren Zielfunktionswert von 7 hat. Die Aufzählung der Eckpunkte führt hier nicht zu einer optimalen Lösung, da das lineare Optimierungsproblem keine optimale Lösung hat. ∎

---

[13] Wäre die Zielfunktion z.B. durch $f(x) = x_2 - 0,5x_1$ gegeben, wäre dieser Eckpunkt auch die optimale Lösung.

Das Verfahren der Aufzählung aller zulässiger Basislösungen und damit aller Eckpunkte führt in der Regel zu zwei Problemen:

- Es bleibt ohne weitere Hilfsmittel unklar, ob der beste Eckpunkt die optimale Lösung ist, oder ob das Optimierungsproblem eventuell keine optimale Lösung hat.
- Es kann sehr aufwändig sein, alle zulässigen Basislösungen zu bestimmen. Zudem werden durch das Verfahren auch Lösungen generiert, für die erst nach einem Eliminationsschritt klar wird, dass sie keine zulässigen Basislösungen sind.

Der sogenannte Simplexalgorithmus adressiert beide Probleme. Er durchläuft systematisch Eckpunkte von B in einer Weise, in der sich (ausgehend von einer zulässigen Basislösung) der Zielfunktionswert nie verschlechtert und der zulässige Bereich nicht verlassen wird. Es ist ein sehr effizientes Verfahren, das Optimierungsprobleme mit mehreren Millionen Variablen und Nebenbedingungen auf modernen Computern in der Regel in wenigen Sekunden lösen kann. Viele sogenannte „intelligente Entscheidungssysteme" in der Industrie zur Lösung von Transportproblemen oder zur Flugpreisbestimmung basieren auf der Lösung eines linearen Optimierungsproblems. Sie finden den Simplexalgorithmus in fast jeder Programmiersprache, auch im Excel Solver, implementiert.

 Erhält man bei der Lösung des LGS $A\mathbf{x} + \mathbf{y} = \mathbf{b}$ mit Hilfe des Eliminationsverfahrens
- ein Tableau mit $\mathrm{rang}[\mathbf{a}^1, \ldots, \mathbf{a}^n, \mathbf{e}^1, \ldots, \mathbf{e}^m]$ verschiedenen kanonischen Einheitsvektoren und
- sind alle Werte der rechten Seite des Tableaus größer oder gleich 0,

dann ergibt sich eine zulässige Basislösung, indem man jeweils einer Variablen, in deren Spalte der i-te Einheitsvektor steht, die i-te rechte Seite zuweist und die anderen Variablen gleich 0 setzt.

Erzeugt man kanonische Einheitsvektoren in anderen Spalten der Koeffizientenmatrix, erhält man ggf .weitere zulässige Basislösungen.

10.3.7 Die Idee des Simplexalgorithmus (#)

Ziele dieses Unterkapitels
- Wie wählt der Simplexalgorithmus ausgehend von einer zulässigen Basislösung die Spalte j und die Zeile i für den Eliminationsschritt um auf die nächste zulässige Basislösung zu kommen?
- Wie endet der Simplexalgorithmus bei einem lösbaren linearen Optimierungsproblem?

Die grundlegende Idee des Simplexalgorithmus ist die Aufzählung von Eckpunkten des zulässigen Bereichs in einer geschickten Reihenfolge, wobei geschickt bedeutet, dass der Zielfunktionswert stets besser wird und ausgehend von einer zulässigen Basislösung nur andere zulässige Basislösungen durchlaufen werden.

Um die Grundidee nachvollziehen zu können, haben wir bereits den wichtigsten Baustein betrachtet: Wir können Ecken durch Eliminationsschritte aufzählen. Der zweite Baustein betrifft Umformungen der Zielfunktion $\mathbf{c}^T\mathbf{x}$ bzw. $\mathbf{c}^T\mathbf{x} + \mathbf{0}^T\mathbf{y}$. Offensichtich gilt hier für Lösungen im zulässigen Bereich, also Lösungen mit $A\mathbf{x} + \mathbf{y} = \mathbf{b}$, dass jede Nebenbedingung erfüllt ist. Damit entspricht die Addition Vielfacher einer Zeile von $A\mathbf{x} + \mathbf{y} - \mathbf{b}$ der Addition von Vielfachen von 0. Die Zielfunktion wird durch eine derartige Umformung also nicht verändert.

Wir erklären die grundlegenden Ideen erneut an unserem Produktionsbeispiel:

■ **Beispiel 10.3.21 — Lösung des Produktionsbeispiels.**

Wir betrachten erneut das Produktionsproblem aus Beispiel 10.3.1. In Beispiel 10.3.12 beschrieben wir den zulässigen Bereich mithilfe der nicht-negativen Lösungen des Gleichungssystems $A\mathbf{x} + \mathbf{y} = \mathbf{b}$. Bei dieser Darstellungsform wurde die Zielfunktion gänzlich ausser Acht gelassen. Natürlich ergibt sich für eine gegebene Lösung von $A\mathbf{x} + \mathbf{y} = \mathbf{b}$ der Zielfunktionswert jedoch als $4x_1 + 5x_2$. Als vierte (neue) Zeile des Gleichungssystems schreiben wir die Koeffizienten der Zielfunktion in die zugehörigen Spalten, also $c_1 = 4$ in der zu x_1 gehörenden Spalte und $c_2 = 5$ in der zu x_2 gehörenden Spalte. Da in der ersten zulässigen Basislösung des Tableaus nur Schlupfvariablen Werte ungleich 0 haben, ist der Zielfunktionswert der ersten zulässigen Basislösung gleich 0. Als rechte Seite schreiben wir daher 0.

	x_1	x_2	y_1	y_2	y_3	$\mathbf{b}$
①	1	1	1	0	0	700
②	1	3	0	1	0	1500
③	2	1	0	0	1	1200
④	4	5	0	0	0	0

Anstatt nun schematisch einen Eliminationsschritt[14] mit $i = 1$ und $j = 1$ durchzuführen, überlegen wir uns, welche der Variablen, die aktuell gleich 0 sind, den größten (positiven) Einfluss auf den Zielfunktionswert hat. Hier ist dies die Variable x_2, da $c_2 = 5 > c_1 = 4$. Wir entscheiden uns daher dafür, einen Eliminationsschritt mit $j = 2$ durchzuführen.[15] Wir wählen also die „erfolgversprechendste" Spalte. Die Zeile wird so gewählt, dass die zulässige Basislösung des ersten Tableaus nicht zu einer „unzulässigen" Basislösung im zweiten Tableau umgeformt wird.[16] Was bedeutet das hier im Klartext?

Wählt man $i = 1$, ergibt sich mit $a_{12} = 1$ die neue rechte Seite $b_1 = \frac{1}{a_{12}}700 = 700$, $b_2 = 1500 - \frac{a_{22}}{a_{12}}700 = -600$ und $b_3 = 1200 - \frac{a_{32}}{a_{12}}700 = 500$. Die resultierende Lösung ist keine zulässige Basislösung, da $b_2 < 0$ ist. Wählt man $i = 2$, ergibt sich mit $a_{22} = 3$ die neue rechte Seite $b_1 = 700 - \frac{a_{12}}{a_{22}}1500 = 200$, $b_2 = \frac{1}{a_{22}}1500 = 500$ und $b_3 = 1200 - \frac{a_{32}}{a_{22}}1500 = 700$. Die resultierende Lösung ist eine zulässige Basislösung. Wählt man $i = 3$, ergibt sich mit $a_{32} = 1$ die neue rechte Seite $b_1 = 700 - \frac{a_{12}}{a_{32}}1200 = -500$, $b_2 = 1500 - \frac{a_{22}}{a_{32}}1200 = -2100$ und $b_3 = \frac{1}{a_{32}}1200 = 1200$. Die resultierende Lösung ist erneut nicht zulässig, da $b_1 < 0$ und $b_2 < 0$ gilt. Da $i = 4$ die Sonderrolle der Zielfunktion hat, wird diese Zeile nicht beachtet.

Die gesuchte Zeile, hier $i = 2$, entspricht dabei für gegebenes j stets der Zeile mit dem kleinsten Quotienten $\frac{b_i}{a_{ij}}$, wobei wir nur die Quotienten mit positivem a_{ij} betrachten müssen.[17] Ist a_{ij} kleiner oder gleich 0, erhalten wir in dieser Zeile nie eine negative rechte Seite. Wir wählen hier also $j = 2$ und Zeile $i = 2$. Nach einem entsprechenden Eliminationsschritt ergibt sich:

---

[14]   In der linearen Programmierung spricht man von einem Pivotschritt.

[15]   In der linearen Programmierung spricht man von der Pivotspalte j.

[16]   In der linearen Programmierung spricht man von der Pivotzeile.

[17]   Dies folgt aus der Forderung der Zulässigkeit, dass also für jede andere Zeile i' gelten muss, dass die neue rechte Seite nicht-negativ ist: $b_{i'} - \frac{a_{i'j}}{a_{ij}} \cdot b_i \geq 0 \Leftrightarrow \frac{b_{i'}}{a_{i'j}} \geq \frac{b_i}{a_{ij}}$.

	x_1	x_2	y_1	y_2	y_3	$\mathbf{b}$
⑤	$\frac{2}{3}$	0	1	$-\frac{1}{3}$	0	200
⑥	$\frac{1}{3}$	1	0	$\frac{1}{3}$	0	500
⑦	$\frac{5}{3}$	0	0	$-\frac{1}{3}$	1	700
⑧	$\frac{7}{3}$	0	0	$-\frac{5}{3}$	0	-2500

Wir haben also nicht wie im Eliminationsschema zunächst den ersten Einheitsvektor in Spalte eins generiert, sondern unser Wissen bezüglich der Zielfunktion genutzt, um zunächst x_2 einen positiven Wert zuzuweisen. Dann haben wir die Nebenbedingung ausgesucht, welche den Wert von x_2 am stärksten beschränkt, vgl. auch Abbildung 10.30. Die zu dieser Nebenbedingung zugehörige $\mathbf{y}$-Komponente (hier y_2) haben wir dann auf den Wert 0 gesetzt. Die neue zulässige Basislösung entspricht dem Eckpunkt $(0,500)^T$ mit Zielfunktionswert 2500.

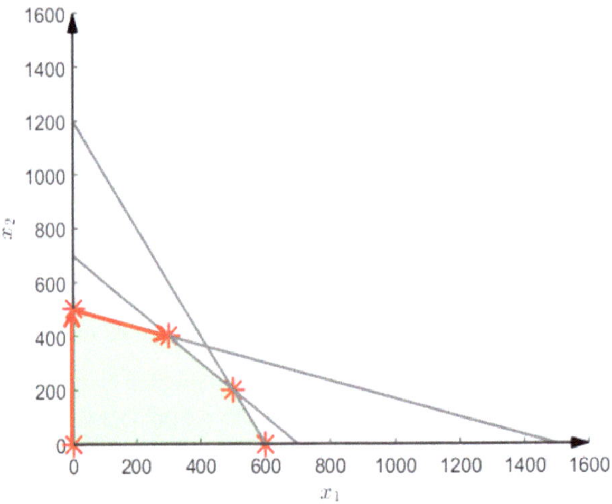

Abbildung 10.30: Der Weg des Simplexalgorithmus

In obigem Tableau haben wir den Eleminationsschritt auch mit der Zeile der Zielfunktion durchgeführt: Die ursprüngliche Zielfunktion $4x_1 + 5x_2$ wurde durch Subtraktion von $\frac{5}{3}$ der zweiten Zeile, also $\frac{5}{3}(x_1 + 3x_2 + y_2 - 1500)$, umgeformt zu $\frac{7}{3}x_1 - \frac{5}{3}y_2 + 2500$. Wie oben bereits erwähnt ist dies möglich, da für alle zulässigen $\mathbf{x}, \mathbf{y}$ die Gleichung $x_1 + 3x_2 + y_2 - 1500 = 0$ gilt. Die Konstante steht im neuen Tableau auf der rechten Seite mit negativem Vorzeichen. Da der Eleminiationsschritt so gewählt wurde, dass die Zielfunktion nur für Variablen, die in der zugehörigen Basislösung gleich 0 sind, Koeffizienten ungleich 0 hat, kann der Zielfunktionswert der Basislösung aus dem Tableau einfach abgelesen werden. Die aktuelle Basislösung mit $x_1 = 0, x_2 = 500, y_1 = 200, y_2 = 0, y_3 = 700$ hat den Zielfunktionswert

$$\mathbf{c}^T\mathbf{x} = 4 \cdot 0 + 5 \cdot 500 = \frac{7}{3}x_1 - \frac{5}{3}y_2 + 2500 = \frac{7}{3} \cdot 0 - \frac{5}{3} \cdot 0 + 2500 = 2500.$$

Diesen Wert findet man unten rechts im Tableau mit umgekehrtem Vorzeichen.

Wir fahren analog fort: In der neuen Zielfunktionszeile, Zeile ⑧, suchen wir den Koeffizienten, welcher den grössten Zuwachs verspricht, hier $\frac{7}{3}$. Wir wählen also $j = 1$.

Wieder wählen wir die Zeile so, dass sich eine zulässige Basislösung ergeben wird. Anstatt wieder alle Zeilen auszuprobieren, berechnen wir die Quotienten aus den rechten Seiten und den Koeffizienten in den entsprechenden Zeilen der $j = 1$-ten Spalte.

Bezeichnen wir die Matrix des vorherigen Tableaus wieder als A und die rechte Seite wieder als $\mathbf{b}$, berechnen wir also $\frac{b_1}{a_{11}} = 300$, $\frac{b_2}{a_{21}} = 1500$ und $\frac{b_3}{a_{31}} = 420$. Der kleinste Wert ergibt sich bei $i = 1$. Also führen wir einen Eliminationsschritt mit $i = 1$ und $j = 1$ durch:

	x_1	x_2	y_1	y_2	y_3	$\mathbf{b}$
⑨	1	0	$\frac{3}{2}$	$-\frac{1}{2}$	0	300
⑩	0	1	$-\frac{1}{2}$	$\frac{1}{2}$	0	400
⑪	0	0	$-\frac{5}{2}$	$\frac{1}{2}$	1	200
⑫	0	0	$-\frac{7}{2}$	$-\frac{1}{2}$	0	-3200

Wollen wir nun weiterrechnen, stellen wir fest, dass die Zielfunktionszeile nun keinen positiven Koeffizienten mehr enthält. Der Zielfunktionswert kann also nicht weiter verbessert werden. Das Verfahren endet mit einer zulässigen Basislösung und $x_1 = 300, x_2 = 400$. Der Zielfunktionswert ist $f(300, 400) = 3200$. Der mit (-1) multiplizierte Zielfunktionswert der aktuellen zulässigen Basislösung findet sich bei diesem Vorgehen erneut in der unteren rechten Ecke des Tableaus, welches man in der linearen Optimierung oft als Simplextableau bezeichnet. ∎

Nennen wir im jeweils aktuellen Tableau die rechte Seite $\mathbf{b}$ und die Koeffizientenmatrix A, so gibt der sogenannte Simplexalgorithmus ausgehend von einem linearen Optimierungsproblem mit einer optimalen Lösung und einer zulässigen Basislösung mit $x_i = 0$ für alle $i = 1, \ldots, n$ folgende Vorgehensweise vor:

- Suche
  - die Spalte j mit größtem positiven Koeffizienten in der Zielfunktionszeile und
  - die Zeile i mit kleinstem Quotienten aus der rechten Seite b_i und des (positiven) Koeffizienten a_{ij}, $\frac{b_i}{a_{ij}}$ und $a_{ij} > 0$

  und führe damit einen Eliminationsschritt durch.
- Existiert eine Spalte mit positivem Koeffizienten in der Zielfunktionszeile, wiederhole den vorherigen Schritt.
- Existiert keine Spalte mit positivem Koeffizienten in der Zielfunktionszeile, endet das Verfahren. Die $\mathbf{x}$-Komponenten der zulässigen Basislösung des letzten Tableaus stellen die Lösung des linearen Optimierungsproblems dar.

Im Gegensatz zum Verfahren des Aufzählens aller Ecken, führt das oben beschriebene Vorgehen ausgehend von einer zulässigen Basislösung stets ausschließlich zu anderen zulässigen Basislösungen. Zudem stellt das Verfahren sicher, dass sich der Zielfunktionswert nie verschlechtert. Man findet den mit (-1) multiplizierten Zielfunktionswert der aktuellen Baislösung stets unten rechts in der Ecke des Tableaus.

∎ Beispiel 10.3.22 — Ein weiteres Beispiel.

Als zweites Beispiel zur Durchführung des Simplexalgorithmus betrachten wir das Optimierungsproblem

$$\begin{aligned} \max \quad & x_1 + x_2 \\ \text{u.d.N.} \quad & 2x_1 + x_2 \leq 4 \\ & x_1 + 3x_2 \leq 7 \\ & x_1 \geq 0 \\ & x_2 \geq 0. \end{aligned}$$

Durch Einführung der Variablen $y_1, y_2 \geq 0$ kann dies äquivalent auch als

$$\begin{aligned} \max \quad & x_1 + x_2 \\ \text{u.d.N.} \quad & 2x_1 + x_2 + y_1 = 4 \\ & x_1 + 3x_2 + y_2 = 7 \\ & x_1 \geq 0 \\ & x_2 \geq 0 \\ & y_1 \geq 0 \\ & y_2 \geq 0 \end{aligned}$$

formuliert werden. Ergänzt man zu den Gleichheitsnebenbedingungen die Gleichung $f(x_1, x_2) = x_1 + x_2 = 0$ ergibt sich

	x_1	x_2	y_1	y_2	$\mathbf{b}$	
①	2	1	1	0	4	y_1
②	1	3	0	1	7	y_2
③	1	1	0	0	0	

Die zum Tableau gehörende zulässige Basislösung ist $(0, 0, 4, 7)^T$. Um zu betonen, dass die zu diesem Tableau gehörige zulässige Basislösung der Variablen y_1 den Wert $b_1 = 4$ und der Variablen y_2 den Wert $b_2 = 7$ zuweist, notiert man in der Regel die Variablen y_1 und y_2 in den entsprechenden Zeilen des Tableaus.

In Zeile ③ gibt es zwei positive Elemente, die gleich groß sind. Wir können also in unseren Verfahren Spalte 1 oder Spalte 2 auswählen. In Spalte $j = 1$ gibt es zwei positive Zahlen in Zeilen $i = 1$ und $i = 2$. Ein Vergleich der Quotienten $\frac{b_1}{a_{11}} = \frac{4}{2} = 2$ und $\frac{b_2}{a_{21}} = \frac{7}{1} = 7$ ergibt, dass wir $i = 1$ wählen und einen Eliminationsschritt mit $i = 1$, $j = 1$ durchführen. Wir erhalten

	x_1	x_2	y_1	y_2	$\mathbf{b}$	
④	1	$\frac{1}{2}$	$\frac{1}{2}$	0	2	x_1
⑤	0	$\frac{5}{2}$	$-\frac{1}{2}$	1	5	y_2
⑥	0	$\frac{1}{2}$	$-\frac{1}{2}$	0	-2	

Im neuen Tableau befindet sich in Zeile ⑥ eine einzige positive Zahl bei $j = 2$. Um die Zeile für den Eliminationsschritt zu bestimmen, berechnen wir $\frac{b_1}{a_{12}} = \frac{2}{\frac{1}{2}} = 4$ und $\frac{b_2}{a_{22}} = \frac{5}{\frac{5}{2}} = 2$. Der zweite Quotient ist kleiner, damit ergibt sich $i = 2$. Nach dem Eliminationsschritt mit $i = 2$ und $j = 2$ erhält man

	x_1	x_2	y_1	y_2	$\mathbf{b}$	
⑦	1	0	$\frac{3}{5}$	$-\frac{1}{5}$	1	x_1
⑧	0	1	$-\frac{1}{5}$	$\frac{2}{5}$	2	x_2
⑨	0	0	$-\frac{2}{5}$	$-\frac{1}{5}$	-3	

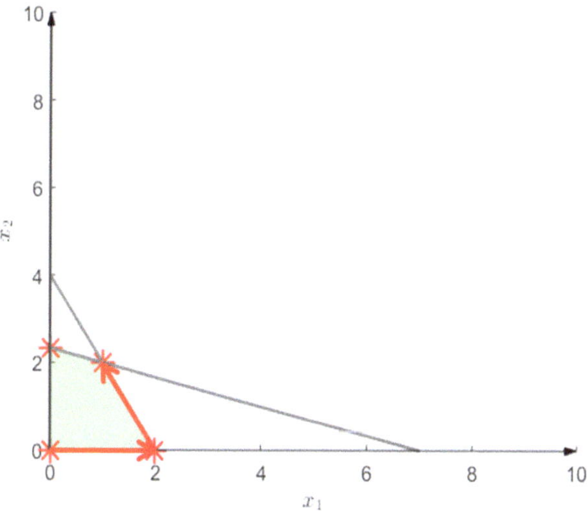

Abbildung 10.31: Der Weg des Simplexalgorithmus im weiteren Beispiel

In der Zielfunktionszeile ⑨ befindet sich keine positive Zahl, folglich haben wir eine optimale zulässige Basislösung mit $x_1 = 1$ und $x_2 = 2$ gefunden, mit dem zugehörigen Zielfunktionswert 3. Graphisch ist der Weg des Simplexalgorithmus in Abbildung 10.31 dargestellt. ∎

Obwohl wir bisher nur den Spezialfall eines lösbaren Problems mit Start bei einer zulässigen Basislösung besprochen haben, kann der Simplexalgorithmus für allgemeine lineare Optimierungsprobleme erweitert werden: Sind beim Zeilenvergleich alle a_{ij} kleiner oder gleich 0 und mindestens ein Koeffizient in der Zielfunktionszeile positiv, so kann beispielsweise geschlossen werden, dass das lineare Optimierungsproblem auf dem zulässigen Bereich unbeschränkt ist.

∎ Beispiel 10.3.23 — Fortsetzung von Beispiel 10.3.20.

Aus Beispiel 10.3.20 wissen wir bereits, dass das lineare Optimierungsproblem

$$\begin{aligned} \max\ &x_1 + x_2 \\ \text{u.d.N.}\quad &x_2 \leq 2 \\ &-x_1 + x_2 \leq 1 \\ &x_1 \geq 0 \\ &x_2 \geq 0 \end{aligned}$$

keine optimale Lösung besitzt. Eine Aufzählung der Ecken führt hier nicht zum Ergebnis.

Führen wir wie in den bisherigen Beispielen Schlupfvariablen y_1 und y_2 ein, erhalten wir folgendes Tableau

	x_1	x_2	y_1	y_2	$\mathbf{b}$	
①	0	1	1	0	2	y_1
②	−1	1	0	1	1	y_2
③	1	1	0	0	0	

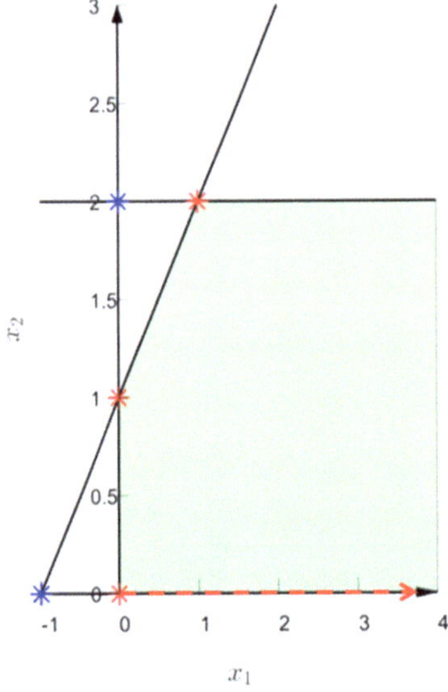

Abbildung 10.32: Der Weg des
Simplexalgorithmus im Beispiel 10.3.20
bei Wahl von $j = 1$

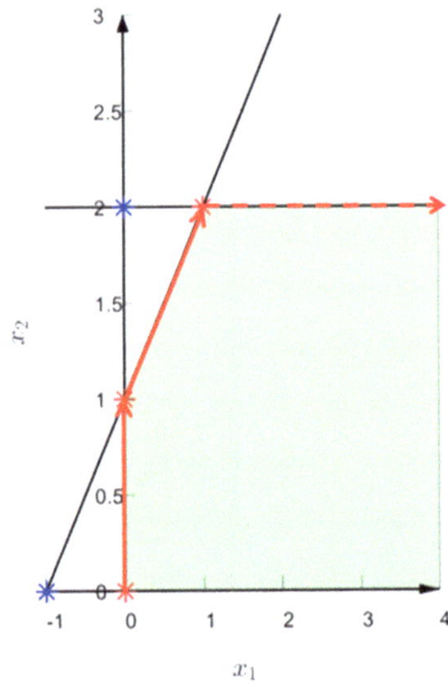

Abbildung 10.33: Der Weg des
Simplexalgorithmus im Beispiel 10.3.20
bei Wahl von $j = 2$

mit $(0,0,2,1)^T$ als zulässige Basislösung, welche dem Eckpunkt $(0,0)^T$ des zulässigen Bereiches in Abbildung 10.32 entspricht. Als nächsten Schritt überprüfen wir die zur Zielfunktion gehörende Zeile ③ im Tableau. In dieser Zeile finden wir zwei positive Zahlen mit dem Wert 1. Beide Zahlen sind gleich groß. Folglich haben wir zwei Möglichkeiten die Spalte j zu wählen: $j = 1$ oder $j = 2$.

Wählen wir $j = 1$, dann sucht man als nächstes in Spalte $j = 1$ oberhalb Zeile ③ eine positive Zahl a_{i1}. Eine solche Zahl existiert aber nicht. Die Wahl $j = 1$ entspricht einer Erhöhung von x_1, wobei $x_2 = 0$ weiterhin gilt. Wir wissen also, dass sich der Zielfunktionswert durch eine Vergrößerung von x_1 vergrößern wird. Es gibt aber aufgrund der fehlenden positiven Zahl a_{i1} keine Einschränkung, wie groß x_1 gewählt werden darf. Damit erhalten wir die Information, dass es keine optimale Lösung gibt, da die Zielfunktion im zulässigen Bereich nach oben unbeschränkt ist. Der gestrichelte rote Pfeil in Abbildung 10.32 verdeutlicht, dass es entlang der x_1-Achse nach rechts keine weiteren Eckpunkte gibt.

Was wäre passiert, hätten wir $j = 2$ gewählt? In der zweiten Spalte des Tableaus befinden sich zwei positive Zahlen. Vergleicht man die Quotienten $\frac{b_1}{a_{12}} = \frac{2}{1} = 2$ und $\frac{b_2}{a_{22}} = \frac{1}{1} = 1$, ergibt sich, dass $i = 2$ die Zeile im Eliminationsschritt sein sollte. Die Durchführung des Eliminationsschrittes ergibt das Tableau

	x_1	x_2	y_1	y_2	$\mathbf{b}$	
④	1	0	1	-1	1	y_1
⑤	-1	1	0	1	1	x_2
⑥	2	0	0	-1	-1	

Ausgehend von diesem zweiten Tableau ist die Wahl von j eindeutig. In Zeile ⑥ gibt es eine einzige positive Zahl, also wir wählen $j = 1$. In der Spalte oberhalb gibt es ebenfalls eine einzige positive Zahl, also setzen wir $i = 1$. Eine Durchführung des Eliminationsschrittes mit $i = j = 1$ ergibt

	x_1	x_2	y_1	y_2	$\mathbf{b}$	
⑦	1	0	1	-1	1	x_1
⑧	0	1	1	0	2	x_2
⑨	0	0	-2	1	-3	

Auch diesmal ist die Wahl von j eindeutig: wir setzen $j = 4$. In der vierten Spalte oberhalb Zeile ⑨ gibt es keine positive Zahl. Die Wahl der Spalte $j = 4$ im obigen Tableau bedeutet, dass eine Erhöhung von y_2 den Zielfunktionswert verbessert. Da es keine positive Zahl in der entsprechenden Spalte gibt, kann der Wert beliebig vergrößert werden. Die Zielfunktion kann im zulässigen Bereich beliebig hohe Werte annehmen. Es gibt also keine optimale Lösung.

Geometrisch bedeutet die Wahl von $j = 2$, dass wir ausgehend von $x_1 = x_2 = 0$ zunächst versuchen, x_2 zu erhöhen. So gelangen wir nach dem ersten Schritt zu $x_1 = 0$ und $x_2 = 1$. Dies illustriert der rote senkrechte Pfeil in Abbildung 10.33. Im zweiten Schritt wird wegen $j = 1$ dann x_1 erhöht. Da dies bei gegebenem $y_2 = 0$ nur gemeinsam mit x_2 möglich ist, zeigt ein weiterer roter Pfeil zu $x_1 = 1, x_2 = 2$. Die folgende Wahl der Spalte $j = 4$ bedeutet, dass eine Erhöhung von y_2 den Zielfunktionswert verbessert. Aus Zeile ⑦ und $y_1 = 0$ folgt $x_1 = y_2 + 1$. Eine Erhöhung von y_2 entspricht damit einer Erhöhung von x_1. Da es von $x_1 = 1, x_2 = 2$ ausgehend nach rechts keine weiteren Eckpunkte gibt, endet das Verfahren.

∎

Falls die rechte Seite $\mathbf{b}$ des linearen Optimierungsproblems in Standardform wie in unserem Mischungsproblem negative Werte besitzt, kann oben skizzierter Simplexalgorithmus nicht bei $\mathbf{x} = \mathbf{0}$ beginnen. In diesem Fall muss eine Vorphase hinzugefügt werden. Diese Vorphase findet bei einem Start bei einer Lösung, die keine zulässige Basislösung ist, entweder eine zulässige Basislösung oder entscheidet, dass das Problem keine zulässige Lösung besitzt. Wir verzichten hier auf eine detaillierte Beschreibung des Vorgehens. Stattdessen erläutern wir die Grundidee anhand des Mischungsproblems.

■ **Beispiel 10.3.24 — Lösung des Mischungsproblems (mit Vorphase).**
In Beispiel 10.3.19 wurde das Mischungsproblem aus Beispiel 10.3.3 durch Aufzählen aller Ecken des zulässigen Bereichs gelöst. Will man hier den Simplexalgorithmus anwenden, welcher von einer zulässigen Basislösung zur anderen „wandert", steht man vor dem Problem, dass bereits die erste gefundene Lösung $(0, 0, -1, 2000, 1)^T$ keine zulässige Basislösung ist, vgl. Abbildungen 10.28 und 10.34.

	x_1	x_2	y_1	y_2	y_3	$\mathbf{b}$	
①	-1	-2	1	0	0	-1	y_1
②	3000	2000	0	1	0	2000	y_2
③	1	1	0	0	1	1	y_3
④	0.1	-0.1	0	0	0	0	

Anstatt nun direkt den Simplexalgorithmus zu starten, startet man eine sogenannte Vorphase mit dem Ziel eine zulässige Basislösung, also einen Eckpunkt des zulässigen Bereichs, zu finden. Hierfür werden ebenfalls Eliminationsschritte durchgeführt. Das Ziel der Elimi-

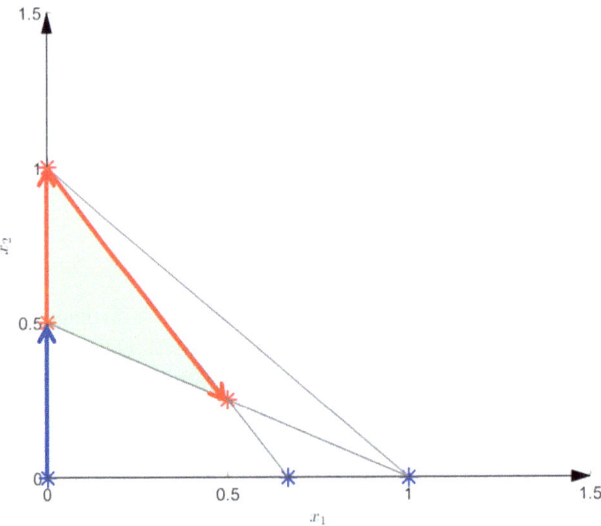

Abbildung 10.34: Der Weg des Simplexalgorithmus (rote Pfeile) mit einer Vorphase (blauer Pfeil)

nationsschritte ist hier zunächst nicht die Maximierung des Zielfunktionswertes sondern das Auffinden einer zulässigen Basislösung. Daher ist die Auswahl der Zeilen und Spalten anders als im eigentlichen Simplexalgorithmus.

Wir überlegen anschaulich, wie hier vorzugehen ist, um von dem unzulässigen Punkt $(0,0)^T$ zu einem Eckpunkt des zulässigen Bereichs bzw. zu einer zulässigen Basislösung zu kommen: Betrachtet man Abbildung 10.28 erkennt man schnell, dass der Eckpunkt $(0,0.5)^T$ dem Ausgangspunkt $(0,0)^T$ am nächsten liegt. An diesem Punkt gilt $y_1 = 0$, da die erste Nebenbedingung mit Gleichheit eingehalten wird. Die anderen Schlupfvariablen haben positive Werte. Es ist daher nicht überraschend, dass die Vorphase $i = 1$ und $j = 2$ wählt. (Wie die Vorphase analytisch und allgemein die Zeile und Spalte wählt, um einen Eliminationsschritt durchzuführen, wird in fortgeschritteneren Büchern diskutiert.) Aus diesem Eliminationsschritt der Vorphase ergibt sich:

	x_1	x_2	y_1	y_2	y_3	$\mathbf{b}$	
⑤	$\frac{1}{2}$	1	$-\frac{1}{2}$	0	0	$\frac{1}{2}$	x_2
⑥	2000	0	1000	1	0	1000	y_2
⑦	$\frac{1}{2}$	0	$\frac{1}{2}$	0	1	$\frac{1}{2}$	y_3
⑧	0.15	0	-0.05	0	0	0.05	

Nachdem nun eine zulässige Basislösung $(0, 0.5, 0, 1000, 0.5)^T$ gefunden wurde, folgt das normale Vorgehen: In der Zielfunktionszeile ⑧ findet man genau einen positiven Koeffizienten. Dieser befindet sich in Spalte $j = 1$. Um die Zeile i für den Eliminationsschritt zu finden, berechnen wir die Quotienten $\frac{b_1}{a_{11}} = \frac{\frac{1}{2}}{\frac{1}{2}} = 1$, $\frac{b_2}{a_{21}} = \frac{1000}{2000} = \frac{1}{2}$ und $\frac{b_3}{a_{31}} = \frac{\frac{1}{2}}{\frac{1}{2}} = 1$. Der kleinste Wert ergibt sich für $i = 2$. Die Durchführung des Eliminationsschritts ergibt das Tableau

	x_1	x_2	y_1	y_2	y_3	$\mathbf{b}$	
⑨	0	1	$-\frac{3}{4}$	$-\frac{1}{4000}$	0	$\frac{1}{4}$	x_2
⑩	1	0	$\frac{1}{2}$	$\frac{1}{2000}$	0	$\frac{1}{2}$	x_1
⑪	0	0	$\frac{1}{4}$	$-\frac{1}{4000}$	1	$\frac{1}{4}$	y_3
⑫	0	0	-0.125	-0.000075	0	-0.025	

In der Zeile ⑫ gibt es keinen

positiven Koeffizienten. Die gefundene zulässige Basislösung $(\frac{1}{2},\frac{1}{4},0,0,\frac{1}{4})^T$ ist also die zulässige Basislösung mit dem größten Zielfunktionswert. Damit ist $(\frac{1}{2},\frac{1}{4})^T$ eine optimale Lösung des Mischungsproblems mit einem Zielfunktionswert von 0.025. Natürlich haben wir in Beispiel 10.3.19 die gleiche Lösung durch Aufzählen erhalten. Das hier vorgestellte Verfahren bestehend aus der Vorphase zur Berechnung einer zulässigen Basislösung und aus der nachfolgenden Phase zur Berechnung einer Optimallösung des linearen Optimierungsproblems nennt man den Zwei- Phasen-Simplexalgorithmus.   ■

Abschließend demonstrieren wir das bisher vorgestellte Verfahren noch einmal in unserem letzten Beispiel. Dabei wollen wir folgende zwei Punkte betonen:
- Zur Lösung linearer Optimierungsprobleme stehen einfache Lösungsverfahren zur Verfügung.
- Reale lineare Optimierungsprobleme sollten rechnergestützt gelöst werden. Genau deswegen ist dieser sogenannte Simplexalgorithmus in den meisten Programmiersprachen verfügbar oder in Software wie Excel bereits implementiert.

■ Beispiel 10.3.25 — Lösung des Pralinenproduktion-Beispiels.
In Kapitel 6 betrachteten wir eine Pralinenproduktion, welche 3 unterschiedliche Pralinen aus 3 verschiedenen Schokoladensorten herstellt. Die in der Produktion der Schokoladensorten nur begrenzt verfügbaren Rohstoffe waren Kakaobutter und Kakaomasse. In Beispiel 6.5.13 berechneten wir, dass sich die Mengen der zur Herstellung von x_1 Pralinen vom Typ P_1, x_2 Pralinen vom Typ P_2 und x_3 Pralinen vom Typ P_3 benötigten Rohstoffe als

$$R \cdot Z \cdot \mathbf{x} = \begin{pmatrix} 5.1 & 2.2 & 3.24 \\ 0.6 & 6 & 3.6 \end{pmatrix} \cdot \mathbf{x}$$

berechnen. Stehen nun 6796.74 Kilogramm K_1 (Kakaobutter) und 5277 Kilogramm K_2 (Kakaomasse) zur Verfügung und sind die Deckungsbeiträge jeweils 2, ist das zu lösende lineare Optimierungsproblem also

$$(\text{P-max}) \quad \max \ 2x_1 + 2x_2 + 2x_3$$

$$\text{u.d.N.} \quad \begin{pmatrix} 5.1 & 2.2 & 3.24 \\ 0.6 & 6 & 3.6 \end{pmatrix} \cdot \mathbf{x} \le \begin{pmatrix} 6796740 \\ 5277000 \end{pmatrix}$$

$$\mathbf{x} \ge \mathbf{0}.$$

Wir wenden erneut das oben beschriebene Verfahren an.

	x_1	x_2	x_3	y_1	y_2	$\mathbf{b}$	
①	5.1	2.2	3.24	1	0	6796740	y_1
②	0.6	6	3.6	0	1	5277000	y_2
③	2	2	2	0	0	0	

Da hier der Zielfunktionskoeffizient aller $\mathbf{x}$-Variablen gleich ist, kann man $j = 1$, $j = 2$ oder $j = 3$ wählen. Wir wählen hier $j = 1$. Um die Zeile zu wählen, vergleichen wir $\frac{b_1}{a_{11}} \approx$

1332694 mit $\frac{b_2}{a_{21}} = 8795000$. Da der erste Quotient kleiner ist, wird ein Eliminationsschritt mit $i = j = 1$ durchgeführt: Wir teilen die erste Zeile durch $a_{11} = 5.1$, von der zweiten ziehen wir das $\frac{a_{21}}{a_{11}} = \frac{0.6}{5.1}$-fache der ersten Gleichung ab und von der dritten Zeile ziehen wir das $\frac{a_{31}}{a_{11}} = \frac{2}{5.1}$-fache der ersten Gleichung ab:

	x_1	x_2	x_3	y_1	y_2	$\mathbf{b}$	
④	1	$\frac{22}{51}$	$\frac{54}{85}$	$\frac{10}{51}$	0	$\frac{22655800}{17}$	x_1
⑤	0	$\frac{488}{85}$	$\frac{1368}{425}$	$-\frac{2}{17}$	1	$\frac{76115520}{17}$	y_2
⑥	0	$\frac{58}{51}$	$\frac{62}{85}$	$-\frac{20}{51}$	0	$-\frac{45311600}{17}$	

Erneut wählt man die Spalte mit dem größten positiven Zielfunktionskoeffizienten. Hier ist dies Spalte $j = 2$. Um die Zeile zu bestimmen, vergleicht man die Quotienten $\frac{b_i}{a_{i2}}$. Da

$$\frac{b_1}{a_{12}} = \frac{\frac{22655800}{17}}{\frac{22}{51}} > \frac{\frac{76115520}{17}}{\frac{488}{85}} = \frac{b_2}{a_{12}},$$

wählen wir die zweite Zeile des Tableaus. Wir führen also einen weiteren Eliminationsschritt durch, diesmal mit $i = j = 2$. Wir teilen also die zweite Zeile durch $a_{22} = \frac{488}{85}$ und ziehen das $\frac{a_{12}}{a_{22}} = \frac{\frac{22}{51}}{\frac{488}{85}}$-fache der zweiten Zeile von der ersten Zeile ab. Zudem ziehen wir das $\frac{a_{32}}{a_{22}} = \frac{\frac{58}{51}}{\frac{488}{85}}$-fache der zweiten Zeile von der dritten Zeile ab.

Es ergibt sich folgendes Tableau:

	x_1	x_2	x_3	y_1	y_2	$\mathbf{b}$	
⑦	1	0	$\frac{24}{61}$	$\frac{25}{122}$	$-\frac{55}{732}$	$\frac{60773000}{61}$	x_1
⑧	0	1	$\frac{171}{305}$	$-\frac{5}{244}$	$\frac{85}{488}$	$\frac{47572200}{61}$	x_2
⑨	0	0	$\frac{28}{305}$	$-\frac{45}{122}$	$-\frac{145}{732}$	$-\frac{216690400}{61}$	

Noch immer ist ein Zielfunktionskoeffizient positiv. Wir wählen also $j = 3$. Ein Vergleich von $\frac{b_i}{a_{i3}}$ ergibt einen kleineren Wert in Zeile 2. Wir führen daher einen Eliminationsschritt mit $i = 2$ und $j = 3$ durch: Wir teilen die zweite Zeile durch $a_{23} = \frac{171}{305}$, ziehen das $\frac{\frac{24}{61}}{\frac{171}{305}}$-fache der zweiten Zeile von der ersten und das $\frac{\frac{28}{305}}{\frac{171}{305}}$-fache der zweiten Zeile von der dritten Zeile ab. So erhalten wir

	x_1	x_2	x_3	y_1	y_2	$\mathbf{b}$	
⑩	1	$-\frac{40}{57}$	0	$\frac{25}{114}$	$-\frac{15}{76}$	449000	x_1
⑪	0	$\frac{305}{171}$	1	$-\frac{25}{684}$	$\frac{425}{1368}$	1391000	x_3
⑫	0	$-\frac{28}{171}$	0	$-\frac{125}{342}$	$-\frac{155}{684}$	-3680000	

Da nun alle Zielfunktionskoeffizienten gleich 0 oder negativ sind, endet das Verfahren mit einer optimalen Lösung von $x_1 = 449000, x_2 = 0, x_3 = 1391000$. Obwohl alle Pralinen den gleichen Deckungsbeitrag erzielen, führen die unterschiedlichen Bedarfe bei diesen Rohstoffkapazitäten dazu, dass keine Pralinen von Typ 2 hergestellt werden sollten. Abbildung 10.35 visualisiert die gefundenen zulässigen Basislösungen. ∎

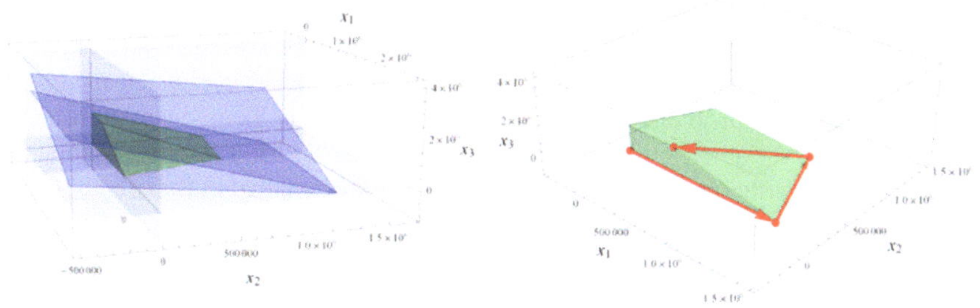

Abbildung 10.35: Der Weg des Simplexalgorithmus im Pralinenbeispiel

(Z) Ausgehend von einer zulässigen Basislösung mit $x_i = 0$ für alle $i = 1, \ldots, n$ fügt man zur Durchführung des Simplexalgorithmus dem Gleichungssystem die Gleichung $\mathbf{c}^T \mathbf{x} - 0$ mit einem Zielfunktionskoeffizienten hinzu. In jedem Iterationsschritt wählt der Simplexalgorithmus dann die Spalte j mit dem größten, positiven Zielfunktionskoeffizienten. Von allen Gleichungen des Gleichungssystems $A\mathbf{x} + \mathbf{y} = \mathbf{b}$ wählt er dann die Zeile i, welche den kleinsten Quotienten $\frac{b_i}{a_{ij}}$ mit $a_{ij} > 0$ hat. Falls solche i und j existieren, so wird der Zielfunktionswert verbessert und eine andere zulässige Basislösung erreicht.
Die $\mathbf{x}$-Werte des letzten Tableaus ergeben bei einem lösbaren linearen Optimierungsproblem die optimale Lösung.

10.4 Rückblick, Ausblick und Literatur

In diesem Kapitel widmeten wir uns der Optimierung unter Nebenbedingungen - einem aktiven Forschungsfeld, welches in den Wirtschaftswissenschaften auch oft als Operations Research, Management Science oder prescriptive Analytics verbreitet ist.

Wir besprachen das Verfahren der Substitution sowie das Lagrange-Verfahren für Optimierungsprobleme mit Gleichheitsnebenbedingungen. Für Ungleichheitsnebenbedingungen haben wir nur den Spezialfall der linearen Optimierung betrachtet. Die grundlegende Idee ist dabei, dass im Falle der Existenz einer optimalen Lösung eine solche stets an einem Eckpunkt zu finden ist, vgl. Abbildung 10.36. Die Grundidee des sogenannten Simplexalgorithmus besteht darin, die Eckpunkte systematisch zu durchlaufen.

Die in diesem Kapitel diskutierten Methoden – Substitution, das Verfahren von Lagrange und lineare Optimierung – finden Sie unter anderem in Opitz et al. (2017, Kapitel 28.1-28.2 und 29.1-29.2) oder Merz und Wüthrich (2013, Kapitel 24.3 und 25.1-25.3). Beim Lesen zur linearen Optimierung sollten Sie sich jedoch auf die zugrunde liegenden Ideen konzentrieren. Die Notation der Tableaus in der linearen Optimierung unterscheidet sich in diesen Quellen stark von unserer Notation.

Wie bereits erwähnt, wurde im Zusatzkapitel nur die Grundidee des Simplexalgorithmus vorgestellt. Das gesamte Verfahren wird in weiterführender Literatur unter dem Stichwort „Lineare Programmierung" unterrichtet. Zudem werden Sie in weiterführender Literatur sehen, dass sich bei der Lösung eines linearen Problems mithilfe des Simplex-Verfahrens auch stets Schattenpreise der Kapazitätsrestriktionen (wie bei Lagrange) ergeben. Im Kontext der linearen Optimierung werden diese auch als duale Variablen bezeichnet und sogenannte „Duale Probleme" formuliert.

In den vorgestellten Produktionsproblemen, in welchen entschieden werden musste, wie viele Einheiten eines Gutes herzustellen sind, hatte sich jeweils eine ganzzahlige Lösung ergeben. Hätte sich eine nicht ganzzahlige Lösung ergeben, wäre sicher aufgefallen, dass wir diese Probleme stark vereinfacht haben, indem wir beliebige Lösungen zulassen. Lineare Optimierungsprobleme, welche (zumindest für einige Komponenten) nur ganzzahlige Werte der Variablen zulassen, sind unter dem Namen Mixed Integer Programming bekannt. Lösungsverfahren für derartige Probleme, Schnittebenen und Branch-and-Bound Verfahren werden in weiterführender Literatur unterrichtet.

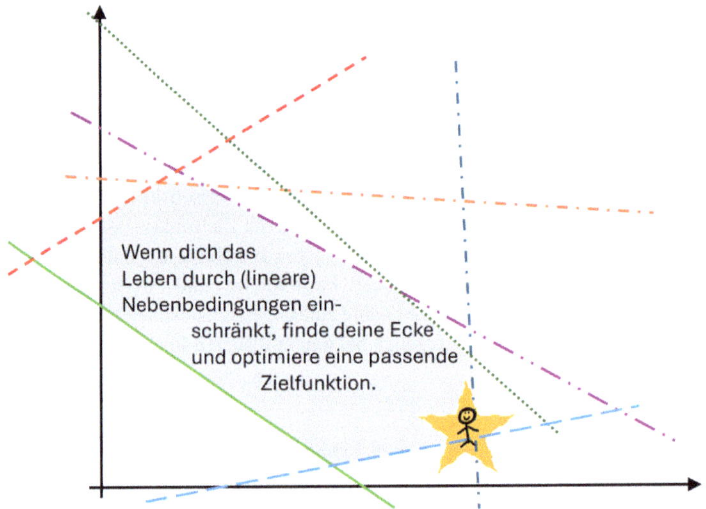

Abbildung 10.36: Was man von linearer Optimierung lernen kann.

Der allgemeine Fall der Lösung eines Optimierungsproblems unter Ungleichheitsnebenbedingungen ist ungemein schwieriger als das Lösen linearer Optimierungsprobleme. Aber auch hierfür können notwendige Bedingungen ähnlich zu der Lagrange-Bedingung, Satz 10.2.4, hergeleitet werden. Man nennt diese dann Karush-Kuhn-Tucker oder einfach Kuhn-Tucker Bedingungen. Oft sind solche Probleme aber nur im Fall konvexer Zielfunktionen über konvexen zulässigen Bereichen zuverlässig (und rechnergestützt) zu bewältigen. Derartige Verfahren und Probleme werden ebenfalls in weiterführenden Vorlesungen im Bereich Management Science oder Operations Research besprochen.

10.5 Beweise

Beweis von Satz 10.1.1: Der Beweis folgt durch Multiplikation der Ungleichungen in Definition 10.1.2 mit (-1).   ∎

Beweis von Satz 10.1.2: Der Beweis folgt aus den Überlegungen vor Satz 10.1.2.   ∎

Beweis von Satz 10.2.1: Zunächst beweisen wir für (P-max) die Implikation $\mathbf{x}^* = (x_1^*, x_2^*)^T$ Lösung von (P-max) $\Rightarrow x_2^*$ globale Maximalstelle von f^{sub}: Ist $\mathbf{x}^* = (x_1^*, x_2^*)^T$ eine optimale Lösung von $\max_{\mathbf{x} \in B} f(\mathbf{x})$, dann gilt für alle $\mathbf{x} = (x_1, x_2)^T \in B$: $f(\mathbf{x}) \leq f(\mathbf{x}^*)$. Da man laut Voraussetzung $\mathbf{x} \in B$ auch als $(\tilde{g}_1(x_2), x_2)^T$ und $\mathbf{x}^* \in B$ auch als $(\tilde{g}_1(x_2^*), x_2^*)^T$

darstellen kann, folgt $f^{\mathrm{sub}}(x_2) = f(\tilde{g}_1(x_2), x_2) \le f(\tilde{g}_1(x_2^*), x_2^*) = f^{\mathrm{sub}}(x_2^*)$ für alle x_2 mit $(\tilde{g}_1(x_2), x_2)^T \in D$. Somit ist x_2^* eine globale Maximalstelle von f^{sub}.

Wir beweisen nun die Umkehrung der obigen Implikation. Ist x_2^* eine globale Maximalstelle von f^{sub}, dann gilt $f^{\mathrm{sub}}(x_2) \le f^{\mathrm{sub}}(x_2^*)$ für alle x_2 mit $(\tilde{g}_1(x_2), x_2)^T \in D$. Da für alle x_2 mit $(\tilde{g}_1(x_2), x_2)^T \in D$ die Stelle $(\tilde{g}_1(x_2), x_2)^T$ ein Element von B ist, folgt $f(\mathbf{x}) = f(\tilde{g}_1(x_2), x_2) = f^{\mathrm{sub}}(x_2) \le f^{\mathrm{sub}}(x_2^*) = f(\tilde{g}_1(x_2^*), x_2^*)$ für alle $\mathbf{x} \in B$. Somit ist $\mathbf{x}^* = (\tilde{g}_1(x_2^*), x_2^*)^T$ eine Lösung von (P-max).

Zusammenfassend gilt die im Satz behauptete Äquivalenz für (P-max). Die Äquivalenz für (P-min) kann analog bewiesen werden. ∎

Beweis von Satz 10.2.2: Ersetzt man $g_1(\mathbf{x})$ durch $g_1(\mathbf{x}), \ldots g_m(\mathbf{x})$ und x_2 durch $x_{m+1}, \ldots x_n$ usw. kann die Beweisidee von Satz 10.2.1 entsprechend verallgemeinert werden. ∎

Beweis von Satz 10.2.3: Einen Beweis findet man in Kall (1982, Satz 5.18). ∎

Beweis von Satz 10.2.4: Einen Beweis findet man in Kall (1982, Satz 5.18). ∎

Beweis von Satz 10.3.1: Bei einem linearen Optimierungsproblem entspricht B stets der Schnittmenge der m konvexen Mengen, welche durch die Nebenbedingungen $A\mathbf{x} \le \mathbf{b}$ als Punkte ober- oder unterhalb einer Hyperebene gegeben sind, und der n konvexen Mengen, welche durch die Nichtnegativitätsbedingungen gegeben sind. Da der Schnitt endlich vieler konvexer Mengen wieder konvex ist, ist B konvex.[18] ∎

Beweis von Satz 10.3.2: Einen Beweis findet man in Kall (1976, Satz 1.7). ∎

Beweis von Satz 10.3.3: Einen Beweis findet man in Kall (1976, Satz 1.9). ∎

Beweis von Satz 10.3.4: Ist $B \subseteq \mathbb{R}^n$ beschränkt, dann gibt es eine untere Schranke $\underline{\mathbf{b}} = (\underline{b}_1, \ldots, \underline{b}_n)^T \in \mathbb{R}^n$ so dass für alle $\mathbf{x} = (x_1, \ldots, x_n)^T \in B$ gilt $\underline{b}_i \le x_i$ für alle $i = 1, \ldots, n$. Zudem gibt es eine obere Schranke $\overline{\mathbf{b}} = (\overline{b}_1, \ldots, \overline{b}_n)^T$ so dass für alle $\mathbf{x} = (x_1, \ldots, x_n)^T$ gilt $\overline{b}_i \ge x_i$ für alle $i = 1, \ldots, n$.

Für einen geeigneten Vektor $\mathbf{c} \in \mathbb{R}^n$ kann die Zielfunktion des linearen Programms als $f(\mathbf{x}) = \mathbf{c}^T\mathbf{x}$ beschrieben werden. Wählt man den Vektor $\mathbf{x}^B = (x_1^B, \ldots, b_n^B)^T$ als $x_i^B = \underline{b}_i$, wenn $c_i < 0$ und $x_i^B = \overline{b}_i$, wenn $c_i \ge 0$, so gilt:

$$f(\mathbf{x}) \le f(\mathbf{x}^B) = \mathbf{c}^T\mathbf{x}^B < +\infty \text{ für alle } \mathbf{x} \in B.$$

Damit ist $\mathbf{c}^T\mathbf{x}^B$ also eine obere Schranke des optimalen Zielfunktionswerts und der Fall $\sup_{\mathbf{x} \in B} f(\mathbf{x}) = +\infty$ kann nicht auftreten. Da der zulässige Bereich zudem als nicht leer angenommen wurde, folgt aus dem Hauptsatz der linearen Optimierung, Satz 10.3.3 direkt die Aussage. ∎

Beweis von Satz 10.3.5: Der Beweis folgt direkt aus den Überlegungen oben. ∎

Beweis von Satz 10.3.6: Der Beweis folgt direkt aus den Überlegungen oben. ∎

Beweis von Satz 10.3.7: Einen Beweis findet man in Kall (1976, Satz 1.8). ∎

---

[18] Die Menge aller Punkte unter- oder oberhalb einer Hyperebene bezeichnet man auch als Halbebene. Die Schnittmenge endlich vieler Halbebenen bezeichnet man als konvexes Polyeder.

10.6   Literaturverzeichnis

Boyd, S., und Vandenberghe, L., *Convex Optimization*, Cambridge University Press, Cambridge, 7. Auflage, 2009

Kall, P., *Mathematische Methoden des Operations Research*, Teubner Studienbücher Mathematik, Stuttgart, 1. Auflage, 1976

Kall, P., *Analysis für Ökonomen*, Teubner Studienbücher Mathematik, Stuttgart, 1. Auflage, 1982

Merz, M. und Wüthrich, M.V., *Mathematik für Wirtschaftswissenschaftler: Die Einführung mit vielen ökonomischen Beispielen*, Vahlen, 1. Auflage, 2013

Opitz, O., Etschberger, S., Burkart, W., und Klein, R., *Mathematik - Lehrbuch: für das Studium der Wirtschaftswissenschaften*, De Gruyter Studium, 12. Auflage, 2017

Open Access Dieses Kapitel wird unter der Creative Commons Namensnennung 4.0 International Lizenz (http://creativecommons.org/licenses/by/4.0/deed.de) veröffentlicht, welche die Nutzung, Vervielfältigung, Bearbeitung, Verbreitung und Wiedergabe in jeglichem Medium und Format erlaubt, sofern Sie den/die ursprünglichen Autor(en) und die Quelle ordnungsgemäß nennen, einen Link zur Creative Commons Lizenz beifügen und angeben, ob Änderungen vorgenommen wurden.

Die in diesem Kapitel enthaltenen Bilder und sonstiges Drittmaterial unterliegen ebenfalls der genannten Creative Commons Lizenz, sofern sich aus der Abbildungslegende nichts anderes ergibt. Sofern das betreffende Material nicht unter der genannten Creative Commons Lizenz steht und die betreffende Handlung nicht nach gesetzlichen Vorschriften erlaubt ist, ist für die oben aufgeführten Weiterverwendungen des Materials die Einwilligung des jeweiligen Rechteinhabers einzuholen.

MIX
Papier aus verantwortungsvollen Quellen
Paper from responsible sources
FSC® C105338

If you have any concerns about our products,
you can contact us on
ProductSafety@springernature.com

In case Publisher is established outside the EU,
the EU authorized representative is:
Springer Nature Customer Service Center GmbH
Europaplatz 3, 69115 Heidelberg, Germany

Printed by Libri Plureos GmbH
in Hamburg, Germany